Nr. 37
S. 13273–13640

1962
12. September

Chemisches Zentralblatt

Vollständiges Repertorium für alle Zweige der reinen und angewandten Chemie

1830 gegründet. 1897—1945 von der Deutschen Chemischen Gesellschaft fortgeführt. Im Auftrage der Deutschen Akademie der Wissenschaften zu Berlin, der Chemischen Gesellschaft in der DDR, der Akademie der Wissenschaften zu Göttingen und der Gesellschaft Deutscher Chemiker (in der BRD)

herausgegeben von Prof. Dr. **Heinrich Bertsch** und Prof. Dr. Dr. h. c. **Wilhelm Klemm**

133. Jahrgang

1962

Chefredakteure: Dr. Eugen Klever und Dr. Willi Barz

Akademie-Verlag GmbH., Berlin — Verlag Chemie, GmbH., Weinheim/Bergstr.

Inhalt

Chemisches Zentralblatt

1962 **Bibliographien** Nr. 37

Neue Fachzeitschriften

Leicester Chemical Review. No. 1. Leicester: Leicester University Chemical Society. 1962. 1s.

Neue Bücher

Geschichte. Unterricht

A. F. Plate, G. W. Bykow und **M. Ss. Ewentowa,** Wladimir Wassiljewitsch Markownikow (Chemiker). 1837—1904. Beschreibung des Lebens und der Tätigkeit. Moskau: Verl. der Akad. der Wiss. der UdSSR. 1962. (152 S. m. Abb.; 1 Bl. Porträt) 54 Kop. [Russ.]

A. Allgemeine, physikalische und anorganische Chemie

D. I. Blochinzew, Grundlagen der Quantenmechanik. 3., bearb. Aufl. Frankfurt/Main: Deutsch. 1962. (XV + 583 S. m. Abb.) 8⁰. DM 34,—.

David Mautner Himmelbau, Basic principles and calculations in chemical engineering. Englewood Cliffs (New Jersey): Prentice. 1962. (459 S. m. Abb.) $ 13.—.

A_3. Elektrizität. Magnetismus. Elektrochemie

B. Pesce, ed., Electrolytes: proceedings of an international symposium held in Trieste, June 1959. Oxford, London: Pergamon P. 1962. (VIII + 360 S. m. Diagr.) 5 £.

Th. N. Skoulikidis, Theoretical electro-chemistry. Second revised edit. Athens: General Direction of Press Research and Cultural Relations Division. 1959. (320 S.)

A_4. Thermodynamik. Thermochemie

Hans Dieter Baehr und **Klaus Schwier,** Die thermodynamischen Eigenschaften der Luft im Temperaturbereich zwischen —210°C und +1250°C bis zu Drücken von 4500 bar. Berlin, Göttingen, Heidelberg: Springer. 1961. (VI + 136 S. m. 20 Abb.) 4⁰ = Thermodynamische Eigenschaften der Gase u. Flüssigkeiten. 1. DM 48,—.

H. A. Skinner, ed., Experimental thermochemistry. Vol. 2. New York: Interscience. 1962. (457 S. m. Abb.) $ 14.50.

A_5. Kolloidchemie. Grenzschichtforschung

Victor K. La Mer, ed., Retardation of evaporation by monolayers: transport processes. New York: Academic. 1962. (XX + 277 S. m. Abb.) $ 10.—.

D. A. Yiannacoudakis, Systems of dispersed matters. Thessaloniki: General Direction of Press Research and Cultural Relations Division. 1960. (416 S.)

A_6. Strukturforschung

George William Gray, Molecular structure and the properties of liquid crystals. London: Academic P. 1962. (VII + 314 S. m. Abb., Tab. u. Diagr.) 63 s.

A_7. Gleichgewichte. Kinetik

William A. Pryor, Mechanisms of sulfur reactions. New York: McGraw-Hill. 1962. (241 S. m. Abb.) $ 9.75.

A_8. Präparative anorganische Chemie. Komplexverbindungen Metallorganische Verbindungen

D. L. Glismanenko, Herstellung von Sauerstoff. 3. überarb. Ausg. Moskau: Gosschimisdat. 1962. (591 S. m. Abb.; 7 getr. Broschürenbl., Zeichng.) 1 Rbl. 7 Kop. [Russ.]

Gmelins Handbuch der anorganischen Chemie. 8., völlig neu bearb. Aufl. System-Nr. 60, Kupfer. Teil B Lfg 2. Verbindungen bis Kupfer und Wismut. Weinheim/Bergstr.: Verl. Chemie. 1961. (XLI + 352 S. m. 38 Abb.) 4°. DM 231,—.

T. W. Rode, Sauerstoffverbindungen des Chroms und Chromkatalysatoren. Moskau: Verl. der Akad. der Wiss. der UdSSR. 1962. (279 S. m. Abb.) 1 Rbl. 30 Kop. [Russ.]

H I. Allgemeine chemische Technologie

Ss. D. Besskow, Technochemische Berechnungen. 3. verb. Ausg. (Lehrbuch für chemisch-technologische Hochschulen). Moskau: Hochschule. 1962. (468 S. m. Zeichng.; 8 getr. Bl. Diagr.) 99 Kop. [Russ.]

G. Chalkiopoulos, Technological vocabulary in five languages (in Greek, Latin, English, French and German). Athens: General Direction of Press Research and Cultural Relations Division.

Harold Bright Maynard, Handbuch des Industrial Engineering. Teil 7: Gestaltung von Fabrikanlagen, Betriebsmitteln und Erzeugnissen. Berlin, Köln, Frankfurt/Main: Beuth-Vertrieb. 1961. (286 S. m. Abb.) 8°. Gesamtwerk 8 Teile DM 114,—.

VI. Silikatchemie. Baustoffe

—, Betonstein-Jahrbuch. 1962. Ein Ratgeber für Betonwaren, Betonwerkstein und verwandte Gebiete. Wiesbaden, Berlin: Bauverl. 1961. (403 S. m. Abb.) 8°.

Ausgewertete Bibliographie-Fachzeitschriften

Belgien	Bibliographie de Belgique — Belgische Bibliographie
ČSSR	Bulletin — Die Neuesten Forschungsergebnisse der Tschechoslowakischen Wissenschaft
	Nové Knihy (Neue Bücher)
	Novinky (Neuheiten)
Dänemark	Danske Bogmarked
Deutschland	Börsenblatt für den Deutschen Buchhandel — Frankfurter Ausgabe
	Börsenblatt für den Deutschen Buchhandel — Leipziger Ausgabe
	Deutsche Bibliographie. Wöchentliches Verzeichnis. Ausgabe II. [Frankfurt/Main]
	Deutsche Nationalbibliographie. Reihe A: Neuerscheinungen des Buchhandels [Leipzig]
England	British Books (Incorporating the Publishers Circular & Booksellers Record)
	British National Bibliography
Frankreich	Bibliographie de la France
Holland	Nieuwsblad voor de Boekhandel
Italien	Bibliografia Nazionale Italiana
Japan	Nōhon Shūhō (Current Publications)
Österreich	Österreichische Bibliographie
Schweiz	Schweizer Buch. Serie A und Serie B
UdSSR	Bücherverzeichnis des Jahres (Книжная летопись)
	Neue Bücher (Новые книги)
USA	Publishers' Weekly

Namenregister

Patentregister

Deutsche Patente (München) (D.B.P.)

Auslegeschriften der Patentanmeldungen des Deutschen Patentamtes München (D.A.S.)

Deutsche Patente (D.P[DDR]).

Amerikanische Patente (A.P.)

Chemisches Zentralblatt

1962 Nr. 37 12. September

Geschichte. Unterricht

Alexander Petrowitsch Terentjew (zum 70. Geburtstag). Anonym. (Журнал Аналитической Химии [J. analyt. Chem.] **16.** 747–48. Nov./Dez. 1961.) (Russ.)

Würdigung der vielseitigen Arbeiten von TERENTJEW auf den Gebieten der organ. Chemie sowie der organ. u. anorgan. Analyse. E. KLEVER. 1□

Die wissenschaftliche Leistung von Iwan Pawlowitsch Bardin. Aleksander Krupkowski. (Arch. Hutnictwa **5.** 139–41. 1960. Bild.) (Pol.)

Nachruf für den 1960 verstorbenen Vizepräsidenten der Akad. der Wiss. der UdSSR, den Gründer der modernen Metallurgie in der UdSSR. F. URBAN. 1□

In memoriam H. B. Dorgelo. M. J. Druyvesteyn. (Nederl. Tijdschr., Natuurkunde **27.** 181–84. Juni 1961.) (Holl.)

Prof. Dr. H. B. DORGELO (1894–1961) hatte den Lehrstuhl für Physik an der TH Delft, später Eindhoven inne u. arbeitete hauptsächlich über Spektroskopie, Gasentladungen, Röntgen-Unters. fester Stoffe u. Elektronenoptik. W. WESLY. 1□

Ulrich Haberland. P. Baumann. (Z. Elektrochem., Ber. Bunsenges. physik. Chem. **66.** 1. Jan. 1962.) (Dt.)

Kurzer Nachruf auf Prof. HABERLAND (gest. 10/9. 1961.) Bild. CH. WEISKE. 1□

Chemie im Kautilya. Priyadaranjan Râý. (Chymia [Philadelphia] **1959.** 64–72. Calcutta, Ind. Assoc. for the Cult. of Sci., Dep. of Inorg. Chem.) (Engl.)

Die umfassende Sanskrit-Schrift, die 1905 in Mysore aufgefunden, 1909 in engl. Übersetzung herausgegeben wurde, nach dem Namen ihres Vf. Kautilya genannt wird u. zwischen 300 v. Chr. u. 300 n. Chr. geschrieben oder neu redigiert wurde, behandelt Politik im weitesten Sinne. In der vorliegenden Arbeit sind die in dieser Schrift verstreuten Angaben über Edelsteine, Mineralien u. Erze, Metalle u. Legg., Maße u. Gew. zusammengestellt. W. KUNTZ. 2□

Die Columbian Chemical Society. Wyndham D. Miles. (Chymia [Philadelphia] **1959.** 145–54. U.S. Army Chem. Corps Historical Off., Md.) (Engl.)

Bericht über eine chem. Gesellschaft, die 1811 in Philadelphia gegründet wurde, 1813 einen Band der „Memoirs of the Columbian Chemical Society" herausgab u. wahrscheinlich schon 1814 wieder einging. W. KUNTZ. 2□

Alte Votivfiguren aus Gußeisen. Clemens Böhne. (Gießerei **48.** 647–50. 19/10. 1961. Fürstenfeldbruck.) (Dt.)

Gußeiserne Kultfiguren des hl. LEONARD u. die Entstehung u. Ausbreitung des LEONARD-Kultes werden im Zusammenhang mit Votivgaben des frühen Eisengusses behandelt. Es werden Angaben über chem. Zuss. u. Gefüge dieser alten Gußstücke gemacht. H. HOCHSTEIN. 2□

Niedrig schmelzende Eisen-Arsen-Legierungen als Hilfsmittel für den Verbund römischer Schwertklingen. Gerhard Becker. (Arch. Eisenhüttenwes. **32.** 661–65. Okt. 1961. Oberhausen.) (Dt.)

Bei einer zweischneidigen Klinge aus der Römerzeit wurden Fremdphasen zwischen dem harten Schneidenstahl u. dem weicheren Kernwerkstoff festgestellt. Eine chem. Unters. wird durchgeführt, u. es werden Angaben über den Gefügeaufbau gemacht. Eine metallkundliche Deutung u. eine Systematik der Klingeneinteilung wird mitgeteilt. Rückschlüsse auf die Klingen-Herst. werden gezogen. H. HOCHSTEIN. 2□

Schwefel in römischem Messing. Earle R. Caley. (Ohio J. Sci. **61.** 151–54. Mai 1961. Ohio State Univ., Dep. of Chem.) (Engl.)

17 röm. Messingmünzen aus der Zeit von 22 v. Chr. bis 179 n. Chr. wurden auf ihren Geh. an S untersucht. Bis 114 n. Chr. hatten die Münzen keinen Geh. an S. Danach wurde ein stetig steigender S-Geh. festgestellt. Demnach sind zuerst nur oxid. Cu-Erze verarbeitet worden, denen später sulfid. Erze in wachsender Menge zugesetzt wurden. F. VIER. 2□

Eine geometrische Betrachtung extensiver Eigenschaften. S. C. Nyburg und H. F. Halliwell. (J. chem. Educat. **38.** 123–27. März 1961. Keele, Staffordshire, Univ. Coll. of North Staffordshire.) (Engl.)

Vff. geben eine Anleitung für Studenten zur graph. Best. von extensiven Eigg. (Vol., Innere Energie, Enthalpie, Freie Energie, Entropie, Wärmekapazität) von Mischungen u. Lösungen. Es werden Moldiagramme an Stelle von komplizierten Gleichungen benutzt. Am Beispiel der Wärmekapazität im Syst. H_2SO_4/H_2O u. der Mischungsenthalpie im Syst. $KOH \cdot 2\ H_2O/H_2O$ wird die Meth. erläutert. D. HOENE. 6□

Der Unterricht in organischer Mikrochemie. M. K. Zacherl. (Proc. int. Sympos. Microchem., London **1958.** 526–31. 1959. Wien, Tierärztl. Hochsch., Med.-Chem. Inst.) (Engl.)

Ziel der prakt. u. theoret. Unterweisungen in Mikrochemie soll es sein, die Chemiestudenten mit den wichtigsten Arbeitstechniken beim Umgang mit sehr kleinen Substanzmengen vertraut zu machen u. ihnen die Vorteile dieser Meth. vor Augen zu führen. An Hand einiger Beispiele wird dargelegt, wie dieses Ziel im organ.-chem. Praktikum erreicht werden kann. G. BOCK. 6□

A. F. Plate, G. W. Bykow und M. Ss. Ewentowa, Wladimir Wassiljewitsch Markownikow (Chemiker). 1837—1904. Beschreibung des Lebens und der Tätigkeit. Moskau: Verl. der Akad. der Wiss. der UdSSR. 1962. (152 S. m. Abb.; 1 Bl. Porträt.) 54 Kop. [Russ.]

A. Allgemeine, physikalische und anorganische Chemie

Eine weitere Form der Quantenelektrodynamik. Peter Rastall. (Nuclear Physics [Amsterdam] **30.** 664–79. März 1962. Vancouver, Univ. of Brit. Columbia, Dep. of Phys.) (Engl.)

Modifizierung der Feldgleichungen der Elektrodynamik durch Hinzufügen des Gradienten eines skalaren Operators zur Stromdichte. Verwendet wird die Formulierung in der HEISENBERG-Darstellung. GERHARD SCHMIDT. 10□

D. I. Blochinzew, Grundlagen der Quantenmechanik. 3., bearb. Aufl. Frankfurt/Main: Deutsch. 1962. (XV + 583 S. m. Abb.) 8°. DM 34,—.

David Mautner Himmelbau, Basic principles and calculations in chemical engineering. Englewood Cliffs (New Jersey): Prentice. 1962. (459 S. m. Abb.) $ 13.—.

Leicester Chemical Review. No. 1. Leicester: Leicester University Chemical Society. 1962. 1s.

A_1. Kernphysik und Kernchemie

Über das Spektrum der galaktischen und solaren Höhenstrahlen. Ss. I. Ssyrowatski. (Журнал Экспериментальной и Теоретической Физики [J. exp. theoret. Physik] **40.** 1788–93. Juni 1961. Physik. Lebedew-Inst. der Akad. der Wiss. der UdSSR.) (Russ.; Auszug: Engl.)

Die Exponenten des differentiellen Energiespektrums galakt. sowie solarer Höhenstrahlung werden ermittelt, $\gamma = 2{,}5$ bzw. $\gamma = 3{,}5$ werden gefunden. Dabei wird im 1. Fall angenommen, daß die Energie der Quelle gleichmäßig auf das Magnetfeld, die Turbulenz u. die Höhenstrahlung verteilt ist, im 2. Fall wird konst. Druck angenommen. M. WIEDEMANN. 85□

Verzögerte Ausbreitung von solaren Höhenstrahlen am 3. September 1960. J. R. Winckler, P. D. Bhavsar, A. J. Masley und T. C. May. (Physic. Rev. Letters **6.** 488–91. 1/5. 1961. Minneapolis, Minn., Univ. of Minnesota.) (Engl.)

Messungen mit Ionisationskammern sowie mit Neutronenmonitoren mittels Ballonen auf verschiedenen Breiten zeigten, daß einer Sonnenfackel vom Typ 3 am 3/11. 1960 mit starker Verzögerung ein Anstieg der solaren Höhenstrahlteilchen folgte. M. WIEDEMANN. 85□

Raketenbeobachtungen der solaren Protonen am 3. September 1960. L. R. Davis, C. E. Fichtel, D. E. Guss und K. W. Ogilvie. (Physic. Rev. Letters **6.** 492–94. 1/5. 1961. Greenbelt, Md., Goddard Space Flight Center, Nat. Aeronaut. and Space Administrat.) (Engl.)

Mittels Emulsionen u. Zählern bei Raketenflügen wurden Intensität, Energiespektrum u. Richtung der Protonen, die am 3/9. 1960 in Verbindung mit einer Sonnenfackel emittiert wurden, untersucht. Bei 22 MeV erreichte der Fluß 19,7 Teilchen/cm^2s sterad, bei 177 MeV 3,8. M. WIEDEMANN. 85□

Breitenabhängigkeit einer Abnahme vom Forbush-Typ. Lekh Vir und P. S. Gill. (Nuovo Cimento [10] **20.** 498–501. 1/5. 1961. Gulmary, Res. Observ.) (Engl.)

Für 10 Stationen auf Seehöhe ($-73°$ bis $+83°$) wurden für die Zeit vom 24/8. bis 20/9. 1957, in der ein magnet. u. ein Höhenstrahlsturm beobachtet wurden, die relativen Amplituden der Nucleonenintensität berechnet. Diese zeigen ein Minimum nahe dem geomagnet. Äquator, das jedoch nicht ganz symm. liegt, u. nehmen mit zunehmender Breite zu. M. WIEDEMANN. 85□

Untersuchungen über ausgedehnte Luftschauer. 2. Mitt. **Beobachtungen auf Seehöhe über die Dichteschwankungen der N-Teilchen in Schauern gleicher Größe.** B. K. Chatterjee, G. T. Murthy, S. Naranan, B. V. Sreekantan und M. V. Srinivasa Rao. (Nuovo Cimento [10] **20.** 237—45. 16/4. 1961. Bombay, Tata Inst. of Fundament. Res.) (Engl.) — 1. vgl. C. **1962.** 3703.

Mittels einer Anordnung aus 5 Scintillatoren von je 1 m^2, in deren Zentrum sich 5 N-Detektoren von je 0,4 m^2 befanden, wurden auf Seehöhe 5000 Schauer registriert, von denen 600 mit Impulsen aus den N-Detektoren assoziiert waren. Die Schauergröße lag bei 10^4—$2{,}5 \cdot 10^6$ Teilchen, der Abstand vom Zentrum der Anordnung betrug bis zu 25 m. Die Dichten der N-Teilchen in den Schauern der verschiedenen Typen unterlagen großen Schwankungen. M. WIEDEMANN. 85□

Erzeugung atmosphärischer Neutronen durch solare γ-Strahlen. K. Maeda. (Nuovo Cimento [10] **20.** 587—90. 1/5. 1961. Univ. of Nebraska, Dep. of Phys.) (Engl.)

Bei Sonnenuntergang wurde eine Übergangskurve der Neutronenintensität mittels Ballonflügen aufgenommen. Diese kann vielleicht durch die Zunahme der Neutronenerzeugung bei steigender Intensität der sek. γ-Strahlung in der Luft erklärt werden. Die Durchdringungstiefe der solaren γ-Strahlung nimmt um diese Zeit stark zu. Die Intensität der Photoneutronen wird berechnet, die so gefundene Kurve mit der experimentellen verglichen. M. WIEDEMANN. 85□

Myonium-Antimyonium-Übergänge. S. L. Glashow. (Nuovo Cimento [10] **20.** 591—92. 1/5. 1961. Pasadena, Calif., California Inst. of Technol.) (Engl.)

Vf. diskutiert die Möglichkeit der Unters. der Prozesse $e^- + e^+ \rightarrow \mu^- + \mu^+$ u. $\mu^+ + e^- \rightarrow \mu^- + e^+$ im Zusammenhang mit $\Delta m = 4$, hier gilt für die Quantenzahl m $m(\mu^\pm) = -m(e^\pm) = \pm 1$. Die Übergänge eines Myoniums in ein Antimyonium geben nur ein vernünftiges Maß der $\Delta m = 4$-Wechselwrkg., wenn das Myonium in einem sehr verd. Medium erzeugt wird. M. WIEDEMANN. 90□

Strahlungskorrekturen an der Pionenerzeugung bei $e^+ — e^-$-Stößen. G. Putzolu. (Nuovo Cimento [10] **20.** 542—45. 1/5. 1961. Frascati, Labor. Nazionali del CNEN.) (Engl.)

Die Strahlungskorrekturen an dem Prozeß $e^+ + e^- \rightarrow$ n Pionen werden abgeschätzt. Die Möglichkeit der experimentellen Trennung des Beitrags der γ–n-Pion-Vertex von der 2γ–n-Pion-Vertex wird bewiesen. M. WIEDEMANN. 90□

Über die Beziehung zwischen den Gleichungen für die partiellen Amplituden und Gleichungen für Spektralfunktionen. Ju. A. Ssimonow. (Журнал Экспериментальной и Теоретической Физики [J. exp. theoret. Physik.] **40.** 626—29. Febr. 1961.) (Russ.; Auszug: Engl.)

Die $\pi\pi$-Streuung neutraler u. geladener π-Mesonen wird theoret. untersucht. Es wird gezeigt, daß die Gleichungen für partielle Amplituden von CHEW u. MANDELSTAM (C. **1961.** 366) aus den Gleichungen für Spektralfunktionen in der MANDELSTAM-Darst. abgeleitet werden können. U.-L. RAU. 90□

Frage der Existenz eines Mesons mit der Strangeness 2. D. J. Prowse. (Physic. Rev. Letters **4.** 244—46. 1/3. 1960. Los Angeles, Calif., Univ. of California, Dep. of Physics.) (Engl.)

YAMANOUCHI (Physic. Rev. Letters **3.** [1959.] 480) hatte aus einem vom Vf. beobachteten anomalen K^+-Zerfall auf die Existenz eines Mesons mit der Strangeness 2 u. der Masse 720 MeV geschlossen. Vf. zeigt, daß das Primärteilchen jedoch eine Masse von 532 MeV besaß. Die Existenz eines Teilchen mit der Strangeness 2 ist also nicht bewiesen. M. WIEDEMANN. 90□

K-Meson–Nucleon-Streuung. M. M. Islam. (Nuovo Cimento [10] **20.** 546—52. 1/5. 1961. London, Imp. Coll., Dep. of Phys.) (Engl.)

Die Isotropie der K–N-Streuung im $I = 1$ Zustand wird dadurch erklärt, daß die p-Wellen-Beiträge sich gegenseitig aufheben. Dann kann für die K–N-Streuung im $I = 1$, s-Wellenzustand u. in den $I = 0$, s-, $p_{1/2}$-, $p_{3/2}$-Zuständen Übereinstimmung mit den experimentellen Daten erzielt werden. Auch der Zweipionenbeitrag bei der K–N-Streuung wird behandelt. M. WIEDEMANN. 90□

Die Bestimmung des Vorzeichens des Asymmetrieparameters beim Λ^0-Zerfall aus der Streuung des Zerfallsprotons. T. Bowen, C. R. Sun und A. E. Werbrouck. (Nuovo Cimento [10] **20.** 225—36. 16/4. 1961. Princeton Univ.) (Engl.)

Durch 1,5-GeV-π^- u. 2,8-GeV-Protonen wurden in den C-, Fe- u. Pb-Platten der Nebelkammer 189 Λ^0 erzeugt u. identifiziert, 117 Zerfallsprotonen durchdrangen mindestens eine Platte. Die Möglichkeit, aus der Kernstreuung der Protonen das Vorzeichen des Symmetrieparameters zu bestimmen, wird durchgerechnet, doch reichen die Daten für die Statistik noch nicht aus. M. WIEDEMANN. 90□

Rückstoßfreie Rayleigh-Streuung in Festkörpern. C. Tzara und R. Barloutaud. (Physic. Rev. Letters **4.** 405—06. 15/4. 1960. Gif-sur-Yvette, Seine-et-Oise, France, Centre d'Etudes Nucl. de Saclay.) (Engl.)

Unter Verw. des MÖSSBAUER-Effekts in ^{119}Sn ($^{119}Sn^*$-Quelle von 23,8-keV-Photonen; ^{119}Sn-Folie als Absorber) beobachteten Vff. die RAYLEIGH-Streuung an *Pt, Al, Graphit* u. *Paraffin* u. bestimmten daraus den Faktor φ_T, der die Verringerung der Intensität der unter den BRAGGschen Winkeln gestreuten Röntgenstrahlen bei der Temp. T angibt u. der relativen Zahl der ohne Energieaustausch gestreuten Photonen entspricht. Die Ergebnisse stimmen befriedigend mit der Theorie überein. D. JÖRCHEL. 90□

Theorie der Čerenkov-Strahlung. Josef Kvasnica. (Pokroky Mat., Fysiky Astronom. **4.** 302—08. 1959. Praha, Fak. tech. jader. fys.) (Tschech.)

Darst. der Theorie auf Grund der klass. Elektrodynamik sowie die quantenmechan. Interpretation. Mathemat. Ableitung. J. TŮMOVÁ. 90□

Wawilow-Čerenkov-Effekt und „Bohr-Strahlung", die durch ein Bündel geladener Teilchen in einem streuenden Medium erzeugt werden. Jacob Neufeld und Harvel Wright. (Physic. Rev. [2] **124.** 1—16. 1/10. 1961. Oak Ridge, Tenn., Oak Ridge Nat. Labor., Health Phys. Div.) (Engl.) — Vgl. C. **1960.** 9111.

Ein Elektronenbündel, das mit einem streuenden (atomaren oder mol.) Medium in Wechselwrkg. tritt, erzeugt 2 intensive Quellen von Instabilität, die durch eine wachsende longitudinale Welle u. eine wachsende transversale Welle dargestellt werden. Die longitudinale Welle hat Frequenzen, die den Frequenzen der atomaren Bindung im umgebenden Medium gleich sind, u. wird als „BOHR-Welle" bezeichnet. Die transversale Welle hat Frequenzen, die durch das WAWILOW-ČERENKOV-Kriterium bestimmt sind u. ist ähnlich der WAWILOW-ČERENKOV-Welle, die durch ein einzelnes Teilchen bei der Wechselwrkg. mit dem Medium erzeugt wird. Die Bedingungen für Kopplung u. der Charakter der Instabilitäten werden untersucht. HERBERT WEBER. 90□

Wawilow-Čerenkov-Effekt in einachsigen Kristallen. Č. Muzicář. (Журнал Экспериментальной и Теоретической Физики [J. exp. theoret. Physik] **39.** 163—170. Juli 1960. Vereinigtes Inst. für Kernforsch.) (Russ.)

Betrachtet wird die WAWILOW-ČERENKOV-Strahlung für eine punktförmige elektr. Ladung, die sich konst. in beliebiger Richtung zur opt. Achse eines einachsigen, anisotropen Kristalls bewegt. Der Energieverlust in der Zeit $1/\omega$ beträgt $S = \int d\omega\, \Sigma_{\lambda=1,2} \cdot S_{(\lambda)}(\omega)$, wobei die Polarisationen $\lambda = 1$ bzw. 2 zur gewöhnlichen bzw. ungewöhnlichen (sichtbaren) Strahlung gehören u. $S_{(\lambda)}$ die Strahlungsdichte der Wellen mit der Polarisation λ ist. Die gesamte Strahlungsenergie berechnet sich nach $S(\omega) = S_1(\omega) + S_2(\omega)$. Ausgehend von der Ausbreitungs-Geschw. der Wellen kommt Vf. für die gewöhnliche Strahlung ($\lambda = 1$) zu 2 Ausdrücken für $S_1(\omega)$. Bewegt sich die Ladung entlang der opt. Achse, wird $S_1(\omega) = 0$; in allen anderen Richtungen wächst $S_1(\omega)$ kontinuierlich an. Bei Vergrößerung der Geschw. wächst die Strahlung pro Wegeinheit von einer bestimmten Geschw. an nicht mehr. Vf. untersucht die kegelförmige Oberfläche der Normalen von gewöhnlicher u. ungewöhnlicher Strahlung ($\lambda = 2$). Für letztere ist bei negativen Kristallen (DK ε_{22}, $\varepsilon_{33} > \varepsilon_{11}$) die Richtung der Ausbreitung der bei der krit. Geschw. auftretenden Wellen zwischen der Bewegungsrichtung u. der opt. Achse eingeschlossen. Bei positiven Kristallen ($\varepsilon_{11} > \varepsilon_{22}$, ε_{33}) liegt diese Normale außerhalb dieses Winkels. Ausdrücke für den Polarisationskegel werden abgeleitet. Für $\lambda = 2$ werden ebenfalls 2 Ausdrücke $S_2(\omega)$ gefunden. Bei der Betrachtung der Gesamtenergie $S(\omega)$ zeigt sich, daß zwischen den krit. Ladungs-Geschw. zunächst nur eine Polarisation eintritt. Die opt. Achse befindet sich außerhalb des Kegels u. die Energie hat 2 Ausdrücke für positive bzw. negative Kristalle. Für Ladungs-Geschw., bei denen beide Strahlungen ($\lambda = 1$ u. 2) existieren, wird, unabhängig von der Lage der opt. Achse u. des Kegels der Normalen, ein Ausdruck für die Gesamtstrahlung gefunden. G. EWALD. 90□

Über die Reaktionskräfte, die durch Čerenkov-Strahlung in Kristallen hervorgerufen wurden. W. N. Kurdjumow. (Доклады Академии Наук СССР [Ber. Akad. Wiss. UdSSR] **134.** 563—66. 21/9. 1960. Moskau, Lomonossow-Univ.) (Russ.)

Betrachtet wird die WAWILOW-ČERENKOV-Strahlung bei einer gleichförmigen Bewegung der Ladung in beliebiger Richtung in einem einachsigen, nichtmagnet. Kristall. Vf. leitet einen Ausdruck für diejenige Kraft ab, die eine Abweichung der Ladung vom geradlinigen Flug hervorruft. Diese Kraft tritt als Folge der Asymmetrie des Strahlungskegels sowie der Asymmetrie der Strahlungsintensität auf. G. EWALD. 90□

Experimentelle Grenze für die Neutrino-Ruhmasse. Lewis Friedman. (Phys. Rev. Letters **1.** 101—02. 1/8. 1958. Upton, N.Y., Brookhaven Nat. Labor., Dep. of Chem.) (Engl.) — Vgl. FRIEDMAN u. SMITH, C. **1958.** 13410.

Im Hinblick auf einen Einwand von Sakurai (C. **1960.** 10120) betont Vf., daß man aus der Differenz zwischen dem Wert der $^3H-^3He$-Massendifferenz u. der experimentellen unteren Grenze der wahren Endpunkt-Energie des β-Spektrums von ^3H, d. h. dem letzten experimentellen Punkt im β-Spektrum, eine empir. obere Grenze für die Neutrino-Ruhmasse gewinnen kann, welche unabhängig von irgendeiner Theorie des β-Zerfalls ist u. nur die Annahme der Erhaltung von Masse u. Energie erfordert. Auf dieser Grundlage wurde l. c. die Größenordnung dieser oberen Grenze zu 1 keV abgeschätzt.
D. Jörchel. 90□

Die Eigenschaften der Antinucleonen. E. Segrè. (Fizikai Szemle [Physikal. Rdsch.] **11.** 149—54. Mai 1961.) (Ung.)

Nobel-Vortrag am 11/12. 1959 in Stockholm. J. Plank. 90

Elektrische und magnetische Polarisierbarkeiten des Nucleons. V. S. Barashenkov, H. J. Kaiser und A. A. Ogreba. (Nuovo Cimento [10] **20.** 593—95. 1/5. 1961. Dubna, Phys. Joint Inst. for Nucl. Res., Labor. of Theor. Phys.) (Engl.)

Eine theoret. Berechnung liefert für die elektr. Polarisierbarkeit des Nucleons $\alpha \approx 12\cdot10^{-43}$ cm³ u. für die magnet. $\beta \approx -0{,}2\cdot10^{-43}$ cm³. Wie eine Zusammenstellung zeigt, stehen diese Werte im Einklang mit experimentellen Abschätzungen.
M. Wiedemann. 90□

Eine neue Entwicklung in der Flächenmethode der Neutronenresonanzanalyse. J. E. Lynn. (Nuclear Physics [Amsterdam] **7.** 599—612. Aug. 1958. Harwell, Berks., A.E.R.E.) (Engl.)

Vf. erweitert die sog. „Flächen"-Meth. der Neutronenresonanzanalyse unter Einbeziehung des Effekts verschiedener Interferenzglieder, die in die Formel für die Neutronenresonanzquerschnitte eingehen können. Der Hauptinterferenzterm betrifft die Interferenz zwischen Resonanz- u. Potentialstreuung. Die Doppler-Verbreiterung wird durch eine numer. Berechnung berücksichtigt. Interferenzen durch andere Resonanzen lassen sich durch Kreuzterme zwischen Resonanzen darstellen u. können als Korrektur zur Flächenfunktion behandelt werden. Die prakt. Anwendbarkeit der gefundenen Formeln wird diskutiert. D. Jörchel. 90□

Anwendung der Variationsmethode auf die Neutronentransporttheorie. G. Rowlands. (J. nuclear Energy, Part A **13.** 176—82. Jan. 1961. Harwell, Berks., A.E.R.E.) (Engl.)

Die Variations-Meth. kann auf 2 verschiedene Arten in der Neutronentransport-heorie verwendet werden. Beispiele werden angegeben. M. Wiedemann. 90□

Stochastische Differentialgleichungen, die die Entwicklung der Neutronendichte in einem vervielfachenden Medium beschreiben. J. Larisse und P. Braffort. (J. nuclear Energy, Part A **13.** 133—40. Jan. 1961. Bruxelles, Communauté Europ. de l'Energie Atom.) (Franz.)

Vff. erhalten die stochast. Differentialgleichung für die Entw. der Populationsdichte (Neutronen) u. die zugehörige Diffusionsgleichung der Wahrscheinlichkeit. Das Energiespektrum der Schwankungen kann ermittelt werden. M. Wiedemann. 90□

Verteilungen des thermischen Neutronenflusses in Raum und Energie. Paul Michael. (Nuclear Sci. Engng. **8.** 426—31. Nov. 1960. Upton, N.Y., Brookhaven Nat. Labor.) (Engl.)

Berechnung der Raum–Energie-Verteilung therm. Neutronen in homogenen Medien nach der Diffusionsapproximation. Gerhard Schmidt. 90□

Übersicht über die Methoden zur Berechnung von Kernreaktoren. G. I. Martschuk. (Атомная Энергия [Atomenergie], **11.** 356—69. Okt. 1961.) (Russ.) — Vgl. C. **1960.** 2074.

Einige Fragen der Theorie u. die Berechnungs-Meth. von Reaktoren werden behandelt. Erörtert wird u. a. die Berechnung der Kompensations-Wrkg. der Regelstäbe u. der heterogenen Reaktoren. M. Wiedemann. 90□

Integrale Reaktortheorie. Orthogonalität und Folgerung. M. A. Robkin und M. Clark jun. (Nuclear Sci. Engng. **8.** 437—42. Nov. 1960. Cambridge, Mass., MIT, Dep. of Nucl. Engng.) (Engl.)

Theoret. Abhandlung über Neutronenverteilungen u. über die Gleichgewichtsgleichung für Neutronen. Gerhard Schmidt. 90□

Die Messung der Reaktivität. Cesar A. Sastre. (Nuclear Sci. Engng. **8.** 443—47. Nov. 1960. Upton, N.Y., Brookhaven Nat. Labor.) (Engl.)

Beschreibung der Verw. eines Analogrechners zur kontinuierlichen Messung der Reaktivität eines Kernreaktors. Die Programmierung der Maschine zur Lsg. der raumunabhängigen Reaktorkinetikgleichungen erfolgt durch die Daten einer Ionenkammer.
Gerhard Schmidt. 90□

Reaktivitätskoeffizienten von Oxiden der Seltenerdmetalle. J. Harry Mortenson und Russell M. Ball. (Nuclear Sci. Engng. **8.** 448—49. Nov. 1960. Lynchburg, Va., Babcock & Wilcox Comp., Atom. Energy Div., Critical Exp. Labor.) (Engl.)

Tabellar. Wiedergabe der Reaktivitätsdaten mit anderen Proben als den Seltenen Erden im Vgl. mit Proben der Seltenen Erden. Bei den Messungen werden die Proben aus dem Zentrum des krit. Reaktors entfernt, die Reaktivitätsänderung wird aus der sich ergebenden Reaktorperiode berechnet. Gerhard Schmidt. 90□

Einige in der Theorie der quadratischen Gitterzelle auftretenden Reihen. D. C. Leslie. (Nuclear Sci. Engng. **8.** 451—52. Nov. 1960. Winfrith, Dorchester, Unit. Kingdom Atom. Energy Authority.) (Engl.)

Entw. von Meth. zur Berechnung des Flusses u. der therm. Nutzung in der quadrat. Gitterzelle eines Reaktors. Gerhard Schmidt. 90□

Allgemeine Formulierung der praktischen Berechnung des Diffusionskoeffizienten in einem Löcher enthaltenden Gitter. P. Benoist. (J. nuclear Energy, Part A **13.** 97—111. Jan. 1961. Saclay, Centre d'Étud. Nucl., Serv. de Phys. Math.) (Franz.)

Entw. einer Berechnungs-Meth., um die Gew. der freien Weglängen der einzelnen Komponenten in die Best. der Diffusions-Koeff. einzuführen. Die Berechnung reduziert sich auf ein Stoßproblem in den verschiedenen Medien. M. Wiedemann. 90□

Messung der Laplace-Funktionen durch progressive Ersetzung. P. Bacher und R. Naudet. (J. nuclear Energy, Part A **13.** 112—27. Jan. 1961. Gif-sur-Yvette, Centre d'Étud. Nucl. de Saclay.) (Franz.)

Anwendung der Meth. auf den Brennstoffwechsel in D_2O- u. Graphitgittern. M. Wiedemann. 90□

Die Homogenisierung heterogener Reaktoren. C. Carter. (J. nuclear Energy, Part A **13.** 145—49. Jan. 1961. Harwell, Berks., A.E.R.E.) (Engl.)

Die Homogenisierungstheorie wird in Analogie zu Galanin [1955] entwickelt u. der Beweis für ein unendliches Gitter auf einen großen endlichen Reaktor übertragen. Es ergibt sich, daß die Homogenisierung nur für einen rechteckigen Reaktor mit bestimmten Grenzbedingungen streng gültig ist, aber eine gute Näherung für jeden Reaktor mit einer großen Anzahl Gitterzellen darstellt. M. Wiedemann. 90□

Wassermoderierte Cores mit Borstahltrennwänden bei erhöhten Temperaturen. G. D. Hickman, J. A. Bistline und L. A. MacNaughton. (Nuclear Sci. Engng. **8.** 381—92. Nov. 1960. Schenectady, N.Y., Knolls Atom Power Labor.) (Engl.)

Vff. untersuchen in einer krit. Anordnung bei einem $8 \times 30 \times 32$-in-Core den Einfl. von Borstahltrennwänden, die verschiedene Gew.-% ^{10}B enthalten. Die Eigenwerte u. Neutronendichteverteilungen werden mit den Werten verglichen, die unter Verw. der Wrkg.-Querschnitte von Deutsch (C. **1959.** 4681) berechnet worden sind. Gerhard Schmidt. 90□

Schwächung des Neutronenstromes im Betonschutz eines Synchrocyclotrons. M. M. Komotschkow. (Атомная Энергия [Atomenergie] **11.** 399—401. Okt. 1961.) (Russ.)

In den Betonschutz des Synchrocyclotrons wurden Neutronendetektoren eingeführt u. aus deren Aktivierung die Schwächungskurve der Neutronen in Abhängigkeit von der Betondicke bestimmt. Man kann danach 2 Neutronengruppen unterscheiden mit Werten für die Schwächung auf die halbe Intensität von 6—9 bzw. von 41—43 cm. Die 2. Gruppe dürfte bes. durch unelast. Stöße mit Kernen verlangsamt sein. M. Wiedemann. 90□

Deuteron-Wellenfunktionen und phänomenologische Zweinucleonenpotentiale. K. V. Laurikainen. (Suomalaisen Tiedeakatemian Toimituksia [Ann. Acad. Sci. fenn.], Sarja A I. **1959.** Nr. 27. 1—20.) (Engl.) — Vgl. C. **1959.** 12750.

Vf. behandelt die Frage der Wechselwrkg. zwischen 2 Nucleonen u. leitet dafür ein halbphänomenolog. Potential ab, das die beobachteten Tatsachen sehr genau bis zu Energien von einigen hundert MeV beschreibt. Wenn das Deuteron der einzige stabile Zustand des 2-Nucleonen-Syst. ist u. wenn die Eigg. dieses Zustandes aus dem Experiment gut bekannt sind, so gibt das neue Potential ein wichtiges Kriterium für alle 2-Nucleonen-Potentiale. M. Guerlin. 90□

Eigenschaften der Kernsubstanz. Victor Weisskopf. (Fizikai Szemle [Physikal. Rdsch.] **11.** 12—14. Jan. 1961. Cambridge, Mass.) (Ung.)

Vf. erklärt, warum sich die Nucleonen innerhalb des Kerns annähernd unabhängig bewegen, obwohl die Bestandteile des Kerns in starker Wechselwrkg. zueinander stehen. J. Plank. 95□

Über die Superfluidität der Kernmaterie. L. P. Rapoport und Ss. G. Kadmenski. (Журнал Экспериментальной и Теоретической Физики [J. exp. theoret. Physik] **40.** 183—93. Jan. 1961. Woronesh, Univ.) (Russ.; Auszug: Engl.)

Vff. klären die Bedingungen, unter denen Atomkerne superfluid werden können, u. weisen im Anschluß daran nach, daß in ^{3}He keine Superfluidität möglich ist.
G. Kirschstein. 95☐

Struktur von leichten Kernen. W. W. Balaschow, W. G. Neudatschin und Ju. F. Smirnow. (Известия Академии Наук СССР, Серия Физическая [Nachr. Akad. Wiss. UdSSR, physik. Ser.] **25.** 170—88. Febr. 1961. Moskau, Lomonossow-Univ., Forschungsinst. für Kernphysik.) (Russ.)

Übersicht. Behandelt werden u. a. der Einteilchenaspekt der Schalentheorie, die Konstruktion der Wellenfunktionen, die Berechnung der Spektren, elektromagnet. Momente u. Übergänge. M. Wiedemann. 95☐

Deformation leichter Kerne. Min Jui, Zeja-Sjan Den, Sjo-Tschen Zshou und Jan-Go Li. (Acta physica sinica **14.** 449—68. 1958.) (Chin.; Auszug: Russ.)

Mathemat. Betrachtung der Zusammenhänge von normalen u. angeregten Zuständen leichter Kerne (^{17}O bis ^{29}Si) mit der Deformation sowie Best. des Einfl. gepaarter Energieträger u. rotierender Anregungen. Es zeigt sich, daß der Einfl. rotierender Anregungen auf die Deformation bedeutende Werte erreicht, wobei in manchen Fällen die Ordnung der Energieniveaus geändert wird. J. Tůmová. 95☐

Oktupolvibrationen deformierter gerader Kerne. P. O. Lipas und J. P. Davidson. (Nuclear Physics [Amsterdam] **26.** 80—90. Juli 1961. Troy, N.Y., Rensselaer Polytechn. Inst., Dep. of Phys.) (Engl.)

Die durch Anwendung der Schrödinger-Gleichung erhaltenen β-Vibrationen u. „b-Vibrationen" deformierter gerader Kerne führen zu weiteren Gleichungen, die formal als entartetes Störungsproblem gelöst werden. H. Schroeder. 95☐

Spin-Bahn-Kopplung im Kern. Ljan-Juan Tschu. (Acta physica sinica **14.** 469—78. 1958.) (Chin.; Auszug: Russ.)

Mit Hilfe der Phasenbewegung von 2 Körpern wird der Abstand der Energieniveaus von Dublettzuständen berechnet u. an Beispielen von ^{207}Pb, ^{41}Ca u. ^{15}N die gute Übereinstimmung mit dem Experiment gezeigt. Mittels der Spin-Bahn-Kopplungen wird eine Beziehung abgeleitet, welcher die zwischen 2 Nucleonen bestehenden Kräfte entsprechen. J. Tůmová. 95☐

Eine Näherung an eine relativistische Theorie starker Kopplung. Shoichi Hori. (Nuclear Physics [Amsterdam] **30.** 644—63. März 1962. Copenhagen, Univ., Inst. for Theoret. Fys.) (Engl.)

Ableitung mehrerer funktioneller Differentialgleichungen, die den S (Vakuum)-Wert befriedigen u. bei denen die Kopplungs-Konst. g u. die Quellenfunktionen Variable sind.
Gerhard Schmidt. 95☐

Über die Berechnung der magnetischen Kernmomente von $^{2}S_{1/2}$-Atomen aus Hyperfeinstrukturdaten. W. W. Holloway jun. (Z. Naturforsch. **17a.** 89—90. Jan. 1962. Kiel, Univ., Inst. für Experimentalphas.) (Engl.)

Nach der Formel von Fermi-Goudsmit-Segré berechnet Vf. aus den Ergebnissen von Hyperfeinstrukturmessungen die magnet. Kernmomente der $^{2}S_{1/2}$-Atome ^{7}Li, ^{23}Na u. ^{39}K. G. Ruban. 95☐

Das Entstehen der Elemente. Lajos Pócs. (Fizikai Szemle [Physikal. Rdsch.] **11.** 25—30. Jan. 50—55. Febr. 84—88. März 1961. Budapest, Zentralforsch.-Inst. für Phys.) (Ung.)

Entstehen der Elemente in den Sternen aus H infolge thermonuclearer Rkk. u. durch Einbau von Neutronen, Entw. der Sterne u. Bldg. der schwersten Kerne bei der Supernova-Explosion. J. Plank. 103

Physikalische Untersuchungen des Cyclotronlaboratoriums des I. W. Kurtschatow-Instituts für Atomenergie. N. A. Wlassow und Ss. P. Kalinin. (Атомная Энергия [Atomenergie] **11.** 345—55. Okt. 1961.) (Russ.)

Ausführlich erörtert werden die Arbeiten zur Neutronenspektrometrie u. die Unterss. von Kernreaktionen, bei denen T entsteht. Spektrum, differentielle Wrkg.-Querschnitte u. Polarisation sind für Neutronen der Rkk. Li + d, T(p, n)^{3}He, ^{3}He + d, ^{4}He + d u. ^{51}V(α, n)^{54}Mn angeführt, ferner wird die Spaltung von ^{232}Th behandelt. Unter den T liefernden Rkk. werden erörtert: ^{7}Li(d, t)^{6}Li, ^{91}Zr(d, t)^{90}Zr, ^{92}Zr(d, t)^{91}Zr u. ^{94}Zr(d, t)^{93}Zr.
M. Wiedemann. 103☐

Untersuchung der Winkelverteilung von Tritonen, erzeugt durch Deuteronen von circa 0,9 MeV auf Beryllium. Jurić K. Mira und Zarubica N. Dragica. (Bull. Inst. nuclear Sci. „Boris Kidrich" **8.** 17—22. 1958. Labor. of Phys.) (Engl.)

Vff. untersuchen bei Deuteronenenergien von 636, 653, 697, 826, 869, 908, 920 u. 993 keV (±3%) die Winkelverteilung der Tritonen aus der Rk. ^{9}Be(d, t)^{8}Be sowie die Tritonenausbeute im Vgl. zur Protonenausbeute. G. Ruban. 103☐

γ-Strahlung aus dem Beschuß von ^{16}O- und ^{19}F-Kernen mit 150-MeV-Protonen. K. J. Foley, G. L. Salmon und A. B. Clegg. (Nuclear Physics [Amsterdam] **31.** 43—52. März 1962. Oxford, Clarendon Labor.) (Engl.)

Vff. messen die γ-Strahlung aus gebundenen angeregten Zuständen der Restkerne aus Rkk., die in ^{16}O u. ^{19}F durch 150-MeV-Protonen induziert worden sind, zusammen mit den radioakt. Kernen, die beim Beschuß von ^{16}O erzeugt worden sind. Die Ergebnisse liefern ein Maß für die Entstehung des Grundzustandes von ^{15}O aus der ^{16}O(p, pn)-Reaktion. Die Beobachtung des kleinen Querschnitts für die Erzeugung des ersten angeregten Zustandes von ^{12}C bei der Rk. ^{16}O(p, pα) stützt die Anwendbarkeit der Schalenmodell-Wellenfunktion des Grundzustandes von ^{16}O. Die Querschnitte für die Rkk. ^{19}F(p, pα)^{15}N u. ^{19}F(p, pt), die zu angeregten Zuständen der Restkerne führen, sind klein aber endlich. Gerhard Schmidt. 103□

Langlebiges ^{26}Al-Isotop im Aluminium als Bauelement eines Kernreaktors. Ss. Ss. Wassiljew, T. N. Michalewa, N. P. Rudenko, A. I. Ssewasstjanow und W. Ss. Sasulin. (Атомная Энергия [Atomenergie] **11.** 401—03. Okt. 1961.) (Russ.)

Die Unters. der Bauelemente des Reaktors aus Al ergab einen Geh. an dem langlebigen Nuclid ^{26}Al (7,83·10^5 a) von 2,5·10^4 Zerfällen/min·g. Zum Nachw. diente die γ-Linie mit 1,83 MeV, die mittels eines Scintillationsspektrometers untersucht wurde. M. Wiedemann. 103□

Gesichtspunkte des Zerfalls von ^{27}Mg und von ^{89}Zr. S. Monaro, G. B. Vingiani und R. Van Lieshout. (Physica [Utrecht] **27.** 985—93. Okt. 1961. Amsterdam, Inst. voor kernphys. Onderz.) (Engl.)

Vff. führten eine erneute Best. der relativen Intensitäten der beim Zerfall von ^{27}Mg auftretenden γ-Quanten $E_\gamma = 1{,}015$ MeV u. $E_\gamma = 0{,}834$ MeV durch u. erhielten ein Verhältnis von $(42 \pm 2):100$. Bei der Unters. des Zerfalls von ^{89}Zr wurde die Intensität der Positronen relativ zu den 0,915-MeV-γ-Quanten zu $(44{,}5 \pm 1{,}5):100$ bestimmt; daraus ergab sich $\varepsilon/\beta^+ = 3{,}54 \pm 0{,}14$ in Übereinstimmung mit dem theoret. Wert. Außerdem wurde eine neue γ-Energie bei $1{,}75 \pm 0{,}02$ MeV beobachtet. H. Schroeder. 103□

Die Zirkularpolarisation von γ-Strahlen beim β-Zerfall von ^{95}Nb. H. Appel, R. Blatter und H. Schopper. (Nuclear Physics [Amsterdam] **30.** 688—90. März 1962. Mainz, Univ., Inst. für Kernphys.) (Engl.)

Durch Unters. der Paritätsnichterhaltung beim β-Zerfall bestimmen Vff. den Asymmetrie-Koeff. für die β–γ-Zirkularpolarisation des ^{95}Nb-Zerfalls zu $A = 0{,}49 \pm 0{,}08$. Dieser Wert stimmt mit der Spinfolge $9/2 \to 7/2 \to 5/2$ u. einem im wesentlichen reinen Ml-γ-Übergang überein. Gerhard Schmidt. 103□

Das Niveauschema von ^{112}Cd. R. K. Girgis und R. Van Lieshout. (Physica [Utrecht] **25.** 1200—10. Nov. 1959. Amsterdam, Inst. voor kernphys. Onderz.) (Engl.)

Vff. untersuchen das Niveauschema von ^{112}Cd durch Beobachtung des γ-Spektrums aus dem Zerfall von ^{112}Ag, bei dem Niveaus in diesem Nuclid angeregt werden. Für die Verss. wird eine ^{112}Pd–^{112}Ag-Quelle im Gleichgew. verwendet. Die γ-Strahlen von 615, 690, 785, 855, 980, 1090, 1210, 1310, 1400, 1490, 1620, 1810, 1930, 2110, 2240, 2300, 2520, 2540, 2680, 2710, 2830, 2950, 3100 u. 3280 keV folgen dem Zerfall von ^{112}Ag. Das Summenspektrum wird unter Verw. eines NaJ(Tl)-Kristalls vom Muldentyp mit der Quelle in verschiedener Geometrie untersucht, wobei Summenpeaks von 3560, 3300, 3130, 2830, 2710, 2450, 2230 u. 2050 keV beobachtet werden. Die γ–γ-Koinzidenzen werden mit einem üblichen fast-slow-Koinzidenzkreis durchgeführt. Es wird ein Niveauschema für ^{112}Cd wiedergegeben, das auf den Intensitätswerten der verschiedenen γ-Strahlen nach dem Zerfall von ^{112}Ag u. auf den Summen- u. γ–γ-Koinzidenzmessungen basiert. Gerhard Schmidt. 103□

Das Niveauschema von ^{134}Ba. Einige Eigenschaften des NaJ-Summenspektrometers. R. K. Girgis und R. Van Lieshout. (Nuclear Physics [Amsterdam] **12.** 672—88. Sept. 1959.) (Engl.) — Vgl. vorst. Referat.

Vff. führen eine detaillierte Analyse des γ-Spektrums von ^{134}Cs durch. ^{134}Cs-Quellen werden durch (d, p)-Rk. auf Cs erzeugt, wobei CsCl mit 18-MeV-Deuteronen im Synchrocyclotron bestrahlt wird. Die verwendeten ^{134}La-Quellen werden durch (α, 3n)-Rk. auf Cs erzeugt, wobei CsCl mit α-Teilchen von ca. 45 MeV im Synchrocyclotron bestrahlt wird. Die Ergebnisse stimmen mit früheren Messungen überein, jedoch werden zusätzlich 2 schwache γ-Strahlen bei 960 u. 1570 keV erhalten. Summenpeaks von 1,17, 1,40, 1,57, 1,64, 1,77 u. 1,97 MeV werden beobachtet, die die Ggw. von Niveaus dieser Energien in ^{134}Ba festsetzen. Das γ-Spektrum aus dem Zerfall von ^{134}La wird ebenfalls untersucht. Es wird nur ein γ-Strahl von 605 keV beobachtet, wodurch bestätigt wird, daß das erste 2$^+$-Niveau in ^{134}Ba diese Energie besitzt. Die Eigg. des NaJ-Summenspektrometers werden erläutert. Gerhard Schmidt. 103□

Die γ-Strahlung von ^{146}Eu. E. Je. Berlowitsch, W. N. Klementjew, L. W. Krassnow und M. K. Nikitin. (Известия Академии Наук СССР, Серия Физическая [Nachr. Akad. Wiss. UdSSR, physik. Ser.] **25.** 207—11. Febr. 1961. Physikotechn. Ioffe-Inst. der Akad. der Wiss. der UdSSR.) (Russ.)

Ta wurde mit 660-MeV-Protonen bestrahlt, die Gd-Fraktion chromatograph. abgetrennt u. mittels eines Doppel-Koinzidenz-Scintillationsspektrometers mit einem NaJ-Kristall folgende γ-Linien (in MeV) von ^{146}Eu (5 Tage) bestimmt: 0,64 (1 relative Intensität), 0,74 (1,00), 0,91 (0,10), 1,07 + 1,17 (0,14), 1,26 + 1,31 (0,10), 1,45 + 1,56 (0,13) 1,8 (0,02), 1,94 + 2,06 + 2,19 (0,04), 2,4 (0,01). Dem Termschema von ^{146}*Sm* werden folgende Niveaus zugeordnet: 0,74; 1,38; 2,3; 2,45; 2,7; 3,2 u. 3,5 MeV.

M. Wiedemann. 103□

Untersuchung der Kernniveaus von ^{147}Eu, ^{149}Eu und ^{151}Eu. E. Je. Berlowitsch, W. N. Klementjew, L. W. Krassnow und M. K. Nikitin. (Известия Академии Наук СССР, Серия Физическая [Nachr. Akad. Wiss. UdSSR, physik. Ser.] **25.** 212—17. Febr. 1961.) (Russ.) — Vgl. vorst. Referat.

Durch Beschuß von Ta mit 660-MeV-Protonen wurden Seltenerdmetalle gewonnen, die Gd-Fraktion wurde chromatograph. abgetrennt u. die γ-Linien von ^{147}*Gd*, ^{149}*Gd* u. ^{151}*Gd* mittels eines Doppel-Koinzidenz-Scintillationsspektrometers untersucht. Das Auftreten von Kaskaden wurde bestimmt. Das Termschema von ^{147}Eu ist wiedergegeben. Für einige der angeregten Niveaus sind die Halbwertszeiten angeführt.

M. Wiedemann. 103□

Messung der Lebensdauer der ersten angeregten Zustände von ^{159}Tb und ^{173}Yb mit dem Mehrkanal–Zeitanalysator. E. Je. Berlowitsch, M. P. Bonitz und W. W. Nikitin. (Известия Академии Наук СССР, Серия Физическая [Nachr. Akad. Wiss. UdSSR, physik. Ser.] **25.** 218—27. Febr. 1961.) (Russ.) — Vgl. vorst. Referate.

Zur Messung von Lebensdauern angeregter Niveaus mit 10^{-11} bis 10^{-10} s u. Übergängen mit niedriger Energie wurde ein Mehrkanal–Zeitanalysator konstruiert. Als Vgl.-Quellen dienten ^{60}Co u. auch die 279-keV-Strahlung von ^{203}Tl (^{203}Hg-Quelle) mit $2{,}90 \pm 0{,}12 \cdot 10^{-10}$ s. Die 58-keV-Strahlung von ^{159}Tb tritt beim K-Einfang von ^{159}Dy auf, sie ist stark konvertiert. Es ergab sich eine Halbwertszeit von $1{,}3 \pm 0{,}4 \cdot 10^{-10}$s. Für das 59-keV-Niveau von ^{173}Yb ergab sich $T_{1/2} = 3{,}8 \pm 0{,}5 \cdot 10^{-11}$s. Es handelt sich in beiden Fällen um Ml-Übergänge. Die Faktoren g_R wurden zu 0,44 bzw. 0,35 bestimmt.

M. Wiedemann. 103□

Der Kernphotoeffekt in Holmium und Erbium. E. G. Fuller und Evans Hayward. (Nuclear Physics [Amsterdam] **30.** 613—35. März 1962. Washington, D. C., Nat. Bur. of Standards.) (Engl.)

Vff. bestimmen die Querschnitte der Photoneutronenausbeute u. Photonenstreuung im Riesenresonanzbereich für Ho u. Er. Die experimentelle Anordnung für die Messungen der Neutronenausbeute besteht aus 12 BF_3-Zählern in einem Moderator aus Paraffinwachs. Innerhalb der experimentellen Ungenauigkeiten sind beide Querschnitte für die beiden Targetsubstanzen gleich. Der bis 23 MeV integrierte Absorptionsquerschnitt ist $3{,}20 \pm 0{,}48$ MeV·barn. Das intrinsike Kernquadrupolmoment, das aus der Riesenresonanzaufspaltung bestimmt wird, ist $7{,}6 \pm 1{,}1$ barn. Die beobachteten Streuquerschnitte sind groß im Vgl. zu den aus dem beobachteten Absorptionsquerschnitt berechneten, wobei das opt. Theorem u. die Dispersionsbeziehung verwendet worden sind.

Gerhard Schmidt. 103□

Spektrum von Konversionselektronen der Holmiumfraktion bei der Ta + p-Reaktion. A. Ss. Bassina, K. Ja. Gromow, B. Ss. Dshelepow und W. A. Morosow. (Известия Академии Наук СССР, Серия Физическая [Nachr. Akad. Wiss. UdSSR, physik. Ser.] **25.** 194—98. Febr. 1961.) (Russ.)

Durch Spaltung von Ta mit Synchrocyclotronprotonen wurden Ho-Nuclide erhalten, das Spektrum der Konversionselektronen wurde mittels eines Linsen-β-Spektrometers mit 1,9% Auflösungsvermögen im Bereich 30—1000 keV untersucht. Die Konversionslinien, die entsprechenden Energien, teilweise auch die Multipolarität nachst. Nuclide wurden bestimmt: ^{160}Ho (5 ± 0,5 h), ^{161}Ho (3 ± 0,5 h), ^{156}Ho (55 ± 5 min), ^{158}Ho (30 ± 5 min), ^{155}Ho (46 min) → ^{155}*Dy* (10 h) → ^{155}*Tb* (5,6 d) → ^{155}*Gd*.

M. Wiedemann. 103□

Die γ-Strahlung von ^{182}Ta. N. A. Woinowa, B. Ss. Dshelepow und Ju. W. Cholnow. (Известия Академии Наук СССР, Серия Физическая [Nachr. Akad. Wiss. UdSSR, physik. Ser.] **25.** 233—36. Febr. 1961. Chlopin-Strahlungsinst. der Akad. der Wiss. der UdSSR.) (Russ.)

Eine Ta-Folie wurde mit Neutronen aktiviert u. mittels Rytron u. Photorytron an dieser 2-c-Quelle im Bereich von 65—1610 keV das γ-Spektrum, das äußerst komplex ist, bestimmt. Die relativen Intensitäten werden ermittelt.

M. Wiedemann. 103□

Relative Intensitäten einiger γ-Linien im ^{182}Ta-Spektrum. W. D. Witman, N. A. Woinowa, B. Ss. Dshelepow und A. A. Karan. (Известия Академии Наук СССР, Серия Физическая [Nachr. Akad. Wiss. UdSSR, physik. Ser.] **25.** 199—200. Febr. 1961. Allunions-Mendelejew-Forschungsinst. für Metrologie, Physik.-Techn. Inst. der Akad. der Wiss. der UdSSR.) (Russ.)

Das Spektrum der Rückstoßelektronen der γ-Strahlung von ^{182}Ta im Energiebereich von 975—1280 keV wurde aufgenommen. Es wurden folgende Energien in keV u. relative Intensitäten der γ-Linien beobachtet: 892,4 (< 0,5), 1002 (5 ± 2), 1046 (0,9), 1121 (100), 1155 (3,6 ± 1,0), 1187 (44 ± 3), 1221 (80 ± 6), 1232 (25 ± 5), 1259 (4 ± 1).
M. Wiedemann. 103□

Relative Intensitäten der γ-Strahlen von RaC im 1300—2520-eV-Bereich. W. D. Witman, B. Ss. Dshelepow und A. A. Karan. (Известия Академии Наук СССР, Серия Физическая [Nachr. Akad. Wiss. UdSSR, physik. Ser.] **25.** 201—06. Febr. 1961.) (Russ.) — Vgl. vorst. Referat.

Mittels eines Elotrons wurde an einer 4-g-$RaBr_2$-Quelle das γ-Spektrum von RaC im Bereich von 1300—2520 keV bestimmt. Die Energien sowie die relativen Intensitäten der Linien sind aufgeführt, zahlreiche Linien wurden erstmalig aufgelöst.
M. Wiedemann. 103□

Die den α-Zerfall von ^{229}Th begleitenden Konversionsübergänge und das Schema der ^{225}Ra-Niveaus. Je. F. Tretjakow, N. I. Pirogowa und L. L. Goldin. (Известия Академии Наук СССР, Серия Физическая [Nachr. Akad. Wiss. UdSSR, physik. Ser.] **25.** 274—82. Febr. 1961. Inst. für theoret. u. exp. Phys. der Akad. der Wiss. der UdSSR.) (Russ.)

^{229}Th wurde chem. aus einem alten ^{233}U-Präp. abgetrennt u. die Konversionselektronen in ^{225}Ra untersucht. Es wurden α-e_K-, γ-e_K- u. e_K-γ-Koinzidenzen aufgenommen, für die Konversionselektronen wurde ein Toroid-β-Spektrometer verwendet. 77 Konversionslinien mit 6,1—222,8 keV sind mit relativer Intensität u. Zuordnung tabelliert, ferner 11 Übergänge zwischen den Niveaus. Das Termschema von ^{225}Ra ist wiedergegeben, Spins u. Paritäten sind zugeordnet. M. Wiedemann. 103□

Komplexe Spaltung von Uran durch 2,5-MeV-Neutronen. Z. I. Solov'eva. (Reactor Sci. Technol. **15.** 62—63. Sept. 1961.) (Engl.) — C. **1961.** 8186.
E. Klever. 103□

Vergleich der Messungen mit einer nach der Monte-Carlo-Methode berechneten räumlichen Verteilung des Resonanzneutroneneinfangs in einem Uranstab. G. Smith, J. Hardy jun. und D. Klein. (Nuclear Sci. Engng. **8.** 449—51. Nov. 1960. Pittsburgh, Pa., Westinghouse Electr. Corp., Bettis Atom. Power Labor.) (Engl.)

Das verwendete Verf. liefert eine detaillierte Vorhersage der räumlichen Verteilung des Resonanzneutroneneinfangs über den Durchmesser eines U-Stabes. Die Übereinstimmung zwischen Experiment u. Berechnung rechtfertigt die Behandlung höherer Energieresonanzen. Gerhard Schmidt. 103□

Neue Erkenntnisse auf dem Gebiet der gesteuerten thermonuclearen Reaktion. Jaromír Tobiáš. (Pokroky Mat., Fysiky Astronom. **4.** 679—87. 1959. Praha, Katedra fys. a elektrotechn. fak. Čes. vys. učení techn.) (Tschech.) — Vgl. C. **1961.** 12727 u. C. **1962.** 9601.

Konstruktionschemata der Apparaturen. — 18 Literaturangaben. J. Tůmová. 110□

Hochfrequenzcharakteristik eines „langen" Resonators in einem Linearbeschleuniger für schwere Teilchen. L. I. Bolotin, W. O. Bomko und Je. I. Rewutzki. (Український Фізичний Журнал [Ukrain. physik. J.] **6.** 157—62. März/April 1961.) (Ukrain.; Auszug: Engl.)

Ein Linearbeschleuniger für mehrfach geladene Teilchen mit der großen Resonatorlänge von 18 m wurde konstruiert. Die Feldverteilung wurde untersucht. Ferner wurde die Frage der Anregung des Resonators durch Autogeneratoren geprüft.
M. Wiedemann. 112□

Egalisierung eines beschleunigenden Feldes in einem „langen" Resonator eines Linearbeschleunigers für schwere Teilchen. L. I. Bolotin, W. O. Bomko und Je. I. Rewutzki. (Український Фізичний Журнал [Ukrain. physik. J.] **6.** 163—67. März/April 1961. Charkow, Physik.-techn. Inst. der Akad. der Wiss. der UkrainSSR.) (Ukrain.; Auszug: Engl.)

Es wurde ein Verf. zur Egalisierung des beschleunigenden Felds in einem Linearbeschleuniger mit großer elektr. Resonatorlänge ausgearbeitet, das Feld konnte bis auf 1—2% homogen gehalten werden. M. Wiedemann. 112□

Die Dämpfung von Teilchenschwingungen in einem allgemeinen Feld mit periodischer Struktur. 1. Mitt. J. Teichman und R. Klima. (Czechoslov. J. Physics B **11.** 307—19. 1961. Prag, Inst. für Vakuumelektron.) (Russ.) — Vgl. C. **1961.** 18211.

Die Dynamik von Teilchen im Bereich einer Gleichgewichtsbahn in einem elektromagnet. Feld, das eine period. Struktur besitzt, wird behandelt. Für die Dämpfung von Cyclotronschwingungen werden Beziehungen abgeleitet. M. Wiedemann. 112□

Ein kleines doppelfokussierendes Massenspektrometer für allgemeine Verwendungszwecke. Alfred O. Nier. (Rev. sci. Instruments **31.** 1127—32. Okt. 1960. Minneapolis, Minn., Univ. of Minnesota.) (Engl.)

Beschreibung eines kleinen doppelfokussierenden Masssenspektrometers mit einem 90°-elektrostat. u. 60°-magnet. Analysator. Das Auflösungsvermögen u. die Empfindlichkeit sind vergleichbar mit denen viel größerer Spektrometer, die nur einen magnet. Analysator besitzen. Gewicht u. Energieverbrauch sind gering. J.-M. Spaeth. 112□

Eine elektromagnetische Isotopentrennanlage und ihre Verwendung in Kernforschungslaboratorien. J. Koch und K. O. Nielsen. (Proc. int. Conf. peaceful Uses Atomic Energy **14. 39—43.** 1955. Copenhagen, Univ., Inst. for Theor. Phys.) (Engl.)

Es wird eine elektromagnet. App. für die Isotopentrennung beschrieben. Die App. wurde zur Trennung der Isotope $^{33}P/^{32}$P u. $^{85}Kr/^{84}$Kr u. zur Herst. von starken ^{222}Em- u. ^{203}Hg-Quellen benutzt. W. Karcher. 112□

Grenzauflösungsvermögen von Elektronenspektrometern. L. Marton. (Rev. sci. Instruments **29. 438**—40. Mai 1958. Washington, D. C., Nat. Bur. of Stand.) (Engl.)— Vgl. C. **1961. 4238.** Ch. Weiske. 112□

Verwendung eines ß-Spektrometers mit linear ansteigendem Magnetfeld. G. A. Groma und E. F. Pócza. (Rev. sci. Instruments **29. 442**—43. Mai 1958. Budapest, Eötvös Univ., Dep. of Phys.) (Engl.)

Charakteristik des Spektrometers. Ch. Weiske. 112□

Ionisations-α-Spektrometer mit großer Auflösung. G. Je. Kotscharow und G. A. Korolew. (Известия Академии Наук СССР, Серия Физическая [Nachr. Akad. Wiss. UdSSR, physik. Ser.] **25. 237**—56. Febr. 1961. Physik.-techn. Inst. der Akad. der Wiss. der UdSSR.) (Russ.)

Es wurde ein α-Spektrometer mit hohem Auflösungsvermögen, Linienhalbbreite 25—30 keV u. großer Lichtstärke konstruiert. Die Ionisationskammer war mit einem Gitter versehen. Die Fluktuation, das Rauschen, der Einfl. der Dicke der Quelle u. der Elektronen werden behandelt. Die Kollimation wurde elektr. bewirkt. Zur Gasfüllung eignet sich Ar + CH_4. Die α-Spektren von Th- u. U-Isotopen sowie von Ra wurden vermessen. M. Wiedemann. 112□

Methan-Diffusionskammer für die Neutronenspektroskopie. M. F. Wlassow, M. B. Fedorow und W. P. Wertebni. (Український Фізичний Журнал [Ukrain. physik. J.] **6. 186**—90. März/April 1961. Kiew, Inst. für Phys. der Akad. der UkrainSSR.) (Ukrain.; Auszug: Engl.)

Es wurde eine Methan-Diffusionskammer konstruiert, die bei normalem Druck arbeitet. Das Syst. zur Abkühlung des Bodens u. zur Temp.-Regulierung ist beschrieben. Die Kammer eignet sich zur Spektroskopie schneller Neutronen mit 1—3 MeV. Die Bahnen der Rückstoßprotonen der D(d, n)-Neutronen sind wiedergegeben. M. Wiedemann. 112□

Präzisions-Quantameter für Röntgenstrahlen hoher Energie. Robert R. Wilson. (Nuclear Instruments Methods [Amsterdam] **1.** 101—06. März 1957. Ithaca, N. Y., Cornell Univ.) (Engl.)

Beschreibung einer Ionisationskammer zur Verw. als Standard bei Intensitätsmessungen an Photonenstrahlen hoher Energie. Die Kammer besteht aus 12 Cu-Platten (Dicke 1 cm), so daß nahezu alle Energie der Photonen in der Kammer absorbiert wird. Die Ionisation im Schauer wird in den 12 Lücken zwischen den Platten untersucht. Die Lückenbreiten werden so eingerichtet, daß die Simpsonsche Integrationsregel für die Schauerkurve automat. angewendet werden kann. Die Gesamtenergie eines Photonenstrahls ist genau proportional der gemessenen Ionisationsladung, unabhängig von der spektralen Form des Strahls. Eine abs. Eichung der Kammer ist mit einer Genauigkeit von wenigen % berechnet worden. M. Guerlin. 112□

Die Rekombination von positiven Ionen und Elektronen in Stickstoff. Pierre Marin und Vo-Xuan Bang. (J. Physique Radium **20. 444**—46. Febr./März 1959. École Norm. Supér., Labor. de Phys.) (Franz.)

Die Best. des Sättigungsstromes in einer Ionisationskammer aus der Rekombination der positiven Ionen mit den Elektronen wird rechner. für einen Rekombinationsraum mit u. ohne elektr. Feld behandelt. In einer Druckionisationskammer (N_2, 2,3—5 at, Spannung 4200 V) wurde der Rekombinations-Koeff. mit *Po* als Strahlquelle innerhalb der Kammer gemessen, wobei aus der Rk. ^{14}N(n, α)^{11}B ^{11}B-Ionen resultieren. W. Reusse. 112□

Die Methoden und Probleme der modernen Dosimetrie. László Bozóki. (Fizikai Szemle [Physikal. Rdsch.] **11.** 135—41. Mai 1961. Budapest, Onkolog. Inst.) (Ung.)
Übersicht. J. Plank. 112

Die Schutzdosimetrie der Röntgen- und γ-Strahlung nach der photographischen Methode. F. Běhounek, J. Klumpar, J. Kočí und P. Jiroušek. (Czechoslov. J. Physics **7.** 599—613. 1957. Prag, Tschechoslow. Akad. der Wiss., Inst. für Kern-Phys.) (Dt.)

Vff. untersuchten die Einfl. der Strahlungsdosis, der effektiven Energie der Strahlung, der Filterung, des Strahlungswinkels u. der Rückstrahlung auf das zur Messung von Strahlungsdosen verwendete Photoemulsions-Verf. (Film-Meth.). Es wurde festgestellt, daß sich im Falle der Schutzdosimetrie die Film-Meth. mit Vorteil nur dann anwenden läßt, wenn es sich um eine Strahlung mit bekannter Energie handelt, wie z. B. bei radiotherapeut. (onkolog.) Arbeitsstätten, in Reaktorhallen usw. Im Hinblick auf die Genauigkeit sind die Ionisations- u. Zähler-Meth. überlegen. Wolfgang Krüger. 112□

Quecksilber-γ-Calorimeter. Je. A. Cholnowa. (Известия Академии Наук СССР, Серия Физическая [Nachr. Akad. Wiss. UdSSR, physik. Ser.] **25.** 257—60. Febr. 1961. Allunions-Mendelejew-Forschungsinst. für Metrologie.) (Russ.)

Für relativ schwache Präpp. (z. B. ^{60}Co von 2—5 mc) wurde ein Hg-γ-Calorimeter konstruiert, dessen Daten denen des Pb-Calorimeters gegenüber gestellt werden. Im Prinzip handelt es sich um ein Thermometer mit großem Hg-Reservoir. Die Temp.-Messung erfolgt auf 0,0001°. Das Calorimeter befindet sich in einem Cu-Block.
M. Wiedemann. 112□

Beseitigung radioaktiver Abfälle. M. Guillot. (XVII. int. Kongr. reine angew. Chem., München **2.** 331—40. 1959, herausgeg. 1960. Paris, Univ., Fac. de Pharm.) (Franz.)
Vortrag. — 9 Literaturangaben. P. Golinske. 112□

Eigenschaften von elektrostatischen Ausfällapparaturen zur Messung von radioaktiven Aerosolen. Allan Bergstedt. (Proc. int. Conf. peaceful Uses Atomic Energy **9.** 764—66. 1956. Stockholm, Aktiebolaget Atomenergi, Dep. of Phys.) (Engl.)

Es wird eine App. beschrieben, in der die effektive Teilchen-Geschw. bis zum 10-fachen Wert der begrenzenden Geschw. in einer App. vom Cottrell-Typ gebracht werden kann. Die Auffangbeute wird in Abhängigkeit von der Durchfluß-Geschw. q für einen Coronastrom von 1,5 mA u. einen Abstand zwischen Spitzen- u. Plattenelektrode von 5,60 mm ermittelt. Für $q > 0{,}3\ m^3/min$ stimmen die experimentellen u. theoret. Ausbeuten sehr gut überein. Die effektive Teilchen-Geschw. wird für Entladungsstrecken von 3,95, 5,60 u. 6,90 mm untersucht. Bei einer gegebenen Eingangsleistung wird eine höhere Teilchen-Geschw. bei großen Entladungsstrecken erreicht, wenn diese ca. >5 mm ist. H. Liepack. 112□

A$_2$. Optisches Verhalten der Materie

Analyse der statistischen Dichtematrix. K. M. King und L. H. Thomas. (Physic. Rev. [2] **124.** 785—92. 1/11. 1961. New York, N. Y., Columbia Univ., Watson Sci. Comput. Labor.) (Engl.)

Es wurde ein verallgemeinerter Ausdruck für das statist. Feld erhalten, der die Thomas-Fermi- u. Thomas-Fermi-Dirac-Felder als Spezialfälle mit einschließt. Das Verh. von Energie, Ladungsdichte, Grenzdichte u. Eletronengruppen wurde für verschiedene Felder untersucht. Man erhält Felder mit Austausch, die sich wie das Thomas-Fermi-Feld an der Grenze verhalten. Es wurde eine Singularität in der Thomas-Fermi-Dichtematrix gefunden, die zu einer Oscillation des Vorzeichens der Ladung in Zuständen mit großem Drehimpuls führt. Diese Singularität steht zu der endlichen Begrenzung der Thomas-Fermi-Dirac-Verteilung in Beziehung. Ein der Fourier-Komponenten u. Wellenfunktionen, wie sie sich aus den statist. Dichtematrizen für Cu^+ ergeben, mit den entsprechenden Hartree-Fock-Werten ergab, daß es nicht prakt. wäre, die statist. Dichtematrix zur Grundlage einer Hartree-Fock-Näherung zu machen.
H. Laue. 114□

Über die asymptotischen Phasenverschiebungen in der Methode der Partialwellen bei Streuung von Elektronen am Thomas-Fermi-Atom. Tomasz Gajewski. (Ann. Physik [7] **1.** 232—37. 1958. Lodz, Polen, Univ., Inst. für theoret. Phys.) (Dt.)

Während bei den bisher benutzten Potentialen des statist. Atommodells von Thomas-Fermi die für die Wrkg.-Querschnitte wichtigen Phasenverschiebungen nur auf numer. Wege berechnet wurden, betrachtet Vf. das von Buchdahl (Ann. Physics **17.** [1955.] 238) angegebene Potential u. zeigt, daß damit die Henneberg sche asymptot. Formel für die Phasenverschiebungen [1933] zu integrierbaren Ausdrücken führt.
D. Jörchel. 114□

Streuvermögen von Atomen für Röntgen- und Elektronenstrahlen nach der statistischen Theorie des Atoms. T. Tietz. (Ann. Physik [7] **2.** 41–45. 1958. Lodz, Polen, Univ., Theoret.-physikal. Inst.) (Dt.)

Ausgehend von der HEISENBERGschen Streuformel [1931], leitet Vf. unter Verw. der TIETZschen u. der BUCHDAHLschen Funktionen als Approximationen der THOMAS-FERMIschen Funktionen geschlossene Formeln für die Intensität der inkohärenten Streuung von Röntgen- u. Elektronenstrahlen an einem einzelnen neutralen THOMAS-FERMIschen Atom ab u. gibt die Resultate tabellar. an. Die Übereinstimmung mit den Ergebnissen numer. Rechnungen ist gut. D. JÖRCHEL. 114□

Der kohärente Streustrahlungskoeffizient im Thomas-Fermischen Modell. L. Kołodziejczyk. (Ann. Physik [7] **2.** 54–56. 1958. Lodz, Polen, Univ., Physikal.-Theoret. Inst.) (Dt.)

Vf. berechnet den Streustrahlungs-Koeff. für jede Wellenlänge des einfallenden Lichtes mit Hilfe der ROZENTALschen Approximation [1935] der THOMAS-FERMI-Funktion für das freie neutrale Atom u. erhält die gleichen Ergebnisse wie DEBYE u. FRANZ. D. JÖRCHEL. 114□

Röntgen-Massenabsorptionskoeffizienten für Mo, Nb, Zr und Ti. W. R. Sweeney, R. T. Seal und L. S. Birks. (Spectrochim. Acta [London] **17.** 364–65. März 1961. Washington, D. C., U. S. Naval Res. Labor.) (Engl.)

Die Röntgen-Massenabsorptions-Koeff. für Mo, Nb, Zr u. Ti wurden für verschiedene λ (~0,5–1,5 Å) mit einem modifizierten Röntgenfluorescenzspektrometer unter Verw. von K_α- u. K_β-Strahlung geeigneter Elemente gemessen. Die Genauigkeit der in einer Tabelle wiedergegebenen Werte ist ~1%. G. WINKHAUS. 116□

Neue Angaben über die Anregungsfunktionen der Heliumlinien. Ss. E. Frisch und W. Je. Jachontowa. (Оптика и Спектроскопия [Optik u. Spektroskopie] **4.** 402. März 1958. Moskau, Wawilow-Inst. für Optik.) (Russ.)

Vff. bringen die graph. Darst. einer Reihe opt. Anregungsfunktionen F (V) für die He–I-Linien. Die He-Linien erlauben keine eindeutigen Schlüsse in bezug auf Kaskadenübergänge u. bes. die Linien 5047; 4438; 4922, 4388 u. 4143 mit 2 Maxima (n^1S u. n^1D) gestatten keine Erklärung dieser Art. J. TŮMOVÁ. 118□

Eine neue Nachleuchtemission, verursacht durch metastabile Stickstoffatome. L. Herman und R. Herman. (Nature [London] **191.** 346–47. 22/7. 1961. Paris-Mendon, Observ.) (Engl.)

Bei der Rekombination von Gasatomen zu -Moll. treten bei kleinem Partialdruck u. Anwesenheit eines Inertgases starke Emissionen von Atomlinien, hervorgerufen durch verbotene Übergänge (VÜ) oder Atomrekombinationsspektren, auf. Diese Emissionen zeichnen sich gewöhnlich durch ein starkes Nachleuchten aus, da die Rekombinationsprozesse langsam verlaufen bzw. die Lebensdauer der VÜ sehr groß ist. — Vff. berichten über die Ionisierung u. Rekombination von N_2 in Xe; die App. u. Meßgeräte werden beschrieben. Die beobachteten Spektren u. die möglichen Rekombinationsprozesse werden ausführlich diskutiert. CLAUS FISCHER. 118□

Molekülspektren in der Astronomie und im Laboratorium. A. E. Douglas. (J. Roy. astronom. Soc. Canada **55.** 101–11. Juni 1961. Ottawa, Nat. Res. Council.) (Engl.)

Zusammenfassender Vortrag. C. GOTTFRIED. 118

Bandenspektren des Aluminiumoxids. Maurice Becart und Françoise Declerck. (C. R. hebd. Séances Acad. Sci. **251.** 2153–54. 14/11. 1960. Lille, Fac. des Sci., Inst. de Phys.) (Franz.)

Unters. des UV-Syst. des Mol. *AlO*; 7 neue Bandenköpfe wurden charakterisiert. J. M. SPAETH. 118□

Rotationsanalyse des Absorptionsspektrums von Kohlenstoffmonosulfid. R. F. Barrow, R. N. Dixon, A. Lagerqvist und C. V. Wright. (Ark. Fysik **18.** 543–62. 1961. Oxford, Univ., Phys.-Chem. Labor.; Ottawa, Can. Nat. Res. Council, Div. of Pure Phys.; Univ. of Stockholm, Inst. of Phys.) (Engl.)

Die beobachteten Banden im UV-Absorptionsspektrum von *CS* bestehen aus 0–0-, 1–0- u. 2–0-Banden des $A^1\Pi$–$X^1\Sigma^+$-Syst., 3 Banden eines neuen Syst. $a^*(\Pi)$–$X^1\Sigma^+$ u. auch Banden zweier verbotener Syst. $a'\,^3\Sigma^+$, $e^3\Sigma^-$–$X^1\Sigma^+$. Die Unters. der Eigg. der spektroskop. Zustände unterstützt die Analogie zwischen den Spektren von *CS* u. *CO*, *SiO* u. *SiS*. D. HAHN. 118□

Rotationsanalyse des $A^2\Pi$–$X^2\Sigma^+$-Systems von MgCl. E. Morgan und R. F. Barrow. (Nature [London] **192.** 1182. 23/12. 1961. Oxford, Univ. of Oxford, Phys. Chem. Labor.) (Engl.) — Vgl. C. **1961.** 7480.

Analog der Rotationsanalyse des $C^2\Pi$–$X^2\Sigma^+$-Syst. von CaCl haben Vff. eine Analyse des $A^2\Pi$–$X^2\Sigma^+$-Syst. von MgCl an Hand der 0–0- u. eines Teils der 0–1-Bande des Absorptionsspektrums durchgeführt. Eine Spinaufspaltung wurde nicht beobachtet. Eine Entscheidung über die Inversion des $^2\Pi_{1/2}$-Zustandes ist wegen der Überlappung der Sub-Banden nicht möglich. Die Λ-Verdopplung des $^2\Pi$-Zustandes ist ebenfalls recht schwach ausgeprägt. Die Konst. der Zustände $A^2\Pi_{1/2}$, $A^2\Pi_{3/2}$ u. $X^2\Sigma^+$ werden tabellar. mitgeteilt. G. M. Neumann. 118□

Berechnung der Absorptionsmaxima bei dünnen Metallschichten. Robert M. Hill. (Nature [London] **182.** 1150—51. 25/10. 1958. Glasgow, Royal Coll. of Sci. and Technol.) (Engl.)

Der Brechungsindex N eines absorbierenden Mediums wird in komplexer Schreibweise häufig auf zwei verschiedene Weisen dargestellt. Durch Verwechslung ist es in der referierenden Literatur verschiedentlich zu Fehlern gekommen. Dieser Irrtum unterlief auch Sennett u. Scott (J. opt. Soc. America **40.** [1950.] 201) bei der Abschätzung über das Auftreten von Absorptionsmaxima in Abhängigkeit von der Schichtdicke: Sie leiten eine Größe K ab, die positiv ist, wenn ein Absorptionsmaximum auftritt. Die für die Berechnung für verschiedene Metalle herangezogenen Zahlenwerte beziehen sich aber auf die andere Schreibweise von N, als sie für K benutzt wurde. Deshalb wurde der Wert für K neu berechnet. Es ergab sich keine Übereinstimmung zwischen dem Vorzeichen von K u. dem Auftreten der Absorptionsmaxima. Eine Übereinstimmung ist aber auch nicht zu erwarten, da die Berechnung von K kugelförmige Partikel, die durch freien Raum getrennt sind, voraussetzt. Das ist nur für sehr dünne Schichten erfüllt. Dickere Filme zeigen mehr oder minder das Verh. der kompakten Substanz. Experimentelle Unterss. an aufgedampften Cr-Schichten zeigten, daß die opt. Größen sich stark mit der Schichtdicke ändern. P. Brumm. 119□

Zu den Formeln für die Lichtreflexion und Durchlässigkeit bei einer dünnen Metallschicht. Antonín Vašíček. (Z. Physik **161.** 26—37. 1961. Brünn, Univ., Phys. Inst.) (Dt.) — Vgl. C. **1961.** 12734.

Die Murmannschen Formeln [1933] für die Lichtreflexion u. -durchlässigkeit dünner Metallschichten werden auf Grund der allg. Formeln u. der Reversibilitätsprinzipien behandelt. Es ergeben sich neue Formeln, die unter der Voraussetzung der einfachen Reflexion in der Metallschicht abgeleitet werden. Sie werden auch vom experimentellen Standpunkt aus diskutiert. H. Lindberg. 119□

Theorie der Lichtreflexion durch eine dünne, auf Metalle aufgetragene, absorbierende Schicht. A. Vašíček. (Оптика и Спектроскопия [Optik u. Spektroskopie] **11.** 242—47. Aug. 1961.) (Russ.) — Vgl. vorst. Referat.

Aus der allg. Formel für die Lichtreflexion durch dünne Schichten wird eine Formel für die Lichtreflexion durch dünne metall. oder Halbleiterschichten, die auf ein anderes Metall aufgetragen sind, abgeleitet. Bei der Ableitung benutzt Vf. das Umkehrbarkeitsprinzip von Stokes u. die Bedingung, daß im Fall der Dicke 0 der dünnen Metallschicht die Reflexion die gleiche wie im Fall der reinen metall. Unterlage ohne irgendeine Oberflächenschicht ist. Die Formel wird für folgende 2 einfache Fälle entwickelt: a) Für die geringabsorbierende Schicht (Halbleiterschicht), wo die große Zahl der Reflexionen in der dünnen Schicht betrachtet werden kann; b) für die starkabsorbierende metall. Schicht, wo man sich prakt. nur auf die einfache Reflexion an der metall. Schicht beschränken kann. U.-L. Rau. 119□

Untersuchung der Physik und Chemie der Oberflächen mit Hilfe der verhinderten inneren Totalreflexionen. N. J. Harrick. (Physic. Rev. Letters **4.** 224—26. 1/3. 1960. Irvington-on-Hudson, N. Y., Philips Labors.) (Engl.)

Vf. zeigt an Hand von Verss. an *Ge* u. *Polyäthylen,* daß die IR-Strahlung, welche in die Probenoberfläche bei der inneren Totalreflexion eindringt, mit Verunreinigungen in der Oberfläche bei mol. Resonanzfrequenzen in Wechselwrkg. tritt u. nach der Reflexionstechnik bessere Informationen über die zu untersuchende Oberfläche liefert als bei Transmissionsexperimenten, bei denen der Energieverlust der durchdringenden Strahlung nachteilig ist. Die auftretende Wechselwrkg. ist mit der bei der Transmission durch Filme stattfindenden vergleichbar, deren Dicke kleiner als die Eindringtiefe ist. Die Meth. dürfte eine Messung von 1—10 atomaren Schichten ermöglichen.
D. Jörchel. 119□

Wirkung eines variablen Magnetfeldes auf die Fortpflanzung zirkular polarisierten Lichtes in einem Stoff. O. Ja. Ssawtschenko. (Оптика и Спектроскопия [Optik u. Spektroskopie] **11.** 223—28. Aug. 1961.) (Russ.)

Im Rahmen der Schrödinger-Gleichung erhält Vf. allg. Formeln, die die Änderungen des komplexen Brechungsindexes von zirkular polarisiertem Licht in einigen Medien außerhalb u. innerhalb des Gebietes anomaler Absorption für den Fall der Wrkg. eines variablen Magnetfeldes auf diese Medien beschreiben. Die Richtung des Magnetfeldes stimmt dabei mit der Fortpflanzungsrichtung des zirkular polarisierten Lichtes überein. U.-L. RAU. 119□

Photonenimpulseffekte in der Magnetooptik der Excitonen. J. J. Hopfield und D. G. Thomas. (Physic. Rev. Letters **4.** 357—59. 1/4. 1960. Murray Hill, N. J., Bell Telephone Labors.) (Engl.)

Die gewöhnlichen Berechnungen der opt. Auswahlregeln u. der Energieniveaus für Excitonen- u. Band-Band-Übergänge vernachlässigen die Effekte des kleinen, jedoch endlichen Wellenvektors des sichtbaren Lichtes. Vff. berichten über 2 derartige, ausgeprägte magneto-opt. Effekte an Excitonen, welche bei der Best. der effektiven Massen u. der g-Werte in *CdS* untersucht wurden: 1. Eine auffällige Änderung des magneto-opt. Absorptionsspektrums bei Umkehr des magnet. Feldes; 2. Wrkg. des quasi-elektr. Feldes (1/c) v·H als Folge der Excitonenbewegung in einem gleichförmigen Magnetfeld. D. JÖRCHEL. 119□

Die piezo-optischen und elektro-optischen Konstanten von Zinkblende. R. Bechmann. (Physics Chem. Solids **16.** 100—01. Nov. 1960. Fort Monmouth, N. J., United States Army Res. and Developm. Labor.) (Engl.)

Betrachtung der piezo-opt. Konst. Π_{44}, der elasto-opt. Konst. p_{44} u. der elektro-opt. Konst. r_{41} von Zinkblende. Für Π_{44} u. p_{44} werden die korr. Werte $\Pi_{44} = -3{,}16 \cdot 10^{-13}\,cm^2 \cdot dyn^{-1}$ u. $p_{44} = -0{,}137$ angegeben. J. M. SPAETH. 119□

Absorption und Photochemie von AgCl-Kristallen mit zweiwertigen Kationen- und Anionenzusätzen. A. Scholz. (Ann. Physik [7] **7.** 179—88. 1961. Berlin, Inst. für Kristallphys. der Dtsch. Akad. der Wiss.) (Dt.)

Vf. untersuchte die Lichtabsorption von AgCl-Kristallen mit Ag_2S- (bzw. Ag_2Se-) sowie $CdCl_2$- bzw. $PbCl_2$- bzw. $CaCl_2$-Zusätzen. Der gemeinsame Zusatz von verschiedenen 2wertigen Kationen u. Anionen bewirkt eine nicht einheitliche Veränderung der opt. Absorption bei —185°. Die Absorptionsbanden werden um ca. 0,05—0,15 eV verschoben oder fallen ganz weg. Eine merkliche photochem. Verfärbung tritt erst bei Temp. ab ca. —130° auf. Eine kristall-theoret. Deutung wird gegeben. R. MATTES. 119□

Änderung der Doppelbrechung von Eis in Abhängigkeit von der Temperatur. Marie-Noëlle Hotellier und André Kahane. (C. R. hebd. Séances Acad. Sci. **254.** 246—48. 8/1. 1962. Paris, Sorbonne, Labor. des Rech. phys.) (Franz.)

An zwischen gekreuzten Nicols angeordneten, zur opt. Achse parallelen Eiseinkristallplatten von 15 mm Dicke wurde durch Beobachtung der dunklen Furchen im Spektrum des durchfallenden Lichtes die Doppelbrechung zwischen 0 u. —195° untersucht. Die Differenz der Brechungszahlen bzw. die daraus berechnete Grenzwellenlänge nimmt zwischen 0 u. t = —190° um 6% ab; eine bes. steile Abnahme ist zwischen —100 u. —170° festzustellen. Dieses anomale Verh. wird in Übereinstimmung mit Steigungsänderungen in der Cp-Kurve des Eises auf eine Reorientierung der Wasser-Moll. im Kristall zurückgeführt. H. BÜRGER. 119□

Die Lichtbrechung durch zwei senkrechte Ultraschallwellen. 1. Mitt. P. Phariseau. (Physica [Utrecht] **23.** 651—56. Juli 1957. Gent, Labor. voor Kristalkunde.) (Engl.) — 2. vgl. C. **1962.** 6668.

Es wird ein Syst. von Differenz-Differential-Gleichungen entwickelt, die die Lichtbrechung durch zwei senkrecht aufeinanderstehende Ultraschallwellen beschreiben. Für den Fall, daß die Intensitäten der beiden Schallwellen von der gleichen Größenordnung sind, wird bewiesen, daß die Integration dieser Gleichungen auf die Integration zweier Syst. vom RAMAN-NATH-Typ für die Brechung durch eine Schallwelle zurückgeführt werden kann. Für den Fall sehr verschiedener Intensitäten können nur Näherungslösungen angegeben werden. W. BETCKE. 119□

Einflüsse einer fortschreitenden Ultraschallwelle auf ein Lichtbündel willkürlicher Breite. L. E. Hargorve, K. L. Zankel und E. A. Hiedemann. (J. acoust. Soc. America **31.** 1366—71. Okt. 1959. East Lansing, Mich., State Univ., Dep. of Phys.) (Engl.)

Die bekannten Beugungserscheinungen von Licht an Ultraschallwellen sind von der Breite des Lichtbündels abhängig. Bei bes. engen Lichtbündeln, verglichen mit der Schallwellenlänge, überdecken die Beugungserscheinungen an der Begrenzung die durch die Ultraschallwelle hervorgerufenen. Es werden daher Formeln für die Intensität der Beugungsstreifen abgeleitet, in der neben dem RAMAN-NATH-Parameter das Verhältnis g der Breite des Lichtbündels zur Schallwellenlänge auftritt. Mit einer Küvette, bei der durch einen idealen Absorber (Ricinusöl) stehende Wellen vermieden werden, wird die Intensitätsverteilung bei Durchgang von W. bei 10 MHz gemessen. Schwierigkeiten bereitet bes. die opt. Anordnung. Die Meßergebnisse sind wesentlich vom genau senkrechten Durchgang der Lichtwelle durch die Schallwelle abhängig. Die Möglichkeit der Messung der Schallwechseldruckamplituden bei unendlich kleiner u. endlicher Schallamplitude wird diskutiert. H. JACOB. 119□

Die Intensität der Raman-Banden und der Charakter der chemischen Bindung. Ja. Ss. Bobowitsch. (Оптика и Спектроскопия [Optik u. Spektroskopie] **11.** 161 bis 168. Aug. 1961.) (Russ.)

Für nachst. Chloride u. Anionen wurden Intensität u. Depolarisationsgrad der entsprechenden vollsymm. Schwingung im Raman-Spektrum bestimmt sowie die zugehörige Ableitung der Polarisierbarkeit nach Normalkoordinaten $\partial\alpha/\partial q$ berechnet: (Frequenz [cm^{-1}], Intensität in Einheitsskala, $\partial\alpha/\partial q$ [Å^2]) *$BeCl_2$* (520; 0,4; 0,27), *$MgCl_2$* (200; 1,5; 0,26), *$ZnCl_2$* (280; 11; 0,91), *$CdCl_2$* (230; 18; 1,1), *CCl_4* (459; 52; 2,00), *$SiCl_4$* (424; 58,8; 1,99), *$GeCl_4$* (396; 156; 3,12), *$SnCl_4$* (**I**; 366; 291; 4,04), *$TiCl_4$* (386; 483,6; 5,4), *$ZrCl_4$* (315; 52; —), *PCl_3* (**II**; 510; 82; —), *$SbCl_3$* (360; 213; —), *$BiCl_3$* (288; 246; —), *CO_3^{2-}* (1060; 10; 1,05), *NO_3^-* (1050; 29; 1,70), *PO_4^{3-}* (935; 10,9; 0,97), *AsO_4^{3-}* (840; 33,3; 1,44), *SO_4^{2-}* (**III**; 980; 22; 1,33), *CrO_4^{2-}* (856; 120—140; 3,3), *MoO_4^{2-}* (900; 100; 2,86), *WO_4^{2-}*, (925; 65; 2,30). Die Gegenüberstellung der Intensitäten u. $\partial\alpha/\partial q$ mit der Differenz zwischen der Elektronegativität des Zentralatoms u. der von Cl bzw. O ergibt innerhalb jeder Gruppe des Perioden-Syst. (bezogen auf Zentralatom) eine qual. Wechselbeziehung. Ferner bestimmte Vf. die Raman-Intensität der vollsymm. Schwingung von *$SnCl_2$* (**IV**), *PCl_5* (**V**), *SO_3^{2-}* (**VI**), *ClO_3^-* (**VII**), *BrO_3^-* (**VIII**), *JO_3^-* (**IX**) sowie der ν(CH) von *Crotylbromid, Allylalkohol, Propargylalkohol, Diisobutylen, Butylacetylen, Toluol, o-, m-* u. *p-Xylol.* Das Verhältnis der Intensitäten der vollsymm. Schwingung von **I** u. **IV** in A.-Lsg. mit 28,4 : 17 ist durch die größere Elektronegativität des Sn^{4+} infolge des größeren Anteils am s-Zustand in **I** zu erklären. Analog wird die größere Intensität bei **V** u. **III** im Vgl. zu **II** bzw. **VI** gedeutet. In der Reihe **VII, VIII, IX** wird ein Intensitätsanstieg (28 : 31 : 50) beobachtet. Die Intensität der ν(CH) verringert sich linear in der Reihe $CH_{aliphat.}$, $CH_{olefin.}$, ≡CH, d. h. entsprechend der Änderung des C-Valenzzustandes sp^3–sp^2–sp. Die angeführten Ergebnisse zeigen, daß die Raman-Intensitäten von Grundschwingungen wertvolle Aussagen über die Natur der entsprechenden chem. Bindung unabhängig vom Aggregatzustand der untersuchten Verbb. gestatten. U.-L. Rau. 120□

Über das Auftreten der Wasserstoffbindung in Infrarotspektren von kristallinem Lithiumhydroxid. A. I. Stehcanow und Je. A. Popowa. (Оптика и Спектроскопия [Optik u. Spektroskopie] **11.** 203—06. Aug. 1961.) (Russ.)

Die IR-Spektren von kristallinem (als Einkristalle, Kristallpulver u. Suspensionen) *LiOH* (**Ia**), *$LiOH \cdot H_2O$* (**Ib**), *LiOD* (**IIa**) u. *$LiOD \cdot D_2O$* (**IIb**) wurden bei 300° K untersucht. **Ia** zeigt eine schmale Bande der ν(OH) bei 3676 [cm^{-1}], **IIa** die der ν(OD) bei 2717. Bei **Ib** erscheint neben einer schmalen Bande bei 3570 eine stark verbreiterte Bande im Bereich 3500—2470 mit dem Maximum bei 2865. Weitere Maxima liegen bei 3440, 3150, 2950 u. 2800. **IIb** zeigt analog eine schmale Bande bei 2638 u. eine breite strukturierte Bande mit dem Maximum bei 2190. Das Kristallgitter von **Ib** (monoklines Syst., Symmetrie C_{2h}^3) ist aus verzerrten Tetraedern mit Li im Mittelpunkt aufgebaut, wobei je 2 gegenüberliegende Ecken von OH-Gruppen sowie H_2O-Moll. besetzt sind. Der Abstand zwischen den O-Atomen der H_2O-Moll. zweier benachbarter Tetraeder beträgt nach kristallograph. Unterss. 2,66 Å, was zur Bldg. einer starken H-Bindung führt. Diesen H-Bindungen entspricht die breite Bande im IR-Spektrum. Ihre komplizierte Struktur deuten Vff. durch die Ggw. einer zweiten Gleichgewichtslage des Protons in den H-Brücken. Analoge Verhältnisse werden bei **IIb** angenommen. Bei **Ia** u. **IIa** liegen nur schwache H-Bindungen innerhalb der Tetraeder vor, der kürzeste Abstand zwischen 2 O-Atomen beträgt 3,05 Å. Am niederfrequenten Rand der breiten Bande von **Ib** bzw. **IIb** erscheint ein Maximum bei 2570 bzw. 1850. Es wird der Wechselwrkg. der OH(D)-Deformationsschwingungen mit den Orientierungsschwingungen der Wasser-Moll. zugeschrieben. Das Verhältnis ν(OH)/ν(OD) von **Ib** u. **IIb** (3570/2638) mit 1,35 (berechnet 1,41) weist auf die große Anharmonizität dieser Schwingung hin. Temp.-Erniedrigung auf 77° K ruft im Spektrum von **Ib** eine niederfrequente Verschiebung aller Banden hervor. U.-L. Rau. 120□

Wasserstoffbindung in den Calciumphosphaten. Joel M. Stutman, Aaron S. Posner und Ellis R. Lippincott. (Nature [London] **193.** 368—69. 27/1. 1962. Bethesda, Md., Nat. Inst. of Health, Nat. Inst. of Dental Res.; College Park, Md., Univ. of Maryland, Dep. of Chem.) (Engl.)

Die Arbeit der Vff. stellt eine Antwort auf die Unterss. von Winand u. Mitarbeiter (C. **1961.** 13451) dar. Zur Erklärung des Ca-Defizits in synthet. Hydroxylapatit wird der Begriff von Wasserstoffbindungen zwischen O-Atomen benachbarter Orthophosphat-Gruppen eingeführt. Beweis dafür sind IR-Messungen (Absorptionsbande bei 3400 cm^{-1}) sowie röntgenograph. Unterss. u. Messungen der Dichte. Vff. formulieren daher den Hydroxylapatit, der in CO_2-freier Atmosphäre hergestellt wird, als *$Ca_{10-x}H_{2x}(PO_4)_6(OH)_2$*. G. Heller. 120□

Wasserstoffbindung in den Calciumphosphaten. Louis Winand und Marcel J. Dallemagne. (Nature [London] **193.** 369—70. 27/1. 1962. Univ. de Liège, Inst. de Thérapeut.) (Engl.) — Vgl. vorst. Referat.

Vff. formulieren den synthet. Hydroxylapatit, der in CO_2-freier Atmosphäre hergestellt wird, als $Ca_{10-x}(H)_x(PO_4)_6(OH)_{2-x}$; wobei x zwischen 0 u. 2 variiert. Die Adsorptionsbande bei 3400 cm^{-1} des IR-Spektrums schreiben sie im Gegensatz zu STUTMANN u. Mitarbeitern (l. c.) adsorbiertem W. zu. Der Beweis wird durch die IR-Spektren von hydratisiertem Hydroxylapatit u. hydratisiertem Tricalciumphosphat sowie von Tricalciumphosphat, das in einer hydrothermalen Bombe entwässert wurde, geliefert. Diese Formel erklärt gut, warum die apatit. Ca-Verb. mit dem kleinsten Ca/P-Verhältnis Oktacalciumphosphat ist, das keine freie OH-Gruppe u. doch Apatitstruktur besitzt. G. HELLER. 120□

Infrarotspektren einiger Methylderivate des Germaniums und Zinns. M. P. Brown, R. Okawara und E. G. Rochow. (Spectrochim. Acta [London] **16.** 595—601. Juni 1960. Cambridge, Mass., Harvard Univ.) (Engl.)

Die IR-Spektren von *Dimethyl-Ge-Oxid* (trimer, tetramer u. hochpolymer), *Dimethyl-Ge-Sulfid* (trimer), *Bis-(trimethyl-Ge)-Oxid, Dimethyl-Zn-Oxid, Dimethyl-Zn-Sulfid* (trimer), *Methyl-Zn-Oxid* u. *1.3-Dichlortetramethyldistannoxan* werden für den Bereich von 400—1500 cm^{-1} angegeben. Den Gruppierungen Me–CH_3 (Valenz- u. Deformationsschwingung), Me–O–Me sowie der symm. u. asymm. CH_3(–Me)-Deformationsschwingung werden charakterist. Banden zugeordnet. M. SCHÜLE. 120□

Doppelresonanz durch Anregung mit Hyperfeinstrukturkomponenten und Nachweis durch Selbstabsorption. Hans Bucka. (Z. Physik **151.** 328—39. 8/5. 1958. Heidelberg, Univ., I. Physikal. Inst.) (Dt.)

Vf. untersucht eine Doppelresonanz-Meth., bei der die Anregung mit Hyperfeinstrukturelementen u. der Nachw. der Hochfrequenzübergänge mit Hilfe der Selbstabsorption erfolgt. Eine experimentelle Prüfung der Meth. wurde an dem schon bekannten Hyperfeinstrukturtermmultiplett des $7^2P_{3/2}$-Terms des *Cs* I-Spektrums ausgeführt, wobei die Abhängigkeit des Signals von der Selbstabsorption untersucht wurde. Verss. am $7^2P_{1/2}$-Term ergaben ein Signal geringer Intensität bei (400,8 ± 1) MHz, das dem Hochfrequenzübergang zwischen den beiden Hyperfeinstrukturtermen mit F = 4 u. F = 3 zugeschrieben wird. D. JÖRCHEL. 121□

Über die Hyperfeinstruktur von La. Ju-Wen Jui und Tschshun-Chua Tschshan. (Acta physica sinica **14.** 488—96. 1958.) (Chin.; Auszug: Russ.)

Der experimentell bestimmte Koeff. der Hyperfeinstruktur von La ist ca. 3mal höher als die Ergebnisse der Berechnung nach der Konfiguration. — Vff. zogen zur Berechnung außer der Konfiguration (6 s)²(5 d) auch (6 s) (7 s) (5 d) heran u. erhielten in diesem Falle ein nur wenig besseres Resultat. Die weitere Berechnung nach der Konfiguration (5 d)²(6 s), deren Energie verhältnismäßig gering ist, führt zu Näherungswerten, doch ist der Unterschied stets bedeutend. Es wird angenommen, daß bei der Berechnung mit einem gewissen Beitrag dieser Konfiguration (ca. 0,36) gerechnet werden muß. J. TŮMOVÁ. 121□

Temperaturabhängigkeit der Hyperfeinkopplungen im freien Radikal SO_3^+—$\dot{N}H_2^+$. J. R. Rowlands und D. H. Whiffen. (Nature [London] **193.** 61—62. 6/1. 1962. Teddington, Middlesex, Nat. Phys. Labor., Basic Phys. Div.) (Engl.)

Ein mit γ-Strahlen (1 MeV) bestrahlter Einkristall von Amidoschwefelsäure, SO_3^-—NH_3^+, wurde in einem X-Bandspektrometer untersucht. Zusätzlich zur Linie g = 2,004, die dem SO_3^- zugeschrieben wird, wird eine breite Hyperfeinkontur beobachtet. Bei 300° K kann das Radikal SO_3^-—$\dot{N}H_2^+$ zugeordnet werden, dessen H-Atome völlig gleichwertig sind in allen Orientierungen, die die Rotation um die S—N-Bindung anzeigen. Die Stickstoffkopplungen sind senkrecht zu der von der —$\dot{N}H_2^+$-Gruppe gebildeten Ebene am stärksten; die Wasserstoffkopplungen entlang der S—N-Bindung. Bei 77° K verlangsamt sich die Rotation um die S—N-Bindung, u. die 2 H können in verschiedenen Richtungen unterschieden werden. Neben den H- veränderten sich auch die N-Hyperfeinkopplungen. Die Änderungen der Hyperfeinkopplungen bei Zwischentemp. wurden mit einem zur b-Achse parallelem Magnetfeld bestimmt. Die Ergebnisse werden graph. mitgeteilt. Vff. deuten die unerwartete Temp.-Abhängigkeit der N-Hyperfeinkopplungen einmal mit der Kontraktion des p-Orbitals des ungeraden Elektrons, zum anderen mit durch Gitterkontraktionen hervorgerufenen Konfigurationsänderungen am Radikal. H. KUCKERTZ. 121□

Thallium-aktivierte ZnS-Phosphore. A. Wachtel. (J. electrochem. Soc. **109.** 306—09. April 1962. Bloomfield, N. J., Westinghouse Electr. Corp., Res. Dep.) (Engl.

Beim Glühen von ZnS mit Tl_2S + S in zugeschmolzenen Quarzrohren tritt eine gelbe Photolumineszenz (PL) mit einem Maximum bei 590 nm (Bandbreite 0,38 eV) auf. Thermolumineszenz (TL) u. IR-angeregte Emission haben die gleiche Farbe. In Ggw. von Cu oder Ag wird eine rote PL mit einem Maximum bei 835 nm (Bandbreiten 0,43 bzw. 0,33 eV) beobachtet. Diese Emission wird bei Wellenlängen angeregt, bei denen ZnS : Cu, Cl u. ZnS : Ag, Cl emittieren. TL- u. IR-angeregte Emission von ZnS : Ag, Tl bei Raum-Temp. sind gelb. Bei ZnS : Cu, Tl enthält letztere gelbe u. rote Komponenten. Röntgenbeugungsaufnahmen der bei 950 u. 1100° geglühten Proben lassen kub. Struktur erkennen, so daß Tl die Bldg. der kub. Phase zu begünstigen scheint. Beim vorsichtigen Erhitzen einer Mischung aus CuS u. Tl_2S mit S-Überschuß entsteht ein schwarzes Prod. der wahrscheinlichen Zus. $CuTlS_2$, tetragonal mit a = 5,58, c = 11,16 Å. Vff. nehmen an, daß ein anderer Mechanismus als der für Al-, Ga- u. In-aktivierte Phosphore vorgeschlagene vorliegt. P. Frenzel.125□

Der Einfluß von Li und Ti auf ZnS:Cu- und ZnS:Ag-Phosphore. A. Wachtel. (J. electrochem. Soc. **109.** 309—12. April 1962.) (Engl.) — Vgl. vorst. Referat.

In H_2S oder H_2 geglühtes ZnS : Cu, Li (I) zeigt blaue u. grüne Photolumineszenz mit Maxima bei 443 bzw. 510 nm. Zusatz von Ti unterdrückt diese Emission u. bewirkt rote u. IR-Emission mit Maxima bei 730 bzw. 830 nm. IR-Bestrahlung regt die rote Emission an u. unterdrückt die blauen u. grünen Banden. ZnS : Ag, Li, Ti zeigt orangefarbene Emission mit Maxima bei 640 u. 810 nm. In Abwesenheit von Ti weist ZnS : Ag, Li im wesentlichen die gleichen Eigg. wie I auf, ausgenommen einer schwachen orangefarbengelben Emission bei IR-Anregung. Vf. erörtert den Aktivierungsmechanismus.

P. Frenzel. 125□

Ein Beitrag zur Frage der Störterme und ihrer Natur in Cadmiumsulfid. E. A. Niekisch. (Z. physik. Chem. **217.** 110—35. 1961. Berlin, Humboldt-Univ., II. Physikal. Inst.) (Dt.)

An möglichst reinen, ca. 10^{-2} cm dicken CdS-Kristallen werden die Störterme in der Nähe des unteren Randes des Leitfähigkeitsbandes, ihre Lage, ihre Natur u. ihre Ladungsträgereinfangsquerschnitte bestimmt. Die Ergebnisse, die mit bereits bekannten verglichen u. graph. dargestellt werden, sind 1. aus der Veränderung der Terme beim Beschuß mit 300 keV-Elektronen u. als Folge photochem. Effekte u. 2. aus der Analyse des Photogleichstromes als Funktion der Temp. (bzw. aus der Lebensdauer der Photoelektronen) erhalten worden. Im Rahmen der Ergebnisse werden die durch photochem. Einw. hervorgerufenen Änderungen der Photoempfindlichkeit sowie der Lumineszenzmechanismus diskutiert. H. Schibilla. 125□

Thermolumineszenz in Aragonit und Magnesit. W. L. Medlin. (J. physic. Chem. **65.** 1172—77. Juli 1961. Dallas, Tex., Socony Mobil Oil Co., Inc., Field Res. Labor.) (Engl.)

Vf. untersucht die Thermolumineszenz (TL) von hochreinem synthet. Aragonit (I) u. Magnesit (II). I wird durch Ausfällung bei 80—90°, II durch hydrothermale Ausfällung hergestellt. Die hochreinen Proben werden mit verschiedenen Elementen, die in natürlichen Proben vorkommen (Pb^{2+}, Zn^{2+}, Cd^{2+}, Sb^{2+}, Co^{2+}, Ni^{2+}, Fe^{2+}, Sn^{2+}, Bi^{3+}, Cu^{+}, Li^{+}, Al^{3+}, Ag^{+} u. Mn^{2+}), durch gemeinsame Ausfällung von I bzw. II mit den entsprechenden Salzen dotiert. In einer Glowkurven-App. erfolgt angenähert lineares Erhitzen mit einer Geschw. von 0,5°/s; zur Anregung wird 35-kV-Röntgenstrahlung (5 Min.) verwendet. Weiterhin wird der Einfl. von Gitterleerstellen untersucht (Zusatz von Sn^{4+} bzw. $P_2O_7^{4-}$). Die Glowkurven Mn^{2+}-haltiger Proben von I weisen Maxima bei 180 u. 250° K, die von II bei 230 u. 480° K auf. Die TL natürlicher Proben ist auf die Ggw. von Mn^{2+} zurückzuführen. Die TL von natürlichem I ist gering, die von natürlichem II gewöhnlich zu vernachlässigen, da Mn^{2+} nur in geringem Maße eingebaut wird. Co^{2+} u. Ni^{2+} unterdrücken die TL in I u. II, Fe^{2+} nur in I. Die an natürlichem II beobachtete TL wird der Ggw. von Dolomit oder Calcit zugeschrieben. Isotherme Abfallkurven von I u. II haben die gleiche, für einen Vorgang zweiter Ordnung charakterist. Form wie die von Dolomit, Calcit u. Anhydrit. Aktivierungsenergien u. Frequenzfaktoren für das Herauslösen eines Elektrons aus den auf Mn^{2+} zurückzuführenden Haftzentren werden mitgeteilt u. erörtert. P. Frenzel. 125□

A_3. Elektrizität. Magnetismus. Elektrochemie

Die elektrische Leitfähigkeit eines Plasmas. 1. Mitt. H. Schirmer und J. Friedrich. (Z. Physik **151.** 174—86. 23/4. 1958. Berlin, Osram-Studien-Ges.) (Dt.)

Vff. entwickeln unter Berücksichtigung der Elektronen-Wechselwrkg. die exakte Theorie der elektr. Leitfähigkeit eines Plasmas in Ggw. eines schwachen elektr. Feldes.

durch Integration der BOLTZMANN-Gleichung für ionisierte Gase. Die Ergebnisse umfassen Plasmen beliebigen Ionisierungsgrades ohne jegliche Vereinfachungen bis zur 4. Näherung u. enthalten daher bekannte Spezialresultate. Die konsequente Übertragung des Querschnittbegriffs auf nicht starr-elast. streuende Zentren ermöglicht eine anschauliche Deutung der gefundenen Resultate im Sinne der elementaren Anschauungen der Theorie der freien Weglänge. D. JÖRCHEL. 131 □

Die elektrische Leitfähigkeit eines Plasmas. 2. Mitt. H. Schirmer und J. Friedrich. (Z. Physik **151.** 375—84. 8/5. 1958.) (Dt.) — 1. vgl. vorst. Referat.

Vff. berechnen die Ausdrücke für die l. c. gefundenen Querschnitte, untersuchen das Konvergenz-Verh. der Lösung u. bestimmen die Größe des Einfl. der Elektronen-Wechselwrkg., der sein Maximum im Falle eines vollständig ionisierten Plasmas erreicht. D. JÖRCHEL. 131 □

Berechnung der Felder an Plasmaionen mit Hilfe von Kollektivkoordinaten. A. A. Broyles. (Z. Physik **151.** 187—201. 23/4. 1958. Santa Monica, Calif., Rand Corp.) (Dt.) — Vgl. C. **1957.** 1095; C. **1958.** **4988.**

Unter der Annahme, daß alle Ionen die gleiche Ladung haben u. daß die freien Elektronen durch ein negatives starres Medium ersetzbar sind, berechnet Vf. die Wahrscheinlichkeit, ein gegebenes Feld an einem Plasmaion zu finden, mit Hilfe von Kollektivkoordinaten. Es zeigt sich, daß wahrscheinlich eine untere Temp.-Grenze existiert, unterhalb der bekannte Methoden nicht anwendbar sind. Diese untere Grenze hängt von der Form des Nahwirkungspotentials ab. Die gefundenen Wahrscheinlichkeitswerte sind bei unendlicher Temp. überraschend unempfindlich gegenüber dem Wert r_c des als cutt-off im Raume eingeführten Teilchenabstandes u. stimmen gut mit der HOLTSMARK-Verteilung überein. D. JÖRCHEL. 131 □

Über die Entstehung einer „Backward Wave" in einem nichtmagnetisierten, von Luft begrenzten Plasmazylinder. Winfried Otto Schumann. (Z. angew. Physik **12.** 145—48. April 1960. München, TH, Elektrophysikal. Inst.) (Dt.)

Es wird gezeigt, daß auch bei einem nicht magnetisierten Plasmakabel „Rückwärtswellen", d. h. Wellen mit unterschiedlichen Vorzeichen von Phasen- u. Gruppen-Geschw., möglich sind. Dies ist dann der Fall, wenn das Plasma inhomogen ist u. an seiner äußeren Berandung ein endlicher Wert der Elektronendichte N bzw. seiner Eigenfrequenz $\omega_0 = \Omega_w$ vorhanden ist. Diese „Rückwärtswelle" beginnt bei der Frequenz $\omega = \Omega_w/\sqrt{2}$ aufzutreten u. erstreckt sich ins Gebiet höherer Frequenzen hinein. D. JÖRCHEL. 131 □

Grenze des durchdringenden Plasmas und Plasmafokussierung. M. D. Gabowitsch, L. L. Passetschnik und L. I. Romanjuk. (Журнал Технической Физики [J. techn. Physik] **31.** 87—93. Jan. 1961. Kiew, Inst. für Phys. der Akad. der Wiss. der UkrainSSR.) (Russ.)

Beschreibung eines Sonden-Verf. zur Best. der Grenze des durchdringenden Plasmas, d. h. desjenigen Plasmabereiches, der sich außerhalb der Extraktionsöffnung einer Hochfrequenzionenquelle ausbilden kann (vgl. C. **1957.** **2910** u. C. **1958.** **4387**). Durch zwei axial u. radial verschiebbare zylindr. Sonden kann die Verteilung von Elektronen-Temp., Elektronen-Konz. u. Raumpotential bestimmt werden. Die Lage u. Form der Plasmaoberfläche hängt stark von der Spannung an einer hinter der Austrittsöffnung angeordneten Zweielektroden-Rohrimmersionslinse u. vom Durchmesser der Extraktionsöffnung ab. Diese Abhängigkeiten werden experimentell untersucht u. ihr Einfl. auf die Größe des fokussierten Ionenstroms diskutiert. F. LENZ. 131 □

Eine neue Methode zur Plasmaerzeugung für Ionenquellen. A. Ziegler. (Z. angew. Physik **10.** 185—86. April 1958. Erlangen, Siemens-Schuckertwerke Akt.-Ges., Abt. für Reaktor-Entw.) (Dt.)

Im Unterschied zu bisher bekannten Ionenquellen, bei denen die Ionen in einem Gasraum mit niedrigem Druck erzeugt werden, schleuste Vf. ein hochionisiertes Plasma durch kleine Öffnungen in ein Vakuum ein, indem er eine Bogenentladung durch die Düsenöffnung brannte, durch welche das Gas zugeführt wurde. Es zeigte sich, daß der Ionisierungsgrad außerordentlich hoch liegt, es aber Schwierigkeiten macht, den Gasverbrauch herabzusetzen. D. JÖRCHEL. 131 □

Aufgaben und Lösungen aus der Theorie der Gasentladungen, vor allem des Lichtbogens. O. Mayr. (Ingenieur ['s-Gravenhage] **72.** E 121—E 126. 21/10.1960. Frankfurt/M., AEG Forschungsinst.) (Dt.)

Mit Hilfe schnell arbeitender Rechenmaschinen werden Lösungen von nichtlinearen Differentialgleichungen aus dem Aufgabengebiet der elektr. Gasentladungen gefunden. Die Berechnungs-Meth. sind an Beispielen, wie Gleichstromlichtbogen, Wechselstromschaltlichtbogen, Pincheffekt, Koronaverluste von Freileitungen, erläutert. H. SCHIRRWITZ. 131 □

Das Wendeln des Hochstromkohlebogens. Siegbert Witkowski. (Z. angew. Physik **11.** 135—42. April 1959. Kiel, Univ., Inst. für Exp. Phys.) (Dt.)

In Hochstromkohlebögen von einigen 100 A rotiert die spiralig aufgewickelte Bogensäule mit einer Frequenz bis zu 1500 Hz. Dieser Wendelvorgang wurde eingehend experimentell untersucht. Die Bogensäule rotiert nicht nur als starr aufgewickelte Spirale, sondern sie schwingt im allg. auf dem Mantel eines ellipt. Kegels, dessen Spitze im kathod. Ansatzpunkt des Bogens liegt. Zur Erklärung der Wendelerscheinung werden neben den elektromagnet. Kräften die hydrodynam. Kräfte der Plasmaströmung berücksichtigt (Modell des schwingenden Wasserschlauches). Hiernach wurde die effektive Bogenlänge aus den experimentellen Daten eines 200-A-Bogens zu 1,24 cm berechnet. G. LEHMPFUHL. 131 □

Darstellung einer anodischen Oscillatorröhre unter Verwendung der Glimmentladung. Kazuyuki Ogawa. (J. physic. Soc. Japan **14.** 385—86. März 1959. Tokyo Shibaura Electric Co., Kawasaki, Matsuda Res. Labor.) (Engl.)

Vf. beschreibt den Aufbau einer Glimmentladungsröhre, mit der Schwingungserscheinungen in einer Gasentladung erzeugt u. quant. untersucht werden können. Mit der beschriebenen Röhre, genannt „Oscillatron“, wurden in *Ne* bei 50 Torr Frequenz u. Amplituden der Schwingungen sowie die Entladungsspannung in Abhängigkeit vom Entladungsstrom gemessen. Bei 20 mA Entladungsstrom wurden z. B. eine Brennspannung von ca. 110 V u. eine Schwingung von ca. 14 kHz mit einer Amplitude von 16 V (von Spitze zu Spitze) beobachtet. Oberhalb von 16 mA ist die Schwingung sehr stabil u. innerhalb weniger % reproduzierbar. G. LEHMPFUHL. 131 □

Experimenteller Nachweis von selbst-ionisierenden Übergängen durch Elektronenstoß bei Krypton. John F. Burns. (Nature [London] **192.** 651—52. 18/11. 1961. Oak Ridge, Tenn., Oak Ridge Nat. Labor., Analyt. Chem. Div.) (Engl.)

An Ionisierungsausbeutekurven für das Kr^+-Ion, erhalten nach der Meth. des Verzögerungspotentials, zeigen sich sprunghafte Änderungen in der Steigung bei Elektronenenergien dicht bei den Niveaus, die aus der UV-Absorptionsspektroskopie als stark selbstionisierend bekannt sind: 5 S$'_1$ 14,07 eV; 4 S_2 14,09 eV; 6 S$'_1$ 14,25 eV; 5 S_2 14,27 eV. Bei höheren Energien (7 S$'_1$, 6 S_2 14,37 eV) weisen die gezeigten Kurven keine derartigen Unregelmäßigkeiten mehr auf, andere nicht gezeigte gerade noch bei dieser Energie. U. SIGGEL. 131 □

Ionisationspotentiale von mehrfach geladenem Krypton, Xenon und Quecksilber. F. H. Dorman und J. D. Morrison. (J. chem. Physics **34.** 1407—10. April 1961. Melbourne, C.S.I.R.O., Chem. Res. Labor., Div. of Chem. Phys.) (Engl.)

Die Best. von Schwellenpotentialen für Mehrfachionisationsprozesse hängt von dem für diese Prozesse als gültig vorausgesetzten Schwellengesetz ab. Es wurden weitere Anhaltspunkte gefunden für die schon früher vorausgesagte Regel mit n-ter Potenz für n-fache Ionisation durch Elektronenstoß. Für die Schwellenwerte der Mehrfachionisation in Edelgasen u. Hg werden Grenzwerte festgelegt. CLAUS FISCHER. 131 □

Negative Ionen in der positiven Säule der Sauerstoff-Entladung. J. B. Thompson. (Proc. physic. Soc. **73.** 818—21. 1/5. 1959. London, Univ. Coll., Phys. Dep.) (Engl.)

Die Konz. u. die Temp. von negativen Ionen in der positiven Säule einer Sauerstoffentladung wurden mit einer LANGMUIR-Sondentechnik gemessen. Der Einfl. der negativen Ionen auf die ambipolare Diffusion u. die Potentialverteilung wird gezeigt. G. LEHMPFUHL. 131 □

Fortschritte in der Elektronenanlagerungs-Massenspektrographie vielatomiger Moleküle. Manfred von Ardenne. (Z. angew. Physik **11.** 121—31. April 1959. Dresden-Weißer Hirsch, Forschungsinst. Manfred von Ardenne.) (Dt.)

Ausführliche Wiedergabe der C. **1961.** 3557 referierten Arbeit. G. LEHMPFUHL. 131 □

Zur quantenmechanischen Theorie der dielektrischen Orientierungspolarisation von Gasen. 1. Mitt. **Die statische Orientierungspolarisation eines aus symmetrischen Kreiselmolekülen bestehenden Dipolgases.** Wilhelm Maier und Hermann K. Wimmel. (Z. Physik **153.** 297—313. 5/12. 1958. Freiburg/Br., Univ., Inst. für physikal. Chem.) (Dt.)

Die stat. Orientierungspolarisation eines aus symm. Kreisel-Moll. bestehenden Dipolgases setzt sich aus 2 verschiedenen Anteilen zusammen, von denen der erste durch die nichtdiagonalen, der zweite durch die diagonalen Matrixelemente des permanenten Dipolmoments der rotierenden Moll. bestimmt ist. Der erste Anteil, die Rotationspolarisation, entspricht einer Beeinflussung der rotierenden Dipolkomponente, der zweite, die Versationspolarisation, beruht auf der Ausrichtung der nichtrotierenden mol. Dipolkomponente. Im Gegensatz zu den symm. Kreiseln zeigen die linearen Moll. keine Versationspolarisation, asymm. Kreisel nur in Sonderfällen. Dagegen tritt die Rotationspolarisation bei allen polaren Gasen auf. Für die Orientierungspolarisation eines aus symm. Kreisel-Moll. bestehenden Dipolgases werden asymptot. Ausdrücke angegeben, die Abweichungen von der DEBYE-Formel enthalten. D. JÖRCHEL. 132□

Zur quantenmechanischen Theorie der dielektrischen Orientierungspolarisation von Gasen. 2. Mitt. Die Orientierungspolarisation eines aus symmetrischen Kreiselmolekülen bestehenden Dipolgases im elektrischen Wechselfeld. Wilhelm Maier und Hermann K. Wimmel. (Z. Physik **154.** 133—49. 1959.) (Dt.) — 1. vgl. vorst. Referat.

Vff. diskutieren auf der Grundlage der quantenmechan. Dispersionstheorie von KARPLUS u. SCHWINGER (Physic. Rev. [2] **73.** [1948.] 1020) die Frequenzabhängigkeit der beiden l. c. untersuchten Polarisationsanteile. Dispersion u. Absorption haben im Falle der Versationspolarisation den Charakter von Relaxationskurven, während die Frequenzabhängigkeit des Real- u. Imaginärteils der Rotationspolarisation die eines Linienspektrums ist (Rotationsspektrum des Gases). Es zeigt sich, daß bei symm. Kreiseln der %-Anteil der Versationspolarisation an der gesamten Orientierungspolarisation in 1. Näherung allein durch das Verhältnis der beiden Hauptträgheitsmomente bestimmt ist. Für die integrale Rotations- u. Versationspolarisation dieser Moll. werden asymptot. Ausdrücke abgeleitet. Eine Unters. des Zusammenhanges zwischen Versations- u. Inversionspolarisation zeigt, daß die Deutung des nichtresonanten Anteils der dielektr. Orientierungspolarisation eines Gases als Versationseffekt die Verhältnisse im allg. richtiger schildert als die Beschreibung mit Hilfe der Inversion. D. JÖRCHEL. 132□

Die dielektrischen Eigenschaften von Quarzsanden bei hohen und höchsten Frequenzen. E. Löb. (Z. angew. Physik **10.** 178—85. April 1958. Karlsruhe, TH, Inst. für elektr. Nachrichtentechn.) (Dt.)

Vf. bestimmte den Verlustfaktor bzw. die Leitfähigkeit u. die resultierende DK einiger Quarzsandsorten im Bereich $\lambda = 3$ cm bis 800 m. Es zeigte sich, daß bei gedarrten hexagonal kristallisierenden Quarzsanden die Abhängigkeit von tg δ mit der Frequenz ein von der Korngröße abhängiges Maximum aufweist, das auf mechan. Resonanzen der Quarzteilchen zurückzuführen ist. Der für diese Proben charakterist. Kurvenverlauf wird schon durch sehr geringe Wassermengen stark verändert. Zum Beispiel verschwindet das Maximum bei Rheinsand bereits bei einer Feuchtigkeitsmenge, wie sie bei Raum-Temp. adsorbiert wird. Bei weiterem Feuchtigkeitsanstieg werden schon bei ca. 1% Wasser-Geh. die bekannten, auch bei „trocknem" Erdboden auftretenden Verlustfaktorkurven (monotoner Anstieg des tg δ mit λ) beobachtet. Nicht hexagonal kristallisierende bzw. amorphe SiO_2-Sande zeigen den erwähnten Resonanzverlauf nicht. Für gedarrte gekörnte Proben ist tg δ zwischen $\lambda = 1—6$ m etwa konst. u. kleiner als $4 \cdot 10^{-5}$ u. nimmt erst unterhalb 1 m mit steigender Frequenz zu. Bei $\lambda = 3{,}5$ cm wurde tg $\delta = 12 \cdot 10^{-5}$ gemessen. D. JÖRCHEL. 132□

Eine Methode zur Bestimmung der komplexen DK und der nichtlinearen Eigenschaften der Dielektrika im Gebiet der Dezimeterwellen. Jan Fousek. (Českoslov. Časopis Fysiku **8.** 575—81. 1958. Czechoslov. J. Physics **8.** 732—39. 1958. Praha, Fys. ústav Českoslov. akad. věd.) (Russ.; Auszug: Engl.)

Konstruktionsbeschreibung (Blockschema) einer App. zur Best. der komplexen DK an kleinen Proben (z. B. Ba-Titanat; Probendurchmesser 0,47 mm; Dicke 0,09 mm) von dielektr. Stoffen im Wellengebiet $5 \cdot 10^8—1{,}8 \cdot 10^9$ Hz. Die App. gestattet weiter die Vermesung einiger nichtlinearer Eigg. der Dielektrika im Hoch- u. Niederfrequenzgebiet. Im Intervall ε' von 2—80 beträgt der Maximalfehler $\pm 5\%$, tg $\vartheta > 5 \cdot 10^{-3}$ ist geringer als $\pm 15\%$. J. TŮMOVÁ. 132□

Irreversible Bewegungen eines 90°-Bereiches bei $BaTiO_3$. Jan Fousek und Bohuslav Březina. (Czechoslov. J. Physics **9.** 265—66. 1959. Českoslov. Časopis Fysiku **9.** 217—18. 1959.) (Engl.) — Vgl. vorst. Referat.

Bei einem Einkristall aus $BaTiO_3$ wird die Bewegung eines ferroelektr. 90°-Bereiches unter dem Einfl. elektr. 50-Hz-Felder, die senkrecht zur c-Achse einwirken, untersucht. Aus der Bedingung, daß eine elektr. Ladung sich nicht an der Wand anlagern kann, wird geschlossen, daß die Richtungen der spontanen Polarisation in zwei benachbarten ferroelektr. a-Bereichen antiparallel zueinander gerichtet sein müssen. Diese Aussage wird auch durch die Beobachtung bekräftigt, daß die Bewegung des c-Bereiches ohne Formänderung abläuft. Doch bildet sich ein zweiter, dem ersten ähnlicher c-Bereich in der Nachbarschaft der Elektrode. Die Wandbewegungen wurden mit dem Polarisationsmikroskop beobachtet. Die Bewegung setzt erst bei einem elektr. Felde von 1,1 kV/cm ein, steigt mit der Feldstärke an u. beträgt 4,1 μ bei 6,49 kV/cm. Die verschiedenen Phasen der Bewegungen der c-Domänen wurden stroboskop. gemessen. Die oscillierenden

Bewegungen sind irreversibel u. haben die Form von Hystereseschleifen. Bei höheren Feldamplituden strebt die Bewegung einem Sättigungswert zu. Zur Beschreibung der Irreversibilitäten ist die Einführung einer krit. elektr. Feldstärke, bei der erst eine Wandbewegung beginnt, ferner die Kenntnis der Abhängigkeit der 90°-Wandenergie von der Lage im Kristall u. die Kenntnis der ferroelektr. Kristallanisotropie erforderlich.
H. Fahlenbrach. 133 □

Die Thermokraft von reinem Kupfer. A. V. Gold, D. K. C. MacDonald, W. B. Pearson und I. M. Templeton. (Philos. Mag. [8] **5**. 765—86. Aug. 1960. Ottawa, Nat. Res. Council, Div. of Pure Phys.) (Engl.)

Bei der Unters. von 13 reinen Cu-Proben erwies sich die abs. Thermokraft S unterhalb 40° K fast durchweg als negativ, wobei der Betrag von S zwischen 8 u. 10° K ein Maximum hat, ausgenommen eine natürliche Cu-Probe, bei der S unterhalb 13° K positiv ist. Das verschiedene Verh. wird durch in das Gitter eingebaute *Fe*-Atome erklärt. Andere Verunreinigungen haben nur insofern einen Einfl. auf die Temp.-Abhängigkeit von S, als sie Spuren von Fe-Oxid reduzieren, so daß Fe in Lsg. gehen kann. Oberhalb 100° K haben Verunreinigungen erwartungsgemäß nur einen sehr geringen Einfl. auf die Thermokraft. G. Kirschstein. 133 □

Messung von Kontaktpotentialänderungen bei Gasadsorption an Metalloberflächen bei konstanter Kapazität des Meßkondensators. A. Eberhagen, R. Jaeckel und F. Strier. (Z. angew. Physik **11**. 131—34. April 1959. Bonn, Univ., Physikal. Inst.) (Dt.)

Zur Best. der Kontaktpotentialänderung durch Gasadsorption auf Metall wurde eine Kondensator-Meth. mit konst. Kapazität entwickelt. Der große Plattenabstand erlaubt eine Trennung der beiden Elektroden durch eine Glaswand, so daß die Meßelektrode allein begast werden kann. Für das Syst. *Ni–O* bei 10 Torr Begasungsdruck u. Metall-Temp. +40 u. —196° wurden die Kontaktpotentialänderungen —0,35 bzw. —0,29 V gemessen. Die Ursachen für die Abweichungen von den Meßwerten anderer Autoren werden diskutiert. G. Lehmpfuhl. 134 □

Kontaktpotentialdifferenz zwischen einigen flüssigen Metallen und ihren Legierungen. W. A. Kusnetzow, L. Ss. Sagainowa, N. P. Loginowa, I. Ja. Ljubimzewa, N. Ss. Onoprijenko und L. Je. Zimbal. (Доклады Академии Наук СССР [Ber. Akad. Wiss. UdSSR] **138**. 156—58. 1/5. 1961. Uraler Gorki-Univ.) (Russ.)

Vff. nehmen Strom–Spannungs-Kurven von Dioden auf, die als Anoden zunächst reine Metalle, dann deren Legg. enthalten. Aus der Verschiebung der Strom–Spannungs-Kurven werden Aussagen über die Kontaktpotentialdifferenzen gemacht. Untersucht wurden die Syst. Sn u. Sn–Tl (23,8% Tl) (**I**), Tl u. Tl–Sn (49,8% Sn) (**II**), Tl u. Tl–Te (50,5% Te) sowie Bi u. Bi–Te (3,6 u. 9% Te). Alle Messungen wurden bei 450° durchgeführt. Die Kontaktpotentialdifferenzen betrugen bei **I** 0,17 V, bei **II** 0,25 V. Zum Vgl. wurden durch Elektrocapillar-Unterss. die Differenzen der Null-Ladungs-Potentiale (NP) in Abhängigkeit von der Zus. der Leg. gemessen. Die Werte sind gegenüber den NP der Metalle Sn u. Tl bei **I** um 0,14 V nach negativen, bei **II** um 0,22 V nach positiven Werten verschoben. Beim Syst. Tl u. Tl–Te beträgt die Differenz der Kontaktpotentiale 0,65 V, die Verschiebung des NP 0,67 V (nach positiven Werten). Diese Ergebnisse bestätigen erneut die Aussage von Frumkin u. Gorodetzkaja [1928], nach der die Differenz der Kontaktpotentiale zwischen den untersuchten Metallen u. ihren Legg. u. die Differenz der NP zwischen Metall u. Leg. annähernd übereinstimmen.
E. Winkler. 134 □

Sekundärelektronenemission von Antimon–Caesium- und Wismut–Caesium-Schichten verschiedener Zusammensetzung. G. Appelt und O. Hachenberg. (Ann. Physik [7] **6**. 67—81. 1960. Berlin-Adlershof, Dt. Akad. der Wiss., Heinrich-Hertz-Inst. für Schwingungsforsch.) (Dt.)

Vff. untersuchten Ausbeute, ihre Temp.-Abhängigkeit u. die Energieverteilung von Sekundärelektronen an Sb–Cs- u. Bi–Cs-Schichten. Die Schichten wurden durch Aufdampfen von Sb (Bi) auf Objektträger u. anschließende Formierung in Cs-Dampf hergestellt. Die Messungen erfolgten bei folgenden Formierzuständen: 1. reines Sb (Bi); 2. CsSb ($CsBi_2$), 1. Leitwertsminimum; 3. Cs_3Sb (Cs_3Bi), 2. Leitwertsminimum; 4. Cs_3Sb + Cs (Cs_3Bi + Cs), Endwert des Leitwerts. Die Sb- u. Bi-Syst. zeigen angenähert gleiches Emissions-Verh. u. ähnliche Energieverteilungen. Die Halbwertsbreiten der Kurven nehmen mit steigendem Cs-Geh. stark ab, während gleichzeitig das Maximum zu niedrigeren Energien rückt. Die Änderung der Ausbeuten in den einzelnen Formierzuständen wird vorwiegend auf eine Änderung der Austrittsarbeit zurückgeführt. Vff. schließen, daß bei I–V-Verb. die hohen Ausbeutewerte ihre Ursache in der niedrigen Potentialschwelle an der Oberfläche haben. H. Liepack. 134 □

Untersuchungen an Cs–Sb-Schichten. Claus Kunze. (Ann. Physik [7] **6.** 89—106. 1960. Berlin-Adlershof, Dt. Akad. der Wiss., Heinrich-Hertz-Inst. für Schwingungsforsch.) (Dt.)

Vf. untersucht an Cs–Sb-Schichten verschiedener Zus. Durchlässigkeit, Reflexion, äußeren u. inneren Photoeffekt, die elektr. Leitfähigkeit in Abhängigkeit von der Temp., den Quellfaktor der mit Cs behandelten Sb-Schichten sowie den Einfl. von Sauerstoff auf die elektr. u. photoelektr. Eigg. der Cs–Sb-Schichten. Die Ergebnisse der Absorptions- u. Leitfähigkeitsmessungen entsprechen im wesentlichen den bereits bekannten Ergebnissen. Das Auftreten des inneren Photoeffekts im langwelligen Teil des Spektrums bei Sauerstoff-Einw. wird auf einen Vol.-Effekt zurückgeführt. H. Liepack. 134□

Sekundärelektronenemission von Antimon-Rubidium-Schichten. W. Kaneff. (Ann. Physik [7] **6.** 82—88. 1960. Sofia, Bulgar. Akad. der Wiss., Physikal. Inst.) (Dt.)

Vf. untersuchte an polykrist. Aufdampfschichten der Zus. Sb, $RbSb_2$, Rb_3Sb u. $Rb_3Sb + Rb$ die Ausbeute, ihre Temp.-Abhängigkeit u. die Energieverteilung der Sekundärelektronen. Es liegen keine wesentlichen Unterschiede gegenüber dem Verh. von Sb–Cs-Schichten vor. Mit wachsendem Rb-Geh. verschiebt sich das Ausbeutemaximum der Energieverteilung zu niedrigeren Energien, während gleichzeitig die Halbwertsbreite abnimmt. Die Ausbeute für $RbSb_2$ u. Rb_3Sb ist fast temperaturunabhängig. H. Liepack. 134□

Messungen der Sekundärelektronenemission an KCl und KBr. Bernhard Petzel. (Ann. Physik [7] **6.** 55—66. 1960. Berlin-Adlershof, Dt. Akad. der Wiss., Heinrich-Hertz-Inst. für Schwingungsforsch.) (Dt.)

Vf. untersuchte an KCl- u. KBr-Einkristallplättchen sowie an KCl-Aufdampfschichten (Dicke ca. 4 μ) die Sekundärelektronenemission in Abhängigkeit von der Primärenergie (bis ca. 7000 eV) u. der Temp. (bis ca. 600° K). Bei niedrigen u. mittleren Primärenergien E_p entspricht die Abhängigkeit der Ausbeute δ von E_p der Theorie von Lye u. Dekker (C. **1958.** 1764), bei höheren Energien gilt näherungsweise $\delta \sim E^n$ mit $n = 0,55$ für KBr u. $n = 0,75$ für KCl. Für die Temp.-Abhängigkeit gilt bei hoher Energie E_p zwischen Zimmer-Temp. u. 300° $\delta \sim T^{-1/2}$. Bei kleinem E_p ist δ temperaturunabhängig. Die Energieverteilung in Abhängigkeit von E_p zeigt, daß die Zahl der Sekundärelektronen mit niedrigen Energien bei Steigerung von E_p bis zu ca. 2 keV stark zunimmt, während die Anzahl der Elektronen mit höheren Energien nahezu unverändert bleibt. H. Liepack. 134□

Über die Beeinflussung des Dunkelstromes bei RCA-Photomultipliern. J. Linder und E. Lüscher. (Experientia [Basel] **13.** 69—70. 15/2. 1957. Herisau-Lausanne, Opt. Labor. Metrohm S. A.) (Dt.)

Vff. bestimmten den Dunkelstrom von Photomultipliern als Funktion der äußeren Schirmspannung, wobei als Schirm einmal Aquadag direkt auf die Glasumhüllung aufgebracht, ein andres Mal die Glasumhüllung mit einer Al-Folie umgeben wurde. Zum Teil wurde ein Hystereseeffekt des Dunkelstroms als Funktion des angelegten Schirmpotentials beobachtet. Eine Verringerung des Dunkelstroms durch das äußere Feld trat jedoch — abweichend von Literaturangaben — nur bei solchen Multipliern auf, die einen sehr hohen „normalen" Dunkelstrom besitzen, nicht jedoch bei „guten" Multipliern, wo das Hüllenpotential höchstens zur Abschirmung von starken Störfeldern nützlich ist. D. Jörchel. 134□

Theorie von Effekten heißer Elektronen in Vieltal-Halbleitern im Bereich hoher elektrischer Felder. H. G. Reik, H. Risken und G. Finger. (Physic. Rev. Letters **5.** 423—25. 1/11. 1960. Aachen, Philips Res. Labor.) (Engl.)

Vff. teilen die Ergebnisse einer Theorie von Heißelektroneneffekten in Vieltalhalbleitern mit, die, ausgehend von der Boltzmann-Gleichung für hohe Felder, Intertalstreuung u. Elektron–Elektron-Stöße vernachlässigt. Sie beschränken sich auf mittlere Elektronenenergie ($> \hbar\,\omega_{opt}$), die Impulsrelaxation rührt von akust. u. opt. Streuung, die Energierelaxation nur von opt. Streuung her. Die Elektronenverteilung im Tal i ergibt sich als Maxwell-Verteilung über den größten Energiebereich mit nur kleinen Abweichungen. J.-M. Spaeth. 135□

Eindringen von Elektronen in Germanium und Silicium. B. Ja. Jurkow. (Журнал Технической Физики [J. techn. Physik] **28.** 1159—64. Juni 1958. Moskau, Physikal. Lebedew-Inst. der Akad. der Wiss. der UdSSR.) (Russ.)

Auf der Grundlage der Theorie Spencers (C. **1957.** 599) werden die Kurven des Elektronenenergieverlustes J (x) für Ge u. Si berechnet u. für Ge J (x) mit den experimentellen Ionisationskurven G (x) verglichen; es ergibt sich näherungsweise $G(x) \approx J(x)/\varepsilon$ (ε = Ionisierungsenergie). R. Amberger. 135□

Paramagnetische Resonanz in elektronenbestrahltem Silicium. G. Bemski. (J. appl. Physics **30.** 1195—98. Aug. 1959. Murray Hill, N.J., Bell Telephone Labor.) (Engl.)

Vf. beobachtet Elektronenspinresonanz in n-Si nach Bestrahlung mit Elektronen von 0,5 MeV. Die hier diskutierten speziellen Resonanzlinien erscheinen nur in gezogenen Kristallen, die ca. 10^{18} O-Atome/cm^3 enthalten, dagegen nicht in Schmelzzonenkristallen ($<10^{17}$ O/cm^3). Das Diagramm ist anisotrop bzgl. der Feldorientierung u. kann durch einen g-Tensor mit den Komponenten $g_{[100]} = 2{,}0029$, $g_{[110]} = 2{,}0019$, $g_{[1\bar{1}0]} = 2{,}0096$ beschrieben werden. Ebenso beobachtet Vf. auf Grund der Wechselwrkg. mit ^{29}Si-Kernen eine Hyperfeinstruktur, deren Tensor eine Symmetrie nach [1 1 1] aufweist; hieraus folgt, daß das Elektron bzgl. des Si-Kerns, mit dem es in Wechselwrkg. steht, nicht zentriert ist. Im Einklang mit den beobachteten Symmetrien wird ein Modell aufgestellt, demzufolge die während der Bestrahlung erzeugten Leerstellen zu den verzerrten Bereichen rund um die O-Atome diffundieren. G. RUBAN. 135□

Eine Untersuchung der Quantenausbeute bei Absorption von Röntgenstrahlung in einem p–n-Übergang. Tor Stubb und Ralf Graeffe. (Acta polytechn. [Stockholm], Physics includ. Nucleonics Ser. **4.** Nr. 13. 1—19. 1961.) (Engl.) — Vgl. C. **1961.** 3566.

Die Quantenausbeute des photoelektr. Effekts wurde bestimmt durch Messung des Kurzschlußstroms, der von einer speziellen *Ge*-Diode geliefert wird, wenn ihre Ladungsträger mit Röntgenstrahlung angeregt werden. Durch die Verw. einer Röntgenröhre mit *Cu*-Anode u. eines *Ni*-Filters konnte eine annähernd monochromat. Strahlung vorausgesetzt werden. Die Quantenausbeute wurde zu 0,18 für die Wellenlänge von 1,54 Å gefunden. Mit Hilfe einer Impuls-Meth. wurde die Lebensdauer der Ladungsträger in der Diode bestimmt. J.-M. SPAETH. 135□

Magnetoplasma-Reflexion in Festkörpern. Benjamin Lax und George B. Wright. (Physic. Rev. Letters **4.** 16—18. 1/1. 1960. Lexington, Mass., MIT, Lincoln Labor.) (Engl.)

Vff. bestimmten experimentell die Aufspaltung u. Verschiebung der Reflexionskante der Plasmafrequenz in Ggw. eines Magnetfeldes in *InSb* u. *HgSe* u. ermittelten daraus direkt die effektive Masse der Elektronen zu $m^* = (0{,}041 \pm 0{,}002)\,m_0$ für InSb (mit einer Träger-Konz. von $1{,}8 \cdot 10^{18}\,cm^{-3}$) u. zu $m^* = (0{,}045 \pm 0{,}003)\,m_0$ für HgSe (mit einer Träger-Konz. von $2{,}45 \cdot 10^{18}\,cm^{-3}$). Nach der Formel von SPITZER u. FAN (C. **1957.** 13557) folgt für InSb mit λ_{min} 18,3 μ (Wellenlänge des Nullfeldminimums) sowie der DK $\varepsilon = 14{,}9$ der übereinstimmende Wert $m^* = (0{,}039 \pm 0{,}004)\,m_0$. Die gleiche Beziehung liefert für HgSe die direkt nur sehr schwierig zu bestimmende DK zu $\varepsilon = 14{,}0$ bei 16,3 μ. D. JÖRCHEL. 135□

Anomales Verhalten der Hall-Koeffizienten der Halbleiterverbindungen SnSe und GeSe. S. Asanabe und A. Okazaki. (Proc. physic. Soc. **73.** 824—27. 1/5. 1959. Japan, Kyusyu Univ., Dep. of Phys.) (Engl.)

Vff. beobachteten eine irreversible Temp.-Abhängigkeit des spezif. Widerstandes u. des HALL-Koeff. eines SnSe-Einkristalls. Das irreversible Verh. war von der therm. Vorbehandlung der Proben abhängig. Unabhängig von der Vorbehandlung war dagegen die HALL-Beweglichkeit. Bei 200° besitzen der spezif. Widerstand u. der HALL-Koeff. ein Maximum. Der HALL-Koeff. von polykristallinem GeSe zeigt ein ähnliches irreversibles Verh. oberhalb der Zimmertemperatur. Es wird versucht, diese Anomalie durch die Diffusion von Verunreinigungen zu erklären. G. LEHMPFUHL. 135□

Über den Feldeffekt in isolierendem ZnO-Pulver. Wolfgang Ruppel. (Z. Physik **152.** 235—41. 28/7. 1958. Zürich, RCA Ltd., Labor.) (Dt.)

Größe u. Zeit-Konst. des Feldeffekts in Isolatoren werden im Gegensatz zum Feldeffekt in Halbleitern stärker durch die gebundene als durch die freie Ladung bestimmt. Wird der Strom in einem belichteten, photoleitenden Isolator durch ein elektr., über einen Sperrkontakt angelegtes Querfeld red., so läßt sich aus der Größe der Modulation die Rekombinationslebensdauer u. aus der Zeit-Konst. für den Aufbau der Verarmungsrandschicht die Haftstellen-Konz. bestimmen. Aus Messungen an photoleitendem, isolierendem ZnO-Pulver wurden eine Rekombinationslebensdauer von $\tau_l = 10^{-5}$ s u. eine Haftstellen-Konz. von $4 \cdot 10^{17}/cm^3 \cdot k\,T$ (welche 0,3 eV unter dem Leitungsband liegt) bestimmt; die Werte stimmen mit anderweitig gewonnenen Resultaten überein. D. JÖRCHEL. 135□

Einfluß des hydrostatischen Drucks auf die Ionenleitfähigkeit von Silberchlorid. Kiyoshi Shimizu. (Rev. physic. Chem. Japan **30.** 73—79. 1960. Kyoto, Japan, Kyoto Univ., Labor. of Phys. Chem.) (Engl.)

Die Ionenleitfähigkeit eines AgCl-Einkristalls wird im Temp.-Bereich von 30—110° bei Drücken bis zu 700 kg/cm^2 gemessen. Die Leitfähigkeit steigt mit der Temp.-Steigerung u. sinkt mit dem Druckanstieg. Es wird Übereinstimmung mit den theoret. berechneten Werten gefunden. WALTER FRANKE. 135□

Über elektrische Ströme in fließendem Quecksilber, hervorgerufen durch Diffusion der Leitungselektronen. (Ein Beitrag zur Klärung des Leitungsmechanismus bei flüssigem Quecksilber.) Fritz Cammerer. (Z. Physik **160.** 219—32. 1960. München, Univ., I. Physikal. Inst.) (Dt.)

Es wird der elektr. Strom bestimmt, der an einer rasch abklingenden zirkularen Strömung von Hg durch verschieden große Diffusion der Leitungselektronen u. der Atomrümpfe entsteht. Aus der Stromrichtung u. einem Vgl. mit der Theorie wird gefolgert, daß in fl. Hg Elektronen u. Löcher mit einer „freien Weglänge" vorhanden sind, die bei den Elektronen um ca. 2% größer als bei den Löchern ist. Die HALL-Konst. wird zu $-6{,}3\cdot 10^{-12}$ m³/A·s abgeschätzt. J. M. SPAETH. 136□

Elektrische Eigenschaften verdünnter Legierungen von Zink mit Mangan bei niedrigen Temperaturen. Yoshio Muto, Yoshio Tawara, Yoshio Shibuya und Tadao Fukuroi. (J. physic. Soc. Japan **14.** 380—81. März 1959. Sendai, Tohoku Univ., Res. Inst. for Iron, Steel and other Metals.) (Engl.)

Die Temp.-Abhängigkeit des elektr. Widerstandes einer Zn-Leg. mit 0,099% Mn wurde gemessen. Bei 14° K zeigte der Widerstand ein Minimum, um dann bis 1,5° K wieder anzusteigen, ohne ein Maximum zu erreichen, während der Widerstand des reinen Zn unterhalb 5° K konst. ist. Außerdem wurde die Widerstandsabhängigkeit vom Magnetfeld bei verschiedenen Temp. untersucht. Eine Leg. mit 0,43% Mn zeigte ein ähnliches Verhalten. Die elektr. Eigg. dieser Legg. sind ähnlich denen der Cu–Mn-Legierungen. Vff. nehmen daher an, daß diese Eigg. mit den magnet. Zuständen des Mn-Ions zusammenhängen. G. LEHMPFUHL. 136□

Vorläufige Messungen des elektrischen Widerstands des Nickel–Palladium-Legierungssystems. A. I. Schindler, R. J. Smith und E. I. Salkovitz. (Physics Chem. Solids **1.** 39—41. Sept./Okt. 1956. Washington, D.C., Naval Res. Labor., Metals Div.) (Engl.)

Die bei 4,2, 77 u. 300° K durchgeführten Messungen des elektr. Widerstandes von Ni–Pd-Legg. zeigten jeweils ein Maximum bei ca. 70 Atom-% Pd. Die Verschiebung des Maximums von der Zus. 50 : 50 auf 70 Atom-% Pd läßt sich durch die Wechselwrkg. der s- u. d-Elektronen erklären (Reinheit der Leg.-Komponenten: Ni 99%, Pd 99,99%). G. FALKENBURG. 136□

Einfluß adsorbierter Gase auf Supraleitung und elektrische Leitfähigkeit dünner Thalliumschichten. W. Rühl. (Z. Physik **159.** 428—42. 1960. Braunschweig, Phys.-Techn. Bundesanstalt.) (Dt.) — Vgl. C. **1961.** 747.

Bei 100° K wurden Tl-Filme von 50—700 Å Dicke hergestellt, deren Sprung-Temp. durch adsorbierten O_2 um so stärker gesenkt wird, je geringer die Schichtdicke ist. Durch die Absorption von reinem H_2 u. N_2 werden die Sprung-Temp. u. die elektr. Leitfähigkeit kaum verändert. Die mit O_2 beladenen Schichten gehen bei 15° K in einen anderen Zustand über, wie an der sprungartigen Erhöhung des Widerstandes zu erkennen ist. In diesem Zustand ist die Sprung-Temp. höher als bei der reinen Tl-Schicht. G. KIRSCHSTEIN. 136□

Elektronenpaare in der Theorie der Supraleitung. John M. Blatt. (Progr. theoret. Physics [Kyoto] **23.** 447—50. März 1960. Sydney, Univ., Appl. Math. Dep.) (Engl.)

Vf. weist die mathemat. Analogie zwischen dem Ansatz von BOGOLJUBOW u. der Theorie des quasichem. Gleichgewichts nach. G. KIRSCHSTEIN. 136□

Die Sättigungsmagnetisierung dünner Schichten. W. Döring. (Z. Naturforsch. **16a.** 1146—52. Nov. 1961. Adliswill, Zürich, IBM-Forschungs-Labor.) (Dt.)

Unter Vernachlässigung der Spin–Bahn-Moment- u. der Spin–Spin-Wechselwrkg. wird auf der Grundlage des HEISENBERG-Modells mit der Spinwellentheorie die Schichtdickenabhängigkeit der Sättigungsmagnetisierung für Schichten parallel zu Würfelflächen von ferromagnet. Stoffen mit einfacher kub. Kristallstruktur u. für Temp. $T < 0{,}5\ T_c$ (T_c = CURIE-Temp.) berechnet. Bei diesen Temp., bei denen man mit einer ungestörten Superposition von Spinwellen rechnen kann, wurde nur eine verhältnismäßig geringe Abnahme der Sättigungsmagnetisierung mit abnehmender Schichtdicke gefunden. Bei $T = 0{,}5\ T_c$ beträgt diese Abnahme nur 15%, wenn man die Schichtdicke auf 10 Atomlagen reduziert. Mit abnehmender Temp. wird dieser Effekt noch kleiner. Das Ergebnis der Theorie wird mit neueren Experimenten, z. B. von NEUGEBAUER u. mit unerlaubten Extrapolationen einer Theorie von KLEIN u. SMITH, diskutiert. H. FAHLENBRACH. 137□

Neutronenkleinwinkelstreuung an Spinwellen in Eisen. R. D. Lowde und N. Umakantha. (Physic. Rev. Letters **4.** 452—54. 1/5. 1960. Harwell, England, Atom. Energy Res. Establ.) (Engl.) — Vgl. C. **1959.** 405; C. **1960.** 12584.

Vff. beobachteten unter definierten experimentellen Bedingungen, welche die Phononenstreuung zu eliminieren gestatten, die Neutronenkleinwinkelstreuung an einem zylindr. Fe-Kristall u. fanden die theoret. zu erwartende Winkelverteilung, bes. den Abbruch der magnetisierungs- u. temperaturabhängigen Streuung bei 25′. Bei Drehung des Magnetfeldes von der horizontalen (H) zur vertikalen (V) Lage ergab sich bei 25′ ein Intensitätsverhältnis H/V zu 1,46 $\pm$ 0,02 (theoret. Wert 1,40). Die abs. Intensitäten waren kleiner als die für einen einfachen HEISENBERG-BLOCH-Magneten berechneten, wie für einen Realkristall zu erwarten. Oberhalb 54°K über Raum-Temp. ist die Intensität proportional zur Absoluttemp. u. der Temp.-Anstieg unabhängig von der Kristalljustierung. Die Ergebnisse beweisen die Ggw. einer Einmagnonenstreuung. Der an einigen Proben beobachtete plötzliche nichtlineare Intensitätsanstieg bei Erwärmung über ca. 346°K läßt sich durch keine bekannte Theorie erklären u. dürfte auf bisher noch nicht diskutierte Spin-Syst.-Zustände hindeuten. D. JÖRCHEL. 137□

Messung der lokalen Felder an ^{57}Fe-Verunreinigungsatomen unter Verwendung des Mössbauer-Effekts. G. K. Wertheim. (Physic. Rev. Letters **4.** 403—05. 15/4. 1960. Murray Hill, N.J., Bell Telephone Labor.) (Engl.)

Vf. beobachtete die Hyperfeinstruktur von ^{57}Fe in metall. *Fe, Co, Ni* u. in n-leitendem *Si* mit Absorbern aus rostfreiem Stahl u. aus $K_4Fe(CN)_6 \cdot 3\ H_2O$ u. bestimmten daraus die lokalen Feldstärken an den Fe-Atomen. Das Hyperfeinfeld in Si ist mit ca. $3 \cdot 10^4$ Oe um eine Größenordnung kleiner als in den Übergangsmetallen. Die bei Umgebungen aus rostfreiem Stahl beobachteten wesentlich größeren Linienbreiten als bei einer Umgebung aus metall. Fe werden zu deuten versucht. D. JÖRCHEL. 137□

Über einen Zusammenhang zwischen Kristallanisotropie und Magnetostriktion bei Nickel. R. Brenner. (Z. Naturforsch. **17a.** 150—54. Febr. 1962. Hanau, Vacuumschmelze AG, Labor.) (Dt.)

Vf. untersucht, ob die Magnetostriktion des Ni durch Abhängigkeit der Spin-Bahn-Wechselwrkg. von Gitterverzerrungen gedeutet werden kann. Zu diesem Zweck wird die VAN VLECKsche Quadrupol-Wechselwrkg. in einfacher klass. Behandlung auf das verzerrte Ni-Gitter angewendet. Es zeigt sich, daß das Kristallgitter spontane Verzerrungen aufweist, wenn die Vol.-Abhängigkeit der Kristallanisotropie von Null verschieden ist. Im Fall des Ni stimmen diese nach Art u. Größe weitgehend mit der beobachteten Magnetostriktion überein. G. M. NEUMANN. 137□

Einflüsse einer Spezial-Wärmebehandlung auf Permalloys. Sadami Tomita. (J. physic. Soc. Japan **16.** 393—96. März 1961. Kenkyusho, Kinzoku Kogyo.) (Engl.)

Zwei techn. weichmagnet. Fe-Ni-Legg., u. zwar die bin. Legg. 50% Ni, 50% Fe u. Mumetall: 77% Ni, 16% Fe, 5% Cu, 2% Cr werden nach einer 1100°-Glühung u. einer schnellen Abkühlung von 650° bei Temp. zwischen 200 u. 600° 1—15 Std. wärmebehandelt. Durch eine solche Behandlung werden die spezif. elektr. Widerstände u. die Permeabilitäten z. T. ganz erheblich beeinflußt, wobei bes. die erhebliche Zunahme der Maximalpermeabilität von Mumetall auffällt. Die Ergebnisse können nicht mit den Orientierungs-Überstruktur-Theorien von NÉEL u. von TANIGUCHI u. YAMAMOTO erklärt werden. Vielmehr versucht Vf. eine Analyse der experimentellen Ergebnisse sowohl für die Permeabilität als auch für den spezif. elektr. Widerstand beider Legg. durch die Annahme einer inhomogenen inneren Struktur der Legg., die durch innere Spannungen, Gitterfehler oder Überstrukturen kurzer Reichweite hervorgerufen sein kann. H. FAHLENBRACH. 137□

Über die neue magnetische Phase im System Mangan-Aluminium-Kupfer. Ichiro Tsuboya und Makoto Sugihara. (J. physic. Soc. Japan **16.** 571. März 1961. Musashino-shi, Tokyo, Nippon Telegraph and Telephone Public Corp., Electr. Communicat. Labor.) (Engl.)

Neben der ferromagnet. Phase (Cu_2MnAl) der HEUSLERschen Legg. wird durch erneute röntgenograph. u. magnet. Unterss. des Syst. Mn-Al-Cu eine zweite ferromagnet. Phase gefunden, die ihren Schwerpunkt bei ca. 35 Atom-% Mn, 20 Atom-% Cu u. 45 Atom-% Al besitzt. Diese Phase hat dieselbe Struktur wie die K-Phase im Syst. Mn-Al-Fe. Sie kristallisiert kub. raumzentriert im CsCl-Typ mit einer Gitter-Konst. von 2,984 $\pm$ 0,005 Å. Die Al-Atome besetzten die Würfelmitten. Dazu kommen noch einige Mn-Atome. Die CURIE-Temp. war 370°K bei 30 Atom-% Mn u. 550°K bei 40 Atom-% Mn. Mit zunehmendem Mn-Geh. nimmt dagegen die Sättigungsmagnetisierung bei 0°K ab (270 G/cm^3 bei 40 Atom-% Mn, 160 G/cm^3 bei 30 Atom-% Mn). Die Temp.-Abhängigkeit der reziproken Susceptibilität verläuft im paramagnet. Gebiet nicht linear. Daher scheint die neue Phase ferrimagnet. zu sein. Zwischen den Mn-Atomen auf den Würfelecken u.

den wenigen auf den Würfelmitten liegt antiferromagnet. Wechselwrkg. vor. Dieser Wechselwrkg. wird eine ferromagnet. (Würfelecken) überlagert. H. FAHLENBRACH. 137□

Remanente Magnetisierung eines synthetischen Haematit-Einkristalls. S. T. Lin. (J. appl. Physics, Suppl. zu **32.** Nr. 3. 394S—395S. März 1961. Cambridge, Mass., MIT.) (Engl.) — Vgl. C. **1961.** 14921.

Zwischen 77 u. 420° K wird die Remanenz einer jungfräulichen Probe eines Haematit-Einkristalls in verschiedenen Kristallrichtungen gemessen. Ferner wird auch der Einfl. eines kleinen Richtfeldes beim Durchschreiten der Tieftemp.-Umwandlung auf die Remanenz untersucht. Dabei treten einige Unterschiede im Vgl. zu den natürlichen Haematiten auf: 1. Es wird kein schwacher Ferromagnetismus in der [1 1 1]-Richtung beobachtet. 2. Der schwache Parasiten-Ferromagnetismus ist auf die (1 1 1)-Ebene u. dort auf Temp. oberhalb der MORIN-Umwandlung bei 250° K beschränkt. 3. Nach dem Erwärmen der Kristalle auf Temp. oberhalb der Umwandlung tritt in keiner Kristallrichtung Ferromagnetismus auf, wenn kein äußeres Magnetfeld beim Erwärmen vorhanden war. Daraus wird geschlossen, daß die antiferromagnet. Vorzugsrichtungen in den (1 1 1)-Ebenen bei Temp. oberhalb der Umwandlung wie ein gleichseitiges Dreieck angeordnet sind. Mit den Ergebnissen wird die phänomenolog. Theorie von DZYALESHINSKY u. VONSOVSKY bestätigt. H. FAHLENBRACH. 137□

Die magnetischen Eigenschaften von Co^{2+}-Ionen auf Tetraederplätzen eines Oxidgitters. P. Cossee und A. E. van Arkel. (Physics Chem. Solids **15.** 1—6. Aug. 1960. Leiden, Rijks-Univ., Labor. voor Anorgan. en Phys. Chem.) (Engl.)

An Mischkristallen aus *CoO* mit *ZnO* u. aus $CoAl_2O_4$ mit $ZnAl_2O_4$ u. $MgAl_2O_4$ werden die magnet. Susceptibilitäten zwischen 300 u. 1200° K gemessen. Bes. interessieren dabei die Unterss. an Mischkristallen, bei denen Co^{2+} die Tetraederplätze der Gitter einnimmt, z. B. beim CoO-ZnO-Syst. mit <25 Mol% CoO. Diese Ergebnisse wurden im Zusammenhang mit den bekannten opt. Daten diskutiert. Dabei zeigte sich, daß der Singulettgrundzustand $^4F(\Gamma_2)$ ein magnet. Moment für den Spin allein besitzt, während das $^4F(\Gamma_5)$-Niveau (4000 cm^{-1} oberhalb des Singulett-Termes) Anlaß zu einem temperaturunabhängigen Paramagnetismus gibt. Die dadurch bedingte Abweichung der Susceptibilitäten vom CURIE-WEISSschen Gesetz wird experimentell bestätigt. Ferner werden die magnet. Eigg. von Co^{2+}-Ionen auf Tetraederplätzen mit denen auf Oktaederplätzen verglichen. H. FAHLENBRACH. 137□

Das Verhalten der paramagnetischen Ionen in den Einkristallen einiger ähnlich konstituierter Salze der Elemente der Eisengruppe. 2. Mitt. Hydratisierte Ni^{2+}-Salze. A. Bose, S. C. Mitra und Sunil K. Datta. (Proc. Roy. Soc. [London], Ser. A **248.** 153—68. 11/11. 1958. Calcutta, Indian Assoc. for the Cultivat. of Sci.) (Engl.) — 1. vgl. C. **1958.** 628.

Vff. untersuchten das magnet. Anisotropie-Verh. von $NiSO_4 \cdot 6\ H_2O$, $NiSeO_4 \cdot 6\ H_2O$ u. 15 Salzen der allg. Form $Ni(MeXY_4) \cdot 6\ H_2O$ (Me = *K*, NH_4, *Rb*, *Tl*, *Cs*; XY_4 = SO_4, SeO_4, BeF_4) bei Temp. von 90—370° K. Im Gegensatz zu den Cu^{2+}-Salzen zeigen die Ni^{2+}-Salze eine viel geringere Anisotropie u. ihre Temp.-Abhängigkeit weicht stärker vom CURIEschen Gesetz ab, als theoret. vorhergesagt wurde. Die Ni^{2+}-Salze ändern ihre kristallinen u. ihre ion., magnet. Achsen mit der Temp. weit weniger als einige Cu^{2+}-Salze. Die Koeff. der theoret. Gleichung für die Anisotropie sind ebenfalls in einigen Fällen nahezu so struktur- u. temperaturempfindlich wie die einiger Cu-Salze. Die auf die tetragonale Spin- u. Bahndrehimpulsaufspaltung der Energieniveaus bezogenen anisotropen Feld-Koeff. wurden berechnet. Ihre Werte können von Salz zu Salz bis zu 100° u. mit der Temp. in extremen Fällen bis zu 12% schwanken. Der Koeff. der Spin-Bahn-Drehimpulskopplung in Kristallen, aus der Temp.-Abhängigkeit der Anisotropie berechnet, kommt dem Wert —324 cm^{-1} für das freie Ni^{2+}-Ion ziemlich nahe, während der aus der Anisotropie bei Raum-Temp. u. aus paramagnet. Resonanzdaten berechnete um ca. 13% niedriger liegt. Diese Differenz wird der Einbeziehung des „Kovalenzfaktors" von 0,87 für diese Ni-Salze bei der letzten Berechnung zugeschrieben. P. SCHARNER. 137□

Paramagnetische Elektronenrelaxation bei der Temperatur des flüssigen Heliums. André Bassompierre. (C. R. hebd. Séances Acad. Sci. **250.** 1208—10. 15/2. 1960. Paris, Fac. des Sci., Labor. d'Électron. et Radioélectricité.) (Franz.)

Der von VAN VLECK (Physic. Rev. [2] **59.** [1941.] 724) theoret. erwartete Effekt kann auch aus anderen Überlegungen abgeleitet werden; er ist jedoch erst in sehr starken Magnetfeldern nachweisbar. G. KIRSCHSTEIN. 137□

Experiment der Doppelmodulation bei der Elektronenresonanz. Jean-Gérard Théobald und Jean Uebersfeld. (C. R. hebd. Séances Acad. Sci. **254.** 255—56. 8/1. 1962. Besançon, Fac. des Sci.) (Franz.)

Vff. beobachteten die Intensitätsänderungen eines magnet. Resonanzsignals als Funktion eines Gleichfeldes u. in Ggw. einer schnellen Modulation. Der Vorteil des Experimentes, bei dem der Einfachheit halber die Doppelmodulation an Stelle langsamer Änderungen des Magnetfeldes verwendet wurde, liegt in der Möglichkeit, schnelle Effekte an einem niederfrequenten oder selbst an einem Gleichspannungssignal zu beobachten, deren direkte Messung bei der Elektronenresonanz Verstärker mit sehr breitem Band erforderlich machen würde. Die Theorie des beobachteten Effektes wird abgeleitet.
D. JÖRCHEL. 137□

Kernrelaxationsprozesse eines nichtäquivalenten Zwei–Spin-Systems. Hiroshi Shimizu und Shizuo Fujiwara. (J. chem. Physics **34.** 1501—11. Mai 1961. Hongo, Tokyo, Univ., Fac. of Pharmac. Sci.; Fac. of Sci., Dep. of Chem.) (Engl.)

Diskussion der kernmagnet. Relaxation eines Zwei–Spin-Syst. mit Hilfe der halbklass. Formulierung der Relaxationsprozesse von REDFIELD. Es werden die Zeitabhängigkeit longitudinaler Magnetisierungen als Funktion des Verhältnisses $J/\delta\nu_0$ gegeben sowie ein Ausdruck für das Kerninduktionssignal, mit welchem die erwartete Gestalt der Multiplettlinien u. ihr Verh. bis zur Sättigung bei verschiedenen Ursprüngen der Relaxation im Detail diskutiert werden. Es ergibt sich, daß der Mechanismus der Kernrelaxation durch sorgfältige Analyse der Spin–Multiplett-Linien auf Grund der Theorie bestimmt werden kann. Die Möglichkeit zum Auffinden der abs. Vorzeichen der Spin–Spin-Kopplungs-Konst. in einem Zwei–Spin-Syst. bei Verw. von Vielfachresonanz-Meth. wird aufgezeigt.
J.-M. SPAETH. 137□

Magnetische Kernresonanz in der Chemie. H. Labhart. (Experientia [Basel] **14.** 41—54. 15/2. 1958. Basel, CIBA u. Univ.) (Dt.)

Vf. erläutert die für chem. Anwendungen wichtigen Gedankengänge der Theorie der kernmagnet. Resonanz, beschreibt Geräte u. Verff. sowie die wichtigsten Anwendungen in der Chemie u. vergleicht die Meth. der Kernresonanz mit den Verff. der IR-Spektroskopie.
D. JÖRCHEL. 137□

Die Kernresonanzspektroskopie und ihre Anwendungen in der Chemie. 1. Mitt. Kurt Drescher und Alfred Suhle. (Chem. Techn. **11.** 285—98. Juni 1959. Dresden, TH, Inst. für Elektrochem. u. phys. Chem.) (Dt.)

Vff. beschreiben die physikal. u. techn. Grundlagen sowie die Anwendungen der Kernresonanzspektroskopie für qual. u. quant. Analysen, Isotopenanalysen, organ. Gruppenanalysen, zur Ermittlung chem. Konstit. u. Mol.-Strukturen u. chem. Reaktionen. Eine Übersicht über kernphysikal. Daten u. Resonanzfrequenzen einiger wichtiger Elemente wird angegeben.
WOLFGANG KRÜGER. 137□

Tautomerie und Austausch bei Borhydriden; kernmagnetische ^{11}B- und ^{1}H-Spektren. R. E. Williams. (J. inorg. nuclear Chem. **20.** 198—204. Dez. 1961. Pasadena, Calif., Nat. Engng. Sci. Co.) (Engl.)

Eine ausführliche Diskussion bisher veröffentlichter KMR-Spektren zeigt, daß intramol. Austauschvorgänge (Tautomerie) bei vielen Borhydriden, Borhydridanionen u. Addukten von Borhydriden mit LEWIS-Basen generell auftreten, so z. B. bei B_6H_{10}, $B_{10}H_{14}$, B_5H_{11}, $B_2H_7^-$. Das Fehlen von Stereoisomeren bei diesen Verbb. wird auf die allg. vorkommende Tautomerie zurückgeführt. Die Beziehungen zwischen dem B-Kernquadrupolmoment, den kernmagnet. Relaxationszeiten u. deren Beeinflussung durch die Tautomerie werden untersucht.
A. BLASCHETTE. 137□

Kernmagnetische Resonanz in Tantal-Metall. J. I. Budnick und Lawrence H. Bennett. (Physics Chem. Solids **16.** 37—38. Nov. 1960. Washington, D.C., Nat. Bur. of Stand.) (Engl.)

Die kernmagnet. Resonanz von ^{181}Ta wurde in Ta-Metall beobachtet. Die Probe bestand aus einem Stoß von sehr reinen Folien, der entgast u. geglüht wurde. Bei einem Feld von 11820 G wurde eine Resonanz bei 6,092 MHz gefunden. Die Halbwertsbreite der Linie betrug 15 G. In Ta–Metall-Pulver wurde keine Resonanz beobachtet.
J.-M. SPAETH. 137□

Konduktometrische Untersuchung wässeriger Lösungen von SO_2 und H_2F_2. Stanisława Witekowa, Tadeusz Paryjczak und Tadeusz Witek. (Zeszyty naukowe Politechn. Łódźkiej, Chem. **1960.** Nr. 8. 81—83. Łódź, Politechn., Kat. Technol. Kauczuków i Gumy.) (Pol.)

Im Gegensatz zu HCl, HBr u. HJ bildet H_2F_2 keine Additions-Verb. mit SO_2 in wss. Lösung. Der spezif. Widerstand wss. SO_2–H_2F_2-Lsgg. bei verschiedener Zus. zeigt bei 0° u. bei 25° keinen Extremwert. Die Beständigkeit der Verbb. $HX \cdot SO_2$ nimmt mit fallender Ordnungszahl des Halogenatoms X u. mit kleiner werdendem Unterschied der Dipolmomente von SO_2 u. HX ab.
F. URBAN. 138□

Die Äquivalentleitfähigkeit von Elektrolyten in gemischten Lösungsmitteln. 7. Mitt. Perchlorsäure im System Wasser–Äthanol. Neal Goldenberg und Edward S. Amis. (Z. physik. Chem. [Frankfurt/M.] [N.F.] **30.** 65—75. Okt. 1961. Fayetteville, Ark., Univ. of Arkansas, Chem. Dep.) (Engl.) — 6. vgl. Z. physik. Chem. [Frankfurt/M.] [N. F.] **22.** [1959.] 63.

Vff. bestimmen die elektr. Leitfähigkeit von $HClO_4$ bei 25, 35 u. 45° (±0,01°) in reinem W. sowie in 20,0; 40,0; 60,0; 80,0 u. 98,4 Gew.-%ig. wss. A. u. erörtern die Abhängigkeit der Äquivalentleitfähigkeit Λ von der Temp., Zus., DK u. Viscosität η des Lösungsmittels. Die Λ-Werte folgen dem KOHLRAUSCHschen Gesetz; die Λ_0-Werte bei unendlicher Verdünnung werden berechnet. Bei allen Temp. fällt Λ_0 anfänglich schnell, dann langsamer mit abnehmender DK, Minima werden nicht beobachtet. Die Kurven Λ_0/η haben „fingerähnliche" Form, wobei die Kurvenäste viel schneller, als früher beobachtet, auseinanderlaufen. Im oberen Teil nimmt Λ_0 mit steigendem η, im unteren Teil mit abnehmendem η ab. Die Scheitelpunkte der Kurven liegen bei 24, 18 u. 13 mP für 25, 35 bzw. 45°. Die Neigung der bes. bei niedrigerem A.-Geh. nicht ganz geradlinigen Λ_0 — 1/T-Kurven nimmt in den wasserreicheren Gemischen stärker mit steigender Temp. zu. Vff. erklären die Λ_0-Abhängigkeit von der Zus. des Gemisches durch einen kombinierten Mechanismus, u. zwar Protonensprung u. Wanderung des solvatisierten H_3O^+-Ions ($H_9O_4^+$). P. FRENZEL. 138□

Versuche zur Feststellung der Photoleitfähigkeit in verdünnten Natrium–Ammoniak-Lösungen. R. L. Potter, R. G. Shores und J. L. Dye. (J. chem. Physics **35.** 1907—08. Nov. 1961. East Lansing, Mich., Michigan State Univ., Kedzie Chem. Labor.) (Engl.)

Vff. stellen im Gegensatz zu OGG (J. Amer. chem. Soc. **68.** [1946.] 155) keine auf Photoleitfähigkeit zurückzuführende Widerstandsänderungen in verd. Lsgg. von Na in fl. NH_3 ($1{,}5 \cdot 10^{-5}$ bis $2 \cdot 10^{-4}$m; —35 bis —75°; Einstrahlung von sichtbarem bzw. UV-Licht) oder von $NaNH_2$ in fl. NH_3 (J. chem. Physics **14.** [1946.] 295) fest, obwohl hochreine Ausgangsstoffe sowie Gleichstrom- u. Wechselstrom-Meth. angewendet werden. P. FRENZEL. 138□

Protonenrelaxation und Hydratation in wässerigen Lösungen des Manganions. H. Pfeifer. (Z. Naturforsch. **17a.** 279—87. April 1962. Leipzig, Univ., Phys. Inst.) (Dt.)

Experimentelle u. theoret. Unters. des Einfl. des Translationsanteiles an der Protonenrelaxationszeit in wss. Lsgg. von Mn^{2+}-Ionen. Unter Berücksichtigung der Bewegungsbehinderung der Wasser-Moll. außerhalb der ersten Schicht der Hydrathülle ergibt sich der relative Beitrag des Translationsanteils zu ca. 10—20%. CH. WEISKE. 138□

Neuere Gesichtspunkte über die Struktur geschmolzener Elektrolyte. J. Brenet. (Bull. Soc. franç. Électriciens [8] **2.** 344—51. Juni 1961. Strasbourg, Fac. des Sci.) (Franz.)

Überblick. — 10 Literaturangaben (bis 1961). F. VIER. 138□

Über Wechselwirkungen zwischen Ionen und Lösungsmitteln. 1. Mitt. **Partielles Molvolumen von Ionen in wässerigen Lösungen.** Pasupati Mukerjee. (J. physic. Chem. **65.** 740—44. Mai 1961. Upton, Long Island, N.Y., Brookhaven Nat. Labor., Chem. Dep.) (Engl.)

Vf. untersucht das partielle Molvol. $\overline{V}_0$ von Ionen in wss. Lsgg. bei unendlicher Verdünnung mit Hilfe eines Modells der Wechselwrkg. zwischen Ion u. Lsgm., bei dem $\overline{V}_0$ die Differenz zwischen dem Eigen-Vol. des Ions u. der Elektrostriktion E des Lsgm. ist. Aus Vers.-Ergebnissen an großen einatomigen einwertigen Ionen ergibt sich unter der Annahme, daß $\overline{V}_0$ unabhängig vom Vorzeichen der Ladung ist, für H^+ $\overline{V}_0 = -4{,}5 \pm 0{,}2$ ml/Mol. Die quant. halbempir. Analyse der Daten ergibt, daß die Ionenradien r in Lsg. ca. 20% größer als im Kristall sind u. daß bei geringer Wechselwrkg. zwischen Ion u. Lsgm. E umgekehrt proportional r ist. Das Modell versagt bei Li^+ u. mehrwertigen Ionen, bei denen E unabhängig von r ist. Ag^+ zeigt außergewöhnliches Verh., was darauf hinweist, daß die bes. Wechselwrkg. der d-Elektronen zu berücksichtigen ist. Unsymm. mehratomige Ionen, wie OH^- u. HSO_4^-, verhalten sich ebenfalls anomal, was durch Berücksichtigung der Ladungsverteilung in diesen Ionen qual. erklärt werden kann. E beträgt für zweiwertige Metallionen im Mittel $-32{,}5 \pm 1{,}6$ (ml/Mol), für dreiwertige Metallionen $-58{,}5 \pm 2{,}0$. P. FRENZEL. 139□

Über Wechselwirkungen zwischen Ionen und Lösungsmitteln. 2. Mitt. **Innerer Druck und Elektrostriktion wässeriger Elektrolytlösungen.** Pasupati Mukerjee. (J. physic. Chem. **65.** 744—46. Mai 1961.) (Engl.) — 1. vgl. vorst. Referat.

Vf. bestimmt aus den Ergebnissen der Hochdruck-Kompressions-Unterss. von GIBSON u. KINCAID (J. Amer. chem. Soc. **60.** [1938.] 511 u. früher) die Elektrostriktion in wss. Elektrolyt-Lsgg. bei unendlicher Verdünnung u. vergleicht die Ergebnisse mit denen aus den Unterss. der partiellen molalen Vol. (vgl. vorst. Ref.). Es wird gute Übereinstimmung festgestellt u. das anomale Verh. von Li^+ u. OH^- bestätigt. Vf. erörtert weiterhin die Fehler der Methode. P. FRENZEL. 139□

Galvanische Zellen in geschmolzenen Salzen. 3. Mitt. **Das System Silber–Silberchlorid, Cadmium–Cadmiumchlorid.** S. N. Flengas und T. R. Ingraham. (Canad. J. Chem. **36.** 780—88. Mai 1958. Ottawa, Mines Branch, Dep. of Mines and Techn. Surv., Mineral Dressing and Process Metallurg. Div.) (Engl.) — 2. vgl. Canad. J. Chem. **35.** [1957.] 1254.

Vff. bestimmen das Normalpotential E_0 für das Gleichgewicht Cd/Cd^{2+} in Schmelzen aus äquimolaren Mengen NaCl u. KCl unter Verw. einer Ag/AgCl-Bezugselektrode. E_0 aus den Verss. ist größer als bei Berechnung aus thermodynam. Daten, was Vff. auf die Bldg. eines Cd-Komplexes in der Schmelze zurückführen. Die Dissoziations-Konst. des Komplexes beträgt $1{,}17 \cdot 10^{-2}$. Weiterhin bestimmen Vff. den Einfl. der Temp. auf die EMK der Ag–Cd-Zelle u. berechnen die Rk.-Wärme der Zellen-Rk. zu $\Delta H = -35{,}4 \pm 1{,}0$ kcal/Mol. Bei höheren Temp. wird eine Cd–Pb-Leg. verwendet, in der der Aktivitäts-Koeff. γ_m von Cd elektrometr. gegen die Ag–AgCl-Bezugselektrode bestimmt wird. Die γ_m-Werte (bei 680°) stimmen mit früheren, bei tieferen Temp. erhaltenen Werten überein. γ_m ist unabhängig von der Temp., zeigt jedoch große positive Abweichung von 1, wenn der Molenbruch von Cd unter ca. 0,8 liegt. P. FRENZEL. 140□

Anwendungen markierter Atome in der Elektrochemie. V. G. Voicu. (Bibl. An. romîno-soviet., Ser. Tehn. **1958.** Nr. 64. 239—52.) (Rum.)

Als Beispiele werden die Elektrolyse mit Isotopenindicatoren u. die Unters. des elektrochem. Verh. von radioakt. Elementen behandelt. — 15 Literaturhinweise. R. K. MÜLLER. 141□

Die Polarisation von Nickel und Aluminium in neutralen Lösungen. J. H. Greenblatt und E. M. Levy. (J. appl. Chem. **9.** 269—73. Mai 1959. Darthmouth, Naval Res. Establ.) (Engl.)

Die kathod. Polarisation von Ni, Al, Ni–Al-Leg. (2% Ni) u. von mit Ni plattiertem Al wurde bei verschiedenen Temp. (24—95°) in einer 3,17%ig. KCl-Lsg. unter H_2-Entw. untersucht. Allg. ließ sich mit steigender Temp. eine zunehmende Al-Polarisation u. eine abnehmende Ni-Polarisation feststellen. Dabei ist die langsame Entladung eines Protons der geschwindigkeitsbestimmende Schritt. Die Bldg. einer oxid. Passivschicht auf dem mit Ni plattierten oder legierten Al erhöht die Korrosionsbeständigkeit der Leg. mehr als die Abnahme der H_2-Einw. auf das Metall. G. FALKENBURG. 142□

Mikroheterogene Reduktionskatalyse in der Polarographie. 1. Mitt. **i-t-Kurven anodischer kinetischer Ströme in Abhängigkeit vom Halbstufenpotential reversibler Depolarisatoren.** H. Kapulla und H. Berg. (J. electroanalyt. Chem. [Amsterdam] **1.** 108—31. Nov. 1959. Jena, Inst. für Mikrobiol. u. exp. Therapie.) (Dt.)

Mit Hilfe von i-t-Kurven des 1. Tropfens wird die in dem Elektrodenoxydationsprozeß eingelagerte katalyt. Red. des Elektroden-Prod. R in Abhängigkeit vom Halbstufenpotential $\pi_{1/2}$ untersucht. Als Red.-Katalysator dient Pd-Sol, gesätt. mit aktiviertem H_2. Die Kinetik läßt sich mit den Differentialgleichungen nach KOUTECKÝ, HANS u. HENKE berechnen. Auf Grund der Potentialabhängigkeit der Red.-Geschw.-Konst. $\log k_j - \log k_i = B(\pi_{1/2 \cdot j} - \pi_{1/2 \cdot i})$ werden Rückschlüsse auf den Mechanismus möglich. Die Analyse der i-t-Kurven nach der vereinfachten Gleichung $i = Kt^{\bar{a}}$ läßt depolarisatorbedingte Abweichungen u. den Meßbereich der pseudomonomol. mikroheterogenen Rk. erkennen. H. PLUSKAL. 142□

Reduktionsverhalten verschiedener Oxydationsstufen des Urans in schwefelsaurer Lösung. P. J. Elving, A. F. Krivis und H. H. Bauer. (J. polarogr. Soc. **1959.** 38—39. Ann Arbor, Mich., Univ.) (Engl.)

Durch Aufnahme von Wechselstrompolarogrammen bei verschiedenen Frequenzen wurden die Überführungs-Koeff. u. die heterogenen Geschw.-Konst. der teilweise reversiblen Red. U(VI) → U(V) u. U(IV) → U(III) in 0,18 m H_2SO_4 ($1{,}28 \cdot 10^{-3}$ m U) bestimmt. Im Gegensatz zu den vorgenannten Stufen war die Red. U(V) → U(IV) völlig irreversibel u. ergab keine Stufe im Wechselstrompolarogramm. E. MOISAR. 142□

Coulometrische Reduktion von Kupfersulfidfilmen auf Kupfer. T. P. Hoar und C. D. Stockbridge. (Electrochim. Acta [London] **3.** 94—105. Juli 1960. Cambridge, Univ., Dep. of Metallurg.) (Engl.)

Kupfersulfidschichten, die Interferenzfarben 1. u. 2. Ordnung zeigen, lassen sich in O_2-freiem Phosphatpuffer (pH 7) mit Stromdichten von 300 μA/cm² quant. reduzieren. Da die Polarisationscharakteristiken verschieden sind, ist eine eindeutige Trennung zwischen S- u. H-Red. möglich. Der Red.-Mechanismus besteht wahrscheinlich in der Bldg.

von metall. Cu in äußeren Filmschichten; diese können bis zu mkr. Größe wachsen. Bei Schichten bis 15 μg/cm² entspricht der S-Geh. der geflossenen Strommenge. Oberhalb 50 μg/cm² ist die Meth. nicht quant. anwendbar. J. UHLMANN. 143□

Die Sulfurierung von Kupfer mit Lösungen von Diphenylthioharnstoff. J. Llopis, J. M. Gamboa und L. Arizmendi. (Electrochim. Acta [London] **3.** 75—82. Juli 1960. Madrid, Inst. de Quím. Fís. „Rocasolano" C.S.I.C.) (Engl.)

Diphenylthioharnstoff (I) wurde mit ^{35}S markiert u. in Xylol-Lsg. verwendet. Die Rk. liefert dichte Sulfidfilme, die Interferenzfarben zeigen. Der Angriff von I ist schwächer als der von Thioharnstoff in wss. Lösung. Cu wurde so vorbehandelt, daß die Bldg. einer Oxidschicht vermieden wird. Der Wert der experimentell bestimmten Aktivierungsenergie betrug 14,2 kcal/Mol u. war unabhängig von der Konz. von I. Die Adsorption von I an der Oberfläche des Sulfidfilmes ist wesentlich für den Ablauf der Korrosions-Rk. u. verläuft in Form der LANGMUIRschen Isotherme; bei hoher Konz. tritt Sättigung ein. J. UHLMANN. 143□

Die Sulfurierung von Kupfer mit Lösungen von Diäthylpolysulfiden. J. Llopis, J. M. Gamboa und L. Arizmendi. (Electrochim. Acta [London] **3.** 83—93. Juli 1960.) (Engl.) — Vgl. vorst. Referat.

Die mit ^{35}S markierten Polysulfide wurden in trockenem Xylol gelöst. Diäthyldisulfid reagiert nicht mit Cu; Diäthyltrisulfid spaltet 3 S-Atome ab u. bildet einen Oberflächenfilm von Kupfersulfid. Der Temp.-Bereich der Rk. liegt bei 110—130°, die Aktivierungsenergie betrug 17,5 kcal/Mol. Die Sulfidschichten sind zuerst dicht u. von gleichmäßiger Interferenzfarbe. Danach treten runde, schwarze Flecken auf, u. die Angriffs-Geschw. erhöht sich. — Außerdem wurde der Einfl. des Geh. an freiem S in den Lsgg. von Diäthyltrisulfid untersucht. Die Bldg.-Geschw. des Sulfidfilms wächst mit zunehmendem S-Geh.; Xylol-Lsgg. von elementarem S allein geben nur matte, unzusammenhängende Schichten, die keine Interferenzfarben zeigen. J. UHLMANN. 143□

Experimentelle und theoretische Bestimmung der Wirkungsweise von Korrosionsinhibitoren. Marcel Pourbaix. (Cebelcor, Rapp. techn. **1960.** 1—15. Aug.) (Franz.)

Mit thermodynam. u. kinet. elektrochem. Messungen wird bes. die Wirksamkeit von oxydierenden Korrosionsinhibitoren an *Armco*-Eisen untersucht. Zur Anwendung kamen O_2, H_2O_2, MnO_4^-, TcO_4^-, OsO_4^{2-}, CrO_4^{2-}, MoO_4^{2-}, WO_4^{2-}, VO_4^{3-}, SeO_4^{2-}, AsO_4^{3-} u. SbO_4^{3-}. In Gleichgewichtsdiagrammen wurde für die einzelnen Substanzen die Spannung gegen den pH-Wert aufgetragen. Oxydations- u. Red.-Kurven in 0,1 m-$NaHCO_3$ sowie der Einfl. von Cl^- u. PO_4^{3-} bei Abwesenheit oxid. Substanzen wurde ebenfalls ermittelt. J. UHLMANN. 143□

B. Pesce, ed., Electrolytes: proceedings of an international symposium held in Trieste, June 1959. Oxford, London: Pergamon P. 1962. (VIII + 360 S. m. Diagr.) 5 £.

Th. N. Skoulikidis, Theoretical electro-chemistry. Second revised edit. Athens: General Direction of Press Research and Cultural Relations Division. 1959. (320 S.)

A₄. Thermodynamik. Thermochemie

Thermodynamische Funktionen des relativistischen Thomas–Fermi-Atoms bei tiefen Temperaturen. Vishnu Swarup Mathur. (Progr. theoret. Physics [Kyoto] **23.** 391—99. März 1960. Delhi, Univ., Dep. of Physics.) (Engl.)

Die abgeleiteten Formeln gelten nur für sehr hohe Dichten, etwa in der Größenordnung, wie sie im Innern der weißen Zwerge auftreten. G. KIRSCHSTEIN. 146□

Der zweite Hauptsatz der Thermodynamik und seine Anwendung. H. Hausen. (Energietechnik **11.** 148—53. April 1961. Hannover, TH.) (Dt.)

Der 2. Hauptsatz der Thermodynamik wird in seinen verschiedenen Formulierungen erläutert, u. es wird die Abhängigkeit dieser Formulierungen untereinander aufgezeigt. Die prakt. Anwendung der verschiedenen Formulierungen, bes. zur Berechnung abs. Temp., wird beschrieben. WOLFGANG KRÜGER. 146□

Entropie, Wahrscheinlichkeit und Ordnung. R. Plank. (Energietechnik **11.** 154—58. April 1961. Karlsruhe, TH.) (Dt.)

Die Begriffe der mathemat. u. thermodynam. Wahrscheinlichkeit u. der Zusammenhang zwischen Entropie u. Ordnung werden erklärt. An Hand eines Beispiels wird die Zustandswahrscheinlichkeit berechnet. Die Unterschiede der Statistiken von BOLTZMANN-GIBBS, BOSE-EINSTEIN u. FERMI-DIRAC werden kurz erläutert. WOLFGANG KRÜGER. 146□

Die Flächendarstellung der Entropie, des Arbeitsverlustes und der Exergie bei Vorgängen mit äußerer Wärmeübertragung. K. Stieper. (Energietechnik **11.** 158—62. April 1961. Böhlen.) (Dt.)

Es werden graph. Meth. zur Darst. der Entropie, des Arbeitsverlustes (gebundene Enthalpie) u. der Exergie (Freie Enthalpie) bei Vorgängen mit äußerer Wärmeübertragung beschrieben. An Hand der vorgeschlagenen Diagramme werden die Wärmeübertragung zwischen zwei Strömen u. der CLAUSIUS-RANKINE-Prozeß behandelt.

WOLFGANG KRÜGER. 146□

Die Grundgleichung der Exergie und ihre Anwendung auf den Verbrennungsvorgang. W. Fratzscher. (Energietechnik 11. 163—66. April 1961. Dresden.) (Dt.)

Die Grundgleichung der Exergie (Freie Enthalpie) für physikal. Zustandsänderungen wird durch Einführung „abs. Exergien" für chem. Vorgänge erweitert. Für techn. Rechnungen ist es jedoch besser, auch hierbei mit relativen Exergien zu rechnen, bei deren Benutzung jedoch die maximale Arbeit der betrachteten Rk. bei der Umgebungs-Temp. bekannt sein muß. Gleichungen zur Berechnung der maximalen Arbeit für Kohlen u. Öle werden gegeben. WOLFGANG KRÜGER. 146□

Thermische Ausdehnung von Ionenkristallen. S. K. Joshi und S. S. Mitra. (Z. physik. Chem. [Frankfurt/M.] [N. F.] 29. 95—98. Juli 1961. Allahabad, India, Univ., Phys. Dep.) (Engl.)

Unter Anwendung eines BORN-MAYER-Potentials wurde ein expliziter Ausdruck für den linearen Ausdehnungs-Koeff. von Ionenkristallen gefunden. Die berechneten Werte der Koeff. stimmen mit den experimentell gefundenen überein, sie werden für *LiX*, *NaX*, *KX* u. *RbX* (X = F, Cl, Br u. J) sowie für CsCl angeführt.

CLAUS FISCHER. 148□

Thermodynamische Eigenschaften von ^{3}He. V. S. Nanda und S. K. Trikha. (Progr. theoret. Physics [Kyoto] 16. 254—56. Sept. 1956. Delhi, India, Univ., Dep. of Phys.) (Engl.)

Vff. untersuchen die thermodynam. Eigg. des ^{3}He durch ein FERMI-DIRAC-Gasmodell ähnlich wie beim ^{4}He zu erklären (vgl. C. 1954. 482). Es wird von der Vorstellung ausgegangen, daß es sich um ein Metall handelt, bei dem Ionen u. Elektronen durch ^{3}He-Atome ersetzt sind. Die Zahl der ^{3}He-Atome, die zu dem Elektronengas in Metallen in Beziehung stehen, beträgt 1/3,8 der Gesamtzahl der Atome, während die anderen Atome ein quasikristallines Gitter bilden. Die Entartungs-Temp. wurde zu 0,54, die DEBYE-Temp. zu 8,5°K angenommen. Die quasikristallinen Atome liefern bei dieser Modellvorstellung keinen Beitrag zur kernmagnet. Susceptibilität, da ihr Kernspin bei allen Temp. in der fl. Phase ausgerichtet ist. Mit dieser Modellvorstellung stimmen die experimentellen Werte der spezif. Wärme u. Entropie bei 2°K gut überein. Abweichungen oberhalb dieser Temp. lassen sich auf eine Erniedrigung der DEBYE-Temp. zurückführen.

WOLFGANG KRÜGER. 149□

Spontane Schwingungen von Heliumgas in einem Rohr von 0,3 mm innerem Durchmesser bei Temperaturen zwischen 10 und 20° K. O. V. Lounasmaa. (Turun Yliopiston Julkaisuja [Ann. Univ. Turkuensis], Sarja A. I Nr. 39. 1—6. 1959. Turku, Finland, Univ. of Turku, Wihuri Phys. Labor.) (Engl.)

Bei Messungen der Molwärme C_v von fl. He im Temp.-Bereich von 2,5—20°K u. Drücken von 0—100 atm wurde zwischen 10 u. 20°K ein ungewöhnlich großer Wärmefluß zum Calorimeter beobachtet, der exakte Best. von C_v in diesem Bereich unmöglich machte. Als Ursache dieses großen Wärmetransports werden spontane Schwingungen der He-Gassäule in dem zum Calorimeter führendem Rohr mit 0,3 mm innerem Ø vermutet. Durch Änderung der Rohrlänge konnten die Schwingungen ausgeschaltet werden. Die Frequenzen der Schwingungen lagen zwischen 100—150 mm^{-1}. Für das Auftreten dieser Schwingungen ist ein starkes Temp.-Gefälle entlang des Capillarrohres notwendig.

WOLFGANG KRÜGER. 149□

Von der Dampfdruckkurve unabhängige Bestimmung von Antoine-Konstanten. György Kollár und János Proszt. (Magyar tudományos Akad., kém. tudományok Osztályának Közleményei [Ung. Akad. Wiss., Ber. Abt. chem. Wiss.] 16. 47—52. Sept. 1961. Budapest, TU, Lehrstuhl für anorg. Chem.) (Ung.)

Vff. haben unabhängig von der Dampfdruckkurve mit Hilfe der ebullioskop. Konst. die für verschiedene Fll. gültigen ANTOINE-Konst. berechnet. Bei polaren Stoffen — wo für die Konst. C der ANTOINE-Gleichung nach CALINGAERT u. DAVIS der Wert 230 gesetzt werden kann — ist nur die experimentell bestimmte ebullioskop. Konst. nötig, bei apolaren Stoffen dagegen die zu einem einzigen Punkt der Dampfdruckkurve gehörige Temp., z. B. die des Siedepunktes. I. NÁRAY-SZABÓ. 150

Differentialthermoanalyse von Shattuckit. Ming-Shan Sun. (Amer. Mineralogist 46. 67—77. Jan./Febr. 1961. Socorro, N. Mex., New Mexico Inst. of Min. and Technol.) (Engl.)

Shattuckit (Diopsidreihe) von Ajo, Ariz., zeigt eine endotherme Rk. mit einem Maximum bei 747°, die sich durch die exotherme Kristallisation von Tenorit (CuO) (675—780°) u. den überlagerten endothermen Effekt der H_2O-Abgabe (Maximum bei 740°) erklärt. Bei der therm. Zers. wird CuO, α-Quarz u. eine unbekannte Phase erhalten.

Bei 980° zeigt sich infolge Kristallisation von α-Cristobalit ein exothermer Effekt. Ein Teil des CuO geht ab 900° in Cu_2O über. Die thermogravimetr. Unters. ergibt einen H_2O-Geh. von 3,71%. Vf. schlägt deshalb $Cu_3(Si_3O_9) \cdot H_2O$ als korrekte Formel für Shattuckit vor. WALTER FRANKE. 150 □

Bemerkungen zur Molekulargewichtsbestimmung durch Trägerdampfdestillation. H. Schuberth. (Mber. dtsch. Akad. Wiss. Berlin **2.** 616—19. 1960. Leipzig, Dt. Akad. der Wiss., Forsch.-Gemeinschaft, Inst. für Verfahrenstechn. der organ. Chemie.) (Dt.)

Das Molgew. einer Fl., die mit einer anderen ein Gemisch mit breiter Mischungslücke u. heteroazeotropen Verh., d. h. ein stark nichtideales bin. Syst., bildet, läßt sich nach von Vf. abgeleiteten Gleichung aus der Dampf-Zus., dem Dest.-Dampfdruck, der Sättigungslöslichkeit der Substanz S in der anderen Phase (L-Phase), dem Molgew. M_L u. dem Dampfdruck P_{0L} des Trägerdampfes berechnen. Bei sog. „parkt. Nichtmischbarkeit von Fll." stellt die vielfach in Lehrbüchern angegebene Formel $M_s = M_L \cdot [P_{oL}/(P_{az} - P_{oL})][(1 - G''_{az})/G''_{az}]$ (P_{az} = Dest.-Dampfdruck, G_{az} = Dampf-Zus.) nur die „nullte Näherung" dar. Lediglich bei Verw. von H_2O-Dampf als Trägerdampf läßt sich letztere Formel mit hinreichender Genauigkeit verwenden. WOLFGANG KRÜGER. 150 □

Kryoskopie von verdünnten Lösungen in geschmolzenem Thallium(I)-nitrat. Mario Rolla, Paolo Franzosini und Riccardo Riccardi. (Discuss. Faraday Soc. Nr. **32.** 84—89. 1961. Pavia, Ist. di Chim. Fis. della Univ.) (Engl.)

Kryoskop. wurden *LiNO₃*, *NaNO₃*, *AgNO₃*, *TlCl*, *LiCl*, *NaCl*, *NaJO₃*, *Na₂CrO₄*, *HgCl₂* u. *HgBr₂*, gelöst in geschmolzenem $TlNO_3$, vermessen. Die molare Schmelzwärme des *TlNO₃* wurde mit Hilfe eines Tropfcalorimeters zu 2109 ± 85 cal/Mol bestimmt u. daraus die kryoskop. Konst. zu 58,7 berechnet. Ähnliche Werte wurden aus kryoskop. Messungen an $LiNO_3$ u. $NaNO_3$ extrapoliert, die ein gemeinsames Ion mit dem Lsgm. besitzen. *LiCl*, *NaCl* u. *NaJO₃* haben eine mol. Gefrierpunktserniedrigung, die einen doppelten Wert erreicht. $AgNO_3$ u. TlCl geben einen niedrigeren Wert für die kryoskop. Konstante. Na_2CrO_4 zeigt Tendenz für einen dreifachen Wert bei unendlicher Verdünnung. $HgCl_2$ u. $HgBr_2$ haben einfache Werte der Gefrierpunktserniedrigung; im Vgl. mit der totalen Ionisierung beider Halogene in geschmolzenem $AgNO_3$ ist dies von Interesse. Die Differenz im kryoskop. Verh. dieser Halogene in den beiden Lsgm. zeigt, daß die Ionisierungskapazität von geschmolzenem $TlNO_3$ viel niedriger als die des entsprechenden Ag-Salzes ist [vielleicht Autokomplex-Bldg. von $Tl_2NO_3^+$ oder $Tl(NO_3)_2^-$]. In der Diskussion wird deutlich, daß $PbCl_2$ in geschmolzenem $TlNO_3$ dissoziiert, während AgCl prakt. undissoziiert ist. G. HELLER. 150 □

Molwärme von Urantetrafluorid von 1,3—20° K und die thermodynamischen Funktionen bis 300° K. Ein Calorimeter für den Bereich 0,8—20° K. John H. Burns, Darrell W. Osborne und Edgar F. Westrum jun. (J. chem. Physics **33.** 387—94. Aug. 1960. Lemont, Ill., Argonne Nat. Labor.) (Engl.)

Die Molwärme von UF_4 wurde im Temp.-Bereich von 1,3—20° K gemessen. Aus diesen u. vorhergehenden Messungen bei höheren Temp. wurden die Funktionen der Enthalpie, Entropie u. Freien Energie von 5—298° K ermittelt. Bei 298,15° K betragen die Werte für S^0, $(H^0 - H^0_0)/T$ u. $-(F^0 - H^0_0)/T$ 36,25 ± 0,04, 18,08 ± 0,02 u. 18,17 ± 0,02 cal Mol^{-1} $Grad^{-1}$. Die Cp-T-Kurve zeigt bei 6,4° K eine Anomalie vom SCHOTTKY-Typ, die vermutlich eine Folge der Aufspaltung der elektr. Energieniveaus des Ligandenfeldes ist. Das für die Unterss. verwendete Calorimeter wird ausführlich beschrieben.

WOLFGANG KRÜGER. 151 □

Experimentelle Methoden zur Untersuchung von flachen Flammen durch Infrarotspektroskopie. D. J. Cole und G. J. Minkoff. (Combust. and Flame **1.** 241—49. Juni 1957. London, Imp. Coll. of Sci. and Techn., Chem. Engng. Dep.) (Engl.)

Es wird eine App. zur Unters. flacher Diffusionsflammen (flat flames) mit Hilfe eines IR-Spektrometers beschrieben, die es ermöglicht, mittels eines schmalen Spaltes jeden Bereich der Flamme zu untersuchen. Die Faktoren, die die räumliche Auflösung u. Strahlungsintensität beeinflussen, werden diskutiert. Die mit der Meßanordnung möglichen Arbeitsweisen werden an CH_4–O_2- u. C_2H_4–O_2-Flammen untersucht. Bei Hinzuziehung der Emissionsspektren ist die Doppelstrahl-Meth., bei Absorptionsspektren die Einstrahl-Meth. vorzuziehen. Die Leistungsfähigkeit des Gerätes u. die bei der Unters. von Flammen auftretenden Schwierigkeiten werden diskutiert.

WOLFGANG KRÜGER. 157 □

Hans Dieter Baehr und **Klaus Schwier**, Die thermodynamischen Eigenschaften der Luft im Temperaturbereich zwischen —210° C und + 1250° C bis zu Drücken von 4500 bar. Berlin, Göttingen, Heidelberg: Springer. 1961. (VI + 136 S. m. 20 Abb.) 4° = Thermodynamische Eigenschaften der Gase u. Flüssigkeiten. 1. DM 48,—.

H. A. Skinner, ed., Experimental thermochemistry. Vol. 2. New York: Interscience. 1962. (457 S. m. Abb.) $ 14.50.

A_5. Kolloidchemie. Grenzschichtforschung

Oberflächenspannung von flüssigem Eisen und seinen Legierungen. 2. Mitt. Paul Kozakevitch und Georges Urbain. (Mém. sci. Rev. Métallurgie **58.** 517—34. Juli 1961.) (Franz.) — 1. vgl. C. **1962.** 3243.

Der Einfl. der Elemente der VI. Gruppe des Perioden-Syst. (O, S, Se, Te, Cr, W), der VII. Gruppe (Mn), der VIII. Gruppe (Co, Ni) sowie der I. Gruppe (Cu) auf die Oberflächenspannung von fl. Fe wird auf Grund eigener Verss. sowie auf Grund von 48 Schrifttumsangaben mitgeteilt u. es werden Angaben über die Neigung der Legg. zur Benetzung feuerfester Stoffe, über die Zus. u. Struktur der Oberflächenschichten sowie über die Oberflächen- u. die thermodynam. Aktivität gemacht.

H. HOCHSTEIN. 166□

Die Ausbreitung von Quecksilber auf Edelmetallen. Th. Heumann und K. Forch. (Metall **14.** 691—94. Juli 1960. Münster, Univ., Inst. für Metallforsch.) (Dt.)

Die Ausbreitung (Spreitung) von Hg auf Metalloberflächen beruht nicht auf einer Oberflächendiffusion, sondern läßt sich durch einen Capillarvorgang beschreiben. Die untersuchten Metalle u. Legg. (Ag, Au, Au-Legg. u. Pt) ließen nur dann eine Spreitung erkennen, wenn die metall. Oberfläche mit oxid. oder sulfid. Schichten bedeckt war. Reines Au u. Pt zeigten keine Spreitung. Ein Capillareffekt ohne Deckschicht liegt auch dann vor, wenn die Metalloberfläche eine genügend feine Rauhigkeit aufweist. Zusätzlich wurde Korngrenzendiffusion des Hg bei Ag beobachtet. G. FALKENBURG. 166□

Transportverhalten von Eisen(III)-, Aluminium- und Kupfer(II)-Ionen durch Alginat- und andere Membranen. Manabu Senó, Tazuko Saitó und Takeo Yamabe. (Bull. chem. Soc. Japan **33.** 563—64. April 1960. Chiba, Yayoi-cho, Univ. of Tokyo, Inst. of Ind. Sci.) (Engl.)

Bei der Elektrodialyse von Lsgg. der Chloride des Fe u. Cu oder Fe u. Al wurde eine 5teilige Zelle mit Alginat- u. ionenspezif. Membranen (Amberlit: IR–120, IRC–50, IRA–400 u. IR–4B) verwendet. Für die Größe der Durchlässigkeit durch die für die Kationen spezif. Membranen ergibt sich die Reihenfolge: $Fe^{3+} < Al^{3+} < Cu^{2+} < H^+$, mit Ausnahme der niedrigsten Stromdichten, wobei sie unabhängig von der Kombination der Membranen zu sein scheint. Die Permeabilität des Fe^{3+} ist sowohl für Alginat- als auch für andere Membranen gleich. Die Wanderung von einem Teil des Fe durch die Anionenaustauschermembran scheint auf der Bldg. von Komplexanionen zu beruhen.

G. HERZOG. 168□

Filtration starker Elektrolyte. Ernest J. Breton jun. und C. E. Reid. (Chem. Engng. Progr., Sympos. Ser. **55.** Nr. 24. 171—72. 1959. Wilmington, Del., Du Pont de Nemours & Co., Inc.) (Engl.) — Vgl. C. **1961.** 10846.

Ultrafiltrationen mit Hilfe eines früher (vgl. J. appl. Polymer Sci. **1.** [1959.] 133) benutzten App. ergaben, daß NaCl nur durch Cellulose-Membranen (I) wirkungsvoll zurückgehalten wird, nicht aber durch solche aus Polyvinylalkohol, Polyvinylalkohol u. HCHO, Amperplex-Ionentauscher, Äthylcellulose, Nylon, Cellophan, Kautschukhydrochlorid, Saran u. Polyäthylen. An I (du Pont CA–48, 0,88 mm stark) wurden folgende Semipermeabilitäten gemessen: NaCl 96, $MgCl_2$ 99, $CaCl_2$ 98, Na_2SO_4 97, NaBr 93, NaF 86, H_3BO_3 46, Ammoniak 30, Seewasser 96%, wobei der Druck zwischen 715 ($MgCl_2$) u. 850 lbs./sq.in. (NaBr, NaCl) lag. Die relativ geringe Semipermeabilität von I für H_3BO_3 u. Ammoniak, läßt sich damit erklären, daß diese Verbb. durch I unter Bldg. von H-Bindungen diffundieren können, während bei den übrigen Elektrolyten nur Diffusion durch Poren möglich ist, die aber bei Drücken von 400 lbs./sq.in. weitgehend unmöglich wird. R. JUNGE. 168□

Die Struktur der Grenzschicht zwischen Quecksilber und Elektrolyt in Gegenwart von Thioharnstoff. R. Parsons. (Proc. Roy. Soc. [London], Ser. A **261.** 79—90. 11/4. 1961. Bristol, Univ., Dep. of Phys. and Inorg. Chem.) (Engl.)

Die Adsorption von Thioharnstoff (I) an der Hg-Elektrode aus wss. NaF-Lsg. wurde untersucht. Die experimentellen Werte der zweidimensionalen Zwischenschicht lassen sich durch die Virialgleichung $\Phi = kT(\Gamma + B\Gamma^2)$ mit B 120 Å²/Mol beschreiben, wobei B von der Ladung der Elektrode unabhängig ist. Unter Berücksichtigung der Struktur von I u. der Annahme, daß der I-Dipol senkrecht zur Hg-Oberfläche (S in Richtung auf Hg) steht, werden die Konst. der Adsorptionsisothermen gedeutet u. die DK des inneren Teils der Doppelschicht berechnet. Die DK ist unabhängig von der Oberflächen-Konz. des I, aber abhängig von der Ladung der Hg-Elektrode. Sie ist ca. 12 bei der Ladung 0 u. fällt auf 8 bei $-12\ \mu C/cm^2$. Die Dicke der inneren Schicht ist in Abwesenheit von I konst. ca. 4 Å u. steigt auf ca. 5 Å bei den höchsten untersuchten Oberflächenkonzentrationen. Die Gesamtkapazität der inneren Schicht läßt sich als Funktion der Ladung u. der I-Konz. nach dem beschriebenen Modell ermitteln. K. Ross. 168□

Adsorption von Netzmitteln an der Grenzfläche flüssig-flüssig. 1. Mitt. F. van Voorst Vader. (Trans. Faraday Soc. **56.** 1067—77. Juli 1960. Vlaardingen, Netherlands, Unilever Res. Labor.) (Engl.)

Die unter bestimmten Bedingungen innerhalb eines Konz.-Bereiches (krit. Micellen-Konz. bis hinab zu 15% dieses Wertes) beobachtbare weitgehende Unabhängigkeit der an der Grenzfläche fl.–fl. bzw. Fl.–Luft auftretenden Adsorption oberflächenakt. Substanzen von deren Konz. wird durch die sog. Sättigungsadsorption gekennzeichnet. An Hand eigener Messungen sowie unter Verw. fremder Ergebnisse werden die entsprechenden Verhältnisse untersucht, wobei sich herausstellt, daß der Wert der Sättigungsadsorption durch die hydrophile Gruppe der oberflächenakt. Substanz sowie durch deren Wechselwrkg. mit anderen, an der Grenzfläche vorhandenen polaren Verbb. bestimmt wird u. daß sich die Form u. die Größe der hydrophoben Gruppe nur von untergeordnetem Einfl. auf die Sättigungsadsorption erweist. D. Forst. 176□

Kryptonadsorption und die Oberflächengröße von Siliciumdioxid. K. S. W. Sing und D. Swallow. (J. appl. Chem. **10.** 171—75. April 1960. Liverpool, Coll. of Technol., Dep. of Chem.) (Engl.)

Es wird eine App. beschrieben, mit der eine rasche u. genaue Druck-Best. bei der Aufnahme der Adsorptionsisothermen von Kr bei —196° möglich ist; die Druckanzeige erfolgt hierbei über einen Thermistor. Die nach der BET-Meth. an Hand der Kr-Adsorptionsisothermen für verschiedene Proben von Quarzpulver bestimmten spezif. Oberflächen entsprechen bei Annahme eines Atomquerschnittes von 19,5 $Å^2$ für das Kr-Atom jenen Werten, wie sie von anderen Vff. unter Anwendung der BET-N_2-Adsorption bzw. der Elektronenmikroskopie für diese Materialien festgestellt worden waren. Im Falle unporöser SiO_2-Proben war es zwar nicht möglich, eine „Standard"-Kurve für die Kr-Adsorptionsisothermen zu erhalten; in logarithm. Darst. wiesen die Isothermen aber einen ausgedehnten linearen Bereich gleicher Neigung auf. Im Falle des Silicagels führte die entsprechende Darst. zu einer flacher geneigten Geraden, woraus Vff. schließen, daß bei dieser Probe im Bereich niedriger Drücke Capillar-Kondens. auftritt u. deshalb die BET-Oberflächen fehlerhaft sind. D. Forst. 176□

Adsorption neutraler aliphatischer Moleküle aus wässerigen Lösungen an Montmorillonit. Untersuchungen von organischen Verbindungen an Ton. 2. Mitt. R. W. Hoffmann und G. W. Brindley. (Geochim. cosmochim. Acta [London] **20.** 15—29. Sept. 1960. University Park, Pa., Pennsylvania State Univ., Dep. of Ceram. Technol.) (Engl.) — 1. vgl. C. **1960.** 5739.

Vff. bestimmten die Adsorptionsisothermen folgender Verbb. bei der Adsorption an Ca-Montmorillonit: *Acetylaceton, α-Methoxyacetylaceton, Acetessigsäureäthylester, Nonantrion-2.5.8, Hexandion-2.5, β.β'-Oxypropionitril, β-Äthoxypropionitril, Bis-(2-äthoxyäthyl)-äther, Bis-(2-methoxyäthyl)-äther, Äthylenglycoldiglycidäther, Triäthylenglycol, Diäthylenglycol, Triäthylenglycoldiacetat, Diäthylenglycoldiacetat, Hexandiol-1.6, Pentandiol-1.5.* Dabei werden zwei voneinander unabhängige Ursachen für die beobachteten Unterschiede in der molaren Adsorption festgestellt: die Kettenlänge u. die CH_4-Aktivität der organ. Moleküle. Ferner wurden an Hand von Röntgen-Unterss. die (0 0 1)-Netzebenenabstände der aus dem Ton u. den verschiedenen organ. Moll. gebildeten Komplexe bestimmt. Die im Falle der Komplexe mit einer Schicht organ. Moll. mögliche Orientierung der Moll. wird besprochen; hierbei ergibt sich, daß sich die aliphat. Moll. mit ihrer Kettenebene sowohl parallel als auch senkrecht zur Tonoberfläche einstellen können. D. Forst. 176□

Kinetik des Ionenaustausches. G. Dickel und H. Grimmeiss. (J. Chim. physique Physico-Chim. biol. **55.** 269—72. April 1958. München, Univ., Inst. für phys. Chemie.) (Franz.)

Mit Hilfe der von Dickel u. Meyer (vgl. C. **1954.** 3176) beschriebenen Meth. untersuchten Vff. die Geschw. des Ionenaustausches des *Polystyrolharzes Levatit S 100.* Es wurde die Rk. $HR + Na^+ \rightleftharpoons NaR + H^+$ untersucht. Außerdem wurde der Austausch mit Li^+, K^+, Rb^+ u. Cs^+ gemessen; Vers.-Temp. war 25°, bei Na^+ auch 40°. Aus den Ergebnissen wurde der Koeff. der inneren Diffusion für den Austausch Alkalikation—H berechnet. Die Werte sind tabellar. zusammengestellt. C. Gottfried. 177

Anionenaustausch von Metallkomplexen. 7. Mitt. **Das Lanthaniden-Nitrat-System.** Y. Marcus und I. Abrahamer. (J. inorg. nuclear Chem. **22.** 141—50. Febr. 1962. Rehovoth, Israel, Atomic Energy Commiss. Labor.) (Engl.) — 6. vgl. Proc. second U.N. int. Conf. peaceful Uses atomic Energy, Geneva 1958. **3.** [1958.] 465; 5. vgl. C. **1958.** 9143; 3. vgl. C. **1960.** 2779.

Frühere (l. c.) Ergebnisse von Unterss. der Verteilung der leichteren Lanthaniden zwischen NO_3^--Lsgg. u. einem stark bas. Anionenaustauscher (Dowex 1-X8, 200 bis 400 mesh) werden durch Daten der schwereren Lanthaniden ergänzt. Aus Messungen der Ionenwanderungs-Geschw. ergibt sich die Existenz von anion. NO_3^--Komplexen, deren Zus. am Anionenaustauscherharz auf Grund von Extraktions-Verss. mit Tri-isooctylamin wahrscheinlich $R_2M(NO_3)_5$ (mit R = Ankergruppe des Austauschers u. M = Seltenerdmetallion) ist. Die Komplex-Bldg. nimmt mit steigender Ordnungszahl zu, während die Hydratisierung abnimmt, wobei jedoch ein nicht zu deutender Einfl. der Ordnungszahl (gerade oder ungerade) auftrat. W. HEIN. 177□

Die Affinität einiger zweiwertiger Metalle zu verschiedenen Alginaten. Arne Haug. (Acta chem. scand. **15.** 1794—95. 1961. Trondheim, Norw. Inst. of Seaweed Res., N.T.H.) (Engl.)

Vf. bestimmte die Affinität zweiwertiger Metallionen gegenüber Alginaten verschiedener chem. Zus. (Laminaria digitata u. Laminaria hyperborea) durch Messung der pH-Änderung in der Lsg. ($H^+ \rightleftharpoons Me^{2+}$). Der Selektivitäts-Koeff. des Cd^{2+}—Sr^{2+}-Austausches $k = Cd_g \cdot Sr_L/Sr_g \cdot Cd_L$ (g = Gel, L = Lsg.) wurde für 5 Proben natürlicher Herkunft u. für 3 handelsübliche Proben bestimmt. Die Herst. der Materialien u. die Vers.-Durchführung sind eingehend beschrieben. H. SCHROEDER. 177□

Gitteraufweitung von Kaolinmineralien beim Behandeln mit Kaliumacetat. Koji Wada. (Amer. Mineralogist **46.** 78—91. Jan./Febr. 1961. Fukuoka, Kyushu Univ., Fac. of Agric.) (Engl.)

Mineralien der Kaolinit-Halloysit-Gruppe zeigen nach dem Vermahlen mit $CH_3 \cdot COOK$ eine Gitteraufweitung um 14 Å. Beim Erhitzen des Halloysit-Komplexes auf 100° geht die Gitteraufweitung auf 11,4 Å zurück. Der Effekt wird auf das Austreten einer monomol. H_2O-Schicht zurückgeführt. Beim Vermahlen mit NH_4NO_3, $(NH_4)_2HPO_4$, $(NH_4)_2SO_4$, K_2HPO_4, $HCOONH_4$, CH_3COONH_4 u. $(NH_4)_2$-Citrat werden nur bei Halloysit analoge Resultate erzielt. *Chrysotil, Talk, Antigorit, Pyrophyllit* u. *Chlorit* geben keine Rk. mit K-Acetat. Beim Auswaschen des 14-Å-Komplexes mit H_2O resultieren nach anschließender Trocknung bei 65% relativer Luftfeuchte Gitteraufweitungen von 7 Å bei guten Kaoliniten u. 10 Å bei Halloysit. WALTER FRANKE. 178□

Victor K. La Mer, ed., Retardation of evaporation by monolayers: transport processes. New York: Academic. 1962. (XX + 277 S. m. Abb.) $ 10.—.

D. A. Yiannacoudakis, Systems of dispersed matters. Thessaloniki: General Direction of Press Research and Cultural Relations Division. 1960. (416 S.)

A₆. Strukturforschung

Elektronenmikroskopie von Kristallgittern: ein anomaler Effekt. Lewis T. Chadderton. (Nature [London] **189.** 564—65. 18/2. 1961. Cambridge, Cavendish Labor., Phys. and Chem. of Solids.) (Engl.)

Vf. gibt eine Erklärung der Intensitätsmodulationen bei Elektronenmikrographien von Kristallgittern für den Fall, daß die BRAGGschen Auslöschungskonturen quer zu den in Frage kommenden Gitterebenen stehen. Eine von COWLEY u. MOODIE aufgestellte Theorie dient zur Deutung eines am *Pt-Phthalocyanin* beobachteten Phänomens. G. RUBAN. 181□

Eine Preßmethode zur Herstellung der Proben für die Röntgenpulverkamera. R. Bruce Scott. (Appl. Spectroscopy **15.** 21—22. 1961. Ann Arbor, Mich., Parke, Davis & Co., Res. Labor.) (Engl.)

Beschreibung der Methode. C. GOTTFRIED. 181

Verbesserung der Werte des Absorptionsfaktors durch Untersuchung mit Röntgenstrahlen an zylindrischen Kristallen. Luiz de Mello Vaz de Sampayo. (Rev. Fac. Ci. Univ. Coimbra **28.** 75—90. 1959.) (Port.) — Vgl. C. **1961.** 15301.

Theoret. Arbeit. Vff. betrachten zylindr. u. prismat. Proben bei Pulveraufnahmen. Die Fehler, die bes. bei kleinen Werten von Φ auftreten, werden betrachtet u. die entsprechenden mathemat. Ausdrücke für einige einfache Fälle abgeleitet. K. HUSTE. 181□

Die Anwendung der Störungstheorie zur Berechnung der Kraftkonstanten. J. N. Murrell. (J. molecular Spectroscopy **4.** 446—57. Mai 1960. Cambridge, England, Univ. Chem. Labor., Dep. of Theoret. Chem.) (Engl.)

Durch Anwendung der Störungstheorie wurde für die Kraft-Konst. eines zweiatamigen Mol. der Ausdruck $K_{AB}/2\,Z_a Z_b = e^2/r_0^3 - \sum_n e^2\,[p_{0n}\,(i)|\cos\Theta_{ai}/r^2_{ai}]\,[p_{0n}\,(i)|\cos\Theta_{bi}/r^2_{bi}]/(E_n - E_0)$ abgeleitet. Hierbei ist r_0 der Gleichgewichtskernabstand u. p_{0n} die Überführungsdichte zwischen dem Grundzustand u. dem n-ten angeregten Zustand. Durch Vgl. dieses Ausdrucks mit der experimentellen Änderung von K mit r_0 wird gezeigt, daß die Summe über alle Zustände für isoelektron. Moll. fast konst. ist u. sich für Moll., die zur gleichen Gruppe gehören, regelmäßig ändert. Einige der Integrale, die zur Berechnung der Summe erforderlich sind, werden für gleichkernige zweiatomige Moll. der ersten Periode des Perioden-Syst., angegeben. Es wird gezeigt, auf welche Weise die Störungs-Meth. zur Berechnung der Kraft-Konst. mehratomiger Moll. erweitert werden kann. WOLFGANG KRÜGER. 182□

Über die Einführung von willkürlichen Winkelwerten in die Atombahnfunktionen. Oliver G. Ludwig und Robert G. Parr. (J. chem. Physics **35.** 754—55. Aug. 1961. Pittsburgh, Pa., Carnegie Inst. of Technol., Dep. of Chem.) (Engl.)

Vff. berechnen die Wellenfunktionen für H_2, H_2^+ u. CH_4. G. RUBAN. 182□

Berechnung von $\omega_e\chi_e$ nach Potentialenergiefunktionen mit drei Konstanten. Yatendra Pal Varshni und Ramesh Chandra Shukla. (Trans. Faraday Soc. **57.** 537—45. April 1961. Allahabad, India, Univ., Dep. of Phys.) (Engl.) — Vgl. C. **1961.** 3584.

Die Schwingungs-Konst. $\omega_e\chi_e$ kann in Termen von $U'''(r_e)$, $U^{iv}(r_e)$ u. anderen experimentellen Größen ausgedrückt werden. $U'''(r_e)$ u. $U^{iv}(r_e)$ werden durch Potentialenergiefunktionen bestimmt. Daraus ergibt sich $\omega_e\chi_e$ als Funktion von Δ ($= k_e r_e/2 D_e$) (Meth. I). Bei von Vff. entwickelten Meth. II wird $U^{iv}(r_e)$ aus der Potentialenergiefunktion erhalten, während $U'''(r_e)$ durch experimentelle Konst. bestimmt wird. $\omega_e\chi_e$ kann dann als Funktion von Γ u. Δ ausgedrückt werden, wo $\Gamma = [1 + \alpha_e \omega_e/6 B_e^2]^2$ ist. Unter Verw. der MORSE-, RYDBERG-, PÖSCHEL-TELLER- bzw. LIPPINCOTT-Funktion werden nach Meth. I u. II die $\omega_e\chi_e$ folgender 2-atomiger Moll. berechnet: H_2, ZnH, CdH, HgH, CH, OH, HF, HCl, HBr, HJ, Li_2, Na_2, K_2, N_2, P_2, O_2, SO, Cl_2, Br_2, J_2, JCl, CO, NO. Die berechneten Werte werden mit den experimentell bestimmten $\omega_e\chi_e$ verglichen. Der prozentuale Fehler ist im Durchschnitt bei Meth. II (durchschnittlicher, prozentualer Fehler: MORSE- 40,0, RYDBERG- 35,5, PÖSCHL-TELLER- 37,1%) größer als bei Meth. I (MORSE- 31,2, RYDBERG- 22,7, PÖSCHL-TELLER- 31,5%). Vff. geben für $\omega_e x_e$ nachst. empir. Ausdruck an: $\omega_e\chi_e = [a + b(\Delta/\Gamma)^{1/2} + c(\Delta/\Gamma)]\cdot W\Gamma/\mu_A \cdot r_e^2$, wo a, b u. c Konstanten sind. Die mit diesem Ausdruck erhaltenen Werte stimmen gut mit den experimentellen $\omega_e\chi_e$ überein (durchschnittlicher, prozentualer Fehler 4,96%). Die Resultate für Cl_2 zeigen, daß der in der Literatur angegebene experimentelle Wert für den Grundzustand von Cl_2, $\omega_e\chi_e = 4$, nicht sicher ist. U.-L. RAU. 182□

Die Berücksichtigung der Hybridisierung im Falle des Wasserstoffmoleküls. F. Berencz. (Acta physica Acad. Sci. hung. **10.** 93—99. 1959. Szeged, Univ., Inst. für Theoret. Phys.) (Dt.) — C. **1960.** 2109. D. HAHN. 182□

Außerordentliche Basisfunktionen in der Valenztheorie. Lawrence C. Snyder und Robert G. Parr. (J. chem. Physics **34.** 1661—65. Mai 1961. Pittsburgh, Pa., Carnegie Inst. of Technol., Dep. of Chem.) (Engl.)

Unters. der notwendigen Eigg. von Funktionen, die als Probe-Variationsfunktionen bei quantenmechan. Berechnungen von mol. Elektronenwellenfunktionen geeignet sind. Als einfaches Beispiel ist die Funktion des Typus A $\exp[-(Z_< r_< + Z_> r_>)]$ eine gute Alternative zur konventionellen ECKART-Funktion für das He-Atom. Auf Grund einer genauen Unters. des He gelangen Vff. zu einem erweiterten Satz von Basisfunktionen für mol. Berechnungen. Folgerungen für das allg. Problem der Korrelationsenergien in Atomen u. Moll. werden diskutiert. J.-M. SPAETH. 182□

Wellenmechanische Untersuchung des Hydrogendifluoridions FHF⁻. Georges Bessis. (Cahiers de Physique **15.** 105—39. März 1961.) (Franz.)

Das Mol.-Ion FHF^-, das die kürzeste symm. H-Bindung enthält, wurde mit einer vereinfachten Meth. der Konfigurationswechselwrkg. untersucht. Die Theorie sagt ein stabiles Ion im Grundzustand, ein instabiles in angeregten Zuständen voraus. Die Wanderung der Ladung nach der Bldg. der Bindung wird durch die Unters. der Funktion δ gezeigt. Es wird eine Ladungsverschiebung gefunden, die qual. mit dem elektrostat. Modell der H-Bindung übereinstimmt. J.-M. SPAETH. 182□

Theorie der Komplexe der Metallionen mit nichtabgeschlossenen Niveaus. 2. Mitt. **Die Ligandenfeldtheorie.** Béla Lakatos. (Magyar tudományos Akad., kém. tudományok Osztályának Közleményei [Ung. Akad. Wiss., Ber. Abt. chem. Wiss.] **15.** 307—50. Aug. 1961. Szeged, Univ., Lehrstuhl für anorg. u. analyt. Chem.) (Ung.) — 1. vgl. C. **1962.** 2647.

Die Ergebnisse der Berechnungen mit dem MO-LCAO-Verf. bzgl. der Mol.-Bahnen der Komplexe mit nicht abgeschlossenen p, d u. f-Niveaus werden kurz erörtert. Die physikal. Bedeutung der Ergebnisse wird vereinfacht dargestellt. L. NÁRAY-SZABÓ. 182

Über Hypermorphie. W. Kleber. (Neues Jb. Mineralog., Abh. **94.** 1060—74. Juli 1960. Berlin, Humboldt-Univ., Mineralog.-Petrograph. Inst.) (Dt.)

Als Beispiele für Hypermorphie, d. h. die Diskrepanz zwischen morpholog. u. struktureller Symmetrie werden behandelt: *Phosphoferrit*, *Childrenit*, *Barytocalcit*,

Petalit, Al-Metaphosphat, kub. SiC u. Citronensäuremonohydrat. Ihre Raumgruppen besitzen kein Inversionszentrum, während ihre Kristallformen zentrosymm. erscheinen. Auf Grund wachstumskinet. Betrachtungen wird versucht, eine Deutung der Hypermorphieeffekte zu geben. J.-E. Hiller. 190☐

Teilchengrößenbestimmung durch Kleinwinkel-Röntgenstreuung. Yasua Siota. (Sci. Rep. Tôhoku Univ., Ser. I **41.** 8—14. Sept. 1957. Sendai, Japan, Tôhoku Univ., Fac. of Educat., Coll. of Arts and Sci.) (Engl.)

Flache, wenige $^1/_{10}$ mm dicke Preßlinge von *MgO*, *BeO*, *SiO_2*, *Al_2O_3* u. *Fe_2O_3* wurden mit Cu–Kα-Strahlung (15 kV, 10 mA, 7 Std.) durchstrahlt u. aus dem gegen den Primärstrahl geringfügig abgebeugten Röntgenlicht die Partikelgröße eindeutig bestimmt. Berechnungsformeln für verschiedene Teilchenformen werden abgeleitet, Fehlermöglichkeiten untersucht. Der Einfl. der Probendicke läßt sich eliminieren. Eine näher beschriebene Anordnung erlaubt mit einfachen Mitteln eine schnelle u. sichere Teilchengrößenbestimmung. H. Föppl. 190☐

Laboratoriumsmethode zur Untersuchung der Wachstumsgeschwindigkeit von Eis in Wasser. L. A. Bukina. (Известия Академии Наук СССР, Серия Геофизическая [Nachr. Akad. Wiss. UdSSR, geophysik. Ser.] **1961.** 947—50. Juni. Moskau, Lomonossow-Univ.) (Russ.)

Es wurde eine Vorr. konstruiert, um das Wachstum von Eiskristallen in unterkühltem W. zu beobachten. Sowohl freibewegliche wie anhaftende Kristalle wurden erfaßt. Bestimmt wurde die Wachstums-Geschw., das Verhältnis von Durchmesser zu Dicke, die Geschw. der Bewegung u. die Größenverteilung der Eiskristalle. M. Wiedemann. 190☐

Ein Laboratoriumsgerät zur Einkristalldarstellung nach der Methode von Czochralski. Z. Despotović und B. Kamenar. (Croat. chem. Acta **32.** 115—16. 15/10. 1960. Zagreb, Inst. „Rudjer Bošković", Dep. of Structural and Inorg. Chem.) (Engl.)

Skizze u. Beschreibung einer auf dem Verf. von Czochralski (Z. physik. Chem. **92.** [1918.] 219) beruhenden App., die es ermöglicht, 200 g schwere Ge-Kristalle zu züchten. Ferner gelang mit dieser App. die Synth. von *Zn*-Einkristallen. H. Moenke. 190☐

Gitterdrehung an Gleitbandschnittpunkten. A. S. Argon und E. Orowan. (Nature [London] **192.** 447—48. 4/11. 1961. Cambridge, Mass., MIT.) (Engl.)

An komprimierten *MgO*-Kristallen wird mkr. u. mit Hilfe von Röntgenrückstrahlaufnahmen das Verh. von Gleitbändern verschiedener Orientierung untersucht. Aus den Aufnahmen folgt eine makroskop. Änderung der Gitterorientierung an den Schnittpunkten der Gleitbänder. Da der Schnittpunkt mit Kantenversetzungen der Gleitrichtungen [1 1 0] u. [1 $\bar{1}$ 0] gefüllt ist u. in beiden Gleit-Syst. die gleiche Scherspannung auftritt, ist die Scherung im akt. Gleitband auf Gleiten u. „kinking" in der Schnittebene zurückzuführen. Die beobachteten Erscheinungen werden mit Hilfe des Kräfteparallelogramms am Schnittpunkt der Gleitbänder diskutiert. Herbert Müller. 190☐

Diffusion von Fremdzusätzen in Cu_2O. Jui-Ljan Che. (Acta physica sinica **14.** 442—48. 1958. Nanking, Univ.) (Chin.; Auszug: Russ.)

Unters. des Diffusions-Koeff. D von radioakt. ^{204}Tl u. ^{182}Ta in Cu_2O-Kristallen im Temp.-Intervall 640—960°. Es wurde ermittelt, daß $D_{Tl} = 2{,}29\cdot 10^{-2}\cdot \exp(-37000/RT) + 7{,}73\cdot 10^{-9} \exp(-6100/RT)$ u. $D_{Ta} = 8{,}95 \exp(-49500/RT) + 1{,}85\cdot 10^{-8} \exp\cdot(-7200/RT)$ (cm^2/s) beträgt. Die graph. Darst. von log D gegen 1/T zeigt Knicke der Kurven bei 760 $\pm$ 10°; es wird angenommen, daß unterhalb dieser Temp. die Diffusion von Tl bzw. Ta hauptsächlich längs der Korngrenzen u. oberhalb dieser Temp. über Leerstellen verläuft. Weiter wurde ermittelt, daß unterhalb 760° die Diffusion von Cu^+ sowie O^{2-} gleiche Werte erreicht, während oberhalb dieser Temp. die Cu^+-Diffusion überwiegt. J. Tůmová. 190☐

Struktur und Polymorphie in elementarem Bor. J. L. Hoard. (Advances Chem. Ser. Nr. **32.** 42—52. 1961. Ithaca, N.Y., Cornell Univ., Baker Labor. of Chem.) (Engl.)

Die Strukturen des rhomboedr. α-B, des tetragonalen B u. der *Borcarbid*-Phase sind dreidimensionale Gerüste, die aus verknüpften B_{12}-Ikosaedern bestehen. Bei tiefsten Temp. bildet sich das rhomboedr. α-B, in dem die Hälfte der Atome Δ-Bindungen zwischen den Ikosaedern eingeht; die Struktur erfüllt die Elektronenstatistik der mol. Bindungstheorie von Longuet-Higgins u. Roberts. Die Bindungen der Ikosaeder aneinander sind bei dem tetragonalen B u. dem B-Carbid im allg. stark. Bei höheren Temp. erlaubt die Wachstumskinetik die Bldg. der komplizierteren, aber thermodynam. stabilen rhomboedr. β-Form. G. Ruban. 195☐

Strukturen von $NH_3B_3H_7$ und $(NH_3)_2BH_2Cl$. C. E. Nordman, Curt Reimann und Charles R. Peters. (Advances Chem. Ser. **1961.** Nr. 32. 204—07. Ann Arbor, Mich., Univ., Dep. of Chem.) (Engl.)

Einkristallröntgen-Unterss. werden an $NH_3B_3H_7$ u. $(NH_3)_2BH_2Cl$ durchgeführt, um deren Bldg.-Mechanismus aufzuklären. Die Unterss. von $NH_3B_3H_7$ (Tieftemp.-Form) bei −80° führen auf eine monokline Zelle mit a = 10,40 ± 0,015; b = 4,824 ± 0,006; c = 9,997 ± 0,012 Å; β = 115,2° ± 0,15°; Raumgruppe P 2_1/n; Z = 4. Aus PATTERSON-Projektionen, „trial and error“, dreidimensionalen FOURIER-Synth. sowie Verfeinerungen nach der Meth. der kleinsten Quadrate werden sämtliche Atomkoordinaten (einschließlich der H-Atome) ermittelt. Das Mol. $NH_3B_3H_7$ stellt ein Dreieck aus B-Atomen dar, bei dem die eine Seite kürzer ist (1,744 ± 0,005 Å) als die beiden anderen (1,820 u. 1,803 ± 0,006 Å). Die NH_3-Gruppe ist an das der kürzeren B—B-Bindung gegenüberstehende B-Atom im Abstand 1,581 ± 0,003 Å gebunden. Die Elementarzelle von $(NH_3)_2BH_2Cl$ ist orthorhomb. mit a = 10,20; b = 10,20, c = 8,71 Å; Raumgruppe B b c m (oder B b a 2), Z = 8, Atomparameter: Cl (x =) 0; (y =) 0; (z =) 0,264. B 0,212; 0,219; 0. N_1 0,236; 0,064; 0. N_2 0,060; 0,237; 0. R = 0,137. Die $(NH_3)_2BH_2^+$-Ionen besitzen gewinkelte N—B—N-Konfiguration u. sind in Schichten senkrecht zur pseudotetragonalen c-Achse angeordnet, dazwischen liegen Schichten von Cl^--Ionen. Abstände (Å): B—N 1,57 u. 1,60; N—Cl 3,39 u. 3,45; Winkel N—B—N 106°. G. RUBAN. 195□

Untersuchungen an Schichtsilicaten des Formeltyps $A_m(Si_2O_5)_n$. 1. Mitt. **Die Kristallstruktur der Zimmertemperaturform von $Li_2Si_2O_5$.** Friedrich Liebau. (Acta crystallogr. [Copenhagen] **14.** 389—95. 10/4. 1961. Berlin-Adlershof, Dt. Akad. der Wiss., Inst. für Anorg. Chem.) (Dt.)

Die Kristallstruktur der Zimmer-Temp.-Form des $Li_2Si_2O_5$ wurde aus Einkristallaufnahmen bestimmt. $Li_2Si_2O_5$ krist. monoklin mit a = 5,82, b = 14,66, c = 4,79 Å, β = 90,0° u. Z = 4. Die wahrscheinliche Raumgruppe ist C c, es besteht jedoch eine sehr starke Pseudosymmetrie C c c 2. Aus PATTERSON-, Elektronendichte- u. Differenz-Synth. wurden die folgenden Atomkoordinaten gewonnen: Li_1 (x =) 0,3340, (y =) 0,0550, (z =) 0,5250; Li_2: 0,6660, 0,0550, 0,0250; Si_1: 0,1572, 0,1485, 0,8790; Si_2: 0,8455, 0,1485, 0,3790; O_1: 0,2760, 0,2500, 0,9430; O_2: 0,1000, 0,1400, 0,5400; O_3: 0,9000, 0,1400, 0,0400; O_4: 0,3325, 0,0710, 0,9480; O_5: 0,6675, 0,0710, 0,4480. Die Struktur enthält stark gefaltete Si_2O_5-Schichten parallel zu (0 1 0). Die Li-Atome sind tetraedr. von 4 O-Atomen umgeben. Die Abweichung von der Symmetrie C c c 2 kommt dadurch zustande, daß das Atom O_1 unter Vermeidung eines Valenzwinkels von 180° aus einer speziellen Lage der Raumgruppe C c c 2 (zweizählige Achse) herausgerückt ist. Es bestehen nahe Beziehungen zu den Strukturen von Li_2SiO_3 u. $LiAlSi_4O_{10}$.

HEINZ HESS. 195□

Untersuchungen an Schichtsilicaten des Formeltyps $A_m(Si_2O_5)_n$. 2. Mitt. **Über die Kristallstruktur von α-$Na_2Si_2O_5$.** Friedrich Liebau. (Acta crystallogr. [Copenhagen] **14.** 395—98. 10/4. 1961.) (Dt.) — 1. vgl. vorst. Referat.

Die vorläufigen Ergebnisse der Kristallstruktur-Best. des α-$Na_2Si_2O_5$ werden mitgeteilt. Die Gitter-Konst. sind a = 6,43, b = 15,46, c = 4,19 Å, α = β = γ = 90°, Z = 4. Die Raumgruppe ist wahrscheinlich P 2_1 n b mit starker Pseudosymmetrie P c n b. PATTERSON- u. FOURIER-Projektionen auf die (a, b)-Ebene führten zu folgenden x- u. y-Koordinaten: Na_1: (x =) 0,098, (y =) 0,314; Na_2: 0,402, 0,314; Si_1: 0,395, 0.092; Si_2: 0,105, 0,092; O_1: 0,527, 0,000; O_2: 0,345, 0,092; O_3: 0,155, 0,092; O_4: 0,524, 0,171; O_5: 0,976, 0,171. Für die z-Koordinaten wird auf eine spätere Mitt. verwiesen. α-$Na_2Si_2O_5$ ist analog zu $Li_2Si_2O_5$ aus stark gefalteten Tetraederschichten der Zus. $[Si_2O_5]^{2-}$ aufgebaut. Auch hier ergibt sich die Verminderung der Symmetrie durch das Herausrücken des Brückenatoms O_1 aus einer speziellen Lage (Symmetriezentrum), wodurch ein Valenzwinkel von 180° vermieden wird. HEINZ HESS. 195□

Untersuchungen an Schichtsilicaten des Formeltyps $A_m(Si_2O_5)_n$. 3. Mitt. **Zur Kristallstruktur von Petalit, $LiAlSi_4O_{10}$.** Friedrich Liebau. (Acta crystallogr. [Copenhagen] **14.** 399—406. 10/4. 1961.) (Dt.) — 2. vgl. vorst. Referat.

Die von ZEMANN-HEDLIK u. ZEMANN bestimmte Kristallstruktur des Petalits (C. **1956.** 8010) wurde verfeinert. Es zeigte sich, daß die auf den speziellen Lagen der Raumgruppe P 2/a plazierten O-Atome von diesen Lagen abweichen u. dadurch einen Valenzwinkel von 180° vermeiden. Die wahre Symmetrie der Struktur ist daher wahrscheinlich P a. Die Bindungswinkel der erwähnten O-Atome betragen 166°, während die übrigen O-Atome solche von 150 u. 153° bilden. In den übrigen Einzelheiten konnte die von ZEMANN-HEDLIK u. ZEMANN angegebene Struktur bestätigt werden.

HEINZ HESS. 195□

Zur Kristallchemie der Silicate, Germanate und Fluoroberyllate des Formeltyps ABX_3. F. Liebau. (Neues Jb. Mineralog., Abh. **94.** 1209—22. Juli 1960.) (Dt.) — Vgl. vorst. Referate.

$CaGeO_3$ krist. im *Wollastonit*-Typ mit Dreierketten, während $SrSiO_3$, $BaSiO_3$ (tief), $SrGeO_3$ u. $BaGeO_3$ (tief) zusammen mit $CaSiO_3$ (hoch) dem *Pseudowollastonit*-Typ angehören, der Dreierringe enthält. $BaSiO_3$ (hoch), $BaGeO_3$ (hoch), $KBeF_3$, $RbBeF_3$, NH_4BeF_3 u. $CsBeF_3$ bilden eine Gruppe, die wahrscheinlich Zweierketten besitzt. Die Erdalkalisilicate u. -germanate bilden 2 isomorphotrope Reihen mit den Strukturtypen: *Pyroxen-Wollastonit*-Pseudowollastonit-$BaSiO_3$ (hoch). *Rhodonit, Pyroxmangit* (Mn, Fe)·SiO_3 u. $CuGeO_3$, bei denen das Kation ein Übergangselement ist, haben eigene Strukturtypen mit Fünfer-, Siebener- u. Einerketten. Danach bestimmen nicht nur Größe u. Ladung, sondern auch die Elektronenkonfiguration der Kationen die Art des jeweiligen Anions.

Versuche: *$CaGeO_3$*, durch Erhitzen von $Ca(OH)_2$ u. GeO_2 (1 : 1) auf 1400° u. 17 Std. Tempern bei 1250°; Nadeln mit a = 8,12, b = 7,57, c = 7,32 Å, α = ?, β = 94,5°, γ = 103,6°. — *$SrGeO_3$*, analog Vorst. aus $Sr(OH)_2$ u. GeO_2 u. raschem Abkühlen; Nadeln. — *$BaGeO_3$ (tief)*, aus BaO u. GeO_2 bei 1300° u. 6 Std. Tempern bei 1050°; a = 7,64, c = 10,80 Å; Z = 6. *$BaGeO_3$ (hoch)*, 1std. Tempern vorst. Verb. mit 2% Fe_2O_3 bei 1050° u. rasches Abkühlen; Nadeln mit a = 4,58, b = 5,68, c = 12,76 Å; Z = 4. — *$BaSiO_3$ (hoch)*, durch Erhitzen von $BaSiO_3$ (tief) auf 700°; a = 4,54, b = 5,56, c = 12,27 Å, Z = 4. — *$KBeF_3$*, durch Zusammenschmelzen von KF mit $(NH_4)_2BeF_4$; a = 4,53, b = 5,53, c = 12,22 Å; Z = 4. *$CsBeF_3$*, durch Zusammenschmelzen von CsF u. $(NH_4)_2$·BeF_4 (1 : 1) u. langsames Abkühlen; längliche Kristalle mit a = 4,84, b = 6,06, c = 12,82; Z = 4. J.-E. Hiller. 195□

Eine Verfeinerung der Kationenlagen in synthetischem Zeolith Typ A. P. A. Howell. (Acta crystallogr. [Copenhagen] **13.** 737—41. 10/9. 1960. Tonawanda, N.Y., Div. of Union Carbide Corp., Res. Labor. of Linde Co.) (Engl.)

Vf. nimmt Bezug auf die Struktur-Best. des wasserfreien Na-Zeoliths Typ A, $Na_{12}[(AlO_2)_{12}(SiO_2)_{12}]$ von Reed u. Breck (vgl. C. **1957.** 11793). Der Elementarwürfel hat die Kantenlänge a = 12,28 Å; Raumgruppe ist O_h^1 — P m 3 m. In der verfeinerten Struktur haben die Si-, Al- u. O-Atome im wesentlichen die gleichen Lagen wie bei Reed u. Breck (vgl. l. c.), die 8 $Na_{(1)}$-Ionen nahe den 6gliedrigen O-Ringen besetzen regellos die 24zählige Punktlage der Raumgruppe u. die 4 $Na_{(2)}$-Ionen nahe den 8gliedrigen O-Ringen ebenfalls regellos einen anderen Satz der 24zähligen Punktlage. Die neuen Parameter sind: $O_{(1)}$ (x =) 0,1133; (y =) 0,1133; (z =) 0,3444; $O_{(2)}$: 0; 0,2214; 0,5000; $O_{(3)}$: 0,2913; 0,2913; 0; Si, Al: 0,3702; 0,1864; 0; $Na_{(1)}$: 0,2419; 0,2419; 0,1708; $Na_{(2)}$: 0,5000; 0,4093; 0,0397. C. Gottfried. 195

Thermische Ausdehnung von Ammoniumbromid, Rubidiumbromid und Rubidiumchlorid. V. T. Deshpande und D. B. Sirdeshmukh. (Acta crystallogr. [Copenhagen] **14.** 353—55. 10/4. 1961. Hyderabad, Osmania Univ., Coll. of Sci., Dep. of Phys.) (Engl.)

Die Gitter-Konst. von NH_4Br (I), RbBr (II) u. RbCl (III) wurden bei verschiedenen Temp. unter Verw. von Rückstrahlaufnahmen genau bestimmt u. daraus die therm. Ausdehnungs-Koeff. berechnet. Die Ausdehnungs-Koeff. von I u. II haben einen parabol., der von III dagegen keinen merklichen Temp.-Gang. Im einzelnen lauten die Werte: I: a (20°) = 4,0587 ± 0,0002 (Å), α (zwischen 30 u. 120°) = $58{,}96 \cdot 10^{-6} - 11{,}98 \cdot 10^{-8}T + 35{,}00 \cdot 10^{-10} T^2$; II: a (20°) = 6,8908 ± 0,0002, α (30—120°) = $38{,}00 \cdot 10^{-6} - 1{,}54 \cdot 10^{-8} T + 4{,}13 \cdot 10^{-10} T^2$; III: a (20°) = 6,5898 ± 0,0002, α (20—190°) = $38{,}13 \cdot 10^{-6}$/Grad. Heinz Hess. 195□

Untersuchungen an Quecksilber(II)-sulfaten, -selenaten und -chromaten. Karin Aurivillius und Birgitta Malmros. (Acta chem. scand. **15.** 1932—38. 1961. Stockholm, Univ. of Stockholm, Inst. of Inorg. and Phys. Chem.) (Engl.)

Mit Hilfe von Pulver- u. Einkristallaufnahmen untersuchten Vff. einige Hg(II)-Salze, die tetraedr. Anionen besitzen. *$HgSO_4$*, a = 4,817 (Å); b = 6,577; c = 4,783; V = 151,5 (Å³); Z = 2; Raumgruppe P m m n (Nr. 59); *$HgSO_4 \cdot H_2O$*, a = 7,881; b = 5,419; c = 8,976; V = 383,3; Z = 4; Raumgruppe P n m a (Nr. 62); *$Hg_3O_2SO_4$*, a = 7,049; c = 10,017; V = 431,0; Z = 3; Raumgruppe P $3_1$21 (Nr. 152); *$HgSeO_4$*, a = 4,979; b = 6,721; c = 4,928; V = 164,9; Z = 2; Raumgruppe P m m n (Nr. 59); *$HgSeO_4 \cdot H_2O$*, a = 7,769; b = 7,712; c = 8,249; β = 120,0°; V = 428,1; Z = 4; Raumgruppe P 2_1/c (Nr. 14); *$Hg_3O_2SeO_4$*, a = 7,146; c = 10,070; V = 445,3; Z = 3; Raumgruppe P 3_1 2 1 (Nr. 152); *$HgCrO_4$*, a = 7,346; b = 8,527; c = 5,514; β = 93,9°; V = 344,5; Z = 4; Raumgruppe P 2_1/n (Nr. 14); *$HgCrO_4 \cdot (H_2O)_{1/2}$*, a = 11,837; b = 5,526; c = 14,638; β = 120,9°; V = 782,8; Z = 8; Raumgruppe C 2/c (Nr. 15); *Hg_3·O_2CrO_4*, a = 7,132; c = 10,019; V = 441,3; Z = 3; Raumgruppe P 3_1 2 1 (Nr. 152). G. Heller. 195□

Die Kristallstruktur von $InOHSO_4 \cdot 2H_2O$. Georg Johansson. (Acta chem. scand. **15.** 1437—53. 1961. Stockholm, Roy. Inst. of Technol., Dep. of Inorg. Chem.) (Engl.)

Kristalle des bas. In-Sulfat-Dihydrats, $InOHSO_4 \cdot 2\,H_2O$ sind auf Grund röntgenograph. Unterss. monoklin mit a = 6,06, b = 7,89, c = 12,66 Å, β = 107,5° (Genauigkeit ca. 0,1%); D.ber. 3,03 (g/cm³); D.beob. 3,00; Z = 4; Raumgruppe $P\,2_1/m$. Atomparameter: 2 In_1 in 2(a) mit (x =) 0; (y =) 0; (z =) 0. 2 In_2 in 2(c) mit 0; 0; ½. 2 S_1 in 2(e) mit 0,378; ¼; 0,197. 2 S_2 in 2(e) mit 0,610; ¾; 0,326. 4 O_1 in 4(f) mit 0,258; 0,099; 0,146. 2 O_2 in 2(e) mit 0,608; ¼; 0,180. 2 O_3 in 2(e) mit 0,422; ¼; 0,321. 4 O_4 in 4(f) mit 0,676; 0,599; 0,397. 2 O_5 in 2(e) mit 0,364; ¾; 0,279. 2 O_6 in 2(e) mit 0,736; ¾; 0,242. OH: 2 O_7 in 2(e) mit 0,121; ¾; 0,050 u. 2 O_8 in 2(e) mit 0,142; ¾; 0,540. H_2O: 4 O_9 in 4(f) mit 0,762; 0,990; 0,100 u. 4 O_{10} in 4(f) mit 0,867; 0,000; 0,640. — Die In-Atome sind oktaedr. von O-Atomen umgeben, der In—O-Abstand 2,16 Å zeigt keine erkennbaren Schwankungen. Die InO_6-Oktaeder werden über gemeinsame Ecken zu Ketten parallel b verknüpft. Verschiedene In—O-Ketten haben keine O-Atome gemeinsam, sondern sind über H-Brücken mit den O-Atomen der Sulfatgruppen verbunden. G. RUBAN. 195□

Die Darstellung und Struktur von K_2NaCrF_6, K_2NaFeF_6 und K_2NaGaF_6. K. Knox und D. W. Mitchell. (J. inorg. nuclear Chem. **21.** 253—58. Dez. 1961. Murray Hill, N.J., Bell Telephone Labor., Inc.) (Engl.)

Die Verbb. *K_2NaCrF_6* (I; smaragdgrün), *K_2NaFeF_6* (II; hellgelb-braun) u. *K_2NaGaF_6* (III; farblos) der Elpasolithreihe (K_2NaAlF_6) werden durch Zugabe der entsprechenden Trifluoride zu einer Schmelze von 2 KHF_2 + 1 $NaHF_2$ unter Rühren oder auch im Falle von I durch Erhitzen der Bifluoride mit dem Trifluorid in einem Autoklaven dargestellt. Auf Grund von DEBYE-SCHERRER- u. Einkristallaufnahmen wird für I, II u. III eine flächenzentrierte kub. Elementarzelle mit a = 8,266, 8,323 u. 8,246 ±0,003 (Å) ermittelt; Raumgruppe O_h^5 — F m 3 m; Z = 4; Atomlagen: 8 K in (c) ¼, ¼, ¼; ¾, ¾, ¾; 4 Na in (b) ½, ½, ½; 4 Cr oder Fe in (a) 0, 0, 0; 24 F in (e) ±x, 0, 0. Die Verbb. sind opt. isotrop. Durch Verfeinerung der durch die Pulveraufnahmen erhaltenen Werte für den durch F-Ionen um das Übergangsmetallion gebildeten Oktaeder werden die Cr—F- bzw. Fe—F-Abstände von 1,933 ± 0,011 bzw. 1,910 ± 0,006 erhalten. Die Na^+ sind ebenfalls oktaedr. von F^- mit Na—F = 2,200 ± 0,011 (I) u. 2,252 ± 0,006 (II) umgeben, während K^+ 12 gleich weit entfernte F^- mit T_d-Symmetrie u. einem Abstand von 2,926 ± 0,002 u. 2,948 ± 0,001 haben. Die Struktur kann auch von der PEROWSKIT-Struktur abgeleitet werden. Der Einfl. der Struktur auf die anisotropen Temp.-Faktoren wird diskutiert. U. SKURNIA. 195□

Physik in der Stahl- und Metallindustrie. M. R. Hopkins. (Advancement of Sci. **17.** 442—47. Jan. 1961. Swansea, Univ. Coll., Dep. of Phys.) (Engl.)

Über Grundlagen der Metallphysik (Leitfähigkeit, Struktur u. a.). C. GOTTFRIED. 197

Die verallgemeinerte Theorie der Umwandlung der kubischen Martensitphase in die rhombische Phase. M. S. Wechsler und H. M. Otte. (Acta metallurg. [New York] **9.** 117—24. Febr. 1961. Oak Ridge, Tenn., Oak Ridge Nat. Labor., Solid State Div.) (Engl.)

In Fortsetzung einer früheren Unters. von WECHSLER (vgl. C. **1961.** 3925) berichten Vff. über eine ähnliche Analyse der martensit. Umwandlung einer kub. in eine rhomb. Phase mit Hilfe einer verallgemeinerten gitterinvarianten Scherung. Mitgeteilt werden Lösungen für die nichtgestörte Ebene für gewisse höhersymm. Ansätze der gitterinvarianten Scherung als Funktion der Gitterparameter beider Phasen u. einer möglichen isotropen Dilatation. Diskutiert werden die Bedingungen für die Existenz einer Lösung u. die Kriterien für die Entartung der Lösungen. C. GOTTFRIED. 197

Einige neue Beobachtungen über den Ursprung, die Art und Ausbildung von Gleitbändern. H. J. Latière und R. Michaud. (Mém. sci. Rev. Métallurgie **57.** 923—29. Dez. 1960. Marseille, Centre de Rech. [C.N.R.S.], Labor. des Structures cristallines.) (Franz.)

An 99,983%ig. *Al* mit großen Kristalliten werden verschiedene Gruppierungsarten von Gleitbändern (parallele Streifen, die z. T. sogar die Korngrenzen überqueren) nachgewiesen. Die Ausbildungen entstehen aus der Kombination von mechan. u. kristallograph. Wechselwirkungen. Die Extremfälle von Zwillings-Bldg. u. wechselseitiger Orientierungen werden erörtert. H. HOCHSTEIN. 197□

Über die Diffusion und die Löslichkeit von Wasserstoff in Metallen. Walter Eichenauer. (Mém. sci. Rev. Métallurgie **57.** 943—48. Dez. 1960. Darmstadt, Eduard-Zintl-Inst.) (Franz.)

Durch Messung der Entgasungs-Geschw. von H-haltigen Metallen wurden sowohl die Diffusions-Koeff. als auch die Löslichkeits-Koeff. ermittelt. Die Unters. erstreckte sich auf *Al, Cu, α-Fe, Ag* u. *Ni.* Ein Vers. zur Best. der H-Diffusion auch in fl. Al scheiterte, da in diesem Falle der Gasaustritt nicht von der Diffusion, sondern von einem

Grenzflächenprozeß gesteuert wird. Beim Ni wurde die Diffusions-Geschw. sowohl von H als auch von D gemessen. An Hand eines einfachen Modells werden die Schwingungsfrequenzen der im Metall gelösten Gase geschätzt. H. HOCHSTEIN. 197□

Verbesserung der mechanischen Eigenschaften und die damit verbundenen konstitutionellen Veränderungen bei käuflichen reinen Beryllium-Barren als Folge einer Hitzebehandlung oberhalb 700°. A. Moore. (J. nuclear Mater. [Amsterdam] **3.** 113–14. Jan. 1961. Aldermaston, Berks., UK, Atom. Weapons Res. Establ., Metals Div.) (Engl.)

Die Duktilität von Be konnte durch eine Wärmebehandlung verbessert werden. Es wurde Material mit einem Reinheitsgrad von 99,3–99,7% u. einem Geh. von 0,04 bis 0,4 Gew.-% Fe für die Unterss. benutzt. Die Temp.-Grenze für den Übergang vom spröden in den duktilen Zustand verschiebt sich in Abhängigkeit vom Verunreinigungsgrad der Proben. Eine Überalterung wird bei den Legg. mit 0,4% Fe durch 1std. Behandlung bei 950°, bei den Legg. mit 0,08% Fe durch 100std. Behandlung bei 700° erreicht. Die strukturellen Veränderungen während der therm. Behandlung werden diskutiert. W. BETCKE. 197□

Durch statische und dynamische Schubspannungen erzeugte Bewegung von Kleinwinkelkorngrenzen in Zink. T. Vreeland jun. (Acta metallurg. [New York] **9.** 112–16. Febr. 1961. Pasadena, Calif., California Inst. of Technol., Div. of Engng.) (Engl.)

Unter Bezugnahme auf Unterss. von VREELAND JUN. u. Mitarbeitern (vgl. C. **1960.** 403) berichtet Vf. über Verss., bei denen 99,999%ig. Zn (I) u. zonengereinigtes Zn(II) stat. u. dynam. Schubbeanspruchungen unterworfen wurden. In Kristallen von II bewegen sich die Neigungskorngrenzen unter stat. Spannungen von ca. 3 lbs/in.^{2} an, während sich in I-Kristallen auch bei Spannungen von ca. 30 lbs/in.^{2} die Neigungskorngrenze nicht bewegen. Die Schubspannung, die notwendig ist, um bei einem dynam. Vers. eine Korngrenzenbewegung innerhalb eines Zeitintervalls von $17 \cdot 10^{-6}$ s auszulösen, ist etwa hundertmal größer als die bei einem stat. Vers. notwendige Schubspannung. Bei den dynam. Verss. an II wurde gefunden, daß die Korngrenzen-Geschw. linear mit der angelegten Schubspannung zunimmt. Eine Alterung bei Zimmer-Temp. während 24 Std. zwischen 2 Verss. ändert nicht merklich die Spannung, die notwendig ist, um eine gegebene Korngrenzenbeweglichkeit zu erzeugen. C. GOTTFRIED. 197

Die Selbstdiffusion von flüssigem Quecksilber. Robert E. Meyer. (J. physic. Chem. **65.** 567–68. März 1961. Oak Ridge, Tenn., Oak Ridge Nat. Labor., Chem. Div.; Urbana, Ill., Univ. of Illinois.) (Engl.)

Vf. bestimmte die Selbstdiffusions-Koeff. D von Hg zwischen 273,2 u. 512,5 °K. Die Ergebnisse stimmen gut mit denen von HOFFMAN (C. **1953.** 5992) überein u. werden sehr gut durch die empir. Gleichung $\log D = 1{,}854\ (\pm 0{,}018) \cdot \log T - 9{,}439\ (\pm 0{,}045)$ u. stark angenähert durch die Gleichungen von SWALIN (C. **1961.** 4623) u. CARLSON, EYRING u. REE (vgl. Proc. nat. Acad. Sci. USA **46.** [1960.] 649) wiedergegeben, während der allg. Ausdruck $D = D_0 \cdot \exp(-E_{\text{Diff.}}/RT)$ zur Beschreibung der erhaltenen Kurve nicht geeignet ist (D_0 = temperaturunabhängige Konst., $E_{\text{Diff.}}$ = experimentelle Aktivierungsenergie.) J. KRAETSCH. 197□

Metallographische Methoden zur Ermittlung der Versetzungsdichte bei Germanium-Einkristallen. Zdeněk Dragoun. (Českoslov. Časopis Fysiku **8.** 618–26. 1958. [Tschech.] Czechoslov. J. Physics **8.** 600–11. 1958. [Russ.; Auszug: Engl.] Brno, Vojenská techn. akad. A. Zapotockého.)

Vf. erläutert ausführlich die Versetzungen in Ge-Einkristallen u. deren Sichtbarmachung. Die in der Literatur angeführten Ätzmittel werden tabellar. zusammengefaßt. Die Einkristalle werden geschliffen (die Abweichungen von {111} oder {100} sollen ca. 7° nicht übersteigen), die mechan. zerstörte Schicht wird mit dem Ätzmittel CP 4 [15 (ml) CH_3CO_2H; 15 HF; 25 HNO_3; 0,3 Br_2] beseitigt u. mkr. kontrolliert. Die Versetzungen werden dann durch Benetzen mit einem geeigneten Ätzmittel [CP 4, $Cu(NO_3)_2$ (4 ml HF; 2 HNO_3; 4 H_2O; 0,2 $Cu(NO_3)_2$), Superoxol (10 ml HF; 10 H_2O_2; 40 H_2O)] sichtbar gemacht. J. TŮMOVÁ. 197□

Die Rekristallisation von Uran bei kaltem oder heißem Schmieden. J. A. Sabato und R. W. Cahn. (J. nuclear Mater. [Amsterdam] **3.** 115–19. Jan. 1961. Buenos Aires, Argentina, Com. Nacion. de Eng. At., Div. de Metalurg.) (Engl.)

U-Proben von 3 mm Dicke, die bei 550° vorbehandelt waren, wurden in heißem oder kaltem Zustand durch kurzes Pressen auf einmal um 50–70% in der Dicke verändert. Nach unterschiedlicher Wartezeit wurden die Proben abgeschreckt u. elektropoliert; dann wurden mikrophotograph. Unterss. unter polarisiertem Licht, Messungen der Makro- u. der Mikro-Härte u. Röntgenrückstrahlmessungen an ihnen vorgenommen. Die mkr. u. Röntgenrückstrahl-Aufnahmen sind wiedergegeben. Die Verss. zeigen, daß durch den Schmiedevorgang, auch bei Raum-Temp., eine feine, aber inhomogen verlaufende Rekristallisation hervorgerufen wird. Durch sorgfältige Kontrolle der Verformung, der Temp. u. der Wartezeit vor dem Abkühlen läßt sich auch eine homogenere Rekristallisation erreichen, ohne daß Kornvergröberung eintritt. W. BETCKE. 197□

Der Einfluß der $\alpha \rightarrow \beta \rightarrow \alpha$-Phasenumwandlung auf die bevorzugte Orientierung des α-Urans. B. R. Butcher und D. Baverstock. (J. nuclear Mater. [Amsterdam] **3.** 30–40. Jan. 1961. Harwell, Didcot, Berks., UK, A.E.R.E., UKAEA Res. Group, Metallurg. Div.) (Engl.) — Vgl. C. **1962.** 5579.

An Proben aus gewalzten U-Stäben wurden dilatometr., metallograph. u. röntgenograph. Unterss. durchgeführt. Die Proben wurden zuvor in verschieden starkem Maße in einem Temp.-Gefälle in die β-Phase übergeführt. Die Ergebnisse zeigen, daß die Phasenumwandlung durch ein Umwandlungsband aus α- u. β-Kristallen bewirkt wird, das durch jede Probe hindurchwandert. Dabei ist der Grad der Verminderung der bevorzugten Orientierung eine Funktion des Umwandlungsgrades. Ein geeigneter Mechanismus für diese Zusammenhänge wird besprochen. W. BETCKE. 197□

Selbstdiffusion in Beta-Uran. S. J. Rothman, J. Gray jun., J. P. Hughes und A. L. Harkness. (J. nuclear Mater. [Amsterdam] **3.** 72–76. Jan. 1961. Lemont, Ill., Argonne Nat. Labor.) (Engl.)

Der Selbstdiffusions-Koeff. des U (Best. mit ^{235}U als Tracer) nimmt bei der Umwandlung des U aus der kub. raumzentrierten γ-Phase in die tetragonale β-Phase um den Faktor 150 ab. Selbst im oberen Temp.-Bereich der β-Phase führen die Meßergebnisse beim Auftragen von log C gegen X^2 zu gekrümmten Kurven, wodurch angezeigt wird, das die Selbstdiffusion in β-U nicht allein als isotrope Vol.-Diffusion verläuft. W. BETCKE. 197□

Die Diffusion von Gold in Gamma-Uran. S. J. Rothman. (J. nuclear Mater. [Amsterdam] **3.** 77–80. Jan. 1961.) (Engl.) — Vgl. vorst. Referat.

Die Diffusion von Au in γ-U wurde mit Hilfe radioaktiver Tracer gemessen. Für D_0 u. die Aktivierungsenergie ergaben sich Werte von $4{,}86 \cdot 10^{-3}$ cm²/s bzw. 30400 cal/Mol, die den Werten für die Selbstdiffusion in γ-U ziemlich nahekommen. W. BETCKE. 197□

Schichtenwachstum während der Diffusion im Aluminium–Uran-Legierungssystem. L. S. Castleman. (J. nuclear Mater. [Amsterdam] **3.** 1–15. Jan. 1961. Bayside, N.Y., Gen. Telephone & Electron. Labor., Inc., Bayside Labor.) (Engl.)

Im Syst. Al/U wurde die gegenseitige Diffusion im Temp.-Bereich 400–600° bei Drücken zwischen 2 u. 15,7 kg/mm² über Diffusionszeiten bis zu 24 Std. untersucht. Es bestätigte sich, daß die Dickenzunahme der UAl_3-Schicht druckabhängig ist. Die Zusammenhänge zwischen Glühdauer u. -Temp. u. angewendetem Druck einerseits u. der Natur u. Verteilung von Kristallbaufehlern in der UAl_3-Diffusionszone andererseits wurden untersucht. Die Löslichkeit von U in UAl_3 beträgt wenigstens 2,6 Atom-%. Es wurde gezeigt, daß das Wachstum von UAl_4 u. UAl_2 in speziell zusammengesetzten Diffusionsproben viel langsamer als das Wachstum von UAl_3 in gewöhnlichen U/Al-Proben ist. Der Einfl. des Druckes auf das Wachstum von UAl_3-Schichten besteht prim. darin, daß durch höhere Drücke die Bldg. makroskop. Poren vermindert u. damit der für die Diffusion maßgebende Querschnitt erhöht wird. W. BETCKE. 197□

Niob–20 w/o Uran als Hochtemperatur-Metallbrennstoff der Zukunft. John A. de Mastry, Frederic R. Shober und Ronald F. Dickerson. (Nuclear Sci. Engng. **9.** 299–304. März 1961. Columbus, Ohio, Battelle Mem. Inst.) (Engl.)

Eine Leg. mit Nb-20 w/o U ist als Reaktorbrennstoff entwickelt worden. Die Herst.-Kennwerte, mechan. Eigg. u. das Korrosions-Verh. an Luft, CO_2, NaK, W. u. Dampf werden untersucht. Nach der Erschmelzung der Leg. in einem Lichtbogenofen kann sie einwandfrei bei 1370° ausgeschmiedet u. bei 980° zu Blech ausgewalzt werden. Proben zeigten nur geringe Härteabnahme bei Temp. bis zu 900°. Die 0,2%-Streckgrenze betrug bei 24° 93000 lbs./sq.in. u. bei 870° 71000 lbs./sq.inch. Bei einer Spannung von 63000 lbs/sq.in. bei 870° wurden bis zum Probenbruch 200 Std. benötigt. Die Korrosionsbeständigkeit dieser Leg. war der von unlegiertem Nb bei 300° in Luft u. 316° in CO_2 überlegen. Bei 1000 Std. Aussetzungsdauer bis zu 316° in W. ergab die Leg. eine Korrosions-Geschw. von 0,003 (mg/cm²/h), d. h. eine Geschw., die nur 2- bis 3mal größer als die von Zircaloy-2 (0,001) ist. Die Nb-20 w/o U-Leg. scheint mit NaK bei 870° verträglich zu sein. H. HOCHSTEIN. 197□

Gitterparameter der metastabilen dichtestgepackten Strukturen in Silber–Germanium-Legierungen. W. Klement jun. (J. Inst. Metals **90.** 27–30. Sept. 1961. Pasadena, Calif., California Inst. of Technol.) (Engl.)

Die Gitterabstände der metastabilen flächenzentrierten kub. u. hexagonalen dichtestgepackten Phasen im Ag–Ge-Syst. werden für Legg. verschiedener Zuss. bestimmt, welche schnell aus der Schmelze heraus abgeschreckt wurden. Die Abschreck- u. die Röntgenbeugungs-Techniken werden im einzelnen besprochen u. die Ergebnisse einiger Kaltverarbeitungs- u.. Glüh-Verff. mit den abgeschreckten Proben mitgeteilt. Die bei den Verss. u. ihrer Auslegung auftretenden Schwierigkeiten werden kurz erörtert.

H. Hochstein. 197□

Die Konstitution von Wismut–Cadmium–Zinn-Legierungen. H. J. Bray, F. D. Bell und S. J. Harris. (J. Inst. Metals **90.** 24—27. Sept. 1961. Manchester, Coll. of Sci. and Technol.) (Engl.)

Der Gefügeaufbau von Bi–Cd–Sn–Legg. wird mittels mkr. Unterss., therm. Analyse u. Röntgen-Unterss. überprüft. Bes. werden hierbei die Phasengrenzen in den festen Legg., die Grenzen der Mischkristall-Bldg. sowie das Ausmaß bestimmt, mit dem die β-Phase des Cd–Sn-Syst. in das tern. Syst. eindringt. Der Zusatz von Bi zu dieser Phase verringert ihre Zers.-Temp. von 133° auf 86,5° ± 1,5° u. die maximale Löslichkeit von Bi in ihr beträgt annähernd 30 Gew.-%. Die Zus. des tern. Eutektikums wird zu 53,9% Bi, 20,2% Cd u. 25,9% Sn bestimmt u. die eutekt. Temp. liegt bei 103 ± 0,9°.

H. Hochstein. 197□

Die Konstitution des Chrom–Niob–Silicium-Systems. H. J. Goldschmidt und J. A. Brand. (J. less-common Metals [Amsterdam] **3.** 34—43. Febr. 1961. Birmingham, B. S. A. Group Res. Centre.) (Engl.)

Das Zustandsdiagramm des Cr–Nb–Si-Syst. wird für einen Schnitt bei 1000° untersucht u. einige Eigg. dieser Legg. werden festgestellt. Die Röntgenanalyse wird auf eine in einer Ar-Atmosphäre erschmolzenen Cr–Nb–Si-Legg. angewendet. Auf Grund der Unters.-Ergebnisse werden einige Änderungen des bekannten Cr–Si-Syst. vorgeschlagen. Das vorgesehene tern. Zustandsdiagramm ist sehr verwickelt u. zeigt zusätzlich zu 11 Phasen bin. Ursprungs fünf neue tern. Verbb.; drei der letzteren besitzen beträchtliche Homogenitätsbereiche, eine ist eine neue Laves-Phase u. die andere ist mit α-Nb_5Si_3 isomorph, jedoch durch Cr-Zusatz auf niedrigere Temp. stabilisiert. Die FF. u. Oxydationsbeständigkeit der Legg. werden mitgeteilt. H. Hochstein. 197□

Die Konstitution des Chrom–Niob–Molybdän-Systems. H. J. Goldschmidt und J. A. Brand. (J. less-common Metals [Amsterdam] **3.** 44—61. Febr. 1961.) (Engl.) — Vgl. vorst. Referat.

Das tern. Syst. Cr–Nb–Mo wird hinsichtlich seines Phasen-Aufbaus u. zur Ermittlung einiger Eigg. der Legg. untersucht; dabei wird die Anwendbarkeit dieser Legg. bei hoher Temp. sowie als aushärtbare Werkstoffe erörtert. Das aufgestellte Zustandsdiagramm wird durch eine ausgedehnte Mischungslücke innerhalb des prim. Einphasen (α)-Feldes gekennzeichnet. Gitterseigerungs-Effekte werden festgestellt. Die Hochtemp. (α)-Grundphase teilt sich in 2 isomorphe Phasen verschiedener Gitterabmessungen. Dies zieht verschiedene Zwischenstufen nach sich u. es treten Gitterverzerrungen u. Alterungseffekte auf. Die Laves-Phase Cr_2Nb kommt als weitere Ausscheidung hinzu. Das bin. Cr–Nb-Syst. wird für verschiedene Temp. bestimmt; das vorgeschlagene neue Diagramm enthält im Vgl. zu früheren Angaben einige Änderungen. Die FF., einige mechan. Eigg. u. die Oxydations-Geschw. der Cr–Nb–Mo-Legg. werden mitgeteilt, u. es wird ein wichtiger Zus.-Bereich mit verbesserter Oxydationsbeständigkeit angegeben; dabei werden Angaben über den Aufbau der Oxide dieser Legg. gemacht.

H. Hochstein. 197□

Die Konstitution von quaternären Aluminium–Kupfer–Magnesium–Silicium-Legierungen bei 500°. D. P. Smith. (Metallurgia [Manchester] **63.** 223—30. Mai 1961. Fry's Metal Foundries Ltd.) (Engl.)

Der Gefügezustand von Legg. mit 0—2 (%) Si, 0—4 Mg u. 0—4,5 Cu wird nach der Bearbeitung u. einer **4** wöchigen Ausglühung bei 500° mkr. untersucht. Die in diesem Syst. auftretenden Phasen sind ident. mit den Phasen, die in Gefüge-Syst., mit einer quatern., als „Q" bezeichneten Phase auftreten. Die Form des Al-Mischkristallbereiches bei 500° wurde von bestimmten Schnitten der Isothermen abgeleitet. Die Formen der Phasenfelder in diesen Schnitten entsprechen denjenigen, die aus einer Betrachtung der Geometrie der Phasenbereiche in den quatern. Isothermen bestimmt wurden. Es werden Gleichungen mitgeteilt, welche die angenäherten Lagen bestimmter Phasengrenzen in irgendeinem beliebigen Schnitt der Al-reichen Ecke des Syst. zu berechnen gestatten.

H. Hochstein. 197□

Über das ternäre System Kobalt–Zink–Kohlenstoff. H. H. Stadelmaier und J. J. Duplessis. (Metall **15.** 763—64. Aug. 1961. Raleigh, N. C.) (Dt.)

Die Co-Ecke des tern. Syst. Co–Zn–C wurde untersucht; dabei wurde eine Übersicht über die Schmelzflächenprojektion sowie ein isotherm. Schnitt bei 850° ermittelt. Die in diesem Syst. auftretende tern. Verb. hat bei 850° die Zus. $Co_{51}Zn_{32}C_{17}$.

H. Hochstein. 197□

Die Eisenseite des Systems Eisen–Zink. H. H. Stadelmaier und R. K. Bridgers. (Metall **15.** 761—63. Aug. 1961.) (Dt.) — Vgl. vorst. Referat.

Das Syst. Fe–Zn wurde auf der Fe-Seite untersucht. Durch Diffusions-Verss., mkr. u. Röntgen-Hochtemp.-Unterss. wurde das Auftreten eines erweiterten α-Feldes u. eines eingeschnürten γ-Feldes bestätigt. Es wird außerdem gezeigt, daß in Fe gelöste Metalle 2. Art das α-Gebiet erweitern. H. Hochstein. 197□

Verfolgung der Konzentrationsänderung in den Zweistoffgemischen Nickel–Eisen und Nickel–Kupfer beim Sintern. Fritz Fraunberger und Volker Scheuing. (Z. Metallkunde **52.** 547—50. Aug. 1961. München, Univ., I. Phys. Inst.) (Dt.)

Mit Hilfe der Wechselfeld-Meth. wurden die Konz.-Änderungen in verschiedenen Phasen des Sinterns von Ni–Fe- u. Ni–Cu-Gemischen untersucht. Ein Einfl. des Preßdruckes auf die Diffusions-Geschw. existiert prakt. nicht, sofern von den Anfangsstadien abgesehen wird. Die Endzustände des Konz.-Ausgleichs werden viel später erreicht als die der Verdichtung. H. Hochstein. 197□

Analysenverfahren für Eisenbestandteile von Messing hoher Festigkeit und einiger komplexer Legierungen auf Kupfer- und Aluminiumbasis. Françoise Gaillard und Adrienne R. Weill. (Mém. sci. Rev. Métallurgie **57.** 889—900. Dez. 1960.) (Franz.)

Eine Unters. von Ausscheidungen im wesentlichen aus Fe in verschiedenen Cu–Al-Legg. wurde mkr., mit der Elektronen-Mikrosonde u. mit Röntgenstrahlen nach vollständiger Auflsg. der Grundmasse durchgeführt. Während in β-Messingsorten hoher Festigkeit eine Zus. Fe–Mn–Al im Innern der Ausscheidungen u. Fe–Ni–Al außerhalb derselben gefunden wird, treten dieselben kub.-raumzentrierten u. geordneten Phasen, jede entsprechend einem verschiedenen Typ, in den Fe-Bestandteilen des Cu–Al mit verschiedenen chem Zuss. wieder auf; dabei wird ein erhöhter Mn-Anteil im Innern u. Cu-Anteil außen festgestellt. Dies ist um so stärker, je geringer die Mn-Zusätze bleiben. Das Verf. ermöglicht die Identifizierung von Sulfiden vom Typ MnS bei langsamer Abkühlung u. FeS bei Abschreckung. Mit einem geeigneten Angriffsmittel für das zu untersuchende Stück lassen sich die Fe-Ausscheidungen auf einen Nitrocellulose-Abdruck übertragen, der sich gut für diffraktometr. Unterss. mit Röntgenstrahlen eignet. Das Verf. ist zerstörungsfrei. H. Hochstein. 197□

Diffusion von Stickstoff in Eisen–Titan-Legierungen. T. Konkoly. (Periodica polytechn. [Budapest], Maschinen- u. Bauwes. **5.** 5—12. 1961. Budapest, Polytechn. Univ., Inst. für mechan. Technol.) (Engl.)

An mit Ti legiertem Armco-Eisen wurden Nitrier-Verss. unter Verw. von Proben mit 0—4,25% Ti u. einem Ti/C-Verhältnis zwischen 0 u. 85 durchgeführt. Durch Behandlungen bei 460—660° mit einer Dauer bis 5 Std. wurden aufnitrierte Schichten von 500—1420 kg/mm² Mikrohärte u. 1,5—0,2 mm Tiefe erhalten, wobei diese Werte sich in Abhängigkeit vom Ti/C-Verhältnis änderten. Die Diffusions-Koeff. von 3 typ. Legg. wurden bei 600° durch die Absorptions-Geschw.-Meth. bestimmt. Die Ergebnisse von Röntgen-Unterss. u. Diffusionsmessungen zeigten, daß diese günstigen Eigg. der nitrierten Schicht durch disperse TiN-Verbb. verursacht wurden, welche in verschiedenen vom Ti/C-Verhältnis abhängigen Mengen in der nitrierten Schicht u. nicht durch Verbesserung der Diffusionsbedingungen auftraten. H. Hochstein. 197□

Die Wirkung von Kobalt in Stählen bei der Ausscheidungshärtung. D. Coutsouradis. (Mém. sci. Rev. Métallurgie **58.** 503—09. Juli 1961. Liège, C.N.R.M.) (Franz.)

Untersucht wird der Einfl. von Co in nichtrostenden Stählen auf die Gleichgew.-Strukturen, die Martensitumwandlung sowie auf die Kinetik der Aushärtung. Hierbei zeigt sich, daß Co die Austenit-Bldg. fördert; je 1% Co nimmt der δ-Ferrit-Geh. um 6% ab. Es hat einen verhältnismäßig schwachen Einfl. auf die Senkung des M_s-Punktes; sie beträgt je 1% Co ca. 10°. Ferner beeinflußt Co die Ausscheidungshärtung durch eine Betonung des Härtungsvorganges. Co dient somit sowohl zur Einstellung einer gewünschten Struktur als auch zur Verbesserung der Eigg. nichtrostender Stähle.

H. Hochstein. 197□

Geschwindigkeitsempfindlichkeit und Versetzungsgeschwindigkeit in Siliciumeisen. R. W. Guard. (Acta metallurg. [New York] **9.** 163—65. Febr. 1961. Detroit, Mich., General Electric Co., Metallurgical Prod. Dep.) (Engl.)

Vf. nimmt Bezug auf Unterss. von Stein u. Low (vgl. C. **1962.** 409) über direkte Messung der Geschw. einzelner Versetzungen bei verschiedenen angelegten Spannungen in Siliciumeisen mit $3^1/_4$% Si u. berichtet über eigene Zugverss. an den gleichen Legg., wobei jedoch außer der Zugspannung auch die Verformungs-Geschw. variiert wurde. Es wurde gefunden, daß jede Änderung der Verformungs-Geschw. von einer Zunahme in der Anzahl beweglicher Versetzungen u. ferner von einer Erhöhung ihrer Geschw.

begleitet ist. Eine genaue Berechnung der Zunahme der Anzahl der Versetzungen war nicht möglich. C. GOTTFRIED. 197

Zustandsgleichung des Eisens bis zu Drücken von einigen Millionen Atmosphären. W. N. Sharkow und W. A. Kalinin. (Доклады Академии Наук СССР [Ber. Akad. Wiss. UdSSR] **135.** 811–14. 1/12. 1960. Schmidt-Inst. für Erdphysik der Akad. der Wiss. der UdSSR.) (Russ.)

Eine neue Meth. für die Best. der Zustandsgleichung von Metallen bei hohen Drücken bis zu einigen Millionen at mittels der experimentellen Adiabate von HUGONY wird erläutert u. mit dieser Meth. die Zustandsgleichung von Fe ermittelt. H. HOCHSTEIN. 197☐

Frequenzabhängigkeit der Ultraschalldämpfung und -Geschwindigkeit bei der plastischen Verformung. Akira Hikata und Rohn Truell. (J. appl. Physics **28.** 522–23. Mai 1957. Rhode Island, N.Y., Brown Univ., Metals Res. Labor.) (Engl.) — Vgl. C. **1960.** 6767.

Messungen an Proben aus 2 S–Al zeigten, daß die Ultraschalldämpfung bei der Frequenz von 10 MHz bei plast. Verformung größer ist als bei 5 MHz. Die Ultraschall-Geschw. ist dagegen frequenzunabhängig. Beide Beobachtungen stehen in Übereinstimmung mit der Theorie der Versetzungs-Dämpfung. F. VIER. 200☐

Elektronenmikroskopische Beobachtungen von verformtem Magnesiumoxid. J. Washburn, G. W. Groves, A. Kelly und G. K. Williamson. (Philos. Mag. [8] **5.** 991–99. 9 Tafeln. Okt. 1960. Cambridge, Univ., Dep. of Metallurg.) (Engl.)

0,25 mm dicke Spaltstücke aus künstlichen MgO-Kristallen werden in 85%ig. H_3PO_4 bei 100° chem. poliert, in heißer konz. HNO_3 geätzt u. durch langsames Drehen über einem Strahl heißer H_3PO_4 auf die für Elektronenmikroskopie nötige Schichtdicke gebracht. Transmissionsaufnahmen zeigen u. a. das Kreuzgleiten von Schraubenversetzungen, die dabei gebildeten Versetzungsschleifen u. ihre Umwandlung bei höherer Temp. sowie einige Wechselwrkg. zwischen Versetzungen. J. TELTOW. 200☐

George William Gray, Molecular structure and the properties of liquid crystals. London: Academic P. 1962. (VII + 314 S. m. Abb., Tab. u. Diagr.) 63 s.

A₇. Gleichgewichte. Kinetik

Die Stabilität von Metallchelatverbindungen, die aus einigen heterocyclischen Säuren gebildet werden. 1. Mitt. **Untersuchungen in wässeriger Lösung.** F. Holmes und W. R. C. Crimmin. (J. chem. Soc. [London] **1955.** 1175–80. April. Bangor, Caernarvonshire, Univ. Coll. of North Wales.) (Engl.)

Die Dissoziations-Konst. (K) von *Picolinsäure* (**I**), *6-Methylpicolinsäure* (**II**), *Chinolincarbonsäure-(2)* (**III**), *Isochinolincarbonsäure-(1)* (**IV**; F. 168–169°) u. *Chinolincarbonsäure-(8)* (**V**) sowie die Stabilitäts-Konst. einiger ihrer ausreichend wasserlösl. Metall-Derivv. werden mittels potentiometr. Titration bestimmt. Bei Säure-Konzz. von ca. 10^{-3} Mol/Liter betragen die K in $HClO_4$-saurer Lsg. (Ionenstärke ca. 0,02) bei 25 ± 0,1°: **I** (K_1 = 1,5; K_2 = 5,43); **II** (0,9; 5,77); **III** (1,9; 4,92); **IV** (—; 4,97); **V** (2,0; 6,71) u. *8-Hydroxychinolin* (5,00; 9,70). Die Stabilitäts-Konst. (K_d = Durchschnittswert) folgender Metall-Verbb. (Metallperchlorat-Lsg., Molverhältnis Säure:Metallion = 2:1) werden aus den Titrationswerten (Tabelle) errechnet: Cu-**I** (log K_1 = —; log K_2 = 6,0; log K_d = 6,1), Ni-**I** (5,9; 5,4; 5,7), Co-**I** (6,0; 4,8; 5,4); Cu-**II** (6,3; 5,6; 6,1), Ni-**II** (5,1; 4,1; 4,6), Co-**II** (4,5; 3,3; 3,9); Ni-**III** (4,6; —; 4,3), Co-**III** (4,3; —; 3,8); Ni-**V** (4,4; —; 3,9), Co-**V** (3,5; —; —). Für die Cu-, Zn-, Pb-, Mn- u. Hg-Derivv. von **III** u. **V** werden infolge Nd.-Bldg. bei niedrigen pH-Werten nur unvollständige Titrationsdaten angegeben. Alle untersuchten Metall-Derivv. von **IV** bilden ebenfalls Niederschläge. Die Vers.-Ergebnisse werden hinsichtlich der strukturellen Eigenheiten der Säuren bzw. Chelate diskutiert. G. KIRSTEN. 223☐

Die Stabilität von Metallchelatverbindungen, die aus einigen heterocyclischen Säuren gebildet werden. 2. Mitt. **Untersuchungen in wässerigem Dioxan.** F. Holmes und W. R. C. Crimmin. (J. chem. Soc. [London] **1955.** **3467**–70. Okt.) (Engl.) — 1. vgl. vorst. Referat.

Die Ionisationsexponenten folgender Säuren in Dioxan–Wasser (50 Vol.-%) werden mittels potentiometr. Titration (1. Exponent spektrophotometr.) bestimmt: *Picolinsäure* (**I**; 1. Exponent = ca. 1,5; 2. Exponent = 5,71); *6-Methylpicolinsäure* (**II**; < 1; 6,59); *Chinolincarbonsäure-(2)* (**III**; 1,8; 5,39); *Chinolincarbonsäure-(8)* (**IV**; < 2; 7,76); *Isochinolincarbonsäure-(1)* (**V**; —; 5,46). Im gleichen Medium ergeben sich die Stabilitäts-Konst. („prakt." Konst.) einer Anzahl Metall-Derivv. (ausgedrückt durch das Elementzeichen) wie folgt: I: Cu (log K_1 = —; log K_2 = 6,6; log K_s = —); Ni (6,1; 6,1; 12,2); Co (5,9*; 5,4; 11,3); II: Cu (—; ca. 8; —); Ni (7,4*; 5,8; 13,2); Co (6,6*; 5,6; 12,1); III: Ni (5,3; 5,0; 10,4); Co (5,3; 4,8; 10,2); Zn (5,1; 4,6; 9,7); IV: Cu (7,8; —; 14,7); Ni (6,2; 5,2; 11,4); Co (5,3; 4,3; 9,6); Zn (4,9; 4,1*; 9,0); Pb (4,5; —; —); Mn (4,2; —; —). Werte mit * werden aus der Beziehung log K_1 + log K_2 = log K_s erhalten. Das Cu-Deriv. von **III** u. die Derivv. von **V** sind infolge ihrer geringen Löslichkeit nicht zur Best. geeignet. Die Bedeutung der Meßergebnisse wird diskutiert. G. KIRSTEN. 223□

Die Löslichkeit von Quarz unter hydrothermalen Bedingungen. R. A. Laudise und A. A. Ballman. (J. physic. Chem. **65.** 1396—1400. Aug. 1961. Murray Hill, N. J., Bell Telephone Labor., Inc.) (Engl.)

Vff. bestimmen die Löslichkeit S von α-SiO_2 in 0,51 n NaOH-Lsgg. in Abhängigkeit von der Temp. (300—400°) u. der Dichte D_L des Lsgm. (0,70—0,87 g/cm³) u. vergleichen die Ergebnisse mit der Löslichkeit in den Syst. H_2O–SiO_2, H_2O–SiO_2–Na_2O u. H_2O–SiO_2–Na_2CO_3. Die VAN'T HOFFsche Regel ist erfüllt; ΔE u. ΔS für die Lsg.-Vorgänge werden berechnet. Zwischen log S u. D_L besteht eine lineare Beziehung, die auf schwache Wechselwrkg. zwischen Lsgm. u. Gelöstem hinweist. Die Rk. $SiO_2 + (2a-4)\cdot OH^- \rightleftharpoons (SiO_a)^{(2a-4)-} + (a-2)H_2O$ verläuft in OH^--haltigen Lsgg. vollständig, in CO_3^{2-}-haltigen Lsgg. fast vollständig. In ersteren liegt $Si_3O_7^{2-}$, in CO_3^{2-}-haltigen Syst. wahrscheinlich vorwiegend SiO_3^{2-} vor. P. FRENZEL. 224□

Löslichkeit von Thorium- und Kaliumoxalaten in Wasser bei 25°. N. P. Lushnaja und I. Ss. Kowalewa. (Журнал Неорганической Химии [J. anorg. Chem.] **6.** 1436—39. Juni 1961.) (Russ.)

Vff. ermitteln die Löslichkeit von Thoriumoxalat zu $7,5\cdot 10^{-5}$ Gew.-%, die von Kaliumoxalat zu 27,23 Gew.-%. Im Löslichkeitsdiagramm des tern. Syst. gibt es 3 Zweige, die der Kristallisation von $K_2C_2O_4\cdot H_2O$ (I), von $K_4[Th(C_2O_4)_4]\cdot 4\,H_2O$ (II) u. von $Th(C_2O_4)_2\cdot 6\,H_2O$ (III) entsprechen. Die Zus. der fl. u. festen Phase sowie die Dichte der fl. Phase sind tabellar. angegeben. Die Löslichkeit von Thoriumoxalat wird durch Zusatz von Kaliumoxalat stark erhöht. Von **I, II** u. **III** werden die kristallopt. Daten ermittelt u. thermograph. Analysen durchgeführt: N_g, N_m, N_p für **I**: 1,549, 1,486, 1,442; **II**: 1,575, —, 1,556; **III**: 1,542, 1,519, 1,511. D. HOENE. 224□

Löslichkeit im System Na_2CO_3–$Th(CO_3)_2$–H_2O bei 25°. N. P. Lushnaja und I. Ss. Kowalewa. (Журнал Неорганической Химии [J. anorg. Chem.] **6.** 1440—42. Juni 1961.) (Russ.) — Vgl. vorst. Referat.

Vff. untersuchen die Löslichkeit im Syst. Na_2CO_3–$Th(CO_3)_2$–H_2O in den Abschnitten, die den Kristallisationsgebieten von $Na_2CO_3\cdot 10\,H_2O$ (I) u. dem Konz.-Bereich um 2,20 Gew.-% $Th(CO_3)_2$ entsprechen. Die Zus. der festen u. fl. Phasen sowie die Dichten sind angegeben. Im tern. Syst. bildet sich $Na_6[Th(CO_3)_5]\cdot 12\,H_2O$ (II), das in H_2O hydrolysiert, bei **I**-Überschuß jedoch beständig ist. Von **I** u. **II** wurden die kristallograph. Eigg. (N_g: 1,440, 1,503; N_m: 1,425, 1,490; N_p: 1,408, 1,478) bestimmt u. eine thermograph. Analyse durchgeführt. Für **I** wurden dabei die bereits bekannten Punkte bei 34, 100 u. 830° bestätigt. Für **II** wurden Effekte bei 75—80, 100, 150, 330—375 u. 835—860° gefunden. Sie entsprechen der Abgabe von 10 Mol. H_2O, 1 Mol. H_2O, 1 Mol H_2O, der Zers. des Salzes u. dem Schmelzen. Die Schmelze geht teilweise in Lösung. Die wss. Phase enthält Na_2CO_3, der Rückstand ist ThO_2. D. HOENE. 224□

Berechnung von Aktivierungsenergien. 3. Mitt. **Grundlagen der klassisch-korpuskularen Behandlung.** Walther Kleinpaul. (Z. physik. Chem. [Frankfurt/M.] [N. F.] **29.** 201—18. Aug. 1961. München.) (Dt.) — 2. vgl. C. **1961.** 17129.

Zu den Grundlagen der Aktivierungsenergie-Berechnung bei Austauschprozessen zählen eine Beziehung zwischen Aktivierungsenergie (**A**) u. Rk.-Enthalpie (**R**) u. das Modell dreier linear angeordneter Zentren, bei denen nur unmittelbare Nachbarn in Wechselwrkg. treten. Für Austauschprozesse, die sich nur in einem Außenzentrum unterscheiden, ist **A** prakt. der algebraischen Summe aus **A** des zugeordneten Prozesses mit gleichem Außenzentrum u. der halben **R** gleich, solange weder die Summe noch die Differenz kleiner als Null ist. Bei der Ableitung dieser Beziehung ergibt sich, daß alle Dreizentrenprozesse mit gleichem Innenzentrum u. jeweils ident. Außenzentren die gleiche **A** besitzen. Damit läßt sich die Energieerniedrigung am gratigen Sattel infolge Entartung von Ausgangs- u. Endzustand aus der Übergangswahrscheinlichkeit bestimmen. Das Modell der konsequent durchgeführten Potentialkurven-Meth. hat die Eig., daß die abs. Beträge von Bindungs- u. Abstoßungskraft im Ausgangs-Syst. am Sattel gleich sind. Das gleiche gilt vom Endsystem. Aus dem Modell folgt auch, daß die gemessene **A** bei der Rk.-Temp. um 3/2 RT kleiner ist als die theoret. am abs. Nullpunkt. Ferner ergibt sich eine Beziehung zwischen den Wechselwrkg.-Energien eines Zentrenpaares im gebundenen u. ungebundenen Zustand, die die Ermittlung des sonst unbestimmten Abstoßungsexponenten gestattet. W. NIEMITZ. 225□

Der kinetische Lösungsmittel-Isotopeneffekt auf säurekatalytische Reaktionen mit langsamer Wasserstoffionen-Übertragung. A. V. Willi. (Z. Naturforsch. **16a**. 162—69. Febr. 1961. Bern, Univ., Org.-Chem. Inst.) (Dt.)

Es wird der kinet. D_2O-Lsgm.-Isotopeneffekt auf eine säurekatalyt. Rk. theoret. untersucht. Angenommen wird, daß die H-Ionen-Übertragung bei der Rk. H_3O^+ + Substrat → Prod. den langsamen geschwindigkeitsbestimmenden Schritt bildet. Mit Hilfe von Zustandssummen wird bei Annahme linearer Übergangszustände das Verhältnis der bimol. Geschw.-Konst. k_H/k_D näherungsweise berechnet. Als untere Grenze ergibt sich bei 25° der Wert 1,6. Vgl. mit dem experimentellen Befund werden durchgeführt. G. KELBG. 225□

Die Kinetik der Pyrolyse von Kohlenmonoxid-Boran. Yuan-Chin Fu und George Richard Hill. (J. Amer. chem. Soc. **84**. 353—57. 5/2. 1962. Salt Lake City, Utah, Univ. of Utah, Fuels Engng. Dep.) (Engl.)

Der Zerfall von Kohlenmonoxid–Boran (I) nach $OCBH_3 \rightarrow BH_3 + CO$ (**A**) wurde in einer Gasküvette bei Temp. von 54—64° IR-spektroskop. quant. verfolgt. Die Gesamt-Rk. wird neben der langsamen Rk. **A** noch durch die Rkk. $BH_3 + BH_3 = B_2H_6$ (**B**), $BH_3 + CO \rightarrow OCBH_3$ (**C**) u. $BH_3 + OCBH_3 \rightarrow B_2H_6 + CO$ (**D**), die wesentlich schneller ablaufen, beeinflußt. Die Abnahme an $OCBH_3$ wird beschrieben durch $-d[OCBH_3]/dt = 2\,k_1[OCBH_3]^2/([CO] + [OCBH_3])$. Die zu **A** gehörende Geschw.-Konst. k_1 wird durch größere Oberfläche, Photolyse im IR-Gerät u. gebildetes H_2 nicht beeinflußt. B_2H_6 wirkt durch Bldg. höherer Borane positiv katalyt.; anwesendes CO erniedrigt die Zerfalls-Geschw. von **I**. Die Temp.-Abhängigkeit von k_1 wird durch die Gleichung $k_1 = 1{,}25 \cdot 10^{12}\,T\,\exp(-28{,}4/RT)\,\exp(10/2/R)\,min^{-1}$ beschrieben. Aktivierungsenergie ΔH u. Aktivierungsentropie ΔS wurden für **A** zu 28,4 u. 10,2; für **C** zu 9,6 u. —23 kcal ermittelt. H. BÜRGER. 225□

Mikrocalorimetrische Untersuchungen der Kinetik der Wasserstoffperoxid-Zersetzung in alkalischer Lösung. Alicja Dorabialska und Karol Kołodziejczak. (Zeszyty naukowe Politechn. Łódzkiej, Chem. **8**. 3—15. 1960. Łódź, Politechn., Kat. Chem. fiz.) (Pol.)

Die Rk.-Wärme bei der Zers. von H_2O_2 (0,049—0,245 Mol/Liter) bei pH 12,20 bis 10,80 wurde mikrocalorimetr. gemessen. Die Rk.-Dauer betrug 5,9—310 Stunden. Die Gesamtwärme war bei allen Verss. konst. u. betrug 21,64 kcal/Mol ± 1,06%. Die Zers. ist eine Rk. zwischen H_2O_2 u. den nach $H_2O_2 + H_2O \rightarrow H_3O^+ + OOH^-$ entstehenden OOH^--Ionen zu O_2, OH^- u. H_2O. In saurer Lsg. existieren prakt. keine OOH^--Ionen; die Zers.-Geschw. ist deshalb sehr klein. Die Lsg.-Wärme von H_2O_2 in W. u. in verd. Säuren ist ebenfalls prakt. Null. Die Zers.-Rk. von H_2O_2 in alkal. Lsg. ist 2. Ordnung ($K^{21°} = 0{,}180$), wenn die OOH^--Konz. mindestens gleich der H_2O_2-Konz. ist. Bei OOH^--Konz. $< H_2O_2$-Konz. wird die Rk.-Geschw. durch die Entw. von O_2 als physikal. Vorgang bestimmt. Die Rk. ist dann 3. Ordnung, sie wird durch OH^- autokatalysiert. F. URBAN. 225□

Beständigkeit von wässerigen Ammoniumnitritlösungen. Antoni Justat und Wiesław Radomski. (Zeszyty naukowe Politechn. Łódzkiej, Chem. **8**. 69—79. 1960. Łódź, Politechn., Kat. Technol. Chem. Nieorg.) (Pol.)

Die Zers. von NH_4NO_2 in wss. Lsg. wird durch Temp.-Erhöhung oder durch Ansäuern beschleunigt. Die Zers. nimmt in Ggw. von N-Oxiden explosionsartigen Charakter an. NH_4OH stabilisiert NH_4NO_2 nur bei Raum-Temp., bei höherer verflüchtigt sich NH_3. Fe u. Stahl haben keinen Einfl. auf die Beständigkeit von NH_4NO_2. NH_4NO_2, das durch Umsetzung wss. Lsgg. von $(NH_4)_2SO_4$ u. $Ba(NO_2)_2$ hergestellt u. über dem $BaSO_4$-Nd. aufbewahrt wird, zersetzt sich langsamer. F. URBAN. 225□

Thermische Zersetzung von Kaliumchlorat. Shōtarō Tobisawa. (Bull. chem. Soc. Japan **34**. 89—90. Jan. 1961. Yokosuka, Defense Acad., Dep. of Chem.) (Engl.)

Aus thermogravimetr. Unterss. ergibt sich, daß sich $KClO_3$ bei 500° zu KCl u. O_2 zersetzt (Aufheiz-Geschw. 250°/h). DETLEF THIERIG. 225□

Zersetzung von festem Ammoniumnitrat durch γ-Strahlen. Toshiaki Shirai. (Bull. chem. Soc. Japan **32**. 879. Aug. 1959. Tokyo, Komaba, Meguro-ku, Univ. of Tokyo, Coll. of Gen. Educat.) (Engl.)

Vff. bestrahlten NH_4NO_3 mit γ-Strahlen von 1000 Curie bei 23° ($4{,}4 \cdot 10^5$ r/h) u. untersuchten die Zers. der reinen Probe bzw. in Ggw. von Li-, Na- u. KNO_3 (jeweils 5%). Nach der Bestrahlung wurde quant. NH_4^+ u. NO_3^- bestimmt. In reinem NH_4NO_3 konnte kein NO_2^- nachgewiesen werden, wohl aber in den Proben mit den

Alkalinitraten. Die Gasphase wurde massenspektrometr. untersucht. Die wichtigsten Linien lagen bei 18, 28, 30 u. 44 u. wurden H_2O, N_2, NO u. N_2O zugeordnet.

K. HUSTE. 226□

Untersuchungen der chemischen Formen der Rückstoßprodukte in einigen neutronenbestrahlten Phosphorverbindungen. Kenji Yoshihara und Tetsuyoshi Yokoshima. (Bull. chem. Soc. Japan **34**. 123—130. Jan. 1961. Tokai, Ibaraki-ken, Japan, Atomic Energy Res. Inst., Radioisotope Prod. Labor.) (Engl.)

Vff. untersuchten den SZILARD-CHALMERS-Effekt in neutronenbestrahlten Phosphor-Verbb. [H_3PO_4 fl., NaH_2PO_4, $NaH_2PO_4 \cdot H_2O$, $NaH_2PO_4 \cdot 2\,H_2O$, $NH_4H_2PO_4$, KH_2PO_4, Na_2HPO_4, $Na_2HPO_4 \cdot 12\,H_2O$, $(NH_4)_2HPO_4$, Na_3PO_4, $Na_3PO_4 \cdot 12\,H_2O$, $Zn_3(PO_4)_2$, $Na_4P_2O_7$, $Na_4P_2O_7 \cdot 10\,H_2O$, $Na_2HPO_3 \cdot 5\,H_2O$; Bestrahlungsdauer 1—15, meist 5 Std.; Neutronenfluß von $0{,}22-0{,}51 \cdot 10^{12}\,cm^{-2}\,s^{-1}$; Temp. während der Bestrahlung $<50^0$] u. berichten über die Bldg. verschiedener Oxydationsstufen u. Kondens.-Grade von ^{32}P. Die prozentuale Aufteilung dieser Verbb. sowie deren Veränderung mit der Zeit wird angegeben. ^{32}P trat in folgenden chem. Formen auf: Phosphat, Phosphit (Hypophosphit), Diphosphat, höher polymerisierte Phosphate mit R_F 0,09 u. andere höher polymerisierte Phosphate.

DETLEF THIERIG. 226□

William A. Pryor, Mechanisms of sulfur reactions. New York: McGraw-Hill. 1962. (241 S. m. Abb.) $ 9,75.

A_8. Präparative anorganische Chemie. Komplexverbindungen. Metallorganische Verbindungen

Neuere Ergebnisse auf dem Gebiete der Fluoralkyl- und verwandter Verbindungen. H. J. Emeléus. (Angew. Chem. **74.** 189—93. 21/3. 1962. Cambridge, England, Univ., Chem. Labor.) (Dt.)

Vortrag über Darst. u. Eigg. von *Trifluorjodmethan*, von *Fluoralkyl-Derivv. des S* u. *des N* sowie von *Metallperfluoralkyl-Derivv.* (Metall = *Hg, Zn, Sn, Pb, Co, Fe*). — 36 Literaturhinweise.

CH. WEISKE. 246□

Einige Reaktionen des Peroxodisulfuryldifluorids. Jean'ne M. Shreeve und George H. Cady. (J. Amer. chem. Soc. **83.** 4521—25. 20/11. 1961. Seattle, Wash., Univ. of Washington, Dep. of Chem.) (Engl.)

Peroxodisulfuryldifluorid (I), FSO_2OOSO_2F, reagiert allg. nach 3 verschiedenen Wegen: 1. als Oxydationsmittel unter O-Übertragung u. Bldg. von Disulfuryldifluorid (II), FSO_2OSO_2F, mit CO, $COCl_2$, CCl_4, PF_3, S_8, SOF_2; 2. als Fluorosulfatierungsmittel unter Übertragung der FSO_3-Gruppe mit HgO, KCl, JCl, C_2F_4, C_5F_8 u. SF_4, wobei I prim. in $2\,FSO_2O\cdot$-Radikale aufspaltet, die sich dann an C=C-Doppelbindungen addieren oder an das Zentralatom des Rk.-Partners unter Erhöhung seiner Oxydationszahl anlagern oder flüchtige Anionen aus dem Rk.Partner verdrängen; 3. als Oxydations- u. Fluorosulfatierungsmittel zugleich mit SOClF, Mo oder $Mo(CO)_6$. Die von Vff. näher untersuchten Rkk. verlaufen nach folgenden Gleichungen: a) $I + CO \rightarrow CO_2 + II$ bei 20^0; b) $I + COCl_2 \rightarrow CO_2 + Cl_2 + II$ bei 20^0 u. UV-Bestrahlung; c) in langsamer Rk. bei 20^0 u. I-Überschuß nach $2\,I + CCl_4 \rightarrow CO_2 + 2\,Cl_2 + 2\,II$, bei I-Unterschuß nach $I + CCl_4 \rightarrow COCl_2 + Cl_2 + II$; d) $2\,I + S \rightarrow SO_2 + 2\,II$ sowie $I + SO_2 \rightarrow$ *$S_3O_8F_2$* bei 20^0 u. UV-Bestrahlung unter Farbwechsel (Oberflächeneffekt) gelb-orange-weiß-mittelblau-grün; e) $I + PF_3 \rightarrow POF_3 + II$ in außerordentlich lebhafter u. exothermer Rk. bei 20^0 oder nach UV-Bestrahlung bei 0^0; f) $I + SOF_2 \rightarrow SO_2F_2 + II$ (nur langsame Rk. bis 200^0); g) $2\,I + HgO \rightarrow Hg(SO_3F)_2$ (III) $+ O_2 + II$ bei 150^0 in 24 Std. mit 99,5% Ausbeute; III hydrolysiert zu *$Hg_3F_4(OH)_2 \cdot 3\,H_2O$*; h) $I + 2\,KCl \rightarrow 2\,K(SO_3F) + Cl_2$ bei 20^0 (100%); i) $3\,I + 2\,JCl \rightarrow 2\,J(SO_3F)_3 + Cl_2$ in heftiger Rk.; k) $I + C_2F_4 \rightarrow FSO_2OCF_2 \cdot CF_2OSO_2F$ (IV) mit 95% neben $2\,I + C_2F_4 \rightarrow 2\,COF_2 + 2\,II$ mit 5% in außerordentlich lebhafter Rk., bei der mit I-Überschuß, geringen Drücken u. N_2 als Verdünnungsmittel zur Vermeidung von C_2F_4-Polymerisation gearbeitet wurde; l) $I + C_5F_8 \rightarrow$ *$C_5F_8(OSO_2F)_2$* (V) in heftiger Rk., teils unter Lichtblitzen; m) $I + SF_4 \rightarrow$ *$SF_4(OSO_2F)_2$* (VI) bei 128^0 mit 86% Ausbeute, bezogen auf SOF_2-verunreinigtes Handels-SF_4; n) $3\,I + 2\,SOClF \rightarrow Cl_2 + 4\,II$; Rk. ist exotherm; o) $9\,I + Mo(CO)_6 \rightarrow$ *$MoO_2(SO_3F)_2$* (VII) $+ 6\,CO_2 + 8\,II$ bei 20^0 in rascher, exothermer Rk. neben einer nichtflüchtigen, viscosen, orangefarbenen Fl. (VIII) mit F. -65^0; p) $3\,I + Mo \rightarrow$ VII $+ 2\,II$ bei 75^0 neben VIII.

Versuche: *Molybdändioxid-bis-[fluorosulfat]* (VII), weiße Substanz, zersetzt sich bei 230^0 unter starkem Angriff des Glasgefäßes zu einer blauen, festen Verbindung. — *Tetrafluor-1.2-bis-[fluorosulfato]-äthan* (IV), Kp. $102{,}7^0$, F. $-27{,}8$, farblose Fl. aus Rk. (k), $D._4^{25}$ 1,778, Vol.-Expansions-Koeff. (25^0) $1{,}49 \cdot 10^{-3}$, Verdampfungswärme 9,1 kcal/Mol, TROUTON-Konst. 24,1, Dampfdrücke gemessen von $295{,}8^0$ K (21,8 Torr) bis $377{,}2^0$ K

(787 Torr). Im IR-Spektrum finden sich neben S–O-, S–F- u. C–F-Banden starke Linien bei 1230, 1077 u. 758 cm^{-1}. Aus dem NMR-Spektrum ergeben sich 3,4 C–F- u. 1,8 S–F-Bindungen. **IV** löst Kel–F-Fett, greift Hg u. Glas nicht an, ist bei kurzen Kontaktzeiten inert gegen W. u. wird von schmelzendem K zerstört. — *Oktafluor-1.2-bis-[fluorosulfato]-cyclopentan* (**V**), Darst. nach (l), Kp. 148,0°, beim Abkühlen nur glasige Masse, $D._4^{25}$ 1,886, Vol.-Expansions-Koeff. (25°) $1,17 \cdot 10^{-3}$, Verdampfungswärme 10,2 kcal/Mol, TROUTON-Konst. 24,3; Dampfdrücke gemessen von 334,4° K (24,9 Torr) bis 422,6° K (798 Torr), Molgew. (gefunden.) 410. Im IR-Spektrum finden sich neben S–O-, S–F- u. C–F-Banden unidentifizierte Banden bei 1365, 1069, 990 u. 803 cm^{-1}. Im Massenspektrum wurden bei Massenzahlen >55 angezeigt: SO_2^+, SOF^+, CF_3^+, SO_2F^+, $C_3F_3^+$, $C_2F_3O^+$, $C_2F_4^+$, $C_3F_3O^+$, $C_2F_5^+$, $C_3F_5^+$, $C_4F_5O^+$, $C_3F_7^+$, $C_4F_7^+$, $C_4F_7O^+$, $C_5F_8^+$ u. $C_5F_8(SO_3F)_2^+$. Aus dem NMR-Spektrum ergeben sich 2,3 S–F-Bindungen u. ein Verhältnis S–F/C–F = 1/3,9. **V** reagiert nicht mit W. u. wird von schmelzendem K aufgeschlossen. — *Tetrafluoro-bis-[fluorosulfato]-schwefel(VI)* (**VI**), farblose Fl. nach (m), F. −62,9°, Kp. 116,6°, $D._4^{25}$ 1,984, Vol.-Expansions-Koeff. (25°) $1,34 \cdot 10^{-3}$, Verdampfungswärme 9,3 kcal/Mol, TROUTON-Konst. 23,9, Dampfdrücke gemessen von 305,8° K (22,9 Torr) bis 391,5° K (800 Torr), Molgew. (gefunden) 306. Im IR-Spektrum treten neben S–O- u. S–F-Banden Linien bei 943 u. 704 cm^{-1} auf. Im Massenspektrum finden sich bei Massenzahlen >56 SO_2^+, SOF^+, SF_2^+, SO_3^+, SO_2F^+, SF_3^+, SF_3O^+, SF_4^+. Aus NMR-Spektren läßt sich cis-Position der OSO_2F-Gruppen am oktaedr. koordinierten S(VI)-Zentralatom ableiten. **VI** ist inert gegen Hg, greift Glas langsam an, löst sich leicht in Kel–F-Hahnfett u. reagiert bei 150° mit Alkalien nach **VI** $+ 12\,OH^- \rightarrow 3\,SO_4^{2-} + 6\,F^- + 6\,H_2O$. — Es gelang nicht, $CO(SO_3F)_2$ nach (a) oder (b), $ClOSO_2F$ nach (b) oder (c), $OSF(OSO_2F)$ nach (n) darzustellen. Bei den Rkk. (a) bis (p) zeigten sich bisweilen OSO_2F-Radikale als Zwischenprodd. durch Braunfärbung des Gasraumes an. — Alle Verss. bei Raum-Temp. wurden in Glasgefäßen unter Hochvakuumbedingungen durchgeführt, alle Verss. bei höheren Temp. in einem Ni-Reaktor unter langsamer Steigerung der Temp. bis zum beginnenden Druckabfall. Die Trennung der Reaktions-Prodd. erfolgte in der Regel durch fraktionierte Kodestillation. U. WANNAGAT. 253 □

Kryoskopische und potentiometrische Untersuchungen der Komplexbildung des Mannits mit Tellursäure. P. J. Antikainen. (Suomen Kemistilehti B **29**. Nr. 2. 14–20. 1956. Helsinki, Univ., Inst. of Chem.) (Engl.) — Vgl. C. **1960**. 5100.

Aus kryoskop. Messungen geht hervor, daß sich in wss. Lsg. nur eine komplexe Säure zwischen *Mannit* (**I**) u. *Orthotellursäure* (**II**) bildet, u. zwar anscheinend im Verhältnis 1 : 1. Die Komplex-Bldg. ist nahezu vollständig bei einem 3fachen Überschuß an **I**. Mit Hilfe potentiometr. Messungen wurde der Einfl. von **I** auf die Ionisation von **II** bei 25° in wss. KCl-Lsgg. untersucht u. die Ergebnisse in Übereinstimmung mit den kryoskop. befunden. Die Komplex-Bldg.-Konst. u. die Ionisations-Konst. ergeben sich aus den Messungen zu $K_k = 12,3$ bzw. $5,02 \cdot 10^{-6}$ in 0,1 m KCl-Lösung. Die kryoskop., potentiometr., spektrophotometr. u. pH-Messungen zeigen, daß die Komplex-Bldg. sehr langsam verläuft u. bei Konzz. von **I** im Bereich von 0,01–0,8 u. **II** von 0,001–0,01 erst nach einer Woche zum Gleichgewichtszustand führt. W. NIEMITZ. 255 □

Phosphor–Stickstoff-Chemie. 3. Mitt. **Die Darstellung und Eigenschaften von Phosphortri-N-methylimid.** Robert R. Holmes. (J. Amer. chem. Soc. **83**. 1334–36. 20/3. 1961. Pittsburgh, Pa., Carnegie Inst. of Technol., Dep. of Chem.) (Engl.) — 2. vgl. C. **1962**. 418.

Einzelheiten der Rk. $2\,PCl_3 + 9\,CH_3NH_2 \rightarrow P_2N_3(CH_3)_3$ (**I**) $+ 6\,CH_3NH_3^+Cl^-$ werden untersucht. Die Vers.-Ergebnisse (Bruttoformel, Molgew.-Best. u. KMR-Spektrum) sprechen für eine Käfigstruktur von *Phosphortri-N-methylimid* {**I**; $[P_4N_6(CH_3)_6]$} analog der Struktur von P_4O_6, wobei sich die N–CH_3-Gruppierung als isoelektron. mit O erweist. Die Rkk. von **I** tendieren in Richtung einer P_4O_{10}-Struktur durch Koordinierung der P-Atome mit Elektronenacceptorgruppen. **I** reagiert oberhalb seines F. mit BCl_3, mit O_2 bei 170° u. mit CH_3J bei Raumtemperatur. Die Prodd. der beiden ersten Rkk. sind noch nicht vollständig geklärt. Die Verb. von GOLDSCHMIDT u. KRAUSS (vgl. C. **1956**. 8610), $P_2(CH_3OC_6H_4N)_3$, gehört offensichtlich nicht zur Verb.-Klasse von **I**. Für das Dampffeststoffgleichgew. von **I** gilt zwischen 72–121° die Beziehung $\log p$ (in mm) $= -3191/T + 8,476$ (Sublimationswärme $\Delta H_s = 14,6$ kcal/Mol), zwischen 128–221° $\log p = -3146/T + 8,346$ (Verdampfungswärme $\Delta H_v = 14,4$ kcal/Mol). Ferner ergibt sich eine Schmelzwärme von 0,2 kcal/Mol. — IR-Maxima von **I** s. Original.

Versuche: *Phosphortri-N-methylimid* (**I**), $P_4N_6(CH_3)_6$, F. 122,0–122,8°, $Kp._{737}$ 303–304° (unter N_2), durch Zutropfen von 0,2 Mol. PCl_3 zu 1,6 Mol. CH_3NH_2 im CCl_4/Chlf.-Trockeneisbad unter N_2, 4tägigem Erwärmen bis auf Raum-Temp. während 4 Tagen, Erhitzen auf 50°, Verdünnen mit PAe. unter N_2 u. Filtrieren; daneben *Methyl-*

ammoniumchlorid (F. 225—226°); Rk. von I mit CH_3J bei 0° liefert $P_4N_6(CH_3)_7J$. — $P_2N_3(CH_3)_3B_2Cl_8$, durch Rk. von I mit BCl_3 bei Raum-Temp. u. 20 Min. bei 147° im verschlossenen Gefäß; helle Fl.; ca. 60% (Ausbeute); mit W. heftige Reaktion. — $P_2N_3(CH_3)_3O_2$, durch Rk. von I mit O_2 bei 170° im geschlossenen Rohr; fest mit etwas Fl., die beim Kühlen glasartig erstarrt. G. KIRSTEN. 264□

Synthese und Eigenschaften von Mono- und Polymethylendiphosphonsäuren und Estern. K. Moedritzer und R. R. Irani. (J. inorg. nuclear Chem. **22.** 297—304. Dez. 1961, herausgeg. Febr. 1962. St. Louis, Mo., Monsanto Chem. Co., Inorg. Chem. Div.) (Engl.)

Polymethylendiphosphonsäuren $(HO)_2OP(CH_2)_nPO(OH)_2$ (I) mit n = 1—10 wurden durch Hydrolyse der entsprechenden Tetraäthylester (II) mit konz. HCl dargestellt. Letztere konnten nach MICHAELIS-BECKER, u. zwar für n = 1 u. 2 aus Alkalidialkylphosphiten u. α-Halogenmethyl- bzw. β-Halogenäthyldiäthylphosphonaten, für n = 3 bis 10 aus Dihalogenalkanen u. Alkalidiäthylphosphiten oder Triäthylphosphit nach ARBUSOW-MICHAELIS dargestellt werden. Die Wahl des Alkalimetalls beeinflußt die Ausbeute. Sie beträgt für II mit n = 2 bei Verw. der Na-Verb. 8 %, der K- Verb. 60%. Aus den kernmagnet. Resonanz-Spektren für ^{31}P geht hervor, daß mit wachsendem n eine negativer werdende Verschiebung des Peaks auftritt, der für n > 3 einen Grenzwert erreicht, d. h., hier liegt keine gegenseitige Beeinflussung der P-Atome mehr vor. Bei n = 1 verhält sich jedes P-Atom, als ob es an C mit einem stark elektronegativen Substituenten gebunden wäre, z. B. P—C—Cl. Auch für P—C—C—P wurden gleiche Verhältnisse wie in P—C—C—Cl gefunden. In I fanden Vff. ein ähnliches Verhalten. Hingegen zeigen die Na-Salze von I einen im Vergl. zu I positive Verschiebung. Aus den mitgeteilten IR-Spektren ist ersichtlich, daß sich im II mit steigendem n die Lage der P=O-Valenzschwingungen von 1266 auf 1250 cm^{-1} verschiebt, jedoch für n > 3 nicht mehr verändert. In I bewegt sie sich zwischen 1220 u. 1170 cm^{-1} u. zeigt eine ähnliche Tendenz. Der P—C—P-Bindung werden die Banden bei 845, 815 u. 808 cm^{-1} zugeordnet. Die Röntgenbeugungsaufnahmen von I werden tabellar. mitgeteilt.

Versuche: *Methylendiphosphonsäure*, F. 200°, aus dem entsprechenden Tetraäthylester durch Hydrolyse mit konz. HCl u. Umkristallisation aus Wasser. — *Dimethylendiphosphonsäuretetraäthylester*, $Kp._2$ 160°, n_D^{25} 1,4359, durch langsame Zugabe von 183 g β-Chloräthylphosphonsäurediäthylester zu einer äther. Lsg. von K-Diäthylphosphit (dargestellt aus 35,7 g K u. 127 g Diäthylphosphit in 750 ml Ae). — *Dimethylendiphosphonsäure*, F. 220—3°, durch Hydrolyse vorst. Verb. mit HCl, 94%. — *Tri-* bis *Dekamethylendiphosphonsäure* u. die entsprechenden *Tetraäthylester* (n = 3—10), jeweils durch Zutropfen von 1 Mol α.ω-Dibromalkan zu einer Lsg. von 2 Mol Na(K)-Diäthylphosphit in Ae. (Diglyme), 2 Std. Rückflußkochen, Filtration, fraktionierte Dest., aus den so gebildeten II (farblose Fl.) durch Hydrolyse mit konz. HCl u. Kristallisation aus W. bzw. bei n = 10 aus A.-Wasser-Mischungen: II, *n = 3*: $Kp._1$ 178—80°, n_D^{25} 1,4425; 50%. I, F. 178°, 87%. — II, *n = 4*: $Kp._{0,1}$ 171°, n_D^{25} 1,4455; 55%. I, F. 217—20°; 98%. — II, *n = 5*: $Kp._{0,1}$ 180—1°, n_D^{25} 1,4464; 60%. I, F. 155°; 95%. — II, *n = 6*: $Kp._{0,1}$ 185°, n_D^{25} 1,4462; 48%. I, F. 206—208°; 98%. — II, *n = 10*: $Kp._{0,8}$ 225°, n_D^{25} 1,4453; 54%. I, F. 208—9° (aus A./W.); 81%. H. BÜRGER. 264□

Mitteilung über die Untersuchung des quinären Systems Ca^{2+}—NH_4^+—H^+—NO_3^-—PO_4^{3-}—H_2O. 21. Mitt. **Die bei 0° und 50° gesättigten Lösungen des quaternären Systems Ca^{2+}—NH_4^+—H^+—PO_4^{3-}—H_2O.** R. Flatt, G. Brunisholz und R. Dagon. (Helv. chim. Acta **44.** 2173—93. 1/12. 1961. Lausanne, Univ., Labor. de Chim. min. et analyt.) (Franz.) — 20. vgl. Helv. chim. Acta **44.** [1961.] 1582; 19. vgl. C. **1957.** 365.

Es wurden die Löslichkeitsdiagramme des tern. Syst. NH_4^+-H^+-PO_4^{3-}-H_2O (**A**) bei 0° u. 50°, des tern. Syst. Ca^{2+}-H^+-PO_4^{3-}-H_2O (**B**) bei 0° u. des quatern. Syst. Ca^{2+}-NH_4^+-H^+-PO_4^{3-}-H_2O (**C**) bei 0° u. 50° aufgestellt u. diskutiert. Das Löslichkeitsdiagramm von **A** bei 0° setzt sich aus den Sättigungslinien der festen Phasen $2H_3PO_4 \cdot H_2O$, $NH_4H_5(PO_4)_2$, $NH_4H_5(PO_4)_2 \cdot H_2O$, $NH_4H_2PO_4$ (**I**), $(NH_4)_2HPO_4$ u. $(NH_4)_3PO_4 \cdot 3H_2O$ zusammen. Für **A** bei 50° wurden hauptsächlich Löslichkeits-Unters. im Sättigungsbereich von **I** durchgeführt. Für **B** bei 0° wurde die Löslichkeit von $CaH_4(PO_4)_2 \cdot H_2O$ (**II**) bestimmt. Die Unterss. in **C** bei 0° führten zu einem gültigen Löslichkeitsdiagramm für alle gesätt. Lsgg., die bei 0° außer **II** u. **I** noch eine bestimmte Menge an freiem H_3PO_4 enthalten. Es zeigten sich ausgedehnte Sättigungsbereiche von **I**, **II**, $CaHPO_4 \cdot 2H_2O$ u. $Ca_9(NH_4)_4H_{32}(PO_4)_{18} \cdot 10H_2O$ (**III**). Die Kristallisationsbereiche der Verbb. $2H_3PO_4 \cdot H_2O$, $NH_4H_5(PO_4)_2$ u. $NH_4H_5(PO_4)_2 \cdot H_2O$ waren sehr klein. Für **C** bei 50° wurden die Sättigungsbereiche von **I**, **II** u. **III** ermittelt. Auf Grund der Sättigungsisothermen des Syst. **C** bei 0,25 u. 50° war es möglich, die Sättigungspolytherme für den Bereich von 0—50° für dieses Syst. zu konstruieren. Die Polytherme umfaßt die Sättigungsbereiche von **I**, **II** u. **III**. Ferner wird ein Verf. beschrieben, das die Best. der

4 Koordinaten einer Lsg., die an einem oder zwei dieser Salze gesätt. ist, erlaubt. Ein Diagramm für alle gesätt. Lsgg. von I u. II im Bereich von 0—50° wurde konstruiert.

H. Fries. 283□

Das System $MgO-SiO_2-TiO_2$. 1. Mitt. Überarbeitung der binären Systeme. Franco Massazza und Efisia Sirchia. (Chim. e Ind. [Milano] **40.** 376—80. Mai 1958. Cagliari, Univ., Ist. di Chim. appl.; Ist. di Metallurg. e Metallogr.) (Ital.)

Die bin. Syst. $MgO-SiO_2$ (I), $MgO-TiO_2$ (II) u. SiO_2-TiO_2 (III) wurden erneut untersucht. Bei I konnten die bisherigen Erfahrungen bestätigt werden, II u. III mußten korrigiert werden. In II wurde gefunden, daß auch die Verb. 2 $MgO \cdot TiO_2$ inkongruent bei 1720° ± 20° schmilzt; in III ergab sich eine Verschiebung des Eutektikums nach 12 Gew.-% TiO_2.

Heinz Hess. 321□

Trialkylsiloxyderivate der Übergangsmetalle. D. C. Bradley und I. M. Thomas. (Chem. and Ind. **1958.** 17. 4/1. London, Univ., Birkbeck Coll., Dep. of Chem.) (Engl.)

Durch Umsetzung von Trialkylsilanolen mit Alkoxiden von Übergangsmetallen (I) werden bei Einhaltung bestimmter Rk.-Bedingungen gute Ausbeuten an Trialkylsiloxy-Derivv. der Übergangsmetalle (II) erhalten. Besondere Vorsicht ist beim Trimethylsilanol (III) geboten, da es leicht zu Hexamethyldisiloxan kondensiert. So ist die Ausbeute an *Tetrakis-[trimethylsiloxy]-zirkonium* geringer als bei anderen Übergangsmetallen, weil Zr-Isopropylat als stärkere Lewis-Säure die Kondens. des III katalysiert. Das *Pentakis-[trimethylsiloxy]-niob* ist unbeständig u. geht bei der Sublimation in ein Dimeres (IV) über. Die II sind hydrolysebeständiger als die I. Auch auf strukturelle Unterschiede zwischen I u. II wird hingewiesen.

Versuche: *Tetrakis-[trimethylsiloxy]-titan*, $Kp._{0,1}$ 60°, durch tropfenweise Zugabe von 6,9 g III in 100 ml Bzl. zu einer sd. Lsg. von 5,12 g Ti-Isopropylat in 70 ml Bzl. während $2^1/_2$ Std. bei gleichzeitigem Abdestillieren des gebildeten Isopropanols, 100% (Ausbeute). — Analog wurden dargestellt: *Tetrakis-[trimethylsiloxy]-zirkonium*, F. 151°, Sublimations-Temp. bei 0,05 mm Hg 140°, 60%. — *Pentakis-[trimethylsiloxy]-tantal*, F. 80°, $Kp._{0,05}$ 84°, 74%. — *Oktakis-[trimethylsiloxy]-dinioboxid* (IV), $[(CH_3)_3SiO]_4NbONb \cdot [OSi(CH_3)_3]_4$, durch Sublimation des Rk.-Prod. aus III u. Nb-Isopropylat.

K. Rühlmann. 332□

Herstellung von hochreinem metallischem Wismut. N. P. Sajin und P. Y. Dulkina. (Proc. int. Conf. peaceful Uses Atomic Energy **8.** 265—69. 1956.) (Engl.)

Die Verss. ergaben, daß Ag aus $Bi(NO_3)_3$-Lsgg. durch Zementation mit metall. Bi bis auf 10^{-6} % entfernt werden kann. Die Entfernung von Zn, Sb, Sn, Fe, Cu u. Ag gelingt durch Ziehen von Kristallen aus der Schmelze nach dem Czochralski-Verfahren. Ebenso können die Verunreinigungen durch Zonenschmelzen entfernt werden.

F. Vier. 334□

Darstellung und Alkoholyse von Dicarbonyl-bis-[äthylsorbat]-molybdän. R. P. M. Werner und S. Manastyrskyj. (J. inorg. nuclear Chem. **21.** 278—82. Dez. 1961. Detroit, Mich., Ethyl Corp., Res. and Dev. Dep.) (Engl.)

Durch Rk. von $Mo(CO)_6$ mit überschüssigem Äthylsorbat wird in sd. n-Octan unter Entw. von CO ein gelbes krist. Prod. in 30%ig. Ausbeute gebildet, dessen Struktur auf Grund der Analyse, des IR-Spektrums, des Diamagnetismus u. des Rk.-Verh. zu *Dicarbonyl-bis-[äthylsorbat]-molybdän(0)* (I) ermittelt wird. Die CO-Gruppen stehen in cis-Stellung zueinander. I ist luftbeständig. Beim Erhitzen in Methanol wandelt sich I irreversibel in 60%ig. Ausbeute in ein in Methanol unlösl. Prod. (II) um, das sich von I durch sein IR-Spektrum, geringe Beständigkeit gegen Oxydation u. durch den F. unterscheidet. Als mögliche Strukturen werden Di-μ-methanol-tetracarbonyl-bis-[äthylsorbat]-dimolybdän(0), Di-μ-methoxo-dihydridotetracarbonyl-bis-[äthylsorbat]-dimolybdän oder Di-μ-methoxo-tetracarbonyl-bis-[äthylsorbat]-dimolybdänsäure diskutiert. Eine Entscheidung für eine dieser Strukturen ist auf Grund der durchgeführten Unterss. nicht möglich. Nach Solvolyse von I mit A. u. Benzylalkohol werden analoge Prodd. isoliert, die in Bzl. u. Toluol lösl. sind. Bei dem aus benzol. Lsg. auskristallisierenden Di-μ-methanol-Komplex, ein Addukt von 1,5 Bzl. pro II, handelt es sich wahrscheinlich um ein Clathrat mit Bzl. als Gastmolekül. $W(CO)_6$ reagiert mit überschüssigem Äthylsorbat ebenfalls zu *Dicarbonyl-bis-[äthylsorbat]-wolfram* in 21%ig. Ausbeute; diese Verb. geht jedoch keine Alkoholyse-Rk. ein.

Versuche: *Dicarbonyl-bis-[äthylsorbat]-molybdän(0)*, (I), $C_{18}H_{24}MoO_6$, F. 114 bis 115,5° (Zers.), durch Erhitzen einer Mischung von 13,2 g $Mo(CO)_6$, 21,0 g Äthylsorbat, 65 ml n-Octan u. einer geringen Menge Hydrochinon unter Rückfluß (6 Std., 130°, N_2-Atmosphäre), Filtrieren der heißen, rot gefärbten Lsg. unter N_2, Waschen des grünlichen Rückstandes mit heißem n-Oktan, Einengen der kombinierten Filtrate auf 20 ml, Waschen des gebildeten u. abfiltrierten gelben, krist. Nd. mit PAe. u. zweimaliges Umkristallisieren aus Methanol bei Raum-Temp.; 29,1% (Ausbeute). — *Dicarbonyl-bis-[äthylsorbat]-wolfram*, $C_{18}H_{24}O_6W$, F. 116—117,5°, durch Kochen einer Mischung von 8,8 g $W(CO)_6$, 10,5 g Äthylsorbat, 40 ml n-Nonan, 10 ml n-Octan u. einer geringen Menge Hydrochinon am Rückfluß (12,5 Std., 146—149°) u. weitere Durchführung analog I, zweimaliges Umkristallisieren aus PAe.; gelbes, krist. Prod.; 20,8%. — *Di-μ-methanol-tetracarbonyl-bis-[äthylsorbat]-dimolybdän(0)*, (II), $C_{22}H_{32}Mo_2O_{10}$, F. 188—189°, durch 15 Min. langes Erwärmen einer klaren, gelben Lsg. von 3,0 g I in 165 ml Methanol auf dem Wasserbad unter N_2, Abfiltrieren des gebildeten gelben, krist. Nd. nach dem Abkühlen auf Raum-Temp., Waschen mit Methanol; 1,3 g II ist lösl. in Bzl. u. Aceton, wenig lösl. in n-Octan, PAe. u. A. mit gelber Farbe, in Ae. lösl. unter Bldg. einer roten Lösung. — *Di-μ-äthanol-tetracarbonyl-bis-[äthylsorbat]-dimolybdän*, $C_{24}H_{36}Mo_2O_{10}$, F. 175 bis 176°, durch Erhitzen (15 Min., N_2) einer filtrierten Lsg. von 1 g I in 90 ml A. unter Rühren auf dem Wasserbad, Einengen des Vol., Waschen des abfiltrierten Nd. mit A. u. Trocknen im Vakuum; gelb, krist.; 38,5%. — *Di-μ-benzylalkohol-tetracarbonyl-bis-[äthylsorbat]-dimolybdän*, $C_{34}H_{40}Mo_2O_{10}$, F. 160—161°, analog vorst. Prod. aus 1,5 g I in 40 ml Benzylalkohol durch Verreiben des nach dem Abdestillieren des A. erhaltenen Öles in 20 Methanol, Abfiltrieren u. Waschen des gebildeten Nd., Umkristallisieren aus Dichlormethan/Methanol; gelb, krist.; 14,4%. — *Addukt von* II *mit* C_6H_6, $C_{22}H_{32}Mo_2 \cdot O_{10} \cdot 1{,}5\ C_6H_6$, F. 179—80°, durch Einengen einer filtrierten gelben Lsg. von 0,2 g II in 80 ml Bzl. bis zur Bldg. feiner, glänzender Nadeln, Abkühlen, Filtrieren, Waschen mit kaltem Bzl. u. Trocknen (3 Std., 25°/0,1 mm Hg); 0,15 g. U. Skurnia. 336□

Spektrophotometrische und potentiometrische Untersuchungen über die Zusammensetzung von Eisenkomplexen von Kaliumoktacyanomolybdat(IV) und -(V). Wahid U. Malik und S. Iftikhar Ali. (Talanta [London] 8. 737—42. Okt. 1961. Aligarh, India, Aligarh Muslim Univ., Chem. Labor.) (Engl.)

Fe^{3+} bildet mit $K_4[Mo(CN)_8]$ u. Fe^{2+} mit $K_3[Mo(CN)_8]$ augenblicklich jeweils einen blauen, wasserlösl. 1 : 1-Komplex. Nach der Job-Meth. u. der Slope-ratio-Meth. wurde die Zus. des Fe(III)-Komplexes zu $KFe[Mo(CN)_8]$ ermittelt. Die Bldg.-Konst. beträgt $1{,}37 \cdot 10^4$ u. die freie Bldg.-Energie wurde zu —5,57 kcal bei 20° berechnet. Die Zus. des Fe(II)-Komplexes wurde durch Potentialmessungen am Gleichgew. $Mo(CN)_8^{4-} \rightleftharpoons Mo(CN)_8^{3+} + e^-$ an einer blanken Pt-Elektrode zu $KFe[Mo(CN)_8]$ ermittelt. H. Fries. 354□

Die Synthese und die Infrarotabsorptionsspektren von Komplexen des Kobalts mit fünfzähniger Propylendiamintetraessigsäure. K. Swaminathan und Daryle H. Busch. (J. inorg. nuclear Chem. 20. 159—63. Nov. 1961. Columbus, Ohio, Ohio State Univ., Dep. of Chem.) (Engl.)

Co(III) bildet mit Propylendiamintetraessigsäure (H_4PDTE) Komplexe, bei denen • 5 Koordinationsstellen des Co mit N bzw. Carboxyl-O^- u. eine mit einem Anion (Cl^-, Br^-, OH^-, NO_2^-) besetzt sind, während eine $-CH_2COOH$-Gruppe frei bleibt. Diese Komplexe entstehen bei der Oxydation von $[Co(II)(PDTEH)]^-$ mit Cl_2, Br_2, H_2O_2 bzw. N_2O_4 (HNO_3) in Ggw. von Alkali als Monoalkalisalze, doch ist auch das H der freien Carboxylgruppe durch Alkali ersetzbar. Der Aufbau der Komplexe konnte an Hand ihrer IR-Spektren charakterisiert werden. Die 3 koordinierten Carboxylgruppen geben sich durch eine intensive Bande in der Nähe von 1650 cm^{-1}, das freie —COOH gibt sich durch eine Bande bei 1750 cm^{-1} zu erkennen.

Versuche: *Aquopropylendiamintetraacetatokobalt(II)-säuretrihydrat* (I), $H_2[Co \cdot (C_{11}H_{14}N_2O_8)(H_2O)] \cdot 3\ H_2O$, durch Einengen einer Mischung von 10,2 g $CoSO_4 \cdot 7\ H_2O$ in 75 ml W. u. 10,0 g H_4PDTE + 2,62 g NaOH in 75 ml W. auf die Hälfte. Die ausgefallenen Kristalle werden mit W. u. Aceton gewaschen u. an der Luft getrocknet. — *Dinatriumhydroxopropylendiamintetraacetatokobaltat(III)-tetrahydrat*, $Na_2[Co(C_{11}H_{14}N_2 \cdot O_8)(OH)] \cdot 4\ H_2O$, durch Versetzen einer Suspension von 4,0 g I in 30 ml W. auf dem Eisbad mit 0,8 g NaOH in 20 ml W. + 10 ml H_2O_2 (30%ig.). Nach 2 Std. filtrieren u. das Filtrat 1 Std. lang mit 4 ml H_2O_2 behandeln. Auf Zusatz von 400 ml abs. A. unter Rühren setzt sich ein Öl ab, das nach mehrmaligem Zusatz u. Abdekantieren von A. in tiefblauen Kristallen kristallisiert. — *Natriumhydrogenchloropropylendiamintetraacetatokobaltat(III)-trihydrat*, $Na[Co(C_{11}H_{15}N_2O_8)Cl] \cdot 3\ H_2O$, durch Zusatz von 12 ml Eisessig u. 6,37 g $CoCl_2 \cdot 6\ H_2O$ bei 0° zu 7,93 g H_4PDTE + 2,07 g NaOH in 75 ml W. u. 5 Std. langes Durchleiten von Cl_2. Beim Eingießen des Filtrats in 350 ml kalten abs. A. fällt der blaue Komplex aus. Umfällen aus konz. wss. Lsg. durch Zusatz von Alkohol. — *Natriumhydrogenbromopropylendiamintetraacetatokobaltat(III)-monohydrat* (II), $Na \cdot [Co(C_{11}H_{15}N_2O_8)Br] \cdot H_2O$, durch Versetzen von 7,93 g H_4PDTE + 2,07 g NaOH in 75 ml W. bei 0° mit 12 ml Eisessig, 8,79 g $CoBr_2 \cdot 6\ H_2O$ u. 0,5 ml Br_2. Filtrat nach 4 Std. in A. eingießen: blauer Komplex aus W. mit Alkohol. — *Natriumhydrogennitropropylen-*

diamintetraacetatokobaltat(III), $Na[Co(C_{11}H_{15}N_2O_8)NO_2]$, durch Behandeln einer Mischung von 6,0 g $CoCl_2 \cdot 6 H_2O$ in 25 ml W. u. 7,5 g H_4PDTE in 20 ml 5n NaOH bei 0° mit 4,0 g $NaNO_2$ + 17,5 ml Eisessig für 45 Min., Zusatz von 10 ml 5n HCl u. Mischen mit A./Äther. Nach einigen Std. setzt sich ein braunrotes Öl ab, das in der Kälte kristallisiert. — *Dinatriumbromopropylendiamintetraacetatokobaltat(III)*, $Na_2[Co(C_{11}H_{14}N_2O_8)Br]$, durch Zusatz von 500 ml abs. A. zu einer Mischung von 0,80 g II in 20 ml W. mit 3,35 ml 0,502n NaOH in der Kälte. Der Komplex fällt beim Behandeln mit A./Ae.-Mischung aus.

W. BETCKE. 355□

Komplexe von Diolen mit Kupfer–Ammonium-Reagens. Emma J. McDonald. (J. org. Chemistry **26.** 3550—51. 12/9. 1961.) (Engl.)

Vf. teilt als Ergänzung zu einer früheren Veröffentlichung (C. **1961.** 12772) mit, daß bei Rk.-Gemischen mit unterschiedlichem Cu–Diol-Verhältnis ein Cu–Ammonium–Diol-Komplex mit dem Cu–Diol-Verhältnis 1 : 1 existiert. GOTTFRIED SCHREIBER. 358□

Cuprammonium–Glykosid-Komplexe. 8. Mitt. **Das Kupfer–Diol-Bindungsverhältnis.** Richard E. Reeves und Philip Bragg. (J. org. Chemistry **26.** 3487—89. 12/9. 1961. New Orleans, La., State Univ., School of Med., Dep. of Biochem.) (Engl.) — 7. vgl. C. **1956.** 11452.

Vff. bestimmen bei verschiedenen cycl. Diolen, Kohlenhydraten u. *Glycerin* (I) das Bindungsverhältnis zwischen Cu u. OH-Gruppen durch potentiometr. Titration. Zur Durchführung wird NaOH gegen Cuprammonium-Lsgg. [aus belüfteter wss. NH_3-Lsg. u. Cu-Metall, Lösen von frisch gefälltem $Cu(OH)_2$ in wss. NH_3-Lsg. oder NaOH u. Lsgg. von $Cu(NO_3)_2$ in NH_3] bestimmter Konzz. mit u. ohne Zusatz von *1.4-Anhydroerythrit* (II) titriert. Aus den Ergebnissen geht hervor, daß bei der Diol-Chelat-Rk. bei einem um 2 Einheiten niedrigeren pH-Wert als der Dissoziations-Konst. des betr. Diols entspricht, ein Proton aus dem Diol-Syst. abgespalten wird u. ein einfach geladenes Diolatanion als Rk.-Teilnehmer auftritt. Bei 8 cycl. Diolen (*cis-Cyclohexan-1.2-diol, cis-Cyclopentan-1.2-diol, 1.1-Dimethyl-cis-cyclopentan-2.3-diol, exo-exo-2.3-Dihydroxybicyclo-[2.2.1]-heptan, exo-exo-2.3-Dihydroxy-1.7.7-trimethylbicyclo-[2.2.1]-heptan*, **II**, *exo-2-syn-7-Dihydroxybicyclo-[2.2.1]-heptan* u. *endo-endo-Dihydroxybicyclo-[2.2.1]-heptan*), **I** u. 8 Kohlenhydraten (*Methyl-α-D-glucopyranosid, Methyl-4.6-O-benzyliden-α-D-glucopyranosid, 1.6-Anhydro-β-D-mannopyranose, Methyl-2.6-anhydro-α-D-altropyranosid, Phenyl-2.3-di-O-methyl-β-D-galaktopyranosid, Methyl-α-D-xylopyranosid, Methyl-β-L-arabinopyranosid* (**III**) u. *1.6-Anhydro-β-D-glucopyranose*) beträgt das Cu–Diol-Bindungsverhältnis 1 : 1. *Di-D-fructopyranose-1.2'-2.1'-dianhydrid, Saccharose* u. *Methyl-α-D-galaktopyranosid* (**IV**) besitzen 2 reaktive Diolzentren pro Mol. u. liefern, je nach den Rk.-Bedingungen (in schwach bzw. stark alkal. Lsg.), ein Verhältnis von 1 : 1 bzw. 2 : 1. **III**, das eine dem **IV** ähnliche Konfiguration aufweist, aber keine endständige Carbinolgruppe enthält, reagiert nur im Verhältnis 1 : 1. Die in vorst. Sacchariden vorhandenen 2 Diolgruppen zeigen also eine unterschiedliche Reaktivität.

P. FAHRNLAENDER. 358□

Ringe mit koordinativen Valenzen. 29. Mitt. **Einige Kupferkomplexe von Diazoaminobenzolderivaten und ihre Eigenschaften.** Hiraku Yamada, Hiroshi Ohta, Masaru Yamaguchi und Tokuichi Tsumaki. (Bull. chem. Soc. Japan **34.** 241—43. Febr. 1961. Hakosaki, Kyushu Univ., Fac. of Sci., Dep. of Chem.) (Engl.) — 28. vgl. Mem. Fac. Sci., Kyushu Univ., Ser. C **3.** [1960.] 137.

Die Synth. einiger Cu(II)-Komplexe von Diazoaminobenzol-Derivv. u. die Identifizierung ihrer therm. Zers.-Prodd. werden beschrieben.

Versuche: *Bis-[4.4'-dichlordiazoaminobenzolato]-kupfer(II)* (I), $C_{24}H_{16}Cl_4CuN_6$, F. 114°, durch Einengen einer Lsg. von 5 g 4.4'-Dichlordiazoaminobenzol u. 1,8 g Cu-Acetat in 150 ml A. im Vakuum; aus Aceton dunkelgrüne Platten. — *Bis-[4.4'-dimethoxydiazoaminobenzolato]-kupfer(II)* (II), $C_{28}H_{28}CuN_6O_4$, F. 200—204° (Zers.), durch Zugabe von äther. 4.4'-Dimethoxydiazoaminobenzol-Lsg. (5,2 g/100 ml) zu einer Lsg. von 1,8 g Cu-Acetat in 200 ml A. bei —75°; dunkelgrüne Mikrokristalle. — *Bis-[4.4'-diäthoxydiazoaminobenzolato]-kupfer(II)* (III), $C_{32}H_{36}CuN_6O_4$, Zers.-Punkt 150°, durch 1 std. Stehen einer Mischung von 5,7 g 4.4'-Diäthoxydiazoaminobenzol in 200 ml Aceton u. 1,8 g Cu-Acetat in 100 ml A. bei —10 bis —20°; dunkelgrüne Platten. — *Bis-[4-chlordiazoaminobenzolato]-kupfer(II)*, $C_{24}H_{18}Cl_2CuN_6$, F. 85—87° (Zers.), analog **III** aus 4,5 g 4-Chlordiazoaminobenzol u. 1,8 g Cu-Acetat in 200 ml A.; dunkelgrün. — Diazoaminobenzolatokupfer(I)-Verbb., durch 1—3std. Kochen der Cu(II)-Komplexe in Ae., Bzl. oder Aceton, Lösen der teerigen Ndd. in einem Bzl./Chlf./PAe.-Gemisch u. Chromatographie an Al_2O_3; *4.4'-Dichlor-*, $C_{12}H_8Cl_2CuN_3$, F. 242° (Zers.), aus **I**; gelbe Nadeln. — *4.4'-Dimethoxy-*, $C_{14}H_{14}CuN_3O_2$, F. 228° (Zers.), aus **II**; orange-rote Nadeln. — *4.4'-Diäthoxy-*, $C_{16}H_{18}CuN_3O_2$, F. 240° (Zers.), aus **III**; orangefarbene Nadeln. — Azobenzole, aus den bei der Darst. vorst. Verbb. erhaltenen äther. Extrakten durch Chromatographie an Al_2O_3. — *4.4'-Dichlor-*, durch Zers. von **I**. — *4.4'-Dimethoxy-*, durch Zers. von **II**. — *4.4'-Diäthoxy-*, durch Zers. von **III**. — *Biphenyl*, durch Zers. von Bis-[diazoaminobenzolato]-kupfer(II) in Benzol. W. HAMPEL. 358□

Experimentelle Untersuchungen an Zinnkiesen und analogen Germaniumverbindungen. Günter H. Moh. (Neues Jb. Mineralog., Abh. **94.** 1125—46. 3 Tafeln. Juli 1960. Heidelberg, Univ., Mineralog.-Petrograph. Inst.) (Dt.)

Durch Erhitzen der Elemente in evakuierten Quarzampullen auf 500—600° (Rk.-Dauer 10—14 Tage) allein oder in Alkalichloridschmelzen (KCl u. NaCl bei 850° in 3 Tagen) wurden erhalten: *CuS*, Cu_5FeS_6, $CuFeS_2$, Fe_5CuS_6, *FeS*, Fe_5SnS_6, Fe_3SnS_4, Sn_5FeS_6, *SnS*, Sn_5CuS_6, $CuSnS_2$, Cu_2FeSnS_4, Cu_3SnS_4 u. Cu_5SnS_6. Außerdem läßt sich Sn weitgehend durch Ge, das Fe durch Zn ersetzen, während Cu durch Ag anscheinend nur begrenzt vertretbar ist. Im einzelnen wurden erhalten: Cu_2ZnGeS_4, Cu_2ZnSnS_4, Cu_2FeGeS_4, $AgCuFeSnS_4$, Cu_5GeS_6, Ge_5FeS_6 u. als Nebenprod. $(Ag, Cu)_5(Fe, Sn)S_6$, Cu_3GeS_4, $CuGeS_2$, $GeCuS_6$. Alle Substanzen wurden erzmikroskop. u. röntgenograph. untersucht. J.-E. HILLER. 359□

D. L. Glismanenko, Herstellung von Sauerstoff. 3. überarb. Ausg. Moskau: Gosschimisdat. 1962. (591 S. m. Abb.; 7 getr. Broschürenbl., Zeichng.) 1 Rbl. 7 Kop. [Russ.]

Gmelins Handbuch der anorganischen Chemie. 8., völlig neu bearb. Aufl. System-Nr. 60, Kupfer. Teil B. Lfg 2. Verbindungen bis Kupfer und Wismut. Weinheim/Bergstr.: Verl. Chemie. 1961. (XLI + 352 S. m. 38 Abb.) 4°. DM 231,—.

T. W. Rode, Sauerstoffverbindungen des Chroms und Chromkatalysatoren. Moskau: Verl. der Akad. der Wiss. der UdSSR. 1962. (279 S. m. Abb.) 1 Rbl. 30 Kop. [Russ.]

A_9. Mineralogische und geologische Chemie

Röntgenographische Bestimmung der Haematitregel in natürlichen Gefügen. H. Neff und P. Paulitsch. (Neues Jb. Mineralog., Abh. **94.** 1401—10. Juli 1960. Karlsruhe, Siemens & Halske AG, Wernerwerk für Meßtechnik; Berlin, TU, Inst. für Miner.) (Dt.)

Haematitproben aus dem Harz, Spanien u. Brasilien wurden mit dem Texturgoniometer röntgenograph. untersucht. Hierbei wurden die Drehlagen der Prismen $(10\bar{1}0)$, $(11\bar{2}0)$, der Basis (0001) sowie des Rhomboeders $(10\bar{1}4)$ aufgenommen. Sie zeigen eine bevorzugte Orientierung im Gefüge. Es ist möglich, eine vollständige Besetzung der Lagenkugel ohne Beobachtungsausfall zu erreichen. J.-E. HILLER. 372□

Ein Vergleich von Modellen der Sonnenatmosphäre durch den Stark-Effekt bei H-Gamma: Stickstoffanwesenheit. D. Mugglestone. (Monthly Notices Roy. astronom. Soc. **120.** 193—200. 1960. Brisbane, Australia, Univ. of Queensland, Dep. of Phys.) (Engl.)

Es wurden die 3 Modelle der Sonnenatmosphäre von CLAAS, VITENSE u. SWIHART untersucht; danach wird auf Grund der Ergebnisse das SWIHART-Modell bevorzugt. Der wahrscheinlichste Wert für den N-Überschuß wurde zu $\log A_N = 7{,}86$ gefunden. E. SCHULTE. 378□

Die Chemie der Bildung der schweren Elemente. Charles D. Coryell. (J. chem. Educat. **38.** 67—72. Febr. 1961. Cambridge, Mass., MIT.) (Engl.)

Zusammenfassender Überblick mit besonderer Berücksichtigung des Hauptprozesses, der für die Bldg. der schweren Elemente mit einer Massenzahl >70 auf der Erde u. im Kosmos verantwortlich ist. — 21 Literaturzitate. C. GOTTFRIED. 378

Chronologie der Kernsynthese und erloschene natürliche Radioaktivität. Truman P. Kohman. (J. chem. Educat. **38.** 73—82. Febr. 1961. Pittsburgh, Pa., Carnegie Inst. of Technol.) (Engl.)

Überblick an Hand der Literatur. — 67 Literaturzitate (bis 1960). C. GOTTFRIED. 378

Kinetik und Thermoluminescenz in der Geochemie. Farrington Daniels. (Geochim. cosmochim. Acta [London] **22.** 65—74. März 1961. Univ. of Wisconsin, Dep. of Chem.) (Engl.)

Vortrag über die physikal.-chem. Unters.-Meth. in ihrer Bedeutung für die Geochemie. Beschreibung der *Aragonit–Calcit*-Umwandlung u. die Anwendung der Thermoluminescenz in der Geologie, bes. für Altersbestimmungen. — 20 Literaturhinweise. WALTER FRANKE. 378□

Die Bedeutung der Reaktivität von Festkörpern bei geologisch-mineralogischen Vorgängen. Einige Betrachtungen und Versuche. J. Arvid Hedvall. (Chalmers Tekn. Högskolas Handl. **1959.** Nr. 218. 1—11.) (Engl.)

Vf. gibt zunächst einen Überblick über die Faktoren, welche einen Einfl. auf die chem.-physikal. Aktivität von Festkörpern u. auf die Kinetik von Diffusionsprozessen in Pulvergemischen ausüben. Es wurden weitere Verss. mit Gemischen von Oxiden, welche bes. vom mineralog. Standpunkt aus interessant sind, durchgeführt. So gelang es z. B., Feldspate, Diopsid, Andradit u. Uwarowit durch Rkk. im festen Zustand darzustellen. Auch die Einfl. des Drucks u. der Anwesenheit von Wasserdampf wurden untersucht. Es zeigte sich, daß die Ggw. von W. in vielen Fällen die Rk. erleichtert, was bes. für den Mechanismus der Pneumatolyse von Bedeutung ist.

Heinz Hess. 378□

Die Diffusion von Helium durch Sedimentgesteine. R. Newton und G. F. Round. (Geochim. cosmochim. Acta [London] **22.** 106—32. März 1961. Edmonton, Canada, Res. Council of Alberta, Petroleum Res. Div.) (Engl.)

He entsteht durch α-Zerfall in der U- u. Th-Zerfallsreihe im präkambr. Grundgebirge. Es wird angenommen, daß ein Teil des He durch die aufliegenden Sedimentschichten in die Atmosphäre diffundiert. Vff. entwickeln eine Reihe von mathemat. Modellen, die den Diffusionsvorgang beschreiben. Es wird die He-Konz. in Abhängigkeit von der Zeit u. der Höhe über dem Grundgebirge theoret. berechnet. Walter Franke. 378□

Der Verlust von radiogenem Argon aus Sanidin. H. Baadsgaard, J. Lipson und R. E. Folinsbee. (Geochim. cosmochim. Acta [London] **25.** 147—57. Sept. 1961. Alberta, Univ., Dep. of Geol. and Dep. of Phys.) (Engl.)

Frischer Sanidin aus vulkan. Bentonithorizonten hält radiogen entstandenes Ar genügend stark zurück. Es ist daher möglich, Alters-Best. nach der $^{40}Ar/^{40}K$-Meth. durchzuführen.

H. Moenke. 378□

Der Erdhaushalt von Helium und Argon. K. K. Turekian. (Geochim. cosmochim. Acta [London] **17.** 37—43. Aug. 1959. New Haven, Conn., Yale Univ., Dep. of Geol.) (Engl.)

Mittels neuer Daten für die chem. Zus. chondrit. Meteorite u. unter der Vorstellung, daß die Erde dauernd „entgast", wurde eine „Entgasungs-Konst." α für den ^{40}Ar-Haushalt der Erde bestimmt. Nimmt man ein Erdalter von $4,55 \cdot 10^9$ Jahren an, beträgt α $2,81 \cdot 10^{-11}$ pro Jahr. Desgleichen wird unter Verw. von α der He-Haushalt der Erde diskutiert. Ebenso läßt sich die prim. Wasser-Konz. der festen Erde — ohne eine Hydrosphäre — zu 2300 ppm bestimmen, was dem Wert für Chondrite mit 2650 ppm nahekommt. Der kleine Wert von α zeigt, daß der Grad der Wasserabgabe der Erde über eine Dauer von $4,55 \cdot 10^9$ Jahren konst. geblieben ist. Gerhard Wolff. 378□

Sauerstoffisotopenfraktionierung zwischen Calciumcarbonat und Wasser. Robert N. Clayton. (J. chem. Physics **34.** 724—26. März 1961. Chicago, Ill., Univ. of Chicago, Enrico Fermi Inst. of Nucl. Stud. and Dep. of Chem.) (Engl.)

Die Trennung des O_2 von $CaCO_3$ basiert auf der Rk.: $6\,CaCO_3 + 4\,BrF_3 \rightarrow 6\,CaF_2 + 2\,Br_2 + 6\,CO_2 + 3\,O_2$, die bei 125° quant. verläuft. Das O_2/CO_2-Gemisch wird von einer Toepler-Pumpe abgesaugt, das CO_2 mittels einer Kühlfalle (fl. N_2) entfernt u. die Sauerstoffisotope mittels eines Massenspektrometers bestimmt. Dies erlaubte eine Überprüfung früher errechneter Werte über Sauerstoffisotopenaustausch zwischen Calcit u. H_2O. Die Gleichgewichts-Konst. ändert sich mit der Temp. nach der empir. Beziehung $\ln K = 2730\,T^{-2} - 0{,}00256$ über einen Temp.-Bereich von 273—1023°K. J. Eggert. 378□

Zum Problem des Kohlensäuregehalts in Mineralsalzen ozeanischen Ursprungs. Emmo Schmidt. (Bergakademie [Freiberg] **12.** 693—97. Dez. 1960.) (Dt.)

Chem. u. röntgenograph. Unters. von synthet. $MgCl_2 \cdot MgCO_3 \cdot 7\,H_2O$ (I), ergänzt durch elektronenmkr. Befunde. Nachdem es chem. nicht möglich war, in natürlichen Salzproben aus dem CO_2-Ausbruchsgebiet (A) des Werrakalireviers, CO_2 nachzuweisen, wurden elektronenmkr. u. röntgenograph. in A Spuren von I gefunden. Infolge der Instabilität von I scheint damit eine wesentliche Ursache für die gewaltigen Ausbrüche von CO_2 in der mitteldeutschen Teillagerstätte auch experimentell gefunden worden zu sein.

H. Moenke. 378□

Beobachtungen zur Biogeochemie des Bleis in Canada. Harry V. Warren und Robert E. Delavault. (Trans. Roy. Soc. Canada, Sect. IV [3] **54.** 11—20. Juni 1960.) (Engl.)

Während im allg. in Pflanzenaschen 10—100 ppm Pb gefunden werden, konnten in Westcanada bemerkenswerte Schwankungen außerhalb dieses Konz.-Bereiches festgestellt werden. Auspuffgase in der Nähe von Fernverkehrsstraßen bewirken Pb-Geh. von 1000 ppm in der Pflanzenasche. Vergleichbare Konzz. wurden in Proben aus der Umgebung von Pb-Vork. gefunden.

H. Moenke. 378□

Die bakterielle Oxydation der Sulfiderze. 1. Mitt. Die Rolle von Thiobacillus ferrooxidans bei der Oxydation von Chalkopyrit und Sphalerit. W. I. Iwanow, F. I. Nagirnjak und B. A. Stepanow. (Микробиология [Mikrobiologie] **30.** 688—92. Juli/Aug. 1961. Swerdlowsk, Uraler Forschungs- u. Projektierungs-Inst. für Aufbereitung u. mechan. Bearbeitung der Bodenschätze.) (Russ.; Auszug: Engl.)

Kulturen von *Th. ferrooxydans*, die aus sauren Schachtwässern der Minerallagerstätten von Degtjarsk u. Krasnogwardeisk im mittleren Ural isoliert u. auf LEATHEN-Medium angereichert wurden, beschleunigten die Auslaugung der Sulfiderze. Die Rk.-Geschw. ist der zugesetzten Menge gelösten Fe proportional. $FeSO_4$ wird zu $Fe_2(SO_4)_3$ oxydiert, das die Sulfide angreift. Die Wertigkeit des Fe ist für das Endergebnis ohne Bedeutung. K. SATTLER. 378□

Ergebnisse der mikrobiologischen Untersuchung der Gesteine und Grundwässer im Gebiet der Kupferkiesvorkommen von Urup. W. L. Mechtijewa und A. I. Fridman. (Микробиология [Mikrobiologie] **30.** 946—51. Sept./Okt. 1961. Allunionsinst. für geolog. Erdölerkundung.) (Russ.; Auszug: Engl.)

In den Kupferkies-Vork. von URUP wurden denitrifizierende, sulfatreduzierende, thionsäure- u. methansynthetisierende Bakterien festgestellt. Bakterien, die organ. Stoffe abbauen, wurden nicht gefunden; nitrifizierende Mikroorganismen kamen nur selten u. in geringen Mengen vor. Es ist daher sehr unwahrscheinlich, daß H_2 biogen durch Vergärung organ. Stoffe gebildet wird, dagegen ist die biogene Synth. von Methan u. H_2S in den Wässern der Lagerstätte anzunehmen. Die Thionsäurebakterien sind an der Oxydation von Sulfiderzen beteiligt. K. SATTLER. 378□

Oxydation bei der Hochtemperatur-Petrogenese. Robert F. Mueller. (Amer. J. Sci. **259.** 460—80. Juni 1961. La Jolla, Calif., Scripps Inst. of Oceanography.) (Engl.)

Eine Anzahl metamorpher u. magmat. Gesteine wurde bzgl. der Widerspiegelung von Oxydationsprozessen durch die Mineralvergesellschaftung analysiert. H. MOENKE. 378□

Die Zeolith-Fazies: Eine Interpretation. E.-An Zen. (Amer. J. Sci. **259.** 401—09. Juni 1961. Silver Spring, Md., U. S. Geol. Surv.) (Engl.)

Die Paragenese Laumontit, Heulandit, Analcim u. Quarz, typ. für Bldg.-Bedingungen, welche man zwischen Diagenese u. Regionalmetamorphose einordnen kann, wird krit. diskutiert. H. MOENKE. 378□

Mineralogie und Entstehung des White-Erzkörpers, Rum Jungle Uranfeld, Australien. W. M. B. Roberts. (Neues Jb. Mineralog., Abh. **94.** 868—89. 8 Tafeln. Juli 1960. Canberra City, Commonwealth of Australia, Bur. of Mineral Resources.) (Engl.)

Das U der White-Mine ist mit Cu-Co- u. Pb-Sulfiden vergesellschaftet. *Pyrit* u. *Pechblende* sind vormetamorphe Minerale, während die Sulfide jünger sind. Die Entstehung wird als hydrothermal angenommen. Die Alters-Best. nach der U/Pb-Meth. haben sich als unzuverlässig erwiesen. J.-E. HILLER. 378□

Über den Ursprung von Uran, Gold und Osmiridium in den Konglomeraten des Witwatersrand-Goldfeldes. W. R. Liebenberg. (Neues Jb. Mineralog., Abh. **94.** 831—67. 8 Tafeln. Juli 1960. Johannesburg, Univ. of the Witwatersrand, Gov. Metallurg. Labor.) (Engl.)

Vf. vertritt die Ansicht, daß im Witwatersrand *Uraninit, Osmiridium,* gleichzeitig aber auch *Zirkon, Chromit, Monazit, Granat* u. gerollte *Quarzkörnchen* dentrit. Schwerminerale sind. Zu ihnen gehört auch das *Gold,* das allerdings durch metamorphen Einfl. später pseudohydrothermale Formen angenommen hat. Aus der Art des Vork., aus dem Fehlen von Gängen u. niedrigen Massen koll. gefällter *Pechblende* wird geschlossen, daß die genannten Minerale alluvial-syngenet. Herkunft sind, wobei die Lagerstätte metamorph leicht überprägt wurde. Gravitationsprozesse regelten die Verteilung u. Ablagerung der Minerale. J.-E. HILLER. 378□

Mineralisationsphänomene an Kontakten in der Mary-Kathleen-Uranlagerstätte. A. W. G. Whittle. (Neues Jb. Mineralog., Abh. **94.** 798—830. 6 Tafeln. Juli 1960. Parkside, Australia, Dep. of Mines.) (Engl.)

Die Mary-Kathleen-Lagerstätte am Mount Isa in Nordwest-Queensland ist ein kontaktmetasomat. U-Vorkommen. Die Lagerstätte ist kein einheitlicher Gesteinskörper, sondern besteht aus sehr unregelmäßigen u. verschieden großen Erzkörpern. Hierbei ist feinkörniger *Uraninit* in einem *Orthit* u. Apatit enthaltenen Gestein verteilt. Die Genese wird durch die Einw. spätmagnet. Emanationen eines Grandiorits auf Ca–Mg-Sedimente zurückgeführt. Während das Mg in Lsg. ging, entstanden Skarnminerale wie *Granat, Feldspate* u. Orthit. Gleichzeitig kamen Metallsulfide u. U-Erz zur Ausscheidung. J.-E. HILLER. 378□

Eine geochemische Untersuchung von Diabas als Erzquelle für die Uranlager des Dripping Springdistrikts, Arizona. George J. Neuerburg und Harry C. Granger. (Neues Jb. Mineralog., Abh. **94.** 759—97. 6 Tafeln. Juli 1960. Denver, Colo., U.S. Geol. Survey.) (Engl.)

Die U-Lagerstätten in dem K-reichen, feinkörnigen Sandstein der präkambr. Apacheserie lassen sich auf Diabaseruptionen zurückführen. Der Diabas differenzierte zu Diabaspegmatit, K-reichem, verändertem Diabas, Syenit, Aplit u. sek. Gängen. Die Verteilung von U u. Cu in den Differentiaten läßt die Entfernung des größten Teils des U erkennen. Der Metall-Geh. der Rest-Lsgg. muß bedeutend größer gewesen sein als für die optimistischsten Schätzungen der Erzvorräte notwendig gewesen wäre. J.-E. Hiller. 378□

Erzmikroskopische Untersuchung von zehn Uranvorkommen des italienischen Perms der West- und Ostalpen. Giacomo Cevales. (Neues Jb. Mineralog., Abh. **94.** 733—58. 13 Tafeln. Juli 1960. Palermo.) (Dt.)

Die Erzparagenesen u. Verwachsungen von 10 Vork. in perm. Sedimenten der italien. Alpen werden beschrieben. Es wird untersucht, wie weit die Metamorphose bei der Mobilisierung des U eine Rolle gespielt hat. Genet. wird angenommen, daß in allen Vork. reduzierende Bedingungen infolge von S-Bakterien u. Pflanzenresten das U in perm. Arkosen ausgefällt haben. J.-E. Hiller. 378□

Veränderungen von Chromit. Erzmikroskopische Beobachtungen an Chromiterzen von Rodiani, Griechenland. S. S. Augustithis. (Neues Jb. Mineralog., Abh. **94.** 890—904. 7 Tafeln. Juli 1960. Addis-Abeba, Äthiopien.) (Engl.)

Es werden Verfärbungszonen beschrieben u. als Rk.-Prodd. zwischen *Chromit* u. *Serpentin* gedeutet. Chromit verändert sich zu Abarten (Stufe **I** u. **II**) u. *Ilmenit.* **II** ist ein magnetitähnliches Produkt. Sek. *Rutile* u. *Anatase* sind aus Ilmenit entstanden. Hydrationsvorgänge u. Ti-Stoffbewegungen sowie Metasomatose sind für die Chromitveränderungen verantwortlich. J.-E. Hiller. 378□

Über das Achtaragdit-Problem. W. Kleber und I. Pascal. (Neues Jb. Mineralog., Abh. **94.** 1266—76. Juli 1960. Berlin, Humboldt-Univ., Mineralog.-Petrograph. Inst.) (Dt.)

Der Achtaragdit ist eine Pseudomorphose eines Mineralgemenges nach einem kub. Mineral der Symmetrieklasse $\bar{4}3/m$ oder 23 mit vorherrschendem Tristetraeder. Das Gemenge besteht aus *Grossular, Kaolinit, Klinochlor, Pennin* u. *Dolomit.* J.-E. Hiller. 380□

Zwei Mineralien der Andorit-Ramdohrit-Fizelyit-Gruppe aus dem Schwarzwald. Joh.-E. Hiller und Kurt Walenta. (Neues Jb. Mineralog., Abh. **94.** 1160—68. 2 Tafeln. Juli 1960. Stuttgart, TH, Inst. für Miner. u. Kristallchem.) (Dt.)

In dem Antimonerz führenden Gang der Grube Ludwig bei Hausach treten neben *Antimonglanz, Bournonit, Semseyit* u. *Bleispießglanzen* 2 Minerale der Andoritgruppe auf. Sie sind miteinander verwachsen u. das eine zeigt eine auffallende Zwillingslamellierung. Beide Minerale sind in Reflexionsvermögen, Reflexionspleochroismus, Anisotropieeffekt u. Schleifhärte ähnlich, zeigen dagegen Unterschiede im Ätzverh. u. lassen sich auch röntgenograph. voneinander unterscheiden. Bei dem zwillingslamellierten Mineral handelt es sich wahrscheinlich um *Fizelyit,* bei dem anderen um *Andorit.* J.-E. Hiller. 380□

Synthese und Ursprung von Chalcedon. J. F. White und J. F. Corwin. (Amer. Mineralogist **46.** 112—19. Jan./Febr. 1961. Yellow Springs, Ohio, Antioch Coll., Dep. of Geol. and Chem.) (Engl.) — Vgl. C. **1962.** 6701.

Synthet. Chalcedon hat ähnlich wie natürlicher anomale Eigg.; diese werden durch submkr. Hohlräume u. damit verbundene gestörte Regionen zwischen den Fasergrenzflächen erklärt. Chalcedon wurde hydrothermal aus festem SiO_2 bei verschiedenen Temp. u. Drücken dargestellt. Er war nicht durch Abscheidung aus der Lsg., sondern durch Umwandlung von SiO_2-Glas u. Cristobalit erhältlich. In schwach alkal. Lsg. erfolgte die Umwandlung schnell u. vollständig, in schwach saurer Lsg. wurde im allg. keine Rk. beobachtet. Chalcedon wird als sek., metastabile Übergangsphase angesehen. Die bes. Eigg., die ihn vom Quarz unterscheiden, kommen möglicherweise auf Grund der Keim-Bldg. u. des Wachstums in fester Phase zustande. E. Schulte. 380□

Erzpetrographie der primären Uranmineralien von Wölsendorf. Erste Feststellung von Coffinit auf einer Uranlagerstätte Mitteleuropas. H. Strunz und E. Seeliger. (Neues Jb. Mineralog., Abh. **94.** 681—719. Juli 1960. Berlin, TU, Inst. für Miner.) (Dt.)

Die erzmkr. Unters. der prim. U-Minerale von Wölsendorf in Bayern zeigt *Uraninit, Pechblende, Coffinit* u. 6 nicht definierbare U-Minerale. Uraninit I ist hochtemperiert entstanden u. wird von Pechblende I wechsellagernd mit Carbonaten u. SiO_2 konzentr. umgeben. Uraninit II ist jung u. niedrigtemperiert entstanden u. bildet idiomorphe Kriställchen in *Flußspat.* Pechblende II hat geringes Reflektionsvermögen u. ist weicher als n-Pechblende, die Formel ist wohl $U_{<1}O_2$. Durch Rk. von UO_2 u. SiO_2 ist auf Klüften Coffinit entstanden. Orientierte Verwachsungen von UO_2 u. *Pyrit* sowie UO_2-Pseudomorphosen nach *Calcit* werden beobachtet. Die U-Erze gehören prim. zu den hochthermalen Co-, Ni-, Bi-, U-Gängen, sind aber später durch niederthermale, pseudohydrothermale Lsgg. umgelagert worden. J.-E. Hiller. 380□

Euklas und Bertrandit aus dem Feldspatpegmatit von Kolsva in Schweden. C. Mårtensson. (Neues Jb. Mineralog., Abh. **94.** 1248—52. 2 Tafeln. Juli 1960. Stockholm, Riksmuseet.) (Dt.)

Aus dem Pegmatit von Kolsva sind schon lange *Beryll, Chrysoberyll* u. *Gadolinit* bekannt. Nunmehr wurden Beryllkristalle gefunden, die z. T. in andere Be-Minerale, *Euklas* u. *Bertrandit*, umgewandelt sind. Die Minerale werden bestimmt.

J.-E. Hiller. 380□

Gajit, ein Gemenge von Calcit und Brucit. Lj. Baric. (Neues Jb. Mineralog., Abh. **94.** 1200—02. Juli 1960. Zagreb, Jugoslawien.) (Dt.)

Der Gajit besteht nach opt., chem. u. röntgenograph. Unterss. an Originalmaterial aus einem Gemenge von Calcit u. Brucit im ungefähren Verhältnis 2 : 1.

J.-E. Hiller. 380□

Kontaktmetasomatische Kupfermineralisation der Calzada-Grube, Peru. W. C. Stoll. (Econ. Geol. **56.** 612—13. Mai 1961. Buenos Aires.) (Engl.)

Kurze Beschreibung der kontaktmetasomat. Vererzung der Calzada-Grube, die im Hochgebirge Zentralperus (Bezirk Junin) erschlossen wurde. H. Moenke. 380□

Über Lievrit aus dem Huttal bei Clausthal. H. Krause. (Neues Jb. Mineralog., Abh. **94.** 1277—83. Juli 1960. Clausthal-Zellerfeld, Bergakad., Inst. für Miner., Petrograph. u. Lagerstättenkunde.) (Dt.)

Lievrit aus dem Diabaskontakt des Huttales im Harz hat D. 4,02 u. läßt neben Ca, Fe, Mn, Si spektrograph. mehr als 1% Mg, Al, sehr wenig Zn sowie Spuren von Be u. P erkennen. Die d-Werte der Röntgenlinien werden angegeben. J.-E. Hiller. 380□

Perthitgenese. S. V. Lakshmi Narayana Rao. (Sci. and Cult. [Calcutta] **27.** 67—69. Febr. 1961. Kharagpur, West Bengal, Indian Inst. of Technol., Dep. of Geol. and Geophys.) (Engl.)

Es wird unterschieden zwischen Perthit-Bldg. in Magmatiten u. Metamorphiten einerseits u. bei der Kontaktmetamorphose andererseits. H. Moenke. 380□

Thorium-Mineralisation im Lemhi-Paßgebiet, Lemhi, Idaho. Alfred L. Anderson. (Econ. Geol. **56.** 177—97. Jan./Febr. 1961. Ithaka, N. Y., Cornell Univ., Dep. of Geol.) (Engl.)

In diesem Gebiet befindet sich eine ziemlich ausgedehnte Scher- u. Bruchzone, in der neben Baryt, Alkalifeldspat u. a. bemerkenswerte Anteile Thorit in Begleitung von Specularit u. Seltenerd-Mineralien vorkommen. Gelegentlich gefundene reiche Thoriterze enthielten bis zu 13,5% ThO_2 + Seltenerd-Oxide. Ihre Entstehung wird heißen Magmaauslaugungen zugeschrieben. R. G. Kaiser. 380□

Die Titaneisenlager der Gegend von Egersund, Norwegen. André Hubaux. (Neues Jb. Mineralog., Abh. **94.** 926—92. 6 Tafeln. Juli 1960. Tervouren, Belgique, Musée Royal du Congo Belge.) (Franz.)

Die Ilmenitlinsen südlich von Egersund gehören zu einer bas. Front im Zusammenhang mit der Migmatitisation eines magmat. Norits. *Ilmenit, Magnetit* u. *Hypersthen* haben ein poikilit. Interstitialgefüge u. enthalten kleine gerundete Magnetitkörner mit großen u. unregelmäßigen Bändern von Ilmenit. Es wird angenommen, daß Ilmenit, Magnetit u. *Spinell* als letzte in den magmat. Gesteinen kristallisierten, aber als erste bei der Migmatitisation der Gesteine ausgeschieden wurden, den Gesteinen große Plastizität verleihen u. tekton. Beanspruchungen gut widerstehen. J.-E. Hiller. 380□

Zur Diagnostik und Systematik von Dreischicht-Tonmineralien in Böden und pedogenen Sedimenten. F. Scheffer, H. Fölster und B. Meyer. (Chem. d. Erde **21.** 210—38. Göttingen, Univ., Agrikulturchem. u. Bodenkundliches Inst.) (Dt.)

Ausführliche Erörterung, warum die innerkristalline Quellung ein eindeutiges Kriterium für eine neue Systematik von Dreischichttonmineralien in Böden u. pedogenen Sedimenten darstellt. H. Moenke. 380□

Schwermineralien in den alluvialen Ablagerungen der Black Hills. C. E. Ricketts. (Proc. South Dakota Acad. Sci. **39.** 41—47. 1/11. 1960. Rapid City, S. Dak., South Dakota School of Mines and Technol.) (Engl.)

Petrograph. Prospektions-Unters. der Black Hills. Die Gold-, Wolframit-, Scheelit-, Niobit–Tantalit- u. Zinnsteinverteilung wird behandelt. Entgegen anderslautenden Befunden konnte weder Zinnober noch Monazit nachgewiesen werden.

H. Moenke. 380

Die Rolle der Herkunft einiger Kokarde-Texturen. J. Kutina und J. Sedláčková. (Econ. Geol. **56.** 149—76. Jan./Febr. 1961. Praha-Albertov, CSR, Charles-Univ., Fac. of Natural Sci.) (Engl.)

Diskussion über die Bldg.-Möglichkeiten der als Kokardetextur bezeichneten mineral. Gebilde von Siderit, Tetraedrit u. Quarz. R. G. Kaiser. 380□

Korngefügeuntersuchungen an Anhydritgesteinen im Benther Salzstock (Werk Ronnenberg) bei Hannover. Walfried Schwerdtner. (Kali- u. Steinsalz 3. 173—82. Aug. 1961. Kiel.) (Dt.)

Gefügekundliche Analyse von Hauptanhydrit aus dem Benther Salzstock mit Erläuterung der Probenahme u. der Diagramme. H. MOENKE. 385□

Breccien und Geröllspalten verknüpft mit epigenetischen Erzlagerstätten. Leonid Bryner. (Econ. Geol. **56.** 488—508. Mai 1961. Golden, Colo., Colorado School of Mines, Dep. of Geol.) (Engl.)

Es wird unterschieden zwischen prähydrothermalen u. kohydrothermalen Körpern, n denen Gesteinsfragmente vererzt wurden. — Ausführliche Diskussion der verschiedenen „Pipes". H. MOENKE. 385□

Metallische Partikel in einigen Chondriten. H. C. Urey und Toshiko Mayeda. (Geochim. cosmochim. Acta [London] **17.** 113—24. Aug. 1957. Chicago, Ill., Univ., Enrico Fermi Inst.) (Engl.)

An 11 Chondriten u. einem interessanten Achondriten wurden eingesprengte Metallteilchen als Kamazit u. als Taenit bestimmt. Nähere Einzelheiten werden beschrieben, sowie die Entstehung u. die Besonderheiten diskutiert. Als Entstehungsalter ist eine Zeit von $4{,}5 \cdot 10^9$ Jahren anzunehmen. Angefügt ist eine Zusammenstellung der in den 12 untersuchten Objekten vorhandenen Phasen u. Mineralkombinationen.

GERHARD WOLFF. 388□

Der photographisch registrierte Meteoritenschauer von Příbram. 2. Mitt. **Morphologie und Mineralzusammensetzung der Meteorite von Příbram.** K. Tuček. (Bull. astronom. Inst. Czechoslovakia **12.** 196—207. 1961. Prag, Nationalmuseum.) (Engl.)

Von einem Meteoritenschauer, der am 7/4. 1959 südlich Prag bei Příbram fiel, konnten von 17 photograph. registrierten Meteoritenbruchstücken bisher 4 Stücke im Gesamtgew. von 5,7 kg gefunden werden. Die Oberfläche der Steine hat meist knotigen, seltener streifigen Charakter. Die Stücke sind von einer 0,25—0,35 mm dicken Schmelzkruste umgeben, die in der Hauptsache aus *Magnomagnetit* (MgFe-Spinell) u. geschmolzenen Silicaten besteht. Die Steine bestehen im wesentlichen aus einem feinkörnigen Gemenge von *Olivin, Enstatit,* Zusammenballungen von *Nickeleisen, Troilit* u. *Chromit.* Als geringe Beimengung ist vorhanden *Klinoenstatit* u. *Maskelynit.* Teilweise Limonitisierung des Nickeleisens wird als typ. beschrieben. Einzelkristalle von Olivin u. Enstatit zeigen die Form kurzer Säulen, begrenzt durch (100), seltener durch (010). Die Meteorite von Příbram können als krist. Chondrite angesprochen werden.

WALTER FRANKE. 388□

Artzusammensetzung und einige physiologische Eigenschaften der bei der Schürfung von Erdöl und Gas angewandten Bakterien. S. Ss. Smirnowa. (Микробиология [Mikrobiologie] **30.** 684—87. Juli/Aug. 1961. Moskau, Allunions-Inst. für geolog. Erdölerkundung.) (Russ.; Auszug: Engl.)

Aus den unterird. Wässern der erdölgasführenden Gebiete von Westbaschkirien wurden 8 Bakterienarten isoliert, die zu den Gattungen *Pseudomonas, Bacterium Pseudobacterium* u. *Mycobacterium* gehören. Sie unterscheiden sich von den gleichen Arten der kein Erdöl führenden Gebiete durch die Fähigkeit der Oxydation von gasförmigen KW-Stoffen. Am weitesten verbreitet sind methanoxydierende Arten u. Arten, die schwere gasförmige KW-Stoffe abbauen. Nur vereinzelt kommen auch Äthan oder Propan oxydierende Mikroorganismen vor. K. SATTLER. 390□

Untersuchung der bakteriellen Prozesse der unterirdischen Oxydation der Kohlenwasserstoffe. G. P. Slawnina. (Микробиология [Mikrobiologie] **30.** 985—89. Nov./Dez. 1961. Allunions-Inst. für geolog. Erdölerkundung.) (Russ.; Auszug: Engl.)

In Feldmodell-Verss. wurde die unterird. Oxydation von KW-Stoffen durch Bakterien untersucht. Es wurde gezeigt, daß die Bakterien unter bestimmten Bedingungen die Konz. der aus dem Erdinneren diffundierenden brennbaren Gase vermindern.

K. SATTLER. 390□

Faktoren, die die Zufuhr großer Ionen in Binnengewässern beeinflussen, unter besonderer Berücksichtigung der Atmosphäre. Eville Gorham. (Bull. geol. Soc. America **72.** 795—840. Juni 1961. Toronto, Ontario, Univ. of Toronto, Botany Dep.) (Engl.)

Die Einw. von Regen, Schnee, Staub u. Gas wurde bisher bei der Unters. von Binnengewässern vernachlässigt. Die Rolle der fünf prinzipiellen Umgebungsfaktoren — Klima, Geologie, Topologie, Lebensraum u. Zeit — wird diskutiert. H. MOENKE. 393□

B. Allgemeine und theoretische organische Chemie

Physikalische Eigenschaften chemischer Verbindungen. Robert R. Dreisbach. (Advances Chem. Ser. **29.** 1—489. 1961. Midland, Mich., Dow Chem. Co.) (Engl.) — Vgl. C. **1962.** 5602.

Tabellen mit physikal. Konst. von Halogenalkanen, Halogenalkenen, Aminen, Nitrilen, Thiaalkanen u. organ. Säuren. P. GOLINSKE. 400□

Positroniumbildung in den Halogenderivaten des Benzols. C. R. Hatcher. (J. chem. Physics **35.** 2266—67. Dez. 1961. Livermore, Calif., Univ. of California, Lawrence Radiat. Labor.) (Engl).

Vf. zeigt, daß bei der Positroniumvernichtung in Halogen-Derivv. des Bzl. die Intensität I_2 der „langlebigen Zerfallskomponente", welche vom ^{3}S-Positronium herrührt u. $^3/_4$ des gesamten gebildeten Positroniums darstellt ($^1/_4$ wird im ^{1}S-Zustand gebildet), auf der Grundlage des OREschen Modells der Positronium-Bldg. (FERRELL, C. **1957.** 10383) deutbar ist, wobei die obere Grenze der OREschen Lücke gleich dem Dissoziationspotential V_d der C-Halogenbindung ist. Danach gilt $I_2 = (^3/_4)\cdot[V_d - (V_i - V_p)]/V_i$, wobei V_i das Ionisierungspotential des Halogenbenzols u. V_p die Bindungsenergie des Positroniums (6,8 eV im freien Raum) bedeuten. In guter Übereinstimmung mit dem Experiment sind für C_6H_5F, C_6H_5Cl, C_6H_5Br bzw. C_6H_5J die I_2-Werte gleich 21, 12, 7,4 bzw. 4,6%. Nach dieser Deutung folgt weiter, daß die ^{1}S-Positroniumatome mit einer kinet. Energie vernichtet werden, die zwischen 0 u. der OREschen Lücke $V_d - (V_i - V_p)$ liegt, während im ^{3}S-Positronium das Positron häufig mit einem an ein Mol. gebundenen Elektron vernichtet wird. D. JÖRCHEL. B 90□

Der Einfluß eines Lösungsmittels auf Spektren. 8. Mitt. Über einen transanularen photodesmotischen Übergang. Edward M. Kosower, William D. Closson, Harlan L. Goering und James C. Gross. (J. Amer. chem. Soc. **83.** 2013—15. 20/4. 1961. Madison, Wis., Univ. of Wisconsin, Dep. of Chem.) (Engl.) — 4. vgl. C. **1962.** 13334.

Unter einem photodesmot. Übergang verstehen Vff. die Bldg. einer Bindung zwischen Atomen im angeregten Zustand, die im Grundzustand nicht miteinander gebunden sind, durch den Einfl. von Licht. Diese Erscheinung wurde durch Aufnahme des UV-Spektrums von *trans-Cyclodecen-(5)-on* (trans-**I**) in Isooctan (**II**, Z 60,1), Acetonitril (**III**, Z 71,3), Methanol (**IV**, Z 83,6) u. 2.2.3.3-Tetrafluorpropanol (**V**, Z 96,3) zwischen 1800 u. 3500 Å nachgewiesen (vgl. C. **1959.** 8494). Folgende Maxima wurden für **I** beobachtet: in **II** bei 2790 Å (ε_{max} 18) u. 1880 (8700), in **III** bei 2765 (20), in **IV** 2722 (22) u. in **V** 2145 (2300). Die langwellige Bande geringer Intensität wird einem n → π*-Übergang zugeschrieben. Im Vgl. mit cis-**I** u. Cyclodecanon ist der Übergang kurzwellig verschoben, entsprechend einem Energiebetrag von 3 kcal/Mol. Hieraus wird abgeleitet, daß die Abstoßung zwischen der besetzten π-Bahn der Doppelbindung u. dem π*-Elektron des n → π*-angeregten Zustands größer ist als die Energieverminderung durch die Wechselwrkg. des π*-Elektrons mit der π*-Bahn der Doppelbindung. Während in **II** im Bereich der intensiven Absorption eine Schulter (bei ca. 2050) auftritt, wird diese in **V** langwellig verschoben u. erscheint als Maximum (bei 2145). Dieser Lsgm.-Effekt zeigt, daß der angeregte Zustand von **I** stärker polar ist als der Grundzustand. Dieser Absorptionsbreich wird daher einem photodesmot. Übergang gemäß nebenst. Formel zugeordnet. Die kürzerwellige Absorption wird der Kombination eines n → σ*-Übergangs der Carbonylgruppe u. einem π → π*-Übergang zugeordnet. Die Intensitätsabnahme ($\Delta\,\varepsilon$ = 1200 bei 1880 Å) bei Wechsel des Lsgm. von **II** in **V** entspricht der Intensitätsänderung für Aceton bei 1900 bei Ersatz von **II** durch H_2O. — *trans-Cyclodecen-(5)-on* (**I**), $C_{10}H_{16}O$, $Kp._{0,9}$ 74—75°, durch CrO_3-Oxydation von trans-Cyclodecen-(5)-ol, Reinigung durch Gasphasenchromatographie u. Kristallisation aus Pentan bei —78°; n_D^{24} 1,4982. Die IR-Hauptbanden sind angegeben.

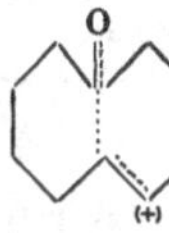

B. GNAUCK. B 118□

Festkörper-Ultraviolettspektren. W. H. Waggoner und M. E. Chambers. (J. org. Chemistry **26.** 2981—82. Aug. 1961. Athens, Ga., Univ. of Georgia, Chem. Dep.) (Engl.) — Vgl. C. **1961.** 4464.

Die UV-Spektren von *p-Bromacetophenon* (F. 49—50°), *Nitrobenzol* (F. 67°; Methanol) u. *3-Phenacylidenoxindol* (F. 193°; A.) in KBr-Tabletten wurden von 220—400 mμ aufgenommen. Vorteile dieses Verf. sind der geringe Materialverbrauch, die leichte u. rasche Bereitung der Proben u. die gute Qualität der Spektren. Ferner sind die Spektren frei von Lsgm.-Effekten. GERHARD SCHULZ. B 118□

Aufspaltung des 3800 Å-Systems im Anthracen-Kristall. T. A. Claxton, D. P. Craig und T. Thirunamachandran. (J. chem. Physics **35.** 1525—26. Okt. 1961. London, Univ. Coll., William Ramsay and Ralph Forster Labor.) (Engl.)

Literaturangaben über die Kristallaufspaltung des 3800 Å-Syst. von *Anthracen* schwanken zwischen 60 u. 330 cm^{-1}. Neue Messungen der Vff. bei Temp. des fl. He mit gut polarisiertem Licht an 0,11 μ dicken Kristallen lieferten für die Aufspaltungen der ersten 3 Absorptionsmaxima der Bandengruppen A^0, A^1 bzw. A^2 die Werte 190 ± 10 bzw. 140 ± 10 bzw. 80 ± 25 cm^{-1}. Die Rechnung unter Verw. des beobachteten Dipolübergangsmomentes u. der Octupolübergangsmomente, welche aus einem Bereich möglicher Werte ausgewählt wurden, ergab 195 bzw. 133 bzw. 79 cm^{-1}. D. Jörchel. B 118□

Lösungsmitteleffekte bei der Fluorescenz von Indol und substituierten Indolen. Benjamin L. van Duuren. (J. org. Chemistry **26.** 2954—60. Aug. 1961. New York, N.Y., New York Univ. Med. Center, Dep. of Ind. Med.) (Engl.)

Die Fluorescenzanregungsspektren u. die UV-Absorptionsspektren von *Indol* (**I**), *2-Methylindol, 3-Methylindol, 1.2-Dimethylindol* ($C_{10}H_{11}N$, F. 55°, Sublimation bei 25°/ 0,05 mm), *2.3-Dimethylindol* (F. 100—102°; Cyclohexan), *3-Hydroxymethylindol, Indolyl-(3)-essigsäure, 2-[Indolyl-(3)]-2.3-dihydroindol* (*Indoldimeres*, $C_{16}H_{14}N_2$, F. 107—108° aus Cyclohexan), *1-Methyl-2-phenylindol* u. *Carbazol* wurden in verschiedenen Lsgm. gemessen. Das Fluorescenz-Emissionsmaximum von **I** u. substituierten Indolen wird mit zunehmender DK des Lsgm. in der Reihe Cyclohexan < Bzl. < Dioxan < A. < H_2O nach längeren Wellenlängen verschoben. Die Fluorescenzanregungsspektren u. UV-Absorptionsspektren zeigen keine ähnliche Verschiebung. Der Einfl. der DK der Lsgm. u. der Bldg. von H-Brückenbindungen auf die Verschiebung wird diskutiert. Die Anwendung der Fluorescenzspektroskopie als diagnost. Hilfsmittel für die Analyse der chem. Struktur in der Indolreihe wird beschrieben. Es werden einige Beobachtungen über die Löschung der Fluorescenz der Indole durch Lsgm. u. Säuren (W., Bzl., CCl_4, Chlf., Trichloressigsäure, Aceton) berichtet. *3-Acetylindol* zeigt eine Rotverschiebung im UV-Spektrum beim Übergang zu Lsgm. höherer DK; eine Fluorescenz wird in den untersuchten Lsgm. nicht beobachtet. Für alle Verbb. sind die UV-Banden angegeben.

Gerhard Schulz. B 118□

Der Einfluß eines Lösungsmittels auf Spektren. 4. Mitt. **Pyridiniumcyclopentadienylid.** Edward M. Kosower und Brian G. Ramsey. (J. Amer. chem. Soc. **81.** 856—60. 20/2. 1959. Madison, Wis., Univ. of Wisconsin, Dep. of Chem.) (Engl.) — 3. vgl. J. Amer. chem. Soc. **80.** [1958.] 3267; 1. vgl. C. **1959.** 8494; 8. vgl. C. **1962.** 13333.

Vff. untersuchen den Einfl. verschieden polarer Lsgm. [W., Äthandiol-(1.2), CH_3OH, A., Propanol-(2), tert.-Butylalkohol, Acetonitril, Aceton, Chlf. (0,13 m A.), n-Heptan] auf das Spektrum im Sichtbaren des *Pyridiniumcyclopentadienylids* (**I**, pK_a 10,0 ± 0,2). Da die in CH_3OH bei 4858 Å liegende Bande bei Säurezusatz unter Intensitätserhöhung der 3365 Å-Bande verschwindet u. beide Banden sich bei Basenzusatz gerade umgekehrt verhalten, wird angenommen, daß die langwellige Bande dem Ylid selbst, die kurzwellige Bande dagegen vorwiegend einem Pyridiniumion zuzuordnen ist. Die langwellige Bande wird, bes. auf Grund ihrer Lsgm.-Empfindlichkeit u. ähnlicher Verhältnisse beim *4-Carbamidopyridiniumcyclopentadienylid* (**II**), als intramolekulare Ladungsübertragungsbande (i.c.t.-Bande) entsprechend dem Übergang A → B (die Pfeile bedeuten die wahrscheinlichen Dipolausrichtungen) aufgefaßt. Bei den meisten, bes. OH-haltigen Lsgm. bestehen zwischen Lsgm.-Polarität Z (vgl. 1. Mitt.) u. den Übergangsenergien E_T für A → B gesetzmäßige Zusammenhänge. Weiterhin untersucht wird die Photolyse von **I** in n-Heptan, die unter Entfärbung der Lsg. verläuft. Es entsteht Pyridin (**III**; Nachw. als Pikrat) u. ein sehr instabiler Stoff, den Vff. für *Fulvalen* halten. Als Photolysenmechanismus werden die Anregung A → B u. Zerfall von B über eine Biradikal-Resonanzform in **III** u. ein Cyclopentadien-Biradikal vorgeschlagen.

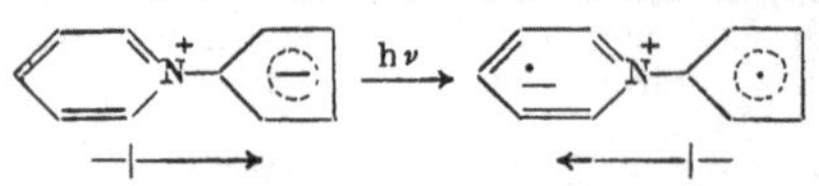

A B

Versuche: *Pyridiniumcyclopentadienylid* (**I**), durch Zugabe von Br_2 zu Cyclopentadien in Chlf. bei —5 bis 0°, Zugabe von Pyridin unter N_2 u. 24std. Stehen im Dunkeln bei Zimmer-Temp. (vgl. Lloyd u. Sneezum, C. **1959.** 17144); helle, rotgoldene Blättchen; ca. 10% (Ausbeute). Die Hydrierung in Essigsäure/HCl führt zu *1-Cyclopentylpiperidin*, Pikrat, F. 173—173,5°. — *4-Carbamidopyridiniumcyclopentadienylid* (**II**), analog vorst. Verb. aus Br_2, Cyclopentadien u. Isonicotinsäureamid, purpurfarbenes Pulver; ca. 20%.

H. Lettau. B 118□

Polycyclische Cinnolinderivate. 6. Mitt. **Die Ultraviolettabsorption von polycyclischen Cinnolinen und ihren N-Oxiden.** J. F. Corbett, P. F. Holt und A. N. Hughes. (J. chem. Soc. [London] **1961.** 1363—69. März. Reading, Univ.) (Engl.) — 5. vgl. C. **1962.** 8989.

Die UV-Spektren (in Hexan) von *Benzo-[c]-* (**I**), *Dibenzo-[c.f]-* (**II**), *Benzo-[f]-naphtho-[2.1:c]-* (**III**), *Dibenzo-[c.h]-* (**IV**), *Benzo-[h]-naphtho-[1.2:c]-* (**V**), *Benzo-[f]-naphtho-*

[*1.2:c*]- (**VI**) u. *Tribenzo-*[*c.f.h*]*-cinnolin* werden untersucht u. mit denen der entsprechenden carbocycl. Analoga *Phenanthren, Benzo-*[*c*]*-phenanthren, Dibenzo-*[*c.g*]*-phenanthren, Chrysen, Picen, Benzo-*[*c*]*-chrysen* u. *Benzo-*[*g*]*-chrysen* verglichen. Die UV-Spektren von **I**-*Mono-N-oxid* (in Hexan u. A.), **II**-, **III**- u. **V**-*Mono-N-oxid* sowie von **IV**- u. **VI**-*6-Oxid* sind ebenfalls graph. dargestellt; ferner sind einige UV-Absorptionswerte von *Triphenylen* u. den Monoaza-Verbb. *Phenanthridin, Benzo-*[*k*]-, *Benzo-*[*a*]-, *Benzo-*[*c*]- u. *Benzo-*[*i*]*-phenanthridin* angegeben. Die Spektren der Cinnoline ähneln denen der entsprechenden Carbocyclen, jedoch sind die langwelligen Banden intensiver u. in den Bereich längerer Wellen verschoben. Das Intensitätsinkrement stimmt gut mit dem von PLATT (C. **1950/54.** 776 S) vorausgesagten „spektroskop. Moment" überein. Eine interessante Beziehung zwischen UV-Absorption (bes. im Bereich um 300 mμ) u. der mehr oder weniger starken Spannung des Ring-Syst. (z. B. **II** u. **III** gegenüber **I**, **IV** u. **V**) wird beobachtet. In nichtpolaren Lsgm. treten bei den Cinnolinen zusätzliche Absorptionsbanden auf, welche n–π^*-Übergängen zugeschrieben werden. N-Oxydation bewirkt bathochrome Verschiebung der längerwelligen Absorption u. Intensitätsverstärkung der langwelligen Banden.
W. HOFFMANN. B 118□

Untersuchung der Struktur von δ-Ketosäuren durch IR-Spektroskopie. Ju. A. Pentin, I. Ss. Trubnikow, N. P. Schuscherina und R. Ja. Lewina. (Журнал Общей Химии [J. allg. Chem.] **31** (**93**). 2092–96. Juli 1961. Moskau, Univ.) (Russ.)

Um zu entscheiden, ob δ-Ketosäuren nur in der offenkettigen Ketoform oder evtl. als δ-Lactole vorliegen, werden die IR-Spektren von *δ-Ketocapronsäure, γ-Methyl-, γ-Äthyl-, γ-n-Propyl-* u. *γ-Isobutyl-δ-ketocapronsäure* sowie der entsprechenden *Nitrile* u. von *2.3-Dimethyltetrahydropyranon-(5)* aufgenommen. Bei den δ-Ketosäuren werden alle charakterist. Frequenzen der Carboxylgruppe beobachtet, u. es fehlen die Frequenzen der cycl. Lactole. Somit ist für die δ-Ketosäuren vollständig oder vorherrschend die offenkettige Ketonform anzunehmen. Die annähernd gleiche Absorption der δ-Ketonitrile im Bereich der Skelettschwingungen bestätigt diese Annahme.
HELMUT SCHÄFER. B 120□

Wechselwirkungen in ionischen Lösungen. Die Wirkung von Elektrolyten auf die Infrarotspektren einiger Verbindungen mit Wasserstoffbrückenbindungen. Joseph Bufalini und Kurt H. Stern. (J. Amer. chem. Soc. **83.** 4362–66. 5/11. 1961. Fayetteville, Ark., Univ. of Arkansas, Dep. of Chem.) (Engl.)

Es wurde die Wrkg. von Tetrabutylammoniumnitrat (F. 120 ± 0,5°), -chlorid (F. 92 ± 1°), -bromid (I), -formiat (F. 67 ± 2°), -pikrat, N.N-Dimethylanilinhydrochlorid (F. 90 ± 0,5°) u. $AgClO_4$ auf die Schwingungsspektren von *Methanol* (**II**), *Butanol-(1)* (**III**), *tert.-Butanol* (**IV**) u. *N-Methylacetamid* (**V**) in verd. Benzol-Lsg. untersucht. Es bilden sich H-Brückenbindungen zum Anion des Ionenpaares. Diese „Solvatation" des Anions nimmt zu mit zunehmender Ladungsdichte am Anion, sie fehlt beim Pikration. Die Frequenz des Absorptionsmaximums wird gedeutet durch Behandlung der OH-Gruppe als harmon. Oscillator. Zusatz von **I** zu **III**, **IV** u. **V** vermindert die Dimerisierung dieser Verbb., während gleichzeitig die Solvatation des Anions zunimmt. Eine genaue spektrale Unters. des Syst. I–II–Bzl. liefert für die Ionenpaarsolvatationszahl n = 1; die Gleichgew.-Konst. für die Solvatation des Ionenpaars u. $\Delta H^0 = -6{,}7$ kcal u. $\Delta S^0 = -13{,}6$ Entropieeinheiten für die Bldg. der H-Brückenbindung stimmen überein mit den gewöhnlich für diesen Prozeß angenommenen Werten. GERHARD SCHULZ. B 120□

Messungen der intramolekularen Wasserstoffbindung durch kernmagnetische Resonanz und Infrarotspektroskopie. John R. Merrill. (J. physic. Chem. **65.** 2023 bis 2026. Nov. 1961. Wilmington, Del., E. I. du Pont de Nemours and Co., Radiation Phys. Labor.; Engng. Dep.) (Engl.)

Vf. bestimmt die Lage der OH-Valenzfrequenz der $C_{(2)}$–OH- u. der $C_{(4)}$–OH-Gruppe, $\nu_{(2-OH)}$ u. $\nu_{(4-OH)}$ sowie die chem. Verschiebung δ des OH-Protons der $C_{(2)}$–OH-Gruppe in CCl_4 bei Raum-Temp. für die Benzophenone: *2.2'.4.4'-Tetrahydroxy-5.5'-di-tert.-butyl-, 2.2'-Dihydroxy-, 2.2'.4-Trihydroxy-, 2.2'-Dihydroxy-4-methoxy-* (**I**), *2.2'-Dihydroxy-4.4'-dimethoxy-, 2-Hydroxy-5-chlor-, 2.2'-Dihydroxy-4 4'-didodecyloxy-, 2.4-Dihydroxy-5-hexyl-, 2-Hydroxy-4-methoxy-, 2-Hydroxy-4-decyloxy-* (**II**). Die Änderung von δ mit der Konz. ist gering, sie beträgt bei **I** 4, bei **II** 8 [Hz] bei 5- bzw. 18facher Verdünnung; zwischen −25 u. +80° verringert sich δ bei allen Verbb. um 10. Die IR-Spektren von **I** u. $D_{2(OH)}$-**I** werden abgebildet. Die Ergebnisse lassen eine restlose intramol. H-Brückenbindung bei den 2-Hydroxybenzophenon erkennen, während bei den 2.2'-Dihydroxybenzophenonen zweifache Chelatisierung mit etwas geringerer Bindungsfestigkeit vorliegt.
A. TREDE. B 120□

Konfiguration von Stickstoff enthaltenden Verbindungen. 11. Mitt. Der Einfluß der Konfiguration auf die Infrarotspektren einiger Aminohydroxytetraline. J. Pitha,

M. Horák, J. Kovář und K. Bláha. (Collect. czechoslov. chem. Commun. **25.** 2733—45. Nov. 1960. Prague, Czechoslov. Acad. of Sci., Labor. of Heterocycl. Comp. and Inst. of Chem.) (Engl.) — 10. vgl. Collect. czechoslov. chem. Commun. **25.** [1960.] 2179.

Vff. untersuchten auf Grund IR-spektroskop. Messungen die Konfiguration von Aminohydroxytetralinen. Es wurden die Frequenzverschiebungen $\Delta\nu$(OH), die durch Bldg. einer intramol. H-Brücke bedingt sind, bei folgenden Tetralinen gemessen: *cis-1-Hydroxy-2-amino-*, *-2-methylamino-*, *-2-benzylamino-* (u. analoge *trans*-Verbb.), *cis-2-Hydroxy-1-amino-*, *-1-methylamino-*, *-1-benzylamino-* (u. analoge *trans*-Verbb.), *cis-2-Hydroxy-3-amino-*, *-3-methylamino-*, *-3-benzylamino-* (u. analoge *trans*-Verbb.), *1-* u. *2-Methylamino-*, *1-* u. *2-Hydroxy-*, *trans-1-Hydroxy-2-chlor-* u. *-2-brom-*, *trans-2-Hydroxy-3-chlor-* u. *-3-brom-*, *cis-* u. *trans-1-Hydroxy-2-carbäthoxy-*, *trans-1-Hydroxy-6-methoxy-2-brom-*, *cis-1-Hydroxy-2-hydroxymethyl-* u. *6-Methoxy-1-hydroxy-*; ferner wurden folgende Cyclohexane untersucht: *cis-1-Hydroxy-2-methylamino-*, *-2-benzylamino-*, *-2-dibenzylamino-* (u. analoge *trans*-Verbb.); ferner folgende Verbb.: *3-Methyl-cis-* u. *-trans-4.5-tetramethylenoxazolidin*, *2-p-Nitrophenyl-3-methyl-cis-4.5-tetramethylenoxazolidin* u. *cis-* u. *trans-1-Hydroxy-2-methylaminocyclopentan.* Auf Grund des Vgl. mit den analogen Cyclohexan-Derivv. werden Schlüsse über die Konformation der Substituenten an benachbarten C-Atomen gezogen. Die Daten ermöglichten auch Unters. des Einfl., den die Änderungen der Acceptor-Eigg. von N in Abhängigkeit vom Substituenten am N-Atom u. von der Lage des Substituenten am Tetralinkern auf die $\Delta\nu$(OH) ausüben. Weiter wurden die, unter Einfl. der intramol. H-Brücke entstehenden Verschiebungen der symm. Frequenz der C—H-Bindung in der CH_3-Gruppe der Methylaminoalkohole untersucht (Synth. der Mehrzahl von untersuchten Verbb. vgl. C. **1961.** 8268.)

Versuche: *6-Methoxytetralol-(1)*, aus 15 g 6-Methoxytetralon-(1) durch 3 std. Kochen mit einer Lsg. von 2 g $LiAlH_4$ in 150 ml Ae.; 15 g (Ausbeute). — *6-Methoxy-3.4-dihydronaphthalin*, Kp.$_{1,5}$ 86—96°, aus vorst. Verb. (13 g) durch 1 std. Kochen mit überschüssigem Essigsäureanhydrid (14 ml) u. 0,5 g $KHSO_4$, Abdest. von Essigsäureanhydrid u. Erhitzen während 5 Min. auf 120° im Vakuum; 10,15 g. — *trans-6-Methoxy-1.2-dibromtetralin*, $C_{11}H_{12}Br_2O$, F. 67—68° (PAe.), aus vorst. Verb. durch Addition von Br_2 (vgl. FUJITA, C. **1957.** 13603); 3,6 g. — *trans-6-Methoxy-1-hydroxy-2-bromtetralin*, $C_{11}H_{13}BrO_2$, F. 88,5—89° (Cyclohexan), aus vorst. Verb. durch 4 std. Erhitzen auf 60° in einer Mischung von Dioxan, W., $MgCO_3$ u. Aceton unter Rühren. — *Tetralol-(2)*, aus 500 mg 1.4-Dihydronaphthalinoxid durch 1 std. Kochen mit einer Lsg. von 400 mg $LiAlH_4$ in Ae. u. Zers. des Rk.-Gemisches. — *1-Methylaminotetralin, Hydrochlorid*, $C_{11}H_{16}ClN$, F. 152,5—153,5° (A.–Ae.), aus 1-Aminotetralin (Base) durch Stehen mit Äthylchlorformiat u. Triäthylamin in Dioxan-Lsg. u. Red. des aus dem Rk.-Gemisch isolierten Urethans mit $LiAlH_4$ nachst. Verb. analog. — *2-Methylaminotetralin, Hydrochlorid*, $C_{11}H_{16}ClN$, F. 178—181°, aus 2-Aminotetralin analog vorst. Verb., nach Zers. des Rk.-Gemisches mit verd. HCl Extrahieren mit Bzl. u. Red. mit Ae.-Lsg. von $LiAlH_4$. Daneben als in Bzl. unlösl. Anteil aus A. *symm.-Bis-[tetrahydronaphthyl-(2)]-harnstoff*, $C_{21}H_{24}N_2O$, F. 246—247° (Ae.). — *trans-2-Methylaminopentanol*, $C_6H_{13}NO$, F. 58—59°, aus trans-2-Chlorcyclopentanol (2,5 g) durch Schütteln (36 Std.) mit 25%ig. Methylamin-Lsg. u. Dest. bei 110°/15 mm Hg; 0,8 g. *Benzoyl-Deriv.*, $C_{13}H_{17}NO_2$, F. 99—100° (Bzl.–PAe.), aus vorst. Verb., mit 3,2 g Benzoylchlorid in Bzl., Zutropfen von 12 ml 2n NaOH unter Kühlung u. 24 std. Schütteln; krist. bei —35°; 1,5 g. — *cis-2-Methylaminocyclopentanol*, $C_6H_{13}NO$, Kp.$_{12}$ 75°, F. 48°, aus vorst. Benzoyl-Deriv. (1,2 g) durch allmähliche Zugabe zu $SOCl_2$ unter Kühlen, 4 std. Erhitzen auf 66°, Gießen in 500 ml Ae., Stehen über Nacht im Kühlschrank u. Erhitzen der abgetrennten öligen Schicht mit verd. HCl; 0,7 g. I. FRIČ/Prag. B 120

Rotationsspektrum von Vinylbromiden. R. E. Goedertier. (Bull. Cl. Sci., Acad. roy. Belgique [5] **46.** 767—73. 1960. Louvain, Univ., Labor. de Phys. Moléculaire et Nucléaire.) (Franz.)

Das Mikrowellenspektrum von $CH_2{=}CHBr$, $CH_2{=}CDBr$, $CD_2{=}CHBr$ u. $CD_2{=}CDBr$ wurde im Bereich von 16500—13500 MHz gemessen. In 4 Tabellen werden Zuordnungen der beobachteten Absorptionen für die Isotope ^{79}Br u. ^{81}Br gegeben.

J.-M. SPAETH. B 121 □

Mikrowellenspektrum, Struktur, Dipolmoment und innere Barriere von Vinylsilan. James M. O'Reilly und Louis Pierce. (J. chem. Physics **34.** 1176—81. April 1961. Notre Dame, Ind., Univ. of Notre Dame, Dep. of Chem.) (Engl.)

Die Mikrowellenspektren von *Vinylsilan* u. den isotop-substituierten Verbb. $SiD_3 \cdot CHCH_2$, $^{29}SiH_3CHCH_2$, $^{30}SiH_3CHCH_2$, $SiH_3{}^{13}CHCH_2$, $SiH_3CH^{13}CH_2$, SiH_3CDCH_2,

cis- u. *trans-SiH_3CHCHD*, *symm.-* u. *asymm.-SiH_2DCHCH_2* sowie *symm.* u. *asymm.-$SiHD_2CHCH_2$* werden gemessen, folgende Mol.-Parameter werden berechnet: C=C 1,347 (Å); Si–H 1,475; C–H (cis u. trans) 1,097; C–H 1,094; Si–C 1,853; Si–C=C 122° 53′; H–Si–H 108° 42′; C=C–H (cis) 120° 18′; C=C–H (trans) 120° 38′; C=C–H 117° 59′. Im Mol. liegt eine „staggered"-Konformation zwischen dem H-Atom am zentralen C u. den Silyl-H-Atomen vor. Aus den Aufspaltungen von verschiedenen Rotationsübergängen u. Messungen des STARK-Effekts wird die Energiebarriere der inneren Rotation zu 1500 ± 30 cal/Mol bestimmt. Messungen des quadrat. STARK-Effektes an den J = 2←1-Übergängen liefern μ_a = 0,648, μ_b 0,133 u. μ = 0,66 D, das resultierende Dipolmoment bildet einen Winkel von 11 ± 2° mit der a-Achse des Moleküls SiH_3CHCH_2.
RUDOLF ALBRECHT. B 121□

Mikrowellenspektrum und innere Barriere von Methylphosphin. Takeshi Kojima, Edward L. Breig und Chun C. Lin. (J. chem. Physics **35.** 2139—44. Dez. 1961. Norman, Okla., Univ. of Oklahoma, Dep. of Phys.) (Engl.)

Vff. untersuchten das Mikrowellenspektrum von *Methylphosphin* in den Bereichen 12—33 u. 46—49 kMHz. Die Rotations-Konst. betragen A = 71 869,5, B = 11 792,6 u. C = 11 677,7 MHz. Messungen des STARK-Effektes ergaben ein Dipolmoment von 1,100 ± 0,010 D. Die Barriere der inneren Rotation der Methylgruppe wurde zu 685,2 ± 5 cm^{-1} ermittelt. Als vorläufige Strukturparameter wurden berechnet: P–H 1,414 (Å); C–P 1,863; C–H 1,093; ∢HPH 93° 23′; ∢CPH 97° 30′; ∢HCH 109° 45′; ε = 2° 0′ (Winkel zwischen der Methylachse u. der C–P-Bindung). Für die Potentialbarriere der P–H-Bindung ergibt sich der Wert 685 cm^{-1}. W. SCHRAMM. B 121□

Konformationsuntersuchungen. 1. Mitt. **Die relative Stabilität der cis-Dekalole-(2).** O. R. Rodig und L. C. Ellis. (J. org. Chemistry **26.** 2197—2202. Juli 1961. Charlottesville, Va., Univ. of Virginia, Cobb Chem. Labor.) (Engl.)

Vff. untersuchen das Isomerisierungs-Gleichgew. von *cis.cis* (I) u. *cis.trans-Dekalol-(2)* (II) in sd. Dekalin in Ggw. von Na u. finden bei Na-Überschuß 66% **I**, bei Na-Unterschuß 50% **I** (vgl. dagegen HÜCKEL u. NAAB [1931]). Dies spricht für gleiche Beträge der freien Energie bei beiden isomeren Alkoholen. Daraus schließen Vff., daß die beiden axialen Konformationen nur unbedeutend an der Struktur beteiligt sind. Die Differenz zwischen der freien Energie der Na-Salze der Dekalole [≈0,6 kcal] wird durch eine intramol. H-Brücke mit dem $H_{(8)}$-Atom erklärt. Die Zus. des **I**-**II**-Gemisches wird IR-spektroskop. u. durch therm. Analyse bestimmt, die Schmelzdiagramme der p-Nitro- u. 3.5-Dinitrobenzoate von **I** u. **II** werden abgebildet.

Versuche: *cis.cis-Dekalol-(2)* (**I**), F. 104—104,5° (PAe.), aus β-Naphthol u. H_2 in abs. A. in Ggw. von Ru-Oxid, 4 Std. lang bei 91°; 55% (Ausbeute). *p-Nitrobenzoat*, F. 98 bis 100° (A.). *3.5-Dinitrobenzoat*, F. 153—153,5° (A.). — *cis.trans-Dekalol-(2)* (**II**), $Kp._{16-17}$ 130—132°, aus der Mutterlauge von **I**, Rückstand mit Phthalsäureanhydrid versetzen, 17 Std. lang in sd. Toluol [→ *cis.trans-Dekalyl-(2)-hydrogenphthalat*, F. 151—152° (Bzl.-PAe.)], mit NaOH-Lsg. verseifen, 12 Std. lang unter Rückfluß; 17%. *p-Nitrobenzoat*, F. 77,5—78,0° (A.). *3.5-Dinitrobenzoat*, F. 149,5—150° (A.). A. TREDE. B 123□

Die Molekularstruktur und absolute Konfiguration von Pikrotoxinin. B. M. Craven. (Tetrahedron Letters [London] **1960.** Nr. 19. 21—24. Aug. Pittsburgh, Pa., Univ., Crystallography Labor.) (Engl.)

Vf. teilt kurz mit, daß durch eine röntgenograph. Struktur-Unters. an *α-Brompikrotoxinin*, $C_{15}H_{15}O_6Br$, die von CONROY (vgl. C. **1961.** 14969) vorgeschlagene Struktur des Pikrotoxinins bestätigt werden konnte. C. GOTTFRIED. B 123

Die Bestimmung des Kohlenstoffgerüstes vom Sarpagin durch Massenspektrometrie. K. Biemann. (Tetrahedron Letters [London] **1960.** Nr. 15. 9—14. Juli. Cambridge, Mass., Inst. of Techn., Dep. of Chem.) (Engl.)

Die Struktur des *Sarpagins* wird massenspektrometr. sichergestellt u. damit die u. a. von ARNOLD u. Mitarbeitern (C. **1957.** 13987) angenommene Struktur bestätigt.
R. MAYER-MADER. B 123□

Die Struktur von Neoruscogenin. L. Mandell, A. L. Nussbaum und E. P. Oliveto. (Tetrahedron Letters [London] **1960.** Nr. 19. 25—29. Aug. Atlanta, Ga., Emory Univ., Dep. of Chem.; Bloomfield, N.J., Schering Corp., Natural Products Dep.) (Engl.)

Vff. teilen kurz mit, daß durch kernmagnet. Resonanz-Unterss. an den Diacetaten von *Ruscogenin* u. *Neoruscogenin* (**I**) die von ROBERT u. Mitarbeitern (vgl. C. R. hebd. Séances Acad. Sci. **250.** [1960.] 3187) vorgeschlagene Struktur von **I** bestätigt werden konnte. C. GOTTFRIED. B 123

Fluorimetrie. 5. Mitt. **Löscheffekt von Ketosubstanzen auf die Fluorescenz einiger Naphthalinderivate.** B. Večerek, I. Hynie und K. Kácl. (Collect. czechoslov. chem. Commun. **25.** 2221—24. Aug. 1960. Prag, Karlsuniv., I. Inst. für med. u. Gerichtschem.) (Dt.) — 4. vgl. Vnitřní lékařství **1.** [1955.] 168.

Die Abhängigkeit der Fluorescenz verschieden konz. Lsgg. von *β-Naphthol* (I), *3-Hydroxynaphthoe-(1)-säure*, *α-Naphthol*, *Chromotropsäure* u. *α-Naphthol-2.4-disulfonsäure* von der Aceton-Konz. wurde gemessen. Auch der Löscheffekt von *Methyläthylketon*, *Acetylaceton*, *Acetophenon*, *Benzophenon*, *Benzil*, *Dibenzoylbutan* u. *Acetessigester* auf die I-Fluorescenz wurde untersucht. I weist die geeignetste Eichkurve zur Best. von Ketonen auf; demgegenüber ist *α-Naphthol-2.4.8-trisulfonsäure* für die fluorometr. Best. geeignet, bei welchen der Löscheffekt unerwünscht ist. Der Löscheffekt der Ketone hängt von ihrer Fähigkeit der Enolform-Bldg. ab. I. Frič/Prag. B 125

Qualitative Prüfung der Fluorescenzänderungen organischer Lösungen nach Einwirkung von ultraviolettem Licht. Wilhelm Ludwig und Lieselott Herforth. (Z. Naturforsch. **16 b.** 638—44. Okt. 1961. Leuna-Merseburg, TH für Chem., Inst. für phys. Chem.; Dresden, TH, Inst. für Anw. radioakt. Isotope.) (Dt.)

Vff. prüften qual. u. visuell das Fluoroscenz-Verh. einer Reihe organ. Verbb. in Lsg. nach Bestrahlung mit UV-Licht. Die verwendeten Lsgg. fluorescierten meist im violettblauen Spektralbereich. Untersucht wurden *Fluoren*, *Acenaphthen*, *Naphthalin*, *Anthracen*, *Phenanthren*, *Pyren*, *Chrysen*, *Tetraphenylbutadien*, *-äthylen*, *Stilben*, *Triphenyl-*, *1.2-Diphenylmethyl-*, *1.1-Diphenylmethyläthylen*, *1.8-Diphenyloctatetraen*, *1.6-Diphenylhexatrien*, *1.4-Diphenylbutadien*, *-butenin*, *Tolan*, *Di-*, *Triphenylmethan*, *Di-*, *Triphenylchlormethan*, *Diphenyläthan* (*Dibenzyl*), *Benzhydrol*, *Benzoin*, *Benzophenon*, *Benzil*, *2-Aminodiphenyl*, *Diphensäure*, *Diphenyl*, *p-Terphenyl*, *4-Brom-*, *4.4'-Difluor-*, *4.4'-Dihydroxy-*, *4.4'-Diaminodiphenyl* (*Benzidin*), *Naphthalin*, *Naphthol-(1)*, *-(2)*, *1-Aminonaphthol-(2)*, *1-*, *2-Aminonaphthalin*, *1-Phenylaminonaphthalin*, *Anthrol*, *Anthron*, *Anthrachinon*, *Chinizarin*, *Acridin*, *Acridon*, *Phenthiazin*, *Azo-*, *Hydrazobenzol*, *Di-*, *Triphenylamin*, *N.N-Diphenyl-*, *Tetraphenylhydrazin*, *Dithizon*, *2.4-Dimethylpyrrol*, *4.7-Dimethylindol*, *Benzimidazol*, *2-[2-Hydroxyphenyl]-benzimidazol*, *l-Histidin*, *4.5-Diphenylimidazolon*, *5-Methyl-1-phenyl-1.2.3-triazol*, *2.3.5-Triphenyltetrazoliumchlorid*, *PBD*, *2-Amino-5-äthylthiodiazol*, *2-Aminopyridin*, *2.2'-Dipyridyl*, *1.4-Dihydrokollidindicarbonsäurediäthylester*, *2-Phenylchinolin*, *-carbonsäure-(4)*, *Chinin*, *Chinidin*, *5.6-Benzochinolin*, *1.2-Benzophenazin*, *Coffein*, *Cumarin*. Als Lsgm. wurden verwendet: Methanol, Dioxan, Tetrahydrofuran, Aceton, Chlf., CCl_4, Trichloräthylen, Bzl., Chlorbenzol, Essigsäureanhydrid, Eisessig u. Dimethylformamid. Die Ergebnisse sind tabellar. zusammengestellt u. dienen als Grundlage für quant. Unterss. des zeitlichen Fluorescenzverlaufes unter radioakt. u. UV-Bestrahlung. J. Richter. B 125□

Dielektrisches Verhalten von einigen an porösem Vycor-Glas adsorbierten Gasen bei tiefen Temperaturen. I. D. Chapman und R. McIntosh. (Canad. J. Chem. **40.** 92—103. Jan. 1962. Toronto, Ontario, Canada, Univ., Dep. of Chem.) (Engl.)

An gut gereinigten u. bei 300° u. 10^{-6} mm Hg entgasten Rohren aus Vycor-Glas wurden *Äthylchlorid* (I), *Methylchlorid* (II) u. *n-Butan* (III) adsorbiert u. die DK zwischen — 180 u. 0° im Frequenzbereich von 3 Hz bis 4 MHz bestimmt. Die Unterss. zeigten, daß I bei tiefen Temp. in Form einer monomolekularen Schicht adsorbiert ist; dabei wird angenommen, daß sich Komplexe zwischen I u. den OH-Gruppen an der Oberfläche des Glases gebildet haben. Analoges tritt bei der Adsorption von II ein. Wechselwrkg. zwischen III u. den OH-Gruppen konnten nicht beobachtet werden. G. Gattow. B 132□

Dielektrische Relaxation von aliphatischen Kettenmolekülen in verdünnter Lösung. G. Klages und R. Langpape. (Z. Naturforsch. **15 a.** 964—74. Okt. 1960. Mainz, Univ., Phys. Inst.) (Dt.)

Von 20 aliphat. Chloriden wurden ε'' in verd. Bzl.- bzw. n-Heptan-Lsg. im m- u. cm-Wellenbereich bestimmt u. aus der Lage u. Form der Absorptionskurven die Relaxationsspektren in ihren Grundzügen ermittelt. Bei den 1-Chloriden wird ein breites Spektrum von Relaxationszeiten τ gefunden, was auf eine gewisse Beweglichkeit der polaren Endgruppe zurückgeführt wird. Wenn der Dipol mehr zur Kettenmitte hin verschoben ist, wird die Verteilung der τ schmaler u. entspricht gut der von Fröhlich (Theory of Dielectrics, Oxford [1949]) angegebenen. Folgende Chloralkane wurden gemessen: *1-Chlorbutan*, *-pentan*, *-hexan*, *-heptan*, *-octan*, *-dodecan*, *-octadecan*; *2-Chlorpropan*, *-butan*, *-hexan*, *3-Chlorhexan*, *2-Chlor-2-methylpentan*, *3-Chlor-3-methylpentan*, *3.3-Dichlorpentan*, *1.3-Dichlorpropan*, *1.4-Dichlorbutan*, *1.6-Dichlorhexan*, *tert.-Butylchlorid*, *2.2-Dichlorpropan*, *1.1.1-Trichloräthan*, *Chlf.*, *Chlorbenzol*. Zum Vgl. wurden in einzelnen Fällen die Langwellenrelaxationszeiten von mit Chloriden volumengleichen Ketonen (*Methylpropyl-*, *Diäthyl-*, *Methylamyl-*, *Äthylbutyl-*, *Dipropyl-*, *Dibutyl-* u. *Diisopropylketon*) gemessen. A. Maschke. B 132□

Dipolmoment von ClF_3. R. C. Johnson, T. L. Weatherly und Quitman Williams. (J. chem. Physics **35.** 2261—62. Dez. 1961. Atlanta, Ga., Georgia Inst. of Technol.) (Engl.)

Vff. bestimmten das mol. elektr. Dipolmoment von $C^{35}ClF_3$ auf Grund von Messungen des STARK-Effekts für den (J = 1 → 2)-Übergang zu 0,50 ± 0,01 D. Die Ableitung dieses Moments ist von dem angenommenen eq Q- Wert unabhängig, da die Quadrupolkopplung nur eine kleine Störung der STARK-Aufspaltung erzeugt u. die individuellen Hyperfeinlinien nicht aufgelöst waren. D. JÖRCHEL. B 132□

Der Einfluß der Eigenbeweglichkeit der NH_2-Gruppe in Anilinderivaten auf das dielektrische Relaxationsverhalten. Helmut Kramer. (Z. Naturforsch. **15a**. 974–79. Nov. 1960. Mainz, Univ., Phys. Inst.) (Dt.)

Von einer Reihe methyl- u. chlorsubstituierter Aniline wurden in verd. Benzol-Lsg. die dielektr. Absorptionen ε'' bei 10,35; 3,06; 1,392 u. 0,696 cm Wellenlänge u. 20° gemessen. Aus den erhaltenen Meßwerten wurden zwei Relaxationszeiten τ abgeleitet, von denen eine dem Gesamt-Mol. u. die andere der NH_2-Gruppe zugeordnet wurde. Die ermittelten Mol.-Beweglichkeiten änderten sich nach Größe u. Gestalt entsprechend den DEBYEschen u. PERRINschen Beziehungen. Die Gruppenbeweglichkeit zeigt keine charakterist. Abhängigkeit. Die BUDÓsche Theorie erlaubt, aus der Größe der beiden Relaxationsanteile die Komponenten der NH_2-Partialmomente, die durch ihre Beweglichkeit die höherfrequenten Anteile erzeugen, zu berechnen. Bis auf etwas kleinere Werte bei den o-substituierten Moll. erweisen sie sich als konstant. Auch die berechneten Winkel zwischen dem NH_2-Moment u. der CN-Bindungsachse schwanken wenig um 38° u. lassen nur eine geringe Beeinflussung der NH_2-Gruppe durch die Substituenten am Phenylring zu. *Anilin* u. folgende seiner Derivv. wurden untersucht: *o-*, *m-* u. *p-Chlor-*; *2.4-*, *2.5-* u. *2.6-Dimethylanilin*; *o-*, *m-* u. *p-Toluidin*; *Mesidin*. A. MASCHKE. B 132□

Konformation von Biarylen. Dipolmomentmessungen von o-Methylbiphenylen. Takeo Sato. (Bull. chem. Soc. Japan **33**. 501–03. April 1960. Tokyo, Tokyo Metropolitan Univ., Fac. of Sci., Dep. of Chem.) (Engl.)

Vf. bestimmt bei 25° in Benzol-Lsg. die Dipolmomente von *2.2'-Dimethyl-5.5'-dichlor-* (μ = 2,37 D), *2.2'-Dimethyl-5.5'-dinitrobiphenyl* (5,53) u. *2-Methyl-3'.5-dinitrobiphenyl* (4,55). Durch Vgl. mit berechneten μ-Werten ergeben sich folgende Werte für die Winkel zwischen den Ringebenen der Biphenyle (obige Reihenfolge): 90°, 90°, 104°.

Versuche: *2.2'-Dimethyl-5.5'-dinitro-*, F. 177–178° (Essigsäure oder Aceton), durch ULLMANN-Rk. von 2-Jod-4-nitrotoluol (F. 58°, $Kp._3$ 138–140°), 1 Std. lang bei 215–220°, dann 1½ Std. lang bei 250°, in schlechter Ausbeute. — *2.2'-Dimethyl-5.5'-dichlor-*, $C_{14}H_{12}Cl_2$, $Kp._3$ 142–144°, n^{20} 1,5961, aus 4-Chlor-2-jodtoluol ($Kp._{10}$ 108–109°, n^{19} 1,6231, aus 4-Chlor-2- oder 2-Jod-4-toluidin) analog vorst. Verb. bei 240–290°; 50% Ausbeute. — *2-Methyl-3'.5-dinitrobiphenyl*, $C_{13}H_{10}N_2O_4$, F. 145–146° (A.), analog vorst. Verb. aus 0,08 Mol 2-Jod-4-nitrotoluol u. 0,003 Mol m-Nitrojodbenzol bei 220–250°. Bei Rk. mit äquimol. Mengen der Jod-Verbb. wird hauptsächlich *3.3'-Dinitrobiphenyl* gefunden. W. SCHRAMM. B 132□

Analyse komplexer NMR-Spektren: Epichlorhydrin. C. A. Reilly und J. D. Swalen. (J. chem. Physics **35**. 1522–23. Okt. 1961. Emeryville, Calif., Shell Dev. Co.) (Engl.)

Vff. wenden ein Iterations-Verf. zur Berechnung genauer Parameter aus hochaufgelösten kernmagnet. Resonanzspektren (C. **1962**. 4857) auf die 60- u. 40 MHz-Spektren von *Epichlorhydrin* an. Die mit einer IBM 7090 berechneten Parameter sind: δ_1 = 2,65, δ_2 = 2,84, δ_3 = 3,20, δ_4 = 3,47 u. δ_5 = 3,74 ppm; J_{12} = 5,0, J_{13} = 2,4, J_{14} = –0,2, J_{15} = –0,1, J_{23} = 4,0, J_{24} = 0,6, J_{25} = –0,1, J_{34} = –6,6, J_{35} = –4,0 u. J_{45} = 11,7 Hz. Die beiden Protonen in der CH_2Cl-Gruppe sind magnet. nicht äquivalent, da das Rotationsmittel ihrer Parameter verschieden ist. Dieses Ergebnis wäre auch bei einer schnellen Rotation um die Bindung zwischen der CH_2Cl-Gruppe u. dem Mol.-Rest zu erwarten. Die großen negativen Werte von J_{34} u. J_{35} weichen von theoret. Literaturwerten ab, dürften jedoch als Folge der gegenüber den tetraedr. Werten verzerrten Bindungswinkeln auftreten. D. JÖRCHEL. B 137□

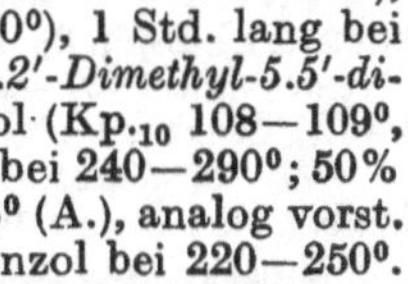

Untersuchung der Phasenübergänge in wasserfreiem Natriumstearat durch kernmagnetische Resonanz. R. F. Grant, N. Hedgecock und B. A. Dunell. (Canad. J. Chem. **34**. 1514–17. Okt. 1956. Vancouver, British Columbia, Univ. of British Columbia, Dep. of Chem. and Phys.) (Engl.)

Beim Auftragen der Linienbreiten der Kernresonanzabsorption von *Na-Stearat* gegen die Temp. im Bereich 20–200° treten 3 Diskontinuitäten auf, die Phasenübergängen bei 114, 130 u. 165° entsprechen. W. SCHRAMM. B 137□

Protonenmagnetische Resonanzspektren von Vinylmethylsilanen. R. T. Hobgood, J. H. Goldstein und G. S. Reddy. (J. chem. Physics **35**. 2038–40. Dez. 1961. Atlanta, Ga., Emory Univ., Chem. Dep.) (Engl.)

Die protonenmagnet. Resonanzspektren von *Vinyltrimethylsilan* u. *Divinyldimethylsilan* wurden in verd. Cyclohexan-Lsg. bei 40 MHz untersucht, u. die hierbei erhaltenen Parameter mit denen verglichen, die für Alkyläthylene unter ähnlichen Bedingungen erhalten wurden. Die Ergebnisse deuten auf die Ggw. von d_{π}-p_{π}-Strukturen in diesen Silanen. Zusätzliche Anisotropieeffekte als Folge der Ggw. von Si können auch beteiligt sein, sie allein erklären aber nicht die beobachteten Effekte. Alle Vinyl-Kopplungs-Konst. sind erheblich größer als die, die bei den Alkenen beobachtet wurden, sind jedoch den Werten vergleichbar, die für Vinyl-Metallbindungen enthaltende Moll. erhalten wurden.

W. SCHRAMM. B 137 □

Untersuchung der Wasserstoffbindung in Salicylaldehyd durch kernmagnetische Resonanz. Ichiro Yamaguchi. (Bull. chem. Soc. Japan **34.** 353—57. März 1961. Tokai Ibaraki-ken, Japan Atomic Energy Res. Inst., Radiation Application Div.) (Engl.)

Die Konz.-Abhängigkeit der Protonenresonanzspektren von *Salicylaldehyd* wurde bei 20° in Cyclohexan, CCl_4, Chlf., CH_3OH, Bzl., Aceton, Ae. u. Pyridin untersucht. Das Verh. der OH-Resonanzlinie läßt auf starke intramol. H-Bindung im Mol. schließen. Die Änderung des Ringprotonenspektrums bei der Verdünnung deutet auf eine Ladungswanderung im Ring, die durch die Änderung der H-Bindung hervorgerufen wird.

W. SCHRAMM. B 137 □

^{13}C-Hyperfeinstruktur im Elektronenspinresonanzspektrum des p-Benzosemichinon-1-^{13}C-Ions. M. R. Das und B. Venkataraman. (J. chem. Physics **35.** 2262—63. Dez. 1961. Bombay, India, Atom. Energy Establishm., Trombay and Tata Inst. of Fundament. Res.) (Engl.)

Vff. beobachteten das Elektronenspinresonanzabsorptionsspektrum des *$^{13}C_{(1)}$-p-Benzosemichinons* (ca. 50 Atom-% ^{13}C), das aus 5 Tripletts besteht. Die aus den beiden Außenlinien aller Tripletts gebildeten 5 Dubletts rühren von den ^{13}C-Isotopen her; die Aufspaltung von $|a_1^c| = 0{,}40 \pm 0{,}04$ Gauß entspricht der ^{13}C-Hyperfeinaufspaltung. Als mögliche Wertepaare für die beiden σ-π-Wechselwrkg.-Parameter, die sich auf die C—O-Bindung beziehen, folgen für + bzw. — 0,40 Gauß $Q^C_{CO} = 9{,}2$ u. $-Q^C_{OC} =$ —1,6 bzw. $Q^C_{CO} = 11{,}3$ u. $-Q^C_{OC} = 3{,}9$.

D. JÖRCHEL. B 137 □

Protonenresonanzverschiebungen und Elektronensusceptibilitäten in 1.3-Bis-[diphenylen]-2-phenylallyl. M. E. Anderson, R. S. Rhodes und G. E. Pake. (J. chem. Physics **35.** 1527—28. Okt. 1961. Denton, Tex., North Texas State Coll.; Stanford, Calif., Stanford Univ.) (Engl.)

Vff. bestimmten experimentell die Protonenresonanzverschiebungen in polykrist. Proben des Radikals *1.3-Bis-[diphenylen-(2.2')]-2-phenylallyl* (BDPA) sowie die Temp.-Abhängigkeit der Elektronensusceptibilität u. daraus die Hyperfein-Konst. A zu (3,7 ± 0,5) MHz oder (1,3 ± 0,3) Oe. Bei der Temp. des fl. He war das Spektrum in 2 Komponenten aufgelöst, die stärkere Komponente trat bei einer festen Frequenz von 22,8 MHz beim Resonanzfeld H_0 auf, die andere bei einem $H = H_0 + \Delta H$ mit $\Delta H = 15$ Oe. Das Vorzeichen von A für diese verschobenen Protonen ist negativ. Als Verhältnis der Intensitäten von unverschobener zu verschobener Komponente ergibt sich ca. 70:30. Die verschobene Komponente verbreitert sich bei Temp.-Abnahme im Bereich des fl. He. Während bei Raum-Temp. die Proton–Proton–Dipol-Wechselwrkg. die Hauptquelle der Linienverbreiterung sein dürfte u. der von der Hyperfein-Wechselwrkg. herrührende Beitrag nur von der Größenordnung $A^2 \omega_s^{-1}$ ist (ω_s = Änderungs-Geschw. der Hyperfeinkopplung zwischen Kernen u. Elektronen), wird der Hyperfeinbeitrag wesentlich, wenn die Austauschordnung einsetzt u. die Geschw. der Elektronenspinfluktuation kleiner wird. Die unverschobene Komponente ändert ihre Breite bis hinab zu 1,4° K kaum.

D. JÖRCHEL. B 137 □

Elektron-Spin-Resonanz von polarographisch erzeugten Phenazin-Radikal-Ionen. K. H. Hausser, A. Häbich und V. Franzen. (Z. Naturforsch. **16a.** 836—38. Aug. 1961. Heidelberg, MPI für Med. Forsch.) (Dt.) — Vgl. C. **1962.** 791.

Die Elektron–Spin-Resonanzspektren (ESR-Sp) vom *Phenazin-Radikalanion* (**I**) u. vom *Phenazyliumkation* (**II**) wurden bei $\lambda = 3{,}2$ cm mit einem 100 kHz-modulierten Spektrometer nach polarograph. Erzeugung im Hohlraumresonator (Abb. der Meßzelle) aufgenommen. Das ESR-Sp von **I** besteht aus 17 Gruppen zu je 5 Linien. Es läßt sich vollständig durch die drei Kopplungs-Konst. $J_N = 4{,}80$ Gauß; $J_{P_1} = 1{,}60$ u. $J_{P_2} = 0{,}16$ beschreiben. Das ESR-Sp von **II** besteht aus 7 Hauptgruppen mit insgesamt 127 Hyperfeinstruktur (HFS)-Komponenten. Es läßt sich vollständig durch die 4 Kopplungs-Konst. $J_N = 5{,}75$; $J_{PN} = 6{,}30$; $J_{P_1} = 1{,}65$ u. $J_{P_2} = 0{,}55$ beschreiben. **I** wurde durch polarograph. Red. aus *Phenazin* (**III**; F. 175,5°, korr.) mit Acetonitril als Lsgm. u. Tetrapropylammoniumperchlorat als Leitsalz dargestellt (Halbstufenpotential 0,94 V). **I** zerfällt mit einer Halbwertszeit von 3—4 Min. bei 22°. **II** wurde polarograph. aus *Phenaziniumdiperchlorat* durch Red. (Halbstufenpotential 0,11 V) oder aus *Dihydrophenazin* (**IV**) durch Oxydation (Halbstufenpotential 0,52 V) dargestellt. **IV** wurde aus **III** durch katalyt. Hydrierung (Pd auf $BaSO_4$) in Tetrahydrofuran dargestellt. Die Herst. des positiven Phenazin-Radikal-Ions auf polarograph. Wege gelang nicht. Alle Verss. wurden unter Ausschluß von O_2 durchgeführt. W. PENN. B 137□

Elektronenspinresonanzuntersuchungen gammabestrahlter Einkristalle von Saccharose. Hisashi Ueda, Zen'ichiro Kuri und Shoji Shida. (J. chem. Physics **35.** 2145—47. Dez. 1961. Tokyo, Japan, Japanese Assoc. for Radiation Res. on Polymers.) (Engl.)

Vff. untersuchten die Elektronenspinresonanz γ-bestrahlter (Dosis 10^6 r) Einkristalle von *Saccharose* bei 9400 MHz bei verschiedener Orientierung im Magnetfeld. Die Änderungen der Resonanz mit dem Winkel waren am größten bei Rotation des Kristalls um seine b-Achse, die senkrecht zum Magnetfeld stand. Die anisotrope Hyperfeinstruktur verschwand, wenn das Magnetfeld senkrecht zur bc-Ebene gerichtet war. Es wird die Bldg. von Radikalen des Typs $X-\dot{C}H-Y$ angenommen, die von WILLIAM u. Mitarbeitern (Proc. nat. Acad. Sci. USA **45.** [1959.] 1744) bei Bestrahlung polykristalliner Saccharide beobachtet wurden. W. SCHRAMM. B 137□

Zur Reaktivität von Ionen und Ionenpaaren bei einigen basenkatalysierten Reaktionen. Arne Brändström. (Ark. Kemi **11.** Nr. 62. 567—90. 6/12. 1957. Uppsala, Sweden, Pharmacia Ltd., Res. Labor.) (Engl.)

Vf. zeigt an Hand von Literaturangaben, daß ACREES [1912] „dualer Mechanismus" der Katalyse bei basenkatalysierten Rkk. korrekt ist, wenn der richtige Dissoziationsgrad benutzt wird. Die Rk.-Geschw. mit dem dissoziierten wie mit dem undissoziierten Anteil der Base kann oft durch Best. der Rk.-Geschw. bei verschiedenen Konzz. u. Messung der elektrolyt. Leitfähigkeit bei diesen Konzz. berechnet werden. Dazu wird eine neue Meth. zur Extrapolation von Λ aus der gemessenen Leitfähigkeit abgeleitet. — 20 Literaturhinweise. H.-P. RETTIG. B 139□

Elektronenaffinität der Acceptormoleküle in Ladungsübertragungskomplexen. M. E. Peover. (Nature [London] **191.** 702—03. 12/8. 1961. Teddington, Middlesex, Nat. Chem. Labor., Dep. of Sci. and Ind. Res.) (Engl.)

Für eine Reihe von Acceptor-Moll. [*2.3-Dicyan-5.6-dichlorbenzochinon, Tetracyanäthylen* (**I**), *Chloranil* (**II**), *Pikrinsäure, p-Benzochinon* (**III**), *Pyromellitsäuredianhydrid, p-Xylochinon, Phenanthrenchinon-(9.10), 2-Methylnaphthochinon-(1.4), Durochinon, Maleinsäureanhydrid* (**IV**), *Anthrachinon, Phthalsäureanhydrid*] wurde das Halbstufenpotential für die erste Einelektronenaddition bei 25° in Acetonnitril, z. T. auch in Dimethylformamid gemessen u. in Beziehung gesetzt zur Stabilität der Ladungsübertragungskomplexe. Es scheint eine lineare Beziehung zwischen der Änderung der freien Energie bei der Komplex-Bldg. u. dem polarograph. Halbstufenpotential zu bestehen, wie für **I, II** u. **III** gezeigt wird; **IV** zeigt abweichendes Verhalten. Die stärkeren Komplexbildner besitzen die positiveren Potentiale. GERHARD SCHULZ. B 142□

Das polarographische Verhalten des Methylenblaus unter besonderer Berücksichtigung der katalytischen Stufe. E. Pungor und Gy. Farsang. (Ann. Univ. Sci. Budapestinensis Rolando Eötvös nominatae, Sect. Chim. **2.** 299—304. 1960. Budapest, L. Eötvös-Univ., Inst. für anorg. u. anal. Chem.) (Dt.)

Vff. untersuchten polarograph. die katalyt. Stufe des *Methylenblaus* (**I**) u. deren Abhängigkeit von der Zus. u. Verdünnung der Pufferlösung. Die experimentellen Ergebnisse zeigten, daß die katalyt. Stufe bei Verdünnung des Puffers ($^1/_{15}$m Phosphatpuffer nach SØRENSEN, pH 7; 7,5 u. 8) erst ansteigt u. dann sinkt. Die Stelle der maximalen Stufenhöhe verschiebt sich bei gegebenem pH-Wert mit dem Anstieg der Konz. von **I** in Richtung höherer, bei konst. Konz. von **I** durch Erhöhen des pH-Wertes in Richtung niedrigerer Pufferkonzentrationen. Die katalyt. Wrkg. von **I** wurde durch Zusatz von KBr vermindert. Die Höhe der katalyt. Stufe wird beeinflußt durch den Katalysator u. den diesen regenerierenden Protonendonator, durch die abs. Konz. beider u. durch das Verhältnis der Konzz. in der Rk.-Zone zueinander.

E. WIEHR. B 142□

Bildungswärmen einiger organischer positiver Ionen und ihrer Stammradikale und -moleküle. R. R. Bernecker und F. A. Long. (J. physic. Chem. **65.** 1565—69. Sept. 1961. Ithaca, N.Y., Cornell Univ., Dep. of Chem.) (Engl.)

Vff. tabellieren die Bldg.-Wärmen ΔH_f (g) bei 298° K (in eV) für die aus C, H u. O gebildeten gasförmigen Moll., Radikale u. positiven Ionen für Verbb. mit nicht mehr als 4 Atomen. Die den ΔH_f-Werten zugrunde liegenden Ionisationspotentiale entstammen der Literatur, entnommen spektroskop., Photoionisations- bzw. Elektronenstoßuntersuchungen u., bei den folgenden Verbb., eigenen Messungen der Appearencepotentiale der aus ihnen entstehenden Ionen. *Kr*, CO_2, *Ne*, CH_4, N_2, $(CH_3)_2O$, C_2H_4, *HCOOH*, *Methylvinyläther*, *DCOOH*, $DCOOC_2H_5$, *Essigsäure*, *-äthylester*, $DCOOC_3H_7$ u. *Ameisensäureäthylester*. Die $\Delta H_f(g)$-Werte folgender neutraler Typen u. ihrer positiven Ionen sind tabelliert: H, H_2, O, OH, W., H_3O, O_2, HO_2, H_2O_2, CH, CH_2, CH_3, CH_4, CO, HC=O, H_2C=O, CH_3O, CH_2OH, CH_3OH, HC(=O), –C(=O) OH, $HCOOH_2$, HC=C, C_2H_2, C_2H_3, C_2H_5, C_2H_6, Keten, CH_3C=O, CH_2=CH–O, CH_2CH=O, CH_3CHO, Äthylenoxid, C_2H_5O, C_2H_4OH, CH_2OCH_3, CH_3, OCH_3, A., $CH_3C(=O)O$, –C(=O) OCH_3, $HCOOCH_3$, CH_3COOH_2, Äthylenglykol, $CH_3C \equiv C$, CH_2=C=CH, $CH_2 \equiv CCH$, CH_3 C≡CH, Allen, CH_2CH=CH_2, CH_3CH=CH, CH_3C=CH_2, C_3H_6, Cyclopropan, CH_3C HCH_3, $CH_3CH_2CH_2$, C_3H_8, Acrolein, HC=CCH_2OH, C_2H_4C=O, CH_3CH_2C=O, Aceton, Allylalkohol, Propionaldehyd, Epoxypropen, C_3H_6OH, $CH_3CH_2CH_2O$, $(CH_3)_2CHO$; n-, Isopropanol, $CH_3OC_2H_5$, Acrylsäure, C_2H_4COOH, $C_2H_5C(=O)O$, Propionsäure, CH_3COOCH_3, $CH_2(OCH_3)_2$, CH_3C=CCH_2, Divinyl, Methylallen, Äthyl-, Dimethylacetylen, C_4H_7, Buten-(1), Isobuten, cis- u. trans-Buten-(2), n-, iso-, sek.-, tert.-C_4H_9, n-, iso-C_4H_{10}, Crotonaldehyd, Divinyl-, Methylpropargyläther, $CH_3C(=O)C_2H_3$, Butyr-, Isobutyraldehyd, Methylallyl-, Äthylvinyläther, Methyläthylketon, n-C_4H_9O, $(CH_3)_2CHCH_2O$, $C_2H_5CH(CH_3)O$, $(CH_3)_3C$–O, n-, iso-, tert.-C_4H_9OH, Allylformiat, Diacetyl, Vinylacetat, $C_3H_7C(=O)O$, n-, Isobuttersäure, Methylpropionat u. $HCOOCH_2C_2H_5$.

W. SCHRAMM. B 156□

Untersuchungen über Sedimentation und Diffusion im System Tetrabromäthan/Triolein. Ein Beitrag zur Kenntnis der inneren Beweglichkeit der Flüssigkeiten. F. Grün und D. Walz. (Helv. chim. Acta **44.** 1883–1903. 1/12. 1961. Basel, Univ.-Augenklinik, Wissenschaftl. Labor.) (Dt.)

Mit einer SPINCO-Ultrazentrifuge [56100 U/min; Zweisektorenzelle, Aufnahmetechnik mit Schlierendraht nach PHILPOT [1938] u. SVENSSON [1939]; Auswertung nach GUTFREUND u. OGSTON (Biochem. J. **44.** [1949.] 103) u. BALDWIN (C. **1950/54.** 275S)] wurde der Sedimentations-Koeff. von *Tetrabromäthan* (**I**) in Mandelöl zu $s = 3{,}9 \cdot 10^{-15}$ s $\pm 15\%$ erhalten. Der von I in Triolein in einer Zentrifuge mit Unterschichtungszelle erhaltene Diffusions-Koeff. (Auswertung nach der Meth. des zweiten Moments) beträgt $D = 3{,}5 \cdot 10^{-7}\ cm^2 \cdot s^{-1} \pm 10\%$ für kleine Konzz. bei 20°. Die aus diesen Werten erhaltenen Beweglichkeiten b stimmen zwar etwa überein, liegen aber ca. 5mal höher als die hydrodynam. erhaltenen. Da s u. D die SVEDBERGsche Beziehung (mit einer Unsicherheit von 10–20%) erfüllen, kann geschlossen werden, daß letztere auch für Syst. gilt, die nicht hydrodynam. behandelt werden können. Die Diskrepanz von $b_{Diff.} = b_{Sed.}$ zu $b_{Hydr.}$ bei Syst., in denen $Molgew._{Lsgm.} > Molgew._{Gelöstes}$ ist, läßt sich damit erklären, daß man b als eine von der Geschw. abhängige Größe betrachtet.

R. JUNGE. B 174□

Chromatographische und elektrophoretische Untersuchung der Bildung von Folsäure und einiger einfacher Pterine. W. M. Beresowski, A. M. Jurkewitsch und I. K. Kriwoscheina. (Журнал Общей Химии [J. allg. Chem.] **31** (**93**). 2782–86. Aug. 1961. Allunions-Vitamin-Forschungsinst.) (Russ.)

Durch chromatograph. u. elektrophoret. Trennung auf Papier wurde festgestellt, daß sich bei der Kondens. von 2.4.5-Triamino-6-hydroxypyrimidin (**I**) mit 2.3-Dibrompropionaldehyd (**II**) u. p-Aminobenzoylglutaminsäure (**III**) bei pH 3–4 neben *Folsäure* auch *6-Methyl-* (**IV**) u. *6-Hydroxymethylpterin* (**V**) bilden. **I** u. **II** kondensieren bei pH 3–4 zu **IV** u. **V**. Bei pH 7–8 liefern **I** u. **II** lediglich **V**, nicht aber *7-Methylpterin* (**VI**), das sich nur bei pH 1 bildet (vgl. dagegen WEYGAND [1950]). Folsäure kann auf dem Papierchromatogramm entwickelt werden, indem mit $KMnO_4$ behandelt u. die Fluorescenz der gebildeten Pterin-6-carbonsäure im UV-Licht beobachtet wird. Es werden die Papierchromatogramme des aus **I**, **II** u. **III** bei pH 3–4 erhaltenen Rk.-Gemisches sowie von Folsäure, **IV** (aus Folsäure), **VI** (aus **I** u. **II** bei pH 1), **VI** (aus **I** u. Bromaceton), **V** (aus **I** u. **II** bei pH 7–8) u. **IV** u. **V** (aus **I** u. **II** bei p H 3–4) angegeben. — Für die Bldg. der Folsäure u. der Pterine aus **I**, **II** u. **III** wird ein Rk.-Mechanismus diskutiert.

HELMUT SCHÄFER. B 177□

Antiparallele Spinpolarisation in Triplettzuständen. Harden M. McConnell. (J. chem. Physics **35.** 1520–21. Okt. 1961. Pasadena, Calif., California Inst. of Technol., Gates and Crellin Labor. of Chem.) (Engl.)

Effekte der σ–π- u. π–π-Spinkorrelationen können für die Best. von Größe u. Vorzeichen der Parameter D u. E in der Spin-HAMILTON-Funktion $H = D S_z^2 + E (S_x^2 - S_y^2)$ der dipolaren Elektronen–Spin-Wechselwrkg. eine Rolle spielen. Am Beispiel einer einfachen planaren Symmetrie mit 4 π-Elektronen, wie sie bei bestimmten π-Elektronentriplett-Syst. auftreten, wird gezeigt, wie nach der Valenzbindungsnäherung negative Beiträge zu D entstehen können, welche einer antiparallelen Spinpolarisation entsprechen.

D. JÖRCHEL. B 182□

Molekülgeometrie. 1. Mitt. **Maschinenberechnung der gewöhnlichen Ringe.** James B. Hendrickson. (J. Amer. chem. Soc. **83.** 4537–47. 20/11. 1961. Los Angeles, Calif., Univ. of California, Dep. of Chem.) (Engl.)

Vf. erörtert die Berechnung der Energien der KW-Stoff-Mol.-Konformation als Funktion der verschiedenen geometr. Parameter sowie die Bewältigung dieser umfangreichen Berechnungen mit Rechenmaschinen (IBM 709-Computer). Es werden neue Funktionen für nichtgebundene Wechselwrkg. entwickelt u. mit bekannten verglichen. Als Beispiel werden die Cycloalkane C_5—C_7 betrachtet, deren Konformationen minimaler Energie berechnet u. mit experimentellen Werten verglichen werden. Ferner diskutiert Vf. die Konformationen u. Pseudorotationen der flexiblen Formen dieser Ringe im Rahmen dieser Berechnungen u. geht bes. auf die komplexe Konformationsanalyse der Cycloheptane ein. D. JÖRCHEL. B 182□

Isotopengrößeneffekt auf die Van der Waals-Radien und die Schranke gegen die Rotation um die Kohlenstoff–Kohlenstoff-Einfachbindung. W. F. Libby. (J. chem. Physics **35.** 1527. Okt. 1961. Los Angeles, Calif., Univ. of California, Dep. of Chem. and Inst. of Geophys.) (Engl.)

Vf. zeigt, daß man durch isotop. Substitution an Hand des Isotopengrößeneffekts prüfen kann, ob als Ursache für die 2,85-kcal/Mol-Schranke gegen die innere Rotation in *Äthan* die ster. Abstoßung der H-Atome im eklipt. Zustand in Frage kommt. In diesem Falle sollte die Schrankenhöhe bei Deuterierung kleiner werden. Experimentelle Werte aus der Literatur zeigen jedoch eine große Unempfindlichkeit der Schrankenhöhe gegenüber isotop. Substitutionen, so daß die ster. Abstoßung zwischen H-Atomen nicht die Hauptursache der beobachteten Schranke sein dürfte. D. JÖRCHEL. B 182□

Genäherte mittlere quadratische Amplituden der charakteristischen Zweiatomschwingungen. C. J. G. Raw und C. Kuenz. (J. chem. Physics **35.** 1529–30. Okt. 1961. St. Louis, Mo., Saint Louis Univ., Dep. of Chem.) (Engl.)

Vff. entwickeln eine gegenüber bekannten Verff. einfachere Näherungs-Meth. zur Berechnung der mittleren quadrat. Amplitude der charakterist. Zweiatomschwingung im Bereich oberhalb 1200 cm^{-1}, in welchem die Temp.-Abhängigkeit dieser Amplitudenwerte vernachlässigbar wird. Die Meth. verzichtet auf eine detaillierte Berechnung der L-Matrixelemente, u. der Endausdruck enthält lediglich die Schwingungsfrequenz sowie den Dehnungskraftkoeffizienten. Ein Vgl. zwischen den nach dieser Meth. berechneten u. den experimentell aus Elektronenbeugungs- u. spektroskop. Daten ermittelten quadr. Amplitudenwerten für C—H-, C—Cl-, C=O- u. C=C-Schwingungen in verschiedenen Moll. (Allen, Bzl., H_2CO, $CH_2{=}CF_2$, CCl_4, CO_2, $CF_2{=}CF_2$) zeigt gute Übereinstimmung, vor allem selbst bei niedrigen Frequenzen für jene Schwingungen, welche als Gruppenschwingungen aufgefaßt werden können. D. JÖRCHEL. B 182□

Messung der Wirkungsquerschnitte von Benzol und Toluol gegen langsame Elektronen. H. Hartmann, R. Volpers und R. Euterneck. (Z. physik. Chem. [Frankfurt/M.] **30.** 201–14. Nov. 1961. Frankfurt/M., Univ., Inst. für Phys. Chem.) (Dt.)

Zur Best. der Wrkg.-Querschnitte (WQ) von *Bzl.* u. *Toluol* (I) gegen langsame Elektronen wird eine App. nach RAMSAUER mit magnet. Kreisführung der Elektronen verwandt. Diese gestattet in eindeutiger Weise, sämtliche Stoßvorgänge bei gleichzeitig scharf definierter Elektronenenergie zu erfassen. Es gelingt, die WQ gegen Elektronenenergie im Bereich 49–1,5 eV aufzunehmen. Die Ähnlichkeit im Verlauf der Bzl.- u. I-WQ als Funktion der Elektronenenergie ist auffällig. Der Einfl. der CH_3-Gruppe scheint durch Vgl. mit den Messungen des WQ des CH_4 u. seiner Homologen bei I erkennbar zu sein. Für bestimmte Elektronenenergien zeigen die WQ charakterist. Maxima, die eine Deutung als Anregungs- oder Ionisierungsresonanzquerschnitte wahrscheinlich machen. CLAUS FISCHER. B 182□

Molekularbahnberechnungen für Cyclooctatetraen. Guenter Ahlers und James F. Hornig. (J. physic. Chem. **65.** 2102–03. Nov. 1961. Riverside, Calif., Univ. of California, Dep. of Chem.) (Engl.)

Mit Hilfe einer einfachen Erweiterung der HÜCKELschen Theorie der Molekularbahnen durch Einbeziehung der relativen Verdrehung benachbarter p-Bahnen in das β-Resonanzintegral berechnet Vf. die relative Stabilität eines nichtplanaren π-Elektronen-Syst. am Beispiel des *Cyclooctatetraens*. Es zeigt sich, daß in Übereinstimmung mit den Ergebnissen aus Elektronenbeugungs-Verss. (BASTIANSEN u. Mitarbeiter, C. **1958.** 10602) die Bootform (D 2d) gegenüber der Kronen- (D 4d) u. der Sesselform (C 2h) energet. stark bevorzugt ist, u. zwar laut Rechnung um ca. 3,5 $\beta^0_{1,39}$, wobei $\beta^0_{1,39}$ der einer unverdrehten Bindung der Länge 1,39 Å entsprechende Resonanzintegralwert ist. Die Energie der 4 isolierten Doppelbindungen ist 9,5 $\beta^0_{1,39}$, so daß die

Rechnung eine Stabilisierungsenergie von $0{,}3|\beta^0_{1,39}|$ oder ca. 11 kcal/Mol (mit $\beta^0_{1,39} = -37$ kcal/Mol) liefert. Die experimentelle Resonanzenergie beträgt 4 kcal/Mol.

D. JÖRCHEL. B 182□

Physikalische Methoden und stereoselektive Reaktionen. Maurice Legrand und Jean Mathieu. (Bull. Soc. chim. France **1961.** 1679—94. Okt. Paris, Centre de Rech. Roussel-Uclaf.) (Franz.)

Unter Heranziehung der Ergebnisse eigener u. fremder Arbeiten besprechen Vff. zunächst die Meth. der Best. der kernmagnet. Resonanz, des Zirkulardichroismus, der opt. Rotationsdispersion u. der Röntgenspektren. Behandelt wird die Anwendung dieser Verff. auf die Erkennung funktioneller Gruppen, die Ermittlung der Struktur u. Konfiguration sowie die Kontrolle des Ablaufs mehrstufiger Synth., bes. ihres stereospezif. Verlaufs. Als Beispiele dienen Steroide, tricycl. Verbb. (Des-A-steroide), Alkaloide aus der Ibogainreihe u. Yohimbanderivate. — 23 Literaturhinweise. B. GNAUCK. B 182□

Die Kohlenstoff-Basizität der Halogenid- und Pseudohalogenidionen in Nitrobenzol. A. J. Parker. (Proc. chem. Soc. [London] **1961.** 371—72. Okt. London, Univ. Coll., William Ramsay and Ralph Forster Labor.) (Engl.)

Das unterschiedliche nucleophile Verh. der Anionen Y^- wird durch Best. der Gleichgewichts-Konst. der Rk. $n\text{-}C_4H_9Br + Y^- \rightleftharpoons n\text{-}C_4H_9Y + Br^-$ untersucht, wobei Y^- (als *Tetraäthylammoniumsalze* eingesetzt) folgende Anionen darstellt: N_3^-, Cl^-, Br^-, SCN^- u. J^-. Die Messungen werden in Nitrobenzol bei 80° durchgeführt. Die Gleichgewichts-Konst. sind $4\cdot10^5$, $1{,}5\cdot10^2$, 1, 1 u. $2\cdot10^{-2}$. Die so ermittelte starke Kohlenstoffbasizität des Chlorid- u. Azidanions entspricht der ebenfalls starken Wasserstoffbasizität dieser Ionen in dipolaren, aprot. Lsgm., das Jodidion ist in Nitrobenzol eine schwache Base gegenüber Kohlenstoff u. Wasserstoff. RUDOLF ALBRECHT. B 221□

Wirkung der cis–trans-Isomerie auf die Fähigkeit zur Bildung einer Harnstoffeinschlußverbindung eines Moleküls; Untersuchung des Systems Maleinsäureester–Fumarsäureester. Jack Radell, Joseph W. Connolly und William R. Cosgrove jun. (J. org. Chemistry **26.** 2960—63. Aug. 1961. Wright-Patterson Air Force Base, Ohio, Materials Central of Wright Air Dev. Div., Phys. Labor.) (Engl.)

Die *Dimethyl-* (F. 105°; $Kp._{760}$ 192—193°), *Diäthyl-* ($Kp._{3,7}$ 90—91°; n_D^{25} 1,4379; $D._4^{25}$ 1,0450), *Di-n-propyl-* ($Kp._{1,2}$ 104—106°; n_D^{25} 1,4410; $D._4^{25}$ 1,0059), *Di-n-butyl-*, *Di-n-octyl-* u. *Di-n-decylester* der Fumarsäure, die *Diäthyl-*, *Di-n-propyl-* ($Kp._{5,7}$ 117 bis 119°; n_D^{25} 1,4396; $D._4^{25}$ 1,0189), *Di-n-butyl-*, *Di-n-octyl-* u. *Di-n-decylester* der Maleinsäure wurde untersucht im Hinblick auf die Möglichkeit zur Bldg. von Harnstoffeinschlußverbindungen. Die Ester beider ungesätt. Säuren bilden Einschluß-Verbb., jedoch steht die kürzeste zur Stabilisierung erforderliche Kettenlänge in einem Verhältnis zum Gesamtquerschnittsdurchmesser des Esters. Die Fumarsäureester, die die „schlankere" Konformation besitzen, bilden leichter Komplexe als die Maleinsäureester. Die Röntgenstrahlenpulverdiagramme der Harnstoffeinschluß-Verbb. wurden aufgenommen. GERHARD SCHULZ. B 223□

1.3-diaxiale Wasserstoffbrücken und die intramolekulare Unterstützung der Solvolyse. Robert West, James J. Korst und William S. Johnson. (J. org. Chemistry **25.** **1976—78.** Nov. 1960. Madison, Wis., Univ. of Wisconsin, Dep. of Chem.) (Engl.)

Von folgenden polycycl. 1.3-Diolen u. 1.3-Diolmonoacetaten wurden die IR-Spektren im OH-Valenzfrequenzbereich mit hoher Auflösung in CCl_4 aufgenommen: 1β.6-endo-Dimethyl-6-exo-hydroxy-1′-methoxy-7′.8′-dihydronaphtho-[6′.5′:2.3]-Δ^2-bicyclo-[3.3.1]-nonene: *-9α-acetoxy-* (**I**), F. 131—132°; *-9α-hydroxy-* (**II**), F. 150,5—151°; *-9β-acetoxy-* (**V**), F. 195—198°; *-9β-hydroxy-* (**VI**), F. 185—186,5° u. 1β.6-endo-Dimethyl-6-exo-hydroxy-1′-methoxy-5′β.6′β.7′.8′-tetrahydronaphtho-[6′.5′:2.3]-bicyclo-[3.3.1]-nonane: *-9α-acetoxy-* (**III**), F. 197—198°; *-9α-hydroxy-* (**IV**), F. 212—218°. Die Spektren von **I** u. **III** geben starke Hinweise für das Vorliegen von schwachen H-Brücken zwischen der OH-Gruppe u. dem Äther-O der Estergruppe unter Ausbildung eines 6-Ringes. Analoges gilt für **II** u. **IV**, in denen aber die H-Brücke von der sek. zur tert. OH-Gruppe oder umgekehrt gebildet werden kann. Die Spektren deuten auf ein Gleichgewicht zwischen beiden Formen hin. **V** kann aus ster. Gründen nur intermol. H-Brücken bilden, was auch aus dem Spektrum eindeutig hervorgeht. **VI** sollte sich wie **V** verhalten, zeigt aber im Spektrum mit Sicherheit intramol. H-Brücken. Es wird angenommen, daß diese zwischen der OH-Gruppe u. der C=C-Doppelbindung bestehen. Die im Alkal. überraschend schnell verlaufende Methanolyse von **III** u. **I** steht zweifellos im Zusammenhang mit der in diesen Verbb. vorliegenden besonderen Form von H-Brücken. A. MASCHKE. B 223□

Löslichkeit des Vinylacetylens in Benzol, Toluol und p-Xylol. J. Vítovec und V. Fried. (Collect. czechoslov. chem. Commun. **25.** 2218—21. Aug. 1960. Gottwaldow, Forschungsinst. für Kautschuk; Prag, TH für Chem.) (Dt.)

Es wird die Löslichkeit von *Vinylacetylen* (I) in Bzl. (20—60°), Toluol (20—90°) u. p-Xylol (20—120°) bestimmt. Diese Werte wurden mittels der Sättigungs-Meth. erhalten u. mit den früher nach der Zirkulations-Meth. erhaltenen verglichen (C. **1961.** 9730). Beide Ergebnisse sind prakt. gleich. Die Löslichkeit (in Molenbrüchen x) in Abhängigkeit von der Temp. T beim Partialdruck von 760 Torr folgt der Beziehung $\log x = A/T + C$ mit den Konst. für das Syst. I–Bzl. A = 1277; C = —2,6170; für I–Toluol 1233,2; —2,6356; für I-p-Xylol 1165,6; —2,2443. K. Setínek/Prag. B 224

Die Beeinflussung der Verteilung organischer Basen zwischen Äther und Wasser durch Salzzusatz. H. Thies und E. Ermer. (Naturwissenschaften **49.** 85. 2. Febr.-H. 1962. München, Univ., Inst. für Pharm. u. Lebensmittelchem.) (Dt.)

Durch Zusatz von 6% NaCl zur wss. Phase wird der Verteilungs-Koeff. des *Ephedrins* in Ae.-W. von 2,40 auf 4,75 u. bei Zugabe von 10% NaCl auf 7,25 heraufgesetzt. Ch. Weiske. B 224□

Thermische Isomerisierung von Spirobicyclopropan. M. C. Flowers und H. M. Frey. (J. chem. Soc. [London] **1961.** 5550—51. Dez. Southampton, Univ., Chem. Dep.) (Engl.)

Die therm. Isomerisierung von *Spirobicyclopropan* [*Spiropentan* (I); aus Pentaerythrittetrabromid (II) nach Applequist u. Mitarbeitern, C. **1960.** 3531] zu Methylencyclobutan (III; aus II nach Roberts u. Sauer, J. Amer. chem. Soc. **71.** [1949.] 3925) im Temp.-Bereich 360—410° wurde untersucht. Die Rk. ist erster Ordnung u. folgt der Arrheniusschen Gleichung $k = 10^{15,86} \cdot e^{-57570/RT}$ s^{-1}. Die gleichzeitige Zers. von I zu Allen (IV) u. Äthylen (V) ist langsamer u. besitzt eine höhere Aktivierungsenergie, bei 408° beträgt die Zers. ca. 9%. Die Zers. von III zu IV u. V bzw. seine Isomerisierung zu 1-Methylcyclobuten sind unter den hier angewandten Rk.-Bedingungen unbedeutend. Gerhard Schulz. B 225□

Die Aktivierungsenergie der Inversion substituierter 1.2-Dithiane und 1.2-Dioxane, gemessen durch die Technik der kernmagnetischen Resonanz. Goran Claeson, Gaylord Androes und Melvin Calvin. (J. Amer. chem. Soc. **83.** 4357—61. 5/11. 1961. Berkeley, Calif., Univ. of California, Lawrence Radiation Labor. and Dep. of Chem.) (Engl.)

Die NMR-Spektren von $D_{4(4.4.5.5)}$-*1.2-Dithian* (I), *3.3.6.6-Tetramethyl-1.2-dithian* [II; durch Umwandlung von 2.5-Dimethyl-2.5-dihydroxyhexan (IV) zu 2.5-Dimethyl-2.5-dibromhexan mit HBr, Rk. des Dibromids mit Thioharnstoff (V), Hydrolyse zu 2.5-Dimethyl-2.5-dimercaptohexan u. dessen Oxydation mit J_2] u. *3.3.6.6-Tetramethyl-1.2-dioxan* (III; durch Oxydation von IV mit H_2O_2) wurden bei verschiedenen Temp. gemessen, um die Geschw. der Umwandlung der Isomeren ineinander zu untersuchen. Für II errechnet sich aus den Spektren die Aktivierungsenergie $\Delta E^{\neq}$ zu 16,1 [kcal/Mol] u. der Frequenzfaktor ν_0 der Inversion zu $2 \cdot 10^{14}$ [s^{-1}], für III $\Delta E^{\neq} = 18,5$, $\nu_0 = 4 \cdot 10^{16}$. Der Unterschied der Werte für die beiden Verbb. läßt Vff. einen unterschiedlichen Weg für die Inversion von II u. III vermuten.

Versuche: $D_{2(OH \cdot OH)}$)-*Butin-(2)-diol-(1.4)*, aus Butin-(2)-diol-(1.4) (F. 54—57°) durch mehrmaliges Auflösen in D_2O u. Abdestillieren des Wassers. — $D_{6(OH.OH.2.2.3.3)}$-*Butandiol-(1.4)*, Kp.$_{10}$ 121—123°, aus vorst. Verb. durch Deuterierung in Äthylacetat an PtO_2; n_D^{21} 1,449; 73% (Ausbeute). — $D_{4(2.2.3.3)}$-*Butandithiol-(1.4)*, Kp.$_{17}$ 79—61° (?), vorst. Verb. wurde mit V u. 47%ig. HBr 8 Std. gekocht, nach Neutralisierung mit NaOH wurde noch 2 Std. gekocht; 45%. — $D_{4(4.4.5.5)}$-*1.2-Dithian* (I), Kp.$_{34}$ 87—88°, F. 32—33°, zu einer Lsg. vorst. Verb. in A.–H_2O wurde eine 5%ig. Lsg. von J_2 in A. zugefügt bis zur schwachen Gelbfärbung u. Entfärbung mit etwas $Na_2S_2O_3$; 85%. Gerhard Schulz. B 225□

Autoxydation flüssiger Allylchloride. William F. Brill. (J. org. Chemistry **26.** 2969—72. Aug. 1961. Princeton, N.J., Food Machinery and Chem. Corp. Chem. Res. and Dev. Center, Petro-Tex Dep.) (Engl.)

Die Autoxydation von *Allylchlorid* (I; in Ggw. von MgO), *Methallylchlorid* (II; ohne Katalysator u. in Ggw. von Co-Acetylacetonat bzw. MgO + tert.-Butylhydroperoxid), *1.4-Dichlorbuten-(2)* (III) u. *3.4-Dichlorbuten-(1)* (IV) wurde untersucht. Neben einer Vielzahl anderer Prodd. bilden sich als Hauptprodd. aus I: Ameisensäure (V), Chloracetaldehyd (Kp.$_{50}$ 41—43°) u. 1.3-Dichlorpropanol-(2) (VIII; Phenylurethan-Deriv. F. 172—173°); aus II: V, Chloraceton (Kp.$_{40}$ 42—49°), 1.3-Dichlor-2-methylpropanol-(2) (Kp.$_{14}$ 62,8°; n_D^{20} 1,4708; D_4^{20} 1,250); aus III u. IV: 1.3.4-Trichlorbutanol-(2) [VI; Kp.$_1$ 80°; n_D^{25} 1,5022; Phenylurethan, $C_{11}H_{12}Cl_3NO_2$, F. 132—133° (PAe. oder CCl_4)].

Die Rk. von **VI** mit 20% ig. NaOH gab in 80% ig. Ausbeute das entsprechende Dichlorepoxybutan (**VII**; $Kp._{10}$ 73—75°; n_D^{20} 1,4767)]. Die Chlorhydrine entstehen durch Angriff auf die Doppelbindung. Analyse der anfänglich aus **II** gebildeten Prodd. zeigt, daß ein Epoxid (1.2-Epoxy-3-chlor-2-methylpropan, $Kp._{200}$ 78—79°) als Vorläufer gebildet wird. Es wurde die Oxydations-Geschw. von **III** u. **IV** (in Essigsäure, wss. HCl, ohne Lsgm., bei Zusatz von Na-, Co-Acetat, LiCl, Co-Naphthenat, K_2CO_3, CoCl, 2.2'-Azobis-isobutyronitril, MgO, tert.-Butylalkohol) untersucht, dabei zeigte sich eine unübliche Abhängigkeit von den zugefügten Anionen. Weiterhin wurde die Geschw. der alkal. Hydrolyse von **VII** u. **VIII** in 50% ig. A. bei 0° bestimmt. GERHARD SCHULZ. B 225□

Verwendung der Substituenteneinflüsse auf Isotopeneffekte zur Unterscheidung zwischen Protonen- und Hydridübergängen. 1. Mitt. **Mechanismus der Oxydation von Alkoholen mit Brom in Wasser.** C. Gardner Swain, Robert A. Wiles und Richard F. W. Bader. (J. Amer. chem. Soc. **83.** 1945—50. 20/4. 1961. Cambridge, Mass., Massachusetts Inst. of Technol., Dep. of Chem. and Labor. of Nuclear Sci.) (Engl.)

Vff. diskutieren die Unterschiede zwischen dem Übergangszustand R···H···R' bei einem Hydrid- u. einem Protonenübergang. Bei einem Hydridübergang ist der kinet. Isotopeneffekt k_H/k_D weitgehend unabhängig von polaren Substituenten in R u. R', während bei einem Protonenübergang k_H/k_D durch Einführen polarer Substituenten zunimmt. Vff. bestimmen die Geschw.-Konst. k der Rk. von *Isopropanol* (**I**; Kp. 82,5°, $n_D^{25,8}$ 1,3739) **k**$\cdot 10^2$ 5,68—6,16 [Liter·$Mol^{-1}\cdot s^{-1}$], $D_{(2)}$-**I** **k** 10^2 1,90—2,17 in W. u. $D_{(OH)}$-**I** **k**$\cdot 10^2$ 3,80—4,29 in D_2O mit Br_2 zum Keton bei 50° in Ggw. von $HClO_4$ u. $NaClO_4$ u. berechnen daraus k_H/k_D für C—**H** 2,94 u. O—**H** 1,49. Die Rk. ist 1. Ordnung in bezug auf jeden Teilnehmer, unabhängig von der Br^--Konz. u. vom p_H Wert zwischen p_H 1—3. Sodann wird **k** für die Rk. von *1-Fluorisopropanol* (**II**) **k**$\cdot 10^5$ 6,39—6,25 [Liter·$Mol^{-1}\cdot s^{-1}$], $D_{(2)}$-**II** k$\cdot 10_5$ 2,04—2,12 in W. u. $D_{(OH)}$-**II** **k**$\cdot 10^5$ 2,69—2,94 in D_2O bei 50° mit Br_2 in Ggw. von $HClO_4$ u. $NaClO_4$ bestimmt u. daraus k_H/k_D für C—**H** 2,83 u. O—**H** 2,06 berechnet. Dies entspricht einem Hydridübergang am C-Atom als geschwindigkeitsbestimmenden Schritt u. einem Protonenübergang am O-Atom. — Zur Vermeidung der Photokatalyse wurden die Rkk. in einer Dunkelkammer beim Licht einer gelben Glühlampe durchgeführt. Zusätze von Pyrexglaswolle zeigten, daß keine heterogene Katalyse auftrat. Die Folge-Rk., die Bromierung der entstandenen Ketone, konnte bei den meisten Verss. vernachlässigt werden, wie die direkte Messung der Bromierung von *Aceton* bzw. *1-Fluorpropanon-(2)* (**III**) bei 50° in W. in Ggw. von 0,1n $HClO_4$ zeigte: k = 4,32$\cdot 10^{-4}$ bzw. 2,75$\cdot 10^{-5}$ Liter·$Mol^{-1}\cdot s^{-1}$.

Versuche: *Epifluorhydrin*, Kp. 86—88°, durch Zugabe von 70 g Epichlorhydrin (Kp. 114—116°) zur Mischung von KF u. Diäthylenglykol bei 170—180° während 3 Std.; $D._4^{25,4}$ 1,008; $n_D^{25,8}$ 1,3708; 21 g (Ausbeute). — *1-Fluorpropanol-(2)* (**II**), C_3H_7FO, Kp. 99,7—100°, a) aus 20 g vorst. Verb. u. $LiAlH_4$ in Ae. bei 0°; 9,38 g; b) aus 16 g **III** u. $LiAlH_4$ in Ae. bei 0°; $D._4^{25,4}$ 1,015; $n_D^{25,8}$ 1,3725; 5,3 g. *3.5-Dinitrobenzoat*, F. 108,6—109,8 (W.-A.). *α-Naphthylurethan*, $C_{14}H_{14}FNO_2$, F. 107,8—108,4° (PAe.). — *1-Fluorpropanon-(2)* (**III**), Kp. 78—79°, a) aus **II** u. Chromsäure; b) durch Zugabe von 35 g 1-Chlorpropanon-(2) zu KF u. Diäthylenglykol bei 170—180° während 30 Min.; $D._4^{25}$ 1,054; $n_D^{25,5}$ 1,3645; 25 g. *2.4-Dinitrophenylhydrazon*, $C_9H_9FN_4O_4$, F. 134,2—135,4° (Isopropanol). *Semicarbazon*, F. 138—144° (Zers.). — $D_{(2)}$-**I**, C_3H_7DO, Kp. 81,1—82,5°, aus 12 g Aceton u. $LiAlD_4$; $n_D^{25,2}$ 1,3741; 5,98 g. — $D_{(2)}$-**II**, C_3H_6DFO, Kp. 99,8—100,2°, aus 16 g **III** u. $LiAlD_D$; $n_D^{25,8}$ 1,3724; 4,20 g. — *2-Fluorpropanol-(1)*, Kp. 109—110°, aus 50 g α-Brompropionsäureäthylester, KF u. Acetamid bei 170° [→ *α-Fluorpropionsäureäthylester*, Kp. 120—122°, n_D^{25} 1,3747; 16,4 g], Zugabe von $LiAlH_4$ in Ae. bei 0°; $D._4^{25,4}$ 1,019; n_D^{25} 1,3723; 4,82 g. *α-Naphthylurethan*, $C_{14}H_{14}FNO_2$, F. 93,2—94,1° (PAe.). *3.5-Dinitrobenzoat*, F. 68,9—69,9° (W.-A.). A. TREDE. B 225□

Verwendung der Substituenteneinflüsse auf Isotopeneffekte zur Unterscheidung zwischen Protonen- und Hydridübergängen. 2. Mitt. **Mechanismus der Decarboxylierung von β-Ketosäuren in Benzol.** C. Gardner Swain, Richard F. W. Bader, Ramon M. Esteve jun. und Richard N. Griffin. (J. Amer. chem. Soc. **83.** 1951—55. 20/4. 1961.) (Engl.) — 1. vgl. vorst. Referat.

Vff. bestimmen die Geschw.-Konst. k der Decarboxylierung der Benzoylessigsäuren: *m-Nitro-* (**II**; von Messungen bei 70 u. 60° extrapolierter Wert), $k^{50,2°}$·0,74$\cdot 10^{-4}$ [s^{-1}], $D_{(COOH)}$-**II**, $k^{50,2°}$ 0,26$\cdot 10^{-4}$ in Toluol, *p-Chlor-* (**III**), $k^{50,2°}$ 1,03$\cdot 10^{-4}$, $D_{(COOH)}$-**III**, $k^{50,2°}$ 0,619$\cdot 10^{-4}$ in Bzl., *p-Methoxy-* (**IV**), $k^{50,2°}$ 5,76$\cdot 10^{-4}$, $D_{(COOH)}$-**IV**, $k^{50,2°}$ 4,78$\cdot 10^{-4}$ in Bzl., *p-Methyl-* (**V**), $k^{50,2°}$ 3,88$\cdot 10^{-4}$ $D_{(COOH)}$-**V**,$k^{20,5°}$ 4,59$\cdot 10^{-4}$ in Bzl., *Benzoylessigsäure* (**I**), $k^{50,2_0}$ 2,56$\cdot 10^{-4}$, $D_{(COOH)}$-I, $k^{50,2°}$ 1,82$\cdot 10^{-4}$ in Bzl. bzw. 22,7 u. 18,2 in 50% W.-50% Dioxan u. *Dimethylacetessigsäure* (**VI**), $k^{34,9°}$ 2,85$\cdot 10^{-4}$ in W., 7,9$\cdot 10^{-4}$ in Bzl., $D_{(COOH)}$-**VI**, $k^{34,9°}$ 3,56$\cdot 10^{-4}$ in W., 5,9$\cdot 10^{-4}$ in Bzl. u. berechnen daraus den kinet. Isotopeneffekt k_H/k_D für **II** 2,8, **III** 1,7, **IV** 1,2, **V** 0,85 u. **I** 1,4. Die großen

Änderungen von k_H/k_D durch die Substituenten werden durch unterschiedliche Bindungsfestigkeit des Protons im Übergangszustand erklärt, nicht durch Änderung der Nullpunktsenergie, da die Lage der OH- bzw. der OD-Frequenzen in den IR-Spektren von **II**, **III** u. **IV** nur geringfügig verschoben ist. Die k_H/k_D-Werte entsprechen einem cycl. Protonen- (nicht Hydrid)-Übergangsmechanismus. Der Einfl. des Lsgm. auf die Geschw.-Konst. k der Decarboxylierung wird bei **I**, **IV** u. *2-Äthyl-3-ketohexansäure* (Esteve, Thesis MIT Dez. [1960], weitere Unterss. an *Acetessigsäure*, *2-Oxocyclopentan-* u. *2-Oxocyclohexancarbonsäure*) untersucht u. daraus der cycl. Mechanismus bestätigt. Die Hammett-Rk.-Konst. ϱ beträgt —1,0 für die normalen u. —1,5 für die deuterierten Säuren. Molgew.-Best. in Bzl. an **I**, **III** u. **IV** zeigten, daß diese Verbb. als Monomere vorliegen.

Versuche: *m-Nitrobenzoylessigsäure* (**II**), aus m-Nitrobenzoylchlorid ($Kp._{12}$ 153 bis 154°), Acetessigester u. Na, Hydrolyse mit NH_4OH-Lsg. [→ *m-Nitrobenzoylessigsäureäthylester*], Verseifung mit 85% ig. H_2SO_4, 20 Min. bei 40°. — *p-Chlorbenzoylessigsäure* (**III**), F. 217—219° (Zers.), aus p-Chloracetophenon, Diäthylcarbonat (**VII**) ($Kp._{66}$ 60°) u. Na [→ *p-Chlorbenzoylessigsäureäthylester*, $Kp._{3,7}$ 144—145°], Verseifung in 10%ig. KOH, 48 Std. lang bei Raumtemperatur. — *Benzoylessigsäure* (**I**), F. 99,5—100° (Zers.; Bzl.), aus Benzoylessigsäureäthylester u. wss. KOH, 16 Std. lang bei Raumtemperatur. — *p-Anisoylessigsäure* (**IV**), F. 80° (Zers.), aus p-Methoxyacetophenon, **VII** u. Na-Äthylat [→ *p-Anisoylessigsäureäthylester*, isoliert als *Cu-Enolat*], Verseifung mit 10% ig. NaOH. — *p-Toluylessigsäure* (**V**), F. 85—87°, a) aus Acetessigester, p-Toluylchlorid ($Kp._{10}$ 95 bis 95,5°) u. Na, 6 Std. lang bei Raum-Temp., Hydrolyse mit NH_4OH-Lsg. [→ *p-Toluylessigsäureäthylester*, $Kp._1$ 110°], Verseifung mit 10% ig. KOH, 48 Std. lang bei Raum-Temp.; b) nach Wallingford u. Mitarbeitern (J. Amer. chem. Soc. **63**. [1941.] 2252). — *Dimethylacetessigsäureäthylester*, $Kp._{21}$ 82—83°, aus Acetessigester u. Na-Äthylat, Zugabe von CH_3J während 2 Std. [→ *α-Methylacetessigsäureäthylester*, $Kp._{22}$ 83,5—84°; 80% (Ausbeute)] u. Umsetzen der α-Methyl-Verb. nach Tolkers u. Adkins [1931]. *Ba-Salz* von **VI**, durch 24std. Verseifen des Esters mit 2,5% ig. NaOH-Lsg. bei Raum-Temp. u. Zugabe von $BaCl_2$-Lösung. Die Isolierung von **VI** selbst gelang nicht. — *2-Äthyl-3-ketohexansäure*, aus dem Äthylester ($Kp._1$ 65—75°; n_D^{25} 1,4209) u. KOH in W.-Aceton, 48 Std. lang bei Raumtemperatur. A. Trede. B 225 □

Über die Oxydation von Tolylblau SB. 1. Mitt. **Potentiometrische und chromatographische Untersuchung des Oxydationsverlaufes.** A. Tockstein und R. Pecka. (Collect. czechoslov. chem. Commun. **25**. 2115—23. Aug. 1960. Pardubice, TH für Chem.) (Dt.)

Die Oxydation von *Tolylblau SB* (Schultz 248) verläuft anders als die bisher bekannten Oxydationen der Azofarbstoffe. Der Verlauf der Oxydation mit $Ce(SO_4)_2$, $KBrO_3$ u. $KMnO_4$ wurde potentiometr. u. chromatograph. untersucht. In saurem Medium verläuft die Oxydation unabhängig von der Art des Oxydationsmittels. Die Resultate weisen auf die Bldg. von einem Einelektronen-, einem Zweielektronen-, einem Vierelektronen-Prod. u. von zwei Prodd. mit 6 oder mehr Elektronen hin, die stufenweise durch Folge-Rkk. gebildet werden. Es scheint, daß die ursprünglichen elektroakt. Formen der Oxydations-Prodd. einer irreversiblen Rk. unterliegen, wodurch sie erst in chromatograph. nachweisbare Stoffe umgewandelt werden. I. Frič/Prag. B 225

Über die Oxydation von Tolylblau SB. 2. Mitt. **Potentiometrische Untersuchung des Ein- und Zweielektronenoxydationsproduktes.** A. Tockstein und R. Pecka. (Collect. czechoslov. chem. Commun. **25**. 2124—34. Aug. 1960.) (Dt.) — 1. vgl. vorst. Referat.

Die Anfangsstufen der Oxydation von *Tolylblau SB* (**I**) mit $Ce(SO_4)_2$- (pH 0—3) u. $KMnO_4$-Lsgg. (pH 2—9) wurden potentiometr. untersucht. Bes. Aufmerksamkeit wurde der Reversibilität des Redox-Syst. von **I** u. seinen Oxydations-Prodd. gewidmet. Ein je nach dem pH-Bereich etwas modifiziertes Formelschema der Oxydation wird vorgeschlagen. Durch eine reversible Umwandlung entsteht ein violettes Chinon, das mit seinen Prodd. im Gleichgew. zu stehen scheint. Erst eine irreversible Rk. (am ehesten eine Dimerisierung) hat die Bldg. von chromatograph. feststellbaren Ein- u. Zweielektronenoxydations-Prodd. zur Folge. I. Frič/Prag. B 225

Über die Oxydation von Tolylblau SB. 3. Mitt. **Isolation und Identifikation der Oxydationsprodukte.** A. Tockstein, V. Pechanec, V. Říha und M. Nepraš. (Collect. czechoslov. chem. Commun. **25**. 2135—46. Aug. 1960.) (Dt.) — 2. vgl. vorst. Referat.

Es wurden ein Zweielektronenoxydations- (**I**) u. ein Einelektronenoxydations-Prod. (**II**) von Tolylblau SB (**III**) isoliert u. als reine Benzylthiuroniumsalze charakterisiert; **I**-Salz $(C_{51}H_{49}N_9O_{10}S_6)_2$; **II**-Salz $(C_{51}H_{50}N_9O_{10}S_6)_2$. Prodd. der Red.-Spaltung ($TiCl_3$) von **I** sind *1-p-Tolylamino-4-aminonaphthalin-8-sulfonsäure* ($C_{17}H_{16}N_2O_3S$), die auch bei der analogen Red. von **III** entsteht, u. ein *Deriv. des Dinaphthyls* (**IV**; *Benzylthiuroniumsalz*, $H_{27}N_5O_7S_4 \cdot 2\,H_2O_2$). Prodd. der hydrolyt. Spaltung von **I** (5std. Kochen mit 1n HCl), wie *p-Toluidin* (*N-Acetyl-Deriv.*, F. 151°), *1.4-Naphthochinon-8-sulfonsäure* u. ein *Dinaphthyl-Deriv.* (**V**; *Benzylthiuroniumsalz*, $C_{70}H_{68}N_{12}O_{19}S_{10}$), wurden isoliert u. identifiziert. **IV** u. **V** weisen auf eine Dimerisierung der Moll. von **III** hin, die auch mittels Messung der elektrophoret. Beweglichkeit nachgewiesen wurde. Konstit.-Formeln beider Oxydations-Prodd. werden vorgeschlagen. I. FRIČ/Prag. B 225

Die basenkatalysierte Autoxydation cyclischer 1.4-Diketone zu Endionen. William G. Dauben, George A. Boswell und William Templeton. (J. org. Chemistry **25.** 1853—55. Nov. 1960. Berkeley, Calif., Univ. of California, Dep. of Chem.) (Engl.)

Beim Erwärmen von A-Norkoprostan-2.6-dion (**I**) in 0,5n äthanol. KOH unter O_2-Zutritt erfolgt Autoxydation über ein intermediäres, blaues Anionradikal zu *A-Nor-$\Delta^{3,5}$-cholesten-2.6-dion* (**II**). Analog verhalten sich Cholestan-3.6-dion (**III**) u. 5.8-Methano-1.4-diketodekalin (**V**), die (ohne intermediäre Blaufärbung) in *Δ^4-Cholesten-3.6-dion* (**IV**) bzw. *5.8-Methano-5.6.7.8-tetrahydronaphthochinon-(1.4)* (**VI**) übergehen. Dagegen liefert B-Norkoprostan-3.6-dion (**VII**) nicht das erwartete B-Nor-Δ^4-cholesten-3.6-dion (**VIII**), sondern wahrscheinlich *B-Nor-$\Delta^{2.4.6}$-* (**IX a**) oder *B-Nor-$\Delta^{1.3.5}$-cholestatrien-3.6-diol* (**IX b**). **VIII** geht aber beim Stehen in Alkali in **IX a** bzw. **IX b** über, desgleichen beim Chromatographieren an bas. Al_2O_3. Beim Behandeln von **IV** mit Zn in 90%ig. Essigsäure bei 100° werden sowohl die C=C-Doppelbindung als auch die Carbonylgruppen angegriffen, dagegen wird bei Verw. von Eisessig als Lsgm. **III** in guter Ausbeute erhalten. Nach dem gleichen Verf. entsteht aus **VIII** *B-Norkoprostan-6-on*, bei Zimmer-Temp. dagegen **VII**. Als bestes Verf. zur Red. der Endione zu den Dionen erwies sich die Behandlung mit amalgamiertem Sn in äthanol. HCl. Es wird angenommen, daß die Autoxydation der 1.4-Diketone über einen anion. Radikalmechanismus verläuft.

Versuche: *A-Nor-$\Delta^{3,5}$-cholesten-2.6-dion* (**II**), $C_{26}H_{40}O_2$, F. 154—155° (A.), durch 5 Min. langes Erwärmen von **I** in 0,5n äthanol. KOH auf dem Wasserbad unter Luftzutritt; farblose Blättchen; $[\alpha]_D^{25}$ —6° (Chlf.); 50% (Ausbeute). Red. von **II** mit Zn-Staub in Eisessig lieferte **I**, F. 148—149°; 73%. — *Δ^4-Cholesten-3.6-dion* (**IV**), F. 124 bis 125° (CH_3OH), durch kurzes Erwärmen von **III** in 1n äthanol. KOH; schwachgelbe Blättchen; $[\alpha]_D^{20}$—38° (Chlf.); 41%. Red. von **IV** mit Zn in Eisessig bei 100° liefert **III**, F. 155—160° (A.); 90%. — *B-Nor-$\Delta^{2.4.6}$-cholestatrien-3.6-diol* (**IX a**), $C_{26}H_{40}O_2$, F. 220 bis 225° (A.), aus **VII** analog vorst. Verb.; schwachgelbe Blättchen; 62%. Ebenso aus **VIII**; 64%. — *5.8-Methano-5.6.7.8-tetrahydronaphthochinon-(1.4)* (**VI**), $C_{11}H_{10}O_2$, F. 125° (Bzl.), aus **V** analog **II**; 20%. — *B-Norkoprostan-6-on*, F. 98—100° (CH_3OH), durch Red. von **VIII** mit Zn-Staub in Eisessig bei 100°; weiße Nadeln; $[\alpha]_D$ +37°; 55%. — *B-Norkoprostan-3.6-dion* (**VII**), F. 110—111° (CH_3OH), a) durch Red. von 100 mg **VIII** mit Zn-Staub in Eisessig bei Zimmer-Temp.; 50 mg; b) durch Red. von 85 mg **VIII** mit amalgamiertem Sn in äthanol. HCl unter Rückfluß; 80 mg. A. MASCHKE. B 225□

Selektivität und Mechanismus von Diimid-Reduktionen. E. E. van Tamelen, R. S. Dewey, M. F. Lease und W. H. Pirkle. (J. Amer. chem. Soc. **83.** 4302. 20/10. 1961. Madison, Wis., Univ. of Wisconsin, Dep. of Chem.) (Engl.) — Vgl. DEWEY u. VAN TAMELEN, J. Amer. chem. Soc. **83.** [1961.] 3729.

Unter Bedingungen, unter denen Verbb. mit C=C-Doppelbindungen durch 1—2 Mol Azodicarbonsäure (**I**) in Lsg. bei Zimmer-Temp. leicht red. werden, konnte diese Rk., nicht auf *Aceto-* u. *Benzonitril*, *Nitroäthan* u. *-benzol*, *Benzalanilin*, *Dibenzylsulfid*, *Dimethyl-* u. *Dibenzylsulfoxid*, *Dibenzyldisulfid* u. *Cyclohexanonäthylendithioketal* angewendet werden. Es zeigte sich ferner, daß Carbonyl-Verbb. (*Carbonsäuren*, *γ-Lactone* u. *Ketone*, wie z. B. *Cyclohexanon*) durch das aus **I** entstehende Diimid nur schwierig red. werden. Die erhebliche Selektivität der Red. wurde bei der Red. von *Diallyldisulfid* deutlich, das mit 3 Äquivalenten **I** (?; im Original Essigsäure) oder **3** Mol Tosylhydrazin in Äthylenglykol unter Erwärmen zu 93—100% in Dipropyldisulfid umgewandelt werden konnte. Vff. nehmen an, daß die Diimid-Redd. von symm. Mehrfachbindungen leicht verlaufen, nicht aber die von etwas polaren Bindungen, wie C≡N, O ← N=O, C=N, S=O, S—S, S—C—S u. C=O. Die Diimid-Redd. laufen wohl über einen energet. günstigen symm., weitgehend ladungsfreien, 6gliedrigen Übergangszustand ab, wobei eine gleichzeitige Übertragung von neutralem H auf das Substrat erfolgt. Im Falle der Verbb. mit etwas polaren Bindungen weist der nun unsymm. Übergangszustand partielle Ladungen auf u. ist also weniger wahrscheinlich. B. GNAUCK. B 225□

Langsame Protonenübertragungsreaktionen. 3. Mitt. Der Mechanismus des säurekatalysierten aromatischen Wasserstoffaustausches bei 1.3.5-Trimethoxybenzol. A. J. Kresge und Y. Chiang. (J. Amer. chem. Soc. **83.** 2877—85. 5/7. 1961. Upton, N.Y., Brookhaven Nat. Labor., Chem. Dep.) (Engl.) — **2.** vgl. C. **1960.** **9854**.

Vff. verfolgten die Kinetik des H/T-Austausches zwischen *$T_{(2)}$-1.3.5-Trimethoxybenzol* (**I**) u. wss. Säure-Lsgg., wobei die Halbwertszeiten zwischen **30** Min. u. **11000** Tagen betrugen. Die schnell ablaufenden Rkk. wurden durch Best. der Abnahme der Radioaktivität von I bis wenigstens 60%ig. Umsatz verfolgt, die langsamen Austausch-Rkk. durch Best. der Anfangs-Geschw. (weniger als 3%ig. Austausch). Beide Meth. lieferten übereinstimmende Ergebnisse. Die Rkk. verlaufen nach der 1. Ordnung, in allen Fällen tritt allg. Säurekatalyse auf, zwischen den k-Werten u. den Konzz. an undissoziierter Säure besteht eine lineare Abhängigkeit. Folgende k_2-Werte (in Liter/Mol·min) wurden bei 25° ermittelt: für *H_3O^+* (verd. HCl) $4{,}0 \cdot 10^{-1}$, *Fluoressigsäure* (Kp. 167—168°) $5{,}2 \cdot 10^{-3}$, *Ameisensäure* $6{,}9 \cdot 10^{-4}$, *Essigsäure* $3{,}84 \cdot 10^{-4}$, *$H_2PO_4^-$* $2{,}32 \cdot 10^{-5}$, *NH_4^+* $3{,}0 \cdot 10^{-7}$, *W.* $5{,}7 \cdot 10^{-10}$ (extrapoliert von Daten bei 82° in Ggw. von NaOH, das keinen Einfl. auf die k-Werte ausübt). Diese Werte erfüllen die BRØNSTED-Beziehung $k = 4{,}72 \cdot 10^{-2} K_A^{0{,}518}$. Hieraus schließen Vff., daß sämtliche Austausch-Rkk. von aromat. H nach einem Mechanismus ablaufen, nicht aber nach dem früher (vgl. GOLD u. Mitarbeiter, J. chem. Soc. [London] **1960.** **2461** u. früher) vorgeschlagenen A-1-Schema, nach dem es zu einer reversiblen Bldg. eines lockeren Komplexes zwischen H^+ u. aromat. Substrat kommt u. dann eine langsame intramol. Isomerisierung erfolgt. Da eine allg. Säurekatalyse beobachtet wird u. Basen die Austausch-Rk. nicht katalysieren, läuft der Austausch auch nicht als „concerted"-Prozeß ab, sondern in zwei aufeinanderfolgenden Stufen ab: 1. Addition von H^+ unter Bldg. eines Phenoniumions; 2. Abspaltung von H^+ (bzw. T^+) [A—S_E2-Mechanismus]. — *$T_{(2)}$-1.3.5-Trimethoxybenzol* (**I**), a) aus nicht markiertem **I** in Dioxan durch 10std. Einw. von konz. HCl—T_2O bei Raum-Temp. u. Zugabe von W.; b) aus dem Li-Deriv. (**II**) von unmarkiertem **I** in Ae. durch Zusatz von T_2O, Einw. (10 Min.) bei Raum-Temp. u. Zers. mit W.; Reinigung durch Sublimation. **II** liefert mit CO_2 60% *2.4.6-Trimethoxybenzoesäure*, F. 144,5—145,0°.

B. GNAUCK. B 225□

Die Kinetik der säurekatalysierten Hydrolyse einiger Methyl-4.6-O-benzylidenhexoside. B. Capon, W. G. Overend und M. Sobell. (Tetrahedron [London] **16.** 106—12. Dez. 1961. London, Birkbeck Coll., Chem. Dep.) (Engl.)

Vff. bestimmten die Hydrolysen-Geschw. des Benzylidenrestes in Methyl-4.6-O-benzylidenglykosiden in 0,03m HCl in 96%ig. A. bei 40°. Folgende $k \cdot 10^5$-Werte [s^{-1}] wurden ermittelt: *-α-D-glucosid* [**I**; F. 161—162° (CH_3OH/W. oder PAe./Chlf.); $[\alpha]_D$ +120° (c = 0,52; Chlf.)] 15,7. — *-β-D-glucosid* [F. 198—199° (A./W.); $[\alpha]_D$ —67,4° (c = 0,98; Chlf.)] 8,97. — *-α-D-mannosid* [F. 140—144° (W.); $[\alpha]_D$ +69,7° (c = 1; Chlf.)] 20,6. — *-α-D-altrosid* [F. 169—170°; $[\alpha]_D^{24}$ +127° (c = 0,5; Chlf.)] 16,9. — *-α-D-galaktosid* [F. 168—170° (A./W.); $[\alpha]_D$ +160° (c = 0,49; Chlf.)] 6,10. — *-β-D-galaktosid* [F. 198 bis 200° (Essigester/A.); $[\alpha]_D$ —35,7° (c = 1; Chlf.)] 7,34. — *-α-D-idosid* [F. 147—148°; $[\alpha]_D^{23}$ +52,1° (c = 1; Chlf.)] 5,92. — *-3-desoxy-α-D-glucosid* [$C_{14}H_{18}O_5$, F. 182°, a) aus **I**; b) aus Methyl-3-desoxy-α-D-glucopyranosid; $[\alpha]_D^{27}$ +121,6° (c = 0,52; Chlf.)] 17,4. — *-2.3-di-O-methyl-α-D-glucosid* [F. 121—122°, aus **I** u. Ag_2O/CH_3J/Aceton; $[\alpha]_D^{20}$ +97,9° (c = 1,5; Aceton); 67% (Ausbeute)] 6,49. — Unter den angeführten Bedingungen erfolgt in keinem Fall eine Spaltung der Glykosidbindung. Da die Unterschiede der k-Werte gering sind, schließen Vff., daß die Geometrie des Übergangszustandes der des Ausgangszustands weitgehend entspricht. Ster. u. elektron. Eigg. der einzelnen Verbb. werden als mögliche Ursachen für einige der ermittelten Unterschiede der k-Werte diskutiert.

J. ROTHE. B 225□

Reversible Amidbildung aus freier Carbonsäure und Amin in wässeriger Lösung. Ein Fall von Nachbargruppenbegünstigung. Takeru Higuchi und Tomonori Miki. (J. Amer. chem. Soc. **83.** 3899—3901. 20/9. 1961. Madison, Wis., Univ. of Wisconsin.) (Engl.)

Vff. zeigen, daß — entgegen der zur Zeit allg. Annahme — die Geschw. der intermol. Amid-Bldg. durch direkte Einw. von Carboxylgruppen auf Amine im Falle von Di- oder Polycarbonsäuren in relativ verd. wss. Lsg. überraschend groß ist. Untersucht wurden die Syst. *Benzocain-Citronensäure* (**I**; → *Monoamid*, F. 184—186°), *Anilin* (**II**)-**I**, **II**-*Weinsäure*, **II**-*Maleinsäure*, **II**-*Fumarsäure* bei 95° u. einer Konz. an Säure von 0,5 Mol. Die kinet. Ergebnisse — die Amin-Konz. nimmt relativ rasch ab u. erreicht bald eine Gleichgewichts-Konz. — stimmen mit der Gleichung $SH_2 + NH_2R \rightleftharpoons$ Amid überein. Für die Abhängigkeit der Anfangs-Geschw. vom pH ergeben sich glockenförmige Kurven, u. es läßt sich zeigen, daß das Geschw.-Maximum angenähert bei $p_H = (pk_w - pk_b + pk_a)/2$ liegt. Die Überprüfung der Beziehung mit den für 50° bekannten pk_{a1}-Werten der organ. Säuren als 1. Näherung — die entsprechenden Werte für 95° sind nicht bekannt — ergab eine ausgezeichnete Übereinstimmung mit den beobachteten Maxima. Darüber hinaus läßt sich mit jeder anderen kinet. Formulierung der Rk. — z. B. Rk. der einfach ionisierten Säure mit nicht ionisiertem Amin — die beobachtete Beziehung nicht verwirklichen. Die beobachteten Geschw. lagen mindestens 2—3 Größenordnungen über z. B. denen der Rk. von Essigsäure mit den gleichen Aminen, so daß auf eine Begünstigung des nucleophilen Angriffs des Amins durch die 2. Carboxylgruppe — möglicherweise durch intermediäre H-Brücken-Bldg. zwischen den beiden Carboxylgruppen — geschlossen wird. Die Beobachtungen lassen ferner vermuten, daß es sich hier um einen grundsätzlich anderen Mechanismus als bei der katalyt. Amidhydrolyse handelt, da bei dieser ein Zusammenhang zwischen katalyt. Aktivität u. einfach geladener Säure gefunden wurde. J. Richter. B 225□

Kinetik der Reaktion von Phenylisocyanat mit Thiolen. Elizabeth Dyer, John F. Glenn und Edward G. Lendrat. (J. org. Chemistry **26.** 2919—25. Aug. 1961. Newark, Del., Univ. of Delaware, Dep. of Chem.) (Engl.) — Vgl. C. **1957.** 8757.

Die Kinetik der basenkatalysierten Rk. von *Phenylisocyanat* (I) mit *Butanthiol-(1)* (**II**), *Butanthiol-(2)* (**III**) u. *Octanthiol-(2)* wurde in verschiedenen Lsgm. (Toluol, Butylacetat, Nitrobenzol, Acetonitril) bei 25° untersucht. Als bas. Katalysatoren dienten: Benzyldinaphthylamin, 1.4-Diazabicyclo-[2.2.2]-octan, Diäthylanilin, Dimethylformamid (**V**), -sulfoxid (**VI**), Pyridin, Tri-n-butylamin, -n-propylamin, 1-Äthylmorpholin, -piperidin, 1-Methylpiperidin, 1.2.2.6.6-Pentamethylpiperidin, Triäthylamin (**VII**). Die Rk. ist ursprünglich 2. Ordnung, das Rk.-Prod. übt einen geringen katalyt. Effekt aus [untersucht durch Zusatz von N-[p-Methoxyphenyl]-, N.N-Diphenylthiocarbaminsäure-n-butylester (**IV**), Thiolcarbanilsäure-n-butyl- (**VIII**; Mikro-F. 69,5—70°) bzw. -sek.-butylester, zur Rk.-Lsg.], jedoch nur, wenn ein Amid-H-Atom vorhanden ist. **IV** zeigt keine Wirksamkeit. Die Rk.-Geschw. hängt hauptsächlich von der Konz. u. dem Typ des katalysierenden Amins u. von der Polarität des Lsgm. ab. Die katalyt. Wirksamkeit der Amine ist im allg. proportional ihrer Basenstärke, jedoch wirken sich auch ster. Gründe aus. Für die Rk. wird ein Mechanismus vorgeschlagen, der sich zusammensetzt aus einer spontanen Rk., einer basenkatalysierten Rk., einer produktkatalysierten Rk. u. einer Prod.-Base-katalysierten Reaktion. Die auf Grund dieses Mechanismus berechneten Geschw.-Konst. stimmen sehr gut mit den experimentellen Daten überein. Mit **V** oder **VI** als Lsgm. in oder ohne Ggw. von **VII** verlief die Rk. zu schnell zur Messung, die katalyt. Wrkg. von **V** u. **VI** wird erst bei hoher Konz. ausgeprägt.

Versuche: *sek.-Butylthiolcarbanilat*, $C_{11}H_{15}NOS$, F. 91—92° (korr.; A.–W.; 1:3), durch Zugabe einer Lsg. von **III** u. **VII** in Toluol zu einer Lsg. von **I** in Toluol u. 7 Tage Aufbewahren bei 25°; 87% (Ausbeute). — *n-Butyl-N.N-diphenylthiolcarbamat*, $C_{17}H_{19}NSO$, Mikro-F. 62,7—63,5°; durch Zutropfen einer Lsg. von Diphenylcarbamylchlorid in Toluol unter Rühren zu einer Lsg. von **II** in Pyridin, 6 std. Erwärmen auf 85°; UV-Maximum; 29%. — *n-Butyl-N-p-methoxyphenylthiolcarbamat*, $C_{12}H_{17}NO_2S$, Mikro-F. 64° (PAe.), analog der Meth. zur Darst. von **VIII** (vgl. l. c.); 100%.

Gerhard Schulz. B 225□

Ein neues Kriterium für Mehrzentren-Additionen zu fünfgliedrigen Ringen. Rolf Huisgen, Hans-Jürgen Sturm und Heinrich Wagenhofer. (Z. Naturforsch. **17 b.** 206. März 1962. München, Univ., Inst. für Organ. Chem.) (Dt.)

Die Geschw.-Konst. $10^5 k_2$ der Addition von *Diphenyldiazomethan* bei 40° an folgende Dipolarophile betragen: *trans-* 562 (Liter/Mol·s), *cis-Dibenzoyläthylen* 5,14 (in Dioxan; von den folgenden Verbb. in Dimethylformamid), *Fumarsäure-* 2450, *Maleinsäure-* 68,5, *Mesaconsäure-* 13,9, *Citraconsäuredimethylester* 1,65, *trans-* 2,46 u. *cis-Crotonsäureäthylester* 0,946. In allen Fällen reagiert das trans-Isomere wesentlich rascher als das cis-Isomere; die Addition des cis-Isomeren wird bei der Mehrzentrenaddition zum Pyrazolin durch die Kontraktion des Bindungswinkels von 120 auf 109° zusätzlich energet. belastet, die des trans-Isomeren nicht. W. Schramm. B 225□

Mechanismus der Hofmann-Eliminierungsreaktion: Beweis, daß ein intermediäres Ylid bei einfachen Verbindungen nicht auftritt. Arthur C. Cope, Norman A. LeBel, Phylis T. Moore und William R. Moore. (J. Amer. chem. Soc. **83.** 3861—65. 20/9. 1961. Cambridge, Mass., Inst. of Technol., Dep. of Chem.) (Engl.)

Ausgehend von Beobachtungen von Wittig u. Polster (C. **1957.** 1904) sowie Weygand u. Mitarbeitern (C. **1959.** 2076) prüften Vff. die Frage, ob der Hofmann-Abbau einfachster Syst. in der 1. Phase über einen cis-Ylid-Mechanismus verläuft. Es zeigte sich, daß das bei der Pyrolyse von *$D_{(\beta)}$-Cyclohexylmethyltrimethylammoniumhydroxid* im Anfang frei werdende $(CH_3)_3N$ nur weniger als 0,3% der Mono-D-Verb. enthielt. Beim Fortschreiten der Rk. stieg der Geh. an Mono-D-Verb. auf 19% an, während das in konkurrierender Rk. entstandene Cyclohexylmethyldimethylamin eine äquivalente Menge D enthielt. Aus dem Ergebnis folgt, daß das in $(CH_3)_3N$ gefundene D aus dem Isotopenaustausch zwischen dem während der Zers. abgespaltenen DOH u. quart. Base stammt u. daß die Eliminierung zu weniger als 0,3% nach dem Ylid-Mechanismus erfolgt. Zum gleichen Ergebnis führte die Pyrolyse von *$D_{3(\beta.\beta.\beta)}$-Äthyltrimethylammoniumhydroxid* (I → 0,2% Mono-D-Amin) unter Bedingungen des Hofmannschen Abbaus. Das bei der Pyrolyse von I unter gleichzeitigem Durchleiten von überhitztem Dampf (170°) (vgl. Weygand, l. c.) zwecks Austreibung von gebildetem DOH entstehende $(CH_3)_3N$ war D-frei, während das wiedergewonnene quart. Hydroxid (die Rk. wurde nach 65% Umsatz abgebrochen) die gleiche D-Menge enthielt wie das eingesetzte Material. Der Isotopenaustausch kann demnach durch Dampfspülung unterbunden werden, ein schlüssiger Beweis, daß die Eliminierung nicht nach dem cis-Ylid-Mechanismus erfolgt. Andererseits konnten Vff. den Ylid-Mechanismus für die WITTIG-Rk. bestätigen: So lieferte *$D_{(\beta)}$-Cyclohexylmethyltrimethylammoniumbromid* (mit 0,99 D-Atomen/Mol.) mit einer äquivalenten Menge C_6H_5Li in Ae. $(CH_3)_3N$ mit 1,01 ± 0,03 D-Atomen u. D-freies Methylencyclohexan, analog gab *$D_{2(\beta.\beta)}$-Octyltrimethylammoniumbromid* (mit 1,58 ± 0,03 D-Atomen) $(CH_3)_3N$ mit 0,76 ± 0,03 u. $D_{(2)}$-Octen-(1) mit 0,85 ± 0,03 D-Atomen.

Versuche (FF. korr.): *$D_{(\beta)}$-Cyclohexylmethyltrimethylammoniumjodid*, F. 229—229,2°, aus Cyclohexandicarbonsäure-(1.1)-diäthylester nach PRICE u. Mitarbeitern (vgl. C. **1957.** 11836) über *$D_{(\alpha)}$-Hexahydrobenzoesäure* ($Kp._{1,8}$ 89°), deren Umsatz mit $SOCl_2$ zu *$D_{(\alpha)}$-Hexahydrobenzoylchlorid* [$Kp._{20}$ 78—79°, n_D^{25} 1,4663; 92% (Ausbeute)], Rk. mit $(CH_3)_2NH$ zum *Dimethylamid* ($Kp._{1,6}$ 83°, n_D^{25} 1,4788; 86%), $LiAlH_4$-Red. zu *$D_{(\beta)}$-Cyclohexylmethyldimethylamin* ($Kp._{47}$ 87°, n_D^{20} 1,4444; 95%) u. Rk. mit CH_3J; 88%. — *$D_{3(\beta.\beta.\beta.)}$-Äthyltrimethylammoniumjodid*, durch Dest. von D_4-Essigsäure mit Benzoylchlorid zu *D_3-Acetylchlorid* (92%), Rk. mit $(CH_3)_2NH$ zu *$D_{3(\alpha.\alpha.\alpha.)}$-N.N-Dimethylacetamid* ($Kp._8$ 98 bis 101°, n_D^{25} 1,4348; 73%), $LiAlH_4$-Red. in Ae. u. Behandeln der gereinigten äther. Lsg. der Base mit CH_3J; 61%. *Bis-thioharnstoff-Addukt*, F. 138—140°.

J. RICHTER. B 225□

Kinetik der Lactonisierung diastereoisomerer Tetrahydroxyadipinsäuren. L. A. Mai. (Журнал Общей Химии [J. allg. Chem.] **31** (**93**). 2640—44. Aug. 1961. Inst. für Chem. der Akad. der Wiss. der LettSSR.) (Russ.)

Durch Titration wurden die Werte für die Geschw.-Konst. der Lactonisierung von *D-Manno-*, *D-Gluco-*, *D-Idozuckersäure*, *D-Taloschleimsäure* u. *Schleimsäure* bei 40 u. 60° ermittelt. Entgegen Literaturangaben (LEVENE u. SIMMS [1925]) tritt die Lactonisierung der 5 Tetrahydroxyadipinsäuren (**A**) mit deutlich unterschiedlicher Geschw. ein; die k-Werte nehmen in der genannten Reihenfolge der **A** zu. Für die Aktivierungsenergie der Lacton-Bldg. errechneten sich ohne Berücksichtigung der Viscosität der Lsgg. ebenfalls ansteigende Werte zwischen 20 u. 25 kcal/Mol. Extrapoliert man die bei 40 u. 60° gemessenen Daten auf 20°, so ergeben sich erheblich niedrigere k-Werte, als sie früher polarimetr. ermittelt wurden. Die Häufigkeitsfaktoren der ARRHENIUS-Gleichung betragen für die Lactonisierung der **A** (Reihenfolge wie oben) 7,9; 9,2; 10,5; 12,3 u. 12,2 s^{-1}. Die Unterschiede werden darauf zurückgeführt, daß bei den einzelnen **A** die eine Lacton-Bldg. begünstigenden räumlichen Konformationen der Moll. im statist. Gleichgewicht in unterschiedlichem Umfang vorliegen. Die Häufigkeitsfaktoren zeigen dementsprechend eine nahezu lineare Abhängigkeit vom log der Wahrscheinlichkeit des Vorliegens der **A**-Moll. in einer solchen Konformation. Als Ursache der Erscheinungen wird eine jeweils mehr oder weniger starke ster. Hinderung durch die OH-Substituenten an dem zu bildenden Lactonring angenommen.

H.-E. TOUSSAINT. B 225□

Über die Stabilität des 2.3-Dihydroxy-γ-lactonringes. L. A. Mai. (Журнал Общей Химии [J. allg. Chem.] **31** (**93**). 2635—39. Aug. 1961. Inst. für Chem. der Akad. der Wiss. der LettSSR.) (Russ.) — Vgl. vorst. Referat.

Die Veresterung einer Reihe von Polyhydroxydicarbonsäure-γ-lactonen mit Methanol in Ggw. eines aktivierten Kationenaustauschers (6 std. Kochen) wurde zur Beurteilung der Stabilität des Lactonringes der Verbb. herangezogen. Unter den gewählten Bedingungen liefert D-Glucozuckersäure-3.6-monolacton mit 60%ig. Ausbeute den *Lactonmethylester* [I; $C_7H_{10}O_7$, F. 151—153° (Methanol–Ae.)]; auch aus D-Glucozuckersäure-1.4;3.6-dilacton (**II**) wird **I** (53%) erhalten. D-Taloschleimsäure-1.4-lacton gibt allein den *Lactonmethylester* [$C_7H_{10}O_7$, F. 198—201° (Methanol–Ae.); 55%]; Schleimsäuredilacton wird in *Schleimsäuredimethylester* [$C_8H_{14}O_8$, F. 192—194° (Zers.; Methanol); 82%] übergeführt. D-glycero-D-gulo-Pentahydroxypimelinsäure-DL-monolacton gibt wiederum den *Lactonmethylester* [$C_8H_{12}O_8$, F. 188—189° (Methanol); 60%], u. D-Mannozuckersäure-1.4;3.6-dilacton bleibt unter den angewandten Bedingungen unverändert. Die Ergebnisse bestätigen, daß nur diejenigen Lactonringe nicht solvolysiert werden, bei denen die 2- u. 3ständige OH-Gruppe die gleiche Konfiguration besitzen. Hinsichtlich des Verh. von **II** bestehen Zweifel, daß die als 1.4;3.6-Dilacton angesehene Verb. evtl. das *1.5;3.6-Dilacton* darstellt, in dem der δ-Lactonring naturgemäß erheblich leichter solvolyt. geöffnet wird. Vermutlich liegt zwischen der 2- u. 3ständigen OH-Gruppe bei gleicher Konformation eine H-Brückenbindung vor, die den Lactonring stabilisiert. Es wird ein Mechanismus entwickelt, der dieser Annahme Rechnung trägt.

H.-E. TOUSSAINT. B 225□

Untersuchung der Übertragung von Phenylradikalen. G. A. Rasuwajew, G. G. Petuchow und B. G. Satejew. (Доклады Академии Наук СССР [Ber. Akad. Wiss. UdSSR] **127.** 803—04. 1/8. 1959. Gorki, Lobatschewski-Univ., Chem. Forsch.-Inst.) (Russ.)

Es wird die Beteiligung von ^{14}C-Bzl. als Lsgm. beim Zerfall von Nitrosoacetanilid (**I**), Diphenyljodoniumjodid (**II**) u. Bis-[phenyldiazonium]-tetrachlorozinkat (**III**) in Ggw. von Hg untersucht. — 5,5 g **I**, 32 g ^{14}C-Bzl. u. 20 g Hg wurden 4 Std. lang bei 35—40° geschüttelt. Die erhaltenen 1,5 g *Diphenyl* (**IV**) enthielten nach der Radioaktivität 45% ^{14}C-Phenylreste. Das entstandene *Phenylmercuriacetat* wurde in das *Chlorid* übergeführt. das sich als nicht akt. erwies. — 4 g **II**, 40 g ^{14}C-Bzl. u. 10 g Hg wurden 24 Std. lang bei 80° geschüttelt. Die erhaltenen 1,2 g *Phenylmercurijodid* u. 2,4 g *Jodbenzol* (**V**) erwiesen sich als inaktiv. Beim Photozerfall von 2 g **II** in 45 g ^{14}C-Bzl. wurden 0,15 g **IV** u. 0,49 g **V** isoliert. **IV** enthielt 47% ^{14}C-Phenylreste, **V** war prakt. inaktiv. — 10 g **III** u. 35 g ^{14}C-Bzl. wurden bei 80° mit Hg, Na-Amalgam, Zn u. Cu geschüttelt. Das erhaltene *Chlorbenzol* war inaktiv, das in geringer Menge gebildete **IV** enthielt ca. 40% ^{14}C-Phenylreste. Helmut Schäfer. B 225□

Untersuchung der Reaktion von Pentaphenylphosphor mit Benzol mit Hilfe markierter Atome. G. A. Rasuwajew, G. G. Petuchow und N. A. Ossanowa. (Журнал Общей Химии [J. allg. Chem.] **31** (**93**). 2350—53. Juli 1961.) (Russ.)

Es wurde der Zerfall von *Pentaphenylphosphor* (**I**) in ^{14}C-Bzl. sowie der von ^{14}C- oder D-markiertem **I** in Bzl. untersucht. Die Komponenten wurden 20 Std. lang auf dem sd. Wasserbad oder in Ampullen erhitzt. Als Zers.-Prodd. von **I** bilden sich *Diphenyl* (**II**), *Triphenylphosphin* (**III**) u. Harze. **II** enthält 5—6% Phenylgruppen aus dem Lösungsmittel. **III** u. die Harze bilden sich ausschließlich aus **I**. O_2 übt keinen merklichen Einfl. auf die Rk. aus. — *^{14}C-Pentaphenylphosphor, Hemicyclohexylat,* $(C_6H_5)_4P^{14}C_6H_5 \cdot {}^1/_2\, C_6H_{12}$, F. 124° (Cyclohexan), aus Tetraphenylphosphoniumjodid (**IV**) u. $^{14}C_6H_5Li \cdot (C_6H_5)_4 \cdot PC_6D_5 \cdot {}^1/_2\, C_6H_{12}$, F. 123° (Cyclohexan), aus **IV** u. C_6D_5Li. Helmut Schäfer. B 225□

Betrachtung der durch die m-Stellung verstärkten Resonanzeffekte auf die Radikalreaktivitäten. R. W. Taft, I. R. Fox und I. C. Lewis. (J. Amer. chem. Soc. **83.** 3349—50. 15/8. 1961. University Park, Pa., Pennsylvania State Univ., Coll. of Chem. and Phys.) (Engl.) — Vgl. J. Amer. chem. Soc. **81.** [1959.] 5343.

Während früher (vgl. l. c.) eine Erhöhung der Ar—Y-Resonanzeffekte (Y: Rk.-Ort am aromat. Mol.) durch einen m-OCH_3-Substituenten um 0,3 kcal/Mol bei Dibenzoylperoxid-Rkk. beobachtet wurde, ermittelten Vff., daß bei der Bldg. des Radikalions von m- u. p-substituierten *Anilinen* durch polarograph. Oxydation die Wrkg. eines m-OCH_3-Substituenten auf das Oxydationspotential einer Abnahme der freien Energie um 1,1 kcal/Mol entspricht. Auch andere m-Substituenten, wie NH_2, $NHCOOCH_3$ u. CH_3, erhöhen die Resonanzeffekte; die stärkste Abnahme der freien Energie wurde für den m-NH_2-Substituenten (3,0 kcal/Mol) beobachtet. Diese Wrkg. von m-Substituenten werden auf isovalente chinoide Strukturen (Radikalkationen) analog nebenst. Formel **A** zurückgeführt. Vff. zeigen, daß die Resonanzeffekte der m-Substituenten um so stärker werden, je ausgeprägter der Radikalkationcharakter des Übergangszustandes der Rk. ist. Die entsprechenden p-Substituenten verstärken die Ar—Y-Resonanzeffekte 2—3 mal mehr als die m-Gruppen; daher dürften bei diesen Verbb. zu **A** analoge Formen noch eine größere Bedeutung besitzen. B. Gnauck. B 225□

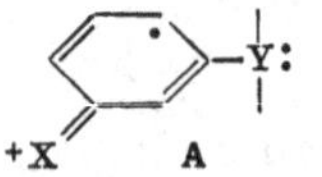

A

Nachweis des Phenylkations mit einer ungeraden Anzahl π-Elektronen bei der wässerigen thermischen Zersetzung des Diazoniumions. R. W. Taft. (J. Amer. chem. Soc. **83.** 3350—51. 15/8. 1961.) (Engl.) — Vgl. vorst. Referat.

Die l. c. gemachte Annahme daß die erhebliche Geschw.-Erhöhung durch konjugierte Donatorsubstituenten in m-Stellung von Benzol-Derivv. zur Best. des Radikalkation-Charakters von Übergangszuständen benutzt werden kann, wird auf die Geschw. der therm. Zers. wss. Lsgg. *m-substituierter Phenyldiazoniumsalze* angewendet. Durch Einführung folgender Substituenten treten die angegebenen Verminderungen der freien Aktivierungsenergie auf: OCH_3 1,7 [kcal/Mol], OH 1,5, C_6H_5 0,8, CH_3 0,5 u. Cl 0,2. Die Übergangszustände dieser Verbb. weisen demnach einen starken Kation–Radikal-Charakter auf. Die früher (vgl. J. Amer. chem. Soc. **81.** [1959.] 5352) vermutete Deutung (polarisierender Einfl. des positiv geladenen, nach Austritt von N_2 gebildeten C-Atoms) wird für den vorliegenden Fall wegen der Abweichungen von der Hammettschen Beziehung verworfen. Ferner wird angenommen, daß im intermediären Phenylkation ein π-Elektron des Benzolringes unter „concerted"-Entkopplung in die freie σ-Hybrid-Bahn (sp^2) des Kations eingetreten ist. Durch diese Elektronenumlagerung wird eine stabilere Struktur mit einer ungeraden Anzahl π-Elektronen gebildet, die zur Mesomerie befähigt ist. Wegen der Entkopplung unter Bldg. eines Triplett-Phenylkations wird gefolgert, daß ein schneller Spinaustausch bei der Bldg. des Phenylkations u. bei der Rk. dieser Zwischenstufe mit dem nucleophilen Agens (H_2O) auftritt. B. GNAUCK. B 225□

Untersuchung über den Mechanismus der Sandmeyer-Reaktion. D. C. Nonhebel und W. A. Waters. (Proc. Roy. Soc. [London], Ser. A **242.** 16—27. 8/10. 1957. Oxford, Univ., Dyson Perrins Labor.) (Engl.)

Die experimentellen Unterss. der Vff. bestätigen die Richtigkeit des von WATERS (J. chem. Soc. [London] **1942.** 266) vorgeschlagenen Mechanismus eines cycl. Ein-Elektron-Austausches. In der Anfangsstufe der Rk., $Ar\cdot N_2^+ + Cu^+ \rightarrow Ar\cdot + N_2 + Cu^{2+}$, entstehen freie Arylradikale, die eine Vinylpolymerisation auslösen können. Die gleiche Beobachtung gilt auch für verwandte Rkk. von Diazoniumsalzen mit analogem Mechanismus: Neben-Rkk., die zur Bldg. von Azoverbb. u. Diarylen führen, Austausch der Diazogruppe durch H mittels Phosphiten oder Hypophosphiten, MEERWEIN-Rk. zwischen Diazoniumhalogeniden u. α,β-ungesätt. Carbonyl-Verbb. bzw. Nitrilen. Die entstehenden Cupri-Ionen sind Oxydantien u. können bei der Vinylpolymerisation den Kettenabbruch bewirken. In der SANDMEYER-Rk. verursachen sie durch einen ähnlichen Prozeß die Endstufe, wobei anscheinend Austausch von Cl stattfindet: $Ar\cdot + Cl{-}Cu{-}Cl \rightarrow ArCl + CuCl$. Prod.-Analysen zeigen, daß in der SANDMEYER-Rk. Cupri-Ionen für hohe Ausbeuten an Arylchlorid notwendig sind, während in ihrer Abwesenheit Rkk., die zu Diarylen oder Azoverbb. führen, überwiegen. Molgew.-Best. an Acrylnitril-Polymeren sprechen dafür, daß in verd. Lsgg. in Ggw. von Cl^- bis zu 35% der anfangs vorhandenen Aryldiazonium-Kationen durch Wechselwrkg. mit Cupro-Ionen freie Radikale erzeugen können. In konzentrierteren Lsgg. nimmt dagegen die 2. der oben angegebenen Rkk. ein solches Ausmaß an, daß der gesamte Ablauf der SANDMEYER-Rk. vorwiegend ein intramol. Prozeß wird. Die Unterss. wurden ausgeführt mit *Benzol-*, *p-Methoxy-*, *p-Brom-*, *p-Chlor-* u. *p-Nitrobenzoldiazoniumfluoroborat.*

J. RICHTER. B 225□

Gasphasenchlorierung von Dimethyläther. Latimer R. Evans und Robert E. Neligan. (Ind. Engng. Chem., int. Edit. **52.** 379—80. Mai 1960. University Park, N.Mex., State Univ., Dep. of Chem.) (Engl.)

Die photosensibilisierte Gasphasenchlorierung von *Dimethyläther* verläuft bei ca. 95° mit ausreichender Geschw. u. liefert je nach den Rk.-Bedingungen Monochlor- u. Dichlormethylmethyläther sowie Bis-[dichlormethyl]-äther in guten Ausbeuten.

A. MASCHKE. B 226□

Photochlorierung von Butyryl-, Valeryl- und Caproylchlorid. P. Smit und H. J. den Hertog. (Recueil Trav. chim. Pays-Bas **77.** 73—80. Jan. 1958. Wageningen, Agric. Univ., Labor. of Organ. Chem.) (Engl.)

1 Mol Butyryl- (I), Valeryl- (II) u. Caproylchlorid (III) werden bei 20° mit je $^1/_3$ Mol Cl_2 im UV-Licht chloriert. Dabei liefert I <2% α-, 50—55% β- u. 45—50% *γ-Chlorbutyrylchlorid*, II <1,5% α-, 15—20% β-, 50—55% γ- u. 30—35% *δ-Chlorvalerylchlorid* u. III <1% α-, 5—10% β- (IV), 25—30% γ- (V), 40—45% δ- (VI) u. 20 bis 25% *ε-Chlorcaproylchlorid* (VII). Die Chlorcaproylchloride werden als *Toluidide* identifiziert. Ihre Identität wird durch Synth. gesichert.

Versuche: *β-Chlorbutyrylchlorid*, $Kp._{40}$ 67—70°, durch Einleiten von 7 Litern Cl_2 bei 20° in 101,5 g I unter UV-Bestrahlung; 14,8 g (Ausbeute); daneben *γ-Chlor-* ($Kp._{40}$ 74 bis 86°; 13,65 g) u. wenig unreines *α-Chlorbutyrylchlorid* sowie 2,2 g höherchlorierte Prodd. ($Kp._{40}$ 86—125°). — *δ-Chlorvalerylchlorid*, $Kp._{25}$ 96—100°, wie vorst. aus 8,5 Litern Cl_2 u. 115,5 g **II**; 13,3 g; daneben eine Fraktion (29,7 g) aus 1,5% α-, 24% β- u. 74,5% *γ-Chlorvalerylchlorid* (Best. durch Gegenstromverteilung in Diisopropyläther/1 m Phosphatpuffer) sowie höherchlorierte Produkte. — *δ-Chlorcaproylchlorid* (**VI**), $Kp._{20}$ 99—102°, wie vorst. aus 8,5 Litern Cl_2 u. 126,5 g **III**; 17,2 g; daneben *ε-Chlor-* (**VII**, $Kp._{20}$ 111—114°; 9,2 g), *γ-Chlor-* (**V**, $Kp._{20}$ 92—94°; 11,9 g), etwas α- u. *β-Chlorcaproylchlorid* ($Kp._{20}$ 87 bis 90°; 3,9 g) sowie höherchlorierte Prodd. (Kp. >114°). — Capro-p-toluidide: *α-Chlor-*, F. 73—74° (Ligroin), aus α-Chlorcapronsäure [$Kp._8$ 115,5—116,5°, aus Hexen-(1) über 2-Chlorhexanol-(1); n_D^{25} 1,4430], Umsetzung zum Säurechlorid u. dessen Rk. mit p-Toluidin in abs. Äther. — *β-Chlor-*, $C_{13}H_{18}ClNO$, F. 101—102° (Ligroin), a) analog vorst. Verb. aus der aus Malonsäure u. Butyraldehyd über Penten-(1)-carbonsäure-(1) dargestellten β-Chlorcapronsäure ($C_6H_{11}ClO_2$, $Kp._{3,5}$ 102—102,5°; n_D^{20} 1,4480); b) wie vorst. aus **IV**. — *γ-Chlor-*, $C_{13}H_{18}ClNO$, F. 83—84,5° (Ligroin oder wss. A.), analog vorst. Verb. aus **V**. — *δ-Chlor-*, $C_{13}H_{18}ClNO$, F. 85—86° (Ligroin), a) durch Sättigen der Mischung aus 0,8 g δ-Caprolacton u. 0,8 g 38%ig. HCl mit HCl-Gas bei 0°, Erhitzen im Rohr auf 150° u. Rk. der erhaltenen δ-Chlorcapronsäure wie vorst.; b) analog vorst. Verb. aus **VI**. — *ε-Chlor-*, $C_{13}H_{18}ClNO$, F. 79,5—81,5° (Ligroin), a) durch analoge Rk. der aus ε-Caprolactam über die N-Nitroso-Verb. erhaltenen ε-Chlorcapronsäure ($Kp._{0,1}$ 90 bis 92°; nach NISCHK u. MÜLLER, C. **1954.** 7158; n_D^{20} 1,4555); b) analog vorst. Verb.

aus **VII**. — *δ-Chlorcapronamid*, $C_6H_{12}ClNO$, F. 80,5—81,5° (W.), aus **VI** durch Rk. mit konz. wss. NH_4OH. L. Lamza. B 226

Die photosensitivierte Oxydation von Propan mit Röntgenstrahlen. William H. Clingham jun. (Ind. Engng. Chem. **52.** 915—18. Nov. 1960. Texas City, Tex., Amer. Oil Co., Res. and Dev. Dep.) (Engl.)

Propan–Luft-Gemische wurden in Ggw. von ZnO-Katalysatoren verschiedener Aktivität einer intensiven Röntgenstrahlung ausgesetzt. Als Primärprodd. wurden erhalten: *Propanol-(2)*, *Aceton*, *n-Propanol* u. *Äthanol*. Das Auftreten einer Reihe weiterer Oxydations-Prodd., die bei der üblichen strahlungsintensivierten Oxydation vorherrschen, wie Propylenglykol, Pinakon, Acetaldehyd, Propionaldehyd, Essigsäure u. Propionsäure, konnte mit Sicherheit ausgeschlossen werden. Diese höhere Selektivität deutet auf einen von der üblichen Oxydation abweichenden Mechanismus hin.
A. Maschke. B 226□

Das wässerige Benzoat-System als empfindliches Dosimeter für ionisierende Strahlung. W. A. Armstrong und D. W. Grant. (Canad. J. Chem. **38.** 845—50. Juni 1960. Ottawa, Ontario, Defence Res. Board, Defence Res. Chem. Labor.) (Engl.)

$6\cdot10^{-4}$m wss. Lsgg. von *Ca-Benzoat* wurden mit γ-Strahlen (2 c ^{137}Cs u. 200 c ^{60}Co) u. Röntgenstrahlen (3 MeV; Van de Graff-Generator) bestrahlt u. die dadurch erzeugte Salicylsäure-Konz. (SK) mittels Fluorescenzspektrophotometer bestimmt. Die SK steigt im Bereich von 5—5000 rad linear mit der Strahlendosis an, sie ist unabhängig von der Temp. zwischen 15 u. 45°, von der Energie der Strahlung zwischen 160 keV u. 3 MeV sowie von der Dosisleistung zwischen 4 u. 1000 rad/min. Bei Dosisleistungen von 1000—18000 rad/min zeigt das Syst. eine Dosis an, die 5—15% niedriger als die wirkliche Dosis liegt. Im Bereich von 18000—85000 rad/min beträgt die Abweichung 16—24%. W. Fiedler/Radebeul. B 226□

Die Strahlenchemie von Cyclohexan. 2. Mitt. **Der Einfluß der Dosisleistung auf die Bildung und Zersetzung von Cyclohexan.** P. J. Dyne und J. W. Fletcher. (Canad. J. Chem. **38.** 851—57. Juni 1960. Chalk River, Ontario, Atomic Energy of Canada Ltd., Res. Chem. Branch.) (Engl.) — 1. vgl. Canad. J. Chem. **38.** [1960.] 539.

Proben von reinem *Cyclohexan* (**I**) u. mit *Cyclohexen* (**II**) versetzten **I** wurden bis zu 1400 Std. mit γ-Strahlen von ^{60}Co bestrahlt. Die Dosisleistung betrug a) $1,4\cdot10^{19}$eV/gh bzw. b) $9,6\cdot10^{17}$ eV/gh. Die Bestrahlung von **I** führt zu einer konst. Konz. an **II**. Oberhalb dieser Konz. wird **II** zersetzt. Bei der Bestrahlung von **I** nach a) wird das gebildete **II** bei Konzz. $>4,5\cdot10^{-5}$ Mol/g, bei Bestrahlung nach b) bei Konzz. von $2\cdot10^{-5}$ Mol/g zersetzt. Die konst. Konz. variiert ungefähr mit der 4. Wurzel aus der Dosisleistung. Der Rk.-Mechanismus wird diskutiert. W. Fiedler/Radebeul. B 226□

Isomerisation von Vinylcyclopropan in Gegenwart von Kieselgur. B. A. Kasanski, M. Ju. Lukina und L. G. Tscherkaschina. (Известия Академии Наук СССР, Отделение Химических Наук [Nachr. Akad. Wiss. UdSSR, Abt. chem. Wiss.] **1959.** 553—54. März. Zelinsky-Inst. für organ. Chem. der Akad. der Wiss. der UdSSR.) (Russ.)

Es wurde die Isomerisierung von Vinylcyclopropan zu *Piperylen* (**I**) in Ggw. von Kieselgur untersucht. Bei 120° wurden nur Spuren von **I** erhalten, während bei 150° die Ausbeute an **I** 10,8% betrug. Es wurde festgestellt, daß die geringen Ausbeuten auf Vergiftung des Katalysators durch **I** zurückzuführen sind; ein Katalysator, an dem Äthylcyclopropan (**II**) in 75%ig. Ausbeute zu Olefinen isomerisiert wurde, verlor beim Überleiten von **I** sofort seine Aktivität zur weiteren Isomerisierung von **II**.
B. Celms. B 227□

C. Präparative organische Chemie. Naturstoffe

Die reduktive Spaltung von Ozoniden zu Alkoholen. John A. Sousa und Aaron L. Bluhm. (J. org. Chemistry **25.** 108—11. Jan. 1960. Natick, Mass., U. S. Army, Quartermaster Res. and Engng. Center, Pioneering Res. Div.) (Engl.)

Es werden Verbb. mit Äthylengruppen ozonisiert u. die Ozonide ohne vorherige Isolierung mit $NaBH_4$ oder $LiAlH_4$ reduktiv zu Alkoholen gespalten. Außerdem werden alle früheren Arbeiten über die Red. von Ozoniden mit Metallhydriden zusammengefaßt.

Versuche: Die Ozonisierung erfolgt mit einer Geschw. von 0,01 Mol/Std., wobei das Vol. 8% Ozon enthält: *Pentadecanol-(1)*, F. 43,8° (wss. A.), durch Ozonisierung von Hexadecen-(1) in Chlf. bei —20°, Zutropfen einer Lsg. von $NaBH_4$ in 50%ig. wss. A. bei 25° unter Rühren, 2½std. Erwärmen u. 12std. Stehen; 79% (Ausbeute). —

Heptanol-(1), a) durch Ozonisierung von Octen-(1) in Chlf. bei —20°, reduktive Spaltung mit $NaBH_4$ bei 0° u. 1std. Erwärmen auf 50°; n_D^{20} 1,4240; 74%; b) durch Ozonisierung von Octen-(1) in CCl_4 bei 0°, Eindampfen bei Raum-Temp. im N_2-Strom, Lösen in abs. Ae. u. Red. mit $LiAlH_4$; 70%. — *Hexandiol-(1.6)*, F. 42—42,5° (wss. A.), durch Ozonisierung von Cyclohexen in Chlf. bei 0°, Zugabe von abs. A. u. Red. mit $NaBH_4$ wie vorst. unter a); 63%. — *Nonanol-(1)*, a) durch Ozonisierung von Ölsäure in n-Heptan bei 0°, Zugabe von abs. Ae. u. Red. mit $LiAlH_4$; 79,4% [neben *Nonandiol-(1.9)*, F. 44,2°; 49,5%]; b) durch Ozonisierung von Ölsäure in Chlf. bei 0°, reduktive Spaltung mit $NaBH_4$, Ansäuern, Ausäthern u. Ausschütteln mit verd. NaOH; n_D^{20} 1,4334; 62,3% neben nachst. Verbindung. *N-Phenylcarbamat*, F. 68,5—69°. — *9-Hydroxypelargonsäure*, $C_9H_{18}O_3$, F. 49,5—51° (Essigester–PAe.), neben vorst. Verb. nach b) durch erneutes Ansäuern des wss.-alkal. Extrakts u. Ausäthern; 46%. — *Benzylalkohol*, durch Ozonisierung von Zimtalkohol in Ae. bei 0° u. reduktive Spaltung mit $NaBH_4$; n_D^{20} 1,5396; 63,1%. — *Benzhydrol*, F. 68—68,5° (Ae.–PAe.), durch Ozonisierung von 1.1-Diphenyläthylen in Isooctan bei 0°, Zugabe von Dioxan (zur Lsg. des Ozonids) u. reduktive Spaltung mit $NaBH_4$; 74%. — *1-[2-Benzylaminophenyl]-äthanol*, a) analog aus 2-Phenyl-3-methylindol; 93%; b) durch Ozonisierung von 2-Phenyl-3-methylindol u. Red. mit $LiAlH_4$; 72%. — *β-[3.4-Methylendioxyphenyl]-äthylalkohol*, durch Ozonisierung von 3-[3.4-Methylendioxyphenyl]-propen-(1) in abs. Ae. bei 0°, Zers. des Ozonids durch langsames Zutropfen von überschüssigem $LiAlH_4$ in Ae. unter Rühren bei 0° unter Feuchtigkeitsausschluß; n_D^{20} 1,5500; 62%. *Phenylurethan-Deriv.*, F. 96,6—97°. — *Pentanol-(1)*, a) durch Ozonisierung von Octen-(3) u. reduktive Spaltung mit $LiAlH_4$; 87% neben *Propanol-(1)* (87%); b) analog aus Hepten-(2); 89% neben *Äthanol* (21%). — *β-[1.1.6.10-Tetramethyl-6-hydroxydekalyl-(5)]-äthanol*, analog aus 2.4b.8.8.10a-Pentamethyl-4H-Δ^2-dekahydro-1-oxaphenanthren; 17,5%. — *5.6-Secobisnorcholan-3.5.6.22-tetrol*, aus Stigmasterylacetat (vgl. LETTRÉ u. HOTZ, C. **1957.** 13669); 60%. W. EISENMANN. 460□

Über die Spaltung eines cyclischen Ketals des Benzophenons durch den Komplex $LiAlH_4$–$AlCl_3$. Jean Cheymol, Jacqueline Seyden-Penne und Jean-Michel Benoist. (C. R. hebd. Séances Acad. Sci. **252.** 3072—73. 15/5. 1961. Paris, Fac. de Méd., Inst. de Pharmacol.) (Franz.)

Durch 24std. Kochen von α.α-Dichlordiphenylmethan mit Propandiol-(1.3) (I) in abs. Bzl. in Ggw. von Triäthylamin unter N_2 stellt man *2.2-Diphenyl-1.3-dioxan* [II, $C_{16}H_{16}O_2$, F. 114° (Hexan)] dar; eine Umketalisierung von Benzophenondimethylketal mit I in Ggw. von Säure gelang nicht. Aus Pentaerythrit u. I wird dagegen glatt das Bis-ketal *3.3.9.9-Tetraphenyl-2.4.8.10-tetraoxaspiro-[5.5]-undecan* (F. 162°) erhalten. II wird durch $LiAlH_4/AlCl_3$ (1 : 3 Mol) (5std. Kochen in Ae.) zu *Diphenylmethan* red., durch $LiAlH_4/AlCl_3$ (3 : 1) jedoch mit 70% Ausbeute zu *Benzophenon* gespalten.

H.-E. TOUSSAINT. 460□

Reaktionsfähige Methylenverbindungen. 8. Mitt. **Kondensationen mit Benzoldiazoniumsalzen.** H. G. Garg und S. N. Mehra. (J. Indian chem. Soc. **38.** 325—26. Mai **1961.** Meerut, Meerut Coll., Dep. of Chem.) (Engl.) — 7. vgl. C. **1962.** 11167; 10. vgl. C. **1962.** 11912.

Benzoldiazoniumsalze werden mit Malonsäurediäthylester, 1-Carbamoyl-3-methylpyrazolon-(5), Indandion-(1.3) u. Dimedon kondensiert.

Versuche: Benzolazomalonsäurediäthylester, durch Kondens. der Benzoldiazoniumsalze mit der entsprechenden Methylen-Verb. nach GARG u. JOSHI (J. Indian chem. Soc. **37.** [1960.] 626): *2-Chlor-*, $C_{13}H_{15}ClN_2O_4$, F. 73°; blaßgelb; 79% (Ausbeute). — *4-Nitro-*, $C_{13}H_{15}N_3O_6$, F. 78°; blaßgelb; 83%. — *3-Nitro-*, $C_{13}H_{15}N_3O_6$, F. 88°; gelb; 79%. — *4-Methyl-*, $C_{14}H_{18}N_2O_4$, F. 71°; gelb; 78%. — *2-Chlor-4-nitro-*, $C_{13}H_{14}ClN_3O_6$, F. 95°; schokoladenfarben; 79%. — *2-Nitro-4-chlor-*, $C_{13}H_{14}ClN_3O_6$, F. 98°; rot; 81%. — 1-Carbamoyl-3-methylpyrazolone-(5): *4-[p-Methoxybenzolazo]-*, $C_{12}H_{13}N_5O_3$, F. 201°; rot; 86%. — *4-[o-Chlorbenzolazo]-*, $C_{11}H_{10}ClN_5O_2$, F. 210°; gelb; 91%. — *4-[m-Chlorbenzolazo]-*, $C_{11}H_{10}ClN_5O_2$, F. 203°; gelb; 92%. — *4-[p-Chlorbenzolazo]-*, $C_{11}H_{10}\cdot ClN_5O_2$, F. 205°; gelb; 93%. — *4-[p-Nitrobenzolazo]-*, $C_{11}H_{10}N_6O_4$, F. 266°; goldgelb; 94%. — *4-[m-Nitrobenzolazo]-*, $C_{11}H_{10}N_6O_4$, F. 211°; gelb; 92%. — *4-[p-Toluolazo]-*, $C_{12}H_{13}N_5O_2$, F. 192°; gelb; 86%. — *4-[2-Chlor-4-nitrobenzolazo]-*, $C_{11}H_9ClN_6O_4$, F. 201°; dunkelbraun; 92%. — *4-[2-Nitro-4-chlorbenzolazo]-*, $C_{11}H_9ClN_6O_4$, F. 244°; gelb; 90%. — Indandione-(1.3): *2-[p-Methoxybenzolazo]-*, $C_{16}H_{12}N_2O_3$, F. 179°; orangerot; 88%. — *2-[o-Chlorbenzolazo]-*, $C_{15}H_9ClN_2O_2$, F. 234°; schmutziggelb; 92%. — *2-[m-Chlorbenzolazo]-*, $C_{15}H_9ClN_2O_2$, F. 178°; schmutziggelb; 92%. — *2-[p-Chlorbenzolazo]-*, $C_{15}H_9ClN_2O_2$, F. 235°; violett; 92%. — *2-[p-Nitrobenzolazo]-*, $C_{15}H_9N_3O_4$, F. 280°; gelb; 95%. — *2-[m-Nitrobenzolazo]-*, $C_{15}H_9N_3O_4$, F. 296°; bräunlichgelb; 93%. — *2-[2-Chlor-4-nitrobenzolazo]-*, $C_{15}H_8ClN_3O_4$, F. 238°; schmutziggelb; 92%. — *2-[2-Nitro-4-chlorbenzolazo]-* $C_{15}H_8ClN_3O_4$, F. 239°; rot; 92%. — Dimedone: *2-[o-Chlorbenzolazo]-*, $C_{14}H_{15}ClN_2O_2$,

F. 124°; goldgelb; 92%. — *2-[m-Chlorbenzolazo]-*, $C_{14}H_{15}ClN_2O_2$, F. 122°; hellorangefarben; 93%. — *2-[p-Chlorbenzolazo]-*, $C_{14}H_{15}ClN_2O_2$, F. 210°; blaßgelb; 93%. — *2-[p-Nitrobenzolazo]-*, $C_{14}H_{15}N_3O_4$, F. 216°; gelb; 96%. — *2-[2-Chlor-4-nitrobenzolazo]-*, $C_{14}H_{14}\cdot ClN_3O_4$, F. 178°; braun; 93%. — *2-[2-Nitro-4-chlorbenzolazo]-*, $C_{14}H_{14}ClN_3O_4$, F. 165°; braun; 93%. P. Golinske. 460□

Organische Deuteriumverbindungen. 21. Mitt. **Synthese von deuteriertem Azobis-methan.** A. T. Morse, T. F. Massiah und L. C. Leitch. (Canad. J. Chem. **37.** 1—3. Jan. 1959. Montreal, Merck & Co. Ltd., Res. Chem. Dep.; Ottawa, Nat. Res. Council, Div. of Pure Chem.) (Engl.) — 20. vgl. C. **1959.** 9528.

D_6-Azomethan wird aus 1.2-Dibenzoylhydrazin (I) durch Rk. mit D_6-Dimethylsulfat, Hydrolyse u. Oxydation des erhaltenen *D_6-1.2-Dimethylhydrazins* mit HgO dargestellt. Versuche: *D_6-Dimethylsulfat*, $Kp._{11}$ 69—71°, a) durch Zutropfen von 5 Mol D_3-Methanol zu 6 Mol Chlorsulfonsäure $<0°$ unter Rühren u. Dest.; n_D^{25} 1,3858; 90% (Ausbeute); b) durch Aufkondensieren von 0,22 Mol D_3-Methylbromid auf 0,1 Mol Ag_2SO_4, 4—5std. Erhitzen auf 100° im Rohr, Lösen in Ae. u. Dest.; 85%. — *D_6-1.2-Dimethyl-1.2-dibenzoylhydrazin*, F. 85—86°, durch Eintropfen von 0,65 Mol vorst. Verb. u. 125 ml 50%ig. NaOH in die Suspension von 0,165 Mol I in 2%ig. NaOH bei 80°, 1std. Rühren bei 80°, Kühlen, Lösen der erhaltenen Kristalle in Chlf. u. Zugabe von Ae.–Pentan (1 : 1); 24,4%. — *D_6-1.2-Dimethylhydrazin*, durch 3std. Kochen vorst. Verb. mit 35%ig. HCl, Abtreiben der Benzoesäure mit Wasserdampf, Eindampfen, Lösen des *Hydrochlorids* in W., Zugabe von 50%ig. NaOH u. Vakuum-Dest. durch ein mit KOH gefülltes U-Rohr; n_D^{24} 1,4188; 95,5%. — *D_6-Azomethan*, durch Eintropfen von 0,08 Mol vorst. Verb. in W. in die Suspension von 0,11 Mol gelben HgO in W. unter N_2, langsames Erwärmen zum Sieden u. Auffangen in einer Kühlfalle bei —78°; 62,2%. — *1.2-Dimethylhydrazin*, durch 24std. Soxhlet-Extraktion von 0,25 Mol 1.2-Diformylhydrazin durch eine sd. Lsg. von 2 Mol $LiAlH_4$ in Dioxan, Zugabe von W., Ansäuern des Filtrats, Eindampfen, Lösen in W., Zugabe von 50%ig. Alkali u. Dest. der oberen Schicht im Vakuum; 50%. L. Lamza. 480□

Synthese von Kohlenwasserstoffen. 62. Mitt. **Eine Methode zur Synthese von Alkenen und Alkanen verzweigter Struktur.** R. Ja. Lewina, P. A. Kaikariss und Je. G. Treschtschowa. (Вестник Московского Университета, Серия Математики, Механики, Астрономии, Физии, Химии [Nachr. Moskauer Univ., Ser. Math., Mechan., Astronom., Physik, Chem.] **12.** Nr. 3. 165—68. 1957. Moskau, Inst. für organ. Chem.) (Russ.) — 61. vgl. C. **1958.** 4747; 63. vgl. C. **1961.** 16814.

Einige Äthylen-KW-Stoffe mit tert. u. quart. C-Atomen werden durch Rk. von Allylhalogeniden mit tert. Alkylmagnesiumchloriden dargestellt u. durch katalyt. Hydrierung in die entsprechenden Paraffin-KW-Stoffe übergeführt. Die Raman-Spektren werden angegeben.

Versuche: *1-Brom-3-methylbuten-(2)* (I), $Kp._{63}$ 62—65°, aus Isopren mit trocknem HBr unter Kühlung mit Eis–Kochsalz. — *1-Chlor-2.3-dimethylbuten-(2)* (II), aus 2.3-Dimethylbutadien-(1.3) mit trocknem HCl bei —15°. — *2.2.5-Trimethylhexen-(5)* (III), C_9H_{18}, $Kp._{726}$ 126,5—127°, durch Rk. von I mit tert.-Butyl-MgCl bei —70 bis —60°; n_D^{20} 1,4218; $D._4^{20}$ 0,7370; 12% (Ausbeute). — *3.3.6-Trimethylhepten-(5)* (IV), $C_{10}H_{20}$, $Kp._{744}$ 155—155,5°, aus I mit tert.-Amyl-MgCl bei —70 bis —60°; n_D^{20} 1,4339; $D._4^{20}$ 0,7647; 10%. — *2.2.4.5-Tetramethylhexen-(4)*, $C_{10}H_{20}$, $Kp._{744}$ 152,5—153°, aus II mit tert.-Butyl-MgCl bei —40°; n_D^{20} 1,4384; $D._4^{20}$ 0,7679; 17%. — *3.3.5.6-Tetramethylhepten-(5)*, $C_{11}H_{22}$, $Kp._{750}$ 182,5—183°, aus II mit tert.-Amyl-MgCl bei —40°; n_D^{20} 1,4487; $D._4^{20}$ 0,7910; 12%. — *2.2.5-Trimethylhexan*, $Kp._{750}$ 123,5°, durch Hydrierung von III an Ni/Al_2O_3 bei 160—170°; n_D^{20} 1,4001; $D._4^{20}$ 0,7095. — *3.3.6-Trimethylheptan*, $Kp._{742}$ 150,5°, analog aus IV; n_D^{20} 1,4132; $D._4^{20}$ 0,7347. — *2.2.4.5-Tetramethylhexan*, $Kp._{748}$ 147°; n_D^{20} 1,4130; $D._4^{20}$ 0,7352. — *3.3.5.6-Tetramethylheptan*, $Kp._{750}$ 170,5—171°; n_D^{20} 1,4252; $D._4^{20}$ 0,7585. B. Celms. 500

Die Addition von Methylradikalen an isolierte, konjugierte und kumulierte Diene. A. Rajbenbach und M. Szwarc. (Proc. Roy. Soc. [London], Ser. A **251.** 394—406. 9/6. 1959. Syracuse, N.Y., Univ., Coll. of Forestry, Dep. of Chem.) (Engl.)

Zur experimentellen Unters. der Addition von Methylradikalen (MR) an Diene mit isolierten, konjugierten u. kumulierten Doppelbindungen wurden MR durch Zers. von Acetylperoxid (AP) in einer Lsg. der Diene in Isooctan oder in einem anderen geeigneten Lsgm. erzeugt. Das MR reagiert sowohl mit dem Lsgm. unter Bldg. von CH_4 u. Lsgm.-Radikalen (Rk. 1) als auch mit dem Dien unter Addition (Rk. 2). Bei geringen AP-Konzz. u. hinlänglich niedrigen Temp. wird die stationäre Konz. an sek. Radikalen so niedrig gehalten, daß ihre Rk. mit prim. MR vernachlässigt werden kann. Unter solchen Bedingungen wurde das Verhältnis der Geschw.-Konst. k_2/k_1 bestimmt. Das MR kann aber auch mit beweglichen H-Atomen von Dienen reagieren (Rk. 3). In solchen Fällen ist der reziproke Wert k_1/k_2 linear vom Molenbruchverhältnis $x_{Dien}/x_{Lsgm.}$ abhängig. Die k_2/k_1-Werte für Pentadien-(1.4), Hexadien-(1.5) u. 2.5-Dimethylhexadien-(1.5) betragen bei Konzz. bis ca. 7 Mol-%, einer AP-Konz. von $1-5 \cdot 10^{-2}$m u. 65° 59,8, 68,1 bzw. 76,6; sie liegen höher als das Doppelte der entsprechenden Werte für einige Monoolefine. k_2/k_1 nimmt mit zunehmender Dien-Konz. ab. An konjugierten Dienen wurden folgende k_2/k_1-Werte bei 65° bestimmt: Butadien-(1.3) (**I**, 2015 ± 30), Isopren (**II**, 2090 ± 50), 2.3-Dimethylbutadien-(1.3) (2230 ± 70), cis-Pentadien-(1.3) (1220 ± 20), trans-Pentadien-(1.3) (840 ± 30), 4-Methylpentadien-(1.3) (1000 ± 35), Hexadien-(2.4) (**III**, 180 ± 10), 2.5-Dimethylhexadien-(2.4) (**IV**, 27), 1-Phenylbutadien-(1.3) (2290 ± 50), 1.4-Diphenylbutadien-(1.3) (380 ± 5), 1.1.4.4-Tetraphenylbutadien-(1.3) (60), Chloropren (7540 ± 500) u. 1-Methoxybutadien-(1.3) (500 ± 20). Der k_2/k_1-Wert liegt z. T. ganz wesentlich über dem bei isolierten Doppelbindungen gemessenen, was einer Resonanzstabilisierung der entstehenden Allylradikale zugeschrieben wird. Methyl- u. Phenylsubstitution an nicht endständigen C-Atomen begünstigt die Addition in Nachbarstellung durch Hyperkonjugation (vgl. **II**), während die Substitution an endständigen C-Atomen die Rk.-Geschw. durch ster. Hinderung um ein Vielfaches herabsetzt (vgl. **III**). Bei doppelter Methylsubstitution ist dieser Effekt bes. groß. Die Messungen an **I**, **II**, **III** u. **IV** wurden bei 55, 65, 75 u. 85° durchgeführt. k_2/k_1 nimmt mit steigender Temp. erheblich ab. Die aus der Temp.-Abhängigkeit erhaltenen Aktivierungsenergien unterscheiden sich bei substituierten u. nicht substituierten Verbb. nur wenig voneinander. Die k_2/k_1-Werte liegen bei kumulierten Dienen extrem niedrig; bei 65° wurden bestimmt: Allen (17,6 ± 0,2), Butadien-(1.2) (14,8 ± 2,0), Pentadien-(1.2) (19,2), Pentadien-(2.3) (13,8) u. Tetraphenylallen (52). Substitution hat keinen nennenswerten Einfluß. Die Aktivierungsenergien liegen in der gleichen Größenordnung wie bei den konjugierten Dienen. — Es wird gezeigt, daß die Addition an zentralen u. nicht an endständigen C-Atomen stattfindet.

W. Betcke. 520□

Die Darstellung einiger Tetraacylderivate des Pentaerythrits. B. Zsadon und Á. Gerecs. (Ann. Univ. Sci. Budapestinensis Rolando Eötvös nominatae, Sect. Chim. **1.** 142—46. 1959. Budapest, Eötvös Lorand Univ., Inst. für chem. Techn.) (Dt.)

Verschiedene Acyl-Derivv. von Pentaerythrit (**I**) werden dargestellt u. beschrieben.

Versuche: *Pentaerythrittetra-p-nitrobenzoat*, F. 241—242° (Pyridin), durch Rk. von Schotten-Baumann aus **I**; 97,5% (Ausbeute). — *Pentaerythrittetrasuccinat* (**II**), $C_{21}H_{28}O_{16}$, F. 132—134° (Amylalkohol), durch 2std. Erwärmen von **I** u. Bernsteinsäureanhydrid in abs. Pyridin auf 100°; 91,7%. *Tetramethylester*, $C_{25}H_{36}O_{16}$, durch Zugabe von Bernsteinsäuremethylesterchlorid zu **I** in abs. Pyridin in der Kälte; orangegelbes Öl; 99%. *Bis-N-phenylimid*, F. 145—149°, durch 4std. Erhitzen von **II** mit Anilin auf 180°; 48,3%. — *Adipinsäuremonomethylester*, Kp.$_2$ 123—130°, durch ½std. Kochen von polymerem Adipinsäureanhydrid mit abs. Methanol/abs. Bzl.; 46%; daneben der *Dimethylester*. Kp.$_2$ 75—80°. — *Adipinsäuremethylesterchlorid* (**III**), $C_7H_{11}ClO_3$, Kp.$_{14}$ 116 bis 117°, aus dem Monomethylester u. $SOCl_2$; 85,7%. — *Pentaerythrittetraadipinat*, $C_{29}H_{44}O_{16}$, durch 2std. Erhitzen von **I** u. monomerem Adipinsäureanhydrid in abs. Pyridin auf 100°; viscoses Öl; 90,3%. *Tetramethylester*, $C_{33}H_{52}O_{16}$, durch Rk. von **I** u. **III** in abs. Pyridin in der Kälte; gelbes Öl; 99,8%. — *Tetrakis-[4-phenylazobenzoyl]-pentaerythrit*, $C_{57}H_{44}N_8O_8$, F. 254—255° (Pyridin), durch 1std. Rühren von **I** u. p-Phenylazobenzoylchlorid in abs. Pyridin; 87,5%. W. Hampel. 580□

Die Reaktion zwischen Acetiminoäthern und sekundären Phosphorsäureestern. R. J. W. Cremlyn. (J. chem. Soc. [London] **1961.** 1805—08. April. London, Brunel Coll. of Technol.) (Engl.)

N-Methyldimesylacetiminomethyläther (**I**) u. Trichloracetiminomethyläther reagieren mit sek. H_3PO_4-Estern zu den entsprechenden tert. Estern (**A**); dagegen werden von N-Methyldimesylacetiminoäthyläther u. N-[p-Tolyl]-diphenylacetiminomethyläther unter vergleichbaren Bedingungen **A** nicht gebildet.

Versuche: *N-[p-Tolyl]-diphenylacetiminomethyläther*, F. 95—97°, durch Rk. von 0,297 g Diphenylketen-p-tolylimin in abs. Ae. mit Na-Methylat in sd. Methanol (vgl. Stevens u. French, C. **1954.** 4149); aus PAe./Chlf. Nadeln; 0,285 g (Ausbeute); *N-[p-Tolyl]-diphenylacetiminoäthyläther*, $C_{23}H_{23}NO$, F. 103—105°, analog vorst. Verb.; aus A. Prismen; 73%. — *N-Methyldimesylacetiminomethyläther* (**I**), $C_6H_{13}NO_5S_2$, F. 137—140° (Bzl./Chlf.), durch 3std. Kochen von 0,211 g Bis-[methylsulfonyl]-keten-N-methylimin in überschüssigem Methanol; 211 mg. *N-Methyldimesylacetiminoäthyläther*, $C_7H_{15}NO_5S_2$, F. 104—106°, analog vorst. Verb.; aus PAe./Chlf. Prismen; 46%. — Phosphorsäureester: *-methyldibenzylester*, $C_{15}H_{17}O_4P$, a) durch 36std. Erhitzen von **I** mit Phosphorsäuredibenzylester (**II**) in Nitromethan; 71%; daneben *N-Methyldimesylacetamid* (**III**), F. 210—212°; 84%; b) durch 48std. Rk. von **II** mit in situ dargestelltem Trichloracetiminomethyläther in Nitromethan bei 90—100° u. Isolierung über ein gemischtes *Ca-Salz*; ca. 50% hellgelbes Öl; n_D^{21} 1,5342. — *-methyldiphenylester*, $C_{13}H_{13}O_4P$, a) analog vorst. Verb. nach a) mit Phosphorsäurediphenylester (IV); 68%; b) analog vorst. Verb. nach b) aus **IV**; Öl; n_D^{21} 1,5320. — *-dimethylphenylester*, durch 40std. Rk. von I mit Phosphorsäurephenylester in Dioxan bei 80°; hellgelbes Öl; 25%; daneben 82% **III**. — *Ca-Methylphenylphosphat*, $C_{14}H_{16}CaO_8P_2$, F. >300°, aus 0,023 g vorst. Verb. mit CaJ_2 in sd. Äthylmethylketon; 0,2 g. H.-J. WEIGMANN. 590□

Synthese und Eigenschaften der Dimercaptoderivate von Alkansulfonsäuren. 5. Mitt. **Natrium-1.3-dimercaptopropan-2-sulfonat.** W. Je. Petrunkin und N. M. Lyssenko. (Журнал Общей Химии [J. allg. Chem.] **29** (**91**). 309—13. Jan. 1959. Ukrain. Forschungsinst. für Sanitärchem.) (Russ.) — **4.** vgl. C. **1959.** 15316.

Das durch Kondens. von 1.3-Dithioglycerin mit Benzaldehyd dargestellte *2-Phenyl-5-hydroxy-1.3-dithian* liefert bei Einw. von PBr_3 das entsprechende *5-Brom-Deriv.*, das durch Erhitzen mit Na_2SO_3 in das *Na-Salz der 2-Phenyl-1.3-dithian-5-sulfonsäure* (**I**-*Na-Salz*) übergeführt wird. Das aus letzterem durch Erhitzen mit $HgCl_2$ erhaltene *Hg-Salz des Na-1.3-Dimercaptopropan-2-sulfonats* liefert beim Behandeln mit H_2S *Na-1.3-Dimercaptopropan-2-sulfonat* (**II**-*Na-Salz*; *Isounithiol*), welches über das Pb-Salz gereinigt wird. Die *S-Benzylisothiuronium-Derivv.* der **II**-Salze mit Zn, Hg oder Pb sowie der Kondens.-Prodd. von **II**-Na-Salz mit Benzaldehyd u. Acetophenon schmelzen niedriger als die entsprechenden Verbb. des Unithiols (**V**); die Komplex-Verbb. mit Schwermetallen sind beständiger. **II**-Na-Salz gibt bei Oxydation mit Jod *Na-1.2-Dithiolan-4-sulfonat.*

Versuche: *1.3-Dithioglycerin, Pb-Salz*, $C_3H_6OPbS_2$, durch 6 Tage langes Stehen von 62,5 g Glycerindichlorhydrin mit alkohol. KHS-Lsg. bei 23—26° u. Fällen mit Pb-Acetat; **83,9** g (Ausbeute). — *2-Phenyl-5-hydroxy-1.3-dithian*, $C_{10}H_{12}OS_2$, F. 115° (Bzl.), aus 1.3-Dithioglycerin u. Benzaldehyd in Ggw. von HCl; 87%. — *2-Phenyl-5-brom-1.3-dithian*, $C_{10}H_{11}BrS_2$, F. 65—67° (A.), durch 1std. Erhitzen vorst. Verb. mit PBr_3; 86%. — 1.3-Dithian-5-sulfonsäuren: *2-Phenyl-*, *Na-Salz* (**I**-*Na-Salz*), $C_{10}H_{11}NaO_3S_3$, durch 1std. Kochen vorst. Verb. mit Na_2SO_3-Lsg.; aus W. Kristalle; 79%. *2-Methyl-2-phenyl-*, *S-Benzylisothiuroniumsalz*, $C_{19}H_{24}N_2O_3S_4$, F. 150°, aus **II**-Na-Salz u. Acetophenon u. Fällen mit S-Benzylisothiuroniumchlorid (**III**). *2-Phenyl-*, *Isothiuroniumsalz*, $C_{18}H_{22}N_2O_3S_4$, F. 99—100°, aus **II**-Na-Salz u. Benzaldehyd, dann mit **III** fällen. — 1.3-Dimercaptopropan-2-sulfonsäuren: *1.3-Hg-*, *Na-Salz* (**IV**), durch 2std. Erhitzen von **I**-Na-Salz mit $HgCl_2$ u. $NaHCO_3$ in W. auf 60—65°; 81%. *1.3-Hg-*, *S-Benzylisothiuroniumsalz*, $C_{11}H_{16}HgN_2O_3S_4$, F. 128—129° (Zers.), durch Schütteln von **II**-Na-Salz mit HgO u. Umsetzen mit **III**. — *Na-Salz* (**II**-*Na-Salz*), durch Zers. von **IV** mit alkohol. H_2S-Lsg.; 70%. *Hydrat*, $C_3H_9NaO_4S_3$, F. 180—197°, Zers. bei 220°, durch Zerlegen von 18,7 g nachst. Pb-Salzes in A. mit H_2S u. Neutralisieren nach 2 Std. mit $NaHCO_3$; 3,9 g. *1.3-Pb-*, aus **II**-Na-Salz mit Pb-Acetat. *1.3-Pb-*, *S-Benzylisothiuroniumsalz*, $C_{11}H_{16}N_2O_3PbS_4$, F. 162°, aus **II**-Na-Salz mit PbO u. **III**, gelb. *1.3-Zn-*, *S-Benzylisothiuroniumsalz*, $C_{11}H_{16}N_2O_3S_4Zn$, F. 155°, analog vorst. Salz mit ZnO. — 1.3-Dithiolan-4-methansulfonsäuren: *2-Phenyl-*, *Na-Salz*, $C_{10}H_{11}NaO_3S_3$, Zers. bei 233—235° (A.), aus **4,6** g **V** u. Benzaldehyd in verd. HCl; glänzende Blättchen; 6,2 g. *2-Methyl-2-phenyl-*, *Na-Salz*, $C_{11}H_{13}NaO_3S_3$, F. 142—145° (W.), analog vorst. Verb. aus **V** u. Acetophenon (4 Std. langes Stehen). — *1.2-Dithiolan-4-sulfonsäure, Na-Salz*, $C_3H_5NaO_3S_3$, aus 0,5 g **II**-Na-Salz u. Jod in W.; 0,2 g. *S-Benzylisothiuroniumsalz*, $C_{11}H_{16}\cdot N_2O_3S_4$, F. 90—92°. ULRICH SCHULZE. 600□

Synthese und Eigenschaften der Dimercaptoderivate von Alkansulfonsäuren. 6. Mitt. **Natrium-2-[β.β'-dimercaptoisopropylmercapto]-äthan- und -3-[β.β'-dimercaptoisopropylmercapto]-propansulfonat.** N. M. Lyssenko und W. Je. Petrunkin. (Журнал Общей Химии [J. allg. Chem.] **31** (**93**). 2252—55. Juli 1961.) (Russ.) — **5.** vgl. vorst. Referat.

Es wird die Synth. von *Natrium-2-[β.β'-dimercaptoisopropylmercapto]-äthan-* bzw. *-3-[β.β'-dimercaptoisopropylmercapto]-propansulfonat* beschrieben.

Versuche: *2-Phenyl-1.3-dithian-5-isothiuroniumbromid* (**I**), durch 4std. Erhitzen von 30 g 2-Phenyl-5-brom-1.3-dithian mit 8,3 g Thioharnstoff in 250 ml A.; zähe, nichtkristallisierende Masse; 40 g (Ausbeute). *Pikrat*, $C_{17}H_{17}N_5O_7S_3$, F. 152—153° (30%ig. A.); gelbe Nadeln. — *β-[2-Phenyl-1.3-dithiacyclohexyl-(5)-mercapto]-äthansulfonsäure, Na-Salz, Hydrat*, $C_{12}H_{15}NaO_3S_4\cdot H_2O$, Zers. bei 215° (W.), man erhitzt 30 g **I**, 18 g Na-β-Bromäthansulfonat, 11 g NaOH u. 250 ml W. 5 Std. auf dem Wasserbad; glänzende Plättchen; 69%. *S-Benzylisothiuroniumsalz*, $C_{20}H_{26}N_2O_3S_5$, F. 74°, feinkristallines Pulver. — *2-[β.β'-Dimercaptoisopropylmercapto]-äthansulfonsäure* (**II**), *β.β'-Hg-*, *Na-Salz*, $C_5H_9HgNaO_3S_4$, Zers. bei 202—205°, man gibt zu 10 g vorst. Na-Verb. in 125 ml W. bei 60° in ½ Std. 7,6 g $HgCl_2$ u. 2,4 g $NaHCO_3$, erwärmt noch 1 Std. u. fällt mit 125 ml A.;

amorphes Pulver; 90%. *β.β'-Hg-,S-Benzylisothiuroniumsalz*, $C_{13}H_{20}HgN_2O_3S_5$, Zers. bei 175—177°; amorphes Pulver. *β.β'-Pb-, Pb-Salz*, $C_{10}H_{18}O_6Pb_3S_8$, man leitet in 20 g II-β.β'-Hg-Na-Salz in 100 ml A. 20 Min. lang H_2S ein, filtriert, wiederholt die Operation mit dem Nd. u. jeweils 100 ml A. 3mal u. versetzt die Filtrate nach Vertreiben des H_2S mit 20 g Pb-Acetat; gelbes, amorphes Pulver; 65%. *Na-Salz, Hydrat*, $C_5H_{11}NaO_3S_4 \cdot H_2O$, Zers. bei 238—241°, man fällt aus 16 g II-β.β'-Pb-Pb-Salz in 75 ml A. Pb als PbS aus, dampft ein, neutralisiert in der Hitze mit $NaHCO_3$ u. läßt erkalten; glänzende Plättchen; 31%. — *γ-[2-Phenyl-1.3-dithiacyclohexyl-(5)-mercapto]-propansulfonsäure, Na-Salz, Hemihydrat*, $C_{13}H_{17}NaO_3S_4 \cdot ½\ H_2O$, Zers. bei 193—195° (W.), durch 6std. Erhitzen von 35 g I, 18 g Na-3-Chlorpropansulfonat, 12 g NaOH u. 100 ml W.; 53 g (unrein). — *3-[β.β'-Dimercaptoisopropylmercapto]-propansulfonsäure* (III), *β.β'-Hg-, Na-Salz*, $C_6H_{11}HgNaO_3S_4$, Zers. bei 220°, man gibt zu 50 g vorst. Na-Salzes in 250 ml W. in ½ Std. bei 60° 10 g $NaHCO_3$ u. 30 g $HgCl_2$, rührt 1 Std. lang u. fällt mit 300 ml A.; amorphes Pulver; 53,6 g (unrein). *β.β'-Hg-, S-Benzylthiuroniumsalz*, $C_{14}H_{22}HgN_2O_3S_5$, Zers. bei 138—139° (amorphes Pulver). *Na-Salz, Hydrat*, $C_6H_{13}NaO_3S_4 \cdot H_2O$, Zers. bei 219° (A.), man zersetzt 50 g III-β.β'-Hg-Na-Salz in 500 ml A. mit H_2S, wiederholt die Operation in 500 ml A., dampft die Filtrate auf eine Konz. von 7% III-Na-Salz ein u. kühlt auf 0° ab; glänzende Plättchen; 14%. HELMUT SCHÄFER. 600□

Gewinnung von Allen-Ketonen. Marcel Bertrand. (C. R. hebd. Séances Acad. Sci. **244.** 1790—91. 25/3. 1957.) (Franz.)

Bei der Oxydation von sek. aliphat. Alkoholen (**A**) der allg. Formel $RCH(OH) \cdot CH_2C{\equiv}CH$ mit CrO_3 entstehen nicht die den **A** entsprechenden 3fach ungesätt. Ketone, sondern die isomeren *Allenketone.* So erhält man *Hexadien-(1.2)-on-(4)* (**III**) u. *Heptadien-(1.2)-on-(4)* (**IV**) aus *Hexin-(1)-ol-(4)* (**I**) bzw. *Heptin-(1)-ol-(4)* (**II**), die ihrerseits mit Hilfe von Propargyl-MgBr gewonnen werden. *1-Phenylbutin-(3)-ol-(1)* liefert unter gleichen Bedingungen eine Verb., die sich bei der Dest. größtenteils polymerisiert. Für **III** u. **IV** sind die Werte der IR-Spektren angegeben.

Versuche: *Hexin-(1)-ol-(4)* (I), $C_6H_{10}O$, $Kp._{25}$ 58—59°; n_D^{20} 1,4437; $D._4^{20}$ 0,8918; 64% (Ausbeute). — *Heptin-(1)-ol-(4)* (II), $C_7H_{12}O$, $Kp._{12}$ 59°; n_D^{20} 1,4446; $D._4^{20}$ 0,8786; 71%. — *1-Phenylbutin-(3)-ol-(1)*; 65%. — *Hexadien-(1.2)-on-(4)* (III), C_6H_8O, $Kp._{20}$ 49 bis 50°, durch Lösen von I in Aceton, Zugabe von CrO_3 u. 4n H_2SO_4 bei 0°, 12std. Stehenlassen bei Raum-Temp., Ae.-Extraktion u. Abdestillieren des Ae.; n_D^{20} 1,4592; $D._4^{20}$ 0,8936; 65%. — *Heptadien-(1.2)-on-(4)* (IV), $C_7H_{10}O$, $Kp._{10}$ 52—53°, analog III aus II; n_D^{20} 1,4625; $D._4^{20}$ 0,8813; 60%. B. GÖRLICH. 710□

Die Addition von Maleinsäureanhydrid an nichtkonjugierte ungesättigte Fettsäuren und die Verwendung der Addukte. Yoshihiro Shigeno und Saburō Komori. (Technol. Rep. Osaka Univ. **6.** 179—93. März 1956. Dep. of Chem. Technol.) (Engl.)

Durch mehrstd. Erhitzen von Fettsäuregemischen (z. B. Reiskleie- oder Rapssamenöl) mit Maleinsäureanhydrid (I) auf 180—250° u. anschließende Dest. im Hochvakuum lassen sich die einfach ungesätt. Fettsäuren (Öl- bzw. Erucasäure), die mit I *Additions-Verbb.* (**A**) bilden, in wechselnder Ausbeute u. Reinheit aus dem Gemisch abtrennen. Oxydative Spaltungs-Verss. zeigten, daß die **A** vier Isomere in nahezu gleichen Mengen enthalten, was auf eine Addition nach dem Radikalkettenmechanismus deutet. Die **A** werden in *Trialkylester* (**E**, *Methyl-* bis *Hexyl-*, auch gemischt) übergeführt; die *Trimethyl-* u. *Tributylester* haben die Eigg. vorzüglicher prim. bzw. sek. Weichmacher für PVC. Die chem. u. physikal. Eigg. der **A** u. **E** sind tabellar. aufgeführt.

W. BETCKE. 810□

Synthese der cis- und trans-Isomeren von erythro-2.4.6-Trimethyl-$\Delta^{2,3}$-tetrakosensäure. Lars Ahlquist, Cecile Asselineau, Jean Asselineau, Stina Ställberg-Stenhagen und Einar Stenhagen. (Ark. Kemi **13.** Nr. 53. 543—82. 1958, herausgeg. 1959. Uppsala, Univ., Inst. of Med. Chem., Dep. of Med. Biochem.) (Engl.)

meso-3.5-Dimethylpimelinsäuremonomethylester (**I**) wird durch Kettenverlängerung an der freien Carboxylgruppe durch BOWMANsche Malonester-Synth. in *erythro-4.6-Dimethyltetrakosanon-(2)* (**VI**) u. an der Carbomethoxygruppe durch KOLBE-Synth. mit Stearinsäure (**XI**) in *erythro-3.5-Dimethyl-7-oxooctansäure* (**V**) übergeführt. **VI** wird über sein *Cyanhydrin* u. *2.4.6-Trimethyl-2-hydroxytetrakosansäure* (**VIII**) durch Pyrolyse in ein Gemisch von *cis-* (cis-**IX**) u. *trans-erythro-2.4.6-Trimethyltetrakosen-(2)-säure* (trans-**IX**) übergeführt. Die isomeren Säuren wurden durch Chromatographie ihrer *Methylester* an Al_2O_3 getrennt. trans-**IX** wurde über das auf 2 Wegen aus *erythro-2.4.6-Trimethyltetrakosen-(1)* durch direkte SeO_2-Oxydation bzw. über *erythro-2.4.6-Trimethyl-3-bromtetrakosen-(1)*, *erythro-1-Acetoxy-2.4.6-trimethyltetrakosen-(2)* u. *1-Hydroxy-2.4.6-tri-*

methyltetrakosen-(2) dargestellte *erythro-2.4.6-Trimethyl-$\Delta^{2,3}$-tetrakosenal-(1)* (**XVII**) durch Oxydation mit Ag_2O erhalten. IR- u. Massenspektren s. Original.

Versuche: *n-Pentadecylbromid*, F. 18,2—18,6°, Kp.$_{0,7}$ 143°, durch HUNSDIECKER-Rk. aus Palmitinsäure (F. 62,4—62,8°); n_D^{25} 1,4603; 75% (Ausbeute). — *n-Pentadecylmalonsäurediäthylester*, Kp.$_{0,3}$ 180—181°; n_D^{25} 1,4420; 82%. *Freie Säure*, F. 112,8 bis 113,2° (Aceton); 90%. — *erythro-3.5-Dimethyl-7-oxotrikosansäure* (**II**), $C_{25}H_{48}O_3$, F. 51,3 bis 52,2° [bei erneutem Schmelzen der schnell abgekühlten geschmolzenen Probe F. 29,0 bis 29,3° (instabil)], durch Zutropfen des durch 4std. Rk. aus **I** u. Oxalylchlorid in abs. Bzl. dargestellten *Säurechlorids* (**III**) zu *n-Pentadecylmalonsäure-bis-[tetrahydropyranyl-(2)]-ester* [aus vorst. Säure u. Tetrahydropyranol-(2) in Bzl. in Ggw. von konz. H_2SO_4 <30°; hellgelbes, viscoses Öl] in Bzl. in Ggw. von Na, mehrstd. Stehen, 1½std. Kochen, Extrahieren mit 5%ig. NaOH, Eindampfen der benzol. Lsg., Versetzen des erhaltenen Öls mit PAe., Abfiltrieren von wenig einer *Verb. vom F. 85°* (aus Aceton Blättchen), Eindampfen des Filtrats, 1std. Kochen mit NaOH in A./W., Verdünnen mit W., Extrahieren mit Ae. u. Ansäuern der alkal. Lsg.; aus Methanol Nadeln; 51%; daneben *Verb. $C_{24}H_{48}O$* (F. 74°; aus Essigester/A. Nadeln; gibt durch Red. mit $LiAlH_4$ in Ae. bei Raum-Temp. *Verb. $C_{24}H_{50}O$*, F. 63—66°; aus Aceton Blättchen). *Semicarbazon*, $C_{26}H_{51}N_3O_3$, F. 104—109°; aus A. Nadeln. — *erythro-3.5-Dimethyltrikosansäure* (**IV**), F. 46,4—48,4° (Aceton; nach schnellem Abkühlen der Schmelze F. 27,0—27,3°), a) durch 2std. Kochen von **II** mit KOH, Diäthylenglykol u. 85%ig. $N_2H_4 \cdot H_2O$, Eindampfen bis zu einer Innentemp. von 215°, 3std. Kochen, 2std. Kochen des erhaltenen gelben Öls mit $NH_2OH \cdot HCl$ u. Na-Acetat in 80%ig. A., Rk. des organ. Prod. mit CH_2N_2, Chromatographie an Al_2O_3 u. Verseifen des *Methylesters* ($C_{26}H_{52}O_2$; n_D^{25} 1,4507); daneben ein *Stereoisomerengemisch* von *3.5-Dimethyl-7-hydroxytrikosansäuremethylester* [$C_{26}H_{52}O_3$, Kp.$_{0,5}$ 225 bis 235° (Bad); n_D^{25} 1,4625]; b) durch 8std. Kochen des aus **II**-Methylester u. Äthandithiol in Ggw. von HCl erhaltenen *Mercaptals* mit RANEY-Ni in 95%ig. A., Chromatographie an Al_2O_3 u. Verseifung; 64%. — *erythro-3.5-Dimethyl-7-oxooctansäure* (**V**), $C_{10}H_{18}O_3$, Kp.$_{0,4}$ 160° (Bad), a) aus **III** u. Äthoxy-Mg-malonsäurediäthylester (**XVIII**), Gießen auf Eis/10%ig. H_2SO_4, Ausäthern, Eindampfen, 3std. Kochen des erhaltenen Rückstandes mit Propionsäure in Ggw. von konz. H_2SO_4, Zugabe von 1n H_2SO_4, 1std. Kochen, Fraktionieren im Vakuum u. ¾std. Kochen der Fraktionen Kp.$_2$ 120—163° mit wss.-alkohol. NaOH; D_4^{22} 0,9988; n_D^{22} 1,4494; 32%; b) durch Zutropfen von **III** (aus 25 g **I**) in Bzl. zu aus CH_3MgJ u. $CdCl_2$ dargestelltem $Cd(CH_3)_2$ unter Rühren, 1std. Kochen u. Verseifen; 4,1 g; daneben *3.5.7-Trimethylocten-(7)-säure*. — *erythro-4.6-Dimethyltetrakosanon-(2)* (**VI**), $C_{26}H_{52}O$, F. 20,9—21,4°, Kp.$_{0,1}$ 190—195° (Bad), a) durch Zusatz von **IV**-*Chlorid* (**VII**; aus 4,3 g **IV**) zu **XVIII** in Bzl., ½std. Kochen, Gießen auf Eis/verd. H_2SO_4, Ausäthern, 1std. Kochen mit KOH in 95%ig. A. u. Chromatographie an Al_2O_3; n_D^{25} 1,4514; D_4^{20} 0,846; 60%; daneben *erythro-3.5-Dimethyltrikosansäureäthylester* [$C_{27}H_{54}O_2$, F. 14,8—15,3°, Kp.$_{0,3}$ 195—200° (Bad); n_D^{22} 1,4495; D_4^{22} 0,854]; b) durch Rk. von **VII** mit $Cd(CH_3)_2$ u. Chromatographie an Al_2O_3; 68,5%; daneben *erythro-2.4.6-Trimethyltetrakosanol-(2)* (**XIV**); c) durch 1std. Elektrolyse von **V** u. **XI** in A.-Methanol in Ggw. von Na-Methylat bei 3 A; 10,5%; daneben *n-Tetratriakontan* (**XV**, F. 72,5—72,7°), *n-Heptadecan* u. *Heptadecen-(1)* ($C_{17}H_{34}$). *Semicarbazon*, $C_{27}H_{55}N_3O$, F. 82—83° (A.-Ae.; 2 : 1). — *2.4.6-Trimethyl-2-hydroxytetrakosansäure* (**VIII**), F. 48 bis 51°, durch 18std. Stehen von **VI** mit $N(C_2H_5)_3$ u. wasserfreier HCN in A. bei Raum-Temp., 25std. Kochen des erhaltenen *Cyanhydrins* mit konz. HCl-Eisessig u. Reinigung über den *Methylester* [$C_{28}H_{56}O_3$, F. 22,5—23,1°, Kp.$_{0,3}$ 170—180° (Bad); n_D^{25} 1,4527]; 36%. — *cis-erythro-2.4.6-Trimethyltetrakosen-(2)-säure* (cis-**IX**), F. 66,9—68,0° (PAe.), durch 1std. Erhitzen von **VIII** auf 207—208° u. ½ Std. auf 212—215°, Rk. mit Diazomethan, Trennung des rohen *Methylesters* durch Chromatographie an Al_2O_3 in *cis-* [$C_{28}H_{54}O_2$, F. 35,2—36,6° (nach Wiedererstarren F. 16,3—16,6°), Kp.$_{0,1}$ 180—190° (Bad)] u. *trans-Methylester* [$C_{28}H_{54}O_2$, F. 14,3—14,7° (nach 15tägigem Stehen F. 30,5—31,5°), Kp.$_{0,1}$ 190—200° (Bad); n_D^{25} 1,4600] u. 4std. Kochen des cis-Esters mit KOH. *trans-Säure* (trans-**IX**), F. 44,5—47,2° (Aceton; nach Wiedererstarren F. 22,4—23,1°). — *erythro-3.5.7-Trimethyl-7-acetoxyoctansäuremethylester* (**X**), $C_{14}H_{26}O_4$, Kp.$_{0,2}$ 92—94°, durch Zutropfen von CH_3MgJ in Ae. zur auf —15° gekühlten Lsg. von **III** in Ae. unter Rühren, 3std. Kochen des erhaltenen *Hydroxyesters* (gibt durch Verseifen die *Freie Säure*, $C_{11}H_{22}O_3$) mit Acetanhydrid (**XVI**); n_D^{25} 1,4358; D_4^{25} 0,965; 51%. *Freie Säure*, durch Zusatz von 2,5n wss. NaOH zur Lsg. von **X** in Methanol bei 70°; 90%. — *erythro-3.5-Dimethyl-6-bromhexansäure* (**XII**), $C_8H_{15}BrO_2$, Kp.$_{0,5}$ 104°, durch Zutropfen von Br_2 zur gerührten Suspension des aus **I** in 80%ig. Ausbeute erhaltenen Ag-Salzes in CCl_4, 1std. Kochen u. 8std. Kochen des erhaltenen *Methylesters* (Kp.$_{18}$ 126—128°; 62%) mit 40%ig. HBr; n_D^{21} 1,4750; D_4^{21} 1,298; 29%; daneben *meso-2.4-Dimethyl-1.5-dibrompentan* ($C_7H_{14}Br_2$). — *erythro-2.4-Dimethyldokosylbromid* (**XIII**), $C_{24}H_{49}Br$, F. 14,7—15,1°,

Kp.$_{0,1}$ 200° (Bad), durch Elektrolyse von **XII** u. **XI** in Ggw. von Na-Methylat; n_D^{20} 1,4635; $D._4^{20}$ 0,950; 21%; daneben **XV**. — *erythro-2.4.6-Trimethyltetrakosanol-(2)* (**XIV**), $C_{27}H_{56}O$, F. 31,2—32,5° (Methanol u. 50%ig. wss. Aceton), Kp.$_{0,1}$ 180—190° (Bad), durch Zusatz von Aceton zu der aus **XIII** erhaltenen Grignard-Verb., 1std. Erhitzen auf 60°, Hydrolyse mit NH_4Cl/Eis u. Chromatographie an Al_2O_3; n_D^{25} 1,4560; $D._4^{24}$ 0,842; 6%; daneben *2.4-Dimethyl-$\Delta^{1,2}$- oder -$\Delta^{2,3}$-dokosen* [$C_{24}H_{48}$, Kp.$_{0,1}$ 160—170° (Bad); n_D^{24} 1,4482] u. *Stereoisomerengemisch* von *19.21.24.26-Tetramethyltetratetrakontan* [$C_{48}H_{98}$, F. 27,5—33,0° (nach schnellem Abkühlen der Schmelze F. 22,0—22,5°)]. — *erythro-2.4.6-Trimethyl-2-acetoxytetrakosan,* $C_{29}H_{58}O_2$, F. 8,6—9,2°, Kp.$_{0,05}$ 180—200° (Bad), durch Zusatz von **XVI** zu **XIV** in abs. Xylol u. 2½std. Kochen; n_D^{23} 1,4498; $D._4^{23}$ 0,853; 84%. — *erythro-2.4.6-Trimethyltetrakosen-(1),* $C_{27}H_{54}$, F. 10,2—10,6°, Kp.$_{0,1}$ 190—200°, a) durch Elektrolyse von **X** u. **XI** in A.–Methanol in Ggw. von Na-Methylat; n_D^{20} 1,4549; $D._4^{20}$ 0,811; 13,4%; daneben 2,8% **XIV**; b) durch Erhitzen vorst. Verb. mit **XI** auf 210°/10 Torr innerhalb von 10 Min.; 75%. — *erythro-2.4.6-Trimethyl-$\Delta^{2,3}$-tetrakosenal-(1)* (**XVII**), F. 29,5—35°, a) durch 7std. Kochen vorst. Verb. mit SeO_2 in Bzl.–Eisessig u. Chromatographie an Al_2O_3; b) durch 4½std. Kochen vorst. Verb. mit N-Bromsuccinimid in CCl_4, 2½std. Kochen des erhaltenen *Stereoisomerengemisches* von *2.4.6-Trimethyl-3-bromtetrakosen-(1)* ($C_{27}H_{53}Br$, Kp.$_{0,05}$ 180°; n_D^{23} 1,4714; hellgelbes Öl) mit Ag-Acetat in Essigsäure, Xylol u. W., 1std. Rk. des entstandenen *1-Acetoxy-2.4.6-trimethyltetrakosens-(2)* mit $LiAlH_4$ in Ae. u. 21std. Stehen des *1-Hydroxy-2.4.6-trimethyltetrakosen-(2)* mit CrO_3 in abs. Pyridin. — *erythro-2.4.6-Trimethyl-trans-$\Delta^{2,3}$-tetrakosensäuremethylester,* F. 16,8—17,6° (nach Wiedererstarren F. 14,1—14,6°), Kp.$_{0,1}$ 160—170°, durch Zusatz von 1n NaOH in 80%ig. A. zum Gemisch aus **XVII**, sek.-Butanol, 95%ig. A. u. $AgNO_3$ in 3 Portionen innerhalb von 12 Std. bei Raum-Temp. unter Rühren; n_D^{25} 1,4597. K. Zieloff. 810

Untersuchungen über die Darstellung von Maleinsäureanhydrid durch katalytische Luftoxydation von Cyclopentadien. Tsuneo Ikawa. (Bull. Tokyo Inst. Technol., Ser. B **1958.** 69—72.) (Engl.)

Es wird die Darst. von *Maleinsäureanhydrid* (**II**) aus Cyclopentadien (**I**) in der Gasphase durch Luftoxydation im N_2- oder CO_2-Strom bei normalem Druck an einem auf Bimsstein oder Carborundum aufgetragenen Katalysator bestehend aus V_2O_5–MoO_3 (1:1) beschrieben. Bei Temp. zwischen 420 u. 510° u. Einhalten einer bestimmten Konz. u. Strömungs-Geschw. für **I** werden 90% **I** in **II** umgewandelt; restliches **I** geht in CO u. CO_2 über. Die verwendete App. ist aufgezeichnet. Die optimalen Rk.-Bedingungen sowie kinet. Betrachtungen werden diskutiert. H. E. Seyfarth. 820□

Zur Kenntnis der Oligomeren des Acrylnitrils. 1. Mitt. **Synthesen.** 13. Mitt. **über Oligomere.** Helmut Zahn und Paul Schäfer. (Chem. Ber. **92.** 736—44. 1959.) (Dt.) — 12. vgl. C. **1962.** 13368.

Vff. synthetisierten als Oligomere des *Acrylnitrils* (**I**) *1.3-Dicyanbutan* (**V**) u. *1.3.5-Tricyanhexan* u. als verwandte Verbb. *1.3.5-Tricyanpentan* u. *1.3.5.7-Tetracyanheptan* durch Cyanäthylierung geeigneter Vorprodukte. Die Nitrile sind in A., Aceton u. Essigester lösl., in Ae. u. W. unlöslich. Sie wurden durch Analyse, Verseifung zur Carbonsäure u. IR-Spektrum charakterisiert.

Versuche: *α-Methyl-α-carbäthoxyglutarsäuredinitril* (**II**), $C_9H_{12}N_2O_2$, Kp.$_{0,1}$ 114 bis 116°, durch mehrstd. Rühren von **I** u. α-Cyanpropionsäureäthylester in tert.-Butanol in Ggw. von methanol. KOH, Neutralisieren, Wasserzusatz u. Ausäthern; 52% (Ausbeute). — *α-Methylglutarsäure,* F. 77° (Bzl.), durch 8std. Kochen von **II** in 48%ig. HBr; 81%. — *α-Methyl-α-carboxyglutarsäuredinitril* (**III**), durch Kochen von **II** mit alkohol. KOH u. Freisetzen der Säure mit HCl; 77%. — *α-Methylglutarsäuredinitril* (*1.3-Dicyanbutan,* **V**), $C_6H_8N_2$, Kp.$_{12}$ 135°, durch 1std. Erhitzen von **III** mit Cu-Pulver in Pyridin auf 110°; n_D^{25} 1,4312; 71%. — *α-Carbäthoxy-γ-carbomethoxyvaleriansäureäthylester* (**VIII**), $C_{12}H_{20}O_6$, Kp.$_{11}$ 155—160°, durch 5std. Kochen von Malonsäurediäthylester u. Methacrylsäuremethylester in Ae. in Ggw. von Na-Alkoholat; 74%. — *γ.γ-Dicarbäthoxy-ε-carbomethoxyönanthsäurenitril,* $C_{15}H_{23}NO_6$, F. 42° (PAe.), durch Zutropfen von **I** zu vorst. Verb. in tert.-Butanol in Ggw. von methanol. KOH, 2std. Rühren u. Neutralisieren; 89%. — *Hexantricarbonsäure-(1.3.5)* [*α-Methyl-γ-carboxypimelinsäure,* **IV**], $C_9H_{14}O_6$, F. 95° (Aceton, Chlf.), aus vorst. Verb. durch 8std. Kochen in HCl; 98%. *Ag-Salz* (**IVc**), Zers. 205°. *Triäthylester,* $C_{15}H_{26}O_6$, Kp.$_{0,07}$ 110—115°, durch 7std. Kochen von **IV** in A. in Ggw. von H_2SO_4; 72%. *Trimethylester* (**IVa**), $C_{12}H_{20}O_6$, Kp.$_{0,02}$ 98—101°; 72%. *Triamid* (**IVb**), $C_9H_{17}N_3O_3$, F. 169°, durch 4wöchige Rk. von **IVa** u. fl. NH_3 in der Bombe bei Zimmer-Temp.; 97%. — *α-Methyl-γ-carboxypimelinsäureanhydrid,* $C_9H_{12}O_5$, F. 82°, durch Erhitzen von **IV** auf 150° bei 12 Torr; 54%. — *3-Methylcyclohexanon-(4)-carbonsäure-(1),* $C_8H_{12}O_3$, Kp.$_{0,1}$ 128—130°, F. 94°, durch 6std. Erhitzen von **IV** in Acetanhydrid bis auf 210°; 47%. — *α-Methyl-γ-bromäthyl-γ-butyrolacton*, $C_7H_{11}BrO_2$, $Kp._{0,01}$ 73°, aus **IVc** u. Br_2 in CCl_4 in der Wärme; 54%. — *1.3.5-Tricyanhexan* (*α-Methyl-γ-cyanpimelinsäuredinitril*), $C_9H_{11}N_3$, aus **IVb** u. $POCl_3$ bei 70°; n_D^{25} 1,4646; 13%. — *γ-Carbäthoxy-γ-cyanpimelinsäuredinitril*, F. 37° (A.), aus Cyanessigsäureäthylester (**VI**) u. **I** in Dioxan in Ggw. von methanol. KOH; Prismen aus A.; 97%. — *γ-Carboxy-γ-cyanpimelinsäuredinitril*, $C_9H_9N_3O_2$, F. 84°, durch Versetzen der alkohol. Lsg. vorst. Verb. mit alkohol. KOH unterhalb 50°, Abtrennen des *Na-Salzes* u. Ansäuern in wss. Lsg.; 70%. — *1.3.5-Tricyanpentan* (*γ-Cyanpimelinsäuredinitril*), $C_8H_9N_3$, aus vorst. Verb. analog **V**, n_D^{25} 1,4644; 41%. — *α.α'-Dicarbäthoxyglutarsäuredinitril*, $C_{11}H_{14}N_2O_4$, $Kp._{0,07}$ 145—150°, a) durch 2std. Stehen von **VI** u. 40%ig. Formalin unter Kühlen, 12std. Stehen bei Zimmer-Temp., 12std. Erhitzen auf 100° u. Neutralisieren; 42%; b) durch 3std. Rühren von **VI** u. Methylenchlorid in Ggw. von Na-Alkoholat bei Zimmer-Temp. u. 4std. Kochen. — *γ.γ'-Dicarbäthoxy-γ.γ'-dicyanazelainsäuredinitril*, $C_{17}H_{20}N_4O_4$, F. 95° (A.), durch mehrstd. Rk. vorst. Verb. mit **I** in tert. Butanol in Ggw. von methanol. KOH; 47%. — *γ.γ'-Dicarboxy-γ.γ'-dicyanazelainsäuredinitril*, F. 136°, aus vorst. Verb. mit alkohol. KOH; 52%. — *1.3.5.7-Tetracyanheptan* (*γ.γ'-Dicyanazelainsäuredinitril*), $C_{11}H_{12}N_4$, aus vorst. Verb. analog **V**; 14%. — *γ.γ.γ'.γ'-Tetracarbäthoxyazelainsäuredinitril*, $C_{21}H_{30}N_2O_8$, F. 93°, aus *α.α'-Dicarbäthoxyglutarsäurediäthylester* u. **I** in Dioxan in Ggw. von methanol. KOH; aus A. quadrat. Blättchen; 45%. S. NEUE. 840

Einwirkung von Organocadmiumverbindungen auf Glyoxylsäurebutylester. René Golse und Annick Liermain. (C. R. hebd. Séances Acad. Sci. **252**. 3076—77. 15/5. 1961. Bordeaux, Fac. de Méd. et de Pharmac., Labor. de Chim.) (Franz.)

Der durch Oxydation von Weinsäure-n-butylester mit Pb-Tetraacetat leicht zugängliche Glyoxylsäure-n-butylester (**I**) reagiert mit Cd-Dialkylen (**II**) in guter Ausbeute unter Bldg. von *α-Hydroxyalkancarbonsäure-n-butylestern*. Die CO-Funktion in **I** ist also durch die Estergruppe aktiviert, während letztere nicht mit den **II** in Rk. tritt. Mit Cd-Diphenyl (**III**) gibt **I** erwartungsgemäß *Mandelsäure-n-butylester*; daneben fällt über eine WURTZ-Rk. *Diphenyl* an.

Versuche: α-Hydroxysäure-n-butylester, durch Zutropfen von **I** zur Lsg. der **II** (bzw. von **III**) (1:1,1 Mol) in Ae. bei $< -10°$, 1std. Erhitzen u. Hydrolyse: *Milchsäure-*, $C_7H_{14}O_3$, $Kp._{17}$ 81°; $D._4^{22}$ 0,9803; 51% (Ausbeute). — *α-Hydroxybuttersäure-*, $C_8H_{16}O_3$, $Kp._{20}$ 94°; $D._4^{20}$ 0,9757, n_D^{20} 1,4257; 55%. — *α-Hydroxyvaleriansäure-*, $C_9H_{18}O_3$, $Kp._{18}$ 105°; $n._4^{20}$ 0,9538, n_D^{20} 1,4274; 56%. — *α-Hydroxycapronsäure-*, $C_{10}H_{20}O_3$, $Kp._{18}$ 118°; $D._4^{20}$ 0,9415, n_D^{20} 1,4320; 55%. — *α-Hydroxyönanthsäure-*, $C_{11}H_{22}O_3$, $Kp._{21}$ 134°; $D._4^{20}$ 0,9338, n_D^{20} 1,4331; 57%. — *α-Hydroxycaprylsäure-*, $C_{12}H_{24}O_3$, $Kp._{18}$ 142°; $D._4^{20}$ 0,9269, n_D^{20} 1,4356; 60%. — *Mandelsäure-*, $C_{12}H_{16}O_3$, $Kp._{18}$ 165°; n_D^{20} 1,4993; 50%. H.-E. TOUSSAINT. 850□

Die Synthesen einiger stark behinderter potentieller Dienophile. N. J. Hudak und J. Meinwald. (J. org. Chemistry **26**. 1360—64. Mai 1961. Ithaca, N.Y., Cornell Univ., Dep. of Chem.) (Engl.)

Im Hinblick auf einige bisher aufgetretene Schwierigkeiten bei der DIELS-ALDER-Kondens. beschreiben Vff. die Darst. der 4 potentiellen Dienophile *5-Cyan-3.3-dimethyl-1-nitropenten-(1)*, *6-Methoxy-3.3-dimethyl-1-nitrohexen-(1)*, *7-Methoxy-4.4-dimethylhepten-(2)-säure* sowie ihres *Äthylesters*. Zur Charakterisierung einzelner Zwischenprodd. werden die IR- u. UV-Spektren herangezogen.

Versuche (FF. korr.): *5-Cyan-3.3-dimethyl-1-nitropenten-(1)*, $C_8H_{12}N_2O_2$, $Kp._{0,95-1,1}$ 143—151°, durch 24std. Erhitzen einer Mischung von 15 g wasserfreiem $MgSO_4$, 30 g „Ibanitril“ (**I**, 4-Cyan-2.2-dimethylbutyraldehyd), 58,6 g Nitromethan u. Pyridin unter Luftabschluß auf 60°, Zugabe von trockenem Ae., Einengen im Vakuum u. Fraktionierung; hellgelb; 11,4 g (Ausbeute). — *4.4-Dimethylglutaraldehydsäureäthylester* (**II**), $C_9H_{16}O_3$, $Kp._{0,95}$ 60—60,5°, durch Zugabe von 10,5 g **I** zu HCl-gesätt. 95%ig. A., 2½ std. Kochen, Neutralisieren mit Na_2CO_3, Einengen des Filtrats, Verdünnen mit W., Ae.-Extraktion u. Fraktionierung des Konzentrats; 5,3 g. *2.4-Dinitrophenylhydrazon*, $C_{15}H_{20}N_4O_6$, F. 109 bis 110° (aus A. Nadeln). *Diäthylacetal*, $C_{13}H_{26}O_4$, $Kp._{0,7}$ 83—90°, a) durch 6std. Kochen einer Mischung von **I** mit HCl-gesätt. abs. A. in Ggw. von W., Neutralisation mit Na_2CO_3, Einengen des Filtrats, Wasserzugabe, Ae.-Extraktion u. Entfernung des Lsgm. aus dem Filtrat; n_D^{25} 1,4284; 53%; b) durch 6½ std. Kochen von **II** in abs. A. u. wasserfreiem Bzl. mit p-Toluolsulfonsäure unter Erneuerung der Lsgm., Einengen im Vakuum u. Fraktionierung; 67%. — *5-Hydroxy-2.2-dimethylvaleraldehyddiäthylacetal* (**III**), $C_{11}H_{24}O_3$, $Kp._1$ 92 bis 96°, aus vorst. Diäthylacetal u. $LiAlH_4$ in abs. Ae. durch Rühren über Nacht; n_D^{22} 1,4378; 91%. *Methyläther* (**IV**), $C_{12}H_{26}O_3$, $Kp._{17}$ 73—75°, durch Kühlen einer Lsg. von 93,2 g **III** in Pyridin auf 5°, Zugabe von 87 g p-Toluolsulfonylchlorid innerhalb von 25 Min. $<15°$, weiteres 2std. Rühren, Zugabe von Ae. u. 64std. Rühren des *Tosylats* (162 g, roh) mit

CH_3ONa in Ae.; n_D^{25} 1,4301; 64,3 g. — *5-Methoxy-2.2-dimethylvaleraldehyd* (**V**), $C_8H_{16}O_2$, Kp.$_{17}$ 79—84°, durch 4std. Rühren von **IV** mit 6nHCl u. Ae.-Extraktion; n_D^{25} 1,4208; 100%. *2.4-Dinitrophenylhydrazon*, $C_{14}H_{20}N_4O_5$, F. 111,5—112,5° (A.). — *2-Äthoxy-3.3-dimethyltetrahydropyran* (**VI**), $C_9H_{18}O_2$, Kp.$_{85}$ 93—93,5°, durch 2std. Kochen von 71,3 g **II**-Diäthylacetal u. 11 g $LiAlH_4$ in wasserfreiem Ae., Zugabe von 40,4 g CCl_3J in Ae. unter Sieden, 1½std. Stehen, weitere Zugabe von 157 g CH_3J in Ae., Rühren über Nacht, Zutropfen einer gesätt. wss. Na_2SO_4-Lsg., Entfernung des Ae. u. Fraktionierung; n_D^{25} 1,4251; 9,73 g. *2.4-Dinitrophenylhydrazon*, F. 88—89° (orangefarbene Nadeln). — *2-Hydroxy-3.3-dimethyltetrahydropyran*, a) durch 2std, Rühren von 4,6 g **III** (roh) in verd. HCl bei Zimmer-Temp.; 2,1 g; b) analog a) aus **VI**. *2.4-Dinitrophenylhydrazon*, F. 88—89°. — *2-Hydroxy-6-methoxy-3.3-dimethyl-1-nitrohexan*, durch Zugabe einer Lsg. von 13,2 g **V** u. 5,6 g Nitromethan in wasserfreiem Ae. zu CH_3ONa in Ae. innerhalb ¼ Std. unter Eiskühlung, 4,3 std. weiteres Rühren bei Zimmer-Temp., Zugabe von 5,5 g Eisessig in Ae. innerhalb ¼ Std. unter Eiskühlung, Rühren über Nacht u. Eindampfen des Filtrats; gelbliche Fl.; 15,6 g (roh). *Acetat*, aus 15,6 g vorst. Verb. (roh), Acetanhydrid u. Pyridin durch 2tägiges Stehen, Zugabe von W. u. Na_2CO_3 bis zur Beendigung der CO_2-Entw. u. Ae.-Extraktion; gelbliche Fl.; 14,3 g (roh). — *6-Methoxy-3.3-dimethyl-1-nitrohexen-(1)*, $C_9H_{17}NO_3$, Kp.$_{4,2}$ 109—110,5°, aus vorst. Verb. in trockenem Bzl. u. wasserfreiem Na_2CO_3 durch 6std. Kochen, Entfernung des Bzl. u. Fraktionierung; n_D^{26} 1,4657; gelb; 40% (bzgl. **V**). — *7-Methoxy-4.4-dimethylhepten-(2)-säure*, durch 3std. Kochen von 4,55 g des Äthylesters mit methanol. KOH, Verdünnen mit W., Ae.-Extraktion, Neutralisation der wss. Phase mit 10%ig. H_2SO_4 u. gleichfalls Ae.-Extraktion; gelbliche Fl.; 2,71 g. *Äthylester*, $C_{12}H_{22}O_3$, Kp.$_{0,25}$ 79,5—80,5°, durch Zugabe von 4,5 g Äthoxyacetylen zu Phenyl-Li in wasserfreiem Ae., Zugabe von **V** (aus 14 g **IV**) in trockenem Ae. innerhalb von 15 Min. bei —13°, weiteres ¾std. Rühren bei Zimmer-Temp., Hydrolyse mit W. unter Kühlung, Waschen der Ae.-Schicht mit W. u. Verdampfen des Ae., Lösen des gelben fl. Rückstands (10,6 g) in 95%ig. A., Zugabe von 10 Gew.-%ig. H_2SO_4, 25 Min. langem Rühren, erneute Zugabe von H_2SO_4, Neutralisation mit Na_2CO_3, Zugabe von W. u. Ae. u. Entfernung des Lsgm. aus der organ. Phase; n_D^{25} 1,4482; 5,07 g. O. WOLF. 850□

Studien auf dem Gebiet der Harnstoff-Formaldehyd-Kondensation. 18. Mitt. **Über butylierte Harnstoff-Formaldehyd-Kondensate.** G. Zigeuner und H. Fitz. (Mh. Chem. **90**. 211—21. 21/4. 1959. Graz, Univ., Inst. für Organ. u. Pharmazeut. Chem.) (Dt.) — 17. vgl. C. **1959**. 15646.

Wie die Papierchromatographie (P.) zeigt, ist der nach den verschiedenen Meth. hergestellte *Monomethylolharnstoff* (**I**, *Hydroxymethylharnstoff*) immer von geringen Mengen präparativ nicht abtrennbarem *N.N'-Bis-[hydroxymethyl]-harnstoff* (**IV**) begleitet. **IV** kann dagegen leicht rein dargestellt werden. Durch Verätherung von **I** mit Methanol oder Butanol in Ggw. von HCl entstehen *N-[Methoxymethyl]-* (**II**) bzw. *N-[Butoxymethyl]-* (**III**) sowie wenig *N.N'-Bis-[methoxymethyl]-* (**V**) bzw. *N.N'-Bis-[butoxymethyl]-harnstoff* (**VI**); die Äther-Bldg. ist stets von Methylenbrücken-Bldg. begleitet, wobei die Derivv. des Methylendiharnstoffs (**XX**) *N^1-Monomethoxymethyl-* (**XXII**) u. *N^1-Butoxymethyl-methylendiharnstoff* (**XXIII**) sowie die symm. Prodd. *N^1.N^7-Bis-[methoxymethyl]-* (**XXV**) u. *1.7-Bis-[butoxymethyl]-methylendiharnstoff* (**XXVI**) u. die entsprechenden Derivv. des *Dimethylentriharnstoffs* (**XXIX**) entstehen. Bei gleicher Behandlung von **IV** konnten nur **V** u. **VI** festgestellt werden. Bei längerer Kondens. von Harnstoff u. HCHO in alkal. Medium bzw. bei längerer Einw. von wss. Alkali auf **I** u. **IV** werden die *Dimethylenäther-Verb. A, C* u. *E* erhalten. Auf Grund der P.-Analyse besteht *Verb. A* aus einem Gemisch von *Bis-[carbamidomethyl]-äther* (**X**), N^{ω}-*Methoxymethyl-* (**XI**), *N^{ω}.$N^{\omega'}$-Bis-[methoxymethyl]-* (**XII**) u. *N^{α}.N^{ω}.$N^{\omega'}$-Tris-[methoxymethyl]-bis-[carbamidomethyl]-äther* (**XIII**) sowie Kondensaten (K.) der Zus. $HO-[CH_2-NH-CO-NH-CH_2-O-]_n-CH_2-NH-CO-NH-CH_2-OH$ mit n = 2, 3 sowie 5—8 *Verb. C* besteht aus **X, XI, XII**, wenig **XIII** u. K. (n = 2—4), *Verb. E* aus **X, XI, XII** u. K. (n = 2). Weiterhin konnte gezeigt werden, daß der nach KADOWAKI [1936] erhaltene **XX** immer von **XXIX** begleitet ist, welcher sich auch durch mehrmaliges Umkristallisieren nicht entfernen läßt. Außerdem sind die von KADOWAKI beschriebenen Verbb. **XXII** u. **XXV** nicht einheitlich, sondern Gemische des Ausgangsmaterials mit **XX, XXIII**, *1-Monomethoxy-* (**XXI**) u. *1.1.7-Tris-[hydroxymethyl]-methylendiharnstoff* (**XXVII**). Weiterhin werden mit Hilfe der P. die Vorgänge bei der Härtung von N-Hydroxymethylurethan (**XVII**), N-Hydroxymethyl-N'-butoxymethylharnstoff (**VII**) u. **IV** untersucht: beim 1std. Erhitzen von **XVII** auf 82—85° wurde unter Abspaltung von 3% *HCHO* etwas *Urethan* zurückgebildet u. neben unverändertem **XVII** *Bis-[äthoxycarbonylaminomethyl]-äther* (**XVIII**) nachgewiesen; bei gleicher Behandlung bei 105° wurden 12% *HCHO* abgespalten u. etwa gleiche Mengen an **XVII** u. **XVIII** erhalten. Beim 1std. Erhitzen auf noch höhere Temp. (110°) findet Spaltung der Methylenätherbrücken in **XVIII** durch NH_2-Gruppen (z. B. aus gebildetem

Urethan) unter Bldg. von *Methylendiurethan* (**XIX**) statt. Zum Nachw. dieser Verbb. wurde absteigend bei 20—24° in Di-n-butyläthe , Methanol–W. (50:50:5) gearbeitet u. mit Cl_2–ClO_2–Benzidin entwickelt. Urethan wur( ) mit TOLLENS-Reagens nachgewiesen. Nach 2std. Erhitzen von 2 g **IV** auf 125° wurde *HCHO*, **I**, **IV**, **X**, **XI** u. **XII**, bei nur 10—30 Min. langer Härtung einer 0,2-g-Probe **IV** urden K. (n = 3 u. 4) nachgewiesen. Bei der Behandlung mit Methanol–HCl wurden di Härtungs-Prodd. in viel **V** u. wenig **II** umgewandelt. Nach FAHRENHORST (Kunststoffe **45**. [1955.] 43) soll bei Rk. von Harnstoff u. HCHO (1:1) in Butanol bei pH 8—9 u. 80° lediglich ein Addukt entstehen, das im sauren Medium über Monomethylenharnstoffhydrat u. sein Trimeres in unlösl. verzweigten Polymethylenharnstoff übergeht. Mit Hilfe der P. wurde jedoch gezeigt, daß im alkal. Milieu **I**, **IV**, **X** u. **XI**, freier *Harnstoff* u. *HCHO* vorliegen. Beim Ansäuern dieses Gemisches tritt weiterer Einbau von HCHO unter Methylolgruppen-Bldg., ihre Verätherung sowie Methylenharnstoff-Bldg. ein. Ein rechtzeitig unterbrochener Ansatz stellt ein Gemisch aus *Harnstoff*, **I**, **IV**, **III**, **VI**, **XX**, **XXIII** u. **XXVI** dar. Schließlich wurden die einzelnen Phasen eines unter techn. Bedingungen hergestellten butylierten Harnstoff–HCHO-Harzes (H) untersucht. Seine Bldg. verläuft über **I**, **IV**, **XI**, **XII** u. **XIII**, die im sauren Medium über die Butyläther **III** u. **VI** in einer komplizierten Rk. in *Uron*kondensate übergehen.

Versuche: Die R_F-Werte nachst. Verbb. wurden durch absteigende P. bei 18—21° nach HAMADA (J. chem. Soc. Japan, ind. Chem. Sect. [Kōgyō Kagaku Zassi] **58**. Nr. 4. [1955]) bestimmt, wobei die getrockneten Chromatogramme mit einem Gemisch aus 90 ml Methanol, 10 ml W. u. 10 Tropfen Eisessig besprüht, 2—3 Min. in Cl_2-ClO_2-Atmosphäre eingehängt u. nach dem Trocknen mit 1%ig. Benzidin-Lsg. in 10%ig. Essigsäure besprüht werden (blaue Flecken): *Dimethylolurondibutyläther*, 0,93. — *N.N'-Bis-butoxymethylharnstoff*, 0,90. — *Bis-[N$^{\omega}$-butoxymethylcarbamidomethyl]-äther*, 0,84. — *1.7-Bis-[butoxymethyl]-methylendiharnstoff* (**XXVI**), 0,84. — *Dimethylolurondimethyläther*, 0,84. — *N-Hydroxymethyl-N'-butoxymethylharnstoff* (**VII**), 0,83. — *N-Butoxymethylharnstoff* (**III**), 0,81. — *N.N'-Bis-[methoxymethyl]-harnstoff* (**V**), 0,80. — *1-Butoxymethylmethylendiharnstoff* (**XXIII**), 0,77. — *1.7-Bis-[methoxymethyl]-methylendiharnstoff* (**XXV**), 0,76. — *N-Methoxymethylharnstoff* (**II**), 0,71. — *1.1.7.7-Tetrakis-[hydroxymethyl]-methylendiharnstoff*, 0,70. — *N.N'-Bis-[hydroxymethyl]-harnstoff* (**IV**), 0,65. — *1.1.7-Tris-[hydroxymethyl]-methylendiharnstoff* (**XXVII**), 0,64. — *N$^{\alpha}$.N$^{\omega}$.N$^{\omega'}$-Tris-[methoxymethyl]-bis-[carbamidomethyl]-äther* (**XIII**), 0,64. — *1-Monomethoxymethylmethylendiharnstoff* (**XXII**), 0,62. — *Hydroxymethylharnstoff* (**I**), 0,60. — *N$^{\omega}$.N$^{\omega'}$-Bis-[methoxymethyl]-bis-[carbamidomethyl]-äther* (**XII**), 0,59. — *1.7-Bis-[hydroxymethyl]-methylendiharnstoff* (**XXIV**), 0,58. — *Harnstoff*, 0,56. — *1-Monomethoxymethylendiharnstoff* (**XXI**), 0,51. — *N$^{\omega}$-Methoxymethyl-bis-[carbamidomethyl]-äther* (**XI**), 0,51. — *Methylendiharnstoff* (**XX**), 0,46. — *Bis-[carbamidomethyl]-äther* (**X**), 0,46. — *Dimethylentriharnstoff* (**XXIX**), 0,38. — *K.* (n = 2) 0,38. — Zur Unterscheidung der Bis-[carbamidomethyl]-äther u. der Methylendiharnstoffe, welche gleiche R_F-Werte aufweisen, diente die Spalt-Meth. mit Methanol–HCl, wobei die Verbb. **X**—**XIII** in **II** u. **V** übergeführt wurden, während **XX**, **XXI**, **XXIV** u. **XXVII** entweder unverändert blieben (z. B. **XX**) oder in **XXII** u. **XXV** umgewandelt wurden. Zur Trennung der Methylharnstoffalkyläther erwies sich ein Gemisch aus Butanol–A.–W. (3:1:1) besonders gut geeignet. Die Die R_F-Werte betragen dann für *N.N'-Bis-[butoxymethyl]-harnstoff* (**VI**), 0,9. — **III**, 0,81. — **V**, 0,71. — **II**, 0,55, — **IV**, 0,39. — **I**, 0,36. — *Harnstoff*, 0,35, **XX**, 0,26. — Zur Erfassung der bei der Xylenolspaltung der Kondensate auftretenden Spalt-Prodd. wurde in Di-n-butyläther–Cyclohexan–Eisessig (20:10:7) absteigend gearbeitet. Die Anfärbung gelingt mit 5%ig. NaOH u. p-Diazobenzolsulfonsäure oder mit Cl_2–ClO_2–Benzidin. R_F-Werte: *2.2'-Dihydroxy-3.3'.5.5'-tetramethyldiphenylmethan*, 0,95. — *N.N.N'-Tris-[2-hydroxy-3.5-dimethylbenzyl]-*, 0,91. — *N.N'-Bis-[2-hydroxy-3.5-dimethylbenzyl]-harnstoff*, 0,81. — *N-Mono-[2-hydroxy-3.5-dimethylbenzyl]-*, 0,26. — R_F-Werte (zur Härtung von **XVII**): *Methylendiurethan* (**XIX**), 0,68. — *Bis-[äthoxycarbonylamionomethyl]-äther* (**XVIII**), 0,54. — *N-Hydroxymethylurethan* (**XVII**), 0,42. — *Urethan* 0,38. — *N-Hydroxymethyl-N'-butoxymethylharnstoff* (**VII**), $C_7H_{16}N_2O_3$, F. 99—100° (Essigester), durch Lösen von 7,3 g **III** in W. u. Zugabe von 6,4 g 33%ig. HCHO-Lsg. von pH 12 [$Ba(OH)_2$-Zusatz] u. 10std. Stehen in der Kälte; 57% (Ausbeute). — *N$^{\omega}$.N$^{\omega'}$-Bis-[butoxymethyl]-bis-[carbamidomethyl]-äther* (**XIV**), $C_{14}H_{30}N_4O_5$, F. 176°, durch 12std. Rk. von 3,6 g **III** in W. mit 6,4 g 35%ig. HCHO-Lsg. bei pH 12; aus A. dünne Stäbchen. — *N.N'-Bis-[methoxymethyl]-harnstoff* (**V**), durch Behandeln von **VII** u. **XIV** mit 0,1%ig. methanol. HCl bei 20°. — *Bis-[N$^{\omega}$-butoxymethylcarbamidomethyl]-äther*, durch 1/4std. Erhitzen von **VII** auf 115°; daneben eine *Verb.* deren R_F-Wert zwischen **III** u. **VI** lag u. die mit methanol. HCl **V** liefert. — *Butyliertes Harnstoff-HCHO-Harz* (H.) durch Kondens. von Harnstoff mit HCHO im Mol-Verhältnis 1:2,5 in wss.-alkal. Milieu bei 70°, Entwässerung,

Erhitzen mit Butanol u. wenig Oxalsäure bei pH 5 auf 80° u. nach Zugabe von weiterem Butanol mehrere Std. auf 90—95°, Entwässesung bei 60° u. Entfernung von überschüssigem Butanol im Vakuum; das lösungsmittelfreie H. ist gut lösl. in Alkoholen, Chlf. u. Aromaten. Rk. von H. mit 2.4-Xylenol u. alkohol. HCl liefert *Diphenylmethan*, *N.N'-Bis-* u. *N.N.N'-Tris-[2-hydroxy-3.5-dimethylbenzyl]-harnstoff*. — *Harz aus* **XX**, durch 1½ std. Rk. von 5,28 g **XX** mit 12 g 35%ig. HCHO-Lsg. bei pH 8—9, Entwässerung bei 40°, ½ std. Erhitzen mit 50 g Butanol u. 0,6 g wasserfreier Oxalsäure auf 80°, 2 std. Erhitzen auf 90—95° nach Zugabe von weiteren 25 g Butanol, Neutralisieren u. Entfernung von überschüssigem Butanol bei 50°; das mit freien Kristallen durchsetzte Harz zeigt bei den P. die R_F-Werte für **XXIII**, **XXVI** u. einem *Uronkondensat* (R_F 0,93). L. LAMZA. 880

Die Darstellung von Triguanid und einigen alkylsubstituierten Triguaniden. K. N. Nandi und M. A. Phillips. (Chem. and Ind. **1958.** 719. 14/6. Romford, Dr. M. A. Phillips & Associates, Res. Labor.) (Engl.)

Durch Erhitzen von Biguanidsulfat (**I**) mit Cyanamid (**II**) bzw. Dialkylcyanamiden auf 180° bilden sich die *Sulfate* des *Triguanids* (**III**) bzw. der entsprechenden *1.1-Dialkyltriguanide*. **I** wird aus Dicyandiamid u. NH_3 in Ggw. von $CuSO_4$ bei 110° dargestellt. Die aus **I** erhaltenen, in kaltem W. kaum lösl. *Sulfate* von *1.1-Dimethyl-* (**IV**), *1.1-Diäthyl-* u. *1.1-Diallyltriguanid* lassen sich mit $BaCl_2$ in die besser lösl. *Hydrochloride* umwandeln. Das analog dargestellte *Biguanidhydrochlorid* bildet mit **II** das **III**-*Hydrochlorid*, mit Dimethylcyanamid das **IV**-*Hydrochlorid*; letzteres entsteht auch aus 1.1-Dimethylbiguanidhydrochlorid u. **II**. Die Rk. der zentralen NH-Gruppe im Biguanid mit **II** führt zu einem *verzweigten Isomeren*. G. FISCHER. 880□

Halogenierung von α,β-ungesättigten β-Arylaminoäthylestern: Bromierung von Arylaminomethylenacetessigsäureäthylestern, -malonsäurediäthylestern und β-Arylamino-β-carbäthoxyacrylsäureäthylestern. R. K. Mapara und C. M. Desai. (J. Indian chem. Soc. **32.** 52—54. Jan. 1955. Surat, M. T. B. Coll., Chem. Dep.) (Engl.)

Bei der Bromierung von α-Arylaminomethylenacetessigsäureäthylestern (**A**) tritt Br sowohl an die Doppelbindung als auch in den aromat. Kern ein. Lediglich bei α-[m-Nitrophenylaminomethylen]-acetessigsäureäthylester wird der Phenylkern nicht halogeniert. Analoge Ergebnisse werden bei der Bromierung von α-Arylaminomethylenmalonsäurediäthylestern (**B**) u. β-Arylamino-β-carbäthoxyacrylsäureäthylestern (**C**) erhalten. Die neuen Verbb. werden durch sd. W. oder Alkali zu den entsprechenden *Bromanilinen* zersetzt.

Versuche: α.β-Dibrom-α-acetylpropionsäureäthylester, durch Zutropfen von Br_2 (3—4 Mol) zu den **A** in Chlf. u. Stehen über Nacht: *β-[2.4.6-Tribromphenylamino]-*, $C_{13}H_{12}Br_5NO_3$, F. 197°, Nadeln; 34% (Ausbeute). — *β-[3-Methyl-2.4.6-tribromphenylamino]-*, $C_{14}H_{14}Br_5NO_3$, F. 186°, Nadeln; 39%. — *β-[4-Methoxy-3.5-dibromphenylamino]-*, $C_{14}H_{15}Br_4NO_4$, F. 225°, Nadeln; 40%. — *β-[2-Äthoxy-3.5-dibromphenylamino]-*, $C_{15}H_{17}Br_4NO_4$, F. 215°, Nadeln; 54%. — *β-[4-Chlor-2.6-dibromphenylamino]-*, $C_{13}H_{12}Br_4 \cdot ClNO_3$, F. 224°, Nadeln; 29%. — *β-[m-Nitrophenylamino]-*, $C_{13}H_{14}Br_2N_2O_5$, F. 244°, gelbe Nadeln; 44%. — α.β-Dibrom-α-carbäthoxypropionsäureäthylester, analog vorst. Verbb. aus den **B**: *β-[2.4.6-Tribromphenylamino]-*, $C_{14}H_{14}Br_5NO_4$, F. 210°, Nadeln; 37%. — *β-[3-Methyl-2.4.6-tribromphenylamino]-*, $C_{15}H_{16}Br_5NO_4$, F. 187°, Nadeln; 30%. — *β-[4-Methoxy-3.5-dibromphenylamino]-*, $C_{15}H_{17}Br_4NO_5$, F. 209°, Nadeln; 27%. — *β-[2-Äthoxy-3.5-dibromphenylamino]-*, $C_{16}H_{19}Br_4NO_5$, F. 217°, Nadeln; 82%. — *β-[4-Chlor-2.6-dibromphenylamino]-*, $C_{14}H_{14}Br_4ClNO_4$, F. 235°, Prismen; 30%. — *β-[m-Nitrophenylamino]-*, $C_{14}H_{16}Br_2N_2O_6$, F. 215°, gelbe Blättchen; 40%. — α.β-Dibrom-β-carbäthoxypropionsäureäthylester, aus den **C**: *β-[2.4.6-Tribromphenylamino]-*, $C_{14}H_{14}Br_5NO_4$, F. 194°, Nadeln; 55%. — *β-[3-Methyl-2.4.6-tribromphenylamino]-*, $C_{15}H_{16}Br_5NO_4$, F. 179°, Nadeln; 59%. — *β-[4-Methoxy-3.5-dibromphenylamino]-*, $C_{15}H_{17}Br_4NO_5$, F. 223°, Nadeln; 68%. — *β-[2-Äthoxy-3.5-dibromphenylamino]-*, $C_{16}H_{19}Br_4NO_5$, F. 212°, Nadeln; 42%. — *β-[4-Chlor-2.6-dibromphenylamino]-*, $C_{14}H_{14}Br_4ClNO_4$, F. 188°, Nadeln; 54%.

H.-E. TOUSSAINT. 950□

Arylamide aliphatischer DL-α-Aminosäuren. T. Ss. Ssafonowa und Ss. I. Ssergijewskaja. (Журнал Общей Химии [J. allg. Chem.] **29** (**91**). 3391—96. Okt. 1959. Chem.-pharmazeut. Ordshonikidse-Allunions-Forschungsinst.) (Russ.)

Aus DL-α-Alanin u. DL-α-Aminobuttersäure wurden über *α-Phthalimidopropion-* bzw. *-buttersäure* u. deren *Säurechloride* durch Rk. mit aromat. Aminen u. anschließende Abspaltung des Phthalsäurerestes mit Hydrazinhydrat *Arylamide des α-Alanins* bzw. der *α-Aminobuttersäure* in Form ihrer Hydrochloride dargestellt. Die analog Rk.-Folge mit β-Alanin gelang nicht, da der Phthalsäurerest nicht entfernt werden konnte.

Versuche: *DL-α-Phthalimidopropionsäure*, F. 163—164°, aus äquimol. Mengen DL-α-Alanin u. Phthalsäureanhydrid in 40—45 Min. bei 160—165°; 94% (Ausbeute). *Chlorid* (**I**), F. 69—70° (PAe.), durch Rk. vorst. Verb. mit PCl_5; 83%. *β-Naphthylamid*,

$C_{21}H_{16}N_2O_3$, F. 164—165° (A.), aus I u. β-Naphthylamin in 6 Std. bei Zimmer-Temp. in abs. Äther; 87,9%. *p-Nitroanilid* (III), $C_{17}H_{13}N_3O_5$, F. 252—253° (Essigester), aus I u. p-Nitroanilin in abs. Ae.; 90%. — *DL-α-Phthalimidobuttersäure*, F. 95—96°, aus α-Aminobuttersäure u. Phthalsäureanhydrid bei 170—172° in 40—45 Min.; 65—84%. *Chlorid* (II), aus vorst. Verb. durch Erhitzen mit $SOCl_2$; 75%. *p-Nitroanilid* (IV), $C_{18}H_{15}N_3O_5$, F. 219 bis 220° (Essigester, aus II u. p-Nitroanilin in Essigester; 86,9%. *p-Toluidid*, $C_{19}H_{18}N_2O_3$, F. 146—147° (A.), aus 6 g II u. p-Toluidin in Ae.-Essigester; 5,04 g. — *DL-α-Phthalimidopropionsäure-p-aminoanilid*, $C_{17}H_{15}N_3O_3$, F. 163—164° (A.), durch Hydrierung von III bei Atmosphärendruck an Skelett-Ni; gelb; 97,2%. — *DL-α-Phthalimidobuttersäure-p-aminoanilid*, $C_{18}H_{17}N_3O_3$, F. 156—157°, durch Hydrierung von IV bei Atmosphärendruck an Skelett-Ni; 4,25 g. — *DL-β-Phthalimidopropionsäure-p-nitroanilid*, F. 312 bis 313° (Zers.; Nitrobenzol), aus DL-β-Phthalimidopropionylchlorid u. p-Nitroanilin durch 2std. Erhitzen in abs. Bzl.; gelb; 1,85 g. — *DL-α-Alanin, p-Nitroanilidhydrochlorid*, $C_9H_{12}ClN_3O_3$, F. 245—247° (Zers.; Methanol), aus III u. Hydrazinhydrat durch 2std. Kochen u. Behandlung des Dest.-Rückstandes mit 2 n-HCl bei 40°; 91,3%. *p-Aminoanilidhydrochlorid*, $C_9H_{14}ClN_3O$, F. 267—269° (A.); analog aus DL-α-Phthalimidopropionsäure-p-aminoanilid; 89,3%. *β-Naphthylamidhydrochlorid*, $C_{13}H_{15}ClN_2O$, F. 243 bis 244° (A.), analog aus DL-α-Phthalimidopropionsäure-β-naphthylamid; 88,5%. — *DL-α-Aminobuttersäure, p-Nitroanilidhydrochlorid*, $C_{10}H_{14}ClN_3O_3$, F. 244—245° (A.), analog aus IV; 87%. *p-Aminoanilidhydrochlorid*, $C_{10}H_{16}ClN_3O$, F. 276—277° (A. + Ae.), aus DL-α-Phthalimidobuttersäure-p-aminoanilid; 88%. *p-Toluididhydrochlorid*, $C_{11}H_{17}\cdot ClN_2O$, F. 169—170° (A. + Ae.), aus DL-α-Phthalimidobuttersäure-p-toluidid; 81,8%.

B. CELMS. 950□

Agaritin: ein verbessertes Isolierungsverfahren und ein Strukturbeweis durch Synthese. Edward G. Daniels, R. B. Kelly und J. W. Hinman. (J. Amer. chem. Soc. **83**. **3333**—**34**. 5/8. 1961. Kalamazoo, Mich., Upjohn Co., Res. Labor.) (Engl.)

Agaritin (I; *N-[γ-L(+)-Glutamyl]-N'-[p-hydroxymethylphenyl]-hydrazin*, $C_{12}H_{17}N_3O_4$, F. 205—209° [Zers.; tert.-Butanol; λ_{max} 237 u. 280 mμ, $[\alpha]_D^{25}$ +7° (c = 0,8; W.), p_{Ka8} 3,4 u. 8,86 in W.] ließ sich aus 700 g 2—3 Tage alten Pilzen der Art *Agaricus bisporus* durch 1 Min. langes Homogenisieren in 1350 ml Methanol bei 4—10° im Waring Blendor, Filtrieren, Eindampfen im Vakuum, Lösen in 2 Litern W., Aufgeben auf eine Austauschersäule mit Dowex-2 (Ac^-), Eluieren mit deionisiertem W., Aufgeben des Eluats auf eine Säule mit Dowex-50 (NH_4^+), Eluieren mit deionisiertem W., Einengen u. 2tägiges Stehen bei 4° mit 351 mg Ausbeute gewinnen. Die Struktur von I wird durch eine Synth. bewiesen. Während sich jedoch *L-Glutaminsäure-γ-phenyl-* u. *-γ-p-tolylhydrazid* durch Kondens. von N-Carbobenzoxy-L-glutaminsäure-γ-azid (II) mit Phenyl- bzw. p-Tolylhydrazin u. anschließende Hydrogenolyse in 60%ig. Ausbeute gewinnen lassen, bietet die Darst. von I wegen der Rk.-Fähigkeit der Hydroxymethylgruppe Schwierigkeiten. *p-Hydroxymethylphenylhydrazin* wurde durch $LiAlH_4$-Red. von p-Carboxymethylphenylhydrazin in Ae. erhalten; die Red.-Lsg. versetzt man vorteilhaft ohne Reinisolierung des Prod. mit wss. NaCl, filtriert u. setzt bei 0° unter Rühren II zu. Man engt ein, hydriert 1 Std. an 10%ig. Pd/Kohle bei Raum-Temp. u. reinigt durch Chromatographie an Dowex-50, wonach man krist. I in 6%ig. Gesamtausbeute isolieren kann.

H.-E. TOUSSAINT. 950□

Phosphororganische Monomere. 2. Mitt. α-Chlor- und α-Bromvinylphosphonsäure und ihre Derivate. T. Ja. Medwed und M. I. Kabatschnik. (Известия Академии Наук СССР, Отделение Химических Наук [Nachr. Akad. Wiss. UdSSR, Abt. chem. Wiss.] **1961**. **270**—**74**. Febr. Inst. für metallorg. Verbb. der Akad. der Wiss. der UdSSR.) (Russ.) — 1. vgl. Известия Академии Наук СССР, Отделение Химических Наук [Nachr. Akad. Wiss. UdSSR, Abt. chem. Wiss.] **1959**. **2142**.

Vinylphosphonsäuredichlorid (I) lagert bereits unter milden Bedingungen Br_2 unter Bldg. von *α.β-Dibromäthylphosphonsäuredichlorid* (II-*Dichlorid*), an, das beim Vers. der Darst. des Dianilids unter HBr-Abspaltung in *α-Bromvinylphosphonsäuredianilid* (III-*Dianilid*) übergeht. III-*Dichlorid* wird durch Dehydrobromierung von II-Dichlorid über $BaCl_2$ bei 340° dargestellt. Die Chlorierung von I zu *α.β-Dichloräthylphosphonsäuredichlorid* (IV) verläuft wesentlich träger als die Bromierung; aus IV stellt man über erhitztem $BaCl_2$ *α-Chlorvinylphosphonsäuredichlorid* (V-*Dichlorid*) dar. Einige Derivv. der Säuren II, III u. V werden beschrieben.

Versuche: *α.β-Dibromäthylphosphonsäure* (II), $C_2H_5Br_2O_3P$, F. 115—116°, aus dem Dichlorid mit W.; 90,8% (Ausbeute). *Dichlorid*, $C_2H_3Br_2Cl_2OP$, F. 33—34°, Kp.$_5$ 120—122°, durch Stehen von I mit Br_2 in Chlf. über Nacht; D_4^{20} 2,2155, n_D^{20} 1,5698; 62,5%. *Anilinsalz*, $C_8H_{12}Br_2NO_3P$, F. 194—195° (A.), aus II u. Anilin in A.; 69,5%. — *α-Bromvinylphosphonsäure* (III), $C_2H_4BrO_3P$, sirupös, aus dem Dichlorid u. W.; 96%. *Dichlorid*,

$C_2H_2BrCl_2OP$, F. 36—39°, Kp. 194—197°, durch Durchleiten von II-Dichlorid durch ein mit $BaCl_2$ gefülltes Quarzrohr bei 330—340°; $D._4^{20}$ 1,8393, n_D^{20} 1,5273; 77,5%. *Dianilid*, $C_{14}H_{14}BrN_2OP$, F. 156—157°, durch 1½ std. Erhitzen von II-Dichlorid mit Anilin auf dem Wasserbad; 26,6%. *Anilinsalz*, $C_8H_{11}BrNO_3P$, F. 187—188°; 36%. *Diäthylester*, $C_6H_{12}BrO_3P$, $Kp._2$ 78—78,5°, durch Zutropfen von III-Dichlorid zu absol. A. bei 0—5° u. Stehen über Nacht; $D._4^{20}$ 1,3778, n_D^{20} 1,4649; 54% [gibt durch Ozonolyse *Formaldehyd* (*Dimedon-Deriv.*, F. 189—190°)]. — *α.β-Dichloräthylphosphonsäuredichlorid* (IV), $C_2H_3 \cdot Cl_4OP$, $Kp._3$ 84—85°, durch 4tägiges Stehen von I in mit Cl_2 gesätt. CCl_4; $D._4^{20}$ 1,6616, n_D^{20} 1,5220; 29,5%. — *α-Chlorvinylphosphonsäure* (V), $C_2H_4ClO_3P$, F. 33—34°, aus dem Dichlorid u. W.; 97%. *Dichlorid*, $C_2H_2Cl_3OP$, F. 28—30°, $Kp._{11}$ 61—62°, $D._4^{20}$ 1,5453, n_D^{20} 1,5003, a) analog III-Dichlorid aus IV; 87,5%; b) durch 5std. Erhitzen von I in mit Cl_2 gesätt. CCl_4 im geschlossenen Gefäß auf 125—130°; 73,5% [daneben IV]. *Anilinsalz*, $C_8H_{11}ClNO_3P$, F. 209—210°; 71%. *Dimethylester*, $C_4H_8ClO_3P$, $Kp._3$ 60—61°, $D._4^{20}$ 1,2715, n_D^{20} 1,4506; 62%. *Diäthylester*, $C_6H_{12}ClO_3P$, $Kp._3$ 77°, $D._4^{20}$ 1,1622, n_D^{20} 1,4462; 56,5%. *Dianilid*, $C_{14}H_{14}ClN_2OP$, F. 167—169°, aus wss. A. Nadeln; 62%.

H.-E. TOUSSAINT. 980□

Phosphororganische Monomere. 3. Mitt. Vinylthiophosphonsäure und einige Derivate. M. I. Kabatschnik und T. Ja. Medwed. (Известия Академии Наук СССР, Отделение Химических Наук [Nachr. Akad. Wiss. UdSSR, Abt. chem. Wiss.] **1961.** 604—08. April.) (Russ.) — 2. vgl. vorst. Referat.

β-Chloräthylphosphonsäuredichlorid (I) wird durch Erhitzen mit P_2S_5 in *β-Chloräthylthiophosphonsäuredichlorid* (II) übergeführt, aus dem man mittels Triäthylamin HCl unter Bldg. von *Vinylthionophosphonsäuredichlorid* (III-*Dichlorid*) abspaltet. Die Rk. von Vinylphosphonsäuredichlorid mit P_2S_5 gibt weit geringere Ausbeuten. Mit 1 Mol A. reagiert III-Dichlorid zu III-*Monoäthylesterchlorid*, aus dem man mit β-Äthylmercaptoäthanol III-*Äthyl-β-äthylmercaptoäthylester* (IV) darstellt. Letzterer addiert Diäthylamin unter Bldg. von *β-Diäthylamino-*, A. unter Bldg. von *β-Äthoxyäthylthionophosphonsäureäthyl-β-äthylmercaptoäthylester*. Durch längeres Erhitzen auf 185° wird IV zu *Vinylthiolphosphonsäure-O-äthyl-S-β-äthylmercaptoäthylester* (V) umgelagert, der ebenfalls A. zu addieren vermag.

Versuche: *β-Chloräthylthiophosphonsäuredichlorid* (II), $C_2H_4Cl_3PS$, $Kp._9$ 85—86°, durch 6std. Erhitzen von I mit P_2S_5 unter CO_2 auf 155—160°; $D._4^{20}$ 1,5117, n_D^{20} 1,5667; 47% (Ausbeute). — *Vinylthionophosphonsäure* (III), $C_2H_5O_2PS$, zähviscos, aus dem Dichlorid mit W.; 86%. *Dichlorid*, $C_2H_3Cl_2PS$, $Kp._{12}$ 54—55°, $D._4^{20}$ 1,3954, n_D^{20} 1,5623, a) durch Zutropfen von II in Ae. zu Triäthylamin bei —4 bis 0°, ½ std. Rühren bei 0°, langsames Erwärmen zum Sd. u. Einengen; 68%; b) analog II aus Vinylphosphonsäuredichlorid u. P_2S_5; 33%. *Anilinsalz*, $C_8H_{12}NO_2PS$, F. 105—106° (A.); 46%. *Dianilid*, $C_{14}H_{15}N_2PS$, F. 112—113° (A.); 53%. *Dimethylester*, $C_4H_9O_2PS$, $Kp._{20}$ 82—83°, $D._4^{20}$ 1,1382, n_D^{20} 1,4912; 61,5%. *Diäthylester*, $C_6H_{13}O_2PS$, $Kp._{10}$ 75—76°, $D._4^{20}$ 1,0589, n_D^{20} 1,4788; 40%. *Monoäthylesterchlorid*, C_4H_8ClOPS, $Kp._{12}$ 71—73°, $D._4^{20}$ 1,2019, n_D^{20} 1,5117; 87%. *Äthyl-β-äthylmercaptoäthylester* (IV), $C_8H_{17}O_2PS_2$, $Kp._4$ 135—136°, durch Zutropfen des vorst. Esterchlorids zu β-Äthylmercaptoäthanol in Bzl. in Ggw. von NaOH-Pulver bei 10° u. 1std. Erwärmen auf 60—70°; $D._4^{20}$ 1,1088, n_D^{20} 1,5139; 50%. — *Vinylthiolphosphonsäure-O-äthyl-S-β-äthylmercaptoäthylester* (V), $C_8H_{17}O_2PS_2$, $Kp._2$ 141 bis 142°, durch 8std. Erhitzen von IV auf 135°; $D._4^{20}$ 1,1319, n_D^{20} 1,5243; 56%. — *β-Dimethylaminoäthylthionophosphonsäureäthyl-β-äthylmercaptoäthylester*, $C_{10}H_{24}NO_2PS_2$, $Kp._{0,00006}$ 80—82°, durch Erwärmen von IV mit Dimethylamin; $D._4^{20}$ 1,0669, n_D^{20} 1,5039; 79%. — *β-Diäthylaminoäthylthionophosphonsäureäthyl-β-äthylmercaptoäthylester*, $C_{12}H_{28} \cdot NO_2PS_2$, $Kp._{0,0002}$ 89—91°, aus IV u. Diäthylamin; $D._4^{20}$ 1,0488, n_D^{20} 1,5004; 64%. — *β-Äthoxyäthylthionophosphonsäureäthyl-β-äthylmercaptoäthylester*, $C_{10}H_{23}O_3PS_2$, $Kp._{0,0001}$ 85—86,5°, durch 1std. Erhitzen von IV mit absol. A. u. wenig $NaOC_2H_5$ im geschlossenen Gefäß auf 100°; $D._4^{20}$ 1,1172, n_D^{20} 1,4980; 52,5%. — *β-Äthoxyäthylthiolphosphonsäure-O-äthyl-S-β-äthylmercaptoäthylester*, $C_{10}H_{23}O_3PS_2$, $Kp._{0,0001}$ 110—112°, analog vorst. Verb. aus V; $D._4^{20}$ 1,1125, n_D^{20} 1,5000; 46%.

H.-E. TOUSSAINT. 980□

Über einige Polyalkylbenzole und Polyalkylcyclopentylbenzole. N. A. Schimanko und Je. Ss. Pokrowskaja. (Доклады Академии Наук СССР [Ber. Akad. Wiss. UdSSR] **129.** 1313—16. 21/12. 1959.) (Russ.)

o-, m- u. p-Xylol wurden mit Hepten-(1) in Ggw. von konz. H_2SO_4 zu *Heptylxylolen* alkyliert. *Trialkylcyclopentylbenzole* wurden durch Rk. von Trialkylbenzolen mit Cyclopenten in Ggw. von $AlCl_3$ erhalten. Von den Verbb. wurden die UV-Spektren aufgenommen.

Versuche: *Hepten-(1)* (I), $Kp._{742}$ 95°, aus n-Heptanol an Al_2O_3 bei 370°; n_D^{20} 1,4050. — *1.2-Dimethyl-4-[heptyl-(x)]-benzol*, $Kp._{3,5}$ 97—98°, $Kp._{740}$ 251—52°, aus o-Xylol u. I in Ggw. von konz. H_2SO_4 (3:1:1 Mol); n_D^{20} 1,4970; $D._4^{20}$ 0,8721. — *1.3-Dimethyl-*

4-[heptyl-(x)]-benzol, $Kp._2$ 91—92°, $Kp._{760}$ 270°, analog aus m-Xylol; n_D^{20} 1,4950; $D._4^{20}$ 0,8689. — *1.4-Dimethyl-2-[heptyl-(x)]-benzol*, $Kp._6$ 104°, aus p-Xylol; n_D^{20} 1,4941; $D._4^{20}$ 0,8668. — *1.4-Dimethyl-2-[heptyl-(x)]-5-cyclopentylbenzol*, $Kp._4$ 164—166°; $Kp._{760}$ 325 bis 326°, aus 2-[Heptyl-(x)]-p-xylol u. Cyclopenten in Ggw. von $AlCl_3$; n_D^{20} 1,5157; $D._4^{20}$ 0,9162. — *1.2-Dimethyl-4-tert.-butyl-6-cyclopentylbenzol*, $Kp._4$ 127—128°, aus 4-tert.-Butyl-o-xylol u. Cyclopenten im Ggw. von konz. H_2SO_4; n_D^{20} 1,5315; $D._4^{20}$ 0,9234.

B. CELMS. 1010□

Über die Nitrierung von Äthylbenzol. Tadeusz Mazoński und Piotr Bielowski. (Zeszyty naukowe Politechn. Śląskiej, Chem. **1959**. Nr. 3. 21—32. Gliwice, Politechn. Śląska, Kat. Technol. Chem. Organ.) (Pol.)

Bei der Nitrierung von Äthylbenzol (I) mit Nitriersäure [17(%) HNO_3, 63 H_2SO_4, 20 H_2O] fällt die Ausbeute an Mononitroäthylbenzol mit steigender Temp.; bei —5 bis 0° beträgt sie 90, bei 20—35° nur 70%. Gleichzeitig fällt der Anteil des p-Isomeren von 65,5 auf 32%. Auch bei Nitrierung mit HNO_3 (D. 1,41) fällt die Ausbeute an Mononitro-Verbb. mit steigender Rk.-Temp.; bei 19—21° wird die maximale Ausbeute (79,5%) bei Anwendung des Verhältnisses HNO_3/I = 4:1, bei 38—41° werden 64% Ausbeute beim Verhältnis HNO_3/I = 3:1 erzielt. Der Anteil an p-Nitroäthylbenzol beträgt bei 19—21° 49 (%) beim Verhältnis HNO_3/I = 1:1 u. 66 bei 5:1. Bei 38—41° steigt der Anteil an p-Isomerem von 55 beim Verhältnis 2:1 auf 65 bei 5:1. F. URBAN. 1010□

Oxydative Decarboxylierung aromatischer Säuren zu isomeren Aryloxyderivaten. William G. Toland. (J. Amer. chem. Soc. **83**. 2507—12. 5/6. 1961. Richmond, Calif., California Res. Corp.) (Engl.)

Beim Erhitzen von Cu-Salzen aromat. Carbonsäuren auf 200—350° entstehen in wasserfreien Lsgm. *Phenylester*, in W. die entsprechenden *Phenole*. Aus o- u. p-substituierten Benzoesäuren entstehen *m-Phenole* u. *-Phenolester*, aus m-Derivv. ein Gemisch von *o-* u. *p-Phenolen*. Wird bei der Rk. O_2 eingeleitet, so werden nur katalyt. Mengen Cu benötigt u. die Rk. verläuft bei geringerem Umsatz schneller u. mit größeren Ausbeuten.

Versuche: *Benzoesäurephenylester*, a) durch 5½ std. Erhitzen von 0,5 Mol Benzoesäure (I) mit 0,25 Mol CuO auf 260—296° (Meth. **A**); 0,155 Mol (Ausbeute; Hydrolyse (**H**) → 40,8% *Phenol*); b) durch 3std. Erhitzen von 1 Mol **I** u. 0,1 Mol Cu auf 252° im Luftstrom (Meth. **B**); 51,4%; c) durch 40 Min. langes Erhitzen von 1 Mol **I** u. 0,015 Mol CuO auf 246° im O_2-Strom (Meth. **C**); (**H** → 90,7% Phenol), *o-Toluylsäure-m-kresylester*, $Kp._{10}$ 181—182°, aus *o-Toluylsäure* nach **A**; n_D^{20} 1,5688, $D._4^{20}$ 1,1056; (**H** → 8% m-Kresol). — Gemisch *m-Toluylsäure-o-* u. *p-kresylester*, $Kp._{10}$ 180°, aus m-Toluylsäure nach **A** bzw. **C**; n_D^{20} 1,5615, $D._4^{20}$ 1,0820; 77,1% bzw. 66,3%. — *p-Toluylsäure-m-kresylester*, $Kp._{10}$ 190°, F. 64,8—66°, aus p-Toluylsäure nach **A**; 23,7%. —*p-tert.-Butylbenzoesäure-m-tert.-butylphenylester*, $Kp._2$ 196°, F. 40—41,4°, aus p-tert.-Butylbenzoesäure a) nach **A**; 57,6%; b) nach **B** (**H**) → 67% m-tert.-Butylphenol; n_D^{20} 1,5426, $D._4^{20}$ 1,0135. HELMUT WEBER. 1210□

Weitere Oligoester der Terephthalsäure mit Glykol. 12. Mitt. **über Oligomere vom Polyamid- und Polyestertyp.** Helmut Zahn und Bernhard Seidel. (Makromolekulare Chem. **29.** 70—92. Jan. 1959. Heidelberg, Univ., Chem. Inst.; Aachen, TH, Dt. Wollforschungsinst.) (Dt.) — 11. vgl. C. **1959.** 14418; vgl. auch C. **1962.** 7115.

Als unsymmetr. Derivv. der Terephthalsäure (HO–T–OH) wurden dargestellt der *Monobenzylester*, dessen *K-Salz* (**IV**), *Chlorid* (**V**) u. *Amid* sowie der *Methylbenzylester*. Von den *Dibenzylestern* der Esterdicarbonsäuren mit Glykol (H–G–H), BzO–T–[G–T]$_n$OBz (n = 1—5) ausgehend, erhielt man die freien *Dicarbonsäuren* HO–T–[G–T–]$_n$OH (n = 1, 2, 3) durch Hydrogenolyse bei 160° u. 150 at. Röntgenograph. u. IR-spektroskop. wurde gezeigt, daß die dargestellten Oligomeren die Charakteristika des *Polyglykolterephthalats* (**I**) [G–T–]$_n$) aufweisen. Das Gitter von **I** scheint an lineare Kettenmoll. gebunden zu sein; sein Zustandekommen steht vermutlich im Zusammenhang mit den jeweiligen Endgruppen des Polymeren, da Esterdiole u. Estercarbonsäuren es später ausbilden als die Ester der Esterdicarbonsäuren. Für n ≧ 3 wurde es stets beobachtet. Mit Dispersionsfarbstoffen ließen sich die krist. Oligoester, auch in Ggw. von Carriern (Salicylsäure, Diphenyl), nicht echt färben, was dafür spricht, daß die Färbbarkeit von **I** auf seine amorphen Bereiche zurückzuführen ist.

Versuche: *Terephthalsäure, Dibenzylester* (**II**), $C_{22}H_{18}O_4$, F. 96,5—97°, a) aus Terephthaloylchlorid u. Benzylalkohol (**III**) durch Erhitzen auf 180°; 97,4% (Ausbeute); b) durch Erhitzen von Terephthalsäuredimethylester u. **III** in Ggw. von Na-Methylat auf 180°; 95%; aus Methanol Nadeln. *Monobenzylester-K-Salz* (**IV**), aus **II** u. KOH in **III**. *Monobenzylester*, $C_{15}H_{12}O_4$, F. 180°, durch Ansäuern der wss. **IV**-Lsg. Rhomben durch Sublimation bei 155°; ca. 100%. *Monobenzylesterchlorid* (**V**), $C_{15}H_{11}ClO_3$, F. 27,7 bis 28,2°, aus **IV** u. $SOCl_2$; zersetzliche Nadeln; 47%. *Monobenzylesteramid*, $C_{15}H_{13}NO_3$,

F. 161—162°, aus **V** u. NH_3 in Dioxan (**Di**) bei 0°; aus W. Nadeln u. Prismen; 82%. *Methylbenzylester*, $C_{16}H_{14}O_4$, F. 178°, durch Aufkochen von **V** in Pyridin (**Py**) u. Methanol; Nadeln; 75%. — *2.7-Dioxo-3.6-dioxa-1⁴.8⁴-dibenzenaoctan-1.8-dicarbonsäure, Dibenzylester* (**VI**), $C_{32}H_{26}O_8$, F. 139—141° (Ligroin–Bzl.), ans **V** durch 2std. Kochen mit Glykol in **Di** u. **Py**; 94%. *Freie Säure* (**VIa**) $C_{18}H_{14}O_8$, F. nicht bis 360°, sublimiert oberhalb 360°, aus **VI** durch Hydrierung an Pt/Kohle bei 160° u. 185 at in **Di**; 72%. *Dimethylester*, F. 167°, durch ½std. Kochen von Terephthalsäuremonomethylesterchlorid u. Glykol in **Di** u. **Py**; 91%. — *2.7.9.14-Tetraoxo-3.6.10.13-tetraoxa-1⁴.8⁴.15⁴-tribenzenapentadecan-1.15-dicarbonsäuredibenzylester* (**VII**), $C_{42}H_{34}O_{12}$, F. 176° (**Di**), analog **VI** aus **V** u. Terephthalsäurediglykolester; 92%. *Freie Säure*, $C_{28}H_{22}O_{12}$, F. 280—281°, analog **VIa** aus **VII**. — *2.7.9.14.16.21-Hexaoxo-3.6.10.13.17.20-hexaoxa-1⁴.8⁴.15⁴.22⁴-tetrabenzenadokosan-1.2.2-dicarbonsäuredibenzylester* (**VIII**), $C_{52}H_{42}O_{16}$, F. 197—202° (**Di**), analog **VI** aus **V** u. dem entsprechenden Diol; 60%. *Freie Säure*, $C_{38}H_{30}O_{16}$, F. 268—270°, analog **VIa** aus **VIII**; 42%. — *2.7.9.14.16.21.23.28-Oktaoxo-3.6.10.13.17.20.24.27-oktaoxa-1⁴.8⁴.15⁴.22⁴.29⁴-pentabenzenanonakosan-1.29-dicarbonsäuredibenzylester*, $C_{62}H_{50}O_{20}$, F. 217 bis 220° (**Di**), analog **VI** aus **V** u. dem entsprechenden Diol in 10 Std.; 88%. — *2.7.9.-14.16.21.23.28.30.35-Dekaoxo-3.6.10.13.17.20.27.31.34-dekaoxa-1⁴.8⁴.15⁴.22⁴.29⁴.36⁴-hexabenzenahexatriakontan-1.36-dicarbonsäuredibenzylester*, $C_{72}H_{58}O_{24}$, F. 230—235° (**Di**), ans **V** u. dem entsprechenden Diol in Dimethylanilin bei 193°) in 3 Std.); 66%.

S. NEUE. 1220□

Darstellung einiger Thiosemicarbazone und ihrer Kupferkomplexe. 1. Mitt. B. A. Gingras, R. W. Hornal und C. H. Bayley. (Canad. J. Chem. **38**. 712—19. Mai 1960. Ottawa, Nat. Res. Council, Div. of Appl. Chem.) (Engl.)

Zur Untersuchung ihrer fungiciden Eigg. wird eine größere Anzahl von Thiosemicarbazonen (**A**) u. deren Kupfer (I)-Komplex-Verbb. (**B**) dargestellt. Vff. stellen fest, daß die Komplex-Bldg. mit Cu bei den **A** aromat. Aldehyde oder Ketone unter Verlust eines H-Atoms, bei den **A** aliphat. Aldehyde oder Ketone ohne Verlust eines H-Atoms verläuft. Werte der IR-Spektren sind für alle **A** u. **B** angegeben. Die IR-Spektren werden diskutiert.

Versuche: *o-Fluorbenzylidendiacetat* (**III**), F. 25—27°, aus o-Fluortoluol, Acetanhydrid, Eisessig, konz. H_2SO_4 u. CrO_3; 40% (Ausbeute). — *o-Fluorbenzaldehyd* (**I**), durch ½std. Kochen vorst. Verb. mit äthanol.-wss. H_2SO_4. *Phenylhydrazon*, F. 89°. *Thiosemicarbazon* (**II**), $C_8H_8FN_3S$, F. 185° (wss. A.), aus **I** u. Thiosemicarbazid (**V**) in wss. Essigsäure nach SAH u. DANIELS (vgl. C. **1950**/**54**. 5242 S); 81%; *Cu-Verb.* (**IV**), $C_8H_7Cu\cdot FN_3S$, F. 171° (Aceton), durch Zugabe von CuCl in wss. NH_4OH zu der methanol. Lsg. von **II** u. gelindes Sieden u. Rühren; 88%. — *m-Fluorbenzylidendiacetat*, $C_{11}H_{11}FO_4$, F. 27°, aus m-Fluortoluol analog **III**; 27%. — *m-Fluorbenzaldehyd*, durch Hydrolyse vorst. Verbindung. *Phenylhydrazon*, F. 113°. *Thiosemicarbazon*, $C_8H_8FN_3S$, F. 192° (A.), analog **II**; 73%; *Cu-Verb.*, $C_8H_7CuFN_3S$, F. 171° (Aceton), analog **IV**; 50%. — *p-Fluorbenzaldehydthiosemicarbazon*, $C_8H_8FN_3S$, F. 193° (wss. A.), aus p-Fluortoluol über das nicht krist. *p-Fluorbenzylidendiacetat*, dessen Hydrolyse u. Umsetzung mit **IV**; 42%. *Cu-Verb.*, $C_8H_7CuFN_3S$, F. 172° (Aceton); 50%. — *2-Fluor-5-nitrobenzaldehydthiosemicarbazon*, $C_8H_7FN_4O_2S$, F. 245° (Aceton–CH_3OH–Hexan), aus 2-Fluor-5-nitrotoluol über das *Diacetat* (Öl; 38%) analog **II**; 63%. Analog **II** folgende Thiosemicarbazone: *Aceton-*, $C_4H_9N_3S$, F. 181° (wss. A.); 75%. *Cu-Verb.*, $C_4H_9CuN_3S$, F. 174°; 91%. — *Propionaldehyd-*, $C_4H_9N_3S$, F. 162° (wss. A.), 55%. *Cu-Verb.*, $C_4H_9CuN_3S$, F. 128°; 67%. — *n-Butyraldehyd-*, $C_5H_{11}N_3S$, F. 108° (wss. A.); 67%. *Cu-Verb.*, $C_5H_{11}CuN_3S$, F. 168°; 54%. — *n-Valeraldehyd-*, $C_6H_{13}N_3S$, F. 64° (Bzl.–n-Hexan); 40%. *Cu-Verb.*, $C_6H_{13}CuN_3S$, F. 175°; 86%. — *Isovaleraldehyd-*, $C_6H_{13}N_3S$, F. 58° (wss. A.); 75%. — *Önanthaldehyd-*, $C_8H_{17}N_3S$, F. 68° (wss. A.); 65%. *Cu-Verb.*, $C_8H_{17}CuN_3S$, F. 155°; 96%. — *Octylaldehyd-*, $C_9H_{19}N_3S$, F. 96° (wss. A.); 94%. *Cu-Verb.*, $C_9H_{19}CuN_3S$, F. 153°; 98%. — *n-Nonylaldehyd-*, $C_{10}H_{21}N_3S$, F. 77° (wss. A.), 82%. *Cu-Verb.*, $C_{10}H_{21}CuN_3S$, F. 150°; 91%. — *Decylaldehyd-*, $C_{11}H_{23}N_3S$, F. 102° (A.); 80%. *Cu-Verb.*, $C_{11}H_{23}CuN_3S$, F. 149°; 98%. — *Undecylaldehyd-*, $C_{12}H_{25}N_3S$, F. 86° (A.); 93%. *Cu-Verb.*, $C_{12}H_{25}CuN_3S$, F. 148°; 84%. — *Undecen-(9)-ylaldehyd-*, $C_{12}H_{23}N_3S$, F. 72° (n-Hexan); 81%. — *Laurinaldehyd-*, $C_{13}H_{27}N_3S$, F. 105° (A.); 88%. *Cu-Verb.*, $C_{13}H_{27}CuN_3S$, F. 146°; 88%. — *n-Undecylmethylketon-*, $C_{14}H_{29}N_3S$, F. 99° (A.); 96%. *Cu-Verb.*, $C_{14}H_{29}CuN_3S$, F. 134°; 88%. — *n-Pentadecylmethylketon-*, $C_{18}H_{37}N_3S$, F. 103° (A.); 90%. *Cu-Verb.*, $C_{18}H_{37}CuN_3S$, F. 127°; 78%. — *Brenztraubensäure-*, $C_4H_7N_3O_2S$, F. 201° (wss. A.); 57%. — *Cyclohexanon-*, $C_7H_{13}N_3S$, F. 166° (A.); 97%. *Cu-Verb.*, $C_7H_{13}CuN_3S$, F. 165°; 83%. — *Furfurol-*, $C_6H_7N_3OS$, F. 160° (A.); 85%. *Cu-Verb.*, $C_6H_7CuN_3OS$, F. 191°; 75%. — *Benzaldehyd-*, $C_8H_9N_3S$, F. 162° (A.); 81%. *Cu-Verb.*, $C_8H_8CuN_3S$, F. 183°; 60%. — *Salicylaldehyd-*, $C_8H_9N_3OS$, F. 230° (A.–Aceton); 100%. *Cu-Verb.*, $C_8H_8CuN_3OS$, F. 218°;

71%. — *m-Hydroxybenzaldehyd-*, $C_8H_9N_3OS$, F. 167° (Aceton–Ae.); 50%. *Cu-Verb.*, $C_8H_8CuN_3OS$, F. 187°; 88%. — *p-Hydroxybenzaldehyd-*, $C_8H_9N_3OS$, F. 228° (A.); 50%. *Cu-Verb.*, $C_8H_8CuN_3OS$, F. >300°; 60%. — *m-Nitrobenzaldehyd-*, $C_8H_8N_4O_2S$, F. 229° (Aceton); 78%. *Cu-Verb.*, $C_8H_7CuN_4O_2S$, F. 224°; 75%. — *o-Chlorbenzaldehyd-*, $C_8H_8 \cdot ClN_3S$, F. 221° (A.); 97%. *Cu-Verb.*, $C_8H_7ClCuN_3S$, F. 195°; 91%. — *p-Chlorbenzaldehyd-*, $C_8H_8ClN_3S$, F. 219° (A.); 95%. *Cu-Verb.*, $C_8H_7C.CuN_3S$, F. 188° (wss. Dioxan); 86%. — *p-Methoxybenzaldehyd-*, $C_9H_{11}N_3OS$, F. 178° (A.); 81%. *Cu-Verb.*, $C_9H_{10}CuN_3OS$, F. 183°; 93%. — *2-Hydroxy-5-chlorbenzaldehyd-*, $C_8H_8ClN_3OS$, F. 287—290° (wss. A.); 72%. *Cu-Verb.*, $C_8H_7C.CuN_3OS$, F. > 300°; 89%. — *2.4-Dichlorbenzaldehyd-*, $C_8H_7Cl_2N_3S$, F. 238° (A.); 83%. *Cu-Verb.*, $C_8H_6Cl_2CuN_3S$, F. 204° (Aceton); 100%. — *2.4-Dihydroxybenzaldehyd-*, $C_8H_9N_3O_2S$, F. 236° (A.); 76%. — *Acetophenon-*, $C_9H_{11}N_3S$, F. 122° (wss. A.); 96%. — *m-Aminoacetophenon-*, $C_9H_{12}N_4S$, F. 148° (A.); 37%. — *p-Chloracetophenon-*, $C_9H_{10}ClN_3S$, F. 202° (A.); 96%. *Cu-Verb.*, $C_9H_9ClCuN_3S$, F. 165° (wss. Aceton); 88%. — *p-Bromacetophenon-*, $C_9H_{10}BrN_3S$, F. 204° (wss. A.); 98%. — *Benzoin-*, $C_{15}H_{15}N_3OS$, F. 179° (wss. A.); 80%. *Cu-Verb.*, $C_{15}H_{14}CuN_3OS$, F. 216°; 20%. — *Benzil-*, $C_{15}H_{13}N_3OS$, F. 96° (wss. A.); 91%. — *Acetessigsäureanilid-*, $C_{11}H_{14}N_4OS$, F. 158° (A.); 87%. — *Glyoxal-bis-[thiosemicarbazon]*, $C_4H_8N_6S_2$, F. >300°; 85%. M. SCHÜSSLER. 1280□

Darstellung von Polychlorbenzylaminen. J. S. Morley. (J. chem. Soc. [London] **1961**. 1414—16. März. Macclesfield, Cheshire, ICI Ltd., Pharmaceut. Div.) (Engl.)

Aus den entsprechenden Chlorbenzylbromiden oder -chloriden u. Hexamethylentetramin (I) wurde über die quaternären Salze eine Reihe von *Polychlorbenzylaminen* dargestellt.

Versuche: *2.3.5-Trichlortoluol*, nach SANDMEYER aus 2-Amino-3.5-dichlortoluol; 90% (Ausbeute). — *2.4.6-Trichlortoluol*, F. 32—33°, durch Diazotierung von 3-Amino-*2.4.6-trichlortoluol* in 6 n HCl bei 0—10°, Behandlung des Filtrats mit 50%ig. Hypophosphorsäure u. Stehen über Nacht; 75%. — Benzylbromide, durch tropfenweise Zugabe von Br_2 zu den entsprechenden Toluolen bei verschiedenen Rk.-Temp.: *2.3-Dichlor-*, $Kp._{31}$ 140—144°, bei 140—160°; 74%. — *2.5-Dichlor-*, $Kp._{14}$ 134—138°, bei 140 bis 160°; 72%. — *2.6-Dichlor-*, $Kp._{10}$ 133—135°, bei 160—170°; 96%. — *2.3.5-Trichlor-*, $Kp._{12}$ 150—160°, bei 140—160°; 90%. — *2.3.6-Trichlor-*, $Kp._{10}$ 156—160°, bei 140—160°; 91%. — *2.4.5-Trichlor-*, $Kp._{10}$ 158—160°, bei 140—160°; 36%. — *2.4.6-Trichlor-*, $Kp._{11}$ 146—150°, bei 160—165°; 87%. — *3.4.5-Trichlor-*, $Kp._9$ 154—170°; bei 160—165°; 89%. — *2.3.4.5-Tetrachlor-*, $Kp._{13}$ 180—190°, bei 150—160°; 68%. — *2.3.4.5.6-Pentachlor-*, $C_7H_2BrCl_5$, $Kp._{13}$ 204—210°, F. 116—117° (Platten aus A. oder PAe.), bei 230°; 94%. — Durch 18—24std. Stehen des entsprechenden rohen Benzylbromids oder -chlorids u. I in Chlf., Trocknen des erhaltenen quaternären Salzes bei 40°, Zugabe zu 6 n HCl, 5 Min. Schütteln, schnelles Erhitzen bis zum Kp., Wasserdampf-Dest. bis zur Beendigung der HCHO-Entw., Gießen des Destillats in 40%ig. NaOH/Eis u. Filtration oder Ae.-Extraktion werden folgende Benzylamine erhalten: *o-Chlor-*, $Kp._{749}$ 219°; 86%. — *m-Chlor-*, $Kp._{749}$ 226—228°; 95%. — *p-Chlor-*, $Kp._{765}$ 222—224°; 85%. — *2.3-Dichlor-*, $Kp._{18}$ 136—140°; 100%. *Hydrochlorid*, $C_7H_7NCl_2 \cdot HCl$, F. 266—267° (A.–Ae.). — *2.4-Dichlor-*, $Kp._{20}$ 132°; 89%. *Hydrochlorid*, F. 279—280° (A.). — *2.5-Dichlor-*, $Kp._{13}$ 124—126°; 99%. *Hydrochlorid*, F. 259—260° (A.–Ae.). — *2.6-Dichlor-*, $Kp._{10}$ 117°; 93%. *Hydrochlorid*, F. 237—238°. — *3.4-Dichlor-*, $Kp._{15}$ 137—139°; 87%. *Hydrochlorid*, F. 239—240° (W.). — *2.3.5-Trichlor-*, $C_7H_6NCl_3$, F. 59—59,5° (Prismen oder Nadeln aus PAe.); 91%. — *2.3.6-Trichlor-*, $Kp._{10}$ 146—147°, F. 43—44° (Prismen aus PAe.); 95%. — *2.4.5-Trichlor-*, F. 59—60° (Prismen oder Nadeln aus PAe.); 85%. — *2.4.6-Trichlor-*, F. 62—63° (Prismen oder Nadeln aus PAe.); 89%. *Hydrochlorid*, F. 247—248°. — *3.4.5-Trichlor-*; 80%. *Hydrochlorid*, $C_7H_6NCl_3 \cdot HCl$, F. 271—272° (W.). — *2.3.4.5-Tetrachlor-* $C_7H_5NCl_4$, F. 90—91° (Prismen oder Nadeln aus PAe.); 46%. *Hydrochlorid*, F. > 300° (W.). — *2.3.4.5.6-Pentachlor-*, $C_7H_4NCl_5$, F. 139—140° (Prismen oder Nadeln aus PAe.); 43%. O. WOLF. 1310□

Über organische Borverbindungen. 1. Mitt. Mario Secci. (Ann. Chimica **48**. 1186—91. Nov. 1958. Cagliari, Univ., Ist. di Chim. gen.) (Ital.)

Es wird die Darst. einiger *Borsäureester* beschrieben. Bei der Rk. von BCl_3 mit C_6H_5MgBr (I) in Ae. u. nachfolgende Hydrolyse erhält man ein die Haut reizendes Rk.-Prod., in dem möglicherweise ein durch sek. Umwandlungen entstandenes Gemisch aus *Diäthyldiboronsäure* u. *Äthylphenyldiboronsäure* vorliegt. Bei der Rk. von Äthoxybordichlorid (**IV**) mit *Borsäuretributylester* (**II**) u. **I** gewinnt man neben einem bei **115** bis 120° sd. *Öl*, eine pastenartige Verb., die Ähnlichkeit mit polymeren Siliconen aufweist.

Versuche: *Borsäuretributylester* (II), $Kp._{10}$ 110—125°, durch ca. 8std. Kochen von $B(OH)_3$ mit n-Butanol u. Dest. im Vakuum; 80% (Ausbeute). — *Borsäuretriisobutylester* (III), $Kp._{10}$ 115—130°, durch 30std. Kochen von B_2O_3 mit Isobutanol, kurzes

Erwärmen auf 270° u. Dest. im Vakuum; 70%. — *Phenylboronsäuredibutylester*, Kp.$_{10}$ 140—150°, durch Zutropfen der äquimol. Menge II zu I in Ae. bei 0°, $^1/_4$std. Erwärmen auf dem Wasserbad, Zusatz von verd. H_2SO_4, Abtrennen der Ae.-Schicht u. Dest. des Ae.-Rückstandes im Vakuum; 15%. — *Phenylboronsäurediisobutylester*, Kp.$_{10}$ 145—151° wie vorst. aus III u. I; 12%. — *Diäthyldiboronsäure-Äthylphenyldiboronsäure-Gemisch* (?), durch Zugabe von BCl_3 in Ae. zu I in Ae. in der Kälte, langsames Erwärmen auf Raum-Temp., Abdest. des Ae. nach 4 Std., 4std. Erhitzen des Rückstandes auf 150—155°, Abdest. von ca. 50 ml einer Fl., Behandeln der zurückbleibenden farblosen festen Masse mit W., Ae.-Extraktion, Abdest. des Ae., fraktionierte Dest. des Rückstandes u. Abtrennen der Fraktion Kp.$_{10}$ 120—155°; daneben wenig *Phenylboronsäure*, F. 216°.— *Öl vom Kp.$_2$ 115—120°*, durch Zugabe von nach RAMSER u. WIBERG [1930] gewonnenem IV zu II, Einrühren des Gemisches in äther. I bei 0°, $^1/_4$std. Erhitzen auf dem Wasserbad, Zers. mit verd. H_2SO_4, Abtrennen der Ae.-Phase u. fraktionierte Dest. des Ae.-Rückstandes; daneben wenig *pastenartige Verbindung*. G. VON WALDEYER-HARTZ. 1380□

Polyenverbindungen. 14. Mitt. **Synthese monoarylierter Polyenkohlenwasserstoffe.** L. Ss. Powarow und B. M. Michailow. (Журнал Общей Химии [J. allg. Chem.] **31** (**93**). 167—70. Jan. 1961.) (Russ.) — 12. vgl. MICHAILOW, C. **1962**. 8591.

4-Äthoxy-6-methylhepten-(5)-on-(2) (I) wird mit Benzyl-MgCl zu *4-Äthoxy-2.6-dimethyl-1-phenylhepten-(5)-ol-(2)* kondensiert, das beim Erhitzen mit HBr in *2.6-Dimethyl-1-phenylheptatrien-(1.3.5)* (II) übergeht. Analog werden *8-Methyl-* u. *4.8-Dimethyl-1-phenylnonatetraen-(1.3.5.7)* synthetisiert. Die neuen Monoarylpolyene besitzen luminescierende Eigg.; sie sind relativ instabil, werden durch Luft-O_2 leicht oxydiert u. gehen beim Erwärmen in Lsg. in harzartige Substanzen über.

Versuche: *4-Äthoxy-6-methylhepten-(5)-on-(2)* (I), $C_{10}H_{18}O_2$, Kp.$_2$ 44°, durch 10 Min. langes Schütteln von I-Diäthylketal mit 1%ig. H_3PO_4 in A. u. 1std. Stehen; n_D^{20} 1,4405, D.$_4^{20}$ 0,8941; 86% (Ausbeute). — *4-Äthoxy-2.6-dimethyl-1-phenylhepten-(5)-ol-(2)*, $C_{17}H_{26}O_2$, Kp.$_2$ 130—132°, durch Zugeben von Benzyl-MgCl zu I in Ae. u. 5std. Kochen; n_D^{20} 1,5032, D.$_4^{20}$ 0,9613; 54%. — *2.6-Dimethyl-1-phenylheptatrien-(1.3.5)* (II), $C_{15}H_{18}$, F. 60—61°, durch 10 Min. langes Kochen von 0,5 g vorst. Verb. mit konz. HBr in A. unter N_2; hellgelb; 0,3 g. — *6-Äthoxy-8-methyl-1-phenylnonadien-(3.7)-ol-(2)*, $C_{18}H_{26}O_2$, Kp.$_2$ 145—147°, aus 5-Äthoxy-7-methyloctadien-(2.6)-al [Kp.$_2$ 66—68°, n_D^{20} 1,4705, durch Verseifen des Diäthylacetals] u. Benzyl-MgCl; n_D^{20} 1,5178, D.$_4^{20}$ 0,9898; 66,4%. — *8-Methyl-1-phenylnonatetraen-(1.3.5.7)*, $C_{16}H_{18}$, F. 80—83° (A.), analog II aus 0,5 g vorst. Verb.; 0,26 g. — *6-Äthoxy-4.8-dimethyl-1-phenylnonadien-(3.7)-ol-(2)*, $C_{19}H_{28}O_2$, Kp.$_2$ 147—148°, aus 5-Äthoxy-3.7-dimethyloctadien-(2.6)-al u. Benzyl-MgCl; n_D^{20} 1,5120, D.$_4^{20}$ 0,9775; 79,4%. — *4.8-Dimethyl-1-phenylnonatetraen-(1.3.5.7)*, $C_{17}H_{20}$, F. 112—113° (A.), analog II aus vorst. Verb.; 47,6%. H.-E. TOUSSAINT. 1410□

Synthese von substituierten α- und γ-Cyclohomocitralen. Sylvestre Julia, Marc Julia, Hubert Linarès und Jean-Claude Blondel. (C. R. hebd. Séances Acad. Sci. **252**. 2893—95. 8/5. 1961. Paris, École Nat. Sup. de Chim.) (Franz.)

Das durch Red. von 4.4-Dimethylcyclohexen-(2)-on zugängliche *4.4-Dimethylcyclohexen-(2)-ol* (Kp.$_{15}$ 82°; n_D^{20} 1,4688) wird durch Umätherung mit Vinyläthyläther (I) in Ggw. von Hg-Acetat in *4.4-Dimethylcyclohexen-(2)-ylvinyläther* (Kp.$_{14}$ 72°; n_D^{20} 1,4592) übergeführt, der bei 2std. Erhitzen auf 180—190° zu *6.6-Dimethylcyclohexen-(2)-yl-acetaldehyd* (Kp.$_{15}$ 82°; n_D^{20} 1,4722. *2.4-Dinitrophenylhydrazon*, F 90°) umgelagert wird. Analog stellt man aus 2.4.4-Trimethylcyclohexen-(2)-ol (Kp.$_{12}$ 77°; n_D^{20} 1,4728) den *Vinyläther* (Kp.$_{12}$ 75°; n_D^{20} 1,4674) dar u. führt ihn durch therm. Isomerisierung in *2.6.6-Trimethylcyclohexen-(2)-ylacetaldehyd* (*α-Cyclohomocitral*, Kp.$_{13}$ 87°; n_D^{20} 1,4780. *Semicarbazon*, F. 167°) über. Durch Behandeln eines Gemisches aus 2.3.3- u. 2.6.6-Trimethylcyclohexanon mit Ameisensäureäthylester in Ggw. von $NaOCH_3$ erhält man *6-Hydroxymethylen-2.3.3-trimethylcyclohexanon* (Kp.$_{17}$ 105°; n_D^{20} 1,4993), dessen *Isobutyläther* (Kp.$_{0,3}$ 95°; n_D^{20} 1,4800) durch Red. mit $LiAlH_4$ u. nachfolgende saure Hydrolyse *3.3.4-Trimethylcyclohexen-(1)-aldehyd* (Kp.$_{15}$ 105°; n_D^{20} 1,4850, λ_{max} 231 mμ. *2.4-Dinitrophenylhydrazon*, F. 161°. *Semicarbazon*, F. 211°) gibt; diesen red. man weiter zu *3.3.4-Trimethyl-1-hydroxymethylcyclohexen-(1)* (II, Kp.$_{0,9}$ 71°; n_D^{20} 1,4825). Glutardialdehydtetraäthylacetal reagiert mit 1-Äthoxy-3-methylbuten-(1) in Ggw. von BF_3 unter Bldg. von *1.1.3.7.7-Pentaäthoxy-2.2-dimethylheptan* (Kp.$_{0,1}$ 107°; n_D^{20} 1,4344), das durch saure Hydrolyse in *4-Äthoxy-3.3-dimethylcyclohexen-(1)-aldehyd* (Kp.$_{15}$ 115°; n_D^{20} 1,4775, λ_{max} 229 mμ. *2.4-Dinitrophenylhydrazon*, F. 174°. *Semicarbazon*, F. 201°) übergeführt wird; die Red. führt weiter zu *4-Äthoxy-3.3-dimethyl-1-hydroxymethylcyclohexen-(1)* (Kp.$_{1,2}$ 94°; n_D^{20} 1,4759), während man durch Oxydation *4-Äthoxy-3.3-dimethylcyclohexen-(1)-carbonsäure* (F. 74°) erhält. Durch Umätherung von II mit I in Ggw. von Hg-Acetat gewinnt man *3.3.4-Trimethylcyclohexen-(1)-ylmethylvinyläther*

(III, $Kp._{25}$ 105°; n_D^{20} 1,4734), dessen Umlagerung bei 175—190° unter N_2 *2-Methylen-5.6.6-trimethylcyclohexylacetaldehyd* (IV, $Kp._{18}$ 112°; n_D^{20} 1,4792. *2.4-Dinitrophenylhydrazon*, F. 121°. *Semicarbazon*, F. 214°) liefert. Analog III stellt man folgende Vinyläther dar: *Cyclohexen-(1)-ylmethyl-*, $Kp._2$ 83°. — *α-[Cyclohexen-(1)-yl]-äthyl-*, $Kp._{1,5}$ 76°. — *3.3-Dimethylcyclohexen-(1)-ylmethyl-*, $Kp._{14}$ 80°; n_D^{20} 1,4711. — *4-Äthoxy-3.3-dimethylcyclohexen-(1)-ylmethyl-*, $Kp._2$ 89°; n_D^{20} 1,4630. — *Myrtenyl-* (V), $Kp._1$ 58°; n_D^{20} 1,4840. — Die therm. Umlagerung der vorst. Verbb. führt zu folgenden Cyclohexylacetaldehyden: *2-Methylen-*, $Kp._{14}$ 82°; n_D^{20} 1,4833. *2.4-Dinitrophenylhydrazon*, F. 100°. *Semicarbazon*, F. 153°. — *2-Äthyliden-*, $Kp._{15}$ 97°. *2.4-Dinitrophenylhydrazon*, F. 107°. *Semicarbazon*, F. 175°. — *2-Methylen-6.6-dimethyl-* (VI, *γ-Cyclohomocitral*), $Kp._{0,7}$ 53°; n_D^{20} 1,4818. *Semicarbazon*, F. 186°. — *2-Methylen-5-äthoxy-6.6-dimethyl-*, $Kp._1$ 84°; n_D^{20} 1,4749. — *2-Methylen-3.5-endomethylen-4.4-dimethyl-*, $Kp._{1,3}$ 80°, aus V; n_D^{20} 1,4905. *2.4-Dinitrophenylhydrazon*, F. 143°. *Semicarbazon*, F. 177°. — Schließlich wird die Synth. folgender Verbb. kurz angedeutet: *2-Methylen-3.5-endomethylen-4.4-dimethyl-1-acetonylcyclohexan*, $Kp._1$ 85°, aus Myrtenol u. *β*-Äthoxycrotonsäureäthylester in Ggw. von $KHSO_4$; n_D^{20} 1,4895. *2.4-Dinitrophenylhydrazon*, F. 110°. *Semicarbazon*, F. 175°. — *2-Methylen-5.6.6-trimethyl-1-[β-hydroxyäthyl]-cyclohexan*, $Kp._1$ 84°, durch Red. von IV; n_D^{20} 1,4830. — *2-Methylen-5-äthoxy-6.6-dimethyl-1-[β-hydroxyäthyl]-cyclohexan*, $Kp._2$ 113°, analog vorst. Verb.; n_D^{20} 1,4803. — *2-Methylen-6.6-dimethyl-1-[β-hydroxypropyl]-cyclohexan*, $Kp._1$ 75°, aus VI u. CH_3-Mg-Halogenid; n_D^{20} 1,4803. — *2-Methylen-6.6-dimethyl-1-[β-hydroxybutyl]-cyclohexan*, $Kp._{0,8}$ 79°, analog vorst. Verb.; n_D^{20} 1,4806. — *2-Methylen-3.5-endomethylen-4.4-dimethyl-1-[β-hydroxyäthyl]-cyclohexan*, $Kp._1$ 95°; n_D^{20} 1,4972. — *2-Methylen-3.5-endomethylen-4.4-dimethyl-1-[β-hydroxypropyl]-cyclohexan*, $Kp._{0,9}$ 94°; n_D^{20} 1,4952. H.-E. TOUSSAINT. 1800□

Reaktion von Aminen mit Halogenderivaten. 1. Mitt. **Reaktion von 1.2-Dibromcyclohexan mit Anilin, Methyl- und Äthylanilin.** W. A. Tscherkassowa und Je. W. Nechoroschewa. (Журнал Общей Химии [J. allg. Chem.] **30** (**92**). 820—25. März 1960. Leningrad, Univ.) (Russ.)

Bei der Rk. von 1.2-Dibromcyclohexan (I) mit Methyl- (II) oder Äthylanilin (III) wird neben einem Gemisch von *3-Brom-* u. *1-Bromcyclohexen-(1)* (**A**) ein KW-Stoff-Gemisch (**B**), bestehend aus *Cyclohexan*, *Bzl.* u. wenig *Cyclohexadien-(1.3)* erhalten. Bei gelindem Erwärmen von I mit Anilin (IV) wird neben IV-Hydrobromid nur **A** erhalten, erst bei weiterem Erhitzen bildet sich **B**. Die UV-Spektren von **B** aus verschiedenen Ansätzen u. der Mechanismus der Bldg. von Bzl. werden diskutiert.

Versuche: *Gemisch aus 3-Brom-* u. *1-Bromcyclohexen-(1)* (**A**), C_6H_9Br, a) Kp. 162 bis 163°, neben **B** [Kp. 80—82°, n_D^{20} 1,4650, 35% (Ausbeute)] durch Erhitzen von I mit II auf 180—195°; $D._4^{20}$ 1,3792; n_D^{20} 1,5072; 17%; b) Kp. 162—166°, neben **B** (Kp. 80—85°) durch 2std. Erhitzen von I mit III auf 155—160°; n_D^{20} 1,5010; c) $Kp._5$ 162—163°, neben IV-Hydrobromid (90%) durch Erhitzen von I mit IV, Filtrieren u. Wasserdampf-Dest. des Filtrats; n_D^{20} 1,5018; d) Kp. 159—161°, neben **B** (Kp. 79—83°, 14,4%) durch Zutropfen von I zu auf 155° erhitztes IV; 12%. *KW-Stoff-Gemisch* (**B**), a) Kp. 80—83°, durch Erhitzen von I mit III bei 150—155°, 8,5%; daneben III-Hydrobromid (F. 162 bis 163°) u. Fraktion, $Kp._{25}$ 74°; 32%; b) Kp. 82,5—84,5°, durch Erhitzen von **A** (aus a) mit Chinolin; 25%; c) durch Erhitzen von **A** (aus b) mit Chinolin; 53,5%. E. HÖFT. 1810□

Diphenylcyclobutendion. Synthese und Struktur. 1. Mitt. A. T. Blomquist und Eugene A. La Lancette. (J. Amer. chem. Soc. **83.** 1387—91. 20/3. 1961. Ithaca, N. Y., Cornell Univ., Baker Labor. of Chem.) (Engl.)

1.2-Diphenyl-3.3.4.4-tetrafluorcyclobuten, aus *Perfluorcyclobuten* durch Rk. mit $C_6H_5 \cdot Li$ dargestellt, liefert bei saurer Hydrolyse *Diphenylcyclobutendion* (IV). Durch $KMnO_4$ wird IV zu *Benzoesäure* (III) oxydiert; die BAYER-VILLIGER-Oxydation ergibt *Diphenylmaleinsäureanhydrid*. IV geht in äthanol. Lsg. in *α.α'*-Diphenylbernsteinsäurediäthylester über, vermutlich über Diphenylketen. *1.2.3.4-Tetrafluor-1.4-diphenylbutadien-(1.3)* (II) entsteht als Nebenprod. der Phenylierung von *Perfluorcyclobuten*.

Versuche: *α.α'-Diphenylbernsteinsäure, Dinitril*, F. 205—207°, nach DAVIS (C. **1958.** 10630). *Freie Mesosäure*, F. 215—217°. *Dichlorid*, F. 188,5—189,5°, aus der Mesosäure nach MC RAE u. TOWNSHEND [1934]. — *Verb. vom F. 394—396* (Chlf.), durch Rk. von 6 g vorst. Dichlorids in abs. Bzl. unter N_2 mit Triäthylamin; hellgelber Körper; daneben 1,1 g mehrerer, nicht identifizierter Verbb. mit FF. $< 100°$. — *Perfluorcyclobuten*, Kp. 1 bis 3°, zum 20—30 Min. lang erhitzten Gemisch von Zn-Staub u. abs. A. wird bei Siedetemp. in 6 Std. 1.2-Dichlorhexafluorcyclobutan gegeben; 83% (Ausbeute). — *1.2-Diphenyl-3.3.4.4-tetrafluorcyclobuten* (I), F. 56,5—57,5° (Pentan), aus 126 g vorst. Verb. durch Rk. mit C_6H_5Li in Ae. bei —70°; 51,4 g; daneben *1.2.3.4-Tetrafluor-1.4-diphenylbutadien-(1.3)* (II), F. 73—73,5° (Pentan); 3 g; Oxydation mit CrO_3/Eisessig liefert 76% III. — *1.2.3.4-*

Tetrafluor-3.4-dibrom-1.4-diphenylbuten-(1), $C_{16}H_{10}F_4Br_2$, F. 88—89° (A.), durch Rk. von 2,55 g **II** mit Br_2 in abs. CCl_4; 1,29 g; Oxydation wie bei vorst. Verb. beschrieben ergibt 90% **III**. — *Diphenylcyclobutendion* (**IV**), $C_{16}H_{10}O_2$, F. 97—97,2°, durch Zugabe von **I** zu 98%ig. H_2SO_4 unter Rühren, 35 Min. langes Erhitzen auf 98° u. Gießen in Eiswasser; gelber Körper aus Chlf./Pentan; Oxydation mit $KMnO_4$/KOH ergibt 80% **III**; 83,5%. *Mono-[2.4-dinitrophenyl]-hydrazon*, $C_{22}H_{14}N_4O_5$, F. 253° (Dioxan). *Monotosylhydrazon*, $C_{23}H_{18}N_2O_3S$, 188—189° (A.). *Ditosylhydrazon*, $C_{30}H_{26}N_4O_4S_2$, F. 239—240° (Dioxan/A.). — *Diphenylmaleinsäureanhydrid*, F. 155—156° (A.), durch Oxydation von **IV** mit 30—35%ig. H_2O_2 in CCl_4; 79%. H.-J. WEIGMANN. 1970□

Heptyl- und Nonylderivate des Bicyclohexyls und m-Tercyclohexyls. Josef J. Schmidt-Collérus, John A. Krimmel und Richard D. Stacy. (J. org. Chemistry **26**. 716—18. März 1961. Denver, Colo., Univ., Denver Res. Inst., Chem. Div.) (Engl.)

Von 4 *Alkylpolycyclohexylen*, die als Vers.-Treibstoffe Verw. finden sollen, beschreiben Vff. eine einfache Meth. zur Darst. u. einige Eigg.; u. a. wird eine cis-trans-Konfiguration angenommen. Die IR-Spektren werden angegeben.

Versuche: *4-n-Heptanoylbiphenyl* (**I**), Kp.$_{0,2}$ 194—195°, F. 85° (korr.), durch Zugabe einer Lsg. von n-Heptanoylchlorid u. Biphenyl in CS_2 innerhalb von ca. 3 Std. zu wasserfreiem $AlCl_3$ in CS_2, 4std. weiteres Kochen u. Gießen des roten Eindampfrückstands in Eiswasser; gelb; 95% (Ausbeute). *2.4-Dinitrophenylhydrazon*, F. 141° (korr.). — *4-n-Nonanoylbiphenyl* (**II**), Kp.$_{0,4}$ 213—215°, F. 91° (korr.), analog **I**; 75%. *2.4-Dinitrophenylhydrazon*, F. 131,5° (korr.). — *n-Hexylbiphenylyl-(4)-carbinol*, F. 55—57° (95%ig. A.), durch 1std. Hydrierung von **I** in Ggw. von Cu-Chromit im Schüttelautoklaven bei 175° u. einem minimalen Druck von 100 lbs./sq.in.; ca. 100% (roh). — *n-Octylbiphenylyl-(4)-carbinol*, F. 40—42° (95%ig. A.), analog vorst. Verb. aus **II**. — *4-[n-Hepten-(6)-yl]-biphenyl*, $C_{19}H_{22}$, Kp.$_{0,2}$ 171—173°, durch 2std. Erhitzen vorvorst. Verb. mit wasserfreiem $CuSO_4$ unter Entfernung des sich bildenden W. u. Filtration durch eine K_2CO_3-Schicht; 87%. — *4-[n-Nonen-(8)-yl]-biphenyl*, $C_{21}H_{26}$, Kp.$_{0,3}$ 184—185°, analog vorst. Verb.; 89%. — *4-n-Heptylbicyclohexyl* (**III**), $C_{19}H_{36}$, Kp.$_{0,3}$ 119°, F. 24°, durch 8std. Hydrierung vorvorst. Verb. in Ggw. von Ni bei 200° u. >1000 lbs./sq.in. Druck; D_{25}^{25} 0,8697, n_D^{25} 1,4765; ca. 100%. — *4-n-Nonylbicyclohexyl*, $C_{21}H_{40}$, Kp.$_{0,25}$ 138°, analog **III**; D_{25}^{25} 0,8676, n_D^{25} 1,4762—1,4764. — *4'-n-Heptyl-m-tercyclohexyl*, $C_{25}H_{46}$, Kp.$_{0,3}$ 175°, aus 4'-[n-Hepten-(6)-yl]-m-terphenyl analog **III** bei 230°; D_{25}^{25} 0,9080, n_D^{25} 1,4939—1,4950. — *4'-n-Nonyl-m-tercyclohexyl*, $C_{27}H_{50}$, Kp.$_{0,25}$ 188°, analog vorst. Verb.; D_{25}^{25} 0,9044, n_D^{25} 1,4933—1,4937. O. WOLF. 2210□

Zur Kenntnis des Triphenylbenzols und seiner Derivate. (Vorl. Mitt.) H. Hopff, H. R. Schweizer, A. Ghertsos, A. Heer und A. Solarsky. (Chimia [Aarau, Schweiz] **12**. 143—45. 16/5. 1958. Zürich, ETH, Techn.-Chem. Labor.) (Dt.) — Vgl. C. **1962**. 7868.

Durch Trimerisierung von Acetophenon bzw. seinen Derivv. mit HCl-Gas nach der Meth. von ENGLER [1894] werden *1.3.5-Triphenyl-* (**II**) u. *1.3.5-Tris-[p-tolyl]-benzol* (**I**) in 50—55%ig. Ausbeute bzw. *1.3.5-Tris-[p-phenoxyphenyl]-* u. *1.3.5-Tris-[4-chlor-3-methylphenyl]-benzol* in 30—40%ig. Ausbeute dargestellt. Als Nebenprod. von **I** wurden ca. 5% *2.4.6-Tris-[p-tolyl]-pyryliumsalz* isoliert; bei der Kondens. von p-Methoxyacetophenon wird ausschließlich das *2.4.6-Tris-[p-methoxyphenyl]-pyryliumsalz* erhalten. Bei der Kondens. mit H_2SO_4 u. $K_2S_2O_7$ nach BERNAUER [1946] betrugen die Ausbeuten an **I** u. **II** nur 35—40%. Acetophenon, p-Methyl- (**III**) u. p-Phenylacetophenon lassen sich auch bei 200—300° in Ggw. von Al_2O_3 katalyt. trimerisieren, wobei keine Pyryliumsalze entstehen. Die Rk. kann kontinuierlich oder chargenweise im geschlossenen Rohr ausgeführt werden. Bei diskontinuierlicher Arbeitsweise ist die Katalysatormenge für die Ausbeute wesentlich; so werden in 8 Std. aus **III** u. 100% Al_2O_3 >40%, mit 20% Al_2O_3 jedoch nur 15% **I** erhalten. Durch FRIEDEL-CRAFTS-Rkk. von **II** mit Acet- bzw. Phthalsäureanhydrid werden *2-Acetyl-* bzw. *2-[o-Carboxybenzoyl]-1.3.5-triphenylbenzol* gebildet, die bei der Oxydation mit HNO_3 im Rohr *2.4.6-Triphenylbenzoesäure* (**IV**) liefern. **IV** wurde auch durch Rk. von **II** mit dem Harnstoffchlorid–$AlCl_3$-Komplex u. Verseifung des gebildeten *Amids* (**V**) erhalten. **V** geht bei höherer Temp. oder in Ggw. von Kondens.-Mitteln unter NH_3-Eliminierung in *1.3-Diphenylfluorenon* über, das auch bei Einw. von $SOCl_2$ auf **IV** durch spontane Konsens. des intermediär gebildeten *Säurechlorids* entsteht. Bei der sauren Oxydation von **I** wird zuerst der Zentralring angegriffen, mit $Na_2Cr_2O_7/H_2SO_4$ entstehen bei 150° 90% *Terephthalsäure* (**VI**), mit $Na_2Cr_2O_7$/Eisessig bei 125° 30% **VI** u. 45% *p-Toluylsäure*. Im neutralen u. alkal. Medium wird **I** durch $KMnO_4$ oder $K_2Cr_2O_7$ <250° nicht angegriffen. Bei 8std. Oxydation mit 10%ig. NHO_3 wurden neben nitrierten Prodd. u. anderen Säuren 12% *Tris-[p-carboxyphenyl]-*

benzol gefunden. Tris-[p-chlorphenyl]-benzol läßt sich durch Einw. von NH_3 bzw. Alkalien in *Tris-[p-aminophenyl]-* u. *Tris-[p-hydroxyphenyl]-benzol* überführen.

L. Lamza. 2210

Zusammensetzung der aus 1.2.4.5-Tetraphenylpentendion-(1.5) mit Säuren gebildeten Salze. Yves Fellion. (C. R. hebd. Séances Acad. Sci. **252**. 2898—2900. 8/5. 1961.) (Franz.)

1.2.4.5-Tetraphenylpenten-(2)-dion-(1.5) (**I**) bildet mit HBr, HCl, $HClO_4$ u. Benzolsulfonsäure im Verhältnis 1 : 1 u. 1 : 2 *Salze*, von denen sich bisher nicht genau klären ließ, ob bei ihrer Bldg. ein Austritt von W. stattfindet oder nicht. Die üblichen Analysenwerte zeigen zu geringe Differenzen, um völlig exakte Rückschlüsse auf die Zus. zu gestatten. Nunmehr wurden auch O-Analysen der Salze durchgeführt, da die O-Werte am stärksten durch die Ggw. bzw. Abspaltung von W. beeinflußt werden. Es ergibt sich, daß die üblicherweise aus **I** u. den Säuren in abs. Lsgm. dargestellten 1 : 2-Salze ohne einen Austritt von W. gebildet werden. Die 1 : 1-Verbb., die man durch Erhitzen der 1 : 2-Salze im Vakuum auf 90—120° erhält, entstehen dagegen unter gleichzeitiger Eliminierung von W. u. stellen demnach *2.3.5.6-Tetraphenylpyryliumsalze* (**II**-Salze) dar. Die **II**-Salze fallen durch hohe therm. Beständigkeit auf; so besitzt **II**-*Chlorid* F. 228° **II**-*Bromid* F. 320°, u. beide Salze lassen sich ohne Zers. sublimieren.

H.-E. Toussaint. 2370□

p-Benzylierung von Duryl-o-methoxyphenylketon mit dem Grignard-Reagens. Reynold C. Fuson und Colin R. McArthur. (J. org. Chemistry **27**. 1219—21. April 1962. Urbana, Ill., Univ., Noyes Chem. Labor.) (Engl.)

Duryl-o-methoxyphenylketon (**I**) u. Duryl-o-phenoxyphenylketon (**II**) reagieren mit $C_6H_5CH_2MgCl$ (**III**) unter Bldg. von *Duryl-2-hydroxy-4-benzyl-3.4-dihydrophenylketon* (**IV**). **IV** konnte zu *Duryl-2-hydroxy-4-benzylphenylketon* aromatisiert werden, welches in *Duryl-2-phenyl-4-benzylphenylketon* umgewandelt wurde. Dieses wurde auf unabhängigem Wege synthetisiert.

Versuche: *Duryl-2-hydroxy-4-benzyl-3.4-dihydrophenylketon* (**IV**), $C_{24}H_{26}O_2$, F. 113 bis 114° (95%ig. A.), sublimiert, a) aus **I** u. **III** in Ae./Bzl. unter N_2 (2std. Rühren; 29% Ausbeute); b) analog aus **II** u. **III** (68,4%); dunkelblaue $FeCl_3$-Rk.; IR- u. Kernresonanzspektren vgl. Original. Daneben 5,1 bzw. 7,0% *o-Benzylphenyldurylketon,* F. 117,5 bis 119,5°. — *Duryl-2-hydroxy-4-benzylphenylketon,* $C_{24}H_{24}O_2$, F. 111—113° (95%ig. A.), sublimiert, aus **IV** u. 10%ig. Pd-Kohle (1 Std. bei 220—230° unter N_2); 63%; braune $FeCl_3$-Reaktion. — *Duryl-2-methoxy-4-benzylphenylketon,* F. 105—107° (CH_3OH), aus vorst. Verb. u. CH_3J in Ggw. von Ag_2O (12std. Kochen); 96,5%. — *Duryl-2-phenyl-4-benzylphenylketon,* $C_{30}H_{28}O$, F. 117—118° (CH_3OH oder A.), a) aus vorst. Verb. u. C_6H_5MgBr in sd. Ae./Bzl. unter N_2 (1std. Rühren; 46%); b) aus 4,97 g p-Benzylphenyldurylketon u. C_6H_5Li in Ae./Bzl. unter N_2 (1std. Rühren; 5,2%; daneben 1,1 g nicht identifizierte *Substanz vom F. 195—200°* u. 1,62 g andere nicht identifizierte *Substanz vom F. 190—193°*). — *Verb.* $C_{30}H_{32}O_2$, F. 210—210,5°, aus **IV** u. **III** in sd. Ae. unter N_2 (1std., dann weiteres 12½std. Rühren); 79%. — *2.4-Dibenzylphenyldurylketon,* F. 93 bis 95° (CH_3OH/W.), aus vorst. Verb. u. 10%ig. Pd-Kohle (1 Std. bei 250—275° unter N_2); 16%.

J. Rothe. 2380□

Benzil- und Diphenylessigsäurealkylaminoäthylester. Ss. G. Kusnetzow. (Журнал Общей Химии [J. allg. Chem.] **31** (**93**). 2623—29. Aug. 1961. Inst. für Toxikol. der Akad. der Med. Wiss. der UdSSR.) (Russ.)

Diphenylacetylchlorid (**I**) liefert mit β-Methylaminoäthanol (**II**) in Chlf. glatt *N-Methyl-N-[β-hydroxyäthyl]-α.α-diphenylacetamid* (**III**), das sich durch Behandeln mit HCl in der Hitze zu *Diphenylessigsäure-β-methylaminoäthylesterhydrochlorid* umlagern läßt. Beim Vers. der Darst. der freien Base durch Einw. von Alkali auf das Hydrochlorid wird jedoch **III** zurückgebildet. *β-Alkylaminoäthylester* der *Benzilsäure* (**IV**) werden vorteilhaft nach einer der drei folgenden Meth. dargestellt: **A.** Rk. von Diphenylchloracetylchlorid (**V**) unter Schotten-Baumann-Bedingungen mit β-Alkylaminoäthanolen (**VI**) zu *N-Alkyl-β-hydroxyäthyl-α.α-diphenyl-α-chloracetamiden* u. gleichzeitige Hydrolyse des α-ständigen Cl u. saure Umlagerung; **B.** Umesterung von **IV**-Methylester mit **VI**, wobei wiederum zunächst die Amide anfallen, die umgelagert werden; **C.** direkte Synth. aus **IV** u. β-Alkylaminoäthylchloriden (**VII**). Die **IV**-β-Alkylaminoäthylester sind gegen Alkali bemerkenswert stabil u. werden nur beim Erhitzen in alkal. Lsg. zu den entsprechenden β-Hydroxyäthylamiden isomerisiert. Die neuen **IV**-Ester sind wegen ihrer möglichen pharmakolog. Wrkg. von Interesse.

Versuche: *β-[n-Butylamino]-äthylchlorid,* $Kp._{23}$ 70°. *Hydrochlorid,* F. 239—240° (A.–Aceton), aus β-[n-Butylamino]-äthanol u. $SOCl_2$ in Chloroform. — *β-[tert.-Butylamino]-äthylchlorid, Hydrochlorid,* F. 201—202° (A.–Aceton). — *Diphenylessigsäure, N-Methyl-N-[β-hydroxyäthyl]-amid* (**III**), $C_{17}H_{19}NO_2$, F. 147° (Bzl.), a) durch 50std.

Erwärmen von 13,3 g I mit 7,75 g II in mit HCl gesätt. Chlf. im geschlossenen Gefäß auf 55°; 7,2 g (Ausbeute); b) durch ½std. Schütteln von 4,6 g I mit 1,5 g II in wss. NaOH/Ae. bei 10°; 4,2 g. *β-Methylaminoäthylester, Hydrochlorid*, $C_{17}H_{19}NO_2 \cdot HCl$, F. 149 bis 150,5° (Aceton), durch 4std. Kochen von 1 g III mit alkohol. HCl in Bzl.; 0,7 g.— Benzilsäure-β-alkylaminoäthylester, **A**. durch ½std. Schütteln von V mit den VI in wss. NaOH/Ae. bei 0°, Zugeben von n-H_2SO_4, 4std. Erwärmen auf 30°, Ausäthern u. Reinigen über das Hydrochlorid (Behandeln mit 25%ig. alkohol. HCl); **B**. durch Eindampfen einer Lsg. des VI mit $NaOCH_3$ in Bzl.-Methanol im Vakuum, Zugeben von IV-Methylester, 2std. Erhitzen auf 80—82° unter Abdestillieren von Bzl. u. laufendem Zutropfen von neuem Bzl., Lösen in Ae. u. Aufarbeiten wie vorst.; **C**. durch 6std. Erhitzen von IV mit den VII in Chlorbenzol auf 100°. *β-Methylaminoäthylester*, $C_{17}H_{19}NO_3$, F. 99—100° (A.-Ae.), nach **A** 57, nach **B** 78, nach **C** 21%. *Hydrochlorid*, $C_{17}H_{19}NO_3 \cdot HCl$ F. 186,6—187,5° (A.). — *β-Äthylaminoäthylester*, F. 114—115° (Ae.), nach **B** 14, nach **C** 37%. *Hydrochlorid*, $C_{18}H_{21}NO_3 \cdot HCl$, F. 177,5—178° (A.-Ae.). — *β-n-Propylaminoäthylester*, $C_{19}H_{23}NO_3$, F. 78—80°; nach **C** 40%. *Hydrochlorid*, $C_{19}H_{23}NO_3 \cdot HCl$, F. 146 bis 147° (A.-Ae.). — *β-Isopropylaminoäthylester*, F. 89—90° (Aceton), nach **A** 14, nach **B** 50, nach **C** 60%. *Hydrochlorid*, $C_{19}H_{23}NO_3 \cdot HCl$, F. 184,5—185,5° (A.). — *β-n-Butylaminoäthylester*, $C_{20}H_{25}NO_3$, F. 68—70° (Ae.), nach **A** 35, nach **B** 51, nach **C** 47%. *Hydrochlorid*, $C_{20}H_{25}NO_3 \cdot HCl$, F. 164—165,5° (Chlf.-Aceton). — *β-sek.-Butylaminoäthylester*, F. 73—74° (Ae.), nach **B** 52%. *Hydrochlorid*, $C_{20}H_{25}NO_3 \cdot HCl$, F. 179,5—181° (A.). — *β-tert.-Butylaminoäthylester*, F. 97—98° (Ae.), nach **A** 22, nach **B** 91, nach **C** 84%. *Hydrochlorid*, $C_{20}H_{25}NO_3 \cdot HCl$, F. 217—218° (A.) H.-E. TOUSSAINT. 2450□

Kondensation von Benzalacetophenon mit Phenylmagnesiumbromid. 2-Benzhydryl-2-hydroxy-3.3-diphenylpropionsäure. Reynold C. Fuson, Thet San und Jürgen Diekmann. (J. org. Chemistry **27.** 1221—23. April 1962. Urbana, Ill., Univ., Noyes Chem. Labor.) (Engl.)

Benzalacetophenon (**I**) gab mit einem großen Überschuß C_6H_5MgBr (**II**) *1.1.3.3-Tetraphenylpropanol-(1)*. Mit festem CO_2 gab das Rk.-Gemisch *2-Benzhydryl-3-hydroxy-3.3-diphenylpropionsäure* (**III**).

Versuche: *1.1.3.3-Tetraphenylpropanol-(1)*, $C_{27}H_{24}O$, F. 95—96° (Nadeln aus PAe.), aus 20 g I u. II in Ae./Bzl. (Entfernen des Ae., dann 17std. Kochen u. Zers. mit eiskalter wss. NH_4Cl-Lsg.); 60% (Ausbeute); daneben 0,3 g *β.β-Diphenylpropiophenon* (**IV**), F. 91 bis 93° (PAe.). — *1.1.3.3-Tetraphenylpropen* (**V**), $C_{27}H_{22}$, F. 125—126°, aus 5 g vorst. Carbinols nach VORLÄNDER u. SIEBERT [1906]; 3,2 g. — *1.1.3-Triphenyl-3-p-chlorphenylpropen*, $C_{27}H_{21}Cl$, F. 93—94° (A.), a) aus p-Chlorbenzalacetophenon u. **II** wie oben (18std. Kochen); 35%; b) aus 1 g β-p-Chlorphenyl-β-phenylpropiophenon u. **II** in sd. Ae. (1 Std.); 1 g. — *2-Benzhydryl-3-hydroxy-3.3-diphenylpropionsäure* (**III**), $C_{28}H_{24}O_3$, F. 215 bis 216° (A.), a) aus 5 g I u. II wie oben, aber Zers. mit festem CO_2 (4%, daneben 4,1 g **IV**); b) aus β.β-Diphenyl-α-brompropiophenon u. **II** in Ae. (2std. Rühren), Gießen auf Trockeneis, Zers. mit verd. HCl u. erneute Umsetzung von 3,3 g der erhaltenen *Benzhydrylbenzoylessigsäure* [F. 127—128° (Zers.), Nadeln aus Aceton/PAe.; 60%] mit **II** in Ae. (4std. Rühren, 10%; daneben 2 g **IV**). *Methylester*, $C_{29}H_{26}O_3$, F. 170—171° (A.), reagiert nicht mit sd. Acetanhydrid. — 15 Min. langes Kochen von 0,8 g **III** mit wss.-alkohol. HCl gab 0,65 g **V**. — **III** nahm weder mit RANEY-Ni (4 Std. bei 100° u. 50 at) noch mit 10%ig. Pd-Kohle in A. noch mit PtO_2 (4 at) H_2 auf. J. ROTHE. 2450□

Darstellung der Hydroderivate von α- und β-Methylnaphthalin, ihre Raman- und Absorptionsspektren im Ultraviolett. 2. Mitt. G. G. Skworzowa, W. P. Kusnetzowa und N. I. Schergina. (Известия Сибирского Отделения Академии Наук СССР [Nachr. sibir. Abt. Akad. Wiss. UdSSR] **1958.** Nr. 8. 88—93.) (Russ.) — 1. vgl. C. **1959.** 14985.

Die Hydrierung von α-Methylnaphthalin an RANEY-Ni (300°, 33% Katalysator, 1—2 Std.) unter Druck liefert *α-Methyldekalin* (Kp.$_{20}$ 95,5—96°; D.$_4^{20}$ 0,8940; n_D^{20} 1,4770), *1-Methyl-1.2.3.4-tetrahydronaphthalin* (Kp.$_{20}$ 109—110°, Kp.$_{713}$ 222—222,5°; D.$_4^{20}$ 0,9549; n_D^{20} 1,5354) u. *5-Methyl-1.2.3.4-tetrahydronaphthalin* (Kp.$_{20}$ 113—114°, Kp. 234°; D.$_4^{20}$ 0,9718; n_D^{20} 1,5430). Das Katalysat wurde durch Chromatographie an Silicagel u. Dest. getrennt. Von den Verbb. wurden die UV- u. RAMAN-Spektren aufgenommen. HELMUT SCHÄFER. 2700□

Synthese und Diazomethanabbau des Binaphthazarins. Hans Brockmann und Helmut Vorbrüggen. (Chem. Ber. **95.** 810—19. 20/3. 1962. Göttingen, Univ., Organ.-Chem. Inst.) (Dt.)

Aus 2.5.2′.5′-Tetramethoxybiphenyl u. Bernsteinsäureanhydrid wird *Binaphthazarin* (**I**) dargestellt. In geringer Ausbeute entsteht **I** auch durch Dimerisierung von

Naphthazarin in Pyridin/Piperidin. CH_2N_2 spaltet die Bindung zwischen den beiden Ring-Syst. von I u. Bis-α-naphthochinon unter Bldg. von *Naphthindazolchinonen.*

Versuche: *2-Brom-1.4.5.8-tetraacetoxynaphthalin*, $C_{18}H_{15}BrO_8$, F. 230° (Bzl.), durch 20 Min. langes Erhitzen von 1,35 g Bromnaphthazarin mit Acetanhydrid, $SnCl_2 \cdot 2 H_2O$ u. 1 Tropfen $HClO_4$ auf 60° u. 4tägiges Stehen bei 20°; 1,4 g (Ausbeute). — *Jodhydrochinondimethyläther*, $Kp._{3-4}$ 118—120°, durch Zugabe von J_2 u. HgO zu 250 g Hydrochinondimethyläther in Bzl. bei 60°, Kochen, Abdestillieren des W., Filtrieren u. Chromatographie an Al_2O_3 oder aktiviertem Cu-Pulver; 361 g. — *2.5.2'.5'-Tetramethoxybiphenyl*, F. 104°, aus vorst. Verb. mit aktiviertem Cu-Pulver; 80—90%. — *2.5.2'.5'-Tetramethoxy-4.4'-bis-[β-carboxypropionyl]-biphenyl* (II), $C_{24}H_{26}O_{10}$, F. 220—223° (Zers.), durch Zugabe von Bernsteinsäureanhydrid in Nitrobenzol/Tetrachloräthan (7 : 1) zu 27,4 g vorst. Verb., 1std. Versetzen mit $AlCl_3$ bei < 4°, 2std. Rühren bei 0°, 4std. Rühren bei 17°, Gießen auf Eis/konz. HCl, Dampf-Dest., Extrahieren mit 10%ig. wss. $NaHCO_3$ in der Siedehitze, Ansäuern mit HCl u. mehrstd. Erhitzen auf 100°; blaßgelbe Nadeln; 18,9 g. — *2.5.2'.5'-Tetramethoxy-4.4'-bis-[β-carbomethoxypropionyl]-biphenyl*, $C_{26}H_{30}O_{10}$, F. 150°, durch 6tägiges Stehen von 200 mg II in Dioxan mit äther. CH_2N_2 bei 20° im Dunkeln; aus Methanol gelbliche Nadeln; 165 mg. — *2.5.2'.5'-Tetramethoxybiphenyl-4.4'-dicarbonsäure*, $C_{18}H_{18}O_8$, F. 244—246°, durch Versetzen von 474 mg II in 5%ig. wss. NaOH bei 10° mit Br_2, 16std. Stehen bei 10°, Entfärben mit $NaHSO_3$, Ansäuern u. 3std. Kochen mit A.; aus A./W. Nadeln; 306 mg. — *Binaphthazarin* (I), $C_{20}H_{10}O_8$, sublimiert im Hochvakuum bei 220°, a) durch 10 Min. lange Zugabe von 0,7 g II zu einer Schmelze von $AlCl_3$/NaCl (5 : 1) bei 185—190°, 20 Min. langes Erhitzen auf 190—193° unter N_2, 24std. Extrahieren mit Bzl. u. Chromatographie an saurem Kieselgel; rote Nadeln; 100 mg; b) durch 8std. Stehen von 500 mg nachst. Verb. in Pyridin/Piperidin (9 : 1) bei 20°, Eingießen in n-NaOH, mehrere Min. langes Schütteln an der Luft, Gießen in 6%ig. HCl, 8std. Extrahieren mit Bzl. u. Chromatographie; 30 mg. *Tetracetyl-Deriv.* (III), $C_{28}H_{18}O_{12}$, F. 221—226°, durch mehrere Min. langes Erwärmen von 40 mg I mit Acetanhydrid u. etwas $HClO_4$ auf 40—45° u. Gießen auf Eis; aus Bzl./Cyclohexan gelbe Nadeln; 55 mg. — *Naphthazarin*, durch $^1/_4$std. Zugabe von 1 g β-[2.5-Dimethoxybenzoyl]-propionsäure zu einer Schmelze von 10 g $AlCl_3$/1,5 g NaCl unter N_2, $^1/_4$std. Erhitzen auf 190°, Übergießen mit 20%ig. HCl, 2std. Erhitzen auf 100°, Lösen des abfiltrierten Nd. in 2n NaOH, Einleiten von Luft, Ansäuern, Extrahieren mit heißem Bzl., Chromatographie an saurem Kieselgel u. Eluieren mit Bzl.; Nadeln; 402 mg. — *3-Methylnaphthindazolchinon-(4.9)*, $C_{12}H_8N_2O_2$, sublimiert ab 260°, durch Versetzen von 250 mg α-Naphthochinon in Ae. mit 1,1 Mol äther. Diazoäthan, nach 10 Min. Ansäuern mit Eisessig/HCl, 3std. Stehen bei 0°, Filtrieren, Versetzen mit Bzl., Extrahieren mit 2n NaOH u. Ansäuern; aus A. Nadeln; 79 mg. — *1-Äthyl-3-methylnaphthindazolchinon-(4.9)*, $C_{14}H_{12}N_2O_2$, F. 124°, durch 3std. Stehen von 250 mg α-Naphthochinon in Ae. mit überschüssigem äther. Diazoäthan bei 20°, Ansäuern mit Eisessig u. Zugabe von Methanol; Nadeln; 173 mg. — *5.8-Dihydroxynaphthindazolchinon-(4.9)*, $C_{11}H_6N_2O_4$, sublimiert ab 250°, a) durch Zugabe von 1,1 m Mol äther. CH_2N_2 zu 1 m Mol Naphthazarin, 25 Min. langes Stehen u. Versetzen mit einigen Tropfen konz. HCl u. Essigsäure, aus Anisol gelbe Nadeln; 184 mg; b) durch Versetzen von 25 mg III in Dioxan mit überschüssigem äther. CH_2N_2, 2std. Stehen, Ansäuern mit Eisessig, Eindampfen im Vakuum, Schütteln mit 2n NaOH, Extrahieren der alkal. Lsg. mit Chlf., Ansäuern, Extrahieren mit Chlf. u. Chromatographie an saurem Kieselgel; 3,6 mg; daneben 5 mg nachst. Verbindung. — *1(2?)-Methyl-5.8-dihydroxynaphthindazolchinon-(4.9)*, $C_{12}H_8N_2O_4$, F. 216—217°, durch 19std. Stehen von 1 mMol Naphthazarin mit 7 mMol äther. CH_2N_2, Eindampfen u. Chromatographie in Chlf. an Kieselgel; aus Chlf. oder Bzl. weinrote Nadeln; 71%. — *5.8-Dihydroxy-3-methylnaphthindazolchinon-(4.9)*, $C_{12}H_8N_2O_4$, sublimiert ab 270°, durch Zugabe von 1,1 Mol äther. Diazoäthan zu 250 mg Naphthazarin in Ae., 10 Min. langes Stehen u. Ansäuern mit Eisessig/HCl; aus Eisessig gelbrote Nadeln; 164 mg. — *1(2?)-Äthyl-5.8-dihydroxy-3-methylnaphthindazolchinon-(4.9)*, $C_{14}H_{12}N_2O_4$, F. 194°, analog vorst. Verb. aus 250 mg Naphthazarin mit überschüssigem äther. Diazoäthan; gelbrote Nadeln; 185 mg. — *Naphthindazolchinon-(4.9)*, sublimiert im Hochvakuum bei 180°, durch 1½std. Stehen von 200 mg Bis-α-naphthochinon in Dioxan mit überschüssigem äther. CH_2N_2, Ansäuern mit Eisessig/HCl, Eindampfen im Vakuum, Verreiben mit Methanol, Filtrieren, Lösen des Rückstandes in Chlf., Schütteln mit 2n NaOH u. Ansäuern; 64 mg.

P. GOLINSKE. 2700□

Indoanilinfarbstoffe. 4. Mitt. **Einige von 1-Hydroxynaphthoesäure-(2)-amiden abgeleitete Farbstoffe.** C. R. Barr, G. H. Brown, J. R. Thirtle und A. Weissberger. (Photogr. Sci. Engng. **5.** 195—97. Juli/Aug. 1961. Rochester, N. J., Eastman Kodak Co., Res. Labor.) (Engl.) — 3. vgl. C. **1949.** E 5354.

1-Hydroxynaphthoesäure-(2)-amide u. *1-Hydroxynaphthoesäure-(2)-anilide* werden dargestellt u. durch oxydative Kupplung mit einem p-Phenylendiamin in *Indoanilinfarbstoffe* übergeführt. An den dargestellten Farbstoffen wird beobachtet, daß ein Strukturwechsel, der die Ladungstrennung in den Farbstoff-Moll. begünstigt, die Ursache für eine Verschiebung der Absorption nach längeren Wellenlängen ist, während ein Strukturwechsel, der die Ladungstrennung hemmt, eine hypsochrome Verschiebung verursacht. — Absorptionsmaxima u. Extinktions-Koeff. der Farbstoffe in Cyclohexan, Essigsäurebutylester u. Methanol sind gegeben. Zusätzlich werden von einigen Desmethyl-Verbb. diese Werte genannt.

Versuche: 1-Hydroxynaphthoesäure-(2)-amide, durch Rk. der entsprechenden Amine oder Aniline mit 1-Hydroxynaphthoesäure-(2)-phenylester oder dem analogen -chlorid: *Unsubstituiert*, F. 191—192° (A.). — *-methylamid*, F. 123—124° (Ligroin/Bzl.). — *-äthylamid*, F. 148—150° (Bzl.). — *-isopropylamid*, F. 86—87° (Ligroin). — *-n-butylamid*, F. 69—70° (Ligroin). — *-tert.-butylamid*, F. 115—117° (Methanol). — *-n-pentylamid*, F. 58—60° (PAe.). — *-cyclohexylamid*, F. 142—143° (Ligroin). — *-benzylamid*, F. 121—122° (Ligroin). — *-β-phenyläthylamid*, F. 125—126° (Bzl./PAe.). — *-dimethylamid*, F. 114—115° (Aceton/W.). — *-morpholid*, F. 132° (A.). — 1-Hydroxynaphthoesäure-(2)-anilide: *Unsubstituiert*, F. 155—156° (Bzl.). — *-N-methylanilid*, F. 124 bis 126° (Ligroin). — *-N-phenylanilid*, F. 144—145° (A.). — *-o-dimethylaminoanilid*, F. 96 bis 98° (Ligroin). — *-m-dimethylaminoanilid*, F. 172—173° (Ligroin/Bzl.). — *-p-dimethylaminoanilid*, F. 167—168° (Ligroin/Bzl.). — *-o-methoxyanilid*, F. 161—162° (Bzl.). — *-m-methoxyanilid*, F. 138—139° (Bzl.). — *-p-methoxyanilid*, F. 129—130° (Bzl.). — *-o-chloranilid*, F. 163—164° (Ligroin/Bzl.). — *-m-chloranilid*, F. 182—183° (Bzl.). — *-p-chloranilid*, F. 174—175° (Bzl.). — *-p-cyananilid*, F. 196—198° (A.). — *-p-aminosulfonylanilid*, F. 275—276° (Toluol). — *-o-nitroanilid*, F. 203—204° (Bzl.). — *-m-nitroanilid*, F. 251—252° (Dioxan). — *-p-nitroanilid*, F. 243—244° (Chlorbenzol). — *-2'.4'.6'-trimethylanilid*, F. 152—154° (A.). — *-2'.4'.6'-trichloranilid*, F. 209—210° (Butanol). — Darst. der Farbstoffe: Nach Meth. **A** der 2. Mitt. von BROWN u. Mitarbeitern (C. **1959.** 4112). 1-Oxo-4-[2'-methyl-4'-diäthylaminophenylimino]-1.4-dihydronaphthoesäure-(2)-amide: *Unsubstituiert*, F. 216—217° (A.). — *-methylamid*, F. 114 bis 115° (Bzl.). — *-äthylamid*, F. 130—131° (Cyclohexan). — *-isopropylamid*, F. 124 bis 125° (CCl_4). — *-n-butylamid*, F. 94—95° (Ligroin). — *-tert.-butylamid*, F. 199—200° (Essigester). — *-n-pentylamid*, F. 100—101° (Cyclohexan). — *-cyclohexylamid*, F. 160 bis 161° (A.). — *-benzylamid*, F. 136—137° (Essigester). — *-β-phenyläthylamid*, F. 111 bis 112° (A.). — *-dimethylamid*, F. 181—182° (A.). — *-morpholid*, F. 163—164° (A.). — 1-Oxo-4-[2'-methyl-4'-diäthylaminophenylimino]-1.4-dihydronaphthoesäure-(2)-anilide: *Unsubstituiert*, F. 205—206° (Essigester). — *-N-methylanilid*, F. 188 bis 189° (A.). — *-N-phenylanilid*, F. 153—154° (A.). — *-o-dimethylaminoanilid*, F. 173 bis 176° (A.). — *-m-dimethylaminoanilid*, F. 195—196° (A.). — *-p-dimethylaminoanilid*, F. 201—202° (Aceton). — *-o-methoxyanilid*, F. 203—204° (Essigsäureäthylester). — *-m-methoxyanilid*, F. 172—173° (Bzl.). — *-p-methoxyanilid*, F. 185—186° (Bzl.). — *-o-chloranilid*, F. 198—199° (Essigsäureäthylester). — *-m-chloranilid*, F. 174—175° (Bzl.). — *-p-chloranilid*, F. 200—201° (Bzl.). — *-p-cyananilid*, F. 227—228° (Bzl.). — *-p-aminosulfonylanilid*, F. 198—199° (Aceton). — *-o-nitroanilid*, F. 212—213° (Bzl.). — *-m-nitroanilid*, F. 188—189° (CCl_4). — *-p-nitroanilid*, F. 208—209° (Aceton). — *-2'.4'.6'-trimethylanilid*, F. 187—189° (A.). — *-2'.4'.6'-trichloranilid*, F. 194—195° (A.). H. CZECH. 2700□

Molekularstruktur und östrogene Aktivität. 19. Mitt. Stereoselektive Darstellung von threo- und erythro-2-Methyl-3-[6-methoxynaphthyl-(2)]-pentansäure. J. Jacques, C. Weidmann und Lam Chanh Binh. (Tetrahedron [London] **8.** 150—62. Jan. 1960. Paris, Coll. de France, Labor. de Chim. organ. des Hormones.) (Franz.) — 17. vgl. C. **1961.** 12851.

Aus α-Brompropionsäureäthylester (**X**) u. 2-Propionyl-6-methoxynaphthalin (**VII**) wurde nach REFORMATSKI in Ggw. von Zn bzw. Mg ein Prod. erhalten, aus dem 2 diastereoisomere *2-Methyl-3-hydroxy-3-[6-methoxynaphthyl-(2)]-pentansäureäthylester* (**I,** F. 85°; **II,** F. 79°) isoliert werden konnten. **I** gab bei der Wasserabspaltung in sd. HCOOH einen *Ester*, aus dem durch Verseifung die *Säure* vom F. 166° (**III**, vgl. Bull. Soc. chim. France **1948.** 711) erhalten wurde. Durch längeres Kochen von **I** in HCOOH u. Verseifung entstand neben **III** eine *isomere Säure vom F. 93°* (**IV**). Die UV-Spektren von **III** u. **IV** zeigen deutliche Unterschiede. Hydrierung von **III** bzw. **IV** über Pt nach ADAMS in A. gab ca. 77% einer *gesätt. Säure vom F. 110°* (**V**) u. ca. 23% der *isomeren Säure vom F. 137°* (**VI,** ident. mit der l. c. gefundenen vom F. 128—128,5°). Hydrierung über RANEY-Ni in W. führte beim Na-Salz vom **III** zu 52% **V** u. 48% **VI,** beim Na-Salz von **IV** zu 28% **V** u. 72% **VI.** Die Zus. der Hydrierungs-Prodd. wurde durch therm. Analyse ermittelt. Oxydation des Na-Salzes von **III** bzw. **IV** mit $KMnO_4$ gab das Salz von *2-Methyl-3-keto-*

3-[6-methoxynaphthyl-(2)]-propionsäure, das zu **VII** decarboxyliert wurde. **III** u. **IV** sind demnach *2-Methyl-3-[6-methoxynaphthyl-(2)]-penten-(3)-säuren*. Da sich der Ester von **III** in sd. HCOOH in den von **IV** überführen läßt, wird angenommen, daß bei **III** die cis-Konfiguration vorliegt. Erhitzen von **III** auf 230° gab *3-[6-Methoxynaphthyl-(2)]-penten-(2)* (**VIII**, CH_3- u. Naphthylgruppe in cis-Stellung); **IV** gab die *trans-Verb.* (**IX**). **VIII** isomerisierte sich in heißer HCOOH zu **IX**, daneben entstand ein *Dimeres* (F. 167 bis 168°). Die UV-Spektren von **VIII** u. **IX** sind deutlich verschieden. Zum Vgl. wurde *2-Methyl-3-[6-methoxynaphthyl-(2)]-penten-(2)* durch Decarboxylierung von 2.2-Dimethyl-3-[6-methoxynaphthyl-(2)]-penten-(3)-säure (**XI**) dargestellt; Oxydation mit $KMnO_4$ gab **VII**. Die Struktur von **VIII** u. **IX** ergab sich aus der größeren Stabilität von **IX** u. den UV-Spektren. Bzgl. der Konfiguration der diastereoisomeren Säuren **V** u. **VI** wird in Analogie zu den Ergebnissen von GAY (C. **1960.** 467) aus der schnelleren Laufzeit des Esters von **VI** an Al_2O_3 u. der stärkeren östrogenen Wirksamkeit für **VI** die Struktur der *erythro-*, für **V** die der *threo-2-Methyl-3-[6-methoxynaphthyl-(2)]-pentansäure* angenommen. Die stereoselektive Bldg. von **V** u. **VI** aus **III** u. **IV** wird an Hand der ster. Gegebenheiten bei der Hydrierung besprochen.

Versuche: *2-Methyl-3-[6-methoxynaphthyl-(2)]-3-hydroxypentansäureäthylester* (**I**), $C_{19}H_{24}O_4$, F. 85—86° (Hexan), durch Kochen von 50,6 g **VII** u. 43 g **X** mit Zn in Bzl. u. Verseifung mit 10%ig. H_2SO_4; 70,7 g (Ausbeute am Gemisch von **I** u. **II**). — *2-Methyl-3-[6-methoxynaphthyl-(2)]-penten-(3)-säureäthylester*, $C_{19}H_{22}O_3$, F. 55—56° (PAe.), durch Kochen von 10 g **I** in HCOOH (1 Min.); 9,7 g Gemisch, Reinigung durch Umkristallisieren. *Freie Säure* (**III**), $C_{17}H_{18}O_3$, F. 166—167° (Toluol), durch Kochen von 9,7 g Estergemisch in methanol. NaOH; 2,43 g; daneben **IV**, F. 93—94° (wss. Essigsäure); 1,45 g. — *2-Methyl-3-[6-methoxynaphthyl-(2)]-penten-(3)-säuremethylester*, $C_{18}H_{20}O_3$, F. 71,5—72,5° (wss. CH_3OH), aus 2 g **III** mit CH_2N_2; 1,72 g. — *2-Methyl-3-[6-methoxynaphthyl-(2)]-penten-(3)-säure* (**IV**), $C_{17}H_{18}O_3$, F. 93,5—95° (wss. Essigsäure), durch Erhitzen von 36,45 g **I** in HCOOH (2 Std.), Verseifen des Prod. in methanol. NaOH, Ansäuern der wss. alkal. Lsg. (26 g Nd., hieraus 3,72 g **III**) u. Eindampfen; 7,95 g. *Methyl-* u. *Äthylester* krist. nicht. — *2-Methyl-3-[6-methoxynaphthyl-(2)]-penten-(2)*, $C_{17}H_{20}O$, F. 21°, $Kp._{12}$ 186—187°, durch Erhitzen von 15 g **XI** auf 230—280°; n_D^{20} 1,5942; 11,75 g. — *cis-3-[6-Methoxynaphthyl-(2)]-penten-(2)* (**VIII**), $C_{16}H_{18}O$, $Kp._{20}$ 192,5—195,5°, durch Erhitzen von 2 g **III** auf 240°; n_D^{23} 1,6020; 1,13 g. — *trans-3-[6-Methoxynaphthyl-(2)]-penten-(2)* (**IX**), $C_{16}H_{18}O$, F. 49 bis 51°, $Kp._{20}$ 197—200°, aus **IV** analog **VIII**. *Trinitrofluorenonaddukt*, $C_{29}H_{23}N_3O_8$, F. 113°, ziegelrot. GERHARD CLEVE. 2700□

Molekularstruktur und östrogene Aktivität. 20. Mitt. **Synthese von 2.2-Dimethyl-3-[napthyl-(1)]-pentansäure.** Andrée Marquet und Jean Jacques. (Bull. Soc. chim. France **1960.** 166—69. Jan.) (Franz.) — 19. vgl. vorst. Referat.

Die bisherigen Unterss. haben gezeigt, daß bei den Verbb. **A** die größte östrogene Aktivität bei R = C_2H_5 bzw. C_3H_7 (weniger wirksam: R = H, CH_3 bzw. C_4H_9) u. R' = CH_3 (weniger wirksam: R' = H, C_2H_5 bzw. C_3H_7) auftritt. Fehlen der 6-CH_3O-Gruppe vermindert die Wirksamkeit. Wenn die CH_3O-Gruppe an einer anderen Stelle des Naphthalinkernes steht, sind die Verbb. unwirksam. Zur Unters. von α-Naphthyl-Verbb. wurde aus α-Bromisobuttersäureäthylester (**III**) u. 1-Propionylnaphthalin (**I**) *2.2-Dimethyl-3-[naphthyl-(1)]-penten-(3)-säure* dargestellt, die jedoch bei der Hydrierung *2.2-Dimethyl-3-[5.6.7.8-tetrahydronaphthyl-(1)]-penten-(3)-säure* ergab. Durch Rk. von α-Brompropionsäureäthylester (**IV**) mit **I**, Wasserabspaltung u. Verseifung wurde ein Gemisch ungesätt. Säuren (*cis-* u. *trans-2-Methyl-3-[naphthyl-(1)]-penten-(2*[oder *3*])*-säure*) erhalten. Hydrierung der Methylester des Gemisches gab die diastereoisomeren *2-Methyl-3-[5.6.7.8-tetrahydronaphthyl-(1)]-pentansäuremethylester*. Diese wurden dehydriert u. durch Behandlung mit Triphenylmethyl-Na (**V**) u. CH_3J u. Verseifung in *2.2-Dimethyl-3-[naphthyl-(1)]-pentansäure* (**II**) übergeführt. Die Struktur von **II** wurde durch Massenspektroskopie bewiesen. 1 mg **II** zeigt bei kastrierten Ratten keine östrogene Aktivität.

A

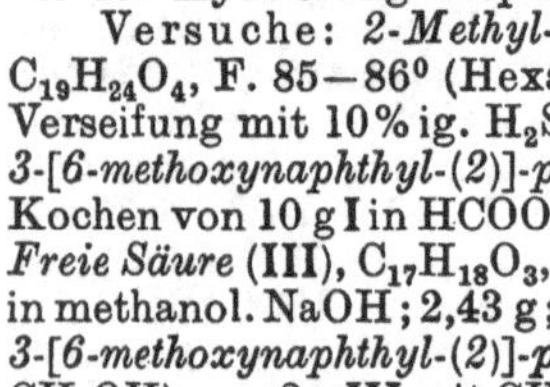

Versuche: *1-Propionylnaphthalin* (**I**), $Kp._{13}$ 171—172°, aus Naphthyl-(1)-MgBr u. Propionitril; $n_D^{19,5}$ 1,6147; 57% (Ausbeute). — *2.2-Dimethyl-3-[naphthyl-(1)]-penten-(3)-säure*, $C_{17}H_{18}O_2$, F. 105—107° (75%ig. Essigsäure), durch Erwärmen von **I** u. **III** in Bzl. mit Zn u. $HgCl_2$, Hydrolyse mit HCl u. Kochen des Prod. in HCOOH, dann in Methoxyäthanol mit wss. KOH; 11%. — *2.2-Dimethyl-3-[5.6.7.8-tetrahydronaphthyl-(1)]-penten-(3)-säure*, $C_{17}H_{22}O_2$, F. 104—106° (80%ig. Essigsäure), durch Hydrierung von 0,51 g vorst. Verb. in Essigsäure über ADAMS-Pt; 0,45 g. — *2-Methyl-3-[naphthyl-(1)]-penten-(2*[oder *3*])*-säure*, $C_{16}H_{16}O_2$, F. 127—129° (75%ig. Essigsäure), aus 12 g **I** u. 17,5 ml **IV** in Bzl. mit Zn u. $HgCl_2$; Kochen mit HCOOH u. Verseifen (→ 1,17 g cis–trans-

Gemisch, F. 106—115° aus 75%ig. Essigsäure). Durch Eindampfen der Mutterlaugen noch 6,23 g Gemisch. — *2-Methyl-3-[5.6.7.8-tetrahydronaphthyl-(1)]-pentansäure* (Diastereoisomerengemisch), durch Hydrierung von 500 mg vorst. Gemisches in Essigsäure über ADAMS-Pt; nichtkristalline Fl.; hieraus mit CH_2N_2 der *Methylester*; 530 mg. — *2.2-Dimethyl-3-[5.6.7.8-tetrahydronaphthyl-(1)]-pentansäure*, $C_{17}H_{24}O_2$, F. 121,5—122,5° (60%ig. Essigsäure), durch Zufügen von V in Ae. zu 530 mg vorst. Methylesters, dann CH_3J-Zugabe u. Verseifung; 53 mg. — *2.2-Dimethyl-3-[naphthyl-(1)]-pentansäure* (II), $C_{17}H_{20}O_2$, F. 133—135° (wss. Essigsäure), durch Hydrierung von 3,17 g 2-Methyl-3-[naphthyl-(1)]-penten-(2[oder 3])-säuremethylester ($Kp._{14}$ 182—215°) in Essigsäure über ADAMS-PtO_2, Erhitzen des Prod. (3,2 g *2-Methyl-3-[5.6.7.8-tetrahydronaphthyl-(1)]-pentansäuremethylester*) mit S auf 225°, Behandeln mit V in Ae., dann mit CH_3J u. Verseifung; 180 mg. GERHARD CLEVE. 2700□

Molekularstruktur und östrogene Aktivität. 21. Mitt. Stereoselektive Darstellung von threo- und erythro-2-Methyl-3-[6-methoxynaphthyl-(2)]-hexansäure. 2-Äthyl-3-[6-methoxynaphthyl-(2)]-pentansäure. Lam Cham Binh und Jean Jacques. (Bull. Soc. chim. France **1960.** 711—18. April.) (Franz.) — 20. vgl. vorst. Referat.

Aus 2-n-Butyryl-6-methoxynaphthalin (I) u. α-Brompropionsäureäthylester (II) wurde nach REFORMATSKI ein Gemisch der diastereoisomeren *2-Methyl-3-hydroxy-3-[6-methoxynaphthyl-(2)]-hexansäureäthylester* dargestellt, aus dem die beiden Isomeren in gleichen Anteilen durch Kristallisation isoliert werden konnten. Wasserabspaltung durch kurzes Kochen in HCOOH u. Verseifung gab 70% *cis(?)-2-Methyl-3-[6-methoxynaphthyl-(2)]-hexen-(3)-säure* [**III**; Äthyl- u. Naphthylgruppe in cis-Stellung; ident. mit der von GAY u. HOREAU (C. **1956.** 6660) gefundenen Säure vom F. 155—156°], 15% der *trans(?)-Säure* (**IV**) u. 15% *trans-2-Methyl-3-[6-methoxynaphthyl-(2)]-hexen-(2)-säure* (**V**; COOH- u. Naphthylgruppe in trans-Stellung). Nach 2std. Kochen des Estergemisches in HCOOH wurden 25% **III**, 50% **IV** u. 25% **V** erhalten; Strukturzuordnung nach $KMnO_4$-Oxydation [**III** u. **IV** → *6-Methoxy-2-propionylnaphthalin* (**VII**), **V** reagiert nicht], Vgl. der UV-Spektren mit denen der analogen cis- u. trans-Verbb. (vgl. l. c. u. JOHNSON u. GRABER, C. **1951.** II. 2322) u. Feststellung der östrogenen Aktivität von **V**, die nur bei trans-Stellung möglich ist. Hydrierung von **V** über ADAMS-PtO_2 gab 75% *threo-* (**VI**) u. 25% *erythro-2-Methyl-3-[6-methoxynaphthyl-(2)]-hexansäure*. Bei der Hydrierung von **III** (bzw. **IV**) über ADAMS-PtO_2 in A. entstanden 75% (45%), über RANEY-Ni in W. 75% (15%) **VI** (Zus. der Hydrierungs-Prodd. ergab sich aus der therm. Analyse). Aus **VII** u. α-Brombuttersäureäthylester (**VIII**) wurde ein Gemisch der *2-Äthyl-3-hydroxy-3-[6-methoxynaphthyl-(2)]-pentansäureäthylester* dargestellt, aus dem die beiden Diastereoisomeren isoliert wurden. Bei Wasserabspaltung in HCOOH unter verschiedenen Bedingungen u. Verseifung wurde nur *cis-2-Äthyl-3-[6-methoxynaphthyl-(2)]-penten-(3)-säure* erhalten (Oxydation mit $KMnO_4$ → **I**; UV-Spektrum analog dem von **III**). Die Hydrierung dieser Säure gab nur eine der diastereoisomeren *2-Äthyl-3-[6-methoxynaphthyl-(2)]-pentansäuren*.

Versuche: *2-Methyl-3-hydroxy-3-[6-methoxynaphthyl-(2)]-hexansäureäthylester*, durch Kochen von **I** u. **II** mit Zn u. $HgCl_2$ in Bzl. u. Zers. mit verd. H_2SO_4; durch Umkristallisieren des erhaltenen Gemisches aus A./H_2O (5 : 0,6) *Isomeres vom F. 100—102°*, $C_{20}H_{26}O_4$, durch Verdünnen des Filtrats mit W. *Isomeres vom F. 69,5—71°*. — *cis(?)-2-Methyl-3-[6-methoxynaphthyl-(2)]-hexen-(3)-säure* (**III**), $C_{18}H_{20}O_3$, F. 158—160° (Toluol), durch Kochen (2 Min.) von 2 g vorst. Gemisches in HCOOH, Kochen des Prod. mit alkohol. NaOH u. Umkristallisieren des Prod. (1,6 g) aus Toluol; Löslichkeit in Toluol 0,15 g/10 ml; 0,56 g (Ausbeute). *Methylester*, $C_{19}H_{22}O_3$, F. 49—50°. — *trans-2-Methyl-3-[6-methoxynaphthyl-(2)]-hexen-(2)-säure* (**V**), $C_{18}H_{20}O_3$, F. 158—160° (wss. CH_3OH), analog **III** aus 5 g Gemisch durch 2std. Kochen, Lösen der 3,4 g Säure in PAe. (0,35 g **III** krist. aus), Eindampfen u. Chromatographie an Silicagel/Celite mit Bzl./Ae. (98 : 2); Misch-F. mit **III** 132—135°; 0,373 g. *Methylester*, $C_{19}H_{22}O_3$, F. 49—50°. Aus den späteren Fraktionen *trans(?)-2-Methyl-3-[6-methoxynaphthyl-(2)]-hexen-(3)-säure*(**IV**), $C_{18}H_{20}O_3$, F. 71—72° (wss. A.); 0,809 g. — *2-Methyl-3-[6-methoxynaphthyl-(2)]-hexansäure*, durch Hydrierung von **III** in A. über ADAMS-PtO_2 u. Chromatographie des Prod. an Silicagel/Celite mit Bzl./Ae. (97 : 3); aus den ersten Fraktionen die *erythro-Form*, $C_{18}H_{22}O_3$, F. 145—146° (wss. CH_3OH; *Methylester*, $C_{19}H_{24}O_3$, F. 83—85°); aus den späteren Fraktionen die *threo-Form* (**VI**), $C_{18}H_{22}O_3$, F. 116—117° (wss. CH_3OH; *Methylester*, F. 57—58° aus CH_3OH). — *2-Äthyl-3-hydroxy-3-[6-methoxynaphthyl-(2)]-pentansäureäthylester*, durch Kochen von 4,3 g **VII**, 4 g **VIII**, Zn u. $HgCl_2$ in Bzl. u. Zers. mit wss. H_2SO_4; 6,52 g. Durch Umkristallisieren aus CH_3OH *Isomeres vom F. 119—120°*, $C_{20}H_{26}O_4$ (Löslichkeit in CH_3OH: 1,5 g in 100 ml) u. *Isomeres vom F. 77—78°*, $C_{20}H_{26}O_4$ (Löslichkeit in CH_3OH: 3 g in 100 ml). — *2-Äthyl-3-[6-methoxynaphthyl-(2)]-penten-(3)-säureäthylester*, $C_{20}H_{24}O_3$, F. 80—82° (CH_3OH), durch Erhitzen von 1 g vorst. Gemisches in HCOOH bis zum Sieden; 0,8 g. *Freie Säure*,

$C_{18}H_{20}O_3$, F. 86—87° (Hexan). Der Ester isomerisiert sich nicht bei längerem Kochen in HCOOH. — *2-Äthyl-3-[6-methoxynaphthyl-(2)]-pentansäure*, $C_{18}H_{22}O_3$, F. 165—166° (A.), durch Hydrierung von 0,6 g vorst. Säure über ADAMS-PtO_2 in A. u. Chromatographie; 0,516 g. GERHARD CLEVE. 2700□

Einige bei der Verwendung von Chinonen als Philodienen erhaltene Ergebnisse. M. Lora-Tamayo. (Tetrahedron [London] **4.** 17—25. Okt. 1958. Madrid, Univ., Inst. de Quím. C.S.I.C.) (Engl.)

Die Diensynthese von p-Benzochinon (I) mit Isoeugenol (II) bzw. 1-Methoxy-4-propenylnaphthalin (III) liefert *1 : 1-Addukte* mit *Phenanthren-* bzw. *Chrysenstruktur*; ersteres isomerisiert sich infolge der Aktivierung der tert. H-Atome durch die CO-Gruppen zum *Hydrochinonderivat*. Während **I** mit Styrol (**IV**) u. Anethol lediglich *Copolymere* bildet, erhält man aus p-Toluchinon (**V**) u. 2-Methoxy-p-benzochinon (**VI**) mit **IV**, o-Methylstyrol (**VII**) sowie o- (**VIII**) u. p-Methoxystyrol (**IX**) *tetrahydrierte 1 : 1-Addukte*, wobei die Addition an der nichtsubstituierten dienophilen Doppelbindung des Chinons erfolgt. **V** u. m-Methoxystyrol bilden ein amorphes, offenbar polymeres Produkt. Die auch in anderen Fällen beobachtete spontane Dehydrierung der Primär-Prodd. wird durch einen 4stufigen Isomerisierungs-Dehydrierungs-Mechanismus erklärt; sie schließt Addition an der substituierten C=C-Doppelbindung des Chinons aus. Der chinoide Charakter der dehydrierten Addukte wird durch Bldg. der *Monoxime* (entsprechend der Regel von KEHRMANN für trisubstituierte Chinone) u. Red. zu den *Hydrochinonen* bewiesen — wegen deren leichter Oxydierbarkeit zweckmäßig unter acetylierenden Bedingungen — wobei *Hydrochinondiacetate* entstehen. Das dehydrierte Prod. aus **VI** u. **IV** erweist sich als ident. mit dem von FIESER dargestellten *2-Methoxyphenanthrenchinon-(1.4)*. Die von KERN u. FEUERSTEIN (J. prakt. Chem. **158.** [1941.] 186) für das Rk.-Prod. aus **I** u. **IV** angenommene heterocycl. Formulierung ist zu revidieren; es handelt sich um ein oktadehydriertes 1 : 2-Addukt, u. zwar offenbar um das bereits beschriebene *1.2;5.6-Dibenzanthrachinon*. 4-Vinylindan (**X**) reagiert mit **I**, **V** u. **VI** unter Bldg. von *1 : 1-Addukten*, denen die Struktur des *7.8-Cyclopentenophenanthrenchinons-(1.4)* zugrunde liegt. Das Addukt aus **I** u. **X** spaltet beim F. 210° 2 H-Atome ab u. bildet bei der Acetylierung das *Diacetat* des isomeren *Hydrochinonderivates*. 2-Methyl-5-methoxy-p-benzochinon bildet weder mit **X** noch mit **VII** ein Addukt; die Prodd. würden eine anguläre Methylgruppe besitzen u. nach dem postulierten Mechanismus nicht dehydrierbar sein. In bezug auf die Arbeit von HORNER u. STURM (C. **1957.** 10918) über o-Chinon-Derivv. als „Heterodiene" wurde 3-Methyl-o-benzochinondibenzimid (**XI**) mit **I** umgesetzt. Dabei bildet sich als *1 : 1-Addukt 1.4-Dioxo-5-methyl-5.8-ätheno-1.4.5.8.9.10-hexahydronaphthochinon-(6.7)-dibenzimid* (**XII**), wobei sich **I** an die C-Konjugation, nicht an die Heterokonjugation addiert. Die Struktur von **XII** wird durch das IR- Spektrum u. durch Hydrolyse zu *Benzoesäure*, NH_3 u. dem N-freien *Chinon* (**XIII**) gestützt. Bei der Acetylierung bildet sich, offenbar nach vorgeschalteter Isomerisierung zum *Hydrochinon-Deriv.*, eine *Diacetyl-Verb.* (**XIV**). Die IR-Spektren von **XI**, **XII**, **XIV** sowie dem Addukt aus **XI** u. Maleinsäureanhydrid (Abb.) zeigen CO-Banden bei 1635 u. 1666 cm^{-1}.

Versuche: Addukte aus Chinonen u. Styrolen, durch Mischen des Chinons u. Diens im Mol-Verhältnis 2 : 1, 2std. Erhitzen auf 100° im Bombenrohr oder 6—20std. Kochen in Toluol, Waschen des Festkörpers mit A. u. Reinigen durch Umkristallisieren aus Essigsäure oder durch Sublimation. Acetyl-Derivv. der Red.-Prodd. der Addukte, durch 1std. Kochen von 1 g Addukt, 10 ml Acetanhydrid, 2,5 ml Eisessig u. 0,25 g wasserfreiem Na-Acetat unter allmählicher Zugabe von 1 g Zn-Staub, Gießen in W., Filtrieren u. Umkristallisieren des Nd. aus A. oder Essigsäure: *1.4.6-Trihydroxy-5-methoxy-10-methyl-9.10-dihydrophenanthren*, $C_{16}H_{16}O_4$, F. 215°, aus **I** u. **II**; rot. *Triacetyl-Verb.* (ohne Zn bereitet), F. 259°. — *8-Methoxy-2-methyl-1.2.2a.6a-tetrahydrochrysenchinon-(3.6)* (BEILSTEIN), $C_{20}H_{18}O_3$, F. 213°, aus **I** u. **III**; karmesinrote Nadeln. — *8-Methoxy-1.2.2a.6a-tetrahydrochrysenchinon-(3.6)*, $C_{19}H_{16}O_3$, F. 227—230°, aus **I** u. 1-Methoxy-4-vinylnaphthalin. — Phenanthrenchinone-(1.4): *2* (oder *3*)-*Methyl-*, $C_{15}H_{10}O_2$, F. 141 bis 142°, aus **V** u. **IV**; gelb. — *2-Methoxy-*, $C_{15}H_{10}O_3$, F. 172°, aus **VI** u. **IV**; gelb. — *2*(oder *3*)-*Methoxy-8-methyl-*, $C_{16}H_{12}O_3$, F. 252° (Zers.), aus **VI** u. **VII**; gelb. — *2*(oder *3*).*8-Dimethyl-*, $C_{16}H_{12}O_2$, F. 211,5°, aus **V** u. **VII**; gelb. — *8-Methoxy-2*(oder *3*)-*methyl-*, $C_{16}H_{12}O_3$, F. 171—175°, aus **V** u. **VIII**; rote Nadeln. — *6-Methoxy-2*(oder *3*)-*methyl-*, $C_{16}H_{12}O_3$, F. 218—219°, aus **V** u. **IX**; rote Nadeln. — 1.4-Diacetoxyphenanthrene: *2*(oder*3*)-*Methyl-*, F. 139,5°. — *2-Methoxy-*, F. 170°. — *2*(oder *3*)-*Methoxy-8-methyl-*, F. 181°. — *2*(oder *3*).*8-Dimethyl-*, F. 142°. — *8-Methoxy-2*(oder *3*)-*methyl-*, F. 175—178°. — *6-Methoxy-2*(oder *3*)-*methyl-*, F. 183°. — *4a.5a.10.10a-Tetrahydro-7.8-cyclopentenophenanthrenchinon-(1.4)*, $C_{17}H_{16}O_2$, F. 210° (Zers.), aus **I** u. **X**; wird beim F. zur *9.10-Dihydro-Verb.* ($C_{17}H_{14}O_2$) dehydriert; bildet durch Acetylierung *1.4-Diacetoxy-9.10-dihydro-7.8-cyclopentenophenanthren*; gibt kein Oxim. — *2-*(*oder 3*)-*Methyl-7.8-cyclopen-*

tenophenanthrenchinon-(1.4), F. 169,5—170°, aus **V** u. **X**; orangefarbene Kristalle aus Essigsäure. — *2-*(oder *3*)*-Methyl-1.4-diacetoxy-7.8-cyclopentenophenanthren*, F. 177°. — *2-*(oder *3*)*-Methoxy-7.8-cyclopentenophenanthrenchinon-(1.4)*, $C_{18}H_{14}O_3$, F. 269°, aus **VI** u. **X**; orangefarbene Kristalle aus Essigsäure. — *2-*(oder *3*)*-Methoxy-1.4-diacetoxy-7.8-cyclopentenophenanthren*, F. 183°. — *3-Methyl-o-benzochinondibenzimid* (**XI**) [*Gemisch* aus *Monomerem* (gelb, gereinigt weiß) u. *Dimerem* (rot)], F. 126° (Sintern bei 124 bis 125°; Essigester), durch Oxydation von 13,6 g 3-Methyl-o-benzochinondibenzamid mit Pb-Tetracetat nach ADAMS u. WAY (C. **1950/54.** 2409 S); 7 g (Ausbeute); nach Auflösen des Dimeren in heißem A., Methanol oder Chlf. krist. das Monomere aus, das sich bei 121—122° in das Dimere vom F. 126° umwandelt; das Monomere ist in Lsg. instabil, im festen Zustand stabil. — *1.4-Dioxo-5-methyl-5.8-ätheno-1.4.5.8.9.10-hexahydronaphthochinon-(6.7)-dibenzimid* (**XII**), $C_{27}H_{20}N_2O_4$, F. 237—238° (Zers.), aus 6 g **I** u. 9 g **XI** in Bzl. durch 24std. Kochen oder 30tägiges Stehen bei Raum-Temp., Eindampfen im Vakuum u. Digerieren mit A.; gelbe Nadeln aus Essigester; 79%. — *1.4-Diacetoxy-5-methyl-5.8-ätheno-5.8-dihydronaphthochinon-(6.7)-dibenzimid* (**XIV**), $C_{31}H_{24}N_2O_6$, F. 196 bis 198°, durch Kochen von **XII** mit Acetanhydrid u. Na-Acetat; aus A. Prismen. — *1.4-Dioxo-5-methyl-5.8-ätheno-1.4.5.8.9.10-hexahydronaphthochinon-(6.7)* (**XIII**), $C_{13}H_{10}O_4$, F. 145—147° (A.), durch ½std. Kochen von 1 g **XII** mit halbkonz. HCl (*Benzoesäure*, sublimiert) u. Waschen mit W.; braunrot; 0,5 g; reagiert nicht mit 2.4-Dinitrophenylhydrazin. G. FISCHER. 2950□

Die Pyrolyse des Anthracens. Karl Friedrich Lang und Herbert Buffleb. (Chem. Ber. **94.** 1075—82. 1961. Castrop-Rauxel, Rütgerswerke AG, Zentrallabor.) (Dt.)

Die aus Anthracen (I) erhaltenen Pyrolyse-Prodd. *Bisanthen*, *Bianthryl-(2.2')* u. 3 isomere *Benzonaphthofluoranthene* werden durch UV-Spektren u. Maleinsäureanhydridaddukte identifiziert. Dabei kann *2.3-Benzonaphtho-[2'.3':11.12]-fluoranthen* aus dem UV-Spektrum eindeutig bestimmt werden, während eine Unterscheidung zwischen *2.3-Benzonaphtho-[2'.3':12.13]-fluoranthen* u. *2.3-Benzonaphtho-[2'.3':10.11]-fluoranthen* nicht möglich ist.

Versuche: **I** wird bei 700—750° pyrolysiert; folgende Verbb. werden identifiziert: *Bisanthen*. — *Ovalen-3.4.10.11-tetracarbonsäuredianhydrid*, aus vorst. Verb. mit Maleinsäureanhydrid. — *Ovalen*, F. 475—476°, aus vorst. Verb. durch Erhitzen auf 480° im Hochvakuum; orangebraune Nadeln. — *2.3-Benzonaphtho-[2'.3':12.13]-fluoranthen* u. *2.3-Benzonaphtho-[2'.3':10.11]-fluoranthen*, $C_{28}H_{16}$, F. 241—242° (tiefrote Nadeln) u. F. 227—229°. *Maleinsäureanhydriddiaddukte*, $C_{36}H_{20}O_6$. — *2.3-Benzonaphtho-[2'.3':11.12]-fluoranthen*, F. 319—320°, orangerote Nadeln. *Maleinsäureanhydriddiaddukt*, $C_{36}H_{20}O_6$. — *Bianthryl-(2.2')*, $C_{28}H_{18}$, F. 369—371°. *Maleinsäureanhydriddiaddukt*, $C_{36}H_{22}O_6$. — Pyrolyse von **I** unter Zusatz von Bzl. liefert daneben: *2-Phenylanthracen*, $C_{20}H_{14}$, F. 208 bis 209°, Plättchen. — *2.3-Benzofluoranthen*, F. 143—144°, goldgelbe Nadeln. — *Rote Kristalle*, die ca. 1% *1.2;11.12-Dibenzperylen* enthalten.

GOTTFRIED SCHREIBER. 2950□

Synthese eines Heptalens. K. Hafner und Joachim Schneider. (Angew. Chem. **70.** 702. 26/11. 1958. Marburg/L., Univ., Chem. Inst.) (Dt.)

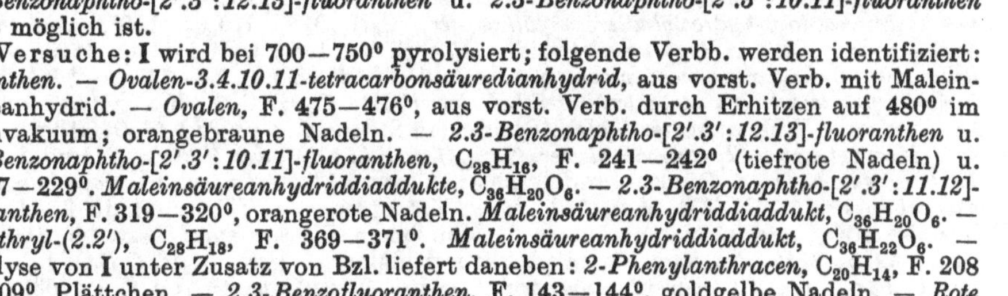

Umsetzung des Azulenimmoniumsalzes **I** mit Alkalialkoholat ergibt das *1.8-Cyclopentenoazulen-Deriv.* **II** [blaues Öl; 65% (Ausbeute)]. **II** läßt sich leicht in **III** (F. 40°, rotviolette Kristalle), **IV** (F. 64°, blauviolette Nadeln) u. **V** (F. 114°, blauviolette Kristalle) umwandeln. Verss., **II**, **III** oder **IV** in den völlig konjugierten tricycl. KW-Stoff überzuführen, führten bisher stets zu dessen Dimerem. Das vinyloge Immoniumsalz **VI** liefert in Ggw. von Alkalialkoholat unmittelbar *2.4-Dimethyl-1.10-cyclopentenoheptalen* (**VII**; F. 85°, stabil, dunkelrote quadrat. Platten, lösl. in organ. Lsgm. mit grüner Farbe; 53%). **VII** bildet ein *Trinitrobenzol-Deriv.*, F. 207—208°. Formylierung nach VILS-

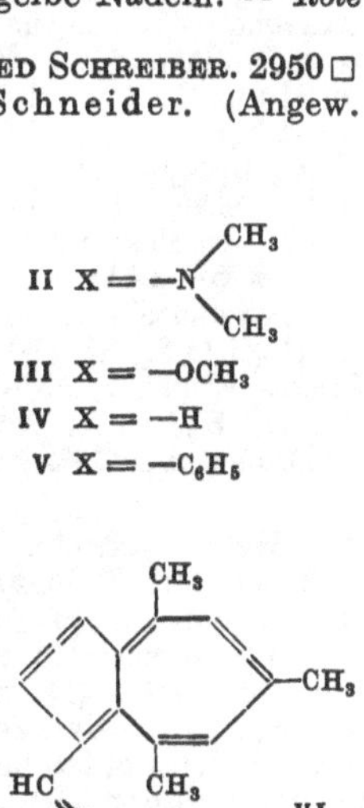

VI

MEYER, Acetylierung nach FRIEDEL-CRAFTS u. weitere Beobachtungen sprechen für einen aromat. Charakter von **VII**. GOTTFRIED SCHREIBER. 2950 □

Heterocyclische Kleinringverbindungen. 2. Mitt. Reaktionen aliphatischer Glycidester mit Thioharnstoff und Thioessigsäure. T. C. Owen, C. L. Gladys und L. Field. (J. chem. Soc. [London] **1962**. 501—07. Febr. Nashville, Tenn., Vanderbilt Univ.) (Engl.) — 1. vgl. C. **1962**. 4899.

Vff. untersuchten die Rkk. von α.β-Epoxybuttersäure-, α.β-Epoxy-β-methylvaleriansäure- (**I**) u. β.γ-Epoxy-β-methylvaleriansäureäthylester (**II**) mit Thioharnstoff bzw. Thioessigsäure. An Stelle der erwarteten α.β-Epithioester wurden aus den α.β-Epoxyestern nur α-Mercaptoacrylsäureester, Polymere u. α.β-Dihydroxyester erhalten. Der einzige bekannte Epithioester ist *β.γ-Epithio-β-methylvaleriansäureäthylester* (**III**) u. nicht das α.β-Isomere, wie angenommen (vgl. DURDEN u. Mitarbeiter, C. **1960**. 1168); die Ausbeute an **III** aus **II** (nicht **I**, wie angenommen) konnte verbessert werden. α.β-Epithioester scheinen nicht leicht erhältlich zu sein. Einige Rkk. von **III** sind beschrieben.

Versuche (FF. korr.): *Peressigsäure* (**IV**), durch Zugeben von 30%ig. H_2O_2 zu wasserfreiem Na_2CO_3 unter Eis–Kochsalz-Kühlung, Zufügen von Acetanhydrid unter Rühren bei 0—5°, 45 Min. langes Rühren u. Zugeben von Ae.; die getrockneten Ae.-Extrakte enthielten sehr wenig H_2O_2 u. CH_3COOH. — *α-Brom-β-hydroxybuttersäureäthylester*, $C_6H_{11}BrO_3$, Kp.$_{2,3}$ 78°, aus Crotonsäureäthylester (**V**) u. N-Bromsuccinimid (NBS) in wss. Dioxan (6 Std. 40 Min. langes Rühren bei 0—5°, dann bei 0°); n_D^{25} 1,4661; 32% (Ausbeute); daneben 12% *α.β-Dibrombuttersäureäthylester*, Kp.$_{2-3}$ 70—71°. — *α.β-Epoxybuttersäureäthylester*, Kp.$_{50}$ 94—95°, a) aus **IV** u. **V** in Ae./Essigester (Abdestillieren des Ae., dann 5½ Std. Kochen; 26%; daneben 39% **V** zurück); b) aus vorst. Verb. u. KOH in wss. CH_3OH (65%); c) durch direktes Behandeln des Rk.-Gemisches aus **V** u. NBS mit wss. KOH [35%, unrein, enthielt ca. 20% *2-Brombuten-(2)-säureäthylester*, nachgewiesen durch Verseifung zu *α-Bromcrotonsäure*, F. 107—108°]; n_D^{27} 1,4162. — *α-Acetylmercapto-β-hydroxybuttersäureäthylester*, $C_8H_{14}O_4S$, Kp.$_{0,7}$ 100°, aus vorst. Verb. u. CH_3COSH in Ggw. von Pyridin (17 Std. bei 45°); n_D^{24} 1,4686; 46%. — Daneben 20% *β-Acetoxy-α-mercaptobuttersäureäthylester* (**VI**), Kp.$_{0,8}$ 75—76°, n_D^{24} 1,4556. — *β-Acetoxy-α-acetylmercaptobuttersäureäthylester* (**VII**), $C_{10}H_{16}O_5S$, Kp.$_1$ 105°, aus **VI** bzw. vorvorst. Verb. u. Acetanhydrid/Pyridin (45 Std. bei 25°); n_D^{27} 1,4630; 60 bzw. 83%. — *2-Mercaptobuten-(2)-säureäthylester*, $C_6H_{10}O_2S$, Kp.$_{11}$ 72°, aus **VI** bzw. **VII** u. alkohol. KOH in wss. A. (1 std. Rühren); n_D^{27} 1,5003; 16 bzw. 37%. — *2-Acetylmercaptobuten-(2)-säureäthylester*, $C_8H_{12}O_3S$, Kp.$_7$ 74°, durch Zutropfen von **VII** innerhalb 30 Min. zu wss. $NaHCO_3$ bei 60°, dabei weitere 30 Min. lange Wasserdampf-Dest. bei 150 mm; n_D^{27} 1,4915; 35%. Analoge Rk. mit **VI** war erfolglos. — *Verb. $C_{12}H_{20}O_4S$*, Kp.$_{0,7}$ 112°, aus 11,12 g **I** u. CH_3COSH in Ggw. von Pyridin (95 Std. bei 45°); n_D^{27} 1,4703; 5,4 g; daneben 47% **I** zurück u. 0,9 g *α-Acetylmercapto-β-hydroxy-β-methylvaleriansäureäthylester* (?), Kp.$_{0,7}$ 85°, n_D^{27} 1,4788. — *trans-3-Methylpenten-(2)-säureäthylester*, Kp.$_{7,5}$ 51—52°, aus **I** u. CH_3COSK in CH_3OH (24 std. Schütteln); n_D^{27} 1,4381; 14%; daneben *Öl* (nicht identifiziert, Kp.$_{0,5}$ 82°, n_D^{27} 1,5010). — *α.β-Dihydroxy-β-methylvaleriansäureäthylester*, $C_8H_{16}O_4$, Kp.$_{7,8}$ 107°, aus **I**, Thioharnstoff u. H_2SO_4 nach DURDEN u. Mitarbeitern (l. c.); n_D^{27} 1,4455; 41%. — *β.γ-Epithio-β-methylvaleriansäureäthylester* (**III**), Kp.$_6$ 80—81%, aus **II**, Thioharnstoff u. H_2SO_4 nach DURDEN u. Mitarbeitern (l. c.); n_D^{25} 1,4678; 17%; Zusatz von Chlf. zum Rk.-Gemisch unmittelbar vor der Zugabe von Na_2CO_3 erhöhte die Ausbeute auf 58%. — *2.5-Bis-[aminoformylmethyl]-2.3.5.6-tetramethyl-1.4-dithian*, $C_{12}H_{22}N_2O_2S_2$, F. 180—183° (A./W.), aus **III** u. $NaNH_2$ in fl. NH_3/Ae. (3 Std. 20 Min. langes Rühren); 53%. — *3-Methylpenten-(3)-säureäthylester*, $C_8H_{14}O_2$, Kp.$_{5,3}$ 43°, aus **III** u. CH_3J in sd. Aceton (24 Std.); n_D^{27} 1,4265; 37%; Rk. von **III** mit CH_3J allein (3 Monate bei 25°) gab nur 3% *Trimethylsulfoniumjodid*, Zers. bei 204° (wss. A.).

J. ROTHE. 3030 □

Heterocyclische Kleinringverbindungen. 3. Mitt. Reaktionen aromatischer Glycidester mit Thioharnstoff und Thioessigsäure. T. C. Owen, C. L. Gladys und L. Field. (J. chem. Soc. [London] **1962**. 656—61. Febr.) (Engl.) — 2. vgl. vorst. Referat.

Vff. versuchten, aus α.β-Epoxy-β-phenyl- (**I**) bzw. α.β-Epoxy-β.β-diphenylpropionsäureäthylester (**II**) mit Thioharnstoff bzw. Thioessigsäure (**III**) die entsprechenden α.β-Epithioester zu synthetisieren. Diese sind aber instabil u. spalten S ab, wobei ungesätt. Ester entstehen. Auch bei der Kondens. von Thiobenzophenon mit Chloressigsäureäthylester (**IV**) nach Art der DARZENS-Rk. konnte kein Epithioester, sondern nur *β.β-Diphenylacrylsäure* identifiziert werden.

Versuche: Bei der Rk. von **I** mit **III** in Ggw. von H_2SO_4 (5 Std. bei 100°) blieben 90% **III** unverändert, *Phenylbrenztraubensäureäthylester* wurde als *2.4-Dinitrophenylhydrazon* isoliert, F. 133—135° (A.); 22% (Ausbeute). — **I** u. **III** in sd. Pyridin (Py; 2 Std.)

gaben neben *S* 74% *Zimtsäureäthylester* (VI), Kp.$_{0,5}$ 101°; n_D^{27} 1,5554. — *α-Acetylmercapto-β-hydroxy-β-phenylpropionsäureäthylester*, Kp.$_{0,2}$ 128°, aus 19,2 g I u. III in Py (16 Std. bei 25°); n_D^{25} 1,5289; 25,5 g roh. — *β-Acetoxy-α-acetylmercapto-β-phenylpropionsäureäthylester* (V), $C_{15}H_{18}O_5S$, Kp.$_{0,1}$ 131°, blaßgelbes Öl, aus dem rohen vorst. Ester; n_D^{25} 1,5200; 39%, bezogen auf I. — *α-Mercaptozimtsäureäthylester*, aus V u. alkohol. KOH; 41% roh; daneben 9% VI, 25% *Zimtsäure* u. 6% *α-Mercaptozimtsäure* (F. 128—132°; auch aus dem Ester; 26%, bezogen auf V). — *Zimtsäureamid*, F. 145°, aus VI. — Rk. von I mit CH_3COSK in A. (4 Std.) gab 80% VI. — Rk. von II mit Thioharnstoff in sd. A. (100 Std.) gab neben *S* (F. 119°) 60% *β.β-Diphenylacrylsäure*, $C_{15}H_{12}O_2$, F. 161—162°, auch erhalten durch Zugabe von K-tert.-Butylat in tert.-Butanol/Dimethylformamid zu einem Gemisch von Thiobenzophenon u. IV bei 10—15° (32%) sowie durch Verseifung u. Decarboxylierung von Diphenylmethylencyanessigsäureäthylester (geringe Ausbeute). — Rk. von II mit Thioharnstoff in verd. H_2SO_4 unter intensivem Rühren u. Zusatz von Netzmittel gab 13% *α.β-Dihydroxy-β.β-diphenylpropionsäureäthylester*, $C_{17}H_{18}O_4$, F. 131—133° (wss. A.), auch erhalten aus II, das einige Monate unter feuchtheißen Bedingungen aufbewahrt worden war.

J. Rothe. 3030 □

Hydroxydihydrofurane und ihre Salze. Beitrag zur Theorie der Struktur von Oxoniumverbindungen. Andrzej Fabrycy. (Zeszyty naukowe Politechn. Śląskiej, Chem. **1959.** Nr. 3. 3—19. Gliwice, Politechn. Śląska, Kat. Technol. Chem. Organ.) (Pol.)

Übersicht über Darst. u. Eigg. von Hydroxydihydrofuranen. Nach Ansicht des Vf. sind Furyliumsalze mit Pyryliumsalzen vergleichbar. Es ist unnötig, eine Aromatisierung des Dihydrofuranringes bei der Salz-Bldg. anzunehmen. Die Salze können vielmehr als Derivv. von Carbinolbasen betrachtet werden. — 51 Literaturangaben.

F. Urban. 3061 □

Einige Reaktionen des Furyl-(2)-lithiums. Visvanathan Ramanathan und Robert Levine. (J. org. Chemistry **27.** 1216—19. April 1962. Pittsburgh, Pa., Univ., Dep. of Chem.) (Engl.)

Die Rkk. von Furyl-(2)-lithium (I) mit CO_2, Aldehyden, Ketonen, Estern, Nitrilen u. Alkyl- bzw. Aralkylhalogeniden führten zu den erwarteten Produkten. Die Ausbeuten waren im allg. hoch mit Ausnahme derjenigen bei den Alkylierungen in Ae.; Alkylierungen in Tetrahydrofuran (THF) brachten ebenfalls hohe Ausbeuten.

Versuche (alle Rkk. unter N_2): *Furyl-(2)-lithium* (I), durch Zugabe von Furan zu einer äther. Lsg. von n-C_4H_9Li bei —20°, Erwärmen auf Raum-Temp. u. 4std. Kochen. — *2-Furoesäure*, F. 132°, durch Gießen der äther. Lsg. von I auf Trockeneis; 76,8% (Ausbeute). — *Furyl-(2)-diphenylcarbinol*, F. 92°, durch Zugeben von Benzophenon in Ae. zu äther. I bei —20° u. 16std. Kochen; 98,2%. — *Furyl-(2)-phenylcarbinol*, Kp.$_1$ 110°, aus Benzaldehyd u. I analog; 98,3%. — *Furyl-(2)-methylphenylcarbinol*, Kp.$_{0,6}$ 94°, aus Acetophenon u. I; 96,0%. — *Furyl-(2)-methyläthylcarbinol*, Kp.$_{20}$ 79—80°, aus Butanon u. I; 88,1%. — *1-[Furyl-(2)]-2-methylpropanol-(1)*, Kp.$_{12}$ 83—84°, aus Isobutyraldehyd u. I; 93,3%. — *1-[Furyl-(2)]-cyclohexanol*, F. 38°, Kp.$_{0,8}$ 74°, aus Cyclohexanon u. I; 94,7%. — *1.1-Bis-[furyl-(2)]-äthanol*, Kp.$_{0,8}$ 74—75°, aus Essigsäureäthylester u. I; 94,4%. — *Bis-[furyl-(2)]-phenylcarbinol*, Kp.$_{0,8}$ 152—155°, Kp.$_{0,1}$ 122°, aus Benzoesäureäthylester u. I; 44,4%; polymerisierte, bevor es analysiert werden konnte. — *2-Benzoylfuran*, Kp.$_{759}$ 285°, Kp.$_{0,7}$ 102—103°, durch Zugabe von Benzonitril zu äther. I bei —20°, Stehen über Nacht, Zers. mit Eis u. HCl u. 2std. Erwärmen der wss. Schicht (60°) zur Hydrolyse des entstandenen *Ketiminhydrochlorids*. — I u. Acetonitril gaben nur Harze. — *2-n-Butylfuran*, Kp.$_{759}$ 137°, aus n-Butylbromid u. I in Ae. (2,4%) oder besser in THF (1 Std. bei —15°, dann Stehen über Nacht; 77,4%). — *2-Benzylfuran*, Kp.$_8$ 92°, aus Benzylchlorid u. I in Ae.; 10,8%. — Rk. von Benzylchlorid mit I in THF gab 45,0% *Dibenzyl*, F. 52°. J. Rothe. 3061 □

Eigenschaften von 4-Hydroxymethylen-2.2.5.5-tetraalkylfuranidonen-(3). I. K. Korobitzyna, I. I. Popowa, N. N. Gaidamowitsch und Ju. K. Jurjew. (Журнал Общей Химии [J. allg. Chem.] **31** (93). 2542—48. Aug. 1961. Moskau, Lomonossow-Univ.) (Russ.)

Das aus 2.2.5.5-Tetramethylfuranidon-(3) u. Ameisensäureäthylester zugängliche 4-Hydroxymethylen-2.2.5.5-tetramethylfuranidon-(3) (I) gibt bei der Ozonolyse *2.2.5.5-Tetramethylfuranidindion-(3.4)*, *Tetramethyldiglykolsäure* u. *Ameisensäure*. Das Ergebnis bestätigt, daß die Enolisierung in Richtung der Aldehydgruppe erfolgt, d. h., daß I als Hydroxymethylen-Verb. vorliegt. Die Ketonspaltung von I erfordert erheblich schärfere Bedingungen als bei analogen aliphat. u. alicycl. Hydroxymethylenketonen. Mit NH_3 gibt I leicht das *4-Aminomethylen-*, mit Diäthylamin das *4-Diäthylaminomethylen-Deriv.*, die entsprechend anderen *β*-Aminovinylketonen mit $FeCl_3$ intensive Farb-Rkk. geben.

$SOCl_2$ führt I in die instabile, tränenreizende *4-Chlormethylen-Verb.* (II) über. Mit CH_2N_2 wird das leicht hydrolysierbare *4-Methoxymethylen-2.2.5.5-tetramethylfuranidon-(3)* (III) erhalten; die Methylierung mit CH_3J in Ggw. von K_2CO_3 in Aceton führt dagegen zu einer zu III isomeren Verb., die vermutlich *3-Methoxy-4-formyl-2.2.5.5-tetramethyl-2.5-dihydrofuran* (IV) darstellt.

Versuche: *2.2.5.5-Tetramethylfuranidindion-(3.4)*, durch Ozonisieren von I in CCl_4 bei 0°, Eindampfen, 3½std. Kochen mit W., Einstellen von pH 12 mit gesätt. Soda-Lsg. u. 15std. Extrahieren mit heißem Bzl. [*Phenylhydrazon*, F. 95—96° (A.)]; daneben aus der alkal. Lsg. *Tetramethyldiglykolsäure*, F. 153—155° (Chlf.). — *2.2.5.5-Tetramethylfuranidon-(3)*, Kp. 147—148°, durch 5std. Kochen von I mit 15%ig. NaOH; n_D^{20} 1,4200; 53,5%. *Semicarbazon*, F. 188—189°. — *2.5-Dimethyl-2.5-diäthylfuranidon-(3)*, Kp. 191—192°, analog Vorst. aus der 2-Hydroxymethylen-Verb.; n_D^{20} 1,4380; 50%. *Semicarbazon*, F. 136—137°. — 2.2.5.5-Tetramethylfuranidone-(3): *4-Aminomethylen-, Hydrat*, $C_9H_{15}NO_2 \cdot H_2O$, F. 104—105° (abs. A.–PAe.), durch Einleiten von NH_3 in die Lsg. von I in Chlf.; 89%. — *4-Diäthylaminomethylen-*, $C_{13}H_{23}NO_2$, Kp.$_2$ 113 bis 114°, durch Stehen von I mit Diäthylamin in abs. A. über Nacht; $D._4^{20}$ 0,9723, n_D^{20} 1,5200; 70%. — *4-Chlormethylen-* (II), $C_9H_{13}ClO_2$, F. 81° (A.), durch Zutropfen von $SOCl_2$ zu I unter Kühlung mit Eis/Salz-Gemisch; 80%. — *4-Methoxymethylen-* (III), $C_{10}H_{16}O_3$, Kp.$_5$ 98—99°, F. 30°, aus I u. äther. CH_2N_2; 80% (wird durch 10%ig. HCl zu I hydrolysiert). — 2.5-Dimethyl-2.5-diäthylfuranidone-(3), analog Vorst.: *4-Aminomethylen-, Hydrat*, $C_{11}H_{19}NO_2 \cdot H_2O$, F. 109—110°; 94%. — *4-Diäthylaminomethylen-*, $C_{15}H_{27}NO_2$, Kp.$_3$ 134—135°, $D._4^{20}$ 0,9710, n_D^{20} 1,5190; 54,5%. — *4-Chlormethylen-*, $C_{11}H_{17}ClO_2$, Kp.$_7$ 90—91°, $D._4^{20}$ 1,1200, n_D^{20} 1,4792; 71%. — *4-Methoxymethylen-*, $C_{12}H_{20}O_3$, Kp.$_4$ 88—89°, $D._4^{20}$ 1,0080, n_D^{20} 1,4810; 84%. — 2.2;5.5-Bis-[pentamethylen]-furanidone-(3): *4-Aminomethylen-*, $C_{15}H_{23}NO_2$, F. 152—153°; 97%. — *4-Diäthylaminomethylen-*, $C_{19}H_{31}NO_2$, F. 90—91°; 80%. — *4-Methoxymethylen-*, $C_{16}H_{24}O_3$, F. 134,5—135,5° (Zers.); 94%. — 2.2;5.5-Bis-[tetramethylen]-furanidone-(3): *4-Diäthylaminomethylen-, Hydrat*, $C_{17}H_{27}NO_2 \cdot H_2O$, F. 83,5—84,5°; 77%. — *4-Chlormethylen-*, $C_{13}H_{17}ClO_2$, Kp.$_2$ 109—111°, $D._4^{20}$ 1,1704, n_D^{20} 1,5219; 67%. — *4-Methoxymethylen-*, $C_{14}H_{20}O_3$, F. 55—56°, Kp.$_7$ 162—164°; 73%. — *3-Methoxy-4-formyl-2.2.5.5-tetramethyl-2.5-dihydrofuran*(?) (IV), $C_{10}H_{16}O_3$, F. 50—50,5°, durch 5std. Kochen von I mit CH_3J u. K_2CO_3 in Aceton; 70,8% (wird durch 10%ig. HCl zu I verseift). — *3-Methoxy-4-formyl-2.2;5.5-bis-[tetramethylen]-2.5-dihydrofuran*, $C_{14}H_{20}O_3$, F. 81—82°, analog IV; 36%. — *4-Formyl-2.2.5.5-tetramethylfuranidon-(3)-hydrazon*, $C_9H_{16}N_2O_2$, F. 110—111° (PAe.), a) durch ½ std. Kochen von III mit Hydrazinhydrat in Ae.; 97%; b) ebenso aus I; 98%; c) aus II 97,6%. — *2.2.5.5-Tetramethylpyrazolo-[4'.5':3.4]-2.5-dihydrofuran*, F. 223°, durch ½std. Kochen von IV mit Hydrazinhydrat in Ae. u. Erhitzen der zunächst gebildeten Verb. vom F. 113—114° über ihren F. bis zur erneuten Verfestigung. H.-E. TOUSSAINT. 3061 □

Synthese von Thiophenanaloga von Di- und Trimethoxychalkonen und ihren Vinylogen. W. F. Lawruschin, Ss. W. Zukerman und W. M. Nikittschenko. (Журнал Общей Химии [J. allg. Chem.] **31** (**93**). 2845—50. Sept. 1961. Charkow, Gorki-Univ.) (Russ.)

2.4-Dimethoxyzimtaldehyd läßt sich in guter Ausbeute durch Kondens. von 2.4-Dimethoxybenzaldehyd (I) mit Acetaldehyd darstellen. Zur Synth. von *2.4-Dimethoxybenzalaceton* (II) aus I ist der Einsatz eines großen Überschusses an Aceton vorteilhaft. Die Kondens. von I mit 1-[α-Thienyl]-buten-(1)-on-(3) in Ggw. von NaOH führt zu *1-[2.4-Dimethoxyphenyl]-5-[α-thienyl]-pentadien-(1.4)-on-(3)*, das ferner durch Rk. von Thiophen-2-aldehyd mit II zugänglich ist. Durch analoge Croton-Kondens. wurden einige Thiophenanaloga von methoxysubstituierten Chalkonen u. entsprechende Pentadienone synthetisiert.

Versuche: *2.4-Dimethoxyzimtaldehyd*, F. 100° (PAe.), durch 7tägiges Schütteln von I mit Acetaldehyd in wss-methanol. NaOH unter täglichem Zugeben von weiterem Acetaldehyd, Einengen u. Ausziehen mit Bzl.; 77% (Ausbeute). *2.4-Dinitrophenylhydrazon*, $C_{17}H_{16}N_4O_6$, F. 250° (Bzl.). *Semicarbazon*, F. 200°. — *2.4-Dimethoxybenzalaceton* (II), $C_{12}H_{14}O_3$, F. 64—65° (PAe.), durch Zutropfen von 10%ig. NaOH zu 2 g I u. 30 g Aceton in wss. Isopropanol; 2 g. *2.4-Dinitrophenylhydrazon*, $C_{18}H_{18}N_4O_6$, F. 247° (Bzl.). *Semicarbazon*, $C_{13}H_{17}N_3O_3$, F. 206° (A.). *Thiosemicarbazon*, F. 170°. — *2.4.6-Trimethoxybenzalaceton*, $C_{13}H_{16}O_4$, F. 123°, analog II. *2.4-Dinitrophenylhydrazon*, $C_{19}H_{20}N_4O_7$, F. 260° (Bzl.). *Semicarbazon*, $C_{14}H_{19}N_3O_4$, F. 182°, aus A. Nadeln. *Thiosemicarbazon*, $C_{14}H_{19}N_3O_3S$, F. 197° (A.). — Durch Zutropfen von 5—10%ig. NaOH zu einem Gemisch aus dem entsprechenden Methylketon u. Aldehyd in wenig A., Rühren u. Stehen über Nacht wurden dargestellt: *1-[2.4-Dimethoxyphenyl]-3-[α-thienyl]-propen-(1)-on-(3)*, $C_{15}H_{14}O_3S$, F. 94°, aus wss. A. grüngelbe Prismen; 77%. *2.4-Dinitrophenylhydrazon*,

$C_{21}H_{18}N_4O_6S$, F. 210° (Bzl.). — *1-[2.4-Dimethoxyphenyl]-3-[α-thienyl]-propen-(2)-on-(1)*, $C_{15}H_{14}O_3S$, F. 86,5°, aus wss. A. grüngelbe Prismen; 73%. *2.4-Dinitrophenylhydrazon*, $C_{21}H_{18}N_4O_6S$, F. 200° (Bzl.). — *1-[2.4.6-Trimethoxyphenyl]-3-[α-thienyl]-propen-(1)-on-(3)*, $C_{16}H_{16}O_4S$, F. 109°, aus wss. A. grüngelbe Nadeln; 95%. *2.4-Dinitrophenylhydrazon*, $C_{22}H_{20}N_4O_7S$, F. 232° (Essigsäure). — *1-[2.4.6-Trimethoxyphenyl]-3-[α-thienyl]-propen-(2)-on-(1)*, $C_{16}H_{16}O_4S$, F. 104°, aus wss. A. grüngelbe Prismen; 84%. *2.4-Dinitrophenylhydrazon*, $C_{22}H_{20}N_4O_7S$, F. 226° (Essigsäure). — *1-[2.4-Dimethoxyphenyl]-5-[α-thienyl]-pentadien-(1.3)-on-(5)*, $C_{17}H_{16}O_3S$, F. 145°, aus wss. A. gelbe Blättchen; 83%. *2.4-Dinitrophenylhydrazon*, $C_{23}H_{20}N_4O_6S$, F. 200° (Bzl.). — *1-[2.4-Dimethoxyphenyl]-5-[α-thienyl]-pentadien-(1.4)-on-(3)*, $C_{17}H_{16}O_3S$, F. 71°, aus wss. A. gelbe Blättchen; 80 bzw. 69%. *2.4-Dinitrophenylhydrazon*, $C_{23}H_{20}N_4O_6S$, F. 170° (Bzl.). — *1-[2.4-Dimethoxyphenyl]-5-[α-thienyl]-pentadien-(2.4)-on-(1)*, $C_{17}H_{16}O_4S$, F. 118°, aus wss. A. gelbe Blättchen; 78%. *2.4-Dinitrophenylhydrazon*, $C_{23}H_{20}N_4O_6S$, F. 205° (Bzl.). — *1-[2.4.6-Trimethoxyphenyl]-5-[α-thienyl]-pentadien-(1.4)-on-(3)*, $C_{18}H_{18}O_4S$, F. 160°, aus wss. A. gelbe Prismen; 83 bzw. 85%. *2.4-Dinitrophenylhydrazon*, $C_{24}H_{22}N_4O_7S$, F. 235° (Essigsäure). — *1-[2.4.6-Trimethoxyphenyl]-5-[α-thienyl]-pentadien-(2.4)-on-(1)*, $C_{18}H_{18}O_4S$, F. 110°, aus wss. A. gelbe Prismen; 79%. *2.4-Dinitrophenylhydrazon*, $C_{24}H_{22}N_4O_7S$, F. 238° (Essigsäure).
H.-E. TOUSSAINT. 3071 □

Über β-Aminosäuren der Thionaphthenreihe. W. P. Mamajew und O. P. Schkurko. (Журнал Общей Химии [J. allg. Chem.] **31** (93). 3288—91. Okt. 1961. Inst. für org. Chem. der Sibir. Filiale der Akad. der Wiss. der UdSSR.) (Russ.)

Die Kondens. von Thionaphthen-2-aldehyd (**I**) mit Buttersäure u. Ammoniak nach RODIONOW führt zu *β-[Thionaphthenyl-(2)]-β-alanin* (**II**), dessen N-Acetyl-Deriv. durch RANEY-Ni zu *δ-Phenyl-β-acetylaminovaleriansäure* desulfuriert wird. Aus Thionaphthen-3-aldehyd (**III**) stellt man analog über *β-[Thionaphthenyl-(3)]-β-alanin* u. dessen N-Acetyl-Deriv. *γ-Phenyl-β-acetylaminovaleriansäure* dar. Bei der RODIONOW-Kondens. erwies sich **I** als merklich aktiver als **II**, während Thiophen-3-aldehyd bekanntlich umgekehrt reaktionsfähiger als Thiophen-2-aldehyd ist. Diese Beobachtung bestätigt erneut die Analogie im reaktiven Verh. zwischen der 3-Stellung des Thionaphthen- u. der 2-Stellung des Thiophensystems.

Versuche: *Thionaphthen-2-aldehyd* (**I**), F. 33,5—34,5°, durch Zutropfen von n-Butylbromid zu Li in Ae., 1std. Kochen, Filtrieren durch Watte, Zutropfen von Thionaphthen in Ae. unter Kühlung, 1½ std. Rühren bei 18°, Zugeben von N-Methylformanilid in Ae., Stehen über Nacht, Gießen auf Eis/HCl u. Ausäthern; 77% (Ausbeute). — *3-Chlormethylthionaphthen*, $Kp._{10}$ 138—139°, durch Chlormethylierung von Thionaphthen; 30%. — *Thionaphthen-3-aldehyd* (**III**), F. 56—57°, aus vorst. Verb. nach KING u. NORD [1948]; 50%. — *β-[Thionaphthenyl-(2)]-β-alanin* (**II**), $C_{11}H_{11}NO_2S$, F. 241—241,5° (Zers.), durch 1std. Erhitzen von **I** mit Buttersäure u. NH_4-Acetat in Eisessig auf 110°, Eindampfen im Vakuum bei 60—70°, Zusetzen von 10%ig. HCl, Zentrifugieren, Reinigen der salzsauren Lsg. über Ionenaustauscher Dowex-50w-4 (Nachwaschen mit W., Aceton u. wieder W.) u. Einengen; 66,5% [daneben aus dem abzentrifugierten Nd. *β-[Thionaphthenyl-(2)]-acrylsäure*, F. 234—235° (Zers.; A.), 27,3%]. *N-Benzoyl-Deriv.*, $C_{18}H_{15}NO_3S$, F. 194—195° (A.). *N-Acetyl-Deriv.*, $C_{13}H_{13}NO_3S$, F. 230,5—231,5° (W.). — *δ-Phenyl-β-acetylaminovaleriansäure*, F. 121,5—122° (W.), durch anteilweises Zugeben von RANEY-Ni zu vorst. Acetyl-Deriv. in 10%ig. Soda-Lsg. auf dem Wasserbad u. Ansäuern mit HCl; 53%. — *β-[Thionaphthenyl-(3)]-β-alanin*, $C_{11}H_{11}NO_2S$, F. 241—242°, analog **II** aus **III**; 55,8% [daneben *β-[Thionaphthenyl-(3)]-acrylsäure*, F. 223—224° (Zers.; wss. A.), 25%]. *N-Benzoyl-Deriv.*, $C_{18}H_{15}NO_3S$, F. 210—210,5° (wss. A.). *N-Acetyl-Deriv.*, $C_{13}H_{13}NO_3S$, F. 191—192° (wss. A.). — *γ-Phenyl-β-acetylaminovaleriansäure*, $C_{13}H_{17}NO_3$, F. 141—142° (W.), durch Desulfurierung von 0,15 g des vorst. Acetyl-Deriv. mit RANEY-Ni; 0,07 g. H.-E. TOUSSAINT. 3071 □

Über die Struktur des sogenannten Thiolandithions-(3.4). Salo Gronowitz und Pinchas Moses. (Acta chem. scand. **16.** 105—10. 1962. Uppsala, Sweden, Univ., Inst. of Chem.) (Engl.)

3-Brom-4-mercaptothiophen (**I**) wird mit n-Butyl-Li bei —70° u. anschließend mit S unter Bldg. von *3.4-Dimercaptothiophen* (**II**) umgesetzt. IR-, UV- u. NMR-Spektren zeigen, daß **II** in der Dithiolform vorliegt. Die bei der Thiophen-Synth. aus Butan u. S als Nebenprod. entstehende u. als Thiolandithion-(3.4) beschriebene Verb. ist wahrscheinlich *5-Methyl-1.2-dithiolthion-(3)*.

Versuche: *3.4-Dimercaptothiophen* (**II**), $C_4H_4S_3$, $Kp._{1,5}$ 88—93°, durch Zugabe von **I** in Ae. zu n-Butyl-Li in Ae. (1,29n Lsg.) bei —70° unter N_2 (10 Min.), Zugabe von S, ½ std. Rühren bei —70°, Gießen in W., Extrahieren der Ae.-Phase mit 2n NaOH, Ansäuern der wss. Phasen mit 2n HCl, Ausäthern u. Dest.; gelbes Öl; 49% (Ausbeute). —

Thieno-[3.4:d]-1.3-dithiolanthion-(2), $C_5H_2S_4$, F. 141—141,5°, durch 4std. Kochen von II mit CS_2 u. 2n NaOH unter N_2 u. Eindampfen; aus Essigsäure bernsteinfarbene Nadeln; 48% (Rohprod.). P. GOLINSKE. 3112□

Sekundäre Indazolylcarbinole. Franco Piozzi, Mirella Cecere und Luciana Merlini. (Atti. Accad. naz. Lincei, Rend., Cl. Sci. fisiche, mat. natur. [8] **27**. 123—26. Sept./Okt. 1959. Milano, Politecn., Ist. di Chim. gen., Centro di Chim. ind. del C.N.R.) (Ital.)

Zur Darst. einiger *[Indazolyl-(3)]-alkyl-(aryl)-carbinole* (**A**) werden entsprechende 3-Acylindazole, wie 3-Acetyl-, 3-Benzoyl-, 3-Trimethylacetyl-, 3-Trimethylacetyl-5-methyl- u. 3-Trimethylacetyl-5.7-dimethylindazol der Red. mit $LiAlH_4$ unterworfen. Die Struktur der **A** wird durch Auswertung der IR- u. UV-Spektren bestätigt.

Versuche: *[Indazolyl-(3)]-methylcarbinol*, $C_9H_{10}N_2O$, F. 113—114° (Bzl.–Hexan; Nadeln), durch 6std. Kochen von 3-Acetylindazol mit der gleichen Menge $LiAlH_4$ in Ae., Zugabe von W. u. Eindampfen der abgetrennten Ae.-Schicht. — *[Indazolyl-(3)]-phenylcarbinol*, $C_{14}H_{12}N_2O$, F. 166° (wss. A.), wie vorst. aus 3-Benzoylindazol. — *[Indazolyl-(3)]-tert.-butylcarbinol*, $C_{12}H_{16}N_2O$, F. 172,5—173° (wss. A.). — *[5-Methylindazolyl-(3)]-tert.-butylcarbinol*, $C_{13}H_{18}N_2O$, F. 209° (wss. A.; Nadeln). — *[5.7-Dimethylindazolyl-(3)]-tert.-butylcarbinol*, $C_{14}H_{20}N_2O$, F. 128° (wss. A.). G. PLATZER. 3122□

Untersuchungen in der Reihe der Isoxazolverbindungen. 1. Mitt. **Einige Reaktionen von 3-Methyl-4-benzoyl-5-chlorisoxazol.** I. Ja. Posstowski und Ss. W. Ssokolow. (Журнал Общей Химии [J. allg. Chem.] **29** (**91**). 3446—50. Okt. 1959. Uraler Polytechn. Inst.) (Russ.)

Das aus 3-Methyl-4-benzoyl-5-hydroxyisoxazol (**II**) mit $SOCl_2$ zugängliche *5-Chlor-Deriv.* (**I**) enthält im Mol. die Strukturelemente eines β-Chlorvinylketons u. ist daher bes. für Synth. heterocycl. Verbb. von präparativem Interesse. So führt die Rk. mit Hydrazin zu *3-Methyl-4-phenylpyrazolo-[4.5:d]-isoxazol* (*3-Methyl-3'-phenylpyrazolo-[4'.5':4.5]-isoxazol*), mit Phenylhydrazin (**III**) zur entsprechenden *4.6-Diphenyl-Verb.*, die auch direkt aus **II** darzustellen ist. o-Phenylendiamin kondensiert mit **I** zu *3-Methyl-4-phenyl-6'.7'-benzo-1'.5'-heptadiazino-[2.3:d]-isoxazol* [*2.3-Benzo-5-phenyl-3'-methylisoxazolo-[4'.5':6.7]-1.4-diazacycloheptatrien-(2.4.6)*]. Mit CH_2N_2 tritt entgegen den Erwartungen keine Cyclisierung zum Pyrazoloisoxazol, sondern allein Substitution des Cl unter Bldg. von *3-Methyl-4-benzoylisoxazolyl-(5)-diazomethan* (**IV**) ein, dessen Struktur u. a. durch das IR-Spektrum bestätigt wird. Auch Methylamin u. Thiophenole reagieren mit **I** unter Ersatz des Halogens. Bei der spektroskop. Unters. fällt auf, daß die bei aromat. Ketonen im Bereich 1640—1670 cm^{-1} liegenden Valenzschwingungen der CO-Gruppe im Spektrum von **I** bei 1750, von **IV** bei 1708 cm^{-1} auftreten, was im Falle von **I** den starken Einfl. des Cl-Atoms auf die CO-Gruppe unterstreicht. **I** läßt sich als Vinyloges eines Säurechlorids, **IV** als Vinyloges eines Diazoketons auffassen.

Versuche: 3-Methyl-4-benzoylisoxazole: *5-Chlor-* (**I**), F. 93—95°, aus **II** u. $SOCl_2$ nach SPERONI u. GIACHETTI (C. **1954**. 4814); 60—70% (Ausbeute). — *5-Methylamino-*, $C_{12}H_{12}N_2O_2$, F. 163—164°, durch Zugeben von **I** zu mit Methylamin gesätt. abs. A., 10 Min. langes Kochen u. Einengen; aus wss. A. Prismen; 86%. — *5-[p-Nitrophenylmercapto]-*, $C_{17}H_{12}N_2O_4S$, F. 217—220° (Zers.), durch 2std. Kochen von **I** mit Na-p-Nitrothiophenolat in abs. A.; aus Dioxan gelbe Prismen; 72%. — *3-Methyl-4.6-diphenylpyrazolo-[4.5:d]-isoxazol*, $C_{17}H_{13}N_3O$, F. 183—184° (Zers.), aus A. Prismen, a) durch 5 Min. langes Kochen von **I** mit **III** in abs. A.; 80%; b) durch 2std. Kochen von **II** mit **III** in verd. Essigsäure; 88%. — *3-Methyl-4-phenylpyrazolo-[4.5:d]-isoxazol*, $C_{11}H_9N_3O$, F. 192—193° (Zers.), analog vorst. Verb. aus **I** u. Hydrazin; aus W. Schuppen; 55%. — *2.3-Benzo-5-phenyl-3'-methylisoxazolo-[4'.5':6.7]-1.4-diazacycloheptatrien-(2.4.6)*, $C_{17}H_{13}$·N_3O, Zers. bei 182°, durch Erhitzen von **I** mit o-Phenylendiamin in abs. A.; aus Butanol gelbe Prismen; 98%. — *3-Methyl-4-benzoylisoxazolyl-(5)-diazomethan* (**IV**), $C_{12}H_9N_3O_2$, Zers. bei 136—138°, aus **I** u. CH_2N_2 in Ae.; aus Bzl.–PAe. gelbe Nadeln; 68%.

H.-E. TOUSSAINT. 3132□

Synthese einiger Amino-1.3.4-oxadiazole. A. P. Grekow und W. I. Grigorjewa. (Журнал Общей Химии [J. allg. Chem.] **31** (**93**). 4012—15. Dez. 1961.) (Russ.)

Bei 2.5-Bis-[p-nitrophenyl]- (**I**) u. 2.5-Bis-[m-nitrophenyl]-1.3.4-oxadiazol (**II**) wird durch Phenylhydrazin in α-Methylnaphthalin nur je eine Nitrogruppe zur Aminogruppe red., bei 2.5-Bis-[o-nitrophenyl]-1.3.4-oxadiazol dagegen beide. Die Rk. gelingt auch, wenn statt des einen Phenylrestes am Oxadiazol ein Pyridylrest vorhanden ist.

Versuche: 1.3.4-Oxadiazole: *2.5-Bis-[p-nitrophenyl]-* (**I**), $C_{14}H_8N_4O_5$, F. 315 bis 315,5°, aus 1.2-Bis-[p-nitrobenzoyl]-hydrazin mit $POCl_3$ durch 20std. Kochen; 83% (Ausbeute). — *2-[p-Aminophenyl]-5-[p-nitrophenyl]-*, $C_{14}H_{10}N_4O_3$, F. >300° (Zers.), aus **I** u. Phenylhydrazin in α-Methylnaphthalin, 2½—3 Std. bei 120—130°, gegen Ende der Rk.

bei 190—195°; 97%. — *2.5-Bis-[m-nitrophenyl]-* (II), F. 228°, durch 17std. Kochen von 1.2-Bis-[m-nitrobenzoyl]-hydrazin mit $POCl_3$; 89%. — *2-[m-Aminophenyl]-5-[m-nitrophenyl]-*, $C_{14}H_{10}N_4O_3$, F. 221° (Eisessig), durch 2½—3std. Erhitzen von II mit Phenylhydrazin in α-Methylnaphthalin auf 100—120°, gegen Ende der Rk. auf 160—170°; gelb; 64%. — *2-[p-Nitrophenyl]-5-[p-methoxyphenyl]-*, $C_{15}H_{11}N_3O_4$, F. 227—228°, durch 2std. Kochen von 1-[p-Nitrobenzoyl]-2-[p-methoxybenzoyl]-hydrazin mit $POCl_3$; gelb; 72%. — *2-[p-Aminophenyl]-5-[p-methoxyphenyl]-*, $C_{15}H_{13}N_3O_2$, F. 183° (Bzl.), durch 6std. Erhitzen vorst. Verb. mit Phenylhydrazin in α-Methylnaphthalin auf 140—150°, gegen Ende der Rk. auf 175—185°; 62%. — *2-[p-Aminophenyl]-5-[β-pyridyl]-*, $C_{13}H_{10}N_4O$, F. 195° (A.), durch 3std. Erhitzen von 2-[p-Nitrophenyl]-5-[β-pyridyl]-1.3.4-oxadiazol mit Phenylhydrazin in α-Methylnaphthalin auf 130—160°; 20%. — *2-[p-Chlorphenyl]-5-[p-methoxyphenyl]-*, $C_{15}H_{11}ClN_2O_2$, F. 166° (nach Chromatographie aus Bzl. an Al_2O_3), durch 1std. Erhitzen des entsprechenden Hydrazin-Deriv. mit $POCl_3$; 89%. — *2.5-Bis-[o-aminophenyl]-*, $C_{14}H_{12}N_4O$, F. 229,5—230° (Eisessig, A.), durch 3std. Erhitzen von 2.5-Bis-[o-nitrophenyl]-1.3.4-oxadiazol mit Phenylhydrazin in α-Methylnaphthalin auf 90—110°; 33%. — *1-[p-Nitrobenzoyl]-2-[p-methoxybenzoyl]-hydrazin*, $C_{15}H_{13}N_3O_5$, F. 257°, aus p-Methoxybenzoylhydrazin u. p-Nitrobenzoylchlorid in Pyridin bei 100°; gelb; 59%. — *1-[p-Chlorbenzoyl]-2-[p-methoxybenzoyl]-hydrazin*, $C_{15}H_{13}ClN_2O_3$, F. 233—234° (Dioxan, Eisessig), durch 1std. Erhitzen von p-Methoxybenzoylhydrazin u. p-Chlorbenzoylchlorid in Pyridin auf 100°; 53,7%. B. CELMS. 3163□

2-Phenylbenzo-[b]-cyclopenta-[e]-pyran und Benzo-[b]-indeno-[1.2 : e]-pyran. G. V. Boyd. (Chem. and Ind. **1957**. 1244. 14/9.) (Engl.)

Vorl. Mitt. zu der C. **1960**. 7511 referierten Arbeit. Nachzutragen ist: *Benzo-[b]-indeno-[1.2:e]-pyran*, $C_{16}H_{10}O$, F. 176,5—177°, durch Kochen von Salicylaldehyd u. Indanon-(2) in A. in Ggw. von Piperidinacetat; rote Platten; 80% Ausbeute. — *Verb. vom F. 291°*, durch Einw. von heißem Eisessig auf vorst. Verb. als purpurfarbene Substanz. W. HAMPEL. 3211□

Synthese von 6-Benzoyl-8-methylflavonoiden. Kumuda C. Amin und G. C. Amin. (J. Indian chem. Soc. **38**. 391—94. Juli 1961. Visnagar, M. N. Coll., Chem. Dep.) (Engl.) — Vgl. C. **1961**. 2273.

6-Benzoyl-8-methylflavanone, *-flavone* u. *-flavonole* werden aus 5′-Benzoyl-3′-methyl-2′-hydroxychalkon-Derivv. durch Einw. von verd. äthanol. H_2SO_4, SeO_2 bzw. alkal. H_2O_2 dargestellt.

Versuche: *5′-Benzoyl-3′-methyl-2′-hydroxychalkone*: *Unsubstituiert*, $C_{23}H_{18}O_3$, F. 134°, durch Zugabe von 40%ig. KOH zu 5-Benzoyl-3-methyl-2-hydroxyacetophenon u. dem entsprechenden Aldehyd in A. unter Schütteln, 5—10 Min. langes Erhitzen auf dem Wasserbad, mehrstd. Stehen bei 22—26°, Verdünnen mit W. u. Ansäuern mit HCl (1:1); tiefrote Farbe mit H_2SO_4, mit NaOH gelbe Farbe, rötlichbraun mit äthanol. $FeCl_3$; aus Essigsäure gelbe Nadeln. *Acetyl-Deriv.*, $C_{25}H_{20}O_4$, F. 96°; aus A. gelbe Nadeln. — *3-Hydroxy-*, $C_{23}H_{18}O_4$, F. 166°, analog vorst. Verb.; aus Essigsäure blaßgelbe Nadeln. *Diacetyl-Deriv.*, $C_{27}H_{22}O_6$, F. 109°; aus A. Nadeln. — *2-Methoxy-*, $C_{24}H_{20}O_4$, F. 160°; aus Essigsäure gelbe Körnchen. *Acetyl-Deriv.*, $C_{26}H_{22}O_5$, F. 101°; aus Essigester Platten. — *3.4-Dimethoxy-*, $C_{25}H_{22}O_5$, F. 165°; aus Essigsäure gelbe Nadeln. *Acetyl-Deriv.*, $C_{27}H_{24}O_6$, F. 117°; aus A. blaßgelbe Nadeln. — *3.4-Methylendioxy-*, $C_{24}H_{18}O_5$, F. 191°; aus Essigsäure gelbe Nadeln. *Acetyl-Deriv.*, $C_{26}H_{20}O_6$, F. 147°; aus A. gelbliche Nadelbüschel. — *3-Nitro-*, $C_{23}H_{17}NO_5$, F. 175°; aus Essigsäure grünschimmernde Nadeln. *Acetyl-Deriv.*, $C_{25}H_{19}NO_6$, F. 143°; aus A. gelbliche Nadeln. — *3-Chlor-4-methoxy-*, $C_{24}H_{19}ClO_4$, F. 150°; aus Essigsäure grünlichgelbe Nadeln. *Acetyl-Deriv.*, $C_{26}H_{21}ClO_5$, F. 134°; aus Essigester schwachgelbe Körner. — 6-Benzoyl-8-methylflavanone, durch Versetzen des entsprechenden Chalkons in A. mit 10%ig. wss. H_2SO_4 u. 25—35std. Kochen: *Unsubstituiert*, $C_{23}H_{18}O_3$, F. 108°; aus A. Platten. — *3′-Hydroxy-*, $C_{23}H_{18}O_4$, F. 124°; aus A. gelbe Platten. — *2′-Methoxy-*, $C_{24}H_{20}O_4$, F. 134°; aus A. blaßgelbe Nadeln. — *3′.4′-Dimethoxy-*, $C_{25}H_{22}O_5$, F. 127°; aus A. gelbliche Körnchen. — *3′.4′-Methylendioxy-*, $C_{24}H_{18}O_5$, F. 154°; aus A. gelblichbraune Körner. — *3′-Nitro-*, $C_{23}H_{17}NO_5$, F. 144°; aus A. gelbliche Platten. — *3′-Chlor-4′-methoxy-*, $C_{24}H_{19}ClO_4$, F. 151°; aus A. graue Körnchen. — 6-Benzoyl-8-methylflavone, durch Zugabe von SeO_2 zu dem Chalkon in abs. Isoamylalkohol u. 18—20std. Kochen: *Unsubstituiert*, $C_{23}H_{16}O_3$, F. 183°; aus A. Körner. — *3′-Hydroxy-*, $C_{23}H_{16}O_4$, F. 240°; aus Essigsäure gelbe Körner. — *2′-Methoxy-*, $C_{24}H_{18}O_4$, F. 210°; aus Essigsäure bräunliche Körner. — *3′.4′-Dimethoxy-*, $C_{25}H_{20}O_5$, F. 254°; aus A. gelbliche Nadeln. — *3′.4′-Methylendioxy-*, $C_{24}H_{16}O_5$, F. 225°; aus Essigsäure gelbliche Nadeln. — *3′-Nitro-*, $C_{23}H_{15}NO_5$, F. 241°; aus Essigsäure gelbliche Nadeln. — *3′-Chlor-4′-methoxy-*, $C_{24}H_{17}ClO_4$, F. 222°; aus Essigsäure bräunliche Nadeln. — 6-Benzoyl-8-methylflavonole, durch Zugabe von 5%ig. NaOH zu dem entsprechenden Chalkon in A., Versetzen der rotbraunen Lsg. mit 16%ig. H_2O_2, 3—4std. Stehen im Eisbad, mehrstd. Stehen bei 22—26°, Verdünnen mit kaltem W. u. Ansäuern mit verd. HCl; grünlichblaue Fluorescenz mit konz. H_2SO_4: *Unsubstituiert*, $C_{23}H_{16}O_4$, F. 247°; aus Essigsäure gelbe Körner. *Acetyl-Deriv.*, $C_{25}H_{18}O_5$, F. 191°, mit Acetanhydrid/Pyridin; aus A. Nadeln. — *3'-Hydroxy-*, $C_{23}H_{16}O_5$, F. 217°; aus Essigsäure grünliche Nadeln. *Diacetyl-Deriv.*, $C_{27}H_{20}O_7$, F. 181°; aus A. Platten. — *2'-Methoxy-*, $C_{24}H_{18}O_5$, F. 250°; aus Essigsäure gelbliche Nadeln. *Acetyl-Deriv.*, $C_{26}H_{20}O_6$, F. 205°; aus A. Nadeln. — *3'.4'-Dimethoxy-*, $C_{25}H_{20}O_6$, F. 233°; aus Essigsäure hellgelbe Nadeln. *Acetyl-Deriv.*, $C_{27}H_{22}O_7$, F. 201°; aus A. Nadeln. — *3'.4'-Methylendioxy-*, $C_{24}H_{16}O_6$, F. 260°; aus Essigsäure gelbliche Nadeln. *Acetyl-Deriv.*, $C_{26}H_{18}O_7$, F. 220°; aus A. Nadeln. — *3'-Nitro-*, $C_{23}H_{15}NO_6$, F. 190°; aus Essigsäure Körner. *Acetyl-Deriv.*, $C_{25}H_{17}NO_7$, F. 124°; aus A. blaßgelbe Platten. — *3'-Chlor-4'-methoxy-*, $C_{24}H_{17}ClO_5$, F. 261°; aus Essigsäure bräunliche Nadeln. *Acetyl-Deriv.*, $C_{26}H_{19}ClO_6$, F. 189°; aus A. Nadeln.

P. Golinske. 3211 □

Einige Beobachtungen bei der Pechmann-Reaktion. D. E. Winkler und R. R. Whetstone. (J. org. Chemistry **26**. 784—87. März 1961. Emeryville, Calif., Shell Dev. Co.) (Engl.)

α-Resorcylsäure, der Methyl- u. Butylester sowie *3-Dimethylamino-5-pentylphenol* gehen mit 5-Methylcyclohexanon-2-carbonsäureäthylester (I) unter verschiedenen Vers.-Bedingungen keine Pechmann-Rk. ein. Ist die Carboxylgruppe jedoch über eine Methylengruppe mit dem Ring verbunden — wie bei der *3.5-Dihydroxyphenylessigsäure* —, tritt die Rk. schon bei Zimmer-Temp. ein. Vff. beschreiben außerdem einen nicht zu erwartenden Ringschluß bei der Rk. eines 5-Alkylresorcins mit **I**. Die Rk.-Mechanismen werden diskutiert.

Versuche: *α-Resorcylsäure* (*3.5-Dihydroxybenzoesäure*), F. 236—237° (W.), durch langsames Erhitzen von Benzoesäure u. 30%ig. rauchender H_2SO_4 auf 230—240° u. 5std. Stehen bei gleicher Temp., Verdünnen mit W., Gießen in warme wss. NaCl-Lsg., Stehen über Nacht im Eisbad u. Behandeln des *3.5-Disulfobenzoesäure-Na-Salzes* nach Weston u. Suter (vgl. Org. Syntheses **21**. [1941.] 27); 73% (Ausbeute). — *3.5-Dimethoxyphenylmethylketon*, aus 3.5-Dimethoxybenzamid u. CH_3MgJ nach Suter u. Weston (vgl. J. Amer. chem. Soc. **61**. [1939.] 232). — *3.5-Dimethoxyphenylessigsäure*, $C_{10}H_{12}O_4$, F. 100,5—101° (W.), durch 14std. Kochen einer Mischung von vorst. Verb., S u. Morpholin, 12std. Kochen des entstandenen *Thiomorpholids* in wss. KOH u. Fällen mit HCl; 69%. — *3.5-Dihydroxyphenylessigsäure*, $C_8H_8O_4$, F. 128—128,5°, durch 16std. Kochen einer Lsg. von vorst. Verb. in 48%ig. HBr, Essigsäure u. HJ, Entfernung etwa der Hälfte des Lsgm. im Vakuum, Verdünnen des Rückstands mit W., Ae.-Extraktion, Lösen des Rohprod. in Äthylacetat u. Fällen mit Bzl. oder Chlf.; 83% (roh). — *1-Hydroxy-3-carboxymethyl-9-methyl-7.8.9.10-tetrahydrodibenzopyron-(6)*, $C_{16}H_{16}O_5$, F. 240—241° (40%ig. A.), durch 5tägiges Stehen einer Lsg. von vorst. Säure u. **I** in 80%ig. H_2SO_4 bei Zimmer-Temp. u. Gießen in Eiswasser; 32%. — *1-Pentyl-3-hydroxy-9-methyl-7.8.9.10-tetrahydrodibenzopyron-(6)*, $C_{19}H_{24}O_3$, F. 191—192° (Äthylacetat-80%ig. A.), durch 5std. Erhitzen von 3.5-Dihydroxypentylbenzol u. **I** auf 180°; 50%. — *1-Hydroxy-3-pentyl-9-methyl-7.8.9.10-tetrahydrodibenzopyron-(6)*, F. 177—177,5°, nach Adams u. Baker (vgl. J. Amer. chem. Soc. **62**. [1940.] 2401). — *3-Dimethylamino-9-methyl-7.8.9.10-tetrahydrodibenzopyron-(6)*, $C_{16}H_{19}NO_2$, F. 122—123° (Toluol), durch 20std. Kochen von 3-Dimethylaminophenol, **I** u. wasserfreiem $ZnCl_2$ in A., Lösen des Eindampfrückstands in Chlf. u. Vakuum-Dest.; grünlichgelb; 20%. — *3-Dimethylamino-5-pentylphenol*, $C_{13}H_{21}NO$, $Kp._{0,2}$ 141—145°, durch 12std. Schütteln einer Mischung von Pentyl-3.5-dihydroxybenzol, Dimethylamin, W. u. 85%ig. H_3PO_4 im Autoklaven bei 175°, Entfernung des überschüssigen Amins im Vakuum, Lösen des Rückstands in Ae., Extraktion mit 1nHCl, Fällen mit $NaHCO_3$ u. Ae.-Extraktion; 50%.

O. Wolf. 3211 □

Furanidinobenzopyryliumsalze. I. K. Korobitzyna, Tschen-le In und Ju. K. Jurjew. (Журнал Общей Химии [J. allg. Chem.] **31** (93). 2548—52. Aug. 1961. Moskau, Lomonossow-Univ.) (Russ.)

Die Kondens. von 2.2.5.5-Tetramethylfuranidon-(3) (**I**) mit Salicylaldehyd (**II**) führt zu *4-[o-Hydroxybenzyliden]-2.2.5.5-tetramethylfuranidon-(3)* (**III**), das katalyt. zur *4-[o-Hydroxybenzyl]-Verb.* (**IV**) hydriert wird. Durch $HClO_4$ wird **III** zu *2'.2'.5'.5'-Tetramethyl-2'.5'-dihydrofurano-[4'.3':2.3]-benzopyrylium*(**V**)-*Perchlorat* cyclisiert; mit HCl u. $FeCl_3$ wird **V**-*Chloroferrat* erhalten. **V**-Perchlorat ist im Gegensatz zu anderen bekannten Benzopyryliumsalzen ungefärbt. Die wss. Hydrolyse der **V**-Salze führt zu dem nur in neutraler Lsg. beständigen *2'.2'.5'.5'-Tetramethyl-2'.5'-dihydrofurano-[4'.3':2.3]-chromen-*

(*3*)-*ol*-(*2*) (**VI**), das durch Säure wieder in **V**-Salze, durch Alkali in **III** umgewandelt wird. **VI** wird auch beim Einleiten von HCl in die äther. Lsg. von **III** gebildet. Die Hydrierung von **VI** verläuft unter Ringöffnung u. Bldg. von **IV**; durch Methylierung wird *2-Methoxy-2'.2'.5'.5'-tetramethyl-2'.5'-dihydrofurano-[4'.3':2.3]-chromen-(3)* erhalten.

Versuche: 2.2.5.5-Tetramethylfuranidone-(3): *4-[o-Hydroxybenzyliden]-* (**III**), $C_{15}H_{18}O_3$, F. 150—151° (A.), a) durch 3std. Erhitzen von **I** mit **II** in Ggw. von KOH in abs. A., Verdünnen mit W. u. Ansäuern mit HCl; 77% (Ausbeute); b) durch Lösen von **VI** in 2nNaOH u. Ansäuern. — *4-[o-Hydroxybenzyl]-* (**IV**), $C_{15}H_{20}O_3$, F. 87—89° (Methanol), a) durch Hydrieren von **III** in abs. A. über Pd/$BaSO_4$; 95%; b) ebenso aus **VI**; 88%. — *4-[o-Methoxybenzyliden]-*, $C_{16}H_{20}O_3$, F. 92—93° (wss. A.), a) analog **III** aus **I** u. o-Methoxybenzaldehyd; 98%; b) durch 3std. Erwärmen von **III** mit Dimethylsulfat in 2nNaOH; 65,5%. — *4-[o-Hydroxybenzyliden]-2.5-dimethyl-2.5-diäthylfuranidon-(3)*, $C_{17}H_{22}O_3$, F. 126—127° (A.), analog **III** nach a); 14,5%. — *2'.2'.5'.5'-Tetramethyl-2'.5'-dihydrofurano-[4'.3':2.3]-benzopyrylium* (**V**)-*Salze*: *Chloroferrat*, $C_{15}H_{17}Cl_4FeO_2$, F. 152 bis 153° (Eisessig), a) durch Zutropfen von $FeCl_3$ in konz. HCl zu **III** in Eisessig; rotgelb; 80%; b) analog aus **VI**; 100%. *Perchlorat*, $C_{15}H_{17}ClO_6$, F. 214—215,5° (Zers.; Eisessig), durch Zutropfen von $HClO_4$ u. Essigsäureanhydrid zu **III** in Eisessig; 61,5%. — *2'.5'-Dimethyl-2'.5'-diäthyl-2'.5'-dihydrofurano-[4'.3':2.3]-benzopyryliumsalze*: *Chloroferrat*, $C_{17}H_{21}Cl_4FeO_2$, F. 89—90° (Eisessig), analog dem **V**-Salz; rotgelb; 75,5%. *Perchlorat*, $C_{17}H_{21}ClO_6$, F. 160—161° (Essigsäure–Ae.); 31%. — *2'.2'.5'.5'-Tetramethyl-2'.5'-dihydrofurano-[4'.3':2.3]-chromen-(3)-ol-(2)* (**VI**), $C_{15}H_{18}O_3$, F. 113—114° (A.), a) durch Zutropfen von W. zu **V**-Chloroferrat oder **V**-Perchlorat; 100%; b) durch Einleiten von HCl in die Lsg. von **III** in abs. Ae. u. Stehen über Nacht; 100%. — *2-Methoxy-2'.2'.5'.5'-tetramethyl-2'.5'-dihydrofurano-[4'.3':2.3]-chromen-(3)*, $C_{16}H_{20}O_3$, F. 93—94° (Methanol), durch Zugeben von **V**-Chloroferrat zu $NaOCH_3$ in abs. Methanol u. Verdünnen mit W.; 88,5%.

H.-E. TOUSSAINT. 3211□

Heterocyclische Sulfoniumsalze. — Ein neuer Typ hochwirksamer Parasympathicomimetica und Parasympathicolytica. Vorl. Mitt. M. Protiva und E. Adlerová. (Chimia [Aarau, Schweiz] **12.** 145—46. 16/5. 1958. Prag, Forschungsinst. für Pharm. u. Biochem.) (Dt.)

Durch Red. von Penthiophanon-(4) mit $LiAlH_4$ in sd. Ae. wird *Penthiophanol-(4)* [**I**; $Kp._{18}$ 84—85°, F. 49°; 82% (Ausbeute). *p-Nitrobenzoyl-Deriv.*, F. 112°. *p-Toluolsulfonyl-Deriv.*, F. 90—91°. *p-Toluolsulfonyl-Deriv.*, *Methojodid*, F. 134° (Zers.)] erhalten. Nachst. Penthiophan-Derivv. werden durch Rk. von **I** mit den entsprechenden Acylchloriden dargestellt: *4-Acetoxy-*, $Kp._8$ 91°; in Pyridin bei Raum-Temp.; 82%. *Methojodid* (**IV**), F. 129° (Methanol). — *4-Propionoxy-*, $Kp._{19}$ 102°; in Pyridin bei 100°. *Methojodid* (**V**), F. 118° (Methanol). — *4-Diphenylacetoxy-*, $Kp._{0,4}$ 174—175°, F. 52° (Ae.–PAe.); in sd. Bzl.; 76%. *Methojodid* (**II**), F. 148° (Methanol). — *4-Phenylcyclohexylacetoxy-*, $Kp._{04}$ 180—184°, F. 86° (PAe.); in sd. Benzol. *Methojodid* (**III**), F. 102° (A.–Ae.). **IV** u. **V** sind Parasympathicomimetica. **IV** übertrifft am isolierten Rattendarm in seiner Kontraktions-Wrkg. sogar das Acetylcholin. **II** u. **III** sind Parasympathicolytica. In Verss. am isolierten Darm sowie an narkotisierten Kaninchen weisen sie fast denselben Wrkg.-Grad wie „Hexadiphensulfoniumjodid“ auf. Zum Unterschied von diesem besitzen sie jedoch eine geringere antisekretor. Wirksamkeit, so daß bei ihnen das Auftreten unerwünschter Nebenwrkg. seltener zu erwarten ist. L. LAMZA. 3221

Sulfurierung organischer Verbindungen. 14. Mitt. **Sulfurierung aromatischer Ketone mit einer Methoxygruppe in ortho-Stellung zur Carbonylkette.** L. Legrand und N. Lozac'h. (Bull. Soc. chim. France **1958.** 953—58. Juli. Caen, Fac. des Sci.) (Franz.) — 13. vgl. C. **1962.** 12655; vgl. auch C. **1961.** 131.

o-Methoxyisobutyrophenon (**I**) wird beim Erhitzen mit S u. P_2S_5 in *4-Methyl-5-[o-methoxyphenyl]-1.2-dithiacyclopenten-(4)-thion-(3)* übergeführt. Aus 2-Methoxy-5-methylisobutyrophenon (**IV**) wird neben dem analogen *4-Methyl-5-[2-methoxy-5-methylphenyl]-1.2-dithiacyclopenten-(4)-thion-(3)* auch etwas *3.6-Dimethyldithiocumarin* (**XVII**) gebildet. p-Methylthiophenol kondensiert man mit α-Methyl-β-äthoxyacrylsäureäthylester (**XVIII**) zum Äthylester der *α-Methyl-β[p-tolylmercapto]-acrylsäure* (**XI**), deren Chlorid man mittels $AlCl_3$ zu *3.6-Dimethyl-1-thiochromon* (**XII**) cyclisiert. **XII** läßt sich mit P_2S_5 zu *3.6-Dimethyldithiochromon* (**XIV**) sulfurieren, das sich beim Erhitzen in Ggw. von S u. P_2S_5 auf 200° zu **XVII** umlagert. Ähnlich geht **XII** bei der Vakuum-Dest. teilweise in *3.6-Dimethyl-1-thiocumarin* (**XIII**) über, das man zu **XVII** sulfurieren kann. Die Umsetzung zahlreicher weiterer substituierter o-Methoxyisobutyrophenone u. o-Methoxy-α-phenylpropiophenone mit S u. P_2S_5 wurde untersucht. Die Ausbeuten an S-haltigen Cyclisierungs-Prodd. sind allg. mäßig, doch stellt die Rk. dennoch eines der günstigsten Verf. zu ihrer Synth. dar.

Versuche: Isobutyrophenone: *o-Methoxy-* (I), Kp.$_1$ 102—105°, durch FRIES-Umlagerung von Isobuttersäurephenylester mit $AlCl_3$ u. Methylieren des (neben der p-Verb.) erhaltenen *o-Hydroxyisobutyrophenons* mit Dimethylsulfat. — *2-Hydroxy-4-methyl-* (II), Kp.$_{20}$ 130°, durch FRIES-Umlagerung von Isobuttersäure-m-kresylester; 70%. — *2-Methoxy-4-methyl-* (III), Kp.$_{15}$ 136—138°, durch Methylieren von II. — *2-Hydroxy-5-methyl-*, Kp.$_{10}$ 125°, analog II aus Isobuttersäure-p-kresylester; 92%. — *2-Methoxy-5-methyl-* (IV), Kp.$_{14}$ 138°. — *2.4-Dimethoxy-* (V), Kp.$_2$ 128°, aus Isobutyrylchlorid u. Resorcindimethyläther. — *2.5-Dimethoxy-* (VI), Kp.$_2$ 125°, analog V. — *1-Isobutyrylnaphthol-(2)*, Kp.$_3$ 164—166°, durch FRIES-Umlagerung von Isobuttersäure-β-naphthylester. — *1-Isobutyryl-2-methoxynaphthalin* (VII), Kp.$_3$ 176—178°. — α-Phenylpropiophenone: *2-Methoxy-5-methyl-* (VIII), Kp.$_1$ 174°, durch Rk. von Phenylacetylchlorid mit p-Methylanisol u. Methylieren mit CH_3J in Ggw. von $NaOC_2H_5$. — *2.5-Dimethoxy-* (IX), Kp.$_1$ 181—183°, analog VIII aus Hydrochinondimethyläther durch Methylieren des erhaltenen *2-Phenylacetyl-1.4-dimethoxybenzols* (F. 49°) mit CH_3J in Ggw. von $NaNH_2$. *Semicarbazon*, $C_{18}H_{21}N_3O_3$, F. 152° (A.). — *2-Methoxy-4-methyl-* (X), Kp.$_{1-2}$ 172°, durch FRIES-Umlagerung von Phenylessigsäure-m-kresylester zu *2-Phenylacetyl-5-methylphenol* (Kp.$_2$ 180°) u. Methylieren mit CH_3J in Ggw. von $NaOC_2H_5$. — *α-Methyl-β-[p-tolylmercapto]-acrylsäure* (XI), $C_{11}H_{12}O_2S$, F. 167° (Aceton), durch 3std. Kochen des Äthylesters mit wss. NaOH u. Ansäuern mit HCl. *Äthylester*, Kp.$_2$ 160—164°, durch Erhitzen von 15 g p-Methylthiophenol mit 19,5 g **XVIII** u. 0,2 g $KHSO_4$ unter Abdest. des gebildeten A.; 17 g. — *3.6-Dimethyl-1-thiochromon* (XII), $C_{11}H_{10}OS$, F. 59° (A.), durch Zugeben von $SOCl_2$ zu **XI**, $^1/_4$std. Erhitzen auf dem Wasserbad, Eindampfen, Rühren mit $AlCl_3$ in CS_2 bis zum Aufhören der HCl-Entw. u. 20 Min. langes Erhitzen auf dem Wasserbad. — *3.6-Dimethyl-1-thiocumarin* (XIII), $C_{11}H_{10}OS$, F. 96° (A.), durch Dest. von **XII** bei 145—150°/2 mm u. Chromatographie an Al_2O_3; 60%. — *3.6-Dimethyldithiochromon* (XIV), $C_{11}H_{10}S_2$, F. 127° (A.), durch 1std. Kochen von **XII** mit P_2S_5 in Xylol u. Isolieren über den $HgCl_2$-Komplex; 84%. — *α-Methyl-β-phenylmercaptoacrylsäure*, $C_{10}H_{10}O_2S$, F. 132° (Cyclohexan), analog **XI**. — *3-Methyl-1-thiochromon* (XV), $C_{10}H_8OS$, F. 103° (A.), analog **XII** aus vorst. Säure. — *3-Methyl-1-thiocumarin* (XVI), $C_{10}H_8OS$, durch Dest. von **XV** bei 145—150°/2 mm; aus A. Nadeln; 60%. — *3-Methyldithiochromon*, $C_{10}H_8S_2$, analog **XIV** aus **XV**; aus A. braungelbe Nadeln; 85%. — Dithiocumarine: *3.6-Dimethyl-* (XVII), $C_{11}H_{10}S_2$, F. 155° (A.), orangefarben, a) durch Kochen von **XIII** mit P_2S_5 in Xylol; 80%; b) durch 1std. Erhitzen von 0,4 g **XIV** mit S u. P_2S_5 in Diphenyl auf 200°; 0,3 g; c) durch 1std. Erhitzen von **IV** mit S u. P_2S_5 in Diphenyl auf 210°, Zugeben von Ae. bei 50°, 24std. Stehen u. Chromatographieren in PAe./Bzl. an Al_2O_3; 2%; daneben *4-Methyl-5-[2-methoxy-5-methylphenyl]-1.2-dithiacyclopenten-(4)-thion-(3)*, $C_{12}H_{12}OS_3$, F. 107°, aus A. rote Blättchen; 10%; d) ebenso in sehr geringerMenge aus 2-Hydroxy- oder 2-Methylmercapto-5-methylisobutyrophenon. — *3.7-Dimethyl-*, $C_{11}H_{10}S_2$, F. 156° (A.), rotorangefarben, a) analog **XVII** aus **III**; 2,5%; daneben *4-Methyl-5-[2-methoxy-4-methylphenyl]-1.2-dithiacyclopenten-(4)-thion-(3)*, $C_{12}H_{12}OS_3$, F. 89° (A.); orangefarben; 11%; b) in sehr geringer Menge aus **II**. — *3-Methyl-6-methoxy-*, $C_{11}H_{10}OS_2$ F. 164°, analog **XVII** aus **VI**; aus A. orangefarbene Nadeln; 0,5%; daneben *4-Methyl-5-[2.5-dimethoxyphenyl]-1.2-dithiacyclopenten-(4)-thion-(3)*, $C_{12}H_{12}O_2S_3$, F. 93° (A.); orangefarben; 9%. — *3-Phenyl-6-methyl-*, $C_{16}H_{12}S_2$, F. 120° (Cyclohexan), analog **XVII** aus **VIII**; braun; 1%; daneben *4-Phenyl-5-[2-methoxy-5-methylphenyl]-1.2-dithiacyclopenten-(4)-thion-(3)*, $C_{17}H_{14}O_3S_3$, F. 115°, aus A. gelborangefarbene Nadeln; 3%. — *3-Methyl-*, F. 126°, durch Kochen von **XVI** mit P_2S_5 in Xylol; aus A. orangefarbene Nadeln; 80%. — 4-Methyl-1.2-dithiacyclopenten-(4)-thione-(3): *5-[o-Methoxyphenyl]-*, $C_{11}H_{10}OS_3$, F. 119° (A.), analog **XVII** aus **I**; orangefarben; 10%. — *5-[2.4-Dimethoxyphenyl]-*, $C_{12}H_{12}O_2S_3$, F. 110° (A.), analog **XVII** aus **V**; orangefarben; 5%. — *5-[2-Methoxynaphthyl-(1)]-*, $C_{15}H_{12}OS_3$, F. 130,5° (Bzl.), analog **XVII** aus **VII**; 3%; daneben *5.6-Benzodithiocumarin* (?), F. 205°; rotbraun; Spuren. — *Verb. $C_{16}H_{10}OS_3$*, F. 191°, analog **XVII** aus **IX**; aus Cyclohexan rote Nadeln. — *Verb. $C_{16}H_{10}S_3$*, F. 240—241° (Bzl.), analog **XVII** aus **X**; braun. H.-E. TOUSSAINT. 3221 □

Konkurrenzerscheinungen zwischen beweglichen Wasserstoffatomen in der Reihe der Pyridylalkine mit endständiger Acetylenbindung. Jean-Albert Gautier und Marcel Miocque. (C. R. hebd. Séances Acad. Sci. **250**. 719—21. 25/1. 1960. Paris, Fac. de Pharm., Chaire de Chim. organ.) (Franz.)

[Pyridyl-(2)]-alkine (**A**) u. [Pyridyl-(4)]-alkine (**B**) mit endständiger Dreifachbindung geben bei der MANNICH-Rk. mit $(CH_3)_2NH$ u. HCHO lediglich die entsprechenden *ω-Dimethylaminoalkinylpyridine*; die dem Pyridinkern benachbarte Methylengruppe tritt nicht in Reaktion. Analog verhalten sich die **A** bei der Alkylierung. Aus 7-[Pyridyl-(4)]-heptin-(1) wird dagegen mit überschüssigem n-C_3H_7Br (I) u. $NaNH_2$ neben *10-[Pyridyl-(4)]-*

decin-(4) unter Alkylierung der dem Pyridinkern benachbarten Methylengruppe *10-[Pyridyl-(4)]-tridecin-(4)* (*Pikrat*, F. 66,5°) gebildet. 4-[Pyridyl-(4)]-butin-(1) gibt mit der äquimol. Menge **I** 2 isomere Verbb., nämlich 75% *7-[Pyridyl-(4)]-heptin-(4)* u. 25% *4-[Pyridyl-(4)]-heptin-(1)*. In den **B** treten also beide in Frage kommenden H-Atome bei der Umsetzung mit **I** in Konkurrenz, doch scheint das acetylen. reaktionsfähiger zu sein als dasjenige der dem Pyridinkern benachbarten Methylengruppe.

H.-E. TOUSSAINT. 3231 □

Über die Darstellung von Bis-chinaldinen mit curarealkaloidähnlicher Struktur. Gerhard Buchmann und Barbara Bräuer. (J. prakt. Chem. [4] **16(287)**. 225–40. 1962. Merseburg, TH für Chem. Leuna-Merseburg, Inst. für Organ. Chem.) (Dt.)

4-Chlorchinaldin-N-oxid (I) reagiert mit m- u. p-Phenylendiamin zu den disubstituierten Diamino-Derivv. u. mit Dihydroxybenzolen zu den entsprechenden Mono- u. Diäthern. Die direkte Verknüpfung von zwei Chinolinring-Syst. wird durch Rk. von I mit 8-Hydroxychinolin bzw. 5.7-Dichlor-8-hydroxychinolin erreicht. Die Rk. von 4.7-Dichlorchinaldin-N-oxid (II) mit Dihydroxybenzolen führt ebenfalls zu Mono- u. Diäthern, wobei nur das Cl-Atom in 4-Stellung reagiert. Bei der Umsetzung von 4.7-Dialkoxychinolinen u. 1.2.3.4-Tetrahydrochinaldin mit Alkylendijodiden entstehen durch Quaternisierung *Bis-chinaldine*.

Versuche: *p-Phenylendiamin-N.N'-bis-[4.4'-chinaldin-N-oxid]-dihydrochlorid*, $C_{26}H_{22}N_4O_2 \cdot 2\,HCl$, F. 280° (Zers.), aus **I** u. p-Phenylendiamin in Dioxan in der Wärme, Ansäuern mit 2n HCl, Neutralisieren mit konz. NH_4OH auf pH 4, 8std. Kochen, Stehenlassen über Nacht, Abfiltrieren u. Waschen mit W. u. A.; grüne Fluorescenz in Lsgg.; 56,5% (Ausbeute). — *m-Phenylendiamin-N.N'-bis-[4.4'-chinaldin-N-oxid]-hydrat*, $C_{26}H_{22} \cdot N_4O_2 \cdot H_2O$, F. 275° (Zers.), analog vorst. Verb. aus **I** u. m-Phenylendiamin u. Einw. von 2n Na_2CO_3-Lsg.; 46,5%. — *4-[2-Hydroxyphenyloxy]-chinaldin-N-oxid* (**III**), $C_{16}H_{13}NO_3$, F. 116°, aus Brenzcatechin in 50%ig. KOH u. **I** in A., 4std. Erhitzen auf dem Wasserbade u. Neutralisieren mit verd. CH_3COOH; aus W. gelblichweiße Nadeln; 55,3%. — *4-[3-Hydroxyphenyloxy]-chinaldin-N-oxid* (**IV**), F. 157°, analog **III** aus Resorcin u. **I**; Nadeln; 53,7%. — *4-[4-Hydroxyphenyloxy]-chinaldin-N-oxid* (**V**), F. 196°, analog **III** aus Hydrochinon u. **I**; Nadeln; 55,3%. — *Brenzcatechin-bis-[chinaldyl-(4)-äther]-N.N'-dioxid-dihydrat*, $C_{26}H_{20}N_2O_4 \cdot 2\,H_2O$, F. 232°, aus dem beim Umkristallisieren von **III** erhaltenen Rückstand durch wiederholtes Umfällen aus CH_3COOH-Lsg. mit 2n KOH; ockerfarbenes Pulver; 13%. — *Resorcin-bis-[chinaldyl-(4)-äther]-N.N'-dioxiddihydrat*, F. 238°, analog vorst. Verb. neben **IV**; feine Nadeln; 12,5%. — *Hydrochinon-bis-[chinaldyl-(4)-äther]-N.N-dioxiddihydrat*, F. 233°, analog vorvorst. Verb. neben **V**; 13,6%. — *4-[Chinolyl-(8)-oxy]-chinaldin-N-oxidsesquihydrat*, $C_{19}H_{14}N_2O_2 \cdot 1{,}5\,H_2O$, F. 262–263°, aus 8-Hydroxychinolin in 50%ig. KOH u. **I** in A., 8 Std. langes Kochen, Neutralisieren mit verd. CH_3COOH, Abfiltrieren u. Waschen mit W.; aus A. hellgelbe Nadeln; 18,9%. — *4-[5.7-Dichlor-chinolyl-(8)-oxy]-chinaldin-N-oxidsesquihydrat*, $C_{19}H_{12}Cl_2N_2O_2 \cdot 1{,}5\,H_2O$, F. 248–249°, analog vorst. Verb. aus 5.7-Dichlor-8-hydroxychinolin u. **I**, aus A. hellbraune Nadeln; 18,2%. — *4.7-Dichlorchinaldin-N-oxid* (**II**), $C_{10}H_7Cl_2NO$, F. 286°, aus 21,2 g 4.7-Dichlorchinaldin u. 15 ml 30%ig. H_2O_2-Lsg. in 100 ml Eisessig in 16 Std. bei 80°, nach 3 Std. u. weiteren 8 Std. Zugabe von jeweils 10 ml H_2O_2-Lsg., Abfiltrieren von **II**-*Hydrat* (F. 263°, gelbe Prismen, 7,1 g), Einengen des Filtrats, Wasserzusatz, Einengen im Vakuum u. Umkristallisieren des Rückstandes aus N.N-Dimethylformamid; aus A. Nadeln; 37,7%. — *4-[2-Hydroxyphenyloxy]-7-chlorchinaldin-N-oxidhydrat* (**VI**), $C_{16}H_{12}ClNO_3 \cdot H_2O$, F. 210°, analog **III** aus Brenzcatechin u. **II**; aus 5%ig. A. Prismen; 58,6%. — *4-[3-Hydroxyphenyloxy]-7-chlorchinaldin-N-oxidhydrat*, F. 216°, analog **VI** aus Resorcin u. **II**; aus 5%ig. A. Blättchen; 52,1%. — *4-[4-Hydroxyphenyloxy]-7-chlorchinaldin-N-oxidhydrat* (**VII**), F. 212°, analog **VI** aus Hydrochinon u. **II**; aus 5%ig. A. Prismen; 67,7 %. — *Brenzcatechin-bis-[7-chlorchinaldyl-(4)-äther]-N.N'-dioxid*, $C_{26}H_{18}Cl_2N_2O_4$, F. 247–248°, neben **VI**; aus A. Nadeln; 14,6%. — *Hydrochinon-bis-[7-chlorchinaldyl-(4)-äther]-N.N'-dioxid*, $C_{26}H_{18}Cl_2N_2O_4$, F. 250–251°, neben **VII**; aus A. Nadeln; 19,4%. — 4.7-Dialkoxychinaldinjodmethylate: *Dimethoxy-*, $C_{13}H_{16}JNO_2$, F. 134°, aus 4.7-Dimethoxychinaldin (**VIII**) u. Methyljodid, 24std. Stehenlassen bei Raum-Temp., Digerieren mit Ae. u. Umkristallisieren aus A./Ae.; gelbe Prismen; 75,4%. — *-Diäthoxy-*, $C_{15}H_{20} \cdot JNO_2$, F. 140°, analog vorst. Verb. aus 4.7-Diäthoxychinaldin; gelbe Prismen; 73,7%. — *-Di-n-propoxy-*, $C_{17}H_{24}JNO_2$, F. 139°, aus 4.7-Di-n-propoxychinaldin; gelbe Prismen 74,8%. — *-Di-n-butoxy-*, $C_{19}H_{28}JNO_2$, F. 115°, aus 4.7-Di-n-butoxychinaldin; gelbe Prismen; 69,9%. — N.N'-Alkylen-bis-[4.7-dimethoxychinaldinium]-dijodide: *N.N'-Trimethylen-*, $C_{27}H_{32}J_2N_2O_4$, F. 138–140° (Zers.), aus **VIII** u. 1.3-Dijodpropan durch 24std. Erhitzen auf dem Dampfbad; ockerfarbene Prismen; 45,6%. — *N.N'-Tetramethylen-*, $C_{28}H_{34}J_2N_2O_4$, F. 170–172° (Zers.), analog vorst. Verb. aus **VIII** u. 1.4-Dijodbutan; hellviolette Prismen; 47,3%. — *N.N'-Hexamethylen-*, $C_{30}H_{38}J_2N_2O_4$, F. 165 bis

168° (Zers.), aus **VIII** u. 1.6-Dijodhexan; ockerfarbene Prismen; 48,4%. — *N-[ω-Jod-n-butyl]-1.2.3.4-tetrahydrochinaldin*, $C_{14}H_{20}JN$, F. 172—173°, aus 1.2.3.4-Tetrahydrochinaldin u. Tetramethylendijodid durch 36std. Stehenlassen bei Raum-Temp.; aus A. Prismen; 78,9%. J. PFIRSCHKE. 3231 □

Über hydrierte 2-Styrylchinoline. G. Buchmann und H. Kirsch. (J. prakt. Chem. [4] **16 (287)**. 240—51. 1962. Merseburg, TH für Chem. Leuna-Merseburg, Inst. für Organ. Chem.) (Dt.)

Die Kondens. von Chinaldin (**I**) mit aromat. Aldehyden führt zu *2-Styrylchinolinen* (vgl. KASLOW u. DALE STAYNER, J. Amer. chem. Soc. **67**. [1945.] 1716). Nach der Meth. von VON GRABSKI [1902] werden die Kondens.-Prodd. zu *Tetrahydro-Derivv.* hydriert, wobei 2-Styrylchinolin (**II**) in Ggw. von RANEY-Ni u. bei erhöhtem Druck u. erhöhter Temp. zu *2-[β-Cyclohexyläthyl]-dekahydrochinolin* (**III**) hydriert wird. Mit Alkyljodiden werden die Tetrahydro-Derivv. N-alkyliert, wobei die Rk.-Geschw. mit zunehmender Alkylkette abnimmt. **III** zeigt keine Rk., was auf die ster. Hinderung der H-Atome an $C_{(8)}$ zurückgeführt wird. Die Bromierung u. Sulfonierung von 2-[β-Phenäthyl]-1.2.3.4-tetrahydrochinolin (**IV**) führt zu *2-[β-Phenäthyl]-1.2.3.4-tetrahydro-6-bromchinolinhydrobromid* (**V**) bzw. *2-[β-Phenäthyl]-1.2.3.4-tetrahydrochinolin-5-sulfonsäure* (**VI**). Die Reaktivität des Br-Atoms wird untersucht u. die Konstit. von **V** u. **VI** an Hand der IR-Spektren durch Vgl. mit **IV** bewiesen. Eine Quaternisierung konnte, offensichtlich infolge ster. Hinderung durch die Seitenkette, nicht erreicht werden.

Versuche: *α-[2-Hydroxy-3-methoxyphenyl]-β-[chinolyl-(2)]-äthylen* (**VII**), $C_{18}H_{15}NO_2$, F. 127—129°, aus **I** u. o-Vanillin in Acetanhydrid durch 16std. Erhitzen im Ölbad auf 160° u. Zugabe zu 10%ig. NaOH; aus A. gelbe Kristalle; 57,7% (Ausbeute). — *α-[2-Äthoxy-3-methoxyphenyl]-β-[chinolyl-(2)]-äthylen* (**VIII**), $C_{20}H_{19}NO_2$, F. 60—62°, analog **VII** aus **I** u. o-Vanillinäthyläther; aus Bzn. gelbe Kristalle; 45,9%. — *α-[2-Hydroxy-3-äthoxyphenyl]-β-[chinolyl-(2)]-äthylen*, $C_{19}H_{17}NO_2$, F. 90—92°, analog **VII** aus **I** u. Novovanillin; aus Bzn. gelbe Kristalle; 52,5%. — *α-[2.3-Diäthoxyphenyl]-β-[chinolyl-(2)]-äthylen*, $C_{21}H_{21}NO_2$; Kp.$_{15}$ 270—273°, aus **I** u. Novovanillinäthyläther; n_D^{70} 1,5896; 52,2%. — *α-[2-Hydroxy-3-methoxyphenyl]-β-[1.2.3.4-tetrahydrochinolyl-(2)]-äthan*, $C_{18}H_{21}NO_2$, F. 68—70°, durch Zugabe von Na zu **VII** in abs. A. u. Versetzen mit W.; aus verd. A. gelbe Kristalle; 73,6%. — *α-[2-Äthoxy-3-methoxyphenyl]-β-[1.2.3.4-tetrahydrochinolyl-(2)]-äthan* (**IX**), $C_{20}H_{25}NO_2$, Kp.$_{15}$ 271—275°, analog vorst. Verb. aus **VIII**; n_D^{70} 1,5938; 60,2%. — *2-[β-Cyclohexyläthyl]-dekahydrochinolin* (**III**), $C_{17}H_{31}N$, F. 78—79°, durch Druckhydrierung von **II** in Dioxan an RANEY-Ni im Autoklaven; aus A. Nadeln; 60 %. *Hydrochlorid*, F. 240°. — N-Alkyl-2-[β-phenäthyl]-1.2.3.4-tetrahydrochinoline: *N-Methyl-*, $C_{18}H_{21}N$, F. 72°, aus **IV** u. Methyljodid durch 8std. Erhitzen auf dem sd. Wasserbad;, aus A. Nadeln; 63,7%. — *N-Äthyl-*, $C_{19}H_{23}N$, Kp.$_{15}$ 232—235°, aus **IV** u. Äthyljodid durch 1tägiges Erhitzen auf dem Wasserbad; n_D^{70} 1,5778; 41,5%. — *N-n-Propyl-*, $C_{20}H_{25}N$, Kp.$_{15}$ 238—240°, analog vorst. Verb. aus **IV** u. n-Propyljodid; n_D^{70} 1,5813; 35,8%. — *N-Benzyl-*, $C_{24}H_{25}N$, Kp.$_{15}$ 264—266°, aus **IV** u. Benzyljodid; n_D^{70} 1,6043; 36,7%. — *N-Benzoyl-*, $C_{24}H_{23}NO$, F. 106—107°, aus **IV** u. Benzoylchlorid durch Vermischen mit 2nNaOH; aus A. Kristalle; 82,1%. — α-[4-Methoxyphenyl]-N-alkyl-β-[1-2.-3.4-tetrahydrochinolyl-(2)]-äthane: *-N-methyl*, $C_{19}H_{23}NO$, Kp.$_{15}$ 278—280°, aus α-[4-Methoxyphenyl]-β-[1.2.3.4-tetrahydrochinolyl-(2)]-äthan (**X**) u. Methyljodid durch 1tägiges Erhitzen auf dem Wasserbade; n_D^{70} 1,5822; 42,7%. — *-N-äthyl-*, $C_{20}H_{25}NO$, Kp.$_{15}$ 288—291°, analog vorst. Verb. aus **X** u. Äthyljodid; n_D^{70} 1,5857; 33,9%. — *N-n-propyl-*, $C_{21}H_{27}NO$, Kp.$_{15}$ 294—297°, aus **X** u. n-Propyljodid; n_D^{70} 1,5900; 45,3%. — *-N-benzyl-*, $C_{25}H_{27}NO$, Kp$_{15}$ 310—315°, aus **X** u. Benzyljodid; n_D^{70} 1,6188; 36,4%. — α-[2-Äthoxy-3-methoxyphenyl]-N-alkyl-β-[1.2.3.4-tetrahydrochinolyl-(2)]-äthane: *-N-methyl-*, $C_{21}H_{27}NO_2$, Kp.$_{15}$ 268—270°, analog vorst. Verbb. aus **IX** u. Methyljodid; n_D^{70} 1,5540; 40,0%. — *-N-äthyl-*, $C_{22}H_{29}NO_2$, Kp. 275—277°, aus **IX** u. Äthyljodid; n_D^{70} 1,5576; 35,4%. — *-N-n-propyl-*, $C_{23}H_{31}NO_2$, Kp.$_{15}$ 282—285°, aus **IX** u. Propyljodid; n_D^{70} 1,5612; 36,8%. — *2-[β-Phenäthyl]-1.2.3.4-tetrahydro-6-bromchinolinhydrobromid* (**V**), $C_{17}H_{19}Br_2N$, F. 182—184° (Zers.), durch Zufügen von Br_2 zu **IV** in Chlf. bei 40° unter Rühren innerhalb ½ Std.; aus A. gelbe Kristalle, 71,3%. — *2-[β-Phenäthyl]-1.2.3.4-tetrahydrochinolin-5-sulfonsäure* (**VI**), $C_{17}H_{19}NO_3S \cdot ½ H_2O$, F. 301 bis 304° (Zers.), durch Lösen von **IV** in konz. H_2SO_4, 3std. Rühren bei 0°, Gießen auf Eis, Absaugen der gelben Flocken, Waschen mit W., Lösen in 10%ig. Na_2CO_3-Lsg. u. Ausfällen mit verd. HCl; gelbe Kristalle; 76,7%. J. PFIRSCHKE. 3231 □

Substituierte 12-Aminobenz-[b]-acridine. A. K. Chatterjee. (J. Indian chem. Soc. **38**. 333—34. Mai 1961. Poona, Armed Forces Med. Coll., Dep. of Preventive Med.) (Engl.)

Durch Erwärmen von 12-Chlorbenz-[b]-acridin in Phenol auf dem Wasserbad, Zugabe des entsprechenden Amins, 2std. Stehen bei 120°, Gießen in überschüssige KOH,

Filtrieren u. Umkristallisieren aus Bzl. u. 90%ig. A. entstehen folgende substituierte Benz-[b]-acridine: *12-[p-Chloranilino]-*, $C_{23}H_{15}ClN_2$, F. 254°. — *12-[m-Chloranilino]-*, $C_{23}H_{15}ClN_2$, F. 210°. — *12-[p-Bromanilino]-*, $C_{23}H_{15}BrN_2$, F. 260°. — *12-[m-Bromanilino]-*, $C_{23}H_{15}BrN_2$, F. 203°. — *12-[p-Anisidino]-*, $C_{24}H_{18}N_2O$, F. 213°. — *12-[p-Toluidino]-*, $C_{24}H_{18}\cdot N_2$, F. 210°. — *12-[m-Toluidino]-*, $C_{24}H_{18}N_2$, F. 202°. — *12-Anilino-*, $C_{23}H_{16}N_2$, F. 228°. — *12-[Chinolyl-(8)-amino]-*, $C_{26}H_{17}N_3$, F. 278°. — *12-[6-Chlorchinolyl-(8)-amino]-*, $C_{26}H_{16}\cdot ClN_3$, F. 294°. — *12-[β-Phenoxyäthylamino]-*, *Salicylat*, $C_{25}H_{20}N_2O\cdot C_7H_6O_3$, F. 205°, durch Darst. der Basen analog den vorst. Verbb., Extrahieren mit Ae., Versetzen mit Salicylsäure in Ae., mehrstd. Stehen, Filtrieren, Waschen mit Ae. u. Umkristallisieren aus 90%ig. Alkohol. — *12-[γ-Phenoxypropylamino]-*, *Salicylat*, $C_{26}H_{22}N_2O\cdot C_7H_6O_3$, F. 211°, analog vorst. Verbindung. — *12-[α-Naphthylamino]-*, *Salicylat*, $C_{27}H_{18}N_2\cdot C_7H_6O_3$, F. 212°. — *12-[β-Naphthylamino]-*, *Salicylat*, $C_{27}H_{18}N_2\cdot C_7H_6O_3$, F. 232°. P. GOLINSKE. 3231 □

Pyridyläthylbarbitursäuren. Seymour L. Shapiro, Victor Bandurco und Louis Freedman. (J. org. Chemistry 27. 174—78. 18/1. 1962. Yonkers, N.Y., U.S. Vitamin and Pharmac. Corp., Organ. Res. Labor.) (Engl.)

Eine Reihe von *5-Pyridyl-5-alkylbarbitursäuren* wird synthetisiert. Der Einfl. der Struktur auf die UV-Absorptionsspektren u. die pK_a-Werte wird untersucht. Mehrere dieser Verbb. verstärken die Schlafmittel-Wrkg. von Hexobarbital.

Versuche: Malonsäurediäthylester: *α-Äthyl-α-[picolyl-(2)]-*, $C_{15}H_{21}NO_4$, $Kp._{0,05}$ 122—128°, durch Versetzen von Na in A. mit Äthylmalonsäurediäthylester u. α-Picolylchloridhydrochlorid u. 2½std. Kochen; 18% (Ausbeute). — *α-Äthyl-α-[picolyl-(3)]-*, $C_{15}H_{21}NO_4$, $Kp._{0,35}$ 132°, analog vorst. Verb.; 5%. — *α-Äthyl-α-[picolyl-(4)]-*, $C_{15}H_{21}NO_4$, $Kp._{0,3}$ 138—142°; 14%. — *α-Äthyl-α-{β [pyridyl-(2)]-äthyl}-*, $C_{16}H_{23}NO_4$, $Kp._{0,15}$ 150—160°, durch Zugabe von Na in A. zu 2-Vinylpyridin, Äthylmalonsäurediäthylester u. Hydrochinon, 6std. Kochen, Abdestillieren des A., Verdünnen mit W./HCl, Waschen mit Ae., Zugabe von 20%ig. NaOH, Ausäthern u. Dest.; 65%. *Freie Säure*, $C_{12}H_{15}NO_4$, F. 146° (Acetonitril). — *α-{β-[Pyridyl-(2)]-äthyl}-*, $C_{14}H_{19}NO_4$, $Kp._{0,1}$ 130—134°, analog vorst. Verb.; 26%. — *α-Phenyl-α-{β-[pyridyl-(2)]-äthyl}-*, $C_{20}H_{23}NO_4$, $Kp._{0,6}$ 150—152°; 16%. — *α-Äthyl-α-{β-[5-äthylpyridyl-(2)]-äthyl}-*, $C_{18}H_{27}NO_4$, $Kp._{0,3}$ 160—168°; 41%. — *α-{β-[Pyridyl-(4)]-äthyl}-*, $C_{14}H_{19}NO_4$, $Kp._{0,3}$ 140—142°; 5%. — *α-Methyl-α-{β-[pyridyl-(4)]-äthyl}-*, $C_{15}H_{21}NO_4$, $Kp._{0,1}$ 140—150°; 37%. — *α-Äthyl-α-{β-[pyridyl-(4)]-äthyl}-*, $C_{16}H_{23}NO_4$, $Kp._{0,45}$ 150—158°; 50%. *Pikrat*, $C_{22}H_{26}N_4O_{11}$, F. 113—114° (A.). — *α-Phenyl-γ [pyridyl (4)]-buttersäure*, $C_{15}H_{15}NO_2$, F. 125—127° (wss. A.), durch 2std. Kochen von α-Phenyl-α-{β-[pyridyl-(4)]-äthyl}-malonsäurediäthylester u. wss. NaOH; 7%. — 5-Äthylbarbitursäuren: *5-[Picolyl-(2)]-*, *Hydrat*, $C_{12}H_{15}N_3O_4$, F. 230—232° (Butanol), durch Versetzen von Na in A. mit α-Äthyl-α-[picolyl-(2)]-malonsäurediäthylester u. Harnstoff in heißem A. u. 6std. Kochen; 48%. — *5-[Picolyl-(3)]-*, $C_{12}H_{13}N_3O_3$, F. 220° (Butanol), analog vorst. Verbindung. — *5-[Picolyl-(4)]-*, $C_{12}H_{13}N_3O_3$, F. 234—235°. — *5-{β-[Pyridyl-(2)]-äthyl}-*, $C_{13}H_{15}N_3O_3$, F. 205° (Propanol). — *3-Methyl-5-{β-[pyridyl-(2)]-äthyl}-*, $C_{14}H_{17}N_3O_3$, F. 150—153° (A.). — *3-Äthyl-5-{β-[pyridyl-(2)]-äthyl}-*, $C_{15}H_{19}N_3O_3$, F. 123 bis 124° (A.). — *3-Allyl-5-{β-[pyridyl-(2)]-äthyl}-*, $C_{16}H_{19}N_3O_3$, F. 120° (Acetonitril). — *3-Butyl-5-{β-[pyridyl-(2)]-äthyl}-*, $C_{17}H_{23}N_3O_3$, F. 85° (A.). — *3-Phenyl-5-{β-[pyridyl-(2)]-äthyl}-*, $C_{19}H_{19}N_3O_3$, F. 185—187° (A.). — *5-{β-[5-Äthylpyridyl-(2)]-äthyl}-*, $C_{15}H_{19}N_3O_3$, F. 220—222° (Acetonitril). — *3-Methyl-5-{β-[5-äthylpyridyl-(2)]-äthyl}-*, $C_{16}H_{21}N_3O_3$, F. 154° (A.). — *3-Äthyl-5-{β-[5-äthylpyridyl-(2)]-äthyl}-*, $C_{17}H_{23}N_3O_3$, F. 137—138° (A.). — *3-Allyl-5-{β-[5-äthylpyridyl-(2)]-äthyl}-*, $C_{18}H_{23}N_3O_3$, F. 127—128° (Acetonitril). — *3-Butyl-5-{β-[5-äthylpyridyl-(2)]-äthyl}-*, $C_{19}H_{27}N_3O_3$, F. 80—81° (Ae./Hexan). — *3-Phenyl-5-{β-[5-äthylpyridyl-(2)]-äthyl}-*, $C_{21}H_{23}N_3O_3$, F. 166—167° (A.). — *5-{β-[Pyridyl-(4)]-äthyl}-*, $C_{13}H_{15}N_3O_3$, F. 224—226° (Acetonitril), durch Stehen eines Gemisches aus 5-Äthylbarbitursäure u. 4-Vinylpyridin in A.; 40%. — *3-Methyl-5-{β-[pyridyl-(4)]-äthyl}-*, $C_{14}\cdot H_{17}N_3O_3$, F. 148—150° (A.). — *3-Äthyl-5-{β-[pyridyl-(4)]-äthyl}-*, $C_{15}H_{19}N_3O_3$, F. 110° (A.). — *3-Allyl-5-{β-[pyridyl-(4)]-äthyl}-*, $C_{16}H_{19}N_3O_3$, F. 115° (Acetonitril). — *3-Butyl-5-{β-[pyridyl-(4)]-äthyl}-*, $C_{17}H_{23}N_3O_3$, F. 102—104° (Ae./Hexan). — *3-Phenyl-5-{β-[pyridyl-(4)]-äthyl}-*, $C_{19}H_{19}N_3O_3$, F. 177—178° (A.). — 5-Methyl-5-{β-[pyridyl-(4)]-äthyl}-barbitursäuren: *Unsubstituiert*, $C_{12}H_{13}N_3O_3$, F. 252—254° (Methanol). — *3-Methyl-*, $C_{13}H_{15}N_3O_3$, F. 204—206° (A.). — *3-Äthyl-*, $C_{14}H_{17}N_3O_3$, F. 176—177° (Acetonitril). — *3-Butyl-*, $C_{16}H_{21}N_3O_3$, F. 174—175° (A.). — *3-Phenyl-*, $C_{18}H_{17}N_3O_3$, F. 125 bis 126° (Methanol). — 2-Thiobarbitursäuren: *5-{β-[Pyridyl-(2)]-äthyl}-5-äthyl-*, $C_{13}\cdot H_{15}N_3O_2S$, F. 217—219° (Propanol). — *5-Äthyl-5-{β-[5-äthylpyridyl-(2)]-äthyl}-*, $C_{15}H_{19}\cdot N_3O_2S$, F. 201—202° (Acetonitril). — *5-Methyl-5-{β-[pyridyl-(4)]-äthyl}-*, $C_{12}H_{13}N_3O_2S$, F. 227—230° (Propanol), durch Versetzen von Na in A. mit Methyl-{β-[pyridyl-(4)]-äthyl}-malonsäurediäthylester u. Thioharnstoff in heißem A., 9std. Kochen, Kühlen, Verdünnen mit W., Abdestillieren des A. u. Neutralisieren; 67%. — *5-Äthyl-5-{β-[pyridyl-(4)]-äthyl}-*, $C_{13}H_{15}N_3O_2S$, F. 224—226° (Propanol). — 2-Imino-4.6-dioxohexahydropyrimidine: *5-Äthyl-5-{β-pyridyl-(2)]-äthyl}-*, $C_{13}H_{16}N_4O_2$, F. >300° (Essigsäure/Acetonitril). *Dipikrat*, $C_{25}H_{22}N_{10}O_{16}$, F. 238–240° (A.). — *5-Äthyl-5-{β-[5-äthyl-pyridyl-(2)]-äthyl}-*, $C_{15}H_{20}N_4O_2$, F. 280° (Zers.; Essigsäure/A.). — *5-Methyl-5-{β-[pyridyl-(4)]-äthyl}-*, $C_{12}H_{14}N_4O_2$, F. >300° (Methanol). — *5-Äthyl-5-{β-[pyridyl-(4)]-äthyl}-*, $C_{13}H_{16}N_4O_2$, F. >300° (Propanol). *Dihydrochlorid*, $C_{13}H_{18}Cl_2N_4O_2$, F. 210–212° (A.). — *α-Phenyl-γ-[pyridyl-(2)]-butyramid*, $C_{15}H_{16}N_2O$, F. 121–123° (A.), durch Zugabe von Na in A. zu Harnstoff u. α-Phenyl-α-{β-[pyridyl-(2)]-äthyl}-malonsäurediäthylester in A. u. 7std. Kochen; 11%; daneben *α-Phenyl-γ-[pyridyl-(2)]-buttersäure*, $C_{15}H_{15}NO_2$, F. 161 bis 162° (A.). — *5-Phenyl-5-{β-[pyridyl-(4)]-äthyl}-barbitursäure*, $C_{17}H_{15}N_3O_3$, F. 248 bis 249° (W./A.; 6 : 1), durch Erhitzen von 5-Phenylbarbitursäure u. 4-Vinylpyridin in A./W. (1 : 1) auf dem Wasserbad bis zur völligen Abdestation des A.; 47%.

P. GOLINSKE. 3272□

Purine, Pyrimidine und Imidazole. 17. Mitt. **Synthese von Willardiin.** J. H. Dewar und G. Shaw. (J. chem. Soc. [London] **1962.** 583–85. Febr. Bradford, Inst. of Technol.) (Engl.) — 16. vgl. C. **1962.** 10467.

Die Rk. von β-Äthoxyacryloylisocyanat mit Aminoacetaldehyddiäthylacetal liefert ein Harnstoff-Deriv., das durch Alkali in *1-[2.2-Diäthoxyäthyl]-uracil* übergeht. Mit Säuren entsteht daraus *Uracilyl-(1)-acetaldehyd* (**I**). Eine STRECKERsche Rk. mit **I** liefert *DL-α-Amino-β-[uracilyl-(1)]-propionsäure* (*DL-Willardiin*), das in Form seines Formylderiv. mit (+)-α-Methylphenäthylamin das (—)-Enantiomorphe liefert, das mit *Willardiin* ident. ist.

Versuche: *N-[2.2-Diäthoxyäthyl]-N'-[β-äthoxyacryloyl]-harnstoff*, $C_{12}H_{22}N_2O_5$, F. 95 bis 96°, durch 1/2std. Kochen von 5,55 g β-Äthoxyacryloylchlorid in abs. Bzl. mit Ag-Cyanat, Zugabe von 5,5 g Aminoacetaldehyddiäthylacetal in Bzl., Filtrieren, Einengen u. Verdünnen mit PAe.; aus A. Latten; 5,1 g (Ausbeute). — *1-[2.2-Diäthoxyäthyl]-uracil*, $C_{10}H_{16}N_2O_4$, F. 91°, durch 10 Min. langes Erhitzen von 4,65 g vorst. Verb. mit W. u. 4n NaOH, Ansäuern mit 5n HCl u. Kühlen; aus Essigester/PAe. Stäbchen; 1,4 g. — *Uracilyl-(1)-acetaldehyd* (**I**), *Hydrat*, $C_6H_6N_2O_3 \cdot H_2O$, F. 207° (Zers.; Dunkelfärbung ab 175°), durch 1/4std. Erhitzen von 2,18 g vorst. Verb. mit 4n HCl u. W. auf 100°; aus W. Prismen; 0,8 g; b) durch 3/4std. Erhitzen von 18 g vorvorst. Verb. mit 4n NaOH u. W. auf 100°, Extrahieren mit Ae., Ansäuern der wss. Phase mit 10n HCl u. mehrstd. Stehen; 2,03 g. *2.4-Dinitrophenylhydrazon*, $C_{12}H_{10}N_6O_6$, F. 250° (Zers.); gelbe Nadeln. — *DL-Willardiin*, F. 205–209° (Zers.), durch 5std. Erhitzen von 2,03 g **I** in W., NH_4OH (D. 0,88), KCN u. NH_4Cl auf 55–60°, Zugabe von 10n HCl, 1std. Kochen, mehrstd. Stehen, Einengen, Zugabe von 10n HCl, 3std. Kochen, Eindampfen im Vakuum zur Trockne, Einstellen von pH 4 mit NH_4OH u. mehrstd. Stehen; blaue Ninhydrin-Rk.; Nadeln; 1,58 g. *Hydrat*, $C_7H_9N_3O_4 \cdot H_2O$. — *α-Formamido-β-[uracilyl-(1)]-propionsäure*, $C_8H_9N_3O_5$, F. 223° (Zers.), durch 1/4std. Erhitzen von 1 g vorst. Verb., HCOOH u. Acetanhydrid auf 100°, Eindampfen im Vakuum u. Verreiben mit A.; aus 50%ig. wss. A. Nadeln; 0,83 g. *Brucinsalzsesquihydrat*, $C_{31}H_{35}N_5O_9 \cdot 1^1/_2 H_2O$, F. 195–197° (Zers.), durch Versetzen mit der äquimol. Menge Brucin in A. u. Eindampfen; aus A. Nadeln. — *(—)-Willardiin*, F. 206–211° (Zers.), durch Einengen einer Lsg. von 0,6 g vorst. Verb. u. (+)-α-Methylphenäthylamin in A., Versetzen mit Ae., Stehen, 50 Min. langes Kochen des entstandenen *Aminsalzes* [*Hemiätherat*, $C_{17}H_{22}N_4O_5 \cdot 1/_2 C_4H_5O$, F. 179–184° (Zers.; A.); 0,14 g] mit 6n HCl, Eindampfen im Vakuum, Aufnehmen in wenig W. u. Einstellen auf pH 4 mit NH_4OH; $[\alpha]_D^{20}$ —20° (c = 2; 1n HCl); 0,05 g. — *5-[Uracilyl-(1)]-hydantoin*, $C_8H_8N_4O_4$, F. 346° (Zers. u. Sublimation), durch 5std. Erhitzen von 0,65 g **I**, KCN u. $(NH_4)_2CO_3$ in 50%ig. wss. A. auf 66–70°, Eindampfen im Vakuum, Lösen in wenig W. u. Einstellen auf pH 3 mit HCl; aus W. Nadeln; 0,2 g.

P. GOLINSKE. 3272□

Pteridine. 16. Mitt. **Zur Synthese und Struktur von Pteridinglykosiden.** Wolfgang Pfleiderer und Rolf Lohrmann. (Chem. Ber. **95.** 738–48. 20/3. 1962. Stuttgart, TH, Inst. für Organ. Chem. u. Organ.-Chem. Technol.) (Dt.) — 15. vgl. C. **1962.** 5672.

Ausgehend von 2-Amino-4-alkoxy-7-oxodihydropteridinen werden mit Halogenzuckern in sd. Xylol u. bei Ggw. von Ag_2CO_3 *Pteridinglykoside* erhalten. Diese Prodd. zeigen neben der erwarteten Säurelabilität der Glykosidbindung auch eine große Hydrolysenempfindlichkeit gegenüber Alkalien, was ebenso wie die UV-spektrophotometr. Vgl. mit Modellsubstanzen u. die IR-spektroskop. Unterss. darauf hindeutet, daß es sich um Pteridin-7-O-glykoside handelt.

Versuche: 2-Aminopteridine: *4-Isopropyloxy-7-[2.3.4.6-tetra-O-acetyl-β-D-glucopyranosyloxy]-*, $C_{23}H_{29}N_5O_{11}$, F. 127–131° (Zers., Toluol), durch Kochen von 1 g 2-Amino-4-isopropyloxy-7-oxodihydropteridin u. Ag_2CO_3 in Xylol bei stark gedämpftem Licht, Einengen, Zugabe von α-Acetobromglucose, 2std. Kochen, Filtrieren, Verdünnen mit PAe., mehrstd. Stehen im Eisschrank u. Chromatographie an Cellulose; 0,25 g (Ausbeute). — *4-Isopropyloxy-6-methyl-7-[2.3.4.6-tetra-O-acetyl-β-D-glucopyranosyloxy]-*, $C_{24}H_{31}N_5O_{11}$, F. 118—124° (Zers., Toluol), analog vorst. Verb. aus 1,5 g 2-Amino-4-isopropyloxy-6-methyl-7-oxo-7.8-dihydropteridin (I), Ag_2CO_3 u. α-Acetobromglucose in Xylol; 0,72 g. — *4-Isopropyloxy-6-methyl-7-[2.3.4.6-tetra-O-benzoyl-β-D-glucopyranosyloxy]-*, $C_{44}H_{39}N_5O_{11}$, F. 242—244° (Essigester/PAe.), aus 2 g I, Ag_2CO_3 u. α-Benzobromglucose in Xylol (2 Std./120—125°); 0,35 g. — *4-Isopropyloxy-6-methyl-7-[2.3.4.6-tetra-O-acetyl-β-D-galaktopyranosyloxy]-*, $C_{24}H_{31}N_5O_{11}$, F. 209—211° (Zers., Toluol), aus 1,5 g I, Ag_2CO_3 u. α-Acetobromgalaktose in abs. Xylol durch 2std. Kochen; 0,98 g. — *4-Isopropyloxy-6-methyl-7-β-D-glucopyranosyloxy-*, $C_{16}H_{23}N_5O_7$, F. >220° (Zers.; Methanol), durch 12std. Stehen von 100 mg der entsprechenden Acetyl-Verb. in abs. Methanol mit einer NH_3-gesätt. Methanol-Lsg. u. 24std. Stehen im Eisschrank; 50 mg. — *4-Benzyloxy 6-methyl-7-oxo-7.8-dihydro-*, $C_{14}H_{13}N_5O_2$. F. >310° (Zers., Benzylalkohol), durch 2std. Kochen von 2 g 2.4.5-Triamino-6-benzyloxypyrimidin u. 1,1 g Brenztraubensäureäthylester in Methanol; 2,3 g. — *4-Benzyloxy-6-methyl-7-[2.3.4.6-tetra-O-acetyl-β-D-glucopyranosyloxy]-*, $C_{28}H_{31}N_5O_{11}$, F. 200—201° (Zers.), aus 1 g vorst. Verb., Ag_2CO_3 u. α-Acetobromglucose; aus wss. A. Nadeln; 0,75 g. — *4-Benzyloxy-6-methyl-7-[2.3.5-tri-O-benzoyl-β-D-ribofuranosyloxy]-*, $C_{40}H_{33}N_5O_9$, F. 210—212°, durch 3std. Kochen von 1 g vorvorst. Verb., Ag_2CO_3 u. 2.3.5-Tri-O-benzoyl-D-ribofuranosylchlorid; aus Dimethylformamid/W. u. A. Nadeln; 1,5 g. — *4-Oxo-6-methyl-7-[2.3.4.6-tetra-O-acetyl-β-D-glucopyranosyloxy]-dihydro-*, $C_{21}H_{25}N_5O_{11}$, F. >200° (Zers., sintert ab 190°), durch Hydrieren von 0,8 g vorvorst. Verb. in abs. A. an Pd/Kohle bei 30—40°; 0,6 g. — *4-Oxo-6-methyl-7-β-D-glucopyranosyloxy-3.4-dihydro-*, $C_{13}H_{17}N_5O_7$, F. >240° (Zers. unter Braunfärbung), durch 12std. Stehen von 0,3 g vorst. Verb. in NH_3-gesätt. Methanol, Filtrieren, Lösen des Rückstandes in W., Einstellen mit 2%ig. Essigsäure auf pH 6—7, Filtrieren u. Umkristallisieren aus wenig heißem W.; 0,21 g. — *2.5-Diamino-4-methylamino-6-benzyloxypyrimidin*, $C_{12}H_{15}N_5O$, F. 148—150° (Zers.), durch 3½ std. Erhitzen von 20 g 6-Chlor-2-amino-4-methylaminopyrimidin mit einer Lsg. von Na in Benzylalkohol auf 160°, Eindampfen im Vakuum, Aufnehmen in 20%ig. Essigsäure, Filtrieren, Nitrosieren des entstandenen *2-Amino-4-methylamino-6-benzyloxypyrimidins* mit $NaNO_2$-Lsg. bei 60—70°, Filtrieren, Red. mit Na-Dithionit in schwach ammoniakal. W. in Ggw. von etwas Methanol u. Filtrieren; aus W./Methanol oder Toluol gelbe Nadeln; 5 g. — *6.8-Dimethyl-2-amino-4-benzyloxy-7-oxo-7.8-dihydropteridin*, $C_{15}H_{15}N_5O_2$, F. 216—218°, durch 1¼ std. Kochen von 2,3 g vorst. Verb. mit Brenztraubensäureäthylester in A.; aus Xylol oder A. Nadeln; 2,3 g. — *8-[β-Hydroxyäthyl]-2-amino-6-methyl-4.7-dioxo-3.4.7.8-tetrahydropteridin*, $C_9H_{11}N_5O_3$, F. 328—330° (Zers.), durch 3std. Erhitzen von 0,4 g 8-[β-Hydroxyäthyl]-2-amino-4-isopropyloxy-6-methyl-7-oxodihydropteridin in 0,2n NaOH auf 100°, Filtrieren u. Ansäuern mit Essigsäure; cremefarbene Kristalle; 0,2 g.

P. GOLINSKE. 3272□

Pteridine. 17. Mitt. **Über die Synthese und Struktur von 2.4.6-Trioxohexahydropteridincarbonsäure-(7)-Derivaten.** Wolfgang Pfleiderer. (Chem. Ber. **95.** 749—54. 20/3. 1962.) (Dt.) — 16. vgl. vorst. Referat.

Die pK-Werte folgender 2.4.6-Trioxo-1.2.3.4.5.6-hexahydropteridine werden bestimmt: *7-Carboxy-*, *7-Carbäthoxy-*, *7-Aminocarbonyl-*, *7-Methylaminocarbonyl-*, *7-Dimethylaminocarbonyl-*, *1-Methyl-7-methylaminocarbonyl-*, *3-Methyl-7-methylaminocarbonyl-*, *1.3-Dimethyl-7-methylaminocarbonyl-*, *1.3.5-Trimethyl-7-methylaminocarbonyl-*; die Strukturen dieser Verbb. werden an Hand der UV-Absorptionsspektren diskutiert. Weiter sind die Maxima der Fluorescenzspektren u. die R_F-Werte in verschiedenen Lsgm. angegeben.

Versuche: *2.4.6-Trioxo-1.2.3.4.5.6-hexahydropteridin-7-carbonsäure*, *Äthylester*, $C_9H_8N_4O_5$, F. 317° (Dunkelfärbung ab 300°), durch 4std. Kochen von 1 g der Säure in abs. A. in Ggw. von konz. H_2SO_4, Einengen, Verdünnen mit W. u. mehrstd. Stehen im Eisschrank; aus W. gelbe Kristalle; 0,7 g (Ausbeute). *Amid*, $C_7H_5N_5O_4$, F. >350°, durch 1std. Erhitzen von 0,5 g des Esters mit NH_3—gesätt. A. in einer Druckflasche auf 100°; aus verd. NH_4OH mit Essigsäure gelbe Kristalle; 0,4 g. *Dimethylamid*, $C_9H_9N_5O_4$, F. >350°, durch 2std. Erhitzen von 0,65 g des Esters mit Dimethylamin im Bombenrohr auf 100°; aus W. gelbliche Kristalle; 0,3 g. — *1.3.5-Trimethyl-2.4.6-trioxo-1.2.3.4.5.6-hexahydropteridin-7-carbonsäuremethylamid*, $C_{11}H_{13}N_5O_4$, F. 188—190°, durch Zugabe von 0,43 g Dimethylalloxan in W. zu 0,46 g 1.3-Dimethyl-6-amino-5-methylaminouracil in W., 10 Min. langes Kochen, Kühlen u. Extrahieren mit Chlf.; aus A./Ae. gelbe Kristalle; 0,2 g.

P. GOLINSKE. 3272□

Pteridine. 18. Mitt. **Über eine einfache Darstellungsmethode von 6-Alkoxypteridinen.** Wolfgang Pfleiderer, Egon Liedek und Manfred Rukwied. (Chem. Ber. **95.** 755—62. 20/3. 1962.) (Dt.) — 17. vgl. vorst. Referat.

6-Oxodihydropteridine, die am Pyrimidinteil in 2- u. 4-Stellung zwei potentiell tautomere Gruppen tragen, lassen sich durch Kochen in mineralsaurer alkohol. Lsg. in die entsprechenden *6-Alkoxypteridine* überführen. Der Mechanismus der Rk. wird diskutiert. Substituenten in 7-Stellung unterbinden infolge ster. Hinderung die Reaktion. Die pK-Werte der neu dargestellten Verbb. werden bestimmt u. ihre UV-Absorptionsspektren aufgenommen. R_F-Werte in verschiedenen Lsgm. vgl. Original.

Versuche: Pteridine: *2-Acetylamino-4.6-dioxo-3.4.5.6-tetrahydro-* (I), $C_8H_7N_5O_3$, durch 2std. Kochen von 2 g Xanthopterin in Acetanhydrid u. Trocknen des Prod. bei 120° im Vakuum über P_2O_5; 1,3 g (Ausbeute). *Sesquihydrat*, $C_8H_7N_5O_3 \cdot 1^1/_2\, H_2O$, F. >350°; aus W. blaßgelbe Nadeln. — *3-Methyl-2-amino-4.6-dioxo-3.4.5.6-tetrahydro-* (II; *3-Methylxanthopterin*), $C_7H_7N_5O_2$, F. >350°, durch Erwärmen von 3,8 g 1-Methyl-2.4.5-triamino-6-oxo-1.6-dihydropyrimidinhydrochlorid in 78%ig. H_2SO_4 auf 90°, Versetzen mit Glyoxylsäureesterhalbacetal, 2—3 Min. langes Erhitzen auf 90°, Kühlen, Gießen in W. u. Einstellen mit konz. NH_4OH auf pH 6; gelbe Kristalle; 1,9 g. — *2-Amino-6-methoxy-4-oxo-3.4-dihydro-, Hydrochlorid*, $C_7H_7N_5O_2 \cdot HCl$, F. >350°, durch 3std. Kochen von 3 g Xanthopterin in Methanol unter Durchleiten von HCl; blaßrote Kristalle; 2,3 g. — *2-Amino-6-methoxy-4-oxo-3.4-dihydro-* (III), $C_7H_7N_5O_2$, F. >350°, a) durch 10 Min. langes Kochen von 0,5 g vorst. Hydrochlorids in W.; hellgelbes Kristallpulver; 0,4 g; b) durch 4std. Kochen von 0,5 g I in Methanol unter Durchleiten von HCl; 0,3 g; c) durch 1std. Kochen von 0,12 g 2-Acetamido-6-methoxy-4-oxo-3.4-dihydropteridin in 1n NaOH u. Eintropfen in sd. verd. Essigsäure; 0,08 g. — *2-Amino-6-methoxy-4-oxo-3.4-dihydro-, Methylsulfathydrat*, $C_7H_7N_5O_2 \cdot H_2O \cdot CH_3OSO_3H$, F. >350°, durch $1^1/_2$std. Kochen von 1 g Xanthopterin in Methanol in Ggw. von konz. H_2SO_4, Filtrieren u. Einengen; blaßrote Kristalle; 0,6 g. — *2-Amino-6-äthoxy-4-oxo-3.4-dihydro-, Hydrochloridhydrat*, $C_8H_9N_5O_2 \cdot HCl \cdot H_2O$, F. >350°, durch 3std. Kochen von 1 g Xanthopterin in abs. A. unter Durchleiten von HCl, Einengen u. Umwandeln in das Hydrochlorid; hellbräunliche Kristalle; 0,8 g. *Freie Base*, $C_8H_9N_5O_2$, F. >350°, aus 0,5 g des Hydrochlorids durch 10 Min. langes Kochen in W.; 0,4 g. — *2-Amino-6-propyloxy-4-oxo-3.4-dihydro-, Hydrochlorid*, $C_9H_{11}N_5O_2 \cdot HCl$, F. >350°, durch 2std. Kochen von 1 g Xanthopterin in Propanol unter Durchleiten von HCl; hellbräunliche Kristalle; 0,6 g. — *3-Methyl-2-amino-6-methoxy-4-oxo-3.4-dihydro-, Hydrat*, $C_8H_9N_5O_2 \cdot H_2O$, F. >350°, a) durch $2^1/_2$std. Kochen von 0,5 g II in HCl-gesätt. Methanol, Eindampfen im Vakuum, Aufnehmen in W. u. Einstellen mit verd. NH_4OH auf pH 7; aus W. hellgelbe Nadeln; 0,41 g; b) durch Zugabe von Dimethylsulfat zu III in 1n KOH u. 1std. Rühren; aus W. hellgelbe Kristalle; 0,55 g. — *1.3-Dimethyl-6-methoxy-2.4-dioxo-1.2.3.4-tetrahydro-*, F. 223—224° (W.), durch 7std. Kochen von 0,1 g 1.3-Dimethyl-2.4.6-trioxohexahydropteridin in HCl-gesätt. Methanol; 53 mg. — *2-Amino-6-hydrazino-4-oxo-3.4-dihydro-*, $C_6H_7N_7O$, F. >350°, durch $^1/_4$std. Kochen von 0,3 g III mit $N_2H_4 \cdot H_2O$; gelbes Kristallpulver; 0,22 g. — *2-Acetylamino-6-methoxy-4-oxo-3.4-dihydro-*, $C_9H_9N_5O_3$, F. 274—275° (Zers.), durch 2std. Kochen von 0,7 g III mit Acetanhydrid ($1^1/_2$ Std.); aus W. Nadeln; 0,7 g. P. GOLINSKE. 3272□

Oligomere. 14. Mitt. **Zur Kenntnis der Cyclooligohexamethylenamine.** Helmut Zahn und Herbert Spoor. (Chem. Ber. **92.** 1375—80. 1/6. 1959.) (Dt.) — 13. vgl. C. **1962.** 13361.

Die in wss. Extrakten (E) von techn. Caprolactampolymerisaten enthaltenen cycl. Oligomeren lassen sich durch Red. mit $LiAlH_4$ in Tetrahydrofuran (THF) in cycl. *Amine* $\llcorner[(CH_2)_6 \cdot NH]_n\lrcorner$ (n = 1—6) überführen, von denen *1.8.15-Triazacycloheneikosan* (I), *1.8.15.22.29-Pentaazacyclopentatriakontan* (II) u. *1.8.15.22.29.36-Hexaazacyclodotetrakontan* (III) isoliert u. charakterisiert werden (vgl. C. **1956.** 13705). Nach der Red. läßt sich I durch fraktionierte Dest. als *Monohydrat* abtrennen. II u. III werden durch Red. eines E erhalten, dem vorher durch Extraktion mit Aceton die Amide mit n = 1 u. 3 entzogen wurden. Die Trennung gelang durch multiplikative Verteilung über 500 Stufen in einer vollautomat. Apparatur. II u. III fallen als *Dihydrate* an; sie sind ident. mit Verbb., die bei der Red. der entsprechenden synthetisierten Caprolactamoligomeren (vgl. C. **1959.** 14417) entstehen. I ist nach dem Entwässern im Exsiccator über KOH bei Zimmer-Temp ein viscoses Öl, das an der Luft unter Wasseraufnahme wieder fest wird. Die höheren cycl. Amine geben ihr W. erst beim Erhitzen über den F. ab, was neben anderen Befunden für das Vorliegen mol., durch H-Brücken stabilisierter Einschluß-Verbb. spricht. Die ungeradzahligen Verbb. schmelzen tiefer u. sind leichter lösl. als die symm. geradzahligen. Röntgenograph. u. papierchromatograph. Unterss. sowie IR-Spektren, auch der durch Erhitzen mit D_2O in abs. THF deuterierten Amine, werden mitgeteilt.

Versuche: *1.8-Diazacyclotetradecan*, F. 72°, lange, prismat., monokline Nadeln aus Aceton. *Dipikrat*, F. 252°. *Dibenzoyl-Deriv.*, F. 138°. — *1.8.15-Triazacycloheneikosan* (I),

Monohydrat, $C_{18}H_{39}N_3 \cdot H_2O$, F. 42°, aus 110 g E durch Red. mit $LiAlH_4$ in THF u. anschließende wiederholte fraktionierte Kurzweg-Dest. bei Kp.$_{0,5}$ 145—150° (App. beschrieben); große Quader aus wss. Ae.; 1,3 g (Ausbeute). *Tripikrat*, $C_{18}H_{39}N_3 \cdot 3\,C_6H_3N_3O_7$, F. 165°, gelb. *Tribenzoyl-Deriv.*, $C_{39}H_{51}N_3O_3$, viscoser Sirup. — *1.8.15.22-Tetraazacyclooctakosan, Monohydrat*, F. 60°. *Tetramethyl-Deriv.*, $C_{28}H_{60}N_4$, hochviscoses Öl; 65%. *Tetrapikrat*, F. 201°. *Tetrabenzoyl-Deriv.*, F. 117°. *Tetramethojodid*, $C_{32}H_{72}J_4N_4 \cdot 2\,H_2O$, F. ca. 280° (Zers.). — *1.8.15.22.29-Pentaazacyclopentatriakontan* (II), *Dihydrat*, $C_{30}H_{65}N_5 \cdot 2\,H_2O$, F. 45°, durch Red. von mit Aceton extrahiertem E u. Gegenstromverteilung von 10 g des Red.-Prod. in einer v. METZSCHschen Verteilungsbatterie im Syst. Methanol (50), W. (50)/Bzl. (45), n-Heptan (55) über 500 Stufen, Eindampfen der einheitlichen Fraktionen im Vakuum u. Umkristallisieren aus wss. Ae.; 0,9 g. *Pentapikrat*, $C_{30}H_{65}N_5 \cdot 5\,C_6H_3N_3O_7$, F. 99—101°, gelb. Neben **II** 15 mg *1.8.15.22.29.36-Hexaazacyclodotetrakontan* (III), *Dihydrat*, $C_{36}H_{78}N_6 \cdot 2\,H_2O$, F. 67—68°. D. HOLZNER. 3390

Oligomere. 15. Mitt. **Mono- und Bis-cyclohexamethylenadipinamid.** Helmut Zahn und Franz Schmidt. (Chem. Ber. **92.** 1381—85. 1/6. 1959.) (Dt.) — 14. vgl. vorst. Referat.

Vff. synthetisierten *cycl. Oligomere* $\lfloor[NH \cdot (CH_2)_6 \cdot NH \cdot CO \cdot (CH_2)_4 \cdot CO]_n\rfloor$ (II mit n = 1, III mit n = 2) aus Hexamethylendiamin (I) u. Adipinsäure u. bewiesen deren Identität mit aus „Nylon 66" isolierten Verbb. (vgl. C. **1959.** 14417). Durch Rk. von Adipinsäuremonomethylester (IV) mit I in Dioxan entsteht *N-[ω-Amino-n-hexyl]-adipinsäuremonoamid* (V) mit 55—60% Ausbeute, das sich über das *Carbobenzoxy* (Cbo)-*Deriv.* (VI) reinigen läßt. Setzt man das aus VI u. Chlorameisensäureäthylester (VII) in Ggw. von Triäthylamin (TA) in Tetrahydrofuran (THF) bei —5° erhältliche gemischte *Anhydrid* mit dem Na-Salz von V um, so entsteht nach dem Ansäuern mit Essigsäure *26-Carbobenzoxyamino-6.13.20-triaza-5.14.19-trioxohexakosancarbonsäure-(1)* (VIII). Die Abspaltung des Cbo-Restes erfolgt durch mehrstd. Einw. von konz. HCl bei 40°. Sowohl V als auch IX gehen beim Behandeln mit methanol. HCl in die entsprechenden *Methylesterhydrochloride* über, aus denen mit einem großen Überschuß einer 10—15%ig. Hydrazinhydrat (Hy)-Lsg. in sd. wss. Methanol oder Propanol innerhalb von 12—80 Std. die *Hydrazide* als *Dihydrochloride* entstehen. Diese lassen sich mit $NaNO_2$ bei 0° in die *Azidhydrochloride* überführen. Hiervon ausgehend erfolgt die Cyclisierung unter Verdünnungbedingungen nach SHEEHAN u. RICHARDSON (vgl. C. **1955.** 4350).

Versuche: *12-Amino-6-aza-5-oxododecancarbonsäure-(1)* (*N-[ω-Amino-n-hexyl]-adipinsäuremonoamid*, V), F. 180—190° (Methanol–Ae.) durch 1½std. Kochen von I u. IV in Dioxan, Stehenlassen, Absaugen, Chromatographieren in wss. Lsg. an DOWEX-50 u. Einengen; 55—60% (Ausbeute). *Hydrochlorid*, $C_{12}H_{24}N_2O_3 \cdot HCl$, F. 125—127° (Eisessig–Ae.). *Methylesterhydrochlorid* (Va), $C_{13}H_{26}N_2O_3 \cdot HCl$, F. 141—143° (Aceton–Methanol), durch 24std. Stehen von V in 10%ig. methanol. HCl; 63,4%. *Hydraziddihydrochlorid* (Vb), durch 24std. Rk. von Va mit Hy in Methanol bei Zimmer-Temp.; 75%. *Azidhydrochlorid* (Vc), durch Zutropfen von $NaNO_2$-Lsg. zur salzsauren wss. Lsg. von Vb bei 0°. — *Cyclomonohexamethylenadipinamid* (*2.7-Dioxo-1.8-diazacyclotetradecan*, II), $C_{12}H_{22}N_2O_2$, F. 252—253° (Essigester), durch Lösen von Vc in W. bei 0°, Zugabe von $NaHCO_3$-Lsg. bis pH 8, dreitägiges Stehen, Neutralisieren u. Einengen; 31%. — *12-Cbo-amino-6-aza-5-oxododecancarbonsäure-(1)* (VI), $C_{20}H_{30}N_2O_5$, F. 139° (wss. Essigester), durch 4std. Rühren von V u. Carbobenzoxychlorid in wss. NaOH bei Zimmer-Temp.; 72%. — *26-Cbo-amino-6.13.20-triaza-5.14.19-trioxohexakosancarbonsäure-(1)* (VIII), $C_{32}H_{52}N_4O_7$, F. 176°, durch Zutropfen von VII u. von V zu VI in THF in Ggw. von TA bei —5°, 4std. Rühren bei Zimmer-Temp., Lösen des ausgefallenen *Na-Salzes* in Eisessig u. Fällen mit W.; 69%. — *26-Amino-6.13.20-triaza-5.14.19-trioxohexakosancarbonsäure-(1)* (IX), *Methylesterhydrochlorid* (VIIIa), $C_{25}H_{48}N_4O_5 \cdot HCl$, F. 205—209° (Methanol), durch 3std. Einw. von konz. HCl auf VIII bei 40°, Einengen u. 3std. Kochen des Rückstandes mit Methanol; 70%. *Hydraziddihydrochlorid* (VIIIb), $C_{24}H_{48}N_6O_4 \cdot 2\,HCl$, F. 265—268° (Methanol–HCl–Ae.), aus VIIIa u. Hy in Methanol in 60 Stunden. — *Cyclo-bis-[hexamethylenadipinamid]* (*2.7.16.21-Tetraoxo-1.8.15.22-tetraazacyclooctakosan*, III), $C_{24}H_{44}N_4O_4$, F. 241° (Methanol), aus VIIIb analog II; 68,7%. D. HOLZNER. 3390

Reaktion von Ammoniak mit einigen acetylierten und benzoylierten Monosacchariden. 5. Mitt. **Derivate der D-Lyxose.** Jorge O. Deferrari, Venancio Deulofeu und Eduardo Recondo. (An. Asoc. quím. argent. **46.** 137—42. Juni 1958. Buenos Aires, Fac. de Cienc. Méd., Cat. de Quím. Biol.) (Span.) — 4. vgl. C. **1962.** 6779; vgl. auch C. **1959.** 2461.

Bei der Ammonolyse von Tetraacetyl-α-D-lyxopyranose (I) u. von Tetrabenzoyl-α-D-lyxopyranose (II) mit methanol. NH_3 entsteht *N.N'-Diacetyl-D-lyxosylidendiamin* bzw. *N.N'-Dibenzoyl-D-lyxosylidendiamin* (III). III wird auch bei der Behandlung von

Pentabenzoyl-D-galaktonitril (**IV**) oder von 5-O-Benzoyl-N.N'-dibenzoyl-D-lyxosyliden-diamin (**V**) mit methanol. NH_3 gewonnen. Läßt man auf **IV** äthanol. NH_3 kürzere Zeit einwirken, so bildet sich **V**.

Versuche: *N.N'-Diacetyl-D-lyxosylidendiamin*, F. 232—233° (50%ig. A.), durch 24std. Aufbewahren der Lsg. von **I** in 16%ig. methanol. NH_3 bei Raum-Temp., Eindampfen der Lsg. unterhalb von 60°, Aufnehmen des Rückstandes in heißem A. u. Absaugen in der Kälte; $[\alpha]_D^{18}$ —10,3° (c = 0,626; W.); 46% (Ausbeute). — *N.N'-Dibenzoyl-D-lyxosylidendiamin* (**III**), $C_{19}H_{22}N_2O_6$, F. 244—245° (W.), a) durch 24std. Aufbewahren von **IV** (vgl. RESTELLI DE LABRIOLA u. DEULOFEN, J. org. Chemistry **12.** [1947.] 726) in 16%ig. methanol NH_3 bei Raum-Temp. u. Aufarbeitung wie vorst.; 30,5%; b) analog a) aus **II**; 30%; c) analog a) aus **V**; $[\alpha]_D^{29}$ + 4,6° (c = 0,643; Pyridin). *Tetra-O-acetat*, $C_{27}H_{30}N_2O_{10}$, F. 163—164° (A.), durch 24std. Aufbewahren von 900 mg **III** in Acetanhydrid–Pyridin (1:1) bei Raum-Temp. u. Gießen in Eiswasser; $[\alpha]_D^{26}$ + 37,7° (c = 0,84; Chlf.); 1200 mg. W. CLAUSS. 3400□

Synthesen der 3.6-Didesoxyhexosen. Bestimmung der Struktur der natürlichen Zucker Abequose, Colitose, Tyvelose und Ascarylose. Claudine Fouquey, Edgar Lederer, Otto Lüderitz, Judith Polonsky, Anne-Marie Staub, Stephan Stirm, Régina Tinelli und Otto Westphal. (C. R. hebd. Séances Acad. Sci. **246.** 2417—20. 21/4. 1958. Freiburg-Zähringen, Dr. A. Wander Forsch.-Inst.; Paris, Inst. Pasteur, Inst. de Biol. physicochim.) (Franz.)

Zur Synth. von *3.6-Didesoxy-D-galaktose* (**I**) wird 3-Desoxy-D-galaktose in das Methylglykosid übergeführt u. tosyliert. Durch Behandlung des *6-Monotosylates* mit NaJ erhält man *Methyl-3.6-didesoxy-6-jod-D-galaktosid*, dessen Hydrierung *Methyl-3.6-didesoxy-D-galaktosid* liefert. Nach saurer Hydrolyse u. chromatograph. Reinigung entsteht **I** ($[\alpha]_D$ —3,2°; *p-Nitrobiphenylsulfonylhydrazon*, $C_{18}H_{21}N_3O_7S$, F. 140°). Red. von **I** mit $NaBH_4$ führt zu *3.6-Didesoxy-D-galaktit* [(**V**), F. 92—93° (Aceton), $[\alpha]_D$ + 51°]. Durch Vgl. ihrer R_f- u. $[\alpha]_D$-Werte u. durch Best. des Misch-F. der *p-Nitrobiphenylsulfonylhydrazone* erweist sich **I** als ident. mit natürlicher *Abequose* (**II**). *Colitose* (**III**) ist der opt. Antipode von **I** bzw. **II**, also *3.6-Didesoxy-L-galaktose*, wie sich aus der Identität des IR-Spektrums von **V** mit dem des **III** entsprechenden Alkohols ergibt. Die Synth. der *3.6-Didesoxy-D-mannose* (**IV**) geht vom Methyl-4.6-O-benzyliden-3-desoxy-D-mannosid aus, das mit p-Nitrophenylhydrazin-hydrochlorid hydrolysiert wird. Das dabei entstehende *Methyl-3-desoxy-D-mannosid* (F. 120—123°) wird zum *Methyl-3-desoxy-6-tosyl-D-mannosid* tosyliert, das man mit $LiAlH_4$ reduziert. Das gebildete *Methyl-3.6-didesoxy-D-mannosid* liefert bei der Hydrolyse mit HCl **IV** ($Kp._{0,05}$ 125—150°, $[\alpha]_D$ + 24°). Red. von **IV** mit $NaBH_4$ führt zu *3.6-Didesoxy-D-mannit* [**VI**, $C_6H_{14}O_4$, F. 113—115° (Aceton), $[\alpha]_D$ —35°]. **IV** ist ident. mit natürlicher *Tyvelose*. *Ascarylose* erweist sich als der opt. Antipode von **IV**, nämlich als *3.6-Didesoxy-L-mannose*, da die IR-Spektren von *Ascarylit* u. von **VI** ident. sind.

W. SCHÄFER. 3400□

Monosaccharide. 1. Mitt. **Eine neue Synthese für D-Chinovose und D-Fucose.** N. K. Kotschetkow, L. I. Kudrjaschow, A. I. Ussow und B. A. Dmitrijew. (Журнал Общей Химии [J. allg. Chem.] **31** (**93**). 3303—08. Okt. 1961. Inst. für die Chem. der Naturstoffe der Akad. der Wiss. der UdSSR.) (Russ.)

Die aus 1.2;5.6-Di-O-isopropyliden-D-glucofuranose mit dem Triphenylphosphit/Br_2-Komplex dargestellte 6-Brom-6-desoxy-D-glucose (**I**) wird in das *Tetra-O-acetyl-Deriv.* (**II**) übergeführt, dessen katalyt. Hydrierung *1.2.3.4-Tetra-O-acetyl-D-chinovose* liefert. Aus 1.2;3.4-Di-O-isopropyliden-D-galaktopyranose (**III**) erhält man analog über *6-Brom-6-desoxy-D-galaktose*, Acetylieren, Hydrieren u. Desacetylieren *D-Fucose* (*6-Desoxy-D-galaktose*). 1.2-O-Isopropyliden-5.6-di-O-methyl-D-glucofuranose reagiert mit dem Triphenylphosphit/Br_2-Komplex nicht.

Versuche: *1.2.3.4-Tetra-O-acetyl-6-brom-6-desoxy-D-glucopyranose* (**II**), F. 170 bis 170,5°, durch Zutropfen von konz. H_2SO_4 zu 0,3 g **I** {$[\alpha]_D^{19}$ + 43° (c = 4,45; W.); 16,5% (Ausbeute)} in Essigsäureanhydrid/Eisessig bei 0° u. 24std. Stehen unter Eiskühlung; aus Methanol Nadeln; $[\alpha]_D^{24}$ + 110° (c = 7,66; Chlf.); 0,2 g. — *1.2.3.4-Tetra-O-acetyl-D-chinovose*, F. 114,5—115° (n-Butanol), durch Hydrieren von 252 mg **II** in Methanol über RANEY-Ni in Ggw. von Diäthylamin; 100 g. — *6-Brom-6-desoxy-D-galaktose*, durch Zugeben von Br_2 in Bzl. u. dann **III** zu Triphenylphosphit, Zutropfen von 0,5%ig. wss.-methanol. H_2SO_4 während 72 Std., 3std. Kochen, Neutralisieren mit $Ba(OH)_2$ u. Chromatographieren an Cellulose; $[\alpha]_D^{23}$ + 56° (c = 6,56; W.); 20,5%. *Tetra-O-acetyl-Deriv.*, $C_{14}H_{19}BrO_9$, analog **II**; $[\alpha]_D^{24}$ + 63° (c = 5,43; Chlf.). — *D-Fucose* (*6-Desoxy-D-galaktose*), *Benzylphenylhydrazon*, $C_{19}H_{24}N_2O_4$, F. 174—175° (Methanol), durch Hydrieren von 350mg des vorst. Acetyl-Deriv. in Methanol über RANEY-Ni in Ggw. von Diäthylamin, Verdünnen mit W., Ausäthern, Eindampfen, Lösen in Chlf., Zutropfen von methanol. $NaOCH_3$ bei 0°, $^1/_4$std. Stehen, Zusetzen von verd. Essigsäure, Eindampfen der wss.

Phase, Lösen in A. u. Umsetzen mit Benzylphenylhydrazin; $[\alpha]_D^{22}$ -16^0 (c = 0,79; Methanol); 60 mg. — *1.2-O-Isopropyliden-3-O-benzyl-D-glucofuranose*, durch 5std. Schütteln von 1.2;5.6-Di-O-isopropyliden-3-O-benzyl-D-glucofuranose mit 63%ig. Essigsäure bei 34⁰; 92%. *5.6-Di-O-acetyl-Deriv.*, F. 119⁰ (Methanol). — *1.2-O-Isopropyliden-3-O-benzyl-5.6-di-O-methyl-D-glucofuranose*, $Kp._{0,1}$ 130—135⁰, durch Zugeben von Dimethylsulfat u. NaOH-Pulver zu vorst. Verb. in Bzl., 1std. Rühren bei 20⁰, dann 3 Std. lang bei 50⁰, Wiederholen dieser Schritte, Verdünnen mit W., 1std. Kochen, Einengen der benzol. Phase u. Chromatographieren an Al_2O_3; 76%. — *1.2-O-Isopropyliden-5.6-di-O-methyl-D-glucofuranose*, $Kp._{0,2}$ 108—109⁰, F. 52—53⁰ (Aceton), durch 8std. Kochen vorst. Verb. mit RANEY-Ni in A.; 82%. *Phenylurethan*, F. 86—87⁰.

H.-E. TOUSSAINT. 3400□

Zur Kenntnis der Proanthocyanidine. Klaus Weinges. (Chem. Ber. **94**. 3032 bis 3043. 16/11. 1961. Heidelberg, Univ., Organ.-Chem. Inst. u. Forschungs-Inst. für die Chem. des Holzes u. der Polysaccharide.) (Dt.)

Vf. beschreibt monomol., di- u. polymere Proanthocyanidine (**P**). Aus den Früchten von *Crataegus oxyacantha* lassen sich (—)-*Epicatechin* u. ein dimeres „*Procyanidin*" **I** isolieren; letzteres zerfällt durch saure Hydrolyse in *Epicatechin* u. *Cyanidin* (**III**). Das aus dem Holz von *Larix decidua* neben *Taxifolin*, (—)-*Liovil* u. (—)-*Secoisolariciresinol* isolierte *Dihydrokämpferol* (**IV**) wird in *Pelargidandiol-(3.4)* übergeführt. Bei der katalyt. Hydrierung von *2.3.5.7.3'.4'-Hexaacetoxyflaven-(3)* entstehen *2.3.5.7.3'.4'-Hexaacetoxyflavan*, *1-[3.4-Diacetoxyphenyl]-2-acetoxy-3-[2.4.6-triacetoxyphenyl]-propanon-(1)* (**V**) u. *1-[3.4-Diacetoxyphenyl]-2-acetoxy-3-[2.4.6-triacetoxyphenyl]-propanol-(1)*. Letzteres gibt gibt mit Säuren kein **III** u. zählt somit nicht zu den **P**. *Polymeres Cyanidandiol-(3.4)* wird mit konz. HCl in **III** übergeführt.

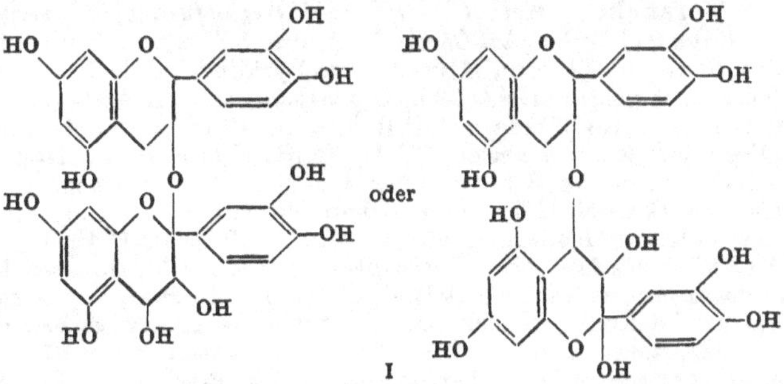

Versuche: „*Procyanidin*" **I**, *Hydrat*, $C_{30}H_{26}O_{13} \cdot H_2O$, durch chromatograph. Auftrennung des A.-Extrakts frischer Crataegus-Früchte an einer Perlon-Säule, Eindampfen der gewonnenen Eluate u. Behandeln mit Chlf., Aufnehmen in Aceton, Ausfällen polymerer Nebenprodd. mit Bzl. u. Eindampfen des Filtrates unter N_2 im Vakuum, evtl. chromatograph. Reinigung; amorph; wird im Vakuum bei 80⁰ rosa, bei 100⁰ rot; $[\alpha]_{578}^{25}$ $+23^0$ (c = 2; Aceton/W. 1 : 1); daneben *Verb. A* [rote Kupplungs-Rk. mit Diazobenzolsulfonsäure (**II**)], *Quercetin-3-galaktosid* (aus A. gelbe Kristalle), (—)-*Epicatechin* u. *Verb. B* [chromatograph. aufgetrennt in **III** u. weiteres *Anthocyanidin*; gelbe Kupplungs-Rk. mit **II**]. *Oktamethyläther, Hydrat*, $C_{38}H_{42}O_{13} \cdot H_2O$, durch Rk. von methanol. **I**-Lsg. mit CH_2N_2 in Ae., Abdampfen des Methanols nach 24 Std. im Vakuum, Nachmethylieren mit Dimethylsulfat/50%ig. KOH, Reinigung durch Chromatographie an Kieselgel/Celite u. Umfällen aus Methanol/W.; amorph; $[\alpha]_{578}^{25}$ $+55^0$ (c = 2; Aceton) [*Diacetyl-Deriv.*, $C_{42}H_{46}O_{15}$, durch Acetylierung des Oktamethyläthers mit Acetanhydrid/abs. Pyridin bei 50⁰; amorph; $[\alpha]_{578}^{25}$ $+50^0$ (c = 2; Aceton)]. *Dekaacetyl-Deriv.*, $C_{50}H_{46}O_{23}$, durch 5std. Rk. von **I** mit Acetanhydrid/abs. Pyridin bei 50⁰, Eingießen in Eis/W. u. chromatograph. Reinigung der Lsg. in Chlf./Essigester (1 : 1) an Kieselgel/Celite; amorph. — *2.3.5.7.3'.4'-Hexaacetoxyflaven-(3)*, $C_{27}H_{24}O_{13}$, F. 151—152⁰ (Methanol), aus getrocknetem Cyanidinchlorid durch kurzes Erwärmen (<50⁰) mit abs. Pyridin, Abkühlen, Zugabe von Acetanhydrid, 2std. Stehen u. Eingießen in Eis/Wasser. — *2.3.5.7.3'.4'-Hexaacetoxyflavan*, $C_{27}H_{26}O_{13}$, F. 146—148⁰ (A.), durch Hydrierung vorst. Verb. in Eisessig an Pt, Filtrieren, Eindampfen im Vakuum, Lösen in Methanol, Abtrennen der Kristalle von der Mutterlauge (Lsg. **C**) u. fraktionierte Kristallisation; daneben *1-[3.4-Diacetoxyphenyl]-2-acetoxy-3-[2.4.6-triacetoxyphenyl]-propanon-(1)* [**V**; $C_{27}H_{26}O_{13}$, F. 136—138⁰ (A.)]. — *1-[3.4-Diacetoxyphenyl]-2-acetoxy-3-[2.4.6-triacetoxyphenyl]-propanol-(1)*, $C_{27}H_{28}O_{13}$, F. 165—167⁰, a) aus **C**; b) durch Hydrierung von **V**. *Acetyl-Deriv.*, $C_{29}H_{30}O_{14}$, F. 158—160⁰. — *4'.7-Diacetoxyflavyliumacetat*, $C_{21}H_{18}O_7$, F. 93—95⁰ (Methanol), aus 4'.7-Diacetoxyflavyliumchlorid. — (+)-*Pelargidanolon* (*Dihydrokämpferol*; **IV**), aus dem Ae.-Extrakt von *Larix decidua*-Sägemehl durch Gegenstromverteilung mit W.; 0,02% (Ausbeute); daneben 0,2% (+)-*Cyanidanolon* (*Taxifolin*), (—)-*Liovil* [$C_{20}H_{24}O_7$, F. 172—173⁰ (Methanol/W.); $[\alpha]_{578}^{25}$ $-33{,}4^0$ (c = 2; Aceton)]

u. (—)-*Secoisolariciresinol.* — *5.7.4'-Tribenzylpelargidanolon*, $C_{36}H_{30}O_6$, F. 160—162° (Butanol), aus **IV** nach FREUDENBERG u. WEINGES. *3-Acetyl-Deriv.*, $C_{38}H_{32}O_7$, F. 126 bis 128° (A.). — *5.7.4'-Tribenzylpelargidandiol-(3.4)*, $C_{36}H_{32}O_6$, F. 156—158° (Butanol), aus vorst. Verbindung. *3.4-Diacetyl-Deriv.*, $C_{40}H_{36}O_8$, F. 140—142° (A.). *3.4-Isopropyliden-Deriv.*, $C_{39}H_{36}O_6$, F. 168—169° (Aceton/Methanol). — *Pelargidandiol-(3.4), Dihydrat*, $C_{15}H_{14}O_6 \cdot 2\,H_2O$, F. > 300° (W.), aus vorst. Verb., Färbung bei 125° gelb, bei 210° dunkelrot, ab 250° schwarz. *3.4.5.7.4'-Pentaacetyl-Deriv.*, $C_{25}H_{24}O_{11}$, F. 127—129° (Methanol). — *Polymeres Cyanidandiol-(3.4)*, durch kurzes Kochen von synthet. Cyanidandiol-(3.4) mit wenig 2n HCl. — *Cyanidin* (**III**), durch $^1/_2$std. Erhitzen vorst. Verb. in Butanol mit wenig konz. HCl auf 120°, Abkühlen u. Chromatographie in „FORESTAL solvent" (Eisessig/W./HCl 30 : 10 : 3); daneben in geringer Menge nicht untersuchte rote Produkte. H.-J. WEIGMANN. 3450□

Einige D-Ribofuranosid-2.3-cyclophosphate und ihre Eigenschaften als Substrat für Ribonuclease. Tyunosin Ukita und Masachika Irie. (Chem. pharmac. Bull. [Tokyo] **6**. 445—47. Aug. 1958. Hongo, Univ. of Tokyo, Fac. of Pharm. Sci.) (Engl.) Um die Eigg. verschiedener 5gliedriger Cyclophosphate als Substrat für Pankreasribonuclease zu untersuchen, werden *Methyl-5-O-benzyl-D-ribofuranosid-2.3-cyclophosphat* (**II**) u. *Methyl-α-* u. *β-D-ribofuranosid-2.3-cyclophosphat* (**III** u. **IV**) dargestellt. Eine enzymat. Hydrolyse des Cyclophosphatringes wird bei diesen Verbb. im Gegensatz zu den Unterss. am Cytidin-2'.3'-cyclophosphat nicht beobachtet. Für die genannten Verbb. u. ihre Zwischenprodd. sind R_F-Werte angegeben.

Versuche: *Methyl-5-O-benzyl-D-ribofuranosid-2-phosphat–Methyl-5-O-benzyl-D-ribofuranosid-3-phosphat-Gemisch* (**I**), durch Rk. von Methyl-5-O-benzyl-D-ribofuranosid mit $POCl_3$ in Pyridin, Abdest. des Pyridins, Hydrolyse des intermediären *Methyl-5-O-benzyl-D-ribofuranosid-2.3-cyclophosphats* (**II**) an Amberlite IR 120 (H^+-Form), chromatograph. Reinigung an Cellulose u. Elution mit Isopropanol/5n NH_4OH (2 : 1). *Dicyclohexylammoniumsalz* (**VII**), $C_{25}H_{45}N_2O_8P \cdot H_2O$; Nadeln. — *Methyl-5-O-benzyl-α-D-ribofuranosid-2.3-cyclophosphat-Methyl-5-O-benzyl-β-D-ribofuranosid-2.3-cyclophosphat-Gemisch* (**II**), durch Behandeln von **I** mit Dicyclohexylcarbodiimid (DCC) in Acetonitril u. Isolierung als *Na-Salz*, $C_{13}H_{16}NaO_7P \cdot H_2O$ (CH_3OH + Isopropanol). — *Methyl-D-ribofuranosid-2-phosphat–Methyl-D-ribofuranosid-3-phosphat-Gemisch* (**V**), *Dicyclohexylammoniumsalz* (**VI**), $C_{18}H_{39}N_2O_8P \cdot {}^1/_2\,H_2O$, durch katalyt. Debenzylierung von **VII** an Pd-Kohle; Nadeln aus A.–Äther. — *Methyl-α-D-ribofuranosid-2.3-cyclophosphat* (**III**), *Ammoniumsalz*, durch Entfernen der Kationen aus **VI** u. Dehydratisierung mit DCC in Acetonitril–Pyridin, Überführung des Rk.-Prod. in das *NH_4-Salz*, papierchromatograph. Adsorption, Extraktion mit W. u. Einengen; daneben *Methyl-β-D-ribofuranosid-2.3-cyclophosphat* (**IV**) als *NH_4-Salz*. **III**-*Na-Salz*, $C_6H_{10}NaO_7P$; Nadeln aus Aceton; $[\alpha]_D^{20}$ +93,6° (c = 1,0; W.). **IV**-*Na-Salz*, Kristalle aus CH_3OH + Ae.; $[\alpha]_D^{20}$ —34,2° (c = 1,0; W.). **III** u. **IV** liefern mit Amberlite IR 120 (CH^+-Form) **V**. **III** u. **IV** entstehen auch durch katalyt. Debenzylierung von **II**. E. LODEMANN. 3450

Untersuchung von Adenosin-2'-phosphorylaminosäurederivaten. Ju. P. Schwatschkin, M. T. Asarowa und M. A. Prokofjew. (Журнал Общей Химии [J. allg. Chem.] **31**(93). 2107—12. Juli 1961. Moskau, Lomonossow-Univ.) (Russ.) Der durch hydrogenolyt. Debenzylierung von N-[3'.5'-Diacetyladenosin-2'-O-benzylphosphoryl]-DL-phenylalaninmethylester (**I**) zugängliche *N-[3'.5'-Diacetyladenosin-2'-phosphoryl]-DL-phenylalaninmethylester* (**II**) reagiert mit Carbobenzoxyaminosäuren unter Bldg. von *Peptiden*; so wird mit Cbo-glycin (**III**) in Dioxan bereits bei 37° *Cbo-glycyl-DL-phenylalaninmethylester* (**IV**) gebildet. Aus **I** u. **III** läßt sich dagegen kein Dipeptid darstellen; auch reagiert **II** nicht mit freiem Glycin, sondern nur mit dem Cbo-Derivat. Es wird angenommen, daß die Dipeptid-Synth. aus **II** in 2 Stufen erfolgt, wobei zunächst eine (die Ggw. von Wasserspuren erfordernde) Spaltung von **II** in freien *DL-Phenylalaninmethylester* (**V**) stattfindet, der nachfolgend durch **III** acyliert wird. **IV** läßt sich dementsprechend auch aus **V** u. **III** darstellen, welcher Weg für die präparative Gewinnung vorteilhafter ist; in den übrigen Fällen geschah der Nachw. von **IV** bzw. seinen Hydrolysen-Prodd. durch Papierchromatographie.

Versuche: *N-[3'.5'-Diacetyladenosin-2'-phosphoryl]-DL-phenylalaninmethylester* (**II**), *Hydrat*, $C_{24}H_{29}N_6O_{10}P \cdot H_2O$, F. 64°, durch 50 Min. langes Hydrieren von **I** in 50%ig. Methanol über PdO unter Schütteln, azeotropes Eindampfen mit Bzl., Lösen in Chlf., Zutropfen der Lsg. zu gekühltem PAe., erneutes Umfällen u. Papierchromatographie in Methanol; λ_{max} 260 mμ (A.). — *Carbobenzoxyglycyl-DL-phenylalaninmethylester* (**IV**), F. 78°, durch 3std. Kochen von 2,85 g **V** mit 3,3 g **III** in absol. Dioxan; 0,2 g (daneben *3.6-Dibenzyl-2.6-diketopiperazin*, F. 290°). H.-E. TOUSSAINT. 3450□

Über die Cyclophosphatbildung in der Adenosin-2'-phosphorylamidreihe. Ju. P. Schwatschkin, M. T. Asarowa und M. A. Prokofjew. (Журнал Общей Химии [J. allg. Chem.] **31** (93). 2112—14. Juli 1961. Moskau, Lomonossow-Univ.) (Russ.)

Bei der alkal. Hydrolyse von N-[3'.5'-Diacetyladenosin-2'-(O-benzylphosphoryl)]-DL-phenylalaninmethylester (I; wss.-alkohol. NaOH, 37°) werden, wie die papierchromatograph. Unters. zeigt, *Adenosin-2'-* (II) u. *-3'-phosphat* (III) in gleicher Menge gebildet. Dieses Ergebnis weist eindeutig darauf hin, daß intermediär eine Bldg. von *Adenosin-2'.3'-cyclophosphat* stattgefunden hat. N-[3'.5'-Diacetyladenosin-2'-phosphoryl]-DL-phenylalaninmethylester (IV) liefert II u. III im Verhältnis 3 : 1. Hier verläuft die Hydrolyse offenbar gleichzeitig in 2 Richtungen: über Bldg. des Cyclophosphats sowie unter direkter Spaltung der P—N-Bindung. I u. IV stellen geeignete Modell-Verbb. für die Struktureinheiten von *Nucleosidphosphorylamiden* dar. Die Hydrolysenergebnisse lassen vermuten, daß die Hypothese von einer Blockierung der Cyclophosphat-Bldg. bei der Hydrolyse von Nucleosidphosphorylamiden (vgl. POTTER u. DOUNCE, J. Amer. chem. Soc. **78.** [1956.] 3078) nicht den Tatsachen entspricht. H.-E. TOUSSAINT. 3450□

Synthese von Nucleosid-5'-pyrophosphaten. A. M. Michelson. (Chem. and Ind. **1957.** 1669—70. 28/12. Dublin, Arthur Guinness Son & Co. Ltd.) (Engl.)

Die Umsetzung des Tri-n-octylammoniumsalzes von Uridin-5'-phosphat (I) mit Phosphorsäuredibenzylesterchlorid (II) (1 : 1,5 Mol) u. Tri-n-butylamin in Dioxan bei Raum-Temp. führt in quant. Ausbeute zu *Uridin-5'-dibenzylpyrophosphat,* das an Pd zu *Uridin-5'-pyrophosphat* (*Ca-Salz,* $C_9H_{12}CaN_2O_{12}P_2$) hydriert wird. Eine Bldg. des Triphosphats wird auch beim Arbeiten mit überschüssigem II nicht beobachtet. Auf gleiche Weise wird aus Adenosin-5'-phosphat *Adenosin-5'-pyrophosphat* (80—90%; *Ca-Salz,* $C_{10}H_{13}CaN_5O_{10}P_2$), aus Thymidin-5'-phosphat *Thymidin-5'-pyrophosphat* (80—90%; *Ca-Salz,* $C_{10}H_{14}CaN_2O_{12}P_2$) dargestellt. Eine Disproportionierung zu Dinucleosidpyrophosphaten tritt offenbar nicht ein. Aus Uridin-2'(3').5'-diphosphat erhält man mit überschüssigem II bei nachfolgender Hydrogenolyse das *Uridin-2'.3'-cyclophosphat-5'-pyrophosphat* (*Ca-Salz,* $C_9H_{10}Ca_{1,5}N_2O_{14}P_3$). I reagiert mit Tetraphenylpyrophosphat quant. unter Bldg. von *Uridin-5'-[P'.P'-diphenylpyrophosphat]*; solche Verbb. sind in saurer Lsg. recht stabil, werden aber bei pH > 9 u. 37° in das *Monophosphat* (I) umgewandelt. H.-E. TOUSSAINT. 3450□

Untersuchungen in der Muscarinreihe. 6. Mitt. **Weitere Untersuchungen über Charakterisierungen und Isolierungen in der Muscarinreihe.** K. Balenovič, N. Bregant und Z. Štefanac. (Croat. chem. Acta **29.** 45—48. 1957. Zagreb, Univ., Fac. of Sci., Chem. Labor.) (Engl.) — 5. vgl. C. **1960.** 11288.

Muscarin wird durch Adsorption an mit 1,5n HCl vorbehandeltem Dowex 50-X8 u. Elution mit 2,5n HCl von Cholin getrennt. Von *Muscarintetraphenylbor* ist das IR-Spektrum graph. wiedergegeben.

Versuche: *Muscarintetraphenylbor,* $C_{33}H_{40}BNO_2$, F. 172—173°, durch Zugabe von wss. Na-Tetraphenylbor-Lsg. zu Muscarinchlorid in wss. Essigsäure u. 24std. Stehen bei 0°; Prismen aus Aceton/W.; 79% (Ausbeute). — *Acetylcholintetraphenylbor,* durch 1std. Erhitzen von Cholintetraphenylbor mit Acetanhydrid auf dem Wasserbad. W. BETCKE. 3500□

Synthetische Versuche in der Gruppe hypotensiv wirksamer Alkaloide. 10. Mitt. **Reaktion von 3-Brom-5-acetoxy-8-hydroxy-cis-3.4.5.8.9.10-hexahydro-1-naphthoesäurelacton mit Silberacetat.** M. Rajšner, B. Kakáč und M. Protiva. (Collect. czechoslov. chem. Commun. **26.** 91—97. Jan. 1961. Prag, Forschungsinst. für Pharmazie u. Biochem.) (Dt.) — 9. vgl. C. **1962.** 13038.

Sowohl 2.3-Dibrom-5-acetoxy-8-hydroxy-cis-Δ^6-oktalin-1-carbonsäurelacton (I) als auch das durch Einw. von CH_3COOK auf I entstehende *3-Brom-5-acetoxy-8-hydroxy-cis-3.4.5.8.9.10-hexahydro-1-naphthoesäurelacton* (II) reagieren mit CH_3OH in Ggw. von CH_3ONa unter Bldg. von *2-Methoxy-3.5-epoxy-8-hydroxy-Δ^6-cis-oktalin-1-carbonsäurelacton.* Durch Erhitzen von II mit CH_3COOAg entsteht unter Allylumlagerung *1.5-Diacetoxy-8-hydroxy-cis-1.4.5.8.9.10-hexahydro-1-naphthoesäurelacton* (III). Die Konstit. von III wurde durch Hydrierung u. gleichzeitige Hydrogenolyse der entsprechenden *1.5.8-Trihydroxy-Verb.* (IV) zu *1.5-Dihydroxy-cis-dekalin-1-carbonsäure* u. Umwandlung der letzteren in das bekannte *$\Delta^{9,10}$-Oktalon-(1)* bewiesen. Durch Hydrierung von 5.8-Dihydroxy-cis-3.4.5.8.9.10-hexahydro-1-naphthoesäurelacton-(1 → 8) (V) entsteht *5-Hydroxy-Δ^1-cis-oktalin-1-carbonsäure,* die mit dem von ADLEROVÁ u. Mitarbeitern (vgl. C. **1961.** 8305) beschriebenen Hydrierungs-Prod. (VI) aus 3.5-Epoxy-8-hydroxy-cis-3.4.5.8.9.10-hexahydro-1-naphthoesäurelacton nicht ident. ist. VI kommt daher die isomere Struktur der *3-Hydroxy-Δ^1-cis-oktalin-1-carbonsäure* zu. UV- u. IR-Spektren s. Original.

Versuche (FF. im Kofler-Block): *3-Brom-5-acetoxy-8-hydroxy-cis-3.4.5.8.9.10-hexahydro-1-naphthoesäurelacton* (II), $C_{13}H_{13}BrO_4$, F. 154—156° (A.), durch $^1/_2$std. Kochen von I mit wasserfreiem CH_3COOK in Aceton; 95% (Ausbeute). — *2-Methoxy-3.5-epoxy-8-hydroxy-Δ⁶-cis-oktalin-1-carbonsäurelacton,* F. 100—102° (A.-Ae.), durch 4std. Stehen von 4 g I mit 0,5 g Na in 35 cm³ CH_3OH oder aus 3,15 g II u. 0,3 g Na in 30 cm³ CH_3OH über Nacht; 1,1 bzw. 1 g. — *1.5-Diacetoxy-8-hydroxy-cis-1.4.5.8.9.10-hexahydro-1-naphthoesäurelacton* (III), $C_{15}H_{16}O_6$, F. 153° (A.), a) durch 2std. Kochen von II mit CH_3COOAg in Dioxan; 44% ; b) aus IV u. $(CH_3CO)_2C$ in Pyridin (48 Stunden). — *1.5.8-Trihydroxy-cis-1.4.5.8.9.10-hexahydro-1-naphthoesäurelacton-(1 → 8)* (IV), $C_{11}H_{12}O_4$, F. 173—174° (A.-Ae.), durch 3std. Stehen von III mit CH_3ONa in CH_3OH bei Raum-Temp.; 60%. — *1.5-Dihydroxy-cis-dekalin-1-carbonsäure,* $C_{11}H_{18}O_4$, F. 173—174° (W.), aus IV in CH_3OH an PtO_2; 66%. — *1.5-Diacetoxy-cis-dekalin-1-carbonsäure,* $C_{15}H_{22}O_6$, F. 176—178° (wss. A.), aus vorst. Verb. wie III unter b); 63%. — *$\Delta^{9,10}$-Oktalon-(1), 2.4-Dinitrophenylhydrazon,* $C_{16}H_{18}N_4O_4$, F. 267° (Zers.), durch Eintragen vorvorst. Verb. in eiskalte konz. H_2SO_4 u. behandeln des Rohketons mit 2.4-Dinitrophenylhydrazin; dunkelrote Plättchen aus Essigester. — *5-Hydroxy-Δ¹-cis-oktalin-1-carbonsäure,* $C_{11}H_{16}O_3$, F. 240—242° (80%ig. CH_3OH), aus V in CH_3OH an 10%ig. Pd-Tierkohle; 39%.

A. Emr/Prag. 3500

Synthetische Versuche in der Gruppe hypotensiv wirksamer Alkaloide. 11. Mitt. **(±)-10-Fluordeserpidin.** L. Novák und M. Protiva. (Collect. czechoslov. chem. Commun. **26.** 681—86. März 1961.) (Dt.) — 10. vgl. vorst. Referat.

Durch Red. der aus 5-Fluortryptamin (I) u. 2-Carbomethoxy-3-methoxy-4-acetoxy-6-formylcyclohexylessigsäuremethylester (II) erhaltenen Schiffschen *Base* mit $NaBH_4$ entsteht unter gleichzeitigem Ringschluß des Lactamringes (±)-*O-Acetyl-2.3-seco-3-oxo-10-fluordeserpidinsäuremethylester* (III). Durch Desacetylierung von III in 18-Stellung, Veresterung der *18-Hydroxy-Verb.* (IV) mit 3.4.5-Trimethoxybenzoylchlorid, Cyclisierung des entstandenen (±)-*2.3-Seco-3-oxo-10-fluordeserpidins* (V) zu (±)-*3,4-Dehydro-10-fluordeserpidin* u. dessen Red. wurde (±)-*10-Fluordeserpidin* (VI) dargestellt. Die Zugehörigkeit von VI in die Epialloyohimbanreihe wurde an Hand seines IR-Spektrums u. durch papierchromatograph. Vgl. nachgewiesen. Im Tier-Vers. weist VI etwa die gleiche hypotensive Wirksamkeit wie (±)-Deserpidin u. eine ca. 10mal schwächere sedative Wirksamkeit als (—)-Reserpin auf.

Versuche (FF. im Kofler-Block): *5-Fluortryptamin* (I), F. 81,5° (Bzl.), nach Adlerová u. Mitarbeitern (C. **1961.** 8307). — (±)-*O-Acetyl-2.3-seco-3-oxo-10-fluordeserpidinsäuremethylester* (III), $C_{24}H_{29}FN_2O_6$, F. 200—202° (Ae.-Chlf.), durch kurzes Stehen von 2 g I mit dem aus 3,2 g (±)-2-Methoxy-3-acetoxy-5.6-dihydroxy-7-oxo-cis-dekalin-1-carbonsäuremethylester nach Woodward u. Mitarbeitern (Tetrahedron [London] **2.** [1958.] 1) dargestellten II in 30 cm³ Bzl., Red. der rohen Schiffschen *Base* mit 2 g $NaBH_4$ in 50 cm³ CH_3OH, Methylieren in Dioxan mit CH_2N_2 in Ae. u. Acetylieren des Vakuumabdampfrückstandes mit 70 cm³ $(CH_3CO)_2O$ in 100 cm³ Pyridin; 1,8 g (rein). — (±)-*2.3-Seco-3-oxo-10-fluordeserpidinsäuremethylester* (IV), $C_{22}H_{27}FN_2O_5$, F. 193° (60%ig. CH_3OH), durch 20 Min. langes Kochen von 7 g III mit CH_3ONa in Methanol, Lösen des isolierten Rohprod. in 15 cm³ CH_3OH, Versetzen mit 20 cm³ Ae. u. Kristallisation im Eisschrank; 5 g (rein). — (±)-*2.3-Seco-3-oxo-10-fluordeserpidin* (V), $C_{32}H_{37}FN_2O_9$, F. 208° (CH_3OH), aus 4,7 g IV in 30 cm³ Pyridin u. 4,7 g 3.4.5-Trimethoxybenzoylchlorid in 20 cm³ Bzl. über Nacht bei Raum-Temp., dann 8 Std. bei 50—55°; 6,5 g. — (±)-*3,4-Dehydro-10-fluordeserpidinperchlorat,* F. 165°, durch 2std. Kochen von 5 g V mit 50 cm³ $POCl_3$, Lösen des Rohprod. in 50 m³ CH_3OH, Versetzen mit 20 cm³ 70%ig. $HClO_4$ u. Gießen in W.; 6,5 g. — (±)-*10-Fluordeserpidinperchlorat, Dihydrat,* $C_{32}H_{38}ClFN_2O_{12} \cdot 2\,H_2O$, F. 275° (A.), durch Red. von 6 g vorst. Verb. im kochenden Gemisch aus 50 cm³ Aceton, 50 cm³ Tetrahydrofuran u. 20 cm³ W. mit 15 g Zn-Staub, Versetzen mit 20 cm³ 70%ig. $HClO_4$, 20 Min. langes Kochen, Einengen im Vakuum u. Gießen in W.; 2 g. — (±)-*10-Fluordeserpidin* (VI), $C_{32}H_{37}FN_2O_8$, F. 230° (in evakuierter Capillare), aus 2 g vorst. Verb. in 15 cm³ kochendem Aceton u. NH_4OH u. Verdünnen mit W.; aus Ae.-Aceton Nadeln; 1,3 g. A. Emr/Prag. 3500

Synthetische Versuche in der Gruppe hypotensiv wirksamer Alkaloide. 12. Mitt. **Ein Beitrag zu den Endphasen der Totalsynthese von Reserpin und Deserpidin.** J. O. Jílek, I. Ernest, L. Novák, M. Rajšner und M. Protiva. (Collect. czechoslov. chem. Commun. **26.** 687—700. März 1961.) (Dt.) — 11. vgl. vorst. Referat.

Durch Red. von (±)-O-Acetyl-3,4-dehydroreserpsäuremethylesterperchlorat (I) mit Zn u. anschließende Desacetylierung bildet sich ein Gemisch aus (±)-*O-Acetylreserpsäuremethylester,* [(±)-III], ±-*Reserpsäuremethylester* [(±)-IV] u. (±)-*3-Isoreserpsäuremethylester* (V). Das durch chromatograph. Trennung des Gemisches isolierte (±)-IV wurde mit

3.4.5-Trimethoxybenzoylchlorid zu (±)-*Reserpin* umgesetzt. Die gleiche Rk.-Folge in der 11-Desmethoxyreihe lieferte (±)-*Deserpidinsäuremethylester*. Durch Einw. von OsO_4 u. $Ba(ClO_4)_2$ auf (±)-2-Methoxy-3-hydroxy-7-oxo-cis-Δ^5-oktalin-1-carbonsäurelacton (VII) gelang es, das erwartete *cis-5.6-Diol* (VIII) darzustellen; die Oxydation von VIII bzw. seines *Acetonids* mit HJO_4 u. die Kondens. mit 6-Methoxytryptamin waren erfolglos. Die durch Ozonisierung von VII erhaltene *Aldehydsäure* (IX) bzw. ihr *Methylester* wurden mit 6-Methoxytryptamin umgesetzt u. die entstandene SCHIFFsche *Base* zu (±)-*2.3-Seco-3-oxoreserpsäurelacton* (X) reduziert. Die Cyclisierung von X lieferte (±)-*3,4-Dehydroreserpsäurelacton* (XI). Zur Überführung von XI in Reserpsäurelacton vgl. F. P. 1 164 747 [1958]. IR-Spektren s. Original.

Versuche (FF. in evakuierter Capillare): (±)-*O-Acetyl-3,4-dehydroreserpsäuremethylesterperchlorat* (I), $C_{25}H_{31}ClN_2O_{10}$, F. 205—208° (KOFLER-Block; Bzl.–Chlf.), durch $2^1/_2$std. Kochen von 1 g (±)-O-Acetyl-2.3-seco-3-oxoreserpsäuremethylester (II) mit 20 cm³ $POCl_3$ unter N_2, Dest. im Vakuum, Lösen in 80 cm³ W. u. Versetzen mit 2 g $NaClO_4$ in 20 cm³ W.; 1 g (Ausbeute); durch Umlösen aus 90%ig. A. scheidet sich das I-*Hemihydrat*, $C_{25}H_{31}ClN_2O_{10} \cdot {}^1/_2 H_2O$, F. 165—172° (KOFLER-Block), aus. — (±)-*O-Acetylreserpsäuremethylester* [(±)-III], $C_{25}H_{32}N_2O_6$, F. 275—276° (Zers.), a) aus 0,75 g I in 7 cm³ Aceton, 7 cm³ Tetrahydrofuran u. 7 cm³ W. u. 1 g Zn-Staub in Ggw. von 1 cm³ 70%ig. $HClO_4$ (20 Min. in der Siedehitze) u. Freisetzen der Base mit NH_4OH in 50%ig. wss. Aceton; 0,3 g; das erhaltene rohe (±)-III vom F. 230—238° (Aceton) ist mit (±)-*Reserpsäuremethylester* [(±)-IV] u. (±)-*3-Isoreserpsäuremethylester* (V) verunreinigt; b) aus (±)-IV durch $^1/_2$std. Erhitzen mit Acetanhydrid auf dem Wasser-Bad. — (—)-*O-Acetylreserpsäuremethylester* [(—)-III], $C_{25}H_{32}N_2O_6$, F. 302—303° (Zers.), aus (—)-IV nach P.A. 2 824 874 [1958.]. — (±)-*Reserpsäuremethylester* [(±)-IV], $C_{23}H_{30}N_2O_5$, F. 240—242°, aus 1,54 g rohem, nach a) hergestelltem (±)-III durch 2std. Kochen mit 0,06 g Na in 170 cm³ CH_3OH unter N_2 u. Trennung des Gemisches [(±)-IV + V] in Chlf. an 45 g Al_2O_3 (Akt. II) durch Eluieren mit Chlf. (→ 0,3 g V) u. mit Chlf.-CH_3OH (5 : 1); Kristalle aus CH_3OH; 1 g. — (—)-*Reserpsäuremethylester* [(—)-IV], $C_{23}H_{30}N_2O_5$, F. 248—249° (Ae.–CH_3OH), nach DORFMAN u. Mitarbeitern (Helv. chim. Acta. **37**. [1954.] 59) aus (—)-Reserpin. — (±)-*3-Isoreserpsäuremethylester* (V), $C_{23}H_{30}N_2O_5$, F. 266—267°, aus dem neben (±)-IV erhaltenen V durch Umlösen aus CH_3OH. — (±)-*2.3-Seco-3-oxoreserpsäuremethylester, Hemihydrat*, $C_{23}H_{30}N_2O_6 \cdot {}^1/_2 H_2O$, F. 191—193°, aus 0,6 g II wie (±)-IV unter a); 0,45 g Kristalle aus wss. CH_3OH. — (±)-*Reserpin*, $C_{33}H_{40}N_2O_9$, F. 256—257°, durch 70std. Stehen von 0,4 g (±)-IV mit 1,2 g frischem 3.4.5-Trimethoxybenzoylchlorid in 12 cm³ Pyridin bei Raum-Temp. unter N_2, Dest. im Vakuum, Aufnehmen in CH_2Cl_2, Neutralwaschen, Lösen des Rückstandes in Chlf. u. Reinigen an Al_2O_3; 0,15 g (rein). — (—)-*Reserpin*, F. 272—274° (CH_3OH), $[\alpha]_D^{20}$ —118° (1%; Chlf.), wie vorst. Verb. aus (—)-IV, 20 Std. bei Raum-Temperatur. — (±)-*2-Carbomethoxy-3-methoxy-4-acetoxy-6-formylcyclohexylessigsäure* (VI), $C_{14}H_{20}O_8$, F. 108—115° (roh), durch 20 Min. lange Ozonisierung (3,5%ig. ozonisierter O_2) von 1 g (±)-2-Methoxy-3-acetoxy-7-oxo-cis-Δ^5-oktalin-1-carbonsäuremethylester in 20 cm³ Essigester bei —20 bis —25°; 0,6 g (roh) neben einer in Essigester unlösl. *Verb. vom F. 274—275°* (Chlf.–A.). — (±)-*O-Acetyl-2.3-seco-3-oxo-deserpidinsäuremethylester*, $C_{24}H_{30}N_2O_6$, F. 215°, durch Veresterung von 0,6 g VI mit CH_2N_2 in Ae. u. Umsezten des rohen *Methylesters* mit 0,35 g Tryptamin nach BLÁHA u. Mitarbeitern (C. **1961**. 8306); 0,35 g. — (±)-*O-Acetyl-3,4-dehydrodeserpidinsäuremethylesterperchlorat*, $C_{24}H_{29}ClN_2O_9 \cdot H_2O$, F. 175° (KOFLER-Block), aus 2,5 g vorst. Verb. wie I; Kristalle aus Chlf.–Bzl.; 2,2 g. — (±)-*O-Acetyldeserpidinsäuremethylester*, F. 235—240° (KOFLER-Block, roh), aus 2.3 g vorst. Verb. wie (±)-III unter a); zum Unterschied von (±)-III, entsteht bei dieser Red. kein 3-Isomeres. — (±)-*Deserpidinsäuremethylester*, $C_{22}H_{28}N_2O_4$, F. 140° (Chlf.–Ae.), aus 1 g vorst. Verb. wie (±)-IV; 0,8 g (roh). — (±)-*2-Methoxy-3-hydroxy-7-oxo-cis-Δ^5-oktalin-1-carbonsäurelacton* (VII), F. 179—181° (KOFLER-Block), a) durch 18std. Kochen der Hydroxysäure mit Acetanhydrid in Bzl. in Ggw. von Na-Acetat; 89%; b) durch 1std. Rühren von 10 g 2-Methoxy-3.5-epoxy-6-brom-7-oxo-8-hydroxy-cis-dekalin-1-carbonsäurelacton mit 40 g Zn-Staub in 500 cm³ Eisessig bei Raum-Temp. u. Behandeln des rohen Vakuumabdampfrückstandes wie unter a); 2 g (rein). — *2-Methoxy-3.5.6-trihydroxy-7-oxo-cis-dekalin-1-carbonsäurelacton-(1 → 3)* (VIII), ölig, roh, durch 24std. Schütteln von 2,22 g VII in 40 cm³ Dioxan mit 0,3 g OsO_4 u. 0,525 g $Ba(ClO_4)_2$ in 35 cm³ W. unter N_2, Versetzen mit 1,68 g $Ba(ClO_4)_2$ u. weiteres 7tägiges Schütteln; 1,24 g. — *2-Methoxy-3-hydroxy-5.6-isopropylidendioxy-7-oxo-cis-dekalin-1-carbonsäurelacton*, $C_{15}H_{20}O_6$, F. 127—130° (KOFLER-Block), durch 38std. Schütteln von 1,15 g VIII in Aceton in Ggw. von wasserfreiem $CuSO_4$; aus PAe.–Bzl. Kristalle; 1,04 g. — *2-Methoxy-3-hydroxy-5-formyl-6-carboxymethylcyclohexancarbonsäurelacton-(1 → 3)* (IX), roh, ölig, aus 4,4 g VII analog VI, 55 Min. bei —15°; 2,25 g. — (±)-*2.3-Seco-3-oxoreserpsäurelacton* (X), $C_{22}H_{26}N_2O_5$, F. 185,5° (Zers.; KOFLER-Block), durch Veresterung von 2,25 g IX mit CH_2N_2 in Ae., Umsetzen des rohen *Esters* mit 6-Methoxytryptamin in Bzl., Red. der rohen SCHIFFschen *Base* mit 1 g $NaBH_4$ in CH_3OH u. Reinigen des Rohprod. in Chlf. an Al_2O_3; 1,09 g. — *(±)-3,4-Dehydroreserpsäurelacton* (**XI**), *Perchlorat*, $C_{22}H_{25}ClN_2O_8$, F. 309—311° (KOFLER-Block), aus 0,28 g **X** wie **I**; 0,3 g. A. EMR/Prag. 3500

Syntetische Versuche in der Gruppe hypotensiv wirksamer Alkaloide. 14. Mitt. (±)-Methyl-O-[O-carbäthoxysyringoyl]-10-methoxydeserpidat. I. Ernest und M. Protiva. (Collect. czechoslov. chem. Commun. **26**. 1137—44. April 1961.) (Dt.) — 13. vgl. Mh. Chem. **91**. [1960.] 703; 12. vgl. vorst. Referat.

Ausführliche Mitt. zu der C. **1961**. 10947 referierten Arbeit. A. EMR/Prag. 3500

Totalsynthese von dl-Longifolen. E. J. Corey, Masaji Ohno, Paul A. Vatakencherry und Rajat B. Mitra. (J. Amer. chem. Soc. **83**. 1251—53. 5/3. 1961. Cambridge, Mass., Harvard Univ., Dep. of Chem.) (Engl.)

Auf Grund einer Total-Synth. von *dl-Longifolen* (**I**) wird dessen abs. Konfiguration sichergestellt. Aus Resorcin wird in 17 Stufen *1.6-Dioxo-8a-methyl-1.2.3.4.6.7.8.8a-oktahydronaphthalin* erhalten, das durch selektive Ketalisierung mit Äthylenglykol/Bzl.-/p-Toluolsulfonsäure *1.1-Äthylendioxy-6-oxo-8a-methyl-1.2.3.4.6.7.8.8a-oktahydronaphthalin* [F. 62—64°; 66% (Ausbeute)] ergibt. Daraus wird mit Triphenylphosphinäthyliden eine ölige Mischung von *cis-* u. *trans-1.1-Äthylendioxy-6-äthyliden-8a-methyl-1.2.3.4.6.7.8.8a-oktahydronaphthalin* (**II**) ($Kp._{0,1}$ ca. 110°; 90%) erhalten, das bei selektiver Hydroxylierung mit OsO_4 in Ae./Pyridin bei 0° in ein Stereoisomerengemisch von *1.1-Äthylendioxy-6-hydroxy-6-[1-hydroxyäthyl]-8a-methyl-1.2.3.4.6.7.8.8a-oktahydronaphthalin* (F. ca. 106—109°) übergeht. Dessen sek. *Mono-p-toluolsulfonat* liefert bei Pinakolinumlagerung in Tetrahydrofuran/$LiClO_4$/$CaCO_3$ *Δ^1-3.7-Dimethyl-4-oxo-8.8-äthylendioxybicyclo-[5.4.0]-undecen* [$Kp._{0,05}$ ca. 135°; 48% (bzgl. **II**)], das durch 6std. Hydrolyse mit 2n HCl bei 25° das entsprechende unkonjugierte *Diketon* (**III**), dagegen bei 24std. Hydrolyse bei 100° *Δ^2-3.7-Dimethyl-4.8-dioxobicyclo-5.4.0-undecen* (**IV**) ergab. Aus **III** oder **IV** wird durch MICHAEL-Rk. (24std. Erhitzen mit Triäthylamin in Äthylenglykol auf 225°) *1.5-Dimethyl-4.11-dioxotricyclo-[5.3.1.$0^{6.10}$]-undecan* (**V**; F. 109—110°; 10—20%) gewonnen. Monomethylierung von **V** mit Trityl-Na/CH_3J ergibt das *1.5.5-Trimethyl-Deriv.* (F. 119°; 60%), aus dem das *4.4-Monoäthylenthioketal* (**VI**; F. 167—168°; 72%) erhalten wird. Red. von **VI** mit $LiAlH_4$ ergibt den entsprechenden *Alkohol*, der mit Hydrazin in *dl-Longicamphenylol* übergeführt wird. Dessen Oxydation mit CrO_3 liefert *dl-Longicamphenylon* (F. 17—18°), das mit CH_3Li über den entsprechenden *tert. Alkohol* u. dessen Dehydratisierung mit $SOCl_2$/Pyridin **I** ergibt (70% bzgl. **VI**). B.-G. BRODDA. 3600□

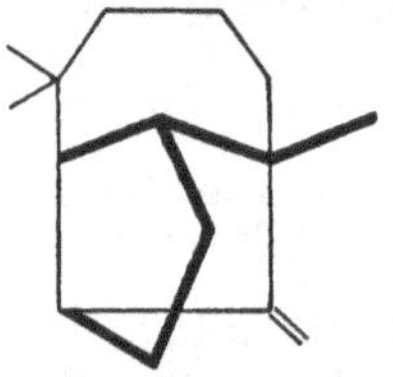

I

Die Chemie der natürlichen Ordnung Cupressales. 38. Mitt. Die Struktur der Diterpene Torulosol, Torulosal und Agatholsäure. C. Enzell. (Acta chem. scand. **15**. 1303—12. 1961. Stockholm, Kungl. Tekn. Högskolan, Organ.-kem. Inst.) (Engl.) — 37. vgl. C. **1962**. 13088.

Die Konstit. von *Torulosol* (**I**; vgl. nachst. Ref.) als *19-Hydroxymanool* wird durch Oxydation mit CrO_3/Pyridin zu *Torulosal* (**II**) u. Red. von **II** nach HUANG-MINLON zu *Manool*, durch Allylumlagerung von **I** zu *Agathadiol* (**III**) u. durch die Identität von **III** mit einem durch Red. von Agathsäure (**IV**)-dimethylester mit $LiAlH_4$ erhaltenen Präp. bewiesen. Der neben **III** gebildete *$\Delta^{8,20.13,16.14}$-Trienalkohol* gibt mit Na/A. ein *Dihydroderivat*. Beim Vers. zur Isolierung von **IV** aus einem weichen Manilakopal wird eine neue Säure, *Agatholsäure* (**V**), an Stelle von **IV** erhalten, deren Konstit. durch Red. des Methylesters mit $LiAlH_4$ zu **III** sowie durch MnO_2-Oxydation von **III** zum *Hydroxyaldehyd* u. dessen Oxydation mit Ag_2O zu **V** bewiesen wird. Die Ergebnisse werden weiter durch Unters. der IR-, Massen- u. protonenmagnet. Resonanzspektren (vgl. Original) gestützt.

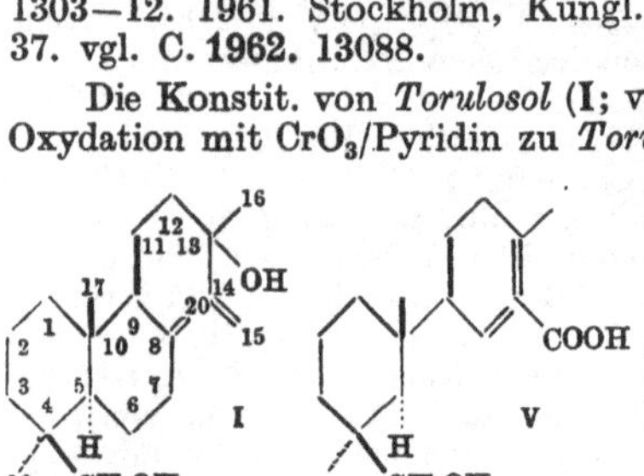

I V

Versuche: *Torulosol* (**I**), $C_{20}H_{34}O_2$, F. 110—111°, a) aus dem Kernholz von *Cupressus torulosa*; b) durch mehrstd. Stehen von 200 mg **II**, KBH_4 u. NaOH in W./CH_3OH; $[\alpha]_D + 31°$ (c = 2,0; Chlf.); 170 mg (Ausbeute). — *Dihydrotorulosol*, $C_{20}H_{36}O_2$, F. 120 bis 122° (nach Sublimation), aus **I** u. H_2 an RANEY-Ni in abs. A.; $[\alpha]_D + 27°$ (c = 2,0; Chlf.). — *Tetrahydrotorulosol*, $C_{20}H_{38}O_2$, F. 119—124° (Acetonitril), aus **I** u. H_2 an Pd-Kohle in A. bei Raum-Temp. u. Normaldruck (30 Std.); $[\alpha]_D + 16°$ (c = 2,0; Chlf.). — *Torulosal* (**II**)

$C_{20}H_{32}O_2$, *CCl_4-Solvat*, F. 80—85°, a) neben I nach a); b) durch Zugeben von 500 mg I in Pyridin zu CrO_3 in Pyridin u. 12std. Stehen bei Raum-Temp.; 430 mg; $[\alpha]_D$ + 24° (c = 2,0; Chlf.); sehr unbeständig. *Semicarbazon*, $C_{21}H_{35}N_3O_2$, F. 195—197° (Zers.), $[\alpha]_D$ —9° (c = 1,0; Pyridin). — *Manool*, F. 53—55° (Bzn.), aus 360 mg **II**, KOH u. $N_2H_4 \cdot H_2O$ in sd. Diäthylenglykol; $[\alpha]_D$ + 33° (c = 1,2; Chlf.); 260 mg. — *Agathadiol* (**III**), $C_{20}H_{34}O_2$, F. 107—108° (Diisopropyläther/CH_3OH), a) aus 1,1 g **IV**-Dimethylester u. $LiAlH_4$ in sd. Ae. (6 Std.); 1,0 g; b) durch 6std. Kochen von 1,04 g **I** u. Eisessig/Acetanhydrid (1:1), Verseifen mit sd. 5%ig. alkohol. KOH u. Chromatographie in PAe. an Al_2O_3; $[\alpha]_D$ + 31° (c = 2,0; Chlf.); 0,40 g. — *Agathsäure* (**IV**), F. 202—203°, aus hartem Manilakopal (F. 135°) nach Ruzicka u. Hosking [1929]; $[\alpha]_D$ + 58° (c = 2,0; A.). *Dimethylester*, aus **IV** u. CH_2N_2; n_D^{25} 1,5139; $[\alpha]_D$ + 63° (c = 2,0; A.). — *Agatholsäure* (**V**), $C_{20}H_{32}O_3$, F. 184—186° (Äthylacetat), a) durch Extrahieren von 250 g Manilakopal (F. 95—105°) mit kaltem Ae., Ausschütteln mit 5%ig. wss.-alkohol. KOH, Einleiten von CO_2 u. Ansäuern des Filtrats mit H_2SO_4; $[\alpha]_D$ + 42° (c = 2,0; A.); 10 g; b) aus 0,30 g nachst. Verb. in abs. A. u. Ag_2O in verd. A. u. 24std. Stehen bei Raum-Temp.; $[\alpha]_D$ + 50°; 0,30 g. *Methylester*, F. 77—79°, aus **V** u. CH_2N_2; $[\alpha]_D$ + 44° (c = 1,0; Chlf.). — *Agatholal*, $C_{20}H_{32}O_2$, F. 70—72° (Diisopropyläther), durch 10std. Schütteln von 1,5 g **III** u. MnO_2 in abs. Aceton bei Raum-Temp.; $[\alpha]_D$ + 40° (c = 2,0; Chlf.); 1,3 g. *Semicarbazon*, F. 199 bis 201°. F. Heller. 3600□

Die Chemie der natürlichen Ordnung Cupressales. 39. Mitt. Kernholzbestandteile von Cupressus torulosa Don. H. S. Barreto und C. Enzell. (Acta chem. scand. **15.** 1313—18. 1961.) (Engl.) — 38. vgl. vorst. Referat.

Im Kernholz eines in der Schweiz gewachsenen Exemplars der im Himalayagebiet. heim. Species *Cupressus torulosa* Don. werden durch Extrahieren mit Aceton u. Chromatographie der neutralen, in PAe. lösl. Anteile an Al_2O_3, Gegenstromverteilung u. Gaschromatographie 9 KW-Stoffe nachgewiesen, von denen 3 als *Thujopsen, Humulen* u. *Cuparen* identifiziert wurden. Isoliert wurden *Carvacrol, Manool, Ferruginol*, ein neues Diol, *Torulosol*, ein neuer Aldehyd, *Torulosal* (I), *Hinokion, Hinokiol*. Aus den sauren, in PAe. lösl. Anteilen des Acetonextraktes wurden *β-Thujaplicinol, Nootkatin, α-* u. *β-Thujaplicin* isoliert; die Anwesenheit von *β-Dolabrin* wird wahrscheinlich gemacht. UV- u. IR-Spektren s. Original.

Versuche: *Humulen*, durch Extrahieren des lufttrockenen Holzes mit Aceton, Eindampfen, Einrühren des Extraktrückstandes (5,7%) in die 10fache Menge PAe., Extrahieren des Filtrats mit 10%ig. KOH u. Chromatographie des Neutralöls (2,8%) an Al_2O_3, Eluieren mit PAe. u. Chromatographie des Eluatrückstandes in 30%ig. Lsg. von $AgBF_4$ in W./CH_3OH (1:9) an Hexadecan-imprägniertem Glasfaserpapier; R_F 0,80; 0,02%. Daneben 0,002% *Cuparen* (R_F 0,08) u. 0,003% *Thujopsen* (R_F 0,17). — *Carvacrolmethyläther*, durch weiteres Eluieren mit PAe. u. Abtrennen von gesätt. geradkettigen KW-Stoffen (F. 58—61°; $[\alpha]_D$ 0°); 0,007%; Entmethylierung mit HBr/Eisessig, Umsetzung mit Äthylchloracetat u. Verseifung gibt *Carvacroxyessigsäure* (F. 151—152°). — *Manool*, F. 52—53° (Bzn.), durch Eluieren mit Bzl., dann Ae./PAe.; $[\alpha]_D$ + 33° (c = 2,0; Chlf.); 1,4%. — *Ferruginol*, durch weiteres Eluieren mit Ae./PAe. u. Ae. u. Abtrennung nachst. Verb. durch Chromatographie des Eluatrückstandes in mit PAe. gesätt. W./CH_3OH an Polyvinylchloridpulver; 0,2%. *Acetyl-Deriv.*, F. 81—83° (A.), $[\alpha]_D$ + 59° (c = 2,0; A.). — *Torulosal* (I), neben vorst. Verb.; n_D^{25} 1,521; $[\alpha]_D$ + 29° (c = 1,8; Chlf.); 0,4%. *CCl_4-Einschluß-Verb.*, F. 80—85°; $[\alpha]_D$ + 24° (c = 0,2; Chlf.). *Semicarbazon*, F. 195—197° (Zers.); $[\alpha]_D$ —9° (c = 1,0; Pyridin). — *Torulosol*, F. 110—111° (Diisopropyläther), a) durch Eluieren mit Ae. u. Ae./A. (97:3); $[\alpha]_D$ + 31° (c = 2,0; Chlf.); 0,4%; b) aus I. — *Hinokion*, F. 186—188° (CH_3OH), durch fraktionierte Kristallisation der Mutterlauge vorst. Verb. aus CH_3OH; $[\alpha]_D$ + 113° (c = 2,0; Chlf.); 0,09%. — *Hinokiol*, F. 232—235° (nach Sublimation), aus der Mutterlauge vorst. Verb. durch Chromatographie in Diisopropyläther an Dimethylsulfoxid auf Papier Whatman Nr. 3 MM; 0,03%. — *Nootkatin*, F. 95—96° (Bzn.), aus dem sauren Anteil des PAe.-Extraktes; R_F 0,66 (PAe. an Whatman Nr. 3 MM, imprägniert mit Dimethylsulfoxid u. Äthylendiamintetraessigsäure); 0,2%. — *Oxoalkohol vom F. 60—63°*, durch Chromatographie der Mutterlauge von vorst. Verb.; R_F 0,69. Daneben eine weitere nicht identifizierte *Verb.* vom R_F 0,37 sowie *α-Thujaplicin* (R_F 0,55; 0,008%), *β-Thujaplicin* (R_F 0,29; 0,004%), *β-Thujaplicinol* (R_F 0,14; 0,004%), *Carvacrol* (R_F 0,14; 0,003%) u. *β-Dolabrin* (R_F 0,22; 0,0004%). F. Heller. 3600□

Die Chemie der natürlichen Ordnung Cupressales. 40. Mitt. Die Struktur von Thujopsen und Hinokisäure. Torbjörn Norin. (Acta chem. scand. **15.** 1676—94. 1961.) (Engl.) — 39. vgl. vorst. Referat.

Die Konstit. von Thujopsen (I) als *2.8.8.10-Tetramethyl-1.9-methylen-Δ^2-oktalin* (**A**; R = CH_3) u. von Hinokisäure (**II**) als *8.8.10-Trimethyl-1.9-methylen-Δ^2-oktalin-2-carbon-*

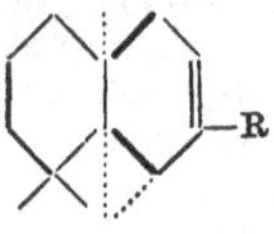

A

säure (**A**; R = COOH) wird durch Abbau, Unters. der UV-, IR- u. kernmagnet. Resonanzspektren (vgl. Original) sowie durch Deuterierungs-Verss. festgestellt. Mit SeO_2 wird **I** zu *Thujopsenal* (**III**; „*Widdrenal*"; **A**, R = CHO) u. dieses mit Ag_2O zu **II** oxydiert. Mit H_2/Pd-Kohle bildet **I** unter Öffnung des Cyclopropanringes u. Ausbildung einer angulären Methylgruppe *Dihydrothujopsen* (**IV**; *2.8.8.9.10-Pentamethyl-Δ^1-oktalin*), das langsam zum *Tetrahydrothujopsen* hydriert wird. Analog wird aus **II** zuerst *Dihydrohinokisäure* (**V**), dann mit H_2 an Pt *Tetrahydrohinokisäure* erhalten. Ozonolyse von **I** gibt *2'-Acetyl-2.2.6-trimethyl-6-carboxymethyl-1'.1-spiro-*[*cyclopropan-cyclohexan*] (**VI**) u. das entsprechende *2'-Hydroxyacetyl-Deriv.* (**VII**); ebenso wird durch Red. des **II**-Methylesters mit $LiAlH_4$ u. Ozonolyse des erhaltenen *Thujopsenols* **VII** gebildet. Abbau von **VI** mit NaOBr gibt $CHBr_3$ u. *2'-Carboxy-2.2.6-trimethyl-6-carboxymethyl-1'.1-spiro-*[*cyclopropancyclohexan*] (**VIII**), das auch aus **VII** u. NaOJ sowie durch Ozonolyse u. NaOBr-Oxydation von **II** neben dem *3.3-Dibrom-Deriv.* (**IX a**) des *2-Oxo-1.8-methylen-7.7.9-trimethyl-cis-hydrindans* (**IX**) erhalten wird. Mit Acetanhydrid gibt **VIII** ein *Anhydrid*, der Dimethylester (**VIII a**) liefert durch DIECKMANN-Kondens. **IX**. Die Konstit. von **IX** ergibt sich aus der Bromierung zu **IX a**, der Red. von **IX a** mit Zn/Eisessig zu **IX**, der Beständigkeit von **IX a** gegen sd. Kollidin u. $LiBr/Li_2CO_3$ in sd. Dimethylformamid, der Bldg. eines nicht enolisierenden *Diketons* (**X**) mit SeO_2, der Oxydation von **X** mit H_2O_2 zu *2.2.6-Trimethyl-1'.1-spiro-*[*cyclopropancyclohexan*]*-2'.6-dicarbonsäure* (**XI**) sowie der Bldg. von *α-Methylnaphthalin* bei der Se-Dehydrierung des aus **IX** u. KBH_4 erhaltenen *Alkohols*; nach Ozonolyse der übrigen Anteile des Dehydrierungs-Prod. wird *α.α-Dimethyladipinsäure* isoliert. Analog liefert der aus **IX** u. CH_3MgJ gebildete *tert.-Alkohol* bei der Dehydrierung *1.6-Dimethylnaphthalin.* Ringöffnung von **IV** mit O_3 gibt *1.2.2.6-Tetramethyl-6-*[*3-oxobutyl*]*-hexahydrobenzoesäure* (**XII**), die mit NaOBr zu $CHBr_3$ u. *1.2.2.6-Tetramethyl-6-*[*2-carboxyäthyl*]*-hexahydrobenzoesäure* (**XIII**) abgebaut wird; **XIII** wird auch durch Ozonolyse von **V** u. Ag_2O-Oxydation der *Aldehydsäure* erhalten u. durch DIECKMANN-Kondens. des Dimethylesters in *1-Oxo-7.7.8.9-tetramethyl-cis-hydrindan* (**XIV**) übergeführt, dessen Konstit. durch die Nichtbildung eines Dinitrophenylhydrazons, durch den Nachweis von 2 α-H-Atomen durch Deuterierung, Bldg. eines *Diketons* mit SeO_2 u. dessen Ringöffnung mit H_2O_2 zu *1.2.3.3-Tetramethylhexahydrohomophthalsäure* ermittelt wird.

Versuche: *Thujopsen* (**I**), $C_{15}H_{24}$, Kp.$_{10}$ 120°, aus dem Holzöl von *Thujopsis dolabrata;* D.^{24} 0,932, n_D^{25} 1,5031; $[\alpha]_D$ −110° (c = 2,0; Chlf.). — *Dihydrothujopsen* (**IV**), $C_{15}H_{26}$, aus **I** u. 1 Mol H_2 an Pd-Kohle in CH_3OH/Ae.; n_D^{25} 1,5100; $[\alpha]_D$ + 24° (c = 2; Chlf.). — *Dideuterothujopsen* (**IV a**), aus **I** u. D_2 an Pd-Kohle in CH_3OD/Ae.; n_D^{25} 1,5013; $[\alpha]_D$ + 22° (c = 2; Chlf.). — *Tetrahydrothujopsen,* $C_{15}H_{28}$, aus **I** u. 1,90 Mol H_2 wie **IV**; n_D^{25} 1,4922; $[\alpha]_D$ + 27° (c = 2; Chlf.). — *Thujopsenal* (**III**), F. 75—76°, aus **I** u. SeO_2; $[\alpha]_D$ −27° (c = 1,9; Chlf.). — *Hinokisäure* (**II**; „*Widdringtoniasäure I*"), $C_{15}H_{22}O_2$, F. 169—170°, a) aus **III** u. Ag_2O; b) neben 3 g „*Widdringtoniasäure II*" {F. 190—192°; $[\alpha]_D$ −79° (c = 1,9; Chlf.)} u. 1 g *Cuparensäure* {F. 158—160°; $[\alpha]_D$ + 63° (c = 2,0; Chlf.)} durch fraktionierte Kristallisation u. Chromatographie von 10 g Rohsäure aus *Widdringtonia;* $[\alpha]_D$ −86° (c = 1,8; Chlf.); 3,5 g (Ausbeute). — *Dihydrohinokisäure* (**V**), $C_{15}H_{24}O_2$, F. 158—160° (nach Vakuumsublimation), aus **II** u. 1 Mol H_2 an Pd-Kohle in CH_3OH; $[\alpha]_D$ + 75° (c = 2; Chlf.); aus W./CH_3OH Nadeln. — *Tetrahydrohinokisäure,* $C_{15}H_{26}O_2$, F. 144—146° (CH_3OH), aus **II** u. 1,85 Mol H_2 an Pt in Eisessig; $[\alpha]_D$ + 60° (c = 2; Chlf.). — *2'-Acetyl-2.2.6-trimethyl-6-carboxymethyl-1'.1-spiro-*[*cyclopropancyclohexan*] (**VI**), $C_{15}H_{24}O_3$, F. 166—168° (Äthylacetat), aus 15 g **I** u. O_3 in Äthylacetat/CH_3OH (6 : 1) bei −70° u. Red. des Ozonids mit Zn/Eisessig; $[\alpha]_D$ −129° (c = 2,0; Chlf.); 12,5 g. *Semicarbazon,* F. 220° (Zers.). *2.4-Dinitrophenylhydrazon,* F. 153—154°, orangegelb. — *Thujopsenol,* $C_{15}H_{24}O$, F. 103—104° (PAe.), aus dem **II**-Methylester u. $LiAlH_4$; $[\alpha]_D$ −102° (c = 2; Chlf.). — *2'-Hydroxyacetyl-2.2.6-trimethyl-6-carboxymethyl-1'.1-spiro-*[*cyclopropancyclohexan*] (**VII**), $C_{15}H_{24}O_4$, F. 193° (Zers.), a) aus 0,30 g vorst. Verb. wie **VI**; 0,21 g; b) neben **VI**; aus Ae. Nadeln; 0,6 g. — *2'-Carboxy-2.2.6-trimethyl-6-carboxymethyl-1'.1-spiro-*[*cyclopropancyclohexan*] (**VIII**), $C_{14}H_{22}O_4$, F. 215° (Äthylacetat), a) neben $CHBr_3$ aus **VI** u. NaOBr bei 0° u. 3std. Stehen bei Raum-Temp.; 4,5 g; b) aus **VII** u. NaOJ; c) neben **IX a** nach a); 0,08 g; d) durch Verseifen des Mono- oder Dimethylesters; $[\alpha]_D$ −57° (c = 1,7; Chlf.) *Monomethylester,* $C_{15}H_{24}O_4$, F. 115—116° (nach Vakuumsublimation), a) aus der Mutterlauge von **VIII** nach c) durch Chromatographie in Chlf./CH_3OH an Silicagel; 0,150 g; b) neben **IX** nach a); 0,180 g. *Dimethylester* (**VIII a**), $C_{16}H_{26}O_4$, F. 71—73° (nach Sublimation), aus **VIII** u. CH_2N_2; $[\alpha]_D$ −59° (c = 1,7; Chlf.). *Anhydrid,* $C_{14}H_{20}O_3$, F. 113° (PAe./Chlf.), aus **VIII** u. sd. Acetanhydrid; $[\alpha]_D$ + 39° (c = 2,4; Chlf.). — *2-Oxo-1.8-methylen-7.7.9-trimethyl-cis-hydrindan* (**IX**), $C_{13}H_{20}O$, F. 119—121° (geschlossene Capillare), a) durch 3std. Kochen von 2,82 g **VIII a** u. CH_3ONa in Bzl. unter N_2, Gießen in

Ae./Eiswasser u. 2std. Kochen des Rückstandes der äther. Lsg. mit wss.-methanol. NaOH; $[\alpha]_D$ + 65° (c = 2; Chlf.); 1,720 g; b) durch 1std. Kochen von 0,160 g **IX a**, Na-Acetat u. Zn-Staub in Eisessig; 0,080 g; wird bei 49—50° isotrop. *Semicarbazon*, F. 225—226° (Zers.). *2.4-Dinitrophenylhydrazon*, F. 215—217°, orangefarben. *3.3-Dibrom-Deriv.* (**IXa**), $C_{13}H_{18}Br_2O$, F. 99—100° (CH_3OH/W.), a) aus 1,5 g **II** u. O_3 in Äthylacetat/CH_3OH (5 : 1) bei — 70°, Verdünnen mit W., Abdestillieren der Solventien, Zugeben von 40%ig. NaOH zum Rückstand, Zugeben von NaOBr bei 0° u. 3std. Stehen bei Raum-Temp.; $[\alpha]_D$ + 87° (c = 2; Chlf.); 0,21 g; b) aus 0,100 g **IX** u. Br_2 in CCl_4 bei Raum-Temp.; 0,020 g. *Tribrom-Deriv.*, $C_{13}H_{17}Br_3O$, F. 174—177° (Zers.; CH_3OH), aus der Mutterlauge von **IX a** nach b); 0,040 g. — *2'-[1-Hydroxyäthyl]-2.2.6-trimethyl-6-carboxymethyl-1'.1-spiro-[cyclopropancyclohexan]-lacton*, $C_{15}H_{24}O_2$, F. 125—127° (nach Sublimation), aus **VI** u. KBH_4 in wss.-methanol. NaOH. — *2.3-Dioxo-1.8-methylen-7.7.9-trimethyl-cis-hydrindan* (**X**), $C_{13}H_{18}O_2$, F. 117° (geschlossene Capillare; nach Vakuumsublimation), durch 1std. Kochen von 0,380° **IX** u. SeO_2 in Eisessig, Chromatographie in Ae./PAe. (1 : 1) an neutralem Al_2O_3 (Eluat gibt 0,150 g **IX**) u. Eluieren mit Ae.; 0,170 g; wird bei 68° isotrop. — *2.2.6-Trimethyl-1'.1-spiro-[cyclopropancyclohexan]-2'.6-dicarbonsäure* (**XI**), $C_{13}H_{20}O_4$, F. ca. 180°, durch langsame Kristallisation des Anhydrids aus verd. Essigsäure. *Anhydrid*, $C_{13}H_{18}O_3$, F. 211—213° (geschlossene Capillare), durch Zugeben von 30%ig. H_2O_2 zu 0,150 g **X** in methanol. KOH bei 0°, mehrstd. Stehen im Kühlschrank, Kochen für 10 Min. u. Vakuumsublimation der rohen **XI**; 0,140 g; wird bei 92—93° isotrop. — *1.2.2.6-Tetramethyl-6-[3-oxobutyl]-hexahydrobenzoesäure* (**XII**), $C_{15}H_{26}O_3$, F. 160—161° (Äthylacetat), aus 4,0 g **IV** wie **VI**; $[\alpha]_D$ + 7,1° (c = 2; Chlf.); 3,1 g. *2.4-Dinitrophenylhydrazon*, F. 227—228°. Analog aus **IV a** die *Dideuterosäure* (**XII a**; F. 159—160°). — *3-[1.2.3.3-Tetramethyl-2-carboxycyclohexyl-(1)]-propionaldehyd*, F. 111 bis 113,5° (CH_3OH/W.), aus 0,500 g **V** wie **VI**; 0,310 g. — *1.2.2.6-Tetramethyl-6-[2-carboxyäthyl]-hexahydrobenzoesäure* (**XIII**), $C_{14}H_{24}O_4$, F. 185—187° (Acetonitril), a) neben $CHBr_3$ aus 3,0 g **XII** u. NaOBr; $[\alpha]_D$ —10° (c = 2; Chlf.); 2,2 g; b) durch Zugeben von 0,100 g vorst. Aldehyds zu Ag_2O u. verd. NaOH in Dioxan u. 24std. Erhitzen auf dem Wasserbad; 0,068. *Dimethylester*, aus **XIII** u. CH_2N_2; Öl. Analog nach a) aus **XII a** die *Dideuterosäure* (F. 185—187°. *Dimethylester*, mit CH_2N_2). — *1-Oxo-7.7.8.9-tetramethyl-cis-hydrindan* (**XIV**), $C_{13}H_{22}O$, F. 202° (geschlossene Capillare), aus 1,42 g **XIII**-Dimethylester wie **IX** nach a); $[\alpha]_D$ + 82° (c = 2; Chlf.); 0,805 g; bei Raum-Temp. isotrop. *2.2-Dideutero-Deriv.*, F. 202° (geschlossene Capillare), aus 100 mg **XIV**, KOD u. D_2O in sd. Dioxan unter N_2 (1/2 Std.); 80 mg. *2.2-Dibrom-Deriv.*, $C_{13}H_{20}Br_2O$, F. 119—120° (nach Vakuumsublimation), aus **XIV** u. 10 Mol Br_2. — *1.2-Dioxo-7.7.8.9-tetramethyl-cis-hydrindan*, $C_{13}H_{20}O_2$, F. 125—126° (CH_3OH), wie **X** aus 0,300 g **XIV**; 0,130 g. — *1.2.3.3-Tetramethylhexahydrohomophthalsäure*, $C_{13}H_{22}O_4$, F. 225—227° (Zers.; CH_3OH/W.), wie **XI** aus 0,100 g vorst. Verb.; 0,070 g. *Anhydrid*, $C_{13}H_{20}O_3$, F. 216—218° (geschlossene Capillare), durch Sublimation der Säure; wird bei 64° isotrop. — *2-Hydroxy-1.8-methylen-7.7.9-trimethyl-cis-hydrindan*, $C_{13}H_{22}O$, F. 133—135° (CH_3OH/W.), aus 0,500 g **IX** u. KBH_4 in verd. CH_3OH bei Raum-Temp.; 0,425 g; wird bei 87° isotrop. — *α-Methylnaphthalin*, aus 0,500 g vorst. Verb. u. Se bei 280—290° unter CO_2 (24 Std.), Chromatographie des Destillats in PAe. an Al_2O_3; Öl; 100 mg. *Pikrat*, F. 139—140°. — *2-Hydroxy-1.8-methylen-2.7.7.9-tetramethyl-cis-hydrindan*, $C_{14}H_{24}O$, F. 62—63° (CH_3OH/W.), durch Zugeben von 0,730 g **IX** zu CH_3MgJ in Ae. bei 0°, 4std. Rühren bei 0°, 1std. Kochen u. Zers. mit NH_4Cl-Lsg.; 0,750 g. — *1.6-Dimethylnaphthalin*, durch Se-Dehydrierung vorst. Verb.; nach Chromatographie an Al_2O_3 Öl. *Pikrat*, F. 112—114°. *Styphnat*, F. 119—120°. — *α.α-Dimethyladipinsäure*, F. 86—88°, a) aus 200 mg der neben vorst. Verb. erhaltenen Tetralin-Verbb. (0,175 g) durch Ozonolyse, Oxydieren des Ozonids mit H_2O_2 in verd. NaOH u. Verteilungschromatographie der über die Cu-Salze isolierten Säuren in Dimethylsulfoxid/Ae. an WHATMAN-Papier Nr. 3MM (R_F 0,15); 0,020 g; b) ebenso aus den neben α-Methylnaphthalin isolierten Tetralinverbindungen. F. HELLER. 3600□

Die chemische Struktur des Miliacins. Shokichi Abe. (Bull. chem. Soc. Japan **33**. 271—72. Febr. 1961. Thuru-shi, Yamanashi, Thuru Coll., Chem. Labor.) (Engl.)

Das aus *Panicum miliaceum L.* u. aus *Syntherisma sanguinalis Dulac var. calialis Honda* als krist. Substanz isolierte *Miliacin* (**I**; $C_{31}H_{52}O$, F. 282°; $[\alpha]_D$ + 8,0°) wird durch Perbenzoesäure in Chlf. zu *Miliacinoxid* (**II**; $C_{31}H_{52}O_2$, F. 285,5—286°; $[\alpha]_D$ + 52,3°) oxydiert. **I** u. **II** liefern bei der Rk. mit SeO_2 ein *Diendion* $C_{31}H_{46}O_3$ (**III**; F. 253°; $[\alpha]_D$ —87,6°). Beim Versetzen von **II** mit HCl in Chlf. entsteht eine *Verb.* $C_{31}H_{50}O$ (**IV**; F. 210 bis 211°; $[\alpha]_D$ —63,0°), während **I** sich unter den gleichen Bedingungen in ein *Isomeres* $C_{31}H_{52}O$ (**V**; F. 189°; $[\alpha]_D$ — 23,4°) umwandelt, das ein *Oxid* $C_{31}H_{52}O_2$ (F. 262°; $[\alpha]_D$ + 42,7°) bildet. Die Rk. von **I** mit BF_3-Essigsäure oder p-Toluolsulfosäure (**VII**) in Essigsäureanhydrid–Essigsäure führt zu einem *Dien-KW-Stoff* $C_{30}H_{48}$ (**VI**; F. 125°; $[\alpha]_D$ + 41,2°), der mit Perbenzoesäure ein *Dioxid* $C_{30}H_{48}O_2$ (F. 203°; $[\alpha]_D$ + 73,5°) liefert. **VI** erweist sich als ident. mit dem von DAVID (vgl. Bull. Soc. chim. France **1949.** 427) aus Germanicol isolierten *8.10.14-Trimethyl-$\Delta^{3.5.18}$-novoleanadien.* II bildet mit VII *5.8.14-Trimethyl-$\Delta^{9,10.11.13,18}$-novoleanatrien* ($C_{30}H_{46}$, F. 137°; vgl. ALLAN u. Mitarbeiter, C. **1956.** 10954). Wird 3β-Methoxy-Δ^{12}-oleanen (Isosawamilletin) mit SeO_2 oxydiert, so entsteht ein mit III ident. *Diendion.* Auf Grund der experimentellen Ergebnisse ist I die Struktur des *3β-Methoxygermanicens (3β-Methoxy-Δ^{18}-oleanens),* IV die Struktur des *3β-Methoxy-$\Delta^{11.13,18}$-oleanadiens* u. V die des *3β-Methoxy-$\Delta^{13,18}$-oleanens* zuzuschreiben. Opt. Daten sind für I, III u. IV angegeben. F. KLATT. 3600□

Eine Synthese von D-Norsteroiden. M. P. Cava und E. Moroz. (J. Amer. chem. Soc. **84.** 115—16. 5/1. 1962. Columbus, Ohio, State Univ., Evans Chem. Labor.) (Engl.)

Basenkatalysierte Nitrosierung von Östronmethyläther gibt *16-Oximinoöstronmethyläther,* der mit Chloramin in wss. Tetrahydrofuran (THF) in die entsprechende *16-Diazo-Verb.* übergeführt wird. Diese liefert bei der Bestrahlung mit UV-Licht *3-Methoxy-D-nor-$\Delta^{1.3.5,10}$-östratrien-16β-carbonsäure* (I). I gibt einen *Methylester.* Red. von I mit $LiAlH_4$ liefert den entsprechenden *Alkohol,* der in das *Mesylat* übergeführt wird. Letzteres gibt mit Na-Thiophenolat den entsprechenden *Thiophenyläther,* der zu der *Methyl-Verb.* desulfuriert wird. Analog gibt Lumiöstronmethyläther mit n-Butylnitrit in Ggw. von K-tert.-Butylat *16-Oximinolumiöstronmethyläther,* der mit Chloramin in die *16-Diazo-Verb.* übergeführt wird. Diese gibt bei der Belichtung mit UV-Licht eine amorphe *Säure vom F. 63—64°,* die jedoch nicht die Konstit. einer Norverb. aufweist u. nicht weiter untersucht wird.

Versuche: *16-Diazoöstronmethyläther,* F. 145—146°, aus der 16-Oximinoverb. mit Chloramin in wss. THF; 81% (Ausbeute). — *3-Methoxy-D-nor-$\Delta^{1.3.5,10}$-östratrien-16β-carbonsäure* (I), F. 188—189°, aus vorst. Verb. durch Bestrahlung mit UV-Licht in wss. THF in Ggw. von $NaHCO_3$; 63%. *Methylester,* F. 103—104°, mit Diazomethan. — *3-Methoxy-16-hydroxymethyl-D-nor-$\Delta^{1.3.5,10}$-östratrien,* F. 141—142°, aus I mit $LiAlH_4$; 78%. *Mesylat,* F. 154—155°, mit Methansulfochlorid; 72%. — *3-Methoxy-16-[phenylmercaptomethyl]-D-nor-$\Delta^{1.3.5,10}$-östratrien,* F. 111—112°, aus vorst. Mesylat mit Na-Thiophenolat in Dimethylsulfoxid; 75%. — *3-Methoxy-16-methyl-D-nor-$\Delta^{1.3.5,10}$-östratrien,* F. 50—51°, aus vorst. Verb. mit RANEY-Ni in A.; 68%. — *16-Oximinolumiöstronmethyläther,* F. 147—148°, aus Lumiöstronmethyläther mit n-Butylnitrit in Ggw. von K-tert.-Butylat; 91%. — *16-Diazolumiöstronmethyläther,* F. 143—145°, aus vorst. Verb. mit Chloramin; 82%. H. GLEINIG. 3700□

Praktische Synthese von 5α-Androstan-17β-ol. W. V. Ruyle, A. E. Erickson, A. Lovell und E. M. Chamberlin. (J. org. Chemistry **25.** 1260—61. Juli 1960. Rahway, N.J., Merck Sharp & Dohme, Res. Labor.) (Engl.)

Für die Synth. größerer Mengen von *5α-Androstan-17β-ol* (I) wird folgender Weg angegeben: Testosteron (II) → dessen *Enoläthyläther* → *3-Äthoxy-Δ^{3}-androsten-17β-ol* → *Androstan-17β-ol-3-on* → dessen *Semicarbazon* → I. — *3-Äthoxy-$\Delta^{3.5}$-androstadien-17β-ol,* $C_{21}H_{32}O_2$, F. 132—137° (CH_3OH), durch 2std. Kochen von II in Bzl. mit Orthoameisensäuretriäthylester, A. u. HCl, Zugeben von $NaOCH_3$ u. Auswaschen; $[\alpha]_D^{23}$ —130° (A.). *Methanolat,* F. 116—118°. — *Androstan-17β-ol-3-onsemicarbazon,* F. 249—251° (Zers.), durch Hydrieren vorst. Verb. (roh) in A. bei 40 lbs./sq.in. über Pd (5%) auf Aktivkohle, Ansäuern mit HCl, Filtrieren, Kochen, Rühren bei 50—60° mit wss. $NaOCOCH_3$-Lsg. u. Zugeben von Semicarbazid in A. in der Wärme; λ_{max} 228 mμ (ε = 13400; CH_3OH); 64% (Gesamtausbeute aus II). — *5α-Androstan-17β-ol* (I), $C_{19}H_{32}O$, F. 165,5—166,5° (Heptan), durch Erhitzen vorst. Verb. mit Diäthylenglykol, $N_2H_4 \cdot H_2O$ u. gepulvertem KOH auf 200—210° unter Rühren; $[\alpha]_D^{24}$ + 12° (Chlf.); 93% (Ausbeute). *Acetat,* $C_{21}H_{34}O_2$, F. 81—82,5° (CH_3OH), durch Erhitzen von I mit Acetanhydrid; $[\alpha]_D^{24}$ + 5° (Chlf.); 91%. GERHARD CLEVE. 3700□

D-Norsteroide. J. Meinwald, G. G. Curtis und P. G. Gassman. (J. Amer. chem. Soc. **84.** 116—17. 5/1. 1962. Ithaca, N.Y., Cornell Univ., Dep. of Chem.) (Engl.)

16-Oximinoandrostan-3β-ol-17-on (I) gibt mit Chloramin *16-Diazoandrostan-3β-ol-17-on.* Dieses liefert bei der Bestrahlung in wss. Dioxan ein *Verb.-Gemisch* (F. 185—200°), aus dem *D-Norandrostan-3β-ol-16-carbonsäure* (II) isoliert wird. II gibt ein Acetat, das mit Oxalylchlorid u. Dimethyl-Cd *D-Norpregnan-3β-ol-20-onacetat* liefert. Dieses gibt bei der BAYER-VILLIGER-Oxydation *D-Norandrostan-3β.16-dioldiacetat* (III), das zum *freien Diol* verseift u. durch eine SARETT-Oxydation in *D-Norandrostan-3.16-dion* übergeführt wird. Analog wird aus Δ^{5}-16-Oximinoandrosten-3β-ol-17-on über das *Diazoketon* durch Bestrahlung ein *Säuregemisch* erhalten, aus dem nach Veresterung mit Diazomethan *Δ^{5}-D-Norandrosten-3β-ol-16-carbonsäuremethylester* (IV) isoliert wird. IV gibt bei der Hydrierung II-*Methylester.*

Versuche: *16-Diazoandrostan-3β-ol-17-on,* $C_{19}H_{28}N_2O_2$, F. 176,5—177,5° (Zers.), aus I mit Chloramin; $[\alpha]_D$ —119°. — *D-Norandrostan-3β-ol-16-carbonsäure* (II), $C_{19}H_{30}O_3$,

F. 217—218°, aus vorst. Verb. durch Bestrahlung in wss. Dioxan; $[\alpha]_D$ + 44°; 30% (Ausbeute). *Methylester*, $C_{20}H_{32}O_3$, F. 133—134°, a) mit Diazomethan; $[\alpha]_D$ + 55°; b) durch Hydrierung von **IV**. *Acetat*, $C_{21}H_{32}O_4$, F. 237—238°, mit Acetanhydrid in Pyridin; $[\alpha]_D$ + 30°. — *D-Norpregnan-3β-ol-20-onacetat*, $C_{22}H_{34}O_3$, F. 162,5—163,5°, aus vorst. Acetat mit Oxalylchlorid u. folgende Umsetzung mit Dimethyl-Cd; $[\alpha]_D$ + 80°; 60%. — *D-Norandrostan-3β.16-dioldiacetat* (**III**), $C_{22}H_{34}O_4$, F. 108,5—109°, aus vorst. Verb. durch Bayer-Villiger-Oxydation mit Perbenzoesäure. — *D-Norandrostan-3.16-dion*, $C_{18}H_{26}O_2$, F. 148,5—149,5°, aus **III** durch Verseifung zum *freien Diol* u. Sarett-Oxydation. — *Δ^5-16-Diazoandrostan-3β-ol-17-on*, $C_{19}H_{26}N_2O_2$, F. 200—201°, aus der Δ^5-16-Oximino-Verb. mit Chloramin; $[\alpha]_D$ —187°. — *Δ^5-D-Norandrosten-3β-ol-16-carbonsäuremethylester* (**IV**), $C_{20}H_{30}O_3$, F. 164—165°, aus vorst. Verb. durch Bestrahlung, Behandeln des Rk.-Prod. mit Diazomethan u. Chromatographie.

H. Gleinig. 3700□

Darstellungen von axialen Alkoholen und Olefinen aus äquatorialen Alkoholen. G. H. Douglas, P. S. Ellington, G. D. Meakins und R. Swindells. (J. chem. Soc. [London] **1959**. 1720—23. Mai. Manchester, Univ.; Oxford, Dyson Perrins Labor.) (Engl.)

Im Rahmen von Verss. zur Überführung von äquatorialen Alkoholen in ihre Epimeren untersuchten Vff. die *p-Toluol-* (**I**), *p-Bromphenyl-* (**II**) u. *Methansulfonate* (**III**) von Cholestan-3β-ol (**IV**). Acetolyse von **I** ergibt hauptsächlich *Δ^2-Cholesten* (**V**) neben *Cholestan-3α-ol* (**VI**), Methanolyse dagegen 75% 3α-Methoxycholestan u. 25% **V**. Alkoholyse mit Allylalkohol u. reduktive Spaltung des erhaltenen Cholestan-3α-allyläthers liefert bessere Ausbeuten an **VI**; diese Meth. erfordert sehr genaue Einhaltung der Rk.-Bedingungen. Die besten Ausbeuten an **VI** werden durch Zers. der Ester an verschiedenen Typen von Al_2O_3 erhalten. **I** ergibt an mit NaOH behandeltem u. bei 250° getrocknetem Al_2O_3 60% **VI**. Analog werden *$\Delta^{7.22}$-Ergostadien-3α-ol* u. mehrere axiale Alkohole der Lumisterinreihe erhalten. Das Ausbeute-Verhältnis Alkohol: Olefin ist von der Vorbehandlung des verwendeten Al_2O_3 abhängig (Tabelle). Mit nicht behandeltem Al_2O_3 werden hohe Ausbeuten an *$\Delta^{2(?).7.22}$-Ergostatrien*, *$\Delta^{2(?).7}$-Ergostadien-11-on*, *$\Delta^{2.12}$-Oleanadien* (*β-Amyrilen-II*), *$\Delta^{2.20,29}$-Lupadien* u. *$\Delta^{2.12}$-Ursadien* (*α-Amyrilen-II*) erhalten.

Versuche: Cholestan-3β-ol (**IV**): *p-Toluolsulfonat* (**I**), F. 133—135° (A.), durch 24std. Stehen von **IV** mit p-Toluolsulfonsäurechlorid in Pyridin bei 0° u. Verdünnen mit Wasser. *p-Brombenzolsulfonat* (**II**), $C_{33}H_{51}BrO_3S$, F. 120—122° (A.). *Methansulfonat* (**III**), $C_{28}H_{50}O_3S$, F. 108—110° (A.). — *Δ^2-Cholesten* (**V**), F. 74—75° (Methanol), a) aus **I** durch 9std. Kochen mit K-Acetat in Essigsäure, Eindampfen im Vakuum, Ausäthern, Eindampfen, 2std. Kochen mit 5%ig. alkohol. KOH, Chromatographie an Al_2O_3 u. Eluieren mit Bzl.; 55% (Ausbeute); b) aus **II** analog a); 60%; c) aus **III** analog a); 60%; d) aus **I** durch 48std. Kochen in Allylalkohol/Bzl., Eindampfen der Benzol-Lsg., Aufnehmen in Äthylamin/fl. NH_3, Zufügen von Li bis zur bleibenden Blaufärbung, Zufügen von Methanol u. 4n HCl, Ausäthern u. Chromatographie analog a); 40%; e) aus **II** analog d); 45%; f) aus **III** analog d); 45%; g) aus **I** durch 18std. Stehen in Benzol-Lsg. an nicht behandeltem Al_2O_3; 70%; $[\alpha]_D$ + 66° (c = 0,5). *Dibromid*, F. 124—125°; $[\alpha]_D$ + 64° (c = 1,5). Neben **V**: *Cholestan-3α-ol* (**VI**), F. 184—186° (A.), a) 35%; b) 30%; c) 25%; d) 50%; e) 50%; f) 45%; g) 25%; h) analog g) an 12 Std. mit wss. KOH geschütteltem u. 2 Tage bei 250° getrocknetem Al_2O_3 in 66 Std.; 60%; $[\alpha]_D$ + 23° (c = 0,8). *3.5-Dinitrobenzoat*, F. 160—161°. — *$\Delta^{2(?).7.22}$-Ergostatrien* (**VII**), $C_{28}H_{44}$, F. 115—118° (Essigester/Methanol), aus 1 g $\Delta^{7.22}$-Ergostadien-3β-ol a) analog **VI** nach h) über das *p-Toluolsulfonat* (F. 175—177°; $[\alpha]_D$ —21°; 1,2 g); 0,36 g; b) analog **VI** nach g); 0,72 g; $[\alpha]_D$ + 0,6° (c = 1,6). — *$\Delta^{7.22}$-Ergostadien-3α-ol*, F. 208—211° (Aceton), neben vorst. Verb. nach a); $[\alpha]_D$ + 5° (c = 1,2); 0,59 g. *Acetyl-Deriv.*, F. 154—156°; $[\alpha]_D$ + 4° (c = 0,9). — *$\Delta^{2(?).7}$-Ergostadien-11-on*, $C_{28}H_{44}O$, F. 113—114° (Aceton), aus 1 g Δ^7-3β-Hydroxyergosten-11-on analog **VII** nach b) über das *p-Toluolsulfonat* [F. 157—159°; $[\alpha]_D$ + 81° (c = 2,1)]; 0,725 g. — Analog: *$\Delta^{2.12}$-Oleanadien*, F. 148,5—150° (Essigester/Methanol), aus 1 g β-Amyrin; $[\alpha]_D$ + 140° (c = 1,4); 0,55 g. — *$\Delta^{2.20,29}$-Lupadien*, F. 164—166° (Essigester), aus 1 g Lupeol; $[\alpha]_D$ + 57° (c = 2,3); 0,58 g. — *$\Delta^{2.12}$-Ursadien*, F. 116 bis 118° (Aceton), aus 1 g α-Amyrin; $[\alpha]_D$ + 135° (c = 0,1); 0,34 g. B.-G. Brodda. 3700□

Die Reaktion von Tetrahydropteroylglutaminsäure und verwandten Hydropteridinen mit Formaldehyd. R. L. Blakley. (Biochem. J. **72**. 707—15. Aug. 1959. Canberra, Australian Nat. Univ., John Curtin School of Med. Res., Dep. of Biochem.) (Engl.)

4-Hydroxy-6-methyltetrahydropteridin, *2-Amino-4-hydroxy-6-methyltetrahydropteridin* bzw. *Tetrahydrochinoxalin* reagieren mit Formaldehyd (**I**) in verd. Lsg. in wenigen Min. reversibel zu vermutlich *$N_{(5)}$-Hydroxymethyl-Derivv.* (**H**), u. zwar mit Dissoziations-Konst. *K* von ca. 0,03, 0,04 bzw. 0,01. Für die Bldg. von **H** spricht, daß *$N_{(5)}$-Formyl-4-hydroxy-6-methyltetrahydropteridin* nur wenig **I** bindet. Die K-Werte der Rkk. von **I** betragen mit *Tetrahydropteroylglutaminsäure* (II) $4 \cdot 10^{-4}$, mit *$N_{(10)}$-Formyltetrahydropteroylglutaminsäure* (IV) u. *Dihydropteroylglutaminsäure* (V) 0,01; *$N_{(5)}$-Formyltetrahydropteroylglutaminsäure* reagiert nicht mit I. Mittels eines stärker gereinigten *Serintranshydroxymethylase* (III)-Präp. wurde die MICHAELIS-Konst. für II zu $1,1 \cdot 10^{-4}$m bestimmt. IV u. V aktivieren III nicht. Die nichtenzymat. Rk. von I mit II verlief weitaus rascher als die enzymat. Serin-Synth. in vitro, was auf eine nichtenzymat. Rk. zwischen I u. II als 1. Stufe dieser Synth. hindeutet. Die Rk. zwischen I u. II wird durch III nicht beschleunigt; dabei entsteht möglicherweise *$N_{(5)}$.$N_{(10)}$-Methylentetrahydropteroylglutaminsäure* (VI), wobei *$N_{(5)}$-Hydroxymethyltetrahydropteroylglutaminsäure* evtl. eine Zwischenstufe der VI-Bldg. u. -Dissoziation darstellt. Zum Vgl. werden analoge Verss. mit 8-Benzyl-2-chlor-4-methyltetrahydropteridin, Dihydropteroinsäure, $N_{(10)}$-Methyl- u. 2-Desaminotetrahydropteroylglutaminsäure durchgeführt.

Versuche: *$N_{(10)}$-Formylpteroylglutaminsäure*, aus Pteroylglutaminsäure u. 98%ig. Ameisensäure durch 2tägiges Stehen bei 20° u. Aufarbeitung. — *4-Hydroxy-6-methyltetrahydropteridin*, $C_7H_{10}N_4O$, F. 112—116°, aus 1,6 g 4-Hydroxy-6-methylpteridin durch ½std. Rk. mit $NaBH_4$ bei Zimmer-Temp., Gefriertrocknung u. Extraktion mit Propanol; 0,65 g (Ausbeute). — *$N_{(5)}$-Formyl-4-hydroxy-6-methyltetrahydropteridin*, $C_8H_{10}N_4O_2$, F. 257—259° (Zers.; A.-W.), aus 0,65 g vorst. Verb. durch 12std. Stehen mit Ameisensäure u. Acetanhydrid bei Zimmer-Temp., Einengen u. Kristallisieren aus wss. A.; 0,435 g. K. MAIER. 3800□

Tetracycline. 2. Mitt. **Synthese des Desdimethylaminoanhydroaureomycins.** Hans Muxfeldt und Armin Kreutzer. (Chem. Ber. **94.** 881—93. 1961. Braunschweig, TH, Inst. für organ. Chem.) (Dt.) — 1. vgl. C. **1962.** 6790.

Vff. beschreiben die Darst. von *Desdimethylamino-12a-desoxyanhydroaureomycin-10.11-dimethyläther* aus Aureomycin u. seine Überführung in *Desdimethylaminoanhydroaureomycin* (I) u. entsprechende Rkk. der analogen *Tetracycline.*

Versuche: *Desdimethylaminoanhydroaureomycin* (I), *10-Methyläther* (II), $C_{21}H_{18}$·$ClNO_7$, F. 196—199° (Zers.; Aceton/Cyclohexan), a) durch ¼std. Rk. von I in abs. Dioxan mit äther. CH_2N_2, Einengen im Vakuum unter N_2, Fällen mit PAe. u. Chromatographie in Bzl./Chlf./Butanol (120 : 60 : 1) an Kieselgel; 57% (Ausbeute); daneben III (s. unten); b) durch Benzopersäureoxydation von VI (s. unten) in abs. Chlf. unter Kühlung (30 Min.), 4½ std. Rühren bei Raum-Temp., Waschen, Trocknen u. Verdampfen des Chlf. unter N_2 im Vakuum u. Chromatographie in Bzl. an Kieselgel; $[\alpha]_D^{21}$ —74° (Aceton); 2,3%; daneben *Desdimethylaminoanhydro-12a-epiaureomycin-10-methyläther*, $C_{21}H_{18}ClNO_7$, F. 226—231° (Zers.); $[\alpha]_D^{24}$ —33° (Aceton); 53%. *10.11-Dimethyläther* (III), $C_{22}H_{20}ClNO_7$, F. 227—231° (Zers.), a) analog II nach a) durch 1std. Rk.; 39%; b) analog aus II; 58%; aus Methanol/Aceton gelbe Nadeln; $[\alpha]_D^{21}$ —86° (Methylglykol). — *Desdimethylaminoanhydrotetracyclin, 10-Methyläther* (IV), $C_{21}H_{19}NO_7$, F. 226—228° (Zers.; Aceton/Cyclohexan), a) analog II nach a) aus Desdimethylaminoanhydrotetracyclin (V); 69%; b) analog II nach b) aus VII (s. unten); 4,5%; zeigt in Acetanhydrid mit Pyroboracetat rote Farb-Rk.; daneben *Desdimethylaminoanhydro-12a-epitetracyclin-10-methyläther*, $C_{21}H_{19}NO_7$, F. 226—227° (Aceton/Chlf.); 40%. *10.11-Dimethyläther* (IX), $C_{22}H_{21}$·NO_7, F. 215—218° (Zers.; Chlf.), a) analog II nach a) aus V durch 2std. Rk.; 34%; b) analog II nach b) aus IV; 45%; $[\alpha]_D^{21}$ —204° (Methylglykol). — *Desdimethylamino-12a-desoxyanhydroaureomycin, 10-Methyläther* (VI), $C_{21}H_{18}ClNO_6$, F. 224—228° (Zers.; Aceton/Cyclohexan), a) durch Red. von II in Ggw. von CH_3COOK mit Zn in Eisessig, 5std. Stehen, Verdünnen, Extraktion mit Chlf. u. Adsorption des Verdampfungsrückstandes in Bzl./Chlf. (1 : 1) an Kieselgel; b) aus *Desdimethylamino-12a-desoxyanhydroaureomycin* durch ¼std. Rk. in abs. Dioxan mit CH_2N_2 in Ae., Einengen im Vakuum unter N_2, Fällen mit PAe. u. Adsorption der Bzl./Chlf. (1 : 1)-Lsg. an Kieselgel; 58%; $[\alpha]_D^{21}$ +155° (Dimethylsulfoxid); daneben *Desdimethylamino-12a-desoxyanhydroaureomycin-x.x-dimethyläther*, $C_{22}H_{20}ClNO_6$, F. 236—238° (Zers.; Chlf./Bzl.); rote Farb-Rk. mit Pyroboracetat; $[\alpha]_D^{21}$ +45° (Dimethylsulfoxid); 19%. *10.11-Dimethyläther*, $C_{22}H_{20}$·$ClNO_6$, F. 232—234° (Zers.; Aceton), durch 5std. Red. von III in CH_3COOK/Eisessig mit Zn analog VI nach a); $[\alpha]_D^{24}$ +33° (Dimethylsulfoxid); 25%. — *Desdimethylamino-12a-desoxyanhydrotetracyclin, 10-Methyläther* (VII), $C_{21}H_{19}NO_6$, F. 215—217° (Zers.; Aceton/Cyclohexan), durch 8std. Red. von IV in CH_3COOK/Eisessig mit Zn, Verdünnen, Extraktion mit Bzl./Ae. (2 : 1) u. Adsorption des mit PAe. gefällten Prod. in Chlf./Bzl. (1 : 1) an Kieselgel; $[\alpha]_D^{21}$ +68° (Methylglykol); 61%. *x-Acetoxy-Deriv.*, $C_{23}H_{21}NO_8$, F. 217 bis 220° (Bzl.), mit $Pb(CH_3COO)_4$ in Eisessig u. chromatograph. Reinigung in Bzl./Chlf. (1 : 1) u. Bzl./Butanol (98 : 2); $[\alpha]_D^{22}$ +103° (Methylglykol); 33%. *10.11-Dimethyläther*, $C_{22}H_{21}NO_6$, F. 215—218° (Zers.; Aceton/Cyclohexan enthält evtl. Lsgm.), analog vorst. Verb. durch 5std. Red. von IX; $[\alpha]_D^{24}$ +54° (Dimethylsulfoxid); 16%. — *Desdimethylaminoanhydroaureomycin* (I), $C_{20}H_{16}ClNO_7$, durch 1std. Erhitzen von II in Eisessig/konz.

HCl, Extraktion der verd. Lsg. mit Chlf. u. Adsorption an Kieselgel; $[\alpha]_D^{24}$ -226^0 (Dimethylformamid); 75%. — *Desdimethylaminoanhydrotetracyclin* (V), $C_{20}H_{17}NO_7$, F. 256 bis 258° (Zers.; Eisessig), analog vorst. Verb. aus **IV** in Eisessig/40%ig. HBr; $[\alpha]_D^{22}$ -235^0 (Methylglykol); 37%. — *Desdimethylamino-12a-desoxy-12a-bromanhydrotetracyclin-10-methyläther*, $C_{21}H_{18}BrNO_6$, F. 202—210° (Zers.; Chlf.), durch 35 Min. langes Erhitzen von **VII** in CCl_4 oder CCl_4/CH_3COOH (3 : 1) mit N-Bromsuccinimid auf 60° in Ggw. von Dibenzoylperoxid u. Adsorption des Prod. in Chlf./Bzl. (1 : 1) an Kieselgel; $[\alpha]_D^{24}$ -175^0 (Tetrahydrofuran); 54%. — *9(?)-Bromdesdimethylaminoanhydrotetracyclin*, $C_{20}H_{16}BrNO_7$, F. 288—292° (Zers.), durch ³/₄std. Rk. von **V** mit N-Bromsuccinimid in Eisessig/abs. CCl_4 oder CCl_4 bei 70° u. chromatograph. Reinigung in Bzl./Aceton/Butanol (98 : 2 : 0,5) an Kieselgel; $[\alpha]_D^{22}$ -215^0 (Methylglykol); 27%. — *9(?)-Bromdesdimethylaminoanhydrotetracyclin-10-methyläther*, $C_{21}H_{18}BrNO_7$, F. 252—255° (Zers.; Chlf.), analog vorst. Verb. aus **IV**; verunreinigt mit wenig unbekannter *Dibrom-Verb.*; $[\alpha]_D^{21}$ -125^0 (Dimethylsulfoxid); 54%. H.-J. WEIGMANN. 3900□

Untersuchung der chemischen Struktur des Antibioticums Heliomycin. 1. Mitt. **Einige Angaben über die chemische Natur des Heliomycins.** S. W. Puschkarewa, N. M. Woronina, Ss. I. Omeltschenko, L. B. Radina und Ju. N. Scheinker. (Журнал Общей Химии [J. allg. Chem.] **29** (**91**). Nr. 10. 3504—10. Okt. 1959. Swerdlowsk, Forschungsinst. für die Prophylaktik der Poliomyelitis.) (Russ.)

Es werden untersucht: Die Rk. von Heliomycin (I) mit p-Nitrophenyldiazoniumhydroxid, die Methylierung mit CH_2N_2, die Acetylierung, die Hydrolyse, die Schmelze mit KOH u. mit Zn-Staub. Aufgenommen wurden ferner das UV- u. IR-Spektrum. Für **I** werden auf Grund der erhaltenen Ergebnisse die Summenformeln $C_{19}H_{15}O_5$ oder $C_{23}H_{17}O_6$ angenommen.

Versuche: *Verb.* $C_{29}H_{19}N_3O_8$, 0,1 g **I** in 40 ml Aceton werden mit 2 Tropfen 10%ig. wss. NaOH u. mit 0,5 ml p-Nitrophenyldiazoniumchlorid-Lsg. versetzt; nach 20 Min. langem Stehen werden Na-Acetat-Lsg. u. HCl bis zur schwach sauren Rk. hinzugefügt u. das Gemisch wird in W. gegeben; krist. aus Essigsäure; braun; 51% (Ausbeute). — *Acetylheliomycin*, $C_{21}H_{17}O_6$, F. 265—267°, durch 3std. Erhitzen von 0,2 g **I** u. 2 g Essigsäureanhydrid auf 100°, Filtrieren u. Kristallisieren aus Anisol; 75%. — *Diacetylheliomycin* (II), $C_{23}H_{19}O_7$, F. 238—239° (Isoamylalkohol), analog in Ggw. von Pyridin u. 24 Std. langes Stehen; 55%. Gibt bei 3std. Erhitzen mit 20%ig. H_2SO_4 auf 150—160° *Acetylheliomycin* (F. 265—267°). — *Methylheliomycin*, $C_{20}H_{17}O_5$, F. 260—290° (Zers.; Anisol), aus 0,2 g **I** in Dioxan mit CH_2N_2 (aus 2 g Nitrosomethylharnstoff); 0,09 g. — Beim Vers. der alkal. Hydrolyse (4 Std. bei 120—140°) wird **I** nicht verändert, desgleichen reagiert **I** nicht beim Schmelzen mit KOH. — Bei der Zn-Staub-Dest. von **II** wird eine *Verb.* als Öl erhalten, von der ein *Pikrat*, F. 122—123°, dargestellt wird. M. KYBER. 3900□

Einfache Darstellungsmethode für Vicin. Rolf Gmelin und Gerhard Hasenmaier. (Arzneimittel-Forsch. **7.** 755. Dez. 1957. Eßlingen-Zell, Robugen GmbH, Wiss. Abt.) (Dt.)

Vicin [$C_{10}H_{16}N_4O_7 \cdot H_2O$, F. 243°; aus W. Nadeln; $[\alpha]_D^{23}$ $-12{,}5^0$ (c = 0,95; 0,5n NaOH)] entsteht durch 2maliges Auskochen der gepulverten Samen von *Vicia sativa* L. oder *Vicia faba* L. mit der 10fachen Menge Methanol/W. (1 : 1), Abdestillieren des Methanols aus den vereinigten Filtraten, Verdünnen mit W., Filtrieren durch Hyflo Supercel, Perkolieren durch eine Lewatit-S-100-Säule (H^+-Form), Waschen mit W., Eluieren mit 2%ig. NH_4OH u. Eindampfen. P. GOLINSKE. 3950□

Die Chemie der Aristolochia-Arten. 3. Mitt. **Aristolochiasäuren und verwandte Substanzen aus Aristolochia reticulata und A. indica.** R. T. Coutts, J. B. Stenlake und W. D. Williams. (J. chem. Soc. [London] **1957.** 4120—24. Sept. Glasgow, Royal Coll. of Sci. and Technol., School of Pharm.) (Engl.) — 2. vgl. C. **1959.** 7489.

Es wird bewiesen, daß Aristolochiasäure (I) aus *Aristolochia reticulata* u. *A. indica* mit **I** aus *A. sipho* u. *A. clematis* ident. ist. Die Identität wird durch Vgl. der chem. Eigg. sowie der UV-Spektren erbracht. Decarboxylierung von **I** mit Cu-Pulver in Chinolin ergibt *1-Methoxy-5.6-methylendioxy-9-nitrophenanthren*. Red. mit Zn u. Essigsäure liefert *9-Amino-1-methoxy-5.6-methylendioxyphenanthren-carbonsäure-(8)-lactam* (II). Bei der Isolierung von **I** aus *A. reticulata* erhält man durch wiederholtes Umkristallisieren aus A. als Nebenprod. das tiefrote krist. *Aristorot* (III). **III** besitzt 3 CH_3O-Gruppen, deren Lage noch nicht bekannt ist. Vff. halten **III** für ein Dimethoxy-Deriv. von **II**. Werte der UV- u. IR-Spektren sind aufgeführt. Für **I** u. **III** sind R_F-Werte angegeben.

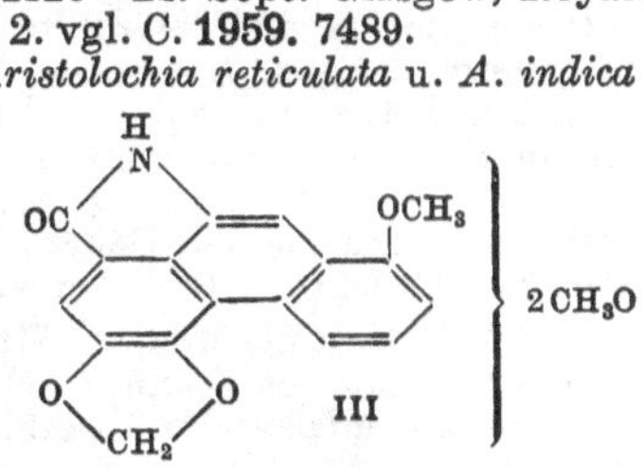

III

Versuche ($[\alpha]_D$ in Chlf.): *Aristolochiasäure* (I), $C_{17}H_{11}NO_7$, F. 275—277° [Zers.; gelbe Kristalle aus Dioxan oder Eisessig; orangefarbene Nadeln aus $HCON(CH_3)_2$], a) durch Perkolation von 30 kg entfetteter Wurzeln von *A. reticulata* mit A. bei Raum-Temp., Einengen, Lösen des erhaltenen viscosen Öls in Ae., Waschen des Ae. mit verd. HCl, Extraktion des Ae. mit 2%ig. $KHCO_3$-Lsg. u. Ausfällen aus der alkal. Lsg. mit verd. HCl; 25 g [Ausbeute; daneben *Aristorot* (III), $C_{19}H_{15}NO_6$, F. 286,5° (rote Nadeln; A.), durch Einengen des Filtrats von I u. fraktionierte Kristallisation des Rückstandes aus A.; 50 mg]; b) durch Extraktion des nach Perkolation von 6 kg *A. reticulata* mit kaltem A. verbleibenden Materials mit heißem A., Einengen, Verwerfen des in der Kälte ausgeschiedenen Harzes, Einengen u. Aufarbeitung des erhaltenen Öls analog a); 5 g [daneben *Allantoin*, $C_4H_6N_4O_3$, F. 232° (Zers.; Nadeln; wss. A.); 1,1 g]; c) analog a) aus 3 kg Wurzeln von *A. indica*; 2,5 g. — *β-Sitosteryl-β-D-glucosid* (IV), $C_{35}H_{60}O_6$, F. 295—296° (A.), durch Aufarbeitung von 6 kg *A. reticulata* analog I nach a), weitgehendes Einengen der äthanol. Perkolations-Lsg. u. Aufbewahren zur Kristallisation; 0,6 g. *Tetraacetat*, $C_{43}H_{68}O_{10}$, F. 166,5—167,5°; $[\alpha]_D^{17}$ —23,91° (c = 0,92). — *β-Sitosterin*, $C_{29}H_{50}O \cdot 1/2\ CH_3OH$, F. 139° (Nadeln), durch 9std. Kochen von IV mit konz. HCl; $[\alpha]_D^{19}$ —37,75° (c = 0,5). — *1-Methoxy-5.6-methylendioxy-9-nitrophenanthren*, $C_{16}H_{11}NO_5$, F. 213° (orangefarbene Nadeln; Chlf.-A.), durch 10 Min. langes Kochen von 102 mg I in Chinolin mit Cu-Pulver, Ae.-Extraktion des abgekühlten Rk.-Gemisches, Einengen der Ae.-Phase u. chromatograph. Reinigung an Al_2O_3; 61 mg. — *9-Amino-1-methoxy-5.6-methylendioxyphenanthrencarbonsäure-(8)-lactam* (II), $C_{17}H_{11}NO_4$, F. 320°, durch 45 Min. langes Kochen von 360 mg I mit Zn-Staub u. Eisessig, Filtration in der Hitze, Absaugen der in der Kälte ausgeschiedenen Kristalle u. Sublimation bei 240—250°/0,1 mm; 260 mg. — *9-Acetamido-1-methoxy-5.6-methylendioxyphenanthrencarbonsäure-(8)-lactam*, $C_{19}H_{13}NO_5$, F. 283—286° (Zers.), aus 100 mg vorst. Verb. durch 30 Min. langes Kochen mit Essigsäureanhydrid u. Pyridin, Abkühlen u. Sublimation des in der Kälte ausgeschiedenen Rk.-Prod. bei 250—260°/0,1 mm; 52 mg. — *9-Acetamido-1.x.x-trimethoxy-5.6-methylendioxyphenanthrencarbonsäure-(8)-lactam*, $C_{21}H_{17}NO_7$, F. 276—278°, wie vorst. aus 15 mg III; 6 mg. H. Nürnberger. 3950□

Struktur von Lignin. 11. Mitt. **Eine quantitative Untersuchung der Alkoholyse von Lignin.** Kyosti Sarkanen und Conrad Schuerch. (J. Amer. chem. Soc. **79.** 4203—09. 5/8. 1957. Syracuse, N.Y., Univ., Coll. of Forestry, Chem. Dep.) (Engl.) — 9. vgl. C. **1960.** 5828.

Pechtannenlignin (L) wurde bei 65 ± 0,02° bis zu 141 Std. mit einer Lsg. von 0,38 n HCl in Chlf.-A. (4 : 1) behandelt. Die auf diese Weise durchgeführte Alkoholyse des Lignins ergab eine 42—57%ig. Äthoxylierung der Guajacolpropaneinheiten. Weiterhin werden durch Aufspaltung des Lignin-Mol. neue phenol. OH- u. α-CO-Gruppen in einem mol. Verhältnis von ca. 1 : 1 gebildet. 60% der p-Phenoxygruppen des L werden in freie Phenolgruppen übergeführt. Der O-Geh. der Guajacolpropaneinheiten fällt um 0,3—0,6 O-Atome ab. Die erhaltenen Ergebnisse werden ausführlich diskutiert. H. G. Fröhlich. 3950

D. Makromolekulare Chemie

Bestimmung des Verzweigungsgrades in einem statistisch verzweigten polydispersen Polymeren. Ralph W. Kilb. (J. Polymer Sci. **38.** 403—15. Aug. 1959. Schenectady, N.Y., General Electric Res. Labor.) (Engl.)

Beschrieben werden Meth. zur Best. des Verzweigungsgrades bei einem statist. verzweigten Polymeren mit tetrafunktionellen Verzweigungsstellen. Typ. Beispiele für solche Polymere sind bestrahlte lineare Polymere u. Copolymere aus Divinyl- u. Monovinylverbindungen. Die brauchbarste Meth. ist der Vgl. der Viscositätszahl des verzweigten Polymeren mit der Viscositätszahl des entsprechenden linearen Polymeren mit dem gleichen mittleren Molekulargewicht. Das Verhältnis des mittleren Radienquadrats zum mittleren Molgew. bei polydispersen, verzweigten Polymeren ist unabhängig vom Verzweigungsgrad. Daher genügen Lichtstreuungsmessungen an den polydispersen Polymeren allein zur Best. der Verzweigung nicht. K. Zieloff. 4000

Einflüsse ionisierender Strahlung in der makromolekularen Chemie. Hector A. Dieu. (Chim. et Techn. **4.** Nr. 3. 7—12. Sept. 1957. Liège, Univ.) (Franz.)

Zusammenfassender Überblick, in dem behandelt werden: Arten u. Wrkg. von ionisierenden Strahlen, Bldg. von Radikalen, Polymerisation von Monomeren durch Bestrahlung, Abbau u. Vernetzung von Makromolekülen. O. Fuchs. 4000□

Beziehungen zwischen Schmelzviscosität, Lösungsviscosität, Molekulargewicht und Hauptkettenverzweigung in Polyäthylen. Louis D. Moore jun. (J. Polymer-

Sci. **36.** 155—72. April 1959. Kingsport, Tenn., Tennessee Eastman Co., Div. of Eastman Kodak Co., Res. Labor.) (Engl.)

Nach der Segmenttheorie des Fließens ist die Viscosität η_m eines geschmolzenen Polymeren durch die Gleichung $\eta = F/J$ gegeben. Die von Temp. u. freiem Vol. abhängige Sprungfrequenz J u. der statist. Faktor F, der von der Kettenlänge abhängt, bringen zum Ausdruck, daß die Bewegungen der Segmente koordiniert sein müssen. Unterss. an 27 Polyäthylenproben (P), die aus 4 techn. Quellen stammen u. Schmelzindices im Bereich von 0,12—26,6 aufweisen, bestätigen, daß zwischen dem log des Schmelzindex u. der Viscositätszahl in einem idealen oder Θ-Lsgm. eine lineare Beziehung besteht. Als ideales Lsgm. wurde Bis-[2-äthylhexyl]-adipat bei 145° verwendet. Eine weitere Einsicht in das viscose u. viscoelast. Verh. von P wurde durch die Beobachtung erhalten, daß eine eingehende Analyse der Lichtstreuungsergebnisse die Tatsache erklären konnte, daß Proben mit prakt. gleichem Schmelzindex verschiedene Lsg.-Viscositäten in einem guten Lsgm., wie Tetralin bei 100°, hatten. Diese Verschiedenheit wird auf Unterschiede im Expansionsfaktor α zurückgeführt, der vom Molgew., der Hauptkettenverzweigung u. dem Lsgm. abhängt u. evtl. ein Maß für die Leichtigkeit ist, mit der ein Mol. deformiert werden kann. Dieser α-Faktor sollte dann in Beziehung zum Relaxationszeitspektrum stehen, das wieder Variable, die von Bedeutung für die Verarbeitung sind, wie Schmelzviscosität u. nicht-Newtonsches Fließen, beeinflussen würde. K. Zieloff. 4010

Untersuchung von in einigen Hochdruck-Polyäthylenen enthaltenen Partikeln. Louis D. Moore jun. und Virgil G. Peck. (J. Polymer Sci. **36.** 141—53. April 1959. Kingsport, Tenn., Tennessee Eastman Co, Div. of Eastman Kodak Co., Res. Labor.) (Engl.)

Die Lichtstreuung von Lsgg. von *Hochdruckpolyäthylen* zeigt die Ggw. sehr großer Teilchen an, die durch Filter mit einer auf den Bruchteil eines μ geschätzten Porengröße nicht quant. zu entfernen sind. Die Partikeln sind kein Fremdmaterial, kein Mol.-Aggregat oder Mikrogel. Elektronenmikrophotographien von aus Lsgg. erhaltenen dünnen Polyäthylenfilmen lassen ihr physikal. Äußeres erkennen. Ihre Gestalt, Löslichkeit u. Verh. bei der Pyrolyse zeigen, daß die Partikeln Polyäthylen-Moll. sind, deren Molgew. evtl. 40000000 beträgt. Sie könnten einen wichtigen Teil der gesamten Molgew.-Verteilung sein u. sollten daher von Lichtstreuungs-Unterss. an Lsgg. nicht ausgeschlossen werden. K. Zieloff. 4010

Der Einfluß von Äthan auf die Polymerisationsgeschwindigkeit von Äthylen. Chiya Eden und Hans Feilchenfeld. (J. physic. Chem. **64.** 935—37. Juli 1960. Jerusalem, Hebrew Univ., Dep. of Phys. Chem.; Res. Council of Israel, Petrochem. Labor.) (Engl.)

Bei Verss. über die Polymerisation von *Äthylen* (I) in Ggw. eines $TiCl_3$–$Al(C_2H_5)_3$-Katalysators stellten Vff. fest, daß Äthan einen verzögernden Einfl. auf die Polymerisation ausübt u. daß dieser Effekt reversibel ist. Aus den bei 21° in Abwesenheit eines Lsgm. durchgeführten Verss. ergab sich, daß die Rk. einem Gesetz 1. Ordnung in bezug auf I (p_1) folgt: $r = K\,p_1$. Es wurde gefunden, daß die scheinbare Geschw.-Konst. K eine Funktion des Partialdrucks von Äthan (p_2) ist u. dem Gesetz $1/K = a + b\,p_2$ folgt. Der Effekt von Äthan läßt sich erklären, wenn man annimmt, daß die wahre Geschw.-Konst. für die Polymerisation von I größer ist als die für die Adsorption von I. Die Anzahl der von I besetzten akt. Stellen wäre dann kleiner als die der von Äthan besetzten Plätze. C. Gottfried. 4010

Untersuchungen über Polypropylenderivate. 2. Mitt. **Die Halogenierung von Polypropylen.** Shu Kambara und Takao Ohshika. (J. chem. Soc. Japan, ind. Chem. Sect. [Kōgyō Kagaku Zassi] **62.** 1781—85. Nov. 1959. Tokyo-Meguroku, Tôkyô-Kôgyô-Daigaku, Sigen-Kagaku-Kenkyûzyo.) (Jap.; Auszug: Engl. S. A107.)

Die Bromierungs-Geschw. von *atakt. Polypropylen* (I) u. die Chlorierungs-Geschw. von *isotakt.* I wurden bestimmt. Im ersten Falle ist die Geschw. 1. Ordnung in bezug auf die Rk.-Dauer, u. die Aktivierungsenergie wurde zu 11,4 kcal/Mol bestimmt. Bei 0° wird Br_2 an die endständigen Doppelbindungen in I addiert, eine Substitution findet nicht statt. Die Chlorierung von I wurde unter konst. Br_2-Zugabe in Ggw. von NaCl bei verschiedener Temp. u. Rk.-Dauer (1—12 Std.) durchgeführt. Hierbei beträgt die Geschw.-Konst. k (in Std.) 0,68 bei 105°, 0,63 (100°) u. 0,582 (95°) u. die Aktivierungsenergie 4,8 kcal/Mol. E. Herr. 4010□

Untersuchungen über Polypropylenderivate. 3. Mitt. **Infrarotabsorptionsspektren von chlorierten Polypropylenen.** Takao Ohshika. (J. chem. Soc. Japan, ind. Chem. Sect. [Kōgyō Kagaku Zassi] **63.** 1256—61. Juli 1960.) (Jap.; Auszug: Engl. S. A68 bis A69.) — 2. vgl. vorst. Referat.

Isotakt. Polypropylen (*Moplene M-1* aus Montecatini) wird in Ggw. von NaCl-Pulver mit Cl_2 bei 95—105° im heterogenen Syst. oder in Tetrachloräthan mit Cl_2 bei 100° im homogenen Syst. chloriert u. die IR-Spektren der Prodd. untersucht. Die chlorierten Prodd. zeigen neue Absorptionsbanden der C—Cl-Bindung bei 763, 726, 704, 685, 668, 620 u. 569 (cm^{-1}) u. daneben auch bei 3448 [ν (OOH) oder ν (OH)], 1748 [ν (C=O)] u. 1637 [ν (C=C)]; die chlorierten Prodd. geben also bei erhöhter Temp. leicht HCl ab, u. die gebildeten C=C-Bindungen werden während der Rk. teilweise oxydiert. Auf Grund der Änderung der relativen Intensitäten der CH-Schwingungen wird festgestellt, daß das H-Atom am sek. C-Atom leichter als das am prim. C-Atom durch Cl substituiert wird. Die Intensität der Absorption bei 1168 cm^{-1}, die der Kristallstruktur zuzuordnen ist, nimmt bei der Chlorierung im heterogenen Syst. nur wenig ab, während diese Bande des durch homogene Chlorierung hergestellten Prod. nicht mehr beobachtet wird. Vf. nimmt an, daß die Chlorierung am Anfang der Rk. im amorphen Teil der Polymeren stattfindet. E. Maekawa. 4010 □

Untersuchungen über Polypropylenderivate. 4. Mitt. **Zuordnung von C—Cl-Schwingungen der chlorierten Polypropylene und ihre Molekularkonfigurationen.** Takao Ohshika. (J. chem. Soc. Japan, ind. Chem. Sect. [Kōgyō Kagaku Zassi] **63.** 1261—65. Juli 1960.) (Jap.; Auszug: Engl. S. A 69.) — 3. vgl. vorst. Referat.

Die IR-Spektren der chlorierten *Polypropylene* (**I**) sowie der IR-Dichroismus werden untersucht. Die Absorption des chlorierten isotakt. sowie atakt. **I** bei 763 (P_X), 726 (P_X), 704 (P_X), 685 (S_X oder P_H), 668 (P_H), 620 (S_H u. T_X) u. 569 cm^{-1} (T_H) ist der C—Cl-Schwingung zuzuordnen; P, S u. T weisen auf prim., sek. u. tert. Cl-Atome hin u. X auf die trans-Konfiguration der Cl-Atome, während H die trans-Konfiguration der H-Atome anzeigt. Ferner wird festgestellt, daß die Bande bei 763 cm^{-1} der Cl—C—Cl-Schwingung u. die bei 726 cm^{-1} der Schwingung der —CCl—CCl-Gruppierung des Syst. zuzuordnen ist. E. Maekawa. 4010 □

Untersuchungen über Polypropylenderivate. 5. Mitt. **Bestimmung der Kristallinität chlorierter Polypropylene durch IR-Absorptionsspektren und Röntgenstrahlenbeugung.** Takao Ohshika. (J. chem. Soc. Japan, ind. Chem. Sect. [Kōgyō Kagaku Zassi] **63.** 1265—70. Juli 1960.) (Jap.; Auszug: Engl. S. A 69.) — **4.** vgl. vorst. Referat.

Die Kristallinität von stark gedehnten Filmen chlorierter isotakt. *Polypropylene* (**I**) wird durch die IR-Absorptionsspektren sowie Röntgenstrahlenbeugung bestimmt. Die Struktur der kristallinen Anteile des isotakt. **I** ändert sich nicht durch die Chlorierung im heterogenen System. Die Absorptionsintensität der C—Cl-Schwingungen in den nicht gedehnten Filmen nimmt mit steigender Temp. (25—130°) nur wenig, jedoch linear ab. Auch die stark gedehnten Filme zeigen keine Absorptionsbanden, die den Banden kristalliner Polyvinylchloride entsprechen. Die chlorierten Anteile des isotakt. **I** kristallisieren nicht, obgleich die Filme stark gedehnt werden. E. Maekawa. 4010 □

Untersuchungen über Polypropylenderivate. 6. Mitt. **Dechlorierung der chlorierten Polypropylene.** Takao Ohshika. (J. chem. Soc. Japan, ind. Chem. Sect. [Kōgyō Kagaku Zassi] **63.** 1270—77. Juli 1960.) (Jap.; Auszug: Engl. S. A 69.) — 5. vgl. vorst. Referat.

Die im heterogenen Syst. chlorierten isotakt. *Polypropylene* (**I**) werden im N_2-Strom auf 140—180° erhitzt, wobei zwischen dem Logarithmus der Rk.-Dauer u. dem Logarithmus der Abnahme des Cl-Geh. eine lineare Beziehung beobachtet wird. Die gebildeten ungesätt. Prodd. werden unter den Rk.-Bedingungen teilweise vernetzt, u. die vernetzten Prodd. lösen sich nicht in Toluol (**II**); die grundmolare Viscosität des in heißem **II** lösl. Anteils nimmt mit steigendem Dechlorierungsgrad stark ab. Wenn die chlorierten **I** mit Na-Butylat oder mit Pyridin dechloriert werden, so bilden sich keine vernetzten Prodd., wobei sich die grundmolare Viscosität der Prodd. nicht ändert. In dechlorierten Prodd. werden neben C=C-Doppelbindungen noch $>$C=O-Gruppen u. OH-Gruppen IR-spektroskop. nachgewiesen. Die dechlorierten Prodd. bilden mit Perbenzoesäure Epoxide, die mit p-Phenylendiamin vernetzt werden, wobei die Erweichungs-Temp. der vernetzten Prodd. mit steigender Anzahl von Doppelbindungen der dechlorierten Prodd. steigt. E. Maekawa. 4010 □

Der Einfluß von Druck auf die Schmelzpunkte von isotaktischem Polypropylen und Polyäthylenoxid. L. R. Fortune und G. N. Malcolm. (J. physic. Chem. **64.** 934—35. Juli 1960. Dunedin, New Zealand, Univ. of Otago.) (Engl.)

Vff. bestimmten die FF. von isotakt. *Polypropylen* (**I**) u. *Polyäthylenoxid* (**II**) bei Drucken von 19, 95,5, 190 u. 380 atm. Die beobachtete lineare Abhängigkeit der FF. vom Druck läßt sich durch die folgenden Gleichungen darstellen: $T_m = 171{,}0 + 0{,}040\ (P - 50)$ für **I** u. $T_m = 62{,}0 + 0{,}021\ (P - 50)$ für **II** (T in Grad u. P in atm). Extrapoliert man auf Atmosphärendruck, dann erhält man für **I** einen F. von 169°

u. für II von 61°. Der Druck-Koeff. des F. ist für I 0,040 u. für II 0,021 Grad·atm^{-1}. Schließlich ergaben sich für die Vol.-Änderungen beim Schmelzen pro Mol kristalliner Einheit für I 9,6 u. für II 5,1 cm^3. C. GOTTFRIED. 4010

Die Darstellung von trans-1.4-Polybutadien in einer Lösung mit Rhodiumsalzen. Robert E. Rinehart, Homer P. Smith, Harry S. Witt und Hendrik Romeyn jun. (J. Amer. chem. Soc. **83.** 4864—65. 5/12. 1961. Wayne, N.J., U. S. Rubber Co., Res. Center.) (Engl.)

Es wird die Darst. von kristallinem *trans-1.4-Polybutadien* (I) durch katalyt. Einfl. von Lsgg. von Rh^{3+}-Salzen auf monomeres Butadien beschrieben. Als Rh-Salze wurden Rhodium(III)-chlorid·3 H_2O, -nitrat·2 H_2O, Ammoniumchlororhodat·1,5 H_2O u. Na-Chlororhodat·18 H_2O, als Lsgm. H_2O, A. u. Dimethylformamid verwendet. Das erhaltene Polymere ist gelfrei u. auf Grund seiner hohen Kristallinität unlösl. in kaltem Benzol. Die in Tetralin bei 135° gemessenen Grenzviscositäten liegen bei 0,1—0,5. Grenzviscositäten über 1 wurden durch Emulsionspolymerisation bei niedrigen Temp. u. einer sehr niedrigen Rh-Konz. erhalten. Mit steigender Temp. u. Rh-Konz. fällt das Molgew. von I. Die größte Rk.-Geschw. wurde in H_2O mit Na-Laurylsulfat oder Na-Dodecylbenzolsulfonat als Emulgator erreicht. Eine Verminderung der Rk.-Geschw. durch Hydrochinon oder Luft konnte nicht beobachtet werden. Die Polymerisationsbedingungen u. der Einsatz der Rhodiumsalze sind beschrieben. E. ANTON. 4010□

Untersuchung der Molekularbewegung in einigen Isopren- und Butadienproben. Ramdas P. Gupta. (J. physic. Chem. **66.** 1—3. Jan. 1962. University Park, Pa., Pennsylvania State Univ., Dep. of Physics.) (Engl.)

Zur Unters. der Molekularbewegung wurden Verss. an *cis-1.4-Polybutadien* (I), *trans-1.4-Polybutadien* (II), *cis-1.4-Polyisopren* (III) u. *trans-1.4-Polyisopren* (IV) durchgeführt. Dabei kamen kernmagnet. Resonanz-Unterss. u. dynam.-mechan. Messungen zur Anwendung. Der Übergang in I wurde bei 170° K beobachtet, für II-Übergänge werden 235 u. 370° K angegeben. Der Übergang für III liegt bei 200° K u. für IV werden Temp. von 235 u. 340° K beschrieben. Die niedrige Übergangs-Temp. entspricht der Glas-Temp., d. h. die Substanz geht vom festen in den kautschukartigen Zustand über. Bei hohen Übergangs-Temp., die durch Schmelzen der Kristallite entstehen, tritt wahrscheinlich eine Lockerung der Zwischenkettenglieder ein. E. ANTON. 4010□

Eigenschaften der Cyclohexancarbonsäureester als Plastizierer. Sumio Matsuda und Shôichi Kikkawa. (J. chem. Soc. Japan, ind. Chem. Sect. [Kōgyō Kagaku Zassi] **62.** 1838—41. Dez. 1959. Osaka-Daigaku, Kôgakubu, Ôyokagaku-Kyôsitu.) (Jap.; Auszug: Engl. S. A 111.)

Hexahydroisophthalsäure-, *Isophthalsäure-*, *3.6-Endomethylen-1.2.3.6-tetrahydrophthalsäure-* u. *3.6-Endomethylenhexahydrophthalsäureester* werden wie üblich dargestellt u. auf ihre plastifizierenden Eigg. für *Polyvinylchlorid* geprüft. Unter diesen erweist sich *Dioctylhexahydrophthalat* als bes. bei tiefer Temp. gut geeigneter Weichmacher.

Versuche: Darst. der *Hexahydroisophthalsäure-* u. *Isophthalsäureester* vgl. C. **1960.** 3746. — 3.6-Endomethylen-1.2.3.6-tetrahydrophthalsäureester: *Di-n-butyl-*, $Kp._6$ 172—176°, n_D^{20} 1,4734, $D._4^{20}$ 1,0620. — *Diisobutyl-*, $Kp._6$ 145—158°, n_D^{20} 1,4675, $D._4^{20}$ 1,0250. — *Diisoamyl-*, $Kp._5$ 168—172°, n_D^{20} 1,4727, $D._4^{20}$ 1,0564. — *Bis-[2-äthylhexyl]-*, $Kp._{3,5}$ 204—212°, n_D^{20} 1,4648, $D._4^{20}$ 0,9907. — *Di-n-octyl-*, $Kp._3$ 199—204°, n_D^{20} 1,4699, $D._4^{20}$ 0,9888. — 3.6-Endomethylenhexahydrophthalsäureester: *Di-n-butyl-*, $Kp._3$ 165—166°, n_D^{20} 1,4689, $D._4^{20}$ 1,0451. — *Diisobutyl-*, $Kp._3$ 162—164°, n_D^{20} 1,4658, $D._4^{20}$ 1,0072. — *Diisoamyl-*, $Kp._3$ 173—184°, n_D^{20} 1,4663, $D._4^{20}$ 1,0420. — *Bis-[2-äthylhexyl]-*, $Kp._{2,5}$ 185—195°, n_D^{20} 1,4551, $D._4^{20}$ 0,9838. — *Di-n-octyl*, n_D^{20} 1,4580, $D._4^{20}$ 0,9869. E. MAEKAWA. 4010□

Kinetische Untersuchung der thermischen Dehydrochlorierungsreaktion von Polyvinylchlorid. G. Talamini und G. Pezzin. (Makromolekulare Chem. **39.** 26—38. 1960. Milano, Italy, Univ. of Padua and Sicedison S. p. A., Chem. Phys. Inst.) (Engl.)

Fraktionen von *Polyvinylchlorid* (I) wurden im N_2-Strom auf Temp. zwischen 180 u. 250° erhitzt. Die Geschw. v der dabei stattfindenden Zers. wurde durch Messen der abgespaltenen HCl-Menge bestimmt. v ändert sich proportional 1/M (M = 12500 bis 78000); der Einfl. M auf v kommt um so stärker zum Ausdruck, je höher die Temperatur. v ist bis zu einem Molenbruch x = 0,3 von abgespaltenem HCl konst. u. fällt dann mit wachsender Rk.-Zeit ab. v ist unabhängig von dem Verhältnis Oberfläche/Vol. der I-Probe. Die Aktivierungsenergie E ergibt sich zu 33 kcal/Mol. In Ggw. von O_2 jedoch liegt eine autokatalyt. Rk. vor, wobei v bis zum 10fachen des Anfangswertes ansteigt. Der Rk.-Verlauf läßt sich hier durch $dx/dt = kx(1 - x)$ mit $k = 3{,}53 \cdot 10^{-4} \cdot s^{-1}$ bei 200° u. $4{,}40 \cdot 10^{-3}$ bei 250° darstellen; E beträgt nun nur 24. Der autokatalyt. Effekt wird durch eine Rk. von O_2 mit den entstandenen Doppelbindungen verursacht. Bei Änderung des O_2-Druckes P steigt k linear mit wachsendem $P^{1/2}$ an. Folgendes Rk.-Schema wird für die HCl-Abspaltung in N_2 angenommen: R· + $-CHCl-CH_2-CHCl-CH_2- \rightarrow$ RH + $-CHCl-\dot{C}H-CHCl-CH_2-$; $-CHCl-\dot{C}H-CHCl-CH_2- \rightarrow$ Cl· + $-CHCl-CH=CH-CH_2-$; Cl· + $-CH=CH-CH_2-CHCl- \rightarrow$ HCl + $-CH=CH-\dot{C}H-CHCl-$; $-CH=CH-\dot{C}H-CHCl- \rightarrow$ Cl· + $-CH=CH-CH=CH--$ usw.; R· entsteht durch therm. Aktivierung. O. Fuchs. 4010□

Eine Untersuchung von Vinylidenchlorid-Vinylchlorid-Copolymeren. Satoru Enomoto. (J. Polymer Sci. **55.** 95—112. Nov. 1961. Hyakunin-cho Shin-juku-ku, Tokyo, Japan, Kureha Kasei Comp., Tokyo Labor.) (Engl.)

Unter Verw. von Dilaurylperoxid wurden bei 55° *Copolymere* (**I**) aus *Vinylidenchlorid* (**II**) u. *Vinylchlorid* (**III**) hergestellt; die Polymerisation wurde nach einem Umsatz U < 3% abgebrochen; das mol. **II**/**III**-Verhältnis wurde zwischen 16,6 u. 0,049 variiert. Von den **I**-Proben wurden speziell im Bereich 1160—1280 cm^{-1} die IR-Spektren aufgenommen. In Verbindung mit den früher (vgl. C. **1960.** 10246) erhaltenen Ergebnissen ergeben sich für die CH-Deformationsschwingung des mittelständigen **III*** der 3 Gruppierungen **II-III*-II** bzw. **II-III*-III** bzw. **III-III*-III** die Werte 1197, 1235 bzw. 1247 cm^{-1}. Die Intensität dieser Banden steigt mit wachsendem U an (Verss. mit **II**/**III** = 80/20 für U = 7—95%). Vf. leitet eine Beziehung ab, um aus den gemessenen Intensitäten der Banden die Längen der **II**- u. **III**-Sequenzen in **I** berechnen zu können. Zum Beispiel wurde gefunden, daß für das Mischungsverhältnis **II**/**III** = 80 : 20 des Ausgangsgemisches 100% **I** der Form $(II)_{8,5}$-**III** entstehen; für **II**/**III** = 50 : 50 entstehen 66 Mol-% der Form $(II)_{2,7}$-**III** u. 34 Mol-% der Form $(II)_{3,3}$-$(III)_2$ u. für **II**/**III** = 10 : 90 100% der Form **II**-$(III)_{3,2}$ (weitere Ergebnisse s. Original). Für r_1 u. r_2 wurden die Werte 3,15 u. 0,23 erhalten. O. Fuchs. 4010□

Thermischer Abbau von Polytrifluoräthylen. 2. Mitt. **Thermischer Abbau von Polytrifluoräthylen unter Stickstoff.** Takaomi Satokawa, Yutaka Kometani und Tatsuo Sueyoshi. (J. chem. Soc. Japan, ind. Chem. Sect. [Kōgyō Kagaku Zassi] **63.** 653—56. April 1960. Ôsaka-Misimagun, Ôsaka-Kinzoku-Kōgyō KK.) (Jap.; Auszug: Engl. S. A **34.**) — 1. vgl. C. **1961.** 8317.

Die durch Polymerisation in Substanz in Ggw. von Bis-[trichloracetyl]-peroxid bzw. in Emulsion in Ggw. von $K_2S_2O_8$ hergestellten Präpp. von *Polytrifluoräthylen* werden 30—240 Min. unter N_2 auf 280—300° erhitzt u. die Änderungen ihrer physikal. Eigg. untersucht. Die Abnahme der Erweichungs-Temp. (vgl. Slesser u. Schram, Preparation, Properties and Technology of Fluorine and organic Fluoro Compounds, [**1951.**] 567, McGraw-Hill Book Company, New York) ist beim Erhitzen unter N_2 viel größer als beim Erhitzen an der Luft. Die erhitzten Präpp. zeigen bei 5,6 u. 7,34 μ neue Absorptionsbanden, die der $-CF=CF_2$-Gruppe zugeschrieben werden. Beim Erhitzen an der Luft werden die durch Abspaltung von Cl- oder F-Atomen gebildeten polymeren Radikale durch O_2 leicht desaktiviert, u. Bruch der Ketten findet nur geringfügig statt, während die polymeren Radikale unter N_2 nicht desaktiviert werden u. Bruch von C—C-Bindungen der Hauptkette verursachen. E. Maekawa. 4010□

Anwendung der Archibald-Ultrazentrifugenmethode für die Untersuchung von verdünnten Polymerlösungen. 1. Mitt. Theorie und einige Daten für das System Polystyrol-Methyläthylketon. Hiroshi Fujita, Hiroshi Inagaki, Tadao Kotaka und Hiroyasu Utiyama. (J. physic. Chem. **66.** 4—10. Jan. 1962. Kyoto, Univ.) (Engl.)

Vff. verbessern u. erweitern die Theorie von Kegeles, Klainer u. Salem für die Archibald-Ultrazentrifugen-Meth. für polydisperse makromol. Lösungen. Von Archibald wurden ideale monodisperse oder polydisperse Syst. untersucht. Mit Hilfe der neuen Theorie wurden Best. des durchschnittlichen Molgew. durchgeführt. Die Lichtstreuung tritt als zweiter Virial-Koeff. auf. Die Gültigkeit der aufgestellten Gleichung wurde durch Sedimentations- u. Lichtstreuungs-Verss. an 2 *Polystyrol*-Proben mit verschiedenem Molgew. in Methyläthylketon bei 25° überprüft. E. Anton. 4010□

Mercurierung von Polystyrol. R. N. Smirnow. (Доклады Академии Наук СССР [Ber. Akad. Wiss. UdSSR] **119.** 508—10. 21/3. 1958. Inst. für Brennstoffe der Akad. der Wiss. der UdSSR.)

In W., Methanol oder A. verläuft die Rk. von *Polystyrol* (**I**) mit Hg-Acetat (**II**) sehr langsam, nach 25std. Kochen sind ca. 17—18% **I** substituiert. In Essigsäure wird **II** bis 50° im wesentlichen sorbiert, in kochender Säure erfolgt teilweise Verkohlung, es entsteht ein braunes, leichtes, amorphes Prod. u. metall. Hg. Läßt man 10 g **I**, 200 ml Eisessig u. 30 g **II** 4—5 Tage lang stehen, erhitzt dann unter Rückfluß 10 Std. auf 50 bis 100° bis zu beginnender Lsg., dann zum Kochen, gießt unter Rühren in kaltes W., wäscht durch Dekantieren mit heißem W., mahlt den spröden Nd. im Mörser u. wäscht wieder, dann ist im Prod. Hg^+ nachzuweisen, das durch 20—30std. Quellen in Essigsäure, Zusatz von 10—15 ml Perhydrol, 30 Min. lange Oxydation u. Behandlung mit W. wieder entfernt werden kann. Das Hg-Deriv. von **I** ist ein farbloses, sprödes Prod., unlösl.

in den meisten organ. Lsgm., stark quellend in Eisessig (± Bzl., Acetaldehyd), Pyridin u. Chinolin. Aus dem in Eisessig gequollenen I-Mercuriacetat (III) werden mit Benzolsulfochlorid, p-Nitrobenzoylchlorid, Bromessigsäure u. Acetylchlorid die entsprechenden Copolymeren erhalten. In Eisessig nimmt dieser an der Rk. teil, in Pyridin verläuft die Rk. rascher (15—25 Min.) u. ohne Teilnahme des Pyridins. Dieser Unterschied scheint mit der Stereochemie der Makromoll. zusammenzuhängen. Das Thermogramm von III läßt auf geringe therm. Stabilität schließen, die einer Verw. in Kunststoffen entgegensteht. R. K. Müller. 4010

Untersuchungen über Vinylpolymerisation. 39. Mitt. **Einflüsse der Mastikation von Gummi auf die Polymerisation von Styrol in Gegenwart von Naturgummi.** Yayoi Ogata. (J. chem. Soc. Japan, ind. Chem. Sect. [Kōgyō Kagaku Zassi] **63.** 666—69. April 1960. Ôsaka-Kitaku, Siritu-Daigaku, Kôgakubu.) (Jap.; Auszug: Engl. S. A35.) — 38. vgl. Otsu, J. chem. Soc. Japan, ind. Chem. Sect. [Kōgyō Kagaku Zassi] **62.** [1959.] 1462; 40. vgl. C. **1961.** 11735.

Der Einfl. der Mastikation von *Naturgummi* (I) auf die Polymerisation von *Styrol* (II) mit I wurde untersucht. Die Polymerisations-Geschw. wurde bestimmt u. die Übertragungs-Konst. von II auf I berechnet. Die Polymerisation von II wird in Ggw. von I unterdrückt; der Einfl. von I ist jedoch unabhängig von der I-Mastikation. E. Maekawa. 4010□

Der Einfluß von Bestrahlung auf Copolymere aus Styrol und α-Methylstyrol. A. M. Kotliar. (J. Polymer Sci. **55.** 71—80. Nov. 1961. Washington, D. C., U. S. Naval Res. Labor.) (Engl.)

Wird ein nichtfraktioniertes *Copolymeres* (I) aus gleichen mol. Teilen *Styrol* (II) u. *α-Methylstyrol* (III) mit γ-Strahlen von ^{60}Co bestrahlt, so ist das Verhältnis $\beta = M_{w0}/M_{w\gamma}$ der Molgew. vor u. nach der Bestrahlung unabhängig von der absorbierten Strahlungsenergie E; dagegen fällt β des fraktionierten Copolymeren mit wachsendem E etwas ab. β eines nichtfraktionierten Copolymeren (IV) aus 75 Mol II u. 25 Mol III fällt stark u. β desselben fraktionierten Copolymeren noch stärker ab. Auf Grund der vom Vf. u. Anderson früher (vgl. C. **1961.** **4361**) entwickelten Theorie werden die Konst. der Spaltung bzw. Vernetzung der Ketten zu 0,12 u. 0,062 für I bzw. 0,10 u. 0,094 für IV berechnet. Das Verhältnis der mittleren Radienquadrate für ein verzweigtes u. ein lineares Makromol. gleicher Größe u. Zus. wird zu 0,72—0,79 berechnet. Die Θ-Temp. von I bzw. IV in Cyclohexan ergibt sich zu 21,0 bzw. 24,9°. O. Fuchs. 4010□

Untersuchungen über Polyvinylacetat-Polymerisate. 2. Mitt. **Stabilität der entstehenden Carbonylgruppen der in Gegenwart verschiedener Aldehyde hergestellten Telomeren von Polyvinylacetat.** Taiji Miyake. (J. chem. Soc. Japan, ind. Chem. Sect. [Kōgyō Kagaku Zassi] **63.** 880—83. Mai 1960. Okayama Kurasiki-Rayon KK., Kenkyûzyo.) (Jap.; Auszug: Engl. S. A 46.) — 1. vgl. J. chem. Soc. Japan, ind. Chem. Sect. [Kōgyō Kagaku Zassi] **62.** [1959.] 1101.

Aus Acetaldehyd u. Vinylacetat werden durch Erwärmen mit Dibenzoylperoxid die *β-Acetylvinylacetat-Telomeren* (**A**) hergestellt; die bei höherer Temp. hergestellten sind stärker gefärbt u. zeigen intensivere UV-Absorption der ungesätt. Bindungen. Bei den Verss. mit verschiedenen Aldehyden sind die Telomeren in der Reihenfolge *Butyr-*, *Acet-*, *Croton-* u. *Benzaldehyd* stärker gefärbt. Die **A** spalten in Methanol mit Na-Acetat Essigsäure ab unter Bldg. von ungesätt. **A**, u. zwar viel schneller als die β-Butyrylvinylacetat-Telomerisate; die scheinbaren Aktivierungsenergien zeigen jedoch kaum einen Unterschied (ca. 19 kcal/Mol). Die Bldg. von konjugierten Doppelbindungen bei dieser Rk. wird IR-spektroskop. festgestellt. Durch Hydrolyse mit NaOH bilden die **A** die *β-Acetylvinylalkohol-Telomeren.* E. Maekawa. 4010□

Starre Urethan-Schäume auf Basis von Sorbit-Derivaten. Joseph E. Wilson und Raymond H. Fowler. (Science [Washington] **128.** **1343.** 28/11. 1958. Wilmington, Del., Atlas Powder Comp., Techn. Center.) (Engl.)

Handelsübliche Schäume werden durch Rk. von geeigneten Polyestern mit Toluylendiisocyanat hergestellt. Es wird gezeigt, daß Polyäther, wie 2-β-Hydroxypropylsorbityl-(1)-äther, mit endständiger Hydroxylgruppe als Komponenten für starre Urethanschäume verwendet werden können. Diese hexafunktionellen Polyäther wurden aus Propylenoxid u. Sorbit dargestellt. K. Zieloff. 4010

Alkalische Hydrolyse von Methacrylsäure-Ester-Copolymeren. G. Smets und W. De. Loecker. (J. Polymer Sci. **41.** 375—80. Dez. 1959. Louvain, Belgium, Univ. de Louvain, Labor. de Chim. Macromol.) (Engl.)

Fortführung der C. **1961.** 3338 beschriebenen Versuche. Die alkal. Hydrolyse der *Copolymeren* (I) aus *Methacrylsäure* (II) u. *Methylmethacrylat* mit wss. NaOH wurde im pH-Bereich 8—14 bei 110° ausgeführt; die Zus. von I wurde von 28,9—83,0 Mol-% II variiert. Gemessen wurde die zeitliche Änderung der elektr. Leitfähigkeit. Die Hydrolyse kommt nach kurzer Zeit zum Stillstand; z. B. beträgt der Endwert des **II**-Geh. 54 bzw. 57% bei pH 11,8 bzw. 12,1 für **I** mit 49,5 **II**, entsprechend 63 bzw. 64% für **I** mit 58,5 **II**. Bei pH 14 beträgt der Endwert für alle **I**-Proben 83—85%, ausgenommen **I** mit 83 **II**, bei dem der Endwert 93% beträgt. Die Aktivierungsenergie der Hydrolyse wurde bei pH 14 zu 22,2 kcal/Mol für **I** mit 66% **II** u. 24,5 für **I** mit 83% **II** bestimmt. Aus den Verss. folgt, daß bei pH $<$12,5 infolge der Wechselwrkg. zwischen benachbarten COOH- u. Estergruppen hauptsächlich ein intramol. Rk.-Mechanismus vorliegt. Bei hohem pH kommt die Hydrolyse bes. durch äußere OH-Ionen zustande (nicht aber bei **I** mit 83 **II**, bei dem ein intramol. Mechanismus vorliegt). Die Hydrolysen-Geschw. hängt stark von der chem. Zus. u. von der stereochem. Struktur von **I** ab. O. FUCHS. 4010□

Untersuchungen an Acrylgummi. 7. Mitt. **Zur Startgeschwindigkeit der Härtung von Acrylgummi.** Hidemaro Tatemichi und Shigenari Suzuki. (J. chem. Soc. Japan, ind. Chem. Sect. [Kōgyō Kagaku Zassi] **63.** 669—72. April 1960. Nagoya-Minatoku, Tôa-Gôsei-Kagaku-Kôgyô KK.) (Jap.; Auszug: Engl. S. A 35.) — 6. vgl. C. **1961.** 7244.

Die Einw. verschiedener Faktoren auf die Start-Geschw. der Härtung von *Acrylgummi* [*Copolymerisat* aus *Butylacrylat* (**I**) u. *Acrylonitril* (**II**)] wird durch Messung der Viscosität der **I**/**II**-Copolymerisate untersucht. Die Härtungs-Geschw. in Ggw. von Härtungsmitteln (HM) aus Aminen u. S zeigt bei einer bestimmten S-Menge ein Maximum, nimmt unter Zusatz von überschüssiger Stearinsäure ab u. hängt kaum von W. oder Alkoholen im Syst. ab. Ferner nimmt die Geschw. mit steigendem **II**-Geh. der Copolymeren wenig zu. Hydrochinon übt keinen Einfl. auf die Härtung in Ggw. von HM aus, verzögert jedoch die Härtung in Ggw. von Dibenzoylperoxid (**III**) als HM sehr stark. Die scheinbare Aktivierungsenergie der Härtung beträgt 12,5 kcal/Mol (unter Zusatz von HM) bzw. 19,3 kcal/Mol (unter Zusatz von **III**); der Temp.-Koeff. der Vulkanisierung beträgt 1,5 bzw. 1,8. E. MAEKAWA. 4010□

Ultraschalldämpfung longitudinaler Wellen in plastischen Stoffen. Michel Auberger und John S. Rinehart. (J. appl. Physics **32.** 219—22. Febr. 1961. Golden, Colo., School of Mines, Mining Engng. Dep., Mining Res. Labor.) (Engl.)

Die von HUGHES u. Mitarbeitern (vgl. Physic. Rev. **75.** [1949.] 1552) entwickelte Technik zur Messung der Geschw. longitudinaler Wellen wurde auf die Messung der Dämpfung in dem Frequenzbereich von 250—1000 KHz ausgedehnt. Mit Hilfe dieser Meth. wurden die Geschw. der longitudinalen Ultraschallwellen in *Plexiglas* (*Lucite*), *Polystyrol, Nylon 101, Formica XXN. Polyäthylen* u. *Teflon* gemessen u. die Dämpfung in Neper pro Wellenlänge bestimmt. Die Ultraschallwellen-Geschw. sind in einer Tabelle zusammengestellt. Für alle plast. Stoffe, mit Ausnahme von Teflon, nimmt die Dämpfung mit steigender Frequenz ab. Bei Teflon wurde ein gut ausgebildetes Maximum bei ca. 700 KHz beobachtet. Dieses Dämpfungsmaximum u. die bei dieser Frequenz festgestellte Änderung der Geschw. führten zu der Annahme, daß irgendeine Kombination von Moll. bei dieser Frequenz in Resonanz ist. C. GOTTFRIED. 4010

Kinetik der Hydrolyse von Polyäthylenterephthalat-Filmen. R. C. Golike und S. W. Lasoski jun. (J. physic. Chem. **64.** 895—98. Juli 1960. Buffalo, N. Y., E. I. du Pont de Nemours & Co., Inc., Yerkes Res. Labor., Film Dep.) (Engl.)

Polyäthylenterephthalat (**I**)-Filme der Dicke 0,0025, 0,0075, 0,0125 u. 0,0187 cm wurden bei 60—175° wss. Syst. mit Wasseraktivitäten zwischen 0,003 u. 1,0 (W., gesätt. NaBr- bzw. NaJ-Lsg., Luft mit 18 Torr Wasserdampf) ausgesetzt u. die Kinetik der hydrolyt. Spaltung der Esterbindungen durch Viscositätsmessungen in Tetrachloräthan/Phenol untersucht. Die Rk. ist 2. Ordnung u. wird durch die Diffusion des W. in den Film in ihrer Geschw. begrenzt. Die kinet. Gleichungen für einen derartigen Vorgang werden abgeleitet. Für die Temp.-Abhängigkeit der spezif. Geschw.-Konst. wird $\log k = 10{,}546 - 4836/T$ erhalten; die Aktivierungsenergie beträgt 22,6 kcal/Mol.

A. BLASCHETTE. 4010□

Die Kinetik der Hydrolyse von Polyäthylenterephthalat-Filmen. T. Davies, P. L. Goldsmith, D. A. S. Ravens und I. M. Ward. (J. physic. Chem. **66.** 175—76. Jan. 1962. Harrogate, Yorkshire Imperial Chem. Ind. Ltd., Fibres Div., Res. Dep.) (Engl.)

Trotz der guten Übereinstimmung der experimentellen Ergebnisse von GOLIKE u. LASOSKI (vgl. vorst. Ref.) mit denen von Vff. können diese Ergebnisse verschieden interpretiert werden. Nach GOLIKE u. LASOSKI wird die Rk.-Geschw. durch die Diffusion des W. in das Polymere bestimmt. Dabei wurde die in umgekehrter Richtung verlaufende Veresterung bei niedrigem Dampfdruck u. die Tatsache, daß bei hohem Dampfdruck die Diffusions-Geschw. größer ist als die Rk.-Geschw., übersehen. Vff. berechneten die Geschw. der Endgruppenänderung von *Polyäthylentherephthalat* bei 150° u. 100 bzw.

0,5% relativer Feuchtigkeit nach der Gleichung $r_p/r_h = K_c[OH][COOH]/[EL][H_2O]$ (r_p u. r_h = Geschw. der [COOH]-Änderung bei der Veresterung bzw. Hydrolyse u. $K_c = 12$). Eine Intrinsicviscosität von 0,56 ist einer totalen Endgruppen-Konz. von $110 \cdot 10^{-6}$ Mol/g äquivalent, wovon [COOH] = 20 u. [OH] = 90. Bei 100% Feuchtigkeit ist $r_h = 100\, r_p$ u. bei 0,5% $r_p = r_h$. E. ANTON. 4010□

Die durch Cernitrat-3-Chlorpropanol-(1)-Redox-Systeme initiierte Polymerisation von Acrylamid. G. Mino, S. Kaizerman und E. Rasmussen. (J. Polymer Sci. **38.** 393—401. Aug. 1959. Bound Brook, N. J., American Cyanamid Comp., Res. Div.) (Engl.) — Vgl. C. **1960.** 10604.

Die durch Cer(IV)-nitrat u. 3-Chlorpropanol-(1) initiierte Polymerisation von *Acrylamid* wurde in wss. Lsg. bei 25° untersucht. Es wurde gefunden, daß die Polymerisations-Geschw. bei konst. Wasserstoffionen- u. Nitrationen-Konz. unabhängig von der Cerionen-Konz. ist. Das Molgew. des Polymeren war sehr niedrig. Zur Deutung der Ergebnisse wird ein kinet. Schema vorgeschlagen, nach dem die Cerionen sowohl für Start als auch Abbruch verantwortlich sind. Es wurde gefunden, daß die Geschw.-Konst. für den oxydativen Abbruch in der Größenordnung von 10^5 Liter·Mol^{-1}·s^{-1} liegt u. von der Wasserstoffionen- u. Nitrationen-Konz. abhängt. K. ZIELOFF. 4010

Eine kinetische Analyse der Vernetzung von gesättigten Polymeren durch freie Radikale. A. A. Miller. (J. Polymer Sci. **42.** 441—54. Febr. 1960. Schenectady, N. Y., Gen. Electric. Comp., Res. Labor.) (Engl.)

Zerfällt eine radikalbildende Verb. A in Ggw. eines gesätt. Polymeren PH in die beiden Radikale R·, so können folgende Rkk. stattfinden: R· + PH → RH + P·; R· + P· → R—P; P· + P· → P—P (Vernetzung); R· + R· → R—R. Nach diesem Schema berechnet sich die augenblickliche Vernetzungsausbeute (= Zahl der Vernetzungen pro zersetztem A-Mol.) zu $C = (k[A]^{1/2} + 1)^{-2}$, wobei [A] = jeweilige A-Konz., k = Konstante. Durch Integration ergibt sich ein mittlerer C-Wert (= $\overline{C}$) für beliebigen Umsatz von A. Die theoret. Ergebnisse stehen im Einklang mit der vom Vf. bei 170° ausgeführten Vernetzung von *Dimethylsiliconöl* (I) mit *Dicumylperoxid* (II) u. den von BUECHE (vgl. C. **1957.** 13686) mitgeteilten Verss. über die Vernetzung von I mit Dibenzoylperoxid bei 125°. Bei den Verss. mit I + II fällt $\overline{C}$ von 0,22 für 2,5% II auf 0,09 für 10% II; k beträgt je 6,5. Auf Grund von Literaturdaten wird darauf hingewiesen, daß die Erzeugung von Radikalen durch Bestrahlung für Vernetzungs- u. Pfropf-Rkk. wirksamer ist als die Verw. von Verbb. der II-Art. O. FUCHS. 4010□

Vergleich der Systeme Cellulose I-Kalilauge-Wasser und Cellulose II-Kalilauge-Wasser. Kanji G. Ashar. (C. R. hebd. Séances Acad. Sci. **252.** 1020—22. 13/2. 1961. Paris, École, Supérieure de Phys. et de Chim. ind., Labor. de Chim. macromol.) (Franz.)

In Fortsetzung einer früheren Unters. (vgl. C. **1962.** 11587) u. nach der gleichen Meth. untersucht Vf. die Fixierung von KOH auf *Cellulose I* (I; native Cellulose) u. *Cellulose II* (II; mercerisierte Cellulose). Die Kurve der Fixierung von KOH durch II als Funktion der Konz. der wss. Alkali-Lsg. wächst kontinuierlich bis zu einer KOH-Konz. von 5,25 Mol/Liter. Die Menge fixierter KOH beträgt dann 0,5 Mol/$C_6H_{10}O_5$. Für höhere Alkali-Konzz. steigt die Fixierung von KOH stark an u. zeigt 4 Punkte konst. Fixierung bei 0,61; 0,67; 0,75 u. 0,9 Mol KOH/$C_6H_{10}O_5$. Diese Gebiete sind denen vergleichbar, die bei der Fixierung von KOH durch I beobachtet worden waren, obwohl sie verschiedenen Konz.-Zonen entsprachen. Wie l. c. für LiOH festgestellt worden war, beobachtet man auch hier in bezug auf I ein Ansteigen der Alkalifixierung durch II schon für schwache KOH-Konzentrationen. Der Unterschied der Fixierung geht zwischen den Konzz. 1,5 u. 2,25 Mol/Liter der KOH-Lsg. durch ein breites Maximum, verschwindet bei Konzz. zwischen 3,25 u. 4,3 Mol/Liter. Für Konzz. >4,3 Mol/Liter folgt die Kurve der Fixierung von KOH durch II nicht der von I u. bleibt bis fast zum Schluß unterhalb der Kurve von I. Bei der röntgenograph. Unters. von I, die sich im Gleichgewicht mit KOH-Lsgg. verschiedener Konz. befindet, wurde eine progressive Änderung des Kristallgitters zwischen den Konzz. 3,2 u. 4,5 Mol/Liter festgestellt, d. h. in demjenigen Bereich, in dem der Unterschied in der Fixierung von KOH durch I u. II verschwindet. Aus den Beobachtungen wird geschlossen, daß das Maß der Fixierung von KOH durch die Cellulose u. die mögliche Bldg. von stöchiometr. Additions-Verbb. von der Struktur der Cellulose abhängt u. von Faktoren, wie Hydratation der Alkaliionen, ihrem Vol., der Intensität der Wechselwrkg.-Kräfte zwischen den Alkaliionen u. ihren Hydratationswasser-Moll. u. denen der Wechselwrkg.-Kräfte zwischen den hydrophilen Funktionen der Cellulose u. dem W. oder den hydratisierten Basen. C. GOTTFRIED. 4050

Synthese neuer Cellulosederivate und anderer Polysaccharide. 16. Mitt. Synthese einiger stickstoffhaltiger Derivate von Cellulose und anderen Polysacchariden. 98. Mitt. über die Untersuchung der Struktur und der Eigenschaften der Cellulose

und ihrer Derivate. L. Ss. Galbraich, W. A. Derewitzkaja und S. A. Rogowin. (Высокомолекулярные Соединения [Hochmolekulare Verbind.] **3.** 1561—65. Okt. 1961. Moskau, Textil-Inst.) (Russ.; Auszug: Engl.)

Alginsäure (I)-*amid* läßt sich durch Behandlung des Methylierungs-Prod. von I mit fl. NH_3 unter Druck bei 50—20° erhalten. Höchster erreichter Substitutionsgrad $\gamma = 87,7$. Ein Teil der vorhandenen Methylgruppen erwies sich unter den angewandten Vers.-Bedingungen als widerstandsfähig. Zur Darst. des *Amids* der *Carboxymethylcellulose* (II) geht man von deren Chlorid aus. Es genügt hier eine Behandlung mit fl. NH_3 bei Normaldruck. Substitutionsgrad $\gamma = 68,4—76,2$. Bei Red. der genannten Amide durch $LiAlH_4$ in Ae. oder Ae.-Tetrahydrofuran-Gemisch werden *Amine* von I u. II in nur 11—17% ig. Ausbeute erhalten. Zur Synth. von I-*Hydrazid* behandelt man I-Methylester $^1/_2$—24 Std. lang bei 20—100° mit Hydrazinhydrat u. fällt mit Methanol, $\gamma \sim 50$. Entsprechend erhält man II-*Hydrazid*, $\gamma = 47,3$. M. Ulmann. 4050□

Synthese neuer Cellulosederivate und anderer Polysaccharide. 17. Mitt. **Synthese von Graftcopolymeren aus Cellulose und Polymethylvinylpyridin.** 101. Mitt. **über die Untersuchung der Struktur und der Eigenschaften der Cellulose und ihrer Derivate.** Ju. G. Krjashew und S. A. Rogowin. (Высокомолекулярные Соединения [Hochmolekulare Verbind.] **3.** 1847—52. Dez. 1961. Moskau, Textilinst.) (Russ.; Auszug: Engl.) — 16. vgl. vorst. Referat.

Ausgehend von *Baumwollcellulose* (I) u. *2-Methyl-5-vinylpyridin* (II) kann man zu verschiedensten Graftcopolymeren kommen. Arbeitet man bei 60° (10 Std.) bei Anwendung von I u. II in Substanz, so erhält man Prodd., die nur 1,28% II enthalten. Zu besseren Resultaten kommt man bei Durchführung der Rk. in Methanol oder Methanol-W.-Gemischen in Ggw. von $(NH_4)_2SO_4$ als Initiator. Vorteilhaft ist es auch bei tieferen Temp. zu arbeiten u. die Rk.-Dauer auszudehnen. Ein Geh. an II bis zu 30,6% läßt sich bei großem Überschuß an II in methanol. Lsg. erzielen, wobei I anfangs teilweise in fester Phase vorliegt. Wird an Stelle von I von Cellophan ausgegangen, so erhält man Prodd. mit 50% II. Die Graftcopolymeren aus Cellulose u. II stellen Anionenaustauscher dar, die als schwach- oder starkbas. Prodd. gewonnen werden können. M. Ulmann. 4050□

Einfluß der Temperatur auf die Viscosität der Natriumalginatlösung. Fumio Kasahara und Yoshimori Kuroiwa. (J. chem. Soc. Japan, ind. Chem. Sect. [Kōgyō Kagaku Zassi] **62.** 851—54. Juni 1959.) (Jap.; Auszug: Engl.) — Vgl. C. **1962.** 13057.

Die Viscosität der wss. Lsgg. von käuflichem techn. *Na-Alginat* wurde bei verschiedenen Temp. gemessen. Die Übereinstimmung der gefundenen Daten mit der Andradeschen sowie mit der Ostwaldschen Gleichung ist bei den höher viscosen Präpp. u. auch im Bereich kleinerer Geschw.-Gradienten im allg. schlechter. Die Fließkurve nähert sich mit steigender Temp. einer Geraden. Die Viscosität der Lsg. zeigt eine relativ große Hysteresis bei Temp.-Änderung, ihre Abhängigkeit von der Temp. ist so kompliziert, daß es unmöglich ist, aus gefundenen Daten eine Gleichung abzuleiten, obgleich die Daten gemäß der physikal. Struktur, der Lacton-Bldg., der Ggw. kleiner Mengen Ca- u. Al-Salze sowie Viscositätsänderung durch ion. Dissoziation in sehr verd. Lsgg. theoret. analysiert wurden. E. Maekawa. 4050

Verursachte Störung der charakteristischen Schwingungen von Polypeptidketten mit verschiedenen Konfigurationen. Tatsuo Miyazawa. (J. chem. Physics **32.** 1647—52. Juni 1960. Boston, Mass., Children's Cancer Res. Found. and Children's Med. Center, Dep. of Pathol.) (Engl.)

Die Schwingungen der lokalisierten Gruppen polymerer Schraubenketten wurden einer Störungsrechnung unterzogen u. Gleichungen der Frequenzen der Amid-I- u. -II-Banden aus den Wechselwrkg. benachbarter Gruppen sowie der H-Bindungen in u. zwischen den Polypeptidketten abgeleitet. Die durch diese Wechselwrkg. hervorgerufenen Frequenzverschiebungen hängen von der Konfiguration der letzteren u. der Kettenpackung im kristallinen Bereich ab. Jede charakterist. Schwingung ist Ursache paralleler u. senkrechter Banden. Die parallelen der α-Helix von *Poly-γ-benzyl-L-glutamat* liegen bei 1650 cm^{-1} (Amid I) u. 1516 cm^{-1} (Amid II), die senkrechten bei 1652 cm^{-1} (I) u. 1546 cm^{-1} (II). Gefaltete Lagen von Parallel- u. Antiparallelketten zeigen eine senkrechte I-Bande bei ca. 1630 cm^{-1}. Eine charakterist. Bande der β-Konfigurationen bei ca. 1690 cm^{-1} wurde der parallelen I-Bande der Antiparallelkettenlage zugeordnet. K. Maier. 4070□

Eine Gel-Fraktion des Weizenglutens; Mischung, Oxydation und Beziehungen zu den Lipoiden. P. Meredith. (New Zealand J. Sci. **4.** 66—77. März 1961. Christchurch, New Zealand, Dep. of Scient. and Ind. Res., Wheat Res. Inst.) (Engl.)

Vf. untersucht die Teig-Bldg. aus Weizenmehl unter besonderer Berücksichtigung des Teils des Protein-Lipoid-Komplexes des *Weizenglutens*, der Gelcharakter besitzt, in wss. Ameisensäure unlösl. ist u. durch Oxydation lösl. wird. Änderungen in der Menge dieser Gelfraktion wurden als Maß für die Teigstruktur angesehen u. die Mischungseffekte sowie die Behandlung mit K-Bromat (I) u. K-Jodat (II) untersucht. Die Wrkg. von I auf die Gel-Bldg. ist stark von der Gesamteinwirkungszeit abhängig u. kann durch Ausdehnung der Mischungszeit fast vollständig rückgängig gemacht werden; die Wrkg. von II nimmt mit steigender Mischungszeit in Richtung auf eine Verminderung der Gel-Bldg. zu. Es wurden 2 Bindungstypen zwischen Lipoid u. Protein während der Teig-Bldg. erkannt u. die Umwandlungsfähigkeit einiger säurelösl. u. säureunlösl. Proteinfraktionen im Teig gezeigt. W. Walter. 4070□

E. Biologische Chemie. Physiologie. Medizin

E₁. Allgemeine Biologie und Biochemie

Über die strahlensensibilisierende Wirkung des 5-Bromuracils. Adolf Wacker, Hanswerner Dellweg und Dieter Weinblum. (J. molecular Biol. **3.** 787—89. Dez. 1961. Frankfurt/M., Univ., Inst. für Therapeut. Biochemie.) (Dt.)

Werden Bakterien in Ggw. von $^{14}C_{(2)}$-*Thymin* (I) kultiviert, anschließend mit UV-Licht der Wellenlänge 254 mμ bestrahlt u. schließlich mit $HClO_4$ hydrolysiert, so findet man eine 2. radioakt. Verb., die ein Dimeres von I darstellt u. deren Menge bei jeder Bakterienart bei steigender Strahlendosis einem Grenzwert zustrebt. Dieser Grenzwert stellt sich ein als Funktion des I-Geh. in der Bakterien-*Desoxyribonucleinsäure* (DNS) sowie der I-Verteilung auf die DNS-Helix. Wird in der DNS I durch *5-Bromuracil* (II) ersetzt, so wird II in Abhängigkeit der eingestrahlten UV-Dosis zu *Uracil* (III) umgewandelt. Werden z. B. II-haltige Bakterien mit $5{,}8 \cdot 10^5$ erg/mm² UV-Licht der Wellenlänge 254 mμ bestrahlt, so sind 83% II verändert. Das daraus in der Zelle gebildete III liegt selbst in Form von III-Dimerem, III-Wasseradditions-Prod. oder III–I-Mischdimerem vor u. nur noch zu einem Bruchteil als unverändertes III. Läßt man *Enterococcus* Stei in Ggw. von 2 μg $^{14}C_{(2)}$-I u. 16 μg II/ml wachsen, so werden 20% I in der DNS durch II ersetzt. Bestrahlt man mit einer Dosis von $1{,}7 \cdot 10^5$ erg/mm² der Wellenlänge 254 mμ, so erniedrigt sich die dabei gebildete Menge I-Dimeres im Vgl. zu II-freien bestrahlten Zellen zugunsten von den aus II gebildeten III-Derivaten. III oder dessen Photo-Prodd. sind jedoch keine natürlichen Bausteine der DNS. Daher erhöht sich die UV-Empfindlichkeit der Zelle nach Angebot u. Einbau von II in die Bakterien-DNS.

L. Träger. 4102□

Einfluß der ionisierenden Strahlungen auf die Biochemie der Karyokinese. Untersuchungen an der Embryonalzelle in vivo. L. Verga und F. Coucourde. (Radiobiol., Radioterap. Fisica med. [3] **16.** 243—52. 1961. Pavia, Univ., Ist. di Clin. Med. e di Terap. Med., Ist. di Radiol. e Terap. Fis.) (Ital.)

Durch prophylakt. Verabreichung von *Glucose-1-phosphat* wird die mitosehemmende Wrkg. von Röntgenstrahlen in Megaloblasten von Hühnerembryonen verringert, durch prophylakt. Gabe von *Adenosintriphosphat* (I) u. bes. von I + *Diphosphopyridinnucleotid* ganz aufgehoben. K. Zingraf. 4102□

Übertragung von Radioaktivität von vormarkierten Zellbruchstücken auf das Mikrosomenprotein. Yoshiaki Miura, Hirowo Ito, Shigeo Tanaka, Kenhiko Momose und Akiko Moriyama. (Biochim. biophysica Acta [Amsterdam] **43.** 362—63 23/9. 1960. Chiba City, Japan, Chiba Univ., School of Med., Dep. of Physiol. Chem.) (Engl.)

Bei Unterss. über die Aufnahme von ^{14}C-markierten Vorläufern in das Mikrosomenprotein (MP) von Seidendrüsen betrug die relative spezif. Aktivität von MP nur 0,0001% bei Benützung von $^{14}C_{(1)}$-Glycin als Quelle für die Radioaktivität, dagegen 20% bei Benützung von ^{14}C-markierten Zellbruchstücken. K. Zingraf. 4150□

Histologische Veränderung als biochemische Fehlerquelle. J. Chayen, G. R. N. Jones, L. Bitensky und G. J. Cunningham. (Biochem. J. **79.** 34 P. Juni 1961. London, Royal Coll. of Surgeons, Dep. of Pathol.) (Engl.)

Die Aktivität von *Bernsteinsäuredehydrogenase* (I) in der Leber von Ratten, die mehrfach mit *4-Dimethylaminoazobenzol* (II) gefüttert worden waren, wurde bestimmt. Die Abnahme während der Carcinogenese bestätigte sich. Qual. bestand zwischen der Abnahme von $Q_{\text{Methylenblau(MB)}}$ (Best. im Homogenat) u. dem Grad der Gallenhyperplasie gute Übereinstimmung. Normale u. hyperplast. Gallengangzellen wiesen histochem. sehr wenig I-Aktivität auf, Parenchymzellen hohe. Selbst nach langer II-Fütterung wurden in Bezirken mit normalem Verhältnis der Zelltypen normale Q_{MB}-Werte beobachtet. Wahrscheinlich beruht die beobachtete I-Abnahme auf einem Gewebeverdünnungseffekt. II beeinflußt nach der histochem. Unters. die Aktivität akt. Parenchymzellen nicht. Vermutlich stellt die niedrige I-Aktivität der Gallengangzellen eine normale Eig. dar, keine prämaligne Veränderungen. K. MAIER. 4150□

Bildung des Nucleolus in tierischen Zellen. Henry Harris. (Nature [London] **190.** 1077–78. 17/6. 1961.) (Engl.)

Es wurde mit Hilfe von *³H-Valin* die Herkunft des nach der Mitose neu synthetisierten Nucleolus an Bindegewebekulturen von Rattenherzen zu klären versucht. Es ließ sich zeigen, daß das Wiederauftreten der Nucleoli am Ende der Mitose die Zusammenfassung von bereits vor der Mitose gebildeter Proteine zu sichtbaren Strukturen einbezieht. Es ist noch nicht klar, ob diese Proteine notwendigerweise von dem prämitot. Nucleolus stammen, jedoch scheint dieses sehr wahrscheinlich zu sein.

U. TAUSENDFREUND. 4150□

Nucleinsäuren in einigen deuterierten Grünalgen. E. Flaumenhaft, S. M. Conrad und J. J. Katz. (Science [Washington] **132.** 892–94. 30/9. 1960. Hiram, Ohio, Hiram Coll.; Argonne, Ill., Argonne Nat. Labor.) (Engl.)

Vff. verglichen perdeuterierte Grünalgen (*Chlorella vulgaris* u. *Scenedesmus obliquus*) mit normalen, bes. bezüglich Menge u. Verteilung der Zellbestandteile. In den deuterierten Organismen ist die Cytoplasma-RNS häufiger u. weiter verbreitet, die Zellkerne sind in der Form unregelmäßiger, u. vermutlich infolge einer Verlangsamung der Mitose sind mitot. Erscheinungen häufiger zu beobachten. H.-G. FLOSS. 4150□

Cytoplasmatische Ribonucleinsäure-Synthese in kernlosen Acetabularien. H. G. Schweiger und H. J. Bremer. (Biochim. biophysica Acta [Amsterdam] **51.** 50–59. 22/7. 1961. Wilhelmshaven; Max Planck-Inst. für Meeresbiol.) (Dt.)

Der Einbau von ^{32}P aus *$^{32}PO_4^-$* in die Nucleotide der *Ribonucleinsäure* (RNS) von *Acetabularia mediterranea* (A. m.) wurde unter verschiedenen Bedingungen untersucht. (Best. von ^{32}P in *Adenosin-*, *Guanosin-*, *Uridin-* u. *Cytidin-2'-* u. *-3'-phosphat.* Vor der RNS-Best. die in großer Menge vorkommenden Polyphosphate mit Norit A abgetrennt.) Normalerweise geht mit Entfernung der Zellkerne von A. m. die Fähigkeit zur Vermehrung der RNS-Menge verloren. Werden die Zellkerne jedoch bei Pflanzen entfernt, die 10 Tage lang im Dunkeln gehalten worden waren, so bleibt die Fähigkeit zur Synth. von RNS erhalten. — Vff. nehmen an, daß zwar auch das Cytoplasma die Fähigkeit zur Synth. von RNS besitzt, daß jedoch die Zellkerne Substanzen abgeben, die diese Synth. fördern. Diese Substanzen sollen im Dunkel angehäuft u. im Licht verbraucht werden.

S. DITTMANN-MITZSCHERLICH. 4150□

Die Reduktion des Acetylpyridin-Analogen von Diphosphopyridinnucleotid durch Dihydrodiphosphopyridinnucleotid. Mary Jane Spiegel und George R. Drysdale (J. biol. Chemistry **235.** 2498–2501. Aug. 1960. St. Louis, Mo., Washington Univ. School of Med., Dep. of biol. Chem.) (Engl.)

Dihydrodiphosphopyridinnculeotid (*DPNH*) red. auf nichtenzymat. Weg *3-Acetylpyridindiphosphopyridinnucleotid* (I). Die Rk.-Konst. für die Rk. zweiter Ordnung ist $9 \cdot 10^{-3}$ Liter/Mol/Sekunde. Die Aktivierungsenergie wurde mit 10,4 kcal berechnet. Inkubation von DPNH mit *3-Aldehydpyridin-DPN* führt zum instabilen *Pyridin-3-aldehydanalogen.* *N-Benzyldihydronicotinamid* red. *N-Methylacetylpyridinjodid* in 30%ig. alkohol. Lösung. Unterss. mit *³H-DPNH* ergaben, daß ³H auf I übertragen wird, aber kein ³H aus dem Medium in das Rk.-Prod. eingebaut wird. Daher wird eine direkte Wasserstoffübertragung als Rk.-Mechanismus angenommen. L. LASCHET. 4150□

Fraktionierung von Nucleinsäuren in wässerigen polymeren Zweiphasensystemen. T. Lif, G. Frick und P. A. Albertsson. (J. molecular Biol. **3.** 727–40. Dez. 1961. Uppsala, Univ., Inst. of Biochem.) (Engl.)

Nucleinsäuren werden durch Gegenstromverteilung in polymeren Zweiphysen-Syst. nach ihrem Molgew. aufgetrennt. Die einzelnen Fraktionen sind dann homogen, wenn ihre Verteilungskoeffizienten bei wiederholter Verteilung konst. bleiben. Als Komponenten für die Syst. werden folgende Präpp. verwendet: *Methylcellulose* (I), *Polyäthylenglykol* (II), *Natriumdextransulfat 2000* (III) u. *Dextran* (IV). Wird *Desoxyribonucleinsäure* (DNS) aus Kalbthymus in einer wss. Lsg., die 0,3 m NaCl u. 0,01 m Na-Phosphatpuffer, pH 7,0 enthält, gelöst, so findet man einen Verteilungs-Koeff., der im Syst. A IV/I/NaCl-Lsg. (Endkonzz. 0,68%/0,36%/0,15 m) unabhängig von der DNS-Konz. ist. So findet man für 3 verschiedene DNS-Präpp. aus Kalbthymus K = 0,024 bzw. 0,020 bzw. 0,020 mit entsprechenden SVEDBERG-Einheiten $S_{20,w}$ 20,5 bzw. 21,8 bzw. 22,5. Für *Ribonucleinsäure* (RNS) aus Hefe K 0,49 mit $S_{20,w}$ 3,5. Für DNS aus Bakteriophagen T 2 K = 0,002 mit $S_{20,w}$ 35. Im Syst. B III/I/NaCl-Lsg. (0,70%/0,25%/0,3 m) ist K bes. bei kleinen DNS-Konzz. stark Konz.-abhängig. Die Nucleinsäuren werden in diesem Falle in der Grenzfläche angereichert, u. es werden für verschiedene DNS-Präpp. aus Kalbthymus K-Werte zwischen 0,12—0,20 gemessen, für DNS aus T2-Phagen K-Werte zwischen 0,01—0,08. Bei der Gegenstromverteilung speziell im Syst. A reichern sich die niedermol. Nucleinsäureanteile in der oberen Phase, die hochmol. in der unteren Phase an. Wird eine Mischung hergestellt, die 0,02% hochmol. DNS u. 0,025% niedermol. lösl. RNS aus E. coli enthält, so reichert sich ebenfalls in der oberen Phase die niedermol. RNS u. in der unteren die DNS an. Ebenso gelingt es, DNS durch Gegenstromverteilung im Syst. B oder im Syst. C III/II/NaCl-Lsg. (5,8%/5,8%/0,3 m) in Fraktionen verschiedenen Molgew. aufzutrennen. Aus DNS mit ursprünglich $S_{20,w}$ 15,0 erhält man mit Syst. B 76,6% 17,0 S, 15,4% 13,8 S u. 7,9% 13,4 S; aus DNS mit ursprünglich $S_{20,w}$ 21,8 im Syst. C 56,5% 20,6 S, 24,5% 17,2 S u. 9,8% 11,2 S. Die Gegenstromverteilung bietet sich weiterhin als analyt. Meth. zur Erfassung von Spuren hochmol. DNS neben viel niedermol. RNS an, wobei im Syst. B u. C die hochmol. Komponente in der Grenzschicht präzipitiert. In einigen Fällen wurde Phagen-DNS mit $S_{20,w}$ 50 bzw. 59 isoliert, zu denen Verteilungs-Koeff. 0,18 bzw. 0,21 gefunden wurden. Diese Werte liegen demnach ca. 10fach höher als erwartet. Diese Abweichungen sind auf Eig.-Veränderungen der DNS-Oberfläche zurückzuführen, die mit bas. Substanzen verunreinigt ist. Durch Elektrophorese u. Papierchromatographie lassen sich diese Störstoffe als höhere Amine klassifizieren. Wird die DNS vor der Gegenstromverteilung dialysiert, so werden normale K-Werte gemessen. L. TRÄGER. 4150☐

Extracelluläre Desoxyribonucleinsäure von Bakterien und ein Desoxyribonuclease-Inhibitor. B. Wesley Catlin. (Science [Washington] **124.** 441—42. 7/9. 1956. Milwaukee, Wis., Marquette Univ. School of Med.)

Es werden die bakteriellen Schleimhüllen von *Micrococcus citreus, M. pyogenes* var. *aureus* (3 Stämme), *Alcaligenes faecalis* (2 Stämme), *A. viscosus* u. 3 im Labor. gezüchtete Stämme, B (eine Species von Pseudomonas), C u. E (Flavobacterium) auf ihren Geh. an *Desoxyribonucleinsäure* (DNS) u. die Desoxyribonucleaseaktivität geprüft. Unter Heranziehung der üblichen Meth. (Pepton-Hefe-Extrakt, Fällung der Nucleinsäure mit A.) wird an Hand der aufgenommenen UV-Absorptionsspektren festgestellt, daß 95% der Gesamtnucleinsäuren bei Micrococcus citreus, Alcaligenes faecalis u. Stamm B aus DNS besteht. An Stamm B unter Verw. von Thymus-DNS vorgenommene Unterss. ergaben fast keine Aktivität gegenüber der DNS. Vf. stellt fest, daß die nachgewiesene extrazellulär gebildete *Ribonucleinsäure* als Inhibitor der *Desoxyribonuclease* wirkt.

A. TÄUFEL. 4150☐

Beobachtungen über die chemische Bestimmung von Desoxyribonucleinsäure in tierischen Geweben. Søren Løvtrup und Kurt Roos. (Biochim. biophysica Acta [Amsterdam] **53.** 1—10. 14/10. 1961. Göteborg, Univ., Dep. of Histol.) (Engl.)

In Vorverss. wurde der Einfl. der Temp. auf die Extraktion von *Desoxyribonucleinsäure* (DNS) aus tier. Geweben mit 5%ig. $HClO_4$ untersucht. Zur vollständigen Extraktion von DNS aus Lebertrockenpulvern ist sogar bei 90° längere Zeit erforderlich. Andererseits nimmt infolge Zers. der DNS bei langer Extraktion die nach der *Diphenylamin*-Rk. gemessene Absorption laufend ab. Lipid-Extraktion beeinflußt die Ergebnisse der DNS-Best. nicht. Der Zers.-Vorgang der DNS wurde kinet. untersucht, u. aus den Geschw.-Konst. von Rkk. 1. Ordnung wurde die jeweils ursprünglich vorhanden gewesene DNS-Menge berechnet. Die Konst. für die Zers. von DNS aus Ratten- u. Kaninchenleber unterscheiden sich beträchtlich. Dagegen sind bei Nieren-, Herz- u. Gehirn-DNS die Unterschiede der Zers.-Konst. zwischen den Tierarten (Ratte u. Kaninchen) geringer als zwischen den Gewebearten. Leber-DNS ist am schwierigsten, Nieren-DNS ist am leichtesten extrahierbar. — Unter Berücksichtigung vorst. Ergebnisse wird eine Meth. zur chem. Best. von DNS vorgeschlagen.

S. DITTMANN-MITZSCHERLICH. 4150☐

Beweis für die Kontinuität des nucleolaren Materials bei der Mitose. P. G. Martin. (Nature [London] **190.** 1078—79. 17/6. 1961. Hertford, John Innes Inst., Dep. of Cell Biol.) (Engl.)

Es ist anzunehmen, daß das Material der Nucleoli (Vers.-Material: Pollenhaare von Strelitzia reginae) während der Mitose nicht abgebaut wird, sondern nur einfach dispergiert u. wiederversammelt wird; vermutlich behält ein beträchtlicher Teil des nucleolaren Materials während der Mitose eine strukturelle Kontinuität. Es ist möglich, daß nur eine Komponente, z. B. *Proteine,* intakt bleibt u. daß die anderen Komponenten, z. B. *Ribonucleinsäure,* durch das vorhandene Protein reguliert werden.

U. TAUSENDFREUND. 4150☐

Über eine die mitotische Zellteilung hemmende Wirkung von Aceton. F. Gyergyay und Cs. Hadnagy. (Naturwissenschaften **48.** 410. 2. Mai-H. 1961. Tg. Mures-

Marosvásárhely, Rumänien, Inst. für Pathol. Anatomie u. II. Med. Univ.-Klinik; Forschungsstelle der Akademie der Rumän. Volksrep.) (Dt.)

In der Hornhaut von Mäusen, die innerhalb 8 Std. 6mal für 5—10 Min. unter einer Glasglocke einer *Aceton*-Konz. von 15 mg/Liter ausgesetzt waren, ist die Anzahl der Mitosen geringer als bei Kontrolltieren; die Anzahl der Zellen in der Telophase ist um 50% höher, so daß Aceton bei dieser Vers.-Anordnung die Mitose in der Telophase hemmt. Nach Vorbehandlung mit 50 γ *Colchicin* u. anschließendem Einschlafenlassen unter Acetondämpfen war die Zahl der unter Mitose stehenden Zellen gegenüber Kontrollen ebenfalls viel niedriger (Hornhaut u. Dünndarm-Lieberkühnsche Krypten); da Colchicin die Mitose in der Metaphase abbricht, wird unter dieser Anordnung die Zellteilung durch Aceton in der Inter- bzw. Praeprophase verhindert. Die mit dem Einschlafen verbundenen irritativen u. Stressor-Wrkg. des Acetons spielen möglicherweise auch eine Rolle.

U. Tausendfreund. 4150 □

Über die stoffwechselmäßige Stabilität von Nucleinsäuren in mitotisch inaktiven jugendlichen Geweben, die während der embryonalen Entwicklung markiert worden waren. L. L. Bennett jun., Linda Simpson und Howard E. Skipper. (Biochim. biophysica Acta [Amsterdam] **42.** 237—43. 12/8. 1960. Birmingham, Ala.; Southern Res. Inst., Kettering-Meyer Labor.) (Engl.)

$^{14}C_{(8)}$-*Adenin* wurde einmal trächtigen Mäusen intraperitoneal injiziert. Es sollte der ^{14}C-Einbau in *Ribonucleinsäure* (RNS) u. *Desoxyribonucleinsäure* (DNS) von Gehirn u. Leber verfolgt werden, Geweben, die sich nur im fötalen Zustand teilen, im heranwachsenden Tier dann jedoch mitot. inakt. sind. Die ^{14}C-Aktivität wurde in *Adenin* u. *Guanin* von RNS u. DNS 9 Tage bis 1 Jahr nach Geburt der Tiere ermittelt. Während dieser Zeit nimmt nur die ^{14}C-Aktivität der Purine aus RNS ab, während die der DNS-Purine aus Gehirn u. Leber konst. bleibt. DNS scheint also stoffwechselmäßig sehr stabil zu sein. Neben diesen Geweben wurde auch die ^{14}C-Verteilung auf Darm, Lunge u. Milz in einigen Fällen untersucht. S. Dittmann-Mitzscherlich. 4160 □

Die Synthese von 3′-Phosphoadenosin-5′-phosphosulfat durch Mäusegewebe: Sulfataktivierung in vitro und in vivo. Charles A. Pasternak. (J. biol. Chemistry **235.** 438—42. Febr. 1960. New Haven, Conn., Yale Univ., School of Med., Dep. of Pharmacol.)

Die 105000·*g*-Überstandfraktion (I) von P-185-Mastzellentumor der Maus (feste oder Ascitesform) katalysiert die Synth. von *3′-Phosphoadenosin-5′-phosphosulfat* (**III**) aus Adenosintriphosphat u. Sulfat (**II**). **I** enthält keine Phenolsulfokinase. Kurz nach Injektion von Tracermengen ^{35}S-**II** hergestellte Heißwasserextrakte aus Leber, Colon u. bes. P-185-Tumor enthalten mehrere markierte Verbb., darunter **III**. Das Vork. von **III** in Leber deutet auf eine physiolog. Bedeutung der **II**-Aktivierung hin.

K. Maier. 4160 □

Das Vorkommen und die Diagnose des Phäochromocytoms. D. Hingerty. (Irish J. med. Sci. [6] **1961.** 250—55. Juni. Dublin, Univ. Coll.) (Engl.)

Da *Vanillylmandelsäure* (**I**) von Adrenalin u. Noradrenalin abstammt u. in relativ großen Mengen im Harn vorkommt, ist die Best. von **I** als Indikator bei der Diagnose des Phäochromocytoms brauchbar. Wenn erst routinemäßige Best.-Meth. für **I** ausgearbeitet sind, könnte der Nachw. von **I** die Meth. der Wahl werden.

U. Tausendfreund. 4160 □

Ungewöhnliche, mit Saliurese bei Wasserbelastung zusammenhängende Nierenfunktion bei einem Fall von primärem Aldosteronismus. George B. Gordon und Alfred Eichenholz. (J. Lab. clin. Med. **57.** 257—68. Febr. 1961. Minneapolis, Minn., Vet. Admin. Hosp., Radioisotope and Med. Serv.; Univ. of Minnesota, Med. School, Radioisotope and Med. Serv.) (Engl.)

In 1 Fall von prim. Aldosteronismus ließ sich eine glomeruläre Filtrations-Geschw. von 60—79 ml /Min. u. ein Nierenplasmastrom von 200—260 ml/Min. nachweisen, dazu reichliche Ausscheidung von K^+ u. HCO_3^- sowie PO_4^{3-} (Clearance von 20—40 ml/Min.), welche durch kompetitive Beeinflussung durch einen HCO_3^--Transportmechanismus möglich wäre. Perorale Wasserbelastung führte zu einer sehr hohen Ausscheidung von Na^+- u. Cl^-, die anfangs 1 mm/Min., für 24 Std. 100 mm ausmachte, so daß an keine autonome Wrkg. des Adenoms zu denken ist, sondern eine Rk. der Aldosteronsekretion auf Veränderungen im extrazellulären Fl.-Vol. für wahrscheinlich gehalten werden muß (wichtig bzgl. Fehlen von Ödemen bei prim. Aldosteronismus). — Die Verarmung an K^+, HCO_3^- u. PO_4^{3-} wurde durch die Tumorentfernung korrigiert, Glomerulumfiltration u. Nierenplasmastrom gingen auf 20 bzw. 80 ml/Min. zurück. U. Tausendfreund. 4160 □

Adenosintriphosphatase-Aktivität in den Mitochondrien des Galliera-Sarkoms und des Leber-, Muskel- und Nierengewebes von Trägerratten. L. Nante. (Tumori **47.** 221—27. 1961. Genova, Univ., Ist. di Patol. Generale.) (Ital.)

Die mittlere Adenosintriphosphatase-Aktivität in den Tumormitochondrien entsprach einer Freisetzung von 100,66 mg anorgan. P/mg N in 15 Minuten. Die Aktivität war in der Leber, nicht aber in Niere u. Muskel statist. signifikant verringert.
K. ZINGRAF. 4160☐

Pyrimidinbiosynthese in Gegenwart carcinogener Äthylcarbaminat-Konzentrationen. Alvin M. Kaye. (Bull. Res. Council Israel, Sect. A **10.** 32—33. April 1961. Rehovoth, Weizmann Inst. of Sci., Dep. of Exp. Biol.) (Engl.) — Vgl. C. **1961.** 3347.

Die erhöhte Aufnahme von *Thymin* u. *Orotsäure* durch Organhomogenate in Ggw. von *Urethan* (I) ist unspezif. u. steht nicht in Beziehung zur carcinogenen Wrkg. von I.
P. GREGORZEWSKI. 4160☐

Implantation von Polystyrol bei der Ratte. 2. Mitt. **Vergleichende Untersuchung des Gehaltes von Desoxyribonucleinsäure in den Zellen eines soliden Tumors und seiner Ascites-Form.** C. Vendrely, M. R. Rivière, I. Chouroulinkov und M. Guérin. (Bull. Assoc. franç. Étude Cancer **48** (**52**). 49—56. Jan./März 1961.) (Franz.) — 1. vgl. Bull. Assoc. franç. Étude Cancer **47** (**51**). [1960.] 20.

Der *Desoxyribonucleinsäure* (DNS)-Geh. in den Kernen des soliden Tumors SP 2 schwankt beträchtlich. Zwischen dem Vol. der Kerne u. ihrem DNS-Geh. besteht Proportionalität. Umgekehrt schwankt der DNS-Geh. von Kernen der Ascites-Form desselben Tumors nicht so stark; anscheinend tritt bei der Umwandlung in die Ascites-Form Auswahl einer bestimmten Zellart ein. Die Beziehungen zwischen DNS-Geh. der Kerne u. Geschw. der Zellteilung wird diskutiert. S. DITTMANN-MITZSCHERLICH. 4160☐

Untersuchungen an der Haut von Mäusen zur Bestimmung der carcinogenen Wirksamkeit von Zigarettenrauchteeren. Maurice Guérin und Jean Cuzin. (Bull. Assoc. franç. Étude Cancer **48** (**52**). 112—21. Jan./März 1961.) (Franz.)

Zur Best. der cancerogenen Wrkg. wurde ein Test auf der Haut von Mäusen durchgeführt. Die Ergebnisse u. die Meth. sind beschrieben. Folgende Substanzen wurden angewandt: (nicht cancerogen) *Bzl.*, *Monochloraceton, Dichlorbenzol* (?), *Chlf.*, *Phenol, Terpentinöl, Buchenholzteer* [jeweils 1 g/100 ml Aceton (I)]; *p-Toluyl-8-chinolylamin, 10-Methyl-5.6-benzacridin, 3.10-Dimethyl-5.6-benzacridin, Jodessigsäure, β-Propiolacton, Colchicin* (jeweils 0,1 g/100 ml I). Cancerogen: 1 g *Dimethylaminoazobenzol*/100 ml I; 0,1 g *Urethan, Benzpyren, Methylcholanthren, Dibenzanthracen* (?), *10-Methyl-7.8-benzacridin, 3.10-Dimethyl-7.8-benzacridin, 1.2.10-Trimethyl-7.8-benzacridin, 1.10-Dimethyl-2-chlor-7.8-benzacridin, 3.4;9.10-Dibenzpyren, 5-Methyl-3.4;9.10-dibenzpyren* pro 100 ml I, 0,02 g *5.10-Dimethyl-3.4:9.10-dibenzpyren, 3.4:8.9-Dibenzpyren* pro 100 ml I.
S. DITTMANN-MITZSCHERLICH. 4160☐

Kollaterale Hyperplasie bei der experimentellen Krebserzeugung bei der Ratte. — Beobachtungen im Verlauf der Vitamin-A-Behandlung. V. Carminati und T. Baglioni. (Tumori **47.** 211—16. 1961. Milano, Ist. Naz. per lo Studio e la cura dei Tumori, Div. Biol.-Sperim.) (Ital.)

Ratten, bei welchen durch *3.4-Benzpyren* Krebs erzeugt wurde, wurden oral mit 1000 I.E. *Vitamin A* wöchentlich behandelt. Ergebnisse: Verringerung bzw. Umkehr der Hyperplasie u. Hypertrophie von Haaren, Haut u. Talgdrüsen sowie stärkere Fibrillen-Bldg. in der Tumorkapsel. K. ZINGRAF. 4160☐

Einfluß der Injektion von Δ^1-Dehydrocortisonacetat auf die Entwicklung des experimentellen Krebses. J. Viallier, M. Pellet und J. Rondelet. (C. R. Séances Soc. Biol. Filiales **152.** 1518—20. 1958, herausgeg. 28/2. 1959. Lyon, Fac. de Méd., Labor. de Pathol. expér. et Inst. Pasteur.) (Franz.)

Durch Injektion von *Δ^1-Dehydrocortison* (I) wird das Wachstum des Tumors T 8 von GUÉRIN bei Ratten verlangsamt. Das EHRLICHsche Sarkom bei Mäusen wird durch Injektion von I günstig beeinflußt, die Ascites wird fast völlig unterdrückt u. die Lebensdauer leicht verlängert. G. ZIEBARTH. 4160☐

Untersuchungen über den Wirkungsmechanismus des Degranols (BCM). A. Konsanszky. (Pathol. et Microbiol. [Basel] **23.** 788—97. 1960. Szeged, Med. Univ., Chem.-Biochem. Inst.) (Dt.)

Es wird gezeigt, daß Dehydrogenasen der gesunden Rattenleber zwar empfindlich gegenüber dem Einfl. von *Degranol* (*BCM*) sind, daß dieser Empfindlichkeit jedoch gewisse Grenzen gesetzt sind u. somit weitere Konz.-Erhöhungen keine weitere Steigerung der Hemmung zur Folge haben. Die Enzymaktivitätswerte von Tumorgewebedehydrogenasen (hier BENEVOLENSKAJA-Tumor) sind weit stärker von der BCM-Konz. abhängig. Es ergibt sich folgende Empfindlichkeitsreihenfolge: *Milchsäuredehydrogenase, Äpfelsäuredehydrogenase, Glutaminsäuredehydrogenase, Glucosedehydrogenase, Bernsteinsäuredehydrogenase.* Der Gesamt-Dehydrogenasen-Geh. des Tumorgewebes beträgt nur ca. 17—20% des Geh. normalen Lebergewebes. In den Tumorzellen findet ein intensiver Stoffwechsel in Richtung zur Eiweiß-Synth. statt, der große Energiemengen beansprucht. Die Energie wird vorwiegend aus der Glykolyse bezogen. Die Verminderung der Dehydrogenasen-Aktivität bis unter das für die Erhaltung des normalen Stoffwechsels der Zellen erforderliche Niveau muß zum Tod der Tumorzellen führen. Der Wrkg.-Mechanismus des BCM erklärt auch die Nebenwirkungen. U. TAUSENDFREUND. 4160□

Die Wirkung von 5.5-Bis-[2-chloräthyl]-aminouracil auf das Blut und das normale, Blut und Lymphe erzeugende Gewebe. G. C. Scaltrini und S. Conigliaro. (Tumori **47.** 245—60. 1961. Milano, Univ., Ist. di Patol. Spec. Med.) (Ital.)

0,0125 bzw. 0,050 mg/kg *5.5-Bis-[2-chloräthyl]-aminouracil* täglich, 5 Tage lang, bewirkten bei Mäusen lediglich eine Abnahme der zirkulierenden (meist mehrkernigen) Leukocyten. Höhere Dosen bewirkten eine beträchtliche Hypoplasie der Blut und Lymphe erzeugenden Gewebe u. eine leichte Verringerung des Körper- u. Nierengewichtes. Volle Wiederherstellung 11 Tage nach Absetzen. K. ZINGRAF. 4160□

Verhalten von Kupferkomplex-bildendem Hydroxyphenazin in normalen und leukämischen Mäusen. W. S. Moos und H. C. Mason. (Experientia [Basel] **15.** 483—84. 15/12. 1959. Univ. of Illinois, Coll. of Med., Dep. of Radiol.; Illinois State Psychopathic Inst.) (Engl.)

Die Fraktion aus *Pseudomonas aeruginosa*-Extrakten, die mit *Cu* Komplexe bildet, ist *α-Hydroxyphenazin* (I). Normalen u. leukäm. Mäusen wurden injiziert: ^{64}*Cu-Citrat* (II) i.m. in den Schwanz; II i.v. in den Schwanz; II i.m. + I subkutan; II i.v. + I subkutan; (bei diesen Verss. wurden die Tiere 1 Std. nach den Injektionen getötet); außerdem in Langzeit-Verss. II subkutan; I + II subkutan; I subkutan; in Kontrollen lediglich *Na-Citrat* subkutan. Die Rk. der Tiere u. die Ablagerungsstellen von ^{64}Cu u. von I wurden in den Tieren untersucht u. sind beschrieben. S. DITTMANN-MITZSCHERLICH. 4160□

Die Reaktionsfähigkeit radiomimetischer Verbindungen. 3. Mitt. **Die Vernetzung von Nucleoprotein.** P. Alexander, A. Swarcbort und K. A. Stacey. (Biochem. Pharmacol. **2.** 133—45. Aug. 1959. London, Royal Cancer Hosp., Inst. of Cancer Res., Chester Beatty Res. Inst.) — 2. vgl. Biochem. Pharmacol. **1.** [1958.] 25.

Die Unters. der in vitro-Rk. des *Nucleoproteins* aus Heringsspermaköpfen mit Vertretern verschiedener Gruppen biolog. akt. Alkylierungsmittel (I; N-Loste, Epoxide, Äthylenimine, Methansulfonsäureestern) ergab, daß bei Behandlung mit bifunktionellen Verbb. Vernetzung der *Desoxyribonucleinsäure* (II)-Komponente eintritt, die als Gel isolierbar ist. Die Proteinhälfte nimmt an der Vernetzungs-Rk., die verschiedene II-Moll. verbindet, nicht teil. Die relative Vernetzungs-Wrkg. schwankt, folgt aber im allg. der Fähigkeit von I zur Hemmung des Tumorwachstums. Geprüfte Verbb.: *N.N-Bis-[β-chloräthyl]-p-anisidin, -γ-[p-aminophenyl]-buttersäure, -β-[p-aminophenyl]-äthyldimethylamin, -α-[p-aminophenyl]-äthylglycin (Äthylester), -methylamin, Melphalan, ω-[N-β-chloräthyl-N-äthyl-p-aminophenyl]-buttersäure, α-[N-β-Chloräthyl-N-äthyl-p-aminobenzyl]-glycin, β-Chloräthyldimethylamin, Propylenoxid, 2.3;2′.3′-Dioxidodipropyläther, 1.2;5.6-Dioxidohexan, Myleran, 1.4-Dimethylmyleran, Methansulfosäureäthylester, 1.6-Hexamethylen-bis-[N.N-äthylenharnstoff].* K. MAIER. 4160□

Wirksamkeit von „Toxohormon“ auf die kristallisierte Katalase in vitro. L. Spandrio, A. Agradi und G. Ceriotti. (Tumori **47.** 217—20. 1961. Busto Arsizio, Centro Studio Tumori). (Ital.)

7 *Toxohormon*-Präpp. von menschlichen Tumoren wurden in vitro auf Antikatalase-Wirksamkeit getestet. 5 hemmten krist. *Katalase* (I) in Abhängigkeit von der Dosis; 2 förderten die I-Aktivität. In vivo wirkten alle auf die I der Mäuseleber.
K. ZINGRAF. 4160□

Stoffwechselveränderungen in normalen, in vitro gezüchteten menschlichen Elementen unter Einwirkung einer Mikrosomenfraktion von Zellen des Tumorstammes KB. G. Lenti, E. Tortarolo, A. Pellegrini und P. G. Pagano. (Tumori **47.** 239—44. 1961.) (Ital.)

Unter Einw. einer Mikrosomen-Fraktion von Tumorzellen des KB-Stammes zeigen normale in vitro gezüchtete menschliche Nierenzellen einen verringerten O_2-Verbrauch u. eine erhöhte aerobe Glykolyse mit Verringerung des Verhältnisses zwischen Oxydation u. Glykolyse. K. ZINGRAF. 4160□

E$_2$. Enzymologie. Gärung

Information, Induktion und Repression bei der Biosynthese eines Enzyms. Jacques Monod. (Colloquium Ges. physiol. Chem. Mosbach/Baden **10.** 120—45. 9.—12/4. 1959, herausgeg. 1960. Paris, Inst. Pasteur, Serv. de Biochim. cellulaire.) (Franz.) — Vgl. C. **1961.** 4742.

Inhaltlich ident. mit der C. **1960.** 10625 referierten Arbeit. K. MAIER. 4200□

Kristallisation von Cytochrom 552 aus Rhodopseudomonas palustris. Sigehiro Morita. (J. Biochemistry [Tokyo] **48.** 870—73. Dez. 1960. Tokyo, Univ. of Tokyo, Fac. of Sci., Dep. of Biophysics and Biochem.) (Engl.)

Es wird weitere Reinigung u. Kristallisation des nach VERNON u. KAMEN (C. **1950/54.** 6200 S) erhaltenen *Cytochrom 552* (I) aus *Rhodopseudomonas palustris* beschrieben. — Die Absorptionsmaxima der red. Form liegen bei 552, 522, 418 u. 317 mμ mit Reinheitsindex (D_{552}/D_{275}) 1,01. Die β-Bande wird von 2 Schultern bei 530 u. 513 mμ begleitet. — Für das Oxydations-Reduktions-Potential wurde bei pH 7,0 u. 20° $E_0' = 0{,}33$ V gefunden. — Aus der Sedimentations-Konst. $S_{20,10}$ 2,21 · 10^{-14} SVEDBERG-Einheiten u. der Diffusions-Konst. $D_{20,10}$ 1,18 · 10^{-7} cm²/sec (beide in Phosphatpuffer pH 7,0) berechnet sich das Molgew. von I zu 56 · 10^4. — Der isoelektr. Punkt von I liegt bei pH 1,7.

A. HESSE. 4210□

Reversible Umwandlung der Acceptorspezifität von Hefe-D-Milchsäure-Cytochrom c-Reduktase. Agnar P. Nygaard. (Acta chem. scand. **15.** 1627—28. 1961. Blindern, Oslo, Univ. of Oslo, Johan Throne Holst's Inst. for Nutrition.) (Engl.)

Die sehr spezif. auf *Cytochrom c* (I) als Acceptor eingestellte *D-Milchsäure-Cytochrom c-Reduktase* (II) wird durch das mehrwertige Kation *Protamin* (III) bzgl. I kompetitiv gehemmt. Mit steigender III-Konz. erwirbt jedoch II die Fähigkeit zu Ferricyanid (IV)-Red. unter Abnahme der I-Reduktion. 2.6-Dichlorphenolindophenol wird nicht reduziert. Die positiv geladenen Proteine Lysozym u. Ribonuclease, die gleichfalls II bzgl. I kompetitiv blockieren, bilden mit III kein IV-Reduktasesystem. Desoxyribonucleinsäure u. Chondroitinsulfat wirken der II-Hemmung entgegen. In Abwesenheit von III sind diese Polyanionen ebenfalls acceptorkompetitive Inhibitoren der I-Reduktion.

K. MAIER. 4210□

Katalaseaktivität in der regenerierenden Schwanzspitze der Xenopuslarven sowie die Wirkung von 3-Amino-1.2.4-triazol. H. P. von Hahn. (Experientia [Basel] **15.** 379—80. 15/10. 1959. Bern, Univ., Zool. Inst.) (Engl.)

In der regenerierenden Schwanzspitze der *Xenopus*-Larve bleibt die *Katalase* (I)-Aktivität, bezogen auf Gesamt-N, bis zum Ende der Regenerationsperiode auf ca. 50% der Norm erniedrigt, im Schwanzstumpf ist die I-Aktivität dagegen unverändert. Durch Einw. einer Lsg. (1:4000) von *3-Amino-1.2.4-triazol* (II) als wirksamem I-Hemmstoff wird die I-Aktivität in Regeneraten, Stümpfen u. Kontrollgeweben auf ca. 20—40% der Norm gesenkt. Es kommt zu einer kurzfristigen Regenerationshemmung durch II in den ersten Tagen nach der Amputation, die aber wieder ausgeglichen wird. — Es wird angestrebt, die I-hemmende Wrkg. u. die regenerationshemmende Wrkg. von II voneinander zu trennen.

U. TAUSENDFREUND. 4210□

Physiologie induzierter Katalase-Synthese in Rhodopseudomonas spheroides. Roderick K. Clayton. (J. cellular comparat. Physiol. **55.** 1—7. Febr. 1960. Oak Ridge, Tenn., Oak Ridge Nat. Labor., Biol. Div.) (Engl.)

In wachsenden u. stationären Kulturen von *R. spheroides* wird die Synth. von *Katalase* mit maximaler Geschw. (ca. 6 Moll./Zelle/Min.) durch eine gleichbleibende Konz. von H_2O_2 von 1—2 μm induziert. In wachsenden Kulturen nimmt die Geschw. induzierter Synth. plötzlich bei einer Konz. von $H_2O_2 \leq 1$ μm ab; in stationären Kulturen ist die Abnahme allmählicher. Die Wrkg. von NaN_3 zeigt, daß H_2O_2 ein Zwischenprod. ist, wenn O_2 der Induktor ist. Sättigung mit Luft (O_2 = 240 μm) wirkt ebenso wie eine gleichmäßige Konz. von H_2O_2 von 0,17—0,5 μm. *Methylhydrogenperoxid* u. *Bernsteinsäureperoxyazid* haben nur geringe oder keine Wrkg. als Induktoren. Starke Belichtung potenziert die Induktor-Wrkg. von Spuren von O_2; 3 μm O_2 in starkem Licht sind äquivalent 0,25—0,77 μm H_2O_2. Dieser Effekt wird vermittelt durch bakteriochlorophyllabsorbiertes Licht u. schließt H_2O_2 als Zwischenprod. ein.

H. AMAN. 4210□

Eine Zwischenstufe in der durch H_2O_2 induzierten Synthese von Katalase in Rhodopseudomonas spheroides. Roderick K. Clayton. (J. cellular comparat. Physiol. **55.** 9—14. Febr. 1960. Oak Ridge, Tenn., Oak Ridge Nat. Labor., Biol. Div.) Engl.)

Wenn H_2O_2 (4—60 μm) zu einer mäßig dichten (0,5—2 mg Trockenzellen/ml) Suspension von *Rhodopseudomonas spheroides* zugegeben wird, wird H_2O_2 innerhalb weniger Min. durch *Katalase* (I) u. *Peroxydase*-ähnliche Aktivitäten zerstört. Solange H_2O_2 vorhanden ist, erzeugt es einen induzierten Zustand oder eine induzierende Substanz (II), welche die I-Synth. 15—40 Min. lang fördert. Die Bldg. von II erfordert Energie; II kann in der Dunkelheit bei 0° viele Std. lang aufbewahrt werden. Licht beschleunigt das Verschwinden von II. Die Bldg. von II bedarf keiner Rk. zwischen H_2O_2 u. I, u. ihre

Zerstörung steht in keiner stöchiometr. Beziehung zur Synth. neuer I. Es scheint, daß der Zeitverlauf induzierter I-Synth. die Bldg. u. das Verschwinden von II widerspiegelt. H. Aman. 4210□

Multiple Formen von Flavoproteinoxidoreduktase aus Herzmuskelpräparaten. M. R. Atkinson, M. Dixon und Janet M. Thornber. (Biochem. J. **82.** 29 P—30 P. Febr. 1962. Cambridge, Univ., Dep. of Biochem.) (Engl.)

Red. Nicotinamidadenindinucleotid (*NADH*$_2$)-*Liponsäureamidoxidoreduktase* (**I**; *EC 1.6.4.3*; *Liponsäureamiddehydrogenase*; Straubs „*Diaphorase*“) aus Schweineherz, die ein in der Ultrazentrifuge u. bei Tiselius-Elektrophorese einheitliches *Flavoprotein* (**II**) darstellt, wurde in Bestätigung der Angaben anderer Autoren durch Elektrophorese in Stärkegel bei pH 8,6 in 6 **II** aufgetrennt. Diese konnten auch in Präpp. aus einem einzigen Herz nachgewiesen werden; die verschiedenen Formen beruhen also nicht etwa auf individuellen Unterschieden. — Ein Trypsinhydrolysat des **II**-Gemisches ergab bei Elektrophorese (pH 5,6 bzw. 3,5) ca. 40 Peptide. — Die im Komplex der *α-Oxoglutarsäuredehydrogenase* vorhandene **I** bleibt bei Elektrophorese in Stärkegel einheitlich, zeigt aber bei Gelen mit 3,5 m Harnstoff eine Aufspaltung in multiple Zonen, welche die gleiche Beweglichkeit wie freie **I** zeigen. A. Hesse. 4210□

Die Verbreitung der Nitratreduktase innerhalb der Gattung Mycobacterium. R. Bönicke, E. Röhrscheidt und E. Pascoe. (Naturwissenschaften **49.** 43—44. 2. Jan.-H. 1962. Borstel über Bad Oldesloe, Forschg.-Inst. Borstel, Inst. für experim. Biol. u. Med.) (Dt.)

Mycobacterium kansei, *M. smegmatis*, *M. phlei*, *M. fortuitum*, *M. thamnopheos* wiesen einen Geh. an *Nitratreduktase* (**I**) auf. Sämtliche 31 untersuchten Tuberkulosebakterien des Typus humanus enthielten **I**, wogegen von den 38 untersuchten Stämmen vom Typus bovinus 33 frei von **I** waren; damit werden Befunde von Virtanen (Acta Tubercul. scand., Suppl. **48.** [1960.] 1) bestätigt. — Frei von **I** sind ferner: M. avium, M. ulcerans, M. suis, M. microti, M. paratuberculosis, M. balnei, M. marinum, sowie die „atyp.“ Mycobakterien (M.) der Gruppe II u. III nach Runyon; sämtliche untersuchten „atyp.“ M. der Gruppe I enthalten dagegen **I**. A. Hesse. 4210□

Über die intracelluläre Polyphenoloxydase des Kellerschwammes, Coniophora cerebella (Pers.) Duby. Reinhard Rösch. (Naturwissenschaften **49.** 44. 2. Jan.-H. 1962. Karlsruhe, TH, Bot. Inst.) (Dt.)

Bei Kultivierung von *Coniophora cerebella*, einem holzzerstörenden Pilz, der keine Tyrosinase bildet, wurden auf verschiedenen Nährlsgg. Ergebnisse hinsichtlich der Wrkg. gegen *Guajakol* (**I**), *p-Kresol* (**II**), *p-Phenylendiamin* (**III**) bzw. *Brenzcatechin* (**IV**) erhalten, die folgende Schlüsse zulassen: Gegenüber Nährlsg. B (vollsynthet.; Glucose als C-Quelle) wurde mit Nährlsgg. M (3%ig. Malzextrakt) u. BH (= B + 0,4 % Hefeextrakt) die doppelte, mit Nährlsg. BT [= Lsg. B gesätt. mit L-(—)-Tyrosin (**V**)], die 3fache Aktivität erzielt. Eine echte Induktion durch **V** ist noch nicht gesichert. — Die Werte für Enzym/100 mg Myceltrocken-Gew. der Rk. mit **I** täuschen, vermutlich durch nichtoxydative Sekundär-Rkk., eine hohe Wrkg. gegenüber **I** vor, während der O_2-Verbrauch die Autoxydationswerte kaum überschreitet. Mit **II** trat die für *Laccase* (**VI**) typ. Fällung auf. **III** u. **IV** werden rasch oxydiert. Die pH-Optima (für **I**, **III** bzw. **IV**: 3,2; 3,8; bzw. 3,2) lagen unter den meist für Tyrosinase u. extracelluläre **VI** angegebenen Werten. — Es bestätigt sich die frühere Auffassung des Vf. (Arch. Mikrobiol. **38.** [1961.] 73), daß das hier wirksame Ferment dem **VI**-Typus zuzuordnen ist. A. Hesse. 4210□

Die Aktivität von Xanthinoxydase und die Eisenspeicherung in der Leber. Thomas D. Kinney, Nathan Kaufman und Janis V. Klavins. (Proc. Soc. exp. Biol. Med. **108.** 22—24. Okt. 1961. Durham, N.C., Dep. of Path., Duke Univ. Med. Center.) (Engl.)

Zusätze von *Na-Wolframat* zur Diät konnten die *Xanthinoxydase*-Aktivität der Leber nicht vermindern. Es konnten keine wesentlichen Veränderungen im Fe-Geh. oder in der Fe-Resorption der Leber festgestellt werden, die mit einer Abnahme der Aktivität der Xanthinoxydase verbunden gewesen wären. L. Macher. 4210□

C-Methylpurine als Substrate der Säugetier-Xanthinoxydase. F. Bergman, Hanna Unger-Waron und Hilda Goldberg. (Bull. Res. Council Israel, Sect. A **10A.** 31. April 1961. Jerusalem, Hebrew Univ., Hadassah Med. School, Dep. of Pharmacol.) (Engl.)

Xanthinoxydase katalysiert die Oxydation von *6-Methylpurin* zu *6-Methyl-8-hydroxypurin* u. *6-Methyl-2.8-dihydroxypurin*, *8-Methylpurin* zu *8-Methylhypoxanthin* u. *8-Methylxanthin*, 2-Methylpurin zu *2-Methylhypoxanthin*. *8-Phenylhypoxanthin* wird nicht angegriffen. P. Gregorzewski. 4210□

Intracelluläre Ribonuclease von Bacillus subtilis. Susumu Nishimura und Bunji Maruo. (Biochim. biophysica Acta [Amsterdam] **40.** 355—57. 20/5. 1960. Tokyo,

Univ., Inst. of appl. Microbiol., Div. of Enzymol.) (Engl.) — Vgl. J. Biochemistry [Tokyo] **46.** [1959.] 161.

Das Lysozymlysat von *Bacillus subtilis* enthält eine von der *extracellulären Ribonuclease* (I) verschiedene *intracelluläre Ribonuclease* (II), deren Aktivität durch das Antigen der I nicht beeinflußt wird. Der optimale pH von II liegt bei 5,8, von I bei 7,5. II wird durch $1{,}7 \cdot 10^{-3}$ m *Äthylendiamintetraessigsäure* völlig gehemmt; I wird durch sie nicht beeinflußt. Reinigung von II durch mehrfache fraktionierte $(NH_4)_2SO_4$-Fällung des mit 27000·*g* erhaltenen Lysatüberstandes bei pH 5,6; anschließende Fällung mit Streptomycin u. Elektrophorese an Stärkegel bewirkt Trennung von der begleitenden *Phosphodiesterase* u. gute Anreicherung. Einw. von II auf Heferibonucleinsäure führt zu den üblichen Abbauprodukten. U. LASCHET. 4210□

Enzymatische Bildung von Ribonucleinsäure-Aminosäure aus synthetischem Aminoacyladenylat und Ribonucleinsäure. Keith W. Wong, Alton Meister und Kivie Moldave. (Biochim. biophysica Acta [Amsterdam] **36.** 531—33. Dez. 1959. Boston, Mass., Tuft's Univ., School of Med., Dep. of Biochem.)

Durch mit gereinigtem *Tryptophan* (I) aktiviertes Enzym aus Rinderpankreas, *Ribonucleinsäure* (II) aus dem gleichen Organ u. ^{14}*C-Acyladenylat* unter Zusatz von *Adenosintriphosphat* wird die Übertragung von I auf II bewirkt. Eine analoge Übertragung des Glycins ist auch möglich, nur in weit geringerem Maße als bei I. H.-J. STRUCK. 4210□

Die Reaktion von 6-Mercaptopurin mit gereinigter Inosin- und Guanosin-5'-phosphatpyrophosphorylase aus E. coli. C. E. Carter. (Biochem. Pharmacol. **2.** 105—11. Aug. 1959. New Haven, Conn., Yale Univ., School of Med., Dep. of Pharmacol.)

Aus *E. coli* (Stamm B)-Extrakt wurde durch $MnCl_2$-Behandlung (Ribonucleoproteinfällung) des Überstands, Dialyse, isoelektr. Fällung mit K-Acetat, pH 5,0, Hitzebehandlung (60°, 3 Min.) der Lsg. des Nd. in Trispuffer, pH 8,0 u. $(NH_4)_2SO_4$-Fällung des Überstandes ein *Enzym* (I) angereichert, das in Ggw. von *5-Phosphoribosylpyrophosphat* die Purinbasen *Guanin* (II), *Hypoxanthin* (III) oder *6-Mercaptopurin* (IV) in die entsprechenden 5'-Nucleotide umwandelt. Die I-Aktivität zeigt ein breites pH-Optimum von 7,0—7,8 u. benötigt Mg^{2+}. 2 μMol anorgan. Pyrophosphat/ml hemmen I völlig, Orthophosphat nur zu 10%. Die Affinität von IV zu I ist > als die von II u. gleicht der von III. K. MAIER. 4210□

Historadiographische Identifizierung alkalischer Phosphatase. A. J. Hale. (Biochem. J. **79.** 34P—35P. Juni 1961. London, Lincoln's Inn Field, Imperial Cancer Res. Fund, Div. of Pathol.) (Engl.)

Gefrierschnitte von Rattenniere wurden bei 37° in Na-β-Glycerophosphat- u. $CaCl_2$-Lsg. inkubiert, auf einer photograph. Platte bis 90 Min. Röntgenstrahlen von 1,5 kV u. 1,5 mA ausgesetzt. Die Wahl geeigneter Wellenlängen ermöglicht Best. der enzymat. als Ca-Phosphat freigesetzten *P*-Menge. Da eine Lokalisierung in Geweben abgelagerter Elemente mit Atom-Gew. > 14 durch geeignete Umwandlungs-Rkk. möglich ist, wurden die eingetretenen örtlichen Veränderungen durch Überführung von Ca-Phosphat in Co-Phosphat u. auch in Co-Sulfid untersucht. Die Wahl zweckmäßiger Röntgenwellenlängen erlaubt auch die Messung der Absolutmengen anderer Elemente. K. MAIER. 4210□

Die Aktivität von saurer Leber- und Nierenphosphatase während verschiedener Lebensstadien der Ratte. T. J. Franklin. (Biochem. J. **79.** 34P. Juni 1961. Oxford, Univ., Dep. of Biochem.) (Engl.)

Bei 10—14 Tage alten Ratten war das Verhältnis „lösl."/„gebundene" *saure Phosphatase* (I) in Leber u. Niere sehr hoch u. fiel dann innerhalb weniger Wochen auf den Wert, der bei 5—6 u. 12—14 Monaten alten Tieren prakt. unverändert blieb. Bei 22—24 Monate alten Ratten behielt das Verhältnis „gebundene"/„lösl." I in der Leber den Wert wie bei jungen erwachsenen bei, während es in der Niere erheblich absank. Unterbindung der Niere bewirkt ebenfalls eine Abnahme dieses Verhältnisses. Möglicherweise hängt daher die Abnahme in den Nieren seniler Tiere mit der bekannten Altersdegeneration dieses Organs zusammen. K. MAIER. 4210□

Phosphatase-Aktivität in der Larve von Bufo vulgaris. Enrico Urbani und Loreta Bellini. (Rend. Ist. sci. Univ. Camerino **2.** 284—92. Dez. 1961. Camerino, Univ., Ist. di Zool. e Anat. comparata.) (Ital.)

In Larven u. im Schwanzgewebe von *Bufo vulgaris* wurden mehrere *alkal.* u. *saure Phosphatasen* nachgewiesen. Es ergaben sich dabei ungleiche Resultate, wenn Phenylphosphat u. Glycerophosphat als Substrat benutzt wurden. K. ZINGRAF. 4210□

Proteolytische Enzyme und Phosphatasen bei der Regeneration von Hydra pirardi Brien. Enrico Urbani und Loreta Bellini. (Rend. Ist. sci. Univ. **2.** 297 bis 305. Dez. 1961. Camerino, Camerino Univ., Ist. di Zool. e Anat. comparata.) (Ital.)

Die *Dipeptidasen* werden bei *Hydra pirardi* durch Hunger oder Regenerationsprozesse prakt. nicht beeinflußt. Die *alkal.* u. *saure Phenylphosphatase* sinken bei beiden

Zuständen am ersten Tage ab u. halten sich dann ziemlich konst. auf einem unter dem Ausgangswert liegenden Niveau. Die saure u. alkal. Proteinase zeigen im Hungerzustand ein mehr oder weniger stetiges Absinken; bei den Regenerationsprozessen geht diesem am ersten Tag ein Anstieg voraus. K. ZINGRAF. 4210☐

Die Bildung von α-Amylase im Pilzmycel und ihre Abgabe ins Nährmedium. Heikki Suomalainen und A. J. A. Keränen. (Suomen Kemistilehti B **32.** 94–97. 1959. Helsinki, Res. Labor. of the State Alcohol Monopoly.) (Engl.)

Submerskulturen von *Aspergillus oryzae* wurden zu Unterss. des Geh. an *α-Amylase* im Mycel u. im Nährmedium benutzt. Während der ersten 24 Std. des Wachstums ist α-Amylase sehr reichlich im Mycel vorhanden, maximal nach 24–30 Stunden. Dann beobachteten Vff. ein Absinken der Fermentaktivität im Mycel u. eine stetige Zunahme im Nährmedium. Nach 48 Std. enthielt das Mycel nur noch 20% der Gesamtaktivität der Pilzsuspension. Während der letzten 18 Std. stieg der NH_3-Stickstoff von 76 auf 213 mg/Liter, der pH-Wert von 5,4 auf 7,6 an. Das deutet auf eine beginnende Autolyse des Mycels hin. Die Abwanderung der Amylase aus dem Mycel ins Nährmedium erklärt, warum niedrige pH-Werte der Nährlsg. zur Inaktivierung dieses Fermentes führen. I. JAGE. 4210☐

Die Reinigung der Trans-N-glykosidase von Thermobacter acidophilus: Die Hemmung des Enzyms durch 6-Azathymidin. J. C. Marsh und Mary E. King. (Biochem. Pharmacol. **2.** 146–53. Aug. 1959. New Haven, Conn., Yale Univ., School of Med., Dep. of Pharmacol.)

Trans-N-glykosidase (**I**) wurde aus *T. acidophilus*-Zellextrakt durch $MnCl_2$-Behandlung, $(NH_4)_2SO_4$- u. A.-Fraktionierung 52fach angereichert. **I** katalysiert die Übertragung von *Desoxyribose* (**III**) von *Thymidin* (**IV**) auf *Adenin* (**II**), *Guanin, Hypoxanthin, Xanthin, 6-Mercaptopurin, 8-Azaadenin* u. *8-Azaguanin,* während Harnsäure, 2.6-Diaminopurin u. 8-Azaxanthin als Acceptor unwirksam waren. Bei der Austausch-Rk. mit **II** wirkte Thymidylsäure nicht als **III**-Donator. *6-Azathymidin* (**V**) hemmte die **III**-Übertragung von **IV** auf **II** kompetitiv, war aber auf die umgekehrte Rk. ohne Einfl. u. wirkte selbst nicht als **III**-Donator. **V** beeinflußte keine der Reaktionen. K. MAIER. 4210☐

Der Abbau von Kohlenhydraten bei Schizophyllum commune Fr. — Die Wirkung des Tricarbonsäure-Cyclus. J. G. H. Wessels. (Acta bot. neerl. **8.** 497–505. Dez. 1959. Leiden, State Univ., Botanical Labor.) (Engl.)

Als Vers.-Material dienten normales u. getrocknetes Mycel sowie zellfreie Extrakte einer nichtsporulierenden Mutante von *Schizophyllum commune* Fr. Intaktes Mycel verbraucht *Glucose* u. bildet *Citronensäure* (**I**), *Milchsäure* (**II**) u. *Oxalsäure* unter aeroben, **I** u. **II** unter anaeroben Bedingungen. Die endogene Atmung ist groß. Halbgetrocknetes Mycel oxydiert verschiedene organ. Säuren, die Atmung wird vor allem durch **I**, *Pyruvat, α-Ketoglutarat, Succinat* u. *Malat* stimuliert. Unter geeigneten Bedingungen oxydieren zellfreie Extrakte alle Verbb. des Tricarbonsäurecyclus (TC). Die Verss. bestätigen, daß in dem Pilz ein TC wirksam ist. Die Rolle des TC bei der Akkumulation von **II** wird diskutiert. U. MOTHES. 4210☐

Untersuchungen von Pyruvatkinase aus Bäckerhefe. Shizu Washio und Yoshitake Mano. (J. Biochemistry [Tokyo] **48.** 874–85. Dez. 1960. Tokyo, Univ. of Tokyo, Fac. of Med., Dep. of Biochem.) (Engl.)

Pyruvatkinase (**I**) konnte aus mit 0,06 m Phosphatpuffer (pH 7,2) bei 37° erhaltenem Macerationssaft von Bäckerhefe durch Fraktionieren mit $(NH_4)_2SO_4$ (0,45–0,55 Sättigung), Dialyse u. Behandlung mit DEAE-Cellulose u. Elution mit 0,025m Phosphatpuffer (pH 6,0) ca. 18fach gereinigt werden. — Für die Verfolgung der Reinigung ist die Anwendung einer geeigneten Best.-Meth. wichtig. Bei Verw. der mit Lactatdehydrogenase arbeitenden Meth. ist **I**-Wrkg. nicht nachweisbar. Zweckmäßig ist die Best.-Meth. von NEGELEIN [1934]. — Die gereinigten **I**-Präpp. zeigten folgende Eigg.: **I** ist frei von Adenosintriphosphatase, Adenylatkinase u. Nucleosiddiphosphatkinase; **I** wirkt optimal bei pH 5,8; für die **I**-Wrkg. ist gleichzeitige Ggw. von Mg^{2+} oder Mn^{2+}, K^+ oder NH_4^+ erforderlich; p-Chlormercuribenzoesäure u. Schwermetalle wie Cu^{2+} hemmen bei 10^{-5}m oder niedrigerer Konz., wonach offenbar SH-Gruppen zur **I**-Wrkg. erforderlich sind; außer Adenosindiphosphat (ADP) können Uridindiphosphat, Cytidindiphosphat, Guanosindiphosphat oder Inosindiphosphat als Phosphatacceptoren dienen, jedoch mit geringerer Wrkg. als Adenosindiphosphat. — Diese Befunde zeigen, daß zwischen Hefe-**I** u. Muskel-**I** keine wesentlichen Unterschiede bestehen. — Die **I**-Rk.: Phosphoenolpyruvat + ADP $\rightleftharpoons$ Pyruvat + ATP verläuft stöchiometrisch. — 33 Literaturangaben. A. HESSE. 4210☐

Untersuchung der Kinetik der Hydrolyse einiger Glucuronoside durch gereinigte β-Glucuronidase. A. Alfsen. (Bull. Soc. Chim. biol. **41.** 1469–83. 17/12. 1959. Paris Fac. de Méd., Labor. de Chim. biol.) (Franz.; Auszüge: Engl., Dt.)

Untersucht wurde die Einw. von gereinigter *β-Glucuronidase* (I) aus *Helix pomatia* auf *Mentholglucuronid* (II), *Borneolglucuronid* (III), *Phenolphthaleinglucuronid* (IV), *Östriolglucuronid* (V), *Androsteronglucuronid* (VI), *Pregnandiolglucuronid* (VII) u. *Tetrahydrocortisonglucuronid* (VIII). Die I-Wrkg. ist im allg. bei pH 4,5 optimal (37°), jedoch bei pH 5,0 mit II als Substrat. Nach den hohen bzw. mittleren bzw. niedrigen Werten für die MICHAELIS-Konst. K_M lassen sich die Substrate einteilen: **III, VII, VIII** bzw. **II, VI** bzw. **IV, V**; folgende Einzelwerte für K_M werden mitgeteilt: **IV** $3{,}9 \cdot 10^{-4}$m; **V** $4{,}2 \cdot 10^{-4}$m (ident. Werte bei 20° u. 37°); **II** $1 \cdot 10^{-3}$m; **VI** $1{,}6 \cdot 10^{-3}$m; **VIII** $3{,}8 \cdot 10^{-3}$m; **VII** $8 \cdot 10^{-3}$m; **III** $9 \cdot 10^{-3}$m. — Die scheinbare Aktivierungsenergie beträgt 14200 cal/Mol. — An die Ergebnisse schließt sich eine Diskussion über Einfl. von pH, Substrat-Konz., Hydrolyse von **V, VI, VII** u. **VIII** sowie Spezifität der I an. A. HESSE. 4210□

Schwankungen in der Transaminaseaktivität von Escherichia-coli-Zellen während der Latenzphase des Wachstums. Veikko Nurmikko und Raimo Raunio. (Acta chem. scand. **15.** 1263—70. 1961. Turku, Univ. of Turku, Dep. of Biochem.) (Engl.)

Die Änderung der *Transaminase* (I)-Aktivität während der Latenzphase von *E.coli* wurde mit Hilfe von α-Ketoglutarsäure u. 8 Aminosäuren als I-Rk.-Partnern untersucht. Folgende I-Aktivitäten nahmen zu: *Valin–Glutaminsäure* (II)-, *Leucin*-II-, *Norvalin*–II-, *Norleucin*–II- u. *Isoleucin*–II-*Transaminase*. Die I-Aktivitäten erreichten nach ca. 40 Min. dauernder Latenzphase ein Maximum u. blieben konst. oder nahmen vereinzelt während der restlichen Latenzperiode ab. Während der 50 Min. dauernden Latenzphase änderten sich die Aktivitäten von *Asparaginsäure-*, *Phenylalanin-* u. *Tryptophan*–II-I nicht. K. MAIER. 4210□

Untersuchungen über den Enzymaufbau von Pasteurella pestis. 7. Mitt. **Entaminierung von Purin- und Pyrimidinverbindungen durch virulente und avirulente Stämme.** J. Misra, S. C. Agarwala und D. L. Shrivastava. (Indian J. med. Res. **48.** 1—7. Jan. 1960. Lucknow, Central Drug Res. Inst.) (Engl.) — 6. vgl. C. **1959.** 5847.

Ruhende Zellen virulenter u. avirulenter *P. pestis*-Stämme entaminierten *Cytidin* (I) u. *Cytidylsäure* (II) in erheblichem Umfang, während aus Cytosin erheblich weniger NH_3 gebildet wurde. Das pH-Optimum der I- u. II-Entaminierung lag bei 7,0. Anaerobiose hemmte unabhängig vom Kulturmedium die Entaminase-Wrkg. auf I u. II. Die Entaminierungsenzyme wurden nur durch Schwermetalle gehemmt. Sulfapyridin u. Sulfathioazol waren ohne Wirkung. Aus *Adenin* u. *Guanin* sowie deren Nucleosiden u. Nucleotiden wurde nur wenig NH_3 freigesetzt. K. MAIER. 4210□

Der Hydroxyprolinstoffwechsel. 3. Mitt. **Die enzymatische Synthese von 3-Hydroxy-Δ^1-pyrrolin-5-carbonsäure.** Elijah Adams und Alfred Goldstone. (J. biol. Chemistry **235.** 3499—3503. Dez. 1960.) (Engl.) — 2. vgl. J. biol. Chemistry **235.** [1960.] 3492.

Die enzymat. Red. von *3-Hydroxy-Δ^1-pyrrolin-5-carbonsäure* (I) zu *L-Hydroxyprolin* wird durch ein lösl. Enzym aus Rinderleber katalysiert. Die für die Red. von *Δ^1-Pyrrolin-5-carbonsäure* (II) u. I verantwortlichen Aktivitäten konnten durch Fraktionierung u. partielle Inaktivierung nicht getrennt werden, so daß sie offensichtlich einem Enzym zuzuschreiben sind (II-*Reduktase*). In Extrakten aus Rattenleber, *Escherichia coli* u. *Neurospora* wurde bereits früher enzymat. Red. von **II** beobachtet. Das Rinderleberenzym wurde 40fach angereichert [$(NH_4)_2SO_4$-Fraktionierung, Fällung bei verschiedenem pH)] u. erwies sich als frei von Δ^1-Pyrrolindehydrogenaseaktivität. K. MAIER. 4210□

Darstellung einiger wasserunlöslicher proteolytischer Enzymderivate. H. I. Silman, H. Neumann, J. J. Cebra, A. Bar-Eli und E. Katchalski. (Bull. Res. Council Israel, Sect. A **10 A.** 35—36. April 1961. Rehovoth, Weizmann Inst. of Sci., Dep. of Biophysics.) (Engl.)

Zur Darst. von *wasserunlösl. Chymotrypsin* (I) wird Chymotrypsin als Initiator zur Polymerisation von DL-Tyrosin-N-carboxyanhydrid benutzt; es entsteht *Polytyrosylchymotrypsin* (II), dieses besitzt 60% der ursprünglichen Aktivität. II wird mit dem Diazoniumsalz des Copolymeren (Co.) aus p-Aminophenylalanin u. Leucin gekuppelt, u. es entsteht I. I besitzt 11% der Chymotrypsinaktivität. — *Wasserunlösl. Papain* wird durch direkte Kupplung des Enzyms mit dem diazotierten Co. erhalten (Aktivität 70%). — *Wasserunlösl. Pepsin* ebenso aus Pepsinogen u. diazotiertem Co., Aktivität 70%. P. GREGORZEWSKI. 4210□

Eine neue Klasse von Trypsin-Substraten. Y. Shalitin. (Bull. Res. Council Israel, Sect. A **10 A.** 34—35. April 1961. Rehovoth, Weizmann Inst. of Sci., Dep. of Biophysics.) (Engl.)

Trypsin ist in der Lage, β-Alanylglycinäthylester wie ε-Aminocapronsäure u. N.O-Diglycyl-DL-serinäthylester u. N-Benzoyl-O-glycyl-DL-serinäthylester wie Lysinester zu spalten. Dies zeigt, daß Veränderungen der Lysinseitenkette keinen wesentlichen Einfl. auf die Eignung als Trypsinsubstrat haben. P. GREGORZEWSKI. 4210□

Enzymatische Aktivitäten von aus Jod- und Azopepsinogen erhaltenem Pepsin. Hava Neumann und Nathan Sharon. (Bull. Res. Council Israel, Sect. A 10 A. 33–34. April 1961. Rehovoth, Weizmann Inst. of Sci., Dep. of Biophysics.) (Engl.)

Pepsinogen mit 6 J- bzw. Azogruppen pro Protein-Mol. hat die gleiche Aktivität wie Pepsinogen. P. GREGORZEWSKI. 4210□

Sialsäureabspaltung durch Einwirkung von Rennin auf Kuh- und Menschenmilch. F. H. Malpress. (Biochem. J. 80. 19P.–20P. Aug. 1961. Belfast, Queen's Univ., Dep. of Biochem.) (Engl.)

Aus nichtpasteurisierter Magermilch (Kuh) bei pH 4,6 gefälltes *Casein* (I) enthielt 0,21% *Sialsäure* (III), von der maximal 68% durch Einw. von krist. *Rennin* (II; pH 6,8, 25°) abgespalten wurden. Ähnliche Werte ergeben sich bei direkter Fällung der Milch mittels II. Eine Probe menschlicher Sammelmilch (4.–8. Lactationstag) zeigte beim I. P. keine Fällung. Nach II-Einw. erfolgte beim I. P. (pH 4,7) Fällung von Paracasein mit 1,1% III-Gehalt. Der III-Geh. von Humanmilch-I wurde zu 2,1% ermittelt, von dem bis zu 50% durch II abspaltbar sind. K. MAIER. 4210□

Methylamin als Metabolit des enzymatischen Abbaues von Methylharnstoff durch Mycobacterium phlei. R. Bönicke, E. Röhrscheidt und S. Tunçman. (Naturwissenschaften 49. 43. 2. Jan.-H. 1962. Borstel, Inst. für experim. Biol. u. Med.) (Dt.)

Während es zahlreiche Stämme u. Species von Mycobakterien (M) gibt, welche *Harnstoff* (I) mittels *Urease* (IV) abbauen (vgl. BÖNICKE, DITTMAR u. LISBOA, Zbl. Bakteriol., Parasitenkunde, Infektionskrankh., Hyg., I Abt., Orig. 177. [1959.] 380), ist die Zahl der M-Arten, welche einfache I-Deriv. abbauen, sehr gering: *Methylharnstoff* (II) bzw. *Äthylharnstoff* (III) werden nur von *M. phlei* u. von einigen Stämmen der Species *M. smegmatis* abgebaut; *Dimethylharnstoff* u. *Tetramethylharnstoff* werden von keiner M-Art angegriffen; *Formylharnstoff* wird nur durch M. smagmatis hydrolysiert. – Bei Hydrolyse von II bzw. III entsteht pro Mol neben CO_2 u. NH_3 1 Mol Methylamin bzw. Äthylamin. – Der Abbau der I-Derivv. ist bei M. phlei nicht induzierbar; vielmehr wird bei Vorzucht der Stämme auf Nährböden, denen II bzw. III zugesetzt worden ist, weniger IV gebildet; das Ausmaß der IV-Verminderung hängt von der dem Nährboden zugesetzten II- bzw. III-Menge ab. A. HESSE. 4210□

Durch „Brenztraubensäure-Transacetase" katalysierte enzymatische Bildung von Citramalat aus Acetyl-Coenzym A und Brenztraubensäure bei Pseudomonas ovalis Chester. C. T. Gray und H. L. Kornberg. (Biochim. biophysica Acta [Amsterdam] 42. 371–72. 12/8. 1960. Oxford; Univ. of Oxford, Dep. of Biochem., M.R.C. Cell Metabolism Res. Unit.) (Engl.)

Über die reversible enzymat. Bldg. von *Citramalat* (I) aus *Acetyl-Coenzym A* (II) u. *Brenztraubensäure* (III) wurde bereits für Lebermitochondrien u. verschiedene Mikroorganismen berichtet. Eine Charakterisierung des Enzyms bzw. die Aufklärung des Rk.-Mechanismus liegt noch nicht vor. Vff. stellten fest, daß zellfreie Extrakte (Ultraschall) von *Pseudomonas ovalis* CHESTER nach aerober Züchtung mit *Itaconsäure* (IV) als alleiniger C-Quelle die Inkorporation von ^{14}C aus $^{14}C_{(2)}$-*Essigsäure* in I katalysieren, wenn das Rk.-Gemisch $MgCl_2$, *ATP*, *Coenzym A* u. III enthält. Die Verss. wurden nach der WARBURG-Meth. durchgeführt. Der Nachw. des ^{14}C-I gelang durch Chromatographie u. Elektrophorese. Wurden die Organismen mit *Essigsäure* als alleiniger C-Quelle gezüchtet, lag die Aktivität des Extrakts unter 23% des aus mit IV vorgezüchteten Organismen hergestellten Extrakts. Die C-Quelle bei der Vorzucht ist also von bes. Bedeutung. ^{14}C-I wurde ebenso in Ggw. dialysierter Zellextrakte aus IV-vorgezüchteten Organismen aus $^{14}C_{(3)}$-III u. II gebildet. Die Zellextrakte katalysierten in Ggw. von *ATP*, *Coenzym A* u. $MgCl_2$ ebenfalls die Rk. I $\rightarrow$ II + III, die Rk. ist also reversibel, wobei der I-Abbau offenbar begünstigt wird. Analog zu anderen Acylgruppen übertragenden Enzymen u. in Übereinstimmung mit der Nomenklatur von DIXOAN u. WEBB wurde das beschriebene Enzym „*Brenztraubensäure-Transacetase*" benannt. HANS THIELE. 4210□

Abbau von Samen-Glycerylphosphorylcholin durch Sekrete aus dem weiblichen Geschlechtstrakt. I. G. White und J. C. Wallace. (Nature [London] 189. 843–44. 11/3. 1961. Sidney, Univ., Dep. of Vet. Physiol.) (Engl.)

Das im Samenplasma (Sp) des Widders (W) in 1%ig. konz. vorhandene *Glycerylphosphorylcholin* (I) kann von den Spermatozoen (S) nur unter aeroben Bedingungen zu Milchsäure u. weiter zu CO_2 metabolisiert werden. Anaerob wird I durch S nicht metabolisiert. Durch Inkubation von Sp mit dem Uterusextrakt (UE) frisch geschlachteter Mutterschafe bei 37° in RINGER-Lsg. wird I während 3 Std. zu 30%, während 24 Std. zu 50% unter Freisetzung von *Cholin* (II) gespalten. Erhitzt man den UE vor der Inkubation 5 Min. auf 100°, so wird kein II freigesetzt. R. STRUFE. 4210

Triglyceridfreigabe durch Leberschnitte. M. Hamosh und B. Shapiro. (Bull. Res. Council Israel, Sect. A **10.** A. 27–28. April 1961. Jerusalem, Hebrew Univ., Haddassah Med. School, Dep. of Biochem.) (Engl.)

Bei Verw. von α- u. β-Lipoprotein-Lsgg. als Inkubationsmedium geben Leberschnitte *Triglyceride* ab, in Serum oder Albumin freie Fettsäuren.

P. Gregorzewski. 4210□

Über den Mechanismus der Riboflavinbiosynthese. Hideo Katagiri, Kazutami Imai und Isao Takeda. (Vitamins [Kyoto] **20.** 361–70. 1960. Kyoto, Kyoto Univ., Fac. of Agricult., Dep. of Agricult. Chem.) (Jap.; Auszug: Engl.)

Die grüne fluorescierende Substanz in Kulturfiltraten von *Cl. acetobutylicum* war ident. mit der G-Substanz von *Er. ashbyii* d. h. mit *N*^{8}*-Ribityl-6.7-dimethyllumazin* (I) Mit Hilfe von Enzym-Präpp. verschiedener Mikroorganismen gelang es, *Riboflavin* enzymat. aus I in Ggw. von $C_{(4)}$-Donatoren u. Cofaktoren zu synthetisieren. Vff. fanden, daß I enzymat. aus *4-Ribitylamino-5-aminouracil* (II) synthetisiert wurde. Die beiden Enzym-Syst., die die Synth. von I aus II u. von Riboflavin aus I katalysieren, konnten beide unterschieden werden. W. Hiller. 4210□

Die Biosynthese von Hyaluronsäure durch Streptokokken der Gruppe A. 6. Mitt. **Die Biosynthese aus Uridinnucleotiden in zellfreien Extrakten.** Alvin Markovitz, J. A. Cifonelli und Albert Dorfman. (J. biol. Chemistry **234.** 2343–50. Sept. 1959. Chicago, Ill., La. Rabida-Univ. of Chicago, Dep. of Microbiology, Biochem. and Pediatrics.) — 5. vgl. C. **1958.** 12724.

Ausführliche Arbeit zu der in C. **1959.** 4185 erschienenen vorl. Mitteilung.

H. Gibian. 4210

Der Einfluß von aromatischen Säuren auf Enzyme des Gehirns. Jocelyn M. Hicks, I. D. P. Wootton und D. S. Young. (Biochem. J. **82.** 29P. Febr. 1962. London, Postgraduate Med. School of London, Dep. of Chem., Pathol.) (Engl.)

Da von Vff. viele *Phenolsäuren* (I) als abnormale Bestandteile des Plasmas bei Patienten mit akuten Nierenschäden nachgewiesen worden sind u. viele Symptome der klin. Urämie auf eine Herabsetzung der Gehirnfunktionen zurückgeführt werden konnten, wurde der Einfl. von I auf den Stoffwechsel des Zentralnerven-Syst. untersucht, u. zwar an folgenden Enzymen im Homogenat aus Rattengehirn: *Glutaminsäuredecarboxylase* (II), *Dihydroxyphenylalanindecarboxylase* (III), *5-Hydroxytryptophandecarboxylase, 5-Nucleotidase* (VI), *Aminoxydase, Milchsäuredehydrogenase, Glutaminsäure–Oxalessigsäuretransaminase* u. *Glutaminsäure–Brenztraubensäuretransaminase.* Ferner wurde der Einfl. von I auf Atmung von Schnitten von Meerschweinchengehirn untersucht. Diese Atmung wird durch *Zimtsäure* (IV) u. deren OH-Derivv. im größten Ausmaß gehemmt; jedoch waren *Phenylpropionsäure, Benzoesäure* (V) u. *Hippursäure* ebenso tox. gegen II; substituierte IV waren weniger tox., u. V war noch weniger toxisch. — III wird durch 2 OH- u. 3 OH-Derivv. von IV, V u. Phenylessigsäure beträchtlich gehemmt; dagegen waren 4 OH-Derivv. vergleichsweise weniger toxisch. Die Aminobenzoesäuren übten gegen VI eine stärker hemmende Wrkg. aus als gegen die anderen Enzyme. A. Hesse. 4210□

DDT-Dehydrochlorinase. 3. Mitt. **Löslichmachung von Insekticiden durch Lipoprotein.** H. Lipke und C. W. Kearns. (J. econ. Entomol. **53.** 31–35. Febr. 1960. Urbana, Ill., Univ. of Illinois.) — 2. vgl. C. **1960.** 5526.

Bei Verw. von Eidotter-*Lipovitellin* war die Löslichkeit verschiedener organ. Insekticide, wie *DDT, TDE, p.p'-J-DDT, p.p'-Br-DDT, p.p'-F-DDT, p.p'-Methyl-DDT, Methoxychlor, DDE, Sindan, Heptachlor, Aldrin, Dieldrin, Rotenon,* 10^4–10^5fach größer als in W. allein. Mit *DDT*, lösl. gemacht durch Lipoprotein, als Substrat u. *DDT-Dehydrochlorinase* (I) als Enzym kann zwischen I- oder *DDT*-Konz. u. Anfangs-Geschw. eine lineare Beziehung hergestellt werden. Die Anwendbarkeit der Solubilisierungs-Meth. bei der kinet. Analyse ergibt sich auch aus Best. von Rk.-Ordnung u. Gleichgewicht. Ein Substratangebot in Form relativ großer Tröpfchen oder Kristalle führt zu Rk.-Geschw., die durch Faktoren, wie Oberflächengröße, Viscosität, Sorptionserscheinungen u. Enzymdenaturierung kompliziert sind. K. Maier. 4210□

Wechselwirkung zwischen Penicillinase und einem synthetischen Derivat der 6-Aminopenicillansäure. Nachman Garber und Nathan Citri. (Bull. Res. Council Israel, Sect. A **10.** A. 37. April 1961. Jerusalem, Hebrew Univ., Hadassah Med. School, Dep. of Bact.) (Engl.)

Durch Wechselwrkg. zwischen einem nicht hydrolysierbaren *6-Aminopenicillansäure*-Deriv. u. *Exopenicillinase* (I) aus *Bacillus cereus* wird I empfindlich gegenüber Jodierung. Es wird eine Änderung in der Angleichung des Enzyms angenommen.

P. Gregorzewski. 4210□

E_3. Mikrobiologie. Bakteriologie. Immunologie

Untersuchungen über die Folsäure-, Pyrimidin- und Purinansprüche von vier Lactobacillen. Arne E. Bolinder und Wolfgang G. Kurz. (Acta. chem. scand. **14.** 1173—84. 1960. Stockholm, Royal Inst. of Techn., Div. of Food Chem.) (Engl.) — Vgl. C. **1960.** 12527.

4 Milchsäurebakterien (davon 3 Stämme von *Lactobacillus brevis*), die aus der Begleitflora obergäriger Hefen isoliert wurden, benötigten in vorhergehenden Unterss. zum Wachstum *Pteroylmonoglutaminsäure* (I), *Uracil* u. *Purine*. Die Wuchsstoff-Wrkg. dieser Stoffe erwies sich als nicht spezif., sie konnte durch eine Anzahl verwandter Substanzen ersetzt werden. I konnte durch *N^5-Formyltetrahydro*-I, *N^{10}-Formyl*-I, *Thymidin*, *Thymidin-5-phosphat* u. Extrakte aus Gerste mehr oder weniger vollständig ersetzt werden. In Ggw. dieser Verbb. war p-Aminobenzoesäure ohne zusätzliche Wrkg. auf das Wachstum. Pteroinsäure, N^{10}-Formylpteroinsäure, Thymin, Uridin, 2'- oder 3'-Uridinphosphat, Cytosin, Cytidin, 2'- oder 3'-Cytidinphophat, Desoxycytidin, Desoxycytidinphosphat, Orotsäure, Desoxyadenosin, Desoxyguanosin, Tween 80 u. Vitamin B_{12} konnten im I-freien Medium kein Wachstum induzieren. D. Claus. 4310□

Die Stimulation der Glutamataufnahme von im Vitamin-B_6-Mangel gehaltenen Lactobacillus arabinosus durch Acetat, NH_4^+, Vitamin B_6 und hochtonische Puffer. Joseph T. Holden. (Biochim. biophysica Acta [Amsterdam] **33.** 581—82. Juni 1959. Duarte, Calif., City of Hope Med. Center, Med. Res. Inst., Dep. of Biochem.) (Engl.) — Vgl. C. **1960.** 12038.

Die früh einsetzende Abnahme der *Glutaminsäure* (I)-Aufnahme durch unter *Vitamin-B_6* (II)-Mangel gehaltenen *Lactobacillus arabinosus* konnte aufgehoben werden, wenn in dem Aufnahmepuffer NH_4^++Acetat + II vorhanden war. II allein war inakt., NH_4^+ + Acetat hatten geringe Wirkung. Die reaktivierende Wrkg. wurde nicht durch Zugabe von Vitaminen, Purinen, Pyrimidinen u. andere Aminosäuren als Glutaminsäure verändert. Von vielen getesteten aliphat. Mono- u. Dicarbonsäuren konnten nur Propionsäure u. Buttersäure die Essigsäure teilweise ersetzen. Werden II-Mangelzellen mit Acetat + NH_4^+ + II präinkubiert, so nehmen sie normale Mengen I auch aus Puffern auf, die Acetat, NH_4^+ u. II nicht enthalten. W. Hiller. 4310□

Untersuchungen über Bakterienthiaminase. 5. Mitt. **Untersuchungen über das synthetische Medium für Bacillus thiaminolyticus.** Tadayoshi Ono. (Vitamins [Kyoto] **20.** 410—20. 1960. Osaka, Osaka Prefectural Hygienic Labor.) (Jap.; Auszug: Engl.) — 2. vgl. C. **1959.** 15395.

Vf. untersuchte die Nährstoffansprüche für *Bacillus thiaminolyticus*. NH_4^+ wird als N-Quelle benutzt, wobei *Thiaminase* im Medium gebildet wird. NO_3^- u. NO_2^- werden nicht genutzt. Glycerin begünstigt u. Glucose hemmt das Wachstum. Der optimale Thiamin-Geh. für B. thiaminolyticus ist 0,01—0,5 μg/ml Medium. 10 μg des Vitamins/ml hemmten das Wachstum von allen Stämmen. Vf. entwickelte ein einfaches synthet. Medium zum Studium des Stoffwechsels von B. thiaminolyticus. Durchlüftung der Kultur begünstigt das Wachstum der Kultur u. die Bldg. der Thiaminase. W. Hiller. 4310□

Der Mangel an Beziehungen zwischen dem Gehalt an N-Acetylneuraminsäure, Toxizität und Letalität von Escherichia coli. M. Forbes und N. A. Kuck. (Proc. Soc. exp. Biol. Med. **108.** 34—38. Okt. 1961. Pearl River, N.Y., Amer. Cyanamid Co., Lederle Labor. Div.) (Engl.)

Einige Stämme von *Escherichia coli* haben eine größere letale Wrkg. auf Mäuse als andere. Aus diesem Grunde wurde die Letalität von 13 Stämmen von E. coli von verschiedenem serolog. Typ an Mäusen erprobt, wobei sie stark wechselte. Diese Differenzen konnten nicht hitzestabilen Toxinen oder der An- oder Abwesenheit von *N-Acetylneuraminsäure* (I, *Sialsäure*) zugeschrieben werden. Zellfreie Lysate, die I in gebundener Form in Mengen von 30—50 μg enthielten, wirkten tox. auf Ratten (Anorexia, Gew.-Verlust, Lethargie, gelegentlich Tod) u. verursachten bei Kaninchen in Kombination mit Epinephrin injiziert hämorrag. Schädigungen. Vergleichbare Lysate älterer Zellen des gleichen Stammes enthielten keine I. L. Macher. 4315□

o-Phthalsäure aus Bakteriensporen. Ein Artefakt. P. H. Hodson und J. W. Foster. (J. Bacteriol. **82.** 791. Nov. 1961. Austin, Tex., Univ. of Texas, Dep. of Microbiol.) (Engl.)

Wenn Sporen von *Bacillus megatherium* in viel 80%ig. A. am Rückfluß erhitzt u. die Lsg. anschließend in „Lusteroid"-Gefäßen (Int. Equipment Comp., Boston, Mass.) zentrifugiert wurde, konnte *o-Phthalsäure* isoliert werden, dagegen nicht, wenn in rostfreien Gefäßen zentrifugiert wurde. P. Gregorzewski. 4315□

Teichosäuren und die Struktur der Bakterienwände. A. R. Archibald, J. J. Armstrong, J. Baddiley und J. B. Hay. (Nature [London] **191.** 570—72. 5/8. 1961. Newcastle-upon-Tyne, Univ. of Durham, Dep. of Chem.) (Engl.)

Die elektronenmkr. Unters. gefärbter Schnitte der isolierten Zellwände von *L. arabinosus* (A), *L. casei*, *L. fermentii* *B. subtilis* (S) u. *B. cereus* ergab in jedem Falle 3 Schichten. Nach Extraktion der *Teichosäure* (I) u. eines lösl. Polysaccharids aus A- (u. S)-Zellwänden zeigte das zurückbleibende Mucopolysaccharid noch die Struktur der ursprünglichen Zellwand. Da demnach Teichosäuren nicht wesentlich zur Festigkeit der Wände beitragen, besteht deren Funktion u. a. möglicherweise in der Lieferung geladener Gruppen. I ist nicht durch Covalenzbindungen über die NH_2-Gruppen der O-Alanylesterreste an die Zellwand gebunden. In der nativen Wand enthält I freie Phosphat- u. NH_2-Gruppen u. wird in der Wand vermutlich durch Ionen- u. H-Bindungen festgehalten. Möglicherweise steuert I die Ionenpassage. K. MAIER. 4315□

Der Hauptweg der Stickstoffassimilation von Bacillus subtilis. S. C. Shen, M. M. Hong und A. E. Braunstein. (Biochim. biophysica Acta [Amsterdam] **36.** 290 bis 291. Nov. 1959. Moscow, USSR Acad. of Med. Sciences, Inst. of Biolog. and Med. Chem.) (Engl.)

Unters. von *Bacillus subtilis*-Varianten, denen die *L-Glutaminsäuredehydrogenase* fehlt, zeigten, daß der Weg der Stickstoffassimilation über die Red. der Brenztraubensäure zu Alanin verläuft. Der Stickstoff wird dann weiter übertragen durch die *Glutaminsäure-Asparaginsäure-Transaminasen.* W. HIRTE. 4320□

Über einige Versuche zur Verwertung flüssiger Kohlenwasserstoffe durch Bodenmikroorganismen. Ricardo Feltre. (Bol. Dep. Quím. **1957.** Nr. 9. 39—49. Dez. São Paulo, Univ., Esc. Politécn.) (Port.)

Unter den von IMELIK [1948] für *Pseudomonas aeruginosa* angegebenen Bedingungen werden Bodenbakterien isoliert u. kultiviert, deren Wrkg. an der Grenzfläche von *Vaselinöl* (I) u. W. bei 30° u. pH 7 untersucht wird. Da die physikal. Werte von I (Kp., $D.^{30}$, n_D^{22}) unverändert bleiben, wurde angenommen, daß entweder nur das im W. gelöste I von den Bakterien verwertet wird oder daß die Oxydations-Prodd. sich in W. lösen. Jedoch bestätigt eine Unters. der wss. Phase diese Annahme nicht. R. K. MÜLLER. 4320□

Oxydation von Kerosin durch ein aus dem Boden isoliertes Bakterium. Rubens Molinari. (Bol. Dep. Quím. **1957.** Nr. 9. 27—37. 3 Tafeln. Dez. São Paulo, Univ., Fac. de Med.) (Port.)

Aus dem Boden wird ein Bakterium isoliert, das fähig ist, *Kerosin* (I) zu oxydieren. Als Medium für das Wachstum dient eine wss. Lsg. von 1,0 (g/Liter) $(NH_4)_2SO_4$, 1,0 K_2HPO_4 u. 0,5 $MgSO_4$, die auf pH 7 eingestellt ist. Optimale Bedingungen für das Wachstum sind pH 7,5 u. 31°, für die Oxydation von I pH 7—7,5. Der auf I entfallende Anteil des O_2-Verbrauchs beträgt 8,6 μLiter bei pH 7 u. 30°. R. K. MÜLLER. 4320□

Die Bedeutung von Metallen bei manometrischen Untersuchungen an Cephalosporium longisporum. Henry D. Isenberg, Michael A. Pisano und Lawrence N. Rappaport. (J. Bacteriol. **82.** 785—87. Nov. 1961. New York, N.Y., New Hyde Park, Long Island Jewish Hosp., Sect. of Microbiol.; New York, Jamaica, St. John's Univ., Dep. of Biol.) (Engl.)

Zusatz von folgenden Spurenmetallen zum Puffer gestattet die Verw. der WARBURG-App. zur Best. der Glucose-Respiration von *Cephalosporium longisporum*: Zn^{2+}, Mn^{2+}, Cu^{2+}, Fe^{2+}, Co^{2+}, $Mo_7O_{24}^{6-}$. P. GREGORZEWSKI. 4320□

Biosynthese von Riboflavin durch Eremothecium ashbyii. 2. Mitt. **Wirkung von Aminosäuren, Harnsäuren, Hydantoinen und anderen Stickstoffverbindungen auf das Wachstum und die Vitamin-B_2-Bildung.** H. G. Osman und M. H. M. Soliman. (Biochem. Z. **333.** 351—60. 1960. Cairo, Biochem. Unit., Nat. Res. Centre.) (Engl.) — 1. vgl. C. **1962.** 177.

L-Cystein (0,001m) fördert die *Riboflavin* (I)-Bldg., hindert jedoch das Wachstum von *E. ashbyii*. *β-Alanin* unterdrückt sowohl Wachstum als auch I-Bildung. *5-Propionsäurehydantoin*, *Ureidoglutarsäure*, *2.4-Diketohexahydropyrimidin* u. *Xanthin* fördern die I-Bldg., während Adenosin sie behindert. Die hindernde Wrkg. der Propionsäure auf Wachstum von *E. ashbyii* u. I-Bldg. wird durch die Anwesenheit von Harnstoff abgeschwächt. H.-W. WACHE. 4320□

Biosynthese und Ausscheidung der Folsäure während des Wachstumscyclus von Lactobacillus arabinosus. Veikko Nurmikko und Juhani Soini. (Acta chem. scand. **15.** 1259—62. 1961. Turku, Univ. of Turku, Dep. of Biochem.) (Engl.)

Die Unters. des *Folsäure* (I)-Geh. von *L. arabinosus*-Zellen u. der I-Ausscheidung während der akt. Wachstumsphasen derselben ergab bereits erhebliche Schwankungen des I-Geh. während der Latenzphase (zwischen den Zellteilungen). Der I-Geh. stieg während der frühen exponentiellen Wachstumsphase an, erreichte nach Ablauf $^1/_3$ derselben ein Maximum u. sank dann ziemlich rasch auf das ursprüngliche Niveau ab. Während der Latenzphase schied *L. arabinosus* keine I aus, jedoch während der Phasen beschleunigten u. verlangsamten Wachstums. K. MAIER. 4320□

Der Abbau einiger Verbindungen mit Pyrrolkern durch Bakterien des Rinderpansens. Anne-Marie Lacoste. (C. R. hebd. Séances Acad. Sci. **250.** 2773–75. 11/4. 1960. Toulouse, Fac. des Sci., Labor. de Physiol. générale.) (Franz.)

Pansenbakterien bauen Verbb. mit Pyrrolkern durch Ringöffnung, Desaminierung u. Decarboxylierung ab, wobei als Endprodd. stets flüchtige Fettsäuren, als Hauptenergiequelle des Tieres, auftreten. Beispiele: *L-Prolin* → δ-Aminovaleriansäure, Valeriansäure; *L-Hydroxyprolin* → δ-Amino-γ-hydroxyvaleriansäure; *L-Pyrrolidon-(5)-2-carbonsäure* → Glutaminsäure (? nicht gefaßt), Essigsäure (I), Buttersäure (II); *α-Pyrrolidon* → γ-Aminobuttersäure, I, II, Propionsäure. Einigen Kulturen wurde Maltose, z. T. in Verb. mit Harnstoff, zugesetzt. K. MAIER. 4320□

Untersuchungen über die Herkunft des Sauerstoffs von Proteinen. D. Rittenberg, Laura Ponticorvo und Ernest Borek. (J. biol. Chemistry **236.** 1769–72. Juni 1961. New York, N.Y., Columbia Univ., Coll. of Phys. and Surg., Dep. of Biochem.) (Engl.)

Escherichia coli bildet beim Wachstum auf einem Minimum-Medium sämtliche Zellbestandteile aus *Glucose* (I), *W.*, *Phosphat* u. anderen anorgan. Verbindungen. Aus Verss. mit $H_2{}^{18}O$, $H_3P^{18}O_4$, $^{18}O_{(1)}$-Glucose bzw. $^{18}O_{(6)}$-Glucose im Nährmedium ergab sich folgendes über die Herkunft der O-Atome in den Proteinen: 65% der O-Atome stammen aus W., ca. 2% aus dem O_2 des Phosphats. Die $O_{(1)}$- u. $O_{(6)}$-Atome der I liefern jedes ca. 1% des Gesamt-O_2 der Proteine. Die restlichen 30% der O-Atome müssen aus den anderen 4 O-Atomen der I stammen. A. HESSE. 4320□

Die Antifungus-Wirkung von 70%igem Äthylalkohol. Kurt Loewenthal. (Arch. Dermatology **83.** 803–05. Mai 1961. Freeport, N.Y., Div. of Dermatol., State Univ. of New York, Coll. of Med.; New York City, Downstate Med. Center, Brooklyn.) (Engl.)

Epilierte, mit *Microsporon audouini* infizierte Kopfhaare wurden in 70%ig. A. eingetaucht, abgespült, getrocknet u. jedes Haar einzeln auf SABOURAUDS Dextrose-Schrägagar eingepflanzt. Durch das Eintauchen in A. für 1–2 Min. kommt es zu einer Verzögerung oder vollständigen Hemmung der Entw. von Pilzkolonien bei ca. 40% der infizierten Haare. Dabei hängt der %-Satz dieser Verzögerung bzw. vollständigen Hemmung vom direkten Verhältnis zur Einw.-Zeit in 70%ig. A. ab. K. BÖHM. 4330□

Wachstumshemmung von Streptokokken durch Adenin. Jimmie R. Nelson und Alan G. C. White. (Proc. Soc. exp. Biol. Med. **107.** 242–44. Juni 1961. New Orleans, La., Tulane Univ., School of Med., Dep. of Biochem.) (Engl.)

Es zeigte sich, daß *Adenin* (I) in einer Konz. von 5 μg/ml u. darüber in einem synthet. Medium das Wachstum von 2 Stämmen von *Streptococcus pyogenes, S 23* u. *C 203 U* hemmte. Die Hemmung konnte aufgehoben werden durch Zugabe von *Xanthin, Guanin* oder *Hypoxanthin* (ca. $^1/_3$ der m-Konz. von I). H. AMAN. 4330□

Die amöbiciden, fungiciden und tuberkulostatischen Wirksamkeiten von tetrahalogenierten Benzochinonen. Peter P. T. Sah und S. A. Peoples. (Arzneimittel-Forsch. **11.** 27–33. Jan. 1961. Davis, Calif., U.C. School of Veterinary Med.) (Engl.)

Vff. untersuchten die baktericiden Eigg. von *Chloranil* (**I**), *Bromanil* (**II**), *Jodanil* (**III**), *Fluoranil* (**IV**), *Isochloranil* (**V**), *Isobromanil* (**VI**) u. *Isofluoranil* (**VII**). Zur Best. der fungistat. Wirksamkeit der vorst. festen, in gebräuchlichen Lsgm. weitgehend unlösl. Verbb. wird eine Schnellmeth. ausgearbeitet, die darauf beruht, daß Konzz. von 1, 10 u. 100 ppm Testsubstanz (in 0,001, 0,01 u. 0,1% Methylal) in Agar-Nährböden von SABOURAUD eingebracht u. zum Vgl. dieselben Mengen Methylal enthaltende Nährböden angesetzt werden. Es zeigt sich, daß die biolog. Aktivität vorst. Verbb. von der Stellung der Chinongruppe, der Art des eingebauten Halogenatoms u. der Art des zur Prüfung herangezogenen Mikroorganismus abhängig ist. So besitzen **V, VI** u. **VII** die stärksten fungistat. Wirksamkeiten; **I** entspricht in seiner Wrkg. dem Prod. „Desenex" (5% *Undecylensäure* + 20% *Zn-Undecylenat*), **II** u. **III** zeigen geringere fungistat. Aktivität. Von den verwendeten Mikroorganismen ist *Candida albicans* am wenigsten empfindlich gegen die halogenierten Benzochinone. Die tuberkulostat. Aktivität gegen *Mycobacterium tuberculosis* (H 37 Rv) in vitro nimmt in der Reihenfolge **V, VII, I, IV, VI, II** u. **III**, die amöbicide Wirksamkeit (gegen *Endamoeba histolytica*) nach **VI, V, VII, II, I, IV** u. **III** ab. In vivo-Verss. an ausgewachsenen u. neugeborenen, mit Endamoeba infizierten Katzen haben gezeigt, daß unter den 7 halogenierten Benzochinonen, bes. in Ggw. von *Chiniofon* (*Yatren*) u. *Emetin*, **V** (100 mg per os) die stärkste amöbicide Wrkg. aufweist. Auch **VI** u. **VII** sind hoch akt., besitzen jedoch zusätzliche tox. Nebenwrkg., die bei **VI** durch Zufuhr von Vitamin B_6 z. T. verhindert werden können.

Versuche: (*Chloranil* (**I**; F. 287—288° [Zers.]), aus p-Nitranilin u. $KClO_3$ in HCl, Red. des gebildeten *2.6-Dichlor-4-nitroanilins* (F. 189°, citronengelbe Nadeln; 87% [Ausbeute]) mit Sn in HCl zu *2.6-Dichlor-4-aminoanilin* (*2.6-Dichlor-1.4-diaminobenzoldihydrochlorid*) u. anschließende Oxydation mit $KClO_3$; goldgelbe Blättchen aus A.; 90%. — *Bromanil* (**II**; F. 293—294° [Zers.]), durch Bromierung von Hydrochinon in Eisessig u. anschließende Oxydation mit konz. HNO_3; goldgelbe Prismen aus A. — *Jodanil* (**III**; $C_6J_4O_2$, F. 262—264° [Zers.]), aus **II** u. Alkalijodid in A. am Rückfluß; schokoladenbraune Nadeln. — *2-Nitro-4-fluoranilin* (**VIII**; F. 92°), durch Nitrierung von *p-Fluoracetanilid* (F. 152°, aus diazotiertem *p-Nitroanilin* durch Umsetzung nach SANDMEYER-GATTERMANN zu *p-Nitrofluorbenzol*, Red. zu *p-Fluoranilin* u. anschließende Acetylierung). — *2-Nitro-1.4-difluorbenzol* (**IX**; F. —11 bis —12°; $Kp._{24-25}$ 102—104°), durch Zers. von diazotiertem **VIII** nach SANDMEYER-GATTERMANN oder Nitrierung von *1.4-Difluorbenzol*. — *2.5-Difluoranilin* (**X**; F. 13—14°, $Kp._{30}$ 84—85°), durch Red. von **IX**. — *1.2.4-Trifluorbenzol* (Kp. 88°), durch Diazotierung u. SCHIEMANN-Rk. von **X**. — *2.4.5-Trifluornitrobenzol* (**XI**; F. —10 bis —11°, Kp. 190—192°), durch Nitrierung vorst. Verb.; 85%. — *2.4.5-Trifluoranilin* (F. 59—60°), aus **XI** durch Red. mit $SnCl_2$ in HCl, Nadeln aus PAe.; 85%. *Acetyl-Deriv.* (F. 128—130°). — *1.2.4.5-Tetrafluorbenzol* (F. 4—5°, Kp. 88—89°), aus vorst. Verb. durch Diazotierung u. SCHIEMANN-Rk.; 40—45%. — *2.5-Difluor-1.4-benzochinon* ($C_6H_2F_2O_2$, F. 171—172°), durch Oxydation von **X**, *2.5-Difluorphenol*, *2.5-Difluor-1,4-phenylendiamin* oder *2.5-Difluor-4-aminophenol*. — *Fluoranil* (**IV**; $C_6F_4O_2$, F. 275—300° [Zers.; Bldg. von COF_2 u. C]), aus Hydrochinon, HF u. $KMnO_4$ bei 0°, goldgelbe Prismen aus Toluol; 18%; mit sd. A. Bldg. von *2.5-Difluor-3.6-dialkoxy-1.4-benzochinonen* (*Dimethoxy-Deriv.*: $C_8H_6O_4F_2$; *Diäthoxy-Deriv.*, $C_{10}H_{10}O_4F_2$). **IV** auch aus *2.5-Difluor-1.4-diaminobenzol* ($C_6H_6N_2F_2$, F. 129—130°, aus *p-Difluorbenzol* [Kp. 88 bis 89°], Nitrierung zu *2-Nitro-1.4-difluorbenzol* [$Kp._{25}$ 102—104°], Red. zu *2-Amino-* [F. 12—14°, $Kp._{25}$ 79—80°], Acetylierung, Nitrierung des Acetyl-Deriv. zu *4-Nitro-2.5-difluoracetanilid* [F. 153—154°] u. nachfolgende Red.). — *Isochloranil* (**V**; $C_6Cl_4O_2$, F. 192° [Zers.]), durch Chlorierung von Brenzcatechin in Eisessig u. anschließende Oxydation des gebildeten *Tetrachlorbrenzcatechins* (F. 194—195°) mit HNO_3, oder durch Behandlung von Brenzcatechin mit CCl_4 am Rückfluß u. nachfolgende Oxydation mit $KMnO_4$; orangerote Platten; 20%. — *Isobromanil* (**VI**; $C_6Br_4O_2$, durch Bromierung von Brenzcatechin u. anschließende Oxydation mit HNO_3 oder oxydative Bromierung in Ggw. von $SbBr_5$; F. 320° [Zers.]; scharlachrote prismat. Nadeln, aus A. u. Äthylacetat). — *Isofluoranil* (**VII**; $C_6F_4O_2$, durch Behandlung von Brenzcatechin mit HF u. Oxydation mit $KMnO_4$ oder $K_2Cr_2O_7$; oxydative Fluorierung von *o-Phenylendiamin* bzw. *o-Aminophenol* bei 0°; rote prismat. Nadeln; F. 125—150° [Zers.]; unbeständiger als **IV**). — *Isojodanil* (nicht erhältlich durch Einw. von KJ auf **V** oder **VI**, Jodierung von Brenzcatechin oder *1.2-Benzochinon* in CCl_4 in Ggw. von $FeCl_3$, da Zers. schon im statu nascendi.) P. FAHRNLAENDER. 4330 □

Gewinnung und Veredlung von Chinolinbasen. 6. Mitt. **Abwandlungen des 6-Methylchinolin-N-oxids in 4-Stellung.** Elmar Profft, Gerhard Buchmann und Norbert Wackrow. (Arzneimittel-Forsch. **10.** 1029—32. Dez. 1960. Leuna-Merseburg, TH für Chem., Inst. für org. Chem.) (Dt.) — 5. vgl. C. **1961.** 18365.

Das aus hochsiedenden Kohlenteerölbasen (Siedebereich: 240—280°) techn. gewinnbare *6-Methylchinolin* (**I**) läßt sich durch Einw. von H_2O_2 in essigsaurer Lsg. in das *N-Oxid* (**II**) überführen, das infolge seiner semipolaren ($N^+—O^-$)-Bindung einer $C_{(4)}$-Substitution am Pyridinring bes. leicht zugänglich ist. So geht **II** bei der Nitrierung in *4-Nitro-6-methylchinolin-N-oxid* (**III**) u. dieses durch Behandlung mit Acetylhalogeniden bzw. Halogenwasserstoffsäuren in 4-Halogen-Derivv. über, die sich mit Na-Alkoholat oder -Phenolat zu den entsprechenden 4-Alkoxy-Verbb. umsetzen lassen. Aus *4-Chlor-6-methylchinolin-N-oxid* wird ferner durch Einw. von *Hydrazin* die 4-Hydrazino-Verb. gewonnen, u. aus dieser werden durch Behandlung mit Aceton bzw. Acetessigester *6-Methylchinolin-N-oxid-4-hydrazone* dargestellt. Bei Umsetzungen mit Aminen gelingt nur die Rk. mit n-Butylamin in A. in Ggw. von KJ zu *4-[n-Butylamino]-6-methylchinolin-N-oxid*. Zur Durchführung von Quaternisierungen werden die *4-Alkoxy-6-methylchinolin-N-oxide* mit Fe-Pulver in essigsaurer Lsg. in N_2-Atmosphäre red. u. die gebildeten *4-Alkoxy-6-methylchinoline* mit Alkylhalogeniden zu *4-Alkoxy-6-methylchinolinhalogenmethylestern* umgesetzt. Die biolog. Prüfung auf fungistat. u. bakteriostat. Wirksamkeit zeigt, daß **III** 50% der Sporen von *Aspergillus niger* schon in einer Konz. von 0,00000173% abtötet. *4-Hydrazino-6-methylchinolin-N-oxid*, *4-Methoxy-* u. *4-Äthoxy-6-methylchinolinjodmethylat* sind fungistat. unwirksam, zeigen jedoch in Konzz. von

0,005—0,5% gegen *Escherichia coli* u. *Staphylococcus aureus* bakteriostat. Aktivität. Die stärkste Wirksamkeit besitzt jedoch **III**.

Versuche: *6-Methylchinolin-N-oxid-monohydrat* (**IV**), $C_{10}H_9NO \cdot H_2O$, F. 51,5 bis 52°; aus *6-Methylchinolin* (**I**) in Eisessig u. 30%ig. H_2O_2 (24 Std., 70°); 81% (Ausbeute); freie Base: F. 178—178,5°; gelbe Nadeln aus Alkohol. — *4-Nitro-6-methylchinolin-N-oxid* (**III**), F. 183°, aus **IV** durch Erhitzen mit konz. HNO_3 u. H_2SO_4 (70°), 52%; gelbe Nadeln (aus Aceton). — *4-Chlor-6-methylchinolin-N-oxid* (**V**), $C_{10}H_8ClNO$, F. 141°; aus **III** in konz. HCl u. Eindampfen zur Trockne; 91,2%; gelbliche Säulen. *Hydrochlorid*, F. 182—183°, Nadeln. — *4-Brom-6-methylchinolin-N-oxid*, $C_{10}H_8BrNO$, F. 145—146°; aus **III** u. 48%ig. HBr, 67%; gelbe Säulen (aus Aceton). — *4-Methoxy-6-methylchinolin-N-oxid-trihydrat* (**VI**), $C_{11}H_{11}NO_2 \cdot 3\,H_2O$, F. 70,5°; aus dem 4-Chlor-Deriv. in Methanol u. Na am Rückfluß, 83,4%; Nadeln (aus W.); freie Base: $C_{11}H_{11}NO_2$; F. 163,5—164° (Aceton); *Pikrat*, F. 176°; gelbe Nadeln (aus A.) — Folgende 6-Methylchinolin-N-oxid-Verbb.: *4-Äthoxy-*, $C_{12}H_{13}NO_2$, F. 167—168°; 74,5%; *Trihydrat*, F. 73°; *Pikrat*, F. 186,5°. *4-n-Propoxy-*, $C_{13}H_{15}NO_2 \cdot 2\,H_2O$; F. (wasserfrei) 201—201,5°; 32,2%; *Hydrat*, F. 76°; *Pikrat*, F. 140—141°. — *4-Isopropoxy-*, $C_{13}H_{15}NO_2 \cdot 2\,H_2O$; F. (wasserfrei) 207 bis 207,5°; 53,5%; *Hydrat*, F. 94°; *Pikrat*, F. 213—213,2°. — *4-Phenoxy-*, $C_{16}H_{13}NO_2 \cdot H_2O$; F. (wasserfrei) 127—127,5°; 61,7%; *Hydrat*, F. 102°; *Pikrat*, F. 170—171°. — *4-o-Kresoxy-*, $C_{17}H_{15}NO_2 \cdot H_2O$; F. (wasserfrei) 138—139°; 49,5%; *Hydrat*, F. 96—97°; *Pikrat*, Nadeln, kein F.; — *4-m-Kresoxy-*, $C_{17}H_{15}NO_2$; F. (wasserfrei) 121—121,5°; 61%; *Hydrat*, F. 80—81°; *Pikrat*, F. 154,5—155°. — *4-Hydroxy-*, $C_{10}H_9NO_2$; F. 212—212,5°; 22,2%. *Pikrat*, Nadeln, kein F. — *4-Methoxy-6-methylchinolinmonohydrat* (**VII**), $C_{11}H_{11}NO \cdot H_2O$, F. 40,5—41°; aus **VI** in Eisessig durch Red. mit Fe-Pulver; 78%; Nadeln; *Pikrat*, F. 225,5—226,6°, gelbe Nadeln. — *4-Äthoxy-*, $C_{12}H_{13}NO \cdot H_2O$; F. 42,5—43°, analog, 78%; *Pikrat*, F. 232,5°. — *4-Methoxy-6-methylchinolin-N-methojodid* (**VIII**), $C_{12}H_{14}JNO$, F. 158,2—158,5°; aus **VI** in Bzl. u. CH_3J; 83,5%, schwach gelbe Nadeln (aus Methanol). — *4-Äthoxy-6-methylchinolin-N-methojodid*, $C_{13}H_{16}JNO$; analog; 58%. — *4-Hydrazino-6-methylchinolin-N-oxiddihydrat*, $C_{10}H_{11}NO_3 \cdot 2\,H_2O$; F. 171°; aus **V** u. Hydrazinhydrat in A., 52,0%; schwachgelbe Nadeln (aus W.); *Hydrochlorid*, F. 218°. — *4-[p-Nitrophenylhydrazino]-6-methylchinolin-N-oxidhydrochlorid*, $C_{16}H_{14}N_4O_3 \cdot HCl$; F. 129 bis 130°; aus **V** u. p-Nitrophenylhydrazin; 51,5%; gelb, amorph. — *4-[n-Butylamino]-6-methylchinolin-N-oxid*, $C_{14}H_{18}N_2O$, F. 206—207,5° (Zers.) aus **V** u. Butylamin; 42%; gelbe Nadeln (aus Aceton). — *Aceton-[6-methylchinolyl-(4)-hydrazon-N-oxid]-dihydrat*, $C_{13}H_{15}N_3O \cdot 2\,H_2O$; F. 204—205° (Zers.); aus 4-Hydrazino-Verb. u. Aceton; 78%; gelbe Nadeln. — *Acetessigester-[6-methylchinolyl-(4)-hydrazon-N-oxid]-dihydrat*, $C_{16}H_{19}N_3O_3 \cdot 2\,H_2O$, F. 137,5—139° (Zers.), analog, 72%; gelbe Säulen (aus A.). P. FAHRNLAENDER. 4330 □

Induzierte phenotypische Resistenz gegen einen Antimetaboliten. H. S. Moyed. (Science [Washington] **131**. 1449. 13/5. 1960. Boston, Mass., Harvard Med. School, Dep. of Bacteriol. and Immunol.) (Engl.) — Vgl. C. **1960**. 13723; C. **1961**. 1596, 5481.

Bei *Escherichia coli* entwickelt sich gegen die wachstumshemmende Wrkg. des Antimetaboliten *2-Thiazolalanin* (**I**) rasch eine Resistenz. Diese Resistenz geht aber bei Abwesenheit von **I** wieder verloren. Diese induzierte Resistenz ist durch die verstärkte Bldg. eines für **I** empfindlichen Fermentes begleitet. G. KIMMERLE. 4330

Die Isolierung von S-Methylcysteinsulfoxid und S-n-Propylcysteinsulfoxid aus der Küchenzwiebel (Allium cepa) und die antibiotische Aktivität zerkleinerter Küchenzwiebeln. Artturi I. Virtanen und E. J. Matikkala. (Acta chem. scand. **13**. 1898—1900. 1959. Helsinki, Biochem. Inst.) (Engl.)

Frische Homogenate von *Allium cepa* hemmen in Konzz. von 50—100 mg/1 ml Nähr-Lsg. das Wachstum von *Staphylococcus aureus* vollständig u. noch 15 mg/ml verzögern das Wachstum beträchtlich. Werden dagegen die Enzyme der Zwiebeln auf verschiedene Weise inaktiviert, nimmt der antimikrobiol. Effekt sehr stark ab. Die hohe antimikrobiolog. Wirksamkeit der frischen Homogenate ist auf die Thiosulfinate des *S-Methylcysteinsulfoxids* (**I**) u. des *S-n-Propylcysteinsulfoxids* (**II**) zurückzuführen. Aus jeweils 3 kg geschälten Küchenzwiebeln wurden durch Extraktion mit 80%ig. Methanol u. Fraktionierung an Ionenaustauschern u. Cellulosesäulen 30 mg **II** u. 149 mg **I** (neben 4,6 g *Cycloalliin*) erhalten. **I** wird durch 57%ig. HJ zu *S-Methylcystein* red. u. dieses mit Ninhydrin zum *S-Methylthioacetaldehyd* oxydiert. Aus Dimedon, F. 126—128°. Eine halbquant. Best. von **I** u. **II** wird beschrieben. W. SCHENK. 4340 □

Ein durch weißsporigen Streptomyceten (Albusgruppe) aus Neuseelandmutterboden gebildetes Breitspektrumantibioticum. T. R. Vernon und M. H. Dye. (New Zealand J. agric. Res. **2**. 982—89. Okt. 1959. Auckland, New Zealand, Dep. of Sci. and Indust. Res., Plant. Dis. Div.) (Engl.)

Aus Marscherde nahe Palmerston North konnte ein *Streptomyces*-Stamm isoliert werden, der eine weitgespannte Aktivität gegenüber grampositiven u. gramnegativen

Bakterien zeigte. Als günstigstes Kulturmedium wurde eine Zus. von 10 g entfettetem Sojamehl, 10 g Dextrose, 5 g NaCl, 1 g $CaCO_3$, W. ad 1000 ml gewählt. Das Kulturfiltrat (pH 3) verlor bei Erhitzung auf 98° für 15 Min. nur wenig von seiner Aktivität, die Aktivität wurde jedoch mit pH-Erhöhung vermindert; Lagerung bei 11° bei pH 2,8 wurde für 5 Monate ohne Wrkg.-Verlust ertragen. Vorläufige Verss. an Mäusen u. Kaninchen zeigten, daß das Antibioticum eine hohe Toxizität besitzt, die zu ausgedehnten Leber- u. Nierenschädigungen führt. U. Tausendfreund. 4340 □

Die Zusammensetzung der cellulosezersetzenden Mikroflora auf Bodenerdeplatten. A. Keynan, Y. Henis und P. Keller. (Nature [London] **191.** 307. 15/7. 1961. Ness-Ziona, Israel Inst. for Biol. Res.; Rehovoth, Hebrew Univ., Fac. of Agric., Dep. of Soil Sciences.) (Engl.)

Ein Vgl. der Zus. der cellulosezersetzenden Bodenflora auf Filterpapier u. Cellophan (I), die sich auf Mineralsalz–Agar befanden u. mit Bodenproben bedeckt waren, ergab, daß I nicht gleichmäßig die Entw. aller Cellulosezersetzer begünstigt, sondern vorwiegend eine Anreicherung cellulosezersetzender Pilze fördert. *Cellvibrio*-Bakterien hemmten auf Nährböden, die Cellulose als einzige C-Quelle enthielten, nicht aber in Ggw. von Glucose oder Cellobiose, das Wachstum des cellulosezersetzenden Pilzes *Stachybotrys*. *Cellvibrio* wuchs auf I als Substrat schlecht oder gar nicht. K. Maier. 4350 □

Reaktion eines Aspergilluspolysaccharids mit Cryptococcuskapseln und verschiedenen sauren Polysacchariden. E. Edward Evans. (Proc. Soc. exp. Biol. Med. **101.** 760—62. Aug./Sept. 1959. Birmingham, Univ. of Alabama, Med. Center, Dep. of Microbiol.) (Engl.)

Bei der Mischung des von *Aspergillus parasiticus* gebildeten *Polygalaktosamins* (I) mit Zellen von *Cryptococcus neoformans* wurde eine „Kapsel-Rk.“ u. Agglutination beobachtet, während Kontrollzellen in W. oder Salz-Lsg. keine Kapseln bildeten. Die günstigste Konz. von I betrug 50 μg/ml. Gelöstes Polysaccharid (100 oder 1000 μg/ml) Cryptococcus-Zellsuspensionen vor der I-Einw. zugesetzt, verhinderte die Kapselreaktion. Verschiedene saure Polysaccharide einschließlich der der Gummiakazie sowie der Kapselpolysaccharide von *C. neoformans* u. *Pneumococcus* ließen sich mit I ausfällen. Dextran, das einzige untersuchte nicht saure Polysaccharid, konnte hingegen mit I nicht ausgefällt werden. Die Kapsel-Rk. u. Agglutination stellt eine ähnliche Erscheinung dar wie die, die durch einen spezif. Antikörper verursacht wird. W. Kreipe. 4370 □

Untersuchungen über das Toxin des Clostridium botulinum. 5. Mitt. **Die prophylaktische Immunisierung von Fasanen und Enten gegen den Geflügel-Botulismus.** D. A. Boroff und J. R. Reilly. (J. Bacteriol. **77.** 142—46. Febr. 1959. Ridgefield, Conn., Engl. Inst. for Med. Res.; Delmar, N.Y., New York State Conservation Dep., Wildlife Res. Labor.) (Engl.) — 3. vgl. J. Bacteriol. **70.** 1955. 363.

Zwei intraperitoneale Impfungen mit dem Toxoid des *Clostridium botulinum C* in einem Abstand von 3—4 Wochen führten bei ganz jungen Fasanen u. Enten zu einer Immunität, die gegen die perorale Intoxikation mit 2000 DL_{50} des Toxins C, aber auch teilweise des Toxins D schützt u. mindestens 8 Monate anhält. Ein mit Freund's Adjuvans aktivierter Impfstoff ist zweckmäßig. Fasanen u. Enten sind gegen das Toxin C 500 bzw. 50mal empfindlicher als Mäuse. E. Fischoeder. 4370 □

Die Bildung pyrogener Substanzen durch Extrakte aus verzögert hypersensibilisierten Zellen gemischt mit dem Antigen in vitro. J. Johanovský. (Nature [London] **190.** 355—56. 22/4. 1961. Prag 10, Inst. of Sera and Vaccines.) (Engl.) — Vgl. C. **1961.** 16878.

Injektionen zellfreier Extrakte aus Milz oder Lymphknoten von mit B. C. G. Vaccine plus Tuberculin sensibilisierten Meerschweinchen oder Kaninchen, die mit gereinigtem Proteinantigen gemischt wurden (1 ml Extrakt + 1 Antigen) rufen bei normalen Tieren Fieber hervor. Der sich bildende pyrogenwirksame Faktor ist in gefrorenem Zustand haltbar. Extrakte oder Antigen allein oder Gemische von Antigen mit Normalzellenextrakten oder Gemische von Extrakten aus hypersensibilisierten Zellen mit unspezif. Antigenen zeigen keinerlei Wirkung. D. Ziebarth. 4370 □

Die radioaktiven Isotope in der Virusforschung. Werner Schäfer. (Pathol. et Microbiol. [Basel] **23.** 613—34. 1960. Tübingen, Max-Planck-Inst. für Virusforsch.) (Dt.)

Übersicht. — 20 Literaturangaben. H.-G. Floss. 4374 □

Über Konfigurationen hochpolymerer Ribonucleinsäuremakromoleküle mit Hilfe der Elektronenmikroskopie. N. A. Kisselev, L. P. Gavrilova und A. S. Spirin. (J. molecular Biol. **3.** 778—83. Dez. 1961. Moscow, Inst. of Crystallography, A. N. Bakh Inst. of Biochem., Acad. of Sci. of the USSR.) (Engl.)

Infektiöse *Ribonucleinsäure* (*RNS*) vom Tabakmosaikvirus (TMV) u. ribosomale E. coli-RNS werden nach Enteiweißung mit Phenol mit 1,5m NaCl-Lsg. zur Abspaltung von Depolymerasen u. ähnlichem behandelt. Für TMV–RNS wird ein Molgew. von $2 \cdot 10^6$ ermittelt; E. coli-RNS besteht aus 2 Komponenten mit Molgew. $1{,}1 \cdot 10^6$ bzw. $0{,}6 \cdot 10^6$. Unter dem Elektronenmikroskop werden Form u. Größe der Makromoll. in Abhängigkeit von Ionenstärke, pH-Wert u. Temp. der Lsgg. bestimmt. Dazu wird die RNS zunächst in Ammoniumacetatpuffer, pH 7,0, gelöst u. anschließend werden folgende Ionenstärken eingestellt: a) Ionenstärke 0,075—0,15, Raum-Temp., b) Ionenstärke 0,0003—0,00075, Raum-Temp., c) Ionenstärke 0,00075, auf 70° erwärmt, u. d) Puffer, mit Essigsäure im Verhältnis 9:1 vermischt, Raumtemperatur. Die RNS-Konzz. in den verschiedenen Puffer-Lsgg. schwanken zwischen 0,0001—0,005%. Die Lsgg. werden zur Elektronenmikroskopie auf Glimmerblättchen aufgesprüht, mit einer Pt/Pd-Leg. im Winkel 7:1 bis 10:1 bedampft, mit Kohlenstoff präpariert, der Kohlenstoff-Metallfilm durch Flotation in W. vom Glimmer befreit u. der Metallfilm mit einer Instrumentvergrößerung von 18000—27000 beobachtet. TMV–RNS präpariert nach a) erscheint als flache kleine Knäuel, davon ca. die Hälfte mit einem Durchmesser von 400 Å. Die Knäuel sind ca. 25 bis 32 Å hoch, u. ihr Vol. berechnet sich zu $2 \cdot 10^6$ Å^3, was ungefähr einem intakten TMV–RNS-Mol. entspricht. E. coli-RNS weist nach a) kleinere Partikel mit 200 Å bzw. 300 Å Durchmesser auf, die den beiden Komponenten mit Molgew. $0{,}6 \cdot 10^6$ bzw. $1{,}1 \cdot 10^6$ zugeordnet werden. RNS aus Lsgg. niederer Ionenstärke b) erscheint in Form von 25 bis 30 Å hohen Stäbchen, die 2500 Å lang sind mit einem Vol. von $2 \cdot 10^6$ Å^3, was wiederum dem Vol. einer intakten TMV–RNS zukommt. Die längsten Stäbchen der ribosomalen E. coli–RNS sind dagegen mit 1200 Å Länge kürzer als die der TMV–RNS. Die Mehrheit der E. coli–RNS-Stäbchen sind dagegen nur 600 Å lang. RNS-Präpp. nach c) oder d) liegen als langgestreckte Fäden vor, die ca. 7 Å dick u. bis zu 18000 Å lang sind. Sie sind als einsträngige Polynucleotidketten anzusehen, die durch die Vorbehandlung mit Säure bzw. Wärme ihre partiellen Helixstrukturen verloren haben. L. TRÄGER. 4374□

Mutagenese von Bakteriophagen T 4 durch Acridine. Alice Orgel und S. Brenner. (J. molecular Biol. 3. 762—68. Dez. 1961. Cambridge, Univ., Dep. of Pathol.; Cavendish Labor., Med. Res. Council Unit for Mol. Biol.) (Engl.)

Verschiedene r_{II}-Mutanten der Bakteriophage T 4 werden durch *Acridine* zur Reversion induziert. Folgende Mutanten werden verwendet: BD-Mutanten (induziert durch 5-Bromuracil), SP-Mutanten (spontan), P-Mutanten (induziert durch *Proflavin*, I) u. AC-Mutanten (induziert mit 4 µg *5-Aminoacridin* (II)/ml). Die Reversionen erfolgen bei den BD-Mutanten ausschließlich durch *5-Bromuracildesoxyribosid* (III), dagegen revertiert III nicht die P- u. AC-Mutanten. Außerdem wird nur die Mutante r_{263} als eine der 10 SP-Mutanten durch III revertiert. Diese revertiert überdies zu 2 verschiedenen Formen, die sich im Plattentest mit E. coli K 12 λ in verschiedenen Plaqueformen zu erkennen geben. Im Gegensatz dazu wird keine der BD-Mutanten durch 4 µg I/ml oder 8 µg II/ml zur Reversion induziert. 10 der 12 P-Mutanten werden durch I oder II revertiert. 9 der 10 AC-Mutanten sowie 8 der 10 SP-Mutanten werden ebenfalls durch I oder II zur Reversion induziert. Folgende Acridine wurden weiterhin auf ihre mutagene Aktivität bei der Reversion der obengenannten T 4-Mutanten geprüft unter Angabe der wirksamen Konz. in µg/ml: *Acridingelb* (1,6—2), *Coriphosphin* (3), *2.5-Diaminoacridin* (8), *2-Aminoacridin* (16), *2.7-Diaminoacridin* (16), *Acridinhydrochlorid* (80—100), *Acridinorange* (16 bis 20), *4-Aminoacridin* (72), *3-Aminoacridin* (72) u. *1-Aminoacridin* (132). Demnach gibt es mindestens 2 Klassen mutagener Verbindungen. Die Aktivität der Acridine zur Induktion der Reversion bei T 4-Mutanten wird durch Aminogruppen im Ring-Syst. erhöht. Methylierung in Position 3 u. 7 unter Bldg. von *Acridingelb* erhöht weiterhin die Mutagenität. L. TRÄGER. 4374□

E_4. Pflanzenchemie. Pflanzenphysiologie. Pflanzenpathologie

Eine automatische Vorrichtung zur Steuerung der Länge von Hell- und Dunkelperioden von Cyclen jeder gewünschten Dauer. G. S. Sirohi und K. C. Hamner. (Plant Physiol. 35. 276—78. März 1960. Los Angeles, Calif., Univ. of California, Bot. Dep.) (Engl.)

Beschreibung einer einfachen Vorr. zur automat. Belichtung u. Nichtbelichtung von Pflanzen in Cyclen beliebiger Dauer. K. MAIER. 4400□

Direkte Messung von ^{14}C in getrocknetem Pflanzenmaterial. T. P. O'Brien und I. F. Wardlaw. (Austral. J. biol. Sci. 14. 361—67. Aug. 1961. Melbourne, Univ., Botany School; Ascot Vale, Vic. I.C.I.A.N.Z. Ltd., Central Res. Labor.) (Engl.)

Vff. beschreiben eine Meth. zur direkten ^{14}C-Messung in getrocknetem, gemahlenem Pflanzenmaterial, die die Analyse größerer Proben gestattet. Vier Faktoren (Trockentemp., Korngröße des Pulvers, Schichtdicke u. Abstand der Probenoberfläche vom Zählrohr) beeinflussen die Zählausbeute u. die Genauigkeit. H.-G. FLOSS. 4400□

Gewinnung von Kaliumdihydrogen-L_s(+)-isocitrat aus Blättern von Bryophyllum calycinum. Hubert Bradford Vickery und D. G. Wilson. (J. biol. Chemistry **233.** 14—17. Juli 1958. New Haven, Conn., Connecticut Agricultural Experiment Station.) (Engl.)

Vff. beschreiben eine vereinfachte Meth. zur Gewinnung von *Kaliumdihydrogen-L(+)-isocitrat* aus den Blättern von *Bryophyllum calycinum,* die 10% ihres Trockengew. als Isocitronensäure enthalten.

Versuche: *Kaliumdihydrogen-L_s(+)-isocitrat,* $KH_2C_6H_5O_7$, F. 179—186°, Nadeln oder Prismen, $[\alpha]_D^{25}$ +20,4. Getrocknete u. pulverisierte Blätter mit 6n H_2SO_4 stehenlassen, mit Celite 545 vermischen u. 24 Std. lang mit Ae. extrahieren. Nach Wasserzugabe Ae. abdampfen, Unlösl. abfiltrieren u. Extrakt bis zur klaren u. meist farblosen Lsg. mit Kohle behandeln. Extrakt mit 20%ig. KOH auf pH 3,5 bringen u. im Vakuum zu dünnem Sirup einengen. In der Kälte scheiden sich Kristalle ab, die mit Alkohol u. etwas Ae. gewaschen werden. Umkristallisation aus der 2,5fachen Wassermenge.

D. GROSS. 4420□

Die Veränderungen im Glucose-, Fructose-, Galaktose-, Saccharose- und Stachyose-Gehalt in Beziehung zur Stärkebildung bei Erbsen. R. S. Shallenberger und J. C. Moyer. (J. agric. Food Chem. **9.** 137—40. März/April 1961. Geneva, N.Y., Cornell Univ., New York State Agricultural Experiment Station.) (Engl.)

Vff. bestimmen bei reifenden Erbsen den Geh. an *Glucose, Fructose, Galaktose, Saccharose, Raffinose* u. *Stachyose* u. untersuchen die Änderungen in Beziehung zum *Stärke-* bzw. *Amylose-* u. *Amylopektin-*Gehalt. Die Oligosaccharide werden papierchromatograph. getrennt u. quant. bestimmt. *Saccharose, Raffinose* u. *Stachyose* werden nach ihrer papierchromatograph. Trennung mit W. eluiert u. mit Invertase gespalten. Die Verss. zeigen, daß mit abnehmendem Stachyose- u. Amylopektin-Geh. Galaktose akkumuliert wird. Während der Stärkeakkumulation ist der Saccharose-Geh. dem Stärke- u. Amylose-Geh. umgekehrt proportional, während sich der Stachyose-Geh. zum Amylopektin-Geh. direkt proportional verhält.

D. GROSS. 4420□

Die Chemie der natürlichen Ordnung Cupressales. 32. Mitt. Über die Inhaltsstoffe des Kernholzes von Athrotaxis selaginoides Don, Athrotaxis cupressoides Don und Chamaecyparis pisifera Sieb. et Zucc. Holger Erdtman und Helmut Vorbrüggen. (Acta chem. scand. **14.** 2161—68. 1960. Stockholm, Kungl. Tekniska Högskolan, Organisk-kemiska Inst.) (Dt.) — 31. vgl. C. **1961.** 13975.

Aus dem wasserlösl. Anteil des Neutralöles aus dem Kernholz von *Athrotaxis selaginoides* wurden *L-Arabinose* (**I**) u. eine phenol. Substanz $C_{17}H_{18}O_7$ isoliert (F. 285° Zers. nach Umkristallisation aus A., F. 185° u. erneut F. 280°; nach Umkristallisation aus W., α_D +274°). Die saure Fraktion enthielt höhere Fettsäuren mit 20—24 C-Atomen. Die neutrale Hauptfraktion lieferte eine *Cadinen* (**II**)- u. eine *Cadinol-*Fraktion. Letztere wurde chromatograph. in α-, δ- u. „x"-*Cadinol* aufgeteilt. Im Dest.-Rückstand wurden *Honikiol* (**III**) u. *β-Sitosterin* gefunden. Aus *A. cupressoides* wurden **I**, C_{20-24}-Säuren, *Cedren,* **II, III** u. die 3 *Cadinole* isoliert. Das Neutralöl von *Chamaecyparis pisifera* enthielt **II** u. ebenfalls 3 *Cadinole.*

E. LÜCK. 4420□

Durch saure Hydrolyse des Pinienkerns gebildete Zucker. Vorl. Mitt. Luiz Carlos R. da Silva und Jácomo B. C. Piccolini. (Bol. Dep. Quím. **1957.** Nr. 9. 75 bis 77. Dez.) (Port.)

Im Fleischwolf gemahlene Pinienkerne (100 g) werden mit 300 ml Säure (0,1—0,2n HCl oder H_2SO_4) im Autoklaven auf 134° (2 at) erhitzt (2½ Std. lang). Dabei gehen 85,5 bis 92,5% in Lsg.; in den Prodd. werden stets *Glucose* u. *Arabinose* nachgewiesen, bei Verw. von HCl auch eine geringe Menge nichtidentifizierter Kristalle. Die Osazone werden nach Zusatz von 30%ig. NaOH bis zum pH 6—8 gefällt.

R. K. MÜLLER. 4420□

Über die Flavonglykoside des Holzes von Prunus Mahaleb. Henri Pacheco und Anne-Marie Brachet. (C. R. hebd. Séances Acad. Sci. **250.** 1106—07. 8/2. 1960.) (Franz.)

Aus dem Holz von *P. Mahaleb* wurden das Flavanonglucosid *Prunin,* $C_{21}H_{22}O_{10} \cdot H_2O$, F. 175°, 225°, $[\alpha]_D$ −40,5° (Aceton) u. je ein *Glucosid* von *Aromadendrin, 3.5.7.4'-Tetrahydroxyflavanon* u. *Taxifolin, 3.5.7.3'.4'-Pentahydroxyflavanon* isoliert.

K. MAIER. 4420□

Beitrag zur Untersuchung nordafrikanischer Drogen. Charakterisierung eines Flavonglykosids von Bupleurum plantagineum Desf. P. Fourment und M. Rouzet. (Rev. gén. Bot. **67.** 250—54. Mai 1960. Alger, Univ., Labor. de Matière méd. et Labor. de Bot. exp.) (Franz.)

Aus den Blättern von *B. plantagineum Desf.* wurde ein Flavonglykosid isoliert u. als *Rutosid* identifiziert.

K. MAIER. 4420□

Über einige kristallisierte Saponoside von Mollugo nudicaulis Lamk. (Aizoaceae). Antoine Sosa. (C. R. hebd. Séances Acad. Sci. **248.** 2243—45. 13/4. 1959. Gif-sur-Yvette, S.O., C.N.R.S.) (Franz.)

Aus *M. nudicaulis* wurden durch A.-Extraktion 6 *Saponoside A—F* sehr bitteren Geschmacks isoliert u. durch saure Hydrolyse (2n HCl, 1,5n H_2SO_4; 2 Std., Wasserbad) in die Zucker u. *Sapogenole* (*Sapogenine*) zerlegt. Die *Sapogenole B* u. *E* gehören der Sterinreihe, *A* der Triterpenreihe, die übrigen einer anderen Gruppe an.

Versuche: *Saponosid A*, F. 269°, rote H_2SO_4-Rk., $[\alpha]_D^{20}$ —10°; Zucker: *Rhamnose* (I), *Galaktose* (II), *Glucose* (III) (*Arabinose*, IV). *Sapogenol A*, $C_{30}H_{50}O_5$, F. 206—207°, $[\alpha]_D^{20}$ +23°; krist. *2.4-Dinitrophenylhydrazinderivat*. — *Saponosid B*, F. 293—294°, gelbe H_2SO_4-Rk.; III. *Sapogenol B*, $C_{27}H_{42}O_4$, F. 287—288°. — *Saponosid C*, F. 241°, gelbe H_2SO_4-Rk., $[\alpha]_D^{20}$ —14°; IV. *Sapogenol C*, $C_{23}H_{38}O_3$, F. 298°, $[\alpha]_D^{20}$ +77°. — *Saponosid D*, F. 247—248°, orange H_2SO_4-Rk.; I, III, IV. *Sapogenol D*, $C_{26}H_{44}O_6$, F. 239°. — *Saponosid E*, F. 285—286°, rote H_2SO_4-Rk.; I, III, II. *Sapogenol E*, $C_{27}H_{44}O_6$, F. 221°. — *Saponosid F*, F. 304°, rote H_2SO_4-Rk.; I, III, IV. *Sapogenol F*, $C_{33}H_{54}O_4$, F. 154°.

K. Maier. 4420□

Biologische Bestimmung der Weizenproteine. M. G. Harrington. (Biochem. J. **80.** 26 P. Aug. 1961. Dublin, Univ. Coll., Dep. of Biochem.) (Engl.)

Vf. bestimmt die Weizenproteine durch Fütterungs-Verss. an Ratten.

P. Gregorzewski. 4420□

Weinsäure aus Tamarindus Indica (Tamarind). R. P. Shukla. (Ind. News Edit. J. Indian chem. Soc. **20.** 135—38. 1957. Indore, Holkar Coll., Dep. of Chem., Phys. Section.) (Engl.)

Es wird die Extraktion von *Weinsäure* aus *Tamarindus Indica* durch sd. W. durchgeführt u. die Reinigung mittels Anionen- u. Kationenaustauschern (Amberlite IR-4 u. 4 B, bzw. 410) beschrieben. Die Ausbeute beträgt 12%. Kurt Müller/Berlin. 4420□

Untersuchungen zur Chemie der Flechten. 3. Mitt. **Langkettige Tetrahydroxyfettsäuren aus einigen norwegischen Flechten.** Yngve Johannes Solberg. (Acta chem. scand. **14.** 2152—60. 1960. Vollebekk, Norway, Agricult. Coll., Res. Chem. Labor.) (Engl.) — 2. vgl. C. **1959.** 2855.

Die aus verschiedenen norweg. Flechten isolierten langkettigen Tetrahydroxyfettsäuren zeigen in ihren IR-Spektren große Ähnlichkeit mit den früher aus *Haematomma ventosum* isolierten Säuren. Durch Papierchromatographie wurde die Anwesenheit von *Hydroxyheineikosansäure* ($C_{21}H_{42}O_6$) u. *Tetrahydroxydokosansäure* ($C_{22}H_{44}O_6$) sichergestellt. Der Geh. der Flechten an Tetrahydroxyfettsäuren liegt zwischen 0,03 u. 0,5%.

E. Lück. 4420□

Analyse der Carotinoide im Korn. Forrest W. Quackenbush, Jean G. Firch, Warren J. Rabourn, Marilyn Mc Quistan, E. N. Petzold und Thomas E. Kargl. (J. agric. Food Chem. **9.** 132—35. März/April 1961. Lafayette, Ind., Purdue Univ., Dep. of Biochem.) (Engl.)

Nach angegebenen Meth. werden aus zerkleinertem Korn die *Carotinoide* extrahiert u. an Magnesiasäulen chromatograph. getrennt. Durch Elution werden 7 Fraktionen erhalten, die folgende Verbb. enthalten: Fraktion 1: *Phytoen*, *Phytofluen*, α-, β-, ε- u. *ζ-Carotin*, α- u. *β-Zeacarotin*, sowie einige neo-Isomere in geringen Mengen; Fraktion 2: *Zeinoxanthin*; Fraktion 3: *Kryptoxanthin*; Fraktion 4: Xanthophyllester, wie *Helenien* u. *Physalien*; Fraktion 5: *Lutein* u. geringe Mengen *Neolutein*; Fraktion 6: *Zeaxanthin* u. geringe Mengen *Neozeaxanthin*; Fraktion 7: *Polyoxypigmente*. Die quant. Best. werden spektrophotometr. durchgeführt. Die nach diesen Meth. durchgeführten Analysen zeigen, daß die Carotinoidverteilung bei verschiedenen Kornsorten sehr unterschiedlich ist. D. Gross. 4420□

Kristallisierte chemische Komponenten der Blätter von Rhododendron falconeri Hook. S. Rangaswami und K. Sambamurthy. (Proc. Indian Acad. Sci., Sect. A **46.** 245. Sept. 1957. Waltair, Andhra Univ., Dep. of Pharmacy.) (Engl.)

Aus dem PAe.-Extrakt von *R. falconeri*-Blättern wurden in sehr geringer Ausbeute 3 krist. Verbb. *A*, *B* u. *C* isoliert, die vermutlich Triterpenoidcharakter haben. *A* scheint mit α- u. β-Amyrin isomer zu sein, *B* ist ein neuer KW-Stoff u. *C* stimmt in Zus. u. F. mit *Skimmiol* aus *Skimmia japonica* überein. Der Ae.-Extrakt enthielt *Ursolsäure*, $C_{30}H_{48}O_3$, F. 266—268°, $[\alpha]_D^{29}$ +64,6 ± 3° (c = 0,692, abs. A.); *Acetat*, $C_{32}H_{50}O_4$, F. 281 bis 283°, $[\alpha]_D^{28}$ +64,3 ± 3° (c = 1,048, Chlf.); *Methylester*, $C_{31}H_{50}O_3$ F. 110—112°, $[\alpha]_D^{28}$ +60,8 ± 2° (c = 0,670, Pyridin); *Methylesteracetat*, $C_{33}H_{52}O_4$, F. 243—245°, $[\alpha]_D^{28}$ +63,7 ± 3° (c = 0,662, Chlf.); *Methylesterbenzoat*, $C_{38}H_{54}O_4$, F. 213°, $[\alpha]_D^{28}$ +72,8 ± 2° (c = 0,893, Pyridin); *Methylursonat*, $C_{31}H_{48}O_3$, F. 192°, aus Methylursolat mit CrO_3–Eisessig; $[\alpha]_D^{30}$ +83,3 ± 1° (c = 2,262, Pyridin). Aus dem Alkoholextrakt wurde

Quercetin, $C_{15}H_{10}O_7$, F. 318—322° (über Acetat), isoliert; *Pentaacetat*, $C_{25}H_{20}O_{12}$, F. 194°; *Pentamethyläther*, $C_{20}H_{30}O_7$, F. 150—151°. K. MAIER. 4420□

Der individuelle chemische Charakter der Strandkiefer (Pinus pinaster Sol). Auguste Oudin. (C. R. hebd. Séances Acad. Sci. **244**. 2854—55. 3/6. 1957.) (Franz.)

Während *Terpentinöl* (I) aus *P. pinaster* normalerweise [α] —30° (J-Linie des Hg-Bogens) zeigt, wurden unter Tausenden von untersuchten Bäumen 8 gefunden, deren I [α] +2° bis +12° besaß, u. 2—3 mit [α] —40°. Die jahreszeitlichen Schwankungen waren gering. Die Beobachtungen wurden 1924—1938 gemacht. Die Drehung war für den einzelnen Baum weitgehend konst. u. charakteristisch. Diese Eig. fand sich auch bei den Nachkommen der Bäume. K. MAIER. 4420□

Der Gehalt des Mohnmilchsaftes an Narcotolin. S. Pfeifer und K. Heydenreich. (Naturwissenschaften **48**. 431—32. 1. Juni-H. 1961. Berlin, Humboldt-Univ., Pharmazeut. Inst.) (Dt.)

Der Geh. des frischen Mohnmilchsaftes an *Narcotolin* (I) scheint stark von der Varietät abzuhängen u. liegt bei den untersuchten Proben bei 1,59—2,45%. Beim Eintrocknen des Milchsaftes an der Luft werden bis zu 40% des I zersetzt. Der geringe, in ind. Opium gefundene I-Geh. ($<$0,1%) ist wahrscheinlich auf die Herkunft von narkotolinarmen Sorten zurückzuführen. F. HELLER. 4420□

Untersuchung von Colchicum cornigerum (Tack. et Drar). A. Hamidi und M. A. Fahmy. (J. Chem. U.A.R. **3**. 279. 1960. Dokki, Cairo, Nat. Res. Centre.) (Engl.)

Die Knollen enthalten *fettes Öl*, *harzige Substanzen*, *Colchicin* u. ein Alkaloid vom F. 275°, $[\alpha]_D^{27}$ —57°, die Samen enthalten die gleichen Bestandteile u. evtl. andere Alkaloide. P. GREGORZEWSKI. 4420□

Über die Untersuchung von Chinasäure und Shikimisäure bei einigen Anacardiaceen. Victor Plouvier. (C. R. hebd. Séances Acad. Sci. **250**. 1721—23. 29/2. 1960. Paris, Museum Nat. d'Histoire naturelle, Lab. de Chim. appl. aux corps organisés.) (Franz.)

Aus jungen Blättern von 3 *Pistacia*-Arten wurde *Chinasäure*, aus jungen u. alten Blättern von 7 *Pistacia*-, *Schinus*- u. *Lithraea*-Arten *Shikimisäure*, aus *Cotinus coggygria* u. *Rhus typhina Myoinosit* rein isoliert. Die untersuchten *Anacardiaceae*-Species scheinen Inosit nicht methylieren zu können, wie dies bei den Coniferen der Fall ist.

K. MAIER. 4420□

Chemische Untersuchung der Blätter von Anona senegalensis. 2. Mitt. **Kohlenhydrate, Glykoside, Proteine, Aminosäuren und Sterine.** Alexander Mackie und Nana Ghatge. (J. Sci. Food Agric. **9**. 88—92. Febr. 1958. Edinburgh, Heriot Watt Coll., Chem. Dep.) (Engl.) — 1. vgl. C. **1958**. 1332.

Mit Hilfe chromatograph. u. spektroskop. Meth. untersuchten Vff. A.-Extrakte der gepulverten Blätter von *Anona senegalensis*, denen anthelmint. Eigg. zugeschrieben werden. Es wird eine sehr genaue Beschreibung der Unters.-Methodik gegeben. Es wurden freie u. gebundene Kohlenhydrate, u. zwar die Pentosen *Arabinose* u. *Xylose*, die Hexosen *Glucose*, *Fructose* u. *Rhamnose*, ferner neben *Saccharose* ein nicht identifiziertes Disaccharid, dagegen kein Trisaccharid nachgewiesen. Da gleichzeitig *Quercetin* (*5.7.3.4'-Tetrahydroxyflavonol*) isoliert wurde, ist anzunehmen, daß ursprünglich auch *Quercitrin*(*L-Rhamnosyl-(3)-quercetin*) vorlag. Außer diesen wurde kein weiteres Flavonolglykosid gefunden. Nach dem nach KJELDAHL ermittelten N_2-Geh. liegt der Protein-Geh. der Blätter nicht über 8%. In dem isolierten Proteingemisch wurden nach Hydrolyse *Leucin*, *Isoleucin*, *Phenylalanin*, *Valin*, *α-Alanin* (I), *Glutaminsäure* (II), *Glykokoll* (III), *Serin*, *Asparaginsäure* u. *Lysin* (IV) nachgewiesen. **I**, **II**, **III** u. **IV** lagen außerdem frei vor. Das weiche Blattwachs (l. c.) enthielt unverseifbare Anteile, aus denen *Palmiton* u. ein rotes zähfl. Öl isoliert werden konnten. Dieses Öl wurde durch Dampf-Dest. gereinigt, wobei ein flüchtiges Sesquiterpen-Deriv. erhalten wurde, das gegenwärtig weiter untersucht wird. Der Rückstand reagierte nach LIEBERMANN-BURCHARD positiv auf Sterine. Diese Substanz wurde in PAe.-Lsg. auf einer Al_2O_3-Säule aufgetrennt, von 4 erhaltenen Sterinen wurde eine als das typ. Pflanzensterin *β-Sitosterin* identifiziert.

HANS THIELE. 4420□

Die Stabilität der Ascorbinsäure in Extrakten von Irisblättern. V. H. Booth und B. J. Constable. (Biochem. J. **76**. 206—08. Juli 1960. Cambridge, Univ., Dunn Nutrit. Labor.) (Engl.)

In Blättern verschiedener Arten von *Iridaceae* wird der *Ascorbinsäure* (I)-Geh. bestimmt. Er beträgt im Durchschnitt 4,0 mg/g Frischgew. bzw. 31 mg/g Trockengewicht. Das ist der bisher höchste I-Geh. in Blättern, soweit dieser bekannt ist. Bezogen auf Trockengew. ist die Konz. am Blattgrund am höchsten, an der Spitze am geringsten, bei Bezug auf Frischgew. ist die Konz. innerhalb des Blattes gleichmäßig verteilt. Die Oxydaseaktivität ist außerordentlich gering. H. STRUCK. 4425□

Untersuchungen über die Inosit- und Biotin-aktiven Substanzen in verschiedenen Baumwollarten. Sabuo Fukui, Tatsuo Sakamoto und Yoshio Tani. (Vitamins [Kyoto] **8.** 118—23. 1955. Kyoto, Kyoto Univ., School of Engineering, Dep. of Ind. Chem.) (Jap.; Auszug: Engl.)

Der R_F-Wert der *Inosit*-akt. Substanz aus Heißwasserextrakten u. sauren Hydrolysaten von Baumwolle ist mit dem von krist. Inosit identisch. Die *Biotin*-Aktivität von Baumwollextrakten (B.E.) wird durch Eiweiß vollständig inaktiviert. Bei der Bioautographie zeigt sowohl B.E. als auch krist. *Biotin* zwei Wachstumszonen; eine entspricht dem *Biotin*, die andere *Biotin-D-sulfoxid*. P. GREGORZEWSKI. 4425□

Phytin im Pflanzenmaterial und dessen chemischer wie enzymatischer Abbau. J. Schormüller und G. Bressau. (Qualitas Plantarum Mater. vegetabiles [Den Haag] **6.** 234—42. 5/4. 1960. Berlin, Techn. Univ., Inst. für Lebensmitteltechnologie.) (Dt.)

Übersichtsarbeit. *Phytin*-Bilanzen von Hafer im Vgl. zu anderen *Cerealien* u. Ölsaaten, verschiedene Typen der *Phytase*, Wrkg.-Optimum der Weizenkleie-*Phytase* bei pH 5,1 u. 53—58°, enzymat. u. säurehydrolyt. Phytinabbau, papier- u. säulenchromatograph. Trennung der Abbau-Prodd. sowie die präparative Darst. von *Inositmono-, -di-, -tri-, -tetra-, -penta-, -isopenta-* u. *-hexaphosphorsäure.* D. GROSS. 4425□

Aufnahme und Transport von 3-Amino- und 3-Hydroxy-1.2.4-triazol in Pflanzen. P. Massini. (Acta bot. neerl. **7.** 524—30. Okt. 1958. Eindhoven, Philips Res. Labor.) (Engl.) — Vgl. C. **1962.** 1652.

Buschbohnen, Tomaten, *Mirabilis jalapa* u. *Zea mays* wurden mit *$^{14}C_{(5)}$-3-Amino-1.2.4-triazol* (I) u. *$^{14}C_{(5)}$-3-Hydroxy-1.2.4-triazol* (II) behandelt. Die Verbb. wurden als Lanolinpaste aufgetragen oder in Lsg. angeboten. I wird wesentlich schneller als II von den Blättern aufgenommen u. weitertransportiert. Wurzeln u. abgeschnittene Sprosse nehmen beide Verbb. gleich gut auf. Der Transport von I u. II scheint im Phloem-Syst. zu erfolgen. U. MOTHES. 4450□

Cumarindämpfe als Stimulans für die Sauerstoffaufnahme von Sonnenblumen-Hypokotylen. J. S. Knypl. (Naturwissenschaften **48.** 530—31. 1. Aug.-H. 1961. Lodz, Univ., Dep. of Plant Physiol.) (Engl.)

Die Atmung von ausgereiftem Hypokotylgewebe von Sonnenblumen wird durch *Cumarin* (I)-Dämpfe um 20%, in I-Lsg. (500 ppm) um 70—80% gesteigert. Bei Gewebe aus der Streckungszone ist die Atmungssteigerung nur in I-Lsg. (25—30%) zu beobachten. I-Dämpfe sind hier wirkungslos. Die Messungen wurden im WARBURG-App. durchgeführt. U. MOTHES. 4455□

Die Erzeugung von Striga- und Orobanche-Keimstimulantien durch Maiswurzeln. 1. Mitt. Die Anzahl und Art der Stimulantien. N. Sunderland. (J. exp. Botany **11.** 236—45. Mai 1960. Hertford, Herts., John Innes Hortic. Inst.) (Engl.)

Mittels Papierchromatographie (tert.-Butanol–A.–W. 4:4:2) u. geeigneter biolog. Tests wird die Anzahl u. Art der aus Wurzeln von *Zea mays* (A) erzeugten Keimstimulantien für *Orobanche minor* (B) u. *Striga hermonthica* (C) untersucht. In den wss. bzw. Ae.-Extrakten sowie in wss. Diffusions-Lsgg. (D.L.), die mit A-Wurzeln Kontakt hatten, wird ein komplexes Gemisch stimulierender Substanzen gefunden, von denen mindestens eine Verb. wasserlösl. (I) u. 2 Ae.-lösl. (II u. III) sind. Die Keimung von B wird durch I bzw. II stimuliert, die von C durch III. Wss. Extrakte sind bes. reich an I u. III, die D.L. dagegen an II mit nur Spuren von I. III u. bes. II reichern sich in Glucose-Lsg. nach Suspendieren von A-Wurzelfragmenten an, die II synthetisieren. Es wird vermutet, daß I eine Vorstufe von II ist. Die Wrkg. von I—III wird erheblich verstärkt, wenn sie mit einer kleinen Menge D.L. von Leinwurzeln vermischt werden. Vf. gibt die R_F-Bereiche der einzelnen akt. Prinzipien an u. diskutiert ihre Bedeutung für die Keimstimulierung. G. KIRSTEN. 4455□

Chemisch hervorgerufene Wasserempfindlichkeit von Gerstenkörnern. Gunnar Jansson. (Ark. Kemi **14.** Nr. 26. 279—89. 18/9. 1959. Nutfield, Surrey, Brewing Ind. Res. Foundation.) (Engl.) — Vgl. C. **1961.** 10622.

Tränken von Gerstenkörnern mit Lsgg. von *Cumarin* (I) oder *Essigsäure* (II) bewirkt ähnliche Keimungshemmung wie bei wasserempfindlicher Gerste beobachtet worden ist. Viel W. verstärkt diese Hemmung. Vorbehandlung mit $HgCl_2$ verhindert die keimungsschädigende Wrkg. von I u. verstärkt jene von II. Die I-Hemmung, nicht aber die II-bedingte, wird durch Cystein oder Fe^{2+} aufgehoben. Bei vorher geschälten Körnern ist kein Inhibitor wirksam. Eine Gruppe von Inhibitoren hemmt unabhängig von der vorhandenen Wassermenge, eine andere stärker in Ggw. von reichlich Wasser. Geprüfte Inhibitoren: *Benzoxazolon, trans-o-Cumarsäure, Phthalimidin, Salicylaldehyd, NH_3, KCN, NaN_3.* K. MAIER. 4455□

Herstellung radioaktiver Kohlenhydrate mit Hilfe von Tabakblättern. Sachiko Matsuhashi. (Mem. Inst. sci. ind. Res., Osaka Univ. **18.** 89—92. 1961.) (Engl.)
^{14}C-markierte *Stärke, Saccharose, Glucose* u. *Fructose* wurden durch Photosynth. von Tabakblättern in $^{14}CO_2$ gewonnen. Die Ausbeute an Radioaktivität in den Kohlenhydraten betrug stets ca. 80%, jedoch verteilte sie sich je nach Vers.-Bedingungen sehr unterschiedlich auf Stärke einerseits u. die 3 Zucker andererseits. H.-G. FLOSS. 4460□

Untersuchungen über den Säurestoffwechsel der Crassulaceen. J. Bruinsma. (Acta bot. neerl. **7.** 531—88. Nov. 1958. Amsterdam, Univ., Labor. of General Botany, Plant Physiol. and Pharmacognosy.) (Engl.)
Übersicht über den Gasaustausch ganzer u. zerschnittener *Crassulaceen*-Blätter, über die Beeinflussung des diurnalen Rhythmus durch Licht, CO_2-Spannung u. a. äußere Einfl. u. über Bldg. u. Verbrauch von Säuren unter verschiedenen Vers.-Bedingungen. — Ca. 150 Literaturangaben. U. MOTHES. 4460□

Untersuchungen an Weizenpflanzen mit Hilfe ^{14}C-markierter Verbindungen. 15. Mitt. Verwertung von $^{14}C_{(1)}$-Serin und $^{14}C_{(3)}$-Serin. W. B. McConnell und A. J. Finlayson. (Canad. J. Biochem. Physiol. **39.** 1107—11. Juli 1961. Saskatoon, Sask., Nat. Res. Council of Canada, Prärie Regional Labor.) (Engl.) — 14. vgl. C. **1962.** 2783.
Weizenpflanzen wurde in den letzten Wachstumsphasen $^{14}C_{(1)}$- u. $^{14}C_{(3)}$-*Serin* (I) in den Halm injiziert. Nach der Ernte wurde die Radioaktivitätsverteilung in den oberen Pflanzenteilen untersucht. In den Körnern hatten die Proteine eine etwas höhere spezif. Aktivität als die Stärke u. die ätherlösl. Fraktion. Beide I markierten alle Proteinaminosäuren, $^{14}C_{(1)}$-I vorzugsweise in den Carboxylgruppen. Bes. hoch markiert war mit $^{14}C_{(1)}$-I die Carboxylgruppe des *Glycins* (II) u. mit $^{14}C_{(3)}$-I das *Histidin*. Nach diesen Ergebnissen erfolgt die Umwandlung von I in II durch Abspaltung von $C_{(3)}$. Wenig oder gar kein II wird durch Decarboxylierung von I gebildet. H.-G. FLOSS. 4460□

Einbau von $^{14}C_{(2)}$-Natriumacetat in die Sterine und in die pentacyclischen Triterpene von Salvia officinalis. Harold J. Nicholas. (J. pharmac. Sci. **50.** 623—25. Juli 1961. Kansas City, Kans., Univ. of Kansas Med. Centre, Dep. of Obstetr. and Gyn.) (Engl.)
Verss. mit $^{14}C_{(2)}$-*Acetat* zeigen, daß sowohl in Blättern als auch in Blüten u. im Stamm von *S. officinalis* L. *Sterine* (speziell β-Sitosterin) u. *Triterpensäuren* (bes. Oleanol- u. Ursolsäure) synthetisiert werden. H.-G. FLOSS. 4460□

Biosynthese von Linamarin und Lotaustralin im Weißklee. G. W. Butler und Beris G. Butler. (Nature [London] **187.** 780—81. 27/8. 1960. Palmerston North, New Zealand, Plant Chem. Div.) (Engl.)
Linamarin (I) u. *Lotaustralin* (II), die Glucoside von Methyläthylketoncyanhydrin bzw. Acetoncyanhydrin weisen strukturelle Ähnlichkeit mit *Valin* (III) bzw. *Isoleucin* (IV) auf. Die Vff. untersuchten, ob III u. IV Vorstufen von I u. II bei deren Biosynth. sind: Nach Fütterung von Weißkleekeimlingen mit $^{14}C_{(2)}$-*Glycin* (V) u. $^{14}C_{(1)}$-III wurde keine Radioaktivität in I u. II gefunden. Nach Fütterung mit $^{14}C_{(1)}$-III war I u. nach Fütterung mit $^{14}C_{(1-6)}$-IV war II radioaktiv. Die Aminosäuren III u. IV sind also Vorstufen von I u. II u. werden decarboxyliert. Zur Analyse wurden die Verbb. papierchromatograph. in Methyläthylketon–Aceton–W. (3 : 1 : 0,6) getrennt. R_F-Werte: I 0,59; II 0,72; III 0,10; IV 0,18 u. V 0,02. Zum Nachw. von I u. II auf den Chromatogrammen wurden diese mit Linamarase-Lsg. (VI) besprüht u. durch ein perforiertes „Perspex"-Blatt getrennt, ein mit Pikrat getränktes Blatt aufgelegt. VI hydrolysiert I u. II unter Freisetzung von HCN u. dem entsprechenden Keton. Auf dem mit Pikrat getränkten Blatt entstehen an den I u. II entsprechenden Stellen orangefarbene Flecken. Zur Best. der in I u. II eingebauten Radioaktivität wurden die Verbb. mit VI behandelt u. vorher u. danach die Radioaktivität gemessen. Die Differenz entspricht der in das Aglykon eingebauten Radioaktivität. D. MUNSCHE. 4460□

Dunkelfixierung von $^{14}CO_2$ durch verschiedenes pflanzliches Gewebe. G. E. Neal. (J. Sci. Food. Agric. **11.** 243—45. Mai 1960. Nutfield, Surrey, Brewing Ind. Res. Found.) (Engl.)
Die Größe der Dunkelfixierung von $^{14}CO_2$ wurde in pflanzlichen Gewebeschnitten verschiedener Herkunft untersucht. Das Endospermium von CASTOR-Bohnen zeigte die höchste Aktivität, es folgten Mais-Koleoptilen. In allen Mais-Präpp. war *Malat* die am stärksten markierte Verbindung. Die ^{14}C-Verteilung im *Malat* spricht für einen β-Carboxylierungsmechanismus. H.-G. FLOSS. 4460□

Einige Beobachtungen über den Phosphatstoffwechsel in der Induktionsphase der Photosynthese bei Chlorella. J. F. G. M. Wintermans. (Acta bot. neerl. **7.** 489—502. Okt. 1958. Wageningen, Agricult. Univ., Labor. of Plant Physiol. Res.) (Engl.)

Als Vers.-Material dienten 2 Stämme von *Chlorella vulgaris*. Sie wurden 1—2 Tage in P-Mangelkultur gehalten, gewaschen, in W. aufgeschlämmt u. im Dunkeln mit 0—0,5% CO_2-haltiger Luft gespült. Nach einer Dunkelperiode von 20 Min. wurden die Kulturen beleuchtet. Mit dem Beginn der Beleuchtung nimmt der Geh. an *Orthophosphat* in den Zellen ab, u. zwar in 2 Stufen. Die 1. Phase dauert ca. 10 Sek., sie ist durch bes. hohe Phosphorylierungs-Geschw. gekennzeichnet. Unabhängig vom CO_2-Geh. der Luft werden stabile u. instabile Verbb. gebildet. Die Rkk. werden durch niedrige Lichtintensitäten etwas gehemmt. Nach einer Pause von ca. 10 Sek. beginnt die 2., Licht- u. CO_2-abhängige Phase, in der stabile Phosphate gebildet werden. U. MOTHES. 4460□

Chlorophyllkonzentration und Geschwindigkeit der Photosynthese bei Chlorella vulgaris. E. Steemann Nielsen. (Physiol. Plantarum [Copenhagen] **14.** 868—76. 1961. København, Royal Danish School of Pharmacy.) (Engl.)

Chlorella vulgaris (a) wurde bei 3000 bzw. 30000 Lux gezüchtet, wobei durch 1 cal/m^2/s 0,31 bzw. 0,36 mg C/Std. von jeweils 1 mg *Chlorophyll* (I) assimiliert wurden. a-Blätter sind sehr reich an I. Trotzdem ist die Assimilation bei a nur wenig höher als bei I-ärmeren Blättern. Die I-Menge ist bei ausreichender Lichtzufuhr nicht allein für das Ausmaß der C-Assimilation maßgebend. E. LÜCK. 4460□

Verschiedene Reaktionen auf Kalium-Gaben bei süßen Kartoffeln (Ipomoea batatas). K. N. Chhibber und M. J. Deshmukh. (Current Sci. **28.** 248. Juni 1959. Patna, Central Potato Res. Inst., Regional Res. Stat.) (Engl.)

Die Unterss. zeigten, daß verschiedene Sorten auf die *K*-Düngung unterschiedlich stark reagierten. Eine Ertragssteigerung erstreckte sich bei gleicher Düngermenge von 20 bis zu 300% je nach Sorte. W. HIRTE. 4470□

Unterschiedliches Verhalten einiger Hafervarietäten (Avena sativa L.) in Gegenwart löslichen und unlöslichen Mangans. Maurice Charlanes. (C. R. hebd. Séances Acad. Sci. **250.** 3713—15. 30/5. 1960. Toulouse, École nat. supérieure agronom., Labor. d'Agronomie et de Physiol. végétale.) (Franz.)

Topf-Verss. mit der gegen *Mn*-Mangel ziemlich resistenten Hafersorte *Scotch Potato* (A) u. den beiden sehr empfindlichen Sorten *Multigrap* (B) u. *Grand Mogol* (C) ergaben, daß bei Zufuhr von 0,1 u. 0,3 μg Mn ($MnCl_2$)/Liter B u. C Mn mindestens ebenso gut verwerten wie A. Bei Zufuhr von 1 mg *Mn* als $MnCl_2$ bzw. als MnO_2 nutzen alle 3 Varietäten die lösl. Form besser (erhöhtes Wachstum). A assimiliert unlösl. Mn besser als dies bei B u. C der Fall ist. Die Wurzeln von A haben einen höheren Geh. an organ. Säuren als die von B u. C, wodurch wahrscheinlich die bessere Ausnutzung von unlösl. Mn ermöglicht wird. K. MAIER. 4470□

Aufnahme und Zurückhalten von Mineralien in Wollgras (Eriophorum vaginatum L.). Gordon T. Goodman und Donald F. Perkins. (Nature [London] **184.** 467—68. 8/8. 1959. Univ. Coll. of Swansea, Bot. Dep.) (Engl.)

Aus den absterbenden Blättern des Wollgrases werden *Kalium* u. *Phosphorsäure* in die noch lebenden Teile zurücktransportiert, so daß hierdurch nach u. nach eine Anreicherung dieser Nährstoffe in Wollgrasbüscheln stattfindet. Diese Eig. garantiert dem Wollgras eine Entw. auf nährstoffarmen Moorböden. Calcium dagegen verbleibt in den abgestorbenen Blättern. Das Zurückhalten der Nährstoffe reichert diese an den mit Wollgras bewachsenen Standorten an u. fördert dort die nachfolgende Ansiedlung von Calluna u. anderen Arten. W. HIRTE. 4470□

Einige Reaktionen von Avena-Blattscheiden gegenüber Äthylen. N. G. Marinos. (J. exp. Botany **11.** 227—35. Mai 1960. Adelaide, Waite Agric. Res. Inst.) (Engl.)

Vorbehandlung von Keimlingen oder Blattscheideschnitten von *Avena sativa* (Varietät Victory) mit 0,1% *Äthylen* (I) führt zu verstärkter Rk. der Zellen gegenüber *Auxin*. Vf. vermutet, daß I die die physikal. Eigg. der Zellwände kontrollierenden hydrolyt. Rkk. beschleunigt u. dadurch die Wuchskapazität erhöht. Der Blattscheidelängenwuchs der Keimlinge wird durch I inhibiert unter gleichzeitiger Verbreiterung der gesamten Blattscheiden, entsprechend einem bestimmten Blattscheide-Vol. unter den jeweiligen Vers.-Bedingungen. Verschiedene Verss. deuten an, daß die Verbreiterung auf der Zufuhr eines Faktors aus dem Endosperm beruht. G. KIRSTEN. 4480□

Die Wirkung von Indol auf die Vorgänge des Wachstums und der Wurzelbildung. Robert Bouriquet. (Rev. gén. Bot. **67.** 243—50. Mai 1960.) (Franz.)

Indol (I) aktiviert das Zellwachstum gewisser Pflanzengewebe oder löst es sogar aus, wie Unterss. an Topinambur-, Karotten- u. Krongallentumorgewebe der Schwarzwurzel zeigten. In bestimmten Fällen wirkt I als Antagonist der Indolyl-(3)-essigsäure. I besitzt bei bestimmten Geweben, z. B. bei Topinamburgefäßparenchym, Karotte, wurzelbildende Eigg., nicht aber bei Erbsenepikotylen. K. MAIER. 4480□

Das Vorkommen von Substanzen, die die durch Auxin bei Nectria galligena hervorgerufene Wachstumshemmung aufheben, in den Fäden von Fusarium vasinfectum. Simonne Jerebzoff-Quintin. (C. R. hebd. Séances Acad. Sci. **250.** 1718—20. 29/2. 1960.) (Franz.) — Vgl. C. **1960.** 12047 u. C. **1961.** 11004.

Extrakt aus den Fäden von *F. vasinfectum* enthält Substanzen, die die bei *N. galligena* durch *β-Indolylessigsäure* (I) bewirkte Wachstumshemmung aufheben können. 0,27 mg Rohextrakt/Liter, selbst ohne eigene Wuchsstoff-Wrkg. auf den Testorganismus, enthemmten 20 mg I/Liter („Antiauxinmetabolite"). K. MAIER. 4485□

Wirkung hemmender Konzentrationen von Indolyl-(3)-essigsäure und Indolyl-(3)-acetonitril auf Zellteilung und Gewebedifferenzierung in abgeschnittenen Tomatenwurzeln. E. W. D. Hughes und H. E. Street. (J. exp. Botany **11.** 198—205. Mai 1960. Univ. Coll. of Swansea, Dep. of Botany.) (Engl.)

Vff. untersuchen die Wrkg. hemmender Konzz. von *Indolyl-(3)-essigsäure* (I; 10^{-7} bis 10^{-9} g/ml) bzw. *Indolyl-(3)-acetonitril* (II; 10^{-4} bis 10^{-6} g/ml) auf Wurzelanatomie u. Zelldifferenzierung abgeschnittener Tomatenwurzeln. **II** verursacht deutlichen Rückgang der Zellteilung am äußersten Meristem unter gleichzeitiger Verminderung der Zellenzahl, jedoch nur eine leichte Längenminderung reifer exodermaler u. Cortexzellen. Im Gegensatz zu **II** verursacht **I** starke Längenminderung reifer Cortexzellen, ist aber auf die Zellteilung des Meristems ohne Einfluß. **I** u. **II** bewirken einen relativen Anstieg der Anzahl der Längs- u. eine Abnahme der Querteilungswände in der meristemat. Zone der Wurzelspitze. Die Teilhemmung des Längenwuchses durch **I** u. **II** ist von einer Zunahme des Wurzeldurchmessers begleitet. Beide Auxine vergrößern die Länge der Xylemgefäße u. bei 10^{-4} g **II**/ml wird sek. Xylem-Bldg. beobachtet. G. KIRSTEN. 4485

Stoffwechsel $^{14}C_{(COOH)}$-markierter 2.4-Dichlorphenoxyessigsäure im Bohnenstengel. Heterogenität der äthanollöslichen, ätherunlöslichen Produkte. Michael K. Bach und J. Fellig. (Nature [London] **189.** 763. 4/3. 1961. South Charleston, W.Va., Union Carbide Chem. Co., Res. Dep.) (Engl.)

Vff. isolierten aus Bohnenstengeln nach Gabe von $^{14}C_{(COOH)}$-*2.4-Dichlorphenoxyessigsäure* (I) eine in W. unlösl., in Ae. lösl. ninhydrinnegative Fraktion, die papierchromatograph. als einheitlich erschien. Adsorption an wenig Aktivkohle u. fraktionierte Elution ergaben jedoch das Vorliegen von ca. 10 verschiedenen radioakt. Verbindungen. Es erfolgt leicht Hydrolyse, wobei mindestens 10 ninhydrinpositive Verbb. in der Wasserphase erscheinen u. mindestens 4 radioakt., Ae.-lösl. Verbb. entstehen, von denen keine mit I oder ihrem 6-Hydroxy-Deriv. ident. ist. Es wird geschlossen, daß das Hauptumwandlungs-Prod. von I eine Mischung verschiedener Aminosäure-Amide von unbekannten I-Metaboliten ist. H.-G. FLOSS. 4485□

Wechselwirkungen von pflanzlichen Wachstumsregulatoren während des Regenerationsprozesses. H. Schraudolf und J. Reinert. (Nature [London] **184.** 465—66. 8/8. 1959. Tübingen, Univ., Inst. für Botanik.) (Engl.)

Die Wechselwrkg. von *Auxin* (**I**; *2.4-Dichlorphenoxyessigsäure*), *Kinetin* (**II**; *6-Furfurylaminopurpurin*) u. *Gibberellinsäure* (**III**) beim Regenerationsprozeß von Begoniablättern wurden untersucht. **I** fördert die Wurzel-Bldg. u. hemmt die Sproß-Bldg., **II** kompensiert die **I**-Wrkg. u. zerstört außerdem die Polarität, so daß neue Schößlinge auf beiden Seiten der Blätter verteilt sind. **III** zeigt bei einer Konz. von 10^{-6} u. 10^{-5} g/ml überraschende Resultate: Es hemmt die Wurzel- u. Sproßbildung. Wird **I** gleichzeitig u. in gleicher Konz. gegeben, so kompensiert es die Wrkg. von **III**, während **II** keine Wrkg. zeigt. W. HIRTE. 4485□

Der Mechanismus der Wurzelausscheidung von α-Methoxyphenylessigsäure bei Bohnen. John W. Mitchell, Paul J. Linder und Melba B. Robinson. (Bot. Gaz. **123.** 134—37. Dez. 1961. Beltsville, Md., Plant Ind. Stat., Crops Res. Div.) (Engl.)

^{14}*C-α-Methoxyphenylessigsäure* (I) wurde auf die Oberseite der Blätter junger Bohnen gegeben u. die Wurzelausscheidung bestimmt. In den Ausscheidungs-Prodd. wurden nur reines **I** u. keine Stoffwechsel-Prodd. des **I** gefunden, im Gegensatz zu A.-Extrakten der Wurzeln, die ein nicht identifiziertes Stoffwechsel-Prod. enthalten. Die Ausscheidungsquote von **I** erreicht erst dann ein Maximum, wenn der **I**-Geh. in den Wurzeln ein Maximum erreicht hat. Die Ausscheidung war der auf die Blätter applizierten Dosis proportional, ihre Rate betrug 20% der applizierten Dosis, im Gegensatz zu *2.4-Dichlorphenoxyessigsäure*, bei der die Rate nur 3% betrug. W. HILLER. 4485□

Ein chemischer Hemmstoff für die auxininduzierte Bildung von Seitenwurzeln bei Erbsenwurzeln. John G. Torrey. (Physiol. Plantarum [Copenhagen] **12.** 873—87. 1959. Berkeley, Calif., Univ. of California, Dep. of Botany.) (Engl.)

Erbsenwurzeln wurden bei pH 8,7 u. 3,5 mit Ae. extrahiert, die Extrakte papierchromatograph. aufgetrennt u. die Hemmwrkg. einzelner Fraktionen biolog. getestet.

In beiden Extrakten wurden Hemmstoffe gefunden. Aus dem alkal. Extrakt isolierte Vf. 2 Substanzen mit den R_F-Werten 0,2—0,3 u. 0,7—0,8, wobei die letzte eine bes. starke Hemmwrkg. zeigt. Sie hat schwach saure sowie reduzierende Eigenschaften. UV-Absorption bei 225 u. 280 mμ, positive Farb-Rk. mit $FeCl_3$ u. MILLONS Reagens. Es handelt sich vermutlich um ein Phenol. D. MUNSCHE. 4485□

Das Schicksal von 2.2-Dichlorpropionsäure (Dalapon) in Baumwollpflanzen. Grant N. Smith und Denzel L. Dyer. (J. agric. Food Chem. **9.** 155—60. März/April. 1961. Midland, Mich., Agricult. Chem. Res., The Dow Chemical Co.) (Engl.)

Vff. applizieren Baumwollpflanzen eine wss. Lsg. von *Na-$^{14}C_{(2)}$-2.2-Dichlorpropionat* (I) u. untersuchen nach unterschiedlichen Wachstumszeiten radioautograph. oder nach Extraktion die Verteilung der Radioaktivität in den einzelnen Pflanzenorganen. Die Verss. zeigen, daß I von den Pflanzen schnell aufgenommen u. in den akt. Wachstumsgeweben akkumuliert wird, wo es als freie Säure oder als Salz vorliegt. Eine Umwandlung von I in natürliche Pflanzenstoffe scheint nicht stattzufinden. D. GROSS. 4485□

Die Wirkung von Gibberellsäure auf Jute (Corchorus capsularis Linn.). S. M. Sircar und Rothin Chakraverty. (Sci. and Cult. [Calcutta] **26.** 141—43. Sept. 1960. Calcutta, Univ., Coll. of Sci., Dep. of Bot.) (Engl.)

10—100 ppm *Gibberellsäure* (I) wurden als Lanolinpaste auf das jüngste Blatt von Jutepflänzchen aufgebracht. Die I-behandelten Pflanzen zeigten gegenüber den Kontrollen größere Höhe, größeren Basalumfang u. höheren Faser-Geh., wobei 10 ppm letzteren am günstigsten beeinflußten. I vermehrte die Zahl der Blätter u. Nodien. K. MAIER. 4485□

Gibberellsäure. 11. Mitt. **Die wachstumsfördernde Wirkung einiger funktioneller Derivate der Gibberellsäure.** J. S. Moffatt und Margaret Radley. (J. Sci. Food Agric. **11.** 386—90. Juli 1960. The Frythe, Welwyn, Herts., Imp. Chem. Inds. Ltd., Akers Res. Labor.) (Engl.) —10. vgl. C. **1959.** 15026.

11 Salze u. 4 Acyl-Derivv. von *Gibberellsäure* (I) zeigten bei Wurzeln oder Blättern von Erbsenkeimlingen ähnliche Wachstums-Wrkg. wie I. 5 Ester u. 9 Acyl-Derivv. waren bei Blättern angewandt ohne Wrkg., zeigten dagegen in wss. Kultur-Lsgg. gegenüber Wurzeln, möglicherweise infolge langsamer Hydrolyse, mäßige Aktivität.

Versuche: Gibberellate. *Ammonium-, Monohydrat,* $C_{19}H_{25}NO_6$, H_2O, F. 167 bis 170° (Zers.), aus I durch Eindampfen einer ammoniakal. Lsg. bei 20—24° im Vakuum. *K-, Sesquihydrat,* 2 $C_{19}H_{21}KO_6$, 3 H_2O, F. 225—229° (Zers.), hygroskop. Pulver. *Na-, Sesquihydrat,* 2 $C_{19}H_{21}NaO_6$, 3 H_2O, F. 232—238° (Zers.). *Rb-,* $C_{19}H_{21}O_6Rb$, F. 213 bis 216° (Zers.). *Cu-, Trihydrat,* $(C_{19}H_{21}O_6)_2Cu$, 3 H_2O, F. 245—248° (Zers.), aus I durch Schütteln mit Cu-Carbonat in W. (5—15 Std.), blaugrün. *Ag-, Dihydrat,* $C_{19}H_{21}AgO_6$, 2 H_2O, F. 198—199° (Zers.), Nadeln (W.). *Ca-, Trihydrat,* $(C_{19}H_{21}O_6)_2Ca$, 3 H_2O, F. 260°. *Pb-, Monohydrat,* $(C_{19}H_{21}O_6)_2Pb$, H_2O, F. 215—218° (Zers.). *Mn-, Trihydrat,* $(C_{19}H_{21}O_6)_2 \cdot Mn$, 3 H_2O, F. 261—266° (Zers.). *Co-, Trihydrat,* $(C_{19}H_{21}O_6)_2Co$, 3 H_2O, F. 204—206° (Zers.), violett. *Cyclohexylaminsalz,* F. 173—177° (Zers.), verfilzte Nadeln. — Ester, aus I u. Diazo-KW. *Äthyl-,* $C_{21}H_{26}O_6$, 0,5 CH_3OH, F. 150—151° bzw. 155—156° (CH_3OH-frei), prismat. Nadeln (CH_3OH-Ae.). *Isopropyl-,* $C_{22}H_{28}O_6$, 0,5 CH_3OH, F. 151—152°, Nadeln (CH_3OH-Ae.). *Butyl-,* $C_{23}H_{30}O_6$, 0,5 CH_3OH, F. 153—156°, Nadeln (CH_3OH-Ae.). *Octyl-,* $C_{27}H_{38}O_6$, F 157—158°, prismat. Nadeln (Ae -PAe.). — Acyl-Derivv., aus I u. Säureanhydrid oder -chlorid in Pyridin. *Butyryl-,* $C_{23}H_{28}O_7$, F. 192°, Rhomben (Äthylacetat-PAe.). *Benzoyl-,* $C_{26}H_{26}O_7$, F 204—205°, Nadeln (CH_3OH-Ae.). *Diacetyl-,* $C_{23}H_{26}O_8$, F. 186—187°, aus Acetyl-I; Prismen (Ae.-PAe.). — Acyl-Derivv. von I-Estern. *Äthylacetylgibberellat,* $C_{23}H_{28}O_7$, F. 203°, aus Acetyl-I u. CH_2N_2 in Ae.-CH_3OH; Rhomben (CH_3OH-Ae.). *Isopropylacetyl-,* $C_{24}H_{30}O_7$, F. 202—203°, mit Diazoisopropan; Prismen (Ae.). *Butylacetyl-,* $C_{25}H_{32}O_7$, F. 147—149°, mit Diazobutan; Prismen (Äthylacetat-PAe.). *Octylacetyl-,* $C_{29}H_{40}O_7$, $Kp._{5 \cdot 10^{-5}}$ 195—202°, aus Octylester u. Acetanhydrid-Pyridin. *Äthylbutyryl-,* $C_{25}H_{32}O_7$, F. 175—176°, aus Äthylester u. Buttersäureanhydrid-Pyridin; prismat. Nadeln (Äthylacetat-PAe.). *Äthylbenzoyl-,* $C_{28}H_{30}O_7$, F. 192°, aus Äthylester u. Benzoylchloridpyridin; große Rhomben (Ae.). *Phenylacetyl-, Dihydrat,* $C_{27}H_{28}O_7$, 2 H_2O, F. 216—219°, aus Acetyl-I u. Phenol in Ggw. von Trifluoracetanhydrid bei 0° (19 Std.); Prismen (feuchter Ae.). *Methyldiacetyl-,* $C_{24}H_{28}O_8$, F. 166,5—168,5°, aus Diacetyl-I u. CH_2N_2 in Ae.; Prismen (Aceton-PAe.). K. MAIER. 4485□

Die Wirkung von Gibberellinen auf das Wachstum abgeschnittener Tomatenwurzeln. D. N. Butcher und H. E. Street. (J. exp. Botany **11.** 206—16. Mai 1960. Swansea, Univ. Coll. of Swansea, Dep. of Botany.) (Engl.)

Gibberellinsäure (I; *Gibberellin* A_3) bzw. *1-Naphthalinessigsäure* (II) erhöhen in geeigneten Konzz. (Kurven s. Original) den Wuchs entlang der Hauptachse abgeschnittener Tomatenwurzeln in Kultur-Lsgg. mit weniger als 1% *Rohrzucker* (III), wobei die II-Wrkg. stärker von der III-Konz. abhängig ist als die von I. Gleichzeitig erfolgt Zellverlängerung u. stärkere Zellteilung, wobei mäßig erhöhte I-Konzz. hemmend wirken, II jedoch ohne negativen Einfl. bleibt. Bei niedriger III-Konz. steigt auch die Anzahl der Längswurzeln in Ggw. von I bzw. II stärker an. I bzw. II inhibieren den Wurzelwuchs bei höheren Konzz., II entfaltet seine volle Wuchs-Wrkg. jedoch in einem viel engeren Konz.-Bereich als I. I bzw. II führen zu raschem Verlust der meristemat. Aktivität, wenn einzelne Meristeme wiederholt in Subkulturen mit 1% oder mehr III gezogen werden. Die *Gibberelline* A_1, A_2 u. A_4 ähneln in ihrer Wuchs-Wrkg. I. *Allogibbersäure* fördert wie I das Wurzellängenwachstum, die Inhibitor-Wrkg. setzt jedoch schon bei einer wesentlich niedrigeren Konz. als bei I ein. Abb. von Wurzeln nach Wachstum in 0,01 mg I/Liter, 0,0005 mg II/Liter bzw. Kontroll-Lsgg. mit 0,75 bzw. 2,0% III-Geh. s. Original.

G. KIRSTEN. 4485□

Die Verhütung des Einsetzens der Samenruhe durch Gibberellsäure. M. Black und J. M. Naylor. (Nature [London] **184.** 468—69. 8/8. 1959. Saskatoon, Canada, Univ. of Saskatchewan, Dep. of Field Husbandry.) (Engl.)

Wird Samen von *Avena fatua* mit *Gibberellsäure* im Stadium der Milchreife behandelt, so keimen die Samen ohne Schwierigkeit sofort nach der Reife aus. Demgegenüber zeigen nichtbehandelte Samen dieser Art eine tiefe u. lange Ruheperiode. Vff. weisen auf gibberellinähnliche Verbb. in den Pflanzen hin, deren Wrkg. von einem noch unbekannten Antagonisten abhängen soll. W. HIRTE. 4485□

Physiologische Wirkungen des Kinetineffekts auf die Verdickung von etiolierten Erbsenstengelsektionen. Masayuki Katsumi. (Physiol. Plantarum [Copenhagen] **15.** 115—21. 1962. Mitaka, Tokyo, Internat. Christian Univ., Biol. Dep.) (Engl.)

Die Verss. erfolgten an etiolierten Stengelstücken, die von Pflanzen stammten, die nach der Aussaat 1 Woche im Dunkeln gehalten wurden. *Kinetin* führte zu einer Stengelverdickung. DieWrkg. verstärkte sich in Ggw. von *Indolyl-(3)-essigsäure*, *α-Naphthylessigsäure* oder *2.4-Dichlorphenoxyessigsäure.* Wurde anstatt des 1. das 2. Internodium benutzt, so blieb die Wrkg. aus. Neutrale u. alkal. Rk. verminderte die Wirkung.

W. HILLER. 4485□

Die Wirkung gewisser Benzazolverbindungen auf Pflanzenwachstum und -entwicklung. M. J. Klingensmith. (Amer. J. Bot. **48.** 40—45. Jan. 1961. Hamilton, N.Y., Colgate Univ., Dep. of Botany.) (Engl.)

An einer Reihe höherer Pflanzen wurde die Wrkg. von *Benzazolen* auf Wachstum u. Entw. untersucht: *Lycopersicum esculentum* MILL. var. John Baer, *Phaseolus vulgaris* L. var. „Black Valentine", *Coleus Blumei* BENTH., *Avena Sativa* L., *Gycine max* MERR., *Triticum vulg* L., Gurke. Von den 3 Substanzen *Benzotriazol* (I), *Benzothiazol* (II) u. *Benzimidazol* unterdrückt II am stärksten das Längenwachstum der Gurkenprimärwurzel. *Adenin* kann diesen Effekt nicht rückgängig machen. I verursacht (über die Wurzel appliziert, $1 \cdot 10^{-2}$ m Lsg.) bei Coleus, Avena u. Triticum deutliche morpholog. Veränderungen, die mit anderen Wachstumsregulatoren nicht beobachtet werden: Hemmung der Internodienstreckung bei gleichzeitiger Verdickung der Stengel, Aufwärtsrollen der Blattränder. II ruft bei Bohne u. Tomate die Bldg. von Adventivwurzeln hervor, an Tabakstengelsegmenten ebenfalls die Bldg. von Wurzeln, ohne die Knospen-Entw. zu unterdrücken. I. JAGO. 4485

Der saure Wachstums-Hemmstoff von Kartoffelknollen in Beziehung zur Winterruhe. M. L. Buch und Ora Smith. (Physiol. Plantarum [Copenhagen] **12.** 706—15. 1959. Ithaca, N.Y., Cornell Univ., Dep. of Vegetable Crops.) (Engl.)

Aus den Keimen u. dem unmittelbar darumliegenden Gewebe wurde mit Ae. ein saurer Wachstumshemmstoff extrahiert u. papierchromatograph. gereinigt. Doch zeigt dieser Hemmstoff keine Wrkg. auf das Sprossen von Kartoffelkeimen.

D. MUNSCHE. 4485□

Faktoren, die das Abwerfen reproduktiver Organe bei der gelben Lupine (Lupinus luteus L.) bewirken. 3. Mitt. **Endogene Wuchsstoffe in gesunden und virusinfizierten Pflanzen und ihre Wirkung auf das Abwerfen.** R. F. M. Van Steveninck. (J. exp. Botany **10.** 367—75. Okt. 1959. Christchurch, Dep. of Scientific and Ind. Res., Crop Res. Div.) (Engl.) — 2. vgl. J. exp. Botany **9.** [1958.]. 372.

Aus den 7 u. 14 Tage nach dem Abblühen gewonnenen Hülsen von gesunden u. mit Bohnenmosaikvirus infizierten Lupinenpflanzen wurden mittels Ae. Wuchsstoffe extrahiert. Sie wurden papierchromatograph. getrennt u. im Koleoptiltest untersucht. Nachgewiesen wurden ein saurer Wuchsstoff A, 2 saure Hemmstoffe B u. X u. ein neutraler Hemmstoff Y. B war sehr wirksam, seine Wrkg. konnte aber durch *β-Indolylessigsäure* kompensiert werden. Unreife Hülsen von virusinfizierten Pflanzen enthielten gegenüber solchen von gesunden 3mal soviel A u. $^2/_3$ soviel B. Reife Hülsen viruskranker Pflanzen wiesen ebenfalls mehr A als gesunde auf, aber auch $2^1/_2$mal mehr B, weniger Y. Bei X traten keine Unterschiede auf. Ein besonderer Abwurftest wurde entwickelt, in dem A das Abwerfen bei proximaler Applikation beschleunigte, bei distaler jedoch verzögerte. B fördert das Abwerfen in jedem Fall. Ein Wrkg.-Schema mit den Substanzen A u. B wurde entwickelt, das das Abwerfen der späteren Blüten bei reifenden Hülsen ebenso erklärt wie das verzögerte Abwerfen nach einer Virusinfektion.

WILFRIED WERNER. 4485□

Die Eisenfleckigkeit der Kartoffel. H. Braun. (Z. Pflanzenkrankh. (Pflanzenpathol.) Pflanzenschutz **68.** 542—49. Bonn.) (Dt.)

Übersicht. — 47 Literaturangaben. P. GREGORZEWSKI. 4490□

Die systemische Wirkung von Sulfonamiden gegen Pflanzenkrankheiten, hervorgerufen durch nichtobligate Erreger. F. Großmann. (Z. Pflanzenkrankh. (Pflanzenpathol.) Pflanzenschutz **68.** 633—38. 1961. Göttingen, Univ., Inst. für Pflanzenpathol. u. Pflanzenschutz.) (Dt.)

Durch Gießverss. an Tomaten wird gezeigt, daß durch präinfektionelle Behandlung der Befall vermindert wird, es treten aber teilweise Pflanzenschäden durch die Wirkstoffe auf. Nach erfolgter Infektion sind die *Sulfonamide* wirkungslos.

P. GREGORZEWSKI. 4490□

Erhöhtes Pflanzenwachstum durch zwei systemische Insekticide. M. M. H. Wallace. (Nature [London] **191.** 513—14. 29/7. 1961. Nedlands, Commonwealth Sci. and Ind. Res. Organization, Western Australia Regional Labor., Div. of Entomology.) (Engl.)

Aus *Trifolium subterraneum* L.-Samen, die mit *Demeton* oder *Methyldemeton* behandelt wurden, entwickeln sich innerhalb von 3 Monaten Pflanzen, die 39% bzw. 24% mehr Gew. haben als die Kontrollen. Die Wurzel-Ausbldg. zeigt keine Unterschiede.

P. GREGORZEWSKI. 4490□

Translokation und Beständigkeit von tritiummarkiertem Cycloheximid in Keimlingen der Weymouthskiefer. A. J. Lemin und R. C. Thomas. (J. agric. Food Chem. **9.** 254—56. Juli/Aug. 1961. Kalamazoo, Mich., Upjohn Co.) (Engl.)

69 Std. nach Injektion einer Lsg. von *^{3}H-Cycloheximid* (I) an Keimlinge von *Pinus strobus* L. trat die Radioaktivität in den oberen Stammteilen u. in den Nadeln auf. Wurde **I** auf die Nadeln aufgesprüht, so konnte kein abwärts gerichteter Transport festgestellt werden. Das **I** hielt sich in den Nadeln 2 Monate ohne Zersetzung.

H.-W. LIEBISCH. 4495□

E₅. Tierchemie. Tierphysiologie. Tierpathologie

Ein automatisches Aufzeichnungsgerät für die Chromatographie von Aminosäuren. Stanford Moore, Darrel H. Spackman und William H. Stein. (Federat. Proc. **17.** 1107—15. Dez. 1958. New York City, Rockefeller Inst. for Med. Res.) (Engl.) — Vgl. C. **1960.** 7623.

Die App. besteht aus 2 Pumpen konst. Leistung, eine pumpt die Puffer-Lsg. mit gleichbleibender Geschw. durch die Ionenaustauschersäule, während die andere Ninhydrinreagens zum Eluat hinzufügt. Das Gemisch fließt durch eine Heizschlange, die durch ein Wasserbad erwärmt wird. Dabei entwickelt sich die blaue Färbung aus den α-Aminosäuren mit Ninhydrin u. die gelben Färbungen aus Prolin u. Hydroxyprolin. Die Lsg. passiert anschließend ein Photometer. Die opt. Dichte wird automat. gegen die Zeit aufgezeichnet. P. GREGORZEWSKI. 4500□

Der spektrographische Nachweis des Vanadiums in einigen menschlichen und tierischen Organen und die Beeinflussung seines Vorkommens. Jan Štěpán und Eduard Fridrich. (Med. exp. [Basel] **4.** 397—403. 1961. Pilsen, Karls-Univ., Inst. für med. Chem.; VOOS-Rybitvi.) (Dt.)

V wird in allen Meerschweinchenorganen außer im Dickdarm u. im Magen nachgewiesen. Beim Menschen ist es hauptsächlich in der Niere feststellbar. Bei Bronchopneumonie, nach *Hg*- u. *W*-Applikation wird es aus seiner Bindung freigesetzt u. teilweise ausgeschieden. P. GREGORZEWSKI. 4510□

Bleiwerte in einigen Organen von Personen ohne spezifische Bleieinwirkung. D. Durič, M. Šarič und Durda Malek. (Arhiv Hig. Rada Toksikol. **10.** 217—20. 1959. Zagreb, Inst. für Med. Res.) (Serbokroat.)

In Milz, Leber u. Niere von 15 Personen, die während ihres Lebens keiner besonderen *Pb*-Einw. ausgesetzt gewesen waren, wurde der Pb-Geh. nach einer von WEBER, VOUK

u. Voloder (C. **1954.** 1321) modifizierten Dithizon-Meth. bestimmt u. mit den Werten der Literatur verglichen. K. Maier. 4510 □

Chondroitinsulfate. P. Hoffman, A. Linker und K. Meyer. (Federat. Proc. **17.** 1078—82. Dez 1958. New York City, Columbia Univ., Dep. of Med.; Presbyterian Hosp.) (Engl.) — Vgl. C. **1960.** 2261.

Übersicht über die Strukturen. — 19 Literaturangaben. P. Gregorzewski. 4520 □

Chondromucoprotein. Maxwell Schubert. (Federat. Proc. **17.** 1099—1105. Dez. 1958. New York City, New York Univ. Coll. of Med., Dep. of Biochem. and Study Group for Rheumatic Diseases.) (Engl.)

Übersicht. — 21 Literaturangaben. P. Gregorzewski. 4520 □

Die Struktur der Hyaluronsäure. Karl Meyer. (Federat. Proc. **17.** 1075—77. Dez. 1958. New York City, Columbia Univ., Dep. of Med.; Presbyterian Hosp.) (Engl.)

Hyaluronsäure verschiedener Herkunft besteht aus unverzweigten Polymeren mit abwechselnden β-Glucuronid-(1 → 3)- u. β-Glucosamid-(1 → 4)-Bindungen.
P. Gregorzewski. 4520 □

Physikalische Chemie der Hyaluronsäure. Endre A. Balazs. (Federat. Proc. **17.** 1086—93. Dez. 1958. Boston, Mass., Massachusetts Eye and Ear Infirmary, Dep. of Ophthalmol. Retina Found.; Harvard Med. School.) (Engl.)

Übersicht, Molgew., Dimension, Form, Vol., Hydratation u. elektr. Ladungen. — 35 Literaturangaben. P. Gregorzewski. 4520 □

Isotope in der Immunologie. G. E. Francis. (Pathol. et Microbiol. [Basel] **23.** 635—67. 1960. London, Saint Bartholomew's Hosp., Med. Coll., Dep. of Biochem. and Chem.) (Engl.)

Überblick. — 143 Literaturangaben. H.-G. Floss. 4551 □

Immunoelektrophoretische Analyse von Kuhmilch und gereinigten Kuhmilchproteinfraktionen. Vorl. Mitt. L. Å. Hanson und B. Johansson. (Experientia [Basel] **15.** 377—79. 15/10. 1959. Gothenburg, Univ. of Gothenburg, Dep. of Bacteriol. and. Med. Biochem.) (Engl.)

Immunoelektrophoret. ließen sich aus Kuhmilch mit Kaninchenantimilchseren mindestens 12 *Immunpräcipitate* nachweisen, deren relative Wandergeschw. zwischen der der Immunglobuline bis jenseits der des Serumalbumins reichte. 6 dieser Präcipitate waren mit den 6 aus dem Rinderserum nachweisbaren Präcipitaten verwandt (von γ-Globulin zu Serum-Albumin reichend). Es wurden auch Präpp. von α-Casein, β-Lactoglobulin u. α-Lactoglobulin untersucht. U. Tausendfreund. 4551 □

Über gruppenspezifische Eigenschaften menschlicher Serumproteine. R. Bütler. (Schweiz. med. Wschr. **91.** 1125—38. 30/9. 1961. Bern, Zentrallabor. des Blutspendedienstes des Schweiz. Roten Kreuzes.) (Dt.)

Menschliches Plasma enthält eine komplexe Mischung verschiedener Proteine, von denen einige, nämlich die Gm-Gruppen, Haptoglobingruppen, Transferringruppen u. die noch weniger erforschten Gc-Gruppen eine genetisch determinierte Gruppenspezifität besitzen. Auch bei dem serumständigen Enzym, der Pseudocholinesterase liegen schon Beweise für einen durch 2 co dominante Allele kontrollierten Erbgang vor. — 236 Literaturangaben. E. Fischoeder. 4551 □

Die Bindung gewisser heterogener antigener Substanzen an Bakterienzellen und Endosporen. Joyce B. Baumann-Grace und J. Tomcsik. (Experientia [Basel] **15.** 305—06. 15/8. 1959.) (Engl.)

Werden Bakterien wie *B. anthracis* u. *B. cereus* auf hefehaltigen Nährböden gezüchtet, binden sie der Hefe entstammende Substanzen, die durch Waschen nicht zu beseitigen sind. Kaninchenseren, die durch Impfung mit derartigen Bakterien gewonnen wurden, enthalten neben den spezif. Bakterienantikörpern auch Hefeantikörper, die falsche Kreuzreaktionen bei Präcipitations-Verss. mit den Bakterienfraktionen, z. B. Polysacchariden, verursachen können. *B. Megatherium* bindet Hefesubstanzen nicht, dagegen überraschenderweise Lysozym, das zur restlosen Beseitigung vegetativer Bestandteile aus Sporensuspensionen dient. Mit solchen Sporen immunisierte Kaninchen bilden außer Sporenantikörpern auch Lysozymantikörper. E. Fischoeder. 4551 □

Die Bildung von Glukagon-Antikörpern und ihr Verhalten im Stoffwechsel und bei Glukagon-Immunreaktionen. G. M. Grodsky, T. Hayashida, C. T. Peng und I. I. Geschwind. (Proc. Soc. exp. Biol. Med. **107.** 491—94. Juli 1961. San Francisco, School of Med., Dep. of Biochem., Metabolic Unit for Res. in Arthritis and Allied Diseases, Dep. of Anatomy and Radioactivity Res. Center; Davis, Univ. of California, Dep. of Animal Husbrandry.) (Engl.)

Kaninchen bildeten nach wiederholter Impfung mit 3—10 mg *Glukagon* (I) in FREUNDS Adjuvans oder mit einem I-Ovalbuminkonjugat Antikörper (IAK), die nach 1 Monat auftraten, 4—5 Monate ohne weitere Impfung u. nach Auffrischimpfungen 22 Monate lang nachweisbar waren. Die IAK präcipitierten, sofern sie von Kaninchen stammten, die mit dem Konjugat immunisiert worden waren, lediglich das I-Ovalbuminkonjugat. Aber auch zwischen I u. IAK findet ohne sichtbare Präcipitation, optimal bei pH 8,5, eine Bindung statt, die nach Markierung des I mit ^{137}J in einem chromatograph. Verf., bei dem nur das an AK gebundene I wandert, nachgewiesen werden konnte. Wurde ^{131}J-I einem immunisierten Kaninchen i. v. injiziert, wurde es sofort von IAK gebunden. Der Komplex I + IAK wurde wesentlich langsamer ausgeschieden als I bei nichtimmunisierten Kontrolltieren. E. FISCHOEDER. 4551 □

Das Vorkommen eines Phytohämagglutinins bei verschiedenen Arten des Genus Ornithogalum (Liliaceae). Maurice Piette, Jean Moullec, Jean Fine und Nicolas Parvanchère. (C. R. hebd. Séances Acad. Sci. **250.** 2076—78. 14/3. 1960. Paris, Fac. de Pharmacie, Labor. d'Hématol. et Centre Nat. de Transfusion sanguine.) (Franz.)

In Samen, Zwiebel u. Stengel von *O. pyrenaicum* L. kommt ein *Agglutinin* (I) vor, das auf ein in Hunde- u. Kaninchenerythrocyten enthaltenes Antigen wirkt. Nach Papierelektrophorese findet sich die agglutinierende Eig. in einer lipidfreien, polysaccharidhaltigen Fraktion, die wie menschliches β-Globulin wandert. 32 weitere *Liliaceae*-Species gaben negative Resultate, 26 sofort Hämolyse aller Erythrocyten. 3 von 4 *Ornithogalum*-Species enthielten ebenfalls I. K. MAIER. 4551 □

Blähmagen bei Rindern. 16. Mitt. **Rinderspeichel: die chemische Zusammensetzung der Parotis-, Submaxillaris- und restlichen Sekretion.** A. T. Phillipson, und J. L. Mangan. (New Zealand J. agric. Res. **2.** 990—1001. Okt. 1959. Bucksburn, Aberdeenshire, Rowett Res. Inst.; Palmerston North, New Zealand, Dep. of Sci. and Industr. Res., Plant Chem. Div.) (Engl.)

Im Rahmen einer größeren Unters. über die Entstehung des Blähmagens bei Rindern wird die Zus. der verschiedenen Speichelsorten (Parotis-, Submaxillar- u. Restspeichel) bei 5—8 monatigen Kälbern untersucht, da vermutet wird, daß der *Mucoprotein*-Geh. des Speichels bei Absinken des pH-Wertes zur Bldg. eines stabilen Schaums Anlaß gibt, dessen inkorporierte Luft durch Aufstoßen nicht entfernt werden kann. Parotisspeichel u. Restspeichel enthielten Na^+ u. HCO_3^- in Konzz. von ca. 100 mVal/Liter, die K^+- u. HPO_4^{2-}-Konz. betrug 15—20 mVal/Liter, während Ca^{2+} in einer Konz. von 3—7 mVal/Liter vorlag. *N* aus dem Parotisspeichel bestand vorwiegend aus *Harnstoff* (I), der Restspeichel enthielt bestimmbare Mengen Mucoprotein. Die Zus. dieser beiden Speichelarten war unabhängig von der Art der Speichelstimulierung. Im Gegensatz dazu enthielt der Submaxillar(Submandibular)-Speichel mehr Mucoprotein als die beiden anderen Arten, der I-Geh. war gleich groß; wurde der Submaxillarspeichel durch *Carbachol*-Anwendung stimuliert, so war der Geh. an Na^+ u. HCO_3^- niedriger u. der Geh. an Ca^{2+} größer als im Parotis- u. Restspeichel, der K^+-Geh. blieb gleich, HPO_4^{2-} war nur in Spuren vorhanden; Reizung durch Lufteinblasen in den Magen (Rumen) führt jedoch zu einem Submaxillarspeichel mit 5fach gesteigertem Geh. an Mucoprotein.
U. TAUSENDFREUND. 4555 □

Auswahl von Laboratoriumstieren für Bioversuche. J. D. Biggers, Anne McLaren und Donald Michie. (Nature [London] **190.** 891—94. 3/6. 1961. Philadelphia, Pa., Wistar Inst.; Edinburgh, Univ. of Edinburgh, Inst. of Animal Gen., Dep. of Surg. Sci.) (Engl.)

Anknüpfend an die Ausführungen von CHAI (C. **1961.** 5854) wird, bzgl. der Auswahl von Vers.-Tieren für Hormon-Unterss., der F_1-Generation zweier Inzuchtstämme der Vorzug gegeben; es schließt sich mit einer Erwiderung von CHAI eine Diskussion an. U. TAUSENDFREUND. 4558 □

Enzymveränderungen des Uterus ovarektomierter Ratten nach Behandlung mit Östradiol. Dwight B. M. Scott und A. G. Lisi. (Biochem. J. **77.** 52—63. Okt. 1960. Philadelphia, Pa., Univ. of Pennsylvania, School of Med., Dep. of Physiol., Sect. of Cytol. and Genet.) (Engl.)

120—240 g schwere WISTAR-Ratten erhielten 10 Tage nach Kastration einmal bzw. zweimal im Abstand von 24 Std. 100 μg *17β-Östradiol* (I) intraperitoneal. 2—76 Std. nach der Injektion wurden die Tiere getötet u. folgende Enzymaktivitäten aus Extrakten des Endometriums u. Myometriums untersucht: *Glucose-6-phosphatdehydrogenase* u. *Phosphogluconatdehydrogenase* (Triphophopyridinnucleotid-Red. bei 35°, 5—6 Min.), *Transdehydrogenase*, *Hexokinase*, die *TPNH-Oxydase* spektrophotometr., die *TPN-Nucleotidase* nach KAPLAN u. die säurelösl. SH-Gruppen titrimetr., der Eiweiß-Geh. mit der Bromsulphalein-Methode. 2 Std. nach I-Injektion stieg das Naßgew. aber nicht das Trockengew. des Uterus an. Im Endometriumextrakt waren die Dehydrogenasen 2 bis 10 Std. nach Injektion signifikant vermindert, 36—48 Std. post injectionem signifikant u. maximal vermehrt. Im Myometriumextrakt waren Dehydrogenasen ohne vorherige Verminderung vermehrt. Nach der 2. I-Injektion war die Hexokinaseaktivität im Endometriumextrakt um 100%, im Myometriumextrakt um 200% vermehrt. Transdehydrogenasen waren nur im Myometriumextrakt nachzuweisen; I bewirkte bis zu 10 Std. nach der Injektion ihre Verminderung. Die gleichen Fermentaktivitäten wurden auch für die Nebennieren der gleichen Tiere als Kontroll-Vers. bestimmt. Zwischen der I-Injektion u. den Fermentaktivitäten der Nebennieren konnten keine bestimmten Beziehungen gefunden werden. U. LASCHET. 4559□

Wirkung von 4-Hydroxy-17α-methyltestosteron auf die „Doca-Hypertension". V. Clini, M. R. Penati, G. Sala und E. Turolla. (Sperimentale **111.** 345—54. Nov./Dez. 1961. Milano, Farmitalia, Labor. Ric.) (Ital.)

4-Hydroxy-17α-methyltestosteron hebt die bei der einseitig nephrektomierten Ratte nach Behandlung mit NaCl-Lsg. entstehende Desoxycorticosteronacetathypertension auf; es verringert den Blutdruck u. das erhöhte Gew. von Herz u. Niere, beseitigt teilweise die histolog. Schädigungen u. die EKG-Veränderungen u. normalisiert die tiefgreifenden Elektrolytveränderungen im Herz- u. Skelettmuskel. K. ZINGRAF. 4559□

Keine Verhütung des äußerst hohen Natriumverlustes aus der isolierten Katzenniere bei Durchströmung mit Blut von decapitierten Spendern durch Neurohypophysenhormone. Mary F. Lockett und T. de Lima. (Arch. int. Physiol. Biochim. **69.** 327—38. Mai 1961. London, Chelsea Coll. of Sci. and Technol., Dep. of Physiol. and Pharmacol.) (Engl.)

Wenn die isolierte Katzenniere durch einen Herz-Lungenkreislauf mit Blut von Spendertieren, deren Kopfkreislauf unterbrochen wurde, durchströmt wird, so tritt eine größere *W.*- u. *Na*-Ausscheidung ein als bei Durchströmung mit dem Blut intakter Tiere. *Vasopressin* (I) normalisiert die Ausscheidung von W., dagegen wird die Ausscheidung von Na durch I, Oxytocin oder Gemische der beiden (1 : 1) nicht beeinflußt. K. ZINGRAF. 4560□

Elektronenmikroskopische Untersuchung der Neurohypophyse von unbehandelten und mit Adrenalin und Pilocarpin behandelten Kaninchen. Hisao Fujita und J. Francis Hartmann. (Z. Zellforsch. mikroskop. Anatom. **54.** 734—63. 1961. Minneapolis, Minn., Univ. of Minnesota, Dep. of Anatom.) (Engl.)

Die Pituicyten der Kaninchenhypophyse lassen sich in 3 Typen unterteilen. Der 1. Typ entspricht der Astrocyte mit einem runden oder ovalen Kern geringer Elektronendichte u. reichlichem wss. Cytoplasma mit wenigen Strukturelementen. Typ 2 wird als atyp. Astrocyte betrachtet mit dem gleichen Kern aber einem Cytoplasma mit mehr formgebenden Elementen als Typ 1. Typ 3 entspricht der Microglia mit einem dunklen unregelmäßigen Kern u. dichtem Cytoplasma mit vielen Zellorganellen. In den Pituicyten werden keine Sekretkörnchen gefunden. Nach der *Adrenalin* (I)-Injektion wird eine Zunahme der Sekretkörnchen u. ein Umorganisieren der Mitochondrien in den Nervenenden beobachtet, außerdem Erweiterung der pericapillaren Region u. Veränderungen des Endothels. Diese Erscheinungen werden als Ausdruck für eine Sekretionsunterbrechung durch I gewertet. Nach der *Pilocarpin* (II)-Injektion sinkt die Anzahl der Neurosekretkörnchen, es treten viele optisch leere Körnchen auf, die Mitochondrien ändern ihre Struktur u. die pericapillare Region verkleinert sich. Diese Erscheinungen werden als Ausdruck einer Sekretionsbeschleunigung durch II gewertet. A. GUDE. 4560□

Zunahme der Aldosteron-Sekretion infolge akuter Denervierung der Einmündung der Arteria thyreoidea cranialis in die Arteria carotis externa. Donald S. Gann und Frederic C. Bartter. (Amer. J. Physiol **199.** 193—94. Juli 1960. Bethesda, Md., Nat. Inst. of Health, Nat. Heart Inst., Section on Clin. Endocrinol.) (Engl.)

Beim Hund trat infolge der Denervierung eine gesteigerte *Aldosteron*-Sekretion auf; eine Normalisierung erfolgte nach 1—3 Wochen. K. ZINGRAF. 4561□

Untersuchungen über die Wirkung der Steroide und Antibiotica auf mit Pneumokokken infizierte Mäuse, die teilweise im Thiaminmangelstadium sind. Kei Arayama. (Vitamins [Kyoto] **20.** 447—55. 1960. Tokyo, Toho Univ., Fac. of Med., Dep. of Internal Med.) (Jap.; Auszug: Engl.)

Im Vgl. mit *Penicillin* war eine *Cortison*-Verabreichung bei einer Pneumokokkeninfektion bei Mäusen in verschiedenen Reifestadien u. bei verschiedenem *Thiamin*-Mangel nicht wirksam. Hohe Cortisondosen erhöhten in allen Fällen die Lebensdauer, ausgenommen das Endstadium des *Thiamin*-Mangels. Im Frühstadium des Mangels, wenn das Körper-Gew. noch zunimmt, war die Resistenz gegen eine Pneumokokkeninfektion größer im Vgl. zur Standarddiät, wenn Cortison verabreicht wurde. W. HILLER. 4561□

Einfluß von Stress auf den Ascorbinsäurestoffwechsel. Hisae Arai. (Vitamins [Kyoto] **8.** 166—73. 1955. Maebashi, Gunma Univ., School of Med., Dep. of Biochem.) (Jap.; Auszug: Engl.)

Stress verursacht Abnahme des *Ascorbinsäure*-Geh. in Nebennieren, Leber u. Nieren von Ratten; *red. Glutathion* nimmt in Blut u. Leber ebenfalls ab. Die **I**-Exkretion steigt nach dem Stress (Kälte). P. GREGORZEWSKI. 4561 □

Geschlechtsunterschied im Lipoidgehalt der Nebennieren bei Mäusen. E. Silverstein und R. S. Yamamoto. (Proc. Soc. exp. Biol. Med. **106.** 381—83. Febr. 1961. Bethesda, Md., Nat. Inst. of Health, Nat. Inst. of Arthritis and Metabolic Dis.) (Engl.)

Bei ♀ Tieren war der Geh. an Gesamtlipoiden, *Cholesterin* u. *Phospholipoiden* in der Nebenniere größer als bei ♂; die Nebennieren der ♀ waren größer, obwohl ihr Körpergew. geringer war als das der ♂. K. ZINGRAF. 4561 □

Mechanismus der Adrenalin-Wirkung auf die Fettsäureveresterung und -Freisetzung in Fettgewebe. S. Shafrir und S. Kerpel. (Bull. Res. Council Israel, Sect. A **10 A.** 30—31. April 1961. Jerusalem, Hebrew Univ., Hadassah Med. School, Dep. of Biochem.) (Engl.)

Der in vitro $^{14}C_{(1)}$-*Fettsäure*-Einbau in Triglyceride des Rattenfettgewebes u. die Abspaltung nicht markierter Fettsäuren aus den Triglyceriden wird durch die Ggw. von *Adrenalin* verringert. P. GREGORZEWSKI. 4561 □

Milchsäurefreisetzung durch intraarterielle Adrenalininfusion vor und nach Dibenylin sowie ihre Beziehung zu den Blutströmungsänderungen im menschlichen Unterarm. M. J. Allwood und A. F. Cobbold. (J. Physiology **157.** 328—34. Juli 1961. London, St. Thomas's Hosp., Med. School, Sherrington School of Physiol.) (Engl.)

Durch intraarterielle Infusion von 2 μg *Adrenalin* (**I**)/Min. in den menschlichen Unterarm wird der Geh. des aus der Muskulatur austretenden Blutes an *Milchsäure* (**II**) um ca. 40% vermehrt. Zur gleichen **II**-Vermehrung kommt es, wenn **I** nach Behandlung des Unterarmes mit 500 μg *Dibenylin* (**III**)/Min. für 6 Min. Dauer (intraarteriell) injiziert wird. Die Durchströmung des Unterarmes reagiert auf **I** mit einer, nicht zu **II** in Beziehung stehenden, initialen Verstärkung (später trägt **II** vielleicht zur Abschwächung der Konstriktion bei); nach **III** ist die durch **I** bewirkte Vergrößerung der Durchströmung anhaltender; **II** kann nur ein Teil der dabei auftretenden Dilatation zugeschrieben werden. U. TAUSENDFREUND. 4561 □

Die Wirkung kleiner subkutaner Dosen von Adrenalin und Isoprenalin auf die Ausscheidung von Wasser und isotonischen Natrium- und Kaliumchlorid-Lösungen durch Ratten. J. B. Farmer und Mary F. Lockett. (Arch. int. Physiol. Biochim. **69.** 277—83. Mai 1961. London, Chelsea Coll. of Sci. and Technol., Dep. of Physiol. and Pharmacol.) (Engl.)

Bei Ratten fehlt der durch *Adrenalin* u. *Isoprenalin* ausgelöste Anstieg des Harn-pH, welcher die Ausscheidung von Na^+, K^+, Cl^- u. NH_4^+ während der Diurese nach Verabreichung von W. begleitet, wenn an Stelle von W. KCl- u. NaCl-Lsgg. verabfolgt werden. K. ZINGRAF. 4561 □

Die Wirkung von ACTH- oder Adrenalin-Verabreichung auf den Riboflavinstoffwechsel bei Ratten. Tatsuo Fujimoto, Hirofumi Tanabe, Masao Uchida, Noboru Shiba, Mitio Kusano, Fujio Sakuyama, Sakae Sumoya und Yukiyosi Yoshida. (Vitamins [Kyoto] **20.** 395—99. 1960. Tokyo, Tokyo Jikeikai-School of Med., Dep. of Internal Med.) (Jap.; Auszug: Engl.)

Es wurde die zeitliche Veränderung des *Riboflavin* (**I**)-Geh. verschiedener Organe nach Verabreichung von *ACTH* oder *Adrenalin* (**II**) bei Ratten bestimmt. Bei ACTH-Gaben wurde der **I**-Geh. von Blut, Leber u. Gehirn zuerst erniedrigt u. dann erhöht. Bei **II**-Gaben wurde der **I**-Geh. im Blut gering erhöht u. danach stark gesenkt, in Leber u. Gehirn wurde er dagegen zuerst gesenkt u. dann erhöht. W. HILLER. 4561 □

Norepinephrinempfindlichkeit isolierter Kaninchenaortastreifen in Lösung mit verschiedenem pH und Elektrolytgehalt. A. W. R. Williamson und Francis D. Moore. (Amer. J. Physiol. **198.** 1157—60. Juni 1960. Boston, Mass., Harvard Med. School, Dep. of Surg.; Peter Bent Brigham Hosp.) (Engl.)

Die Empfindlichkeit isolierter Aortastreifen gegen 10 μg *Norepinephrin*/Liter wurde durch Veränderung des pH von 7,14 auf 7,56 nicht beeinflußt, durch stärkere pH-Veränderungen (6,80 oder 7,70) sowie durch Zunahme von Na^+ bzw. Abnahme von K^+ verringert u. durch Abnahme von Na^+ bzw. Zunahme von K^+ erhöht. Die durch 100 μg/Liter bewirkte Kontraktion war größer u. wurde durch Veränderungen von pH, K^+ oder Na^+ im geprüften Bereich nicht beeinflußt. K. ZINGRAF. 4561 □

Antithyreoidale Wirkung eines Isobuttersäurederivates von Methylthiouracil und seiner Ester. E. Arrigoni-Martelli und M. Kramer. (Farmaco [Pavia], Ediz. sci. **13.** 882—92. Dez. 1958. Soc. ital. Prod. Schering, Labor. Farmacol.) (Ital.)

Methylthiouracil (I) u. *Isotiran* (*α-Thioisobuttersäure-4-methyl-6-hydroxypyrimidylester-(2)*; II) setzten den Grundumsatz bei Ratten stärker herab als der Methyl-, Äthyl- bzw. Dimethylaminoäthylester von II. Im Gegensatz zu I wirkt II nicht kropferzeugend u. besitzt nur geringen Einfl. auf die J-Konz. in der Schilddrüse. I u. II besitzen verschiedene Angriffspunkte. K. ZINGRAF. 4562☐

Die Proteine des Rinder-Pankreassekretes. 3. Mitt. In vivo-Einbau von ^{14}C-Arginin in Trypsinogen, Chymotrypsinogen A und Ribonuclease. Patricia J. Keller, Elaine Cohen und Hans Neurath. (J. biol. Chemistry **236.** 1404—06. Mai 1961. Seattle, Wash., Univ. of Washington, Dep. of Biochem.) (Engl.) — 2. vgl. C. **1959.** 16407.

Vff. applizierten einem jungen Ochsen *^{14}C-Arginin*, isolierten nach verschiedenen Zeiten aus dem Pankreassekret *Trypsinogen* (I), *Chymotrypsinogen A* (II) u. *Ribonuclease* (III) u. hydrolysierten diese Proteine. Das Arginin aus III hatte zu allen Zeiten eine wesentlich niedrigere spezif. Radioaktivität als das aus II u. I. H.-G. FLOSS. 4564☐

Das Differenzultraviolettspektrum von Insulin. Michael Laskowski jun., Joanne M. Widom, Mary L. McFadden und Harold A. Scheraga. (Biochim. biophysica Acta [Amsterdam] **19.** 581—82. März **1956.** Ithaca, N.Y., Cornell Univ., Dep. of Chem.) (Engl.)

Es wurde das Differenz-UV-Spektrum von nativem Zn-freien *Insulin* (I; Rind) u. einem trypt. Digestat desselben bei pH 7 bestimmt. Der Kurvenverlauf war fast mit dem von I bei pH 2 ident., was auf Zerstörung einer H-Bindung bei diesem pH hinweist. Vff. nehmen an, daß natives I zwischen dem B 26-Tyrosylrest u. einer noch nicht identifizierten Carboxylierungsacceptorgruppe eine H-Brückenbindung aufweist, die durch Neutralisieren des Carboxylations mit Säure oder durch Entfernen des Heptapeptids durch trypt. Hydrolyse gelöst werden kann. Ähnliche Unterss. an Lysozym ergaben, daß mindestens 2 seiner 3 Tyrosylreste in H-Bindung mit ionisierbaren Gruppen stehen. Die Meth. der Differenz-UV-Spektrophotometrie eignet sich wahrscheinlich allg. zum Nachw. u. zur Lokalisierung von Tyrosyl-H-Bindungen in Proteinen. K. MAIER. 4564☐

Die Wirkung von Serotonin (5-Hydroxytryptamin) auf die Bildung von Adenosin-3'.5'-phosphat in Gewebepartikeln des Leberegels (Fasciola hepatica). Tag E. Mansour, Earl W. Sutherland, T. W. Rall und Ernest Bueding. (J. biol. Chemistry **235.** 466—70. Febr. 1960. New Orleans, La., Louisiana State Univ., Dep. of Pharmacol.; Cleveland, Ohio, Western Res. Univ., School of Res.) (Engl.) — Vgl. C. **1960.** 1250. 3906. 4909.

Serotonin (I) führt in Homogenaten von Leberegeln zur Erhöhung der *Phosphorylase*-Aktivität. Dieser Effekt ist deutlicher unter anaeroben Bedingungen u. unabhängig vom *Adenosin-3'.5'-phosphat* (II)-Gehalt. Weiterhin führt I zu einem Anstieg von II. Brenzcatechinamine haben diese Wrkg. bei Leberegeln nicht, jedoch in Säuferlebern. II aktiviert die Phosphorylase in Extrakten der Muskulatur von *Ascaris lumbricoides*. JOACHIM SCHMIDT. 4569☐

Die Wirkung des Alters auf die Histaminbildung bei der Ratte. J. M. Telford und G. B. West. (J. Physiology **157.** 306—14. Juli 1961. London, Univ. of London, School of Pharm., Dep. of Pharmacol.) (Engl.)

Die *Histamin* (I)-Bldg. beginnt im Rattenfötus etwa am 13. Tag der Gravidität u. ist während der letzten 7 Tage der Schwangerschaft sehr hoch. Bei der Geburt kommt es zu einem starken Abfall der I-Bldg., 48 Std. danach ist nur geringe I-Aktivität nachzuweisen. Der Ort der I-Bldg. ist die Leber, andere Embryonalgewebe bilden kein I. Der optimale pH-Wert für die in vitro-Best. der *Histidindecarboxylase* der fötalen Rattenleber ist 6,5; ca. 4 Tage nach der Geburt verschiebt sich der Wert auf 8,0; es sind auch Spuren von Bzl. erforderlich. Bis zum 18. Graviditätstag enthält die Leber das meiste fötale I, danach steigt zwar der I-Geh. des Embryos noch, nicht jedoch der der Leber. Die I-bindende Fähigkeit des fötalen Gewebes ist gering, durch Tyrode-Lsg. ist Extraktion möglich. Insgesamt ist die I-bildende Fähigkeit des Rattenfötus, abgesehen von den letzten beiden Tagen, geringer als die der Leber des erwachsenen Tieres. U. TAUSENDFREUND. 4569☐

Depressorpolypeptide. C. G. Huggins und E. J. Walaszek. (Amer. Heart J. **60.** 976—95. Dez. 1960. Kansas City, Kans., Kansas Univ., School of Med., Dep. of Pharmacol.) (Engl.)

Übersicht über die depressor. wirkenden Polypeptide unter Verw. von *Bradykinin* als Modellsubstanz zur Erläuterung der pharmakolog. Gesichtspunkte; die übrigen akt. Substanzen (*Kallikrein, Padutin, Kallidin*; *Plasmakinine*; *Harnkinine*; *Wespenkinin*; *Colostrokinin*; *Substanz P*) werden in ihrer Beziehung zu Bradykinin besprochen. — 112 Literaturangaben. U. TAUSENDFREUND. 4569☐

Wirkungsmechanismus von Angiotensin und Bradykinin auf glatte Muskulatur in situ. Philip A. Khairallah und Irvine H. Page. (Amer. J. Physiol. **200.** 51—54. Jan. 1961. Cleveland, Ohio, Cleveland Clinic Found., Res. Div.; Frank E. Bunts Educat. Inst.) (Engl.)

Es wird gezeigt, daß *Angiotensin* (**I**; aus Schweineblut bzw. synthet. Oktapeptid) auf den (Meerschweinchen-) Darm vorwiegend indirekt über die Freisetzung von *Acetylcholin* (**II**) von den postganglionären Nervenendigungen u. nur z. T. direkt auf den glatten Muskel wirkt; durch *Atropin* (**III**) werden 60—70% der kontraktilen Rk. des Darms auf **I** durch Reduzierung der durch **II** vermittelten Rk. gehemmt; auch durch Verhinderung der **II**-Freisetzung mittels *Morphin* wird die **I**-Rk. verringert; *Neostigmin* macht die durch **III** bewirkte Hemmung rückgängig. *Bradykinin* (**IV**) wirkt direkt auf die glatte Muskulatur des Darms, die **IV**-Rk. wird durch die bei **I** wirksamen Maßnahmen nicht gehemmt. Die Rk. des (Ratten-) Uterus auf **I** u. **IV** wird ebenfalls durch die erwähnten Maßnahmen nicht verringert. Blockierende quartäre N-Verbb. haben, außer *Tetraäthylammoniumchlorid* (**V**), keine Wrkg. auf die Rk. des Darms auf **I**; **V** potenziert die Rk. des Darms sowohl auf **I** als auf **IV**, selbst nach **III**-Behandlung (direkte Wrkg.). Durch depolarisierende Dosen von *Nicotin* u. *Tetramethylammoniumchlorid* wird die Rk. des Darms auf **I**, nicht jedoch die auf **IV**, gehemmt. U. TAUSENDFREUND. 4569 □

Wirkung der Kallikreine auf synthetische Ester-Substrate. Marion E. Webster und Jack V. Pierce. (Proc. Soc. exp. Biol. Med. **107.** 186—91. Mai 1961. Bethesda, Md., Nat. Heart Inst., Labor. of Cardiovasc. Physiol. and of Chem. of Natural. Prod.) (Engl.)

Kallikreine (**I**) aus Schweinepankreas, Menschenpankreas, Menschenharn u. Menschenplasma können synthet. Ester, welche *Arginin* als spezif. Aminosäurerest enthalten, verdauen. **I** aus Schweinepankreas verdaut auch *Acetyl-L-tyrosinäthylester*. *Argininester* u. *Benzoyl-L-arginin* verhüteten eine Hemmung von **I** aus Menschenharn u. Menschenpankreas durch Menschenplasma u. von **I** aus Menschenplasma durch Diisopropylfluorphosphat. *Aceton* aktivierte nicht nur **I** aus Menschenplasma, sondern auch andere proteolyt. Enzyme, welche Argininester angreifen u. durch Sojabohnen-Trypsin-Inhibitor nicht gehemmt werden. K. ZINGRAF. 4569 □

Jodierte Polystyrol-Dispersionen für die Untersuchung des reticuloendothelialen Systems. Robert J. Dummel und Grace M. Dummel. (J. pharmac. Sci. **50.** 706—07. Aug. 1961. Palo Alto, Calif., Med. Res. Found.) (Engl.)

Um ein Polystyrol radioakt. zu markieren, wird techn. *Divinylbenzol* (**I**) mit $Na^{131}J$, KJO_3 u. H_2SO_4 behandelt u. das anfallende *Dijodäthylvinylbenzol* der Copolymerisation mit *Styrol* (**II**) in Emulsion unterworfen. Nach Injektion dieser Dispersion (1 μc/ml) werden Mäuse nach 24 Std. getötet u. Leber, Lunge u. Milz gemessen. Diese Organe enthalten 56,3, 1,1 u. 5,4% der angewandten Radioaktivität. Jodiertes Polystyrol kann auch aus unmarkiertem Copolymerisat aus **I** u. **II** mit J_2 u. HNO_3 in Eisessig gewonnen werden. W. HOLLAND. 4572 □

Empfehlungen zur Nomenklatur von Hämoglobin. P. S. Gerald und V. M. Ingram. (J. molecular Biol. **3.** 794—95. Dez. 1961. Boston, Mass., Harvard Med. School, Children's Hosp. Med. Center; Cambridge, Mass., Inst. of Technol., Div. of Biochem., Dep. of Biol.) (Engl.)

Hämoglobin von Erwachsenen (Adult, A) oder von fötalem Gewebe (F) weist Peptidketten auf, für die die Bezeichnung $\alpha_2^A\,\beta_2^A$ bzw. $\alpha_2^A\,\gamma_2^F$ bekannt ist. Im *Hämoglobin* A_2 wird eine weitere neuartige Peptidkette δ identifiziert, so daß A_2 durch folgende Symbole bezeichnet wird: $\alpha_2^A\,\delta_2^A$. Werden die Einzelketten α, β, γ oder δ durch trypt. Verdauung (Tp) vom N-terminalen Ende beginnend abgebaut, so wird z. B. das aus der α-Kette nach 3. trypt. Verdauung erhaltene Peptid als αTpIII bezeichnet. Aus den bekannten analyt. Daten lassen sich daher folgende Einzelstücke definieren: für α-Kette αTpI bis αTpXIV; für β-Kette βTpI bis βTpXV. Die Bruchstücke αTpVIII bzw. βTpVIII sind Lysin. Sollte von den Einzelketten schon die Anzahl der verbliebenen Aminosäuren bekannt sein, so könnte man z. B. statt βTpI das Symbol βTp1—8 verwenden. Für abnorme Hämoglobine werden weitere Symbolvorschläge gemacht. Ist die Abnormität z. B. in einer bestimmten, durch trypt. Verdauung abspaltbaren Peptidkette TpI lokalisiert, so bezeichnet man die vollständige Kette mit $\alpha_2^A\,\beta_2^{TpI}$. Beruht die Abnormität lediglich auf dem Austausch bestimmter Aminosäuren, so läßt sich die Kette noch genauer symbolisieren durch $\alpha_2^A\,\beta_2^{TpI}$ (Glu → Val).

L. TRÄGER. 4572 □

Die Wirkungen von Inhibitoren auf die Hämoglobinsynthese in Hundereticulocyten. Akira Yoshiba, Kiku Nakao, Shigeki Minakami und Yoshimasa Yoneyama. (J. Biochemistry [Tokyo] **45.** 913—17. Nov. 1958. Tokyo, Univ. of Tokyo, Fak. of Med., Dep. of Internal Med., Dep. of Physiol. Chem. and Nutrit.) (Engl.)

Für die Unterss. wurden Reticulocyten von Hunden verwendet, die mit Phenylhydrazin oder Acetylphenylhydrazin vorbehandelt waren. Die durch Zentrifugieren gewonnene reticulocytenreiche Erythrocytensuspension wurde in Plasma inkubiert, welchem 1—2 μc ^{59}Fe u. 1—2 μg $FeCl_3$ als Trägereisen zugesetzt waren. Dieser Mischung wurden verschiedene Inhibitoren zugesetzt. Die Inkubationszeit betrug 3 Std. bei 37°. Dann wurde nach Auftrennung in Plasma u. Zellen in den isolierten Häminkristallen die Radioaktivität bestimmt, deren Größe Aufschluß über die Synth.-Geschw. gibt. Die Menge des Nichteisenhämins wurde aus der Differenz zwischen der vorgegebenen Aktivität u. der Summe aus in Plasma u. Hämin bestimmten Aktivität berechnet. Dabei ergab sich, daß sowohl durch spezif. Chelatbildner, wie o-Phenanthrolin u. Diäthyldithiocarbamat, die mit Eisen reagieren, als auch durch Stoffwechselinhibitoren, wie Fluoracetat u. 2.4-Dinitrophenol, der Einbau verringert bzw. vollständig gehemmt wird. Der genaue Mechanismus kann durch vorliegende Unterss. nicht geklärt werden.
K. RUCKPAUL. 4572□

Nachweis eines Aktivatoreffekts von Plasma auf die Hämoglobinsynthese in vitro. Yves Najean, Raymond Ardaillou, Gabriel Richet und Jean Bernard. (C. R. hebd. Séances Acad. Sci. **250.** 2085—86. 14/3. 1960. Paris, Hôpital Saint-Louis, Hôpital Necker.) (Franz.)

In vitro-Unterss. der Häm-Synth. durch die Reticulocyten mit Hilfe von ^{59}Fe ergaben, daß normales Plasma einen Faktor (I) enthält, der die *Hämoglobin* (**II**)-Bldg. aktiviert. **I** ist besonders vermehrt, wenn eine qual. Störung der Erythropoise (chron. idiopath. aplast. Anämie) vorliegt. Lyophilisierter Harn solcher Patienten aktiviert gleichfalls die **II**-Synthese. **I** unterscheidet sich von dem auf die Vermehrung der Erythrocytenvorstufen wirkenden Erythropoietin. K. MAIER. 4572□

Menschliches Hämoglobin A_2: Chemie, Genetik und Entwicklung. V. M. Ingram und A. O. W. Stretton. (Nature [London] **190.** 1079—84. 17/6. 1961. Cambridge, Mass., Massachusetts Inst. of Technol., Dep. of Biol., Div. of Biochem.) (Engl.)

Es werden Ergebnisse mitgeteilt, die die mögliche Rolle von *Hämoglobin A_2* (I) bei der Thalassämie erhellen sollen: **I** von Personen mit Thalassämia minor ist von dem normaler Personen nicht unterscheidbar; die trypt. elektrophoret. Merkmale (fingerprints) von Hämoglobin A u. **I** zeigen 4 definitive Aminosäurensubstitutionen u. das Peptid A_2 a, die Unterschiede zwischen diesen beiden Hämoglobintypen finden sich nicht in der α-, sondern in der δ^{A2}-Kette; das ganze **I**-Mol. kann mit $\alpha_2^A\,\delta_2^{A_2}$ bezeichnet werden. Die Notwendigkeit zur Bezeichnung δ wird durch den genet. Beweis geliefert, daß diese Ketten unter einer von der β-Kette abweichenden genet. Kontrolle stehen. Die Bldg. von **I** wird durch α- u. δ-Gene gesteuert; die β- u. δ-Gene sind gekoppelt; Hämoglobine normaler Personen werden demnach durch α-, β-, γ- u. δ-Gene gesteuert.
U. TAUSENDFREUND. 4572□

Hämoglobin P bei einer Familie süditalienischer Herkunft. E. Silvestroni, I. Bianco und C. Brancati. (Nature [London] **191.** 292—94. 15/7. 1961. Roma, Univ. di Roma, Ist. d'Igiene, Centro di Studi della Microcitemia e delle Anemie microcit.; Cosenza, Centro di Studi della Microcit. e delle Anemie microcit., Sez. di Cosenza.) (Engl.)

Vorstellung eines weiteren Falles des Auftretens von *Hämoglobin P*, erstmals bei einer italien. Familie. Bei Papierelektrophorese bei pH 8,6 war die Wandergeschw. der langsamen Hämoglobinfraktion gleich derjenigen von Hämoglobin S, D u. L; bei Stärkeblockelektrophorese bei pH 8,6 wird die gleiche Wandergeschw. wie von Hämoglobin S sichtbar; bei Papier- u. Stärkegelelektrophorese bei pH 6,2—6,5 hat das langsame Hämoglobin das gleiche Aussehen wie Hämoglobin A_1; auch in Agargel trennt es sich nicht von A_1; nach Säulenchromatographie an Amberlite IRC-50 bei pH 6 wird durch das langsame Hämoglobin das A_1-Band breiter u. erstreckt sich bis zum A_2-, G- u. S-Band; das UV-Spektrum des nach Stärkeblockelektrophorese isolierten langsamen Hämoglobins ist ident. mit dem von A_1; im Alkalidenaturierungstest verhält es sich wie Hämoglobin A_1. Diese Eigg. sprechen für das Vorhandensein von Hämoglobin P.
U. TAUSENDFREUND. 4572□

Die Haptoglobine, Hämoglobine und Serumproteine von Alaska-Pelzrobbe, -Erdhörnchen und -Murmeltieren. B. S. Blumberg, A. C. Allison und Barbara Garry. (J. cellular comparat. Physiol. **55.** 61—71. Febr. 1960. Bethesda, Md., Nat. Inst. of Health, Nat. Inst. of Arthritis and Metabolic Dis.; London, Nat. Inst. for Med. Res.) (Engl.)

Stärkegelelektrophorese von *Hämoglobin* wurde durchgeführt von 27 Robben, 8 Erdhörnchen u. 4 Murmeltieren. Es zeigten sich 2 größere u. 1 kleinere Komponente bei 4 Robben, 2 Komponenten bei den Murmeltieren u. 1 bei den Erdhörnchen. Alle Arten hatten *Haptoglobine* (I). 2 Phänotypen wurden bei Robben gefunden, von denen der eine 1 Band u. der andere 2 Bänder aufwies mit ungefähr der gleichen Beweglichkeit wie I von Menschen mit der I-Gruppe 1—1. Die Erdhörnchen u. meisten Murmeltiere hatten ein gleiches I-Muster mit Ausnahme eines Murmeltieres mit einer Komponente mit einem offenbar hohen Molekulargewicht. H. AMAN. 4572□

Hämoglobine, Myoglobine und Erythrocruorine: Ein Vorschlag zur Änderung der gegenwärtigen Terminologie. Malcolm H. Smith. (Nature [London] **189.** 225 bis 226. 21/1. 1961. Philadelphia, Pa., Univ. of Pennsylvania, John Harrison Labor. of Chem.) (Engl.)

Es wird vorgeschlagen, den Terminus „*Erythrocruorin*" übergeordnet für alle reversibel O_2-bindenden Protohämproteide zu verwenden (z. B. für die Myoglobine, Vertebraten- u. Invertebratenhämoglobine). W. SCHELER. 4572□

Optische Rotationsdispersion von Ferrimyoglobin von Walsperma und Ferrihämoglobin vom Pferd. S. Beychok und E. R. Blout. (J. molecular Biol. **3.** 769—77. Dez. 1961. Boston, Mass., Children's Cancer Res. Found., Harvard Med. School.) (Engl.)

Ferrimyoglobin (I) von Walsperma u. *Ferrihämoglobin* (II) vom Pferd werden durch Dialyse gegen verd. Phosphatpuffer, pH 6,8, u. anschließend gegen W. von Salz befreit. Die spezif. Drehungen werden bei $24,5 \pm 1^0$ zwischen 225 u. 730 mμ bestimmt u. sind für verd. Lsgg. von I u. II sehr ähnlich. Im Kurvenverlauf sind zwei positive COTTON-Effekte nachweisbar. Zwischen 410 u. 730 mμ sind die spezif. Drehungen positiv. Die Geschw. der Rotationsveränderungen unterhalb 334 mμ läßt sich mit den bei stark helixförmigen Makromoll. beobachteten Befunden vergleichen. Weiterhin ist der negative COTTON-Effekt bei 233 mμ ein Maß für den Anteil helixförmiger Strukturen in I bzw. II. Dieser Anteil wird aus der MOFFITT-Gleichung für den Verlauf der spezif. Drehung zwischen 236 u. 334 mμ zu 75—80% abgeschätzt. Der Anteil von Helixstrukturen in I ist in verd. wss. Lsg. etwa gleich groß wie der in feuchten I-Kristallen. L. TRÄGER. 4572□

Einfluß von Alkalimetallionen auf die hämolytische Wirkung von Ammoniumchlorid. Frederick K. Bell und John C. Krantz jun. (Arch. int. Pharmacodynam. Thérap. **121.** 110—13. Aug. 1959. Baltimore, Md., Univ. of Maryland, School of Med., Dep. of Pharmacol.) (Engl.)

Die Alkaliionen Li^+, Na^+, K^+, Rb^+ u. Cs^+ wirken in gleicher Weise auf die Plasmamembrane der roten Blutzellen gegen die hämolyt. Wrkg. von NH_4Cl.

P. GREGORZEWSKI. 4573□

Der Einfluß von Zinkacetat auf rote Blutkörperchen. Donald E. Cadwallader jun. und William J. Husa. (J. Amer. pharmac. Assoc., sci. Edit. **47.** 703—05. Okt. 1958. Gainesville, Fla., Univ. of Florida, Coll. of Pharm.) (Engl.)

0,7—0,01%ig. *Zn-Acetat*-Lsgg. schützen Kaninchenerythrocyten u. 0,4—0,1%ig. Lsgg. menschliche Erythrocyten vollständig gegen Hämolyse. P. GREGORZEWSKI. 4573□

Kohlenhydrat-Stoffwechsel in Leukocyten. 2. Mitt. **Der Mechanismus des Ribose- und Xylose-Stoffwechsels in polymorphonuclearen Leukocyten des Kaninchens.** Rune Stjernholm und Ernest P. Noble. (J. biol. Chemistry **236.** 614—16. März 1961. Cleveland, Ohio, Western Res. Univ., School of Med., Dep. of Biochem. and Med.) (Engl.) — 1. vgl. C. **1961.** 3695.

Vff. inkubieren polymorphonucleare Leukocyten des Kaninchens unter aeroben Bedingungen (95% O_2, 5% CO_2) mit $^{14}C_{(1)}$-*D-Ribose* (I), $^{14}C_{(1)}$-*D-Xylose* (II), $^{14}C_{(2)}$-*D-Xylose* (III) u. $^{14}C_{(5)}$-*D-Xylose* (IV) u. bestimmen den ^{14}C-Einbau im gebildeten *Glykogen* (V) u. *Lactat* (VI) sowie die Verteilung der Radioaktivität in der durch Abbau von V erhaltenen *Glucose* (VII) u. im VI. Es zeigt sich, daß 1,2% der gesamten applizierten ^{14}C-Menge aus I, aber nur 0,44, 0,10 u. 0,01% ^{14}C aus II, III u. IV in V eingebaut werden. VI enthält 6,3% ^{14}C aus I u. 2,6, 4,2 u. 3,6% aus II, III u. IV. Die Hauptmenge der Radioaktivität aus I u. II findet sich an $C_{(1)}$ von VII, während ^{14}C aus III an $C_{(2)}$ u. ^{14}C aus IV an $C_{(6)}$ von VII herantritt. Das $C_{(1)}/C_{(3)}$-Verhältnis beträgt mit I 4 : 1 u. mit II 7 : 1. I, II u. IV liefern VI, das hauptsächlich β-^{14}C-Atome (CH_3-Gruppe; 75—100%) enthält u. die zweithöchste ^{14}C-Konz. an $C_{(COOH)}$ (22—18%) besitzt. ^{14}C aus III wird dagegen zu 85% in das α-C-Atom (CHOH-Gruppe) von VI eingeführt. Aus den Ergebnissen geht hervor, daß I von den Leukocyten in einem stärkeren Ausmaß verwertet wird als II, III u. IV. Die ^{14}C-Verteilung in VI u. VII weist auf eine durch Transketolase katalysierte Austausch-Rk. hin, die von einer langsamen V-Synth. aus der Pentose unter Vermittlung des Transketolase–Transaldolase-Mechanismus begleitet wird.

P. FAHRNLAENDER. 4573□

Freie Aminosäuren im Blut von Dysdercus koenigii Fabr. (Heteroptera: Pyrrhocoridae). J. R. Gandhi. (Naturwissenschaften **48.** 413. 2. Mai-H. 1961. Delhi, Univ. of Delhi, Zool. Dep.) (Engl.)

Aus dem Blut von erwachsenen Baumwollwanzen (*Dysdercus koenigii* FABR.) konnten nach Enteiweißung mit 80% A. u. Zentrifugierung sowie Evaporierung der

A.-Extrakte u. Papierchromatographie mit n-Butanol : Eisessig : W. = 4 : 1 : 5 in der 1. Dimension u. n-Propanol : Diäthylamin : W. = 85 : 4 : 15 in der 2. Dimension (Ninhydrin-Entw.) folgende Aminosäuren in folgender Konz.-Reihenfolge identifiziert werden: *Citrullin* > *Methionin* > *Lysin* > *Ornithin* > *Alanin* = *Cystin* > *Glycin* *Serin* > *Taurin*. Die Bedeutung u. Rolle der Aminosäuren muß noch geklärt werden.
U. TAUSENDFREUND. 4574□

Intermediärpool zwischen Aminosäuren und Globin im Entenblut in vitro. L. Bianco, G. Giustina und E. Lazzarini. (Nature [London] **191.** 40—43. 1/7. 1961. Milano, Politecnico, Ist. di Fisica.) (Engl.)

Bei Verss. mit Entenerythrocyten, die in vitro in ihrem Plasma mit $^{14}C_{(2)}$-*Glycin* inkubiert wurden, u. deren *Hämoglobin*-Aktivität gemessen wurde, zeigte sich, daß Globin von markierten ultrafiltrierten Substanzen Radioaktivität aufnehmen kann, wenn diese Radioaktivität auch nicht von freien Aminosäuren stammt; vielmehr muß ein freier Peptid-Pool als Globinvorläufer in vitro angenommen werden. Es müssen noch die Vorläufer–Prod.-Beziehung zwischen Mikrosomen, diesen Peptiden u. Globin geklärt u. die Molgew. dieser Peptide gefunden werden. U. TAUSENDFREUND. 4574□

Die Bestimmung von Haptoglobinen in normalem menschlichen Serum. H. Smith und J. A. Owen. (Biochem. J. **78.** 723—28. April 1961. Melbourne, St. Vinc. Hosp.) (Engl.)

Verd. Serum wird mit Methämoglobin-Lsg. sowie mit Guajakol (I)-Reagens versetzt u. nach Zugabe von H_2O_2 bei 25° inkubiert. Nach 10 Min. wird die Extinktion bei 470 mμ gemessen. Mit dieser Meth. wurde die *Haptoglobin*-Konz. in normalem menschlichen Serum zu 93 mg/100 ml bestimmt. Außerdem wurde der Temp.-Einfl. der Rk. von I mit H_2O_2 in Ggw. von Methämoglobin–Haptoglobin-Komplex gemessen. Das pH-Optimum für diese Rk. liegt zwischen 4 u. 5. R. STRUFE. 4574

Teilweise Maskierung von Blutserum zugesetztem Kupfer gegen Dithiocarbamate. Emile Zuckerkandl. (Bull. Soc. Chim. biol. **41.** 1533—38. 17/12. 1959. Roscoff, Finistère, Stat. Biol.) (Franz.)

Wird einer neutralen Lsg. von *Ulaia squinado*-Serum (Eiweiß-Endkonz. 0,5%) *Cu* (als $CuSO_4$) zugesetzt, so ist nach einiger Verweilzeit nicht mehr alles Cu mittels *Cuprethol*, *2-Hydroxyäthyldithiocarbamat*, extrahierbar. Das maskierte *Cu* ist nur sehr langsam wiedergewinnbar. Diese Erscheinung läßt sich durch einfache Komplex-Bldg. mit Proteinen nicht deuten. K. MAIER. 4574□

Die Nucleinsäuren im Blutplasma verschiedener Tierarten. Oscar Goglia. (Rend. Accad. Sci. fisiche mat., Napoli [4] **24 (96).** 65—69. Jan./Dez. 1957. Napoli, Univ., Ist. di Fisiol. Gen.) (Ital.)

Im *Blutplasma* wurden folgende Werte für den Geh. von *Ribonucleinsäure* (I) u. *Desoxyribonucleinsäure* (II) bestimmt (ausgedrückt in mg P/Liter Plasma): Lamm I 1,09, II 0,54; Esel I 1,26, II 0,67; Hund I 3,01, II 0,73; Pferd I 0,80, II —; Kaninchen I 1,25, II 0,43; Schwein I 0,70, II 0,45; Ratte I 1,13, II 0,44; Kalb I 1,22, II 0,56; Huhn I 1,88, II 0,71; Taube I 1,85, II 0,53. K. ZINGRAF. 4574□

Die Serumproteine und ihre Konjugate bei der Maus. Elizabeth F. Tuller und J. Mayer. (Experientia [Basel] **15.** 15—16. 15/1. 1959. Boston, Mass., Harvard School of Publ. Health, Dep. of Nutrit.) (Engl.)

Die Verteilung der durch Elektrophorese erhaltenen Protein- u. Lipidfraktionen des Mäuseserums liegt zwischen den entsprechenden Befunden bei einem Menschen- u. Rattenserum. Sie ist aber bei den einzelnen Mäuserassen verschieden, ebenso bei Mäusen mit hereditären oder experimentell verursachten Fettsuchtsformen, bei denen der Gesamtlipid-Geh. des Serums immer stark erhöht ist. E. FISCHOEDER. 4574□

Eine Untersuchung der Antihämophilie-Globulin-Aktivität bei den weiblichen Trägerinnen der Erbanlage. Herschel P. Bentley jun. und William Krivit. (J. Lab. clin. Med. **56.** 613—22. Okt. 1960. Minneapolis, Minn., Univ. of Minnesota, Dep. of Pediatr.) (Engl.)

Bei allen untersuchten 21 definitiven Trägerinnen der Hämophilieerbanlage u. 2 von 5 vermutlichen Trägerinnen konnten (mit Hilfe einer modifizierten QUICK-Erythrocytin-Meth.) erniedrigte Plasmaspiegel für *Antihämophilieglobulin* (I; 30—40% der Norm betragend, damit zwischen der Norm u. den Werten bei Hämophilie liegend) nachgewiesen werden. Zu diesen erniedrigten I-Werten kam das klin. Bild verlängerter Blutungen nach chirurg. oder zahnärztlichen Eingriffen (bei 19%) u. leichter Beulen-Bldg. (bei 77%). Ähnliche I-Spiegel bei Geschwistern sowie bei Personen aus der gleichen Familie, jedoch aus verschiedenen Generationen läßt an eine genet. Kontrolle des I-Spiegels denken. U. TAUSENDFREUND. 4574□

Wirkung der Zentrifugierung bei 20000·g auf die Lipidverteilung menschlicher Seren. J. C. Forbes, P. D. Camp, A. J. Wasserman, W. T. Tucker, A. L. Forbes und O. M. Peterson. (Proc. Soc. exp. Biol. Med. **107.** 224—27. Mai 1961. Richmond, Va., Med. Coll. of Virginia, Dep. of Biochem. and Med.; Veteran's Admin. Hosp.) (Engl.)

Bei einer Zentrifugierung des menschlichen Serums bei 20000·*g* 2 Std. lang stiegen nur wenig *Phospholipide* (I) u. *Cholesterin* (II) an die Oberfläche, wenn der Neutralfett (NF)-Geh. unter 176 mg% lag, 90% von II u. NF u. 60% von I dagegen, wenn der NF-Geh. deutlich erhöht war. Eine deutliche Flotation von NF war besonders bei Personen mit familiärer Hyperlipämie zu beobachten. K. ZINGRAF. 4574□

Veränderung des Plasma-Aminstickstoffspiegels beim Aal (Anguilla vulgaris) unter dem Einfluß von Nahrungsentzug und Asphyxie. C. Cordier, R. Barnoud und A. M. Brandon. (C. R. Séances Soc. Biol. Filiales **152.** 1525—28. 1958, herausgeg. 28/2. 1959. Lyon, Fac. des Sci., Labor. de Physiol. gén.; Tamaris, Univ. de Lyon, Stat. maritime de Biol.) (Franz.)

Der Amin-N-Geh. (vorwiegend Aminosäuren) von *A. vulgaris* beträgt ca. 14,5 mg/100 ml Plasma u. wird durch 2wöchigen Nahrungsentzug nicht verändert. Letzterer beeinflußt auch den Protein-Geh. des Plasmas nicht. O_2-Entzug verändert den Amin-N-Geh. des Plasmas nicht, ruft aber eine erhebliche Zunahme (4,81 → 7,06 g/100 ml) der Serumproteine hervor. Bei der Ratte u. anderen Säugetieren („Rascasse") bewirkt Asphyxie stets Hypoproteinämie u. Zunahme des Amin-N-Geh. des Plasmas. K. MAIER. 4574□

Die Struktur von Heparin. Roger W. Jeanloz. (Federat. Proc. **17.** 1082—86. Dez. 1958. Boston, Mass., Massachusetts Gen. Hosp.) (Engl.)

Übersicht. — 38 Literaturangaben. P. GREGORZEWSKI. 4574□

Pharmakologische Untersuchungen über die Toxizität und die Antagonisten der synthetischen Antikoagulantien. Eino V. Venho. (Ann. Med. exp. Biol. fenn., Suppl. **37.** Nr. 6. 1—76. 1959. Helsinki, Univ., Pharmakolog. Inst.) (Engl.)

Toxizität u. DL_{50} der synthet. Antikoagulantien (I), *Dicumarol* (II), *Thromexan, Thrombaton* (*3.3'-Äthyliden-bis-[4-hydroxycumarin]*), *Cyclocumarol* (*2'-Methyl-2'-methoxy-4'-phenyl-3'.4'-dihydropyrano-[5'.6':3.4]-cumarin*), *Marcoumar* (*3-[1'-Phenylpropyl]-4-hydroxycumarin*) u. *Phenylindandion* (III), wurden bei der weißen Maus vergleichend untersucht. Nach der chem. Best. völlig einwandfreie II-Präpp. können biolog. sehr signifikant voneinander abweichen. Das Geschlecht beeinflußt die II- u. III-Sterblichkeit sehr signifikant. ♀ Tiere vertragen hierbei höhere I-Gaben als ♂. Bei kastrierten Tieren beiderlei Geschlechts verschwindet dieser Unterschied. Trächtige Mäuse vertragen II schlechter als nicht gravide. *Menadion, Vitamin K_1* u. *Vitamin-K_1-Oxid* verminderten als II- u. III-Antagonisten die Gesamtsterblichkeit der Mäuse, wobei sich der Effekt vorwiegend als Abnahme der sek. Blutungssterblichkeit, bei weitgehend unveränderter prim. I-Sterblichkeit, äußerte. K. MAIER. 4574□

Aus Blutthromboplastinbildung resultierende Tosyl-1-argininmethylesteresteraseaktivität. J. L. Koppel, Dorothy Mueller Hough, Phyllis M. Arscott und John H. Olwin. (Amer. J. Physiol. **200.** 143—46. Jan. 1961. Chicago, Ill., Presbyterian-St. Luke's Hosp.; Univ. of Illinois, Coll. of Med., Dep. of Surg., Coagulat. Res. Labor.) (Engl.)

Best. der *Tosyl-1-argininmethylesteresterase* (I)-Aktivität an den für *Thromboplastin* (II) essentiellen gereinigten Gerinnungsfaktoren u. an verschiedenen in der Ggw. von Ca u. Phospholipiden gebildeten Intermediär-Prodd. sowie an fertigem Blut-II zeigen, daß der Spiegel der I-Aktivität im Verlaufe der II-Bldg. durch die verschiedenen Intermediärstadien bis zum End-Prod. ansteigt. Die I-Aktivitäten der Intermediärprodd. I u. II werden prakt. völlig durch Sojabohnen-Trypsin-Inhibitor gehemmt, während Blut-II nur teilweise Hemmung erfährt. Rk. zwischen Prod. II u. Plasma-Ac-Globulin (Faktor V) führt zum stärksten Anstieg der I-Aktivität; diese gesteigerte u. Sojabohnen-Trypsin-Inhibitor-unempfindliche Aktivität ist von Thrombin- oder Serum-Ac-Faktor (Faktor VI) unabhängig. Es wird der Schluß gezogen, daß die beobachtete I-Aktivität durch Blut-II selbst bedingt ist u. daß letztere der MILSTONEschen Thrombokinase ähnelt. U. TAUSENDFREUND. 4574□

Spurenelemente in der menschlichen Ernährung. M. Seibold. (Münchener med. Wschr. **102.** 261—66. 5/2. 1960. München, I. Medizin. Klinik der Univ.) (Dt.)

Die Bedeutung von *Fe, Cu, Zn, Mn, Co, J, F, Mo, Se, Pb, Hg, As* für die menschl. Ernährung wird besprochen. Der Geh. der Nahrungsmittel an Spurenelementen wird gegeben. W. HILLER. 4585□

Eine Schnellmethode zur Bestimmung des säureunlöslichen Lignins in Futterheu und dessen Beziehung zur Verwertbarkeit im Organismus. J. T. Sullivan. (J. Animal Sci. **18.** 1292—98. Nov. 1959. University Park, Pa., U. S. Dep. of Agric., A. R. S., Crops Res. Div., Reg. Pasture Res. Labor.) (Engl.)

Es wird eine Meth. zur Schnellbest. säureunlösl. *Lignins* (I), modifiziert nach MOON u. ABOU-RAYA (J. Sci. Food Agric. **3**.[1952.]407. 595) angegeben. Eine Beziehung von %-Satz von säureunlösl. I/Verwertbarkeit der Trockensubstanz wurde nachgewiesen. Bei einigen Grassorten ist der Verdauungs-Koeff. der Trockensubstanz annähernd 100 minus 6mal %-Satz säureunlösl. I. K. MAIER. 4585□

Chromatographische Untersuchung der in Methylalkohol–Chloroform löslichen Bestandteile des Futters von Honigbienenlarven. N. G. Patel, M. H. Haydak und R. Lovell. (Nature [London] **191**. 362—63. 22/7. 1961. St. Paul, Minn., Univ. of Minnesota.) (Engl.)

Honigbienenlarven-Futter sowie die Hypopharyngeal-, Thorax- u. Mandibulardrüsen von Arbeitsbienen wurden mit Methylalkohol/Chlf. (1 : 2) extrahiert u. die Homogenate filtriert. Die Trennung der Bestandteile erfolgte mittels aufsteigender Chromatographie auf mit Salicylsäure bestrichenen Glasplatten. 29% Methylalkohol in Chlf. gab die beste Auftrennung. Es wurden verschiedene Farbreagentien angewandt (p-Anisidin, Ninhydrin, Eisenchlorid, Joddämpfe u. konz. H_2SO_4). Vorläufige Unterss. zeigen, daß die Biochemie des Larvenfutters in Relation zu Alter u. Entw. der Bienen sehr komplex ist. H.-D. BOCK. 4585□

Untersuchungen über die Wirkung einer Schallstimulation auf den Thiaminstoffwechsel. 1. Mitt. **Die Wirkung einer Schallstimulation auf Körpergewicht und die Menge des Thiamins im Urin und den inneren Organen der Ratte.** Michio Kato. (Vitamins [Kyoto] **20**. 463—79. 1960. Kyoto, Kyoto Prefectural Univ., School of Med., Dep. of Pediatr.) (Jap.; Auszug: Engl.)

Vf. bestimmte den *Thiamin* (I)-Geh. des Urins u. verschiedener Organe nach einer verabreichten starken Schallstimulation, die 1 Monat lang bei Albinoratten vorgenommen wurde. Das Körper-Gew. nahm in den meisten Fällen ab. Das I im Urin nahm nach einer bestimmten Zeit nach der Stimulation ab. Abnahme des totalen I-Geh. wurde in Leber, Gehirn, Niere u. Darm beobachtet. Keine bemerkenswerten Veränderungen waren bei Lunge, Spinalcord, Magen, Herz, Muskel u. Haut zu verzeichnen. W. HILLER. 4587□

Untersuchungen über die Wirkung einer Schallstimulation auf den Thiaminstoffwechsel. 2. Mitt. **Der Thiamingehalt der inneren Organe der Ratte mit Thiaminüberhbelastung nach Schallstimulation.** Michio Kato. (Vitamins [Kyoto] **20**. 480—86. 1960.) (Jap.; Auszug: Engl.) — 1. vgl. vorst. Referat.

Schall von 3000 Hz u. 115 Phon wurde Ratten täglich 8 Std. für 5 Tage gegeben. Danach wurden 0,4 μg *Thiamin* (I) pro g Körper-Gew. subkutan injiziert. Der I-Geh. wurde in verschiedenen Organen nach 30 Min., 1 u. 3 Std. bestimmt u. mit dem Geh. der Tiere ohne Schallstimulation verglichen. Die Differenz war 3 Std. nach der Injektion bemerkenswert. Der totale I-Geh. war in Leber, Gehirn, Niere, Magen u. Blut erniedrigt. W. HILLER. 4587□

Untersuchungen über die Wirkung einer Schallstimulation auf den Thiaminstoffwechsel. 3. Mitt. **Die Wirkung einer Schallreizung auf den Thiaminstoffwechsel von Tieren, denen der Gehörbereich im Cerebralcortex fehlt.** Michio Kato. (Vitamins [Kyoto] **20**. 487—96. 1960.) (Jap.; Auszug: Engl.) — 2. vgl. vorst. Referat.

Mit der Entfernung des Gehörbereiches aus dem Cerebralcortex nimmt der *Thiamin* (I)-Geh. der Organe der Ratte leicht ab. Nach Anregung durch Schall fand keine weitere Abnahme statt. Keine bemerkenswerten Unterschiede des I-Geh. wurden gefunden zwischen normalen Tieren u. solchen mit fehlendem Gehörzentrum 3 Std. nach Überhäufung mit I bei Schallstimulation. W. HILLER. 4587□

Untersuchungen über die Menge des freien Thiamins in tierischen Geweben beim „loading Test" des Thiamins. Osamu Nose, Masaru Kawakami, Yoshiko Iwasaku, Mitsue Watanabe und Syōko Hatsuda. (Vitamins [Kyoto] **20**. 421—24. 1960. Kyoto, Kyoto Prefectural Univ. School of Med., Dep. of Pediatrics.) (Jap.; Auszug: Engl.)

Wurden tier. Gewebe kalt aufbewahrt u. homogenisiert, so war die Aktivität der Phosphotase gehemmt, u. es wurdenk leine *Thiamin*-Mengen gefunden. Wurden Thiamin u. *Cocarboxylase* Albinoratten injiziert, so war der Geh. an freiem Thiamin in Leber u. Niere bei der kalten Extraktion geringer als bei gewöhnlicher Temperatur. Erhielten Ratten große Mengen Thiamin, so war der freie Thiamin-Geh. in Leber u. Niere bei kalter Extraktion ebenfalls niedriger als bei Extraktion bei gewöhnlicher Temperatur. W. HILLER. 4587□

Die Verteilung von Thiamin in den subcellulären Komponenten der Rattenleber. Osamu Nose, Masaru Kawakami, Kenji Hirano und Junnichi Okuno. (Vitamins [Kyoto] **20.** 425—27. 1960. Kyoto, Kyoto Prefectural Univ. School of Med., Dep. of Pediatrics.) (Jap.; Auszug: Engl.) — Vgl. vorst. Referat.

Rattenleberzellen wurden durch Zentrifugieren in die 3 Fraktionen Kerne, Mitochondrien u. lösl. Fraktion getrennt. Von jeder Fraktion wurde der *Thiamin*-Geh. bestimmt. Vom totalen Thiamin-Geh. der Leber befanden sich in der lösl. Fraktion 62%, in der Kernfraktion 24% u. 13% in der Mitochondrienfraktion. W. HILLER. 4587 □

Kohlenhydratstoffwechsel bei Patienten mit Beriberi und beriberiähnlichem Zustand. Eiko Imai. (Vitamins [Kyoto] **20.** 436—46. 1960. Tokyo, Toho Univ., Fac. of Med., Dep. of Internal Med.) (Jap.; Auszug: Engl.)

Störungen im *Kohlenhydratstoffwechsel* sind Anzeichen von *Thiamin*-Mangel. Der aus den Geh. von Pyruvat, Lactat u. Zucker im Blut unter verschiedenen Bedingungen berechnete Kohlenhydratstoffwechselindex erwies sich als gut geeignet zur Erkennung von Stoffwechselstörungen bei Patienten mit *Beriberi* u. beriberiähnlichen Zuständen. Bei letzteren wurden Änderungen im Kohlenhydratstoffwechselindex gefunden, obwohl noch kein Thiaminmangel festgestellt werden konnte. Durch den Index kann schon ein latenter Mangel erkannt werden. Zur Diagnose des Thiaminmangels muß der Index in Verbindung mit SAWADAS-Urintest u. dem Thiamin-Geh. des Blutes gebraucht werden. W. HILLER. 4587 □

Zur colorimetrischen Bestimmung von Vitamin B_6 in Multivitaminpräparaten. Tsutou Aihara und Kazuo Satoh. (Vitamins [Kyoto] **8.** 164—65. 1955. Tokyo, Sankyo Co. Ltd.) (Jap.; Auszug: Engl.)

Thiamin, Riboflavin u. Ascorbinsäure werden vor der *Vitamin-B_6*-Best. mit Hilfe der GIBBS-Rk. durch $AgNO_3$-Lsg. inhibiert. P. GREGORZEWSKI. 4587 □

Belebtschlamm als Vitamin-B_{12}-Quelle. 3. Mitt. **Änderungen des Vitamin-B_{12}-Gehaltes im Belebtschlamm.** Tadashi Kamikubo und Toshio Miyawaki. Vitamins [Kyoto] **8.** 141—43. 1955. Kyoto, Kyoto Univ., School of Engineering, Dep. of Ind. Chem.; Nagoya City, Water Works and Sewage Bureau.) (Jap.; Auszug: Engl.)

Durch Probenentnahme im Abstand von 4 Std. wurde festgestellt, daß der *Vitamin-B_{12}*-Geh. im Laufe eines Tages nicht schwankt. P. GREGORZEWSKI. 4587 □

Belebtschlamm als Vitamin-B_{12}-Quelle. 4. Mitt. **Die Einflüsse von $CoSO_4$ und NaF auf den Vitamin-B_{12}-Gehalt in Belebtschlamm.** Tadashi Kamikubo, Toshio Miyawaki und Shigehisa Iwai. (Vitamins [Kyoto] **8.** 144—47. 1955.) (Jap.; Auszug: Engl.) — 3. vgl. vorst. Referat.

0,002—40 ppm *$CoSO_4$* zu Abwasser führt zu keiner Erhöhung des *Vitamin-B_{12}*-Geh. im Belebtschlamm; 1 ppm *NaF* ist ohne Einfl. auf den *Vitamin-B_{12}*-Geh. u. die Wirksamkeit der Abwasserbehandlung. P. GREGORZEWSKI. 4587 □

Klinische Untersuchung über die Einflüsse des Vitamin-B-Komplexes auf die Glomerularfiltrationsgeschwindigkeit der Niere. 7. Mitt. **Vergleichende Untersuchungen von Folsäure und Vitamin B_{12}.** Eiichiro Yamagata. (Vitamins [Kyoto] **8.** 148—53. 1955. Kyoto, Kyoto Univ., School of Med., Dep. of Int. Med.) (Jap.; Auszug; Engl.) — 6. vgl C. **1962.** 13108.

Vitamin B_{12} (30 γ) erhöht sowohl die Filtrations-Geschw. als auch den Urinfluß stärker als *Folsäure* (30—60 mg) bei Patienten mit Nieren- u. Lebererkrankungen in Verbindung mit erniedrigter Glomerularfiltrationsgeschwindigkeit. P. GREGORZEWSKI. 4587 □

Klinische Untersuchung über die Einflüsse des Vitamin-B-Komplexes auf die Glomerularfiltrationsgeschwindigkeit der Niere. 8. Mitt. **Wirkungen des Niacinamids.** Eiichiro Yamagata. (Vitamins [Kyoto] **8.** 153—56. 1955.) (Jap.; Auszug: Engl.) — 7. vgl. vorst. Referat.

Während *Niacinamid* (**I**) bei Normalpersonen wirkungslos ist, erhöhte sich bei 4 von 6 Patienten mit Nieren- oder Lebererkrankungen nach Verabreichung von 100 mg **I** die Filtrationsgeschwindigkeit. P. GREGORZEWSKI. 4587 □

Untersuchungen über die Präparation von kristallinem Vitamin B_{12} von natürlichen Quellen. 10. Mitt. **Adsorption von Cyanocobalamin und Ausfällung von Dicyanocobalamin mit metallischen Verbindungen.** Takashi Miyamae und Kinji Tanaka. (Vitamins [Kyoto] **15.** 488—93. 1958. Kyoto, Kyoto Univ., Fac. of Engineering, Dep. of Ind. Chem.) (Jap.; Auszug: Engl.) — 8. vgl. C. **1959.** 10984; 11. vgl. C. **1960.** 897.

SiO_2 u. *Al_2O_3* zeigten Affinität gegenüber *Vitamin B_{12}*. Für die Ausfällung von *Dicyanocobalamin* sind Salze des *Sn*, *Sb* u. *Bi* ebenso gut geeignet wie Salze des *Cu*, *Co*, *Ni*, *Zn*, *Ag* u. *Hg*. W. HILLER. 4587 □

Darstellung und Eigenschaften der Acetylderivate der L-Ascorbinsäure. W. Feldheim und M. Czerny. (Biochem. Z. **331.** 150—54. 1959. Potsdam-Rehbrücke, Deutsche Akad. der Wiss. zu Berlin, Inst. für Ernährung.) (Dt.)

Vff. teilen Darst. u. Eigg. der *5.6-Diacetyl-L-ascorbinsäure* (I) u. der *2.3.5.6-Tetraacetyl-L-ascorbinsäure* (II) mit. I hat nach dem Odontoblasten-Verf. volle Vitamin-C-Wrkg., II hat nur $^1/_{10}$ der Wrkg. des Vitamins C.

Versuche: *5.6-Diacetyl-L-ascorbinsäure* (I), F. 156°, aus L-Ascorbinsäure, Essigsäureanhydrid u. $KHSO_4$ durch 5std. Erhitzen auf 100° unter N_2 u. danach 6–7wöchiges Aufbewahren im Kühlschrank, 65% (Ausbeute). I zeigt gegenüber 2.6-Dichlorphenolindophenol dasselbe Verh. wie Ascorbinsäure. Durch die 5.6-Acetylierung erfolgt keine Behinderung der Oxydation der L-Ascorbinsäure in 2.3-Stellung durch 2.6-Dichlorphenolindophenol. *2.3.5.6-Tetraacetyl-L-ascorbinsäure* (II), a) durch 30 Min. langes Erhitzen einer Mischung von L-Ascorbinsäure, Essigsäureanhydrid, Na-Acetat u. Zn-Pulver auf 80° unter N_2 unter Rückfluß u. Gießen des Rk.-Gemisches auf Eis, Abtrennen der wss. Phase u. Entfernen der Essigsäure-Lsg. im Vakuum, Aufnehmen des sirupösen Rückstandes in Ae., Waschen u. Abdampfen des Ae., 25%; b) aus I u. Essigsäureanhydrid nach vorst. Methode. II wird von 2.6-Dichlorphenolindophenol nicht oxydiert.

W. HILLER. 4587 □

Wechselbeziehungen zwischen L-Ascorbinsäure und Cellulose. J. Herrmann und H. G. Grossmann. (Z. Lebensmittel-Unters. u. -Forsch. **113.** 395–99. 18/11. 1960. Berlin, Humboldt-Univ., Inst. für Technol. u. Vorratspflege.) (Dt.)

Bei Einw. von *Cellulose* (I)- Pulver auf wss. Lsg. von *L-Ascorbinsäure* (II) wird II in 4 Tagen völlig zerstört, während ein Ansatz ohne I noch 39,1% der ursprünglichen II aufweist. Etwaige Wrkg. der in I enthaltenen Metallspuren blieb dabei unberücksichtigt. Auch wird mit Zusatz von KCN zwecks Ausschaltung der Metallspuren gearbeitet. Bei höherem KCN-Zusatz erfolgt eine Verzögerung des II-Abbaues; die den II-Abbau beschleunigende Wrkg. der I bleibt aber eindeutig ersichtlich. — Es wird aber auch die I von II angegriffen, was an Erhöhung der reduzierenden Gruppen u. Verminderung der Viscosität der in SCHWEITZERS Reagens gelösten I erkennbar ist. — I-Angriff u. II-Oxydation verlaufen gekoppelt. A. HESSE. 4587 □

Ist es berechtigt, wasserlösliche Vitamine in größeren Dosen längere Zeit hindurch zu verabreichen? T. Gordonoff. (Helv. physiol. pharmacol. Acta **18.** Nr. 3. C 73 bis C 74. 1960. Bern, Labor. Prof. Gordonoff.) (Dt.)

Werden Meerschweinchen für 14 Tage bzw. 4 Wochen mit einer hohen Dosis *Vitamin C* (I, 0,5 g pro Tag) gefüttert u. danach auf Scorbutdiät gesetzt, so gehen die Kontrolltiere nach 39 Tagen zugrunde, die mit einer hohen I-Dosis vorbehandelten jedoch schon nach 25 Tagen. Die vorbehandelten Tiere stoppten die I-Eliminierung, sobald sie auf Scorbutdiät gesetzt worden waren. Vf. nimmt einen Regelmechanismus für I an u. weist auf die Schädlichkeit zu hoher I-Mengen für eine nachfolgende Mangelperiode hin. W. HILLER. 4587 □

Plasmacholinkonzentrationen bei normalen und myasthenischen Personen. George Pennington und Andrew Wilson. (Irish J. med. Sci. [6] **1961.** 241–49. Juni. Dublin, Trinity Coll., Dep. of Pharmacol.; Liverpool, Liverpool Univ., Dep. of Pharmacol.) (Engl.)

Die Prüfung der *Cholin*-Konzz. im Plasma bei normalen Personen u. Patienten mit Myasthenia gravis (je 16 Fälle) zeigte keine signifikanten Unterschiede. Die Behandlung mit Anticholinesterasemitteln (*Neostigmin, Pyridostigmin*) änderte bei Myasthenie die Cholin-Konz. des Plasmas nicht, wie auch keine Beziehung zwischen den Besserungszeichen u. dem Plasma–Cholin-Spiegel bestand. Durch 20tägige Lagerung des Plasmas (steril) wird die Cholin-Konz. bei Myasthenie u. bei normalen Personen gesteigert; bei letzteren wird die Wrkg. der Lagerung durch die Ggw. von Anticholinesterasemitteln zur Zeit der Entnahme der Probe nicht beeinflußt. Entfernung der Thymusdrüse führt bei Myasthenie zur Verminderung des Plasma–Cholin-Spiegels.

U. TAUSENDFREUND. 4587 □

Untersuchungen über die Wirkungen von Glutamylcholin auf kultivierte Gewebe. Ineko Ohtani. (Vitamins [Kyoto] **8.** 159–61. 1955. Kyoto, Kyoto Univ., School of Med., Dep. of Microbiol.) (Jap.; Auszug: Engl.)

Das Wachstum von Herz- u. Irisfragmenten wird durch Zusatz von 5 γ/ml u. mehr *Glutamylcholin* zum Medium gehemmt, durch 0,5–0,1 γ/ml stimuliert. 0,01 γ/ml sind unwirksam. Milzfragmente werden durch jede Konz. außer durch 0,01 γ/ml gehemmt.

P. GREGORZEWSKI. 4587 □

Untersuchungen über die Wirkungen von N-Carbobenzoxyglutamylcholin auf kultivierte Gewebe. Ineko Ohtani. (Vitamins [Kyoto] **8.** 162–63. 1955. Kyoto, Kyoto Univ., School of Med., Dep. of Microbiol.) (Jap.; Auszug: Engl.) — Vgl. vorst. Referat.

N-Carbobenzoxyglutamylcholin hemmt in jeder Konz. das Wachstum von Geweben.

P. GREGORZEWSKI. 4587 □

Präventiver und kurativer Leberschutz durch Thioctsäure bei Phenothiazinapplikation. W. A. Ritschel. (Sci. pharmac. [Wien] **29.** 3—12. 31/3. 1961. Zürich, Girol-AG.) (Dt.)

Vf. untersuchte die nekrotrope Leberschutz-Wrkg. von *6.8-Dithiocaprylsäure* (I) in bezug auf die durch *Phenothiazin*-Derivv. hervorgerufenen Leberschädigungen. — Die Verss. wurden mit Meerschweinchen u. Kaninchen durchgeführt, denen zur Erzielung der Leberschäden als Phenothiazin-Deriv. *10-(3-Dimethylaminopropyl)-phenothiazin-HCl* (II) als Injektions-Lsg. i. m. appliziert wurde. Für Meerschweinchen enthielt die Injektions-Lsg. 4 mg II pro 0,1 ml Lsg., für Kaninchen 20 mg II pro 0,1 ml. I wurde für die Injektions-Lsg. mit 4 mg pro 0,1 ml bei Meerschweinchen u. mit 25 mg pro 0,1 ml für Kaninchen bereitet. — Ein präventiver Leberschutz konnte erzielt werden, wenn gleichzeitig mit der Applikation von II die gleiche Dosis I verabreicht wurde, dagegen war zur kurativen Wrkg., nach bereits durch II entstandenen Leberintoxikationen, die doppelte Dosis an I gegenüber II zur Beseitigung der Leberschädigung notwendig. R. ILLHARDT. 4587□

In-vitro-Untersuchungen zur Biosynthese von Cholesterin bei Vitamin-A-Mangel. F. Weber, U. Gloor und O. Wiss. (Helv. physiol. pharmacol. Acta **18.** Nr. 3. C 97 bis C 98. 1960. Basel, F. Hoffmann-La Roche u. Co. A. G.) (Dt.)

Vff. untersuchten den Einbau von $^{14}C_{(2)}$-*Mevalonsäure* (I) in *Cholesterin* u. *Squalen* mit Leberhomogenaten von normalen u. *Vitamin A* (II)-Mangelratten. Bei II-Mangel wird I in geringerer Menge in Cholesterin u. verstärkt in Squalen eingebaut. In in vitro Unterss. mit II-Mangelratten, die 21 Std. vor der Präparation der Leberhomogenate II erhielten, zeigten diese eine gesteigerte Cholesterin-Biosynth. u. einen erniedrigten Squalen-Gehalt. Vff. schließen, daß II an der Biosynth. des Cholesterins in einer dem Squalen folgenden Stufe beteiligt ist. W. HILLER. 4587□

Über die Assoziation von Flavinadenindinucleotid-löslichen Vitaminen mit Serumproteinen. Hirohisa Morimoto. (Vitamins [Kyoto] **20.** 400—09. 1960. Tokyo, Kitasato Inst., Biochem. Labor.) (Jap.; Auszug: Engl.)

90% des *Vitamin A* (I) im Serum fanden sich in der Proteinfraktion. Von dieser Menge waren 70% im Globulin u. 30% im Albumin. Wurde I in Mengen von 1—12 mg (als I-Palmitat) an gesunde Erwachsene gegeben, so fanden sich nach 3 Std. 11—50% der verabreichten Menge im Serum, Serumprotein u. Serumglobulin wieder. Bei höheren I-Gaben fand sich relativ weniger wieder. Die Serumproteinwerte von I von Nierenkranken waren doppelt so hoch wie bei normalen Personen. Leberkranke hatten dieselben Werte wie Normalpersonen. Wurde I-Palmitat (20 μg I-Alkohol äquivalent) mit 3 ml dialysiertem Blut inkubiert, so wurden nach 2 Std. die höchsten I-Geh. in den Proteinen gefunden. Wurde I-*Alkohol*, I-*Aldehyd*, *β-Carotin*, *Vitamin D_2*, *Vitamin D_3*, *α-Tocopherol*, *Vitamin K_3* mit dialysiertem Blut inkubiert, so erreichten die Vitamin-Geh. in den Proteinen nach 1 Std. ein Maximum. Nachfolgende Inkubation von Riboflavin, Flavinmononucleotid bzw. Flavinadenindinucleotid bewirkte, daß nur 10% des I im Protein wiedergefunden wurden. W. HILLER. 4587□

Vitaminmangelzustände unter den heutigen Ernährungsverhältnissen. H. Schroeder. (Münchener med. Wschr. **102.** 256—60. 5/2. 1960. Aachen, Luisenhospital, Innere Abt.) (Dt.)

Vf. bespricht Symptome, die bei Mangel an *Vitamin A*, *B* u. *C* auftreten. Die *Vitamin-A-* u. *-D*-Zusätze zur Margarine in den verschiedenen Ländern, der Geh. verschiedener Reissorten von Reiskleie u. Politur an *Aneurin*, *Loktoflavin*, *Nicotinsäure*, *Pantothensäure*, *Pyridoxin* u. *Biotin* wird angegeben. Die für niedrig ausgemahlenes Weizenmehl empfohlenen Zusätze an Vitaminen u. Mineralstoffen in verschiedenen Ländern werden gebracht. W. HILLER. 4587□

Resorption und Ausnutzung von auf verschiedene Arten verabreichtem Vitamin D. N. F. Gjeddebaek und Alf Lund. (Acta pharmacol. toxicol. [Köbenhavn] **16.** 1—5. 1959. Copenhagen, Fenosan Ltd., Biol. Dep.) (Engl.)

Vitamin D (I) wurde Ratten in öliger Lsg. oder wss. Dispersion per os oder i. m. gegeben. Die weitaus beste prophylakt. Wrkg. war vorhanden, wenn I in kleinen Mengen täglich per os verabreicht wurde. Bei einzelnen größeren Gaben war i. m. Applikation besser als per os. W. HILLER. 4587□

Die Entwertung von mit Calciumsalzen gemischtem Vitamin D. Elmer M. Nelson. (J. Amer. med. Assoc. **171.** 1103. 24/10. 1959. Washington, D. C., Dep. of Health, Education and Welfare; Food and Drug Administr., Div. of Nutr.) (Engl.)

Vitamin-D-Präpp. verlieren dann bes. viel Vitamin D während der Lagerung, wenn in ihnen Dicalziumphosphat enthalten ist. W. HILLER. 4587□

Beiträge zum Vitamin-E-Stoffwechsel. Die experimentelle Erzeugung einer E-Hypervitaminose beim Geflügel im Vergleich zur Wirkung von Epiphysenextrakten.

H. Hill und M. Yousry Hamed. (Arch. Tierernähr. **10.** 129—41. 1/4. 1960. Hannover, Tierärztl. Hochschule, Physiol. Inst.) (Dt.)

Werden jungen Hähnchen hohe *DL-α-Tocopherolacetat* (I)-Gaben (2000 mg in 7 Wochen) verabreicht, so tritt mangelnde Körper-Gew.-Entw. u. Hemmung der Ausbildung von Hoden, Kamm u. Kehllappen ein. Die ♀ Tiere zeigten nur ein Zurückbleiben im Körpergewicht. Epiphysenextrakte (Glanepin) zeigten ähnliche Wrkg. wie I, jedoch in abgeschwächter Form. W. HILLER. 4587 □

In vitro-Aktivierung durch Tocopherol der Ascorbinsäuresynthese durch Leberextrakte von Tocopherolmangelratten. Paul B. McCay, Mary P. Carpenter, Abbas E. Kitabchi und Ranwel Caputto. (Arch. Biochem. Biophysics **82.** 472—73. Juni 1959. Oklahoma City, Okla., Univ. of Oklahoma, School of Med., Dep. of Biochem. and Physiol. and Biochem. Sect. of Okla., Med. Res. Found.) (Engl.)

Die *Ascorbinsäure* (I)-Synth. durch Leberextrakte von gut mit *Tocopherol* (II) ernährten Ratten zeigte dieselbe Höhe wie durch Extrakte von II-Mangelratten, bei denen in vivo II zugesetzt war. Extrakte von II-Mangelratten verursachten nur eine 10%ig. I-Synth., wenn in vivo kein II-Zusatz mehr erfolgte. Mn^{2+} u. Co^{2+} aktivieren nur die I-Synth. bei Mangelratten bei gleichzeitigem II-Zusatz. Co^{2+} aktiviert stärker als Mn^{2+}, Äthylendiamintetraessigsäure zeigt hemmende Wirkung. W. HILLER. 4587 □

Aminosäurehaltiger Harn bei E-Avitaminose. Die exceptionelle Rolle des Glycins. J. F. Diehl. (Proc. Soc. exp. Biol. Med. **100.** 657—58. April 1959. Little Rock, Ark., Univ. of Arkansas, School of Med., Dep. of Biochem.) (Engl.)

Bei normal ernährten Kaninchen betrug der Anteil des *Glycins* am Amino-N 41 bis 51%, bei unter *Vitamin E* stehenden Tieren betrug er 20%. Eine verstärkte Amino-N-Ausscheidung im Harn geht nicht mit einer verstärkten Glycinausscheidung parallel. W. HILLER. 4587 □

Bildung der Salzsäure durch den Magen. Gegenwärtiger Stand der Kenntnisse. C. Adrian M. Hogben. (Amer. J. Med. **29.** 726—31. Nov. 1960. Washington, D. C., George Washington Univ., Dep. of Physiol.) (Engl.)

Übersicht über die gegenwärtigen Kenntnisse zum mol. Mechanismus der Bldg. von *HCl* im Magen, welche als Folge des akt. Transports von H^+ u. Cl^- anzusehen ist; es ist noch nicht zu entscheiden, ob es sich um einen oder um zwei Mechanismen handelt; ebenso ist leider noch unklar, welche mol. Vorgänge für die HCl-Sekretion verantwortlich sind. — 36 Literaturangaben. U. TAUSENDFREUND. 4594 □

Ein gemeinsamer Weg für den Zuckertransport im Darm des Hamsters. Charles R. Jorgenson, Bernard R. Landau und T. Hastings Wilson. (Amer. J. Physiol. **200.** 111—16. Jan. 1961. Boston, Mass., Harvard Med. School, Dep. of Physiol. and Biol. Chem.) (Engl.)

Beim Hamster treten offenbar alle akt. transportierten Zuckerarten in einen Wettstreit um einen gemeinsamen Transportmechanismus ein. Dies konnte durch die Hemmung von *D-Galaktose* (I) durch akt. resorbierte Zucker wie *D-Glucose* (II), *α-Methyl-D-glucosid*, *1-Desoxy-D-glucose*, *6-Desoxy-D-glucose* (III) u. *3-Methyl-D-glucose* gezeigt werden, während nicht-akt. transportierte Zucker wie *D-Mannose* u. *D-Xylose* keine Hemmung der I-Resorption bewirken. Auch andere akt. transportierte Zucker wie II u. III werden durch die anderen akt. resorbierten Zucker in ihrer Resorption gehemmt. U. TAUSENDFREUND. 4594 □

Der Einfluß der Konzentration des Nahrungscholesterins unter verschiedenen Aspekten der Cholesterinerneuerung bei Ratten. F. Chevallier. (Bull. Soc. Chim. biol. **42.** 611—22. 5/9. 1960. Saclay [Seine-et-Oise], Frankreich, Commissariat à l'Energie Atomique, Serv. de Biol.) (Franz.)

Die Meth., durch tägliche Injektionen von $^{14}C_{(4)}$-*Cholesterin* in cholesterinarm ernährten Ratten eine Isotopengleichgewicht aufrechtzuerhalten, erlaubte es, die exkretor. Anteile der Fäkaliensterine von den sekretor. zu unterscheiden. Bei einer mittleren Ausscheidung von 10,9 mg Sterinen stammte $^1/_3$ aus dem Serum, während $^2/_3$ in der Darmwand synthetisiert u. in den Darm exkretiert wurden. Das Gallencholesterin erwies sich als Sektretions-Prod. u. spielte nur eine geringe Rolle innerhalb der Fäkaliensterine. H.-G. TRÜPER. 4594 □

Untersuchung des Ursprungs der Fäkaliensterine der Ratte mit Hilfe von Radioisotopen. 1. Mitt. **Nachweis einer Sterinsekretion im Darminhalt.** F. Chevallier. (Bull. Soc. Chim. biol. **42.** 623—32. 5/9. 1960. Saclay, Seine-et-Oise, Commissariat à l'Energie Atomique, Serv. de Biol.) (Franz.) — Vgl. auch vorst. Referat.

Der synthet. Ursprung einer *Sterin*-Fraktion im Dünndarm von Ratten konnte durch Injektion von $^{14}C_{(1)}$-*Acetat* u. nach Tötung der Vers.-Tiere nach bestimmter Zeit nachgewiesen werden. Die Sterine sollen aus Darmwand oder Leber stammen. H.-G. TRÜPER. 4594 □

Untersuchung des Ursprungs der Fäkaliensterine der Ratte mit Hilfe von Isotopen. 2. Mitt. **Bestimmung der exkretierten und sekretierten Sterinmengen sowie der durch Übertragung erneuerten Cholesterinfraktion der Darmwände.** F. Chevallier. (Bull. Soc. Chim. biol. **42.** 633—41. 5/9. 1960.) (Franz.) — 1. vgl. vorst. Referat.

Ratten wurden über 10—80 Tage einer synthet. Diät, die 0,025—0,52% $^{14}C_{(4)}$-*Cholesterin* u. 2,02% ^{3}H-Cholesterin enthielt, unterworfen u. die Cholesterin-Konzz. u. ihre spezif. Radioaktivität untersucht. Zusammenhang zwischen Cholesterin-Geh. der Diät u. dem der Leber u. des Serums wurde nachgewiesen. Bei jeder Diätart stellte sich ein Gleichgewicht der radioakt. Cholesterine ein, das mit steigendem Nahrungscholesterin angehoben wurde. H.-G. TRÜPER. 4594 □

Untersuchung des Ursprungs der Fäkaliensterine der Ratte mit Hilfe von Isotopen. 3. Mitt. **Der Einfluß der Konzentration des Nahrungscholesterins auf die durch Galle und Darmwand exkretierten Cholesterinmengen.** F. Chevallier. (Bull. Soc. Chim. biol. **42.** 643—54. 5/9. 1960.) (Franz.) — 2. vgl. vorst. Referat.

Durch tägliche Injektionen von $^{14}C_{(4)}$-*Cholesterin* wurde in Ratten ein Isotopengleichgewicht erhalten, das die Unters. der Sterinausscheidung bei einer synthet. Grunddiät mit Cholesterin-Konzz. von 0,025; 0,125; 0,52 oder 2,02% ermöglichte. Bei den beiden ersten Konzz. wurden ca. 3,5 mg Fäkaliensterine pro Tag ausgeschieden, in den anderen Fällen 2mal bzw. 5mal soviel. Die Zunahme entsprach dem Zuwachs des durch die Darmwand ausgeleerten *Cholesterins* (**I**), da die Sekretion an Gallen-**I** unter gleichen Bedingungen hierfür zu gering war. Die in Magen, Dünn- u. Dickdarm enthaltenen **I**-Fraktionen, die durch Übertragung von Serum-**I** erneuert wurden, waren bei den verschiedenen Diätbedingungen etwa die gleichen, nur bei einer Diät mit 2% **I** wurde in Magen u. Dickdarm ein Anstieg beobachtet. H.-G. TRÜPER. 4594 □

Bestimmung der Stoffbilanz völlig gefasteter Ratten durch doppelt markiertes Wasser. Nathan Lifson und J. S. Lee. (Amer. J. Physiol. **200.** 85—88. Jan. 1961. Minneapolis, Minn., Univ. of Minnesota, Dep. of Physiol.) (Engl.)

Es wurde versucht, CO_2- u. *Wasser*-Abgabe bei Ratten unter völligem Nahrungs- u. Wasserentzug mit Hilfe von $D_2^{18}O$ zu bestimmen (Best.-Daten: Isotopen-Konz. im initialen u. finalen Blutwasser; initiales u. finales Körper-Gew.; finaler Körperwasser-Prozentsatz); aus CO_2-Abgabe u. dem respirator. Quotienten wurde der O_2-Verbrauch ermittelt. Als mittlere Fehlerbreite wurde im Vgl. mit Stoffwechsel-Best. im Offenkreis-Syst. 4, 3 u. 5% für CO_2-Abgabe, Wasserabgabe u. O_2-Verbrauch gefunden. U. TAUSENDFREUND. 4595 □

Tagesschwankungen der Chrom-III-oxid-Ausscheidung in den Faeces von Geflügel. Arnold Kivimäe. (Kungl. Lantbrukshögskolans Ann. **26.** 121—33. 1960. Nat. Animal Experim. Stat.) (Engl.)

Bei Legehennen u. Junghühnern war der Cr_2O_3-Geh. in den Faeces um 12 Uhr u. zwischen 14 u. 16 Uhr am höchsten u. zwischen 2 u. 6 Uhr am niedrigsten. Dieser Rhythmus wurde durch die Ausscheidung von Cr_2O_3 aus dem Caecum nicht u. durch Veränderung der Futteraufnahmezeiten nur wenig beeinflußt. K. ZINGRAF. 4596. □

Citronensäureausscheidung vor und nach Calciuminfusionen bei normalen und osteoporotischen Personen. John J. Canary, H. John Lynch, Laurence H. Kyle, Daniel Mintz und Walter C. Hess. (J. Lab. clin. Med. **57.** 230—39. Febr. 1961. Washington, D. C., Georgetown Univ., School of Med., Dep. of Med. and Biochem.) (Engl.)

Zwischen dem *Ca*-Spiegel des Harns u. der *Citronensäure*-Ausscheidung scheint weder bei normalen noch bei osteoporot. Personen eine direkte Beziehung zu bestehen, da durch Ca-Belastungen in Form von Infusionen, die zu einer erhöhten Ca-Ausscheidung führten, keine Änderungen in der Citronensäureausscheidung erzwungen werden konnten. U. TAUSENDFREUND. 4596 □

Der Stoffwechsel von Hyaluronsäure und Chondroitinschwefelsäuren. Albert Dorfman, Alvin Markovitz und J. A. Cifonelli. (Federat. Proc. **17.** 1093—99. Dez. 1958. Chicago, Ill., La Rabída-Univ. of Chicago Inst., Univ. of Chicago, Dep. od Pediat., Microbiol. and Biochem.) (Engl.)

Übersicht. — 54 Literaturangaben. P. GREGORZEWSKI. 4596 □

Die mögliche Bedeutung von γ-Aminobuttersäure als inhibitorischer Transmitter. K. F. Killam. (Federat. Proc. **17.** 1018—24. Dez. 1958. Los Angeles, Calif., Univ. of California Med. Center, Dep. of Pharmacol. and Anatomy.) (Engl.)

Übersicht. — 33 Literaturangaben. P. GREGORZEWSKI. 4596 □

Aminosäurestoffwechsel in menschlichen Zellkulturen. Harry Eagle. (Federat. Proc. **17.** 985—86. Dez. 1958. Bethesda, Md., Nat. Inst. of Health, Nat. Inst. of Allergy and Infectious Diseases, Labor. of Infectious Diseases.) (Engl.)

Übersicht. — Keine Literaturangaben. P. GREGORZEWSKI. 4596 □

Aufteilung des Harnstickstoffs bei Kwashiorkor. (Vorl. Mitt.) J. C. Edozien und E. J. Phillips. (Nature [London] **191.** 47—49. 1/7. 1961. Ibadan, Univ. Coll., Dep. of Chem. Pathol.) (Engl.)

Während gesunde, normal eiweißernährte Kinder aus Nigeria eine Gesamt-*N*-Ausscheidung im Harn von 8,0 g/Liter u. gesunde Kinder mit geringem Protein-Geh. der Kost eine solche von 7,0 g/Liter aufweisen, liegt die N-Ausscheidung bei Kindern mit schwerer Proteinunterernährung (*Kwashiorkor*) bei 3,8 g/Liter. Dafür ist jedoch die Ausscheidung von NH_3 u. *Aminosäuren* mit 20,2 u. 25,3% relativ viel höher als bei den oben erwähnten Normalgruppen (NH_3 4,5 bzw. 7,5%, Aminosäuren 3,2 bzw. 0%); bei Kwashiorkor findet sich auch eine relative Mehrausscheidung von *Kreatin* (2,5 statt 0,2 bzw. 0%) u. *Harnsäure* (6,8 statt 3,5 bzw. 0%). Das Harn-Vol. selbst ist bei Kwashiorkor um die Hälfte oder $^2/_3$ vermindert, so daß nur Substanzen mit relativen Mehrausscheidungen um das 4fache auch abs. Mehrausscheidungen innerhalb 24 Std. aufweisen. Die *Harnstoff*-Ausscheidung ist bei Kwashiorkor geringer als normal (41,2 statt 79,5 bzw. 54,9%), die relative Ausscheidung von *Kreatinin* bleibt gleich. An der Mehrausscheidung von Aminosäuren sind (außer Lysin) keine essentiellen Aminosäuren beteiligt; *β-Aminoisobuttersäure* (I) u. *Äthanolamin* werden als charakterist. bezeichnet; gebundene Aminosäuren zeigen deutlichen Anstieg (Peptidausscheidung); bei klin. Erholung bleibt die I-Ausscheidung noch einige Zeit bestehen. Es ist noch nicht geklärt, ob die Peptidurie Folge eines raschen Gewebeabbaus ist, ober ob sie durch Insuffizienz der Protein-Synth. infolge Enzymmangel oder Mangel an Schlüsselaminosäuren zur Zusammenkettung der Peptidketten bedingt ist. Einige der Peptide können möglicherweise biolog. akt. sein u. zur Fl.-Retention u. dem gelegentlich bei schwerem Kwashiorkor auftretenden Gefäßkollaps beitragen. U. Tausendfreund. 4596□

Normale Coproporphyrinwerte des Harns. D. Durić und T. Belamarić. (Arhiv Hig. Rada Toksikol. **10.** 221—26. 1959. Zagreb, Inst. for Med. Res. and Army Hosp., Dep. of Occupational Health.) (Kroat.)

Es wird eine Übersicht über Porphyrinstoffwechsel, Abgabe u. Isomerenverhältnis im Harn, die beschriebenen Normalwerte u. deren Schwankung gegeben. *Coproporphyrin*-Best. im Harn von je 75 gesunden Männern u. Frauen ergab bei ersteren statist. nicht signifikant höhere Werte. K. Maier. 4596□

Über die Art der sekretorischen Aktivität einiger Bindegewebszellen während aseptischer Entzündungsreaktionen. Elektronenmikroskopische Untersuchung. Albert Policard, André Collet und Suzanne Prégermain. (C. R. hebd. Séances Acad. Sci. **250.** 2313—15. 28/3. 1960. Paris et Verneuil-en-Halatte, Oise, Centre d'Etudes et Rech. des Charbonnages de France.) (Franz.)

Bei den asept. Entzündungs-Rkk. des Bindegewebes sind eiweißbildende Zellen („Reticulohistiocyten") mit erheblicher Entw. des Ergastoplasmas zu beobachten, die ganz oder teilweise zerfallen, wobei die Fragmente in die Zwischenzellräume wandern. Die Reticulohistiocyten sind offensichtlich an der Lieferung von Proteinen für den Aminosäure- u. Eiweißpool des Zwischenzellmilieus beteiligt. K. Maier. 4597□

Die Feinstruktur von α-Keratin. B. K. Filshie und G. E. Rogers. (J. molecular Biol. **3.** 784—86. Dez. 1961. Melbourne, C. S. I. R. O. Wool Res. Labor., Div. of Protein Chem.) Engl.)

α-Keratin-Fasern von Merinowolle, menschlichem Haar oder von der Federspitze des Stachelschweins werden mit 0,5 m Thioglykolsäure 24 Std. bei pH 5,6 behandelt, wobei ein Teil des Cystins red. wird. Nach kurzem Waschen wird das Material mit 1%ig. OsO_4-Lsg. behandelt, in Araldit eingebettet u. mit dem Mikrotom geschnitten. Die Schnitte werden anschließend mit Bleihydroxid behandelt, auf Collodiumfilm aufgebracht, mit Kohle stabilisiert u. unter dem Elektronenmikroskop bei einer Instrumentvergrößerung von 80000 beobachtet. Der Durchmesser der Mikrofibrillen wird zu 60 bis 80 Å bestimmt. Sie bestehen aus 11 Untereinheiten mit 20 Å Durchmesser, die als Protofibrillen bezeichnet werden, wovon 9 den peripheren Kranz bilden u. 2 sich im Kern der Mikrofibrillen befinden. Für die einzelne Protofibrille wird eine Tripelhelixstruktur vorgeschlagen. L. Träger. 4597□

Erhaltung der Energie im Herzmuskel. Robert E. Olson und Dorothy A. Piatnek. (Ann. New York Acad. Sci. **72.** 466—79. 6/2. 1959. Pittsburgh, Pa., Univ. of Pittsburgh, Graduate School of Publ. Health, Dep. of Biochem. and Nutrition.) (Engl.)

Unter normalen Verhältnissen wird im *Herzmuskel* chem. Energie in 3 Phasen (Freisetzung, Speicherung, Verwertung) mit einem Wrkg.-Grad von 40% in mechan. Arbeit umgewandelt. Hauptenergielieferant sind Glucose, Lactat, Pyruvat u. nichtveresterte Fettsäuren, wobei Ernährungszustand oder hormonale Verhältnisse das vom

Myocard extrahierte Substratgemisch von vorwiegend Kohlenhydrat nach vorwiegend Fett verschieben können. Längerer Nahrungsentzug, unbehandelter Diabetes mellitus u. Thyreotoxikose neigen zu einer Verschiebung der Myocardoxydation nach stärkerer Fettsäureverwertung. Stauungsinsuffizienz bei Hunden u. beim Menschen verändert den Oxydationsstoffwechsel nicht wesentlich. Die Unters. der P-Verteilung in den energiereichen Phosphat-Verbb. ergab bei thyreotox. Hunden u. solchen mit Stauungsinsuffizienz keine Abweichung von der Norm. Es liegt demnach keine ernsthafte biochem. Schädigung im Bereich der Phasen von Energiefreisetzung u. -erhaltung bei Thyreotoxikose oder Stauungsinsuffizienz mit niedrigen Herzminuten-Vol. (infolge Klappenerkrankung) vor. Bei Tieren mit Insuffizienz infolge Klappenfehlern zeigt Herzmyosin ein anomales Molgew. von ca. 750000 statt normalerweise ca. 225000. — Diskussion. K. MAIER. 4597□

Energiereiche Phosphatverbindungen des Rattenzwerchfells und der Skelettmuskelfasern. Ruth D. Peterson, Clarissa H. Beatty und Rose M. Bocek. (Amer. J. Physiol. **200.** 182—86. Jan. 1961. Portland, Oreg., Univ. of Oregon, Med. School, Dep. of Biochem.) (Engl.)

Durch den Vorgang des Auseinanderschneidens sinkt der *Kreatinphosphat* (**I**)-Spiegel von Rattenmuskulatur ab, wird jedoch durch anschließendes Einlegen u. Inkubation (Zimmer-Temp.) in KREBS-Phosphatpuffer (pH 7,4, 150 mg Glucose/100 ml) auf 61% des in situ-Wertes angehoben. Der *Adenosintriphosphat* (ATP)- u. *Adenosindiphosphat* (ADP)-Geh. werden durch Schneiden u. Einlegen in die Puffer-Lsg. nicht beeinträchtigt, die Inkubation führt jedoch zur leichten Verminderung des ATP- u. ADP-Gehaltes. Ähnliche Verminderungen im **I**- u. ATP-Geh. können am Rattenzwerchfell beobachtet werden. Die Verminderung des ATP-Geh. in Muskelfasern u. Zwerchfell steht zur Verminderung der opt. Dichte der Muskelfiltrate bei 265 mμ in Beziehung. Gleichzeitig kommt es zu einer Verschiebung der Absorptionsgipfel der Muskelfasermedien in Richtung auf das Absorptionsmaximum von *Hypoxanthin*, progressive Desaminierung der Adenin-Verbb. anzeigend. Im Gegensatz dazu zeigen die Zwerchfellmedien eine progressive Verschiebung in Richtung auf das Absorptionsmaximum der *Harnsäure*; auch durch Uricaseanalyse konnte Harnsäure im Medium nachgewiesen werden. Das die Zwerchfellmuskulatur bedeckende Mesothel scheint einen bes. Stoffwechsel zu haben, der Hypoxanthin in Harnsäure umwandelt. Einlegen von Muskelfasern in Eis-Puffer statt Zimmer-Temp.-Puffer läßt die **I**-Werte nach der Inkubation abfallen, die ATP-Werte bleiben unbeeinflußt. U. TAUSENDFREUND. 4597□

Die intracelluläre Verteilung von Kupfer in der Leber unreifer Tiere. Huntington Porter, William Wiener und Malina Barker. (Biochim. biophysica Acta [Amsterdam] **52.** 419—23. 30/9. 1961. Boston, Mass., New England Center Hosp., Dep. of Neurol., Neurosurg. and Psychiatr.; Tufts Univ. School of Med., Dep. of Med.) (Engl.)

In unreifer Rinderleber mit erhöhtem *Cu*-Geh. fanden sich 46% des Gewebe-Cu in den gewaschenen u. vereinigten Mitochondrienfraktionen, 24% in der überstehenden Fraktion, 21% in der gewaschenen Kernfraktion u. 6% in den vereinigten Mikrosomenfraktionen. Der hohe Geh. in den Mitochondrien deutet auf eine Enzymfunktion von Cu in unreifer Leber hin. Unreife Leber enthält in den Mitochondrien ein anderes Cu-haltiges Protein als Cytochromoxydase. K. ZINGRAF. 4597□

Desoxyribonucleinsäure, Ribonucleinsäure, Lipidphosphat und säurelösliches Phosphat in normaler A-Jax Mäuseleber. D. S. Dudley, William H. Coppock und Leland P. Johnson. (Proc. Iowa Acad. Sci. **66.** 426—31. 1959. Des Moines, Iowa, Drake Univ.) (Engl.)

Vff. bestimmten den Geh. an *Desoxyribonucleinsäure*, *Ribonucleinsäure* (**I**), *säurelösl. Phosphaten* (**II**) u. *Lipidphosphaten* (**III**) in normaler A-Jax Mäuseleber u. in der Leber von Tieren, die einen Tumor am Hinterbein hatten bzw. 28—34mal mit CCl_4 gefüttert wurden. Die **I**- u. **II**-Geh. der Leber normaler Tiere lagen etwas höher, die **III**-Geh. um ca. $^1/_4$ höher. W. HILLER. 4597□

Licht- und elektronenmikroskopische Untersuchungen des Nervensystems von Unio tumidus (Philipsson) unter besonderer Berücksichtigung der Neurosekretion. Walter Fährmann. (Z. Zellforsch. mikroskop. Anatom. **54.** 689—716. 1961. Münster, Univ., Zoolog. Inst.) (Dt.)

Vf. findet, daß die Nervenzellen von *Unio tumidus* 2 verschiedene Neurosekrete absondern, an deren Bldg. wahrscheinlich die Mitochondrien beteiligt sind. A. GUDE. 4598□

Untersuchungen über Ganglioside des Tay-Sachs-Gehirns. E. R. Berman und S. Gatt. (Bull. Res. Council Israel, Sect. A **10 A.** 28—29. April 1961. Jerusalem, Hadassah Univ. Hosp., Dep. of Ophthalmol. and Hebrew Univ., Hadassah Med. School, Dep. of Biochem.) (Engl.)

Im Gegensatz zu *Gangliosiden* (I) aus normalen Gehirnen gehen nur 80% der I aus dem Chlf.-Methanol-Extrakt von TAY-SACHS-Gehirn bei der Behandlung mit KCl-haltiger wss. Methanol-Lsg. in die wss. Phase (Gangliosid „A"). Der Rest (Gangliosid „B") geht nur in die obere wss. Schicht bei Abwesenheit von KCl. Nach Reinigung an Kieselsäurekolonnen sind beide Fraktionen gleich. Es wird angenommen, daß die Ganglioside an Lipide oder Proteine komplex gebunden sind. Diese Komplexe sind Chlf.-lösl., ihre Bldg. wird durch Salzzusatz gefördert. P. GREGORZEWSKI. 4598□

Identifizierung einer neuen Klasse von Gehirnglykolipiden. S. Gatt und E. R. Berman. (Bull. Res. Council Israel, Sect. A **10 A.** 29. April 1961. Jerusalem, Hebrew Univ., Dep. of Biochem.; Hadassah Med. School and Hadassah Univ. Hosp., Dep. of Ophthalmol.) (Engl.) — Vgl. vorst. Referat.

Aus TAYS-SACHS-Gehirn werden 2 neue Glykolipide, ein *Sphingosinfettsäuretrihexosid* mit einem Mol Hexosamin pro Mol Sphingosin u. ein *Sphingosinfettsäuredihexosid* ohne Hexosamin isoliert. Beide kommen in normalen Gehirnen nicht vor.

P. GREGORZEWSKI. 4598□

Die Wirkungen von Protamin und Gangliosiden auf Ionenbewegungen in isolierten Hirngeweben. R. J. Woodman und H. McIlwain. (Biochem. J. **79.** 1P. April 1961. London, Maudsley Hosp., Inst. of Psychiatry, Dep. of Biochem.) (Engl.)

Protamin (I) hemmte die Wiederaufnahme von K^+ durch Meerschweinchenhirnschnitte in belüfteter Glucose-Bicarbonat-Lsg. nach Einw. elektr. Reize nicht mehr, wenn *Ganglioside* (II; 0,3 mg/ml, mit 26—29% N-Acetylneuraminsäure) zugesetzt wurden. Vff. nehmen an, daß die nativen II von normalem Gewebe saure Stellen zur Verfügung stellen, die sich am akt. Kationentransport, der energiereiches Phosphat verbraucht, beteiligen, u. diese Stellen bevorzugt vom polybas. I besetzt werden.

K. MAIER. 4598□

Die Verknüpfung von Protamin und Gangliosid mit Hirngeweben und die Art ihrer Wirkung auf den Ionentransport. H. McIlwain und S. Balakrishnan. (Biochem. J. **79.** 1 P—2 P. April 1961. London, Univ. of London, Maudsley Hosp., Inst. of Psychiatry, Dep. of Biochem.) (Engl.) — Vgl. auch vorst. Referat.

Der Geh. von Hirngewebe an *Gangliosid* (I)-ähnlichen Substanzen wurde durch Best. von N-Acylneuraminsäure nach Lsgm.-Extraktion u. Verteilung bestimmt. Inkubation mit *Protamin* (II) oder Aufbewahrung bei 0°, die Verlust der Erregbarkeit herbeiführen, bewirkten auch eine Abnahme an extrahierbarem I. *Suramin* (III), das die Erregbarkeit II-inkubierten Gewebes wiederherstellt, erhöhte das aus normalen u. II-behandeltem Gewebe extrahierbare I. Die Na^+- u. K^+-aktivierte Adenosintriphosphatase des Gewebes wird durch III gehemmt. Sie findet sich in I-reichen Gewebefraktionen der Membran. Diskussion eines Mechanismus des Ionentransports. K. MAIER. 4598□

Permeabilität der Axonmembran des Tintenfisches gegenüber verschiedenen organischen Molekülen. I. Tasaki und C. S. Spyropoulos. (Amer. J. Physiol. **201.** 413—19. Sept. 1961. Bethesda, Md., Nat. Inst. of Health) (Engl.)

Zur Erlangung weiterer Informationen über den physikochem. Charakter der erregbaren Membranen wurde die Permeabilität der Axonmembran des Tintenfisches (welche sich durch die Möglichkeit der leichten Applizierbarkeit von Isotopen-Lsgg. direkt in das Axoplasma u. Verfolgungsmöglichkeit der Effluxvorgänge in das umgebende fl. Medium auszeichnet) gegenüber einer Reihe von Ionen u. neutralen Moll., welche normalerweise nicht im Axon oder im Meerwasser (außer in extrem niedrigen Konzz.) vorkommen, untersucht. Im Ruhezustand erwies sich die Zeit-Konst. für den Verlust von intracellulärem *$^{14}C_{1.2}$-Cholinchlorid*, *^{14}C-Guanidinhydrochlorid* u. *^{134}Cs* als ebenso hoch wie der von Na^+ oder K^+. Das Cholin-Ion ging rasch eine Bindung mit den Bestandteilen des Axons ein. Nach Einlegen des Axons in Meerwasser mit Cholin kommt es zur Akkumulierung der Radioaktivität im Axon. Bei neutraler Aktivität (wiederholte Reizung) ist der Efflux der genannten radioakt. Ionen gesteigert, der von Cholin am wenigsten. *^{14}C-Thioharnstoff* u. *^{14}C-Harnstoff* bewegen sich weit schneller als monovalente Kationen durch die Membran. Die Permeabilität der Membran gegenüber *^{14}C-Saccharose* u. markierter *Stärke* ist gering. Der Durchtritt der Isotopen/Flächeneinheit der Tintenfischaxonmembran ist danach = $P(^{14}C_{\text{intracellulär}} - \xi^{14}C_{\text{extracellulär}})$, wobei ξ der TEORELL-Faktor ist (vgl. TEORELL, C. **1950/54.** 9086 S.) u. P der Permeabilitäts-Koeff. (vgl. KROGH, Proc. Roy. Soc. [London], Ser. B **133** [1946] 140). U. TAUSENDFREUND. 4598□

E_6. Pharmakologie. Therapie. Toxikologie. Hygiene

^{65}Zn und ^{95}Zr in Nahrungsmitteln. Marvin A. van Dilla. (Science [Washington] **131.** 659—60. 4/3. 1960. Los Alamos, New Mexico, Univ. of Calif., Los Alamos Sci. Labor.) (Engl.)

In verschiedenen Fleischproben amerikan. Herkunft wies Vf. geringe Mengen ^{65}Zn (bis 50 $\mu\mu$c/kg) u. in Leberproben auch etwas ^{95}Zr (30 $\mu\mu$c/kg) nach. In einer Milchprobe wurde eine Spur, in 2 Personen wurde kein ^{65}Zn nachgewiesen.

H.-G. FLOSS. 4601 □

Biochemische Veränderungen und gesteigertes Lebergewicht bei Knochenmarkschimären. A. L. Kretchmar und C. C. Congdon. (Amer. J. Physiol. **200.** 102—06. Jan. 1961. Oak Ridge, Tenn., Oak Ridge Inst. of Nuclear Studies, Med. Div.; Oak Ridge Nat. Labor., Biol. Div.) (Engl.)

Fremdknochenmarkstransplantation ($40 \cdot 10^6$ Knochenmarkszellen) bei mit 950 oder 900 r ganzbestrahlten ♀ Mäusen, die bei diesen sog. Knochenmarkschimären zu einer guten Erholung der Tiere von den Bestrahlungsfolgen führt (Voraussetzung, daß das Knochenmark von einer gleichstammigen Spenderin stammt, sonst ein Gew.-Verlust bis zum 35. Tag), läßt das Leber-Gew. nach der Behandlung ansteigen, Maximum nach 12 Tagen, u. die *Glutamin-* u. *Glutathion*-Konz. in der Leber am 12. Tag zurückgehen sowie die Konz. von *β-Aminoisobuttersäure* u. *β-Alanin* ansteigen; diese Veränderungen sind nach Transplantation fremdstämmigen Knochenmarks am größten.

U. TAUSENDFREUND. 4601 □

Direkte und abscopale Wirkungen von Röntgenstrahlen auf den Thymus der jungen Ratte. A. W. Law und R. H. Mole. (Int. J. Radiat. Biol. **3.** 233—48. Mai 1961. Harwell, Didcot, Berks., Med. Res. Council Radiobiol. Res. Unit.) (Engl.)

Wenige Tage nach Entwöhnung wurden junge Ratten mit 250-kV-Röntgenstrahlen bestrahlt. Bestrahlungsbedingungen: HWS 1,2 mm Cu, Dosisleistung 78 r/Min. bzw. 780 r/Min. bei Gesamtdosen von 50—500 bzw. 10000 r. Die Bestrahlung erfolgte teils total, teils partiell, teils bei adrenalektomierten Tieren. Beobachtet wurde danach das *Thymus*-Gew. u. der Geh. des Thymus an Desoxyribonucleinsäure-Phosphor (I). Es ergaben sich folgende Befunde: Bei Totalbestrahlung oder Oberkörperbestrahlung mit 50 r zeigt der Thymus gleiche Rk., auch nach Adrenalektomie. Bei Bestrahlung des Unterkörpers mit 500 r trat zwar eine abscopale Wrkg. auf den Thymus (Gew.-Abnahme, I-Abnahme) ein, es konnte aber gezeigt werden, daß diese auf die verringerte Nahrungsaufnahme der Tiere zurückzuführen ist. W. REUSSE. 4601 □

Der Einfluß einer Röntgenstrahlung mittlerer Dosis auf den aktiven Transportmechanismus im Intestinum des Hundes. Burton E. Vaughan und Edward L. Alpen. (Int. J. Radiat. Biol. **3.** 265—77. Mai 1961. San Francisco, Calif., U. S. Naval Defense Labor.) (Engl.)

An bestrahlten (1-MeV-Röntgenstrahlen, HWS 2,27 g/cm² Pb, 500 r) u. unbestrahlten Hunden wird durch eine in das Intestinum eingebrachte Thiry-Vella-Schleife mit ^{22}Na- u. ^{3}H-haltigen Lsgg. festgestellt, daß der Wasserumsatz u. der Na-Transfer zwischen Lumen u. Plasma durch die Bestrahlung um den Faktor 1,7 erhöht wird.

W. REUSSE. 4601 □

Der Einfluß der Sauerstoff-Konzentration auf die Empfindlichkeit menschlicher Zellkulturen gegenüber ionisierenden Strahlen mit verschiedener linearer Energieübertragung. G. W. Barendsen. (Int. J. Radiat. Biol. **3.** 327. Mai 1961. Rijswijk, Niederlande, Radiobiol. Inst. G.O.-T.N.O.) (Engl.)

Es wurden Kulturen von menschlichen Nierengewebezellen mit 200 kV Röntgenstrahlen bestrahlt, wobei sie sich in verschieden zusammengesetzten Gasgemischen aus O_2 u. N_2 befanden. Untersucht wurde die Fähigkeit zur Bldg. von Klonen u. ihre Strahlenempfindlichkeit bei unterschiedlichen O_2-Partialdrucken. Ändert sich dieser von 5 auf 0%, dann nimmt die Strahlensensibilität proportional ab, bei Partialdrucken zwischen 10 u. 100% ist sie prakt. unabhängig vom O_2-Druck. Sie wird maximal um den Faktor 2,6 verringert in Ggw. von reinem N_2. Im gleichen Medium wird sie nur um den Faktor 1,10 verringert, wenn die Zellen mit α-Strahlen bestrahlt werden. W. REUSSE. 4601 □

Hormonfaktoren bei frühen Strahlensymptomen. R. Brinkman. (Int. J. Radiat. Biol. **3.** 327. Mai 1961. Groningen, Univ., Physiol. Inst.) (Engl.)

Die gastr. Retention bei der Ratte sowie die Melaminwanderung in den Melanophoren der Froschhaut als frühe Strahlenreaktionen werden durch Freisetzung von Neurohormonen als Primärvorgang ausgelöst. Es wird gezeigt, daß *Serotonin* gleiche Syndrome hervorruft, wenn es in Verbindung mit anderen Stoffen zur Wrkg. kommt, die in der Natur als gleichzeitig vorhanden anzunehmen sind. W. REUSSE. 4601 □

Die Bedeutung des Sauerstoffs für die Strahlensensibilisierung durch Cyanid bei Drosophila. F. H. Sobels. (Int. J. Radiat. Biol. **3.** 328—29. Mai 1961. Leyden, Netherlands, State Univ., Dep. of Radiation Gen.) (Engl.)

♂ Drosophila wurden mit HCN in O_2 oder N_2 vorbehandelt u. dann in dem gleichen Gas bestrahlt. Es zeigte sich, daß nach Bestrahlung mit 590 r/Min. die strahleninduzierte Mutationsrate durch die HCN-Behandlung bei Bestrahlung in O_2 nicht beeinflußt u. die Strahlensensibilität in gereinigtem N_2 nicht geändert wird. Bei höherer Dosisleistung (2640 r/Min.) in N_2 steigt die Mutationsrate an. Die Befunde werden unter dem allg. Gesichtspunkt der Bedeutung von O_2 für die Strahlensensibilität u. des Einfl. der Dosisleistung diskutiert. W. REUSSE. 4601□

Der Einfluß von Cysteamin auf die Strahlenempfindlichkeit des hämatopoietischen Systems der Maus unter schwerer Hypoxie. L. Weiss. (Int. J. Radiat. Biol. **3.** 285—92. Mai 1961. London, Nat. Inst. for Med. Res., Div. of experim. Biol.) (Engl.)

♂ Mäuse wurden bei Körper-Temp. von 0—1° mit 90-kV-Röntgenstrahlen bestrahlt. Bestrahlungsdaten: Filter 1 mm Al, Dosisleistung 40 r/Minute. Ein Teil der Tiere erhielt vor der Bestrahlung intraperitoneale Injektionen mit *Cysteamin* (**I**), ein anderer Teil der Tiere wurde ebenfalls injiziert, aber bei Zimmer-Temp. bestrahlt. Unters. der Leukocytenzahl u. der histolog. Struktur des Milzgewebes nach 5 Tagen ergab folgendes: Die Strahlenschutz-Wrkg. der durch die Unterkühlung bewirkten Hypoxie erfährt durch die **I**-Gaben keine eindeutig nachweisbare Verstärkung. Daraus wird geschlossen, daß die Strahlenschutz-Wrkg. von **I** dem gleichen Wrkg.-Mechanismus unterliegt, wie er bei O_2-Entzug zustande kommt. W. REUSSE. 4601□

Die Wirkung schneller Kohlenstoff- oder anderer schwerer Ionen auf biologische Stoffe. 1. Mitt. Die Inaktivierung getrockneter Enzyme. G. W. Dolphin und Franklin Hutchinson. (Radiat. Res. **13.** 403—14. Sept. 1960. New Haven, Conn., Yale Univ., Josiah Willard Gibbs Res. Labor., Biophys. Dep.) (Engl.)

Getrocknete Präpp. der Enzyme *Trypsin* u. *β-Galaktosidase* wurden im Vakuum mit Kohlenstoff-, Sauerstoff- oder Fluor-Ionen von 10 MeV beschossen u. die Enzymaktivität der nach der Bestrahlung wieder suspendierten Enzyme als Funktion der Bestrahlungsdosis ermittelt. Die Bestrahlung erfolgte mit 2 ms-Impulsen von 10^{-8} bis 10^{-10} A. Als Funktion der Dosis (Teilchenzahl/Flächeneinheit) erhält man in halblogarithm. Darstellung eine gerade Linie, wobei der Grad der Inaktivierung von C über O nach F zunimmt. Diskussion des Wrkg.-Mechanismus ergibt, daß für das Ausmaß der Inaktivierung die Anzahl der δ-Elektronen maßgebend ist, die vom Teilchenstrahl im Objekt erzeugt wird. W. REUSSE. 4601□

Strahlensensibilisierung von Muskel-Glyceraldehyd-3-phosphatdehydrogenase durch Thioglykolsäure, Dithioglykolsäure und Homocystin. Rolf Lange und Alexander Pihl. (Int. J. Radiat. Biol. **3.** 249—58. Mai 1961. Norsk Hydro's Inst. for Cancer Res., Norwegian Radium Hosp.) (Engl.)

Aus dem Kaninchenmuskel wurde krist. *Glyceraldehyd-3-phosphatdehydrogenase* (**I**) extrahiert, 5mal umkristallisiert, mit Dinatriumäthylendiamintetraacetat u. Phosphatpuffer in Lsg. gebracht (pH 7,4) u. mit 1870 r bestrahlt. Dabei wird die **I**-Aktivität um ca. 25% verringert. Fügt man der Lsg. *Cysteamin* (**II**) zu, dann zeigt sich ein Strahlenschutzeffekt. Gibt man *Thioglykolsäure* (**III**) statt **II** hinzu, dann erfolgt Strahlensensibilisierung von **I**, bei hoher Konz. wird die Wrkg. umgekehrt. Bei Dithioglykolsäure findet ausschließlich eine Deaktivierung von **I** statt. Dasselbe gilt für folgende Thiole u. Disulfide: *Cystein, HCl*; *N-Dibutylcysteamin, HCl*; *N-Morpholylcysteamin, HCl*; *N-Piperidylcysteamin, HCl*; *S.2-Aminoäthylisothiuroniumbromid*; *HBr*; *Glutathion*; *l-Cysteinglycin, dl-Homocystein, d-Penicillamin, HCl*; *l-Cystin*; *Cystamin, 2 HCl*; *N.N'-Dimethylcystamin, 2 HCl* u. *N.N'-Tetramethylcystamin, 2 HCl*. Der Wrkg.-Mechanismus der Strahlensensibilisierung wird diskutiert u. als eine Blockierung von Enzym-SH-Gruppen gedeutet, die mit den strahlensensibilisierenden Verbb. gemischte Disulfide bilden.
W. REUSSE. 4601□

Chemischer Strahlenschutz bei in vitro-Bestrahlung von Ratten-Thymocyten. G. A. Grant und O. Vos. (Int. J. Radiat. Biol. **3.** 329. Mai 1961. Rijswijk, Niederlande, Med. Biol. Labor. R.V.O.-T.N.O.) (Engl.)

Suspensionen von Ratten-*Thymocyten* wurden nach Inkubation mit Strahlendosen von 50—12000 rad einer 200-kV-Röntgenstrahlung bestrahlt u. die Überlebensrate untersucht. Bereits nach 2½std. Inkubation u. 50 rad zeigte sich Strahlenschädigung, oberhalb 500 rad tritt keine weitere Erhöhung der Schädigung ein. Mischt man die Suspensionen 20 Min. vor der Bestrahlung mit einer der folgenden Substanzen, dann wird die Überlebensrate der Zellen merklich erhöht: *l-Cystein* (**I**), *Cysteamin* (**II**), *2-Aminoäthylisothiuroniumbromidhydrobromid, dl-, d-* u. *l-Dimethylcystein, Glutathion, Noradrenalin, Diäthyldithiocarbamat*, weniger wirksam war *dl-Homocystein.* **I, II** u. *l-Dimethyl-*

cystein, 15 Min. nach Bestrahlung gegeben, blieben ohne Strahlenschutz-Wrkg., während die übrigen Stoffe auch bei dieser Form der Anwendung die Überlebensrate erhöhten. Weitere Verss. zeigten, daß die Strahlenschutz-Wrkg. nicht auf eine Verringerung des Sauerstoff-Geh. zurückzuführen ist. W. REUSSE. 4601□

Untersuchung zum Strahlenschutz durch 5-Hydroxytryptamin und Tryptamin. C. van der Meer und D. W. van Bekkum. (Int. J. Radiat. Biol. 3. 328. Mai 1961. Rijswijk Niederlande, Med. Biol. Labor. R.V.O.-T.N.O.W. Radiobiol. Inst. G.O.-T.N.O.) (Engl.) — Vgl. C. **1960**. 5237.

5-Hydroxytryptamin u. in geringerem Maß *Tryptamin* sind wirkungsvolle Prophylaktica gegen Strahlenschäden, sie verringern in unterschiedlichem zeitlichen Anstieg die Sauerstoffspannung in der Milz der Maus. Diese Hypoxie ist mit einer bemerkenswerten Abnahme des Blutdruckes verbunden. W. REUSSE. 4601□

Untersuchungen über die Bildung des Klärungsfaktors bei intravenöser Injektion alkalischer Polyphosphate. J. J. Brignon und R. Wolff. (Bull. Soc. Chim. biol. **40**. 1567—77. 10/12. 1958. Nancy, Fac. de Méd., Lab. de Chim. biol.) (Franz.)

Intravenöse Injektion aus GRAHAM-Salz hergestellter Lsgg. von *Polyphosphaten* (I) rufen beim Kaninchen die Bldg. eines Klärungsfaktors hervor. Diese Eig. ist an den anion. hohen Polymerisationsgrad gebunden u. von der Länge der Polyphosphatkette abhängig. Nur I mit linearer Kettenlänge von > 20 Polymerisationsgliedern sind wirksam. K. MAIER. 4606□

Beitrag zur Pharmakologie des Lithiums. P. Stern, D. Leković, R. Pržić und I. Gašparović. (Arch. int. Pharmacodynam. Thérap. **133**. 58—65. Aug./Sept. 1961. Sarajevo, Med. Fak., Pharmakol. Inst.) (Dt.)

Li-Carbonat (50 mg/kg; 15 Min. vor Verabreichung der anderen Pharmaca intraperitoneal) drängt die bei der Maus durch *Imino-β.β-dipropionitril*, *Amphetamin*, *Methylphenidin* (I), *Cocain* (II), *Lysergsäurediäthylamid* u. *Mescalin* hervorgerufene Erregung zurück. Diese Wrkg. ist am stärksten bei den durch I u. II verursachten Zuständen. Von den angewendeten Konvulsiva ist *Strychnin* am stärksten durch *Li* beeinflußbar, während *Insulin*-Krämpfe verstärkt werden. *Li* ist ohne Wrkg. auf den Ohrmuschelreflex der Maus u. verhindert die STRAUB-HERRMANNsche Reaktion. Intracerebral verabreichtes *Li* wirkt bei der Maus sedativ, gegenüber der *Cholinesterase* ist es wirkungslos. P. GREGORZEWSKI. 4606□

Erregende Wirkungen von Thiocyanat auf das Rückenmark. Kashima Goto und Don W. Esplin. (J. Pharmacol. exp. Therapeut. **133**. 129—36. Juli 1961. Salt Lake City, Utah, Univ. of Utah, Coll. of Med., Dep. of Pharmacol.) (Engl.)

Bei Katzen steigerte i.v. injiziertes *NaSCN* die Überleitung durch mono- u. polysynapt. Rückenmarksbahnen; der Wrkg.-Eintritt erfolgte spät, u. die Wrkg.-Dauer war kurz. In der monosynapt. Bahn förderte NaSCN auch die Erholung der Synapse. Unmittelbar nach i.v. Gabe von NaSCN wurde ein Blutdruckanstieg (um 30—60 mm Hg) von kurzer Dauer beobachtet. Nach Anwendung von SCN^- konnten Motoneuronen durch orthodrom. Impulse entladen werden, die vorher unwirksam waren. Auch ein Leitungsblock, welcher das antidrom. Eindringen in das Motoneuron verhütete, wurde verringert. Die Amplitude u. Dauer des negativen Nachpotentials im Zusammenhang mit dem Motoneuronen-Spike nahm unter SCN^- zu, in einigen Fällen wurden nach SCN^- wiederholte Motoneuronenentladungen beobachtet. K. ZINGRAF. 4606□

Die Vergiftung von Maia squinado (Herbst) durch einige Quecksilberverbindungen. E. D. S. Corner. (Biochem. Pharmacol. **2**. 121—32. Aug. 1959. Plymouth, Marine Biol. Ass. of the U. K.) (Engl.)

Bei Vergiftung von *Maia* durch Eintauchen in *$HgCl_2$*-haltiges Seewasser findet in den Kiemen u. verschiedenen Organen des Tieres eine Hg-Anreicherung statt, wobei die Hg-Konz. des Blutes die des Mediums übersteigt. 95% des Blut-Hg ist an Protein gebunden. Die Hg-Konz. des Blutes bleibt mehrere Wochen nach Aussetzen der Tiere ins Meer annähernd konstant. Eine ähnliche Hg-Verteilung wird nach $HgCl_2$-Injektion erhalten. Bei Vergiftung mit *n-$C_5H_{11}HgCl$* findet wiederum Hg-Anreicherung in den Kiemen u. verschiedenen inneren Organen statt, während im Blut sehr wenig u. im Harn kein Hg enthalten ist. Im normalen *Maia*-Blut finden sich Alanin, α-Aminobuttersäure, Arginin, Asparaginsäure, Glutaminsäure, Glutamin, Glycin, Isoleucin, Leucin, Lysin, Prolin, Serin, Taurin (I), Threonin u. Valin. Mit Ausnahme von I kommen alle diese Aminosäuren im Harn vor. Alle 15 Aminosäuren finden sich auch im Blut u., ausgenommen I, im Harn mit $HgCl_2$ oder n-$C_5H_{11}HgCl$ vergifteter Tiere. Bei längerer Haltung der Tiere in $HgCl_2$-haltigem Seewasser oder bei Injektion steigender $HgCl_2$-Mengen nimmt die Gesamtmenge NH_2–N des Harns zu, während die des Blutes sich nicht wesentlich ändert. Die Konzz. des Gesamtsulfats von Blut u. Harn waren 1,5:1.

Das Verhältnis änderte sich bei $HgCl_2$-Vergiftung unter Bedingungen, die eine erhebliche Zunahme der NH_2–N-Ausscheidung hervorrufen, nicht signifikant. K. MAIER. 4607☐

Die Beziehung zwischen der Lipidlöslichkeit von Pharmacis und deren Oxydation durch Lebermikrosomen. L. E. Gaudette und B. B. Brodie. (Biochem. Pharmacol. **2.** 89—96. Aug. 1959. Bethesda, Md., Nat. Heart Inst., Labor. of Chem. Pharmacol.) (Engl.)

Die oxydative Entalkylierung fremder N-Alkylamine (I) durch Rattenlebermikrosomen ist anscheinend auf lipidlösl. Verbb. beschränkt, wie die hohen Verteilungs-Koeff. für Chlf.-W. bei physiolog. pH zeigen. Da die mikrosomale Hydroxylierung aromat. Verbb. wahrscheinlich auf lipidlösl. Verbb. beschränkt ist, wird angenommen, daß eine intracelluläre fettähnliche Grenze normalerweise vorkommende polare Verbb. von den stark unspezif. Mikrosomenenzymen trennt. Die I-Entalkylierung wird von mindestens 2 Enzym-Syst. der Lebermikrosomen katalysiert. Geprüfte Verbb.: *4-Monomethylaminoantipyrin*, $>$ 95% (mit Chlf. extrahierbar), relative Aktivität, 100 (= Entalkylierung von 1 μMol/Std.); *Ephedrin*, $>$ 95, 110; *Pethidin*, $>$ 95, 95; *[β-Diäthylaminoäthyl]-diphenylpropylacetat*, $>$ 95, 90; *Caramiphen*, $>$ 95, 80; *N-Methylanilin*, $>$ 95, 60; *N-Äthylanilin*, $>$ 95, 60; *Mepacrin*, $>$ 95, 60; *N-Butylanilin*, $>$ 95, 55; *Methadon*, $>$ 95, 50; *4-Dimethylaminoantipyrin*, $>$ 95, 34; *Levorphan*, $>$ 95, 30; *Benadryl*, $>$ 95, 30; *Physostigmin*, $>$ 95, 30; *Coffein*, $>$ 95, 20; *Theophyllin*, 12, 0; *Theobromin*, 11, 0; *Dimethylserotonin*, 8, 0; *Pethidinsäure*, *Trimethylphenylammoniumchlorid*, *Adrenalin*, *Sarkosin*, *Dimethylglycin*, *Monomethylaminoäthanol*, *Dimethylaminoäthanol*, *Cholin Kreatin*, alle $<$ 3, 0. K. MAIER. 4607☐

Durch Propylenglykol bei Schafen hervorgerufene Hämoglobinurie. B. J. Potter. (Brit. J. Pharmakol. Chemotherapy **13.** 385—89. Dez. 1958. Adelaide, Univ., Div. of Biochem.; General Nutrition of the Commonwealth Scientific, Industrial Res. Org.) (Engl.)

Wird anästhetisierten Schafen eine Lsg. aus *Propylenglykol* in W. oder Natrium-Pentobarbiton i.v. gegeben, so tritt Hämoglobinurie ein. Dagegen fehlen diese Erscheinungen nach der Zugabe von dest. W. oder 20% Glycerin in Wasser. Wird gleichzeitig mit Propylenglykol physiolog. NaCl-Lsg. gegeben, so tritt keine Hämoglobinurie auf. Es scheint eine antihämolyt. Wrkg. der NaCl-Lsg. vorzuliegen. G. MAYR. 4607☐

Aktiver Transport von Diodrast und Phenolsulfonphthalein aus der Cerebrospinalflüssigkeit ins Blut. J. R. Pappenheimer, S. R. Heisey und E. F. Jordan. (Amer. J. Physiol. **200.** 1—10. Jan. 1961. Boston, Mass., Harvard Med. School, Dep. of Physiol.) (Engl.)

Diodrast (I) u. *Phenolsulfonphthalein* (II) werden, falls sie einer synthet. Cerebrospinal-Fl. bei Durchströmungs-Verss. der Ventrikel, Cisterna magna u. Subarachnoidalräume (bei der Ziege) in niedrigen Konzz. zugefügt werden, durch einen akt. Transport, welcher der Sekretion durch die proximalen Nierentubuli ähnelt, aus dem Cerebrospinalperfusat entfernt. Als Transfermaximum kann 2—3 μg/Min. angesehen werden, es wird bei dem Einströmen von 20 μg/Min. erreicht. Der akt. Transport geht von einem 2 ml-Vol. in der Gegend des 4. Ventrikels u. der Cisterna magna ($^1/_{10}$ der Gesamtcerebrospinal-Fl.) aus, als Sitz ist möglicherweise der Plexus Chorroideus des 4. Ventrikels anzusehen. Nach Hemmung des I-Transports durch II u. p-Aminohippursäure tritt eine passive Transportkomponente in Erscheinung (Diffusion u. Resorption); die Größenordnung der Diffusion entspricht der aus Capillaren in 1 g Skelettmuskulatur.

U. TAUSENDFREUND. 4607☐

Die milbenovicide Aktivität einiger chlorsubstituierter Bis-phenoxymethane und verwandter Verbindungen. M. B. Green und W. L. Jenkins. (J. Sci. Food Agric. **9.** 536—39. Sept. 1958. Dagenham, Essex, May and Baker Ltd.) (Engl.)

Eine Reihe von chlorierten Bisphenoxy-, Bisphenylmercapto- u. Phenoxyphenylmercaptomethanen zeigen gegenüber *Tetranychus telarius* ovicide u. einige auch nymphicide Wirkung. Am wirksamsten sind folgende Verbindungen: *Bis-[p-chlorphenoxy]-methan*, *4-Chlorphenoxyphenylmercaptomethan*, *4-Chlorphenoxy-4'-chlorphenylmercaptomethan*, Bis-[phenylmercapto]-methane: *4-Chlor-*, *2.4-Dichlor-*, *3.4-Dichlor-*, *3.5-Dichlor-*, *2.3.4-Trichlor-*, *2.4.5-Trichlor-*. Außerdem werden folgende Verbb. getestet: Bis-[phenoxy]-methane: *4-Chlor-*, *2.4-Dichlor-*, *2.5-Dichlor-*, *3.4-Dichlor-*, *3.5-Dichlor-*, *2.3.4-Trichlor-*, *2.4.5-Trichlor-*, *2.4.6-Trichlor-*, *3.4.5-Trichlor-*, *2.3.4.6-Tetrachlor-*, *2.3.4.5.6-Pentachlor-*, *2.4.4'-Trichlor-*, *2.4'.5-Trichlor-*, *3.4.4'-Trichlor-*, *3.4'.5-Trichlor-*, *2.3.4.4'-Tetrachlor-*, *2.4.4'.5-Tetrachlor-*, *2.4.4'.6-Tetrachlor-*, *3.4.4'.5-Tetrachlor-*, *2.3.4.4'.6-Pentachlor-*, *2.3.4.4'.5.6-Hexachlor-*, Phenoxyphenylmercaptomethane: *2.4-Dichlor-*, *2.5-Dichlor-*, *3.4-Dichlor-*, *3.5-Dichlor-*, *2.3.4-Trichlor-*, *2.4.5-Trichlor-*, *2.4.6-Trichlor-*, *3.4.5-Trichlor-*, *2.3.4.6-Tetrachlor-*, *2.3.4.5.6-Pentachlor-*, 4'-Chlorphenylmercaptomethane: *2.4-Dichlorphenoxy-*, *2.5-Dichlorphenoxy-*, *3.4-Dichlorphenoxy-*, *3.5-Dichlorphenoxy-*, *2.3.4-Trichlorphenoxy-*, *2.4.5-Trichlorphenoxy-*, *2.4.6-Trichlorphenoxy-*, *3.4.5-Trichlorphenoxy-*, *2.3.4.6-Tetrachlorphenoxy-*, *2.3.4.5.6-Pentachlorphenoxy-*, Phenoxymethane:

4-Chlorphenylmercapto-, *2.4-Dichlorphenylmercapto-*, *2.5-Dichlorphenylmercapto-*, *3.4-Dichlorphenylmercapto-*, *3.5-Dichlorphenylmercapto-*, *2.3.4-Trichlorphenylmercapto-*, *2.4.5-Trichlorphenylmercapto-*, *2.4.6-Trichlorphenylmercapto-*, *3.4.5-Trichlorphenylmercapto-*, *2.3.4.6-Tetrachlorphenylmercapto-*, *2.3.4.5.6-Pentachlorphenylmercapto-*, Phenylmercapto-4'-chlorphenoxy-methane: *2.4-Dichlor-*, *2.5-Dichlor-*, *3.4-Dichlor-*, *3.5-Dichlor-*, *2.3.4-Trichlor-*, *2.4.5-Trichlor-*, *2.4.6-Trichlor-*, *3.4.5-Trichlor-*, *2.3.4.6-Tetrachlor-*, *2.3.4.5.6-Pentachlor-*, Bis-[phenylmercapto]-methane: *4.4'-Dichlor-*, *2.4.4'-Trichlor-*, *2.4'.5-Trichlor-*, *3.4.4'-Trichlor-*, *3.4'.5-Trichlor-*, *2.3.4.4'-Tetrachlor-*, *2.4.4'.5-Tetrachlor-*, *2.4.4'.6-Tetrachlor-*, *3.4.4'.-5-Tetrachlor-*, *2.3.4'.6.6'-Pentachlor-*, *2.4.6-Trichlor-* u. *2.3.5.6-Tetrachlor-*. P. GREGORZEWSKI. 4607 □

Stoffwechselunterschiede von Carisoprodol bei Ratten in Beziehung zum Geschlecht. R. Kato, E. Chiesara und P. Vassanelli. (Med. exp. [Basel] **4.** 387—92. 1961. Milan, Univ. of Milan, Inst. of Pharmacol.) (Engl.)

Bei ♀ Ratten dauert die durch *Carisoprodol* (I) verursachte Paralysis 2, 3mal so lange wie bei ♂. Ursache für diesen Unterschied ist der sehr viel schnellere Abbau von I in der ♂ Leber. Kastration beseitigt den Unterschied, Testosteron-Gaben bei ovarektomierten Tieren verkürzen die Paralyse-Dauer. Es wird angenommen, daß das ♂ Hormon das für den I-Abbau verantwortliche Leberenzym aktiviert.

P. GREGORZEWSKI. 4607 □

Pyridylalkyldicyandiamide, -biguanide und -guanylharnstoffe. Seymour L. Shapiro, Elaine S. Isaacs und Louis Freedman. (J. pharmac. Sci. **50.** 798—99. Sept. 1961. Yonkers, N.Y., U.S. Vitamin & Pharm. Corp.) (Engl.)

Es werden 11 *Pyridylalkyldicyandiamide* mit geringer Toxizität (DL_{min} 750 bis 1000 mgk/g) synthetisiert; sie zeigen Potenzierung der Hexobarbital-Zeit u. antiinflammator. Wirkung. Stark tox. ist *Pyridyl-(4)-dicyandiamid*, *N-Methyldimethylaminopropyldicyandiamid* ist ohne pharmakolog. Wirkung. Die Pyridylalkylguanylharnstoffe (DL_{min} 250—750 mg/kg) wirken teilweise hypotensiv, *N-[Pyridyl-(2)-äthyl-N-methylguanyl]-harnstoff* u. *N-[Pyridyl-(4)-äthyl-N-methylguanyl]-harnstoff* dagegen hypertensiv u. potenzierend auf die Adrenalin-Wirkung. *N-[Pyridyl-(3)-methylguanyl]-harnstoff* wirkt adrenerg. blockierend.

Versuche: *Pyridylalkyldicyandiamide* aus Pyridylalkylaminen u. Na-Dicyanamid in n-Butanol u. HCl am Rückfluß. Nach dieser Meth. werden dargestellt: Dicyandiamide: *N¹-[Pyridyl-(2)-methyl]-*, $C_8H_9N_5$, F. 142—145°; *N¹-[Pyridyl-(3)-methyl]-*, $C_8H_9N_5$, F. 147—150; *N¹-[Pyridyl-(4)-methyl]-*, $C_8H_9N_5$, F. 78—81; *N¹-[Pyridyl-(2)-methyl]-N¹-methyl-*, $C_9H_{11}N_5$, F. 150—152; *N¹-[Pyridyl-(3)-methyl]-N¹-methyl-*, $C_9H_{11}N_5$, F. 158—160°; *N¹-[Pyridyl-(2)-äthyl]-*, $C_9H_{11}N_5$, F. 143—146°; *N¹-[Pyridyl-(4)-äthyl]-*, $C_9H_{11}N_5$, F. 194—195°; *N¹-[Pyridyl-(2)-äthyl]-N¹-methyl-*, $C_{10}H_{13}N_5$, F. 165—168°; *N¹-[Pyridyl-(4)-äthyl]-N¹-methyl-*, $C_{10}H_{13}N_5$, F. 202—204°; *N¹-[Pyridyl-(4)]-*, $C_7H_7N_5$ F. 114—115°; *N-Methyldimethylaminopropyldicyandiamid*, $C_8H_{17}N_5$, F. 119—121°; *Pyridylalkylguanylharnstoffe*, aus Pyridylalkyldicyandiamiden durch Erhitzen in Isopropylalkohol u. 12 n HCl; folgende Verbb. werden dargestellt: Harnstoffe: *N-[Pyridyl-(2)-methylguanyl]-*; *Pikrat*, $C_{14}H_{14}N_8O_8$, F. 193—194°; *N-[Pyridyl-(3)-methylguanyl]-*, *Nitrat*, $C_8H_{12}N_6O_4$, F. 175—177°; *N-[Pyridyl-(2)-äthylguanyl]-*, *Dihydrochlorid*, C_9H_{15}·N_5OCl_2, F. 198—200°; *N-[Pyridyl-(4)-äthylguanyl]-*, *Dihydrochlorid*, $C_9H_{15}N_5OCl_2$, F. 220—221; *N-[Pyridyl-(2)-äthyl-N-methylguanyl]-*, *Dihydrochlorid*, $C_{10}H_{17}N_5OCl_2$, F. 183—184°; *N-[Pyridyl-(4)-äthyl-N-methylguanyl]-*, *Nitrat*, $C_{10}H_{16}N_6O_4$, F. 189—191°; *N¹-[Pyridylalkyl]-N⁵-[p-chlorphenyl]-biguanide* aus p-Chloranilin, Pyridylalkyldicyandiamiden u. 6 n HCl durch 5std. Erhitzen. N⁵-[p-Chlorphenyl]-biguanide: *N¹-[Pyridyl-(2)-methyl]-*, *Dipikrat*, $C_{26}H_{21}N_{12}H_{14}Cl$, F. 200—202°; *N¹-Methyl-N¹-[pyridyl-(2)-methyl]-*, *Dipikrat*, $C_{27}H_{23}N_{12}O_{14}Cl$, F. 194—196°; *N¹-Methyl-N¹-[pyridyl-(3)-methyl]-*, *Dipikrat*, $C_{27}H_{23}N_{12}O_{14}Cl$, F. 207—210°; *N¹-[Pyridyl-(2)-äthyl]-*, *Dipikrat*, $C_{27}H_{23}N_{12}O_{14}Cl$, F. 182—184; *N¹-Methyl-N¹-[pyridyl-(2)-äthyl]-*, *Dipikrat*, $C_{28}H_{25}N_{12}O_{14}Cl$, F. 211—212°; *N¹-Methyl-N¹-[pyridyl-(4)-äthyl]-*, *Dipikrat*, $C_{28}H_{25}N_{12}O_{14}Cl$, F. 209—211°.

P. GREGORZEWSKI. 4607 □

Konstitution–Aktivität-Beziehungen der Phenylisopropylamine. J. B. van der Schoot. (Acta physiol. pharmacol. neerl. **8.** 313—14. Juni 1959. Nijmegen, Univ., Dep. of Pharmacol.) (Engl.)

Es wurde der Einfl. von Phenylisopropylaminen auf die spontane Bewegungsaktivität von Mäusen mittels einer modifizierten Lichtstrahl-Meth. untersucht (*d-Amphetamin*[I] = 100): Phenylisopropylamine: *N-Methyl-*, 200; *N-n-Propyl-*, 50; α-Aminopropiophenon (II)-Derivv.: **II**, 50; *N-Methyl-*, 70; *N-Äthyl-*, 50; *N-Isopropyl-*, 20; *N-n-Propyl-*, 15; *N-tert.-Butyl-*, 12; *N-n-Butyl-*, 8; *N.N-Dimethyl-*, 20; *N.N-Diäthyl-*,

12; β-Amino-α-hydroxyisopropylamin (III)-Derivv.: III, 5; *N-Methyl-*, 10; *N-Methyl-N-äthyl-*, <1. K. MAIER. 4607□

Chemische Zusammensetzung und biochemische Beziehungen der Aryloxyalkylpiperazine. L. G. Abood, Leonard Brady, Earl Boulton, Vivian Lipman und Marvin Fishman. (Arch. int. Pharmacodynam. Thérap. **134.** 106—30. 1/11. 1961. North Chicago, Ill., Univ. of Illinois, Coll. of Med., Dep. of Psychiatry and Biol. Chem.) (Engl.)

Über 200 Verbb. wurden auf ihre Wrkg. auf die Verhaltensweise von Tieren, auf ihre anderen pharmakolog. Wrkg. u. ihre Beeinflussung der Enzym-Syst. im Hirn untersucht. Bei einer Konz. von 10^{-4} bis 10^{-5}m inhibieren die Verbb. die oxydative Phosphorylierung, Cytochromoxydase, Adenosintriphosphatase. Einige sind wirksame Zentraldepressantien, Muskelrelaxantien u. senken den allg. Tonus.

P. GREGORZEWSKI. 4607□

Abbau von Fungiciden. Das Schicksal von Tetramethylthiuramdisulfid im Verdauungstrakt wiederkäuender Tiere. Ralph C. Robbins und Joe Kastelic. (J. agric. Food Chem. **9.** 256—60. Juli/Aug. 1961. Ames, Iowa, Iowa State Univ., Dep. of Animal Husbandry and Food Processing Labor.) (Engl.)

An Wiederkäuer wurde mit *Tetramethylthiuramdisulfid* (I) behandeltes Korn verfüttert. Es ließ sich ein Abbau von I in CS_2, H_2S u. *Dimethylamin* durch Wiederkäuermikroorganismen feststellen. Die Messung des I wurde nach einer Best.-Meth. für Dithiocarbamate ausgeführt. Des bei der Zers. des I entstehende H_2S wurde mit REISSNERs Lsg. versetzt u. das gebildete Methylenblau colorimetr. gemessen. Zur Best. von CS_2 diente die Rk. mit dem Kupfer-Amin-Reagens. Die Zers. des I wird bei niederem pH beschleunigt. Innerhalb 6 Std. werden bis zu 78% des verabreichten I abgebaut. Nach 7 Tagen sind im Urin bzw. Kot noch 1,5% bzw. 4% I nachzuweisen. Der Abbau des I entspricht dem des *Tetraäthylthiuramdisulfids*. Der Geh. an I u. seinen Abbau-Prodd. in Blut u. Geweben läßt sich mit den destillativen Meth. nicht nachweisen.

H.-W. LIEBISCH. 4607□

Der Gebrauch von Toxaphen als ein Fischgift in Teichen verlassener Tagebaue mit verschiedenen physikalischen und chemischen Eigenschaften. James Mayhew. (Proc. Iowa Acad. Sci. **66.** 513—17. 1959. Des Moines, Iowa, State Conservation Comm.) (Engl.)

Das Insekticid *Toxaphen* kann benutzt werden, um unerwünschte Fischarten auszurotten, hierzu sind Konzz. von 0,01—0,1 ppm geeignet. Die Entgiftungszeit der Seen betrug je nach ihrer Beschaffenheit 90—270 Tage. Die Empfindlichkeit der Fischarten gegenüber Toxaphen wird mitgeteilt. W. HILLER. 4607□

Zur Pharmakologie der Flavonoide und verwandter Verbindungen. H. Höller. (Sci. pharmac. [Wien] **24.** 247—56. 31/12. 1956. Wien, Bundesstaatl. Anstalt für exp.-pharm. u. balneolog. Unterss.) (Dt.)

Übersichtsarbeit. — 109 Literaturangaben. P. GREGORZEWSKI. 4608□

Vergleichende pharmakodynamische Untersuchung zweier Alkaloide von Steroidcharakter aus Funtumia latifolia Stapf (Apocyanaceae), Funtumin und Funtumidin. O. Blanpin und A. Quevauviller. (Ann. pharmac. franç. **18.** 177—92. April 1960. Paris, Acad. de Pharmacie.) (Franz.)

Funtumidin (I) u. *Funtumin* (II) sind in den Eigg. sehr ähnlich, wirken etwas blutdrucksenkend, auf Herz u. Atmung tonisch u. dämpfen, wahrscheinlich auf Grund ihres sympatholyt. wie vasodilator. Charakters, das Zentralnervensystem. I u. II steigern wie Cortison (III) bei adrenalektomierten Tieren das Leberglykogen. Kombination von III mit I oder II hebt diese Wrkg. auf. I u. II haben wie III eine schwache entzündungshemmende Wrkg. auf das experimentelle Ödem der Ratte. Sie wirken weder auf die Geschlechtsorgane noch auf die Nebennieren. DL_{50} 21 mg I bzw. 30 mg II/kg Maus intravenös. K. MAIER. 4608□

Behandlung der Salmonella oranienburg-Infektion durch Sulfadimethoxin. Bericht über eine neunköpfige Familie. James P. Fleming jun. (Southern med. J. **53.** 1573—75. Dez. 1960. Hearne, Tex., Searcy-Fleming Clinic and Hosp.) (Engl.)

Bei einer in 9köpfiger Familie durch Speiseeis aus rohen Eiern entstandenen *Salmonella oranienburg*-Infektion konnten anfänglich Erfolge mit *Intromycin* (*Streptomycin* [I] + *Neomycin*), ferner mit *Chloramphenicol* (II) erzielt werden; Kultur zeigte sodann Empfindlichkeit des infektiösen Agens gegenüber *Furazolidin* (III; *Furoxone*), geringer gegenüber II, Unempfindlichkeit gegenüber I, Penicillin, Erythromycin, Chlortetracyclin, Hydroxytetracyclin, Kanamycin, Sulfamethoxypyridazin, Tetracyclin, Triacetyloleandomycin u. Sulfamethizol. Die daraufhin begonnene Behandlung mit III hatte jedoch auch nur vorübergehenden Erfolg. Als dann schließlich *Sulfadimethoxin* (*Madribon*; HOFFMANN-LAROCHE) zur Verfügung stand, konnte endlich damit eine völlige Eliminierung des infektiösen Agens erzielt werden. U. TAUSENDFREUND. 4610□

Photosensibilität und Photo-Onycholysis nach Desmethylchlortetracyclin. Norman Orentreich, Leonard C. Harber und Theodore A. Tromovitch. (Arch. Dermatology **83**. 730—37. Mai 1961. New York, N.Y., Univ., Post-Graduate School and Skin and Cancer Unit of Univ. Hosp., Dep. of Dermat. and Syphilology.) (Engl.)

Bei 27 von 108 ambulanten Hautkranken wurden nach Einnahme von *Desmethylchlortetracyclin* (**I**; *Declomycin*; LEDERLE LABOR. AMER. CYANAMID Co.) übersteigerte Sonnenbrand ähnliche Rkk. beobachtet. Bei 7 Patienten kam es auch zu Nagelablösungen. Charakterist. für die I-Phototoxizität sind eine herabgesetzte Erythemschwelle, eine gesteigerte Intensität der Erythem-Rk. u. eine Fortdauer des Erythems nach UV-Belichtung. Leber-, Nieren- oder Blutschäden wurden bei keinem Patienten nach I-Einnahme beobachtet. K. BÖHM. 4611□

Novobiocin bei Allergie. William C. Grater. (Southern med. J. **53**. 1509—12. Dez. 1960. Dallas, Tex.) (Engl.)

Von Bedeutung bei der Behandlung von Allergien hat sich die adäquate Behandlung begleitender Infektionen erwiesen. Bei Sensibilitätsprüfung erwiesen sich 80% der bakteriellen Atemwegsflora als empfindlich gegenüber *Novobiocin* (**I**; *Albamycin*; UPJOHN COMP.; während die Empfindlichkeiten gegenüber Chloramphenicol, Erythromycin, Tetracyclin, Hydroxytetracyclin, Streptomycin, Penicillin u. Triple-Sulfonamid geringer waren). Die Behandlung mit 4mal täglich 250 mg I für die Dauer von 3—10 Tagen bewährte sich in prophylakt. u. therapeut. Hinsicht sehr. Bei 8,9% der Patienten kam es allerdings zu allerg. Dermatitis; Antikörper sind nicht nachweisbar; die meisten Patienten verlieren ihre Empfindlichkeit gegenüber I u. können dann therapeut. I-Dosen erneut vertragen. U. TAUSENDFREUND. 4611□

Über die rectale Resorption der Antibiotica. B. Kelentey und E. Stenszky. (Pharmazie **15**. 158—61. April 1960. Debrecen, Ungarn, Med. Univ., Pharmakol. Inst.) (Dt.)

Es wird über Unterss. der rectalen Resorption von Antibiotica am Kaninchen berichtet. *Penicillin-G-Procain* (**I**), *Penicillin V* (**II**), *Dibenzyläthylendiaminpenicillin* (**III**), *Streptomycin, Chlortetracyclin, Hydroxytetracyclin, Chloramphenicol* (**IV**), *Neomycin, Erythromycin, Polymixin* (**V**), *Bacitracin* (**VI**), *Primycin* u. *Flavofungin* werden mit u. ohne *Hyaluronidase* (H) in Suppositorien von Kakaobutter mit 10% Wachs appliziert. Dabei wurde gefunden, daß H die rectale Resorption wesentlich fördert. Von den Penicillinen werden **II** u. **III** am besten u. **I** nur wenig resorbiert, **IV** erreicht bei Zusatz von H bereits nach 1 Std. maximale Blutspiegel, **V** u. **VI** werden auch in hohen Dosen nicht resorbiert. L. KLOTZ. 4611□

Eine elektrophysiologische Grundlage für die Neuropharmakologie. H. Grundfest. (Federat. Proc. **17**. 1006—18. Dez. 1958. New York City, N.Y., Columbia Univ., Coll. of Physicians and Surgeons, Dep. of Neurolog.) (Engl.)

Übersicht; chem. Natur der synapt. Übertragung, funktionell unterschiedliche Bestandteile erregbarer Zellen, Zwischenspiel der elektrogenen Aktivität, Rolle pharmakolog. Agentien, Einteilung synapt. Arzneimittel, synapt. Wirkungsweise von Arzneimitteln, Wrkg. von Aminosäuren auf die Synapsen, Struktur-Aktivitäts-Beziehungen, pharmakolog. Spezifität corticaler axo-dendrit. Synapsen, Blut-Gehirn-Schranke synapt. Arzneimittel, mögliche Funktionen von Aminosäure-Arzneimitteln, vergleichende Pharmakologie. — 66 Literaturangaben. P. GREGORZEWSKI. 4620□

Zeitweise Inaktivierung von Wassermolch-Larven durch Benzimidazol und dessen Alkyl-Derivate. F. Billett. (Experientia [Basel] **14**. 99—100. 15/3. 1958. Univ. of Edinburgh, Inst. of Animal Genetics.) (Engl.)

Werden Larven des Wassermolchs bei 20—23° in verd. *Benzimidazol*-Lsgg. (70 bis 1000 μg/ml) eingebracht, so zeigen sie anfangs erhöhte Aktivität. Nach kurzer Zeit verlangsamen sie ihre Schwimmbewegungen u. nehmen schließlich eine regungslose Stellung ein. Nach Einbringen in verd. HOLTFRETER-Lsg. gewinnen die Tiere ihre normale Aktivität rasch wieder. Die Weiterentw. der Larven verlief auch in der Folgezeit normal. Es wird vermutet, daß Benzimidazol u. dessen etwas stärker wirksame Alkylderivv. eine depressive Wrkg. auf das Nerven-Syst. haben, welche vom Ionisierungszustand der untersuchten Substanz abhängt. G. MAYR. 4620□

Alte und neue Probleme beim Umgang mit neuroleptischen Substanzen (am Beispiel des Butyrylperazins). H. Lieser. (Med. Mschr. **15**. 666—70. Okt. 1961. Haar/München, Nervenkrankenhaus.) (Dt.)

An Hand der Prüfung des neurolept. wirkenden *Butyrylperazins*, welches gute antipsychot. Wrkg. hat u. bessere Kreislaufstabilität als andere Stoffe (nur nach vorheriger Barbiturat-Gabe Blutdrucksenkungen), allerdings auch starke Neigung zu exzitomotor. Phänomenen u. zum Parkinsonoid, wird erläutert, wie durch die Behandlung mit derartigen Substanzen alte Probleme in der Psychiatrie gelöst worden sind, wie jedoch andererseits neue Probleme auftauchen, die gemeistert werden müssen. U. TAUSENDFREUND. 4620□

Einfluß von Chlorpromazin und Reserpin auf die zentralen Wirkungen von Morphin bei der Katze. Gertrude Quinn und B. B. Brodie. (Med. exp. [Basel] **4**. 349—55. 1961. Bethesda, Md., Nat. Inst. of Health, Nat. Heart Inst., Labor. of Chem. Pharmacol.) (Engl.)

Chlorpromazin-Vorbehandlung vermindert die zentralen pharmakolog. Effekte von *Morphin* (**I**) u. den durch **I** im Gehirn hervorgerufenen Abfall von *Noradrenalin* (**II**). *Reserpin* beeinflußt die zentralen **I**-Wrkg. nicht. Vff. folgern, daß die zentralen **I**-Wrkg. nicht durch eine Freisetzung von **II** vermittelt werden. P. GREGORZEWSKI. 4620□

Die Wirkung einiger Phenothiazinderivate auf die Atmungskette. M. J. R. Dawkins, J. D. Judah und K. R. Rees. (Biochem. Pharmacol. **2**. 112—20. Aug. 1959. London, Univ. Coll., Hosp. Med. School, Dep. of Morbid Anat., Dep. of Biochem.) (Engl.)

Die Phenothiazintranquillizer u. deren Derivv. *Chlorpromazinhydrochlorid* (**I**), *Acetylpromazin* (**II**), *Diethazinhydrochlorid, Compazin* (*Prochlorperazin*)-*Methansulfonat, Chlorpromazinsulfoxid* (**V**), *Promethazinhydrochlorid, Promazin, prim. Amin von* **I** (**III**), *Stelazin, Compazinsulfoxid* u. *Mepazinhydrochlorid* zeigten 2 Wrkg. auf die Atmung von Rattenlebermitochondrien: Kompetitive Hemmung von Cytochromoxydase u. DPNH-Cytochrom-c-Reduktase (**IV**), die 2. nur in phosphorylierenden Systemen. Zwischen der Wrkg. auf **IV** u. sedativer Wrkg. besteht ein gewisser Zusammenhang: $2 \cdot 10^{-4}$m **I** hemmen zu 90%, während **V** unwirksam ist. **II**, ein wirksamer Tranquillizer, hat jedoch nur geringen Effekt, u. **III**, ein schlechter Tranquillizer ist ein starker Inhibitor. K. MAIER. 4620□

Der Einfluß von Reserpin und Tetrabenazin auf die Bildung von Magengeschwüren bei der Ratte. I. Leusen und E. Lacroix. (Arch. int. Pharmacodynam. Thérap. **121**. 114—17. Aug. 1959. Ghent, Univ., Labor. of Physio-Pathol.) (Engl.) — Vgl. C. **1962**. 4620.

Während *Reserpin*-Injektionen (1 mg/kg/Tag, 10tägig) regelmäßig bei normalen Tieren hämorrhag. Erosionen am Drüsenteil des Magens verursachen, rufen 60 mg/kg/Tag *Tetrabenazin* (*2-Oxo-3-isobutyl-9.10-dimethoxy-1.2.3.4.6.7-hexahydro-11bH-benzo-*[*a*]-*chinolizinhydrochlorid*) nach 10tägiger Verabreichung keine Schäden hervor. P. GREGORZEWSKI. 4620□

Kreislaufuntersuchungen über die Wirkung von Niamid. K. Klein. (Med. Klin. **56**. 760—63. 28/4. 1961. Wien, Wilhelminenspital, 1. Med. Abt.) (Dt.)

Durch i. v. Verabreichung des Monoaminooxydasehemmers *Nialamide* (*Niamid*; CHAS. PFIZER & Co.; *1-*[*2-*(*Benzylcarbamyl*)*-äthyl*]*-2-isonicotinoylhydrazin*; **I**) ist eine deutliche Beeinflussung der physikal. Kreislaufgrößen möglich. Die Art der Kreislauf-Rk. ist dabei weitgehend von der hämodynam. Ausgangssituation abhängig. Bei Patienten mit ergotroper Ausgangslage u. arteriosklerot. Veränderungen kommt es auf 100 mg **I** innerhalb 40 Min. zu einer trophotrop gerichteten Rk. mit Abfall von Schlag- u. Herz-Min.-Vol. sowie Abnahme des Mitteldruckes, des systol. Blutdrucks u. der Blutdruckamplitude. Bei trophotroper Kreislauflage wirkte **I** entgegengesetzt u. führte zu Anstieg von Schlag- u. Min.-Vol. sowie Blutdruck u. Blutdruckamplitude. Bei Kreislaufgesunden wurden ähnliche, jedoch weniger ausgeprägte Änderungen der physikal. Kreislaufgrößen wie bei ergotroper Ausgangslage festgestellt. Der Mechanismus der Monoaminooxydasehemmung reicht für die Erklärung der beobachteten Kreislauf-Wrkg. von **I** nicht aus, da die Kreislaufänderungen schon nach 5—10 Min. beginnen u. die Hemmwrkg. sich erst nach 4—17 Std. (vgl. Tier-Verss. von HORNYKIEWICZ, 2. Erfahrungsaustausch über Nialamid in Österreich vom 14./15. Mai 1960) signifikant nachweisen läßt. U. TAUSENDFREUND. 4620□

„Laroxyl", ein neues Antidepressivum mit sedierender Wirkung. H. Besendorf, F. A. Steiner und A. Hürlimann. (Schweiz. med. Wschr. **92**. 244—46. 24/2. 1962. Basel, F. Hoffmann-La Roche & Co. AG.) (Dt.)

Laroxyl (*Amitriptylin, 5-*[*3-Dimethylaminopropyliden*]*-dibenzo-*[*a;d*]*-cycloheptadien-*(*1.4*)*-hydrochlorid*) besitzt charakterist. zentrale u. periphere Wrkg., es verstärkt die Methamphäthaminerregung, schwächt die reserpinartige Sedation ab; verstärkt Noradrenalin u. wirkt antidepressiv, es ist kein Monoaminooxydasehemmer, wirkt schwach sedierend. P. GREGORZEWSKI. 4620□

Appetitzügelnde Aktivität von L-(—)-3.4-Dihydroxyphenylalanin bei mit Monoaminooxydasehemmer vorbehandelten Tieren. P. Mantegazza und M. Riva. (Med. exp. [Basel] 4. 367—73. 1961. Mailand, Univ. von Mailand, Pharmakol. Abt.) (Engl.)

Während subkutan injiziertes *L-(—)-3.4-Dihydroxyphenylalanin* (I) bei normalen Ratten u. Hunden wirkungslos ist, bewirkt I bei Vorbehandlung mit Marsilidphosphat eine Appetitzügelung bei beiden Tierarten. P. GREGORZEWSKI. 4622

Renaler Ausscheidungstransport organischer Säuren: Hemmung durch Hydroxypyrimidine. Agamemnon Despopoulos. (Amer. J. Physiol. **200.** 163—66. Jan. 1961. Louisville, Ky., Univ. of Louisville, School of Med., Dep. of Pharmacol.) (Engl.)

Wie bereits von Hydroxypurinen berichtet (DESPOPOULOS, C. **1961.** 8743), hemmen auch die den Barbituraten verwandten Hydroxypyrimidine die akt. Akkumulierung von *p-Aminohippurat* (PAH) durch überlebende Kaninchennierenrindenschnitte ohne die O_2-Verwertung zu verringern. Die Hemmung ist selektiv, wie am Fehlen einer Wrkg. auf den Transport des Tetraäthylammoniumions gezeigt wird. Untersucht u. miteinander verglichen wurden: *Barbitursäure* (—29%ig. Veränderung in der Schnitt-/Medium-Konz. von PAH), *1-Methylbarbitursäure* (—41), *1.3-Dimethylbarbitursäure* (—51), *5-Nitrobarbitursäure* (—27), *Barbital* (*5.5-Diäthylbarbitursäure*; —23), *1-Methylbarbital* (—43), *1-Äthylbarbital* (—28), *Phenobarbital* (*5-Äthyl-5-phenylbarbitursäure*; — 29), *1-Methylphenobarbital* (—66), *1-Äthylphenobarbital* (—30), *Cyclobarbital* (*5-[Cyclohexenyl-(1)]-5-äthylbarbitursäure*; —32), *Norhexobarbital* (*5-[Cyclohexenyl-(1)]-5-methylbarbitursäure*; —63), *Hexobarbital* (*5-[Cyclohexenyl-(1)]-1.5-dimethylbarbitursäure*; —93), *Amobarbital* (*5-Äthyl-5-isoamylbarbitursäure*; —75), *Secobarbital* (*5-Allyl-5-[1-methylbutyl]-barbitursäure*; —90), *2.4-Dihydroxypyrimidin* (+5), *2-Amino-4.6-dihydroxypyrimidin* (—6), *4-Amino-2.6-dihydroxypyrimidin* (+5), *4-Amino-2-hydroxypyrimidin* (—6), *2-Thiobarbitursäure* (—37), *2-Thiobarbital* (—55), *2-Thiophenobarbital* (—97), *2-Amino-4-hydroxy-6-thiopyrimidin* (—4), *4-Amino-6-hydroxy-2-thiopyrimidin* (—7) u. *6-Amino-4-hydroxy-2-thiopyrimidin* (—7). Beziehungen zwischen Säurestärke u. Hemmwrkg. bestehen nicht; die Beziehungen zwischen mol. Struktur u. Hemmwrkg. sind ähnlich denen bei 4-Hydroxypyrimidinen, so daß eine 3-Punktbeziehung zwischen 3 O_2-Atomen des Hemmstoffes u. reakt. Orten auf einem Receptor-Mol. angenommen wird; S kann an einem Atom O_2 ersetzen u. steigert die Hemmung; Fehlen von O_2 beseitigt sie; N-Methylierung steigert sie (vermutlich Steigerung der H-Bindung).

U. TAUSENDFREUND. 4627

Wirkung von Beruhigungsmitteln auf das Verhalten des siamesischen Kampffisches. E. J. Walaszek und L. G. Abood. (Science [Washington] **124.** 440—41. 7/9. 1956. Chicago, Ill., Univ. of Illinois, Coll. of Med., Dep. of Psychiatry and Biochem.) (Engl.)

Es wird das Verh. des siames. Kampffisches, *Betta splendens*, nach Einw. verschiedener Drogen untersucht. Vff. unterteilen die angewandten Stoffe entsprechend dem Verh. des Fisches in 4 Gruppen. Bei Einw. von *Reserpin-Meprobamat* (1—10 μg/ml W.) zeigt der Fisch keine Kampfsucht, bleibt aber in seinen übrigen Eigg. normal. *Chlorpromazin* (2 μg/ml) führt zu starker Depression; hingegen ist Chlorpromazinsulfoxid nahezu wirkungslos. Antihistamine lösen eine extrem starke u. lang anhaltende Depression aus, wobei die Tiere jegliche Kampfsucht verlieren. Einw. von *Barbituraten* sowie von *Morphinsulfat* führt zu schwacher Depression, die Kampflust bleibt jedoch bestehen u. wird bei *Morphin* sogar erheblich gesteigert. A. TÄUFEL. 4627

Versuche mit Procain-Benzylbutenolid. K. H. Chemnitius. (Pharmaz. Zentralhalle Deutschland **100.** 363—66. Aug. 1961. Jena, Univ., Inst. für Pharmakologie; VEB Jenapharm, wiss. Labor.) (Dt.)

Es wird die Darst. einer *Mol.-Verb.* (**III**) aus *Procain* (**I**) u. *Benzylbutenolid* [**II**; *2-Benzyl-3-hydroxybuten-(2)-olid-(4)*] beschrieben. **II** reagiert dabei als Pseudosäure. Molare Mengen von **I** u. **II** werden in Chlf. 1 Std. auf 60—65° erwärmt u. die Lsg. eingeengt. Man erhält 70—75% **III**, $C_{24}H_{30}N_2O_5$, F. 86—88°, Nadeln aus Isopropylalkohol. **III** ist gewebeverträglich, besitzt eine günstige Gefrierpunktsdepression u. zeigt geringere Toxizität als I-Hydrochlorid. W. HOLLAND. 4627

Die Wirkung von Cocain und Procain auf den elektrisch angeregten Stoffwechsel von Hirngeweben. Brenda M. Bollard und H. McIlwain. (Biochem. Pharmacol. **2.** 81—88. Aug. 1959. London, Univ. of London, Maudsley Hospital, Inst. of Psychiatry, Dep. of Biochem.) (Engl.)

Die Unters. der Wrkg. von *Cocain* (**I**) u. *Procain* (**II**) auf den elektr. stimulierten Stoffwechsel von Hirngeweben ergab **I**-Aufnahme durch die Schnitte mit einem Verteilungsverhältnis von 1,2 (graue Substanz) u. 1,4—1,6 (weiße Substanz) zugunsten des Gewebes. **I** wird offensichtlich nicht hydrolysiert. **II** wird gleichmäßig zwischen Gewebe u. Salz verteilt, ca. 1/3 zu p-Aminobenzoesäure gespalten. In Geweben, die nicht elektr.

Impulsen ausgesetzt wurden, verminderte 50 μm I Atmungs- u. Glykolyse-Geschw. etwas, den Phosphokreatin (III)-Spiegel um ca. 10%. In maximal gereizter grauer Hirnsubstanz wurden durch 50 μm I Atmung u. Glykolyse um 45% herabgesetzt. Die Geschw. des durch elektr. Reizung hervorgerufenen III-Abbaus war in Ggw. von 20 μm I um ca. 90—97% herabgesetzt, ebenso die Bldg. anorgan. Phosphats. II lieferte prinzipiell die gleichen Ergebnisse, jedoch waren zur Hemmung von stimulierter Atmung u. Glykolyse fast die 4fachen Konzz. erforderlich. K. Maier. 4627 □

Die beschleunigende Wirkung narkotischer Analgetica auf die Hydrolyse aromatischer Substrate durch Humanplasmacholinesterase. E. G. Erdös, F. F. Foldes, N. Baart, E. K. Zsigmond und J. Zwartz. (Biochem. Pharmacol. **2.** 97—104. Aug. 1959. Pittsburgh, Pa., Mercy Hosp., Dep. of Anesthesiol., and Univ. of Pittsburgh, School of Med., Dep. of Surgery, Sect. of Anesthesiol.) (Engl.)

Die Unters. der aktivierenden Wrkg. 12 narkot. Analgetica, *Morphinphosphat* (I), *N-Allylnormorphinhydrochlorid* (*Nalorphin-*), *3-Hydroxy-N-methylmorphinantartrat* (*Levorphan-*), *3-Hydroxy-N-allylmorphinantartrat* (*Levallorphan-*), *Dihydromorphinonhydrochlorid, 14-Hydroxydihydromorphinonhydrochlorid, Dihydrocodeinbitartrat, Dihydrocodeinonbitartrat, Dihydrohydroxycodeinonhydrochlorid, Meperidinhydrochlorid* (*N-Methyl-4-phenyl 4-carbäthoxypiperidinhydrochlorid*), DL-α-*1.3-Dimethyl-4-phenyl-4-propionoxypiperidinhydrochlorid* (*Alphaprodin-*) u. DL-*1-Methyl-3-allyl-4-phenyl-4-propionoxypiperidinhydrochlorid* (*RO 2—7113*), auf die Hydrolyse von *Procain* (II) u. *Benzoylcholin* durch *Plasmacholinesterase* zeigte eine Verminderung der beschleunigenden Wrkg. bei Allylsubstitution. Oxydation des alkohol. OH zu CO an I–$C_{(6)}$ steigerte die aktivierende Wrkg. auf die enzymat. II-Hydrolyse erheblich. Letztere wurde ferner bei gleichzeitiger Substitution von H durch OH an $C_{(14)}$ zusätzlich erhöht. K. Maier. 4627 □

Ultraviolettdifferentialspektrophotometrie von Thiobarbituraten. Louis A. Williams, Allen T. Hardy, Jerry S. Cohen und Bennie Zak. (J. med. pharmac. Chem. **2.** 609—15. Dez. 1960. Detroit, Mich., Office of the Wayne County Med. Examiner; Wayne State Univ., Coll. of Med.; Detroit Receiving Hospital.) (Engl.)

Es wird eine auf Serum anwendbare Meth. zur Best. von *Thiobarbituraten* beschrieben, bei der gleichzeitig automat. 2 Spektren des gleichen Materials aufgenommen werden, die sich lediglich durch eine Spektralverschiebung beim Ansäuern einer alkal. Thiobarbiturat-Lsg. unterscheiden. Ein Leerwert u. vollständige Isolierung der gewünschten Komponenten sind nicht notwendig. Barbiturate u. Salicylate stören nicht. K. Maier. 4627 □

Untersuchungen über die Wirkung von Coralox, einem cholinergischen organischen Phosphat, auf das Auge. Maurice Kadin. (Amer. J. Ophthalmol. [3] **50.** 115—25. Juli 1960. Chicago, Ill., Univ. of Chicago, Dep. of Surg., Div. of Ophthalmol.) (Engl.)

Coralox (*7-[Di-O-äthylphosphoryloxy]-3-chlor-4-methylcumarin*), übt in 0,25%ig. Konz. (in Erdnußöl) als Augentropfen bei Kaninchen eine maximale, über 4 Std. anhaltende Miosis hervor (bei Menschen bis zu 15 Std.). Nach der Verabreichung der Augentropfen wird im Vorderkammerwasser des behandelten Auges eine geringe *Cholinesterase* (I)-Aktivität gefunden, ebenso (jedoch weniger) in den nicht behandelten Kontrollaugen (Wrkg. von Resorption u. systemat. Einfl.); gleichzeitig tritt im behandelten u. unbehandelten Auge eine Eiweißsubstanz auf; im Kammerwasser ist auch mit Hilfe der alkal. Hydroxylamin-Best. jeweils *Acetylcholin* nachweisbar. Im behandelten Auge wird die I-Aktivität von Iris u. Ciliarkörper bis auf 15% der Norm gesenkt, im unbehandelten Auge sinkt die I-Aktivität von Iris, Ciliarkörper u. Retina bis auf 50% der Norm. U. Tausendfreund. 4628 □

Pharmakologische Wirkungen des bronchodilatorischen Arzneimittels Isoetharine. A. M. Lands, F. P. Luduena, J. O. Hoppe und Irene H. Oyen. (J. Amer. pharmac. Assoc., sci. Edit. **47.** 744—48. Okt. 1958. Rensselaer, N.Y., Sterling-Winthorp Res. Inst., Pharmacol. Sect.) (Engl.)

Isoetharine (*1-[3.4-Dihydroxyphenyl]-2-isopropylaminobutanol·HCl, Dilabron*) ist ein wirksamer Antagonist der histamininduzierten Bronchoconstriction beim Meerschweinchen. P. Gregorzewski. 4628 □

Pharmakologische Untersuchung synthetischer Wehenmittel. Substituierte N-Benzylpiperidine und 3.4-Dimethoxybenzylamine. Z. Votava. (Acta biol. med. german. [Berlin] **3.** 147—56. 1959. Prag, Forschungsinst. für Pharm. u. Biochem.) (Dt.)

Vf. untersuchte die pharmakolog. Eigg. von 21 substituierten N-Benzylpiperidinen u. 10 substituierten 3.4-Dimethoxybenzylaminen, bei denen er uteroton. Wrkg. annahm. Bei allen Substanzen wurde die uteroton. Wrkg. am Kaninchenuterus in situ, der Einfl. auf den Blutdruck bei Kaninchen u. die Toxizität bei Mäusen untersucht. Vom therapeut. Standpunkt wurden die besten Eigg. bei *Benzoxypiperidinium* (*N-(3.4-Dimethoxybenzyl)-piperidiniumchlorid*) ermittelt. Die größte uteroton. Wrkg. hatte *N-[2-Hydroxy-5-methoxybenzyl]-piperidiniumchlorid*, es erhöht jedoch den Blutdruck. Folgende Verbb. wurden untersucht: Piperidine: *N-Benzyl-, N-[2-Methoxybenzyl]-, N-[3-Methoxybenzyl]-, N-[4-Methoxybenzyl]-, N-[2.3-Dimethoxybenzyl]-, N-[2-Hydroxy-3-methoxybenzyl]-, N-[2.4-Dimethoxybenzyl]-, N-[2.5-Dimethoxybenzyl]-, N-[2-Hydroxy-5-methoxybenzyl]-, N-[2.6-Dimethoxybenzyl]-, N-[3.4-Dimethoxybenzyl]-, N-[3-Methoxy-4-hydroxybenzyl]-, N-[3.5-Dimethoxybenzyl]-, N-[2.3.4-Trimethoxybenzyl]-, N-[2.4.5-Trimethoxybenzyl]-, N-[3.4.5-Trimethoxybenzyl]-, N-[3.5-Dimethoxy-4-hydroxybenzyl]-, N-[3.4-Methylendioxybenzyl]-, N-[3.4-Äthylendioxybenzyl]-, N-[3.4-Tetramethylenbenzyl]-, α-[3.4-Dimethoxyphenäthyl]-*; 3.4-Dimethoxybenzylamine: *N.N-Dimethyl-, N.N-Diäthyl-, N.N-Di-n-propyl-, N.N-Di-n-butyl-, N.N-Dipropen-(1)-yl-; N-[3.4-Dimethoxybenzyl]-pyrrolidin, N-[3.4-Dimethoxybenzyl]-2-methylpiperidin, N-[3.4-Dimethoxybenzyl]-2.6-dimethylpiperidin, N-[3.4-Dimethoxybenzyl]-azacycloheptan, 1-[3.4-Dimethoxyphenyl]-2-piperidinoäthan.*

P. GREGORZEWSKI. 4628□

Atmungsanregung und krampferregende Wirkung von Analepticis. Ileana Palumbi und Mariannina Impicciatore. (Rend. Ist. sci. Univ. Camerino **2.** 306—11. Dez. 1961. Camerino, Univ., Ist. di Farmacol. e Farmacognosia.) (Ital.)

Dimeflin, Ratten u. Kaninchen i. v. injiziert, wirkte in geringeren Dosen atmungsanalept. u. krampferregend als *Metrazol*, *Niketamid* u. *Prethcamid* (I). Bei I war der Abstand zwischen der atmungsanalept. u. krampferregenden Dosis am größten.

K. ZINGRAF. 4628□

Wirkungen von tetrazotiertem Diorthoanisidin auf die Despressorreaktion gegenüber 5-Hydroxytryptamin. Jorge Cato und E. J. Cafruny. (Proc. Soc. exp. Biol. Med. **104.** 103—05. Mai 1960. Ann Arbor, Mich., Univ. of Michigan, Med. School, Dep. of Pharmacol.) (Engl.)

Es wird gezeigt, daß durch *tetrazotiertes Bis-[o-anisidin]* (I) in Dosen von 10—40 mg/kg beim Kaninchen die durch 10 μg *5-Hydroxytryptamin* (II) hervorgerufene Depressor-Rk. vermindert bzw. ganz ausgelöscht werden kann. Die Receptoren, die dabei beteiligt sind, sind nicht normaler adrenerg. Natur, da sie nicht durch Phenoxybenzamin (wie bei der Pressor-Rk. auf l-Epinephrin) inaktiviert werden. Die Inaktivierung, die damit nachgewiesen ist, kommt durch noch nicht völlig geklärten Mechanismus zustande: Zwar reagiert I mit II in vitro u. das dabei entstehende Rk.-Prod. hat keine Blutdruck-Wrkg.; I blockiert jedoch die Wrkg. von II auf den Blutdruck des Kaninchens möglicherweise durch (kompetitive) Bindung an Receptoren ohne chem. Bindung mit II, welche allerdings auch in vivo durch Farbstoff-Bldg. nachgewiesen wurde. Die fiebererzeugende Wrkg. von II nach Blockierung der Hirn-Monoaminooxydase durch *Iproniazid* wird durch I nicht beeinflußt, entweder weil I nicht in ausreichender Menge in das Zentralnerven-Syst. einzudringen vermag oder die I-Blockade durch II überspielt wird.

U. TAUSENDFREUND. 4630□

Pharmakodynamische Eigenschaften einiger symm.-Triazolo-[4.3:b]-pyridazine. J. Salle, M. Pesson und H. Kornowsky. (Arch. int. Pharmacodynam. Thérap. **121.** 154—68. Aug. 1959. Neuilly/Seine, Labor. Roger Bellon.) (Franz.) — Vgl. auch C. **1961.** 221.

Von 18 geprüften *symm.-Triazolo-[4.3:b]-pyridazinen* besaßen *6-Methyl-8-methylamino-symm.-triazolo-[4.3:b]-pyridazin* (I) u. *6.7-Trimethylen-8-dimethylamino-symm.-triazolo-[4.3:b]-pyridazin* (II) in erheblich niedrigeren als den tox. Dosen interessante pharmakolog. Eigg.: blutdrucksenkende Wrkg. in Verbindung mit der Vasodilation der Haut- u. Gliedmaßengefäße, cardioton. Eigg., die sich in einer Erhöhung der Amplitudenkontraktionen u. leichter Rhythmusbeschleunigung äußern, antitox. Wrkg. gegenüber einigen Myocardgiften, wie $BaCl_2$, $MgCl_2$, 4-Amino-4′-diäthylaminodiphenylsulfon, u. spasmolyt. Wrkg. auf die glatten Muskelfasern des Darms. Geprüfte Verbb.: 6-Methyl-symm.-triazolo-[4.3:b]-pyridazin: *8-Amino-*, F. 214°; I, F. 230°; *8-Äthylamino-*, F. 204°, *8-Isopropylamino-*, F. 168°; *8-n-Butylamino-*, F. 148°; *8-[γ-Diäthylaminopropyl]-amino-* (III), F. 102°, *8-[β-Diäthylaminoäthyl]-amino-*, F. 154—155°; *8-Dimethylamino-*, F. 155°; *8-Diäthylamino-*, F. 99°; *8-Morpholino-*, F. 195°; *8-Piperidino-*, F. 118—119°; *8-Bis-[β-hydroxyäthyl]-amino-*, F. 202—204°; III, *Äthojodid*, F. 238°; II; *6.7-Trimethylen-8-diäthylamino-*; *6.8-Dimethyl-*; *Methojodid*; *6-Methyl-8-methoxy-*. K. MAIER. 4630□

Verschiedene Wirkungen der intraarteriellen Injektion gefäßerweiternder Substanzen auf die Blutströmung in dem auf normalem Wege oder durch eine Kollateralbahn durchbluteten quergestreiften Muskel. Joseph Lambert. (Arch. int. Physiol. Biochim. **69.** 401—03. Mai 1961. Liège, Inst. Léon Fredericq, Physiol.) (Franz.)

In den Muskeln der enthäuteten Hinterpfote des Hundes tritt nach intraarterieller Injektion gefäßerweiternder Substanzen (*p-Hydroxyphenyläthanolbutylamin, Phenyl-*

butylnorhydroxyephedrin, Isoxsuprin, Benzylimidazolin, Azapetin, hydrierte *Mutterkornalkaloide, Acetylcholin, Papaverin, Na-Nicotinat, Procain, Histamin*) eine beträchtliche Zunahme der venösen Ausflußmenge sowie eine Abnahme des peripheren Widerstandes ein, u. die Kapillaren sind stark erweitert, wenn die Blutversorgung auf dem normalen Wege erfolgt. Erfolgt sie dagegen durch eine Kollateralbahn, so setzt die Rk. auf die Injektion erst allmählich ein, der periphere Druck sinkt stark ab, die Zunahme der venösen Ausflußmenge ist kleiner, u. im Verhältnis dazu ist die Abnahme des peripheren Widerstandes größer. Das Gefäß-Vol. nimmt ab, u. der periphere Druck ist nicht mehr imstande, das Kapillarbett weit offen zu halten. K. ZINGRAF. 4630□

Hämodynamische Veränderungen in dem durch eine Kollateralbahn versorgten quergestreiften Muskel nach intraarterieller Injektion gefäßerweiternder Substanzen. Joseph Lambert. (Arch. int. Physiol. Biochim. **69.** 404—06. Mai 1961. Liège, Inst. Léon Fredericq, Physiol.) (Franz.) — Vgl. auch vorst. Referat.

In dem durch eine Kollateralbahn versorgten Muskel der enthäuteten Hinterpfote des Hundes ist die Abnahme des arteriellen Druckes nach intraarterieller Injektion gefäßerweiternder Substanzen darauf zurückzuführen, daß die Kollateralbahnen, die sich bereits vorher in anhaltender Dilatation befanden, weniger erweitert werden als die dahinterliegenden Gefäße des Muskels. In dem von den proximalen Ästen versorgten Bereich bildet sich ein Shunt aus, in dem die Durchblutung auf Kosten des distal gelegenen Bereiches zunimmt. K. ZINGRAF. 4630□

Herzstillstand nach Injektion von 125 mg Ajmalin. M. Kaltenbach und H. Klepzig. (Med. Klin. **56.** 752—55. 28/4. 1961. Königstein/Taunus, Bundesbahnklinik für Herz- u. Gefäßkrankheiten Taunusheim.) (Dt.)

Eine supraventrikuläre paroxysmale Tachycardie bei Zustand nach Hinterwandinfarkt, bei der die üblichen therapeut. Mittel versagt hatten, wurde mit dem Rauwolfia-Alkaloid *Ajmalin* (*Gilurytmal*, GIULINI) in i. v. Einzeldosen von 100 u. 125 mg behandelt. Bei der 2. Injektion, 5 Tage nach der ersten, kam es zu bedrohlichem, asystol. Herzstillstand, vorher auffallendes Leiserwerden der Herztöne. Dieser Herzstillstand wird als direkte Medikament-Wrkg. angesehen. Adrenalin u. Aludrin sollten zur intracardialen Injektion stets zur Hand sein. U. TAUSENDFREUND. 4630□

Triamterene, ein neues natruretisches Arzneimittel. Vorläufige Beobachtungen beim Menschen. Archer P. Crosley jun., Lolita M. Ronquillo, Wilbur H. Strickland und Fred Alexander. (Ann. intern. Med. **56.** 241—51. Febr. 1962. Philadelphia, Pa., Mercy-Douglass Hosp.) (Engl.)

Triamterene (*2.4.7-Triamino-6-phenylpteridin*) ist ein wirksames natruret. u. diuret. Arzneimittel, das antimineralocorticoide Aktivität besitzt. Als reversible Neben-Wrkg. treten Hyponaträmie, Hyperkalämie, Erhöhung des Blutharnstoff-N u. des Plasmakreatininspiegels auf. P. GREGORZEWCKI. 4634□

Suche nach neuen Amöbiciden. 4. Mitt. K. L. Pathak und B. Pathak. (Ann. Biochem. exp. Med. [Calcutta] **20.** 515. 1960. Calcutta, Univ. Coll. of Sci., Dep. of Applied Chem.) (Engl.) — 3. vgl C. **1960.** 9196.

Einige 2-β-Diäthylaminoäthyl-3-alkyl-4-chlor-5 (oder 7)-jod-8-hydroxychinoline werden im Hinblick auf ihre mögliche amöbicide Wrkg. dargestellt.

Versuche: 4-Hydroxy-8-methoxychinoline: *2.3-Dimethyl-* (II), $C_{12}H_{13}NO_2$, F. 289—291° (A.), 55% (Ausbeute), aus o-Anisidin (I) u. 2-Methylacetessigester + 2 Tropfen HCl durch Erhitzen. — *2-Methyl-3-äthyl-*, $C_{13}H_{15}NO_2$, F. 288° (A.), 65%; aus I u. 2-Äthylacetessigester. — *2-Methyl-3-n-propyl-*, $C_{14}H_{17}NO_2$, F. 198—200° (A.), 57%; aus I u. 2-n-Propylacetessigester. — *2-Methyl-3-n-butyl-*, $C_{15}H_{19}NO_2$, F. 196—197° (A.), 52%; aus I u. 2-n-Butylacetessigester. — *2-Methyl-3-n-amyl-*, $C_{16}H_{21}NO_2$, F. 165° (A.), 55%; aus I u. 2-n-Amylacetessigester. — *2-Methyl-3-n-hexyl-*, $C_{17}H_{23}NO_2$, F. 152° (A.), 42%. — 4-Chlor-8-methoxychinoline: *2.3-Dimethyl-*, $C_{12}H_{12}ClNO$, F. 132—133° (PAe.), *Pikrat*, F. 204—206°; aus II durch Erhitzen mit $POCl_3$ u. PCl_5. — Analog: *2-Methyl-3-äthyl-*, $C_{13}H_{14}ClNO$, F. 115° (PAe.), *Pikrat*, F. 163—165°. — *2-Methyl-3-n-propyl-*, $C_{14}H_{16}ClNO$, F. 122—123° (PAe.), *Pikrat*, F. 165—166°. — *2-Methyl-3-n-butyl-*, $C_{15}H_{18}ClNO$, F. 96—97° (PAe.), *Pikrat*, F. 165—167°. — *2-Methyl-3-n-amyl-*, $C_{16}H_{20}ClNO$, F. 101—102° (PAe.), *Pikrat*, F. 161—162°. — *2-Methyl-3-n-hexyl-*, $C_{17}H_{22}ClNO$, F. 96—97° (PAe.), *Pikrat*, F. 130—132°. — 2-[β-Diäthylaminoäthyl]-4-chlor-8-methoxychinoline: *3-Methyl-*, *Pikrat*, $C_{23}H_{26}ClN_5O_8$, F. 195—196° (A., braune Nadeln); aus 2.3-Dimethyl-4-chlor-8-methoxychinolin, Diäthylaminhydrochlorid u. Paraformaldehyd + 3 Tropfen HCl durch Erhitzen. Analog: *3-Äthyl-*, *Pikrat*, $C_{24}H_{28}ClN_5O_8$, F. 178—179° (A.). — *3-n-Propyl-*, *Pikrat*, $C_{25}H_{30}ClN_5O_8$, F. 158—160° (A.). — *3-n-Butyl-*, *Pikrat*, $C_{26}H_{32}ClN_5O_8$, F. 151—152° (A.). — *3-n-Amyl-*, *Pikrat*, $C_{27}H_{34}ClN_5O_8$, F. 129—130° (A.). — *3-n-Hexyl-*, *Pikrat*, $C_{28}H_{36}ClN_5O_8$, F. 139—140° (A.). — 2-[β-Diäthylaminoäthyl]-4-chlor-8-hydroxychinoline: *3-Methyl-, Pikrat*, $C_{22}H_{24}Cl \cdot N_5O_8$, F. 193—194° (A.); aus 2-β-Diäthylaminoäthyl-3-methyl-4-chlor-8-methoxychinolin durch Kochen mit konz. H_2SO_4 u. W. (2:1). — Analog: *3-Äthyl-, Pikrat*, $C_{23}H_{26}ClN_5O_8$, F. 190—192° (A.). — *3-n-Propyl-, Pikrat*, $C_{24}H_{28}ClN_5O_8$, F. 170—171° (A.). — *3-n-Butyl-, Pikrat*, $C_{25}H_{30}ClN_5O_8$, F. 115—116° (A.). — *3-n-Amyl-, Pikrat*, $C_{26}H_{32}ClN_5O_8$, F. 125 bis 126° (A.). — *3-n-Hexyl-, Pikrat*, $C_{27}H_{34}ClN_5O_8$, F. 126—127° (A.). — 2-[β-Diäthylaminoäthyl]-4-chlor-5 (oder 7)-jod-8-hydroxychinoline: *3-Methyl-, Hydrochlorid*, $C_{16}H_{21}Cl_2JN_2O$, F. 185—186°; aus 2-[β-Diäthylaminoäthyl]-4-chlor-8-hydroxychinolin durch Behandlung mit J_2 in KOH, Ansäuern. Analog: *3-Äthyl-, Hydrochlorid*, $C_{17}H_{23}Cl_2JN_2O$, F. 166—168° (A.). — *3-n-Propyl-, Hydrojodid*, $C_{18}H_{25}ClJ_2N_2O$, F. 177 bis 179° (A.). — *3-n-Butyl-, Hydrojodid*, $C_{19}H_{27}ClJ_2N_2O$, F. 172—173° (A.). — *3-n-Amyl-, Hydrochlorid*, $C_{20}H_{29}Cl_2JN_2O$, F. 162—164° (Äthylacetat). P. GREGORZEWSKI. 4649 □

Synthese einiger Butandion-(2.3)-Derivate als potentielle Amöbicide. R. N. Iyer, N. M. Khanna und M. L. Dhar. (Ann. Biochem. exp. Med. [Calcutta] **20.** 511—14. 1960. Lucknow, Central Drug Res. Inst.) (Engl.) — Vgl. C. **1961.** 9401.

Durch Rk. von *1.4-Dibrombutandion-(2.3)* (I) mit 2 Mol der entsprechenden Amine in Bzl. werden folgende Butandion-(2.3)-dihydrobromide dargestellt: *1.4-Bis-[dimethylamino]-*, $C_8H_{18}Br_2N_2O_2$, hygroskopisch. — *1.4-Bis-[diäthylamino]-*, $C_{12}H_{26}Br_2N_2O_2$, F. 172° (Zers.); *1.4-Bis-[di-n-propylamino]-*, $C_{16}H_{34}Br_2N_2O_2$, F. 259—260° (Zers.); *1.4-Bis-[di-n-butylamino]-*, $C_{20}H_{42}Br_2N_2O_2$, F. 318° (Zers.); *1.4-Bis-[diisobutylamino]-*, $C_{20}H_{42}Br_2N_2O_2$, F. 308° (Zers.); *1.4-Bis-[di-n-amylamino]-*, $C_{24}H_{50}Br_2N_2O_2$, ab 200° Schwarzfärbung u. Zers.; *1.4-Bis-[diisoamylamino]-*, $C_{24}H_{50}Br_2N_2O_2$, F. ab 312° (Zers.); *1.4-Bis-[dicyclohexylamino]-*, $C_{28}H_{50}Br_2N_2O_2$, F. > 320°; *1.4-Bis-[dibenzylamino]-*, $C_{32}H_{34} \cdot Br_2N_2O_2$, F. 250°; *1.4-Dipiperidino-*, $C_{14}H_{26}Br_2N_2O_2$, Zers. ab 139°; *1.4-Dimorpholino-*, $C_{12}H_{22}Br_2N_2O_4$, F. ab 199° (Zers.); *1.4-Bis-[1.2.3.4-tetrahydrochinolino]-*, $C_{22}H_{26}Br_2N_2O_2$, F. 166° (Zers.); *1.4-Diäthylenimino-*, $C_8H_{14}Br_2N_2O_2$, F. 110° (Zers.); *1.4-Diindolo-*, $C_{20}H_{18}Br_2N_2O_2$, F. 315° (Zers.); *1.4-Bis-[pyridyl-(2)-amino]-*, $C_{14}H_{16}Br_2N_4O_2$, F. 115 bis 116° (Zers.). Durch Rk. von I mit verschiedenen prim. aromat. Aminen werden 3.4-Diiminopyrrolidindihydrobromide erhalten: *N.N'.N''-Triphenyl-*, $C_{22}H_{21}Br_2N_3$, F. 225—226°; *N.N'.N''-Tris-[p-chlorphenyl]-*, $C_{22}H_{18}Br_2Cl_3N_3$, F. 215° (Zers.); *N.N'.N''-Tris-[p-methoxyphenyl]-*, $C_{25}H_{27}Br_2N_3O_3$, F. 211—212° (Zers.); *N.N'.N''-Tris-[p-methylphenyl]-*, $C_{25}H_{27}Br_2N_3$, F. 285° (Zers.); *N.N'.N''-Tri-β-phenyläthyl-*, $C_{28}H_{33}Br_2N_3$, F. 234—236° (Zers.); *N.N'.N''-Tribenzyl-*, $C_{25}H_{27}Br_2N_3$, F. 188° (Zers.); *N.N'.N''-Tris-[p-methoxybenzyl]-*, $C_{28}H_{33}Br_2N_3O_3$, F. 189—190° (Zers.); *N.N'.N''-Tri-p-biphenylyl-*, $C_{40}H_{33}Br_2N_3$, F. 316 bis 317° (Zers.); *N.N'.N''-Tricyclohexyl-*, $C_{22}H_{39}Br_2N_3$, F. 172—173° (Zers.); *N.N'.N''-Tris-[2.5-dichlorphenyl]-*, $C_{22}H_{15}Br_2Cl_6N_3$, F. 243° (Zers.); *N.N'.N''-Tris-[o-methoxyphenyl]-*, $C_{25}H_{27}Br_2O_3N_3$, F. 181—182° (Zers.); *N.N'.N''-Trinaphthyl-(1)-*, $C_{34}H_{27}Br_2N_3$, F. 269° (Zers.); *N.N'.N''-Trinaphthyl-(2)-*, $C_{34}H_{27}Br_2N_3$, F. 209—210° (Zers.); *N.N'.N''-Tris-[m-chlorphenyl]-*, $C_{22}H_{18}Br_2Cl_3N_3$, F. 197—198° (Zers.). P. GREGORZEWSKI. 4649 □

Entamid. P. T. Main, N. W. Bristow, P. Oxley, T. I. Watkins, G. A. H. Williams, E. C. Wilmshurst und G. Woolfe. (Ann. Biochem. exp. Med. [Calcutta] **20.** 441—48. 1960. Nottingham, Boots Pure Drug Co., Ltd.) (Engl.)

Übersicht über die amöbicide Wrkg. des neuen Amöbicids *Entamid* (*N-Dichloracetyl-N-methyl-4-hydroxyanilin, Diloxanide*). Bei nichtdysenter. Fällen von Amöbiasis, ausgeschlossen solche mit Leberbefall, ist Entamid ein wirkungsvolles Mittel ohne Nebenwirkungen. P. GREGORZEWSKI. 4649 □

Behandlung der Amöbiasis. Eine klinische Untersuchung der neuen synthetischen Verbindung 11925-C. J. G. Parekh und Babubhai D. Patel. (Ann. Biochem. exp. Med. [Calcutta] **20.** 465—70. 1960. Bombay, J. J. Group of Hosp.) (Engl.)

11925-C [**I**; *4.7-Phenanthrolinchinon-(5.6)*] erweist sich als wirkungsvolles Amöbicid. Bei 32 Fällen konnte durch Behandlung mit 50 mg I + 250 mg *Enterovioform* 3 mal täglich 10 Tage lang, bei allen Patienten Amöbenfreiheit festgestellt werden; allerdings traten die Parasiten bei 5 Fällen danach wieder auf. P. GREGORZEWSKI. 4649 □

Vergleichende mikrobiologische Untersuchungen von Amöbiciden unter besonderer Berücksichtigung der Phenanthrolinchinon-Derivate. F. Kradolfer, W. Wachmann und G. T. Bassil. (Ann. Biochem. exp. Med. [Calcutta] **20.** 519—27. 1960. Basel, Ciba Ltd.) (Engl.)

Phenanthrolinchinon u. *-semicarbazon* zeigen nicht nur Wirksamkeit gegen *Entamoeba histolytica*, sondern auch gegen *Lamblia intestinalis* (Flagellat), *Balantidium coli* (Ciliat), Trematoden u. Nematoden. Die Wrkg. werden mit denen anderer Amöbicide verglichen. P. GREGORZEWSKI. 4649 □

Vorläufige experimentelle und klinische Ergebnisse mit einer neuen synthetischen Emetin-artigen Verbindung. J. Herrero, A. Brossi, M. Faust und J. R. Frey. (Ann. Biochem. exp. Med. [Calcutta] **20.** 475—80. 1960. Basel, Hoffmann-La Roche & Co. Ltd.) (Engl.)

Eine kurze Unters. von *Ro 1—9334* (*2-Dehydroemetin*) zeigt günstige klin. Eigg. zur Behandlung von Amöbiasis u. Schistosomiasis, P. Gregorzewski. 4649□

In vitro-Versuche zur Chemotherapie der Amöbiasis. B. S. Kaushiva. (Ann. Biochem. exp. Med. [Calcutta] **20.** 379—90. 1960. Lucknow, Central Drug Res. Inst.) (Engl.) — Vgl. C. **1960.** 3260.

Übersicht über Meth. der in vitro-Züchtung von *Entamoeba histolytica*, Medien, Inkubation, Inokulation, Vgl. einer Reihe von Amöbiciden. — **34** Literaturangaben. P. Gregorzewski. 4649□

Amöbicide Wirkung von substituierten Chinolinen, Chinaldinen, Chinazolinen, Chinazolonen, Chromanonen, Thiochromanonen, Diaminoalkanen, Benzylaminen und Kresolen. B. S. Kaushiva. (Ann. Biochem. exp. Med. [Calcutta] **20.** 492—504. 1960. Lucknow, Central Drug Res. Inst.) (Engl.)

Unter 115 untersuchten Verbb. zeigen folgende gute Wirksamkeit gegen *Entamoeba histolytica* in vitro: *4-[p-Chlorphenylamino]-6-methoxy-8-hydroxychinaldin*, *5-Chlor-7-jod-8-methoxychinolin*, *3-n-Propyl-* u. *3-Benzyl-8-hydroxychinazolon-(4)*, *4-n-Butylamino-*, *4-Isopentylamino-* u. *4-Hexylamino-8-methoxychinazolin.* P. Gregorzewski. 4649□

Amöbicide. Eine Übersicht. Jean Druey. (Ann. Biochem. exp. Med. [Calcutta] **20.** 423—39. 1960. Basel, Ciba.) (Engl.)

Übersicht über die verschiedenen Amöbicide, natürliche Prodd., synthet. Produkte. — Keine Literaturangaben. P. Gregorzewski. 4649□

Therapeutische Untersuchung der Amöbiasis. R. Edison-Dew. (Ann. Biochem. exp. Med. [Calcutta] **20.** 361—67. 1960. Durban, Amoebiasis Res. Unit.) (Engl.)

Es wird eine Übersicht über die Therapie der akuten ulcerativen Amöben-Colitis mit 87 verschiedenen Medikamenten gegeben. P. Gregorzewski. 4649□

Ein Versuch zur Chemotherapie der Amöbiasis. M. I. Dhar. (Ann. Biochem. exp. Med. [Calcutta] **20.** 375—78. 1960. Lucknow, Central Drug Res. Inst.) (Engl.)

Übersicht über die Beziehungen zwischen Konstit. u. amöbicider Wirkung. — 14 Literaturangaben. P. Gregorzewski. 4649□

Experimentelle Chemotherapie der Amöbiasis. R. N. Chaudhuri, T. K. Saha und N. Roy. (Ann. Biochem. exp. Med. [Calcutta] **20.** 369—73. 1960. Calcutta, Calcutta School of Tropical Med.) (Engl.)

In vivo wird die Wrkg. von *Emetinwismutjodid*, *Carbarsone*, *Kurchiwismutjodid*, *Ipecacwismutjodid*, *Mebinol V* (*Äthoxyäthylphenoxynitrobenzyldichloracetamid*), *Enterovioform* u. *Paromomycin* untersucht. Ihre Wrkg. ist unterschiedlich u. von Tier zu Tier verschieden. P. Gregorzewski. 4649□

Klinische Untersuchung von Phenanthrolin-Verbindungen zur Behandlung der chronischen Amöbiasis. P. K. Chatterjee. (Ann. Biochem. exp. Med. [Calcutta] **20.** 471—74. 1960. Calcutta.) (Engl.)

Entobex [*11925-C, 4.7-Phenanthrolinchinon-(5.6)*] u. das Semicarbazon, *11925,* zeigen gute Wirkung. P. Gregorzewski. 4649□

Amöbicide. 5. Mitt. **Aussichtsreiche basische vom 5-Chlorchinolinol-(8) abgeleitete Amöbicide.** J. H. Burckhalter, William S. Brinigar und Paul E. Thompson. (Ann. Biochem. exp. Med. [Calcutta] **20.** 481—92. 1960. Lawrence, Kans., Univ. of Kansas, School of Pharm.; Detroit, Mich., Parke, Davis & Co.) (Engl.)

Eine Reihe von 5-Chlorchinolinol-(8)-Derivv. wird synthetisiert. Einige sind in vitro gegen *Entamoeba histolytica* u. gegen die experimentelle intestinale Amöbiasis bei Ratten u. Hunden wirksam. *5-Chlor-7-[3-diäthylaminopropylaminomethyl]-chinolinol-(8)* wird toxikolog. untersucht.

Versuche: Durch Kondens. von 5-Chlorchinolinol-(8) mit Paraformaldehyd u. dem entsprechenden Diamin in alkohol. Lsg. werden folgende Verbb. dargestellt: 5-Chlorchinolinol-(8)-Verbb.: *7-Hydrazinomethyl-*, $C_{10}H_{10}ClN_3O$, F. 177°; — *N¹-Dimethylhydrazinomethyl-*, $C_{12}H_{14}ClN_3O \cdot 2\,HCl$, F. 206° (Zers.); — *Diäthylaminoäthylaminomethyl-*, $C_{16}H_{22}ClN_3O \cdot 3\,HCl \cdot 1/2\,H_2O$, F. 188° (Zers.); — *Dimethylaminopropylaminomethyl-*, $C_{15}H_{20}ClN_3O \cdot 3\,HCl \cdot H_2O$, F. 232° (Zers.); — *Diäthylaminopropylaminomethyl-*, $C_{16}H_{22}ClNO_3 \cdot 3\,HCl$, F. 203° (Zers.); — *Pyrrolidinopropylaminomethyl-*, $C_{17}H_{22} \cdot ClN_3O \cdot 3\,HCl$, F. 217° (Zers.); — *Piperidinopropylaminomethyl-*, $C_{18}H_{24}ClN_3O \cdot 3\,HCl$, F. 223° (Zers.); — *N-Methylpiperazinopropylaminomethyl-*, $C_{18}H_{25}ClN_4O \cdot 3\,HCl$, F. 264° (Zers.); — *Diäthylaminobutylaminomethyl-*, $C_{18}H_{26}ClN_3O \cdot 3\,HCl$, F. 233° (Zers.); — *Pyrrolidinobutylaminomethyl-*, $C_{18}H_{24}ClN_3O \cdot 3\,HCl \cdot H_2O$, F. 208° (Zers.); — *Diäthyl-*

aminobutylaminomethyl-, $C_{18}H_{26}ClN_3O \cdot 3\,HCl$, F. 236° (Zers.); — *Diäthylaminopentylaminomethyl-*, $C_{19}H_{28}ClN_3O \cdot 3\,HCl$, F. 203° (Zers.); — *Piperidinopentylaminomethyl-*, $C_{20}H_{28}ClN_3O \cdot 3\,HCl \cdot H_2O$, F. 237° (Zers.); — *Diäthylaminohexylaminomethyl-*, $C_{20}H_{30} \cdot ClN_3O \cdot 3\,HCl$, F. 205° (Zers.); — Durch Kondens. von 5-Chlorchinolinol-(8), Paraformaldehyd u. N-substituierten Piperazinen werden folgende 7-Piperazinomethyl-5-chlor-8-hydroxychinoline dargestellt: *Unsubstituiertes*, $C_{14}H_{16}ClN_3O \cdot 2\,H_2O$, F. 230° (Zers.). *Hydrochlorid*, $C_{14}H_{16}ClN_3O \cdot 2\,HCl \cdot 2\,H_2O$, F. 343° (Zers.). — *N-Methyl-*, $C_{15}H_{18}ClN_3O$, F. 149°; *Hydrochlorid*, $C_{15}H_{18}ClN_3O \cdot 2\,HCl \cdot 1/2\,H_2O$, F. 247° (Zers.); — N-Decyl-, $C_{24}H_{36}ClN_3O \cdot 2\,HCl$, F. 275° (Zers.); — *N-Äthyloxycarbonyl-*, $C_{17}H_{20}ClN_3O_3$, F. 133°; *Hydrochlorid*, $C_{17}H_{20}ClN_3O_3 \cdot 2\,HCl$, F. 188° (Zers.); —*N-Diäthylaminocarbonyl-*, $C_{19}H_{25}ClN_4O_2 \cdot 2\,HCl$, F. 200° (Zers.); — *N-Formyloxymethyl-*, $C_{16}H_{18}ClN_3O_3$, F. 206°; — *N-Äthylsulfonyl-*, $C_{16}H_{20}ClN_3O_3S$, F. 158°; — *Hydrochlorid*, $C_{16}H_{20}ClN_3O_3S \cdot HCl$, F. 215° (Zers.); — 7-Aminomethyl-5-chlor-8-hydroxychinoline: *N-2-Äthylhexyl-*, $C_{18}H_{25}ClN_2O \cdot 2\,HCl$, F. 209° (Zers.); — *N-Heptyl-*, $C_{17}H_{23}ClN_2O \cdot 2\,HCl$, F. 197° (Zers.); — *N-Octyl-*, $C_{18}H_{25}ClN_2O \cdot 2\,HCl$, F. 190° (Zers.)

P. GREGORZEWSKI. 4649 □

Die Trennung von Salicylatstoffwechselprodukten durch Papierelektrophorese. Janice Franz, Dorothy Schottelius, Emilio Arredondo, W. D. Paul und J. J. Routh. (Proc. Iowa Acad. Sci. **66.** 205—09. 1959. Iowa City, Iowa, State Univ. of Iowa, Dep. of Biochem. and Physical Med. and Rehabilitation.) (Engl.)

Der von den Vff. entwickelten Technik liegt die Meth. von KUNKEL u. TISELIUS (C. **1953.** 4096) zugrunde. Die beste Trennung der Metaboliten wurde erzielt, wenn folgende Bedingungen eingehalten wurden: Phthalatpuffer, pH 3,2; Ionenstärke 0,035; 400 V u. 7 mA bei Verw. wie WHATMAN 3 mm Filterpapier 10·30 bzw. 10·56 cm. Die Endprodd. des Salcylatstoffwechsels (Salicyl-, Acetylsalicyl-, Salicylur- u. Gentisinsäure) konnten am besten durch die Fluorescenz ihrer Flecke erkannt werden. Weniger als 1 μg konnten nachgewiesen werden. W. HILLER. 4670 □

Die Pathologie und Prophylaxe der Tetrachlorkohlenstoffvergiftung. C. H. Gallagher. (Austral. veterin. J. **37.** 131—34. April 1961. Glebe, New South Wales, Australia, C.S.I.R.O., McMaster Labor., Div. of Animal Health.) (Engl.)

Da der Zelltod nach CCl_4-Vergiftung im Anschluß an die Ateminsuffizienz im Gefolge des Verlustes der Mitochondrien an essentiellen Coenzymen, den *Pyridinnucleotiden*, als krit. Faktor auftritt (sek. Rk. nach dem initialen physikal., lipoidlösenden CCl_4-Effekt auf die semipermeablen Lipoidmembranen), werden 2 wirksame Meth. zur Prophylaxe vorgeschlagen. 1. Rascher Ersatz des verlorenen Coenzyms durch Stimulierung der Pyridinnucleotid-Synth. mittels Verabreichung der Vorläufer *Nicotinsäure* oder *Tryptophan*. 2. Vorbeugung des Verlustes an Pyridinnucleotiden durch Hemmung der sek. Rk., die zu einem derartigen Verlust führt, wobei eine Reihe von Antioxydantien einschließlich der Antihistamine *Phenergan* u. *Benadryl*, *Vitamin E*, *Se* u. *Diphenyl-p-phenylendiamin* erfolgreich waren. U. TAUSENDFREUND. 4675 □

Prophylaktische und therapeutische Wirkungen von Pyridin-2-aldoximmethojodid und Diacetylmonoxim gegen Vergiftungen durch Organophosphorverbindungen. H. Edery und G. Schatzberg-Porath. (Arch. int. Pharmacodynam. Thérap. **121.** 104—09. Aug. 1959. Ness, Ziona, Israel Inst. for Biol. Res.) (Engl.)

Pyridin-2-aldoximmethojodid, i. m. an Ratten verabreicht, u. in geringerem Maße auch *Diacetylmonoxim*, wirken protektiv gegen Vergiftungen mit Tetraäthylpyrophosphat oder Guthion. P. GREGORZEWSKI. 4675 □

Ein Fall von langsamer Blausäurevergiftung durch Acetoncyanhydrin. J. Lang und F. Stintzy. (Arch. Maladies profess. Méd. Travail Sécurité soc. **21.** 652—56. Okt./Nov. 1960.) (Franz.)

Es wird ein beruflich bedingter Fall von *HCN*-Vergiftung beim Arbeiten mit *Acetoncyanhydrin* berichtet. Die Behandlung mit O_2, $Na_2S_2O_2$, Na-Hyposulfit, Hydroxycobaltamin u. Herz- u. Kreislaufmitteln war erfolgreich. G. KIMMERLE. 4681

Chronische Vergiftung durch Cyanide und Blausäure. A. J. Chaumont. (Arch. Maladies profess. Méd. Travail Sécurité soc. **21.** 660—62. Okt./Nov. **1960.** Straßburg, Fac. de Méd., Inst. de Méd. Légale et Méd. Sociale.) (Franz.)

Es wird ein Fall von chron. *HCN*-Vergiftung bei einem Arbeiter in einer Galvanisierwerkstatt, wo mit Cyanid-Lsgg. ohne entsprechende Belüftungseinrichtung gearbeitet wurde, berichtet. Ob es sich dabei um eine chron. HCN-Vergiftung oder wiederholte subakute Vergiftungserscheinungen handelte, wird diskutiert. G. KIMMERLE. 4681

Tödliche Vergiftungen durch Cyanide in der Werkstatt. A. J. Chaumont und E. Weil. (Arch. Maladies profess. Méd. Travail Sécurité soc. **21.** 657—60. Okt./Nov. 1960. Straßburg, Fac. de Méd., Inst. de Méd. Légale et Méd. Sociale.) (Franz.)

Es werden 2 gewerbliche akut tödlich verlaufende *Blausäure*-Vergiftungsfälle berichtet. G. KIMMERLE. 4681

Vergiftungen durch Blausäure und ihre Derivaten. Die therapeutischen Notwendigkeiten. Xavier Aubertin. (Arch. Maladies profess. Méd. Travail Sécurité soc. **21.** 643—51. Okt./Nov. 1960. Straßburg.) (Franz.)

Zu *Blausäure* (I)-Vergiftungen kann es in chem. Fabriken auch bei der Herst. von *Acetoncyanhydrin* u. *Acrylnitril* kommen. Vergiftungsmöglichkeiten sind dabei durch orale u. perkutane Aufnahme u. durch Inhalation möglich. I-Luft-Konzz. von 20—40 ppm sind auch bei längerer Inhalation unschädlich, 50—60 ppm schädigen bei mehr als 1 Std. Exposition, 120—150 ppm sind innerhalb von 30 Min. gefährlich u. 300—500 ppm wirken in kurzer Zeit tödlich. Es werden Symptomatologie u. Physiopathologie der I-Vergiftung beschrieben. Die Therapie der I-Vergiftung besteht in künstlicher Atmung, Verabreichung von Herz-, Kreislauf- u. Atmungsstimulatoren (Lobelin, Coramin, Campher, Strophantin), Inhalation von Amylnitrit u. i.v. Injektion von $NaNO_2$ u. Na-Hyposulfit u. neuerdings von Co_2-EDTA. G. KIMMERLE. 4681

Biochemische Reaktion der Peritonealschleimhaut auf die reizende Wirkung von fein verteiltem Siliciumdioxyd und anderen Stäuben. Timothy R. Parsons und Orville F. Denstedt. (Canad. J. Biochem. Physiol. **39.** 1515—23. Okt. 1961. Montreal, Quebec, Canada, McGill Univ., Dep. of Biochem.) (Engl.)

Wiederholte Injektionen fl. Suspensionen von feinverteiltem Quarz in die Bauchhöhle der Ratte bewirkten eine Zunahme der Konz. von Lactat u. α-Amino-N u. eine Abnahme der Konz. von Glucose im Peritonealexsudat. SiO_2 verringerte die selektive Durchlässigkeit der Peritonealmembran (Retention von injiziertem Phenolrot in der Peritoneal-Fl.) u. erhöhte die Konz. von Trypsinhemmstoff im Serum. Bei wiederholter Injektion von Suspensionen von feinverteiltem C oder Carborund oder von Kieselsäuresol traten solche Veränderungen nicht auf. K. ZINGRAF. 4681 □

F. Pharmazeutische Chemie. Desinfektion

Anatomische Untersuchung des Blütenstandes von Inflorescentia helichrysi. Janina Międzobrodzka. (Dissertat. pharmac. [Warszawa] **13.** 63—71. 1961. Kraków, Akad. Med., Zakł. Farmakogn.) (Pol.)

Beschrieben wird der anatom. Bau der Blüten mit bes. Berücksichtigung der charakterist. Härchensysteme. F. URBAN. 4782 □

Beitrag zur Kenntnis der ätherischen Öle polnischer Pflanzen aus der Familie Umbelliferae. 3. Mitt. Untersuchung des Öles aus Früchten von Laserpitium latifolium L. Andrzej Parczewski und Zdzisław Rajkowski. (Dissertat. pharmac. [Warszawa] **13.** 49—55. 1961. Warszawa, Akad. Med. Zakł. Farmakogn.) (Pol.) — 2. vgl. C. **1961.** 17294.

Durch Wasserdampf-Dest. getrockneter Früchte von *Laserpitium latifolium L.* wurden 0,6% Öl ($D._4^{20}$ 0,8648, n_D^{20} 1,4744, $[\alpha]_D^{20}$ —11,5°, SZ. 2,15, EZ. 6,31, EZ. nach der Acetylierung 30,9) erhalten. In den bei der Vakuum-Dest. erhaltenen Fraktionen des Öles wurden spektroskop. identifiziert: *α-Pinen*, $Kp._{20}$ 52—53°, *β-Pinen*, *Δ^3-Caren*, *α-Terpinen* u. *Desoxyhydroacerpitin* (?), F. 59—60°. — 17 Literaturangaben. F. URBAN. 4782 □

Die Glykoside. Adolf Haslinger. (Prakt. Chem. [Wien] **12.** 42—49. Febr.; 103—30. März **1961.** Salzburg.) (Dt.)

Übersicht über Chemie u. Vork. der Glykoside. F. v. GIZYCKI. 4782 □

Kennzeichnung und Bestimmung verschiedener Heteroside durch Papierchromatographie. R. Paris. (Produits pharmac. **15.** 347—51. Aug. 1960. Paris, Fac. de Pharmacie.) (Franz.)

Übersicht über die mittels der Papierchromatographie erzielbaren u. erzielten Ergebnisse bei der Erforschung der in den Arzneipflanzen vorkommenden Heteroside. — 35 Literaturangaben. F. v. GIZYCKI. 4782 □

Untersuchung über das Genin des herzwirksamen Glucosids aus Erysimum transsilvanicum Schur. Aurel Gheorghiu und Eléna Ionescu-Matiu. (Ann. pharmac. franç. **19.** 277—82. April 1961. Bukarest, Fac. de Pharmacie.) (Franz.)

Vff. gewannen aus einem hydrolysierten Extrakt der Blätter von *Erysimum transsilvanicum* SCHUR. das Genin des darin enthaltenen herzwirksamen Glucosids u. konnten es auf Grund seines im Pulfrich-Photometer bestimmten Absorptions-Koeff. u. seiner elementaren Zus. ($C_{23}H_{32}O_6$) als *k-Strophanthidin* identifizieren. — 18 Literaturangaben.

F. v. Gizycki. 4782□

Beitrag zur Untersuchung der Alkaloide von Leonurus cardiaca L. Aurel Gheorghiu, Adrien Constantinescu und Elena Ionescu-Matiu. (Ann. pharmac. franç. **19.** **341—44.** Mai 1961. Bukarest, Fac. de Pharmacie.) (Franz.)

Vff. fanden bei der elektrophoret. Trennung der aus dem Kraut von *Leonurus cardiaca L.* gewonnenen Gesamtalkaloide zwei Alkaloide, von denen das eine im gefilterten UV-Licht violett fluoresciert; das andere fluoresciert nicht. F. v. Gizycki. 4782□

Über das Raugallin, ein neues Alkaloid aus indischer Rauwolfia serpentina Benth. J.-P. Le Gall. (Ann. pharmac. franç. **18.** 817—18. Nov. 1960. Ets. Roques, Serv. de Recherches.) (Franz.)

Die Gesamtalkaloide aus den Wurzeln von *Rauwolfia serpentina Benth.* wurden als Sulfate über einen Kationenaustauscher in schwache u. (an der Säule adsorbierte) starke Basen getrennt. Letztere wurden nach Alkalisieren der Säule mit NH_4OH u. Elution mit Chlf. in die Hydrochloride übergeführt. Aus den nicht in Chlf. lösl. Hydrochloriden konnte ein neues Alkaloid, $C_{21}H_{28}O_3N_2$ oder $C_{21}H_{30}O_3N_2$, F. 185°, $[\alpha]_D$ +133° (in Chlf.), Hydrochlorid, F. 235°, $[\alpha]_D$ +100° (in W.), erhalten werden, für das der Name *Raugallin* (I) vorgeschlagen wird. I besitzt eine Methoxygruppe u. scheint nach seinem UV-Spektrum (Maxima bei 250 u. 290 mμ) ein Dihydroindol-Deriv. zu sein.

F. v. Gizycki. 4782□

Die Isolierung von Ephedrin aus Ephedragras durch Ionenaustauschchromatographie. 2. Mitt. **Untersuchung der Bedingungen der Sorption und Desorption von Ephedrin an KU-2.** Zi-Tschen Fan. (Аптечное Дело [Apothekenwesen] **9.** Nr. 1. 14—25. Jan./Febr. 1960. Moskau, 1. Med. Ssetschenow-Inst., Pharmaz. Fak., Lehrstuhl für Technol. der Arzneimittel u. galen. Präpp.) (Russ.; Auszug: Engl.) — 1. vgl. C. **1960.** 16515.

Eingehende Verss. des Vf. mit Hilfe des Kationiten Ku-2 ergaben für die Sorption als günstigsten pH-Wert der *Ephedrin* (I)-Lsg. den Wert 4—6. Die zweckmäßigste Durchlaufgeschw. durch die Ku-2-Säule beträgt 3536,4 Liter/Std. m², wobei zur vollständigen Sorption von I 2 hintereinandergeschaltete Säulen genügen. Die Ausgangs-Lsg. von I muß vorher von Ca-Ionen befreit werden, da diese die I-Sorption deutlich verschlechtern. Als geeignetstes Desorbens erwies sich eine 0,5n NaOH-Lsg.; die Elutin von I erfolgt gleichzeitig mit der Regeneration der Kationiten, was den technolog. Prozeß wesentlich vereinfacht. E. Rentz. 4782□

Versuche zur Isolierung von Alkaloiden aus polnischen Gattungen von Vinca minor L. Krzysztof Kostka und Lucyna Pijewska. (Dissertat. pharmac. [Warszawa] **13.** 37—48. 1961. Łódź, Akad. Med., Kat. Chem. organ.; Warszawa, Inst. Leków.) (Pol.)

Der benzol. Auszug aus trockenem Kraut von *Vinca minor L.* (0,5%), der in Ggw. von NH_4OH erhalten wird, ist zu ca. 75% in Ae. löslich. Der äther. Extrakt wurde an Al_2O_3 zunächst mit Ae., dann mit Ae.-Aceton 1 : 1 eluiert. In der äther. Lsg. wurde *Isovincamin* (I), F. 222—223°, 0,06% Ausbeute bezogen auf das Rohmaterial, in Aceton-Ae. ein bisher noch nicht identifiziertes Alkaloid (F. 191—193°, Nadeln aus 20%ig. A.; 0,018%) gefunden. Außerdem wurden noch chromatograph. der KW-Stoff $C_{26}H_{54}$, F. 55—56°, u. ein Alkaloid *Vincaminorin* (?), F. 125—135°, isoliert. Aus dem alkohol. Auszug, der in Ggw. von 5%ig. Essigsäure aus dem Kraut erhalten wird, ließen sich nach analogem Trennschema ebenfalls I u. der KW-Stoff $C_{26}H_{54}$ isolieren. — 22 Literaturangaben. F. Urban. 4782

Alkaloide aus Calebassencurare und Strychnosarten. K. Bernauer. (Planta med. [Stuttgart] **9.** 340—53. Dez. 1961. Zürich, Univ., Org.-Chem. Inst.; Basel, Hoffmann-La Roche A.-G.) (Dt.) — Vgl. C. **1961.** **9044.**

Vortrag. — Vf. beschreibt Herkunft, Gewinnung, sowie die weitere und neueste Entw. der Unterss. der Alkaloide des Calebassencurare u. der Strychnosarten. Auch wird auf die Eignung dieser Alkaloide für die Chirurgie hingewiesen. — 37 Literaturangaben.

H. Franzen. 4782□

Mit Wasser verseifbare Salbengrundlagen. L. Zathurecký, Z. Gruntová und G. Somoskeöy. (Československ. Farmac. **9.** 187—93. Mai 1960. Bratislava, Chem. úst. SAV, odd. chém. prirod. látok.) (Slowak.)

Die mit W. verseifbaren Salbengrundlagen (SG) bestehen aus einer Emulsion Öl-in-W. u. man unterscheidet mit Hilfe von Stearaten sowie unter Verw. von Polyäthylenglykolen u. höheren Fettalkoholen bereitete SG. Herst.-Beispiele, Beschreibung der Eigg. u. Verwendungsmöglichkeiten. — 16 Literaturangaben. J. Spinka. 4792□

Totalsynthese der Alkaloide vom Reserpin-Typus. J. O. Jílek. (Českoslov. Farmac. **9.** 193—98. Mai 1960. Praha, Výzk. úst. pro farm. a biochem.) (Tschech.)

Übersicht. — 14 Literaturangaben. I. SPINKA. 4806 □

Die pflanzlichen Steroide. Ihre Verwendung bei der Partialsynthese der Sexual- und Nebennierenrindenhormone. Pierre Frigot. (Produits pharmac. **16.** 379—401. Sept. 1961.) (Franz.)

Übersicht über pflanzliche Steroid-Derivv., wie die Gruppe der pflanzlichen Sterine, der cardioton. Genine, der Steroidsapogenine u. der Steroidalkaloide. — 78 Literaturangaben. H. GUISCHARD. 4808 □

Ausgedehnte neue Einsatzgebiete für Getreideprodukte. Ping Shu und Marjorie A. Darken. (Northwestern Miller **264.** Nr. 10. 36—50. 14/11. 1960. American Cyanamid Co., Lederle Labor. Div.) (Engl.)

Überblick über Art, Anwendung u. Gewinnungsmöglichkeiten von Antibioticis, unter bes. Berücksichtigung der Verw. von Getreide-Prodd. für die Nährmedien. Von zunehmender Bedeutung ist Maisquellwasser, das größtenteils für die Antibiotica-Herst. verwendet wird. — 34 Literaturangaben. M. W. ROTHE. 4810 □

Erfahrungen mit dem Primycin. 3. Mitt. **Biologische Wertbestimmung des Primycins.** László Nyiri, György Csobán und Jenö Soltész. (Acta pharmac. hung. **31.** 182—85. Juli 1961. Debrecen, Biogál Gyógyszergyár.) (Ung.) — 2. vgl. C. **1962.** 6128.

Ein Nährboden aus 5 g Pepton, 10 g $Na_2HPO_4 \cdot 2\,H_2O$, 1 g KH_2PO_4 u. 20 g Agar-Agar in 1 Liter Bouillon gelöst wird mit W. zehnfach verd. auf pH 8 eingestellt u. sterilisiert. Von dem als Testmikroorganismus benützten Bacillus subtilis, Stamm FDA 6633 werden 2 ml Standardsuspension in 123 ml des auf 45° abgekühlten Nährbodens gemischt u. eine 3 mm Schicht gegossen. In der festen Agarplatte werden Löcher von 10 mm Ø geschnitten u. in jedes 0,1 ml der Standard- bzw. zu prüfenden Lsg. gebracht. Diese Lsgg. werden mit verd. Phosphatpuffer-Lsg. nach SÖRENSEN pH 8,04 u. Methanol (1 : 1) aus Standardprimycin bzw. Prüfstoff so bereitet, daß die Wirkstoff-Konz. 0,50 bis 4,00 μg/ml ist. Nach 16—18std. Inkubation bei 37° werden die Durchmesser der Hemmungszonen gemessen. Der Wirkstoff-Geh. kann mittels Nomogramm bestimmt werden. G. LIGETI. 4810

Erfahrungen mit dem Primycin. 4. Mitt. **Einige chemische Eigenschaften des Primycins.** Fereuc Sztaricskai und Jenő Soltész. (Acta pharmac. hung. **31.** 186—90. Juli 1961.) (Ung.) — 3. vgl. vorst. Referat.

Vff. definieren jene Menge Primycin (I) als „I-Einheit", welche nach der Prüfmeth. (vgl. vorst. Ref.) eine Hemmungszone von 17 mm Ø erzeugt. Das Standard-Präp. hat so eine Aktivität von 1000 E./mg. Durch fraktioniertes Umkristallisieren u. Dialysieren war es möglich, aus dem I-Standard ein reineres Präp. herzustellen, wobei infolge Verminderung der mit Papierchromatographie nachweisbaren ninhydrinpositiven Verunreinigungen, die biolog. Aktivität zunahm. Nach der Hydrolyse mit 0,1n HCl konnten auf den Papierchromatogrammen 4 ninhydrinpositive Flecke nachgewiesen werden. Aus den R_F-Werten kann man auf die Anwesenheit von Arginin, Glutaminsäure u. Leucin folgern. Auch eine Zuckerkomponente wurde gefunden, deren R_F-Wert dem der Arabinose gleich ist. G. LIGETI. 4810

Die Anwendung von Hexachlorophen. István Vitéz. (Acta pharmac. hung. **31.** Nr. 4. 173—81. Juli 1961. Budapest, Landesinst. für Hygiene.) (Ung.)

Vf. untersuchte die baktericiden u. fungiciden Eigg. des *Hexachlorophens* (I) u. *Ritosepts* (0,5% I, 10% Kaliseife, 90% W.) bzgl. der in der Chirurgie wichtigen Bakterien u. Pilze. Im weiteren wurde die Verw. von I zum Sterilisieren durch Kochen, Hautdesinfektion vor Verabreichung von Injektionen oder vor Operationen untersucht. Für die Hautdesinfektion ist die isopropanol. Lsg. von I oder seine Benzin-Lsg. mit Monochlorxylenol (II) kombiniert geeignet. Ein Gemisch von 0,5% I, 0,5% II u. 0,05% Brillantgrün in 10%ig. Kaliseifen-Lsg. tötet Staphylococcus aureus, Escherichia coli, Streptococcus faecalis, Proteus vulgaris, Pseudomona aeruginosa innerhalb 3 Min., Procandida albicans, Candida krusei, Aspergillus niger, Penicillium digitatum, Trychophyton gypseum asteroides, Rhisomucor parasiticus, Microsporon felineum, Geotrichum species, Blastomyces dermatitidis u. Hormodendrum compactum innerhalb 5 Min., das Gemisch haftet gut an der Haut, ist leicht entfernbar, verursacht keinen Hautreiz, wirkt ebenso baktericid wie Jodtinktur, ist aber wesentlich billiger. — 27 Literaturangaben. G. LIGETI. 4832

Trilonometrische Bestimmung der Calciumsalze in Arzneigemischen unter Anwendung von Calcion-IREA als Indicator. M. I. Petscheny. (Антечное Гело [Apothekenwesen] **11.** Nr. 2. 64—66. März/April 1962. Kiew, Apotheke Nr. 5.) (Russ.)

Die erforderliche, 0,01—0,04 g Ca enthaltende Menge des Präp. wird zu 100 ml wss. Lsg. aufgefüllt. 10 ml dieser Lsg., 5 ml 2n NaOH-Lsg. u. 85 ml W. werden mit 0,1%ig. wss. *Calcion-IREA*-Lsg. bis stark Rosa versetzt u. mit 0,05n Lsg. von *Trilon B* titriert. Unlösl. Ca-Verbb. (Ca-Carbonat u. -Glycerinphosphat) sollen zuerst in 8%ig. HCl gelöst werden; die Lsg. wird nachfolgend mit NaOH-Lsg. gegen Methylorange neutralisiert. S. BARYSCHNIKOW. 4880

Infrarot-spektrophotometrische Bestimmung von Meprobamat. William R. Maynard jun. (J. Assoc. off. agric. Chemists **43.** 791—92. Nov. 1960. Richmond, Va., Virginia, Dep. of Agricult., Div. of Chem. and Foods.) (Engl.)

Der Geh. von *Meprobamat*-(I)-Zubereitungen wird mit einem PERKIN-ELMER-IR-Spektrophotometer Modell 21 nach Extraktion von I mit Chlf. bei 6,32 μ gemessen. Die maximale Fehlergrenze beträgt 3,6%, die Durchschnittsabweichung <1%. Die quant. Best. von I ist möglich neben Dextroamphetaminsulfat, Pentoliniumtartrat, Pentaerythrittetranitrat, Promazin·HCl, Prednisolon, konjugierten Östrogenen u. Tridihexäthylchlorid. S. ERBE. 4880□

Jodatometrische Bestimmung von Thiocarbamid und p-Aminobenzolsulfonylthioharnstoff (Salvoseptyl, Badional) neben anderen Sulfonamiden. György Milch. (Acta pharmac. hung. **31.** 148—53. Juli 1961. Budapest, Chinoin A.G.) (Ung.)

Etwa 0,2 g Substanz werden in 15 ml 2n HCl gelöst, mit 100 ml W. verd. u. mit 0,1n K-Bijodat-Lsg. u. Stärke-Lsg. als Indicator titriert. 1 ml Maß-Lsg. entspricht 23,13 mg p-Aminobenzolsulfonylthioharnstoff bzw. 7,61 mg Thiocarbamid. Mit dieser Meth. ist es möglich, die Best. neben Deseptyl, Ultraseptyl, Sulfaguanidin, Kynex, Hydroxytetracyclindihydrat, Vitamin B_1, B_2, B_6, Nicotinamid mit einer Genauigkeit von $\pm$ 0,5% auszuführen. — 21 Literaturangaben. G. LIGETI. 4880

Spezifische Reaktion auf Butadion. N. P. Jaworski. (Аптечное Дело [Apothekenwesen] **11.** Nr. 2. 47—48. März/April 1962. Lwow, Med. Inst.) (Russ.)

1 mg der zu untersuchenden Substanz wird in 0,1 ml 10%ig. NH_3-Lsg. + 1 ml W. gelöst. Nach Zugabe von 2—3 Tropfen 1%ig. wss. Lsg. von 1-Phenyl-2.3-dimethyl-4-aminopryazolon-(5)-hydrochlorid u. 2 Tropfen 2%ig. wss. $K_4Fe(CN)_6$-Lsg. entsteht sofort ein weißer, krist. Nd., der in alkal. Lsgg. u. Mineralsäuren unlösl., in A., Aceton u. Pyridin lösl. ist. Die Empfindlichkeit der Rk. beträgt 308 μg/ml *Butadion*. Die vermutliche Strukturformel des entstandenen Nd. wird erörtert. S. BARYSCHNIKOW. 4880

Polarographische Bestimmungsmethode für 1-[2'-Hydroxyäthyl]-2-methyl-5-nitroimidazol. Adam Danek. (Dissertat. pharmac. [Warszawa] **13.** 107—10. 1961. Kraków, Akad. Med., Zakł. Chem. nieorgan. i analit.) (Pol.)

1-[2'-Hydroxyäthyl]-2-methyl-5-nitroimidazol wird in essigsaurer Lsg. polarograph. bestimmt. Zur Auswertung ist die erste Welle besser geeignet als die zweite. Als Grundelektrolyt wird 1n KCl-Lsg. verwendet. Zur Probe, die ca. 0,05 mg Substanz/ml enthalten soll, werden 2 ml 0,5%ig. Gelatine-Lsg. zugegeben. Der gelöste O_2 wird mit N_2 verdrängt. F. URBAN. 4880□

Volumetrische Bestimmungsmethode von 2.4-Diamino-5-phenylthiazol (Daptazol) mit Natriumtetraphenylborat. Wanda Sztark. (Dissertat. pharmac. [Warszawa] **13.** 57—61. 1961. Kraków, Akad. Med., Zakł. Chem. nieorgan. i analit.) (Pol.)

2.4-Diamino-5-phenylthiazolhydrochlorid gibt mit Na-Tetraphenylborat in schwach essigsaurer Lsg. ein schwer lösl. Salz. Der Nd. wird durch Zusatz von 1 ml gesätt. $NaNO_3$-Lsg. koaguliert, filtriert u. auf dem Filter mit einer $HgCl_2$-Lsg. gelöst. Die Lsg. wird mit 5 ml 0,01n NaOH, dann mit 5 ml 0,01n HCl in Ggw. von KJ aufgekocht u. schließlich mit 0,01n NaOH heiß gegen Methylrot titriert. 1 Formelgew. des Tetraphenylborats entsprechen 3 Mol HCl, die beim Lösen mit $HgCl_2$ frei werden. — 15 Literatuangaben. F. URBAN. 4880□

Colorimetrische Bestimmung der Cumarinabkömmlinge. L. K. Stachorskaja. (Аптечное Дело [Apothekenwesen] **11.** Nr. 2. 44—46. März/April 1962. Leningrad, Chem.-Pharmazeut. Inst.) (Russ.)

0,1 g des zerkleinerten u. durch systemat. Ausziehen mit heißem W. von Phenolen u. äther. Ölen befreiten Rohstoffes wird 2 Std. mit 5 ml 1,4%ig. Na_2CO_3-Lsg. auf dem Wasserbad erwärmt u. das Gemisch filtriert. 0,2—1,0 (ml) des abgekühlten Filtrats werden mit der vorst. Na_2CO_3-Lsg. auf 1,0 aufgefüllt u. mit 1,0 einer Lsg. von diazotiertem p-Nitranilin versetzt. Die entstanden Lsg. wird photoelektrocolorimetriert (grünes Lichtfilter). Die Empfindlichkeit der Meth. beträgt 0,005 mg/ml *Pimpinellin*. Zur Aufnahme der Eichkurve werden 0,0025—0,015%ig. Pimpinellin-Lsgg. in 1,4%ig. Na_2CO_3-Lsg. angewandt. S. BARYSCHNIKOW. 4880

Halogenidbestimmung in baktericid wirkenden quaternären Ammoniumhalogeniden. Csaba Ömböly und Erzsébet Derzsi. (Acta pharmaz. hung. **31.** 154—57. Juli 1961. Budapest, Vereinigte Arznei- u. Nährmittelfabr.) (Ung.)

Vff. bestimmen Cetylpyridiniumchlorid (I) bzw. -bromid (II) u. Cetyltrimethylammoniumbromid (III) mercurimetrisch. 0,4 g Substanz werden in 30 ml eins A.-Chlf.-Gemisches (1 : 1) gelöst, 2 ml 1%ig. HNO_3 u. 10 Tropfen 1%ig. alkohol. Diphenylcarbazid-Lsg. zugefügt u. mit 0,1n $Hg(NO_3)_2$-Lsg. bis zur Violettfärbung titriert. 1 ml Maß-Lsg. entspricht 34,00 mg **I**, 38,45 mg **II**, 36,45 mg **III**. Halogenidverunreinigungen stören. G. LIGETI. 4880

Bestimmung von Trioxazin. István Flóderer, Margit Drozdik und Zoltán Tóth. (Acta pharmac. hung. **31.** 145—47. Juli 1961. Budapest, Vereinigte Arznei- u. Nährmittelfabr.) (Ung.)

Das *Trioxazin* (I) (*N-[3.4.5-Trimethoxybenzoyl]-tetrahydro-1.4-oxazin*) wird durch 20%ig. NaOH unter Erwärmen verseift, das entstandene Morpholin mittels Wasserdampf-Dest. isoliert u. als Base titriert. 0,3 g I werden im 250 ml Kolben des SCHULEK-VASTAGH-Destillier-App. mit 50 ml 20%ig. NH_3-freiem NaOH unter Rückfluß 1 Std. lang gekocht. Dann werden ohne Unterbrechung des Kochens $^3/_4$ der Mischung in eine 25 ml 0,1n HCl enthaltende Vorlage abdestilliert. Nach Auskochen u. Abkühlen wird der Säureüberschuß titriert. 1 ml 0,1n HCl = 28,12 mg I. G. LIGETI. 4880

Bestimmung von Gitaloxin in Digitoxin. Albert E. H. Houk. (J. Assoc. off. agric. Chemists **43.** 793—94. Nov. 1960. Washington, D.C., Dep. of Health, Educ., and Welfare, Food and Drug Admin.) (Engl.)

Gitaloxin (I) gibt im Gegensatz zu hochgereinigtem *Digitoxin* (II) mit einem Gemisch von Propylenglykol u. konz. HCl (1 : 1) eine Fluorescenz. Durch Best. der Fluorescenz wurden in 5 II-Präpp. des Handels ca. 2% I gefunden. S. ERBE. 4880□

Untersuchungen über Flavonoide in den Species der Gattung Hypericum L. 2. Mitt. **Flavonole.** Adam Michaluk. (Dissertat. pharmac. [Warszawa] **13.** 73—79. 1961. Kraków, Akad. Med., Zakł. Famákogn.) (Pol.) — 1. vgl. C. **1962.** 12385.

Aus dem methanol. Extrakt des Johanniskrauts (*Hypericum perforatum L.*) wurden 2% (bezogen auf das Rohmaterial) *Rutin*, $C_{27}H_{33}O_{16} \cdot 2\,H_2O$, F. 190—194°, isoliert. Durch Säurehydrolyse wurden daraus das Aglucon *Quercetin*, F. 306°; Pentaacetyl-Verb., F. 192—195°, u. die Zucker *Glucose* u. *Rhamnose* erhalten. Alle Komponenten wurden papierchromatograph. identifiziert. Die Glucosid-Bindung liegt bei $C_{(3)}$. In den Blüten ist weniger (0,095%) Rutin enthalten. Daneben tritt in den Blüten auch freies Quercetin (0,1%) auf, das an $C_{(3)}$ eine freie Hydroxylgruppe hat. In allen untersuchten Gattungen der Art Hypericum wurden chromatograph. Hyperosid, freies Quercetin u. Quercitrin gefunden. Rutin erscheint nur vereinzelt. Es konnte nicht bestätigt werden, daß in Arten, die Hypericin enthalten, stets die gleichen Flavonolglykoside auftreten. — 23 Literaturangaben. F. URBAN. 4880□

Untersuchungen über Flavonoide in den Species der Gattung Hypericum L. 3. Mitt. **Leukoanthocyanidine in Hypericum perforatum L.** Adam Michaluk. (Dissertat. pharmac. [Warszawa] **13.** 81—88. 1961.) (Pol.) — 2. vgl. vorst. Referat.

In Blüten, Stengeln u. Blättern des Johanniskrautes wurde mit HCl/Amylalkohol u. mit Hilfe der Vanillinprobe *Leukoanthocyanidin* (I) gefunden. Durch Hydrolyse mit HCl wurde aus I *Cyanidin* erhalten, das papierchromatograph. u. spektroskop. identifiziert werden konnte. Aus Blättern wurde außerdem mit Methanol *Polyanthocyanidin* isoliert, das typ. Rkk. der Gerbstoffe zeigt. I wurde in weiteren 10 Arten von Hypericum L. gefunden. In Extrakten von H. hircinum L. u. H. Hookerianum WIGHT et ARN. wurde chromatograph. auch eine andere Anthocyanidin-Verb. (*Pelargonidin* ?) nachgewiesen. — 26 Literaturangaben. F. URBAN. 4880□

Triterpenverbindungen im Pflanzenmaterial. 4. Mitt. **Chromatographische Charakterisierung der wichtigsten Saponine in Heilpflanzen.** Bożena Pasich. (Dissertat. pharmac. [Warszawa] **13.** 1—10. 1961. Poznań, Akad. Med., Dep. of Parmacogn.) (Engl.) — 3. vgl. C. **1961.** 17662.

Die Trennung der *Triterpenheteroside* aus Saponinfraktionen wurde auf WHATMAN Nr. 1-Papier mit n-Butanol-Essigsäure-W. (6 : 1 : 3) durchgeführt. Das Papier muß 3 Std. vor Beginn der Analyse in der Kammer dem Lsgm.-Dampf ausgesetzt werden. Die Identifizierung der Saponine gelingt am besten mit Phosphorwolframsäure. Die Empfindlichkeit der Rk. liegt bei 5—40 μg. Die Farbe der Flecken im Tageslicht u. unter UV-Licht ist für Saponine aus bestimmten Pflanzen charakteristisch. Weitere geeignete Nachw.-Rkk. sind die nach NOLLER (p-Dimethylaminobenzoesäure) u. die hämolyt. Meth. mit Ochsenblutsuspensionen auf Gelatine. Saponine aus *Calendula officinalis L.* sind ein Gemisch von 3 Triterpenheterosiden, aus *Saponaria officinalis L.*,

Gypsophila paniculata Fisch., *Quillaja saponaria Molina*, *Polygale senega L.* u. *Herniaria glabra L.* enthalten 2 Glykoside. *Äscinol* u. *Primulasäure* sind einheitlich. — 15 Literaturangaben. F. Urban. 4880□

Fortschrittsbericht über Untersuchungen zur Entwicklung einer in vitro-Methode zur Bestimmung der Geschwindigkeit der Wirkstofffreigabe aus Depot-Tabletten und -Kapseln. Elmer B. Vliet. (Drug Standards **28.** 113—14. Sept./Okt. 1960.) (Engl.) — Vgl. C. **1960.** 8271.

Der Vgl. von 3 Meth. mit jeweils abrupter u. stufenweiser Änderung des pH-Wertes der Test-Lsg. ergab, daß die Meth. von Souder u. Ellenbogen [1958] die besten Werte hinsichtlich der Best. der Wirkstoffabgabe aus Depot-Präpp. in vitro zeigte. Bei gut lösl. Wirkstoffen besteht kein Unterschied zwischen abrupter u. stufenweiser pH-Änderung. Schlecht lösl. Wirkstoffe wurden bei stufenweiser pH-Änderung nach 8 Std. zu 100% freigegeben, bei abrupter pH-Änderung nur zu 80%. Die genannte Meth. soll auf allg. Eignung krit. überprüft werden. S. Erbe. 4880□

Untersuchungen über gepulverte Zubereitungen. 2. Mitt. **Untersuchungen über den Zerfall von Calciumcarbonattabletten durch thermische Analyse.** Hisashi Nogami, Jun Hasegawa und Yoshinobu Nakai. (Chem. pharmac. Bull. [Tokyo] **7.** 331—37. Mai 1959. Tokyo, Tokyo Univ., Fac. of Pharm. Sci.) (Engl.) — 1. vgl. Yakuzaigaku **18.** [1958.] 167.

Am Beispiel von $CaCO_3$-Tabletten, die mit u. ohne Granulation der Ingredienzien gepreßt wurden, wird eine neue Meth. zur Best. des Tablettenzerfalls mittels therm. Analyse gegeben. Bei Verw. eines Acetatpuffers pH 4,2 wird nach der angegebenen Meth. (Vers.-Anordnung im Original) der Zerfallsbeginn, die Zeit bis zur Erreichung der maximalen Oberfläche der Bestandteile der zerfallenden Tablette u. die Zeit bis zur vollständigen Auflösung der Bestandteile exakt u. reproduzierbar bestimmt. Zwischen der ungepreßten Tablettenmischung u. den durch direktes Verpressen daraus hergestellten Tabletten wurde kein Unterschied in der Auflösungszeit gefunden. Die Zerfalls- u. die Auflösungszeit von Tabletten, die durch Granulation mit Stärke u. Stärkepaste hergestellt waren, war wesentlich größer als bei Tabletten, die durch direkte Verpressung der Ingredienzien erhalten wurden. Tabletten aus Granulat lösten sich nicht vollständig auf. S. Erbe. 4880□

Untersuchungen über gepulverte Zubereitungen. 3. Mitt. **Untersuchungen über den Zerfall von basischen Magnesiumcarbonattabletten.** Hisashi Nogami, Jun Hasegawa und Yoshinobu Nakai. (Chem. pharmac. Bull. [Tokyo] **7.** 337—42. Mai 1959.)(Engl.) — 2. vgl. vorst. Referat.

Der Einfl. von Bindemittel, Sprengmittel u. Preßdruck wurde am Beispiel von Tabletten mit *bas. Magnesiumcarbonat* (I) untersucht. Nach der in der 2. Mitt. angegebenen Meth. wurden Zerfalls- u. Lsg.-Zeiten von **I** u. 2 verschiedenen **I**-Granulaten untersucht. Der Unterschied in der Wrkg. von Binde- u. Sprengmittel ist bei beiden Granulaten nur gering, wird aber erheblich, wenn die Granulate zu Tabletten verpreßt werden. Nur Tabletten aus leicht zerfallenden Granulaten zerfallen bzw. lösen sich schnell. Bei direkter Verpressung der Substanzen tritt ein verzögerter Zerfall auf. Der Preßdruck von 0,5—2 t hat keinen signifikanten Einfl. auf die Zerfallbarkeit von Tabletten aus leicht zerfallenden Granulaten. Die Zerfallszeiten nach der Meth. der U.S.P. u. der J.P. sowie nach der thermoanalyt. Meth. werden verglichen. S. Erbe. 4880

Norbert Gerlich, Bielefeld, **Gewinnung kristallisierter Wirkstoffe aus Milzen von Warmblütern,** dad. gek., daß man die feinzerkleinerten Milzen bei saurer Rk. mit A. ein oder mehrmals extrahiert, den Rückstand abtrennt, die vereinigten Filtrate mit konz. NaOH auf ca. pH 6 einstellt, die filtrierte Lsg. ansäuert (Kongorot), bei einer 45° nicht übersteigenden Temp. im Vakuum auf mindestens $^1/_{10}$ des Ausgangs-Vol. einengt, den wss. Rückstand mit Bzl. extrahiert u. die benzol. Phase nach mehrfachem Waschen mit W. im Vakuum bis zu einem salbenartigen Rückstand einengt, der durch mehrfaches Lösen, Eindampfen u. Abscheiden aus Ae., dann aus Aceton u. aus A. zur Kristallisation gebracht u. angereichert wird. Das Endprod. schmilzt bei 20—22° u. ist in W. prakt. unlöslich. Mit Glykolen, Polyglykolen oder Gemischen davon können mit W. verdünnbare Lsgg. hergestellt werden. — *Arzneimittel* zur Behebung der durch z. B. Äthyleniminobenzochinon bewirkten Hemmung der anaeroben Glykolyse u. der Atmung. Bei akuten Leukämien u. terminalen Myeloblastenschüben soll eine verstärkte Granulierung des Plasmas u. bei Carcinomen eine Besserung des Allgemeinbefindens festzustellen sein. (**D. A. S. 1 109 833** Kl. 30h vom 28/7. 1958, ausg. 29/6. 1961.) W. Heyer. 4791

Farbenfabriken Bayer Akt.-Ges., übert. von: Heino Logemann, Wilhelm Graulich und Wilhelm Becker, Leverkusen, **Zahnabdruckmasse** aus

1. 99—87,5% Acrylamid, Acrylsäure, Methacrylamid oder Methacrylsäure u. 2. 1 bis 12,5% Alkylendiacrylamid, Alkylidendimethacrylamid oder Hexahydro-1.3.5-triacrylyl-symm.-triazin, die in einem mit den Komponenten ein Gel bildendes Lsgm., z. B. W., einem Füllstoff u. einem Polymerisationskatalysator versehen werden. — Vgl. E. P. 692 586; C. **1953.** 7143. (**Can. P. 552 273** vom 7/11. 1950, ausg. 28/1. 1958. Schwz. Prior. 16/11. 1949.) H.-J. NITZSCHKE. 4799

William Orshnik und William H. Haffcke, **Eisenkomplexverbindung,** bes. verträglich u. geeignet zur oralen Verabreichung, z. B. in Tablettenform mit den üblichen Zusatzmitteln. Die pharmaceut. wirksame Verb. ist *Trieisendicitratdekahydrat* $Fe_3(C_6H_5O_7)_2 \cdot 10\,H_2O$. Sie kann durch Erhitzen von Fe mit Citronensäure oder durch Versetzen einer Suspension von saurem Monoeisencitrat in W. mit Fe-Pulver u. Erhitzen dieses Gemisches erhalten werden. (**Aust. P. 225 448** vom 28/1. 1958, ausg. 10/12. 1959.) O. ROICK. 4807

Upjohn Co., übert. von: John B. Wright, Kalamazoo Township, Mich., V.St.A., **Herstellung von 1.1-Bis-[p-aminophenyl]-alkanolen und Äthern davon.** Eine Lsg. von p-tert.-Aminophenyl-Li (I) u. einem Alkyl-α-hydroxyalkanoat oder einem Alkyl-α-hydrocarbonoxyalkanoat in inerten Lsgm., wie KW-Stoffe, Tetrahydrofuran oder Ae., wird unter Rückflußkühlung gekocht u. das Gemisch mit wss. NH_4Cl-Lsg. behandelt. Die tert. NH_2-Gruppe von I kann niedrigmol. Alkyl- oder Alkylbenzyl-, ferner Dibenzyl- u. Alkylengruppen der allg. Formel R'—N- enthalten, in der in R' 4—8 C- Atome vorhanden sind, mit denen das N-Atom einen Ring bildet. I erhält man aus Li u. p-Brom-N-disubstituierten Anilinen. Die zur Rk. verwendeten Alkanoate haben die allg. Formel RO—C—(C_nH_{2n+1})(Alkyl)COOAlkyl. Hierin ist R ein H-Atom oder ein aliphat. oder aromat. KW-Stoff-Rest mit 1—8 C-Atomen, ebensoviel enthalten die Alkylgruppen, n = 0—8. — Beispiele: *1.1-Bis-[p-dimethylaminophenyl]-2-äthoxypropanol* (aus Dimethylaminophenyl-Li u. Äthyl-α-äthoxypropionat), $C_{21}H_{30}N_2O_2$, F. 120,5 bis 121°, *1.1-Bis-[p-dimethylaminophenyl]-2-äthoxybutanol*, $C_{22}H_{32}N_2O_2$, F. 110,5—112°; *1.1-Bis-[p-dibenzylaminophenyl]-2-äthoxypropanol*; *1.1-Bis-[p-(N-methylbenzylamino)-phenyl]-2-äthoxypropanol*; *1.1-Bis-[p-piperidinophenyl]-2-äthoxypropanol*; $C_{27}H_{38}N_2O_2$, F. 150—153°; *1.1-Bis-[p-dimethylaminophenyl]-2-methylpropandiol-(1.2)*, $C_{20}H_{28}N_2O_2$, F. 123—125,5°; *1.1-Bis-[p-(N-methylbenzylamino)-phenyl]-2-methylpropandiol-(1.2)*; *1.1-Bis-[p-dimethylaminophenyl]-2-phenoxypropanol*, $C_{25}H_{30}N_2O_2$, F. 191—193°. Verw. zur *Verstärkung der Wrkg. von Barbiturat-Schlafmitteln.* (**A. P. 2 881 174** vom 25/4. 1958, ausg. 7/4. 1959.) A. KALIX. 4807

Upjohn Co., übert. von: John B. Wright, Kalamazoo Township, Mich., V.St.A., **Herstellung von 1.1-Bis-[p-aminophenyl]-alkanonen.** Eine Lsg. von p-tert.-Aminophenyl-Li (I) u. einem Alkyl-α-hydrocarbonoxyalkanoat der allg. Formel Alkyl—O. CO·CH(R)O·KW-Stoff-Rest, in wasserfreiem Ae. wird mehrere Std. lang unter Rückflußkühlung erhitzt, wobei ein 1.1-Bis-[p-aminophenyl]-alkanol entsteht. Dasselbe wird durch mehrstündiges Einw. einer starken Mineralsäure, z. B. 10%ig. HCl, in das entsprechende Alkanon umgewandelt. Hierbei ist R eine Alkylgruppe mit 1—3 C-Atomen, der KW-Stoff-Rest ist aliphat. oder aromat. u. enthält 1—8 C- Atome. Die tert. HN_2-Gruppe in I kann niedrigmol. Alkyl- oder Alkylbenzylreste enthalten, ferner einen Dibenzyl- oder einen Alkylenrest der allg. Formel R'=N, in der R' einen Alkylenrest mit 4—8 C-Atomen darstellt, die zusammen mit R einen Ring bilden. Mit Mineral- u. Carbonsäuren in äquivalenten Mengen bilden die Endprodd. leicht Säureadditionsverbindungen. — Beispiele: *1.1-Bis-[p-dimethylaminophenyl]-propanon-(2)*, $C_{19}H_{24}N_2O$, F. 65—66°, Dihydrochlorid, F. 212° (Zers.); *1.1-Bis-[p-dimethylaminophenyl]-butanon-2*, $C_{20}H_{26}N_2O$, F. 71,5—72,5°, Dihydrochlorid, F. 204,5° (Zers.); *1.1-Bis-[p-dibenzylaminophenyl]-propanon-(2)*, $C_{43}H_{40}N_2O$, F. 189—192,5°; *1.1-Bis-[p-(N-methylbenzylamino)-phenyl]-propanon-(2)*, $C_{31}H_{32}N_2O$, F. 105—107°; *1.1-Bis-[p-piperidinophenyl]-propanon-(2)*, *1.1-Bis-[p-aminophenyl]-propanol-(2)*, $C_{15}H_{10}N_2O$, blaßgelbe Blättchen, F. 143,5—144°, *Dihydrochlorid-Halbhydrat*, kein scharfer F.; *1.1-Bis-[p-methylaminophenyl]-propanon-(2)*. Verw.: *zur Verstärkung der Wrkg. von Barbiturat-Schlafmitteln.* (**A. P. 2 881 175** vom 25/4. 1958, ausg. 7/4. 1959.) A. KALIX. 4807

Farbenfabriken Bayer Akt.-Ges., Deutschland, **Herstellung von threo-1-Phenyl-2-azidoacylaminopropandiolen-(1.3),** dad. gek., daß man *Phenylserine*, die ggf. in p-Stellung nitriert sind, ihre Ester oder andere Derivv. mit Azidoalkansäuren oder N-Halogenacylphenylserine mit Aziden der Alkali- oder Erdalkalimetalle umsetzt u. die entstehenden N-Azidoacyl-β-phenylserine an der Carboxylgruppe reduziert. — DL-thero-p-Nitrophenylserinäthylester (I) wird in CH_2Cl_2 mit Azidoacetylchlorid zu *DL-threo-N-Azidoacetyl-p-nitrophenylserinäthylester* (**IV**), F. 140°, umgesetzt u. dieser in

Tetrahydrofuran mit $NaBH_4$ red. zu *DL-threo-1-[p-Nitrophenyl]-2-azidoacetylaminopropandiol-(1.3)* (III), F. 123°. Analog die *D-(—)-threo-Form*, F. 107°; $[\alpha]_D$ —18° (1,6%; Äthylacetat), $[\alpha]_D^{23}$ +15° (5%; Methanol), aus der L-(+)-threo-Form des Esters. — III auch aus DL-threo-Phenylserinäthylester (F. 82°) über *DL-threo-N-Azidoacetylphenylserinäthylester* (II), F. 112°, den man zu *DL-threo-N-Azidoacetyl-O-acetyl-3-phenylserinäthylester*, F. 182°, acetyliert, zu *DL-threo-N-Azidoacetyl-O-acetyl-3-[p-nitrophenyl]-serinäthylester*, F. 147°, nitriert, hydrolysiert u. reduziert. — II läßt sich zu *DL-threo-1-Phenyl-2-azidoacetylaminopropandiol-(1.3)* reduzieren u. dieser zu *DL-threo-1-Phenyl-1.3-diacetoxy-2-azidoacetylaminopropan*, F. 98°, verestern. — Aus I u. Chloracetylchlorid stellt man *DL-threo-N-Chloracetyl-p-nitrophenylserinäthylester* her, den man mit Na-Azid zu **IV** umsetzen kann. — *D-(+)-threo-1-[p-Nitrophenyl]-2-azidoacetylaminopropandiol-(1.3)*, F. 107°, aus dem D-(—)-threo-Ester, *L-(+)-Form*, F. 107°, aus der D-(—)-Form des Esters. — III auch aus DL-threo- u. Azidoacetyl-p-nitrophenylserinhydrazid über das -azid. — Aus I u. Azidoacetimidomethylätherhydrochlorid entsteht *DL-threo-2-Azidomethyl-5-[p-nitrophenyl]-4-carbäthoxyoxazolin*, Zers. bei 134°, das man red. u. verseift zu *DL-threo-2-Azidomethyl-9-[p-nitrophenyl]-4-hydroxymethyloxazolin*, F. 118°; dieses wird zu III hydrolysiert. — *Therapeutica.* (**F. P. 1 223 227** vom 26/7. 1956, ausg. 15/6. 1960. D. Prior. 8/8. 1955 u. 24/1. 1956.) S. BÖTTCHER. 4807

National Research Development Corp., übert. von: Rosalind Pitt-Rivers, London, und Jack Gross, Brooklyn, N.Y., V.St.A., **Herstellung von 3.5.3'-l-Trijodthyrosin.** Als Ausgangsstoff wird *l*-Dijodthyronin (I), herstellbar nach den Verff. der E. PP. 643 089; C. **1953.** 9715 u. 671 070; C. **1956.** 7406. I wird in NH_3 oder Äthylamin gelöst u. durch Schütteln mit einer 1n Lsg. von J in KJ jodiert, das Lsgm. durch Vakuum-Dest. entfernt, W. von 60° u. HCl bis zu einem pH-Werte von 4,0 zugesetzt, wobei das Trijodthyrosin (II) mit I u. Thyroxin (III) verunreinigt ausfällt. Der Nd. wird in kochender 2n HCl gelöst, wobei III zurückbleibt u. durch Einstellung des pH-Wertes auf 4 mit NaOH II ausgefällt, das dabei noch 10% III enthält. Die endgültige Reinigung erfolgt chromatographisch. II, F. 236—237° (Zers.), $[\alpha]_D^{29,50}$ +21,5 in 4,75% Lsg. von 1n HCl + 2 Alkohol. Verw.: In bekannter Weise *pharmazeutisch.* (**A. P. 2 823 164** vom 25/2. 1953, ausg. 11/2. 1958.) A. KALIX. 4807

Sterling Drug, Inc., New York, N.Y., übert. von: Aubrey A. Larsen, Schodack Center, und Benjamin F. Tullar, East Greenbush, N.Y., V.St.A., **Herstellung von d-6-Dimethylamino-4.4-diphenyl-5-methylhexanon-(3).** Das Racemat von 2.2-Diphenyl-3-methyl-4-dimethylaminobutyronitril (I) $(CH_3)_2-N-CH_2-CH(CH_3)\cdot$ $-C(C_6H_5)_2-CN$ wird mit mindestens einem Äquivalent α-Weinsäure umgesetzt u. aus dem Rk.-Gemisch das d-I-d-Bitartrat durch fraktionierte Kristallisation abgeschieden, F. 95—100°. Aus der Mutterlauge kann noch das *l*-I-d-Bitartrat, F. 105—107°, gewonnen werden. Aus den beiden Bitartraten werden durch Einw. von starken Basen die freien Nitrile gewonnen, mit C_2H_5MgBr umgesetzt u. die GRIGNARD-Komplexe durch Erhitzen mit Mineralsäuren hydrolysiert. I wird durch Kondens. von Diphenylacetonitril mit 1-Dimethylamino-2-chlor-propan gewonnen, F. 223—225°. Die d-Form des Endprod. wirkt *hustenstillend*, die *l*-Form *narkotisch.* (**A. P. 2 841 609** vom 1/12. 1953, ausg. 1/7. 1958.) A. KALIX. 4807

Bristol Laboratories, Inc., Syracuse, übert. von: Lee C. Cheney, Fayetteville, und William B. Wheatley, Syracuse, N.Y., V.St.A., **Ungesättigte alicyclische Diketone** der allg. Formel I (R = H oder OH) erhält man durch Kondens. von Isophoron in benzol. Lsg. mit 1.6-Dibromhexan in Ggw. von $NaNH_2$ unter Rückflußbedingungen, Zugabe von CH_3OH zum Auflösen des nicht umgesetzten $NaNH_2$, Zugabe von W., zweimalige Extraktion der Benzolschicht mit verd. HCl u. dann gesätt. NaCl-Lsg., Abdestillieren des Lsgm., Vakuum-Dest. des Rückstandes, Persäureoxydation des erhaltenen Prod. der allg. Formel I (R=H), $Kp._1$ 157—195°; F. (aus „Skellysolve B" oder Methanol) 64.5—66° (korr.), u. anschließende Hydrolyse. — *Heilmittel* mit „anti-stress"-Wrkg., entzündungshemmenden Eigg. bei Gicht, Arthritis, Rheumatismus u. antiallerg. Wirkungen. (**A. P. 2 882 320** vom 16/8. 1957, ausg. 14/4. 1959.) R. HAUSS. 4807

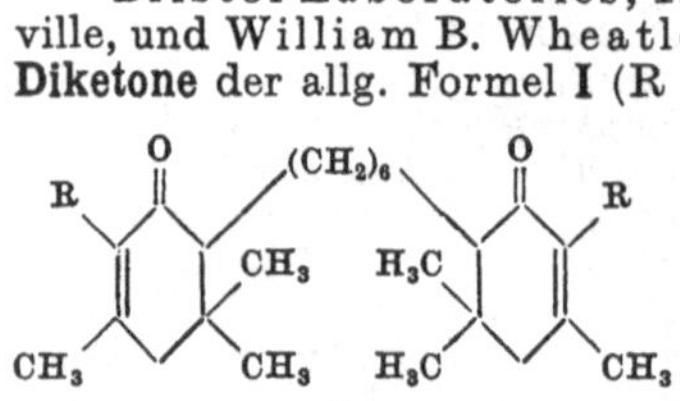

I

Ethicon, Inc., New Jersey, übert. von: Werner R. Boehme, Somerville, und Josef Nichols, Princeton, N.J., V.St.A., **2-Carbamyloxy-1.4.5.8-bis-endomethylen-Δ^6-oktalin** der Formel I erhält man bei der Kondens. von monomerem Vinylacetat mit Dicyclopentadien in Ggw. von Hydrochinon bei 185—190° im Autoklav, wobei *2-Acetoxy-1.4.5.8-bis-endomethylen-Δ^6-oktalin*, $Kp._{13}$ 140—150° erhalten wird. Die Acetoxy-Verb. wird mit KOH in Methanol 3 Std. lang unter Rückfluß erhitzt. Man erhält *2-Hydroxy-1.4.5.8-bis-endomethylen-Δ^6-oktalin*, F. aus Hexan 111—112°. Man erhitzt diese Verb. mit Harnstoff in Toluol bis zum Kp. um alles W. zu entfernen u. setzt Al-Isopropylat zu u. erhitzt auf 150—160°.

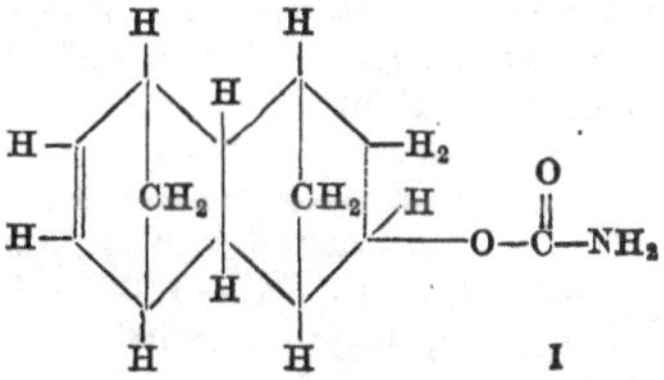

I

Man erhält I, F. aus Toluol 110—111°. — *Arzneimittel.* (**A. P. 2 847 454** vom 26/3. 1956, ausg. 12/8. 1958.) G. König. 4807

A. H. Robins Co., Inc., übert. von: Carl D. Lunsford, Richmond, Va., V.St.A., **Substituierte Aminoalkohole** der allg. Formel I, in der R′ = H oder KW-Stoff-Rest, wie Alkyl, Aralkyl, R = H, OH, Halogen, Alkoxy, X = Halogen, Anion einer physiolog. verträglichen Säure ist, werden in bekannter Weise durch Rk. eines N-substituierten 3-Pyrrolidinons in Ae. mit einem Grignard-Reagens, das in die 3-Stellung den Arylsubstituenten einbringen soll, nachfolgende Hydrolyse mit einer 50% ig. NaOH-Lsg. u. Extraktion mit Ae. gewonnen.

I

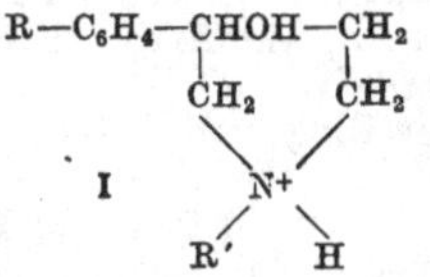

— 1500 (g) Äthylacrylat, welches mit 15 Hydrochinon stabilisiert ist, werden zu 1182 Isopropylamin zugetropft, gerührt u. die Temp. auf 25° gehalten, dann 4 Std. auf 60° erwärmt. Man erhält 2220 *Äthyl-β-isopropylaminopropionat*, $Kp._{18}$ 90—92°. 1110 desselben werden mit 970 trocknem K_2CO_3 unter Rühren auf 100° erwärmt, dann 860 Äthylchloracetat zugegeben u. 4 Std. auf 100° erwärmt, abgekühlt, 1000 W. beigefügt, die ölige Phase abgetrennt u. aus der wss. Phase alles Öl ausgeäthert. Man erhält 1112 *Äthyl-β-[N-carbäthoxymethyl-N-isopropylamino]-propionat*, $Kp._2$ 124—130°. In eine am Rückfluß kochende Lsg. von 72,5 Na in 1500 ml trocknem Methylalkohol u. 500 ml trocknem Bzl. werden 772 des obigen Propionats gegeben, nach 1std. Kochen 523 ml HCl in 1000 W. beigefügt u. nach 3std. Kochen abgekühlt. Dann werden 434 wasserfreies K_2CO_3 eingebracht, gerührt u. mit Chlf. extrahiert. Man erhält 213 *1-Isopropylpyrrolidinol-(3)*, $Kp._{20}$ 76—80°. 89 desselben werden zu einer aus 157 Brombenzol u. 24,3 Mg in 1000 Ae. bereiteten Grignard-Lsg. gegeben u. am Rückfluß gekocht, anschließend mit NaOH hydrolysiert u. mit Ae. extrahiert. Man erhält 78 *1-Benzyl-3-phenylpyrrodinol-(3)*, $Kp._{0,2}$ 169—174°; *Hydrochlorid*, F. 154—156°. — Analog. werden folgende Pyrolidinole-(3) hergestellt. *1-n-Butyl-3-phenyl-*, $Kp._{0,03}$ 134—145°, *Hydrochlorid*, F. 118,5—120°; *3-Phenyl-*, $Kp._{0,3}$ 120—125°, *Hydrochlorid*, F. 145—146,5°; *1-Methyl-3-p-methoxyphenyl-*, $Kp._{0,04}$ 108 bis 111°, F. 79°; *1-Äthyl-3-[3.4-dihydroxyphenyl]-*, $Kp._{0,5}$ 130—150°, *Hydrochlorid*, F. 152—154°; *1-n-Butyl-3-p-chlorphenyl-*, $Kp._{0,14}$ 157°, *Hydrochlorid*, F. 147—149°. Ferner wurden die nachfolgenden Verbb. hergestellt, in denen die Substituenten R, R′, u. X in der angegebenen Reihenfolge nachst. Bedeutung haben: *H, H, Cl*, F. 145 bis 146,5°; *CH_3, H, Cl*, F. 142—143°; *C_2H_5, H, Cl*, F. 121—124°; *n-C_3H_7, H, Cl*, F. 121 bis 122°; *n-C_4H_9, H, Cl*, F. 118,5—120°; *iso-C_4H_9, H, Cl*, F. 154—156°; *$C_6H_5CH_2$, H, Cl*, F. 154—156°; *CH_3, p-OCH_3, Base*, F. 79°; *iso-C_4H_9, p-OCH_3, Cl*, F. 145—147°; *$C_6H_5CH_2$, p-OCH_3, Cl*, F. 155—157°; *C_2H_5, p-OH, Cl*, F. 209,5—210°; *n-C_4H_9, p-Cl, Cl*, F. 147 bis 149°; *C_2H_5, m.p-Di-OH, Cl*, F. 202—203°; *n-C_4H_9, p-Br, Cl*, F. 156—157°; *C_2H_5, p-Cl, HOOCCH=CHCOO*, F. 114—115°. — *Kreislaufmittel u. Mittel zur adrenerg. Blockierung.* (**A. P. 2 878 264** vom 26/9. 1957, ausg. 17/3. 1959.) A. Dandl. 4807

A. H. Robins Co., Inc., übert. von: Carl D. Lunsford, Richmond, Va., V.St.A., **Ester von Aminoalkoholen** der allg. Formel I, in der R = Cycloalkyl, R′ = H, Alkoxy oder Alkyl ist, werden hergestellt durch Rk. der entsprechenden N-Cycloalkylpyrrolidinole-(3) mit einem Benzoesäurehalogenid oder einem substituierten Benzoylchlorid. Die Verbb. dienen als *Lokalanästhetica.* Die Herst. der Pyrrolidinole-(3) ist beschrieben. — 152 g 1-Cyclohexylpyrrolidinol-(3) werden in 500 ml Bzl. unter Rühren mit 126 g Benzoylchlorid tropfenweise versetzt u. die Temp. auf 20—25° gehalten.

I

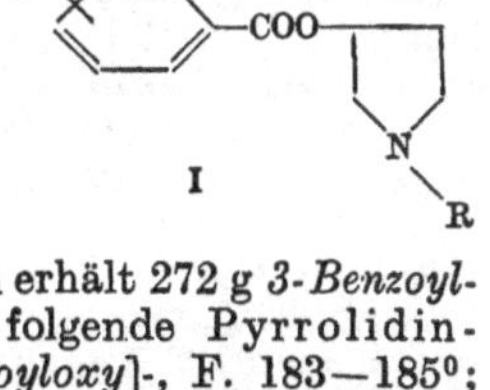

Nach der Zugabe wird 2 Std. am Rückfluß erhitzt. Man erhält 272 g *3-Benzoyloxypyrrolidinhydrochlorid*, F. 157—159°. — Analog werden folgende Pyrrolidinhydrochloride hergestellt: *1-Cyclohexyl-3-[2.4.6-trimethylbenzoyloxy]-*, F. 183—185°; *1-Cyclohexyl-3-[p-n-butoxybenzoyloxy]-*, F. 148—149°; sowie die Hydrochloride von Verbb. der Formel **I**, die für R′ u. R in dieser Reihenfolge die nachst. Substituenten tragen: *H, Cyclopentyl*, F. 123—124°; *H, Cyclohexyl*, F. 157—159°; *H, Cycloheptyl*, F. 155—156°; *o-CH_3, Cyclohexyl*, F. 145—147°; *2.4.6-$(CH_3)_3$, Cyclohexyl*, F. 183—185°;

p-CH_3O, Cyclohexyl, F. 154—156°; *p-n-C_4H_9O, Cyclohexyl*, F. 148—149°; *p-CH_3O, Isobutyl*, F. 127—129°; *p-CH_3O, Äthyl*, F. 123—124°. (**A. P. 2 882 276** vom 16/4. 1957, ausg. 14/4. 1959.) A. Dandl. 4807

Upjohn Co. (Erfinder: Jerome Korman), **Diuretisches Mittel** ist *6-Äthoxybenzothiazol-2-sulfonamid*, F. 188—190,5°. — Aus 6-Äthoxy-2-mercaptobenzothiazol in wss. NH_4OH-Lsg. wird durch Zusatz von Na-Hypochlorit bei 0° das *6-Äthoxybenzothiazol-2-sulfenamid*, F. 132—155°, erhalten, das in Aceton-Lsg. zu dem Sulfonamid mittels $KMnO_4$-Lsg. oxydiert wird. (**Aust. P. 224 423** vom 6/5. 1957, ausg. 5/11. 1959.) H. Möllering. 4807

Norwich Pharmacal Co., V.St.A. (Erfinder: Gabriel Gever und Julian G. Michels), **Herstellung von 5-Nitrofurfurolderivaten,** dad. gek., daß man 5-Nitrofurfurol-(2) bzw. sein Diacetat mit einem Amino-Deriv. des Imidazolidons, Pyrrolidons oder Thiazolidons kondensiert. — 2-Aminoäthylhydrazindioxalat wird in alkal. Medium mit Benzaldehyd behandelt u. das entstehende N-[2-Benzalaminoäthyl]-N'-benzalhydrazin mit Äthylchlorcarbonat umgesetzt zur N-Carbäthoxy-Verb., F. 105—105,5°; diese wird mit 10%ig. H_2SO_4 versetzt u. mit Wasserdampf u. $Ba(OH)_2$ behandelt unter Bldg. von *2-Aminoäthyläthylcarbazat*, $Kp._2$ 131—131,5°, das man mit Na-Methylat erhitzt, wobei *1-Aminoimidazolidon-(2)*, F. 111,5—112°, entsteht, das man in wss. HCl mit 5-Nitrofurfurol-(2) umsetzt zu *N-[5-Nitrofurfuryliden-(2)]-1-aminoimidazolidon-(2)*, F. 253—260° (Zers.). — *N-[5-Nitrofurfuryliden-(2)]-1-aminopyrrolidon-(2)*, F. 233 bis 233,5°, u. *-thiazolidon-(2)*, F. 226,5—227°, aus Pyrrolidon-(2) über 1-Nitrosopyrrolidon-(2) durch dessen elektrolyt. Red. bzw. aus 2-Aminoäthylmercaptan über Thiazolidon-(2) (F. 50—52°) u. 3-Nitrosothiazolidon-(2). — *Pharmazeutica.* (**F. P. 1 225 604** vom 22/7. 1954, ausg. 1/7. 1960. A. Prior. 10/8. 1953.) S. Böttcher. 4807

Distillers Co. Ltd., Edinburgh, England (Erfinder: Frank Ridgway, John Nicholas Green und Neville MacKinnon Cross), **Herstellung von Penicillamin** (I), $(CH_3)_2C(SH)-CH(NH_2)-COOH$, erfolgt durch alkal. Hydrolyse von Penicillin, z. B. mit wss. NaOH bei pH 10—12, zu Penicillosäure („penicilloic acid"), die man nach ihrer Isolierung durch Extraktion bes. mit n-Butanol bei 75—95° im Vakuum zu Penillosäure („penilloic acid") decarboxyliert, worauf man letztere mit einem Hg-Halogenid (**II**), z. B. $HgCl_2$, oder einem Hg-Salz in Ggw. von Halogenionen in wss. Lsg. u. von so viel NaOH, daß sich das Na-Salz der Säure bildet, in eine **I**-**II**-Komplex-Verb. überführt, diese mittels H_2S zerlegt, worauf man 1 (Teil) des hierbei erhaltenen **I**-Hydrohalogenids mit 2—3 Aceton bei 0—56,5° in ein komplexes Isopropyliden-**I**-hydrohalogenid überführt, aus dem man durch Erhitzen bes. mit 1—3n HCl in inerter Atmosphäre reines **I**-Hydrohalogenid gewinnt. — Die Verb. dient bes. als *Gegenmittel* bei Cu-Vergiftungen. (**E. P. 854 339** vom 22/8. 1957, ausg. 16/11. 1960.) O. Müller-Meiningen. 4807

United States of America, Secretary of Agriculture, übert. von: William L. Stanley und Sadie H. Vanier, Pasadena, Calif., V.St.A., **Gewinnung von Furocumarinen** (= „Psoralene"), wie *5- u. 8-Geranoxy-*, *5-[γ·γ-Dimethyl]-allyloxy-* u. *5-Methoxy-8-[2.3-dihydroxy-3-methylbutoxy]-psoralen* aus Citrusölen, dad. gek., daß man das Citrusöl zunächst an z. B. Kieselsäure unter N_2 adsorbiert, dann mit einem terpenlösenden Mittel, wie Hexan, die Terpene entfernt u. die Wirkstoffe anschließend mit z. B. Äthylacetat in Hexan eluiert: 8-Geranoxypsoralen gibt mit Eisessig u. konz. H_2SO_4 → 8-Hydroxypsoralen, daraus mit Diazomethan → 8-Methoxypsoralen, F. 145 bis 146°; auch erhältlich mit CH_3J oder Dimethylsulfat. — Mittel mit *photodynam. Wrkg.* bei lokaler oder innerer Anwendung. (**A. P. 2 889 337** vom 19/7. 1956, ausg. 2/6. 1959.) W. Heyer. 4807

Merck & Co., Inc., Rahway, N.J., übert. von: James M. Sprague, Gwynedd Valley, und Everett M. Schultz, Ambler, Pa., V.St.A., **Herstellung von γ-Ketotert.-aminen.** Verbb. der allg. Formel Aryl—C(R)(R')—CO—CH_2—CH_2—NX erhält man durch Umsetzung von Ketonen der allg. Formel Aryl—C(R)(R')—$COCH_3$ mit CH_2O u. einem Hydrochlorid eines sek. Amins, HNX, nach dem Prinzip der Mannich-Reaktion. R bedeutet eine niedrigmol. Alkyl-, Cycloalkyl- oder Allylgruppe oder einen Aryl- oder Aryl=CH_2-Rest, R' ein H-Atom, eine OH-Gruppe oder einen der R-Reste, X bedeutet 2 niedrigmol. Alkylreste oder zusammen mit N, einen Piperidyl-(1)- oder Morpholinyl-(4)-Rest; der Arylrest kann 1—2fach substituiert sein, z. B. durch Cl- oder Br-Atome, OH-, niedrigmol. Alkyl- oder Alkoxygruppen. Das Rk. Gemisch wird unter Rückflußkühlung so lange auf 100° gehalten, bis es homogen geworden ist. Bei Abkühlung fällt das Hydrochlorid des betreffenden Aminoketons aus. Quatern. Ammoniumsalze erhält man durch Quaternisierung der freien Basen nach bekannten Verfahren. — Beispiele: *1-Phenyl-1-äthyl-4-dimethylaminobutanon-(2)·HCl*, F. 144—145°, *1-Phenyl-1-äthyl-4-[piperidyl-(1)]-butanon-(2)·HCl*, F. 162—163°; *1-Phenyl-1-n-propyl-4-[morpholinyl-(4)]-butanon-(2)*·

HCl, F. 155,5—156,5⁰; *1-Phenyl-1-isopropyl-4-[piperidyl-(1)]-butanon-(2)·HCl*, F. 183 bis 184⁰; *1-Phenyl-1-isopropyl-4-dimethylaminobutanon-(2)·HCl*, F. 163—164⁰; *N-[3-Oxo-4-phenyl-5-methylhexyl]-trimethylammoniummethylsulfat*, F. 146—147⁰; *1-Phenyl-1-allyl-4-dimethylaminobutanon-(2)·HCl*, F. 125—127⁰; *1-Phenyl-1-lauryl-4-dimethylaminobutanon-(2)·HCl*; *1-Phenyl-1-benzyl-4-dimethylaminobutanon-(2)·HCl*, F. 129—130⁰; *1-Phenyl-1-benzyl-4-[piperidyl-(1)]-butanon-(2)·HCl*, F. 145—148⁰; *1-Phenyl-1-methyl-1-hydroxy-4-dimethylaminobutanon-(2)·HCl*, F. 112—114⁰; *1-Phenyl-1-methyl-1-hydroxy-4-[piperidyl-(1)]-butanon-(2)·HCl*, F. 150—151⁰; *1.1-Diphenyl-4-diäthylaminobutanon-(2)·HCl*, F. 144—145⁰; *1.1-Diphenyl-4-[piperidyl-(1)]-butanon-(2) · HCl*, F. 199—200⁰; *1.1-Diphenyl-1-methyl-4-dimethylaminobutanon-(2)·HCl*, F. 165—166⁰; *1.1-Diphenyl-1-äthyl-4-dimethylaminobutanon-(2)·HCl*, F. 152—153⁰; *1.1-Diphenyl-1-allyl-4-dimethylaminobutanon-(2)·HCl*, F. 134—135⁰; *1-Phenyl-1.1-di-n-propyl-4-dimethylaminobutanon-(2)·HCl*; *1-Phenyl-1.1-diallyl-4-dimethylaminobutanon-(2)·HCl*; *1-[m.p-Dimethoxyphenyl]-1-n-propyl-4-dimethylaminobutanon-(2)·HCl*; *1-[p-Chlorphenyl]-1-propyl-4-dimethylaminobutanon-(2)·HCl*; *1-[Piperidyl-(1)]-4-[p-tolyl]-4-phenylbutanon-(3)·HCl*, F. 181,2—182,5⁰; *1-[Piperidyl-(1)]-4-[p-äthylphenyl]-4-phenylbutanon-(3)·HCl*; *1-[Piperidyl-(1)]-4-[p-amylphenyl]-4-phenylbutanon-(3)·HCl*; *5-Methyl-4-[p-butoxyphenyl]-1-[piperidyl-(1)]-hexanon-(3)·HCl*, F. 177—178⁰; *5-Methyl-4-[m,p-dibutoxyphenyl]-1-[piperidyl-(1)]-hexanon-(3)·HCl*; *1-[Piperidyl-(1)]-4-[p-methoxyphenyl]-5-methylhexanon-(3)·HCl*, F. 188—190⁰; *1-[Piperidyl-(1)]-4-[m-methoxyphenyl]-5-methylhexanon-(3)·HCl*, F. 151 bis 152⁰; *1-[Piperidyl-(1)]-4-[p-hydroxyphenyl]-5-methylhexanon-(3)·HCl*; *1-[p-Bromphenyl]-1-propyl-4-dimethylaminobutanon-(2)·HCl*; *1-Phenyl-1-cyclohexyl-4-dimethylaminobutanon-(2)·HCl*, F. 169—170⁰; *1-[p-Chlorphenyl]-1-isopropyl-4-[piperidyl-(1)]-butanon-(2)·HCl*; *1.1-Diphenyl-4-[piperidyl-(1)]-butanon-(2)*; *1.1-Diphenyl-4-[piperidyl-(1)]-butanon-(2)-p-toluolsulfonat*. — Verw. zur Herst. *pharmazeut.* Präparate. (**A. P. 2 835 676** vom 14/7. 1953, ausg. 20/5. 1958.) A. Kalix. 4807

Schenley Industries, Inc., New York, N.Y., V.St.A., übert. von: Rudolf Hiltmann, Fritz Mietzsch und Kurt Kaemmerer, Wuppertal, **2-Dialkylaminoalkoxy-3-methylbenzoesäureester** der allg. Formel **I** (R = CH_3 oder C_2H_5; R′ = 2wertiger niedermol. Alkylrest; R″ u. R‴ = niedermol. Alkyl; R‴ auch H; R″ u. R‴ können auch unter Einbeziehung des N-Atoms zu einem heterocycl. Ring zusammengeschlossen sein), die langwirkende *lokalanästhet. Eigg.* aufweisen, erhält man durch Rk. eines o-Kresotinsäurealkylesters mit dem reaktionsfähigen Ester eines entsprechenden tert. Aminoalkohols, vorzugsweise in Ggw. eines säurebindenden Mittels, wie Alkalihydroxid, -carbonat, -alkoholat, u. eines Lösungsmittels. — Zu einer Lsg. von 5,8 g Na in 200ml Methanol gibt man 41,5 g o-Kresotinsäuremethylester, dest. das Methanol weitgehend ab, zum Schluß im Vakuum, suspendiert den getrockneten, pulverisierten Rückstand in 200 ml wasserfreiem Toluol u. setzt bei Siedetemp. 30 g Dimethylaminoäthylchlorid zu, verd. langsam mit dem gleichen Vol. Toluol u. erhitzt das Ganze 24 Std. unter Rückfluß weiter. Die abgekühlte Toluol-Lsg. wird mit W., 2mal mit 5%ig. NaOH-Lsg. u. wieder mit W. gewaschen, dann 2mal mit 2n HCl extrahiert, das bas. Rk.-Prod. mit K_2CO_3-Lsg. gefällt u. das Lsgm. im Vakuum abgetrieben. Man erhält *2-[β-Dimethylaminoäthoxy]-3-methylbenzoesäuremethylester*, farbloses Öl, Kp.$_5$ 134—136⁰; *Hydrochlorid*, F. 127⁰. Analog erhält man die folgenden 3-Methylbenzoesäuremethylester: *2-[γ-Dimethylaminopropoxy]-*, Kp.$_5$ 149—152⁰, *Hydrochlorid*, F. 90—91⁰; *2-[β-Diäthylaminoäthoxy]-*, Kp.$_4$ 147—149⁰, *Hydrochlorid*, F. 122⁰; *2-[β-Morpholinoäthoxy]-*, Kp.$_5$ 190—192⁰, *Hydrochlorid*, F. 180—181⁰; u. folgende 3-Methylbenzoesäureäthylester: *2-[β-Dimethylaminopropoxy]-*, Kp.$_4$ 145—149⁰, *Hydrochlorid*, F. 143—144⁰; *2-[β-Piperidinoäthoxy]-*, Kp.$_6$ 196—198⁰, *Hydrochlorid*, F. 111—112⁰; *2-[γ-Diäthylaminopropoxy]-*, Kp.$_3$ 161—162⁰; *2-[β-Morpholinoäthoxy]-*, Kp.$_5$ 188—192⁰, *Hydrochlorid*, F. 140,5 bis 141⁰; *2-[β-Dimethylaminoäthoxy]-*, Kp.$_5$ 151⁰, *Phosphat*, F. 93—95⁰. (**A. P. 2 914 552** vom 13/1. 1958, ausg. 24/11. 1959. D. Prior. 21/2. 1957.) A. Mohr. 4807

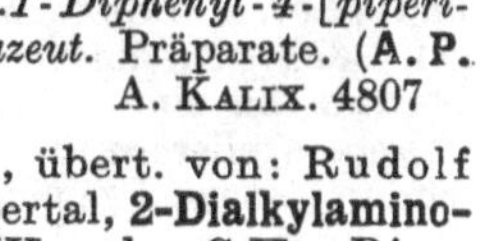

I

British Drug Houses Ltd., London, England (Erfinder: V. Petrow und O. Stephenson), **Analgetica** der allg. Formel Ar—O—CH_2—CH(OH)—CH_2—N(R)—R′ (Ar = Aryl, Chlor- oder Bromaryl; R u. R′ = H, gleiches oder verschiedenes Alkyl, Morpholino-, Piperidino-, Piperideino-, Pyrrolidinorest). Zu Aust. P. 216 701; C. **1961.** 12931 ist nachzutragen: Aus o-Chlorphenylglycidyläther in PAe. u. Piperidin → *α-Piperidino-β-hydroxy-γ-[2-chlorphenoxy]-propan*, aus PAe. (Kp. 60—80⁰) Nadeln, F. 72—73⁰, Kp.$_{0,25}$ 134—140⁰. — Phenylglycidyläther + Pyrrolidin → *α-Pyrrolidino-β-hydroxy-γ-phenoxypropan*, Kp.$_{0,4}$ 124⁰; *Hydrochlorid*, aus Äthylacetat + wenig A. Nadeln, F. 121—122⁰. — *α-Δ³-Piperideino-β-hydroxy-γ-phenoxypropan*, Kp.$_{0,4}$ 132⁰;

Hydrochlorid, aus A.–Ae., F. 132°. — o-Tolylglycidyläther + Allyläthylamin → *α-Allyläthylamino-β-hydroxy-γ-o-tolyloxypropan*, Kp.$_{0,2}$ 126°; *Hydrochlorid*, aus Bzl.–Ae., F. 60°. — Äthyl-β-methylallylamin → *α-[Äthyl-β'-methylallylamino]-β-hydroxy-γ-o-tolyloxypropan*, Kp.$_{0,1}$ 118°; *Hydrochlorid*, aus Äthylacetat–PAe., F. 102—103°. — Diallylamin → *α-Diallylamino-β-hydroxy-γ-o-tolyloxypropan*, Kp.$_{0,1}$ 119°; *Hydrochlorid*, aus Äthylacetat, F. 86—87°. — o-Allylphenylglycidyläther + Δ^3-Piperidein → *x-Δ^3-Piperideino-β-hydroxy-γ-o-allylphenoxypropan*, Kp.$_{0,8}$ 164—166°; *Hydrochlorid*, aus Äthylacetat u. wenig Methanol, F. 125—126°. (**Belg. P. 550 411** vom 17/8. 1956, ausg. 4/12. 1959. E. Prior. 23/8. 1955 u. 8/8. 1956.) G. Krauss. 4807

Dr. Karl Thomae G.m.b.H., Biberach/Riss (Erfinder: Gottwalt Franz Fischer, Würzburg, Josef Roch und August Kottler, Biberach/Riss), **2-Methylmercapto-6-thiono-8-oxo-5.6.7.8-tetrahydropyrimido-[5.4:d]-pyrimidine** der allg. Formel I erhält man durch Rk. von 2-Methylmercapto-5-aminopyrimidincarbonsäure-(4) mit Isothiocyanaten der allg. Formel SCNR (R = Phenyl- oder Allylrest). Die Rk. wird bei etwas erhöhten Temp. in inerten organ. Lsgm. u. in Ggw. von Alkalihydroxiden als Katalysatoren durchgeführt. — Beispiele: *2-Methylmercapto-6-thiono-7-phenyl-8-oxo-5.6.7.8-tetrahydropyrimido-[5.4:d]-pyrimidin*, $C_{13}H_{10}N_4OS_2$, mikrokristallines Pulver, F. 312—315° (ab 300° Dunkelfärbung); *2-Methylmercapto-6-thiono-7-allyl-8-oxo-5.6.7.8-tetrahydropyrimido-[5.4:d]-pyrimidin*, $C_{10}H_{10}N_4OS_2$, gelbes Pulver, F. 248—250°. — *Spasmolytika*. (**D. A. S. 1 118 209** Kl. 12p vom 3/10. 1955, ausg. 30/11. 1961.) A. Kalix. 4807

I 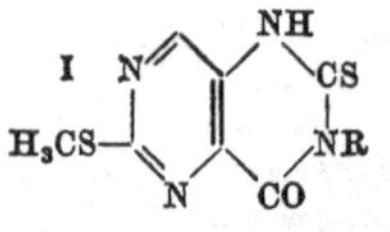

Olin Mathieson Chemical Corp., V.St.A. (Erfinder: Harry Louis Yale und Jack Bernstein), **Herstellung von 1-Azaphenothiazinen** u. ihren *Salzen*, dad. gek., daß man ein 2-Aminothiophenol mit einem 2-Halogen-3-nitropyridin in alkal. Medium zu einem 2-[2'-Aminophenylmercapto]-3-nitropyridin umsetzt, dessen NH_2-Gruppe acyliert u. das N-Acyl-Deriv. mit einer Base behandelt. — 2-Aminothiophenol wird in Methanol gelöst, unter N_2 eine Lsg. von NaOH in A. u. bei 5—10° 2-Chlor-3-nitropyridin in Methanol zugesetzt; man erhält *2-[2'-Aminophenylmercapto]-3-nitropyridin*, F. 124—126°, das man in Pyridin mit Essigsäureanhydrid zu *2'-[3-Nitropyridyl-(2)-mercapto]-acetanilid*, F. 138—139°, acetyliert; dieses wird in Aceton mit NaOH in A. behandelt unter Bldg. von *10-Acetyl-1-azophenothiazin*, F. 171—172°, das man zu *1-Azaphenothiazin* (I), F. 112—114°, verseifen kann. — *2-[4'-Chlor-2'-aminophenylmercapto]-3-nitropyridin*, aus 2-Amino-4-chlorthiophenol. — *6-Chlor-2-[2'-aminophenylmercapto]-3-nitropyridin*, aus 2.6-Dichlor-3-nitropyridin. — *2'-[3-Nitropyridyl-(2)-mercapto]-4'-chlor-* u. *2'-[6-Chlor-3-nitropyridyl-(2)-mercapto]-acetanilid*. — 1-Azaphenothiazine: *8-Chlor-10-acetyl-*. — *2-Chlor-10-acetyl-*. — *8-Chlor-* u. *2-Chlor-10-[3'-dimethylaminopropyl]-*, Kp.$_{0,5}$ 195—198°. *Hydrochlorid*, F. 177—178°. *Dihydrochlorid*, F. 205—207°. *Oxalat*, F. 201—202°. — *10-[2'-Dimethylaminoäthyl]-*, Kp.$_{0,5}$ 183—185°. *Hydrochlorid*, F. 196—197°. — *10-[3'-Pyrrolidinopropyl]-*, Kp.$_{0,5}$ 203—206°. *Hydrochlorid*, F. 180 bis 181°. — *10-[3'-Piperidinopropyl]-*, Kp.$_{0,4}$ 234—238°. *Hydrochlorid*, F. 179,5—180,5°. — *10-[1'-Methylpiperidyl-(3')-methyl]-*, *Hydrochlorid*. — *10-[2'-Hydroxy-3'-diäthylaminopropyl]-*, Kp.$_{0,8}$ 208—212°. *Oxalat*, F. 154—155°. — *10-[2'-Cyanäthyl]-* u. *10-[3-Aminopropyl]-*. — *8-Chlor-* u. *2-Chlor-10-[3'-dimethylaminopropyl]-*. — Herst. der Verbb. aus I u. 3-Dimethylaminopropylchlorid, 2-Dimethylaminoäthylchlorid, 1-Methylpiperidyl-(3')-methanol bzw. -methylbromid bzw. 1-Methylnipecotylchlorid u. Hydrierung von 10-[Methylnipecotyl]-1-azaphenothiazin, 1.2-Epoxy-3-diäthylaminopropan, Acrylnitril. — *Therapeutica*. (**F. P. 1 220 809** vom 28/6. 1956, ausg. 27/5. 1960. A. Prior. 26/7. 1955.) S. Böttcher. 4807

Olin Mathieson Chemical Corp. (Erfinder: Jack Bernstein, Francis Alexander Sowinski und Harry Louis Yale), **Herstellung von 10-[Aminoalkyl]-trifluormethylphenothiazinderivaten** durch Rk. einer Verb. der Formel I (R gleich H, Halogen, Alkyl-, Alkoxy- oder CF_3-Rest) mit einem Alkylhalogenid der Formel B—A—X (A = Alkylenrest, B = N enthaltender Rest mit weniger als 12 C-Atomen, X = Halogen). Hergestellt wurden z. B. die *2-Trifluormethylphenothiazinhydrochloride*: *10-[3-Dimethylaminopropyl]-*, F. ca. 172—174°; *10-[2-Dimethylaminoäthyl]-*, F. ca. 245—246°; *10-[2-Dimethylaminopropyl]-*, F. ca. 224—225°; *10-[1-Methylpiperidyl-(3)-methyl]-*; *10-[3-Pyrrolidyl-(1)]-propyl]-*; *10-[3-(piperidyl)-propyl]-*; *10-[3-Aminopropyl]-*; *10-[4-Dimethylaminobutyl]-*, F. ca. 153—154°; *10-[3-Dimethylaminopropyl]-4-trifluormethylphenothiazinhydrochlorid*, F. 146—147°. — *Therapeutica*. (**Aust. P. 221 342** vom 19/12. 1956, ausg. 28/5. 1959. A. Prior. 23/12. 1955 u. 12/7. 1956.) K. Demmler. 4807

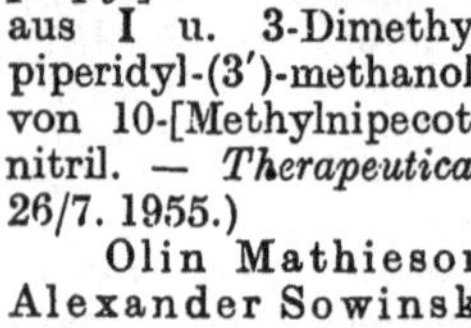
I

Merck & Co., Inc., Rahway, N. J., übert. von: Frederick C. Novello, Landsdale, Pa., V.St.A., **Benzthiadiazin-1.1-dioxide** der allg. Formel I oder II (R = Halogen, niedermol. Alkyl, Alkoxy oder NO_2; R_1 = H, niedermol. Alkyl; R_2 = H, niedermol. Alkyl, Phenyl, Phenylalkyl), die *diuret. Eigg.* besitzen, erhält man durch Acylieren eines Anilindisulfonylchlorids der allg. Formel III mit wenigstens 1 Äquivalent eines niedermol. Alkancarbonsäurehalogenids oder -anhydrids, eines Benzoesäureanhydrids oder -halogenids, oder des Anhydrids oder Halogenids einer Phenylalkancarbonsäure bei Zimmer-Temp. oder bis zu Dampfbad-Temp. ansteigenden Temp., Amidieren des so entstandenen N-Acyl-Deriv. durch Erwärmen mit wenigstens 4 Äquivalenten Ammoniak u. anschließendem Ringschluß durch Erhitzen des Gemisches auf eine Temp. zwischen Zimmer-Temp. u. 250°. — Man läßt z. B. eine Lsg. von 5 g 5-Chloranilin-2.4-disulfonylchlorid in 15 ml Essigsäureanhydrid bei Zimmer-Temp. 45 Min. stehen, kühlt ab, behandelt die erhaltenen Kristalle mit 50 ml 10%ig. alkohol. NH_3, dampft auf dem Dampfbad zur Trockne, erhitzt den Rückstand 2 Std. auf 200°, kühlt u. krist. den Nd. aus verd. A. um. Man erhält *6-Chlor-3-methyl-7-sulfaminyl-1.2.4-benzthiadiazin-1.1-dioxid,* farblose Nadeln, F. 332—333°. Analog erhält man die folgenden 7-Sulfaminyl-1.2.4-benzthiadiazin-1.1-dioxid-Derivv.: *6-Chlor-3-phenyl-*, farblose Flocken, F. >350°; *6-Chlor-3-propyl-*, farblose Nadeln, F. 302,5—303,5°; *3-Amyl-6-chlor-*, farblose Platten, F. 269—270°; *3-Benzyl-6-fluor-*; *6-Butyl-4-propyl-3-undecyl-*; *6-Methyl-3-phenyl-*; *3-Benzyl-6-nitro-*; *6-Chlor-*, F. 342,5—343°. (**A. P. 2 910 476** vom 13/9. 1957, ausg. 27/10. 1959.) A. MOHR. 4807

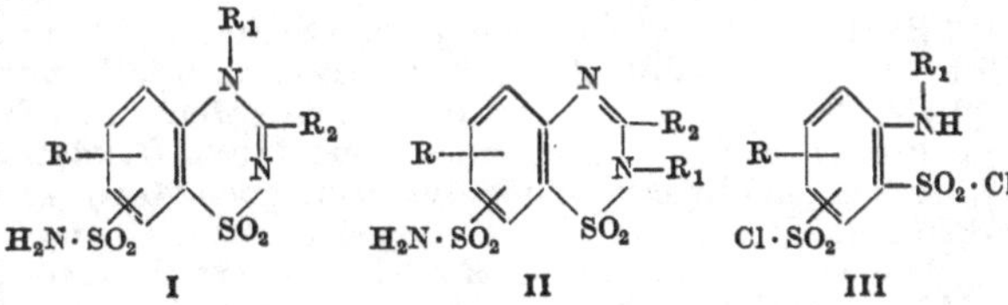

Pierrel S.p.A., Mailand, Italien (Erfinder: Michel Hooreman, Enghien, Seine-et-Oise, Frankreich), **Herstellung von Konzentraten, die als Hauptbestandteil Cyanocobalamin („echtes Vitamin B_{12}") enthalten,** durch direkte Fermentation, dad. gek., daß man zu dem Anfangsnährmedium Cobaltcyanid, bes. im Verhältnis von 20 bis 400 Teilen je 1000000 Teile, verwendet. (**D. A. S. 1 123 435** Kl. 30h vom 12/5. 1961, ausg. 8/2. 1962. E. Prior. 12/5. 1960.) W. HEYER. 4809

Gerhard Langbein und Giesela Kretzschmann, Jena, **Gewinnung von in 4-Stellung ungesättigten 3-Ketosteroiden** aus 3.6-Dihydroxysteroiden durch Erwärmen der ggf. in 17-Stellung acylierten 3.6-Ditosylate mit einem Formiat in Dimethylformamid u. OPPENAUER-Oxydation des erhaltenen Gemisches von 3-Hydroxy-Δ^5-en- u. 3-Formoxy-Δ^5-en-Verbindungen. — 25 (g) 3.6.17α-Trihydroxypregnan-20-on werden in 220 ml Pyridin bei 0° mit 35 p-Toluolsulfonsäurechlorid in Pyridin versetzt, nach 24 Std. wird in Eis eingetragen u. ausgeäthert: 45,3 3.5-Ditosyloxy-17α-hydroxypregnan-20-on, F. 149—150°. 2 der Verbb. werden mit 1,3 ml HCOOH u. 2,4 HCOOK 2½ Std. auf 110° erhitzt, das Rk.-Gemisch wird in halbkonz. NaCl-Lsg. von —10° eingetragen, u. nach 16 Std. wird abgesaugt. Der Nd. wird in 20 ml Dioxan gelöst u. entweder 10 Min. bei 100° mit 1 ml 2n H_2SO_4 oder 120 Min. bei 70° mit HCOOH behandelt u. in W. eingetragen: 3β.17α-Dihydroxy-Δ^5-pregnen-20-on bzw. 3β-Formoxy-17α-hydroxy-Δ^5-pregnen-20-on. Aus letzterem erhält man durch Acetylierung u. OPPENAUER-Oxydation *17α-Acetoxyprogesteron.* — Analog aus 3.6.17-Trihydroxy-21-acetoxypregnan-20-on 3.6α-Ditosyloxy-21-acetoxy-17α-hydroxypregnan-20-on; $[\alpha]_D$ +31° (Dioxan), daraus REICHSTEINs *Substanz S-17.21-Diacetat.* (**D. P. [DDR] 22 436** Kl. 12o vom 14/3. 1959, ausg. 23/12. 1961 [Wirtschaftspatent].) L. GROSSNER. 4809

Schering Akt.-Ges. (Erfinder: Rudolf Wiechert, Ulrich Kerb und Emanuel Kaspar), Berlin, **16α-Chlormethylverbindungen der 17α-Hydroxypregnanreihe** erhält man durch Rk. von z. B. 16α-Chlormethyl-5α-pregnan-3β.17α.21-triol-20-on-21-acetat mit CrO_3–H_2SO_4 in Aceton → *16α-Chlormethyl-5α-pregnan-17α.21-diol-3.20-dion-21-acetat* (**I**), F. 207,5—209°; $[\alpha]_D^{25}$ +58°, welches sich durch Bromierung u. anschließende Dehydrobromierung mit LiBr–Li_2CO_3 in üblicher Weise überführen läßt → *16α-Chlormethyl-$\Delta^{1.4}$-pregnadien-17α.21-diol-3.20-dion-21-acetat,* F. 158—159°; $[\alpha]_D^{25}$ +69,2°; daraus durch Bebrütung mit einer Kultur von *Curvularia lunata* unter üblichen aeroben u. submersen Bedingungen → *16α-Chlormethyl-$\Delta^{1.4}$-pregnadien-11β.17α.21-triol-3.20-dion.* — Alternativ kann die Dehydrierung des Ringes A mit SeO_2 durchgeführt werden. — Man kann auch **I** mit 1 Mol Br_2 bromieren u. die erhaltene 2-Brom-Verb. mit LiBr–Li_2CO_3 dehydrobromieren → *16α-Chlormethyl-Δ^1-5α-pregnen-*

17α.21-diol-3.20-dion-21-acetat, F. 202—204°. — *Heilmittel* sowie Zwischenprodd. zu deren Herstellung. (**D. A. S. 1 122 518** Kl. 12o vom 10/10. 1959, ausg. 25/1. 1962.) U. Sievers. 4809

British Drug Houses Ltd. (Erfinder: David Neville Kirk, Vladimir Petrow und David Morton Williamson), London, England, **6-Methyl-3-oxo-$\Delta^{4.6}$-steroide** erhält man durch Rk. der entsprechenden 6-Methyl-3β-hydroxy-Δ^5-Verbb. mit Benzochinon in Ggw. eines Oppenauer-Oxydationsmittels. — Man setzt z. B. 17α-Acetoxy-3β-hydroxy-6-methyl-Δ^5-pregnen-20-on in Bzl. mit Al-tert.-Butylat u. p-Benzochinon um → *17α-Acetoxy-6-methyl-$\Delta^{4.6}$-pregnadien-3.20-dion*, F. 214—216°; $[\alpha]_D^{24}$ +5°. — Analog: *6-Methyl-$\Delta^{4.6}$-androstadien-3.17-dion*, F. 164—165°; $[\alpha]_D^{21}$ +139°. — *6-Methyl-$\Delta^{4.6}$-pregnadien-3.20-dion*, F. 152—154°; $[\alpha]_D^{23}$ +176°. — *6-Methyl-25D-$\Delta^{4.6}$-spirostadien-3-on*, F. 215—217°; $[\alpha]_D^{23}$ —67°. — *17α-Caproyloxy-6-methyl-$\Delta^{4.6}$-pregnadien-3.20-dion*, F. 128—130°; $[\alpha]_D^{23}$ —12°. — *6-Methyl-$\Delta^{4.6}$-cholestadien-3-on*, F. 91—92°; $[\alpha]_D^{20}$ +37°. — *17α-Äthinyl-17β-hydroxy-6-methyl-$\Delta^{4.6}$-androstadien-3-on*, F. 200—201°; $[\alpha]_D^{20}$ —58°. — *6.17α-Dimethyl-17β-hydroxy-$\Delta^{4.6}$-androstadien-3-on*, F. 160—161°; $[\alpha]_D^{23}$ +38°. — *6-Methyl-$\Delta^{4.6}$-androstadien-3.17-dion*, F. 164—165°. — *6-Methyl-$\Delta^{4.6.16}$-pregnatrien-3.20-dion*, F. 169—171°; $[\alpha]_D^{25}$ +140°. — *16α.17α-Isopropylidendioxy-6-methyl-$\Delta^{4.6}$-pregnadien-3.20-dion*, F. 206—208°; $[\alpha]_D^{27}$ +72°. — *17α-n-Butyryloxy-6-methyl-$\Delta^{4.6}$-pregnadien-3.20-dion*, F. 102—104°; $[\alpha]_D^{21}$ —27°. — *6-Methyl-17α-n-valeryloxy-$\Delta^{4.6}$-pregnadien-3.20-dion*. — *6.16-Dimethyl-$\Delta^{4.6.16}$-pregnatrien-3.20-dion*, F. 163—165°; $[\alpha]_D^{23}$ +36°. — *17β-Hydroxy-6-methyl-17α-[propin-(1)-yl]-$\Delta^{4.6}$-androstadien-3-on*, F. 178—180°; $[\alpha]_D^{23}$ —104°. — *6.16-Dimethyl-16α.17α-epoxy-$\Delta^{4.6}$-pregnadien-3.20-dion*, F. 146—147°; $[\alpha]_D^{23}$ +138°. — *17α-Propionyloxy-6-methyl-$\Delta^{4.6}$-pregnadien-3.20-dion*, F. 134—135°; $[\alpha]_D^{23}$ +9°. — *Heilmittel* sowie Zwischenprodd. zu deren Herstellung. (**E. P. 870 286** vom 4/11. 1958, ausg. 14/6. 1961. **D. A. S. 1 120 446** Kl. 12o vom 29/10. 1959, ausg. 28/12. 1961. E. Prior. 4/11. 1958 u. 19/10. 1959.) U. Sievers. 4809

Ciba Ltd., Basel, Schweiz, **Herstellung von Δ^{16}-20-Ketopregnenen** durch Behandlung von 16-Acyloxy-20-ketopregnan-Verbb. mit alkal. Mitteln in mit W. nicht mischbaren Lösungsmitteln. Man erhält eine gute Ausbeute, wenn man dieses bekannte Verf. mit einem alkal. reagierenden Salz einer schwachen Säure (z. B. K_2CO_3), zweckmäßig in Ggw. von Feuchtigkeit, durchführt. Es wird z. B. die Herst. von 3β-Acetoxy-20-keto-$\Delta^{5.16}$-pregnadien, F. 173—175°, beschrieben. (**Holl. P. 98 284** vom 24/2. 1958, ausg. 15/6. 1961. Schwz. Prior. 25/2. 1957.) F. Böhm. 4809

British Drug Houses Ltd., England, **6β.21-Dimethyl-17α-pregnin-(20)-3β.5α.17β-triol** (I), F. 217—220° (wss. A.), Nadeln. 21-Methyl-17α-pregnin-(20)-en-(5)-3β.17β-diol [*3-Acetat* (II), F. 201—202°; $[\alpha]_D^{20}$ —118°] gibt durch 24std. Umsetzung in Tetrahydrofuran mit Monoperphthalsäure in Ae. *21-Methyl-5α.6α-epoxy-17α-pregnin-(20)-3.β.17β-diol*, F. 200—201° (wss. A.), Nadeln; $[\alpha]_D^{24}$ —121° (c = 0,98; Chlf.). *3-Propionat* (III), F. 206—207° (wss. CH_3OH), durch 24std. Veresterung mit Propionsäure in Ggw. von Pyridin bei normaler Temp.; Nadeln; $[\alpha]_D^{21}$ —104° (c = 0,9; Chlf.). *3-Acetat* (IV), F. 245—247° (CH_3OH), aus II durch 24std. Rk. mit Perbenzoesäure in Chlf.; Prismen; $[\alpha]_D^{23}$ —11° (c = 1,0; Chlf.). III bzw. IV liefern nach mehrstd. Kochen mit CH_3MgJ in Ae. bzw. mit CH_3MgBr in Dibutyläther u. Zers. der Rk.-Mischung mit wss. NH_4Cl-Lsg. I. (**F. P. 1 199 894** vom 15/7. 1958, ausg. 16/12. 1959. E. Prior. 18/7. 1957 u. 27/6. 1958.) Eberhard Riedel. 4809

Schering Akt.-Ges. (Erfinder: Alfred Popper, Martin Schenck und Emanuel Kaspar), Berlin, **Anabolisch wirksame Carbonsäureester des 1-Methyl-Δ^1-androsten-17β-ol-3-ons.** Erhält man durch übliche Veresterung von 1-Methyl-Δ^1-anrosten-17β-ol-3-on (I) oder seiner Vorprodd., die mindestens die 17β-ständige Hydroxygruppe besitzen, mit Carbonsäuren oder deren reaktionsfähigen Derivaten. — Man setzt z. B. I in Pyridin mit Acetanhydrid um → I-*17-Acetat*, F. 140—141°; $[\alpha]_D^{20}$ +46,8°. — Analog: I-*17-Propionat*, F. 120,5—121°. — I-*17-Valerianat*, F. 83—84,5°. — I-*17-Capronat*, F. 69—71°. — I-*17-Önanthat*, F. 70—70,5°; $[\alpha]_D^{20}$ +32°. — I-*17-Caprylat*, F. 72—73°. — I-*17-Caprinat*, F. 62,5—63°. — I-*17-Cyclopentylpropionat*, F. ca. —8°. — I-*17-Hexahydrobenzoat*, F. 90—91°. — *Heilmittel*. (**D. A. S. 1 122 947** Kl. 12o vom 26/3. 1960, ausg. 1/2. 1962.) U. Sievers. 4809

Schering Akt.-Ges. (Erfinder: Rudolf Wiechert), Berlin, **1α-Methyl-3-ketosteroide** erhält man durch Rk. der entsprechenden 1.2α-Methylen-3-ketosteroide mit einer Halogenwasserstoffsäure u. anschließende Enthalogenierung, bes. mit Raney-Ni (I). — Man setzt z. B. 1.2α-Methylenandrostan-17β-ol-3-on-17-acetat, F. 139—140°; $[\alpha]_D^{26}$ +54°, in CH_2Cl_2 bis zur Sättigung mit HCl um → *1α-Chlormethylandrostan-17β-ol-3-on-17-acetat*, welches sich mit I in A. reduzieren läßt → *1α-Methylandrostan-17β-ol-3-on-17-acetat*, F. 169—170°; $[\alpha]_D^{26}$ +16,7°. — Analog: *1α-Jodmethylandrostan-17β-ol-*

3-on-17-acetat, F. 155,5—157,5°; $[\alpha]_D^{25}$ +27,9°. — *1α-Jodmethyl-Δ⁴·⁶-androstadien-17β-ol-3-on-17-acetat*, F. 109,5—111,5°; daraus *1α-Methyl-Δ⁴·⁶-androstadien-17β-ol-3-on-17-acetat*, F. 156—157°. — *1α-Methyl-Δ⁴-androsten-17β-ol-3-on*, F. 190—191°. — *1α-Jodmethyl-Δ⁴·⁶-pregnadien-17α-ol-3.20-dion-17-acetat*, F. 196—196,5°; daraus *1α-Methyl-Δ⁴·⁶-pregnadien-17α-ol-3.20-dion-17-acetat*, F. 206—207°. — *Heilmittel*. (**D. A. S. 1 122 944** Kl. 12o vom 6/4. 1960, ausg. 1/2. 1962.) U. SIEVERS. 4809

Magyar Állam (Erfinder: Martha Rados), Budapest, Ungarn, **Gewinnung der durch Biooxydation umgewandelten Steroide** aus der Gär-Lsg. durch Zugabe von adsorbierend wirkenden Stoffen, bes. durch Säuren aktiviertem Bentonit, in Mengen von 5—10% bei einem pH 4—8, u. anschließendes Ablösen des aufgenommenen Oxydations-Prod. mittels organ. Lsgm., wie Alkohol oder Aceton, Eindampfen der Lsg. u. Wiederaufnahme mit in W. nichtlösl. Fll., wie Chlf., CH_2Cl_2. Man kann die Gewinnung auch in Ggw. des Mycels vornehmen. — Progesteron wird mit Fusarim caucasicum oxydiert u. das Fermentum bei pH 6 mit akt. Bentonit ½ Std. verrührt. Man filtriert, eluiert 2mal mit heißem A., verdampft auf 200 ml, extrahiert mit Chlf., wäscht mit W. u. verdampft das W., wobei *Δ¹·⁴-Androstadien-3.17-dion* gewonnen wird. (**Ung. P. 143 896** vom 4/12. 1954, ausg. 15/1. 1958.) G. KÖNIG. 4809

Schering Akt.-Ges. (Erfinder: Ulrich Kerb, Emanuel Kaspar und Martin Schenck), Berlin, **Δ⁶-17α-Hydroxyprogesteronester** erhält man durch übliche Veresterung des freien Alkohols oder durch Dehydrierung der 6(7)-Stellung von 17α-Acyloxypregnenolonen u. anschließende Oxydation der 3 ständigen Hydroxygruppe. — Man setzt z. B. Δ⁶-17α-Hydroxyprogesteron (I) mit Acetanhydrid in Ggw. von p-Toluolsulfonsäure um → *I-17-Acetat*, F. 218—220°. — Analog: *I-17-Capronat*, F. 110 bis 111°; $[\alpha]_D$ +10°. — *I-17-Formiat*, F. 227—229°; $[\alpha]_D$ +20°. — *I-17-Valerianat*, F. 130—131°; $[\alpha]_D$ —15,3°. — *I-17-Propionat*, F. 173—175°; $[\alpha]_D$ 0°. — *Heilmittel*. (**D. A. S. 1 122 950** Kl. 12o vom 31/7. 1958, ausg. 1/2. 1962.) U. SIEVERS. 4809

Riedel-de-Haën Akt.-Ges., Seelze (Erfinder: Horst Liebig, Berlin), **Isolierung von Hyodesoxycholsäure aus rohen Gallensäurengemischen.** Man verestert das aus Schweinegalle durch Verseifung erhaltene rohe Gallensäuregemisch mit methanol. H_2SO_4, löst das erhaltene Estergemisch in Diisopropyläther, fällt durch Zusatz von Anilin (I) ein *Hyodesoxycholsäure-I-Addukt*, F. 133—133,5°, welches in alkal. Lsg. durch Wasserdampf zerlegt wird → *Hyodesoxycholsäure*, F. 197—198°. (**D. A. S. 1 123 319** Kl. 12o vom 27/5. 1960, ausg. 8/2. 1962.) U. SIEVERS. 4809

Parke, Davis & Co., Detroit (Erfinder: Harry Means Crooks, Grosse Pointe), Mich., V.St.A., **Herstellung von Salzen des Oxytocins** (I), dad. gek., daß man I mit nicht giftigen aliphat. Polycarbonsäuren $<C_{10}$, bes. mit Citronen-, Bernstein-, Äpfel- oder Glutaminsäure in wss. Medium umsetzt u. das Salz durch Verdampfen des W. aus dem Rk.-Gemisch isoliert. Die Prodd. erlauben eine perorale Applikation des I. (**D. A. S. 1 120 460** Kl. 12q vom 15/1. 1959, ausg. 28/12. 1961. A. Prior. 15/1. 1958.) O. MÜLLER-MEININGEN. 4809

Parke, Davis & Co., Detroit, Mich., V.St.A., **Feste, stabile Salze des Oxytocins mit ungiftigen Polycarbonsäuren** erhält man durch Umsetzen in wss. Medium, bes. mit Bernstein-, Citronen-, Äpfel- u. Glutaminsäure u. Entfernen des W. bes. durch Gefriertrocknung. (**E. P. 849 067** vom 1/12. 1958, ausg. 21/9. 1960. A. Prior. 15/1. 1958.) O. MÜLLER-MEININGEN. 4809

Farbenfabriken Bayer Akt.-Ges., Leverkusen (Erfinder: Heinrich Kraut und Willi Körbel, Dortmund), **Abtrennen des Kallikreins von begleitenden Eiweißstoffen,** dad. gek., daß man die Lsg. des Kallikreins prakt. salzfrei macht, u. zwar durch Elektrodialyse, bes. durch Austauschermembranen, durch Ionenaustauscher, bes. mit Mischungen aus Anionen- u. Kationenaustauscher bzw. die Adsorbate des Kallikreins mit Lsgg. aus Carbonaten oder Hydrogencarbonaten der Alkalimetalle oder des Ammoniums behandelt u. die Eluate so lange mit Kationenaustauschern behandelt, wie noch H_2CO_3 entweicht. — Der Reinheitsgrad beträgt ca. 20—23 γ/KE. (**D. A. S. 1 124 187** Kl. 30h vom 16/8. 1960, ausg. 22/2. 1962.) W. HEYER. 4809

Magyar Állam (Erfinder: Johann Kollonitsch, Oskar Fuchs und Valerius Gábor), Budapest, Ungarn, **Aminoalkohole** (I) **und deren Derivate** erhält man aus den Estern der α-Aminosäuren oder deren in der Aminogruppe substituierten Derivv. (z. B. Acyl-, Alkyl-, Alkyliden-Verbb.), indem man diese Verbb. mit Na- oder K-Borhydrid zur Rk. bringt, ggf. gebildete Komplex-Verbb. zersetzt u. I daraus gewinnt. Man arbeitet vorteilhaft in einem Hydroxylionen enthaltenden organ. Lsgm., ggf. in Mischung mit anderen neutralen, keine OH-Gruppen enthaltenden Lösungsmitteln. Als Ausgangsstoffe kommen bes. in Betracht: threo-β-p-Nitrophenylserinester bzw. deren N-, O-Acyl- oder O.N-Diacyl-Derivv., ferner erythro-β-p-Nitrophenylserinester bzw. deren N-Acyl- oder O.N-Diacyl-Derivv. oder die opt.-akt. Verbb. der genannten Ester, deren N-Acyl-, O-Acyl- oder O.N-Diacylderivate. — threo-β-Phenylserinäthylester mit $NaBH_4$ in alkohol. Lsg. behandelt, ergibt *threo-β-Phenylserinol.* Mit Benzaldehyd gewinnt man es aus der Rk.-Lsg. als SCHIFFsche Base vom F. 143—145°. (**Ung. P. 143 895** vom 28/7. 1954, ausg. 15/1. 1958.) G. KÖNIG. 4811

P. Beiersdorf & Co. Akt.-Ges., Hamburg (Erfinder: Reinhold Juhrich), **Herstellung von d.l-threo-1-p-Nitrophenyl-2-dichloracetamino-1.3-propandiol und optischen Antipoden davon.** Die an sich bekannte Red. von N-acetylierten threo-p-Nitrophenylserinäthylester (I) mit $LiAlH_4$ zu 1-p-Nitrophenyl-2-acetamidopropandiolen-(1.3) (II) wird erfindungsgemäß so durchgeführt, daß $LiAlH_4$ dazu in einer Menge verwendet wird, die einen 150—500%ig. Überschuß derjenigen Menge darstellt, die theoret. zur Rk. mit der OH- u. der Estergruppe nötig ist, u. daß die Rk. bei —10 bis +10° durchgeführt wird, wodurch sich die Ausbeute erheblich erhöht. Die Rk. wird in einem wasser- u. OH-Gruppen-freiem Lsgm., wie Dioxan, Tetrahydrofuran, Diäthyl- u. Dibutyläther, durchgeführt, wobei die Lsg. von I zu der von $LiAlH_4$ zugetropft oder umgekehrt verfahren wird. Ausbeute: bis zu 37,77% der Theorie an **II**, rac. oder opt.-akt., je nach dem verwendeten **I.** (**D. B. P. 975 296** Kl. 12q vom 13/1. 1953, ausg. 2/11. 1961. Anmeldung bekanntgemacht 28/7. 1955.) A. KALIX. 4811

American Cyanamid Co., New York, N.Y., V.St.A., **Erzeugung von Tetracyclin** durch aerobe Gärung eines wss. Nährmediums (**I**) mittels Tetracyclin erzeugenden Mikroorganismen der Gattung Streptomyces, dad. gek., daß dem **I** Verbb. der allg. Formel **II** zugesetzt werden, worin X H oder einen niederen Alkylrest u. Y H, eine Phenyl-, Amino-, niedere Alkylgruppe, R—C=O oder RCONH— (R = Phenyl- oder niederer Alkylphenylrest) u. Z R_1S— (R_1 = niederer Alkylrest), $-SCH_2COOH$ oder $(CH_3)_2N-C(S)-S-$] bedeutet, bes. N-Acetyl-, N-Benzoyl-, N-Formylbenzyldithiocarbazat u. Tetramethylthiurammonosulfid. (**Ind. P. 62 957** vom 28/1. 1958, ausg. 26/4. 1960. Can. Prior. 29/10. 1957.)

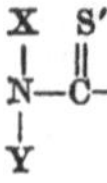
II

C. LÜTTGEN. 4811

Lepetit S. p. A., Mailand, Italien (Erfinder: Pinhas Margalith, Pardess Chana, Israel, und Piero Sensi, Mailand, Italien), **Herstellung von Rifomycin B** auf üblichem fermentativem Wege, dad. gek., daß man die Fermentation in einem Nährmedium durchführt, das eine Barbitursäure der allg. Formel I oder deren Alkalisalze enthält, wobei R u. R' = H, niederes Alykl, Alkenyl oder Aryl u. X = O oder S bedeuten u. das Antibioticum aus dem Medium gewinnt. Die Fermentation wird z. B. mit Streptomyces mediterraneus u. mit Na-Diäthylbarbiturat, Na-Phenylbarbiturat oder Dimethylbarbitursäure durchgeführt. *Rifomycin B,* F. < 300°, bei ca. 160° Zers., $[\alpha]_D^{20}$ —11° (c = 1; Methanol); Ausbeuteerhöhung um das 10fache. Fermentations- u. Extraktionsbeispiele. — *Antibioticum.* (**D. A. S. 1 113 288** Kl. 30h vom 15/7. 1960, ausg. 31/8. 1961. E. Prior. 20/7. 1959.)

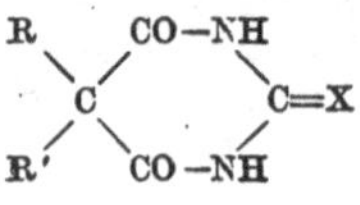
I

H. SCHINDLER. 4811

Eli Lilly & Co. (Erfinder: William Wallis Bromer und James Merlin McGuire), Indianapolis, Ind., V.St.A., **Herstellung und Gewinnung des Antibioticums Valacidin** unter Verw. von Stämmen des Streptomyces lavendulae, z. B. NRRL 2675, auf üblichem biolog. Wege, Extraktion oder Adsorption u. Elution aus der Gär-Fl. u. ggf. Überführung in die Na-, K- oder Ca-Salze. Morphologie u. Physiologie des Stammes NRRL 2675, Kultur u. Fermentation. *Valacidin,* F. ca. 261° (Zers.), $C_{26}H_{24}\cdot N_4O_8$ charakterist. UV- u. IR-Spektren (Kurven). Geeignet auch zur Verw. als Konservierungsmittel u. zur Bekämpfung von Pflanzenkrankheiten. (**D. A. S. 1 112 608** Kl. 30h vom 23/8. 1960, ausg. 10/8. 1961. **A. P. 2 970 943** vom 7/7. 1958, ausg. 7/2. 1961.) H. SCHINDLER. 4811

Ciba Akt.-Ges., Basel (Erfinder: Ernst Gäumann und Vladimir Prelog, Zürich, und Ernst Vischer, Basel), Schweiz, **Herstellung der Antibiotica Lankavamycin und/oder Lankavacidin** mittels Streptomyces violaceoniger NRRL 2834 auf üblichem biolog. Wege, ihre Gewinnung aus dem Kulturfiltrat u. Reindarst., Morphologie u. Physiologie des Mikroorganismus. Beispiele für Züchtung, Fermentation u. Isolierung der Komponenten mittels Gegenstromverteilung. *Lankavamycin,* farblose Kristalle mit doppeltem F. 147—150° u. 181—182°, $[\alpha]_D^{20}$ —94° (in abs. A.); *Lankavacidin,* blaßgelbe Kristalle, F. 165—168°, $[\alpha]_D^{20}$ —161° (in abs. A.). UV- u. IR-Spektrenkurven. Die synergist. Wrkg. bei der Antibiotica ist > die Summe der Einzelwirkungen. (**D. A. S. 1 110 821** Kl. 30h vom 10/5. 1960, ausg. 13/7. 1961. Schwz. Prior. 20/5. 1959 u. 5/2. 1960.) H. SCHINDLER. 4811

Takeda Pharmaceutical Industries Ltd., Osaka (Erfinder: Akira Miyake, Nishinomiya), Japan, **Herstellung von racemischem oder l-δ-Hydroxy-γ-**

oxonorvalin (I), dad. gek., daß man eine Verb. der allg. Zus. $R_1-CH_2-CO-CH_2-C(COOR^2)(COOR^3)-NH-OCR^4$ (R^1 = Halogen, OH oder niedermol. Acyloxy; R^2, R^3, R^4 = gleiche oder verschiedene niedermol. Alkylreste) hydrolysiert u. decarboxyliert u. das erhaltene Zwischen- bzw. Endprod. ggf. in die opt.-akt. Komponenten spaltet. — Beispiele: 12 (g) Acetamido-(γ-bromacetonyl)-malonsäurediäthylester + 36 cm³ CH_3COOH + 4 CH_3COOK 6 Std. bis 70—75° → 9,5 Acetamino-(γ-acetoxyacetonyl)-Verb., $C_{14}H_{21}$·NO_8, F. 105—106° (A.); lstd. Kochen von 3 dieser Verb. mit 33 cm³ 10%ig. HCl → 0,8 *dl*-I, $C_5H_9NO_4$. Die Spaltung von dl-N-Acetyl-I über das *Brucinsalz* (F. 119—124°) liefert *l*-I, $[\alpha]_D^{20}$ —6,0° (c = 1% in W.). — *Antibioticum.* (**D. A. S. 1 124 045** Kl. 12q vom 14/5. 1959, ausg. 22/2. 1962. Jap. Prior. 15/5. u. 23/5. 1958.)
O. Müller-Meiningen. 4811

Cook-Waite Laboratories, Inc. (Erfinder: Allen Marshall Olinger jun.), **Dentalanaestheticum.** Verwendet wird das als „*Methantheline-Bromid*" (I) bezeichnete 9-[*2-Diäthylaminoäthoxycarbonyl*]-*xanthenmethobromid* der Formel I. Ein anderes „*Alkantheline*" ist „*Propanthelinebromid*". — Geeignet ist eine wss. injizierbare Lsg. mit einem Geh. von 0,166 (%) I, 0,4 *Propoxycainhydrochlorid*, 2 *Procainhydrochlorid* u. 0,0033 *Levo-arterenolbitartratmonohydrat.* (**Aust. P. 224 496** vom 31/7. 1956, ausg. 5/11. 1959. A. Prior. 8/8. 1955.)

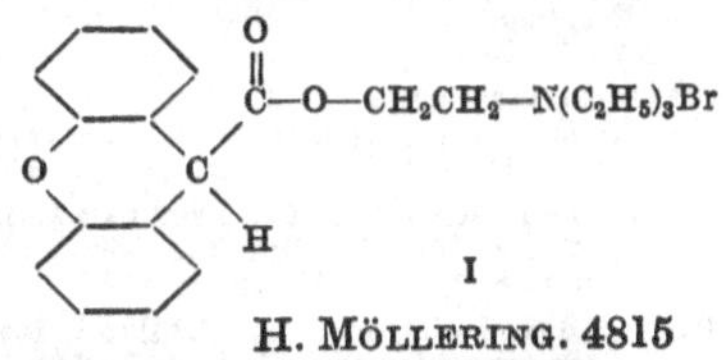

I

H. Möllering. 4815

Irvin, Neisler & Co., übert. von: Chester John Cavallito und Thomas Beniah O'Dell, Decatur, Ill., V.St.A., **Therapeutisch wirksame quaternäre Ammoniumsalze,** wie die *blutdrucksenkenden Verbb.* 1-[2-Äthyl-1.2.3.4-tetrahydroisochinolinium]-3-[trimethylammonium]-propandibromid u. 1-[2-(Naphthenäthyl)-pyridinium]-[3-trimethylammonium]-propandibromid können unter Umgehung einer Injektion auch *oral* verabreicht werden mit verstärkter Wrkg., wenn man dem Wirkstoff ein therapeut. inakt. quatern. NH_4-Salz, z. B. 1.3-Bis-[trimethylammonium]-propandibromid, in einer Menge von 0,5—3,0 Teilen je wirksamer Verb. zusetzt. (**A. P. 2 899 357** vom 20/8. 1956, ausg. 11/8. 1959.)
W. Heyer. 4815

Schering Akt.-Ges. (Erfinder: Paul Diedrich), Berlin, **Röntgenkontrastmittel,** bes. für die Urographie, enthalten als wesentliche schattengebende Substanzen N-Acyl-Derivv. von [3.5-Diamino-2.4.6-trijodbenzoyl]-aminosäuren der Formel I, worin X eine CH_3-Gruppe, eine Polymethylengruppe oder eine substituierte Methylen- bzw. Polymethylengruppe, deren Substituenten Alkyl- u. Phenylreste bzw. H sein können, Ac das Acyl einer vorzugsweise niederen bis mittleren aliphat. Carbonsäure u. R H oder das Acyl einer vorzugsweise niederen bis mittleren aliphat. Carbonsäure bedeutet u. ihre nichttox. Salze mit organ. u./oder anorgan. Basen. (**D. A. S. 1 125 587** Kl. 30h vom 6/3. 1957, ausg. 15/3. 1962.)

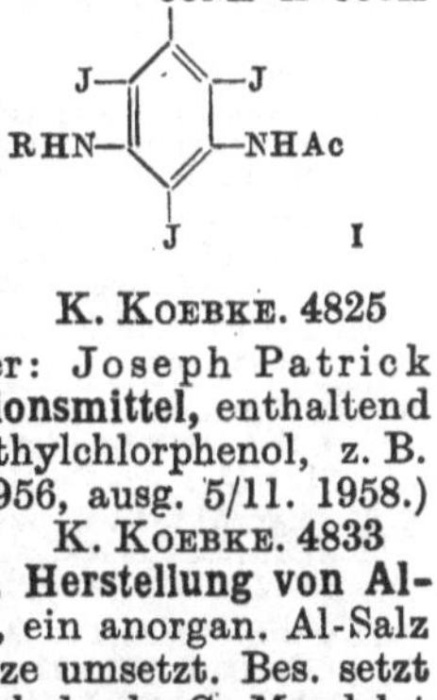

I

K. Koebke. 4825

Monsanto Chemicals Ltd., London, England (Erfinder: Joseph Patrick Brown und David Alexander Lindsay Seiler), **Desinfektionsmittel,** enthaltend 2.4-Dichlor-3.5-dimethylphenol u. ein keimtötendes Benzylmethylchlorphenol, z. B. 2-Benzyl-4-chlor-3.5-dimethylphenol. (**E. P. 804 047** vom 28/9. 1956, ausg. 5/11. 1958.)
K. Koebke. 4833

Lucien Ferdiand Harnist, Rio de Janeiro, Brasilien, **Herstellung von Al-Mandelat** $[C_6H_5CH(OH)COO]_3Al$, dad. gek., daß man Al-Metall, ein anorgan. Al-Salz oder ein Al-Alkoholat mit Mandelsäure (I) oder einem ihrer Salze umsetzt. Bes. setzt man I mit Al-Methylat, -Äthylat, -Isopropylat oder -Butylat in alkohol. oder Ca-Mandelat mit $Al_2(SO_4)_3$ in wss. Lsg. um. Die Verb. wirkt *antisept., fungicid* u. *bactericid.* (**D. A. S. 1 119 248** Kl. 12o vom 5/1. 1959, ausg. 14/12. 1961. A. Prior. 6/1. 1958.)
O. Müller-Meiningen. 4833

Lucien Ferdinand Harnist, Rio de Janeiro, Brasilien, **Mandelsaures Aluminium** mit einem Mol-Verhältnis Al : Mandelsäure (I) = 1 : 2, 1 : 3 oder 1 : 6 erhält man durch Rk. von I mit einem Al-Alkoholat, mit feinverteiltem Al-Metall oder von Ca-Mandelat mit einem lösl. Al-Salz, z. B. $Al_2(SO_4)_3$. — *Antisepticum.* (**E. P. 864 084** vom 6/1. 1959, ausg. 29/3. 1961. A. Prior. 6/1. 1958.) O. Müller-Meiningen. 4833

Imperial Chemical Industries Ltd. (Erfinder: Bernard William Langley), **Herstellung bakterizider 2.6-Dihydroxy-4-arylazopyrimidine** durch Oxydation von 4-Hydrazino-2.6-dihydroxypyrimidinen mit O_2, bes. in Ggw. von Pt-Oxid (I) als Katalysator oder mit $FeCl_3$, SeO_2, Pb-Tetraacetat, p-Benzochinon, Nitrosobenzol, $NaNO_2$ $K_2Cr_2O_7$, Br_2 oder J, bes. in Ggw. eines Verdünnungsmittels wie W., A., Essigsäure (III) oder wss. Pyridin. — 2 Teile N-Phenyl-N'-[2.6-dihydroxypyrimidyl-(4)]-hydrazin (II) löst man in einer Lsg. von 2 NaOH in 50 W., gibt 0,05 I zu, leitet 2 Std. O_2 oder Luft durch die Lsg., säuert an, filtriert den Nd. ab, der mit W. u. A. gewaschen u. aus Dimethylformamid umkrist. wird. *2.6-Dihydroxy-4-phenylazopyrimidin* (IV), F. 243 bis 244° (Zers.) Analog: *2.6-Dihydroxy-4-[p-fluorphenyl]-*, F. 261—263° (Zers.), *2.6-Dihydroxy-4-[p-tolyl]-*, F. 246—247° (Zers.), *2.6-Dihydroxy-4-[m-tolyl]-*, F. 233—234° (Zers.) u. 2.6-*Dihydroxy-4-[o-tolyl]-azopyrimidin*, F. 240° (Zers.). — Man gibt 0,7 wasserfreies $FeCl_3$ zu einer Suspension von 1 II in 2,0 III, rührt 5 Min. bei 4°, gießt das Rk.-Gemisch in 100 W., filtriert u. krist. den Nd. aus wss. Dimethylsulfoxid um. IV, F. 243—244° (Zers.). (**Aust. P. 229 108** vom 12/11. 1958, ausg. 28/7. 1960. E. Prior. 6/1. 1958.)

C. LÜTTGEN. 4833

Farbenfabriken Bayer Akt.-Ges., Leverkusen (Erfinder: **Werner Meiser**, Wuppertal), *Herstellung von 2-Azidoacetylaminopropandiolen-(1.3)*. (**Schwz. P. 356 138** vom 9/1. 1957, ausg. 29/9. 1961. D. Prior. 24/1. 1956. — C. **1960.** 5905 [D. A. S. 1 057 132].)

Farbenfabriken Bayer Akt.-Ges., Leverkusen (Erfinder: **Werner Meiser**, Wuppertal), *Herstellung von Salzen von p-Nitrophenyl-O-azidoacetyl-2-aminopropandiolen*. (**Schwz. P. 358 434** vom 9/1. 1957, ausg. 15/1. 1962. D. Prior. 24/1. 1956. — C. **1961.** 1650 [D. A. S. 1 062 706].)

Farbwerke Hoechst Akt.-Ges., vormals Meister Lucius & Brüning, Frankfurt/M., *Halogenbenzoesäureamide*. (**Belg. P. 554 530** vom 26/1. 1957, ausg. 29/1. 1960. D. Prior. 26/1. u. 29/11. 1956. — C. **1959.** 11345 [D. A. S. 1 026 301] u. C. **1960.** 13456 [F. P. 1 172 133].)

Farmaceutici Italia Soc. An., Mailand, Italien, *Choleretisch wirksame gesättigte und ungesättigte N-p-Hydroxyphenylamide*. (**E. P. 828 695** vom 7/3. 1956, ausg. 24/2. 1960. It. Prior. 10/3. 1955. — C. **1960.** 17539 [D. A. S. 1 064 528] u. C. **1961.** 1292 [D. A. S. 1 058 067].)

Alkaloida Vegyészeti Gyár, Tiszavasvári, Ungarn, *Herstellung von 3-Aminomethylpththaliden*. (**Schwz. P. 356 139** vom 21/5. 1957, ausg. 29/9. 1961. Ung. Prior. 25/5. 1956. — C. **1959.** 4807 [D. A. S. 1 054 090].)

Österreichische Stickstoffwerke Akt.-Ges., Linz/Donau (Erfinder: **Otto Schmid**, Leonding, **Leopold Rippel**, Wien, und **Gerhard Zölss**, Linz/Donau), Österreich, *Polymethylen- bzw. Phenylen-bis-carbaminsäureester*. (**Schwz. P. 358 413** vom 8/12. 1956, ausg. 15/1. 1962. D. Prior. 7/1. u. 12/9. 1956. — C. **1960.** 16732 [Oe. PP. 195 438 u. 195 439].

Deutsche Gold- und Silber-Scheideanstalt vormals Roessler, Frankfurt/M. (Erfinder: **Wilhelm Alfons Schuler**, Bad Homburg v. d. Höhe, und **Hans Klebe**, Frankfurt/M.), *Herstellung quaternärer Verbindungen*. (**Schwz. P. 357 404** vom 16/9. 1955, ausg. 30/11. 1961. D. Prior. 2/10. 1954. — C. **1957.** 8884 [D. A. S. 1 004 619].)

N. V. Philips' Gloeilampenfabrieken (Erfinder: **Hendrik Durk Moed** und **Jan Van Dijk**), *Herstellung von gemischten sekundären Aminen*. (**Aust. P. 227 513** vom 11/10. 1957, ausg. 28/4. 1960. Holl. Prior. 15/10. 1956. — C. **1962.** 1711 [Oe. P. 202 134].)

N. V. Philips' Gloeilampenfabrieken (Erfinder: **Hendrik Durk Moed** und **Jan Van Dijk**), *Herstellung gemischter sekundärer Aralkylaryloxalkylamine und ihrer Salze*. (**Aust. P. 227 674** vom 11/10. 1957, ausg. 5/5. 1960. Holl. Prior. 15/10. 1956. — C. **1962.** 1711 [Oe. P. 202 131].)

F. Hoffmann-La Roche & Cie. Soc. An., Basel, Schweiz, *Herstellung substituierter Hydrazide*. (**Belg. P. 569 078** vom 2/7. 1958, ausg. 17/3. 1961. Schwz. Prior. 3/7. u. 11/10. 1957. — C. **1960.** 14790 [Ung. P. 146 124].)

F. Hoffmann-La Roche & Cie. Soc. An., Schweiz, *Herstellung substituierter Aminosäurehydrazide*. (**F. P. 1 209 987** vom 16/6. 1958, ausg. 4/3. 1960. Schwz. Prior. 4/7., 23/9., 25/10. 1957, 10/1. u. 12/2. 1958. — C. **1961.** 18788 [Oe. P. 205 474].)

Fulvio Bracco (Erfinder: **Ernst Felder** und **Sergio Bianchi**), Mailand, Italien, *Cysteaminderivate*. (**Schwz. P. 358 432** vom 15/7. 1957, ausg. 15/1. 1962. — C. **1961.** 11809 [D. A. S. 1 062 705].)

Sterling Drug, Inc., New York, N.Y., V.St.A. (Erfinder: **Alexander Robert Surrey**), *Herstellung von 4-Metathiazonon-1-oxiden*. (**E. P. 866 761** vom 21/5. 1959, ausg. 3/5. 1961. — C. **1961.** 16205 [Aust. P. 219 672].)

J. R. Geigy Akt.-Ges., Basel, Schweiz (Erfinder: **Helmut Teufel**, Biberach/Riss), *Herstellung von substituierten 3.5-Dioxotetrahydro-1.2.6-thiadiazin-1.1-dioxiden*. (**Schwz. P. 358 088** vom 4/4. 1957, ausg. 30/12. 1961. — C. **1961.** 10292 [Oe. PP. 203 507, 203 508 u. 203 509].)

Farmaceutici Italia Soc. An. (Erfinder: **Antonello Gallo**), Mailand, Italien, *Dextran-Phosphorsäureester*. (**Schwz. P. 351 582** vom 20/7. 1956, ausg. 15/3. 1961. It. Prior. 20/7. 1955. — C. **1959.** 3582 [D. A. S. 1 040 013].)

Eli Lilly & Co. (Erfinder: **Earle M. Can Heyningen**), *Mittel zur Reduzierung des Cholesterin-Blutspiegels*. (**Aust. P. 225 630** vom 14/3. 1958, ausg. 24/12. 1959. A. Prior. 28/10. 1957. — C. **1961.** 2029 [E. P. 828 766].)

Frank W. Horner Ltd., übert. von: **Willard J. Johnson**, Montreal, Quebec, Canada, *Heilmittel mit Acetylierungs-Hemmstoff*. (**Can. P. 553 868** vom 4/6. 1954, ausg. 4/3. 1958. — C. **1959.** 4565 [E. P. 791 404].)

Badische Anilin- & Soda-Fabrik Akt.-Ges., übert. von: **Horst Pommer** und **Wilhelm Sarnecki**, Ludwigshafen/Rh., *Verbindungen der β-Jonylidenäthylidenreihe*. (**A. P. 2 983 739** vom 29/8. 1958, ausg. 9/5. 1961. D. Prior. 3/9. 1957. — C. **1960.** 1946 [D. A. S. 1 059 900].)

Ciba Akt.-Ges., Basel (Erfinder: **Albert Wettstein**, Riehen, **Karl Heusler**, Basel, **Helmut Ueberwasser**, Riehen, und **Peter Wieland**, Basel), Schweiz, *Herstellung neuer Polyhydrophenanthrene*. (**Schwz. P. 353 004** vom 25/1. 1957, ausg. 15/5. 1961. **A. P. 2 957 888** vom 16/1. 1958, ausg. 25/10. 1960. Schwz. Prior. 25/1. 1957. — C. **1960.** 12 779 [D. A. S. 1 072 990].)

Ciba Soc. An., Basel, Schweiz, *Herstellung von Steroiden.* (**Belg. P. 569 597** vom 19/7. 1958, ausg. 19/5. 1961. Schwz. Prior. 19/7. u. 5/12. 1957. — C. **1960.** 5255 [D. A. S. 1 061 779].)

British Drug Houses Ltd., London, England (Erfinder: **David Neville Kirk** und **Vladimir Petrow**), *Herstellung von Steroiden.* (**E. P. 852 847** vom 4/3. 1958, ausg. 2/11. 1960. — C. **1962.** 5398 [D. A. S. 1 102 144].)

Upjohn Co. (Erfinder: **Barney John Magerlein, William Paul Schneider, George Basil Spero** und **John Alexander Hogg**), Kalamazoo, Mich., V.St.A., *Herstellung von therapeutisch wirksamen Steroidverbindungen.* (**D. A. S. 1 123 321** Kl. 12o vom 28/11. 1958, ausg. 8/2. 1962. A. Prior. 29/11. 1957. — C. **1959.** 13578 [A. PP. 2 838 537 u. 2 838 539].)

Upjohn Co. (Erfinder: **Barney John Magerlein, George Basil Spero, William Paul Schneider** und **John Alexander Hogg**), Kalamazoo, Mich., V.St.A., *Herstellung von therapeutisch wirksamen Steroidverbindungen.* (**D. A. S. 1 123 322** Kl. 12o vom 28/11. 1958, ausg. 8/2. 1962. A. Prior. 29/11. 1957. — C. **1959.** 13578 [A. P. 2 838 539].)

Upjohn Co., Kalamazoo, Mich., V.St.A., *Herstellung von Steroiden.* (**E. P. 874 374** vom 25/11. 1958, ausg. 2/8. 1961. A. Prior. 29/11. 1957 u. 9/6. 1958. — C. **1960.** 8274 [A. P. 2 880 205].)

Upjohn Co., Kalamazoo, Mich., V.St.A., *Herstellung von Steroiden.* (**E. P. 874 375** vom 25/11. 1958, ausg. 2/8. 1961. A. Prior. 29/11. 1957. — C. **1959.** 12 635 [A. P. 2 838 501].)

Upjohn Co., Kalamazoo, Mich., V.St.A., *Herstellung von Steroiden.* (**E. P. 878 705** vom 25/11. 1958, ausg. 4/10. 1961. A. Prior. 29/11. 1957 u. 9/6. 1958. — C. **1960.** 7941 [A. P. 2 876 219].)

Upjohn Co., Kalamazoo, Mich., V.St.A., *Herstellung von Steroiden.* (**E. P. 881 901** vom 31/7. 1958, ausg. 8/11. 1961. A. Prior. 23/9. 1957. — C. **1960.** 14792 [D. A. S. 1 079 632].)

Merck & Co., Inc., Rahway (Erfinder: **B. G. Christensen, R. F. Hirschmann** und **I. Putter**), N.J., V.St.A., *Reinigung von Steroiden.* (**Belg. P. 569 869** vom 29/7. 1958, ausg. 30/6. 1961. A. Prior. 30/7. 1957. — C. **1961.** 10295 [D. A. S. 1 079 041].)

Upjohn Co., V.St.A. (Erfinder: **Herbert Charles Murray** und **Durey Harold Peterson**), *Oxydation von Steroiden.* (**F. P. 73 901** vom 7/7. 1952, ausg. 3/3. 1961. A. Prior. 23/2. u. 5/4. 1952. Zusatz zu F. P. 1 162 915; C. 1959. 16867. — C. **1953.** 9243 [A. P. 2 602 769].)

Upjohn Co., V.St.A. (Erfinder: **Herbert Charles Murray** und **Durey Harold Peterson**), *Oxydation von Steroiden.* (**F. P. 73 902** vom 7/7. 1952, ausg. 3/3. 1961. A. Prior. 23/2. u. 10/4. 1952. Zusatz zu F. P. 1 162 915; C. 1959. 16867. — C. **1957.** 7732 [E. P. 724 147].)

Upjohn Co., V.St.A., *Oxydation von Steroiden.* (**F. P. 74 012** vom 16/6. 1953, ausg. 8/3. 1961. Zusatz zu F. P. 1 162 915; C. 1959. 16867. — C. **1955.** 11255 [A. P. 2 649 402].)

Upjohn Co., V.St.A., *Oxydation von Steroiden.* (**F. P. 74 013** vom 16/6. 1953, ausg. 8/3. 1961. Zusatz zu 1 162 915; C. 1959. 16867. — C. **1955.** 10328 [A. P. 2 649 400].)

Upjohn Co., V.St.A., *Oxydation von Steroiden.* (**F. P. 74 014** vom 16/6. 1953, ausg. 8/3. 1961. Zusatz zu F. P. 1 162 915; C. 1959. 16867. — C. **1955.** 11052 [A. P. 2 695 260].)

Upjohn Co., V.St.A., *Oxydation von Steroiden.* (**F. P. 74 017** vom 16/6. 1953, ausg. 8/3. 1961. Zusatz zu F. P. 1 162 915; C. 1959. 16867. — C. **1957.** 9465 [D. B. P. 942 926].)

Tadeus Reichstein (Erfinder: **Albert Wettstein, Georg Annor, Jean René Billeter, Karl Heusler, Robert Neher, Julius Schmidlin, Hellmut Ueberwasser** und **Peter Wieland**), *Steroide.* (**Aust. P. 225 993** vom 3/6. 1957, ausg. 21/1. 1960. — C. **1959.** 6894 [D. A. S. 1 018 862].)

Tadeus Reichstein, Basel, Schweiz, *Herstellung von oxygenierten Steroiden.* (**Oe. P. 216 157** vom 14/5. 1956, ausg. 10/7. 1961. Schwz. Prior. 18/5. u. 20/7. 1955. — C. **1959.** 5903 [D. A. S. 1 018 863] u. C. **1960.** 2970 [D. A. S. 1 063 162].)

Ciba Akt.-Ges. (Erfinder: **Albert Wettstein, Ernst Vischer**, Basel, und **Charles Meystre**, Arlesheim), Schweiz, *Herstellung von 1-Dehydrohydroxysteroiden.* (**Schwz. P. 352 330** vom 25/2. 1955, ausg. 14/4. 1961. — C. **1959.** 3910 [D. A. S. 1 027 664].)

British Drug Houses Ltd. (Erfinder: **Winifred June Adams, Bernard Ellis, Vladimir Petrow** und **Isobel Ann Stuart-Webb**), London, England, *Herstellung von 6α-Methyl-3-oxo-Δ^4-steroiden.* (**Schwz. P. 351 596** vom 21/6. 1956, ausg. 15/3. 1961. E. Prior. 22/6. 1955 u. 6/6. 1956. — C. **1959.** 6233 [D. A. S. 1 028 993].)

British Drug Houses Ltd. (Erfinder: **Winifred June Adams, Bernard Ellis, Vladimir Petrow** und **Isobel Ann Stuart-Webb**), London, England, *Herstellung von 6α-Methyl-3-oxo-Δ^4-steroiden.* (**Schwz. P. 356 763** vom 21/6. 1956, ausg. 31/10. 1961. E. Prior. 22/6. 1955 u. 6/6. 1956. — C. **1959.** 12329 [D. A. S. 1 040 544].)

Smith, Kline & French Laboratories (Erfinder: **Percy Lavon Julian** und **Arthur Magnani**), *Bromverbindungen der Pregnanreihe.* (**Aust. P. 227 519** vom 4/2. 1958, ausg. 28/4. 1960. A. Prior. 1/3. 1957. — C. **1962.** 224 [D. A. S. 1 095 827].)

Upjohn Co. (Erfinder: **William Julius Wechter** und **Gunther Siegfried Fonken**), Kalamazoo, Mich., V.St.A., *Herstellung von 11α-Allyl-11β-hydroxy-5β-pregnan-3.20-dionen.* (**D. A. S. 1 124 491** Kl. 12o vom 20/1. 1960, ausg. 1/3. 1962. A. Prior. 12/2. 1959. — C. **1960.** 15 496 [A. P. 2 897 198].)

Ciba Akt.-Ges., Basel, Schweiz, *Herstellung von 3.20-Dioxo-11β-hydroxy-12α-haolgen-Δ^4-pregnenen.* (**Oe. P. 213 568** vom 30/8. 1956, ausg. 27/2. 1961. Schwz. Prior. 2/9. u. 23/9. 1955. — C. **1960.** 5580 [D. A. S. 1 065 844].)

Upjohn Co., V.St.A. (Erfinder: **Barney John Magerlein, William Paul Schneider, Oldrich Karel Sebek** und **George Basil Spero**), *Herstellung von 6α-Fluor-11-oxigenierten-16α-hydroxy-Δ^4-pregnen-3.20-dionen.* (**F. P. 1 257 642** vom 5/2. 1959, ausg. 19/7. 1961. A. Prior. 19/2. 1958. — C. **1960.** 7260 [A. P. 2 864 837].)

G. D. Searle & Co., Chicago, Ill., V.St.A. (Erfinder: **Luis E. Miramontes, Miguel A. Romero** und **Fortunato Ahuad Farjat**, Mexico, Mexico), *Herstellung von 3β-Acyloxy-6-methyl-$\Delta^{5,16}$-pregnadien-20-onen.* (**D. A. S. 1 124 943** Kl. 12o vom 24/9. 1958, ausg. 8/3. 1962. A. Prior. 27/9. 1957. — C. **1960.** 9313 [A. P. 2 878 246].)

Upjohn Co. (Erfinder: **Barney John Magerlein, John LeRoy Thompson** und **George Basil Spero**), Kalamazoo, Mich., V.St.A., *Herstellung von 6α-Methyl-11β.21-dihydroxy-$\Delta^{4.17,20}$-pregnadien-3-on durch alkalische Hydrolyse des 3-Pyrrolidylenamins des 6α-Methyl-11β.21-dihydroxy-$\Delta^{4.17,20}$-pregnadien-3-ons.* (**D. A. S. 1 115 247** Kl. 12o vom 23/12. 1959, ausg. 19/10. 1961. A. Prior. 21/1. 1959. — C. **1961.** 10795 [A. P. 2 920 085].)

Upjohn Co. (Erfinder: **J. Allan Campbell** und **John Claude Babcock**), Kalamazoo, Mich., V.St.A., *Herstellung von 7.17α-Dimethylverbindungen der Androstanreihe.* (**D. A. S. 1 122 948** Kl. 12o vom 3/6. 1959, ausg. 1/2. 1962. A. Prior. 6/6. u. 22/12. 1958. — C. **1962.** 10935 [E. P. 863 662].)

Upjohn Co., Kalamazoo, übert. von: **John C. Babcock**, Portage Township, und **Raymond L. Pederson**, Kalamazoo, Mich., V.St.A., *Herstellung von 1-Dehydro-17-hydroxyprogesteronacylaten.* (**A. P. 2 971 886** vom 27/11. 1957, ausg. 14/2. 1961. — C. **1962.** 10935 [E. P. 848 749].)

American Home Products Corp., New York, N.Y., V.St.A., übert. von: **David J. Marshall**, Westmount, Quebec, Canada, *Herstellung von neuen Östranderivaten.* (**A. P. 2 930 805** vom 19/1. 1959, ausg. 29/3. 1960. — C. **1962.** 10572 [D. A. S. 1 093 360].)

Knud Abildgaard, Dänemark, *Herstellung von 1-Dehydrocorticosteroiden.* (**F. P. 1 231 643** vom 18/3. 1957, ausg. 30/9. 1960. E. Prior. 20/3. 1956. — C. **1959.** 13266 [E. P. 805 563].)

Chas. Pfizer & Co., Inc., Brooklyn (Erfinder: **Gilbert Malcolm Schull**, Huntingstation, und **Donald Albert Kita**, Jackson Heights), N.Y., V.St.A., *Herstellung von Cortisonderivaten.* (**Schwz. P. 356 765** vom 23/1. 1956, ausg. 31/10. 1961. A. Prior. 24/1., 28/1. u. 27/7. 1955. — C. **1959.** 14508 [D. A. S. 1 045 400].)

Ciba Ltd., Basel, Schweiz, *Herstellung antiallergischer und antiviraler Stoffe aus Bakterienkulturen.* (**E. P. 856 414** vom 8/3. 1957, ausg. 14/12. 1960. Schwz. Prior. 8/3. 1956. — C. **1962.** 954 [Schwz. P. 344 181].)

Merck & Co., Inc., Rahway, N.J., V.St.A., *Gewinnung von Antibiotica mittels Ionenaustauschharzen.* (**E. P. 871 221** vom 9/5. 1958, ausg. 21/6. 1961. A. Prior. 21/5. 1957. — C. **1960.** 16525 [D. A. S. 1 062 891] u. C. **1960.** 17212 [D. A. S. 1 072 774].)

Farmaceutici Italia Soc. An., Mailand, Italien, *Antibiotica Distamycin und Distacin.* (**E. P. 872 734** vom 11/12. 1957, ausg. 12/7. 1961. It. Prior. 12/12. 1956. — C. **1960.** 581 [D. A. S. 1 039 198].)

Parke, Davis & Co. (Erfinder: **William McLean jun.** und **Wilton Adair Rightsel**), *Impflösung für Leberdiagnose.* (**Aust. P. 224 348** vom 23/4. 1957, ausg. 29/10. 1959. A. Prior. 30/4. 1956. — C. **1959.** 11999 [D. A. S. 1 037 655].)

Norwich Pharmacal Co., Norwich, N.Y., V.St.A., *Stabilisierung von 5-Nitro-2-furaldehydsemicarbazon.* (**Holl. P. 99 635** vom 7/11. 1956, ausg. 15/11. 1961. A. Prior. 14/11. 1955. — C. **1958.** 7553 [Oe. P. 194 183].)

Farbwerke Hoechst Akt.-Ges., vormals Meister Lucius & Brüning, Frankfurt/M., *Herstellung von 4-Halogen-2-hydroxybenzoesäureamiden.* (**Holl. P. 98 816** vom 21/1. 1957, ausg. 15/8. 1961. D. Prior. 26/1. u. 29/11. 1956. — C. **1959.** 11345 [D. A. S. 1 026 301] u. C. **1960.** 13456 [F. P. 1 172 133].)

Raion Hamigaki Kabushiki Kaisha (Lion Dentifrice Co. Ltd.), übert. von: **Teruo Matsumura**, Tokyo, **Koichiro Iwasaki**, Tachikawa City, und **Seiichi Okumura**, Musashino City, Japan, *Transparente Zahnpaste.* (**A. P. 2 975 102** vom 26/2. 1957, ausg. 14/3. 1961. Jap. Prior. 1/3. 1956. — C. **1961.** 235 [D. A. S. 1 069 832].)

Bendix Corp. (Erfinder: **Thomas Joseph Bulat**), V.St.A., *Herstellung von radioaktivem Öl mittels Halogen.* (**F. P. 1 261 165** vom 14/9. 1956, ausg. 8/9. 1961. A. Prior. 7/10. 1955. — C. **1960.** 7261 [E. P. 805 385].)

Farbenfabriken Bayer Akt.-Ges., Leverkusen (Erfinder: **Heinrich Klös** und **Wilhelm Schacht**, Wuppertal), *Herstellung von Alkylmercurisalzen.* (**Schwz. P. 358 418** vom 1/10. 1956, ausg. 15/1. 1962. D. Prior. 15/10. 1955. — C. **1957.** 9731 [D. A. S. 1 003 733].)

Farbenfabriken Bayer Akt.-Ges., Leverkusen (Erfinder: **Heinrich Klös** und **Wilhelm Schacht**, Wuppertal), *Herstellung von Alkylmercurihydroxiden.* (**Schwz. P. 359 136** vom 1/10. 1956, ausg. 15/2. 1962. D. Prior. 15/10. 1955. — C. **1957.** 9731 [D. A. S. 1 003 733].)

G. Analyse. Laboratorium

Ein einfacher Absperrhahn einer automatischen Pipette. Bernard H. Armbrecht. (J. Assoc. off. agric. Chemists **44.** 58—59. Febr. 1961. Washington, D. C., U. S. Dep. of Health, Education and Welfare, Div. of Pharmacol., Food and Drug Adm.) (Engl.) CH. WEISKE. 5014 □

Die calorimetrische Temperaturmessung. W. Grundmann. (Arch. techn. Messen ind. Messtechn. **1958.** 111—12. Juni. Hannover, TH.) (Dt.)

Erklärung des Prinzips der Temp.-Messung mit Metallkörpern u. Fl.-Calorimetern sowie der Eichung von Präzisionsthermometern durch elektr. Heizung adiabat. Calorimeter. R. JUNGE. 5016 □

Statistische Methoden in der chemischen Analyse. Barbara Chojnicka. (Farmacja polska **15.** 246—51. 31/7. 1959.) (Pol.)

Anleitung zur prakt. statist. Auswertung von Analysenergebnissen. F. URBAN. 5050 □

Statistische Untersuchungen bei der Analyse einer Substanz. W. W. Nalimow. (Известия Академии Наук СССР, Серия Физическая [Nachr. Akad. Wiss. UdSSR, physik. Ser.] **23.** 1137—38. Sept. 1959.) (Russ.)

Allg. Betrachtungen über Fehlerquellen bei der Analyse u. die Aussagekraft einer Analyse. CH. WEISKE. 5050 □

Lichtquellen mit großer Helligkeit für die Mikroskopie. F. Gabler und O. Rüker. (Lab. sci. [Milano] **8.** 65—72. Mai/Juni 1960.) (Ital.)

Beschreibung einer Reihe von mkr. verwendeten Lichtquellen. Tabellar. sind die Leuchtdichten dieser Lichtquellen in Stilb angegeben. C. GOTTFRIED. 5056

Untersuchungen zur Präparattemperatur auf Mikroskopheiztischen. H.-J. Engel und E. Zerbst. (Z. wiss. Mikroskop. mikroskop. Techn. **64.** 384—94. Okt. 1960. Berlin, FU, Physiol. Inst.) (Dt.)

Vff. berichten über genaue Messungen der Heiztische von LEITZ u. ZEISS u. gleichzeitig die Temp. im Präp. über der Heiztischmitte, wobei stets die Temp. der unter dem Objektiv liegenden Präparatstelle gemessen wurde. Auf Grund der hierbei beobachteten Differenzen stellen Vff. fest, daß der Mikroskopheiztisch nur dann als zuverlässige Wärmequelle benutzt werden kann, wenn man dabei die genaue Präparat-Temp. kontrolliert. C. GOTTFRIED. 5056

Beitrag zur Bestimmung des Aktivitätsgrades von Aluminiumoxid zur Chromatographie, dargestellt durch Erhitzen von Aluminiumsalzen. Kosta Nikolić und Ksenija Velaševic. (Acta pharmac. jugosl. **10.** 131—34. 1960. Beograd, Farmac. fak., Inst. za fiz. hemiju.) (Serbokroat.)

Durch 6—7std. Erhitzen von $Al_2(SO_4)_3 \cdot 18\,H_2O$, $KAl(SO_4)_2 \cdot 12\,H_2O$, $AlCl_3 \cdot 6\,H_2O$, $Al(NO_3)_3 \cdot 9\,H_2O$ u. $(NH_4)Al(SO_4)_2$ auf 600° hergestelltes Al_2O_3 hat, mit Ausnahme des aus $KAl(SO_4)_2$ gewonnenen, denselben Aktivitätsgrad (Aktivitätsstufe III) wie nach BROCKMANN standardisiertes Al_2O_3. S. BECKMANN. 5062□

Dünnschicht-Chromatographie. 4. Mitt. Einsatzschema, Randeffekt, „saure und basische" Schichten, Stufentechnik. Egon Stahl. (Arch. Pharmaz. Ber. dtsch. pharmaz. Ges. **292/64.** 411—16. Aug./Sept. 1959. Saarbrücken, Univ. des Saarlandes, Botan. Inst.) (Dt.) — 3. vgl. Parfümerie u. Kosmetik **39.** [1958.] 564; 2. vgl. C. **1961.** 13659; vgl. auch C. **1962.** 10586.

Für eine zweckmäßige Anwendung der Dünnschichtchromatographie an Kieselgel G als Vorprobe u. zur Kontrolle der chromatograph. Trennung einer größeren Menge eines Stoffgemisches an Al_2O_3-Säulen gibt Vf. ein Arbeitsschema an. Das bei der Dünnschichtchromatographie bisweilen beobachtete „Randphänomen" (Ansteigen der R_F-Werte an den Rändern der Platte) bei Verw. von Mischungen unterschiedlich polarer Lsgm. wird durch Abdunstung des weniger polaren Lsgm. in Randnähe erklärt. Die Erscheinung kann dadurch behoben werden, daß man an den Innenwänden der Kammer Papierstreifen anbringt, die mit dem Lsgm.-Gemisch getränkt sind. Diese Maßnahme führt außer der Beseitigung des „Randphänomens" zu verkürzten Laufzeiten u. einer allg. Verringerung u. besseren Konstanz der R_F-Werte. Zur Herst. saurer Kieselgelschichten verwendet man beim Bereiten der Streichmasse statt W. 0,5n Oxalsäure u. zur Herst. bas. Schichten 0,5n NaOH. Als Stufentechnik bezeichnet Vf. die nacheinander ausgeführte Chromatographie mit der gleichen Platte unter Verw. verschiedener Elutionsmittel. Auf diese Weise können z. B. Stoffe, die in einem 1. Chromatogramm gemeinsam mit der Front etwa bis zur Hälfte der Platte entwickelt wurden, in einem 2. Chromatogramm mit anderen Lsgm. weiter aufgetrennt werden. Andererseits kann man in einem 1. Chromatogramm störende Begleitstoffe (z. B. Fette, Wachse, Vaseline usw.) in die Lsgm.-Front „abschieben", um im 2. Chromatogramm die eigentliche Trennung der Wirkstoffe mit anderen Lsgm. vorzunehmen. K. PAVEL. 5062

Schnellcharakterisierung kleiner Mengen Öl durch Dünnschicht-Silicagel-Chromatographie. G. B. Crump. (Nature [London] **193.** 674—75. 17/2. 1962. Chester, Shell Res. Ltd., Thornton Res. Centre.) (Engl.)

Zur schnellen chromatograph. Unters. kleiner Ölmengen verwendet Vf. eine 15% $CaSO_4$ enthaltende 0,3 mm dicke SiO_2-Schicht auf einer 20 × 20 cm-Glasplatte. Nachdem die Öltröpfchen (0,1—1 mg) wie bei der Papierchromatographie an den Rand gesetzt sind, wird mit Chlf./Bzl. (70:30) als Lsgm. 1 Std. lang aufsteigend chromatographiert. Nach dem Trocknen wird die Platte im UV-Licht untersucht, dann mit konz. H_2SO_4 besprüht u. auf 120° erhitzt (wobei einige Öle Farbflecken geben) u. danach noch einmal im UV-Licht auf Fluorescenzflecken durchgesehen. Die Öle werden in 4 Gruppen eingeteilt (KW-Stoff-Mineralöle, synthet. Esteröle, natürliche Glyceride u. grundsätzlich andersartige Öle, wie Polyäthylenoxide, Silicone u. a.), die sich in der Art, wie sie auf die Tests ansprechen, in charakterist. Weise unterscheiden. Die R_F-Werte liegen im allg. zwischen 0,5 u. 0,7 u. sind bei den ungesätt. Ölen mit polaren Gruppen niedriger als bei den gesättigten. W. BETCKE. 5062□

Säulenchromatographie für verschiedene Lösungsmittelprogramme. R. P. Harpur. (Analytic. Chem. **31.** 2112—13. Dez. 1959. P. Q., Canada, Macdonald Coll., McGill Univ., Inst. of Parasitol.) (Engl.) — Vgl. ROBERTS u. MASON, C. **1959.** 3242.

Es wird eine veränderte App. zur stufenweisen Elution einer chromatograph. Säule beschrieben, die nach dem l. c. beschriebenen Prinzip arbeitet, jedoch nicht auf eine bestimmte Anordnung der Lsgm. angewiesen ist. Die Glasdiaphragmen sind durch bewegliche Scheiben ersetzt u. das Vol. zwischen den Diaphragmascheiben kann durch Änderung der Scheibendurchmesser variiert werden. Die Elution kann in 12 Stufen mit je 10—35 ml durchgeführt werden. H. PLUSKAL. 5062□

Automatische Anordnung zur Fraktionsentnahme aus chromatographischen Kolonnen. W. I. Titomirow. (Заводская Лаборатория [Betriebs-Lab.] **26.** 112 bis 113. 1960. Chem. Zentrallabor. der nordwestl. geol. Verw.) (Russ.)

Es wird ein einfach u. zuverlässig arbeitender Fraktionssammler beschrieben, der es gestattet, einzelne Fraktionen von 0,02—0,03 ml mit Zeitintervallen von 0,5—1,5 Min. aufzufangen. Die Tropfenregistrierung erfolgt durch unterhalb der Tropfen-Bldg.-Stelle angebrachte Pt-Kontakte, die durch den herabfallenden Tropfen kurzgeschlossen werden. Die Fraktionssammelgefäße befinden sich auf einer Scheibe, die sich nach jedem Tropfenfall um einen Einteilungsgrad weiter dreht u. das nächste Sammelgefäß zur Tropfstelle befördert. Der Fraktionssammler wird bei der säulenchromatograph. Trennung von seltenen Erdmetallen an Austauscherharzen verwendet. H.-P. Pietsch. 5062□

Einspalt-Dreistrahl-Interferometrie. W. G. Chomasjuk. (Оптика и Спектроскопия [Optik u. Spektroskopie] **11.** 417—19. Sept. 1961.) (Russ.)

Das Prinzip der Dreistrahlinterferometrie gestattet Gangunterschiede von 1/200 bis 1/300 λ zu messen. Ihrer prakt. Anwendung steht das Fehlen einfacher Geräte entgegen. Vf. schlägt die Verw. folgender einfachen Anordnung vor: Die Lichtquelle wird auf einen Spalt projiziert, der im Brennpunkt einer weiteren achromat. Linse steht. Das parallele Lichtbündel durchtritt dann 2 gleiche nebeneinanderliegende planparallele Platten ($d \cong 0{,}5$ mm), zwischen deren Kanten ein 3—5 mm breiter, senkrecht zum Eintrittsspalt stehender Zwischenraum gelassen ist (es kann auch eine schmale Platte in der Mitte des Strahlenganges angeordnet sein). Das entstehende Beugungsbild wird auf den senkrecht zum ersten Spalt stehenden Spektrographenspalt projiziert u. ergibt dann am Spektrographenausgang entsprechende Interferenzstreifen. R. Gerbatsch. 5063□

Infrarot-Spektroskopie. Jean Lecomte. (Z. Instrumentenkunde **68.** 247—48. Okt. 1960. Paris.) (Dt.)

Kurzer Überblick über die Anwendung der IR-Spektroskopie.

Gerhard Schulze. 5063□

Neue Infrarot-Detektoren für das Gebiet von 1—7 μ. D. H. Lee und D. H. Roberts. (Optica Acta [London] **7.** 271—80. Juli 1960. Caswell, Towcester, Northants, Plessey Co. Ltd.) (Engl.)

Der theoret. Zusammenhang von Empfindlichkeit u. Materialparametern von Festkörperdetektoren, deren Wirksamkeit auf Photoleitfähigkeit oder photoelektr. Eigg. beruht, wird kurz aufgezeigt. Die Brauchbarkeit von Indiumarsenid u. Indiumantimonid als Detektoren wird behandelt u. deren Bau u. Leistungsfähigkeit beschrieben sowie auf die prakt. Verw. mit bes. Berücksichtigung der angeschlossenen Stromelemente eingegangen. H. Lindberg. 5063□

Die Herstellung und Verwendung von additiv gefärbten Alkalihalogenidkristallen für infrarotdurchlässige Filter. J. Gaunt. (Spectroscopy Paper No. SP IIIp. **1956.** 1—3. Harwell.) (Engl.) — Vgl. C. **1959.** 2565. H.-J. Eichhoff. 5063□

Eine neue pH-Meterzellenanordnung. P. Bamford. (Lab. Pract. **9.** 597—98. Aug. 1960. Welwyn, Herts., ICJ Ltd., Akers Res. Labor.) (Engl.)

Es wird eine billige App. beschrieben, die die Einstellung mehrerer, kleiner, wss. Probe-Lsgg. auf einen Standard-pH-Wert vereinfacht u. beschleunigt. Die Zelle besteht aus einem am Boden mit einem Hahn u. an der Seite mit einem Einfülltrichter versehenen Glaszylinder. Ein kurzer Gummistopfen trägt eine Glas- u. eine Kalomelelektrode mit KCl-Reservoir, ein Thermometer u. 4 Capillaren zur Zuführung der notwendigen Reagentien. Diese Anordnung ist an einer vertikalen Stange befestigt u. wird über ein exzentr. Rad durch einen Elektromotor bewegt. Die Zelle reicht für Proben von 6—20 ml aus.

P. Scharner. 5066□

Ein nützliches Zusatzgerät bei der elektrometrischen pH-Bestimmung. W. J. Roff. (Lab. Pract. **9.** 318. Mai 1960. Didsbury, Manchester, Shirley Inst., Brit. Cotton Ind. Res. Assoc.) (Engl.)

Vf. beschreibt ein aus Glas bestehendes Zusatzteil, das die Verb. zwischen der Kalomelelektrode u. der zu untersuchenden Lsg. herstellt u. eine jeweils leicht reproduzierbare Potentialeinstellung beim Wechsel von z. B. einer gepufferten Lsg. gegen eine ungepufferte ermöglicht. U. Skurnia. 5066□

Vergleichende Untersuchung polarographischer Methoden. 1. Mitt. **Klassische Polarographie und verwandte Methoden.** F. Verbeek. (Ind. chim. belge **26.** 174—95. 1961. Gent, Univ., Labor. voor Anal. Scheikunde.) (Fläm.)

Übersicht über die klass. polarograph. Meth. bes. hinsichtlich der in letzter Zeit vorgenommenen Verbesserungen bzgl. Empfindlichkeit, Auflösungsvermögen u. Ausschaltung störender Diffusionsströme von bei positivem Potential red. Ionen. Folgende Meth. werden eingehend besprochen: subtraktive u. Derivativpolarographie, Chronopotentiometrie, anod. Wiederauflösungspolarographie sowie verschieden polarisierbare Elektroden im Vgl. zur tropfenden Hg-Elektrode. — 167 Literaturhinweise.

G. Kirsten. 5066 □

Polarographie von Lösungen, die elementaren Schwefel und Metallionen enthalten. R. E. Humphrey. (Analytic. Chem. **34.** 167—68. Jan. 1962. Detroit, Mich., Res. Labor., Ethyl Corp.) (Engl.)

Polarogramme von Lsgg., die Metallionen u. S enthalten, zeigen eine zu kleine Schwefelstufe, wenn das Metallion beim negativeren Potential red. wird. Red. man S zuerst, ist die Strom–Spannungsstufe zur Red. des Metallions kleiner als erwartet. Es besteht eine lineare Beziehung zwischen der Abnahme der Schwefel–Strom-Stufe u. der Zunahme der Ag-Ionenkonzentration. Dieses Verh. wird auf die Ausfällung von Metallsulfiden, die bei der Red. des elementaren S entstehen, zurückgeführt. J. Peters. 5066 □

Anwendung der oscillographischen Polarographie in der quantitativen Analyse. 14. Mitt. Mikroanalytische Bestimmung mit Hilfe der hängenden Quecksilbertropfelektrode. Robert Kalvoda und Christa Ch. Stockmannová. (Chem. Listy **55.** 477—82. April 1961. Prag, Tschechoslow. Akad. der Wiss., Polarograph. Inst.) (Tschech.) — 13. vgl. C. **1962.** 6893.

Zur oscillograph. Mikroanalyse können $dE/dt = f(E)$-Kurven benützt werden, die nach einer Vorelektrolyse mit Gleichstrom an der (zur Aufkonz. der gelösten Schwermetallionen als Amalgame) hängenden Hg-Tropfelektrode nach Micka (vgl. vorst. Ref.) gemessen wurden. Die Umschaltung von der Elektrolyse mit Gleichstrom auf Polarisation mit Wechselstrom muß mit dem Öffnen des Kameraverschlusses synchronisiert werden. Die vorgeschlagene Schaltung wurde zur Best. des Cu- u. Pb-Geh. von $CaCO_3$-Proben benutzt (ca. 0,0001%). Ferner wird eine Schaltung angegeben, die dann zu verwenden ist, wenn die Probe ein unedleres Element im Überschuß enthält, dessen Amalgam vor Aufnahme der Kurve aufgelöst werden muß; sie wurde zur Best. von 0,01% Cu u. Pb neben 0,01% Cd in ZnO benutzt. P. Zuman/Prag. 5066

a) Elemente und anorganische Verbindungen

Ein allgemeiner Überblick über die Registriergeräte für gelösten Sauerstoff. H. W. Holy. (Trans. Soc. Instrument Technol. **12.** 145—50. Sept. 1960.) (Engl.)

Vf. gibt eine Übersicht über eine Anzahl auf dem Markt befindlicher Meßgeräte für gelösten O u. bespricht die Arbeitsweise, die Nulleinstellung, die Eichung, die Genauigkeit sowie die Vor- u. Nachteile von App., die nach dem Prinzip der Wärmeleitfähigkeit (Katharometer), der elektr. Leitfähigkeit u. nach elektrochem. Meth. arbeiten. In den letzten Gruppen werden die Instrumente, die auf der Gasüberführung beruhen, denen mit Eintaucheletroden gegenübergestellt. — 21 Literaturangaben.

Gerhard Schulze. G 239 □

Coulometrisches Analysengerät für Sauerstoffspurenmengen. F. A. Keidel. (Ind. Engng. Chem. **52.** 490—93. Juni 1960. Wilmington, Del., E. I. du Pont de Nemours & Co., Inc.) (Engl.)

Es wird ein Analysengerät zur Best. geringer Mengen O_2 beschrieben, dessen wesentlicher Teil eine mit 25%ig. NaOH-Lsg. gefüllte Zelle mit einer Cd- u. einer Ag-Elektrode ist u. bei der die Stromstärke ein Maß für die O_2-Menge ist. Die Empfindlichkeit beträgt 26 μA für 1 ppm, die Ansprechzeit ca. 3—5 Minuten. W. Luchsinger. G 239 □

Über das zur Sauerstoffbestimmung geeignete Mangan(II)-carbonat beziehungsweise Mangan(II)-oxid. E. Schulek und E. Pungor. (Ann. Univ. Sci. Budapestinensis Rolando Eötvös nominatae, Sect. Chim. **2.** 41—44. 1960. Budapest, Eötvös Univ., Inst. für anorg. u. anal. Chem.) (Dt.)

Herst. u. Eigg. eines zur O_2-Best. geeigneten $MnCO_3 \cdot 2\,H_2O$ bzw. MnO werden beschrieben. W. Luchsinger. G 239 □

Spektralbestimmung von Stickstoffspuren in Argon. W. I. Dianow-Klokow und W. A. Ssaltykowa. (Заводская Лаборатория [Betriebs-Lab.] **26.** 1124—26. 1960. Inst. für elementorg. Verbindungen der Akad. der Wiss. der UdSSR.) (Russ.)

Vff. schlagen für die Best. von N_2-Spuren in Ar bei Anregung in einer Gasentladungsröhre bei 10 Torr Druck ein zweikanaliges Filterphotometer vor. Das Licht der Röhre wird mit einer geschlitzten, mit 20 Hz rotierenden Scheibe abwechselnd durch ein Interferenzfilter für $\lambda_{max} = 3900$ Å (Banden-Syst. des N_2) u. ein Glasfilter für $\lambda \gg 4200$ Å (Ar-Linien) gegeben u. mit Photovervielfacher registriert. Nach Verstärkung mit Schmalbandverstärker wird der resultierende Strom gemessen. Zur Eichung dienen synthet. Gasgemische. Die hauptsächliche Fehlerquelle liegt in der Inkonstanz des Druckes in der Entladungsröhre. R. Gerbatsch. G 243 □

Polarographische Bestimmung des Antimons in Konzentratauslaugungen. M. Spálenka. (Hutnické Listy **13**. 150—51. Febr. 1958. Panenské Břežany, Výzk. ústav kovů.) (Tschech.)

Sb wird bei der hydrometallurg. Erzverarbeitung mit Na_2S-Lsg. (300 g/Liter) ausgelaugt; zugleich gelangt Hg in die Lösung. Die Sb-Best. wird polarograph. mit einer Genauigkeit von $\pm 3\%$ in 35 Min. durchgeführt. — Arbeitsvorschrift: In einen 50 ml Meßkolben wird ein Teil der Lsg. mit 8—10 mg Sb pipetiert, die Sulfidzerstörung mit ca. 3 ml 30%ig. H_2O_2 durchgeführt u. mit 2—5 ml mit Br gesätt. konz. HCl versetzt. Nach Verkochen des Br werden 5 ml NH_3 1:1 zugegeben, dann 1 ml gesätt. Hydrazinsulfat-Lsg., 1 ml Gelatine-Lsg., 25 ml konz. HCl zugesetzt u. bis zur Marke aufgefüllt. Die Lsg. wird anod.-kathod. zwischen 0—0,5 V ohne Schutzatmosphäre polarographiert. Die Konz.-Abhängigkeit des Sb verläuft linear u. wird am besten an einer Eichkurve abgelesen. J. Tůmová. G 266□

Der Einfluß von Kupfer und Blei auf die bromatometrische Antimonbestimmung. Teofil Chlebovský. (Hutnické Listy **13**. 148—50. Febr. 1958. Ostrava, Hutn. fak. Vys. školy bánské.) (Tschech.)

Ausführliche Unterss. des Einfl. von anwesendem Cu u. Pb auf die Ergebnisse der bromatometr. *Sb*-Best. nach Györy zeigen, daß die Cu^{2+}-Färbung ohne Einfl. ist. Es kann jedoch zur Red. des Cu^{2+} zu Cu^+ (bei der Red. von Sb^{5+} durch Na_2SO_3 oder SO_2 wird auch Cu^{2+} red.) kommen, welches mittitriert wird. Eine Beseitigung der Cu^+-Ionen durch Oxydation mit Luft ist zu langwierig. Cu^{2+} ist dementgegen bes. bei Temp. oberhalb 60° Ursache der Sb^{3+}-Oxydation u. kann so zu falschen Werten führen. Es wird deshalb empfohlen, Cu-Geh. (>2%) selbst bei techn. Analysen zu beseitigen. — Verss. mit $PbSO_4$ ergeben eine Sb^{3+}-Ionenadsorption. Die Verluste sind dem $PbSO_4$-Geh. proportional. Bei größeren Pb-Geh. ist es nötig, die Sb-Werte durch Auflösen des $PbSO_4$-Nd. in HCl u. Nachtitrieren zu korrigieren. J. Tůmová. G 266□

Beiträge zur flammenphotometrischen Bestimmung der Alkalimetalle. E. Pungor und E. É. Zapp. (Acta chim. Acad. Sci. hung. **10**. 179—91. 1956. Budapest, Eötvös-Univ., Inst. für anorg. u. analyt. Chem.) (Dt.) — C. **1956**. 13800. W. Betcke. G 272□

Spektrophotometrische Bestimmung der Alkalimetalle in der Ammoniak-Sauerstoff-Flamme. M. M. Rubinstein, I. G. Grigorjew, E. D. Usnadse, O. Ja. Gelman und B. A. Laschchi. (Сообщения Академии Наук Грузинской ССР [Mitt. Akad. Wiss. GrusinSSR] **24**. 683—90. Juni 1960. Tbilissi, Geol. Inst. der Akad. der Wiss. der GrusinSSR.) (Russ.)

Es wurde ein spektrophotometr. Verf. zur Best. der Alkalielemente ausgearbeitet, wobei ein Sonderbrenner zum Verbrennen von NH_3 im O_2-Strom angefertigt u. zur Stabilisierung der Flamme der urspsüngliche O_2-Druck von 5 auf 2 at, der NH_3-Druck von 1200 auf 30 mm Wassersäule gesenkt wurde. Die Alkalimetalle wurden durch folgende Linien bestimmt: K: 7665 u. 7699 Å; Na: 5890/96 Å; Rb: 7800 Å; Li: 6708 Å. Die schwachgelblich-orange gefärbte Flamme (1720°) wurde durch den Universal-Monochromator UM-2 beobachtet, die Intensität mit dem Photoelement ZB-6 gemessen. Für die gegenseitige Beeiflussung der K- u. Na-Mengen auf die Linienintensität bei 0—50—100 mg/Liter werden empir. Formeln für die gebaute App. angegeben. Die Mineralien, deren Alter man aus den K-Geh. ($^{40}K \rightarrow {}^{40}Ar$) bestimmen will, wurden mit HF + H_2SO_4 zersetzt, bei 300° eingedampft, der Rückstand mit 20—30 ml NH_4Cl-Lsg. zum Sieden gebracht u. abfiltriert, dann auf 100 ml aufgefüllt. K u. Na wurden aus Anteilen dieser Lsg. bestimmt, Rb u. Li direkt aus der gesamten Lösung. Die Rb-Best. wird nur durch K beeinflußt, nicht durch Ca. K, Na u. Ca stören die Li-Best. nicht. Ggw. von 100—400 mg K/Liter erhöht die Empfindlichkeit der Rb-Bestimmung. Ggw. von Mg (bis zu 600 mg/Liter) beeinflußt die Intensität der Photoströme von Rb u. Li nicht. Beim Vgl. der photometr. Best. mit der K-Best. nach dem Chloroplatinat-Verf. ergaben die K-Best. relative Fehler von $\pm 3\%$, Na $\pm 5\%$, während die Fehler bei Li u. Rb höher lagen. A. v. Wilpert. G 272□

Beitrag zur flammenspektrometrischen Magnesiumbestimmung mit dem Beckman-DU-Spektralphotometer. W. Werner. (Landwirtsch. Forsch. **13**. 273—77. 1960. Hannover, Landwirtsch. Forsch.-Anst. Büntehof.) (Dt.)

Das Beckmann-DU-Spektralphotometer mit Flammenzusatz gestaltet bei bestimmten Meßbedingungen (285,2 mμ, C_2H_2 = 0,22 at, O_2 = 0,7 at, Verstärkerstufe 5, Arbeits-Lsg. in 10%ig. Isopropylalkohol (**I**) eine genaue *Mg*-Best., ein Spalt von 0,0125 mm führt im Konz.-Bereich 0—50 mg/kg Mg zu einem Ausschlag von 100 Skalenteilen. Der **I**-Zusatz steigert die Empfindlichkeit u. drängt die Interferenz-Wrkg. von PO_4^{3-}, SO_4^{2-} u. Al^{3+} so weit zurück, daß sie die *Mg*-Best. nicht mehr stört. W. Wesly. G 282□

Bestimmung von Mg in Gußeisen durch die Methode der Titration mit EDTA. Shigeo Wakamatsu. (Nippon Kinzoku Gakkai-Si [J. Japan Inst. Metals] **24.** 571—73. 1960.) (Jap.; Auszug: Engl.)

Vf. entwickelt eine komplexometr. Meth. zur Best. von Mg in Gußeisen unter Verw. von EDTA (Äthylendiamintetraessigsäure). Die Best. erfolgt durch Zugabe von HCl u. HNO_3 zu 0,25—0,5 g der Probe, Eindampfen zur Trockne, Abkühlen u. Aufnehmen mit 6nNH_4Cl-Lsg., Abfiltrieren des SiO_2, Einstellen des Filtrates in einem Scheidetrichter auf eine H^+-Konz. von 6n mit HCl, 1 Min. langes Schütteln mit Methylisobutylketon zur Entfernung des Fe, Zugabe von HNO_3 zur wss. Phase u. Eindampfen zur Trockne; nach dem Lösen der Salze mit HCl u. W. Zugabe von $(NH_4)_2C_2O_4$ u. NH_4OH bis zur alkal. Rk., Filtrieren durch Filter, wobei Al, Ti, Cr u. Ca zurückbleiben, Einstellen des Filtrates auf pH 10 mit NH_4OH u. Titrieren des Mg mit EDTA unter Zugabe von KCN u. EBT als Indicator. U. Skurnia. G 282□

Die Bestimmung von Aluminium im Stahl. Sigmar Spauszus. (Neue Hütte **6.** 653—59. Okt. 1961. Magdeburg.) (Dt.)

Es werden Meth. der Al-Best. im Stahl erörtert u. eingehend beschrieben, nämlich die photometr. Al-Best. mit Eriochromcyanin (**I**) nach vorhergehender Hg-Elektrolyse, die Al-Best. mit Hydroxychinolin nach vorhergehender Laugentrennung, die komplexometr. Al-Best. mit vorhergehender Laugentrennung sowie die direkte photometr. Al-Best. mit **I** ohne vorherige Fe-Abtrennung. Zur exakten Ermittlung geringer Al-Mengen wird die 1. Meth. empfohlen. Für Geh. über 0,1% Al wird zweckmäßig die 2. u. für solche über 0,2% die 3. Meth. angewandt. Die direkte photometr. Al-Best. in unlegiertem bzw. schwachlegiertem Stahl mit Geh. $<$1,4% Al eignet sich wegen ihrer Schnelligkeit als Betriebsmethode. H. Hochstein. G 294□

Direkte spektrophotometrische Bestimmung von Aluminium in Stahl. G. Picasso. (Metallurgia ital. **53.** 269—73. 276. Mai 1961. Genova, Cornigliano S.p.A.) (Ital.)

Es wird eine einfache, rasche u. genaue spektrophotometr. Meth. zur direkten Best. von Al in C-Stahl beschrieben. Sie basiert auf der direkten Entw. von Al-Eriochromcyaninlack in Ggw. von hohen Fe-Geh. unter Vermeidung jeder chem. Trennung. Das Beersche Gesetz ist für Al-Konzz. von 10—80 μg erfüllt u. ein Absorptionsmaximum liegt bei 535 mμ. Der Einfl. der verschiedenen Variablen unter besonderer Berücksichtigung der Störung durch Fe wird diskutiert u. ein Komplexierungs-Syst. vorgeschlagen. Unter den verschiedenen untersuchten komplexbildenden Reagentien erwies sich Ascorbinsäure als bes. geeignet u. selektiv. — 15 Literaturangaben. G. Platzer. G 294□

Bestimmung kleiner Mengen Sonderelemente in Gußeisen. 7. Mitt. **Spektrophotometrische Schnellbestimmung von Cer in Gußeisen.** Kazuo Ota und Ryuzo Hori. (Nippon Kinzoku Gakkai-Si [J. Japan Inst. Metals] **25.** 317—20. 1961.) (Jap.; Auszug: Engl.) — 6. vgl. C. **1961.** 5910.

Zur Ce-Fällung mit F^- verwendet man 15 ml 6nH_2SO_4, 10 mg Th, 10 ml HF u. 10 ml Ammoniak in 100 ml Gesamtvol., löst den Nd. in einem Gemisch von 0,5 g H_3PO_3 u. 5 ml H_2SO_4 in 80 ml Lsg. u. mißt die Absorption spektrophotometr. bei 320 mμ. Der durch adsorbiertes Fe^{3+} hervorgerufene Faktor wird durch Entfärbung des Ca^{4+} mit H_2O_2 berichtigt. Das Verf. ist zur Best. von 0,002—0,1% Ce in Gußeisen geeignet u. in ca. 1 Std. ausführbar. W. Wesly. G 304□

Bestimmung von Vanadin im Stahl und in Eisenlegierungen durch amperometrische Titration mit zwei Indicatorelektroden. L. Ss. Studenskaja und O. A. Ssongina. (Заводская Лаборатория [Betriebs-Lab.] **26.** 1102—04. 1960. Uraler Forsch. Inst. für Eisenmetalle; Kasach. Univ.) (Russ.)

1—2 g Stahl bzw. Fe-Leg. werden durch Erwärmen in 50 ml H_2SO_4 (1:4) gelöst u. mit 10 ml HNO_3 oxydiert. Nach Abdampfen (SO_3-Dämpfe) wird der Rückstand in 30 bis 50 ml W. gelöst u. mit 0,05n$KMnO_4$-Lsg. bis zur bleibenden Rosafärbung versetzt. Nach Zugabe von 0,2—0,5 g Harnstoff werden die beiden Elektroden (0,5—0,6 V) eingetaucht u. die Lsg. mit $(NH_4)_2Fe(SO_4)_2$-Lsg. amperometr. titriert. Eine andere, leicht modifizierte Variante des vorst. Titrations-Verf. (der Überschuß an $KMnO_4$ wird nicht entfernt) wird gleichfalls erörtert. S. Baryschnikow. G 330

Chelatometrische Titration von Mangan in Ferromangan. A. G. C. Morris. (Chemist-Analyst **49.** 105—06. Dez. 1960. Cato Ridge, Natal, South Africa, Ferralloys Ltd.) (Engl.)

Modifizierung des Verf. von Přibil u. Kopanica (C. **1961.** 11833), bei dem Mn mit EDTA u. Thymolphthalexon als Indicator titriert u. Fe mit Triäthanolamin maskiert wird. Dazu wird eine Probe von 0,15 g, die 75—80% Mn enthält, durch Erhitzen in 10 ml konz. HNO_3 gelöst u. auf 5 ml eingedampft; dann fügt man 10 ml konz. HCl zu, dampft wieder auf 5 ml ein u. wiederholt letzteres 2—3 mal bis eine goldgelbe Lsg. entsteht. Nach dem Abkühlen versetzt man mit 100 ml kaltem W., 10 ml einer 10%ig. wss. Hydroxylammoniumchlorid-Lsg., 20 ml einer 33% ig. wss. Triäthanolamin-Lsg. u. stellt mit Ammoniak auf pH 10 ein; nach Zugabe des Indicators, eines 1:100-Gemisches von Thymolphthalexon u. KNO_3, titriert man mit EDTA zum grün- bis ziegelroten Endpunkt.

L. JOHANNSEN. G 350□

Chelatometrische Titration von Mangan in Ferromangan. K. Studlar. (Chemist-Analyst **49.** 106—07. Dez. 1960. Plzeň, ČSR, Lenin Works, Res. Inst.) (Engl.)

Modifizierung des Verf. von PŘIBIL u. KOPANICA (C. **1961.** 11833). Es wird z. B. eine Probe von 0,25 g in 10 ml HNO_3 (1:1) gelöst, 5 ml konz. HCl zugefügt, eingeengt, mit 1 ml konz. HCl u. 100 ml H_2O versetzt u. erhitzt. Nach dem Auffüllen auf 250 ml, werden 50 ml abpipettiert, 5 ml 10% ig. wss. Hydroxylammoniumchlorid-Lsg., 10 ml 20% ig. wss. Triäthanolamin-Lsg. u. sofort 35 ml konz. Ammoniak zugegeben, mit W. auf 150 ml aufgefüllt u. nach Zugabe von Indicator (1:100-Gemisch aus Thymolphthalexon u. KNO_3) mit einer 0,025m EDTA-Lsg. von Blau nach Blaugrün bzw. je nach der Fe-Konz. nach Rosaviolett oder Goldgelb titriert. 2% Cu stören bei dieser Meth. nicht, ein großer Geh. an Ni, Zn oder Pb etwas. Zn oder Ni können durch Zugabe von maximal 50 mg KCN maskiert werden. Die durchschnittliche Abweichung beträgt 0,15%.

L. JOHANNSEN. G 350□

Amperometrisch-cerimetrische Titration von Eisen(II) mit Ferroin als Indicator. I. M. Kolthoff und B. B. Bhatia. (Microchem. J. [New York] **4.** 451—57. Dez. 1960. Minneapolis, Minn., Univ. of Minnesota, School of Chem.) (Engl.)

Eisen(II)-Lsgg. lassen sich bis hinab zu Konzz. von $5 \cdot 10^{-5}$m mit Cer(IV)-sulfat-Lsgg. schnell u. mit einem Fehler $<1\%$ bei Verw. von Ferroin als Indicator, einem rotierenden Pt-Draht als Indicatorelektrode u. einer gesätt. Kalomelelektrode als Bezugselektrode amperometr. titrieren. R. GÜNTHER. G 354□

Indirekte cerimetrische Kobaltbestimmung in Stählen. František Vydra und Rudolf Přibil. (Hutnické Listy **15.** 476—77. Juni 1960. Praha, Analyt. labor Chem. ústavu Českoslov. akad. věd.) (Tschech.)

In schwach saurer Lsg. (pH 2—4) wird Co^{2+} bei Anwesenheit von o-Phenanthrolin quant. mittels $FeCl_3$ oxydiert, wobei der rotorangefarbene Komplex des Ferroins entsteht. Diese Rk. wird mit Vorteil für die Co-Best. in Stählen u. Legg. mit 1—40% Co benutzt; bedeutende Mengen an Pb, Be, Al, Ce, Mn, Ti, Th, Zr beeinflussen die Rk. nicht, u. nur starke Oxydationsmittel (MnO_4^-, $Cr_2O_7^{2-}$) oder Red.-Mittel (Hydroxylamin, Ascorbinsäure) stören. Das Ferroin kann colorimetr. oder cerimetr. bestimmt werden. Für die cerimetr. Best. werden 0,5—1 g der Probe in Königswasser oder Säuregemisch gelöst, der Hauptteil der Säure abgedampft, der unlösl. Rückstand abfiltriert ($WO_3 \cdot H_2O$) u. das Filtrat auf 250 ml aufgefüllt. In 25 ml wird unter potentiometr. Kontrolle mit NaOH oder HCl pH 2—4 eingestellt, 20 ml 0,1 m Phenanthrolin-Lsg. (pH 3) zugesetzt, nach 15 Min. mit 50 ml 9n H_2SO_4 angesäuert, auf 200 ml verd. u. unter potentiometr. Kontrolle aus einer Mikrobürette mit 0,05—0,1n $Ce(SO_4)_2$ (1 ml = 5,895 mg Co) die rote Lsg. bis zur rein blauen Farbe titriert; verdünntere Titrations-Lsgg. sind ungeeignet. J. TŮMOVÁ. G 355□

Die Fe(II)- und Co(II)-Chelate des 2.6-Bis-(4-äthyl-2-pyridyl)-4-phenylpyridins. G. Frederick Smith und Wm. M. Banick. (Analytica chim. Acta [Amsterdam] **18.** 269—71. April 1958. Urbana, Ill., Univ., Noyes Labor.) (Engl.)

Äthylterosol [2.6-Bis-(4-äthyl-2-pyridyl)-4-phenylpyridin, I] bildet mit Fe(II) u. Co (II)-Chelate, die sich zur spektrophotometr. Best. der Elemente eignen. Die mol. Extinktions-Koeff. bei den Absorptionsmaxima (570 bzw. 517 mμ) wurden zu 27100 bzw. 2710 bestimmt. Die Absorptionskurven sind wiedergegeben. Zur Best. der Fe-Absorption wird die Fe(II)-Lsg. mit 5 ml Puffer-Lsg. (pH 4,0, 2 ml 10% ig. wss. $HONH_2 \cdot HCl$-Lsg. u. 1 ml einer 0,01 m Lsg. von I in 95% ig. A., die durch Zusatz von HCl geklärt wurde, versetzt u. mit 95% ig. A. auf 25 ml aufgefüllt. Der Co(II)-Komplex ist unter denselben Bedingungen wie der Fe-Komplex im pH-Bereich von 3,1—8,8 stabil.

W. BETCKE. G 355

Untersuchungen über das spektralanalytische Verfahren mit der rotierenden Graphitscheibe. 1. Mitt. István Benkö und Klára Farkas-Újhidy. (Magyar Kémiai Folyóirat [Ung. Z. Chem.] **66.** 501—03. Dez. 1960. Veszprém, Vegyipari Egyetem Analit.-Kémiai Tanszék.) (Ung.)

Bei der spektralanalyt. Best. einer 0,1% Al, 0,1% Fe u. 0,1 Ni enthaltenden Lsg. unter Verw. von Kohlenrädchen stellt sich der Gleichgewichtszustand nach 3—4 Min. ein. Die Linienintensität nimmt mit zunehmender Umdrehungszahl ab. Die Änderung der HCl-Konz. hat keinen merklichen Einfl., die Linien werden in Ggw. von K verstärkt u. in Ggw. von Zn abgeschwächt. G. HALMI. G 356□

Flammenphotometrische Eigenschaften der Übergangselemente. Ernö Pungor und Ilona Thege Konkoly. (Magyar Kémiai Folyóirat [Ung. Z. Chem.] **66.** 520

bis 522. Dez. 1960. Budapest, Eötvös Loránd Tud. Egyet. Szervetlen és Anal.-Kémiai Intézet.) (Ung.)

Vff. untersuchen die Eigg. der atomaren u. Bandenemissionen der Co- u. Ni-Salze. Der Einfl. des SO_4-Ions auf die atomaren u. mol. Emissionen ist verschieden. Eine Erhöhung der SO_4-Konz. wirkt auf die Atomlinien ähnlich wie bei den Erdalkalimetallen, die Änderungen im Molekülband sind jedoch nicht monoton. Weiterhin wurde die Wrkg. von A. bei Zerstäubung untersucht. G. HALMI. G 356 □

Die Analyse von Nickel. 2. Mitt. Die Anwendung einer spektrographischen Lösungstechnik für die Analyse von Nickel. G. P. Mitchell und G. Orme. (Metallurgia [Manchester] **61.** 185—90. April 1960. Mullard Radio Valve Co. Ltd., Mater. Res. Labor.) (Engl.) — 1. vgl. ANDREW u. Mitarbeiter, Metallurgia [Manchester] **60.** [1959.] 27.

Beschreibung u. Vgl. der Meth. von JAYCOX (C. **1960.** 3972) u. von MITCHELL, ORME u. FARRELL (Spectrochim. Acta [London] **1959.** 272). — 13 Literaturangaben. M. GEHLEN-KELLER. G 356□

Wirkung von Nickel bei Feuerprüfverfahren zur Silberbestimmung. B. D. Guerin. (Australas. Inst. Mining Metallurgy, Proc. Nr. **193.** 1—22. März 1960. Melbourne, Univ.) (Engl.)

Beim Abtreiben des Pb-Regulus darf nicht mehr als 0,08 g Ni bzw. 0,05 g Cu vorhanden sein, da sonst Pb zum Spritzen auf der Kupelle neigt u. Tropfen um den Hauptregulus sich abtrennen. Beim Tiegelschmelzen wird Ni nur wenig in Pb aufgenommen. Die Aufnahme steigt aber mit zunehmendem Fe- u. Cu-Geh. der Schmelze. Es bilden sich dann Pb-Perlen, die nicht zusammenlaufen. Beide Störungen werden auf die Adsorption von mol. NiO in der Grenzschicht Pb/Schlacke zurückgeführt. Durch Schmelzen mit einem Überschuß an PbO im Tiegel bei 1160° kann die Perlen-Bldg. verhindert werden. Eine kurze Behandlung des Pb-Regulus mit geschmolzener bas. PbO-Schlacke vermindert den Ni-Geh. des Pb-Königs. Die Löslichkeit des Ag in den Pb-Schlacken wird durch Ni stark erniedrigt, es lassen sich aber keine genauen Korrekturen errechnen wie in Ggw. von Cu. F. ENSSLIN. G 359□

Wirkung von Kupfer bei Feuerprüfverfahren zur Silberbestimmung. B. D. Guerin. (Australas. Inst. Mining Metallurgy, Proc. Nr. **191.** 123. März 1960.) (Engl.)

Berichtigung der in C. **1959.** 12955 referierten Arbeit. F. ENSSLIN. G 359□

b) Organische Verbindungen

Quantitative organische Analyse. L. Blom. (Chem. Weekbl. **57.** 325—31. 24/6. 1961. Geleen, Staatsmynen, Centr. Labor.) (Holl.)

Übersicht über Grundzüge u. Anwendung der quant. organ. Analyse als Elementaranalyse, funktionelle Gruppenanalyse, Best. von physikal. Konst., Trennung in besondere Komponenten (mit anschließender Ausführung der beiden vorgenannten Best.). — Beispiele. W. WESLY. 5350□

Zur Kenntnis der Vorgänge bei der C—H- und N-Analyse. Der Einfluß der Vergasungstechnik auf die Oxydationsleistung der Rohrfüllung. Gerald Kainz und Heinz Horwatitsch. (Z. analyt. Chem. **187.** 87—96. 1962. Wien, Univ., Analyt. Inst.) (Dt.)

Vff. finden, daß die Art der Vergasung einen maßgeblichen Einfl. auf die Oxydationsleistung der Rohrfüllung ausübt. Bei gegebener Temp. wird die beste Oxydationsausbeute nach der PREGLschen Meth. erhalten, während eine Vergasung mit gleichmäßigem Brennervorschub, bes. eine Schnellvergasung, niedrigere Ausbeuten ergibt. Bei der Verbrennung im „leeren" Rohr kann die Oxydation wesentlich unter den 100-%-Wert absinken. Aus den Unterss. ergibt sich, daß die Konz. der Probe im Spülgas ein sehr entscheidender Faktor ist. Die PREGLsche Vergasung liefert die niedrigste Konz., während alle übrigen Vergasungsarten eine exponentiell ansteigende Konz. ergeben. Bei der Vergasung im leeren Rohr darf eine obere Konz.-Grenze, die sich aus der Umsatzgleichung berechnen läßt, nicht überschritten werden, da die Oxydation sonst unvollständig wird. Bei Katalysatoren hingegen besteht keine obere Konz.-Grenze; allerdings muß bei hoher Konz. der Probe im Spülgas die Temp. des Langbrenners um ca. 200° erhöht werden. Sollte eine Temp.-Erhöhung nicht möglich sein (z. B. wegen Zers. des Katalysators), so muß die Schichtlänge vergrößert werden. Abschließend werden die Funktion der PREGLschen Vergasungstechnik, bes. die Auslösung der Druckanzeige sowie die analyt. Folgerungen erörtert. J. PETERS. 5352□

Über ein Verfahren zur Bestimmung organischer Verbindungen. L. Rosenthaler. (Mitt. Gebiete Lebensmittelunters. Hyg. [Bern] **51.** 391—93. 1960. Bern.) (Dt.)

Vf. beschreibt eine Meth. zur Best. des *N*-Geh. organ. Verbb., deren Prinzip darin besteht, daß der N dieser Verbb. mittels H_2O_2 u. $FeSO_4$ in NH_3 übergeführt wird. M. Winiker. 5352□

Neue Methode zum Stickstoffnachweis in organischen Substanzen. A. Spěvák, V. Kratochvíl und M. Večeřa. (Collect. czechoslov. chem. Commun. **26.** 887—90. März 1961. Pardubice-Rybitví, Forsch.-Inst. für organ. Synth.) (Dt.)

Vff. schlagen ein neues Verf. zum empfindlichen u. genauen *N*-Nachw. in organ. Verbb. vor, das im Aufschluß der Probe mit metall. Na, der Überführung des gebildeten u. durch Ansäuern freigesetzten HCN in ClCN u. Farb-Rk. des letzteren mit Pyridin (I) u. Dimedon (II; 5.5-Dimethyldihydroresorcin) besteht. Ca. 1—2 mg Substanz werden mit 0,1—0,2 g Na geschmolzen u. zum Schluß zur Dunkelrotglut erhitzt. Die Schmelze wird mit 5 ml W. ausgelaugt, der unlösl. Anteil abfiltriert, mit ca. 5 ml W. gewaschen u. das Filtrat auf ca. 10 ml mit W. verdünnt. 1 ml Fl. wird mit 1 ml 1%ig. Chloramin-T-Lsg. u. 1 ml 1n HCl versetzt u. im verschlossenen Kolben durchgemischt. Nach 1 Min. werden der Rk.-Lsg. 3 ml 3%ig. II-Lsg. in 30%ig. I zugegeben; in Ggw. von CN^- tritt nach Durchschütteln eine organgegelbe, nach einigen Min. intensiv violette, ca. 10 Min. beständige Färbung auf, die durch die Bldg. des Polymethinfarbstoffes auf Grund der Kondens. des durch die Rk. von ClCN mit I gebildeten Glutaconaldehyds mit II hervorgerufen wird. Das Verf. gibt selbst bei 0,02 μg CN^-/ml eine deutlich positive Reaktion. Diese Empfindlichkeit ist jener der bisherigen Meth., bes. der Lassaigneschen Rk. überlegen u. ermöglicht den *N*-Nachw. in Verbb., bei denen die übrigen Verff. versagen (z. B. Pyrrol-Derivv., Diazoniumsalze, Diazo-Verbb., verschiedene Industrie-Prodd.). Durch S, Halogene u. a. in organ. Verbb. vorkommende Elemente wird der *N*-Nachw. nicht gestört; die erforderliche Reagens-Lsg. ist, wenn sie im Dunkeln aufbewahrt wird, einige Wochen beständig. K. Kámen/Prag. 5352

Mikrobestimmung des Gesamtstickstoffs nach der Ninhydrinmethode. A. A. Kantschuch. (Биохимия [Biochemie] **26.** 393—98. Mai/Juni 1961. Rostow/Don.) (Russ.; Auszug: Engl.)

Vf. beschreibt eine Modifikation der colorimetr. Mikrometh. von Fels u. Veatch (vgl. C. **1959.** 8998) zur Best. des *Gesamt-N*, die auf der Anwendung von Ninhydrin (I) beruht. Die Prüfung der Anwendbarkeit des I-Reagens nach Moore u. Stein (C. **1948.** E. 1727) ergab, daß die I-Konz. im Vgl. zu der üblichen auf die Hälfte herabgesetzt werden kann. Dadurch wird die Empfindlichkeit der Best. sogar erhöht. Die optimale $SnCl_2$-Konz. ist doppelt so hoch wie im Reagens von Moore u. Stein. Das pH-Optimum der Rk. ist von 5,0 nach 5,3 verschoben. Die I-Rk. wird durch Na_2SO_4 beim Arbeiten im 0,1 mol. Citratpuffer vom pH 5,3 nicht beeinflußt. Die maximale Farbintensität tritt beim Erwärmen auf dem sd. Wasserbad nach 25 Min. ein. Die Färbung bleibt stundenlang bestehen. Für die Verdünnung der Proben vor dem Colorimetrieren kann statt 50%ig. wss. A. dest. W. angewandt werden. Es lassen sich 1—10 γ NH_4—N bestimmen. Der Fehler der Best. beträgt 0,7—2,3%. O. Lebtag. 5352□

Quantitative chromatographische Methoden. 5. Mitt. **Ein verbessertes Ninhydrin-Hydrindantin-Reagens.** A. T. Matheson, E. Tigane und C. S. Hanes. (Canad. J. Biochem. Physiol. **39.** 417—25. Febr. 1961. Ottawa, Nat. Res. Council, Div. of Appl. Biol.) (Engl.) — 4. vgl. Hanes, Canad. J. Biochem. Physiol. **39.** [1961.] 163.

Es wird eine Modifikation des bisher verwendeten *Ninhydrin* (I)-*Hydrindantin* (II)-*Reagenses* beschrieben. 2 Liter der in einem Winchester-Gefäß aufzubewahrenden Lsg. werden durch Lösen von 7,6 g I in 1140 ml redest. Methylcellosolve gelöst u. mit 610 ml W. u. 250 ml 4n Acetatpuffer verd.; nachdem die Lsg. von Gasen befreit ist, der Raum über der Lsg. mit N_2 gefüllt ist u. die Lsg. über Nacht bei 5° gehalten wurde, werden 1,2 g II zugesetzt. Nach nochmaligem Durchleiten von N_2 wird die Lsg. bis zur völligen Sättigung mit II unter häufigem Umschütteln im Eisschrank gehalten; nach Absetzen des II-Überschusses kann die Lsg. abgezogen werden. Der „II-Blauwert" der Lsg. soll 0,4—0,5 betragen u. durch wöchentliches Umschütteln der Vorrats-Lsg. auf diesem Wert gehalten werden. Der II-Blauwert wird bei Zusatz von 4 ml Reagens zu 2,0 ml 8n NaOH bei 570 mμ (1 cm-Küvette) gemessen. Die mit diesem Reagens in näher beschriebener Weise erhaltenen Werte für die meisten *Aminosäuren* u. einige *Peptide* werden in einer Tabelle wiedergegeben. A. Hesse. 5368□

Ein neues Neßler-Reagens und seine Verwendung bei der direkten Neßlerisation von Kjeldahl-Aufschlüssen. K. R. Middleton. (J. appl. Chem. **10.** 281—86. Juli 1960. Kuala Lumpur, Malaya, Rubber Res. Inst. of Malaya Soils Div.) (Engl.)

Die Abhängigkeit der Beständigkeit von Nessler-Reagens-Lsgg. von ihrer Zus. wurde untersucht. Eine alkal. Lsg., die KJ u. HgJ_2 im mol. Verhältnis 2 : 1 in hinreichender Konz. enthält, reagiert nicht mit NH_3. Erst wenn beim Verdünnen der Lsg. der Komplex K_2HgJ_4 gespalten wird, bilden die Partner mit NH_3 koll. $Hg(OH)\cdot NH\cdot HgJ$.

Die Menge KJ, die nötig ist, HgJ_2 komplex gebunden zu halten, wächst mit zunehmender Verdünnung u. abnehmender Alkalität der Lösung. Ein haltbares, für die colorimetr. NH_3-Best. geeignetes Reagens erhält man durch Lösen von 9 g HgJ_2 u. 12 g KJ in 1 Liter W. (Lsg. A). 1 ml davon wird (zur Koll.-Stabilisierung) zu 50 ml 2%ig. wss. Gummi-Arabicum-Lsg. gegeben, die Lsg. mit 5 ml 1n NaOH versetzt, am nächsten Tag filtriert u. auf 500 ml verd. (Lsg. B). Zur photometr. Best. werden 10 ml Probe-Lsg. (2—3 ppm N als NH_3) mit 5 ml B, 5 ml A u. 10 ml 1n NaOH versetzt. Nach 30 Min. wird die Absorption bei ca. 4300 Å gegen eine entsprechende Blind-Lsg. bestimmt. Mn^{2+} u. Fe^{3+} stören in Konzz. >2 bzw. 5 ppm, Mg^{2+} u. Cr^{3+} > 15 bzw. 20 ppm durch Farbentw. u. Trübung, lassen sich aber (außer Cr) mit Tartrat (5 ml 0,6n Lsg.) maskieren. So kann der Gesamt-N in KJELDAHL-Aufschlüssen bestimmt werden, wenn dafür gesorgt wird, daß die Endalkalität 0,3—0,4n beträgt u. die zur Aufnahme der Eichkurve verwendeten Lsgg. eine entsprechende Menge SO_4^{2-} enthalten. Eine Reihe von Vgl.-Best. nach der NESSLER- u. der Dest.-Meth. wurde mit vegetativen Teilen von Gummibäumen durchgeführt. W. BETCKE. 5368□

Identifizierung von Kohlenwasserstoff-Banden bei der Gaschromatographie durch nachfolgende Durchführung von Gruppenreaktionen. Robert Rowan jun. (Analytic. Chem. **33.** 658—65. Mai 1961. Linden, N. J., Esso Res. and Engng. Co., Anal. Res. Div.) (Engl.)

Durch geeignete Verw. von Gruppen-Rkk. lassen sich die gaschromatograph. Banden eines KW-Stoffgemisches komplexer Zus. als n-Olefine (I), Isoolefine (II), n-Paraffine (III), Isoparaffine (IV), Naphthaline (V) oder Aromaten (VI) identifizieren. Die Meth. beruht auf der Verw. zweier Serien von Gruppen-Rkk. in verschiedener Reihenfolge. Diese Rkk. umfassen die Absorption von **I** u. **II** oder **I**, **II** u. **VI**, die Hydrierung von **I** u. **II**, die Dehydrierung von **V** u. die Absorption von Verbb. mit unverzweigten Ketten. Sie werden schnell u. zweckmäßig in einem abgeschlossenen Syst. ausgeführt, das ein integraler Bestandteil der gaschromatograph. App. ist. Hierbei wird die Analysen-Substanz zunächst durch die Trennsäule, dann durch eine bestimmte Rk.-Zone u. weiter in eine Kühlfalle geleitet. Die in der Kühlfalle gespeicherten Rk.-Prodd. werden schließlich durch die Trennsäule geleitet, wobei die entstandenen Änderungen in der Zus. des Gemisches festgestellt werden können. In der 1. Serie werden beim Durchgang der Mischung durch einen H_2SO_4-Wäscher **I**, **II** u. **VI** absorbiert. Die verbleibenden Gase werden durch ein Molekularsieb 5 A geleitet, das **III** festhält. Unter dehydrierenden Bedingungen werden **IV** u. **V** durch einen Katalysator geschickt, der C_6-Ring-**V** in **VI** umwandelt. Die Banden, die ihre Stellung nach dieser Rk. geändert haben, sind **V** zuzuordnen. Ein erneuter Durchlauf durch den H_2SO_4-Wäscher nimmt die aus **V** gebildeten **VI** heraus. Es verbleiben dann nur noch **IV**. In der 2. Serie werden zunächst bei niedriger Temp. **I** u. **II** zu **III** u. **IV** hydriert, dann **VI** im H_2SO_4-Wäscher u. danach **III** am Molekularsieb 5 A festgehalten Mit dem **IV**–**V**-Gemisch wird wie oben verfahren. Durch Kombination aller Ergebnisse lassen sich alle Banden bestimmten Verb.-Klassen, oft auch einzelnen Komponenten, zuordnen. W. HEIN. G 500□

Quantitative gaschromatographische Analyse von Kohlenwasserstoffen mit Capillartrennsäulen und Flammenionisationsdetektoren. I. Halász und W. Schneider. (Analytic. Chem. **33.** 978—82. Juli 1961. Gelsenkirchen-Buer, Scholven-Chem. AG.) (Engl.)

Unter bestimmten Arbeitsbedingungen sind quant. Analysen von KW-Stoffen mit Capillartrennsäulen u. Flammenionisationsdetektoren möglich. Bei Verw. von O_2 an Stelle von Luft als Verbrennungs- u. Spülgas konnte die Anzeigeempfindlichkeit verbessert werden. Für den hier benutzten App. umfaßt der lineare Meßbereich 4 Größenordnungen. Mit einem bes. konstruierten Probengeber, dessen Aufbau beschrieben wird, weicht die auf die Trennsäule aufgegebene Probenmenge von dem berechneten Wert um nicht mehr als $\pm 5\%$ ab. Die Chromatogramme werden mit Hilfe eines Integrators ausgewertet. Die Bandenflächenverhältnisse entsprechen in 1. Näherung den Gew.-Konz.-Verhältnissen der getrennten KW-Stoffe. Diese Ergebnisse können durch Anwendung von reproduzierbaren Normalisationsfaktoren verbessert werden. Gegen *n-Heptan* als Bezugssubstanz ermittelte Zahlenwerte dieser Faktoren für *Pentan, Hexan, Nonan, 2.2-Dimethylbutan, 2.3.4-Trimethylpentan, 2-Methyl-1-penten, 2-Methylcyclohexan, Bzl., Äthylbenzol, p-* u. *o-Xylol* werden mitgeteilt. In diesen Fällen betragen die relativen Analysenfehler im Durchschnitt $\pm 1{,}5\%$. W. HEIN. G 500□

Charakterisierung von Alkylhalogeniden mit Äthylenthioharnstoff. R. N. Boyd und Morton Meadow. (Analytic. Chem. **32.** 551—54. April 1960. New York, N. Y., New York Univ., Dep. of Chem.) (Engl.)

Alkylhalogenide reagieren mit Äthylenthioharnstoff (6std. Erhitzen äquimol. Mengen in n-Propylalkohol; Ausbeute 60—90%; schwer reagierende Verbb. in Ameisensäure oder in Propanol u. KJ) unter Addition zu 4.5-Dihydroglyoxalinsalzen (I) die durch ihren F. oder durch die FF. der freien Base (aus dem I in W. u. verd. Ammoniak [1 : 1]; Umkristallisation aus A./W. oder Bzl./Ligroin) bzw. der Pikrate gut charakterisierbar sind. Dargestellt wurden folgende Verbb. (in Klammern F. bzw. Kp. der Alkylhalogenide): *S-Allyl-*, F. 86—87° (Kp. 45°), *S-Methallyl-*, F. 121—122° (Kp. 72°), *S-β-Hydroxyäthyl-*, F. 265—266° [Zers.] (Kp. 129°), *S-n-Heptyl-*, F. 92—95° (Kp. 160°), *S-Benzyl-*, F. 171 bis 173° (Kp. 179°), *S-n-Octyl-*, F. 98—100° (Kp. 182°), *S-n-Decyl-*, F. 54—56° ($Kp._{17}$ 108°), *S-n-Dodecyl-*, F. 102—103° ($Kp._{11}$ 130°), *S-1-Naphthylmethyl-*, F. 232—234° ($Kp._{14}$ 150°), *S-n-Hexadecyl-*, F. 153—155° (F. 14°), *S-n-Octadecyl-*, F. 83—85° (F. 20°), *S-m-Nitrobenzyl-*, F. 254—256° [Zers.] (F. 45°) u. *S-p-Nitrobenzyl-2-mercapto-4.5-dihydroglyoxaliniumhydrochlorid*, F. 190—191° (F. 73°), *S-Methyl-*, F. 157—158° (Kp. 5°), *S-Äthyl-*, F. 89—91° (Kp. 40°), *S-Isopropyl-*, F. 134—136° (Kp. 59°), *S-n-Propyl-*, F. 95 bis 95,5° (Kp. 71°), *S-Allyl-*, fl. (Kp. 71°), *S-sek.-Butyl-*, F. 85—87° (Kp. 91°), *S-Isobutyl-*, F. 133,5—135° (Kp. 93°), *S-Isoamyl-*, F. 108,5—109,5° (Kp. 123°), *S-n-Amyl-*, fl. (Kp. 130°), *S-Cyclopentyl-*, F. >310° (Kp. 139°), *S-β-Hydroxyäthyl-*, fl. (Kp. 145°), *S-n-Hexyl-*, fl. (Kp. 156°), *S-n-Heptyl-*, fl. (Kp. 179°), *S-Benzyl-*, F. 175—76° (Kp. 198°), *S-n-Octyl-*, F. 67—68,5° (Kp. 201°), *S-n-Nonyl-*, fl. ($Kp._9$ 91°), *S-n-Decyl-*, F. 75—76° ($Kp._8$ 109°), *S-β-Phenäthyl-*, F. 136—137° ($Kp._{20}$ 103°), *S-n-Dodecyl-*, F. 81—82° ($Kp._{45}$ 180°), *S-n-Hexadecyl-*, F. 95—96° (F. 18°), *S-n-Octadecyl-*, F. 95—96° (F. 27°) u. *S-p-Nitrobenzyl-2-mercapto-4.5-dihydroglyoxaliniumhydrobromid*, F. 175—176° (F. 98°), *S-Methyl-*, F. 142—144° (Kp. 43°), *S-Äthyl-*, F. 112—114° (Kp. 72°), *S-Allyl-*, F. 72—74° (Kp. 103°), *S-n-Propyl-*, fl. (Kp. 105°), *S-sek.-Butyl-*, fl. (Kp. 120°), *S-Isobutyl-*, F. 135 bis 136° (Kp. 121°), *S-n-Butyl-*, F. 103,5—105° (Kp. 130°), *S-Isoamyl-*, F. 122—123° (Kp. 148°), *S-n-Amyl-*, F. 71—72° (Kp. 156°), *S-n-Hexyl-*, fl. (Kp. 180°), *S-n-Heptyl-*, F. 61—62° (Kp. 204°) u. *S-n-Hexadecyl-2-mercapto-4.5-dihydroglyoxaliniumhydrojodid*, F. 86—88° (F. 20°), die *Bis-[S-alkyl-2-mercapto-4.5-dihydroglyoxalinium]-dihydrochloride* von *2.3-Dichlorpropen*, F. 153—154° (Kp. 95°), *1.3-Dichlorpropan*, F. 205—207° ((Kp. 122°), *1.9-Dichlorbutan-*, F. 124—125° (Kp. 155°), *1.5-Dichlorpentan*, fl. (Kp. 178°), die *Bis-[S-alkyl-2-mercapto-4.5-dihydroglyoxalinium]-dihydrobromide* von *1.2-Dibromäthan*, F. 278—280° (Kp. 131°), *1.2-Dibrompropan*, F. 273—274° [Zers.] (Kp.141°), *1.3-Dibrompropan*, F. 224—225° (Kp. 167°), *1.4-Dibrombutan*, F. 233—234° (Kp. 196°), *1.5-Dibrompentan*, F. 158—159° (Kp. 224°), *1.10-Dibromdecan*, F. 175—177° (F. 26°), *α.α'-Dibrom-o-xylol*, F. 209—210° (F. 93°) u. *α.α'-Dibrom-p-xylol*, F. 253—254° (F. 145°), die *Bis-[S-alkyl-2-mercapto-4.5-hydroglyoxalinium]-dihydrojodide* von *1.3-Dijodpropan*, F. 235 bis 237° [Zers.] ($Kp._{23}$ 111°) u. *1.5-Dijodpentan*, F. 143—145° (F. 10°). Außerdem (in Klammern FF. der entsprechenden *Pikrate*): *S-Methyl-*, F. 101—102° (177—179°), *S-Äthyl-*, F. 57—60° (153—155°), *S-β-Hydroxyäthyl-*, fl. (143—145°), *S-Allyl-*, fl. (283 bis 285° [Zers.]), *S-2-Chlorallyl-*, fl. (283—285° [Zers.]), *S-Brompropyl-*, F. 165—166° (218—219° [Zers.]), *S-n-Propyl-*, F. 71—73° (130—132°), *S-Isopropyl-*, F. 106—108° (150—152°), *S-Methallyl-*, fl. (127—129°), *S-n-Butyl-*, F. 52—54° (115—116°), *S-sek.-Butyl-*, F. 52—54° (104—106°), *S-Isobutyl-*, F. 68,5—69,5° (142—143°), *S-n-Amyl-*, F. 62—63° (278—280°), *S-Isoamyl-*, F. 72,5—73° (140—141°), *S-Cyclopentyl-*, F. 112 bis 114° (174—176°), *S-n-Hexyl-*, F. 54,5—56° (85—86°), *S-n-Heptyl-*, F. 69—71° (94—95°), *S-Benzyl-*, F. 68—69° (161—163°), *S-m-Nitrobenzyl-*, F. 103—105° (182,5—184°), *S-p-Nitrobenzyl-*, F. 158—158,5° (155—156,5°), *S-n-Octyl-*, F. 70—72° (80—81°), *S-β-Phenäthyl-*, fl. (130—131°), *S-n-Nonyl-*, F. 76—78° (101—103°), *S-n-Decyl-*, F. 78—80° (283—284° [Zers.]), *S-1-Naphthylmethyl-*, fl. (150—152°), *S-n-Dodecyl-*, F. 86—87° (110—111°), *S-n-Hexadecyl-*, F. 90—91° (112—113°) u. *S-n-Octadecyl-2-mercapto-4.5-dihydroglyoxalin*, F. 97—98° (118—119°) sowie (in Klammern FF. der *Dipikrate*) *1.2-Bis-[2-mercapto-4.5-dihydroglyoxalyl]-äthan*, F. 202—204° (223—225°), *1.3-Bis-[2-mercapto-4.5-dihydroxyglyoxalyl]-propan*, F. 140—141° (172—173°), *1.4-Bis-[2-mercapto-4.5-dihydroglyoxalyl]-butan*, F. 183—185° (214—215°), *1.5-Bis-[2-mercapto-4.5-dihydroglyoxalyl]-pentan*, F. 131—132° (128—130°), *1.10-Bis-[2-mercapto-4.5-dihydroglyoxalyl]-decan*, F. 161—162° (150—152°), *α.α'-Bis-[2-mercapto-4.5-dihydroglyoxalyl]-o-xylol*, F. 150—151° (188—189°) u. *α.α'-Bis-[2-mercapto-4.5-dihydroglyoxalyl]-p-xylol*, F. 187—188,5° (210 bis 212°). U. UHLICH. G 500□

Quantitative Analyse von technischem Trichloräthan nach dem Infrarotabsorptionsspektrum. W. I. Kolbassow, Ss. B. Bardenstein und R. W. Dshagatzpanjan. (Заводская Лаборатория [Betriebs-Lab.] 27. 295—96. 1961.) (Russ.)

Zur Analyse des bei der Gewinnung von Perchlorvinylharz anfallenden Gemisches von chlorierten Äthanen arbeiteten Vff. eine IR-spektroskop. Meth. aus. Für das Vierkomponentengemisch *1.2-Dichlor-* (**I**, Kp. 83,5°, D^{20}_{0} 1,2563, n_D^{20} 1,4440); *1.1.2-Trichlor-* (**II**, Kp. 113,0°, D_4^{25} 1,4406, n_D^{20} 1,4718); *1.1.1.2-Tetrachlor-* (**III**, Kp. 128,0°, D_4^{20} 1,5539, n_D^{20} 1,4823) u. *1.1.2.2-Tetrachloräthan* (**IV**, Kp. 143,5—144,5°, D_{20}^{20} 1,5985,

n_D^{20} 1,4935) wurden folgende Analysenbanden gewählt: I 883, II 934, III 960, IV 1017 cm^{-1}. Als Lsgm. diente CCl_4. Die Konzz. wurden mit einem Syst. von 4 linearen Gleichungen nach der Meth. der kleinsten Quadrate berechnet. Die Koeff. der Gleichungen wurden an Vgl.-Gemischen in den entsprechenden Konz.-Bereichen bestimmt. Die Analysendauer betrug ca. 1 Stunde. U.-L. RAU. G 510 □

Organische Tüpfelproben. 2. Mitt. Nachweis von 1.2-Dihydroxyverbindungen (Unterscheidung von Polyhydroxyverbindungen). Yujiro Nomura. (Bull. chem. Soc. Japan **32.** 889. Aug. 1959. Tokyo, Univ. of Tokyo, Coll. of Gen. Educat., Dep. of Chem.) (Engl.) — 1. vgl. Bull. chem. Soc. Japan **32.** [1959.] 536.

1.2-Dihydroxy-Verbb. wie Glykol, Propylenglykol, Glycerin, Brenzcatechin u. a. lassen sich in Ggw. von Borsäure durch die Farb-Rk. mit Na-Sulfanilat, $NaNO_2$ u. α-Naphthylamin nachweisen. Peri-Dihydroxy-Derivv. des Naphthalins verhalten sich ähnlich, bes. Di-Na-Chromotropat (1.8-Dihydroxynaphthalin-3.6-disulfonat) gibt die gleiche Farbe. Polyhydroxybenzoesäuren müssen vorher auf dem Wasserbad mit Ammoniak eingedampft werden; 2.3-Dihydroxybenzoesäure u. Gallussäure geben dann eine intensiv rote Farbe. Trimethylenglykol, Resorcin, Hydrochinon, 2.4-, 2.6- u. 3.5-Dihydroxybenzoesäure geben keine Reaktion. Die Rk. ist als neue Meth. zur Auffindung zweier OH-Gruppen in 1.2-Stellung geeignet. P. SCHARNER. G 550 □

Chromatographische Analysen von Zuckeralkoholen und Glykolen. W. E. Moore, M. J. Effland, D. B. Johnson, M. A. Daugherty und E. J. Schwerdtfeger. (Appl. Microbiol. **8.** 169—73. Mai 1960. Madison, Wis., Forest Products Labor., Forest Service.) (Engl.)

Es werden eine papier- (mit WHATMAN-Filtrierpapier Nr. 1) bzw. eine säulenchromatograph. Meth. (mit Cellulosefüllung) zur Best. von *Sorbit, Xylit, Erythrit, Glycerin, Propylenglykol* u. *Äthylenglykol* beschrieben, die sich in Prodd. der Hydrierung u. Fermentation von Holzzucker befinden. Als Lsgm. dienten Butanol–Pyridin–W. bzw. 84%ig. Butanollösung. H. THIELEMANN. G 3400 □

Quantitative Radiopapierchromatographie mit Tollens Reagens. 1. Mitt. **Die Anwendung von ^{131}J auf die radiometrische Bestimmung von Monosacchariden und Polyolen.** Janusz Z. Beer. (Talanta [London] **8.** 809—16. Nov. 1961. Warszawa-Żerań, Inst. of Nuclear Res., Dep. of Health Protect.) (Engl.)

Glucose, Xylose, Rhamnose, Fructose, Mannit u. Inosit wurden in Mengen von $1{,}5 \cdot 10^{-2}$ bis $60 \cdot 10^{-2}$ μMol auf WHATMAN-Nr. 1-Papier mit n-Butanol–Eisessig–W. (6 : 1 : 2) als Laufmittel 18 Std. lang bei Raum-Temp. aufsteigend chromatographiert. Die Chromatogramme wurden 24 Std. lang an der Luft getrocknet, mit einer 9—17%ig. $AgNO_3$-Lsg. in konz. NH_4OH besprüht u. 15—25 Min. lang bei 105° getrocknet. Der Überschuß an $AgNO_3$ wird durch Waschen in 0,02%ig. NH_4OH u. Nachwaschen mit W. entfernt. Das ausgeschiedene Ag wird mit $^{131}J_2$ in $Ag^{131}J$ umgewandelt. Dazu wird 0,01 ml einer Lsg. von 0,4 g KJ u. 0,02 g KJO_3 zu 300 μc trägerfreiem $K^{131}J$ gegeben u. durch Zusatz von 0,4 ml 10%ig. H_2SO_4 J_2 in Freiheit gesetzt, das man 60 Min. lang auf die Chromatogramme einwirken läßt. 10 ml dieses Reagens können eine Ag-Menge, die 50 μg Glucose äquivalent ist, in AgJ umwandeln. Anschließend wird die Aktivitätsverteilung auf den Chromatogrammen mit einem Endfensterzähler u. einem 2 mm breiten Spalt gemessen. Aus der Gesamtaktivität des Feldes kann man mit Hilfe von Eichkurven die aufgegebene Substanzmenge ablesen. Der mittlere Fehler für Mengen über $10 \cdot 10^{-2}$ μMol lag bei 3,5—7,6%. R. KRÄMER. G 3400 □

Untersuchung der Schwanzbildung bei der Papierchromatographie von Zuckern. Robert A. Schwane und George N. Kowkabany. (Analytic. Chem. **34.** 325—29. März 1962. Washington, D. C., Catholic Univ. of America.) (Engl.)

Mit dem Ergebnis, daß es sich um einen noch zu klärenden Adsorptionseffekt handelt, untersuchen Vff. den evtl. Einfl. von Temp., aufgetragener Substanzmenge, Vorbehandlung des Papiers u. Wanderungsstrecke auf die Schwanzbildung. Es wurden ^{14}C-markierte Zucker [D-Arabinose, D-Glucose, Maltose (I), Na-D-Gluconat, Na-D-Glucuronat (II)] nach der absteigenden Meth. in n-Butanol–Essigsäure–W. (4 : 1 : 5) entwickelt. Die auf der Wanderungsstrecke zurückgebliebene Substanz (ca. 0,2% der aufgetragenen Menge, jedoch bei **I** 0,1% u. bei **II** 2%) zeigte nach Eluierung u. erneutem Chromatographieren den gleichen R_F-Wert wie die entsprechende Ursubstanz. Die Aktivitätsmessungen wurden direkt nach Auftragen der Substanz-Lsgg. u. an den in schmale Streifen geschnittenen, entwickelten Chromatogrammen vorgenommen. Die verwendeten Zucker waren vorher einer mindestens 2maligen papierchromatograph. Reinigung nach HORDIS u. KOWKABANY (C. **1959.** 9002) unterzogen worden.

F. M. FRIEDRICH-ANDERSECK. G 3400 □

Bestimmung der reduzierenden Zucker in Anwesenheit von Pepton und ihre Anwendung bei der Polysaccharidunterschung. M. A. Torban und W. I. Smyschljajewa. (Лабораторное Дело [Laboratoriumswesen] 7. Nr. 10. 40—45. Okt. 1961. Stawropol, Inst. für Vaccine u. Seren.) (Russ.)

Es wurden 0,1 m Lsgg. von Histidin, Lysin, Serin, Tyrosin, Valin, Leucin, Tryptophan, Phenylalanin, Cystin, Cystein, Asparaginsäure, Glykokoll, α- u. β-Alanin, Prolin, Norleucin u. außerdem noch aus Harnstoff hergestellt. Die Stoffe wurden in W. gelöst, ausgenommen Tyrosin, Cystin u. Cystein, die in 0,1 n HCl gelöst wurden. 1 ml der Aminosäure-Lsgg. wurde mit 0,1 n NaOH in Ggw. von Phenolrot bis pH 6,8 neutralisiert. Zu dieser Lsg. gibt man 2 ml einer alkal. Lsg. von $K_3[Fe(CN)_6]$, kocht 20 Min. lang auf dem Wasserbad u. bestimmt nach Hagedorn-Jensen die Red.-Fähigkeit der Aminosäuren, ausgedrückt in mg-% Glucose. Es wurde festgestellt, daß die meisten Aminosäuren keine Red.-Fähigkeit besitzen. Tyrosin, Tryptophan, Cystin u. Cystein dagegen wirken ziemlich stark reduzierend. 1 ml 0,01 m Tyrosin-Lsg. red. genau so stark wie 0,233 mg Glucose (I). 1 ml 0,01 m Tryptophan- 0,313 mg I, 1 ml 0,01 m Cystin- 0,218 mg I, 1 ml 0,01 m Cystein- 0,286 mg I. Die vier erwähnten Aminosäuren oder Peptide, die im Hydrolysat des Eiweißes oder im Nährboden vorhanden sind, erhöhen folglich die Zuckerwerte nach Hagedorn-Jensen. Vf. stellt fest, daß Aktivkohle von GOST 4453-48 u. Tierkohle-Chiag die erwähnten Aminosäuren adsorbiert u. Glucose unter gleichen Bedingungen nicht adsorbiert. Diese Feststellungen benutzt Vf. u. gibt eine neue Best.-Meth. reduzierender Zucker in Ggw. von Aminosäuren u. Peptonen. Sie ermöglicht eine Best. der Polysaccharide, die aus red. Zuckern bestehen u. in verschiedenen biolog. Objekten vorkommen. E. Steinberg. G 4050 □

c) Bestandteile von Pflanzen und Tieren

Hochkonsistente Einbettmittel für die Mikrotomie. Anonym. (Lab. sci. [Milano] 8. 88—90. Mai/Juni 1960.) (Ital.)

Beschreibung der Verw. einiger Einbettmittelparaffine, in W. lösl. Wachse, Polyesterharze u. Ester der Metacrylsäure. C. Gottfried. 5661

Neue Möglichkeiten der Mikroelementbestimmung durch Aktivierungsanalyse. W. Höfner. (Landwirtsch. Forsch. 13. 287—93. 1960. Gießen, Justus-Liebig-Univ., Agrikulturchem. Inst.) (Dt.)

Die Möglichkeit einer Mikroelement-Best. in pflanzlichen Stoffen mittels Aktivierungsanalyse wird erörtert. Mit Hilfe organ. Komplexbildner u. der üblichen Trennungs-Verff. lassen sich *Cu, Mn, Zn* u. *Co* mit einem Fehler von $\pm 3\%$ nebeneinander bestimmen. *Cu* u. *Mn* in Mengen von 10^{-8} g werden in 10—20 mg Proben bei 8 std. Bestrahlung mit einem Neutronenfluß von $3 \cdot 10^{11}$ n/cm²/s bestimmt. Die Nachw.-Grenze für *Zn* bzw. *Co* beträgt bei 8 std. Aktivierung $1 \cdot 10^{-6}$ bzw. $5 \cdot 10^{-6}$ g, bei längerer Bestrahlung 10^{-7} g. W. Wesly. 5664 □

Über die colorimetrische Bestimmung der Mikronährstoffe Kupfer, Zink, Kobalt, Mangan, Eisen und Molybdän aus einer Aschenlösung durch fraktionierte Extraktion. E. Schaumlöffel. (Landwirtsch. Forsch. 13. 278—86. 1960. Gießen, Justus-Liebig-Univ., Agrikulturchem. Inst.) (Dt.)

Unter Ausnutzung der Selektivität bestimmter organ. Reagentien werden *Cu, Zn, Co, Mn, Fe* u. *Mo* durch fraktionierte Extraktion aus Aschen-Lsgg. isoliert u. nach bekannten Verff. colorimetr. bestimmt. Eine Überprüfung des Verff. mit Radionucliden ergibt dessen befriedigende Genauigkeit; es wird bes. für Reihenanalysen empfohlen. W. Wesly. 5664 □

d) Medizinsche und toxikologische Analyse

Biochemische Untersuchung der Blutproteine. 8. Mitt. **Mikrocolorimetrische Globinbestimmung im Blut.** G. Solazemniece. (Известия Академии Наук Латвийской ССР [Nachr. Akad. Wiss. LettSSR] 1960. Nr. 4. 163—68. Inst. für experim. Med. der Akad. der Wiss. der LettSSR.) (Lett.) — 3. vgl. C. 1957. 9143.

Beschreibung einer Modifikation der von Ssimakow (Вопросы Медицинской Химии [Fragen med. Chem.] 2. [1950.] 47) angegebenen Mikrometh. zur Best. des *Globin*-Geh. im Blut unter den üblichen Bedingungen des klin. Laboratoriums. Die Best. erfolgt colorimetr. unter Verw. der Biuretreaktion. E. Rentz. 5727 □

Bestimmung flüchtiger Fettsäuren in Rinderblut durch Isotopenverdünnung. J. B. Holter, S. Lakshmanan und J. C. Shaw. (J. Dairy Sci. 42. 358—62. Febr. 1959. College Park, Md., Univ. of Maryland, Dairy Dep.) (Engl.)

Die Acetat-, Butyrat- u. Valerianatspiegel in venösem Kuhblut werden mit Hilfe der Isotopenverdünnungsanalyse bestimmt. Der Hauptanteil der flüchtigen Fettsäuren in venösem Rinderblut besteht aus Acetat. Ph. Fresenius. 5727 □

Organische Analyse. 24. Mitt. Näherungsweise, colorimetrische Bestimmung von Blut- und Urinzucker mit dem bloßen Auge. Tsutomu Momose, Akira Inaba, Yoshiko Mukai und Taeko Shinkai. (Chem. pharmac. Bull. [Tokyo] **8.** 514–16. Juni 1960. Katakaru, Fukuoka, Univ. of Kyushu, Med. Fac., Pharm. Inst.) (Engl.) – 23. vgl. C. **1962.** 6905.

3.6-Dinitrophthalsäure (I) bildet mit reduzierenden Zuckern einen unstabilen, gelben bis orangeroten Farbstoff. Die Rk. kann zur angenäherten Best. von *Blut-* u. *Urinzucker* herangezogen werden. Die Proteine werden mit bas. $ZnCO_3$ entfernt.

Versuche: *Blutzucker*: 0,1 ml Blut in 6 ml W. mit 150 mg bas. $ZnCO_3$ (durch 5 Min. langes Schütteln von 100 g $ZnSO_4 \cdot 7\,H_2O$ in 800 ml W. mit 37 g wasserfreiem Na_2CO_3 in 300 ml W., 15–20 Min. langes Erhitzen bei 100° u. Trocknen bei 100–110°) kurz bei 100° Schütteln, Abkühlen, Filtrieren, mit 250 mg Farbreagens (durch Zugeben von 50 g wasserfreiem Na_2CO_3 zu einer Lsg. von 1,0 g I in 25 ml abs. A. u. Trocknen bei 20° im Vakuum) 2 Min. lang auf 100° erhitzen u. innerhalb 3 Min. mit Standardfarben vergleichen. *Urinzucker*: 0,1 ml Urin in 5 ml W. mit 250 mg Farbreagens (s. vorst.) 2 Min. lang auf 100° erhitzen u. innerhalb 3 Min. mit Standardfarben vergleichen.

E. SCHRAVEN. 5727□

Quantitative fluorometrische Koproporphyrinbestimmung im Harn. Gerda Maleitzke. (Röntgen- u. Laboratoriumsprax. **13.** L 187. Okt. 1960. Stralsund, MTA.) (Dt.)

Zur Best. von *Porphyrin* (I) im Harn werden 100 ml Harn in einem 500 ml-Schütteltrichter mit 10 ml Eisessig versetzt u. 4mal mit 50 ml Ae. ausgeschüttelt. Die Ae.-Extrakte werden mit W. säurefrei gewaschen, dann 2mal mit je 5 ml 5%ig. HCl 5 Min. geschüttelt. Die HCl-Auszüge werden mit 5%ig. HCl verd. u. dann im Photometer mit Fluorescenzansatz mit Filter L 1 (Hg) der I-Geh. bestimmt. Die Eichkurve wird mit *Safranin*-Lsg. aufgenommen. H.-G. MOSLÉ. 5732□

Aktiebolaget Pharmacia, Uppsala, Schweden, *Reagens zur Wasserbestimmung*. (Holl. P. 98 689 vom 10/12. 1952, ausg. 15/8. 1961. Schwed. Prior. 10/12. 1951. — C. 1961. 3107 [D. A. S. 1 045 691].)

H. Angewandte Chemie

I. Allgemeine chemische Technologie

Empfindlichkeit röhrenförmiger Reaktoren. Joseph Coste, Rutherford Aris und Neal R. Amundson. (A. I. Ch. E. Journal **7.** 124–28. März 1961. Minneapolis, Minn., Univ. of Minn.) (Engl.)

Mit Hilfe der RUNGE-KUTTA-GILL-Meth. wird eine Lösung mehrerer Differentialgleichungen für den mathemat. entwickelten Fall betrachtet, daß in einer inkompressiblen Fl. eine willkürliche Zahl chem. Rkk. abläuft. Störungs-Einfl. stöchiometr. Koeff. u. Schwankungen von Temp. u. Konzz. werden durch Linearisierung der erhaltenen, nichtlinearen Gleichungen charakterisiert. Der Empfindlichkeitsparameter S ist qual. definiert durch das Verhältnis der Standardabweichung zu Beginn u. zu Ende der Reaktion. Diese Meth. wird von Vff. an 2 Beispielen von Rkk. 1. Ordnung erläutert.

W.-D. HEUSSNER. 5802□

Baustoffe für chemische Fabriken. Zement. A. G. A. Saul. (Chem. Process Engng. incorp. Atomic Wld. **43.** 23–27. 32. Jan. 1962. Cement and Concrete Assoc.) (Engl.)

Übersicht über Eigg. u. Anwendung von (Portland)-Zement u. Beton zum Bau von chem. Fabriken. W. WESLY. 5804□

Temperaturprofil und Kinetik der Umsetzungen im Hochofen. Kurt Hedden. (Chemie-Ing.-Techn. **33.** 469–87. Juli 1961. Münster, Univ., Inst. für phys. Chem.) (Dt.)

Durch Verss. über Strömungsvorgänge, Wärmeübertragung, Rk.-Kinetik, Ermittlung des Temp.-Profils im Hochofen u. der Konz. im Hochofengas an verschiedenen Hochöfen werden Rückschlüsse auf Rk.-Ablauf u. Wärmeaustausch im Hochofen gezogen. Der Mindestkoksverbrauch u. der Zusammenhang zwischen dem spezif. Koksverbrauch u. der Rk.-Fähigkeit des Kokses wurde untersucht. – 35 Literaturangaben.

W. HEGENBERG. 5812□

Entwurf von Wärmeaustauschern unter Verwendung von Digitalrechnern. D. K. Houtby. (Chem. Process Engng. atomic Wld. **42.** 442–46. Okt. 1961.) (Engl.)

Die mit dem Einsatz von Großrechnern verbundenen Vorteile werden am Beispiel der Berechnung eines Wärmeaustauschers herausgestellt. Sie bestehen zunächst in der Zeiteinsparung beim Entwurf dadurch, daß infolge der Schnelligkeit der Rechenmeth. eine sehr große Variationsmöglichkeit der Koeff. gegeben ist, wodurch ein sehr umfangreiches Zahlenmaterial zur Verfügung steht u. damit die bestmögliche Lösung der vorgegebenen Probleme erreicht wird. M. GRENACHER. 5814□

Wärmeaustauscher für korrodierende Gase. R. E. Leyman. (J. South African Inst. Mining Metallurgy **62.** 245—69. Dez. 1961. African Explosives and Chem. Ind., Ltd.) (Engl.)

Beschreibung der an Wärmeaustauschern für korrodierende Gase zu stellenden Anforderungen u. geeigneter Ausführungen solcher Geräte. — Diskussion.
W. WESLY. 5814□

Ermittlung von mittleren Geschwindigkeiten und Temperaturen in Rohren bei turbulenter Strömung. G. F. C. Rogers und Y. R. Mayhew. (Int. J. Heat Mass Transfer **1.** 55—66. Juni 1960. Bristol, Univ., Mechan. Engng. Dep.) (Engl.)

Zwei neue Verff. zur Best. von mittleren Temp. oder Geschw. werden angegeben. In jedem Falle ist für einen bestimmten Rohrdurchmesser nur eine Messung u. die Kenntnis der Temp.- u. Geschw.-Profile für ausgebildete turbulente Strömung in glatten Rohren gleichen Querschnitts erforderlich. Bei dem ersten Verf. befindet sich die Meßsonde in der Rohrachse; der abgelesene Meßwert muß mit einem Faktor multipliziert werden. Bei dem zweiten befindet sie sich in bestimmtem Abstand von der Rohrwand u. gibt direkt den Mittelwert an. Vff. erläutern u. vergleichen die Verfahren. Schließlich werden Zahlenwerte angegeben zur Abschätzung von Temp.-Meßfehlern bei axial gelegenen Lötstellen für verschiedene Materialien u. Durchmesser sowie verschiedene Strömungs-Geschw. u. Fll., einschließlich fl. Metalle. J. MARTINS. 5816□

Differentiale Viscosität von Spülschlämmen als Kennzeichen des kolloiden Zustandes. Jenö Molnár und László Gráf. (Bányászati Lapok [Ung. Z. Bergbau] **94.** 416—20. Juni 1961.) (Ung.)

Die differentiale Viscosität kann mit Hilfe des Absolut-Rotationsviscosimeters „FANN V-G-Meter" bestimmt werden, da dieses unmittelbar die Aufnahme der ganzen Fließkurve ermöglicht u. die zur Charakterisierung der rheolog. Eigg. von elast. Fll. nötigen Daten liefert. Die differentiale Viscosität von *Bentonit*-Emulsionen steigt durch Zugabe von Quebracho an u. erreicht bei einer bestimmten Konz. einen Grenzwert. $Na_4P_2O_7$ erhöht schon in kleinen Mengen die differentiale Viscosität stark, erreicht bald ein Maximum u. fällt dann zurück. In Elektrolyt-Lsgg. wirkt Quebracho nicht, Alkaligninsulfonate sind aber sehr vorteilhaft. G. BIDLÓ. 5824

Untersuchungen über die Entmischung disperser Stoffsysteme im Hydrozyklon. H.-U. Regehr. (Forsch. Gebiete Ingenieurwes., Ausg. B **28.** 11—27. 1962. Aachen, TH, Inst. der Forschungs-Ges. Verfahrens-Techn. Köln.) (Dt.)

Unterss. über die Eignung des Hydrozyklons (HZ) zum Abscheiden spezif. leichter Anteile aus dispersen Stoff-Syst. werden ausgeführt. An neuen Bauformen des HZ werden die die Entmischung beherrschenden Einflußgrößen bestimmt, in Beziehung zu einer Entmischungsgrenzgröße gesetzt u. die Ergebnisse mit theoret. Befunden verglichen. Der für die Entmischung erforderliche Energieaufwand wird gemessen. Für den Bau von HZ werden auf Grund der Ergebnisse Vorschläge gemacht.
W. WESLY. 5828□

Polymere Materialien für die Filtration von Aerosolen. W. Titow. (Plast. Inst., Trans. and J. **29.** 186—93. Dez. 1961. Yarsley Res. Labor. Ltd.) (Engl.)

Kunststoffe (K) werden als Filtermedien zum Filtrieren von Aerosolen (Ae) nichtfaserig angewendet in Form von Filmschnitzeln, als loses Granulat, Sintermaterial, Mol.-Membranfilter, Schaumstoff oder als poröse Formkörper bzw. als endlose Fasern oder Stapelfasern in Geweben, Wirrfasern u. Papier. Der Abscheidung von Ae. in faserigen Filterelementen liegen folgende Mechanismen zugrunde: direktes Abfangen der Ae.-Teilchen durch die Filterfaser; Absieben in den Faserzwischenräumen; Prallauffang der Teilchen unter dem Einfl. von Schwere- u. Zentrifugalkräften; elektrostat. Anziehung; Diffusion der Teilchen in die Fasern. Es werden besprochen: Rolle der K als Filtermaterial in Filtern für feine Ae.; Verw. der K als nichtfaserige Zusätze zu Ae.-Feinfiltern, z. B. als Bindemittel, elektr. aufgeladene Harze für Hochleistungsfilter, Ionenaustauscherharze u. zum Erzielen von Oberflächeneffekten in Filtermedien; Stand des gegenwärtigen Einsatzes der K u. künftige Entwicklungen. M. HAGEDORN. 5830□

Probleme der Ausführung der Gasentwässerung und -entschwefelung. John Gought, Lawton L. Lawrence und M. S. Worley. (Canad. Mining metallurg. Bull. **54.** 318—26. April 1961. Calgary, Alta., Black, Sivalls, and Bryson Ltd.) (Engl.)

Beschreibung u. Erörterung der in 9 Jahren in zahlreichen Anlagen gemachten Erfahrungen mit der Entwässerung von Gasen (mit fl. Glykolen oder in Trockentürmen) u. der Entschwefelung mit Aminen, bes. Äthanolamin. W. WESLY. 5850□

Experimentelle Untersuchungen über Druckverteilung und Schichtung von flüssigem Wasserstoff. A. F. Schmidt, J. R. Purcell, W. A. Wilson und R. V. Smith. (J. Res. nat. Bur. Standards C **65.** 81—87. April/Juni 1961. Colorado State Univ.) (Engl.)

In einem mit Perlitpulver isolierten Spezialtank werden Gasverbrauch bei Verdichtung, Druck- u. Vol.-Verluste sowie horizontale u. vertikale Temp.-Gradienten in fl. H_2 bei 25, 75, 125 u. 180 lbs./sq.in. untersucht. Mit Hilfe von zwei bes. Arbeitstechniken lassen sich Temp.-Verschiebungen messen u. damit Voraussagen über die Temp.-Verteilung in der Fl.-Phase bei Verw. gut isolierender Lagerungsgefäße machen. Vff. erklären mit gemessenen Werten von Thermoanalysen den Mechanismus der Wärmeübertragung u. Absorption in der Flüssigkeit. W.-D. HEUSSNER. 5856☐

Schwitzkühlung. F. Molyneux. (Chem. Process Engng. atomic Wld. **43.** 18 bis 22. Jan. 1962. Birkenhead College of Technol., Dep. of Chem. Engng.) (Engl.)

Übersicht über die Grundzüge der Schwitzkühlung u. ihre Anwendung auf einen Raketenmotor mit fl., als Kühlmittel dienendem, ungewälztem Brennstoff, wobei 10% des Mantelkühlmittels durch die Poren des gesinterten Halses geleitet u. $>$ 50% der Wärme übertragen werden. — 10 Schrifttumshinweise. W. WESLY. 5858☐

Bestimmung der Kühlfähigkeit von Salzschmelzen. D. Ja. Wischnjakow und A. A. Neusstrujew. (Заводская Лаборатория [Betriebs-Lab.] **24.** 63—65. 1958. Moskau, Inst. für Luftfahrt; Stahl-Inst.) (Russ.)

Best. der Kühlfähigkeit durch die Größe des Koeff. der Wärmeabgabe von der Oberfläche des Körpers an die Schmelze. Die Kühlfähigkeit der Salze ($NaNO_3$, $NaNO_3$ (45%)-KNO_3 (55%) wächst im Temp.Bereich von 170—210°. Der mittlere Wärmeabgabe-Koeff. beträgt bei diesen Temp. 600—800 kcal/m^2·h·°C. H. LEUNE. 5858☐

Fallgeschwindigkeit sich drehender und schwingender Flüssigkeitstropfen durch ruhende flüssige Phasen. A. I. Johnson und L. Braida. (Canad. J. chem. Engng. **35.** 165—72. Dez. 1957. Toronto, Univ., Dep. of Chem. Engng.) (Engl.)

Vff. leiten Gleichungen für das Fallen sich drehender u. schwingender Fl.-Tropfen durch eine andere, ruhende Fl. ab. Die Richtigkeit dieser Gleichungen werden durch Verss. belegt, bei denen Tropfen der Fll. *Nitrobenzol, o-Nitrotoluol, Tetrabromäthan, Tetrachlorkohlenstoff, Chlorbenzol, Brombenzol, Äthylbromid* u. einigen Gemischen von diesen der Dichte 1,1040—2,9612 g/cm^3, der Viscosität ν = 0,4779—9,630 cP u. der Grenzflächenspannung σ = 26,08—45,30 dyn/cm durch W. oder Mischungen von W. mit Glycerin der Dichte 0,9970—1,1919 g/cm^3 u. ν = 0,8937—27,73 cP fielen, wobei zur besseren Beobachtung der Drehbewegung den Tropfen Al-Teilchen zugegeben waren. E. ROEDER. 5862☐

Weitere Untersuchungen über Flüssigkeitsbewegung und Massentransport in „Rieselbetten". W. E. Schiesser und Leon Lapidus. (A. I. Ch. E. Journal **7.** 163—71. März 1961. Princetown, N. J., Univ. of Princetown.) (Engl.)

Vff. diskutieren Unterss. von Verweilzeiten für absteigende Wasserströmung unter Verw. kugelförmiger Füllkörper zur Best. hydrodynam. Verh. in einem Rieselbett einer Kolonne. Die Wasserströmung an porösen u. nichtporösen Füllkörpern wird mit Hilfe bes. Tracer-Konzz. bestimmt u. dabei radiale Veränderungen in Verteilung u. Fließ-Geschw. durch Diffusion beobachtet. Die Diffusions-Geschw. wird charakterisiert durch die Größe der Porenfläche an 11 verschiedenen Packungsmaterialien u. Mol.-Sieben. Messungen des Kontakt-Wrkg.-Grades „fl.-fest" für einzelne Packungen werden beschrieben. W.-D. HEUSSNER. 5864☐

Untersuchungen von Blasenbildung und -aufstieg. A. A. Poutanen und A. I. Johnson. (Canad. J. chem. Engng. **38.** 93—101. Aug. 1960. Maitland, Ont., Du Pont of Canada Ltd., Nylon Intermediates Works; Toronto, Ont., Univ., Dep. of Chem. Engng.) (Engl.)

Als Vorstudie zu späteren Stoffübergangs-Unterss. werden in einer Blasensäule (Syst. N_2/W. bzw. Mineralöl) Größe u. Gestalt der Blasen während ihrer Entstehung (Düse 0,059 cm $\varnothing_i$), die Entstehungsdauer u. die Aufstiegs-Geschw. bestimmt. Die Messungen zeigen, daß die Blasengestalt gut durch eine einfache Gleichung wiedergegeben werden kann: $r^n \Theta = 1$ (r = Polarkoordinate, Θ = Winkel zwischen Polarachse u. Düsengrundfläche). Die meist gemachte Annahme, daß das Vol. der Blasen während der Entstehung sich kugelförmig u. linear mit der Zeit ändert, gilt nicht in den Fällen, wo Oberflächenspannung, dynam. Kräfte u. Düsendurchmesser zusammenwirken. Für die Aufstiegs-Geschw. einer Blasenkette in schwerem Mineralöl wurde eine begrenzt anwendbare Beziehung gefunden. Die tatsächliche Geschw. ist größer als die nach dem STOKESschen Gesetz erwartete u. ändert sich mit der Füllhöhe. Der Unterschied zwischen beiden ist innerhalb des untersuchten Bereiches (Blasendurchmesser 0,33—0,45 cm) unabhängig von der Füllhöhe. J. MARTINS. 5864☐

Der Einfluß der Dampfgeschwindigkeit auf die Stoffübergangszahlen in der Dampf- und Flüssigphase bei der Rektifikation in Glockenbodenkolonnen. B. N. Orlow und A. N. Planowski. (Химия и Техногия Топлив и Масел [Chem. Technol.

Brennstoffe Öle] **6.** Nr. 3. 7—10. März 1961. Moskau, Inst. für chem. Maschinenbau.) (Russ.)

Vff. beschreiben eine Meth. zur Best. der Stoffübergangszahlen auf der Dampf- u. Flüssigkeitsseite aus der experimentell gefundenen Stoffdurchgangszahl. Mittels der so berechneten Stoffübergangszahlen soll die Aufstellung einer mathemat. Beziehung zur Berechnung der Stoffdurchgangszahl auf Glockenböden sehr erleichtert werden. Das verwendete Zahlenmaterial in der angeführten Rechnung geht auf Dest.-Verss. im techn. Maßstab mit einem A.–W.-Gemisch zurück. Vers.-Anordnung u. Durchführung werden beschrieben. Für verschiedene Dampf-Geschw. wurde die Stoffdurchgangszahl bestimmt u. aus dieser die Stoffübergangszahlen berechnet. Im Endergebnis wird eine empir. Gleichung vorgelegt, die auch für andere Gemische Gültigkeit haben soll. H. V. Adolphi. 5864□

Trocknen. W. F. Calus. (Chem. Process Engng. atomic Wld. **43.** 28—32. Jan. 1962. Loughborough Coll. of Technol., Dep. of Chem. Engng.) (Engl.)

Fortschrittsbericht. — 29 Schrifttumshinweise. W. Wesly. 5874□

Ein instationäres Verfahren zur Messung der Wärmeleitfähigkeit von Flüssigkeiten und Gasen. P. Grassmann und W. Straumann. (Int. J. Heat Mass Transfer **1.** 50—54. Juni 1960. Zürich, ETH, Inst. für kalor. App. u. Kältetechn.) (Dt.)

Das zur Messung der Wärmeleitfähigkeit (WL) von Fll. u. Gasen angewandte stationäre Draht-Verf. wird verbessert. Die bisher zur Auswertung nötige Umzeichnung der Werte auf eine logarithm. Zeitachse wird dadurch vermieden, daß der Temp.-Anstieg von einem zweiten Draht, der sich in einem Vgl.-Medium (z. B. einem vergießbaren Kunstharz) mit bekannter WL befindet, direkt als Funktion des log der Zeit registriert wird. Das neue Verf. gestattet Ablesungen der WL-Werte schon nach wenigen Sek. Heizdauer mit einer Genauigkeit von $\pm 1\%$. J. Martins. 5886□

Absorberstäbe und ihre Antriebe als Stellglieder für die Leistungsreaktor-Regelung. H. Braun. (Regelungstechnik **9.** 194—200. Mai 1961. Halden, Norwegen.) (Dt.)

Angaben der Einfangquerschnitte für therm. Neutronen der üblichen, für Absorberstäbe verwendeten Materialien, der für die Regelung geltenden mathemat. Beziehungen sowie der absorbierten Reaktivität von der Eintauchtiefe des Stabes. Von den Antriebsarten steht der elektr. Motoranstrieb an erster Stelle. Hydraul., pneumat. Antriebe sowie die magnet. Winde werden behandelt, ferner die beiden Arten der Regelung, Geschw.- u. Lageregelung, die Meth. der Fernmeldung, Probleme der Notabschaltung — für die vorzugsweise die Schwerkraft ausgenutzt wird —, Fragen über Kalibrierungen der Absorberstäbe, Auswahl der Bauelemente für die Stabantriebe. M. Grenacher. 5894□

Wasseraufbereitung zur Verhütung von Aluminium-Korrosionen in Tieftemperatur-Kernreaktoren. E. W. Jackson und H. F. Molineaux. (Corrosion Prevent. Control **8.** 36—38. 54. Aug. 1961. A.R.I.C.) (Engl.)

Zur Verhütung von Al-Korrosionen in Kernreaktoren durch das Kühlwasser wird dieses mit Hilfe von Kationen- u. Anionenaustauschern, am besten in Form eines Mischbettes entsalzt. Man verwendet einen schwach bas. Anionenaustauscher, damit SiO_2 als korrosionsinhibierender Stoff im W. verbleibt. W. Wesly. 5894□

Versuche mit Wirbelbett-Systemen zur Darstellung von Chlormethanen. Paul R. Johnson, James L. Parsons und John B. Roberts. (Ind. Engng. Chem. **51.** 499—506. April 1959. Wilmington, Del., E. I. du Pont de Nemours & Co., Inc., Elastomer Chemicals & Organic Chemical Dep.)

Vff. entwickelten für ihre Unterss. eine App. aus Borsilicatglas mit feinst gemahlenem Quarzsand als Wirbelbettfeststoff. Die Strömungs-Geschw. der Gase im Wirbelbettrohr betrug ca. 3—23 cm/s. Die Rk.-Zeit t ergibt sich aus der stat. Höhe h des Sandbetts u. der oberflächlichen Gas-Geschw. V nach der Gleichung: $t = h(K - d)/V$, wobei K das Verhältnis der akt. Höhe des Sandbetts zur stat. Höhe u. d das Verhältnis der Gesamtdichte des stat. Sandbetts zur wirklichen Dichte des Festkörpers bedeuten. Die Entflammungsgrenzen sowie der Beginn pyrogener Zers. konnten experimentell bestimmt werden. Eine grundlegende Verbesserung der Arbeitstechnik gelang durch Einführung des Dreistufenwirbelbetts durch entsprechende Unterteilung der Cl_2-Zufuhr, wobei Ausbeute u. Qualität der Prodd. wesentlich erhöht wurden. Durch Pyrolyse von Chlormethanen gelangt man unter HCl-Abspaltung zu Chloräthanen. Während das Einstufenwirbelbett bei gleicher Begasungs-Geschw. vorzugsweise CCl_4 liefert, eignet sich das Dreistufen-Verf. wegen der besseren Misch- u. Temp.-Kontrolle bes. zur Herst. niedriger chlorierter Produkte. — 17 Literaturangaben. A. Sander. 5904□

General Aniline & Film Corp., New York, N.Y., übert. von: Saul R. Buc, Easton, Pa., V.St.A., **Herstellung von Lösungen schwerlöslicher dissoziierbarer Verbindungen in polaren Lösungsmitteln,** wie W., Alkoholen u. Dimethylformamid. Als *Lösungsvermittler für Leukoküpenfarbstoff-H_2SO_4-Ester* (I), *opt. Aufheller, Pharmaceutica, Insekticide* u. dgl. verwendet man formylierte aromat. Amine der Formel II [R, Y = H, Alkyl mit 1—5 C-Atomen oder Hydroxylalkyl mit 1—5 C-Atomen; X = H, OH, COOH, Alkyl mit 1 bis 5 C-Atomen; Z = H oder $O_2S—N(R_1)(R_2)$; $R_{1,2}$ = H, Alkyl mit 1—5 C-Atomen, Hydroxyalkyl mit 1—5 C-Atomen oder gemeinsam mit N heterocycl. Ring]. Färbebäder enthalten z. B. 1—6 (%) I u. 1—4 N-Methylformanilid oder N^4-Formyl-N^1-2-hydroxyäthyl-N^4-methylsulfanilid. (**A. P. 2 953 423** vom 29/1. 1957, ausg. 20/9. 1960.) F. BÖHM. 5819

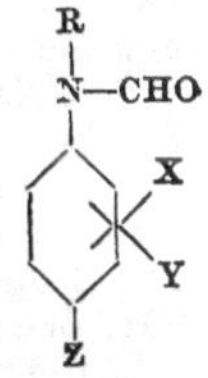

II

VEB Farbenfabrik Wolfen, Wolfen (Erfinder: Manfred Morgner, Wolfen, und Roland Wilharm, Dessau), **Herstellung von Kationenaustauscherharzen durch Kondensation von Phenolen unter Zusatz von Acetaldehyddisulfonsäure,** dad. gek., daß Phenol (I) u./oder phenol. Verbb. im wss. Medium mit einer durch Einleiten von Acetylen (II) in 40—45%ig. Oleum (III) erhaltene Acetaldehyddisulfonsäure (IV) vorkondensiert u. anschließend mit CH_2O auskondensiert werden. — Zum Beispiel läßt man 82 (Gew.-Teile) IV, die durch Einleiten von II in III bis zur Sättigung hergestellt wurde, nach Verdünnen mit 23 Eis mit 94 I bei 100—105° reagieren, kühlt nach Zusatz von 150 W. auf ca. 40° ab u. setzt 100 30%ig. CH_2O-Lsg. zu. Man kondensiert 30 Min. bei 80—85° u. erhält nach Härten, Brechen u. Zermahlen ein Harz, das bei einer Korngröße von 0,3—1,5 mm eine Kapazität von 3,5% CaO aufweist. (**D. A. S. 1 113 814** Kl. 39c vom 2/2. 1959, ausg. 14/9. 1961.) K. SARRE. 5827

VEB Farbenfabrik Wolfen (Erfinder: Manfred Morgner und Hans Pfitzner), Wolfen, **Herstellung von Carbonsäuregruppen enthaltenden Ionenaustauschharzen auf Basis vernetzter Phenole,** dad. gek., daß man in das Austauscherharz bis 2% S in Form von aliphat. oder aromat. Sulfonsäuren einkondensiert. — Zum Beispiel löst man 1040 (Gew.-Teile) Resorcin in 3200 W. u. 1600 50%ig. NaOH-Lsg., trägt in die Lsg. bei 50—60° 260 Acetaldehyddisulfonsäure, 900 $ClCH_2COOH$ u. 104 Phenol ein u. setzt noch 1360 30%ig. CH_2O-Lsg. zu. In wenigen Min. entsteht bei 84° eine feste Gallerte, die bei 90° 3 Tage getrocknet wird. Nach Einquellen in W. u. Sieben auf eine Korngröße von 0,3—1,5 mm erhält man ein Harz mit einer Nutzvolumenkapazität von 2,1% CaO. (**D. A. S. 1 112 290** Kl. 39c vom 2/2. 1959, ausg. 3/8. 1961.) K. SARRE. 5827

Rohm & Haas Co., Philadelphia, übert. von: Robert P. Hopkins, Ardsley, Pa., V.St.A., **Herstellung einer körnigen Masse aus polyacrylsaurem Salz, Sand und Ton.** Zu einer 5%ig. bis gesätt. Lsg. eines Salzes (I) der Acrylsäure u. einem 2wertigen Metall (Ca, Mg, Sr, Zn, Ba), die 0,5—10 Gew.-% Polymerisationskatalysator enthält, gibt man auf 3—30 Gew.-Teile dieses I 97—70 Gew.-Teile einer Mischung aus Sand u. Ton mit einem Mischungsverhältnis von 1:3—10:1 u. vollendet die Polymerisation des Acrylats bei —12 bis +110°, bes. bei Raum-Temp. bis 15° darunter, u. zerteilt die polymere Masse bis zu einer Korngröße von ca. 0,1—5 mm Ø bei einer Temp. <40°. Man erhält harte Körner frei von Staub, die ihre körnige Beschaffenheit beim Einweichen in W. beibehalten. *Ionenaustauscher.* (**A. P. 2 871 204** vom 17/8. 1954, ausg. 27/1. 1959.) A. JAHN. 5827

William Kwo-Wei Chen, **Membranförmiger Ionenaustauscher.** Man taucht einen Polyäthylenfilm in ein fl. Monomeres, bes. Styrol oder Vinylpyridin, unterwirft ihn der Bestrahlung durch ^{60}Co, so daß das Monomere aufpolymerisiert wird, sulfoniert durch Eintauchen in Chlorsulfonsäure u. erhitzt den Film, nachdem er mit W. säurefrei gewaschen ist, mit 20%ig. NaOH 15 Min. auf 60—70°. Die H^+-Form des Films schwillt in dest. W. bis auf ca. 19% des trockenen Films an. Mit 0,1n NaOH wurde eine Trockenkapazität von 1,72 u. eine Naßkapazität von 1,06 mVal/g gemessen. (**Aust. P. 227 888** vom 18/6. 1957, ausg. 19/5. 1960. A. Prior. 18/6. 1956.) C. LÜTTGEN. 5827

RNB Corp., Salt Lake City, Utah (Erfinder: Morgan Gurdon Huntington, Washington, D. C., und Clarence Irving Justheim, Salt Lake City, Utah), V.St.A., **Kernbrennstoffelement** enthält brütbare u. spaltbare Kernbrennstoffbruchstücke in Zellen einer Matrix aus graphitiertem Koks. (**D. A. S. 1 098 111** Kl. 21g vom 19/11. 1959, ausg. 26/1. 1961.) H. KESSEL. 5895

Ringsdorff-Werke G. m. b. H. (Erfinder: Rudolf Schäfer), Bad Godesberg, **Kernbrennstoffelement** mit Spaltmaterial im Zentrum einer Graphitkugel. Zur Herst. wird eine hochreine Naturgraphitpreßmasse mit oder ohne Bindemittel zwischen prakt. halbkugelig ausgearbeiteten Stempeln verpreßt. (**D. A. S. 1 096 513** Kl. 21g vom 10/11. 1959, ausg. 5/1. 1961.) H. KESSEL. 5895

C. A. Parsons & Co. Ltd. (Erfinder: Andrew Thomson Bowden und John Macintyre Robertson), Newcastle-upon-Tyne, England, **Kernbrennstoffelement** aus einem Graphitrohr, in dem mit einem einen Kühlmitteldurchfluß bildenden Abstand ein den Kernbrennstoff enthaltender Behälter ruht, dessen Oberfläche schraubenförmige Flossen trägt, die von über den Umfang verteilten axialen, die Flossen überragenden Staublechen durchsetzt sind. Verschlußglieder an den Behälterenden begrenzen die Axialbewegung der Staubleche. Diese greifen mindestens an einem Ende in Erweiterungen des Graphitrohres ein. (**D. A. S. 1 103 474** Kl. 21g vom 22/1. 1957, ausg. 30/3. 1961. **Schwz. P. 350 049** vom 23/1. 1957, ausg. 31/12. 1960. Beide E. Prior. 26/1. u. 15/3. 1956. **E. P. 847 216** vom 26/1. 1956, ausg. 7/9. 1960.) H. Kessel. 5895

Commissariat à l'Énergie Atomique, Paris (Erfinder: Lucien Alfille, Orsay, und Jean Ropers, Vanves), Frankreich, **Kernbrennstoffelement.** Ein die Schutzhülle einseitig abschließender Stopfen trägt wenigstens eine in unmittelbarem engem Kontakt mit ihm stehende bandagen- oder zwingenartige Armierung, die aus einem gegen Kriechen wesentlich widerstandsfähigerem Material besteht als der Stopfen selbst. (**D. A. S. 1 096 512** Kl. 21g vom 14/11. 1959, ausg. 5/1. 1961. F. Prior. 18/11. 1958. **F. P. 1 217 058** vom 18/11. 1958, ausg. 2/5. 1960.) H. Kessel. 5895

United Kingdom Atomic Energy Authority, London (Erfinder: Roy Alfred Ulfketel Huddle, Newbury, und Gerald Arthur Hughes, Abingdon), England, **Kernbrennstoffelement** für netz- oder gitterartige Anordnung u. Kühlung durch ein Strömungsmittel hat einen Kern aus festem Moderatormaterial mit Spaltstoff auf der Außenoberfläche u. eine Hülle aus einem Stoff mit hohem Wrkg.-Querschnitt für therm. Neutronen. (**D. A. S. 1 097 582** Kl. 21g vom 24/11. 1958, ausg. 19/1. 1961. **F. P. 1 208 777** vom 20/11. 1958, ausg. 25/2. 1960. Beide E. Prior. 25/11. 1957.) H. Kessel. 5895

United Kingdom Atomic Energy Authority (Erfinder: Stanley Hackney und Ernest Edward Jerkins), London, England, **Kernbrennstoffelement** aus mehreren in einer Hülse übereinander angeordneten Brennstoffbündeln, deren ummantelte Brennstoffbauteile jeweils an beiden Enden in Halteplatten gelagert sind. Diese sind durch Abstandsstangen so miteinander verbunden, daß der Stapel eine geschlossene Bauteilgruppe bildet. Zwischen zwei benachbarten Brennstoffbündeln liegt immer nur eine Halteplatte. Die ummantelten Brennstoffbauteile können sich relativ zu ihren Halteplatten, die an einem Ende in Graphithülsen abgestützten Bauteilgruppen sich relativ zu diesen Hülsen ungehindert ausdehnen. (**D. A. S. 1 110 771** Kl. 21g vom 20/1. 1959, ausg. 13/7. 1961. **F. P. 1 214 056** vom 20/1. 1959, ausg. 6/4. 1960. Beide E. Prior. 24/1. 1958 u. 12/1. 1959. **E. P. 873 073** vom 24/1. 1958, ausg. 19/7. 1961.) H. Kessel. 5895

C. A. Parsons & Co. Ltd. (Erfinder: Hugo Heinrich Rudolf Ritz), Newcastle-upon-Tyne, England, **Kernbrennstoffelement** mit einem in einem Graphitbehälter untergebrachten Behälter für den Kernbrennstoff. Der Graphitbehälter sitzt satt auf der Mantelfläche des Kernbrennstoffbehälters u. hat gegliederte, z. B. mit Flossen oder Leitflächen versehene Oberflächen. (**D. A. S. 1 102 301** Kl. 21g vom 31/7. 1957, ausg. 16/3. 1961. **Schwz. P. 353 466** vom 2/8. 1957, ausg. 31/5. 1961. **F. P. 1 180 325** vom 30/7. 1957, ausg. 3/6. 1959. **Belg. P. 559 489** vom 24/7. 1957, ausg. 8/4. 1960. Alle E. Prior. 3/8. 1956 u. 12/7. 1957. **E. P. 849 216** vom 3/8. 1956, ausg. 21/9. 1960.) H. Kessel. 5895

C. A. Parsons & Co. Ltd. (Erfinder: Andrew Thomson Bowden), Newcastle-upon-Tyne, England, **Kernbrennstoffelement** mit einem offenen Behälter, der an beiden Enden mit Verschlußgliedern verschweißt ist. Die Umfangsfläche mindestens eines Verschlußgliedes weist einen Bereich geringerer Abmessungen auf, so daß nach dem Einfügen des Verschlußgliedes in das Behälterende zwischen diesem Bereich u. der Behälterwandung ein Zwischenraum entsteht, wonach die Behälterwandung unter Bldg. einer Schulter zusammengepreßt u. mit dem verjüngten Bereich des Verschlußglieds in Berührung gebracht werden kann. (**D. A. S. 1 099 100** Kl. 21g vom 10/12. 1958, ausg. 9/2. 1961. E. Prior. 12/12. 1957 u. 30/10. 1958. **E. P. 852 644** vom 12/12. 1957, ausg. 26/10. 1960.) H. Kessel. 5895

Combustion Engineering, Inc., New York, N.Y. (Erfinder: Warren Philip Chernock, West Hartford, Conn.), V.St.A., **Kernbrennstoffelement.** Eine Schutzhülle enthält einen Mischkristall von 5—55 Mol.-% UO_2 in keram. Masse aus CeO_2 u./oder stabilisiertem ZrO_2. (**D. A. S. 1 106 433** Kl. 21g vom 19/3. 1960, ausg. 10/5. 1961. **F. P. 1 250 985** vom 10/3. 1960, ausg. 12/4. 1961. Beide A. Prior. 31/3. 1959.) H. Kessel. 5895

C. A. Parsons & Co. Ltd. (Erfinder: Hugo Heinrich Rudolf Ritz und Edward Rae Elliott), Newcastle-upon-Tyne, England, **Kernbrennstoffelement** besteht aus einem Rohrfachwerk, dessen Umfang mit Kühlmittelleitungen so in Verbindung steht, daß ein Teil des Umfangs jeder Leitung durch eine Anzahl der nebeneinander liegenden Rohre gebildet wird, wobei die die Strömung leitenden Wände zwischen den Rohren schräg zu den Rohren verlaufende Staumittel bilden. (**D. A. S. 1 100 194** Kl. 21g vom 20/10. 1958, ausg. 23/2. 1961. **F. P. 1 215 679** vom 20/10. 1958, ausg. 20/4. 1960. Beide E. Prior. 21/10. 1957 u. 13/1. 1958. **E. P. 873 552** vom 21/10. 1957, ausg. 26/7. 1961.) H. KESSEL. 5895

United States Atomic Energy Commission, Germantown, Md. (Erfinder: Robert Knowles McGeary, Erling Frisch und Fritz Randolph Winslow, Pittsburgh, Pa.), V.St.A., **Kernbrennstoffelement.** Von hintereinander in einem an beiden Enden verschlossenen Hüllrohr liegenden Spaltstoffstücken haben jeweils benachbarte einen bestimmten Abstand voneinander. Zur Fixierung der Anordnung ist das Hüllrohr zur festen Anlage an die Spaltstoffstücke gestreckt. (**D. A. S. 1 114 261** Kl. 21g vom 17/3. 1959, ausg. 28/9. 1961. **F. P. 1 220 414** vom 16/3. 1959, ausg. 24/5. 1960. Beide A. Prior. 17/3. u. 24/3. 1958.) H. KESSEL. 5895

Siemens-Schuckertwerke Akt.-Ges., Berlin und Erlangen (Erfinder: Walter Humbach, Erlangen), **Brennstoffelement für Kernreaktoren** mit einer überwiegend am Kernspaltungsprozeß beteiligten Innenzone u. einer überwiegend am Konversionsprozeß beteiligten, hinsichtlich des Brennstoffs gleichartigen Mantelzone. Von dieser ist die Innenzone durch einen Sprung in den die Trennbarkeit der beiden Zonen bestimmenden chem. oder physikal. Eigg. oder einen Spalt im mechan. Gefüge getrennt. (**D. A. S. 1 107 841** Kl. 21g vom 24/1. 1957, ausg. 31/5. 1961.) H. KESSEL. 5895

Commissariat à l'Énergie Atomique (Erfinder: Roger Martin), Paris, Frankreich, **Kernbrennstoff-Elementensäule.** Jeweils zwischen 2 aufeinanderfolgenden durchbohrten Brennstoffpatronen liegt eine Tragplatte, auf der die obere Patrone mit einem Ringteil ruht u. die sich auf einen Tragbauteil in der Bohrung der unteren Patrone abstützt. Der Werkstoff der Bauteile hat eine hohe Warmdruckfestigkeit u. ein geringes Absorptionsvermögen für Neutronen. (**D. A. S. 1 096 511** Kl. 21g vom 7/3. 1958, ausg. 5/1. 1961. **Schwz. P. 348 478** vom 3/3. 1958, ausg. 14/10. 1960. **Belg. P. 565 284** vom 28/2. 1958, ausg. 15/7. 1960. Alle F. Prior. 8/3. 1957. **F. P. 1 169 274** vom 8/3. 1957, ausg. 24/12. 1958.) H. KESSEL. 5895

Allmänna Svenska Elektriska Aktiebolaget (Erfinder: Olle Lindström und Sven Hedmann), Västerås, Schweden, **Kernbrennstoffkomposition** für homogene Kernreaktoren enthält außer H_2O oder D_2O als Moderator, gelöstem Spaltstoff, festem oder suspendiertem Brütmaterial u. einem Katalysator in dem Brennstoff gelöste Salze von wenigstens einem der Metalle Be, Mg u. Al. (**D. A. S. 1 099 097** Kl. 21g vom 22/10. 1959, ausg. 9/2. 1961. **F. P. 1 244 546** vom 23/10. 1959, ausg. 23/1. 1961. **E. P. 869 451** vom 20/10. 1959, ausg. 31/5. 1961. Alle Schwed. Prior. 25/10. 1958.) H. KESSEL. 5895

United States Atomic Energy Commission, Germantown, Md. (Erfinder: Walter Van Norman Goeddel, San Diego, Calif.), V.St.A., **Kernbrennstoff in Carbidform.** Zur Herst. wird ein Silicid des Kernbrennstoffs bei hoher Temp. mit C behandelt. In dem dabei entstehenden Gemisch von Carbiden setzt das SiC das oberflächliche Rk.-Vermögen des Kernbrennstoffcarbids herab. (**D. A. S. 1 100 195** Kl. 21g vom 29/12. 1959, ausg. 23/2. 1961. A. Prior. 31/12. 1958.) H. KESSEL. 5895

United Kingdom Atomic Energy Authority, London (Erfinder: Everett Long, London, und James Wilfred Ashley, Dorking), England, **Moderatoraufbau für Kernreaktoren.** Die Endflächen der in jedem Stapel benachbarten Graphitblöcke sind durch Ziegel, deren Kristallhauptachsen senkrecht zu den Blockachsen verlaufen, in Richtung der Blockachsen zentriert. (**D. A. S. 1 110 335** Kl. 21g vom 13/11. 1956, ausg. 6/7. 1961.) H. KESSEL. 5895

Commissariat à l'Énergie Atomique, Paris (Erfinder: Georges Lehesle, Paris, und Pierre Rouge, Gif-sur-Yvette), Frankreich, **Moderator für Kernreaktoren.** Aus dem Moderatormaterial bestehende Zwischenstücke zwischen den mit zentrierten Kühlkanälen versehenen Moderatorblöcken haben planparallele Anlagestirnflächen u. umschließen die Halte-Vorr. der Moderatorblöcke außen ganz oder greifen zentral ganz in sie ein. Ihre Achsen des kleinsten WIGNER-Effekts liegen senkrecht zu den Stirnflächen. (**D. A. S. 1 102 300** Kl. 21g vom 6/3. 1959, ausg. 16/3. 1961. **Schwz. P. 357 477** vom 9/3. 1959, ausg. 30/11. 1961. Beide F. Prior. 15/3. 1958. **F. P. 1 193 302** vom 15/3. 1958, ausg. 2/11. 1959.) H. KESSEL. 5895

English Electric Co. Ltd., London (Erfinder: John Jeffrey Stubbs und Terence Ingham, Whetstone), England, **Moderator für Kernreaktoren** aus einzelnen voneinander in Querrichtung durch Graphitabstandsstücke getrennten Säulen aus Graphitblöcken in solcher Anordnung, daß die minimale Wachstums-Geschw. der

Blöcke in Längsrichtung der Säulen u. die der Abstandsstücke in einer zu den Säulenachsen senkrechten Ebene liegt. Die Abstandsstücke erstrecken sich so durch Bohrungen quer durch die Blöcke, daß diese an den Abstandsstücken jeweils nur an einer Stelle anliegen. (**D. A. S. 1 099 098** Kl. 21g vom 28/5. 1957, ausg. 9/2. 1961. **F. P. 1 175 779** vom 24/5. 1957, ausg. 1/4. 1959. **Belg. P. 559 090** vom 9/7. 1957, ausg. 8/4. 1960. E. Prior. 14/10. 1955. F. Prior. 24/5. 1957. Span. Prior. 31/5. 1957. **E. P. 846 865** vom 14/10. 1955, ausg. 31/8. 1960.) H. Kessel. 5895

Commissariat à l'Énergie Atomique (Erfinder: Henri Correc), Paris, Frankreich, **Moderator für Kernreaktoren** aus senkrechten Barren. Ein horizontaler Spanngürtel besteht aus einer geraden Anzahl von Gliedern, deren jedes jeweils mit dem übernächsten so verbunden ist, daß auf die Seitenfläche des Stapels nur radiale Kräfte wirken. (**D. A. S. 1 100 191** Kl. 21g vom 22/5. 1959, ausg. 23/2. 1961. F. Prior. 5/6. 1958. **F. P. 1 200 410** vom 5/6. 1958, ausg. 21/12. 1959.) H. Kessel. 5895

Graphitwerke Kropfmühl Akt.-Ges., München (Erfinder: Herbert Greiner, Kropfmühle), **Stoffgemisch für Moderatoren und Reflektoren der Kerntechnik**, bes. für *Kernreaktoren*, besteht aus Neutronen bremsenden u. reflektierenden hochreinen Stoffen fl. oder gasförmigen Aggregatzustands in Mengen, die über dem Adsorptionsgleichgewicht liegen. (**D. A. S. 1 111 746** Kl. 21g vom 24/1. 1956, ausg. 27/7. 1961.) H. Kessel. 5895

United Kingdom Atomic Energy Authority, London (Erfinder: Herbert Chilvers Knights und Peter Neil Munn, Warrington), England, **Zylindrischer Moderatoraufbau für Kernreaktoren.** Die Seitenflächen der geschichteten u. gestapelten, von Haltebändern umschlossenen Graphitblöcke sind so mit Ausnehmungen versehen, daß sich benachbarte Blöcke in einer Schicht nur längs eines kurzen Streifens an den Blockenden berühren. (**D. A. S. 1 118 900** Kl. 21g vom 26/10. 1958, ausg. 7/12. 1961. **F. P. 1 213 002** vom 21/10. 1958, ausg. 28/3. 1960. Beide E. Prior. 21/10. 1957.) H. Kessel. 5895

United Kingdom Atomic Energy Authority, London (Erfinder: Stanley Hackney und Peter Neil Munn, Warrington), England, **Halteeinrichtung für Kernreaktor-Graphitmoderatoren.** Keile rufen radiale Haltekräfte zwischen einer Baugruppe u. dem sie aufnehmenden Behälter hervor. Zur Übertragung der Kräfte dient eine Schubstange, die durch eine Feder in einem Rohr gehalten wird. Rohr u. Schubstange sind so lang, daß sich die Feder in einer gegen die Reaktorstrahlung abgeschirmten, von außen zugänglichen Zone befindet. (**D. A. S. 1 100 829** Kl. 21g vom 30/6. 1958, ausg. 2/3. 1961. **F. P. 1 198 353** vom 1/7. 1958, ausg. 7/12. 1959. Beide E. Prior. 1/7. 1957. **E. P. 874 018** vom 1/7. 1958, ausg. 2/8. 1961.) H. Kessel. 5895

Siemens-Schuckertwerke Akt.-Ges., Berlin und Erlangen (Erfinder: Albert Ziegler, Erlangen), **Wärmeisolation für den Moderatorkessel und die durch ihn hindurchgeführten Bauteile flüssigkeitsmoderierter Kernreaktoren** ist aus Folien geschichtet, zwischen die Moderator-Fl. gefüllt ist. Die Schichtabstände sind so groß, daß auf die Moderator-Fl. keine Wärme durch Konvektion übertragen wird. (**D. A. S. 1 108 340** Kl. 21g vom 14/5. 1958, ausg. 8/6. 1961. **F. P. 1 223 077** vom 29/4. 1959, ausg. 15/6. 1960. D. Prior. 14/5. 1958.) H. Kessel. 5895

Soc. Rateau Soc. An., Paris (Erfinder: Roger Jean Imbert, Paris, und Jacques Pierre Chaboseau, Brévannes), Frankreich, **Vorrichtung zum Abstützen und Zentrieren von Brennstoffeinsätzen in den Brennstoffkanälen von Kernreaktoren.** Jeder Brennstoffeinsatz besteht aus einer Reihe von aufeinandergesetzten Elementareinsätzen, deren Ende sich unter der axial gerichteten Kraft ihres Gew. oder einer Feder an zur Längsachse geneigten Flächen berühren. Die Axialkraft ist so groß, daß sie die Reibung zwischen den Berührungsflächen übersteigt u. eine Wrkg. mit einer Radialkomponente hervorruft, so daß der Elementareinsatz die Kanalwand an einem einseitig in der Nähe eines jeden Endes eines Elementareinsatzes vorgesehenen Anschlag berührt. (**D. A. S. 1 112 212** Kl. 21g vom 4/1. 1958, ausg. 3/8. 1961. **Schwz. P. 346 622** vom 15/1. 1958, ausg. 15/7. 1960. **Belg. P. 563 703** vom 3/1. 1958, ausg. 17/6. 1960. **E. P. 875 462** vom 31/1. 1958, ausg. 23/8. 1961. Alle F. Prior. 4/2. 1957. **F. P. 1 166 835** vom 4/2. 1957, ausg. 17/11. 1958.) H. Kessel. 5895

E. I. du Pont de Nemours & Co., Wilmington, Del., V.St.A., *Mit Elastomeren bedeckte Gewebe.* (**E. P. 871 582** vom 8/8. 1958, ausg. 28/6. 1961. A. Prior. 21/8. 1957. — **C. 1961.** 15149 [D. A. S. 1 097 405].)

Farbwerke Hoechst Akt.-Ges., vormals Meister Lucius & Brüning, Deutschland, *Härten von Wasserglaskitten.* (**F. P. 1 219 627** vom 1/4. 1959, ausg. 18/5. 1960. D. Prior. 11/4. 1958. — **C. 1960.** 17566 [D. A. S. 1 076 861].)

Farbwerke Hoechst Akt.-Ges., vormals Meister Lucius & Brüning, Deutschland, *Selbsterhärtender Wasserglaskitt.* (**F. P. 1 216 798** vom 14/2. 1959, ausg. 27/4. 1960. D. Prior. 14/2. 1958. — **C. 1960.** 5600 [D. A. S. 1 057 267].)

Rohm & Haas Co., Philadelphia, Pa., V.St.A. (Erfinder: **Jesse Chia Hsi Hwa** und **Orville H. Löffler**), *Herstellung von Ionenaustauscherharzen.* (**Jap. A. S. 4897/1960** vom 14/3. 1958, ausg. 10/5. 1960. A. Prior. 15/3. 1957. — C. **1962.** 2116 [D. A. S. 1 070 381].)

Farbwerke Hoechst Akt.-Ges., vormals Meister Lucius & Brüning, übert. von: **August Moeller**, Frankfurt/M., *Flotationsschäumer zur Schwimmaufbereitung von Mineralien.* (**A. P. 2 950 818** vom 28/2. 1956, ausg. 30/8. 1960. D. Prior. 5/3. 1955. — C. **1957.** 7781 [D. A. S. 1 001 652].)

Lonza Electric & Chemical Works Ltd., Gampel, Wallis, Schweiz, *Filtrationsverfahren.* (**E. P. 862 915** vom 30/1. 1959, ausg. 15/3. 1961. Schwz. Prior. 1/2. 1958. — C. **1961.** 17697 [Oe. P. 211 844].)

Gesellschaft für Linde's Eismaschinen Akt.-Ges., Deutschland, *Wärmeaustauschvorgänge in einer mit vorgeschalteten Regeneratoren arbeitenden Gaszerlegungsanlage.* (**F. P. 1 230 718** vom 10/6. 1959, ausg. 19/9. 1960. D. Prior. 11/6. 1958. — C. **1960.** 8635 [D. A. S. 1 065 867].)

South African Council for Scientific & Industrial Research (Erfinder: **Thomas David Morgan** und **Hildegard Emilie Luise Gertrud Schweigart**), Pretoria, Südafrika, *Herstellung einer anionenselektiven Membran.* (**Jap. A. S. 5394/1960** vom 15/4. 1957, ausg. 18/5. 1960. Südafrikan. Prior. 3/8. 1956. — C. **1961.** 3770 [D. A. S. 1 083 230].)

United States Atomic Energy Commission, Washington, D.C., V.St.A. (Erfinder: **Harold T. Hahn**), *Kernbrennstoff.* (**F. P. 1 219 081** vom 21/3. 1959, ausg. 16/5. 1960. **E. P. 844 833** vom 30/12. 1958, ausg. 17/8. 1960. Beide A. Prior. 8/4. 1958. — C. **1962.** 6536 [D. A. S. 1 098 211].)

Commissariat à l'Énergie Atomique, Paris (Erfinder: **Jacques André Stohr**, Bures-sur-Yvette, und **Maurice Gauthron**, Paris), Frankreich, *Kernbrennstoffelement.* (**E. P. 873 594** vom 21/8. 1959, ausg. 26/7. 1961. F. Prior. 29/8. 1958. — C. **1962.** 3215 [D. A. S. 1 093 494].)

Commissariat à l'Énergie Atomique (Erfinder: **Maurice Avramito** und **René Cebelieu**), Paris, Frankreich, *Kernbrennelement.* (**Schwz. P. 355 228** vom 29/5. 1959, ausg. 15/8. 1961. F. Prior. 5/6. 1958. — C. **1961.** 3771 [D. A. S. 1 082 991].)

United Kingdom Atomic Energy Authority, London, England (Erfinder: **Stanley Hackney**), *Moderator für Kernreaktoren.* (**E. P. 867 224** vom 1/7. 1957, ausg. 3/5. 1961. — C. **1961.** 18818 [D. A. S. 1 090 787].)

Ss. D. Besskow, Technochemische Berechnungen. 3. verb. Ausg. (Lehrbuch für chemisch-technologische Hochschulen). Moskau: Hochschule. 1962. (468 S. m. Zeichng.; 8 getr. Bl. Diagr.) 99 Kop. [Russ.]

G. Chalkiopoulos, Technological vocabulary in five languages (in Greek, Latin, English, French and German). Athens: General Direction of Press Research and Cultural Relations Division.

Harold Bright Maynard, Handbuch des Industrial Engineering. Teil 7: Gestaltung von Fabrikanlagen, Betriebsmitteln und Erzeugnissen. Berlin, Köln, Frankfurt/Main: Beuth-Vertrieb. 1961. (286 S. m. Abb.) 8⁰. Gesamtwerk 8 Teile DM 114,—.

II. Betriebsschutz. Feuerschutz

Die Bekämpfung von Staub und giftigen Gasen nach Sprengarbeiten. A. P. Janow. (Горный Журнал [Berg-J.] **1961.** Nr. 3. 70—73. März. Kriwoi-Rog, Filiale des Bergbau-Inst. der Akad. der Wiss. der UkrainSSR.) (Russ.)

Es wird ein Gerät zur komplexen Luftreinigung nach Sprengarbeiten beschrieben, das für die Schächte des Kriwoi-Rog-Reviers entworfen wurde. H. Jäger. 5932□

Ein Gerät zur fraktionierten Abscheidung von Staub für Korngrößenanalysen. Christof Boose. (Staub **22.** 109—12. 1/3. 1962. Essen, Bergbau-Forsch. GmbH, Steinkohlenbergbauverein, Forschungsinst.) (Dt.)

Ein Gerät zur fraktionierten Staubabscheidung wird beschrieben. Das Fraktiometer arbeitet nach dem Prinzip der Sedimentationsplatten, wobei der Staub in einen Meßkanal eintritt u. das einzelne Staubteilchen 3 zueinander senkrechte Geschw.-Komponenten erhält. Aus dem Ablagerungsort wird auf Sink-Geschw. u. Ladung des Teilchens geschlossen. Man zählt die Teilchen im Mikroskop u. ermittelt daraus die Häufigkeitsverteilung als Funktion der Fäll-Geschw. oder die Staub-Konz. in Teilchenzahl/ml Luft. Teilchen mit einer Dichte von 1 g/ml u. einem Durchmesser von 1,75 μ werden noch erfaßt. W. Wesly. 5932□

Unerwartete Explosionen bei Tanks und Reaktoren. Benjamin Block. (Chem. Engng. **69.** Nr. 2. 111—18. 22/1. 1962. Abbot Labor.) (Engl.)

Explosionen, Feuer u. durchgehende Rkk. können sehr oft eine unerwartete Drucksteigerung in Reaktoren u. Tanks verursachen. Um die Auswirkungen solcher Drucksteigerungen zu verhindern, werden Berstscheiben eingebaut, mit denen sich der Vf. eingehend beschäftigt. — 12 Literaturangaben. F. Rosendahl. 5936□

Tropfengrößen und Einfluß von Zusätzen zum Löschwasser. B. R. Hinrichs. (Chemie-Ing. Techn. **33.** 690. Okt. 1961.) (Dt.)

Unterss. zeigen, daß alle Tropfen im Sprühstrahl auch bis zu Drücken von 200 mm im Strahlrohr eine Kugelform aufweisen. Der günstigste Tropfengrößebereich liegt zwischen 0,1 u. 1 mm Tropfendurchmesser. Zusätze zum W., z. B. Netzmittel u. Salze, können die Lösch-Wrkg. verbessern, es ergibt sich aber keine wesentliche Verschiebung der Tropfengröße. Die bessere Lösch-Wrkg. bei Zusätzen von Salz-Lsgg. beruht auf einem physikal. Löscheffekt, da sich die Salze nach der Verdampfung des W. in feinster Form niederschlagen. A. Knickenberg. 5944□

III. Elektrotechnik

Metalltransfluxoren. Rudolf Deller. (Z. angew. Physik **13.** 180—82. April 1961. Hanau, Vacuumschmelze A. G.) (Dt.)

Transfluxoren sind weichmagnet. Mehrfachkreise verschiedener Form aus Werkstoffen mit rechteckförmiger Hystereseschleife, bei denen z. B. das Übertragungs-Verh. eines kleinen Kreises bleibend durch eine einmalige Flußänderung im großen Kreise gesteuert wird. Am Beispiel von „Dreilochtransfluxoren" werden einige Gesichtspunkte für die Werkstoffauswahl u. die Formgebung erörtert, die sich auf andere Mehrfachkreise übertragen lassen. Diese Überlegungen werden durch Meßergebnisse an Transfluxoren aus 50%ig. Fe-Ni-Legg. mit Würfeltextur in der Form wechselseitig geschichteter U-förmiger Teile u. gestapelter Rahmen sichergestellt. H. FAHLENBRACH. 5958□

Gleichzeitige kataphoretische und elektrolytische Abscheidung von Nickel für Kathodenträger betriebssicherer Elektronenröhren. Peter F. Váradi und Kitty Ettre. (J. electrochem. Soc. **109.** 292—95. April 1962. Springdale, Conn., Machlett Labor., Inc.) (Engl.)

Vff. scheiden zur Herst. poröser Ni-Matrixschichten für Kathoden von Elektronenröhren Ni gleichzeitig elektrolyt. u. kataphoret. aus einem Hartnickelelektrolyten [5 (%) $NiSO_4$ + 2,3 $(NH_4)_2SO_4$] mit einem Zusatz von Ni-Pulver unter Rühren ab. Untersucht wird der Einfl. der Vers.-Bedingungen (Konz. C des Ni-Pulvers, Temp., Expositionszeit t) auf die Struktur des Nd. (Schichtdicke h, Rauhigkeit R). h u. R nehmen mit steigendem C, t u. der Temp. zu u. erreichen einen Sättigungswert. h/R nimmt dagegen mit C stark, mit der Temp. nur sehr wenig ab, während t prakt. keinen Einfl. hat. Das kataphoret. abgeschiedene Ni wird im Elektrolyt-Nd. eingebaut, wodurch sehr rauhe u. stark poröse Schichten entstehen. 10 Min. langes Sintern des schwarzen Nd. in feuchtem H_2 bei 1000° ergibt eine metall. glänzende, festhaftende Schicht. Leg.-Abscheidung (Ni + Mg, Al, Ti, W usw.) ist ebenfalls möglich, indem (Ni + Ti)-Pulver bzw. die gepulverte Ni-Ti-Leg. zugesetzt wird. Verss. mit Matrixkathoden, die nach dieser Meth. hergestellt wurden, werden beschrieben. P. FRENZEL. 5974□

Konstante Niederspannungs-Röntgenstrahlengeneratoren für die Kontaktmikroradiographie. J. T. Istock, R. E. Severance, F. W. Chambers jun. und C. W. Miller. (Atompraxis **7.** 186—88. Mai 1961. Bethesda, Md., Nat. Naval Med. Center, Naval Med. Res. Inst.) (Engl.)

Vff. beschreiben einen Generator für die Erzeugung von Röntgenstrahlen mit niedrigen Spannungen im Bereich von 1—5 kV u. 10 W bei konst. Potential. Mit einem solchen Generator in Verbindung mit Röntgenfilmen von großem Auflösungsvermögen u. Röntgenröhren mit einem kleinen Fokus können Mikrophotographien von großer Kontrastschärfe erzielt werden, die die mkr. Unters. von mehr als 250facher Vergrößerung mit nur geringem Verlust an Detailerkennbarkeit ermöglichen.

GERHARD SCHMIDT. 5974□

Verwendung von mikroporösen Gummidiaphragmen bei der elektrolytischen Erzeugung von Mangan und Chlor aus Manganchloridlösungen, die aus Erzen erhalten wurden. V. Aravamuthan und S. Gopal. (Bull. India Sect. electrochem. Soc. **10.** 92. Okt. 1961. Karaikudi, Central. Electrochem. Res. Inst.) (Engl.)

Vff. beschreiben die Verw. von mikroporösem Gummi als Diaphragma in 16A-Elektrolysezellen an Stelle der Verw. von porösem Porzellan. Erstere erweisen sich im techn. Maßstab als überlegen, bei gleicher Stromausbeute von ca. 56—60% läßt sich der pH-Wert des Katholyten bei 8std. kontinuierlichem Betrieb bei 7—7,4 konst. halten. P. FRENZEL. 5992□

Siemens & Halske Akt.-Ges., Berlin und München (Erfinder: Herbert Goetzeler, München), **Örtlich begrenztes Abtragen von leitendem oder halbleitendem Material durch elektrolytisches Ätzen** mit einem Ätzmittel, welches aus einer als Kathode geschalteten Düse austritt, bes. zum Bohren von steilwandigen oder senkrecht zur Kristalloberfläche verlaufenden Löchern bei der Herst. von Halbleiteranordnungen, dad. gek., daß das zu bearbeitende Werkstück während des Ätzvorgangs mit der Bohrstelle als Drehungsachse mit solcher Geschw. in Rotation versetzt wird, daß die auftreffende Ätz-Fl. nach außen geschleudert wird. Die Geschw. soll 1000—10000, bes. 5000 U/min betragen. — Vorrichtung. (**D. A. S. 1 094 547** Kl. 48a vom 20/8. 1956, ausg. 8/12. 1960.) H. HÄNLE. 5953

E. I. du Pont de Nemours & Co., Wilmington, Del. (Erfinder: Alva Wayne Batemann, New York, und Warren Theall Kimball, Newburgh, N. Y.), V.St.A., **Herstellung eines elektrisch isolierenden und gegen Korrosion duftenden Flächengebildes aus Polytetrafluoräthylenfasern (I),** dad. gek., daß man an allen Stellen eines

Fasergutes (II), bestehend ganz oder im wesentlichen aus I, ein wasserlösl. Netzmittel, bes. Alkylarylpolyglykoläther, abscheidet u. das II dann in einer wss. Dispersion eines fluorierten Äthylenpolymeren, bes. Polytetrafluoräthylen (III) mit solcher Geschw. einführt, daß das II gut durchdrungen wird u. das III koaguliert. Durch Erhitzen werden die flüchtigen Bestandteile entfernt. (**D. A. S. 1 122 923** Kl. 8 l vom 24/1. 1958, ausg. 1/2. 1962. A. Prior. 25/1. 1957.) M. BÖTTCHER. 5957

Sylvania Electric Products, Inc., Salem, Mass., übert. von: Bernard Kopelman, Bayside, und Eugene P. Larson, Franklin Square, N.Y., V.St.A., **Permanente Magnete** erhält man durch Erhitzen einer homogenen Mischung eines Fe-Formiats mit einer kleinen Menge Mn-Formiat in reduzierender Atmosphäre auf < 500, bes. 350°, während 10 Std., wobei ein homogenes Gemisch von Fe-Pulver mit 0,2—1,2% Mn-Oxid gewonnen wird, das gepreßt u. magnetisiert wird. (**Can. P. 558 082** vom 23/2. 1953, ausg. 27/5. 1958. A. Prior. 26/2. 1952.) EBERHARD RIEDEL. 5959

Deutsche Edelstahlwerke Akt.-Ges., Deutschland (Erfinder Eckart Kneller und Eginhart Biedermann), **Legierung für permanente Magneten** besteht aus 20—90 (I) *Cu*, 10—80 *Fe* + *Ni*, wobei Ni < 75 u. Fe < 40, oder aus 20—90 Cu u. 10—80 *Co* + Ni, wobei Ni $\leqq 55$ u. Co $\leqq 40$. (**F. P. 1 206 427** vom 22/10. 1958, ausg. 9/2. 1960. D. Prior. 9/11. 1957.) G. APEL. 5959

N. V. Philips' Gloeilampenfabrieken, Holland, **Dauermagnet** besteht aus mindestens 50 (%) *Mn* von kristalliner tetragonaler Struktur mit einem Achsenverhältnis c—a > 1 u. $< \sqrt{2}$, Rest *Al*. Das Atomverhältnis von Mn:Al beträgt ca. 5:4. Die bin. Mn-Al-Leg. besitzen in dieser Phase, wie Röntgen- u. Neutronenstrukturanalyse zeigen, eine kristalline tetragonale Struktur mit einem Achsenverhältnis c—a von ca. 1,3. Die Netzpunkte sind 0, 0, 0 u. ½, ½, ½. Die Mn-Atome bevorzugen einen dieser Netzpunkte. Der Wert $_IH_c$ liegt oberhalb von 1000 Oe u. der Wert $(BH)_{max}$ oberhalb $0{,}5 \cdot 10^6$, bes. oberhalb $1{,}5 \cdot 10^6$ G·Oe. Bei der Herst. des Magneten werden die Legg. einer therm. Behandlung unterhalb 1000° unterworfen u. dann mit einer Geschw. von 2—30°/s abgekühlt. (**F. P. 1 237 400** vom 30/9. 1959, ausg. 25/11. 1960. Holl. Prior. 30/9. 1958.) W. HAUSWALD. 5959

Ruhrchemie Akt.-Ges., Oberhausen/Rhld., und Steinkohlen-Elektrizität Akt.-Ges., Essen (Erfinder: Gerhard Grüneberg, Margarete Jung, Oberhausen, Eduard Justi, Braunschweig, und Herbert Spengler, Oberhausen), **Regeneration von Doppelskelettelektroden aus Eisen, Nickel, Kobalt, Kupfer und Silber für Brennstoffelemente,** dad. gek., daß man die Elektroden in einer ersten Stufe mit konz. Alkalilauge bei Siede-Temp. der Lauge, ggf. unter H_2-Abscheidung, in einer zweiten Stufe mit Alkalilauge geringer Konz. bei Siede-Temp. in Ggw. von Verbb., die Hydroxide, Oxide oder andere Verbb. obengenannter Metalle lösen, u. in einer dritten Stufe durch kathod. H_2-Abscheidung in konz. Lauge behandelt, so daß Oxide u. Sulfide von Fe, Ni, Co u. Cu sowie Sulfide u. Chloride von Ag red. werden, worauf man die Alkalilauge in bekannter Weise entfernt. (**D. A. S. 1 115 322** Kl. 21b vom 6/6. 1957, ausg. 19/10. 1961.) F. LAASS. 5971

Hoskins Mfg. Co., Detroit, Mich., übert. von: Norman F. Spooner, Bloomfield Township, Oakland County, und Forbes S. Sibley, Birmingham, Mich., V.St.A., **Thermoelement.** Der positive Teil besteht aus 8,6—10 (%) Cr, 0,15—0,65 *Nb*, Rest *Ni*. Außerdem können noch enthalten sein, 0,05—0,5 *Si*, 0,25—0,75 *Fe* u. 0,05—0,15 *Zr*. (**A. P. 2 909 428** vom 10/10. 1957, ausg. 20/10. 1959.) G. APEL. 5971

Industrial Colours Ltd., London, England (Erfinder: Edwin John Tozer), **Herstellung von Leuchtschirmen.** Aus einem frisch hergestellten Polymerisat (I) aus Vinylchlorid (II) oder II + Vinylidenchlorid oder II + Vinylacetat oder II + Vinylalkohol oder II + Acrylnitril wird eine Emulsion oder Suspension hergestellt u. die Lsg. eines fluorescierenden Farbstoffs (III) zugesetzt, der I echt anfärbt. Die gefärbten I-Teilchen werden abfiltriert, getrocknet u. mit einem schichtbildenden Stoff gemischt. Beispiele für III: Auramin, 3.6-Bis-diäthylamino-9-(2'-carboxyphenyl)-xanthenylchlorid, 4-Amino-1.8-naphthalincarbonsäure-4'-(1'-methylanilid). (**E. P. 822 709** vom 17/11. 1955, ausg. 28/10. 1959.) A. KALIX. 5975

General Electric Co. Ltd., England, *Herstellung von Kohle geringer Durchlässigkeit*. (**F. P. 1 216 583** vom 11/12. 1958, ausg. 26/4. 1960. E. Prior. 13/12. 1957. — C. **1962**. 3218 [E. P. 857 157].)

Esso Research and Engineering Co., Elizabeth, N.J., V.St.A., *Herstellung von festen Harzen aus öligen Butadien-Polymeren*. (**D. A. S. 1 124 696** Kl. 39c vom 26/7. 1955, ausg. 1/3. 1962. A. Prior. 26/8. 1954. — C. **1959**. 7252 S. [F. P. 1 128 271].)

N. V. Philips' Gloeilampenfabrieken, Holland, *Ferromagnetisches Material*. (**F. P. 1 212 959** vom 20/10. 1958, ausg. 28/3. 1960. Holl. Prior. 21/10. 1957. — C. **1961**. 6272 [D. A. S. 1 087 962].)

N. V. Philips' Gloeilampenfabrieken, Holland, *Ferromagnetisches Material.* (**F. P. 1 216 028** vom 13/1. 1959, ausg. 21/4. 1960. Holl. Prior. 15/1. 1958. — C. **1961.** 4842 [Oe. P. 209 589].)

Svenska Ackumulator Aktiebolaget Jungner, Stockholm, Schweden, *Bleiakkumulator.* (**Holl. P. 99 664** vom 3/5. 1957, ausg. 15/11. 1961. Schwed. Prior. 5/5. 1956. — C. **1961.** 614 [E. P. 833 047].)

Universal Winding Co., Cranston, R. I. (Erfinder: **Harry Charles Lieb** und **John Anthony de Rosa**, New York, N.Y.), V.St.A., *Primärelement mit festem, wasserfreiem Elektrolyten.* (**D. A. S. 1 118 288** Kl. 21b vom 6/4. 1959, ausg. 30/11. 1961. A. Prior. 22/4. 1958. Zusatz zu D. A. S. 1 038 625; C. 1959. 3934. — C. **1962.** 260 [E. P. 845 091].)

N. V. Philips' Gloeilampenfabrieken, Holland, *Leuchtröhre.* (**F. P. 1 246 534** vom 27/1. 1960, ausg. 8/2. 1961. D. Prior. 28/1. 1959. — C. **1961.** 17337 [D . A. S. 1 077 330].)

Nederlandse Organisatie voor Toegepast-Natuurwetenschappelijk Onderzoek ten Behoeve van Nijverheid, Handel en Verkeer, Den Haag, übert. von: **Jan Hendrik van der Neut** und **Hermannus Gerhardus Roebersen**, Den Haag, **Alfred Schors**, Voorburg, und **Oebele Pieter van der Werff**, Den Haag, Holland, *Herstellung von selektiven Membranen aus Polyvinylchlorid.* (**A. P. 2 972 586** vom 19/4. 1955, ausg. 21/2. 1961. Holl. Prior. 21/4. 1954. — C. **1958.** 6064 [E. P. 778 001].)

IV. Wasser. Abwasser

Zur Frage der Festlegung einer höchstzulässigen Nitratkonzentration im Wasser. Sch. Ch. Kapanadse. (Гигиена и Санитария [Hyg. u. Sanitätswes.] **26.** Nr. 9. 7—11. Sept. 1961. Forsch.-Inst. für San. u. Hyg. des Gesundh.-Minist. der GrusinSSR.) (Russ.; Auszug: Engl.)

Das von Kindern im Alter von 3—15 Jahren getrunkene W. enthielt 2—100 mg/(Liter) Nitrate. W. mit einem Geh. bis 11 mg führten nicht zu einem Anstieg des Methämoglobinspiegels im Blut, W. mit 50—100 mg dagegen zu einem starken Anstieg. Die Wrkg. von Nitrat ist um so stärker, je jünger die betreffende Person ist.

F. DU MANS. 6014□

Die Desinfektion ohne Chlorverluste bei Belastungsänderungen. Sol Seid, M. C. Rand und Ariel A. Thomas. (Wastes Engng. **32.** 450—51. 480. Sept. 1961.) (Engl.)

Durch ein Kontroll-Syst. konnte die CCl_2-Überschußgrenze von 3,0 auf 0,6 ppm herabgesetzt werden, ohne daß der geforderte Colititer (kleiner als 20 Organismen/100 ml in 80% der Proben) überschritten wurde. Mit Hilfe eines Verteilungsdiagramms mit dem Cl_2-Überschuß vor der Zugabe als Ordinate u. nach der Zugabe als Abszisse können die Fluktuationen im Abwasseranfall erkannt u. durch entsprechende Dosierungen abgefangen werden. Eine dazugehörige Tafel gibt die zu dosierenden Mengen an. Vergleichende Coli-Best. führten zu dem optimalen Überschußwert von 0,6 ppm Cl_2.

B. FRANZ. 6024□

Chlorieren der Abwässer aus Tuberkulose-Sanatorien. 2. Mitt. Stanisław Kołaczkowski, Janina Kowalczyk, Zbigniew Piotrowski und Zbigniew Zukowski. (Acta microbiol. polon. **10.** 181—85. 1961. Poznań.) (Pol.)

Vff. bestimmten die Cl_2-Konz. u. Einw.-Zeit, die zur Abtötung sehr resistenter Bazillen benötigt werden, die trotz Sterilisation des Geschirrs u. Desinfektions des Sputum ständig in den Abwässern aus Sanatorien für Tuberkulöse enthalten sind. Die vollkommene Abtötung wurde bei Einhaltung der Bedingung: $t \cdot c \geqq 1200$ (t = Kontaktdauer in Min., c = Cl-Konz. nach t Min.) erzielt (vgl. 1. Mitt. Acta microbiol. polon. **8.** [1959.] 181). 100%ig. Vernichtung der Keime wurde beobachtet bei Cl-Konz. von 33,3; 24,8; 13,8; 10,28 mg Cl_2/Liter bei einer Einw.-Dauer von t = 45, 60, 90 u. 120 Minuten.

M. SMYTÓWNA. 6024□

Raumschiffahrt und das Problem der menschlichen Ausscheidungsprodukte. Morris M. Cohn. (Wastes Engng. **32.** 456—59. Sept. 1961.) (Engl.)

Die festen, fl. u. gasförmigen Ausscheidungs-Prodd. der Weltraumfahrer können über Algen- u. Bakterienkulturen abgebaut werden. Unter dem Einfl. des Lichtes ergibt sich ein geschlossenes Syst.; von den Algen emittierter Überschuß an mol. O_2 u. ggf. Nahrung aus dem Algenzuwachs steht den Raumfahrern laufend zur Verfügung. Es wird über Verss. berichtet, die die Praktizierbarkeit derartig kleiner ökolog. Syst. unter Beweis stellen. Drei verschiedene Syst. werden vorgestellt u. an Hand von Schemaskizzen erläutert. Die energet., techn. u. biolog. Probleme, die der Aufenthalt im Weltraum aufwirft, werden kurz dargelegt. Die bei den Unterss. gewonnenen Erkenntnisse über das Algen–Bakterien-Syst. können schon jetzt für die Lösung von Abfallproblemen in von der Umwelt isolierten Besiedelungen Anwendung finden.

B. FRANZ. 6036□

Abnahme der Abwasserverunreinigung bei gleichzeitiger Erhöhung der Papiererzeugung. Russell L. Winget. (Wastes Engng. **32.** 452—54. 476. Sept. 1961.) (Engl.)

Durch systemat. Analysen der Vorfluterbeschaffenheit, direkte Belüftung der Flüsse, Abtrennung des suspendierten Materials aus den Abwässern, Schlammentwässerung u. -beseitigung, Unterstützungsmaßnahmen für die Wasserbiologie, BSB-Red. u. Entfärbung der Abwässer konnten in den USA die Vorfluterbelastungen auf 51%

je t Papier herabgesetzt werden, obwohl die Papiererzeugung von 1943—59 verdoppelt wurde. B. FRANZ. 6036□

Verunreinigung des Grundwassers mit Detergentien durch zentrale Waschhäuser. John M. Flynn. (Wastes Engng. **32.** 460—61. 480. Sept. 1961. Suffolk County, N.Y., Assoc. Public Health Engineer, Health Dep.) (Engl.)

Die Abwässer von zentralen Waschhäusern sind stark mit Detergentien u. Seifen belastet. An die werkeigenen Abwasseraufbereitungsanlagen sind folgende Anforderungen zu stellen: Abtrennung der suspendierten Feststoffe u. des Hauptanteils der gelösten Stoffe einschließlich der Detergentien, welche Grundwasserverunreinigungen verursachen können; wenig Raumbedarf u. möglichst Unterdach-Installation; geringe Invest- u. Betriebskosten; möglichst Wasserkreislaufführung u. Wärmerückgewinnung; einfache Bedienung u. Wartung; kompakter Schlammanfall. Die techn. u. technolog. Merkmale der Anlagen sind in Verss. erarbeitet worden; die Ergebnisse werden mitgeteilt. B. FRANZ. 6036□

Die Verunreinigung von Oberflächen- und Grundwasser. Walther Kumpf. (Gas- u. Wasserfach, Ausg. Wasser-Abwasser **102.** 1137—46. 20/10. 1961. Bad Godesberg.) (Dt.)

Hinsichtlich der Art u. des Umfanges der Verunreinigungen bestehen in den verschiedenen Ländern erhebliche Unterschiede. Die Entw. der Staaten, die Dichte der Bevölkerung, Art u. Ausdehnung der Industrie, aber auch hydrolog. u. wasserwirtschaftliche Gesichtspunkte spielen hierbei eine Rolle. Die Gefährdung ist nicht nur auf das Oberflächenwasser beschränkt, sondern kann sich auch auf das Grundwasser ausdehnen. Aus den Berichten geht hervor, daß die Verunreinigung des W. keine Notwendigkeit ist, sondern daß sie fast ausschließlich durch menschliche Einfl. verursacht werden. Es werden bestimmte Regeln aufgestellt, nach denen es möglich ist, für reines W. zu sorgen. F. ROSENDAHL. 6038□

Die Reinigung der Abwässer aus der Hefe, Obst- und Gemüseindustrie durch Spültropfkörper. Tomasz Wolski. (Prace Inst. Lab. badawczych Przemysłu spożywczego **10.** Nr. 4. 1—30. 1960. Warszawa 12, ul. Rakowiecka 8, Inst. Przemysłu Fermentacyjnegd.) (Pol.)

Besprechung von halbtechn. Verss. mit Spültropfkörpern zur Reinigung von aus Hefefabriken stammenden schwachbelasteten Abwässern zusammen mit hochbelasteten, die durch vorherige Methanfermentation bis ca. 70% abgebaut waren. Zweistufige Spültropfkörper-Anwendung mit Rücklaufpumpen ergab 80—90% Abbaueffekte. Durch Methanfermentation u. Spültropfkörper wurden 95% Gesamtreinigungseffekt erzielt. Bei Anwendung von 2stufigen Spültropfkörpern mit Rücklaufpumpen zur Reinigung der Abwässer aus obstverarbeitenden Betrieben wurde ca. 96% Reinigungseffekt erzielt. Die Belastung der Tropfkörper betrug 626 g BSB_5/m^3 des Tropfkörpermaterials/Tag. Qual. u. quant. Analysen der Schlämme in den Nachklärbecken wurden durchgeführt. M. SZMYTÓWNA. 6044□

Mikrobiologische Schwefelgewinnung aus sulfidischen Schichtwässern. G. A. Ssokolowa. (Микробиология [Mikrobiologie] **29.** 888—93. Nov./Dez. 1960. Moskau, Inst. für Mikrobiol. der Akad. der Wiss. der UdSSR.) (Russ.; Auszug: Engl.)

Aus den Erdölschichtwässern von Kalinowka wurde eine Reinkultur von *Thiobacillus thioparus* isoliert, die sich noch in Ggw. von 10—150 g NaCl/Liter gut entwickelt. Zunächst wurde im Labormaßstab eine Meth. zur Gewinnung von mol. S aus Sulfiden erarbeitet. Das Medium mit Na-Hyposulfit oder CaS strömt durch 2 hintereinandergeschaltete hohe Zylinder (je 0,5 Liter). Der erste Zylinder wird mit einer Kultur ($2 \cdot 10^6$ Zellen/ml) von Thiobacillus thioparus beimpft u. von unten 1 Std. lang schwach (1 Vol. Luft:1 Vol. Medium) belüftet. Dabei erfolgt Oxydation des Sulfids zu mol. Koll. 5, der im 2. Zylinder entweder durch period. Zusatz von $Al_2(SO_4)_3$ oder starke Alkalisierung mit Ätznatron auf pH 12,5 koaguliert wird. Schon nach 1 Tag ist prakt. alles Sulfid zu S u. ein Teil zu Sulfat oxydiert. Der Nd. enthält in der Trockensubstanz 38,4% S. Auf der Grundlage dieser Meth. wurde eine Feldanlage mit Schichtwasser (1,2 g Sulfid/Liter) betrieben. Die App. besteht aus 3 untereinander verbundenen Zylindern (je 40 Liter). Die ersten beiden Zylinder werden belüftet (2—3 Vol. Luft, 1 Vol. W.) u. täglich mit 1,5 Liter frischer Kultur beimpft. Im 3. Zylinder erfolgt die Koagulation u. die Absetzung des Niederschlags. Auf diese Weise können 0,5 g/Liter S täglich erhalten werden. Das Verf. eignet sich für die Reinigung der sulfidhaltigen Abwässer. K. SATTLER. 6044□

Mikrobielle Indicatoren für den Saprobiegrad der durch industrielle Abwässer verunreinigten Gewässer. A. Ss. Rasumow. (Микробиология [Mikrobiologie] **30.** 938—45. Sept./Okt. 1961. Inst. für allg. u. kommunale Hyg. der Akad. der med. Wiss. der UdSSR.) (Russ.; Auszug: Engl.)

Die Unterss. betreffen die Physiologie u. Ökologie der Gattung *Cladothrix*. Cladothrix kann sowohl organ. als auch anorgan. Verbb. als N-Quelle benutzen, während Sphaerotilus nur organ. N-Verbb. assimilieren kann. Als C-Quelle eignen sich gut Disaccharide, weniger gut Monosaccharide u. noch schlechter A. u. Salze organ. Säuren. In Ggw. einer gut assimilierbaren C-Quelle vermag Cladothrix Nitrate in Nitrite umzuwandeln, während Sphaerotilus dazu nicht imstande ist. In Ggw. von Fe-Salzen werden die Zellscheiden mit Fe inkrustiert. Cladothrix ist in Zucker-, Stärke-, Kautschuk-, Papier- u. Textilabwässern ebenso verbreitet wie im Erdöl u. Abfällen der Holzchemie. K. Sattler. 6044□

Kontrolle von durch Phenole verunreinigtem Wasser. P. H. Garnett und A. J. Cox. (Analyst **87.** 147—50. Febr. 1962. Wolverhampton, Midland Tar Distillers Ltd.) (Engl.)

Eine App., die die kontinuierliche Kontrolle von durch Phenole verunreinigtem W. ermöglicht, wird beschrieben. Eine Hg-Dampflampe, die mit konst. Spannung betrieben wird, bestrahlt durch eine aus Quarz bestehende Wasserdurchflußzelle eine Photozelle mit Zn-Kathode, deren Strom über einen Verstärker einen Schreiber mit Warneinrichtung betätigt. Über einen Synchronmotor werden 6 Durchflußzellen nacheinander in den Strahlengang gebracht. Hansjoachim Thiele. 6056□

Zur Bestimmung von in Wässern und Dämpfen gelösten Gasen durch Gaschromatographie. R. Massart und L. Missa. (Bull. Centre belge Étude Doc. Eaux **1960/I.** 43—49. Centrale des Awirs, U. C. E. Linalux.) (Franz.)

Das Ausmaß der Korrosion an Dampfkesseln wird durch den H_2-Geh. von W. u. Dampf beeinflußt. H_2, N_2, O_2 werden mittels Ar aus W. ausgetrieben, das erhaltene Gasgemisch wird gaschromatograph. untersucht. Die Höhe der entstandenen Banden hängt von den jeweiligen Konzz. u. den Verteilungs-Koeff. von H_2, N_2 u. O_2 zwischen Gas- u. fl. Phase ab. Bei den hier vorkommenden geringsten Konzz. ist das Henrysche Gesetz auf den Stoffübergang nicht anwendbar. Die in die Gasphase übergehenden H_2-, N_2- u. O_2-Mengen sind prakt. unabhängig vom Gasvolumen. M. Behl. 6060□

Durchführung einer Müllanalyse. R. J. Häfeli. (Mitt. Vereinig. Großkesselbesitzer **1961.** 371—73. Okt. Zürich.) (Dt.)

Zur vereinfachten Analyse von Müll wird dieser sorgfältig fraktioniert u. von inerten Stoffen befreit. In den Fraktionen werden Feuchtigkeit, Heizwert, Asche, Brennbares u. Rest-Feuchtigkeit bestimmt. W. Wesly. 6068□

Colorimetrische Bestimmung von Hämatin im Wasser. Zd. Deyl. (Vodní Hospodářství **9.** 164—66. April 1959. Praha, Západočeské strojírny.) (Tschech.)

Die Best. von Blut in Schlachthofabwässern wird mit Hilfe der Rk. von Hämatin-Fe mit akt. O (H_2O_2) durchgeführt. Die Best. des Rest-O in der Lsg. erfolgt colorimetr. mit o-Toluidin (I). Die Probe (50 ml) wird mit 1 ml einer gesätt. alkohol. I-Lsg. versetzt u. mit Essigsäure auf einen Geh. von 1% angesäuert. Es folgt der Zusatz von 1 ml 15%ig. H_2O_2. Nach 10 Min. wird die Lsg. photocolorimetriert. Das verwendete I muß sehr rein sein, die Lsg. muß stets frisch zubereitet werden. Es lassen sich so 0,15—0,01 ml Blut/Liter Abwasser mit einer Genauigkeit von 10% erfassen. Die Best. wird durch nicht komplex gebundenes Fe^{3+}, NO_2^- u. NO_3^- gestört. Bei bekanntem Geh. dieser Stoffe wird die Vgl.-Lsg. (Blindprobe) entsprechend eingestellt. F. Urban. 6068□

Colorimetrische Bestimmung von anionischen oberflächenaktiven Substanzen im Wasser. D. C. Abbott. (Analyst **87.** 286—93. April 1962. London, Labor. of the Gov. Chemist, Dep. of Sci. and Ind. Res.) (Engl.)

Vf. beschreibt eine verbesserte Modifikation der Meth. von Longwell u. Maniece (C. **1956.** 1409) zur Best. von anionakt. Stoffen im Abwasser u. Flußwasser. Nach Extraktion mit $CHCl_3$ werden die Alkylarylsulfonate mit Methylenblau photometr. bei 650 nm bestimmt. Durch Vorextraktion der Reagentien mit $CHCl_3$ u. bes. Reinigung des gewöhnlich verunreinigten Methylenblaus wird der Blindwert sehr klein gehalten u. die Empfindlichkeit vergrößert. Die Meth. eignet sich daher bes. für Fluß- u. Trinkwasser, das nur sehr kleine Mengen an Detergentien enthält. J. Peters. 6068□

V. Anorganische Industrie

Über die Rolle der Filtration von Selen–Sulfit-Lösungen bei der Herstellung von reinem Selen. O. W. Altschuler, Je. A. Ssubbotina und F. F. Charachorin. (Журнал Прикладной Химии [J. angew. Chem.] **32.** 1420—26. 1959. Baikow-Inst. für Metallurg. der Akad. der Wiss. der UdSSR.) (Russ.)

Durch Spektralanalyse u. radioakt. Indicatoren werden die Wirksamkeit der Filtration bzgl. einzelner Beimengungen, ihre Abhängigkeit von der Art des Filtermaterials u. vom Alter der Se-Lsg. untersucht. Te u. Se befinden sich in der Se-Sulfit-Lsg. offenbar in einem pseudokoll. Zustand. Mit der Zeit koagulieren die Teilchen dieser Beimengungen u. werden größer. Zum Unterschied von Te läßt sich Se selbst mit den dichtesten Filtern nicht restlos extrahieren. Dasselbe gilt auch für Fe. Bei einem Fe-Geh. von 0,1% verbleibt immer noch ein Teil im Filtrat. Es müssen daher noch wirksamere Filter gefunden werden. H. TREUMANN. H 254□

Entwicklung der Graphitaufbereitung. Karel Štěpán. (Rudy 8. 90—100. März 1960.) (Tschech.)

Zusammenfassender Überblick. — 51 Literaturangaben. M. WINIKER. 6148□

Die Farbe synthetischer Edelsteine. Victor Charrin. (Chim. and Ind. 84. 554—56. Okt. 1960.) (Franz.)

Zusammenfassender Überblick, in dem bes. auf die Unterscheidung von künstlichen u. natürlichen Steinen eingegangen wird. C. GOTTFRIED. 6152

Friedrich Uhde G. m. b. H., Dortmund (Erfinder: Eberhard Nitschke, Iserlohn), **Gewinnung deuteriumreichen Wassers oder Wasserstoffs in Verbindung mit einer Ammoniaksynthese** durch katalyt. Isotopenaustausch zwischen dem Ausgangs-H_2 für die Synth. u. einem Teil des zum H_2 im Gegenstrom geführten, synthet. erzeugten NH_3 erfolgt dadurch, daß das aus dem an Deuterium abgereicherten Ausgangs-H_2 erzeugte NH_3 vor Rückführung in eine Austauschkolonne einem Isotopenaustausch mit W. natürlicher Deuterium-Konz. unterzogen u. das aus der Kolonne mit Deuterium angereichert entnommene NH_3 zu mit D_2O angereichertem W. u. NO verbrannt oder in N_2 u. deuteriumangereicherten H_2 gespalten wird. — Verf.-Schema. (**D. A.S. 1 120 431** Kl. 12i vom 13/8. 1958, ausg. 28/12. 1961.) K. WOLK. H 240

B. G. Owtscharenko und Ss. Ss. Latschinow, **Reduktion eines Fe-Katalysators zur NH_3-Synthese** mit H_2-haltigen Gasen innerhalb oder außerhalb der Synth.-kolonne, wobei zur Verkürzung der Rk.-Zeit u. Erhöhung der Aktivität des Katalysators die Temp. bei Red. in der Kolonne stufenweise von 300 auf 500°, bei Red. außerhalb der Kolonne von 300 auf 435° erhöht wird. — Durch 1 t (0,42 m³) Katalysator werden die durch Ausfrieren von NH_3 befreiten Tankgase mit 800 m³/Std. u. 5 at geleitet, die Temp. wird von 300 auf 375° stufenweise während 12 Std. erhöht, dann 12 Std. auf 425° gehalten. 6,2 t Red.-Prod. werden in die Synthese-Kolonne gegeben, 24 Std. wird bei 400° u. 100 at weiter red., worauf sich die Synth. bei 250—260 at anschließt. — (**UdSSR. P. 118 222** vom 21/6. 1958.) L. GROSSNER. H 243

G. B. Ssimonow und K. T. Koshenowa, **Herstellung starker Salpetersäure (I)** aus fl. Stickstoffoxiden, schwacher I u. O_2 im Autoklaven, dad. gek., daß die Einspeisung der N-Oxide u. schwacher I in den Autoklaven mit einer 2kammerigen Druckpumpe vorgenommen u. das optimale Verhältnis $N_2O_4:H_2O$ durch die Konz. von I eingestellt wird. — Zeichnung. (**UdSSR. P. 118 175** vom 9/6. 1958.) L. GROSSNER. H 243

Walter M. Weil (Erfinder: Hugh Spencer Cooper), Shaker Heights, Ohio, V.St.A., **Gewinnung von Bor durch Elektrolyse.** Es wird eine 2—20%, bes. 2—15% B_2O_3 enthaltende KBF_4-Schmelze, die keine einfachen K-Halogenide enthält, elektrolysiert, wobei der auf 500—100°, bes. 550—750°, gehaltenen Schmelze während der Elektrolyse laufend weiteres B_2O_3 zugesetzt wird. Das bes. auf einer Metallkathode abgeschiedene B wird durch Auslaugen gereinigt. (**D. A. S. 1 120 436** Kl. 12 i vom 11/3. 1960, ausg. 28/12. 1961. A. Prior. 16/3. 1959.) K. WOLK. H 258

Borax Consolidated Ltd., London, England (Erfinder: Anthony Arthur Robinson Wood und Geoffrey Robert Ball), **Herstellung von Bortrihalogeniden,** bes. BCl_3 oder BBr_3, erfolgt durch Überleiten des Halogens über Granalien, die aus innigen Gemischen von B_2O_3 oder H_3BO_3 bzw. oxyd. B-Verbb., die bei $< 350°$ B_2O_3 bilden, Kohle u. Kohlenhydraten (Stärke, Zucker) als Bindemittel, bestehen, bei $> 600°$, bes. bei 1000—1500°. Die Granalien können ganz oder z. T. aus Borcarbid bestehen. (**E. P. 863 507** vom 1/3. 1957, ausg. 22/3. 1961.) K. WOLK. H 258

Union Carbide Corp., New York, N. Y. (Erfinder: Elmer Miller King, Berea, Ohio), V.St.A., **Herstellung von Bornitrid (I).** Melamin (I) wird mit Borsäure (II) umgesetzt (0,5—3 Mol II je Mol I). Das Rk.-Prod. wird unter Ausschluß von O_2 auf $> 600°$ erhitzt u. I isoliert. (**D. A. S. 1 087 578** Kl. 12i vom 3/12. 1958, ausg. 25/8. 1960. A. Prior. 11/12. 1957.) E. MIESSGANG. H 258

Consolidation Coal Co., übert. von: Martin B. Neuworth, Pittsburgh, Pa., V.St.A., **Herstellung von Ruß.** Man pyrolysiert Kohle bei 800—1400° F, löst aus den dabei anfallenden, kondenierten fl. Prodd. die Bestandteile mit einem Kp. $> 300—425°$ mittels eines selektiven Lsgm., das aus Paraffin-KW-Stoffen mit 5 bis

9 C-Atomen, bes. aus Heptan, besteht, heraus u. führt diese vom Lsgm. befreiten Bestandteile einem Rußerzeugungsofen zu. — Abbildungen. (**A. P. 2 964 460** vom 13/5. 1958, ausg. 13/12. 1960.) K. DEMMLER. H 260

Phillips Petroleum Co., übert. von: Harold A. Larson, Borger, Tex., V.St.A., **Herstellung von Rußkügelchen mit einer vorbestimmten absorbierten Ölmenge** durch Besprühen eines sich horizontal kontinuierlich bewegenden Bettes von Rußkügelchen mit einer Korngröße von 60—10 Maschen (U. S. sieve) mit nur so viel Öl, daß die absorbierte Menge der gewünschten Menge nur nahekommt, u. Abtrennen einer Fraktion von Kügelchen der Korngröße, die entsprechend ihrer Korngröße die gewünschte Öl-Konz. aufgenommen hat. (**A. P. 2 942 299** vom 27/12. 1955, ausg. 28/6. 1960.) K. DEMMLER. H 260

Rudolf Heindl, Frankreich, **Herstellung von sehr reinem Silicium.** Trichlorsilan wird in geeigneter Vorr. mit H_2 bei 300—110° zu Si reduziert. Zweckmäßig besteht das Heizelement der Vorr. aus einem sehr reinem Si-Stab oder Si-Einkristall. — Vorrichtung. (**F. P. 1 201 057** vom 1/8. 1958, ausg. 28/12. 1959.) W. WITTHOLZ. H 261

British Industrial Sand Ltd., und Herbert Daymond Segrove (Erfinder: Herbert Daymond Segrove), Redhill, England, **Reinigung feinteiliger mineralischer Kieselsäure,** dad. gek., daß man den mineral. SiO_2 1—5 Gew.-% eines farblosen Oxides, Hydroxides, Carbonates oder Bicarbonates eines Metalles der Gruppe I oder II des Period. Syst. zusetzt u. das Gemisch 10—60 Min. lang auf 1000—1700° erhitzt. (**D. A. S. 1 119 836** Kl. 12i vom 4/9. 1959, ausg. 21/12. 1961. E. Prior. 5/9. u. 7/10. 1958.) A. GRADL. H 261

Columbia-Southern Chemical Corp., Pittsburgh, Pa. (Erfinder: George Henry Atkinson, Akron, Ohio), V.St.A., **Herstellung von gehärteten Erdalkalisilicaten,** dad. gek., daß feinteilige, amorphe Erdalkalisilicate, bes. $CaSiO_3$ mit einer spezif. Oberfläche von 20—70 m^2/g in einen Behälter gefüllt werden, in Mengen von 50—90% des Fassungsvermögens des Behälters, u. darin einer pelletierenden Schüttelbewegung ausgesetzt werden; hierdurch wird eine Erhöhung den scheinbaren Dichte von $< 0{,}225$ auf $> 0{,}260$ erreicht. (**Schwz. P. 354 062** vom 1/12. 1956, ausg. 30/6. 1961. A. Prior. 5/12. 1955.) A. GRADL. H 261

Soc. d'Études et d'Applications des Minerais de Thies, Frankreich, **Reinigung von Phosphaten,** bes. Alkaliphosphaten. Die wss. Phosphat-Lsg. wird mit reduzierenden S-Verbb., wie Hyposulfit, Hydrosulfit, Sulfid, Polysulfid oder H_2S, unter Rühren bei 80° behandelt. Der die Verunreinigungen, z. B. As, V, enthaltende Nd. wird abgetrennt u. die Lsg. auf 30—25°, ggf. unter Zusatz von Impfkristallen, zur Kristallisation des Alkaliphosphates abgekühlt. Die Mutterlauge kann zum Auflösen einer neuen Charge verwendet werden. (**F. P. 1 200 419** vom 13/6. 1958, ausg. 21/12. 1959.) W. WITTHOLZ. H 264

Bristol-Myers Co., New York, N.Y., übert. von: Murray A. Kaplan, Syracuse, und Frank H. Buckwalter, De Witt, N.Y., V.St.A., **Reinigung von wäßrigen Ammoniumhexametaphosphatlösungen** von Na-, Orthophosphat- u. Pyrophosphat-Ionen, dad. gek., daß man die Lsg. über eine Sulfonsäure–Kationenaustauschersäule leitet u. den Ablauf mit NH_3 sofort auf pH 7 einstellt. (**A. P. 2 971 818** vom 28/8. 1957, ausg. 14/2. 1961.) A. GRADL. H 264

Elektrophysikalische Anstalt Bernhard Berghaus, Vaduz, Liechtenstein, **Herstellung von Additionsprodukten von Metallsalzen.** Metallsalze (I), bes. Chloride, werden „zur Verringerung ihres (relativen) Geh. an Anion" in Additions-Prodd. mit Verbb. umgewandelt, die gleichzeitig N- u. H-Atome enthalten, bes. mit NH_3. Die Rkk. werden in geschlossenen Gefäßen in Ggw. eines O_2-freien Schutzgases, bes. N_2 ausgeführt, in die von der einen Seite NH_3, von der anderen Seite feinverteilte **I** mit einem Trägergas eingeführt werden. Die angewandten Temp. sind die optimalen für die Bldg. der **I**-Additions-Prodd., bei denen noch keine starke therm. Dissiziation in ihre Komponenten eintritt. — Beispiele für **I** $AlCl_3$, $BeCl_2$, $MgCl_2$, $TiCl_4$, $Cu(NO_3)_2$, $Ca(NO_3)_2$, $Zn(NO_3)_2$, $Cd(NO_3)_2$, $Cu(ClO_3)_2$, $Cd(ClO_3)_2$, $Cu(ClO_4)_2$, $Cd(ClO_4)_2$. Bevorzugt hergestellt werden: $AlCl_3 \cdot 2\,NH_3$, $MgCl_2 \cdot 2\,NH_3$, $TiCl_4 \cdot 4\,NH_3$, $TiCl_4 \cdot 6\,NH_3$, $TiCl_4 \cdot 8\,NH_3$, $BeCl_2 \cdot 4\,NH_3$, $ThCl_4 \cdot 6\,NH_3$, $UCl_4 \cdot 8\,NH_3$ u. $MoCl_3 \cdot 6\,NH_3$. Die Verbb. werden als *Flußmittel bei der elektrolyt. Gewinnung der gleichen Metalle* aus ihren geschmolzenen Salzen u. von *Al aus Bauxit* verwendet. (**Port. P. 37 994** vom 21/1. 1961, Auszug veröff. 29/3. 1961. Schwz. Prior. 22/1. 1960.) A. KALIX. H 270

Montecatini Soc. Gen. per l'Industria Mineraria e Chimica, Mailand, Italien, **Gewinnung von Kaliumsulfat aus Kainit** nach It. P. 502 679, dad. gek., daß man von Kainit mit einem Geh. an NaCl ausgeht u. bei normaler Temp.

mit der Mutterlauge des K_2SO_4, ggf. nach einer auf den Kainit abgestimmten Verdünnung das NaCl auslöst. Mit dem Schönit ausgefallenes überschüssiges $MgSO_4$ trennt man durch Waschen mit kleinen Mengen W. ab. (**It. P. 532 930** vom 5/4. 1955. **Zusatz zu It. P. 502 679; C. 1960. 7639.**) K. Koebke. 6149

Giorgio Giorgi, Florenz, Italien, **Abbau von Schwefelerzen,** bes. von Pyrit. Wenn die Erzlagerstätte den üblichen Abbau nicht erlaubt, verbrennt man die Sulfide am Ort in der Tiefe. Die Verbrennung wird durch eine elektr. gezündete Thermitbombe eingeleitet. Man leitet die Verbrennungsgase an die Oberfläche u. verarbeitet sie zu H_2SO_4. Nach Ableitung der SO_2-Gase aus der Erzlagerstätte kann man den Verbrennungsraum mit W. spülen u. so Dampf u. ggf. aus dem Spülwasser Cu-Salze gewinnen. (**It. P. 520 883** vom 8/9. 1954.) K. Koebke. 6149

Bell Telephone Laboratories, Inc., New York, N.Y., übert. von: James W. Nielsen, Stirling, N. J., V.St.A., **Herstellung von Einkristallen synthetischer Granate** der Formel $M_3Me_5O_{12}$ (M = Y oder ein seltenes Erdmetall mit Atomnummer 62—71, Me = Fe^{3+} oder ein Gemisch von Fe^{3+} mit Al, Ga, Se), dad. gek., daß aus den Ausgangsstoffen PbO, M_2O_3 u. Me_2O_3 eine Schmelze hergestellt u. diese langsam abgekühlt wird. Die Mengenverhältnisse sind durch einen Ausschnitt eines 3 Stoff-Diagramms gegeben; dessen 4 Ecken folgende Zus. zeigen: 1. 61 (%) PbO, 1,5 M_2O_3, 37,5 Me_2O_3; 2. 44 PbO, 2 M_2O_3, 54 Me_2O_3; 3. 45 PbO, 5 M_2O_3, 50 Me_2O_3; 4. 62,5 PbO, 10 M_2O_3, 27,5 Me_2O_3. — Diagramme. (**A. P. 2 957 827** von 30/4. 1957, ausg. 25/10. 1960.) A. Gradl. 6153

Commissariat à l'Énergie Atomique, Frankreich (Erfinder: **Pierre Boutaud de la Combe, Jacques Célérier** und **Étienne Roth**), *Anreichern von Isotopen.* (**F. P. 1 165 257** vom 23/1. 1957, ausg. 21/10. 1958. — C. **1962.** 5805. [Schwz. P. 348 956].)

Montecatini Soc. Gen. per l'Industria Mineraria e Chimica (Erfinder: **Luigi Merlo** und **Tommaso Cubeddu**), Mailand, Italien, *Herstellung von H_2O_2 mittels Alkylanthrachinonen.* (**D. P.** [**DDR**] **21 996** Kl. 12i vom 8/1. 1958, ausg. 26/9. 1961 [Ausschließungspatent]. It. Prior. 9/1. u. 24/4. 1957. — C. **1960.** 14481 [Oe. P. 205 458].)

D. Napier & Son Ltd., London, England (Erfinder: **James William Laxton**), *Katalysator für die Zersetzung von Wasserstoffperoxid.* (**E. P. 866 338** vom 30/9. 1957, ausg. 26/4. 1961. — C. **1960.** 4635 [D. A. S. 1 067 790].)

Bergwerksverband G. m. b. H., Essen, *Umwandlung von Ammoniumrhodanid in Ammoniumsulfat.* (**E. P. 873 453** vom 9/12. 1958, ausg. 26/7. 1961. D. Prior. 21/12. 1957. — C. **1960.** 4635 [D. A. S. 1 064 932].)

Farbenfabriken Bayer Akt.-Ges., Deutschland (Erfinder: **Hans Joachim Abendroth** und **Günter Henrich**), *Herstellung von Hydrazin.* (**F. P. 1 221 352** vom 17/3. 1959, ausg. 1/6. 1960. D. Prior. 17/3. 1958. — C. **1961.** 4129 [D. A. S. 1 082 889].)

VEB Farbenfabrik Wolfen, Wolfen, Kr. Bitterfeld (Erfinder: **Walter Singer,** Berlin, **Karl-Heinz Schler,** Leipzig, und **Konrad Wagler,** Wolfen), *Herstellung von Chlor neben Alkalinitraten aus Alkalichloriden und Salpetersäure.* (**D. P.** [**DDR**] **22 333** Kl. 12i vom 18/6. 1959, ausg. 24/11. 1961 [Wirtschaftspatent]. — C. **1961.** 10328 [D. A. S. 1 098 920].)

Farbwerke Hoechst Akt.-Ges., vormals Meister Lucius & Brüning, Deutschland, *Herstellung von Alkali- und Erdalkalichloriten.* (**F. P. 1 221 761** vom 9/1. 1959, ausg. 3/6. 1960. D. Prior. 10/1. 1958. — C. **1959.** 15159 [D. A. S. 1 059 891].)

Henkel & Cie. G. m. b. H., Deutschland, *Ammoniumperboratdiperhydrat.* (**F. P. 1 218 739** vom 21/2. 1959, ausg. 12/5. 1960. D. Prior. 22/2. 1958. — C. **1959.** 16124 [D. A. S. 1 058 028].)

Union Carbide Corp., New York, N.Y., V.St.A., *Herstellung von Bornitrid.* (**E. P. 823 266** vom 24/9. 1956, ausg. 11/11. 1959. A. Prior. 4/10. 1955. — C. **1959.** 8680 [A. P. 2 834 650].)

Union Carbide Corp., New York, N.Y., V.St.A. (Erfinder: **Alan Wilmot Beeston**), *Reinigen von Graphit.* (**E. P. 798 644** vom 3/8. 1955, ausg. 23/7. 1958. — C. **1961.** 12604 [Ind. P. 55 837].)

Hans Huber, Deutschland, übert. von: **Chemische Werke Albert,** *Aluminiumphosphat.* (**F. P. 1 218 951** vom 18/3. 1959, ausg. 13/5. 1960. D. Prior. 22/3. 1958. — C. **1959.** 16 125 [D. A. S. 1 058 480].)

F. L. Smidth & Co. A/S, Dänemark, *Abkühlung von Aluminiumoxid und ähnlichen Substanzen in einem Drehrohrofen.* (**F. P. 1 227 151** vom 15/6. 1959, ausg. 19/8. 1960. E. Prior. 16/6. 1958. — C. **1961.** 18088 [E. P. 831 413].)

Badische Anilin- & Soda-Fabrik Akt.-Ges. (Erfinder: **Richard Conrad** und **Johann Langer**), *Herstellung von Tonerde enthaltenden kugelförmigen Teilchen.* (**F. P. 1 231 993** vom 29/7. 1959, ausg. 4/10. 1960. D. Prior. 13/8. 1958. — C. **1960.** 4636 [D. A. S. 1 065 392].)

Badische Anilin- & Soda-Fabrik Akt.-Ges., Deutschland (Erfinder: **Joseph Hille** und **Wolfgang Dürrwächter**), *Herstellung von wasserfreiem Titantetrachlorid.* (**F. P. 1 221 892** vom 22/1. 1959, ausg. 7/6. 1960. D. Prior. 23/1. 1958. — C. **1959.** 16126 [D. A. S. 1 056 098].)

E. I. du Pont de Nemours & Co., V.St.A. (Erfinder: **William Andrews Jenkins** und **John Harvey Kennedy**), *Reduktion von Uranverbindungen und Herstellung von UF_3.* (**F. P. 1 219 835** vom 9/4. 1959, ausg. 19/5. 1960. A. Prior. 28/4. 1958. — C. **1960.** 17 243 [D. A. S. 1 080 991].)

Mitsubishi Kinzoku Kogyo Kabushiki Kaisha, Japan, *Urantetrafluorid.* (**F. P. 1 217 741** vom 3/12. 1958, ausg. 5/5. 1960. Jap. Prior. 11/1. 1958. — C. **1962.** 1751 [D. A. S. 1 110 145].)

Mond Nickel Co. Ltd., England, *Herstellung von reinem Eisenoxid.* (**F. P. 1 218 791** vom 11/3. 1959, ausg. 12/5. 1960. E. Prior. 14/3. 1958. — C. **1962.** 3589 [Oe. P. 211 795].)

British Titan Products Co. Ltd., England, *Herstellung von Eisen(II)-sulfat-Suspensionen.* (**F. P. 1 209 996** vom 27/6. 1958, ausg. 4/3. 1960. — C. **1959.** 10372 [E. P. 800 410].)

VI. Silicatchemie. Baustoffe

Glasbearbeitung durch Stoßläppen bei Ultraschallfrequenz (Ultraschallbearbeitung). Dieter Blanck. (Glastechn. Ber. **34.** 534—44. Nov. 1961. Braunschweig, TH Inst. für Werkzeugmaschinen u. Fertigungstechnik.) (Dt.)

Die sich bei der Glasbearbeitung ergebenden technolog. Gesetzmäßigkeiten werden in bezug auf Vorschubkraft, Amplitude, Werkzeugform, Eindringtiefe, Korngröße, Maßgenauigkeit, Werkzeugverschleiß u. Oberflächenrauhigkeit diskutiert. Es werden Maßnahmen erörtert, die es gestatten, maximale Vorschub-Geschw. zu erreichen. Zum Schluß wird au feine neuartige Werkzeugbefestigung hingewiesen, die dem Verf. neue Möglichkeiten bei der Reihenfertigung eröffnet. N. PETERS. 6168□

Beitrag zur Untersuchung der Viscosität von Gläsern. 2. Mitt. Einfluß der Zeit. Micheline Prod'homme. (Verres et Réfractaires **14.** 261—73. Sept./Okt. 1960. Paris, C.N.R.S. Inst. d'Optique, Paris 15ᵉ.) (Franz.) — 1. vgl. C. **1961.** 9560.

Vf. setzt die Unterss. von Borosilicat- u. anderen Gläsern fort u. stellt die Zeiten fest, die notwendig sind, um bei verschiedenen Temp. die Stabilisierung der Struktur u. damit gleiche Viscositäten (η) zu erreichen. Die η-Werte verändern sich zunächst sehr rasch proportional der Temp.-Erhöhung u. erreichen nach ca. 220 Std. einen Höchstwert. Dabei wird die Zeit bis zur Stabilisierung bei höherer Temp. der Vorbehandlung geringer. In Abhängigkeit von Struktur u. Aktivierungsenergie der das Glas aufbauenden Ionen wird für Änderungen der Dichte u. des Brechungsindex unter Zugrundelegung der Temp., bei der η gleich 10^{13} P wird, ein Gesetz abgeleitet. L. KÜHNERT. 6168□

Eigenschaften hochwertiger technischer Gläser und ihre Einsatzmöglichkeiten in Industrie und Technik. Robert Werner. (Prakt. Chem. [Wien] **11.** 105—11. April 1960. Wien.) (Dt.)

Allg. gehaltene Abhandlung, bei der der Vf. einleitend die bes. Eigg. von Glas sowie die Art u. Weise schildert, in der die systemat. Glasforschung Einfl. auf die Herst u. die Verbesserung der Gläser genommen hat. Einige Meth. der angewandten Glasforschung werden beschrieben. Ferner werden die Meth. des modernen Glasschmelzens, die Eigg. einiger Spezialgläser, Festigkeitswerte u. Temp.-Wechselbeständigkeit sowie die Verw.-Möglichkeiten der Gläser in Industrie u. Technik behandelt. H.-O. MULFINGER. 6200□

Änderungen der physikalischen Eigenschaften von Bor–Phosphat-Gläsern unter der Einwirkung von TiO_2 und CaO. V. Aleixandre, D. A.-Estrada und C. Sánchez Conde. (Rev. Ci. apl. **13.** 97—104. März/April 1959. Patronato Juan de la Cierva de Invest. técn., Dep. de Silicatos.) (Span.)

An einem B_2O_3–P_2O_5-Glas mit 25 (Mol-%) Na_2O, 21,75 Al_2O_3, 18 P_2O_5 u. 35,25 B_2O_3 werden die Änderungen des therm. Ausdehnungs-Koeff. n u. der dielektr. Eigg. beim Zusatz von TiO_2 (bis 7 Mol) u. zunehmendem Ersatz von Na_2O durch TiO_2 (bis 3 Mol) u. CaO (bis 11 Mol) untersucht. Der Zusatz von TiO_2 setzt in nichtproportionalem Verhältnis n herab, ändert aber den Erweichungspunkt (EP) nicht. Durch CaO wird der EP erhöht, wodurch sich ein Tempergebiet von 200° mit einem Minimum bei 4% CaO ergibt. Bei zunehmendem Oxidzusatz nimmt n zu. Die DK nimmt bis zu 4 Mol TiO_2 zu, während die Änderung durch CaO-Zusatz nicht eindeutig ist. R. K. MÜLLER. 6200□

Korrosionsfestigkeit von Glasemail. R. H. Chandler. (Corrosion Prevent. Control **8.** 42. 41. Aug. 1961.) (Engl.)

Zur Prüfung der Korrosionsfestigkeit von Glasemail zur Auskleidung von Waschmaschinen gegen alkal. Waschmittel wird eine 0,5%ig. Lsg. eines Gemisches von 40 (%) Na_2CO_3, 20 $Na_4P_2O_7$, 24 Na_2SO_4 u. 16 Na-Dodecylbenzolsulfonat empfohlen. W. WESLY. 6212□

Einschicht-Weißemails direkt auf Stahl. 10. Mitt. Zur Weiterentwicklung der Einschichtweiß-Technologie. Armin Petzold. (Sprechsaal Keram., Glas, Email **91.** 332—33. 20/7. 1958. Freiberg/Sa., Inst. für Silikathüttenkunde der Berg-Akad.) (Dt.) — 9. vgl. C. **1961.** 13317.

Es wird darauf verwiesen, daß in USA die Einschicht-Weißemaillierung nur auf Ti-Stahl in größerem Maßstab durchgeführt wird, in Europa hingegen noch völlig im Vers.-Stadium ist. In der UdSSR ist man über Labor.-Verss. hinaus bereits zu halbtechn. Verff. übergegangen. Es wird kurz auf gelegentlich auftretende Schwierigkeiten u. Fehler eingegangen. L. KÜHNERT. 6212□

Untersuchung des Verhaltens verschiedener Steinqualitäten im Gewölbe einer Wasserglaswanne. Kamillo Konopicky und Gerald Routschka. (Glastechn. Ber. **33.** 93—101. März 1960. Bonn, Forsch.-Inst. der Feuerfest-Ind.) (Dt.)

Verschiedene Typen von Schamottewannensteinen u. tonerdereichen Steinen wurden in das Gewölbe einer Wasserglaswanne eingebaut. Neben chem. Analysen u. röntgenograph. Best. der mineralog. Zus. wurden physikal. Daten, wie Porosität, Gasdurchlässigkeit, Kaltdruckfestigkeit, Druckfeuerbeständigkeit, Wasseraufnahme, Raum-Gew. u. a. der Steine im Anlieferungszustand bestimmt. An Hand dieser Daten sowie der Zonen-Unterss. an gebrauchten Steinen ergab sich, daß 1. der Al_2O_3-Geh. für die Haltbarkeit bestimmend ist, 2. der Flußmittel-Geh. unter 3%, der Fe_2O_3-Geh. unter 5,5% gehalten werden soll, 3. der Einfl. der Porosität gegenüber der chem. Zus. zurücktritt u. 4. der t_a-Wert, der etwa der Brenn-Temp. entspricht, ein gutes Gütemerkmal ist.
H.-O. MULFINGER. 6218☐

Eigenschaften von Schamottewannensteinen. Ulrich Ehrcke, Hans-Ernst Schwiete, Emil Karl Köhler und Kamillo Konopicky. (Glastechn. Ber. **33.** 73—86. März 1960. Aachen, Inst. für Gesteinshüttenkunde, Bonn, Forsch.-Inst. der Feuerfestind.) (Dt.)

An den derzeit auf dem deutschen Markt befindlichen Schamottesteinen wurden folgende Unterss. vorgenommen: Best. der chem. u. mineralog. Zus., Best. der physikal. Eigg. durch Messung von Porengrößeverteilung, spezif. Gew., Gasdurchlässigkeit, Porosität, Kaltdruckfestigkeit, Druckfeuerbeständigkeit u. Dauerstandfestigkeit. Die ermittelten Eigg. werden diskutiert u. mit früheren gleichartigen Unterss. verglichen. Die physikal. Eigg. zeigen eine beachtliche Abhängigkeit von der Entnahmerichtung sowie vom Entnahmeort (Rand bzw. Kern) der Proben. Im Gegensatz hierzu zeigt die mineralog. Zus. keine Unterschiede zwischen Rand u. Kernzone. — 8 Tabellen, 16 Abb., 21 Literaturstellen.
H.-O. MULFINGER. 6218☐

Über die Zerstörung feuerfester Steine durch Reduktion der Kieselsäure. Eduard Steinhoff. (Glastechn. Ber. **33.** 86—93. März 1960. Wiesbaden, Forsch.-Inst. der Didier-Werke.) (Dt.)

Unterss. korundhaltiger Schamottesteine aus den Bütten eines Hafenofens wurden an Hand der Best. der chem. Zus. u. der Änderungen im Mineralbestand der einzelnen Zonen durchgeführt. Messungen von therm. Ausdehnung, Raum-Gew., Raumbeständigkeit u. Gew.-Änderung sowie der Änderung der chem. Zus. u. des Mineralbestandes von oxydierend u. reduzierend gebrannten Steinwürfeln zeigten, daß die frühzeitige Zerstörung korundhaltiger Schamottesteine in der Bütte auf Red. von SiO_2 zurückzuführen ist. Wenn in diesen Steinen bereits beim Antempern starke C-Einlagerungen entstehen u. sie anschließend einer anomalen reduzierenden Ofenatmosphäre ausgesetzt bleiben, kommt es zur Red. von SiO_2 u. zur Fortführung eines Teiles von SiO_2 über SiO in die rückwärtige Steinzone. Die Folge ist eine inhomogene Steintextur u. -struktur. Es wurde ein einfaches Prüf-Verf. entwickelt, das im Labor.-Vers. die Abwanderung von SiO_2 über die Zwischenstufe des SiO feststellen läßt. Hierzu wurden auch andere SiO_2-haltige Steinproben in einem mit Graphit gefüllten Red.-Tiegel einer stark reduzierenden Atmosphäre ausgesetzt. Die Verss. wurden bei 1000—1600° ausgeführt. An 5 Steinqualitäten verschiedenen SiO_2-Geh. wurde nachgewiesen, daß SiO_2 in reduzierender Atmosphäre unabhängig von der Bindungsart teilweise über SiO verdampft. Die Abhängigkeit dieser Verdampfung von Temp. u. Konz. von SiO_2 wurde untersucht. Die Verss. zeigten, daß kieselsäurehaltige feuerfeste Steine ab 1400° in reduzierender Atmosphäre gefährdet sind.
H.-O. MULFINGER. 6218☐

Eine nichtstationäre Fließmethode zum Messen der Luftdurchlässigkeit feuerfester Körper. L. J. Davies und H. Booth. (Amer. ceram. Soc. Bull. **40.** 744—47. Dez. 1961. Mardan, Quebec.) (Engl.)

Luft unter Druck in einem Gefäß von großem Vol. läßt man durch die Prüfkörper ausströmen. Zur Vermeidung von Temp.-Änderungen der Luft wird das Gefäß mit Stahlwolle gefüllt. Der App. eignet sich für Prüfkörper mit einer Permeabilität von 3 Darcy u. weniger; bei Stoffen mit größerer Permeabilität muß die Menge der Stahlwolle erhöht oder die Form der Prüfkörper geändert werden. F. REINHART. 6218☐

Die Hydratation von Sinterdolomit in überhitztem Wasserdampf als exakte und schnelle Untersuchungsmethode. Walter Mannchen und Wolfgang Schulle. (Neue Hütte **6.** 500—06. Aug. 1961. Freiberg/Sa., Bergakademie, Inst. für physikal. Chem.) (Dt.)

Zur Best. des Hydratationsvermögens von totgebranntem Sinterdolomit wird eine Vorr. beschrieben, die mit auf 150° erhitztem Wasserdampf bei gleicher Temp. der Probe arbeitet. Mit dieser Vorr. werden Hydratationskurven in Abhängigkeit von Sinter-Temp., Sinterzeit, Zus. u. Körnung des Dolomits aufgenommen. Als Kennziffer für das Hydratationsvermögen wird die maximale Hydratations-Geschw. vorgeschlagen. Es wird ein systemat. Gang der Rk.-Geschw.-Konst. beobachtet, der auf eine Vergrößerung der Oberfläche als Folge des Zerrieselungseffektes zurückgeführt wird. F. VIER. 6218☐

Schlacken — Sand — Zemente. St. Gierlaszyńska-Czerwińska. (Wiadomości naftowe **6.** 254—56. Nov. 1960.) (Pol.)

Bei der Herst. von Schlacken–Sand-Zement ist die Verw. von ungemahlenem Sand (25—35%) oft von Vorteil, da die mechan. Eigg. des Zements dadurch verbessert werden. Der Zement ist für die Verw. in der Erdölindustrie besser geeignet als Portlandzement, da er besser abdichtet. F. URBAN. 6222 □

Beitrag zur Kenntnis der Kontaktreaktionen in Zementdrehrohröfen zwischen den Zementklinkern und der Ofenauskleidung. J. Forest. (Silicates ind. **26.** 581—89. Dez. 1961.) (Franz.)

Der Korrosionsablauf zwischen der feuerfesten Ofenauskleidung u. dem Zementklinker wird theoret. behandelt u. an Proben aus verschiedenen Drehrohröfen mkr. untersucht, bes. Steine aus Tonerde, Kieselsäure u. Magnesia. Für die Unters. der Schlackbeständigkeit der Steine wurde ein Labor.-Ofen entwickelt. F. REINHART. 6222 □

Erfahrungen mit Hochofenschlacke als Zuschlagstoff in Stahlbeton. C. P. Larrabee und S. K. Coburn. (Corrosion [Houston] **17.** 155t—156t. April 1961. Monroeville, Pa., United States Steel Corp.) (Engl.)

Bei der Erörterung der Bedeutung von Hochofenschlackenzusätzen zu Stahlbeton wird festgestellt, daß solche Schlacke sich insoweit inert verhält, als irgendein schädlicher Einfl. auf den Bewehrungsstahl nicht festgestellt werden kann. Mehrere Spannbetonbauten, die Hochofenschlacke als einen Bestandteil des Stahlbetons enthalten, lassen nach mehrjähriger Verw. keine Beeinträchtigung ihrer Haltbarkeit erkennen. H. HOCHSTEIN. 6224 □

Untersuchungen über Abschirmbeton. Jürgen Seetzen. (VDI-Z. **104.** 124—28. 21/1. 1962. Hamburg.) (Dt.)

Die hinter Abschirmungen gegen ionisierende Strahlen noch vorhandenen Dosisleistungen werden mittels der Theorie der Strahlenschwächung oder des Teilchentransportes berechnet. Man kann so feststellen, welchen Einfl. die Beton-Zus. auf die Dicke des für eine bestimmte Dosisleistung erforderlichen Betonschildes hat, welche Zus. die günstigste ist u. wie stark der Beton durch Wärmespannungen beansprucht wird. W. WESLY. 6224 □

Mit Generatorgas befeuerte Kalköfen. B. J. Gee. (Chem. and Ind. **1958.** 140—44. 8/2. Settle Limes Ltd.) (Engl.)

Nach einer allg. Betrachtung über das Kalkbrennen, die Brennstoffe und die Entw. des Kalkofens werden die Probleme besprochen, die in gasbeheizten Kalköfen auftreten. F. REINHART. 6226 □

Druckfestigkeitsuntersuchung von Gipsmörteln. E. H. Waters und R. Birtwistle. (Mater. Res. Standards **1.** Nr. 5. 374—81. Mai 1961.) (Engl.)

Um Druckfestigkeitswerte zu erhalten, die $\pm 5\%$ um den wahren Mittelwert liegen, ist jeweils die Prüfung von 3 Probekörpern nötig. Die Art des Wirkens der Mörtelmassen mit W. hat geringen Einfl. auf die Festigkeit. Dagegen hängt die Festigkeit erheblich von der Trockenzeit der Prüfkörper ab. Feuchte Prüfkörper hatten um 40% geringere Druckfestigkeit als trockene. F. REINHART. 6226 □

Untersuchung der in Glas gelösten Gase. Tsuneo Okamura und Tadoru Uno. (Glass Ind. **41.** 554—589. Okt. 1960. Tsurumi-Ku, Yokohama, Japan, Res. Labor. Asahi Glass Co.) (Engl.)

Eingehende Beschreibung einer nach dem Heißextraktions-Verf. arbeitenden App. zur Vakuumextraktion von im Glase gelösten Gasen, sowie der App. zur Analyse u. quant. Best. der extrahierten Gase. Kondensierbare Gase werden mittels fl. Luft ausgefroren u. durch fraktionierte Dest. bei tiefer Temp. getrennt. Ihre Best. erfolgt volumetrisch. Von den nichtkondensierbaren Gasen werden O_2 durch Überleiten über erhitztes Cu u. anschließende Messung der Druckabnahme, CO u. H_2 durch Überleiten über CuO, Ausfrieren der Oxydations-Prodd., fraktionierte Dest. u. anschließende volumetr. Messung bestimmt. Die von einem Vers.-Glas, dessen Zus. dem handelsüblichen Fensterglas vergleichbar ist, bei Temp. von 900—1150° abgegebenen CO_2-, SO_2- u. H_2O-Mengen werden bestimmt. Bei 1150° wurde von dem Vers.-Glas ein Gesamt-Vol. von 0,275 Ncm^3/g Glas abgegeben. Dieses bestand zu 55% aus CO_2, zu 35% aus H_2O u. zu 10% aus SO_2. Mit der beschriebenen App. sollen weitere Unterss. über die Löslichkeit von Gasen in Glasschmelzen durchgeführt werden. H.-O. MULFINGER. 6242 □

Die Bestimmung des Zementgehaltes von Boden-Zement-Mischungen. 3. Mitt. Eine Untersuchung einiger damit zusammenhängender Faktoren. P. T. Sherwood. (J. appl. Chem. **7.** 596—604. Nov. 1957. Harmondsworth, Road. Res. Labor., Dep. of Sci. and Ind. Res.) (Engl.) — 2. vgl. C. **1954.** 7493.

Drei in den vorangegangenen Teilen dieser Arbeit beschriebene Meth. zur Best. des Zement-Geh. von Bodenzement werden an Hand von Vers.-Serien miteinander verglichen. Alle drei Meth. haben gemeinsam die Extraktion von Ca aus der Bodenzementmischung durch Behandlung mit HCl. Die unterscheiden sich durch die verschiedene Meth. der Best. des Ca-Geh. (1. Fällung des Ca als Oxalat u. Titration mit $KMnO_4$, 2. Ca-Best. durch ÄDTA, 3. Flammenphotometr. Best. des Ca). Der Vgl. der nach diesen Meth. erhaltenen Resultate mit den wahren Zement-Geh. zeigt, daß die Werte bei allen 3 Meth. etwas zu niedrig liegen. Die durchschnittliche Abweichung vom wahren Wert beträgt 0,2%. Die schnellste Meth. ist die flammenphotometr. Methode. Es werden ferner Unterss. über verschiedene Meth. der Probennahme, den Einfl. der Probengröße u. den Einfl. der Zerkleinerung der Proben angestellt. Abschließend werden die Anwendungsmöglichkeiten der verschiedenen Meth. besprochen. H.-O. MULFINGER. 6252 □

Institut für Glastechnik, Teil Ilmenau/Thür. (Erfinder: Ernst Otto Schulz, Neuhaus am Rennweg), **Trenn- und Entformungsmittel für die Herstellung von Schaumglas in der Metallform** auf der Basis einer wss. Kaolin- u. stabilisatorhaltigen Suspension, gek. durch einen Geh. an feingemahlenem Asbest. (**D. A. S. 1 121 758** Kl. 23c vom 10/5. 1960, ausg. 11/1. 1962.) E. DREWS. 6181

Union Carbide Corp., New York (Erfinder: Thomas Joseph Mahoney, Tonawanda, John Almon Stapp jun., Kenmore, und Ronald Sinclair Wishart jun., White Plains), N.Y., V.St.A., **Überzugsmittel für Glasgegenstände** auf der Grundlage von Lsgg. oder wss. Emulsionen von Organopolysiloxanen, dad. gek., daß es ca. 0,05—5 Gew.-% eines Blockmischpolymers der Formeln $R'[(SiO_3)[(R_2SiO)_yR'''_{1-a/3}]_3 \cdot [(C_2H_{2n}O)_zR'']_a]_x$ oder $R'''[(R_2SiO)_9]_l[(C_nH_{2n}O)_z]_mR''''$ enthält, in denen R' einen x-wertigen KW-Stoff-Rest, R u. R'' KW-Stoff-Reste, R''' einen Alkyl- oder einen mit 3 KW-Stoff-Gruppen substituierten Silylrest u. R'''' einen KW-Stoff oder Alkoxyrest darstellen, x = 1 oder 2 ist y eine ganze Zahl von mindestens 3 u. n eine ganze Zahl von 2—4 bedeutet, a von 1—3, z von mindestens 5, q eine solche von mindestens 2 ist u. l u. m ganze Zahlen sind, deren Summe 2 oder 3 ergibt. (**D. A. S. 1 114 966** Kl. 22h vom 22/5. 1958, ausg. 12/10. 1961. A. Prior. 22/5. 1957.) M. BÖTTCHER. 6201

Chemieprodukte G. m. b. H. Chemische Fabrik, Leverkusen, **Baumaterial aus Zement, Wasser, Sand und schaumerzeugenden und schaumstabilisierenden Stoffen.** Eine gleichmäßigere Verteilung der zur Erhöhung der Festigkeit zugesetzten Mineralfasern, bes. Basaltwolle, u. eine haltbare Verbindung zwischen Faser u. Leichtbetongemisch wird erhalten, wenn zunächst eine Emulsion oder Lsg. die Schaummittel u. Schaumstabilisatoren, wie Fettalkoholsulfonate, Salze langkettiger Alkylsulfonsäuren u. deren Derivv., Alginate u. klebende Harze, wie Kolophonium, mit den Fasern gemischt u. dann mit seinem trockenen oder W. enthaltenden Gemisch von Zement u. Sand vermengt wird. Ein Leichtbeton (D. 0,5) wird so erhalten aus 320 (kg) Zement, 160 Sand, 32 Basaltwolle, 4 einer Emulsion, die neben den genannten Zusätzen elastifizierende u./oder hydrophobisierende Mittel enthält, u. 240 Wasser. (**D. A. S. 1 124 415** Kl. 80b vom 7/7. 1959, ausg. 22/2. 1962.) G. FRIKELL. 6229

Lechler Bautenschutzchemie o. H. G., Stuttgart (Erfinder: Karl Krenkler, Stuttgart), **Hydrophobierung von Gesteinsstoffen für Bauzwecke,** bes. für die Weiterverarbeitung mit organ. Bindemitteln, mittels eines wasserabweisenden Überzugs aus organ. Filmbildnern (I), dad. gek., daß als I der bei der Herst. von Styrol anfallende klebrige Rückstand verwendet wird, welcher in einem Mischvorgang auf das erhitzte u. getrocknete Gestein aufgetragen wird. (**D. A. S. 1 121 532** Kl. 80b vom 24/9. 1959, ausg. 4/1. 1962.) M. BÖTTCHER. 6231

Soc. des Usines Chimiques Rhône-Poulenc, Paris (Erfinder: **Aimé Louis Rocher**, Ste-Colombe-lès-Vienne, Rhône), Frankreich, *Trennfolien aus Polyglykolterephthalat.* (**D. A. S. 1 117 303** Kl. 39b vom 9/1. 1958, ausg. 16/11. 1961. F. Prior. 1/3. 1957. — C. **1960.** 13161 [F. P. 1 167 372].)

Wacker-Chemie G. m. b. H., München, übert. von: **Joseph Heckmaier** und **Alois Stoll**, Burghausen, *Herstellung von Polyvinylbutyracetal-Harzen.* (**A. P. 2 981 718** vom 9/2. 1959, ausg. 25/4. 1961. D. Prior. 21/9. 1956. — C. **1959.** 15810 [D. A. S. 1 025 149].)

Deutsche Gold- und Silber-Scheideanstalt vormals Roessler, Deutschland, *Feuerbeständige, ungiftige Farbkörper für keramische oder emailtechnische Zwecke.* (**F. P. 1 219 549** vom 27/3. 1959, ausg. 18/5. 1960. D. Prior. 27/3. 1958. — C. **1960.** 4319 [D. A. S. 1 058 919].)

Steuler-Industriewerke G. m. b. H. und **Karl Siebel**, Deutschland, *Herstellen von Silicasteinen.* (**F. P. 1 217 560** vom 26/2. 1959, ausg. 4/5. 1960. D. Prior. 24/11. 1958. — C. **1961.** 4493 [D. A. S. 1 089 680].)

Walsh Refractories Corp., V.St.A. (Erfinder: **Frank C. Steimke jun.**), *Schmelzflüssig gegossene feuerfeste Erzeugnisse.* (**F. P. 1 213 128** vom 29/10. 1958, ausg. 29/3. 1960. A. Prior. 30/10. 1957. — C. **1961.** 6281 [A. P. 2 919 994].)

Union Carbide Corp., New York, N.Y., V.St.A., *Kapillarrohre aus Graphit.* (**E. P. 841 759** vom 16/12. 1958, ausg. 20/7. 1960. A. Prior. 17/12. 1957. — C. **1960.** 7976 [D. A. S. 1 062 612].)

Corning Glass Works, V.St.A. (Erfinder: **Rafaël Landron jun.**), *Keramische Körper mit geringer Wärmeausdehnung.* (**F. P. 1 220 222** vom 7/2. 1959, ausg. 23/5. 1960. A. Prior. 12/2. 1958. — C. **1961.** 5578 [A. P. 2 919 995].)

Union Carbide Corp., V.St.A. (Erfinder: **Lorne Bennett Alden** und **Frank Palmer Holloway**), *Herstellung kohlenstoffhaltiger Formkörper.* (**F. P. 1 214 972** vom 21/10. 1958, ausg. 13/4. 1960. A. Prior. 24/10. 1957. — C. **1961.** 15166 [D. A. S. 1 100 535].)

Robert Pyzel, V.St.A., *Zementherstellung.* (**F. P. 1 215 674** vom 13/10. 1958, ausg. 20/4. 1960. — C. **1961.** 16619 [Ind. P. 58 905].)

Imperial Chemical Industries Ltd., England, *Herstellung von Portlandzement.* (**F. P. 1 213 581** vom 5/9. 1958, ausg. 1/4. 1960. E. Prior. 11/9. 1957 u. 25/7. 1958. — C. **1961.** 2754 [E. P. 824 219].)

Dyckerhoff Zementwerke Akt.-Ges., Deutschland, *Chemisch beständiges hydraulisches Bindemittel.* (**F. P. 1 216 823** vom 17/2. 1959, ausg. 27/4. 1960. D. Prior. 21/2. 1958. — C. **1961.** 9564 [D. A. S. 1 079 524].)

Higgins, Inc., V.St.A. (Erfinder: **Joseph J. Dugas**), *Gasbeton.* (**F. P. 1 217 605** vom 18/12. 1953, ausg. 4/5. 1960. A. Prior. 6/11. 1953. — C. **1961.** 1334 [A. P. 2 915 802].)

Rohm & Haas Co., V.St.A. (Erfinder: **Richard Edward Zdanowski, George Lincoln Brown** und **Bjorn Eric Larsson**), *Kunstharzüberzogene Zementformlinge.* (**F. P. 1 222 066** vom 1/4. 1959, ausg. 8/6. 1960. A. Prior. 1/4. 1958. — C. **1962.** 998 [D. A. S. 1 088 405].)

Montecatini Soc. Gen. per l'Industria Mineraria e Chimica, Mailand, Italien, und **Karl Ziegler**, Mülheim/Ruhr, *Wasserdichtes Flächengebilde.* (**Holl. P. 98 536** vom 16/7. 1957, ausg. 17/7. 1961. It. Prior. 19/7. 1956. — C. **1960.** 6288 [Oe. P. 203 730].)

—, Betonstein-Jahrbuch. 1962. Ein Ratgeber für Betonwaren, Betonwerkstein und verwandte Gebiete. Wiesbaden, Berlin: Bauverl. 1961. (403 S. m. Abb.) 8⁰.

VII. Agrikulturchemie. Schädlingsbekämpfung

Verzeichnis der nordischen landwirtschaftlichen Literatur 1959. Anonym. (Nord. Jordbrugsforskn. **42.** Suppl. Nr. IV. 1—102. 1960.) (Schwed.) — Vgl. C. **1961.** 16244.
R. K. MÜLLER. 6300 □

Die Tonminerale einiger Sendo-Erden in Fukuoka. Shigenori Aomine und Yoro Shiga. (Soil Plant Food [Tokyo] **6.** 19—24. Sept. 1960. Kyushu Univ., Fac. of Agric.) (Engl.)

Die zur Fußmatten-Herst. in Japan verbreitete Binse (Juncus effusus) wird nach der Ernte zunächst in ein Schlammwasser eingeweicht u. anschließend in der Sonne getrocknet. Die Zubereitung des Schlammwassers erfolgt mit Spezialerden, den sog. Sendo-Erden, deren mineralog. Zus. von Vff. untersucht wird. Die 8 untersuchten Erden, die durchschnittlich 27,4% Ton u. 43,1% Schluff, d. h. 70,5% „abschlämmbare Teile" enthielten, ließen sich tonmineralog. in 2 Gruppen einteilen: eine Gruppe, die vorwiegend aus *Halloysit* (I) u. hydratisiertem I bestand, hellbraun-weiß, hochdispersibel u. von saurem pH war u. einen hohen Geh. an extrahierbarem Fe aufwies; die zweite Gruppe enthielt vorwiegend *Chlorit, Illit* u. *Vermiculit*, war hellgrau u. besaß eine niedrige Dispersion, einen geringen Geh. an extrahierbarem Fe sowie neutrale bis leicht alkal. Reaktion.
WILFRIED WERNER. 6304 □

Über das Alter und die Bildungsdauer von Eisenhumuspodsolen. H. Hambloch. (Z. Pflanzenernähr., Düng., Bodenkunde **83** (**128**). 134—39. Dez. 1958. Münster, Westfalen, Univ., Geograph. Inst.) (Dt.)

In holozänem Ausgangsgestein sind mittlere bis starke Podsolierungen u. kräftige Ortstein-Bldg. zu beobachten, deren Bldg.-Dauer 3 Jahrtausende nicht überschreitet. Dieselben werden durch typ. Rohhumusbildner u. basenarme Gesteine begünstigt. Die Annahme, daß gleichartige Profile in diluvialen Sanden eine wesentlich längere Zeit zur Entw. beansprucht haben, ist als unwahrscheinlich anzusehen. Offenbar liegt in beiden Fällen eine Sekundär-Bldg. aus podsoliger Braunerde vor. — 14 Literaturangaben.
M. WINIKER. 6304 □

Über die Dynamik des Uronsäurekomplexes in hydromorphen mesotrophen Böden. Roger Schaefer. (C. R. hebd. Séances Acad. Sci. **250.** 3067—69. 2/5.1960.) (Franz.)

Der Geh. der untersuchten hydromorphen Böden an *Uronsäuren* (I) hängt vom Belüftungs- u. Feuchtigkeitsgrad ab. Bei Inkubation von Bodenproben im Labor. werden die von höheren Pflanzen freigesetzten *Galacturonsäure*-Verbb. abgebaut u. anschließend erfolgt eine mikrobielle Synth. von *Glucuronsäureuroniden.* Monomere I werden nicht angetroffen. Cellulosezusatz erhöht den Geh. an Uronsäureverbindungen. Es wurde Einleitung der Cellulolyse durch *Cytophaga*-Spezies beobachtet. Die von diesen gebildeten Uronide begünstigen die aeroben N_2-Bakterien. Der Entw. von *Azotobacter* geht eine Zunahme des I-Geh. parallel.
K. MAIER. 6304 □

Eine spektroskopische Untersuchung von Böden in West-Bengalen. 3. Mitt. **Gneisböden und verschiedene Gruppen von Küstenböden.** D. N. Kumar. (Indian J. appl. Chem. **23.** 84—86. 1960.) (Engl.) — 2. vgl. C. **1961.** 12237.

Proben eines Gneisverwitterungsbodens sowie von 3 Typen westbengal. Küstenböden (Salz-, Alkali–Salz- u. nichtsaline Alkaliböden) wurden spektroskop. untersucht. Die Böden enthielten von den pflanzennotwendigen Spurenelementen Mn, Mo u. Co, wogegen kein Cu, Zn u. B nachgewiesen werden konnte. Hinsichtlich der anderen spektralen Elemente zeigten alle Bodentypen eine relativ einheitliche Zusammensetzung. Vf. vermutet daher, daß die Böden aus einem ähnlichen oder sogar dem gleichen Ausgangsmaterial gebildet wurden. WILFRIED WERNER. 6304□

Chemische Untersuchungen an Marschen. 1. Mitt. Böden des Niederelbegebietes. P. Schachtschabel, R. Haar und W. Köster. (Z. Pflanzenernähr., Düng., Bodenkunde **83** (**128**). 103—24. Dez. 1958. Hannover, TH, Inst. für Bodenkunde.) (Dt.)

Vff. untersuchten 11 Profile der Marsch der Niederelbe u. erzielten hierbei im wesentlichen folgende Ergebnisse: Innerhalb der Profile bestehen erhebliche Unterschiede in der Korngrößen-Zus., was auf unterschiedliche Sedimentationsbedingungen zurückgeführt wird. Die Proben besitzen ein relativ einheitliches Ton–Schluff-Verhältnis (ca. 1,4). Die 3 nördlichsten Profile scheinen mariner, alle anderen fluvialer Entstehung zu sein. Der $CaCO_3$-Geh. nimmt in den Außendeichsmarschen mit Annäherung zum Meer zu. Die fluvialen Binnendeichsmarschen sind frei von $CaCO_3$ u. mehr oder weniger stark versauert. Die marinen Binnendeichsmarschen enthalten im ganzen Profil geringe Mengen von $CaCO_3$. Was den Geh. der Böden an Gesamt-K u. die K-Nachlieferung bestrifft, so bestehen von Profil zu Profil sowie zwischen den Schichten des gleichen Profils erhebliche Unterschiede. Zwischen Gesamt-K u. K-Nachlieferung einerseits u. dem Ton-Geh. der Böden andererseits besteht eine signifikante Korrelation. Der P-Geh. ist in der Krume am höchsten. In den $CaCO_3$-haltigen Profilen ist der Geh. an lactatlösl. P höher als in den $CaCO_3$-freien. M. WINIKER. 6304□

Chemische Untersuchungen an Marschen. 2. Mitt. Böden des Ems- und Weser-Jade-Gebietes. 1. Korngrößenverteilung, Sorptionseigenschaften, organische Substanz und Phosphor. P. Schachtschabel und W. Köster. (Z. Pflanzenernähr., Düng., Bodenkunde **83** (**128**). 203—14.) (Dt.) — 1. vgl. vorst. Referat.

5 Marschprofile des Weser–Ems–Jade-Gebietes (2 Seemarschen, 2 Brackmarschen u. 1 Flußmarsch) werden hinsichtlich Korngrößenverteilung, Sorptions-Eigg., Geh. an organ. Substanz u. P untersucht. Es zeigte sich, daß die Böden vorwiegend zu den lehmigen u. schweren Tonen gehören. Die Fraktion $< 2\ \mu$ ist am stärksten vertreten, die Fraktion $> 200\ \mu$ fehlt nahezu völlig. Das Ton : Schluff-Verhältnis liegt in den marinen Ablagerungen zwischen 1 u. 2, in den fluviatilen zwischen 1 u. 5. An Hand der Korngrößen-Zus. lassen sich innerhalb der Profile verschiedene Sedimentationsschichten erkennen. Im Ionenbelag der Sorptionskomplexe überwiegen Ca u. Mg, wobei das Verhältnis Ca : Mg in den Brackmarschen bes. eng ist. Die Seemarschen weisen einen deutlich höheren $CaCO_3$-Geh. u. pH-Wert auf als die Flußmarschen. Lösl. Cl wurde nur in größeren Mengen in einer Brackmarsch nachgewiesen (Rest. der Salz-Lsg., aus der die Sedimentation erfolgte), lösl. SO_4 im gesamten Profil der Flußmarsch u. in der untersten Schicht einer Seemarsch. Alle Böden weisen eine Anreicherung von anorgan. u. organ. P in der Krume auf. Ebenso ist die organ. Substanz in der Krume angereichert u. nimmt mit der Tiefe ab. Die Umtauschkapazität der organ. Substanz schwankte im allg. zwischen 200 u. 300 mval/100 g. Das C : P-Verhältnis liegt meist zwischen 80 u. 130. Das C : N-Verhältnis ist in allen Fällen $< 12{,}5$, erreicht jedoch in der Krumen- oder Grundwasserschicht sogar Werte zwischen 2 u. 5. WILFRIED WERNER. 6304□

Chemische Untersuchungen an Marschen. 2. Mitt. Böden des Ems- und Weser–Jade-Gebietes. 2. Lösliche Kieselsäure und Oxide von Aluminium, Eisen und Mangan. P. Schachtschabel und W. Köster. (Z. Pflanzenernähr., Düng., Bodenkunde **85**(**130**). 140—51. Juni 1959.) (Dt.) — 2. Mitt., 1. Teil vgl. vorst. Referat.

Es wurden die Profile von 2 Seemarschen, 2 Brackmarschen u. einer Flußmarsch auf ihren Geh. an a) NaOH-lösl. Kieselsäure, b) NaOH-lösl. Al, c) $Na_2S_2O_4$-, $NaHSO_3$- u. HCl-lösl. Fe sowie d) $NaHSO_3$-lösl. u. „austauschbarem" (extrahierbar mit n-$MgSO_4$-Lsg.) Mn untersucht. Mit Ausnahme von Al stehen alle Verbb. in signifikanter Beziehung zum Ton-Geh., woraus auf ihre überwiegend sedimentäre Entstehung (d. h. weniger durch Verwitterungsprozesse) geschlossen werden kann. In jungen u. alten Oberflächen sowie in Grundwasserschichten wurden relativ hohe Geh. an $NaHSO_3$- u. HCl-lösl. Fe gefunden. Der prozentuale Anteil des $NaHSO_3$-lösl. Fe am $Na_2S_2O_3$-lösl. Fe beträgt 20—80%. Es wird vermutet, daß das $Na_2S_2O_3$-lösl. Fe z. T. in amorphen, grünen Fe(II, III)-silicaten vorliegt, welche bei der Extraktion zerstört werden. „Austauschbares" Mn war in größeren Mengen nur in den stark versauerten Profilen nachzuweisen, lag dagegen oberhalb pH 6 kaum noch vor. SiO_2 war bes. in der Krume angereichert. —

Auf Grund der Ergebnisse der chem. Unterss. wird der Verlauf der Boden-Entw. u. die Entstehung des „schwarzen Knicks" bei Marschböden diskutiert.

WILFRIED WERNER. 6304□

Magnesium in Böden von Limburg. 1. Mitt. Bodentypen und Magnesiumgehalte. J. M. M. van den Broek und H. W. van der Marel. (Z. Pflanzenernähr., Düng., Bodenkunde **84** (**129**). Verh. int. bodenkundl. Ges., Hamburg **1.** 237—44. 24/31. Aug. 1958, herausgeg. 1959. Wageningen, Soil Survey Inst.) (Engl.)

Langjährige Feld-Verss. haben gezeigt, daß der Mg-Bedarf der Böden von Limburg auf Grund des Profiltyps vorausgesagt werden kann. Mg-arm sind sandiger Löß, sandige Flußterassenböden u. Flugsandböden. M. WINIKER. 6304□

Magnesium in Böden von Limburg. 2. Mitt. Magnesiumangebot für Kulturpflanzen, Erträge, Grenzwerte und Düngung. H. W. van der Marel und J. M. M. van den Broek. (Z. Pflanzenernähr., Düng., Bodenkunde **84** (**129**). Verh. int. bodenkundl. Ges., Hamburg **1.** 244—53. 24.—31. Aug. 1958, herausgeg. 1959.) (Engl.) — 1. vgl. vorst. Referat.

Bei Kartoffel- u. Apfelblättern steht der Mg-Geh. in enger Beziehung zum Ca-Geh. u. in geringerem Maße auch zum K-Gehalt. Beträgt der Mg-Geh. der Blätter weniger als 10—12% der Summe der Geh. an K, Ca u. Mg, so erscheinen bei den Kartoffeln u. Äpfeln Mangelsymptome. Die verschiedenen Sorten unterscheiden sich insofern, als sie dem gleichen Boden verschiedene Mengen an Mg entziehen. Die Mg-Aufnahme der Pflanzen ist nicht nur vom Mg-Angebot des Bodens, sondern auch vom Angebot an K, Ca u. Nitrat sowie vom pH-Wert abhängig. Die Erträge variieren stark mit den klimat. Bedingungen u. deshalb schwankt auch der Mg-Bedarf von Jahr zu Jahr beträchtlich.

M. WINIKER. 6304□

Über den Bindungszustand von Magnesium, Calcium und Kalium in mitteldeutschen Böden. G. Schilling. (Chem. d. Erde **19.** 170—97. 1957. Jena, Univ., Landwirtschaftlich-Chem. Inst.) (Dt.)

Bei der Unters. des Bindungszustandes von Mg, Ca u. K wurden bei 3 verschiedenen Böden (diluvialer Sand-, Nodosenverwitterungs- u. Lößlehmboden) folgende Fraktionen getrennt erfaßt: 1. Wasserlösl. Anteil, 2. der austauschbar + wasserlösl. gebundene Anteil, 3. die in HCl lösl. Mengen, 4. in HCl unlösl. Anteile (Flußsäureaufschluß). Die gemessenen u. berechneten Werte sind tabelliert angegeben. Ca. 80% des K sind nur durch HF-Aufschluß zu gewinnen u. liegen wohl in prim. Silicatmineralien fest gebunden vor; beim Ca u. Mg entfallen auf diese Form ca. 25%. Von den in HCl lösl. Substanzen gehören beim Ca ca. 100%, beim K 10—12% u. beim Mg 4—5% zur austauschbaren. Fraktion. In allen 3 Böden waren kaum wasserlösl. Substanzen vorhanden. Beim K u. Mg ergab sich damit ein recht großer „festgelegter" Anteil, der beim Ca nicht auftrat. Als Sitz der festgelegten Anteile werden beim K die K-Zwischenschichten der Illite, beim Mg vor allem die Oktaeder der Drei-Schichttonminerale angesehen.

E. SCHULTE. 6304□

Untersuchungen über das Verhalten von Phosphor in Berglandböden. 1. Mitt. Über die Bewegung von zugefügtem Phosphor und die Austauschbarkeit von adsorbiertem Phosphor bei (diesen) Böden. Kameo Nomoto, Tatsuo Kisida und Makoto Nakasimada. (Bull. Tokai-Kinki nat. agric. Exp. Stat., second Agronomy Divis. Nr. **1.** 68—75. März 1959.) (Jap.; Auszug: Engl.)

Bericht über vergleichende Unterss. an einem tert. Mineralboden, einem diluvialen Humusboden u. einem vulkan. Ascheboden von Tokai, Japan. M. WINIKER. 6304□

Untersuchungen über die bessere Düngewirkung des weicherdigen Rohphosphates Hyperphos im Vergleich zum kristallinen Kola-Apatit. H. Döring. (Z. Pflanzenernähr., Düng., Bodenkunde **83** (**128**). 140—48. Dez. 1958. Großbeeren, Inst. für Gartenbau der DAL zu Berlin.) (Dt.)

Den Ergebnissen der Verss. des Vf. zufolge beruht die bessere Dünge-Wrkg. des weicherdigen Rohphosphates *Hyperphos* im wesentlichen auf seinem größeren Geh. an sorbierter Phosphorsäure sowie an organ. Phosphorsäure. M. WINIKER. 6304□

Die Wirkung von Stickstoff, Phosphat und Kali auf die Stroh- und Kornerträge, den Kornanteil und das 1000-Korngewicht von Hafer mit Untersaat als Nachfolgekultur auf Kartoffeln. A. A. Rutherford und S. M. Brown. (Res. exp. Rec. Ministry Agric. Northern Ireland **10.** 1—8. 1960. Cookstown, Loughry Agric. Coll.) (Engl.)

In 7jährigen Feld-Verss. wurde die Wrkg. folgender Düngungsmaßnahmen bei Hafer untersucht: 0,14, 30 lbc. N/acre, 0,40 lbs. P_2O_5/acre u. 0,60 lbs. K_2O/acre. In 5 der 7 Vers.-Jahre wurden durch die gesteigerten N-Gaben gesicherte Mehrerträge an Korn u. Stroh erzielt. In 2 Jahren fielen die Erträge ab, was auf die Verschärfung des witterungsbedingten Lagerns zurückzuführen war. Da der P- u. K-Versorgungszustand der Böden gut bis sehr gut war, zeigte die P- u. K-Düngung keine gesicherte Wirkung. Kernanteil u. 1000-Korn-Gew. wurden durch keine der angewandten Düngungsmaßnahmen beeinflußt. WILFRIED WERNER. 6304□

Einige Gesichtspunkte zu chemischen Untersuchungen der Fruchtbarkeit von Böden. G. W. Cooke. (Kungl. Skogs-och Lantbruksakad. Tidskr. **99.** 151—70. 1960. Harpenden, Herts., Rothamsted Exp. Stat.) (Schwed.)

Zusammenfassender Bericht über engl. Unterss. zur Frage des N-, P_2O_5- u. K_2O-Geh. in Böden u. in Handelsdüngemitteln, des Geh. an S, Mg u. Mikronährstoffen (Cu, Mn, Mo, Zn) u. ihres Einfl. auf die Fruchtbarkeit von Böden u. über physikal. Faktoren, die den Wert von Pflanzennährstoffen in Böden beeinflussen. R. K. MÜLLER. 6304□

Bodengüte und Vorfrucht als mitbestimmende Faktoren bei Bemessung der Stickstoffdüngung. H. Vetter. (Z. Acker- u. Pflanzenbau **113.** 413—24. Okt. 1961. Kiel, Inst. für Pflanzenbau u. Pflanzenzüchtung.) (Dt.) M. WINIKER. 6304□

Einfluß der Stickstoffdüngung auf die Menge und Qualität von Stickstoffverbindungen und die Mineralzusammensetzung bei Weidegras. Jaakko Köylijärvi. (Nord. Jordbrugsforskn. **42.** Suppl. II. 132—35. 1960. Mietoinen, Förs.-Stat. för Sydvästra Finland.) (Schwed.)

Bei Düngungs-Verss. mit *$Ca(NO_3)_2$* als *N*-Quelle zeigen verschiedene Wiesengräser eine gute Ertragssteigerung bis zu Düngegaben von 800 kg/ha. Der Geh. an Rohprotein wird bes. deutlich erhöht bei gleichem %-Geh. an Reinprotein. Erst sehr hohe N-Mengen erhöhen den Nitrat-N-Geh., die Ertragssteigerung ist aber relativ geringer als bei niedrigen N-Gaben. Der P_2O_5-Geh. wird prakt. durch die N-Düngung wenig beeinflußt. Der K_2O-Geh. der Gräser hingegen wird durch die N-Düngung deutlich erhöht. R. K. MÜLLER. 6304□

Stickstoffuntersuchungen an einem Kaffeeboden. 1. Mitt. **Jahreszeitliche Veränderungen im Gehalt des Bodens an nativem Nitrat und Ammoniak in Beziehung zum Wachstum, zur Bodenfeuchte und zum Regenfall.** J. B. D. Robinson. (J. agric. Sci. **55.** 333—38. Dez. 1960. Kenya, Dep. of Agric., Coffee Serv.) (Engl.)

Vom Beginn der Regenzeit 1954 bis zur Mitte der Regenzeit 1955 wurden die monatlichen Veränderungen im Geh. eines Kaffeebodens an NO_3- u. NH_4-N verfolgt. In dem roten Lehmboden fiel der Geh. an NO_3 nach Einsetzen der Regenzeit schnell ab, was auf Auswaschung u. auf die verstärkte NO_3-Aufnahme durch die Pflanzen zurückzuführen ist. In der Zwischenregenzeit reicherte sich NO_3 infolge verstärkter Mineralisierung wieder an, was in der Krumenschicht bes. deutlich war. Der NH_4-Geh. fluktuierte wesentlich schwächer als der NO_3-Gehalt. Lediglich bei zu starker Austrocknung des Bodens stieg der NH_4-Geh. beachtlich an, da die Ammonifizierung noch weiter anhält, wenn die Nitrifizierung schon weitgehend gehemmt ist. Sobald der Boden wieder genügend Feuchtigkeit enthält, setzt die Nitrifizierung wieder ein u. der NH_4-Geh. sinkt ab. WILFRIED WERNER. 6304□

Stickstoff-Untersuchungen an einem Kaffeeboden. 2. Mitt. **Der Einfluß von Mulch auf den natürlichen sowie den durch Düngung erreichten Gehalt an Nitrat und Ammoniak im Oberboden.** J. B. D. Robinson. (J. agric. Sci. **56.** 49—59. Febr. 1961.) (Engl.) — 1. vgl. vorst. Referat.

Die auf einem laterit. Lehmboden durchgeführten Verss. ergaben, daß der natürliche NO_3–N-Geh. in einem mit Napier-Gras gemulchten Boden höher war als bei einer Oberflächenbedeckung mit Kies. In Abwesenheit einer Bodenbedeckung wurde der NO_3-Spiegel des Oberbodens stärker durch eine N-Düngung in Form von $NaNO_3$ als durch $(NH_4)_2SO_4$ oder Harnstoff erhöht. Im gemulchten Boden waren diese Unterschiede nur unmittelbar nach der Düngung festzustellen u. verschwanden wieder. In starken Regenzeiten war die Erhöhung des N-Geh. im Boden durch Düngung nur kurzfristig. Eine Bodenbedeckung erhöhte im allg. die nach einer N-Düngung eintretenden N-Verluste des Bodens. Zur Verminderung dieser Verluste schlägt Vf. folgende Maßnahmen vor: a) Lediglich eine partielle Mulchung unter den Bäumen, b) Aufteilung der N-Düngung in der Regenzeit in mehrere Gaben. WILFRIED WERNER. 6304□

Stickstoff-Untersuchungen an einem Kaffeeboden. 3. Mitt. **Ein Vergleich der Wirkung von Ammoniumsulfat- und Harnstoffdüngern in Gegenwart und Abwesenheit einer organischen Bodenbedeckung auf den Ertrag.** J. B. D. Robinson. (J. agric. Sci. **56.** 61—64. Febr. 1961.) (Engl.) — 2. vgl. vorst. Referat.

Die auf einem laterit. Lehmboden durchgeführten N-Düngungs-Verss. zu Kaffeebäumen brachten folgende Ergebnisse: Bei einer vollständigen organ. Mulchung des Bodens brachte eine geteilte Gabe von *$(NH_4)_2SO_4$* (I) oder *Harnstoff* (II) höhere Erträge als eine Verabreichung der gleichen N-Menge in einer Gabe. Bei Abwesenheit einer Bodenbedeckung waren einmalige u. unterteilte N-Düngung gleichwertig. I erwies sich jedoch als wirksamer als **II**. Bei einer partiellen Mulchung war die Wrkg. der N-Düngung bei Verabreichung auf den unbedeckten Boden besser, als wenn sie auf den gemulchten Boden unter den Kaffeebäumen gegeben wurde. — Auf Grund dieser Ergebnisse empfiehlt Vf., bei Verw. einer organ. Bodenbedeckung die N-Düngung (bes. **II**) stets zu unterteilen. WILFRIED WERNER. 6304□

Calciumcyanamid und Dicyandiamid als Stickstoffquellen für höhere Pflanzen. Gefäßversuche. Hans Nömmik. (Acta Agric. scand. **9**. 435—47. 1959. Uppsala, Royal Agric. Coll., Nat. Agron. Exp. Stat. and Inst. of General and Inorganic Chem.) (Engl.)

Mehrere *Kalkstickstoff-Sorten* wurden im Vgl. zu $Ca(NO_3)_2$, $(NH_4)_2SO_4$ u. *Dicyandiamid* (**I**) auf zwei verschiedenen Böden in Gefäßen mit Hafer untersucht. Die Erträge zeigten bei den gekörnten Sorten, die einen **I**-Geh. von 8,7—10,3%, also ca. 52% des Gesamt-N aufwiesen, starke Depressionen. Die pulverförmigen Sorten mit **I**-Geh. von 0,8—1,7%, entsprechend 3,7—11,1% des Gesamt-N, hatten diesen Effekt nicht. Die Erträge mit **I**-Düngung unterschieden sich nicht von der ungedüngten Kontrolle. **I** verursachte in den ersten Vegetationswochen zeitweilig charakterist. Schadsymptome an den Blättern. Die Düngenachwirkung im 2. Jahr war direkt proportional zum **I**-Geh. der Kalkstickstoffsorten, entsprechend bei **I**-Düngung am höchsten. Verss. mit N-Grundgaben bei steigenden **I**-Zusätzen ließen den Schluß zu, daß unterhalb von 10—15% **I** vom Gesamt-N negative Wrkg. nicht zu erwarten sind. Vor der Düngung 4 Tage lang mit 400 bzw. 1000 g Boden bebrüteter Kalkstickstoff verlor einen großen Teil seiner Dünge-Wrkg. vermutlich infolge Umwandlung eines Teiles der N-Form zu **I**. Guanidin u. **I**-Sulfat lagen in ihrem Verh. zwischen **I** u. Kalkstickstoff.

WILFRIED WERNER. 6304□

Der Einfluß von austauschbarem Na und K und von Kalküberschuß auf Wachstum und chemische Zusammensetzung von dreiblättrigen Orangensämlingen. J. P. Martin, W. P. Bitters und J. O. Ervin. (Proc. Amer. Soc. horticult. Sci. **74**. 308—12. Dez. 1959. Riverside, Calif., Univ. of California, Citrus Exp. Stat.) (Engl.)

Sämlinge von Poncirus trifoliata, die in großem Umfange im prakt. Citrusanbau als Unterlage dienen, werden 7 Monate auf Proben eines tonigen Lehms bzw. sandigen Lehms mit 25 bzw. 10 mVal/100 g Austauschkapazität bei unterschiedlichen Sättigungsgraden mit den Kationen Ca, H, Na u. K angezogen. Volle Ca-Sättigung oder Ca-Überschuß beeinflußten das Wachstum nicht. Zunehmende Na- u./oder K-Sättigung verschlechterte das Wachstum, u. zwar auf dem tonigen Lehmboden am stärksten. Auf diesem Boden wirkten bei normaler K-Belegung (5%) schon 7% Na depressiv, auf dem sandigen Boden dagegen erst 15% Na. Na u. K wirkten additiv, d. h. bei höherer K-Sättigung wurde die tox. Na-Sättigung schon früher erreicht. Bei 11% K wurde das Wachstum auf dem tonigen Lehm red., aber erst bei 25% K auf dem sandigen Lehm. Mit zunehmender Na-Sättigung wurde der Ca- u. Mg-Geh. der Blätter vermindert, der K-Geh. erhöht. Bei höchster K- u. Na-Belegung verbrannten die älteren Blätter u. fielen ab. Die Ergebnisse zeigen, daß Poncirus trifoliata-Sämlinge gegen relativ niedrige oder mittlere Geh. des Bodens an austauschbarem K oder Na ebenso empfindlich sind wie andere Citrusarten. — Salat u. Radieschen zeigten auf dem tonigen Lehmboden unabhängig von der Kationenbelegung der Sorptionskomplexe gleich gutes Wachstum. WILFRIED WERNER. 6304□

Die Verbesserung der Strukturstabilität von Ackerböden durch eine Kalkung. P. Schachtschabel und K. Hartge. (Z. Pflanzenernähr., Düng., Bodenkunde **83 (128)**. 193—202. 1958. Hannover, TH, Inst. für Bodenkunde.) (Dt.)

Vff. untersuchten bei verschiedenen Böden (Heidesand, Flottlehm, Plaggensand, Marschton) den Einfl. der Kalkung auf die Strukturstabilität (modifiziertes Naßsieb-Verf.) Es zeigte sich, daß durch die CaO-Zufuhr das Minimum der Strukturstabilität gemildert wird. Dieser positive Effekt stellt sich nur dann ein, wenn die Stabilität unter das für jeden Boden spezif. Stabilitätsoptimum abgesunken ist. Sind durch andere strukturverbessernde Faktoren, wie Stallmistdüngung u. stabilitätsfördernde Kulturpflanzen, die Stabilitätsoptima erreicht, dann zeigt sich keine Kalkwirkung. — Zwischen Ertragshöhe u. der Stabilitätszahl eines Bodens bestanden Korrelationen, die um so deutlicher ausgeprägt waren, je schlechter die Strukturstabilität war.

WILFRIED WERNER. 6304□

Über den Einfluß der Magnesiumdüngung auf den Gehalt an Nährstoffen im Westerwoldischen Weidelgras. P. Schachtschabel und W. E. Hoffmann. (Z. Pflanzenernähr., Düng., Bodenkunde **83 (128)**. 225—34. 1958. Hannover, TH, Inst. für Bodenkunde.) (Dt.)

Der Einfl. der *Mg*-Düngung auf den Mineralstoff-Geh. von Weidelgras wurde in einem faktoriellen Gefäß-Vers. untersucht. Bei gleichbleibendem Ertrag nahm mit steigender Mg-Zufuhr der Mg-Geh. im Gras zu, wogegen der Ca- u. der K-Geh. abfielen. Desgleichen wurde das Äquivalentverhältnis K:(Ca + Mg) erniedrigt. Der Geh. des Grases an P, B u. Mn wurde durch die Mg-Düngung nicht gesichert beeinflußt. Bei pH 6,5 war die Mg-Aufnahme der Pflanzen signifikant niedriger als bei pH 5,7, ein Unterschied, der jedoch nicht als eindeutiger pH-Effekt angesprochen werden kann, da bei pH 5,7 ein höherer Anteil des Mg als Sulfat zusätzlich zur üblichen $MgCO_3$-Gabe gegeben worden war. — Die Löslichkeit des Boden-K u. -P (Lactat-Meth.) veränderte sich durch die Mg-Düngung nicht. WILFRIED WERNER. 6304□

Jahreszeitliche Veränderung in der Mikronährstoffkonzentration (Zink, Kupfer, Bor, Mangan und Eisen) in den Blättern der Washington-Nabelapfelsine. C. K. Labanauskas, W. W. Jones und T. W. Embleton. (Proc. Amer. Soc. horticult. Sci. **74.** 300—07. Dez. 1959. Riverside, Calif., Univ. of California, Citrus Exp. Stat.) (Engl.)

Vff. verfolgten an 4 verschiedenen Düngungsvarianten aus einem Dauerdüngungs-Vers. zu Nabelapfelsinen durch monatliche Blattprobenahmen die Veränderungen im Geh. der Blätter an Zn, Cu, B, Mn u. Fe im Verlaufe eines Jahres. Die Konz. an Zn u. Cu zeigte eine abfallende Tendenz mit zunehmenden Blattalter bis in die Mitte des Winters, die Geh. an Mn, B u. Fe dagegen eine ansteigende Tendenz. Während der Blüte u. bei Beginn des neuen Austriebes fielen die Geh. an Zn, Mn, Cu u. B leicht ab, was auf eine gewisse Verlagerung in die neuen Organe schließen läßt. Demgegenüber stieg der Fe-Geh. während der gesamten Vegetationszeit an. Der B-Geh. der Blätter blieb während der Wintermonate konstant. WILFRIED WERNER. 6304□

Austriebshemmung und -förderung der Winterknospen von Reben durch Gibberellinsäure und Rindite. G. Alleweldt. (Dtsch. Weinbau, Wein-Wiss. **15.** 9—14. Jan. 1960. Geilweilerhof, Bundesforschungsanst. für Rebenzüchtung.) (Dt.)

In orientierenden Verss. wurde festgestellt, daß durch *Gibberellinsäure* u. *Rindite* der Austrieb der Winterknospen der Reben in sehr weiten Grenzen regulierend beeinflußt werden kann. M. WINIKER. 6312□

Basale Entblattung von Stangenbohnen. H. J. Mack und E. R. Laning jun. (Proc. Amer. Soc. horticult. Sci. **74.** 597—600. Dez. 1959. Corvallis, Oregon State Coll., Agric. Exp. Stat.) (Engl.)

In 3jährigen Unterss. über den Einfl. einer chem. Entblattung auf den Ertrag von Stangenbohnen wurden mit der Handentblattung folgende Verff. verglichen: a) 1—2 gal. *Endothal* in 50 gal. W., b) 2,5—5,0 lbs. *K-Cyanat* in 50 gal. W., c) 2,5 bis 5,0 lbs. *Mg-Chlorat* in 50 gal. W., d) 1—2 gal. *Hydrin*/acre. Die angegebenen Mengen werden zur oder nach der Blüte auf die unteren 30—40 cm der Pflanzen versprüht. Durch Verf. a) wurde eine gute Entblattung erzielt, die Erträge jedoch um 4—35, im Mittel um 10—15% reduziert. c) u. d) verursachten Mindererträge zwischen 5 u. 25%, b) beeinflußte die Erträge nur unwesentlich. Wurden die Bohnen der unteren 30—40 cm nicht geerntet, wie es ohne künstliche Entblattung beim mechan. Ernten auch geschieht, so waren die Ertragsverluste noch größer, als bei der chem. Entblattung. Vff. halten daher weitere Unterss. über die Möglichkeiten einer chem. Entblattung im Hinblick auf die Verbesserung der mechan. Bohnenernte für vorteilhaft.

WILFRIED WERNER. 6312□

Bohrgerät für die kontinuierliche und volumetrische Bodenentnahme unter natürlichen Bedingungen. N. Atanasiu und H. Beutelspacher. (Z. Acker- u. Pflanzenbau **113.** 338—41. Okt. 1961. Gießen.) (Dt.)

Beschreibung des Geräts u. seiner Handhabung. M. WINIKER. 6324□

Die Leistungsfähigkeit von Tensiometern. Karl Heinrich Hartge. (Gartenbauwissenschaft **26** (8). 175—82. 1961. Hannover, TH, Inst. für Bodenkunde.) (Dt.)

Es wurde festgestellt, daß für die Leistungsfähigkeit von Bodentensiometern die Meßgenauigkeit u. die Angleichungs-Geschw. an veränderte Wasserspannungen maßgebend sind. M. WINIKER. 6324□

Neue Methode für die Bestimmung der Festigkeit und Wasserstabilität der Bodenaggregate. Karel Kudrna. (Sborník Vysoké Skoly Zemědělské Praze **1957.** 159—72. 1958.) (Tschech.)

Die Best. der Festigkeit der Bodenstruktur beruht auf dem Prinzip der Deformation, wobei der mit W. gesätt. Boden nach 60 Sek. einem Druck von 100 g/cm² ausgesetzt wird. Alle 2 Min. wird der Deformationsgrad bestimmt. — 18 Literaturangaben.

E. VEVERA. 6324

Die Anwendung von Methanol bei physikalischen Bodenuntersuchungen. H. Janert. (Z. Pflanzenernähr., Düng., Bodenkunde **83** (**128**). 124—34. Dez. 1958. Greifswald-Eldena.) (Dt.)

Zur Best. der Durchlässigkeit von Böden wurde eine Meth. entwickelt, bei der an Stelle des sonst üblichen W. *Methanol* Verw. findet. Weiter werden 2 Methanolpyknometer (nach JANERT bzw. nach GÄTKE) zur Ermittlung des spezif. Gew. von Bodenproben beschrieben. M. WINIKER. 6324□

Thermogravimetrie von Böden. I. Hoffman, M. Schnitzer und J. R. Wright. (Chem. and Ind. **1958**. 261. 1/3. Ottawa, Ontario, Canada, Canada Dep. of Agric., Sci. Serv., Chem. Div.) (Engl.)

Vff. führten Unterss. mit der Thermowaage „STANTON" (Empfindlichkeit 0,1 mg; Heiz-Geschw. 300°/h) an Böden, reinen Tonen, krist. Carbonaten u. Mischungen aus Böden mit Tonen oder Carbonaten durch. Die Gew.-Verlustkurven von Böden zeigten Plateaus, die bei 150—180° begannen u. bei 210—240° endeten, u. die die „hygroskop. Feuchtigkeit" der Probe oder diese plus leichtflüchtige organ. Verbb. anzeigten. Die thermogravimetr. ermittelten Feuchtigkeits-Geh. lagen zwischen den nach der KARL-FISCHER-Titration u. den bei Ofentrocknung bei 105° erhaltenen Werten. Die Pyrolyse der organ. Substanz begann bei 210—240° u. war bei ca. 500° beendet. In organ. Böden u. solchen mit <15% Ton stimmten die Werte mit den bei trockner Veraschung erhaltenen Geh. an organ. Substanz überein. Auch in Böden mit 15—30% Ton lag noch eine befriedigende Übereinstimmung vor. Bei Böden mit >40% Ton war nicht mehr zwischen den auf die organ. Substanz u. den auf „Zwischenschichtwasser" zurückzuführenden Gew.-Verlusten zu unterscheiden. Die thermogravimetr. Meth. erwies sich auch als zur Best. des Carbonat (I)-Geh. in reinen I u. I-haltigen Böden geeignet. Ebenso liegen Hinweise vor, daß sie bei reinen Tonen u. einfachen Tonmischungen auch für die Best. des Zwischenschichtwassers brauchbar ist. Da dieses von verschiedenen Tonen bei verschiedenen Temp. abgegeben wird, können die Pyrolysekurven unter Umständen auch zur Identifizierung von Tonmineralen herangezogen werden.

WILFRIED WERNER. 6324□

Die Bindungsenergie und die Geschwindigkeit der Isotopenverdünnung von Phosphationen im Boden; (ihre) Anwendung bei der Phosphat-Versorgung von Pflanzen. Robert Blanchet. (Agrochimica [Pisa] **2**. 350—64. Sept. 1958.) (Franz.)

Inhaltlich ident. mit der C. **1958**. 14156 referierten Arbeit. M. WINIKER. 6324□

Die Bestimmung des calciumchloridlöslichen Phosphats in Böden. A. Wild. (Z. Pflanzenernähr., Düng., Bodenkunde **84** (**129**). Verh. int. bodenkundl. Ges., Hamburg **1**. 220—24. 24/31. 8. 1958, herausgeg. 1959. Reading, Univ.) (Engl.)

Vortrag. Nach Diskussion der theoret. u. prakt. Grundlagen für die Best. des calciumchloridlösl. Phosphats berichtet Vf. über die experimentelle Unters. einiger Faktoren (Verhältnis Boden:Lsg.; Beschaffenheit der Bodenprobe; Feuchtigkeits-Geh. der Bodenprobe bei der Entnahme), welche die Ergebnisse beeinflussen. Diese Unters. ergab, daß die gemessene Phosphat-Konz. nicht dem Gleichgewichtswert der Böden unter natürlichen Bedingungen entspricht. M. WINIKER. 6324□

Bestimmung von assimilierbarem Phosphor und Kali in einigen Böden Portugals. L. A. Valente Almeida und L. R. Balbino. (An. Inst. Super. Agronom., Univ. técn. Lisboa **23**. 19—42. 4 Tafeln. 1959/1960.) (Port.)

In Gefäß-Verss. mit Hafer nach MITSCHERLICH werden 25 portugies. Bodenproben auf ihren Geh. an assimilierbarem P_2O_5 u. K_2O geprüft, wobei in fast allen Fällen Mangel an P_2O_5 u. reichliche Versorgung mit K_2O festgestellt wird. Von den im Vgl. angewandten chem. Meth. liefert die Extraktion mit NH_4-Lactat + Essigsäure (pH 3,7) nach RIEHM die beste Übereinstimmung mit dem biolog. Vers.; die Schnellprobe nach HELLIGE-TRUOG (Extraktion mit 3n HCl) liefert im allg. auch zuverlässige Ergebnisse, nicht aber bei Kalkböden. R. K. MÜLLER. 6324□

Die mineralische Stickstoffuntersuchung des Bodens in ihren Einsatzmöglichkeiten zur Teilcharakterisierung von Vorfruchtwirkungen. Gerhard Maass. (Wiss. Z. Martin-Luther-Univ. Halle-Wittenberg, math.-naturwiss. R. **10**. 405—08. März 1961. Rostock, Univ., Inst. für Acker- u. Pflanzenbau.) (Dt.)

Allg. Ausführungen. M. WINIKER. 6324□

Eine kurze Mitteilung über die Bestimmung von Kobalt in Böden mit dem Nitroso-K-Salz-Verfahren. G. K. Zende. (J. Karnatak Univ., Sci. [India] **1**. 116—19. Nov. 1956. Dharwar, Coll. of Agric.) (Engl.)

Eine Nachprüfung des von KIDSON u. ASKEW [1940] angegebenen Verf. zur Best. von Co mit Nitroso-R-Salz ergibt richtige Werte, wenn man nachst. Abwandlungen vornimmt: Man stellt vor Zusatz des Farbreagenses auf pH 4,5 ein, zersetzt dessen Überschuß durch Bromieren u. wendet als äußeren Indicator Phenolrot an.

W. WESLY. 6324□

Betrachtungen über die Methoden zur Bestimmung von Mineralstoffen in Böden. René Bastin. (Agricultura [Louvain] [2] **8**. 789—98. Dez. 1960.) (Franz.)

Allg. Ausführungen. M. WINIKER. 6324□

Bestimmung der biologischen Aktivität des Bodens nach verschiedenen Methoden. I. Ss. Wosstrow und A. N. Petrowa. (Микробиология [Mikrobiologie] **30.** 665—72. Juli/Aug. 1961. Moskau, Inst. für Mikrobiol. der Akad. der Wiss. der UdSSR.) (Russ.; Auszug: Engl.)

Durch Best. der biolog. Aktivität des Bodens nach den Meth. der Intensität des Zerfalls von Leinengewebe u. der Bldg. von CO_2 wurde festgestellt, daß die Best. der Bodenaktivität allein nach der Zahl der Mikroorganismen in einer Trockenperiode in den verschiedenen Bodenhorizonten großen Fehlern unterliegt, während sie in einer feuchten Periode zuverlässiger ist. Brachland hat die geringste Zahl von Mikroorganismen, aber eine biolog. Aktivität, die in den oberen Schichten das 10fache der Aktivität von Kulturland beträgt. Durch Auszählen der Mikroorganismen allein kann kein Urteil über die biolog. Aktivität eines Bodens erhalten werden. K. Sattler. 6324 □

Die Bestimmung von Bodenbegasungsmitteln. Die Extraktion und Bestimmung von Äthylendibromid in Böden. J. J. Jurinak, A. L. Brown und P. E. Martin. (J. agric. Food Chem. **8.** 113—15. März/April 1960. Davis, Calif., Univ. of California, Dep. of Soils and Plant Nitrit.) (Engl.)

Die Unters. der Verteilung des Begasungsmittels *Äthylendibromid* (**I**) im Boden oder von phytotox. Wrkg. von **I** erfordert ein Analysen-Verf., mit welchem die im Boden vorhandenen geringen **I**-Konz. quant. erfaßt werden können. Von Vff. wurde ein Verf. entwickelt, welches diesen Anforderungen genügt. **I** wird aus dem Boden mittels Dest. im Vakuum entfernt u. katalyt. in einer eigens hierfür entwickelten Rk.-Flasche oxydiert. Das freigesetzte Br wird mit 0,025n-$AgNO_3$ unter Verw. von *2.4.5.7-Tetrabromfluorescein* (*Eosin Y*) als Indicator titriert. Zum trocknen Boden (50 g) zugesetzte **I**-Mengen zwischen 0,2 u. 82 mg wurden nach diesem Verf. mit befriedigender Genauigkeit wiedergefunden. In feuchten Böden u. solchen mit hohen Geh. an organ. Substanz wurde zu wenig wiedergefunden. Wilfried Werner. 6324 □

Collopy Electro-Soil Co., Phoenix, Ariz., übert. von: Joseph P. Collopy, Powell, Wyo., V.St.A., **Verbesserung und Urbarmachung von Böden.** Kulturböden mit alkal. oder Salzcharakter, bes. Tschernosem- u. Wüstenböden der ariden Regionen, werden zunächst mit solchen Mengen an W. bewässert, daß die Ackerkrume während der ganzen Behandlungszeit feucht ist, worauf durch weit auseinander- u. gegenüberliegende Anoden u. Kathoden, die in die Ackerkrume versenkt worden sind, direkte Ströme elektr. Energie in die Krume eingeleitet werden. Die Wurzelzone wird dabei der Elektroosmose, Elektrophorese u. elektrochem. Rkk. unterworfen u. der Geh. an Na in der Krume durch Abwanderung in den Untergrund verringert, während ihr Geh. an Ca keine Abnahme erfährt. Das Pflanzenwachstum wird gefördert, die Reifung der Pflanzen beschleunigt u. die Ernteerträge werden erhöht. — Zeichnungen mit Anordnung der Anoden u. Kathoden, graph. Darst. u. Kurven. (**A. P. 2 831 804** vom 30/1. 1956, ausg. 22/4. 1958.) H. Karst. 6303

E. I. du Pont de Nemours & Co. Wilmington, übert. von: Norman E. Searle, Wilmington, und Dale E. Wolf, Hockessin, Del., V.St.A., **Fungicide Mittel,** enthaltend im Gemisch mit einem oberflächenakt. Mittel eine Verb. der allg. Formel R—R'—COR'' (**I**) in der R Reste gemäß Formel **II—V** oder deren niedere Alkyl-Derivv. mit bis zu 4 C-Atomen, R' einen 2wertigen KW-Stoffrest mit nicht >8 C-Atomen u. COR'' eine Carboxylgruppe oder hydrolysierbare Gruppen bedeuten. — Beispiele für **I**: α-(5-[1.2-Dithiolan-3-yl]-pentansäure (**VI**), β- oder γ-Lipoinsäure (6.8-Dimercaptooctansäure). — Beispiel für ein in W. dispergierbares Pulver: 84,21% α-Lipoinsäure, 1% Na-Salz der Alkylnaphthalinsulfonsäure, 0,30% Methylcellulose u. 14,49% Attapulgit. Anzuwendende Menge von **I** = 1%. (**A. P. 2 871 154** vom 11/10. 1955, ausg. 27/1. 1959.)

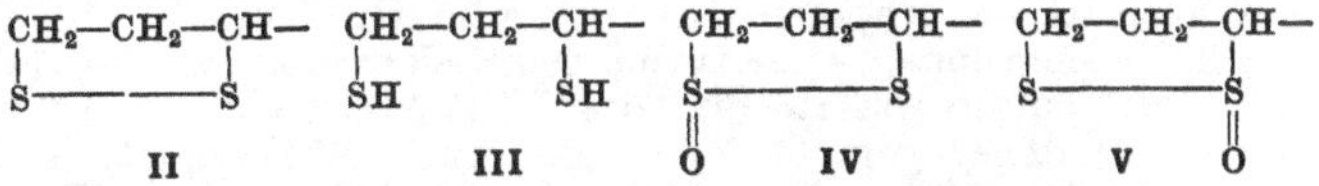

II III IV V

H. Nebelsiek. 6313

William Peter Dunk, **Herbicide und algicide Präparate,** die als wirksames Mittel 2.4-Dichlor- oder 2.4.5-Trichlorphenoxyessigsäure sowie Füllmittel u. als Netzmittel sulfonierte aromat. Amide, Kondens.-Prodd. von Äthylenoxyd mit Alkylphenolen oder Alkylarylsulfonate enthalten, u. bes. zur Vernichtung von Wasserpflanzen u. Algen geeignet sind, verwendet man in einer Teilchengröße nicht $>35\,\mu$, vorteilhaft 3—6 μ. (**Aust. P. 225 501** vom 16/8. 1957, ausg. 17/12. 1959.) O. Roick. 6313

Farbenfabriken Bayer Akt.-Ges. (Erfinder: Friedrich Muth), Leverkusen, **Herstellung eines Schutzmittels gegen Textilschädlinge, Schimmel- und Bak-**

terienbefall durch Zusatz eines Wirkstoffes (I) zu einem Trägerstoff. Dabei verwendet man als I ein Halogenalkyl-, Halogenaralkyl- u./oder Halogenarylsulfonamid, das von einem Aminodiphenylamin bzw. von einem am Imino-N-Atom substituierten Aminodiphenylamin abgeleitet ist, oder ein Salz eines solchen Sulfonamids. — Die Herst. von I ist bekannt. — Als Beispiele für I sind folgende *Diphenylamine* genannt: *2-(Chlormethansulfonylamino)-*, F. 116—117°; *2-(Chlormethansulfonylamino)-4.4'-dichlor-*, F. 180 bis 181°; *2-(Chlormethansulfonylamino)-4-chlor-4'-trifluormethyl-*, F. 140°; *2-Amino-4-chlor-4'-trifluormethyl-*, F. 112—113°; *2-(Chlormethansulfonylamino)-N-methyl-*, F. 85 bis 86°; *4-(Chlormethansulfonylamino)-N-methyl*, F. 81—82°; *4-(Chlormethansulfonylamino)-N-äthyl-*, F. 87—88°; *Pentachlor-2-chlormethansulfonylamino-*. (**Schwz. P. 355 647** vom 9/6. 1958, ausg. 31/8. 1961. D Prior. 27/6. 1957. **Zusatz zu Schwz. P. 313 325; C. 1957. 7251.**) H. Nebelsiek. 6313

Farbwerke Hoechst Akt.-Ges., vormals Meister Lucius & Brüning (Erfinder: Heinz Frensch und Helmut Grebel), Frankfurt/M., **Halogenierte Bicyclo-[2.2.1]-hepten-(2)-yl-(5)-cyclopropanverbindungen** der allg. Formel I (X = H, Halogen; R = H, Halogen, Alkyl-, Hydroxyalkyl-, Aryl-, Hydroxyaryl -oder ggf. substituierte Arylgruppen) durch Rk. von Vinylcyclopropan-Derivv. der allg. Formel II mit ggf. halogenierten Cyclopentadienen bei erhöhter Temperatur. —200 (g) Hexachlorcyclopentadien u. 100 1.1-Dichlor-2-vinylcyclopropan 20 Std. bei 140° → 247 *5-(2'.2'-Dichlorcyclopropyl)-1.2.3.4.7.7-hexachlorbicyclo-[2.2.1]-hepten-(2)*, $C_{10}H_6Cl_8$, $Kp._{0,5}$ 141°; n_D^{25} 1,5608. — Analog *5-(2'.2'-Dibromcyclopropyl)-1.2.3.4.7.7-hexachlorbicyclo-[2.2.1]-hepten-(2)*, $C_{10}H_6Br_2Cl_6$, $Kp._1$ 165°; n_D^{20} 1.5909. — *Schädlingsbekämpfungsmittel*, bes. Wrkg. gegen Tribolium confusum. (**D. A. S. 1 115 244** Kl. 12o vom 29/10. 1958, ausg. 19/10. 1961.) A. Debo. 6313

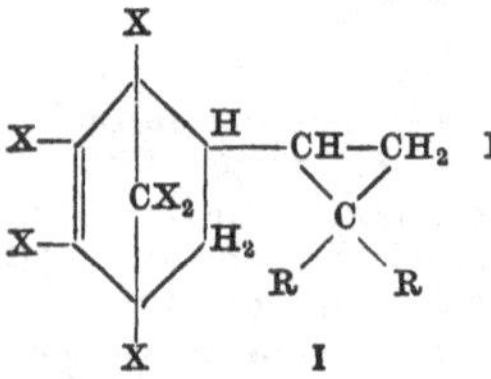

I

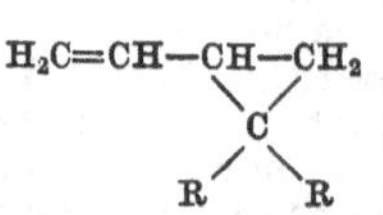

II

Badische Anilin- & Soda-Fabrik Akt.-Ges., Ludwigshafen/Rh. (Erfinder: Klaus Jürgen Fust, Ludwigshfen/Rh., und Herbert Friederich, Worms), **Herstellung von 5.6-Dimethylen-1.2.3.4.7.7-hexachlorbicyclo-[2.2.1]-hepten-(2)** (I) aus 5.6-Bis-(halogenmethyl)-hexachlorbicyclo-[2.2.1]-heptadien-(2.5) (II) durch Rk. mit Zn oder Mg in einem Sauerstoff enthaltenden Lsgm., ggf. in Ggw. eines Polymerisationsinhibitors. Als Lsgm. sind geeignet: Alkohole, Carbonsäuren u. deren Anhydride, Ketone, Aether, cycl. Aether, Säureamide u. Ester, auch im Gemisch mit anderen Lsgm., sie brauchen nicht wasserfrei zu sein. — 792 (Gew.-Teile) II (Halogen = Cl) mit 1 p-tert.-Butylbrenzcatechin in 700 Ae. werden unter Rühren innerhalb ½ Std. in eine auf 40° gebrachte Mischung von 180 Zn-Staub u. 700 CH_3OH eingetragen. Nach Erkalten gibt man 30 konz. H_2SO_4 in 500 W. zu u. extrahiert 2mal mit je 400 Petrolaether. Nach Abdampfen u. Umkristallisieren aus CH_3OH → 600 I (92%), F. 85°. — Analog mit Mg u. aus II (Halogen-Br). — *Schädlingsbekämpfungsmittel*. (**D. A. S. 1 089 377** Kl. 12o vom 24/7. 1959, ausg. 22/9. 1960.) A. Debo. 6313

Badische Anilin- & Soda-Fabrik Akt.-Ges., Ludwigshafen/Rh. (Erfinder: Manfred Minsinger, Ludwigshafen/Rh., und Herbert Friederich, Worms), **1.4.5.6.7.7-Hexachlorbicyclo-[2.2.1]-hepten-(5)-2-carbonsäurevinylester** (I) wird hergestellt durch Rk. der 1.4.5.6.7.7-Hexachlorbicyclo-[2.2.1]-hepten-(5)-2-carbonsäure (II) mit Acetylen bei erhöhtem Druck u. erhöhter Temp. in Ggw. von Verbb. der Metalle der 2. Nebengruppe. — In einem Schüttelautoklav werden 14 (g) II, 1 Zinkacetat u. 0,1 p-tert.-Butylbrenzkatechin unter 25 at Acetylendruck auf 185° erhitzt, verbrauchtes Acetylen wird nachgepreßt. Nach 6 Std. ist die Rk. beendet, der Sirup wird dest. → 94 g I (84%), $Kp._{0,01}$ 113°. — DL_{50} für Ratten über 1000 mg/kg. — Zwischenprod., polymerisierbar auch mit anderen Monomeren, *Mittel gegen Wasserschnecken*. (**D. A. S. 1 110 632** Kl. 12o vom 24/9. 1958, ausg. 13/7. 1961.) A. Debo. 6313

C. H. Boehringer Sohn (Erfinder: Richard Sehring und Karl Zeile), Ingelheim, **Schädlingsbekämpfungsmittel**, gek. durch den Geh. an einer Verb. von der allg. Formel $R \cdot S(O)_n \cdot (CH_2)_2 \cdot X \cdot P{=}X(OR_2) \cdot O \cdot C(R_3){=}C(R_4)(R_5)$ (X = S oder O; R = Alkylrest (I) mit 1—3 C-Atomen oder einem evtl. substituierten Arylrest; R_2 = II mit 1—3 C-Atomen. R_3 = H oder I mit 1—3 C-Atomen, R_4 = Cl, H oder niederer I, n = 1 oder 2) in einem fl. oder festen Träger z. B. O.O-Diäthyl- u. O.O-Dimethyl-S-(äthylsulfonyläthyl)-thiolphosphat; O.O-Dimethyl-S-(äthylsulfoxyläthyl)-thiolphosphat; O.O-Dimethyl- u. O.O-Diäthyl-O-(äthylmercaptoäthyl)-thionophosphat; O-(Äthylsulfoxyläthyl)-O-methyl-O-β.β-dichlorvinylphosphat. O-(Äthylsulfonyläthyl)-O-methyl-O-β.β-dichlorvinylphosphat. — Wrkg. gegen Hausfliegen. (**D. A. S. 1 114 671** Kl. 45 l vom 22/11. 1956, ausg. 5/10. 1961.) E. Petersen. 6313

Pennsylvania Salt Mfg. Co., Philadelphia, übert. von: William M. Lee, Ambler, Pa., V.St.A., **O-Alkyl-S-pentachlorphenylthiolcarbonate** der Formel C_6Cl_5—S—COO-Alkyl (Alkyl mit 1—4 C-Atomen). 0,5 Mol Pentachlorthiophenol werden in wss. NaOH (0,5 Mol NaOH in 1200 cm³ W.) gelöst, dann 0,55 Mol Chlorameisensäureäthylester bei 17° zugesetzt u. nach 1 Std. 184 g *O-Äthyl-S-pentachlorphenylthiolcarbonat* abfiltriert, aus Methanol F. 85—88°. — *O-Methyl-, -Propyl-, -Isopropyl-, -n-Butyl-, -Isobutylpentachlorphenylthiolcarbonat.* — *Mittel* zur *Regelung* des *Fischartbestandes* bzw. zur Beseitigung unerwünschter Fische. (**A. P. 2 790 267** vom 30/1. 1956, ausg. 30/4. 1957.) G. KRAUSS. 6313

Hermann Mayer-Krapoll, Hösel, und Hans Bremer, Herzkamp, **Wildverbißmittel,** enthaltend nichttrocknende, organ. Schmieren aus Erdölextraktions-Prodd. u. ggf. Stoffe mit Raubtierwitterung, z. B. Exkremente von Raubtieren, Kadaver-, Knochenöl, S, Se, Te-Verbindungen. Man bereitet sich eine wasserverdünnbare Emulsion von Extraktions-Prodd. aus höher sd. Erdölfraktionen. Man kann außer den obengenannten Zusätzen noch Antioxydantien, wie Naphthole, Alkylphenol-Verbb., Arylamine u. dgl., zusetzen. Anwendung in 5—10%ig., wss. Verdünnung. (**D. B. P. 920 523** Kl. 45 l vom 1/12. 1950, ausg. 25/11. 1954. Anmeldung bekanntgemacht 21/5. 1952.) H. NEBELSIEK. 6313

Hans Bremer, Nieder-Ramstadt, und Hermann Mayer-Krapoll, Hösel, **Wildverbißmittel,** gek. durch einen zusätzlichen Geh. an solchen Cl-Verbb., die als Nebenprodd. bei der Herst. von Hexachlorcyclohexan durch Chlorieren von Bzl., bes. techn. Bzl., anfallen. — Die vom Menschen als unangenehm empfundenen Cl-Verbb. wirken offenbar auf den Geruchs- u. Geschmackssinn der Tiere ansprechend. (**D. B. P. 974 455** Kl. 45 l vom 2/3. 1954, ausg. 29/12. 1960. Anmeldung bekanntgemacht 12/7. 1956. **Zusatz zu D. B. P. 920 523; s. vorst. Ref.**) H. NEBELSIEK. 6313

Chemische Werke Albert, Deutschland, *Herstellung von Phosphatdüngemitteln aus Rohphosphat.* (**F. P. 1 220 714** vom 21/4. 1959, ausg. 27/5. 1960. D. Prior. 30/4. 1958. — C. **1960.** 7656 [D. A. S. 1 059 934].)

Montecatini Soc. Gen. per l'Industria Mineraria e Chimica, Mailand, Italien, *Herstellung von Dithiocarbamaten für Pflanzenschutzzwecke.* (**It. P. 540 997** vom 1/6. 1955. — C. **1960.** 1651 [Oe. P. 195 440].)

Farbenfabriken Bayer Akt.-Ges., Deutschland (Erfinder: **Victor Fluck, Engelbert Kuhle** und **Richard Wegler**), *Fungicide Pflanzenschutzmittel.* (**F. P. 1 221 319** vom 12/3. 1959, ausg. 1/6. 1960. D. Prior. 14/3. 1958. — C. **1960.** 17586 [D. A. S. 1 079 381].)

Monsanto Chemicals Ltd. (Erfinder: **Joseph Patrick Brown** und **John Payne**), *Fungicides Mittel.* (**Aust. P. 225 847** vom 13/8. 1957, ausg. 21/1. 1960. E. Prior. 17/8. 1956. — C. **1960.** 4978 [E. P. 807 240].)

Parke, Davis & Co., Detroit, Mich., V.St.A., *Herstellung eines Norleucinderivates.* (**Holl. P. 98 646** vom 24/8. 1956, ausg. 17/7. 1961. A. Prior. 25/8. 1955. — C. **1960.** 1302 [Oe. P. 197 352].)

C. H. Boehringer Sohn, Ingelheim, *Herstellung von Phosphorsäure und Thiophosphorsäureestern.* (**Holl. P. 98 565** vom 21/11. 1957, ausg. 17/7. 1961. D. Prior. 22/11. 1956. — C. **1961.** 9180 [D. A. S. 1 091 102].)

Farbenfabriken Bayer Akt.-Ges., Leverkusen, übert. von: **Gerhard Schrader,** Wuppertal, *Thionophosphorsäureester.* (**A. P. 2 976 312** vom 15/11. 1957, ausg. 21/3. 1961. D. Prior. 13/12. 1956. — C. **1960.** 3013 [D. A. S. 1 059 444].)

Farbenfabriken Bayer Akt.-Ges., Leverkusen, *Thionophosphorsäureester.* (**E. P. 867 534** vom 13/12. 1957, ausg. 10/5. 1961. D. Prior. 13/12. 1956. — C. **1960.** 3013 [D. A. S. 1 059 444].)

Cooper, McDougall & Robertson Ltd., Berkhamsted, England, *Reinigen von Pyrethrumextrakten.* (**Belg. P. 556 517** vom 9/4. 1957, ausg. 26/2. 1960. E. Prior. 15/5. 1956 u. 12/3. 1957. — C. **1960.** 17587 [Aust. P. 218 976].)

Farbenfabriken Bayer Akt.-Ges., Leverkusen (Erfinder: **Ingeborg Hammann,** Köln, **Friedrich Muth, Wilhelm Tischbein** und **Richard Wegler,** Leverkusen), *Schützen von nichttextilen Materialien gegen Termitenfraß.* (**Schwz. P. 356 954** vom 26/6. 1959, ausg. 31/10. 1961. D. Prior. 10/7. 1958 u. 24/1. 1959. — C. **1960.** 10032 [D. A. S. 1 077 475].)

VIII. Metallurgie. Korrosion

Geologie und Erzlagerstätten von Alaska. Gordon Herreid. (Mining Engng. **13.** 1316—25. Dez. 1961. Juneau, State Div. of Mines and Minerals.) (Engl.)

Übersicht. — 14 Schrifttumshinweise. W. WESLY. 6354 □

Die Prospektierung aus der Luft auf radioaktive Mineralien in Afrika. G. Bigotte und B. Blangy. (Rev. Ind. minérale **44.** 179—204. März 1962.) (Franz.)

Überblick über die Verff. zur Feststellung von ^{40}K, *U* u. *Th.*

M. GEHLEN-KELLER. 6354 □

Die „Red Devil"-Quecksilbermine. Robert F. Lyman. (Mining Engng. **13.** 1337—39. Dez. 1961. Red. Devil Mine.) (Engl.)

Beschreibung eines Vork. von As_2S_2, As_2S_3 u. Sb_2S_3 enthaltendem *HgS*, seines Abbaus u. der Gewinnung von *Hg* (Rösten des Erzes bei 1050° F, Kondens. von *Hg-Dampf* u. Abscheidung von *As-* u. *Sb-Oxiden* < 650—700° F, die in einem Naß-Zyklon abgetrennt werden). — Fließbild. W. WESLY. 6360 □

Nutzbarmachung des carbonathaltigen Erzvorrates von Urkut. Pál Pilter. (Kohászati Lapok [Ung. Z. Hüttenwes.] **94.** 461—62. Okt. 1961. Dunaujváros, Donau-Eisenwerk.) (Ung.)

Verss. zur Verwertung des *Mn-Erzes* ergaben, daß die Aufbereitung durch Verschmelzung sehr kostspielig ist, aber das hydrometallurg. Verf. gangbar wäre. L. ZOMBORY. 6360

Technologie eines kohlenhaltigen Hochofen-Abstichloches und von Abstichrinnen-Gemischen. G. R. Eusner und J. T. Shapland. (Blast Furnace, Coke Oven, raw Mater. Committee Iron Steel Divis., Amer. Inst. Mining, metallurg., Petroleum Engr. Proc. **19.** 4—24. April 1960. Monroeville, Pa., United States Steel Corp.) (Engl.)

Durchgeführt werden Unterss. zur Entw. von Abstichlochmaterialien, welche die Abstichloch-Erosion so gering hält, daß der Hochofen unter vollem Winddruck angehalten werden kann. Diese Materialien, die auch zum Auskleiden von Abstichrinnen verwendet werden können, bestehen vorzugsweise aus 60—75 (%) *Ton*, 15—25 *Koksklein*, 10—20 *Hartpech* u. 0—5 *Sand*. Diskussion. H. HOCHSTEIN. 6370 □

Hochfeuerfeste Spezialwerkstoffe für Aluminium. W. L. Peskin. (Mod. Metals **17.** Nr. 7. 32—34. 36. 38. 40. 42. Aug. 1961. Perth Amboy, N.J., Carborundum Co.) (Engl.)

Beschrieben werden die physikal. u. mechan. Eigg. von *Si-Carbid*, Al_2O_3, *Mullit*, *Zirkon* u. Keramikstoffen. F. VIER. 6370 □

Einfluß der Feuchtigkeit in der Verbrennungsluft auf die Wärmerückgewinnung im Martin-Ofen. A. Ramacciotti. (Metallurgia ital. **52.** 423—33. Juli 1960. Genua, Ist. Siderurgico Finsider.) (Ital.)

Wie die Unters. zeigt, bringt die klimat. bedingte unterschiedliche Feuchte in der Verbrennungsluft (5—20 g/Nm³), bes. Wrkg. auf die Leistung u. die Temp.-Lage der Regeneratoren. Aus Modell-Verss. ergibt sich, daß mit Erhöhung des Wasser-Geh. in der Verbrennungsluft die Strahlungswärme der Ausmauerung besser abgeführt werden kann. Die Ergebnisse der Verss. mit einer Wärmebilanz auf Grund gemessener Werte stimmen gut überein. E. MIESSGANG. 6370 □

Kleinmodelluntersuchung über den Einfluß der Reaktionssteigerung und der Umführung auf das Verhalten der Flammen in Siemens-Martin-Öfen. G. Husson, G. Cohen De Lara, R. Perrin und L. Septier. (Rev. Métallurgie **58.** 911—30. Nov. 1961. Irsid; Dauphinois d'Hydraulique Sogreah.) (Franz.)

Die Prüf-Verff. sowie Vorr. zur Beobachtung u. Messung des Verh. der Flamme in SM-Öfen werden beschrieben u. die an verschiedenen Ofenbauarten mit vorgewärmtem Gas erzielten Meßergebnisse mitgeteilt. Die die Entw. der Flamme beeinflussenden Faktoren wurden an einem Kleinmodell untersucht. Am Austritt aus den Brennern wird eine Homogenisierung der Geschw.-Verteilung beobachtet. Von diesen Brennern werden Profil u. Länge sowie die Neigung des Luftzuges angegeben. Die Stabilitätsbedingungen der Flammen werden angegeben. H. HOCHSTEIN. 6370 □

Einflüsse der Koksgröße auf die Leistung eines Kaltwind-Kupolofens. H. J. Leyshon und R. B. Coates. (B. C. I. R. A. Journal **9.** 797—807. Nov. 1961.) (Engl.)

2 Kokssorten mit unterschiedlichen Kornfraktionen werden in ihrem Verh. auf den Kaltwind-Kupolofenbetrieb untersucht u. dabei keine wesentlichen Unterschiede im Ofenbetrieb festgestellt, es sei denn, daß der *S*-Geh. des Gußeisens bei Verw. von Durham-Koks im Vgl. zu der von South Wales-Koks höher lag. Der Einfl. der steigenden Korngröße lag in der Zunahme der Gußeisen-Temp., des C-Geh., der Verbrennungs-Geschw. u. des Wärme-Wirkungsgrades sowie in der Abnahme der Schmelz-Geschw. u. des *S*-Geh. bis auf einen geringen Betrag. Die Bedeutung des Einfl. der Koksgröße auf den Widerstand der Kupolofen-Beschickungssäule gegenüber der Luftströmung wird dargelegt. H. HOCHSTEIN. 6370 □

Grundlagen- und Angewandte Forschung im Bereich des Gießereiwesens. Karl Löhberg. (Giesserei **49.** 1—4. 11/1. 1962. Hösel.) (Dt.)

Überblick. — 18 Literaturangaben. M. GEHLEN-KELLER. 6382 □

Die beim CO_2-Verfahren verwendeten Sande und Hilfsmaterialien. Lajos Hédai. (Kohászati Lapok [Ung. Z. Hüttenwes.] **94.** Nr. 9. Öntöde **12.** 208—13. Sept. 1961. Miskolc, Lenin-Hüttenwerke.) (Ung.)

Vf. beschreibt die Wrkg. der beim CO_2-Verf. zur Sandmischung zugegebenen Hilfsmaterialien (*Quarzmehl*, *Schamottemehl*, *C-Staub*, *Graphit*, *Sägespäne*, *gebrannter Ton*, *Dextrin* u. *Sulfitlauge*) auf die Änderung der Gasdurchlässigkeit u. Druckfestigkeit der Mischungen. Es wird das Verh. der wasserglashaltigen Sandmischungen bei höherer Temp. u. ihre Wärmeausdehnung besprochen. L. ZOMBORY. 6382

Chemisch vergütete Saccharidbindemittel. Igor Macášek und Vítězslav Lorenz. (Slévárenství **9.** 41—46. 16/2. 1961. Brno, Vys. uč. techn., kat. slév.) (Tschech.)

Die Vorteile der Anwendung des Gießereibindemittels *Dextroner S 7* werden beschrieben. Seine geringe Bindekraft im Rohzustand u. die Eig. nur in der Wärme zu erhärten sind nachteilig. GOTTFRIED LANGE. 6382☐

Entwicklungstendenzen des Maskenformverfahrens. Mathias Klemmer. (Giesserei **49.** 162—64. 5/4. 1962. Hamburg-Rissen.) (Dt.) M. GEHLEN-KELLER. 6382☐

Vorschläge für Kern-, Form- und Kokillen-Schlichten. Hans Reininger. (Giessereipraxis **1961.** 358—61. 25/9.) (Dt.)

Überblick. — 42 Literaturangaben. M. GEHLEN-KELLER. 6382☐

Eisen, Kohlenstoffstähle und legierte Stähle. H. S. Link und R. J. Schmitt. (Ind. Engng. Chem., int. Edit. **53.** 590—95. Juli 1961. Monroeville, Pa., U. S. Steel Corp., Applied Res.-Labor.) (Engl.)

Fortschrittsbericht für 1959/60 in der Gewinnung von Gußeisen, C- u. legierten Stählen u. deren Eigg. u. Bearbeitung, bes. durch Schweißen. — 88 Schrifttumshinweise. W. WESLY. 6390☐

Herstellung und Eigenschaften von Pellets aus Magnetit + Hämatit. A. Colombo und A. Palazzi. (Metallurgia ital. **52.** 417—22. Juli 1960. Genua-Cornigliano, Ist. Siderurg. Finsider.) (Ital.)

Verschiedene Zus. von feinverteiltem *Hämatit* (venezuelan.) u. *Magnetit* (S. Leone) wurden granuliert u. bei 850—1150° gebrannt. Die Festigkeit der Pellets ist auch bei 50% Hämatit-Geh. noch bemerkenswert, während die Red.-Fähigkeit gleich bleibt. Nach der Red. nimmt die Festigkeit der Pellets ab. E. MIESSGANG. 6390☐

Die Berechnung des Energieaufwandes bei der Verhüttung von Eisenerzen. P. M. Fourt. (Rev. Métallurgie **58.** 931—37. Nov. 1961. Nancy, Industrie des Mines.) (Franz.)

Der Energieaufwand bei den verschiedenen Erzverhüttungs-Verff. wird nach Red., Abscheidung, Erhitzung u. Schmelzen, Entschwefeln u. Frischen unterteilt angegeben. Aus einer Energieverbrauchsbilanz ergibt sich, daß zwischen der wirklich verbrauchten u. der theoret. notwendigen Energie ein beträchtlicher Unterschied besteht. H. HOCHSTEIN. 6390☐

Einwirkung der Schlacke auf die Eigenschaften des Gußeisens. Ferenc Varga. (Kohászati Lapok [Ung. Z. Hüttenwes.] **94.** Nr. 9. Öntöde **12.** 197—203. Sept. 1961. Budapest, Eisenforsch.-Inst.) (Ung.)

Schmelz-Verss. mit Schlackenbildnern verschiedener Zus. (gewaschener *Quarzsand, gebrannter Kalk, Tonerde*) ergaben, daß sich die Begleitelemente des Gießens von der Schlacken-Zus. abhängig ändern. Aus den Verss. kann auf die voraussichtliche Wrkg. der in den verschiedenen Ofentypen ausgeführten Schmelzen verwendeten Schlacken gefolgert werden. — 12 Literaturangaben. L. ZOMBORY. 6402

Kontinuierliches Entschwefeln von im Kupolofen geschmolzenem Gußeisen mit Natriumcarbonat. R. B. Coates und H. J. Leyshon. (B. C. I. R. A. Journal 9. 848—57. Nov. 1961.) (Engl.)

Die Meth. zur Entschwefelung von schmelzfl. Gußeisen durch Zusatz von Na_2CO_3 in den Metallstrom innerhalb der Gießrinne eines kontinuierlich abgestochenen Kupolofens wird untersucht u. dabei festgestellt, daß ein solcher Betrieb wirksam u. einfach ist. Der Zusatz von 0,48% Na_2CO_3 (bezogen auf das behandelte Gußeisen-Gew.) verringerte den *S*-Geh. von 0,119% auf 0,054%. Die Abnahme der Gußeisen-Temp. war geringer als bei der satzweise durchgeführten Entschwefelung. Es trat ein gewisser *Si*- u. *Mn*-Verlust ein, u. es muß Vorsorge in der Auswahl von geeigneten feuerfesten Auskleidungsstoffen der Gußrinne getroffen werden, damit diese dem Angriff der Sodaschlacke u. der sich während des Prozesses bildenden Dämpfe widerstehen. Das Verf. eignet sich bes. zu Herst. von S-armem hochwertigem Gußeisen. H. HOCHSTEIN. 6402☐

Gießen und Glühen von weißem Gußeisen mit starkem Querschnitt. R. W. Heine, T. W. Mueller und J. W. Widmeyer. (Mod. Castings **39.** Nr. 4. 85—92. April 1961. AFS Training & Res. Inst.) (Engl.)

Untersucht werden die chem. Analysen u. Schmelzzusätze zum Gießen von Gußstücken mit großen Querschnitten aus weiß erstarrtem Tempergußeisen ohne gesprenkelte Stellen auf der Bruchoberfläche sowie die Zeit–Temp.-Erfordernisse zum Tempern der starkwandigen Gußstücke zwecks Erzielung von getemperten Eisen. Eine drast. Abnahme in der Anzahl der während der Glühung entwickelten Graphitkeime tritt mit der Zunahme der Querschnitte auf. Wenn *Bi*, *Te* oder *Ce* als Zusätze zur Vermeidung der Entstehung von halbiertem Gußeisen verwendet werden, tritt keine Verbesserung in der Anzahl der Graphitkeime während der Glühung auf. Diejenigen Faktoren, die bekanntlich bei leichteren Querschnitten die Graphitkeimzahl erhöhen, haben bei schwerem Querschnitt einen geringeren Einfluß. Ein zunehmender *Si*-Geh. bewirkt eine Zunahme in der Graphitkeimzahl. Ce wirkt als ein weiteres Element, das in Ggw. von C- u. Si-Geh. einen Weißbruch dort erzeugen kann, wo ohne Ce-Zusatz normalerweise halbiertes Gußeisen oder Grauguß auftreten würde. H. HOCHSTEIN. 6404□

Die Lösung von Graphit im magnesiumhaltigen Gußeisen beim Erhitzen. K. P. Bunin und A. I. Jatzenko. (Металловедение и Термическая Обработка Металлов [Metallkunde therm. Metallbearb.] **1961.** Nr. 5. 34—36. Mai. Inst. für Eisenhüttenwesen der Akad. der Wiss. der UkrainSSR.) (Russ.)

Durch Verss. wird die Möglichkeit einer vollständigen Beseitigung der Hohlräume nachgewiesen, die in der Grundmasse von Mg-haltigem Gußeisen bei der Auflösung der kugelförmigen Graphiteinschlüsse entstehen. Das Fortschreiten des Vorganges des Zuwachsens der Hohlräume im Gußeisen kann auf die nachfolgenden strukturellen Veränderungen bei der Abkühlung einwirken v. muß im Zusammenhang damit bei der Auswahl des Wärmebehandlungsbereiches des Gußeisens berücksichtigt werden. H. HOCHSTEIN. 6404□

Kompakter Graphit des Gußeisens im Gußzustand. R. W. Heine und T. W. Mueller. (Mod. Castings **40.** Nr. 4. 103—09. Okt. 1961. AFS Training and Res. Inst.) (Engl.)

Untersucht wird der Einfl. verschiedener Leg.-Zusätze zur Schmelze auf die Ausbldg. von kompaktem Graphit im Gußgefüge von Gußeisen u. auf die Veränderungen von dessen Grundzusammensetzung. Hierbei zeigt sich, daß *Te* von den untersuchten Zusätzen den größten Einfl. in der Unterdrückung der Flockengraphit-Keim-Bldg. im normalen eutekt. Temp.-Bereich besitzt. Diese Einw. ist vom *C*- u. *Si*-Geh. sowie von der zugesetzten Te-Menge abhängig. Bei C- u. Si-Geh. kurz über der Grenze der Entstehung von halbiertem Eisen bei einem Te-Geh. von 0,01% ist der Graphit spitzenartig u. der Bruch gesprenkelt. Bei Steigerung des Te-Zusatzes auf 0,04% wird der Graphit kompakter u. der Bruch wandelt sich vom gesprenkelten zum Weißbruch mit kompaktem Graphit. Eine Erhöhung der C- u. Si-Geh. hingegen führt wieder zur Flockengraphit-Bldg., so daß weiter der Te-Geh. zu dessen Vermeidung erhöht werden muß. Te ist sowohl in unter- als auch übereutekt. Gußeisen wirksam. *Bi* dagegen vermag die Flockengraphit-Bldg. im übereutekt. Gußeisen nicht zu verhüten. *Ce* vermeidet bei 2,50 (%) C u. 1,50—2,25 Si die Flockengraphit-Bldg.; es dient auch zur Keim-Bldg. von kompaktem Graphit u. Graphitkugeln. Die hierzu erforderliche Ce-Menge hängt vom *S*-Geh. im Gußeisen ab. Im nichtentschwefelten Eisen mit 0,07 S ist mindestens 0,40 Ce erforderlich. Wenn Te u. Ce kombiniert werden, kann ein geringerer %-Satz an Ce zur Erzielung von kompaktem Graphit verwendet werden. Die Kombination von Ce oder *Mischmetall* u. Te hat den besten kompakten Graphit im Gußeisen ergeben; bei 2,35—2,50 C u. 1,60 bis 2,25 Si wird der größte Geh. an kompaktem Graphit festgestellt. H. HOCHSTEIN. 6404□

Über das Verhalten des Kugelgraphitgußeisens als Werkstoff für Druckgußformen für Aluminiumlegierungen. A. T. Balewsky und J. Dimow. (Freiberger Forsch.-H., Reihe B Heft **59.** 7—25. 1961. Sofia, Bulgarien.) (Dt.)

Beim Erhitzen von mit Mg behandeltem Gußeisen mit Kugelgraphit auf eine Temp. oberhalb des krit. Punktes mit nachfolgender langsamer Abkühlung auf eine Temp. unterhalb dieses Punktes scheidet sich an den Korngrenzen in den äußersten ferrit. Schichten *Mg-Phosphid* aus, das bei stoßartiger Beanspruchung die Bldg. interkristalliner Risse verursacht. H. HOCHSTEIN. 6404□

Der Zerfall von freiem Zementit. R. P. Todorow und G. I. Koschownik. (Металловедение и Термическая Обработка Металлов [Metallkunde therm. Metallbearb.] **1961.** Nr. 5. 29—30. Mai. Kiew, Polytechn. Inst.) (Russ.)

Durch Verss. wird nachgewiesen, daß in einem *Si*-haltigen *Gußeisen* die Graphitisierung der ausgeschiedenen Carbide beschleunigt wird. Die Gesamtdauer der Graphitisierung beträgt 70—80 Minuten. Die Verss. bestätigen die große Bedeutung einer festen Lsg. während der Graphitisierung; Veränderungen im Mischkristall beeinflussen den Graphitisierungsvorgang. H. HOCHSTEIN. 6404□

Veränderungen in den Abmessungen von Tempergußstücken. C. T. Moore. (B. C. I. R. A. Journal **9.** 788—94. Nov. 1961.) (Engl.)

Für die Veränderungen der Abmessungen von Tempergußstücken während ihrer Herst. ist die Kontraktion, die nach dem Gießen beim Abkühlen der Gußstücke auf Raum-Temp. auftritt, u. viel weniger die durch Ausscheidung u. Wachsen des Graphits während des Glühens auftretende Ausdehnung verantwortlich. Die Abmessungen der

Tempergußstücke wird durch Veränderung im C-Geh., die Glühofenatmosphäre u. durch unvollkommen geglühte Strukturen beeinflußt. Der Umfang einer Schwankung in der Gußstückgröße kann durch Unters. der Dichte u. der Volumenänderungen, die während des Glühens auftreten, geschätzt werden. Die schlechteste Bedingung für eine Abweichung in der Gußstückgröße ist für Schwarzkerntemperguß der Umstand, daß die Gußstücke nicht vollständig geglüht werden u. eine gewisse Entkohlung erfahren.

H. HOCHSTEIN. 6406□

Roheisenvorfrischung für die Stahlerzeugung im Elektroofen. E. Davies. (J. Metals **13.** 900—04. Dez. 1961. Brymbo, Steel Works.) (Engl.)

Nach einer 2jährigen Betriebszeit wird über die Vorzüge einer Roheisenvorfrischung für im Elektroofen zu erschmelzende Stähle (spezielle Schmiedestähle u. niedriglegierte Stähle) berichtet. Hieraus ergibt sich eine erhöhte Ofenleistung, eine wesentliche Verringerung des Energie- u. Elektrodenverbrauchs, niedrige Kosten für feuerfeste Stoffe u. wesentliche Einsparungen an Dolomit u. feuerfesten Materialien für die Ofenseitenwandung. Die Stähle besitzen geringe *P*-Gehalte. H. HOCHSTEIN. 6408□

Beitrag zum Studium des Frischens von Stahl ohne Roheisen im Sienems-Martin-Ofen. L. Septier, P. Karinthy, J. Raguin und R. Dessain. (Rev. Métallurgie **58.** 557—69. Juli 1961. IRSID; Forges de Gueugnon.) (Franz.)

Ein von der IRSID u. den Forges de Gueugnon entwickeltes Stahl-Herst.-Verf. besteht im Ersatz des Roheisens in seiner Eig. als Kohlungsmittel für den Stahl durch *Koks* oder *Anthrazit,* ferner in der Einstellung der Schlacken-Zus. durch Zuschlag von *Mn-Erz* zum Einsatz sowie in der darauffolgenden Einregelung des Bad-C-Geh. gegen Ende des Einschmelzens durch Einblasen von staubförmigen *Koks.* Hierdurch werden eine Ersparnis von ca. 150 kg Roheisen je t Stahl u. eine Herabsetzung des S-Geh. des Stahles um 0,006—0,008% erzielt. Das Verf. ist ohne Verlängerung der Schmelzzeit techn. gut durchführbar. — 24 Literaturangaben. H. HOCHSTEIN. 6408□

Unter Kontrolle gelenkte Erstarrung von Stahlgußschmelzen in 100 t-Ansätzen. Pietro Tavolotti und Giuseppe Jaccarino. (Fonderia ital. **10.** 191—99. 1961. Soc. TERNI, Sez. Fucinatura, Fonderia, Meccanica.) (Ital.)

Ergebnisbericht über großtechn. Verss. zur Verbesserung der Eigg. von 100 t-Stahlgußblöcken durch Überwachung des optimalen Temp.-Gefälles in der Gießrichtung. App. u. Ausführung des Gusses u. der Ultraschall-Kontrolle werden beschrieben. — 11 Abb. u. Diagramme. A. SANDER. 6408□

Nichtmetallische Makroeinschlußquellen im Stahlguß und ihre Vermeidung. 1. Mitt. R. A. Flinn, W. B. Pierce und L. H. Van Vlack. (Mod. Castings **39.** 57—61. Nr. **4.** April 1961. ASF Training and Res. Inst.) (Engl.)

Die Natur, die Ursachen u. die Verhütung von Makroeinschlüssen im Stahlguß werden in einer dreijährigen Arbeit untersucht. Dabei wird bestätigt, daß die wichtigste Art von Makroeinschlüssen aus in einer glasigen *Silicat*-Grundmasse auftretenden *Korund*-Kristallen besteht. Obwohl dieses Material während der Stahldesoxydation, durch Rk. mit der Pfannenauskleidung u. in der Form selbst gebildet werden kann, ist doch die Rk. mit der Pfannenauskleidung die wichtigste Quelle. Die Unters.-Ergebnisse zeigen, daß die Einschlüsse durch Verw. von Al_2O_3- oder *MgO*-feuerfesten Materialien u. durch Wirbel-Gitter-Abfang-Vorr. neuer Bauart beseitigt werden können.

H. HOCHSTEIN. 6408□

Feuerfeste Materialien als Quellen von Makroeinschlüssen. 2. Mitt. L. H. Van Vlack, J. E. Brokloff und R. A. Flinn. (Mod. Castings **39.** Nr. 4. 62—71. April 1961.) (Engl.) — 1. vgl. vorst. Referat.

Erörtert wird ein Prüf-Verf. zur Beurteilung von feuerfesten Materialien für ihre Stabilität in Ggw. von fl. Stahl. Außerdem werden die relativen Einfl. der Stahl-Zus., der Zeit u. Temp. auf die geschmolzenen Metall–feuerfester Stoff-Rkk. behandelt. Vier grundlegende Typen von feuerfesten Stoffen werden für die Beurteilung ausgewählt, u. zwar: *Silica, feuerfester Ton,* Al_2O_3 u. *MgO.* Obwohl die beiden letzten Typen teurer sind, wird es für möglich gehalten, daß ihre größere Haltbarkeit zu geringeren Kosten je Gußstück führt. H. HOCHSTEIN. 6408□

Erzeugung halbberuhigter Stähle. Gellért Répási. (Kohászati Lapok [Ung. Z. Hüttenwes.] **94.** 391—99. Sept. 1961. Dunaujváros, Donau-Eisenwerk.) (Ung.)

Vf. beschreibt die drei, zur Erzeugung von halbberuhigten Stahlblöcken verwendeten Verff.: Gießen in Pfannen, Beruhigung während des Gießens u. Gießen in Flaschenhalskokillen. Es werden die Gießbedingungen, die Menge der Desoxydationsmittel u. das Gefüge der Blöcke erörtert. Die Anwendungsgebiete der Gieß-Verff. werden an prakt. Beispielen besprochen. L. ZOMBORY. 6408

Der Einfluß der Austenitkorngröße auf die Plastizität des Stahls 9 ChF. G. M. Belkow und N. T. Litenko. (Металловедение и Термическая Обработка Металлов [Metallkunde therm. Metallbearb.] **1961.** Nr. 6. 21—24. Juni. Zentr. Forsch.-Inst. für Technologie des Maschinenbaues.) (Russ.)

Die Bildsamkeit des Stahls *9 ChF* im Guß- u. ausgeschmiedeten Zustand im Temp.-Bereich von 750—1230° hängt von der Austenitkorngröße ab. Je gröber das Korn ist, desto niedriger ist die Bildsamkeit des Stahls u. um so größer seine Neigung zur Warmriß-Bldg. während der Verformung bei Temp. in der Nähe des unteren Bereiches der Schmiede-Temp. (750—900°). Der Verformungswiderstand von *9 ChF* hängt auch von der Austenitkorngröße ab. Der größte Verformungswiderstand wird bei einer mittleren Korngröße von 0,4 mm festgestellt, der geringste Widerstand bei einer Korngröße von 0,2 mm. Eine grobkörnige Austenitstruktur entsteht infolge eines langen Haltens auf Schmiede-Temp. im Bereich von 1230—1260°. Bei großen Abnahmen während des Ausschmiedens kann diese Struktur verfeinert werden. Wenn jedoch die Kernzone nicht durchgeschmiedet wird, so bleiben die Austenitkörner unzulässig grob. Fehler metallurg. Ursprungs können bei großen Verformungsgraden teilweise zugeschweißt werden, u. bei einem intensiven Fließen des Stahls der Kernzone in Achsenrichtung zu Ausschuß führen. Oberflächenrisse, die während des Schmiedens entstehen, verhindern nicht nur große Verformungsgrade, sondern erschweren auch die weitere mechan. Verarbeitung. Je mehr Oberflächenrisse während des Schmiedens entstehen, desto schlechter wird die Kernzone des Stahlblockes durchgeschmiedet u. desto größer ist die Wahrscheinlichkeit des Auftretens innerer Risse bei der Wärmebehandlung. H. HOCHSTEIN. 6408□

Rostfreie Stähle und andere Eisenlegierungen. W. A. Luce und J. H. Peacock. (Ind. Engng. Chem., int. Edit. **53.** 586—89. Juli 1961. Dayton, Ohio, Duriron Co., Inc.) (Engl.) — Vgl. C. **1960.** 15889.

Fortschrittsbericht über Herst., Bearbeitung, bes. Oberflächenbehandlung u. Schweißen, Zus., Eigg. u. Verw. von rostfreien Stählen u. anderen Fe-Legg. in korrosiven Medien bei Temp. $<0°$ bis $>2000°$ F, bes. von 100—400° F. — 66 Schrifttumshinweise. W. WESLY. 6410□

Einfluß der plastischen Deformation im austenitischen Zustand auf die Eigenschaften von legierten Baustählen. Je. N. Ssokolkow, Ss. N. Petrowa und N. P. Tschuprakowa. (Металловедение и Термическая Обработка Металлов [Metallkunde therm. Metallbearb.] **1961.** Nr. 5. 12—14. Mai. Inst. für Metallphysik der Akad. der Wiss. der UdSSR.) (Russ.)

Durch Verss. an einem Stahl mit 0,30 (%) *C*, 1,06 *Cr*, 1,2 *Mn*, 1,05 *Si*, 0,02 *P*, 0,023 *S*, Rest Fe wird festgestellt, daß eine thermomechan. Behandlung im austenit. Zustand die Bildsamkeit u. Festigkeit bei Zugbeanspruchung bei einer Temp. von —195° erhöht. Die besten Werte für Festigkeit u. Plastizität werden nach einer thermomechan. Bearbeitung bei 900° erhalten. Eine weitere Temp.-Steigerung verschlechtert diese Eigenschaften. Die Verbesserung der Eigg. nach der thermomechan. Bearbeitung ist die Folge einer Zunahme der Sprödfestigkeit der Austenitkorngrenzen. H. HOCHSTEIN. 6410□

Änderung des spezifischen Widerstandes und spezifischen Gewichtes von schwefelsäurehaltigen Zinksulfatlösungen mit der Zusammensetzung der Lösung. Zoltán Horváth und József Weber. (Kohászati Lapok [Ung. Z. Hüttenwes.] **94.** 385 bis 390. Sept. 1961. Miskolc, TU, Schwerind.) (Ung.)

Zwecks Festlegung der günstigsten Arbeitsbedingungen bei der *Zn-Elektrolyse*, wurden spezif. Widerstand u. Spezif. Gew. des Elektrolyts bei der Betriebs-Temp. (18—50°), der H_2SO_4-Konz. (0—250 g/Liter), bzw. der Zn-Konz. (0—160 g/Liter) bestimmt. Die Tabellen geben eine Orientierung über den Zusammenhang der untersuchten Parameter. L. ZOMBORY. 6426

Lithium-Kupfer-Kartuschen für die Desoxydation von Kupfer und Kupferlegierungen. G. Meyer. (Metall **15.** 1100—01. Nov. 1961. Rüschlikon/TH.) (Dt.)

Li als bestes Desoxydationsmittel wird für den metallurg. Gebrauch in Kartuschen aus *Cu* genau gewogen u. hermet. verschlossen geliefert. Die Anwendung wird beschrieben. F. VIER. 6432□

Die Herstellung von Leitkupfer-Formguß. W. Thury. (Metall **15.** 1079—81. Nov. 1961. Leoben, Österreichisches Gießerei-Inst.) (Dt.)

Der Zusatz von *P* zur Desoxydation des Cu ist beim Gießen von Leitkupfer bisher abgelehnt worden, da P die Leitfähigkeit des Cu erheblich herabsetzt. Wird jedoch anschließend an die Desoxydation mit P der Schmelze *Ca* zugesetzt, so bildet sich Ca_3P_2, das ungelöst in der Schmelze in der Schwebe bleibt u. die elektr. Leitfähigkeit nicht merklich herabsetzt. Das Schmelz-Verf. u. Gießen wird beschrieben. F. VIER. 6432□

Untersuchung der vorübergehenden Vermehrung der inneren Reibung, beobachte an Kupfer verschiedener Reinheit nach Ausglühen und Abschrecken. G. Collette und H. Funakubo. (Métaux **36.** 368—79. Okt. 1961.) (Franz.)

Die Unterss. zeigen, daß die bei Cu auftretende vorübergehende Vermehrung der inneren Reibung nach Glühen u. Abschrecken auf ein komplexes Phänomen zurückzuführen ist, an dem die Reinheit des Cu, die Korngröße u. die Glüh-Temp. vor dem Abschrecken beteiligt sind. F. VIER. 6432□

Die Bildung der verformten Grundmasse mit kubischer Orientierung und der Ursprung der kubischen Textur. Taichi Kamijo und Kazuma Yamamoto. (Nippon Kinzoku Gakkai-Si [J. Japan Inst. Metals] **25.** 453—56. 1961.) (Jap.; Auszug: Engl.) — Vgl. C. **1962.** 4321. 3945.

Zähe Schwarzkupferstreifen, die nacheinander in 45 u. 70° Richtung zur 1. Walzrichtung gewalzt worden sind (85 u. 75% Dickenabnahme) zeigen deutliche (2 0 0)-Höchstwerte in der 2. Walzrichtung. Die Querrichtung deutet auf die Bldg. der verformten Grundmasse mit kub. Orientierung nach dem 2. Walzen. Die (1 1 1)-Polfigur der Walztextur der in 45° Richtung gewalzten Proben unterscheidet sich von der der in 70° Richtung bearbeiteten Stücke. Die (2 0 0)-Polfigur der Anlaßtextur ist in beiden Fällen kubisch. Der Ursprung der kub. Textur steht mit der Theorie der orientierten Kern-Bldg. in Übereinstimmung, wonach Grundmassekörner mit kub. Orientierung als erste beim Anlassen spannungsfrei werden. W. WESLY. 6432□

Gefügeumwandlungen in Zinnbronze-Knetlegierungen bei hohen Temperaturen F. M. Wolff. (Metall **15.** 1091—95. Nov. 1961. Hemer-Sundwig.) (Dt.)

Anlaß zu den Unterss. gab das Auftreten von Materialfehlern in Bändern aus den Legg. *SnBz 6* u. *SnBz 8* nach DIN 17662, die durch $\alpha + \delta$-Eutektoid u. ein starkes Phosphideutektikum verursacht waren. Die Zustandsschaubilder des bin. Syst. *Cu–Sn* u. des tern. *Cu–Sn–P* geben keine Auskunft über die Entstehung des Eutektoids. Die Verss. ergaben, daß beim Glühen bei 750—850° die vorhandenen Phosphidzeilen in gerundete Abschnitte zerfallen u. dann viel Phosphideutektika sowie $\alpha + \beta$-Eutektoid bzw. $\alpha + \delta$-Eutektoid, flächenmäßig unregelmäßig verteilt u. sehr verschieden in der Größe u. Poren auftreten. Bei 850° bildet sich ein vollkommenes Netzwerk aus Phosphid-Eutektikum u. $\alpha + \beta$- bzw. $\alpha + \delta$-Eutektoid aus, das alle Korngrenzen erfaßt. Beim langsamen Abkühlen verschwindet das Netzwerk. Zurückbleiben größere Poren, Korngrenzenrisse, gerundete Phosphideinschlüsse u. $\alpha + \delta$-Eutektoidgebiete. Es wird das Auftreten von *Cu-P-Berthollidphasen* angenommen u. die Umwandlungen in *α-Sn-Bronzen* eingehend diskutiert. F. VIER. 6432□

Die Ursachen des Anlaßverhaltens von Kupfer-Nickel-Mangan-Legierungen G. Bartsch und P. Schmidt. (Metall **15.** 1096—1100. Nov. 1961. Berlin, TU, Inst. für Metallkunde.) (Dt.)

Die Umwandlung der *Cu-Ni-Mn*-Legg. (Vers. mit 0—40% Cu u. Ni/Mn = 1) stellt einen Ordnungsprozeß dar, der zu einer Zunahme der Härte, des Temp.-Koeff. u. der gegen Cu gemessenen Thermospannung, sowie zu einer Herabsetzung des Widerstandes führt. Die geordnete Phase besitzt ein tetragonal-flächenzentriertes Gitter. Innerhalb des Mischkristalls läuft ein Nahordnungsprozeß ab, bevor die von einer Strukturveränderung begleitete Umwandlung einsetzt, wie ein Vgl. des Beginns der diskontinuierlichen Umwandlung mit dem zeitlichen Verlauf der Härte u. der elektr. Eigg. ergibt. Die Mischkristallmatrix nimmt durch den Nahordnungsprozeß, wie Mikrohärtemessungen zeigen, eine nahezu gleich große Härte an, wie die während der diskontinuierlichen Umwandlung entstehende tetragonale Phase. — 13 Literaturangaben. F. VIER. 6434□

Magnesium-Lithium. David F. Caldwell. (Product Engng. **30.** 74—75. 12/10. 1959. General Electric Co., Light Military Electronics Dep.) (Engl.)

Mg-Legg. mit 13—15 (%) *Li* u. 1—6 *Al* zeichnen sich gegenüber den üblichen Mg-Legg. durch ein um 25% geringeres Gew. bei guten mechan. Eigg. aus.
W. WESLY. 6444□

Die Schmelzpraxis für Aluminium-Kokillenguß und für Dauerformguß. Donald L. Colwell. (Mod. Castings **39.** Nr. **4.** 50—54. April 1961. Cleveland, Apex Smelting Co.) (Engl.)

Überblick. — 28 Schrifttumsangaben. H. HOCHSTEIN. 6446□

Resistometrische Untersuchungen über die Kaltaushärtung von Aluminiumlegierungen. T. Federighi. (Aluminium **37.** 587—92. Sept. 1961. Novara, Italien, Ist. Sper. Met. Legg.) (Dt.)

Die Bldg. von GUINIER-PRESTON-Zonen u. die Wolken-Bldg. beim Aushärten von übersätt. Al-reichen Legg. bei Raum-Temp. wurde durch Messungen des elektr. Widerstandes bei der Temp. des fl. N beobachtet. Auf diese Weise kann der Widerstand sehr genau bestimmt werden, der sich bei höheren Temp. während des Messens verändert. So können die infolge Wolken-Bldg. auftretenden Änderungen des Widerstandes eindeutig festgestellt werden. Es können auch die Eigg. der in Rein-Al eingefrorenen Leerstellen untersucht werden. Es konnte festgestellt werden, daß Wolken-Bldg. von gelösten Atomen gerade in dem Temp.-Bereich auftritt, in dem die Leerstellen zu wandern beginnen, woraus geschlossen werden kann, daß die Wolken-Bldg. von den eingefrorenen Leerstellen gesteuert wird. E. VIER. 6446□

Der Einfluß eines erhöhten Gehaltes an Sauerstoff und Stickstoff auf die mechanischen Eigenschaften von Titan. Je. W. Petunina. (Металловедение и Термическая Обработка Металлов [Metallkunde therm. Metallbearb.] **1961**. Nr. 6. 50—53. Juni. Zentr. Forsch.-Inst. für Eisenhüttenwesen.) (Russ.)

Eine Erhöhung des *O*-Geh. im *Ti* auf 0,410% erhöht wesentlich die Zerreißfestigkeit bei Raum-Temp. ohne Erniedrigung der Plastizitätseigenschaften. Diese Verfestigung des Ti durch O bleibt bei erhöhten Temp. nicht erhalten. Der Einfl. von *N* auf die Verfestigung des Ti bei Raum-Temp. beträgt das Vielfache des Einfl. von O. Bei erhöhten Temp. ist N ein starkes Verfestigungsmittel für Ti. Der Einfl. von O- u. N-Zusätzen auf die mechan. Eigg. von Schweißverbindungen ist analog dem Einfl. auf die Eigg. des Grundmetalls. Die Entstehung von Kaltrissen in Ti-Schweißverbindungen, die einen erhöhten O- u. N-Geh. besitzen, ist offenbar durch Spannungen bedingt, die infolge einer ungleichmäßigen Verteilung von O u. N im Korn bei der schnellen Abkühlung von hohen Temp. auftreten. H. HOCHSTEIN. 6448□

Wirkung von Wasserstoff auf die mechanischen Eigenschaften einer Titan-Legierung mit 5% Aluminium und 2,5% Zinn bei Raumtemperatur. R. Haynes. (J. Inst. Metals **90.** 80—84. Nov. 1961. Loughborough Coll. of Advanced Technol.) (Engl.)

Die Löslichkeit von H_2 bei Raum-Temp. in der handelsüblichen *Ti*-Leg. mit 5 (%) *Al* u. 2,5 *Sn* liegt bei 250—300 ppm. Gelöster H_2 hat nur wenig Einfl. auf die IZOD-Kerbschlagprobe, dagegen bewirkt die *Hydrid*-Phase, wie sie bes. in den Korngrenzenfilmen bei Proben mit $>$350 ppm H auftritt, einen starken Abfall. Die Zugfestigkeit wird durch steigenden H-Geh. kaum beeinflußt. Die Kriechfestigkeit steigt mit wachsendem H-Geh., solange er in Lsg. ist, leicht an. Tritt die Hydridphase in den Korngrenzen auf, so verschwindet die Streckgrenze. Die Dehnbarkeit steigt mit wachsenden Geh. an H in Lsg., sie fällt ab, wenn die Hydridphase erscheint. Wenn die Hydridphase Korngrenzenfilme zu bilden beginnt, geht der transkristalline Bruch in den interkristallinen sowohl bei Zugproben als auch bei Schlagproben über. H-Geh. bis 150 ppm, der höchstzulässige Geh. in den meisten Vorschriften, hat keinen nachteiligen Einfl. auf die Eigg. der untersuchten Legierung. F. VIER. 6448□

Goldförderung und Aufbereitung in Jilové. Josef Ouzký und Vladimír Hubka. (Rudy **9.** 92—93. März 1961.) (Tschech.)

Es werden Au-Erzlager beschrieben u. ein Überblick über die Entw. der Herst.-Verff. gegeben. Gewinnung, Aufbereitung u. Amalgamierung werden besprochen, sowie die Au-Gewinnung über ein durch Flotation gewonnenes Pyritkonzentrat behandelt. Aus einem **40**% Au enthaltenden Amalgam wurde labormäßig 22 karät. *Au* hergestellt. G. LANGE. 6456□

Über einige Eigenschaften des Eutektikums von Metallen mit niedrigem Schmelzpunkt. P. Spinedi. (Metallurgia ital. **52.** 405—10. 449. Juli 1960. Rom, Univ., Ist. di Metallurgia e Metallographia.) (Ital.)

Es wurde das Verh. von Metall-Legg. einer Zus. nahe ihres Eutektikums untersucht, wobei die Viscosität, Oberflächenspannung, Oxydationsempfindlichkeit der fl. Phase der Legg. (*Sn–Pb, Pb–Cd, Sn–Cd, Zn–Cd*) bestimmt wurden. Weiter wurde die Aktivität von *Zn* in Schmelzen von *Zn–Sn*-Legg. bei Temp. knapp oberhalb der eutekt. Temp. bestimmt, wobei eine Messung der EMK zwischen Zn (in festem Zustand) u. 6 Zn–Sn-Legg. (in Schmelze) vorgenommen wurde. Die erhaltenen Werte werden mit den Ergebnissen anderer Autoren verglichen. — 14 Literaturzitate. E. MIESSGANG. 6470□

Der Einfluß der inneren Oxydation auf einige Eigenschaften gesinterter Preßlinge aus Kupferlegierungen. R. H. Seebohm und J. W. Martin. (Metallurgia [Manchester] **61.** 163—66. April 1960. Oxford, Univ., Dep. of Metallurgy. (Engl.)

Gepulverte Gemische von *Cu* mit 0,19 (%) *Al*, mit 0,38 *Be* u. von reinem Cu werden gepreßt, bei 200 oder 300° an der Luft oxydiert u. in Ar bei 800—1000° gesintert. Zum Vgl. werden nichtoxydierte Proben im Vakuum bei 800—1000° gesintert. Spezif. Gew., Härte u. Druckfließgrenze der Legg. werden angegeben. Die durch innere Oxydation (CuO als O-Quelle) gewonnenen Proben zeigen Dispersionshärtung. Die (elektronen)mkr. gewonnenen C-Extraktionsabdrucke der Probenoberfläche werden erörtert. W. WESLY. 6474□

Eine Schnellverdrehungsprüfung zur Bestimmung der Warmverformungstemperaturen von Stählen. C. S. Tout jun. und Lloyd H. Banning. (U. S. Dep. Interior, Bur. Mines, Rep. Invest. **1962.** Nr. 5928. 1—22. Albany, Ore., Metallurg. Mines, Res. Center Bur.) (Engl.)

Beschrieben wird eine Torsions-Prüf-Maschine, mit der die günstigsten Warmverformungs-Temp. von Stahl-Legg. der verschiedensten Zus. ermittelt werden können. Es zeigte sich, daß die günstigste Warmverformungs-Temp. für die nichtrostenden Stähle *301* u. *202* (geringerer Ni-Geh.) bei 1250° lag u. somit um 100—200° höher als die der Kohlenstoffstähle, aber um 50° unter dem des nichtrostenden austenit. Stahles vom Typ *304* war. Es zeigte sich ferner, daß die erforderliche Torsionsenergie bei allen Stählen mit der Zunahme der Temp. abnahm. Die ermittelten günstigsten Warmverformungs-Temp. ändern sich bei allen Stählen nur wenig u. alle Stähle haben eine höhere Torsionsfestigkeit bei erhöhten Verformungsgeschwindigkeiten. H. HOCHSTEIN. 6480□

Der Warmzerreißversuch in seiner Anwendung auf die Untersuchung der Schmiedbarkeit von Stählen. M. Pelabon. (Rev. Métallurgie **58.** 599—603. Juli 1961. Anzin, Soc. Lorraine-Escaut.) (Franz.)

Der Einfl. eines für eine Wärmebehandlung von Stahlproben ausgesuchten Wärmecyclus auf das Ergebnis des Warmzerreiß-Vers. zwecks Beurteilung der Schmiedbarkeit dieser Stähle wird ermittelt u. bei der Erörterung der Unters.-Ergebnisse werden gewisse Widersprüche besprochen, die zwischen den von der Vers.-Meth. abgeleiteten Voraussagen u. dem wahren Verh. der Stähle im Verlauf der Warmformgebung festgestellt werden. Die erhaltenen Vers.-Ergebnisse sollen nicht verallgemeinert, sondern nur als Sonderfälle betrachtet werden. H. HOCHSTEIN. 6480□

Die mechanischen Eigenschaften eines Drahtes aus einer Zink–Kupfer–Titan-Legierung. E. Pelzel. (Metall **15.** 1081—82. Nov. 1961. Stolberg, Stolberger Zink A.G.) (Dt.)

Messung der Zerreißfestigkeit der Dehnung, der Proportionalitätsgrenze u. der BRINELL-Härte von Drähten aus einer *Zn*-Leg. mit 0,8% *Cu* u. 0,14% *Ti*. F. VIER. 6480□

Der Einfluß der Beanspruchungsgeschwindigkeit auf die Schlageigenschaften von ferritischem Gußeisen mit Kugelgraphit. D. G. White. (B.C.I.R.A. Journal **9.** 808 bis 811. Nov. 1961.) (Engl.)

Gußeisen mit Kugelgraphit zeigt eine Veränderung vom Zäh- zum Sprödbruch, wenn die Temp. bei Kerbschlagzähigkeitsprüfung abnimmt. Veränderungen in der Beanspruchungs-Geschw. bei der Kerbschlagprüfung führen bei der Unters. zu dem Ergebnis, daß eine Zunahme der Schlag-Geschw. von 11,1 auf 18,6 ft. lb. je Sek. keinen bedeutenden Einfl. auf die Schlag-Übergangs-Temp. ausübt. Jedoch eine geringe Abnahme im Schlagprüf-Verh. wurde im Zähigkeitsbereich beobachtet, wenn die Schlag-Geschw. abnahm. H. HOCHSTEIN. 6480□

Reibung beim linearen Spannungsdruckversuch. H. Takahashi und J. M. Alexander. (J. Inst. Metals **90.** 72—79. Nov. 1961. Tokyo, Japan, Government Mechan. Labor.) (Engl.)

Über die Möglichkeit, den Reibungs-Koeff. unter Verw. des linearen Spannung-Druck-Vers. zu bestimmen, wird berichtet. F. VIER. 6480□

Alterungsprüfung eines seit 30 Jahren in Betrieb stehenden Autoklaven. István Szántó und Ernő Czoboly. (Kohászati Lapok [Ung. Z. Hüttenwes.] **94.** 468—72. Okt. 1961. Budapest, TU, Lehrst. mechan. Technol.) (Ung.)

Beschreibung u. Vgl. der einerseits mit dem üblichen Zerstörungs-Verf. (Probenahme durch Bohren), andererseits mit der Röntgen-Diffraktions-Meth. ausgeführten Kontrollversuchen. Es konnte mit beiden Meth. keine Alterung nachgewiesen werden. L. ZOMBORY. 6480

Untersuchung über die plastische Biegung von Metallblechen. 1. Mitt. **Das Zurückfedern von Metallblechen.** Tokuzo Matuyama und Hideo Suzuki. (Trans. Japan Soc. mechan. Engr. **27.** 300—10. März 1961.) (Jap.; Auszug: Engl.)

Unterss. über die Verformung bei der plast. Biegung mehrerer Metallbleche zeigen, daß die Verformung 2 Arten aufweist, von denen jede eine Änderung der Zurückfederung erkennen läßt. Diese wird hauptsächlich durch die Biegelast beeinflußt; der Grad des Einfl. hängt ab vom Verhältnis des Radius am äußersten Punkt des Stanzloches zur Blechdichte. W. WESLY. 6480□

Einfluß der Wärmebehandlungsbedingungen auf den Wert des Verhältnisses Fehlerecho/Grundecho bei der Ultraschallprüfung von künstlichen geometrischen Fehlern. M. Ferrero und A. Ravizza. (Rev. Métallurgie **58.** 965—78. Nov. 1961. Cogne-Aosta.) (Franz.)

Die an Knüppeln aus unlegiertem Stahl u. aus niedriglegierten Stählen, die künstliche Fehler von verschiedenen Abmessungen u. verschiedener Tiefe besaßen, durchgeführten Ultraschallprüfungen werden beschrieben. Hierbei zeigt sich, daß eine Wärmebehandlung die Transparenzbedingungen sowie die Differenzierung der Fehler-Best. verbessert; diese Verbesserung ändert sich in ihrer Größe mit dem Stahlgefüge; sie ist im normalisierten Zustand größer als nach einer aus Härten u. Anlassen bestehenden Vergütungsbehandlung u. drückt sich deutlich im Wert des Verhältnisses Fehlerecho/Grundecho aus. H. HOCHSTEIN. 6480 □

Erläuterung der in der Metallographie angewandten Elektronen-Beugungsdiagramme. Maurice Croutzeilles und Adrien Saulnier. (Métaux **36.** 341—67. Okt. 1961.) (Franz.) F. VIER. 6482 □

Metallographisches Ätzen von Aluminiumlegierungen. Anodische Oxydation nach Émile Segol. A. Marge und Martial Renouard. (Rev. de l'Aluminium **38.** 1015—23. Sept. 1961.) (Franz.)

Die anod. Oxydation nach SEGOL zum metallograph. Ätzen von Al-Legg., das mit einem Elektrolyten aus einem Gemisch von 1000 cm³ H_3PO_4 (50%ig.) u. 300 g CrO_3 arbeitet, wird beschrieben u. an Hand von Schliffbildern (z. T. farbig) gezeigt, daß sich damit bes. die Auflösung oder Ausscheidung von Phasen, die Wanderung von Korngrenzen u. die Vergleichmäßigung der Konz. von Mischkristallen bei Al-Legg. verfolgen läßt. F. VIER. 6482 □

Elektronenmikroskopische Untersuchungen einer Kobaltlegierung. L. Habraken. (J. Inst. Metals **90.** 85—92. Nov. 1961. Lüttich, Centre Nat. de Rech. Metallurg.) (Engl.)

Eine Co-Leg. (*UMCo-50*) mit 30% *Cr*, 20% *Fe*, wurde elektronenmkr. unter Verw. dünner Folien untersucht. In geknetetem Zustand u. nach verschiedenen Wärmebehandlungen wurden 2 Phasen beobachtet: die flächenzentrierte *γ-Phase* u. die hexagonale *ε-Phase*, ähnlich der ε-Phase von Co. Bei Raum-Temp. befindet sich die Leg. im metastabilen Zustand, die Gleichgew.-Phasen sind ε u. σ. In den γ-Körnern wurden elektronenmkr. hauptsächlich breite Stapelfehler auf den (1 1 1)-Flächen beobachtet. In der ε-Phase trat eine bes. große Zahl von Fehlern auf einer zusammengehörenden Reihe von Flächen auf. Kaltwalzen steigert die Zahl der Fehlerstellen, es traten aber nur dissoziierte Versetzungen auf. Sehr häufig konzentriert sich die Verformung in bestimmten Teilen der Körner. Die Bldg. der *σ-Phase* wurde in kaltgewalzten Proben vor der Wärmebehandlung untersucht. Hexagonal ausgebildete Teilchen der σ-Phase traten entlang der Korngrenzen u. der Stapelfehler in γ- u. ε-Körnern, bes. in γ-Körnern auf. F. VIER. 6482 □

Einfluß des Funkens der Röhre und der Abschirmung auf die Qualität der Abbildung von Geräten für die Radiographie und die technische Radioskopie. A. Gilardoni und Sarandrea. (Metallurgia ital. **52.** Nr. 7. Atti Notizie **15.** Nr. 6/7. 181—82. 196. Juni/Juli 1960. Mandello Lario, Labor. Apel S.r.I.) (Ital.)

Die für die Radioskopie u. Radiographie bei Anwendung der COOLIDGE-Röhre als Strahlungsquelle wesentlichen Gesichtspunkte werden erörtert. — 8 Literaturzitate. E. MIESSGANG. 6484 □

Beitrag zur Verbesserung der radiographischen Technik mit Hilfe des Betatrons. R. Rath, G. Forest und E. Pierré. (Rev. Métallurgie **58.** 857—69. Okt. 1961. Saint-Denis.) (Franz.)

Beschrieben wird das SIEMENS-Betatron mit 15 MeV, seine physikal. Grundlagen u. seine Verwendung. F. VIER. 6484 □

Formung mit hoher Geschwindigkeit — Utopie oder Realität? Owen Andersson. (Tekn. Tidskr. **91.** 889—97. 15/9. 1961. Stockholm.) (Schwed.)

Überblick. — 21 Literaturangaben. E. FRITSCHE. 6490 □

Neuere Ergebnisse der durch die Soc. du Pont de Nemours durchgeführten Untersuchungen über das Formen, Schweißen und die Härtung von Metallen durch Explosion. A. von Bezard. (Rev. Métallurgie **58.** 939—50. Nov. 1961. Genf, Schweiz, Du Pont de Nemours et Co.) (Franz.)

Die Explosion von kugelförmigen, linearen u. scheibenförmigen Sprengladungen sowie ihre Wrkg. auf die Formgebung von Metallen wird untersucht. Es werden Beispiele von durch Explosionsformgebung erzielten Werkstücken beschrieben. Der Einfl. einer solchen Explosion auf die Härtung von Metallen sowie auf die Durchführung von Schweißungen wird beschrieben. Es wird ferner ein Verf. zur Zündung einer Sprengladung zur Erzielung einer linearen Verbrennungsfront behandelt. H. HOCHSTEIN. 6490 □

Elektronisches Schweißen, Bearbeiten und Schmelzen. A.-V. Francis. (Métallurgie Construct. mécan. **93.** 819. 821. 823. 825. 826. 829. Okt. 1961.) (Franz.)

Übersicht über Grundzüge, Zubehör, Ausführung u. Anwendung der Verff. zum elektron. Schweißen, Bearbeiten u. Schmelzen. W. WESLY. 6490□

Die metallurgischen Faktoren der Verarbeitbarkeit von Stählen. P. Bastien. (Rev. Métallurgie **58.** 981—90. Nov. 1961. Paris, École Central des Arts et Manufactures Creusot, Usines Schneider.) (Franz.)

Die verschiedenen metallurg. Faktoren, wie die Stahlerzeugung, der Erstarrungsverlauf, die chem. Zus. sowie die Warm- u. Kaltverformung werden in ihrem Einfl. auf die Verarbeitbarkeit von Stählen untersucht. Bes. ist der Einfl. der Wärmebehandlung als ein Mittel der Beeinflussung der Gefügeausbildung u. damit der Weiterverarbeitbarkeit groß, u. es werden Angaben über den Einfl. verschiedener Gefügeausbildungen auf das Formänderungsvermögen der Stähle gemacht. Hierbei wird auch der Einfl. der Korngröße erörtert. Chem. homogene Stähle werden in ihrem Verarbeitungsvermögen mit dem von Stählen verglichen, die eine durch Verarbeitung ausgerichteter heterogener Dendrite ausgeprägte Zeilenstruktur aufweisen. — 15 Literaturangaben. H. HOCHSTEIN. 6490□

Kaltfließpressen von Stahl. R. W. A. Wright. (Iron and Steel **35.** 174—79. Mai 1962. Birmingham.) (Engl.)

Überblick. M. GEHLEN-KELLER. 6490□

Das Strecken von nichtrostendem Stahl. S. G. E. Nash und W. J. Hames. (Aircraft Product. **23.** 359—66. Okt. 1961; 423—29. Nov. 1961. Bristol, Aircraft Ltd.; Belfast, Short Brothers and Harland Ltd.) (Engl.)

Erörtert werden Fortschritte u. Ergebnisse einer Unters. über die Formgebungsmöglichkeiten von hochfesten austenit. nichtrostenden Stählen. Die hierzu dienenden Verformungsmaschinen werden beschrieben, u. es werden auf Grund der Unters.-Ergebnisse eingehende Angaben über das Formänderungs-Verh. sowie über die erreichbaren Festigkeits-Eigg. gemacht. H. HOCHSTEIN. 6490□

Herstellung von Rohren aus Kupfer und Kupferlegierungen. W. L. Govier. (J. Inst. Metals **90.** 65—72. Nov. 1961. Smethwick, Staffs., Allen Everitt Works of Yorkshire Imperial Metals Ltd.) (Engl.)

Überblick. F. VIER. 6490□

Kleben von schutzoxydierten Leichtmetallen. A. Matting und K. Ulmer. (Aluminium **37.** 564—68. Sept. 1961. Hannover, TH, Inst. für Werkstoffkunde.) (Dt.)

Unterss. an 4 Metallklebern zeigten, daß die Klebungen von Al-Teilen, die chem. an ihrer Oberfläche oxydiert waren, nur dann ausreichend waren, wenn keine hohen Anforderungen gestellt wurden. Anod. oxydierte Oberflächen ergaben bessere Ergebnisse. Nachverdichten der Oxidschichten war nur bei Kaltklebern vorteilhaft. F. VIER. 6490□

Die Einsatzhärtung von Stählen. 1. Mitt. Francisco Javier Mariñas. (Metalurgia y Electr. **25.** Nr. 288. 144—56. Sept. 1961.) (Span.)

Nach allg. Überblick über Grundlagen, Zweck u. techn. Bedeutung der Diffusionshärtung von Stählen behandelt Vf. ausführlich die wichtigsten C-abgebenden Härtemittel u. die Rolle des im Werkstoff gelösten oder auf der Oberfläche der Stähle anwesenden *O* bei der Überführung von festem *C* in *CO* sowie die Aufkohlungsvorgänge in der Oberflächenschicht nach der Gleichung 2 CO $\rightarrow$ CO_2 + C. Anschließend streift Vf. Einfl. u. prakt. Bedeutung anderer Härtemittel, wie N_2 oder C-abgebender Verbb., wie Carbonate, Cyanide, CO usw., sowie Härtungs- u. Nachbehandlungsschäden, gek. durch blättriges Gefüge der Härtungsschicht infolge inhomogener C-Verteilung u. Bldg. eutektoider Zonen mit unterschiedlichem C-Gehalt. Auf deren Verteilung oder Ausgleich durch Lösungsglühen bzw. bes. Wärmebehandlungen wird näher hingewiesen. Auf Grund prakt. Verss. berichtet Vf. über Erfahrungen beim Einsatzhärten unter Verw. von CO unter Zusatz von KW-Stoffen sowie von festem C + CO, wobei bes. homogene Härtungsschichten erhalten wurden. Abschließend werden die Einfl. von Temp. u. Dauer der Einsatzhärtung, Tiefe der Zementierung u. Einfl. der Wärmenachbehandlungen auf die Korngröße u. Homogenität der Zementschicht näher erörtert. A. SANDER. 6492□

Thermische Behandlung unter Schutzmaßnahmen: Salzbäder und kontrollierte Atmosphäre. G. P. Sassi. (Metallurgia ital. **52.** Nr. 7. Atti Notizie **15.** Nr. 6/7. 164 bis 167. Juni/Juli 1960.) (Ital.)

Vgl. der Wärmebehandlung von Stahl im Bad (Metalle, Chloride/Fluoride, Nitrit/Nitrat) u. in inerter u. kontrollierter Atmosphäre. — Diskussion. E. MIESSGANG. 6492□

Warmbehandlung vor dem Flammenhärten und der Einfluß des so gebildeten Gefüges auf die Oberflächenhärte. Rezső Neményi. (Kohászati Lapok [Ung. Z. Hüttenwes.] **94.** 418—23. Sept. 1961. Budapest, Ganz-Mávag Motorenfabrik.) (Ung.)

Durch mit 2 Stahlproben (*C45* u. *Cr135*) ausgeführten Verss. wurde bewiesen, daß die Oberflächenhärte durch vorherige Warmbehandlung entscheidend beeinflußt wird. Zum Erreichen einer gleichmäßigen u. großen Oberflächenhärte sowie einer tiefgehärteten Schicht sollen die Arbeitsstücke vor dem Flammenhärten vergütet oder wenigstens normalgeglüht werden. L. ZOMBORY. 6492

Über den Unterschied der Wirkung einer einzigen isothermen Wärmebehandlung und aufeinanderfolgender Wärmebehandlungen in kaltbearbeitendem Aluminium. Genjiro Mima. (Technol. Rep. Osaka Univ. **10.** 489—503. März 1960.) (Engl.) — Vgl. C. **1961.** 8098.

In kaltgezogenen Drähten aus handelsüblichem Al u. Al hoher Reinheit bei 270° wurde durch Best. der inneren Reibung bei Raum-Temp., die Zugfestigkeit u. die Dehnung untersucht. Während der Erholung konnten deutliche Unterschiede in der Wrkg. der beiden verschiedenen Wärmebehandlungen auf die innere Reibung u. die Zugfestigkeit festgestellt werden, nicht aber während der Rekristallisation. Für die Unters. der Erweichung u. der Temp. ist die aufeinanderfolgende Wärmebehandlung geeigneter. F. VIER. 6492□

Hartlöten von Nickellegierungen und nichtrostenden Stählen. Anonym. (Rev. du Nickel **27.** 139—49. Nov./Dez. 1961.) (Franz.)

Überblick über geeignete Lot-Zus. u. die Durchführung von Lötungen bei hohen Temp. an reinem Ni, an Ni-Legg. mit hohem Ni-Geh., an warmfesten Ni-Legg., an Ni-Legg. mit geringem Ausdehnungs-Koeff. sowie an austenit. rostfreien Stählen u. rostfreien ferrit. Cr-Stählen. Es werden Angaben über die Vorbereitung zum Löten sowie über die Verw. von Pd-haltigen Loten u. die kennzeichnenden Eigg. von Pd-Lotverbindungen gemacht. H. HOCHSTEIN. 6504□

Grundprinzipien für das Metall-Lichtbogenschweißen unter Schutzgas. W. Mantel. (Schweissen u. Schneiden **14.** 72—79. Febr. 1962. Höllriegelskreuth b. München.) (Dt.) M. GEHLEN-KELLER. 6506□

Lichtbogen-Schweißverfahren für Stahl und die Rolle des Wasserstoffs beim Schweißen. P. C. van der Willigen. (Chem. Weekbl. **57.** 170—76. 8/4. 1961. Eindhoven, N. V. Philips Gloeilampenfabrieken, Natuurk. Labor.) (Holl.)

Die Lichtbogen-Schweißverff. werden erörtert. Die neuzeitlichen, Schlacke oder Schutzgas verwendenden Verff. sind H-frei. Mit sauren Überzügen umhüllte Elektroden bringen viel H in die Schweiße, wodurch Porosität u. Riß-Bldg. verursacht werden können. Das Verh. von H in Stahl u. in Email wird erörtert. — 10 Schrifttumshinweise. Diskussion. W. WESLY. 6506□

Verbinden von Kupfer und Kupferlegierungen mit Stahl-Schweißen kupferplattierter Stähle. R. Köcher. (Metall **15.** 1107—11. Nov. 1961. Düren.) (Dt.)

Das Wesen der Lötrissigkeit wird beschrieben u. Maßnahmen zu ihrer Vermeidung erörtert. Beim Verbinden von Flußstahl mit Cu ist dafür zu sorgen, daß vor dem Aufbringen von Cu-Schweißzusatz die vorderseitig geschweißte u. wurzelseitig ausgefugte Stahlfuge bis zur Höhe der Plattierungskante mit Stahlschweißgut ausgefüllt wird. *Cr–Ni*-Stähle lassen sich mit Cu nur unter Verw. einer Zwischenschicht aus *Ni* rißfrei verschweißen, dagegen hat eine Ni-Zwischenschicht beim Verschweißen von *Flußstahl* mit *Zinnbronze* u. *Siliciumbronze* keinen Erfolg. F. VIER. 6506□

Oberflächengestaltung von Metallen unter hohen nominellen Berührungsdrucken. L. H. Butler. (Metallurgia [Manchester] **61.** 167—74. April 1960. Cardiff, Univ. of Wales, Univ. Coll., Engng. Dep.) (Engl.)

An Stahl u. Al ausgeführte Unterss. zeigen: Die die Erzeugung glanzpolierter Oberflächen plast. verformter Werkstoffe beeinflussenden Faktoren, bes. die Schmiereigg. u. Metalloberflächentopographie, werden erörtert. Ein dünner, halbkontinuierlicher Schmierfilm kann leicht mechan. an der Berührungsfläche zwischen Werkzeug u. Metall gehalten werden, wobei das Metall nach u. nach stark mittels Fl.-Druck verformt wird, was zu einer matten Oberfläche führt. Solche Arbeitsbedingungen tragen zu den oft relativ niedrigen Reibungs-Koeff. dieser Vorgänge bei. W. WESLY. 6510□

Chemisches Glänzen von Aluminiumlegierungen. Das Verfahren „Brillotalu". François Flusin und Gérard Darnault. (Rev. de l'Aluminium **38.** 1027—35. Sept. 1961.) (Franz.)

Beschrieben wird das *Alupol-IV*-Verf. der „OTALU" zum Glänzen von Al-Legg., das mit einer wss. H_3PO_4, H_2SO_4 u. HNO_3 enthaltenden Lsg. arbeitet. Vorbehandlung u. Nachbehandlung u. Anwendungen werden erörtert. F. VIER. 6512□

Die Verhütung von Korrosionen durch Verwendung flüssiger, metallischer Überzüge. D. Brook. (Water and Water Engng. **65.** 404—06. Sept. 1961. Harrogate, Metalife Liquid Metals Ltd.) (Engl.)
Übersicht. W. WESLY. 6516□

Dichteänderung während der Kupferabscheidung. H. Sadek. (Z. physik. Chem. [Leipzig] **217.** 207—16. 1961. Alexandrien, Univ., Fac. of Sci.) (Engl.)
Vf. nimmt Bezug auf Unterss. von SADEK u. Mitarbeitern (vgl. C. **1957.** 333), bei denen die bei der Niederschlagung von Cu auf einer Fläche eines Cu-Streifens bei verschiedenen Stromdichten in einem einfachen Säurebad auftretenden Spannungen untersucht worden waren u. von SADEK u. RISK (vgl. C. **1962.** 5196), nach Zusatz von *Glucose*, *Weinsäure* u. *p-Aminobenzoesäure* zu dem Elektrolytbad. Vf. leitete Gleichungen ab zur Berechnung der Dichte der Cu-Ndd. aus den gemessenen Spannungen u. führte neue Verss. durch zur Messung der Spannungen der Ndd., wobei das Elektrolytbad 150 g/Liter $CuSO_4 \cdot 5\, H_2O$ u. 24 g/Liter 98 %ig. H_2SO_4 enthielt. Dem Bad wurden außerdem nacheinander 1, 3, 6 u. 10 g *Glucose*, 1, 3 u. 5 g *Weinsäure* oder *p-Aminobenzoesäure* zugesetzt. Die Stromdichten betrugen 1, 2, 3 u. 4 AI/dm², die Temp. 20° u. die Vers.-Dauer 30 Minuten. Durch die Berechnungen konnte die l. c. gemachte Vermutung bestätigt werden, daß die auftretenden Spannungen durch Dichteänderungen des Nd. bedingt sind, die interkristallinen Kräften parallel zur Oberfläche des Substrats bei zunehmender Dicke des Nd. zuzuschreiben sind. C. GOTTFRIED. 6516

Die Überwachung des Aluminium-Glanz-Tauchverfahrens. G. D. Nelson und C. J. Knapp. (Mod. Metals **17.** Nr. 8. 46. 48. 50. 52. 53. Sept. 1961. St. Louis, Mo., Monsanto Chem. Co., Inorg. Chem. Div.) (Engl.)
Das Al-Glanztauch-Verf. [1—3 Min. langes Eintauchen der Al-Gegenstände in ein aus 95 (Vol.-%) 85 %ig. H_3PO_4 u. 5 67 %ig. HNO_3 von 190—210° F bestehendes gerührtes Bad] wird im einzelnen beschrieben. Zur Überwachung des Bades werden laufend bestimmt: HNO_3 mittels eines elektron. Geräts sowie Viscosität u. spezif. Gewicht. Die Ergebnisse dieser Messungen werden mit den im Labor. ermittelten Richtwerten verglichen, woraus sich die Geh. des Bades an $AlPO_4$, H_3PO_4 u. W. ergeben, die nach Bedarf berichtigt werden. W. WESLY. 6516□

Rißhaltige und rißfreie Verchromung. J. Odekerken. (Metalloberfläche **16.** 17—20. Jan. 1962. 's Hertogenbosch, Holland, Plating Chemie N. V.) (Dt.)
Bäder zur elektrolyt. rißfreien u. rißhaltigen Verchromung werden beschrieben u. die Zusammenhänge mit den *Ni*-Zwischenschichten erörtert. Neben *Mattnickel*-Zwischenschichten hat sich bes. eine *Halbglanznickel–Cr*-Kombination bewährt. F. VIER. 6518□

Starkschichtige Vernickelung. A. Pianelli. (Rev. du Nickel **27.** 150—56. Nov./Dez. 1961.) (Franz.)
Überblick über die Eigg. einer dicken Schicht aus elektrolyt. Ni (Anhaften, Korrosionsbeständigkeit, Verschleißfestigkeit, Bearbeitbarkeit u. Härte) sowie über die Herst. der elektrolyt. Vernickelung (Durchführung der Elektrolyse, Einfl. der Elektrolyt-Zus. u. physikal. Faktoren) u. deren Anwendung. — Beispiele. H. HOCHSTEIN. 6520□

Ein Beitrag zur Frage der Bildung glänzender elektrolytischer Metallüberzüge. E. Raub und O. Loebich. (Metalloberfläche **16.** 1—6. Jan. 1962. Schwäbisch-Gmünd, Forschungsinst. für Edelmetalle u. Metallchem.) (Dt.)
Unterss. der *Glanznickel*-Abscheidung aus verschiedenen Elektrolyten haben gezeigt, daß die Abscheidung glänzender Schichten durch die Bldg. amorpher kathod. Deckschichten gesteuert wird, die auf die Kristallisation einwirken. Der Einfl. dieser Deckschichten auf die Kristallisation ist von der Art der Zusätze, ihrer Menge u. den sonstigen Abscheidungsbedingungen, bes. aber der Bad-Temp., abhängig. Es können verhältnismäßig dichte amorphe Schichten auftreten, die das orientierte Kristallwachstum vollkommen verhindern. Oder es kann durch sie eine ausgeprägte Fasertextur ausgebildet werden, vollkommen verschieden von der Textur des Mattnickels. F. VIER. 6520□

Der heutige Stand der dekorativen Vernickelung. K. E. Volk. (Metalloberfläche **16.** 6—11. Jan. 1962. Düsseldorf.) (Dt.)
Überblick. — 19 Literaturangaben. F. VIER. 6520□

Feuer- und elektrolytisch verzinnte Weißbleche. Ernö Neuhöffer. (Kohászati Lapok [Ung. Z. Hüttenwes.] **94.** 452—56. Okt. 1961. Borsódnádasd, Blechfabrik.) (Ung.)
Beschreibung der Verff., Vgl. der mechan. Eigg., Korrosionsfestigkeit u. Porosität der Weißbleche, Einfl. der Zus. des Stahlbleches auf die Korrosion. Zweck der inneren Lackierung. Auswahl der entsprechenden Weißblechsorten. Prakt. Anwendung der theoret. Überlegungen. L. ZOMBORY. 6524

Vorläufige Beobachtungen über das Auftreten von Defekten der Flächen (0 0 0 1) in Zink-Einkristallen bei der Tieftemperaturoxydation. P. Spinedi und A. Garbrecht. (Metallurgia ital. **52.** 411—16. Juli 1960. Rom, Univ., Ist. di Metallurg. e Metallograph.) (Ital.)

Das Verh. der genannten Bruchflächen, die aus durch Zonenschmelzen gereinigtem Metall präpariert wurden, gegenüber oxydativem Einfl. wurde untersucht. Hierbei wurden O_2, Luft, feuchter O_2, Ar/O_2-Gemische bei verschiedenen Temp. (bis 300°) verschieden lang (bis 18 Std.) zur Einw. gebracht. In Mikroaufnahmen wird der Angriff auf die Oberflächen gezeigt. — 18 Literaturzitate. E. MIESSGANG. 6530□

Mechanismus der Oxydation von hochreinem Nickel bei 950—1200°. J. A. Sartell und C. H. Li. (J. Inst. Metals **90.** 92—96. Nov. 1961. Diskussion: 408. Juni 1962. Hopkins, Minn., Honeywell Res. Centre.) (Engl.)

Metallograph. Unterss. u. Best. mit einer Markierungstechnik zeigten, daß die Oxidhaut auf hochreinem Ni bei 900—1200° aus 2 getrennten Schichten besteht. Die Beobachtung der Temp.-Abhängigkeit des Wachstums der einzelnen Schichten u. die Lage der Markierungspunkte führte zu der Auffassung, daß die Diffusion der Kationen durch die äußere Schicht geschwindigkeitsbestimmend bei der Oxydation von Ni bei 900—1200° ist. F. VIER. 6530□

Anodische Oxydation von Aluminiumlegierungen. Untersuchung von dicken (harten) Überzügen. Irving Machlin und Neal J. Whitney. (Metal Finishing **59.** Nr. 2. 55—57. Febr. 1961.) (Engl.)

Best. des Gew.-Verlustes beim Abriebtest bei Al-Legg. mit dicken anod. Schichten ergab, daß die Härte dieser Schicht durch das Grundmetall beeinflußt wird. Mit zunehmender Dicke der Schicht stieg ihre elektr. Durchschlagsfestigkeit an. Ebenso stieg mit zunehmender Dicke die Härte nach der Eindringtiefeprüfung nach KNOOP an. Salzsprühtests ergaben, daß der Korrosionsschutz der Schichten eher von ihrer Gleichmäßigkeit als ihrer Härte abhängt. F. VIER. 6530□

Entwicklungen auf dem Gebiete des Harteloxierens. M. Stalzer. (Metalloberfläche **16.** 11—14. Jan. 1962. Neuss/Rh., Langbein-Pfanhauser-Werke Akt.-Ges.) (Dt.)

Überblick. — 16 Literaturangaben. F. VIER. 6530□

Korrosionseigenschaften von Stahl und Gußeisen. Vl. Čihal. (Korose Ochrana Mater. **1960.** 53—56. Aug. Praha, Stát. výzk. ústav ochrany materiálu.) (Tschech.)

Allg. Angaben der Korrosionsfestigkeit von niedrig- u. hochlegierten *Stählen* u. von *Gußeisen*. Graph. u. tabellar. Übersichten. J. TŮMOVÁ. 6538□

Beitrag zur Untersuchung der Korrosion von nichtrostenden 18-8-Stählen in verdünnten Salzsäurelösungen. Suzanne Menascé. (Rev. Métallurgie **58.** 951—63. Nov. 1961. IRSID.) (Franz.)

Die Lochfraßkorrosion in verd. HCl-Lsgg. wird an austenit., nichtrostenden Cr–Ni-Stählen mit ca. 18% Cr u. 8% Ni mit Hilfe einer mkr. Unters. u. der Messung der elektrochem. Potentiale im offenen Stromkreis verfolgt. Hierbei zeigt sich, daß Lochfraß nur in einem Bereich von ziemlich hohen elektrochem. Potentialen entsteht. Die Potentialunterschiede zwischen dem Inneren eines Korrosionsloches u. der Oberfläche einer Probe werden erklärt. H. HOCHSTEIN. 6538□

Weitere Anwendungen der anodischen Polarisation von Titan. J. B. Cotton. (Chem. and Ind. **1958.** 492—93. 26/4. Birmingham, Imp. Chem. Ind. Ltd., Metals Div.) (Engl.)

Eine in Seewasser tauchende Ti-Anode erleidet beim Durchgang eines Stroms (24 A/ft^2) starke Korrosion. Die Korrosion unterbleibt, wenn man ein dünnes Pt-Blech oder einen Pt-Draht auf die Ti-Anode schweißt, wodurch das Ti-Potential in den „Schutz" Bereich veredelt wird. Dagegen korrodieren unter den gleichen Bedingungen Anoden aus Al, Cu u. rostfreiem Stahl mit aufgeschweißtem Pt-Draht. W. WESLY. 6538□

Staub, Rauch, Abgase und Abwässer bewirken wachsende Werkstoffkorrosion. Bruno Waeser. (Chemiker-Ztg./Chem. Apparatur **83.** 321—27. 20/5. 1959. Elmshorn.) (Dt.)

Übersicht über die chem.-techn. Grundlagen der Werkstoffkorrosion durch Staub, Rauch, Abgase u. Abwässer, ihre Überwachung u. Bekämpfung. — 38 Schrifttumshinweise. W. WESLY. 6538□

Stahlseilkorrosion und zugehörige Prüfung. R. E. Campbell. (Corrosion Technol. [London] **8.** 342—46. 350. Nov. 1961. Brit. Ropes Ltd.) (Engl.)

Übersicht über Ursachen, Erscheinungsform u. Prüfung der Korrosion von Stahlseilen im Labor. u. (an Booten befestigt) im Meerwasser u. ihre Verhütung.

W. WESLY. 6538□

Korrosion bei Elektrizitätsübertragung und -verteilung. G. H. Masterson. (Corrosion Technol. [London] **8.** 335—40. Nov. 1961. Leatherhead, Centr. Electricity Res. Labor.) (Engl.)

Übersicht über Ursachen u. Erscheinungsform der Korrosion von erdverlegten Pb-Mantelkabeln u. Überlandfreileitungen u. der Oxydation von Transformatorenöl. W. WESLY. 6538□

Korrosionseigenschaften von Legierungen — ihre Bewertung auf Grund der potentiostatischen Polarisationskurven. M. Pražák. (Korose Ochrana Materiálu. **1960.** 49—53. Aug. Praha, Stát. výzk. ústav ochrany materiálu.) (Tschech.)

Graph. Darst. von Polarisationskurven (elektron. Potentiostat mit oscillograph. Ablesung) von sieben korrosionsfesten Stählen 1 *Cr 13, 1 Cr 17* u. mit *Ni-, Mo-, Ti-* u. *Mn*-Zusatz in nH_2SO_4 bzw. nH_2SO_4 mit 0,01% *KCNS.* — Das Passivierungspotential liegt nur bei der Probe *2 Cr 25 Ni* bei 0 V, bei den anderen Proben wird bis + 0,25 V erreicht. Der Passivierungsstrom erreicht bis 16 mA/cm^2, liegt jedoch im Mittel bei 5 mA/cm^2. — Es wird außer den Passivierungsbedingungen auf die Möglichkeit der potentiostat. Werkstoffidentifizierung hingewiesen. J. TŮMOVÁ. 6540□

Die Kombination von elektronenoptischen und röntgenographischen Untersuchungen für Korrosionsschichten in Kesselrohren. G. Pfefferkorn und Johanna Vahl. (Mitt. Vereinig. Großkesselbesitzer **1961.** 131—36. April. Münster/Westf.) (Dt.)

Mit einer kombinierten Meth. aus Elektronenbeugung, Röntgenfeinstruktur-Unters. u. elektronenmkr.-morpholog. Unters. wurden die Korrosions-Prodd. von drei Kesselrohrproben untersucht. Die Rkk. der Rohrwerkstoffe mit W. u. Sattdampf ergaben neben kub. *Eisen(II, III)-oxid* auch das bisher in solchen Fällen noch nicht aufgefundene rhomboedr. *α-Eisen(III)-oxid,* dessen Entstehung noch ungeklärt ist. Die Verteilung der Eisenoxidkristalle auf dem Metalluntergrund zeigt keine wesentlichen Unterschiede bei den drei Proben. Es ergab sich eine gute Beziehung zwischen den beobachteten Kristallformen der Korrosions-Prodd. zu den identifizierten Eisenoxiden, so waren die kub. u. rhomboedr. Kristallformen auf Stereoaufnahmen zu erkennen. Aus den häufiger beobachteten Pseudomorphosen nach Fe_3O_4 konnte auf die Zeitfolge der Rkk. geschlossen werden, danach ist das α-Eisen(III)-oxid durch Veränderung der Bldg.-Bedingungen entstanden. Verss. bei Atmosphärendruck oberhalb 400° ergaben keine kompakten Kristalle, sondern dünne, nadel- bzw. blättchenförmige Oxideinkristalle. H. GIEHRING. 6540□

8 Wege zum Schutz gegen Metallwhiskers. Peter C. Noy. (Product Engng. **31.** Nr. 30. 63. 65. 25/7. 1960. Toronto, Nicromatic Ltd.) (Engl.)

An elektron. Geräten mit elektroplattierten *Cd-, Sn-, Zn-, Sn–Zn-* u. *Sn–Cd*-Überzügen treten oft haarähnliche Kristallauswüchse auf, die Kurzschlüsse oder niedrige Impedanz verursachen können. Zur Abhilfe wird empfohlen: Erkennung der Whiskers-Bldg., Ersatz der Plattierungselemente durch *Ni, Cr, Cu, Ag, Au, Pb* oder *Sn–Ni,* Verw. von unplattierter *P-Bronze,* (rostfreiem) *Stahl, Al, Messing, Mg*-Legg., heiß verzinntem oder verzinktem Zn u. Cd, dickeren, elektroplattierten, geschmolzenen oder organ. Überzügen, Isolierstreifen u. Vermeidung von Feuchtigkeit. W. WESLY. 6546□

Hugo Wachenfeld, übert. von: Johann Florenz, Düsseldorf, **Einbringen von Legierungsbestandteilen in Metallschmelzen** in Form von Briketts, dad. gek., daß die Briketts aus 10 Teilen des einzubringenden Metalls in Pulverform u. 1 Teil eines zersetzbaren, Gas abscheidenden Salzes bestehen, z. B. aus *Mn* u. $MnCl_2$ mit oder ohne andere Chloriden, bes. 80 (%) *Mn,* 10 $MnCl_2$, 5 *NaCl* u. 5 *KCl.* Als Basismetall dienen bes. eine Leichtmetallschmelze, als Zusatz Metalle mit hohem F., die sich sonst nur schwer einbringen lassen, wie *Mn, Cu, Ni* u. *Cr.* (**A. P. 2 911 297** vom 3/5. 1957, ausg. 3/11. 1959. D. Prior. 5/5. 1956.) G. APEL. 6381

Ernst-August Falkenberg, Hamburg, **Vorlegierung für die Herstellung von aus Blei, Kupfer, Antimon, Nickel, Zinn und Wolfram bestehenden Gleitlagerlegierungen und ihre Herstellung.** Die Leg. besteht aus 50,00 (%) *Pb,* 25,00 *W,* 6,25 *Ni,* 6,25 *Cu,* 6,25 *Sn* u. 6,25 *Sb.* Zu ihrer Herst. werden in einem Tiegel 4 (Gew.-Teile) W u. je 1 Ni, Cu, Sn u. Pb derart eingesetzt, daß sich vor, zwischen u. nach den aus Cu, Sn u. Pb bestehenden Einzelschichten je eine Lage W–Ni mit 1 W u. $^1/_4$ Ni befindet. Dieser Einsatz wird unter einem Abdeckmittel gegen Gas-Einw. eingeschmolzen, worauf das so erhaltene Vormetall mit der gleichen Menge einer Pb–Sb-Leg. mit ca. 12,5 Sb verschmolzen u. nach Desoxydation mit Phosphorkupfer abgegossen wird. (**D. B. P. 973 661** Kl. 40b vom 5/9. 1953, ausg. 28/4. 1960. Anmeldung bekanntgemacht 14/10. 1954.) G. APEL. 6431

United States of America, Secretary of Navy, übert. von: Edward M. Grala, Chicago, Ill., und William A. Maxwell, Towson, Md., V.St.A., **Nickel-Gußlegierung mit hohem Aluminiumgehalt** besteht aus den zwei Phasen Ni_3Al u. *NiAl* u. enthält ca. 17,5% *Al*, hat hohe Warmverformbarkeit, Festigkeit bei Raum-Temp. u. 1500° F u. Oxydationsbeständigkeit. Zur Herst. wird das Ni in kleinen Spänen schichtweise mit etwas gröberen Al-Stücken im Induktionsofen in inerter Atmosphäre u. unter erhöhtem Druck auf eine Temp. oberhalb des F. des Al, aber unterhalb des F. des Ni, erhitzt, wobei das Ni im geschmolzenen Al gelöst wird, u. in eine Form gegossen, die niedrigere Temp. hat als der Ofen. Schmelzen, Gießen u. Erkalten geschieht in inerter Atmosphäre u. bei erhöhtem Druck. — Zeichnungen. (**A. P. 2 910 356** vom 19/7. 1956, ausg. 27/10. 1959.) G. Apel. 6435

Horizons, Inc., Princeton, N.J., übert. von: Frank C. Wagner, Solon, Ohio, V.St.A., **Lager,** besteht aus 45—82 (%) *Ni*, 15—35 *Ag*, Rest ein *Borid* von *Mn*, *Cr*, *Mo* oder *W*, bes. 7 CrB, 30 Ag, 63 Ni. — Zeichnungen. (**A. P. 2 875 510** vom 18/5. 1956, ausg. 3/3. 1959.) G. Apel. 6435

General Electric Co., New York, übert. von: Goodwin H. Howe, Scotia, N.Y., V.St.A., **Magnetische Nickel-Legierung** aus 55—70 (%) *Ni*, 1—3 *Mo*, Rest *Fe*. Sie kann noch 0,2—0,4 *Mn*, bis 0,09 *Si*, bis 0,05 *Al* u. 0,01—0,05 *O* enthalten. Zur Herst. von Blechen oder Bändern hoher Pereabilität, niedriger Koerzitivkraft u. hoher Remanenz werden die Komponenten geschmolzen u. in Graphitformen gegossen, die so entstandenen Ingots bei $\geqq 1000°$ warm gewalzt, mindestens 1 Std. bei 900° in H_2 geglüht, abgeschreckt, von 55—70% kaltgewalzt, für mindestens 4½ Std. in H_2 bei $\geqq 650°$ abgeschreckt, von 95—99% zur Enddicke kaltgewalzt, $\geqq 10$ Min. in H_2 bei 500—1100° rekrist., mindestens 2 Std. in H_2 bei 1050—1250° erhitzt u. einer Magnetisierungsbehandlung durch Abkühlen in H_2 von 550—675 auf ca. 300° in einem magnet. Feld von 8—12 Oe unterworfen. — Zeichnungen. (**A. P. 2 891 883** vom 14/6. 1955, ausg. 23/6. 1959.) G. Apel. 6435

Power Jets (Research & Development) Ltd., England (Erfinder: John Anthony Belk), **Molybdänlegierung.** Der Geh. an *C* liegt unterhalb 0,008 (%). Die Leg. kann bis zu 10 ein oder mehrere Metalle, wie *Be*, *Al*, *Ti*, *Zr*, *Hf*, *V*, *Nb*, *Ta*, *Cr* u. *W*, enthalten. Die Leg. eignet sich für die Verw. bei höheren Temp., sie besitzt eine gute Temperaturwechselbeständigkeit. Sie eignet sich daher für *Motorteile*, *Turbinenschaufeln* oder dergleichen. (**F. P. 1 235 189** vom 15/9. 1959, ausg. 26/10. 1960. E.Prior. 28/11. 1958.) W. Hauswald. 6441

Dow Chemical Co., Midland, übert. von: Keith Roberson, Midland County, und Elmer H. Mossner, Saginaw, Mich., V.St.A., **Herstellung einer Magnesium-Gußlegierung** mit (1—9 %) *Zn* u. 0,1—0,9 *Zr*. Zn u. Zr werden bei 1210—1450°F mit geschmolzenem *Mg* legiert, die Schmelze bei 1210—1250° mindestens 40 Min. stehengelassen, wobei sich unlegierte Zn-Zr-Verbb. am Boden absetzen, die überstehende Schmelze abgezogen u. von 1220—1275° bis zur Erstarrung abgekühlt. (**A. P. 2 906 619** vom 7/3. 1957, ausg. 29/9. 1959.) G. Apel. 6445

United States Atomic Energy Commission, übert. von: Robert J. Teitel, East Patchogue, N.Y., V.St.A., **Dispersion von Uranwismutid in Metallschmelzen** aus weniger als 80% *Pb*, Rest *Bi*. Das *UBi* liegt bei normaler Dichte u. im Gleichgewicht mit der Schmelze in Form von Plättchen vor. Zur Herst. des UBi wird *U* in einer Schmelze aus Pb u. Bi mit weniger als 80% Pb gelöst u. die Temp. auf einen Punkt gesenkt, der unterhalb der Löslichkeit des U u. oberhalb des F. der Schmelze liegt. — Zeichnungen. (**A. P. 2 910 417** vom 27/5. 1955, ausg. 27/10. 1959.) G. Apel. 6449

Office National d'Études et de Recherches Aéronautiques (O.N. E.R.A.), Chatillon-sous-Bagneux, Frankreich (Erfinder: P. Galmiche und A. Hivert), **Reinigen von Chrompulver** oder von aus ihm hergestellten Teilen. Das Cr-Pulver, elektrolyt. oder durch therm. Red. mit Mg hergestellt, wird ggf. nach Formgebung durch Pressen unter Zusatz von Halogeniden, z. B. CrF_2, in einer H_2-Atmosphäre, deren H_2-Geh. nicht ausreicht, das gesamte Halogenid zu reduzieren, auf 1200—1300° erhitzt. Das so behandelte Cr-Pulver bzw. der Formkörper ist frei von O. (**Belg. P. 566 272** vom 31/3. 1958, ausg. 29/7. 1960. F. Prior. 2/4., 14/5. u. 17/7. 1957.) F. Vier. 6475

Régie Nationale des Usines Renault, übert. von: Lucien Peras, Billancourt, Frankreich, **Herstellung gesinterter Wolframelektroden.** W-Pulver mit einem Spezif. Gew. von weniger als 3 wird unter einem Druck von 7—10 kg/cm² zu Elektroden gepreßt, in H_2-Atmosphäre auf 1000—1300° u. schließlich unter Ar auf ca. 2100° erhitzt. Die Elektroden werden dann mit *Ag*, *Pd* oder Pd–Ag-Legg. getränkt. Sie werden bes. als *Zündkerzen* von Brennkraftmaschinen verwendet. — Zeichnungen. (**A. P. 2 908 569** vom 31/1. 1955, ausg. 13/10. 1959. F. Prior. 5/2. 1954.) G. Apel. 6475

Framalite, Frankreich, **Dekapieren und Passivieren von großen Behältern oder dergleichen.** Die Behälter werden mit der Beiz-Lsg. gefüllt. Nach Auflsg. der Oxide wird diese durch Spülwasser ersetzt. Etwa vorhandene Flocken von *$Fe(OH)_2$* werden durch Zusatz von Komplexbildnern, z. B. *Cyanid*-Verbb., aufgelöst. Nach dem Spülen wird eine *Bichromat*-Lsg. eingefüllt, um eine Passivierung der Oberfläche zu erhalten. Zum Schluß wird der Behälter mittels Durchleiten von reinem u. trocknen O_2 getrocknet. (**F. P. 1 236 531** vom 4/6. 1959, ausg. 18/11. 1960.) F. MARKHOFF. 6513

Cornigliano S. p. A., Italien, **Passivieren von verzinkten Blechen als Korrosionsschutz.** Nach dem Abkühlen u. der Kristallisation der Überzugsschicht aus geschmolzenem *Zn* wird das Blech bzw. Band auf beiden Seiten mit einer Lsg. behandelt, die aus einer oxydierenden Verb. eines 6wertigen Elements (CrO_3), einer mineral. Säure (H_2SO_4) u. einem oberflächenakt. oder Netzmittel besteht. — Beispiel: 7—12 g, bes. 8 g, *CrO_3*, 0,05—0,2 cm³, bes. 0,15 cm³, *H_2SO_4* u. 0,2—0,35 cm³, bes. 0,25 cm³, eines *oberflächenakt. Mittels.* (**F. P. 1 232 022** vom 1/8. 1959, ausg. 5/10. 1960. It. Prior. 1/4. 1959.) H. BAUR. 6513

Alux Metallwaren-G. m. b. H., Düsseldorf (Erfinder: Rudolf Leutz, Karlsruhe), **Trocknen der aus chemischen oder elektrolytischen Behandlungsbädern entnommenen Metallgegenstände,** dad. gek., daß die Gegenstände in wss. Lsgg. solcher organ. Verbb. anod. behandelt werden, die eine schwer- oder völlig wasserunlösl. Schicht mit hydrophoben Eigg. ergeben. Als organ. Verbb. kommen *Fette, Harze* einzeln oder im Gemisch in alkal. Lsg. oder als Emulsion u. neutrale Verbb., wie *Fett-Alkohol-Sulfonate,* in Frage. Zum Beispiel anod. Behandlung in einer 1%ig. wss. Lsg. von *Kaliseife* oder 3 Teile *gebleichter Schellack,* gelöst in 1 Teil *NH_3* u. 50 Teile *Wasser.* (**D. A. S. 1 096 145** Kl. 48a vom 30/4. 1957, ausg. 29/12. 1960.) H. HÄNLE. 6513

Photocircuits Corp., V.St.A. (Erfinder: Frederick N. Schneble jun., John McCormack und Rudolph J. Zeblisky), **Bad zum stromlosen Verkupfern,** besteht aus einer wss. Lsg. von 0,02—0,25 Mol eines lösl. *Cu*-Salzes, 0,25—2,1 Mol *Formaldehyd,* 0,002—0,25 Mol eines komplexen Salzes, z. B. SEIGNETTE-Salz, *Na-Gluconat* oder *-Citrat,* in einer solchen Menge, daß das vorhandene Cu nicht vollständig gebunden ist, u. einem *Alkalihydroxid* 5—7 mal soviel Mol wie das Komplexsalz, so daß ein pH von wenigstens 11 erreicht wird. — Zum Beispiel kann das Bad folgende Zus. haben: 14,6 (g) *$CuSO_4$*, 7,5 *NaOH,* 7,5 SEIGNETTE-Salz, 16,2 *Formaldehyd,* 250—2000 cm³ Wasser. (**F. P. 1 238 583** vom 5/10. 1959, ausg. 2/12. 1960. A. Prior. 8/12. 1958.) F. VIER. 6517

Pilkington Brothers Ltd., Liverpool, England, **Metallisieren von Oberflächen,** bes. *Versilbern* u. nachfolgendes *Verkupfern* von Glas, durch Aufspritzen einer das Überzugsmetall gelöst enthaltenden Lsg., z. B. eine ammoniakal. *Ag*-Lsg., durch eine Düse, während gleichzeitig auf dieselbe Stelle durch eine oder zwei andere Düsen eine Lsg. mit einem Red.-Mittel aufgespritzt wird. — Vorrichtung. (**E. P. 854 402** vom 1/6. 1956, ausg. 16/11. 1960.) F. VIER. 6517

Farbenfabriken Bayer Akt.-Ges., Deutschland (Erfinder: Eberhard Zirngiebl, Heinz Jonas und Erwin Müller), **Abscheiden von Metallüberzügen aus wässerigen Lösungen.** Als Red.-Mittel wird ein *Alkali-Boranat,* z. B. *$NaBH_4$* verwendet. Zum Beispiel werden in 9 Liter 2n *NH_3* 60 g *$NiCl_2 \cdot 6\,H_2O$* u. 7 g *$NaBH_4$* gelöst. Beim Eintauchen in die 40—45° warme Lsg. scheidet sich auf einem Fe-Blech ein festhaftender *Ni*-Überzug ab. Die Salzgemische mit $NaBH_4$ können trocken unbegrenzt gelagert werden. (**F. P. 1 241 759** vom 24/7. 1959, ausg. 28/12. 1960. D. Prior. 31/1. 1959.) F. VIER. 6517

N. V. Philips' Gloeilampenfabrieken, Eindhoven, Holland (Erfinder: Charles Franklin Hendee, Irvington-on-Hudson, Walter Brown, White Plains, und Samuel Fine, New York, N.Y., V.St.A.), **Galvanisches Abscheiden von Überzügen seltener Metalle,** wobei mit der Lsg. des niederzuschlagenden Metalls ein inakt., absorbierendes Material benetzt u. eine Kathode auf das an einer Anode befestigte, benetzte Material gedrückt u. anschließend die gewünschte Schicht auf der Kathode niedergeschlagen u. nachher gespült wird, dad. gek., daß das Spülen ohne Unterbrechung des Galvanisierstroms vorgenommen wird. Eine Vorr. zur Durchführung des Verfahrens. Zeichnung. (**D. A. S. 1 095 079** Kl. 48a vom 21/12. 1956, ausg. 15/12. 1960. A. Prior. 30/12. 1955.) H. HÄNLE. 6517

LICENTIA Patent-Verwaltungs-G. m. b. H., Frankfurt/M. (Erfinder: Hans Rinösl, Warstein/Sauerl., Friedrich Seid, Rüthen, und Rigobert Schimmer, Belecke/Möhne), **Galvanisches Vergolden von Molybdänblech für Halbleiteranordnungen mit** *Ge* **u.** *Si*, dad. gek., daß auf das gereinigte u. entfettete Mo-Blech elektrolyt. eine *Ni*-Schicht aufgebracht u. unter Schutzgas für wenige Min. auf 950 bis 1020° erhitzt wird, daß nach dem Abkühlen elektrolyt. eine zweite, gegenüber der ersten Schicht dünnere Ni-Schicht sowie auf diese eine *Au*-Schicht aufgebracht u. das Blech mit den Schichten einer zweiten Wärmebehandlung unter Schutzgas zwischen 870 u. 900° für ca. 10 Min. ausgesetzt wird. (**D. A. S. 1 095 615** Kl. 48a vom 23/4. 1958, ausg. 22/12. 1960.) H. Hänle. 6527

A. Raymond, Deutschland, **Herstellung eines wisch-, kratz- und feuchtigkeitsfesten Korrosionsschutzüberzuges auf Cadmium- und Zinkoberflächen** durch Behandlung mit Chromsäure-Lsgg., die mindestens 30% (bezogen auf das Gew. der CrO_3) Cl-Ionen, Puffersubstanzen (Chloride schwacher Basen) zur Einstellung des pH-Wertes auf 2—3 u. Stabilisatoren (KNO_3 oder $KClO_3$) enthalten, bei Siedetemp. der Lösung. Der Chromatüberzug besitzt eine gelbe bis olive Farbe. — Beispiel: 8 (g/Liter) *CrO_3*, 8 *NaCl*, 10 *NH_4Cl*, 5 *KNO_3*, 4 *$KClO_3$*. (**F. P. 1 233 922** vom 25/8. 1959, ausg. 13/10. 1960. D. Prior. 14/5. 1959.) H. Baur. 6529

General Mills, Inc., V.St.A. (Erfinder: Donald Laurence Andersen und Jean Buckley Thielen), **Korrosionsinhibitor.** Zum Schutz metall. Oberflächen werden den korrodierenden Medien (z. B. in Kesselanlagen) *Morpholin-Verbb.*, die durch die nebenstehende Formel dargestellt werden, in der R ein aliphat. KW-Stoff-Rest mit 8—22 C-Atomen ist, oder eines der davon abgeleiteten leicht hydrolysierbaren Salze zugesetzt, z. B. das *Acetat von 1-(N-Morpholin)-3-talgaminopropan.* (**F. P. 1 238 568** vom 2/10. 1959, ausg. 2/12. 1960. A. Prior. 6/10. 1958.) H. Baur. 6539

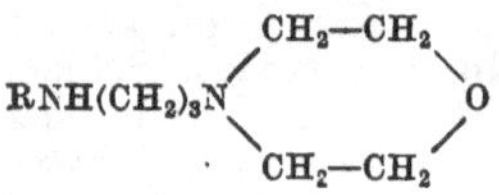

IX. Organische Industrie

Untersuchung über synthetische Faserrohstoffe der Polyesterreihe. 1. Mitt. **Bei der Luftoxydation von p-Xylol in flüssiger Phase erhaltene Nebenprodukte und deren Einfluß auf die Autoxydationsreaktion.** Kazuo Ogata, Hiroshi Itagaki und Gentaro Yamashita. (J. chem. Soc. Japan, ind. Chem. Sect. [Kōgyō Kagaku Zassi] **59.** 1156—60. Okt. 1956. Iwakuni, „Teikoku" Kunstseiden K.K.) (Jap.)

Im Zusammenhang mit Flotationsfragen wird 98,6%ig. p-Xylol (**I**) (1,1%m- u. 0,3%o-Xylol enthaltend) in einem Druckrohr in fl. Phase bei 3,5 at u. 150° mit Luft (10 Liter/Min./kg **I** in Ggw. von 0,2 Gew.-% Co-Naphthenat (**II**) mit 10% Co) katalyt. oxydiert. Die nach 3 Std. angesammelten Prodd. werden identifiziert (chem. u. mittels IR-Spektrographie). Nach ca. 10 Min. Induktionszeit beginnt die Rk. (O_2-Verbrauch, CO- u. CO_2-Bldg.) u. läßt nach ca. 80 Min. nach; nach 180 Min. ist die O_2-Aufnahme beendet. Isoliert werden (Gew.-%): **I** (51,24), W. (8,15), p-Toluylsäure (**III**, 34,75), Terephthalsäure (2,35), p-Tolualdehyd (**IV**, 0,47), p-Tolylcarbinol (**V**, 0,33), phenol. Stoffe (0,05), Ester, KW-Stoffe u. Harze (2,66). Durch Best. der Geschw. der Bldg. von **III** wird der Einfl. von je 0,1—1% p-Kresol (**VI**), CH_3COOH (**VII**), HCOOH, **IV**, **V**, p-Toluylsäure-p-tolylester u. p-Toluylsäure-p-methylbenzylester auf die katalyt. (z. T. in Abwesenheit von **II**) Oxydation von **I** bei 110—135° (bis zu 10 Std.) untersucht. $>$0,1% HCOOH hemmt die Rk. völlig, $<$0,1% aber fördert sie. 1% **VI** ist ohne Einfluß. In Abwesenheit von **II** fördert 1% **VII** die Bldg. von H_2O_2, 1% **VI** aber verhindert sie. Die meisten übrigen Verbb. sind von geringem Einfl., außer einer Hemmung bei mangelnder Luft- oder **II**-Menge. Kurze Erörterung des Rk.-Mechanismus, sowie der Hemmungs- bzw. Verzögerungswirkung. — 8 Abb.; 6 Literaturangaben. L. Schuler. 6582 □

Die Reduktion von Olefinen zu gesättigten Kohlenwasserstoffen unter den Bedingungen der Oxosynthese. Lasslo Marko. (Химия и Технология Топлив и Масел [Chem. Technol. Brennstoffe Öle] **5.** Nr. 9. 19—20. Sept. 1960. Ungar. Wiss. Forschungsinst. für Erdöl u. Naturgas.) (Russ.)

Während konjugierte Diolefine, α,β-ungesätt. Aldehyde, Phenanthren, Thiophen u. einige Derivv. unter den Bedingungen der Oxosynth. lediglich H_2 addieren, werden einfache Olefine unter Addition von H_2 u. CO in Aldehyde übergeführt. Nach einigen Autoren sollen auch einfache Olefine in einer Neben-Rk. gesätt. KW-Stoffe liefern, wobei die Rk. durch metall. Co katalysiert sein soll. Durch Verss. mit Cyclohexen (**I**) als olefin. Modell wird letztere Behauptung nicht bestätigt: So wird bei 200—300 at/200° **I** an Co-Bimsstein durch H_2 zwar schnell zu Cyclohexan (**II**) hydriert, in Ggw. von 25 Vol.-% CO aber wird überhaupt keine Rk. beobachtet, da CO den Katalysator vergiftet; **II** wird auch IR-analyt. nicht festgestellt. Wird als Katalysator $Co_2(CO)_8$ verwendet, so bildet sich Aldehyd; wobei auch 3,1% **I** in **II** übergeführt werden. In Ggw. von metall. Co u. $Co_2 \cdot (CO)_8$ werden ca. 2,6% **I** zu **II** hydriert. Die Hydrierung von **I** unter den Bedingungen der Oxosynth. wird somit nur durch Co-Carbonyl katalysiert; metall. Co ist unwirksam, da es durch CO vergiftet wird. Helmut Schäfer. 6584 □

Die Erzeugung von Äthylen aus Rohöl in der Wirbelschicht. Adolf Steinhofer und Otto Frey. (Chemie-Ing.-Techn. **32.** 782—88. Dez. 1960. Ludwigshafen/Rh., Badische Anilin- & Sodafabrik AG.) (Dt.)

Bei dem Verf. zur großtechn. Herst. von *Äthylen* aus Rohöl oder Schwerölfraktionen wird das Ausgangsmaterial in einer Wirbelschicht aus Kokskörnern bei ca. 700—750° gecrackt. Die zur Aufrechterhaltung dieser Temp. nötige Wärme wird durch die exotherme Rk. des bei der Crackung entstehenden Petrolkokses mit O_2, der in die Wirbelschicht eingeblasen wird, gewonnen. Das Verf. liefert gute Ausbeuten an niedrigen Olefinen (die Mengen an Äthylen, Propylen u. C_4-Fraktion stehen etwa im Verhältnis 4 : 2 : 1) u. als (fl.) Nebenprodd. Leichtöl u. eine Naphthalinfraktion. — 10 Literaturangaben. E. MIESSGANG. H 520□

Die Gewinnung von sekundärem Butylalkohol aus Gasen der Erdölverarbeitung nach der Schwefelsäuremethode. Ss. Ss. Nasarowa. (Химия и Технология Топлив и Масел [Chem. Technol. Brennstoffe Öle] **5.** Nr. 9. 10—16. Sept. 1960. Allunions Forsch.-Inst. für Erdölchem.) (Russ.)

Bei der Unters. der Bedingungen für die Gewinnung von sek.-Butylalkohol aus der Butan/Buten-Fraktion der Gaspyrolyse werden die optimalen Bedingungen für die Absorption der n-Butene durch H_2SO_4, die kontinuierliche Hydrolyse u. die Abtrennung des Alkohols festgelegt. Die direkte Hydratation der Butene verläuft bei Absorption durch 75%ig. H_2SO_4. Die Darst. von Dibutylsulfit aus n-Butenen wird beschrieben u. seine Bldg. erklärt. HELMUT SCHÄFER. H 560□

E. I. du Pont de Nemours & Co., V.St.A. (Erfinder: William Channing Smith), **Herstellung fluorierter organischer Verbindungen,** dad. gek., daß O-haltige Verbb., wie CO, CO_2, Ketone, Aldehyde, Carbonsäuren, ihre Ester, Halogenide, Anhydride oder Amide mit SF_4 umgesetzt werden. — In einem Autoklaven werden 34,8 (Teile) Aceton u. 75 SF_4 16 Std. lang auf 110° erhitzt: *2.2-Difluorpropan*, Kp. —10 bis —5°. — *1.1-Difluorcyclohexan*, Kp. 80°, aus Cyclohexanon. — *Difluordiphenylmethan*, aus Benzophenon. — *1.2-Diphenyltetrafluoräthan*, F. 122—123°, aus Benzil. — *1.1-Difluoräthan*, aus CH_3CHO. — *α.α-Difluortoluol*, Kp. 130—135°, aus Benzaldehyd. — *α.α.α'.α'-Tetrafluor-p-xylol*, $Kp._{20}$ 54°, aus Terephthalaldehyd. — *Trifluormethan*, aus HCOOH. — *1.1.1-Trifluorheptan*, Kp. 100—100,5°, $n_D^{24,9}$ 1,3450, aus Heptansäure. — *Benzotrifluorid*, Kp. 100—101°, aus Benzoesäure. — *o-[Trifluormethyl]-benzoylfluorid*, Kp. 175—178° u. *o-Bis-[trifluormethyl]-benzol*, Kp. 140—144°, aus Phthalsäure. — *p-[Trifluormethyl]-benzoylfluorid*, Kp. 156°, u. *p-Bis-[trifluormethyl]-benzol*, Kp. 113 bis 115°, aus Terephthalsäure. — *3.3.3-Trifluorpropen*, aus $CH_2{=}CHCOOH$. — *1.1-Difluoräthyldimethylamin*, aus $CH_3CON(CH_3)_2$. — *α.α-Difluorbenzyldimethylamin*, $Kp._{15}$ 70—71°, aus N.N-Dimethylbenzamid. — *m-Chlorbenzotrifluorid*, $Kp._{770}$ 138—139°, n_D^{25} 1,4459, aus Benzoylchlorid. — *o-Trifluormethylbenzoylfluorid*, Kp. 181°, aus Phthaloylfluorid. — *CCl_4*, aus CO_2. — Andere Ausgangs-Prodd. sind Furfurol, $CH_3COC_2H_5$, $ClCH_2CH_2COCH_3$, Cyclopentanon, p-Fluoracetophenon, p-Methylcyclohexanon, Methylcyclohexylketon, Propionaldehyd, Isobutyraldehyd, Valeraldehyd, Dodecylaldehyd, CF_3COOH, CCl_3COOH, Butter-, Capron-, Stearin-, Oxal-, Citronen-, Adipin-, Kork-, Hexahydrobenzoe- u. Naphthalincarbonsäuren, Phthal-, Essig-, Propion-, Malein-, Bernstein- u. Benzoesäureanhydrid, Acet-, N-Methylbutyr-, N.N-Diäthylstearoyl-, N.N-Dimethylhexahydrobenzamid, Benzoylfluorid, Acetyl-, Butyryl-, Stearoyl-, Adipoyl- u. Chloracetylchlorid, Benzoesäuremethylester, $CH_3COOC_2H_5$, Buttersäuremethylester, Adipinsäure-, Phthalsäure- u. Kohlensäuredimethylester, Bernsteinsäurediäthylester, Diisopropylcarbonat u. Phthalid. (**F. P. 1 225 634** vom 5/11. 1957, ausg. 1/7. 1960. A. Proir. 14/11. 1956.) S. BÖTTCHER. 6565

Institute of Gas Technology, Chicago, übert. von: Henry R. Linden, Franklin Park, Jack M. Reid, Villa Park, und Wilford G. Bair, Chicago, Ill., V.St.A., **Olefine und Diolefine** werden durch Cracken von Petroleumölen oder verflüssigbaren Brennstoffrückständen (Schalenöle, Kohlen- oder Holzteerrückstände) in Ggw. eines mindestens 50% H_2 u. höchstens 1% Olefine u. Diolefine enthaltenden Gases, das auf 1200—1800° F vorerhitzt wird, bei 1300—1800° F unter Unterdruck oder Druck bis 20 lbs./sq.in. u. einer Verweilzeit von 1—10 Sek. erhalten. Die Olefine werden anschließend abgetrennt u. das wenigstens 50% H_2, CH_4 u. C_2H_6 enthaltende Gas in den Kreislauf zurückgeführt. Die Ausgangsstoffe werden im Gas fein dispergiert, bes. durch Eindüsen. Höchster genannter *Äthylen*-Geh. 24,6%, *Butadien*-Geh. 1,6% u. *Acetylen*-Geh. 0,7%. — Vorr., Zeichnung. (**A. P. 2 881 232** vom 22/3. 1956, ausg. 7/4. 1959.) G. KRAUSS. H 520

Esso Research and Engineering Co. (Erfinder: Clyde Lee Aldridge, William E. Catterall und Donald W. Wood), V.St.A., **Herstellung von Olefinen**

durch Rk. von C_2H_4 (I) in einer 1. Rk.-Zone mit (Alkyl)$_3$Al, bes. $(C_2H_5)_3Al$, bei 21—210 at u. 85—127° in einem inerten Lsgm., bes. Olefinen aus den Nebenprodd. der Rk., unter Bldg. von höheren (C_{4-16}-Alkyl)$_3$Al, die aus der Lsg. isoliert u. in einer 2. Rk.-Zone bei 0—210 at u. 38—110° mit einem niederen Alken zersetzt werden. Die dabei entstehenden (Niedrigalkyl)$_3$Al-Verbb. werden der 1. Rk.-Zone wieder zugeführt. — Nach F. P. 1 173 536 wird I mit (Butyl)$_3$Al umgesetzt u. gebildetes (C_{4-16}-Alkyl)$_3$Al mit n-Buten oder Isobuten zur Rk. gebracht. — Verf.-Schemata. (**F. PP. 1 173 508** vom 5/4. 1957 u. **1 173 536** vom 8/4. 1957, beide ausg. 26/2. 1959. Beide A. Prior. 10/4. 1956.)
EBERHARD RIEDEL. H 520

Imperial Chemical Industries Ltd., London, England (Erfinder: James William Woolcock), **Äthylen und Acetylen.** Fl. KW-Stoff-Destillate, bes. mit 4—8 C-Atomen u. Kp. —12 bis +170°, werden auf wenigstens 650° u. dann mit überhitztem Dampf von 1200—1300° auf wenigstens 1200° erhitzt. Die Verweilzeit des Gemisches im Rk.-Raum beträgt 0,005 bis höchstens 0,7 Sek., bes. 0,05—0,15 Sek., anschließend wird es abgeschreckt. Das Verhältnis von KW-Stoff : Dampf beträgt 1 : 5 bis 10 : 4. Ausbeute 35 bzw. 27% *Äthylen* u. 9 bzw. 12% *Acetylen.* (**E. P. 818 823** vom 23/11. 1956, ausg. 26/8. 1959.) G. KRAUSS. H 520

Dow Chemical Co., Midland, Mich., V.St.A., **Aliphatische Diolefine mit konjugierten Doppelbindungen** werden durch Dehydrieren von Olefinen mit wenigstens 4 C-Atomen in Ggw. von Wasserdampf u. Ca-Ni-Phosphat (6,5—12, bes. 7,5—9,2 Atome Ca je Ni-Atom), das noch 0,05—30%, bes. 1—5%, Cr_2O_3 als Aktivierungsmittel enthalten kann, bei 500—750°, bes. 575—650°, erhalten. Der Katalysator wird nach 35—55 Min. mit Luft u. Wasserdampf behandelt, um abgeschiedenes C zu entfernen. Durch Einstellung des Verhältnisses von Olefin u. O_2 während der abwechselnden Behandlung des Katalysators wird verhindert, daß der Temp.-Unterschied zwischen der höchsten Dehydrierungs- u. Wiederbelebungs-Temp. $>10°$ beträgt. — Aus n-Butenen → *Butadien.* — Isoamylen → *Isopren.* — 2.3-Dimethylbuten-(1) → *2.3-Dimethylbutadien-(1.3).* — Penten-(1) → *Piperylen.* (**E. P. 824 237** vom 25/7. 1958, ausg. 25/11. 1959. A. Prior. 30/6. 1958. **Zusatz zu E. P. 795 047; C. 1961. 9972.**) G. KRAUSS. H 520

British Hydrocarbon Chemicals Ltd., England (Erfinder: John Habeshaw und Max Marin Wirth), **Herstellung konjugierter Diolefine,** dad. gek., daß ein Monoolefin [2-Methylbuten-(2) oder -(1)] bei 250—350° in Ggw. von Silico-, Phospho- oder Borowolfram- oder Phosphomolybdänsäure mit HCHO oder Acetaldehyd im Verhältnis 1—20 : 1 umgesetzt wird. (**F. P. 1 221 448** vom 31/3. 1959, ausg. 1/6. 1960. E. Prior. 9/4. 1958.) S. BÖTTCHER. H 520

Esso Research and Engineering Co., Elizabeth, N.J., V.St.A., **Butadien** wird durch Dehydrieren von gasförmigem Buten in Ggw. überhitzten Dampfes u. eines Dehydrierungskatalysators (Ni–Ca-Phosphat) bei 1000—1300° F erhalten. Die Wiederbelebung des Katalysators erfolgt durch Behandlung mit Dampf u. überschüssiger Luft bei 1000—1300° F; die dadurch erhaltenen Abgase werden durch Verbrennen mit Brennstoffen von vorhandenem O_2 befreit. Der O_2-freie Dampf wird in den Kreislauf zurückgeführt. — Vorr., Zeichnung. (**E. P. 811 209** vom 13/9. 1957, ausg. 2/4. 1959. A. Prior. 12/10. 1956.) G. KRAUSS. H 520

British Hydrocarbon Chemicals Ltd., England (Erfinder: John Habeshaw und Wilfred John Oldham), **Herstellung von Isopren,** dad. gek., daß Isobuten im Gemisch mit Buten-(1) u. -(2), Butanen u. Butadien in Ggw. eines SiO_2-Katalysators bei höherer Temp. mit HCHO kondensiert u. das Rk.-Gemisch fraktioniert wird, wobei die zunächst übergehenden C_4-KW-Stoffe in den Prozeß zurückgeführt werden. — 2 Schemata der Anlage. (**F. P. 1 222 169** vom 22/4. 1959, ausg. 8/6. 1960. E. Prior. 29/4. 1958.) S. BÖTTCHER. H 520

Soc. Belge de l'Azote des Produits Chimiques du Marly Soc. An., Lüttich, Belgien, **Vorrichtung zur thermischen Spaltung von Kohlenwasserstoffen** in *Acetylen* (I) u./oder *Olefine,* bestehend aus einer zweiteiligen, zylindr., in ihrer Länge durch Auseinanderziehen oder Zusammenschieben veränderlichen Rk.-Kammer, deren Fußstück über einen Flansch durch einen halbkugelförmig gewölbten Ringwulst mit gegenüber der Rk.-Kammer größerem Durchmesser abgeschlossen ist. Der Ringwulst ist mit einer Vielzahl von Zerstäubern zum Einspritzen der vorerhitzten Rk.-Fl. versehen. Die App. enthält zur Kühlung u. Abschreckung Vorr. zur Berieselung der Innenwand des oberen Zylinderteils u. der Außenwand mit W. oder nichtentzündlichen Ölen. — Auf 650° vorerhitztes CH_4 wird im Gemisch mit auf 650° vorerhitztem 97%ig. O_2 in die Rk.-Kammer eingesprüht. Als Kühl- u. Abschreck-Fl. dient Wasser. Bei einer Länge der Rk.-Kammer von 305 mm wird ein 7,8 Vol.-% I enthaltendes Rk.-Gas erhalten. — 3 Abbildungen. (**Oe. P. 211 289** vom 13/1. 1959, ausg. 26/9. 1960. E. Prior. 14/1. 1958.) EBERHARD RIEDEL. H 530

Montecatini Soc. Gen. per l'Industria Mineraria e Chimica, Italien (Erfinder: Giacomo Fauser), **Herstellung von C_2H_2** durch unvollständige Verbrennung von KW-Stoffen, dad. gek., daß durch Zusatz von Mineralölen die Rk.-Gase in 2 Stufen schnell abgekühlt werden. (**F. P. 1 224 685** vom 20/5. 1959, ausg. 27/6. 1960. It. Prior. 21/5. 1958.) S. BÖTTCHER. H 530

Esso Research and Engineering Co., Del., übert. von: Ralph Burgess Mason, Denham Springs, La., und Edward W. S. Nicholson, Summit, N.J., V.St.A., **Schwefelfester Katalysator,** bes. *für die Hydrierung von Aldehyden zu Alkoholen,* besteht aus *Molybdänsulfiden auf akt. Kohle.* Akt. C wird mit einer wss. $(NH_4)_2MoO_4$-Lsg. imprägniert, getrocknet u. auf 200—300° F erhitzt, wobei MoO_3 anfällt. Mit H_2 wird bei 600—1000° F u. 200—3000 lbs./sq.in. hydriert u. ein Gemisch von MoO_2 u. MoO erhalten. Anschließend wird mit H_2S oder CS_2 sulfidiert. Der Katalysator besteht vornehmlich aus MoS_2. (**A. P. 2 976 254** vom 8/2. 1957, ausg. 21/3. 1961.) G. KÖNIG. H 560

Esso Research and Engineering Co., Elizabeth, N.J. (Erfinder: Clyde Lee Aldridge, East Baton Rouge, La., Ober C. Slotterbeck, Rahway, Isidor Kirshenbaum, Westfield, und Theodore Lemiszka, Rahway, N.J.), V.St.A., **Herstellung von Al-Alkoholaten.** Zu F. P. 1 178 912; C. **1961.** 10361 ist nachzutragen, daß die Oxydation der Al-Alkyle bei einem Druck von 3,5—70 atü ausgeführt wird. (**D. A. S. 1 115 233** Kl. 12o vom 16/7. 1957, ausg. 19/10. 1961. A. Prior. 20/7. 1956.) G. KÖNIG. H 560

Pennsylvania Salt Mfg. Co., Philadelphia (Erfinder: Francis Earl Lawlor, Montgomery, Milton Braid und Bernard Loev, Philadelphia), Pa., V.St.A., **Herstellung von Trifluoräthanol,** dad. gek., daß $C_2H_2ClF_3$ mit W. oder einem Alkohol, der unter den zur Anwendung gelangenden Rk.-Bedingungen gegen Zers. prakt. beständig ist, erhitzt wird, wobei das Rk.-Medium auf pH 3—10 gehalten wird. Zur Einstellung des pH wird ein Salz einer schwachen Säure, Alkalibenzoat, -phthalat, -acetat, verwendet. Rk.-Temp. 175—300°. Es kann auch eine kleine Menge Säure zugesetzt werden. Ein- u. mehrwertige Alkohole werden als Lsgm. angewendet. *Trifluoräthanol* wird aus der Rk.-Lsg. destilliert. Der Dest.-Rückstand kann verseift werden, um die als Lsgm. verwendeten Alkohole zu gewinnen. (**Schwz. P. 354 761** vom 4/1. 1957, ausg. 31/7. 1961. A. Prior. 5/1. 1956.) G. KÖNIG. H 560

F. Hoffmann-La Roche & Co. Akt.-Ges., Basel, Schweiz, **Herstellung von Linalool.** Dehydrolinalool (I) oder eine Alkali-Verb. hiervon wird in fl. NH_3 mit einem Alkalimetall in Ggw. eines Ammoniumsalzes, bes. $(NH_4)_2SO_4$ reduziert. Auch das bei der Herst. von I in fl. NH_3 aus 6-Methylhepten-(5)-on-(2) u. C_2H_4 erhaltene Rk.-Gemisch kann ohne vorherige Aufarbeitung verwendet werden. (**Holl. P. 97 374** vom 20/11. 1957, ausg. 15/3. 1961. A. Prior. 27/11. 1956.) F. BÖHM. H 560

Dow Chemical Co., übert. von: Roger F. Monroe und Arthur W. Anderson, Midland, Mich., V.St.A., **Herstellung von 2-Hydroxy-3-chlorpropyläthern acetylenischer Alkohole** der allg. Formel $HC{\equiv}C-R-O-CH_2-CH(OH)-CH_2Cl$, in der R für einen gesätt. C_{1-8}-KW-Stoff-Rest oder einen Cyclohexylrest steht, durch Rk. von Epichlorhydrin mit einem acetylen. Alkohol in Ggw. eines Metallchlorids ($SnCl_2$) als Katalysator bei 30—80°. Es wird so erhalten: *1-Chlor-3-[1-äthinylcyclohexyloxy]-propanol-(2),* $Kp._{0,8}$ 95—97°; *1-Chlor-3-[1.1-dimethylpropinyloxy]-propanol-(2),* $Kp._{20}$ 73°; *1-Chlor-3-[1-isobutyl-1-methylpropinyloxy]-propanol-(2),* $Kp._{0,6}$ 78°, oder *1-Chlor-3-propargyloxy-propanol-(2).* — Geeignet als *Herbicide* u. als *Korrosionsinhibitoren.* (**A. P. 2 946 825** vom 3/3. 1958, ausg. 26/7. 1960.) W. GRÄGER. H 560

Callery Chemical Co., übert. von: Charles H. Rice, Pittsburgh, Pa., V.St.A., **Trimethylborat** (I) wird von CH_3OH (II) im Gegenstrom mittels eines Mineralöls getrennt, wobei die Dichte des Gemisches von I u. II kleiner sein soll als die Dichte der Lsg. von I im Mineralöl. Aus der selektiven Extraktions-Lsg. wird I durch Dest. unter Rückleitung geringer Mengen eines Azeotrops I/II u. des Mineralöls in den Kreislauf gewonnen. — Skizzen. (**A. P. 2 944 076** vom 4/5. 1956, ausg. 5/7. 1960.) G. KÖNIG. H 590

Callery Chemical Co., Pittsburgh, Pa., V.St.A., **Trimethylborat** (I) wird aus einem Azeotrop mit CH_3OH (II) erhalten, indem das Azeotrop mit einem Mineralöl, in dem I lösl., jedoch II nicht lösl. ist, gemischt, nach erfolgter Schichtung die Lsg. von I im Mineralöl abgetrennt u. diese dest. wird, wobei I mit wenig II als Kopf-Prod. übergeht. I mit wenig II wird fraktioniert, vorhandenes II geht mit I als Azeotrop über. Als Boden-Prod. verbleibt I. (**E. P. 863 315** vom 15/7. 1957, ausg. 22/3. 1961.) G. KÖNIG. H 590

Farbwerke Hoechst Akt.-Ges., vormals Meister Lucius & Brüning (Erfinder: Eberhard Elbel, Herbert Kaltenhäuser und Herwig Beck),

Frankfurt/M., **Herstellung von reinem N-Methyltaurin** aus techn. Lsgg. seines Na-Salzes, die bes. durch Rk. von Na-2-Hydroxyäthansulfonat mit CH_3NH_2 erhalten werden, dad. gek., daß aus den Lsgg. die Hauptmenge der Na-Ionen durch Behandlung mit CO_2 als $NaHCO_3$ ausgefällt u. durch Eindampfen des Filtrats N-Methyltaurin kristallin abgeschieden wird, wobei bes. die Mutterlauge zurückgeführt u. der frischen Rohlsg. zugesetzt wird. (**D. A. S. 1 122 540** Kl. 12q vom 9/6. 1960, ausg. 25/1. 1962.) O. MÜLLER-MEININGEN. H 600

Farbwerke Hoechst Akt.-Ges., vormals Meister Lucius & Brüning, übert. von: Otto Horn, Frankfurt/M., **Butyraldehyd** wird durch Hydrierung von Crotonaldehyd mit H_2 in der Gasphase bei 160—250° in 94—95%ig. Ausbeute in Ggw. eines Katalysators erhalten, der durch Zugabe von 0,5—5% $CuSO_4$, bezogen auf den gesamten Katalysator einschließlich Träger, zu Nickeloxiden (NiO u. Ni_2O_3) auf einem Träger (Bimsstein, keram. Material, Kieselgur, Kieselsäuregel) u. anschließende teilweise Red. mit H_2 bei 160—250°, bes. 180—200°, erhalten wird, so daß das Verhältnis von NiO : Ni zwischen 10 : 1 u. 10 : 2 schwankt. Zweckmäßig werden molare Mengen an Katalysator verwendet u. wird die Rk. in Ggw. von Inertgasen (N_2, CH_4) durchgeführt. — 1 Liter Nickeloxidkatalysator, der 15% Ni-Oxid, 2% Cu-Ionen u. 3% SO_4-Ionen auf Bimsstein enthält, wird mit H_2 bei 190° reduziert. Werden stündlich 130 ml 90%ig. Crotonaldehyd mit 100 Litern H_2 bei 200° hydriert, so wird ein Gemisch aus 84,3% Butyraldehyd u. 5,4% Crotonaldehyd (Rest = W.) erhalten, das quant. durch Dest. getrennt wird. (**A. P. 2 971 984** vom 16/7. 1957, ausg. 14/2. 1961.) A. JAHN. H 670

N. V. de Bataafsche Petroleum Mij., Den Haag (Erfinder: Henricus Georgius Peter van der Voort, Amsterdam), Holland, **Entfernung von Ameisensäure aus ihren Mischungen mit Essigsäure oder deren Homologen und/oder alkylaromatischen Kohlenwasserstoffen** durch Dehydrierung von HCOOH im Dampfzustand bei 130—200°, bes. 160—180°, in Ggw. von Cr- u. Cu-Oxid als Katalysator, der noch geringe Mengen BaO enthalten kann, im Verhältnis Cu : Cr = 1 : 1 —2. Die Strömungs-Geschw. soll mindestens 4 Liter des fl. Gemisches je Liter Katalysator je Std. betragen. Bei einem Verhältnis von Ba : Cr : Cu = 1,5 : 13 : 10 wird bei 180° HCOOH zu 86% zersetzt, während CH_3COOH nicht angegriffen wird (Tabelle). — Vgl. A. P. 2 913 492; C. **1960.** 14517. (**D. A. S. 1 079 046** Kl. 12o vom 17/2. 1958, ausg. 7/4. 1960. Holl. Prior. 18/2. 1957.) G. KRAUSS. H 810

Standard Oil Co., V.St.A. (Erfinder: James Daniel Idol jun., Robert Walter Foreman und Franklin Veatch), **Herstellung von Alkylestern ungesättigter aliphatischer Säuren,** z. B. *Acrylsäureäthylester, Acrylsäuremethylester* u. *Acrylsäurebutylester,* dad. gek., daß Acryl- bzw. Methacrylsäure, A., CH_3OH bzw. Butanol u. W. bei ca. 260° in der Dampfphase über Kieselgel geleitet werden. (**F. P. 1 211 946** vom 23/12. 1958, ausg. 18/3. 1960. A. Prior. 31/12. 1957.) S. BÖTTCHER. H 810

Dow Chemical Co., Midland, Mich., übert. von: Robert L. Carlyle, Lake Jackson, Tex., V.St.A., **Acryl- und Methacrylsäureester.** Zu einem Gemisch aus Acrylsäure u. einem prim. oder sek. Alkanol mit 5—18 C-Atomen, einem Veresterungskatalysator u. einem Polymerisationsverzögerer (Hydrochinonmethyläther, Hydroxymethylanilin, Dinitrobenzol) werden bei 80—135°, bes. 100—120°, im Gegenstrom die Dämpfe eines Verdünnungsmittels mit Kp. 80—135° gegeben u. dadurch azeotrop W. entfernt. — Aus einem Gemisch aus 1 Mol Acrylsäure, 1,1 Mol n-Hexanol, 0,01 Mol Hydrochinon u. 0,01 Mol eines Gemisches aus Methan-, Äthan- u. Propansulfonsäure als Katalysator bei 100° u. Toluoldämpfen im Gegenstrom → *Acrylsäurehexylester; 2-Äthylhexylester; Lorolester* (Lorol-Gemisch aus C_8-, C_{10}-, C_{12}-, C_{14}-, C_{16}- u. C_{18}-Alkoholen). (**A. P. 2 917 538** vom 19/12. 1957, ausg. 15/12. 1959.) G. KRAUSS. H 810

British Celanese Ltd., England, **Herstellung von Acrylsäureestern,** bes. *Acrylsäuremethylester,* dad. gek., daß β-Chlorpropionsäuremethylester in einem polaren Lsgm. [$HCON(CH_3)_2$, N-Methylpyrrolidon, CH_3CONH_2 oder Adipodinitril] in Ggw. von Hydrochinon bei 160—240° mit Na_2CO_3 oder K_2CO_3 behandelt wird. (**F. P. 1 211 945** vom 23/12. 1958, ausg. 18/3. 1960. E. Prior. 7/1. 1958.) S. BÖTTCHER. H 810

Henkel & Cie. G. m. b. H., Düsseldorf-Holthausen, **Kontinuierliche Herstellung von Acrylamid** durch Verseifung von Acrylonitril mit H_2SO_4/W. im Mol-Verhältnis 1 : 1 : 1 >150° in Abwesenheit oder Ggw. eines Inhibitors, wie Cu-, Fe-Salzen oder S, dad. gek., daß die Verweilzeit des Rk.-Gemisches in der beheizten Rk.-Zone <20 Min. beträgt u. das Rk.-Gemisch anschließend gekühlt wird; 85—93% Ausbeute. — Beispiele; Umsatzdiagramm. (**Oe. P. 208 838** vom 30/5. 1959, ausg. 25/4. 1960. D. Prior. 22/8. 1958.) EBERHARD RIEDEL. H 810

Distillers Co. Ltd., England (Erfinder: David James Hadley und David Gordon Stewart), **Herstellung aliphatischer Nitrile,** bes. *Acrylnitril,* dad. gek., daß ein Olefin (Propylen) mit Luft oder O_2, NH_3 u. Wasserdampf [z. B. 11,1 (Vol.-%) Propylen, 26,9 Luft, 3,5 NH_3 u. 58,5 Wasserdampf] bei 300—600° über einen Katalysator geleitet wird, der aus mit NaOH behandeltem u. mit $(NH_4)_6Mo_7O_{24} \cdot 4\ H_2O$ imprägniertem Al_2O_3 besteht. (**F. P. 1 219 512** vom 27/3. 1959, ausg. 18/5. 1960. E. Prior. 16/4. 1958.)
S. BÖTTCHER. H 810

Farbwerke Hoechst Akt.-Ges., vormals Meister Lucius & Brüning, Deutschland, **Reinigung von Sorbinsäure,** dad. gek., daß das Rohprod. mit W. unter Zusatz von Elektrolyten (1—5% Alkalisalze von Mineralsäuren) bei pH 2,5—3,5 extrahiert, krist. u. aus einem 30—70% ig. wss. Alkohol oder Keton (Aceton) umkrist. wird. — Zeichnung. (**F. P. 1 220 592** vom 16/4. 1959, ausg. 25/5. 1960. D. Prior. 16/4. 1958.)
S. BÖTTCHER. H 810

Montecatini Soc. Gen. per l'Industria Mineraria e Chimica, Mailand, Italien, **Herstellung von Estern des Mononitrils der β-Hydromuconsäure** durch Alkoholyse von 1.4-Dicyanbuten-(2) (I) in Ggw. von Mineralsäure, bes. H_2SO_4 oder HCl, u. W. in einem aliphat. Alkohol mit 1—5 C-Atomen bei 50—150°, dad. gek., daß die Umwandlung durch Einsatz der Rk.-Partner im Mol-Verhältnis Säure/I = 0,3—0,45/1 bzw. W./I = 0,2—0,5/1 bzw. Alkohol/I = 1,5—3/1 unter 50%, bes. zwischen 15—30%, gehalten, nicht umgesetztes **I** aus der Rk.-Masse auskrist. u. dem Kreislauf wieder zugeführt u. der gebildete Ester aus den Kristallisations-Mutterlaugen durch fraktionierte Dest. abgetrennt wird. — *β-Hydromuconsäuremononitril, Methylester,* $Kp._{0,8}$ 92—94°, aus 106 (g) **I** durch 3std. Kochen mit 48 CH_3OH, der 3,5 W. enthält, unter Zugabe von 25,5 96% ig. H_2SO_4, Abkühlen, Abfiltrieren von unumgesetzten **I**, Waschen der Filtrate mit wss. Bicarbonat-Lsg. u. fraktionierte Dest.; 26,4 g (Ausbeute). — Analog: *Äthylester,* $Kp._{0,5}$ 92—95°; 28,9 g. *Isopropylester,* $Kp._{0,7}$ 92—96°; 23,2 g. *Butylester,* $Kp._{0,7}$ 115 bis 120°; 37,3 g. (**Oe. P. 208 840** vom 28/1. 1959, ausg. 25/4. 1960. It. Prior. 12/6. 1958.)
EBERHARD RIEDEL. H 820

Wacker-Chemie G. m. b. H., Deutschland, **Oxydation ungesättigter Fettsäuren,** z. B. Öl- oder Undecylensäure, zu Prodd. mit JZ. < 3 u. Epoxid-Geh. < 1%, dad. gek., daß bei 40—95°, bes. 70—75°, in Ggw. einer starken Säure, bes. konz. H_2SO_4, als Katalysator (1,5—8 g pro Mol ungesätt. Säure) u. H_2O_2 (1,3—1,5 Mol) in Eisessig (0,5 bis 0,6 Mol) oxydiert u. mit dest. W. von 65° gewaschen wird. Schon bei Anwendung wenig größerer Mengen Eisessig als den vorgenannten findet neben der Oxydation noch Veresterung statt. (**F.P. 1 223 897** vom 11/5. 1959, ausg. 21/6. 1960. D. Prior. 7/6. 1958.)
S. BÖTTCHER. H 850

Lonza Elektrizitätswerke und Chemische Fabriken Akt.-Ges., Basel, Schweiz, **Herstellung konzentrierter Acetessigsäureamidlösungen** mit >40% Acetessigsäureamid (**I**)-Geh. durch kontinuierliches Einleiten von Diketen (**II**) mit NH_3 u. W. oder wss. NH_4OH (ggf. unter Zusatz von NH_3-Gas) in eine zirkulierende > 35% ig. wss. **I**-Lsg. unter Kühlung, wobei die Rk.-Temp. um nicht mehr als 20°, bes. 5—10°, ansteigen u. < 40°, bes. bei 25—30°, liegen soll. Bei einer durchschnittlichen Verweilzeit (berechnet aus Vol. zirkulierender Fl. pro Vol. abgezogener Lsg. je Min.) von < 100 Min., bes. 2—30 Min., beträgt die Ausbeute (bezogen auf **II**) 93—95,5%. — Beispiele; 2 Skizzen. (**Oe. P. 209 889** vom 28/8. 1958, ausg. 25/6. 1960. Schwz. Prior. 3/10. 1957.)
EBERHARD RIEDEL. H 870

Arndt Striegler, Gerhard Groß, Leuna, und Horst Walther, Halle, **Abtrennung von Triäthylamin aus Reaktionsgemischen** der hydrierenden Rk. von CH_3CHO, NH_3 u. H_2, dad. gek., daß das nach Abtrennung von NH_3 u. dem größten Teil von $C_2H_5NH_2$ u. $(C_2H_5)_2NH$ erhaltene Rohamin bei 50—85° entweder einer Selektivextraktion zwischen W. u. einem wasserunlösl. organ. Lsgm., bes. einem C_{12-18}-KW-Stoff, oder einer Extraktiv-Dest. unterworfen wird. (**D. P. [DDR] 22 512** Kl. 12q vom 1/10. 1958, ausg. 4/1. 1962 [Wirtschaftspatent].) L. GROSSNER. H 910

National Lead Co., New York, N.Y., übert. von: Harry H. Beacham, Plainfield, und Daniel F. Herman, Orange, N.J., V.St.A., **Herstellung von Aminoalkoholtitanaten und -zirkonaten.** Aminoalkohole (I) der allg. Formel HO—R—N(R')—R''—N(R')$_2$ werden mit Orthotitan- oder Zirkonsäureestern von niedrigmol. Alkoholen durch einfaches Mischen bei normaler Temp. umgesetzt. Hierbei ist R ein (ggf. alkylsubstituierter) Äthylenrest, mindestens ein R' ist eine β-Hydroxyalkyl- oder β-Aminoalkylgruppe, die anderen R' sind H-Atome, β-Hydroxyalkyl- oder β-Aminoalkylgruppen u. R'' ist ein 2wertiger Alkylenrest mit 1—3 C-Atomen oder ein Alkylenaminrest der allg. Formel $-CH_2-(CH_2-NX-CH_2)_n-CH_2-$, in der X ein H-Atom, ein Alkylrest mit 1—3 C-Atomen, eine β-Hydroxyalkyl- oder β-Aminoalkylgruppe ist. Je nach der Menge von **I**, die mit den Estern reagiert, werden 1—4 Alkylgruppen der letzteren durch **I** ersetzt. — Beispiele für I: N.N.N'.N'-Tetrakis-[2-hydroxypropyl]-äthyldiamin [Handels-Prod. „Quadrol" (II)], N.N'.N''-Tris-[β-hydroxyäthyl]-diäthylentriamin u. N.N'-Bis-[β-hydroxyäthyl]-diäthylentriamin. — Beispiele: Rk.-Prod. aus 1 (Mol) II u. 2 Isopropyltitanat (III), ferner aus äquimol. Mengen von II u. III, gelbes Öl; ferner aus 2 II u. 1 III, gelbes viscoses Öl; weiterhin aus 23,2 (Teilen) $ZrCl_4$ u. 29,2 II. Verw. als *Dispersionsmittel für Pigmente in Anstrichfarben*, als *Textilhilfsmittel* u. in *kosmet.* Produkten. (**A. P. 2 824 115** vom 9/11. 1954, ausg. 18/2. 1958.) A. Kalix. H 920

Gyógyszeripari Kutató Intézet (Erfinder: Johann Kollonitsch und Julius Vita), Budapest, Ungarn, **Herstellung von Carbonsäureestern** durch Rk. der zu veresternden Carbonsäuren mit Weinsäureestern, ggf. in Ggw. des zu veresternden Alkohols. Vorteilhaft werden Katalysatoren, wie H_2SO_4, HCl, Toluolsulfonsäuren, verwendet. Aminosäuren erfordern zur Veresterung starke Säuren als Katalysatoren. — 24,4 (g) Benzoesäure, 23 Weinsäuremethylester u. 48 CH_3OH werden nach Zugabe von 0,5 ml konz. H_2SO_4 4 Std. lang gekocht. Dem Rk.-Gemisch wird K_2CO_3 u. W. zugesetzt. Es wird mit Ae. extrahiert, der Extrakt mit W. gewaschen, über $MgSO_4$ getrocknet u. Ae. abdestilliert. Es wird *Benzoesäuremethylester* erhalten. — Es werden ferner hergestellt: *Benzoesäure-sek.-butylester*; *Glycinbenzylester*, F. 118—120° (Zers.); *p-toluolsulfonsaures Salz des L-Glutaminsäurebenzylesters*, F. 140—142° u. *p-toluolsulfonsaures Salz des Glycylglycinbenzylesters.* Als *Esterkomponente der Weinsäure* sind Alkohole, Phenole oder Thiole geeignet. (**Ung. P. 144 596** vom 19/7. 1958, ausg. 15/11. 1958.)
G. König. H 950

Henri Martin Guinot, Versailles, und Soc. de Produits Chimiques Industriels S.P.C.I., La Plaine-Saint Denis (Erfinder: Henri Martin Guinot, Versailles), Frankreich, **Herstellung von aliphatischen α-Aminocarbonsäuren** aus α-Monohalogenfettsäuren (I) u. Hexamethylentetramin (II), dad. gek., daß 2 Mol I in wss. Medium mit < 1 Mol II in Ggw. von so viel NH_3 umgesetzt werden, daß das Rk.-Gemisch ein pH = 4—8 besitzt. Es wird bes. bei 40—90° in Ggw. von A. gearbeitet. Es können statt II NH_3 u. CH_2O als Ausgangs-Prodd. verwendet u. kontinuierlich gearbeitet werden. Die Rk. verläuft nach: $2\,(CH_2)_6N_4 + 4\,Cl—CH_2—COOH + 4\,NH_3 + 12\,H_2O \rightarrow 4\,H_2N—CH_2—COOH + 4\,NH_4Cl + 12\,CH_2O$; $12\,CH_2O + 8\,NH_3 \rightarrow 2\,(CH_2)_6N_4 + 12\,H_2O$. Beispiele zur Herst. von *Aminoessigsäure* aus II u. Monochloressigsäure (Ausbeute 92%). — $CH_3CHCl·COOH$ + II → 74% *α-Alanin.* — α-Bromisovaleriansäure + II → 68,2% *dl-Valin.* — Vorrichtung. — Zeichnung. (**D. A. S. 1 114 821** Kl. 12q vom 30/4. 1960, ausg. 12/10. 1961. F. Prior. 19/6. u. 31/12. 1959.) O. Müller-Meiningen. H 950

Ajinomoto Co., Inc., Tokyo (Erfinder: Kenkichi Ito, Midarebashi, Takekazu Akashi, Kawasaki-shi, und Susumu Tatsumi, Midarebashi), Japan, **Kontinuierliche Spaltung von racemischen Aminosäuren** (I) in ihre opt. Antipoden, dad. gek., daß in eine übersätt. wss. I-Lsg. am Boden eines Turms, Impfkristalle (II) einer der opt.-akt. Isomeren am Kopf des Turms eingeführt werden, wobei II im Turm durch den aufsteigenden Fl.-Strom der übersätt. Lsg. in der Schwebe gehalten u. die abgeschiedenen Kristalle der einen opt. Komponente am Boden des Turms abgezogen werden, während am Kopf des Turms eine I u. die andere Komponente enthaltende Lsg. abfließt. Es können Teilchen aus Ton, Gummi u. dgl. mit einer reinen opt.-akt. Komponente überzogen u. als II verwendet u. eine Anzahl von Spaltungstürmen für *l*- u. d-Isomere alternativ in Serie hintereinander- oder jeweils 2 Paare parallel hintereinander in Serie geschaltet werden. — Beispiele zur Spaltung von dl-Glutaminsäure u. dl-Threonin. — Zeichnungen. (**D. A. S. 1 117 595** Kl. 12q vom 17/9. 1959, ausg. 23/11. 1961. **E. P. 865 311** vom 17/9. 1959, ausg. 12/4. 1961. Jap. Prior. 28/9. 1958.)
O. Müller-Meiningen. H 950

VEB Berlin-Chemie (Erfinder: Hans Geipel und Rolf Kunert), Berlin, **Gewinnung freier basischer Aminosäuren,** dad. gek., daß ihre H_2SO_4-saure Lsg. mit einem Überschuß an $BaCO_3$ oder nacheinander mit einem Überschuß an $Ba(OH)_2$ (I) u. $(NH_4)_2CO_3$ (II) behandelt, vom Gemisch aus $BaSO_4$ u. überschüssigem $BaCO_3$ abgesaugt, die wss. Lsg. bis zur Zers. des entstandenen Aminosäurecarbonats bzw. des außerdem vorhandenen II erhitzt u. die Lsg., ggf. unter Ausschluß von Luft-CO_2, eingedampft wird. — Zum Beispiel werden 473 (g) ε-Benzoyl-dl-lysin $13^1/_2$ Std. lang mit 1,355 Liter 41,5%ig. H_2SO_4 gekocht, nach Erkalten von abgeschiedener Benzoesäure abgesaugt, mit 2 Liter W. verd., in der Wärme mit 2,4 kg I u. einem II-Überschuß versetzt, bis zur Zers. von II u. völligen Hydrolyse von *Lysin* (III)-Carbonat erhitzt. Nach Abfiltrieren der unlösl. Ba-Salze wird die Lsg. unter CO_2-Ausschluß im Vakuum eingedampft. 260 (93,8%) freies dl-III, das beim Verreiben mit A. krist. wird erhalten. — Weitere Beispiele: 3-Acetamido-3-carbäthoxypiperidon-(2) → *dl-Ornithin* (91,3%). — *l*-Argininflavianat → *l-Arginin* (92,5%). (**D. A. S. 1 111 205** Kl. 12q vom 26/4. 1960, ausg. 20/7. 1961.)
O. Müller-Meiningen. H 950

Uclaf, Paris, Frankreich, **Herstellung von Aminosäurederivaten.** Zum Beispiel wird zur Lsg. von 1,5 (g) *l*-Asparaginmonohydrat in 25 cm³ W. u. 7 cm³ $(C_2H_5)_3N$ eine Lsg. von 12 Tritylchlorid in 70 cm³ Ae. gegeben, 3½ Std. lang bei 0° gerührt u. mit verd. HCl schwach angesäuert; das hierbei anfallende Prod. wird mit W. u. Ae. gewaschen u. aus Bzl./Ae. umkristallisiert. Es werden 83% *N-Trityl-l-asparagintritylester*, $C_{42}H_{36}N_2O_3$, F. 218—222°; $[\alpha]_D^{20} = 64° \pm 2°$ (c = 2%; Chlf.), erhalten. Das Prod. ist unlösl. in W. u. Ae., lösl. in A., Aceton, Bzl., Chlf. u. Essigester. — *N-Trityl-l-asparaginbenzylester*, $C_{30}H_{28}N_2O_3$, F. 166—167° (abs. A.); $[\alpha]_D^{20} = -5 \pm 1°$ (c = 2%; Chlf.). — *Diäthylaminsalz von N-Trityl-l-glutamin*, $C_{28}H_{35}N_3O_3 \cdot 0{,}5\,CH_3COOC_2H_5$, F. 112—114°; $[\alpha]_D^{20} = +12 \pm 2°$ (c = 2%; Chlf.). — *Zwischenprodd.*, bes. zur Herst. von Amidopeptiden. (**E. P. 863 171** vom 21/7. 1958, ausg. 15/3. 1961. F. Prior. 22/7. 1957.)
O. MÜLLER-MEININGEN. H 950

E. I. du Pont de Nemours & Co., Wilmington, Del. (Erfinder: Robert Henry Sullivan, Woodbury, N.J.), V.St.A., **Herstellung von dl-Glutaminsäure (I)**, dad. gek., daß 3-Aminocyclopenten-(1) mit einer gesätt. oxydationsbeständigen aliphat. oder aromat. Carbonsäure oder einem amidbildenden Deriv. dieser Säure, bes. Phthalsäure oder deren Anhydrid, in 3-Acylaminocyclopenten-(1) übergeführt, dieses durch Lösen in wenigstens 85% ig. H_2SO_4 u. Eintragen der Lsg. in ein wss. Medium zu 3-Acylaminocyclopentanol-(1) hydratisiert u. dieses zu N-Acylglutaminsäure oxydiert wird, die zu I verseift wird. — Beispiel: N-[3-Cyclopenten-(1)-yl]-phthalimid (hergestellt nach A. P. 2 801 250) + H_2SO_4 → N-[3-Hydroxycyclopentyl]-phthalimid ($C_{13}H_{13}NO_3$; F. 120 bis 123°, NZ 231,5; berechnet 231,2) + HNO_3 in Ggw. von V_2O_5 u. Cu → *N-Phthaloyl*-I + HCl → 99% ig. I; 97% Ausbeute. (**D. A. S. 1 117 596** Kl. 12q vom 18/11. 1958, ausg. 23/11. 1961. A. Prior. 14/1. 1958.) O. MÜLLER-MEININGEN. H 950

Stamicarbon N. V., Heerlen, Holland, **Abscheidung von Lactam aus einem sauren Reaktionsgemisch,** wie es bei der Herst. von Lactamen, bes. Caprolactam, mittels BECKMANNscher Umlagerung von Oximen anfällt. Zum Beispiel wird durch Zusatz von NH_3 der pH-Wert des Rk.-Gemisches auf nicht >5,5, zweckmäßig nicht >4,7, erhöht. Die sich hierbei abscheidende lactamhaltige Oberschicht wird mit einem organ. Lsgm., z. B. Bzl., extrahiert, wobei der pH-Wert ständig auf >5, zweckmäßig bei 7—8, gehalten wird. Auf diese Weise wird die Abscheidung teerartiger Bestandteile vermieden u. aus der Unterschicht kann rein weißes anorgan. Salz $[(NH_4)_2SO_4]$ gewonnen werden. (**Holl. P. 97 103** vom 9/10. 1958, ausg. 15/2. 1961.) F. BÖHM. H 950

Richard Müller, Radebeul, und Winfried Müller, Dresden, **Herstellung von Tetrakis-[trichlorsilyl]-methan** durch direkte Synthese. Eine Lsg. von $(Cl_3Si)_3CCl$ in $SiCl_4$ wird bei 250—450°, bes. 380°, über Si–Cu-Pulver geleitet u. durch Fraktionierung, Umkristallisieren aus PAe. u. Sublimation aufgearbeitet. (**D. P. [DDR] 22 169** Kl. 12o vom 13/7. 1959, ausg. 16/10. 1961 [Wirtschaftspatent].) L. GROSSNER. H 980

Horst Beyer, Radebeul, **Herstellung von Silalkenen und Silalkinen** durch Dehalogenierung von Perhalogensilylhalogenalkanen u. -alkenen oder Alkyl- u. Arylsilylhalogenalkanen u. -alkenen mit Metallen bei >100°, ggf. unter Verdünnung der Ausgangs-Prodd. mit einem inerten Gas, in kontinuierlichem Verfahren. — 72 (Teile) Dekachlordisiläthan u. 62 Cu werden 9 Std. lang unter starkem Rühren auf 170—190° erhitzt; *Oktachlordisiläthen* (I), $Kp._7$ 101—102°; 86% (Ausbeute). — Analog: Aus I u. Cu bei 215—225° während 70—80 Std. *Hexachlordisiläthin*, Kp. 173—174; 43%. — Aus Oktachlordisilmethan u. Cu bei 190—200° während 7 Std. *Dodekachlortetrasiläthen*, $Kp._1$ 156°; 33%. (**D. P. [DDR] 21 933** Kl. 12o vom 25/6. 1958, ausg. 15/9. 1961 [Wirtschaftspatent].) L. GROSSNER. H 980

VEB Maschinen- und Apparatebau Grimma, Grimma (Erfinder: Werner Gey, Großsteinberg), **Entfernen von Neutralölen und Fettsäuren aus Rohphenolen.** Die Rohphenole werden durch fraktionierte Dest. in die einzelnen Neutralöl (I)-haltigen Phenolhomologen zerlegt, diese oberhalb ihres F. in einem paraffinbas. Bzn. (II) gelöst, die Phenole durch langsames Abkühlen der Lsg. auskrist. u. die Kristalle durch Abschleudern oder Filtrieren von der I- u. fettsäurehaltigen Mutterlauge abgetrennt. Das anhaftende Lsgm. wird durch Dest. entfernt. — Beispiel. (**D. A. S. 1 099 547** Kl. 12q vom 15/11. 1957, ausg. 16/2. 1961.) A. MOHR. H 1060

Distillers Co. Ltd., Edinburgh, England, **Extrahieren von Mineralsäure** aus dem Rk.-Prod., das bei der katalyt. *Zers. von α.α-Dialkylarylmethylhydroperoxid zu Phenol u. Keton* entsteht. Die als Katalysator verwendete Säure wird vor der Dest. durch Behandlung mit einer wss. Lsg. eines Salzes mit einem pH-Wert von nicht >7 u. einer Konz., die für die Bldg. einer 2. Phase erforderlich ist, ausgewaschen. Geeignet ist z. B. eine 32% ig. $(NH_4)_2SO_4$-Lsg. von 40°. (**Holl. P. 97 011** vom 10/4. 1957, ausg. 15/2. 1961. E. Prior. 13/4. 1956.) F. BÖHM. H 1060

Phenolchemie G. m. b. H. (Erfinder: Heinrich Sodomann, Bruno Hauschulz und Meinloh Hanke), Gladbeck, **Gewinnung von reinen, alkylaromatische Dihydroperoxide enthaltenden Alkaliextrakten** aus den Oxydations-Prodd. von dialkylierten aromat. KW-Stoffen der allg. Formel R—CH(R)—Ar—CH(R)—R (Ar = Aryl; R = Alkyl oder H) durch Extraktion der Alkaliextrakte der Oxydations-Prodd. mit organ. Lsgm. u. weitere Oxydation des organ. Extraktes zu Hydroperoxiden, sowie nachfolgende ein- oder mehrstufige Hydrierung des verbleibenden organ. Extraktes, dad. gek., daß dieser vor der Hydrierung mit wss. Alkali-Lsgg., bes. 1—20%ig. NaOH ausgezogen wird. — 10 kg einer 70%ig. NaOH, die ca. 1,5 kg m-Diisopropylbenzoldihydroperoxid u. 200 g Nebenprodd. (m-Diisopropylperoxycarbinol u. m-Diisopropyldicarbinol) enthält, werden bei 20° mit 10 kg Bzl. im Gegenstrom extrahiert. Der Benzolextrakt, der 186 g Nebenprodd. enthält, wird mit 650 g 10%ig. NaOH im Gegenstrom ausgezogen; aus der NaOH-Lsg. werden 108 g Dihydroperoxid gewonnen. Der Benzolextrakt wird dann hydriert. (**D. A. S. 1 122 066** Kl. 12o vom 6/5. 1960, ausg. 18/1. 1962. **Zusatz zu D. A. S. 1 102 741; C. 1961. 17753.**) G. KRAUSS. H 1060

Karl Dürkes, Montabaur/Westerwald, **Hydrochinon.** Bei der Herst. von Hydrochinon (I) durch elektrochem. Oxydation von Bzl. zu Chinon (II) u. elektrochem. Red. von **II** zu **I** werden in der 1. Stufe Bleianoden verwendet, die nach Entfernen der Walz- oder Oxidhaut einer Vorformierung bei sehr geringen Stromdichten in Lsgg., die unlösl. bzw. schwerlösl. Pb-Salze bildende Anionen enthalten, unterworfen werden, bis die Anoden eine O_2-Überspannung aufweisen, die gegenüber der bei gleicher Stromdichte sich normalerweise einstellenden O_2-Überspannung um ca. 0,7—0,8 V verringert ist. Es kann so die Anreicherung von **I** in Bzl. etwa auf den doppelten Wert gesteigert werden im Vgl. zu nicht bei geringen Stromdichten vorbehandelten Anoden. Auch der Zusatz von CH_3COOH als Depolarisationsmittel kann fortfallen. (**D. A. S. 1 102 171** Kl. 12q vom 19/6. 1956, ausg. 16/3. 1961.) A. MOHR. H 1060

Consolidation Coal Co., übert. von: Eric B. Hotelling, Martin B. Neuworth und Edward P. Previc, Pittsburgh, Pa., V.St.A., **Herstellung von methylierten Phenolen.** Als Ausgangsmaterial dienen Rk.-Prodd. von MANNICH-Synthesen, die unter Drücken von 100—3000, bes. 200—1000 lbs./sq.in. bei 125—225, bes. 180—190°, mit H_2 in Ggw. von MoS_2 als Katalysator hydriert werden. Es entstehen dabei sek. Amine u. Phenole, die zum Unterschied zu den bei der MANNICH-Rk. verwendeten Phenolen eine CH_3-Gruppe an der Stelle enthalten, an der die genannte Rk. einsetzte. Nach beendeter Rk. wird MoS_2 abfiltriert u. das Rk.-Gemisch in bekannter Weise durch Einw. von Mineralsäuren getrennt. Die Rkk. werden in Bzl., Toluol oder Xylol durchgeführt u. sind beendet, wenn kein H_2 mehr absorbiert wird. — Beispiele: Herst. von *Mesitol* aus 6-Dimethylaminomethyl-2.4-xylenol oder 4.6-Bis-[dimethylaminomethyl]-o-kresol oder 2.4.6-Tris-[dimethylaminomethyl]-phenol; Herst. von *6-tert.-Butyl-2.4-xylenol* aus 4-Piperdinomethyl-6-tert.-butyl-o-kresol oder 4-Dimethylaminomethyl-6-tert.-butyl-o-kresol; Herst. von *Durenol* aus 6-Dimethylaminomethyl-2.3.5-trimethylphenol oder 6-Piperdinomethyl-2.3.5-trimethylphenol, Herst. von *2.6-Di-tert.-butyl-p-kresol* aus 4-Piperdinomethyl-2.6-di-tert.-butylphenol. — Vorr. u. Rk.-Schema. (**A. P. 2 882 319** vom 12/3. 1957, ausg. 14/4. 1959.) A. KALIX. H 1060

Karl Dürkes, Frankfurt/M., **Herstellung von Benzoesäuresulfimid durch elektrochemische Oxydation von o-Toluolsulfamid** an hintereinandergeschalteten *Pb-Anoden,* die bei einer Stromdichte von 0,001—0,25 A/dm² vorformiert worden sind. — Wird mit 5 Pb-Elektroden von 9 dm² in Reihenschaltung, bei 60°, die nach Patent 920 186 beim pH einer 2n-Soda-Lsg. vorformiert wurden, gearbeitet, so wird eine Stoffausbeute von 78%, eine Stromausbeute von 50—60% erhalten. (**D. A. S. 1 065 834** Kl. 12o vom 10/5. 1958, ausg. 24/9. 1959.) A. JAHN. H 1090

Soc. des Usines Chimiques Rhône-Poulenc, Paris, Frankreich, **Herstellung von m-Nitrophenylsulfinyl- und -sulfonyläthylenderivaten.** 12,5 (g) $NaNO_3$ werden in kleinen Portionen zu einer Suspension von 27,1 1.2-Dichlor-1-[4'-chlorbenzolsulfonyl]-äthylen in 180 H_2SO_4 (D. 1,83) gegeben, wobei die Temp. nicht über 34—35° steigen darf. Noch 45 Min. lang wird gerührt, in kleinen Portionen in 500 dest. W. gegossen, der Nd. abfiltriert, der gewaschen, getrocknet u. aus A. umkrist. wird. Ausbeute: *1.2-Dichlor-1-[3'-nitro-4'-chlorbenzolsulfonyl]-äthylen,* F. 107—108°. Analog werden folgende 1.2-Dichloräthylene dargestellt: *1-[3'-Nitro-4'.5'-dimethylbenzolsulfonyl]-,* F. 124°; *1-[3'-Nitro-4'-methylbenzolsulfonyl]-,* F. 88°, *1-[3'-Nitro-4'-methoxybenzolsulfonyl]-,* F. 130°; *1-[3'-Chlor-4'-methyl-5'-nitrobenzolsulfonyl]-,* F. 158°; u. *1-[3'-Nitro-4'-chlorbenzolsulfinyl]-,* F. 83°, aus 1.2-Dichlor-1-[4'-chlorbenzolsulfinyl]-äthylen. (**Ind. P. 61 288** vom 30/7. 1957, ausg. 27/11. 1958. **Zusatz zu Ind. P. 54 045; C. 1961. 9572.**) C. LÜTTGEN. H 1090

Merck & Co., Inc. (Erfinder: Everett Maynard Schultz), **5-Halogen-4-hydroxybenzol-1.3-disulfonylchloride,** *Zwischenprodukte,* werden durch Rk. eines o-Halogenphenols mit $ClSO_3H$ erhalten. — Zu 1585 (g) $ClSO_3H$ werden in 5 Std. unter Rühren 218 o-Chlorphenol gegeben, 1 Std. lang wird bei normaler Temp. stehengelassen u. 1 Std. lang auf dem Dampfbad erhitzt. Es wird *5-Chlor-4-hydroxybenzol-1.3-disulfonylchlorid,* F. 112—115° erhalten. Analog entsteht aus o-Bromphenol *5-Brom-4-hydroxybenzol-1.3-disulfonylchlorid,* F. 117—120°. (**Aust. P. 225 546** vom 27/8. 1957, ausg. 17/12. 1959.) O. ROICK. H 1090

Farbwerke Hoechst Akt.-Ges., vormals Meister Lucius & Brüning, Frankfurt/M. (Erfinder: Karl Sturm, Frankfurt/M., Walter Siedel, Bad Soden, und Rudi Weyer, Frankfurt/M.), **Herstellung von Aminosulfonylanthranilsäuren** der allg. Zus. **III**, dad. gek., daß eine Verb. der allg. Zus. I mit NH_3 oder einem Amin R^1-NH_2 bei <50°, das erhaltene Dihalogenbenzolsulfonamid der Zus. **II** mit NH_3 oder einem Amin [$R^2(R^3)NH$] bei >80° umgesetzt wird u. die erhaltene Verb. ggf. mit anorgan. oder organ. Basen in die entsprechenden carbonsauren Salze übergeführt wird (X = Cl oder Br; R^1 u. R^2 = H, niedrigmol. Alkyl oder Alkenyl; R^3 = H, ggf. durch OH, Carboxy- oder Carbonamidgruppen substituierter gesätt. oder ungesätt. aliphat. KW-Stoff-Rest C_1-C_{10}, Phenyl- oder Phenylalkyl mit einer Alkylengruppe C_1-C_4, in deren aromat. Kern 1 oder 2 H-Atome ggf. durch Halogen oder niedermol. Alkyl- oder Alkoxygruppen substituiert sein können, Furfuryl oder gemeinsam mit R^2 u. dem N-Atom Rest eines gesätt., ggf. durch Heteroatome unterbrochenen Rings, in dem die gesätt. oder ungesätt. aliphat. KW-Stoff-Reste bzw. die Alkylengruppen des Phenylalkylrestes durch O oder S unterbrochen sein können). — Zum Beispiel werden 29 (g) 4.6-Dichlorbenzoesäure-3-sulfochlorid (F. 185°) (**IV**) in 100 cm³ fl. NH_3 eingetragen, bei Raum-Temp. überschüssiges NH_3 abgedampft, der Rückstand mit 300 cm³ 2n HCl behandelt u. *3-Aminosulfonyl-4.6-dichlorbenzoesäure* abgesaugt. Durch Umkristallisieren aus CH_3OH/W. (1 : 2) werden 22 der reinen Verb. vom F. 233—235° erhalten. Eine Lsg. von 20 dieser Verb. in 200 cm³ wss. NH_3 wird unter N_2 3 Std. lang bei 50 at auf 170° im Autoklaven erhitzt, das Rk.-Gemisch auf die Hälfte eingeengt, mit konz. HCl auf

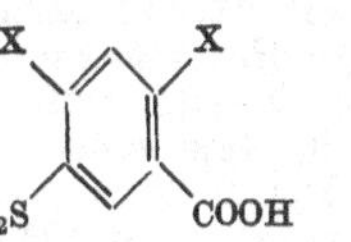

I

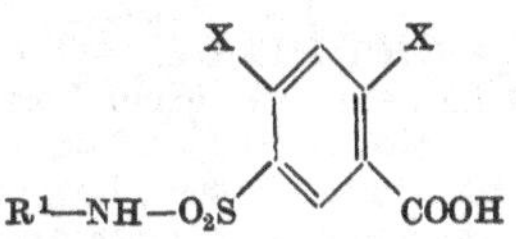

II

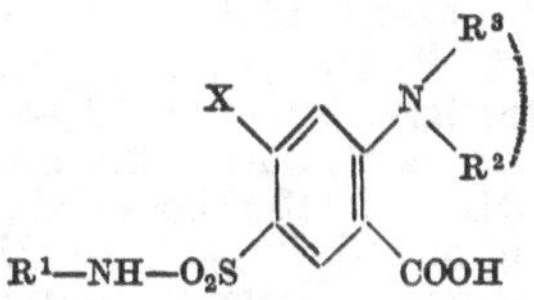

III

pH 2 angesäuert, nach 2 std. Stehen bei 0° abgesaugt, mit W. gewaschen u. bei 100° getrocknet. 15,4 *3-Aminosulfonyl-4-chlor-6-aminobenzoesäure,* F. 271,5° (Zers.). *6-Benzylamino*-Verb., F. 244,5° (Zers.). *Dicyclohexylammoniumsalz,* F. 209—210° [Aceton/W. (1 : 2)]. *Mg-Salz,* leicht wasserlöslich. — *6-Piperidino*-Verb., F. 224° (Zers.; 50%ig. CH_3OH). — *6-(β-Hydroxyäthylamino)*-Verb., F. 245—246° (Zers.). — *6-Anilino*-Verb., F. 245° (Zers.). — *6-Cyclohexylamino*-Verb., F. 248—249° (Zers.). — *6-Allylamino*-Verb., F. 218° (Zers.). — *6-[β-Phenyläthylamino]*-Verb., F. 214° (96%ig. Ae.). — *6-Diäthylamino*-Verb., F. 212—214°. — **IV** + CH_3NH_2 → *3-Methylaminosulfonyl-4-chlor-6-methylamino*-Verb., F. 235—237° (Zers.). — *6-Benzylamino*-Verb., F. 248°. — *3-Aminosulfonyl-4-brom-6-benzylamino*-Verb., F. 247° (Zers.) — *3-Aminosulfonyl-4-chlor-6-furfurylamino*-Verb., F. 206° (Zers.). — Weitere Verbb. der allg. Formel **III**, in denen X = Cl, R^1 u. R^2 = H, R^3 = Methyl, F. 264°. — R^3 = $-CH_2-CH_2-S-C_2H_5$, F. 192—193°. — X = Br, R^3 = $-CH_2CH(CH_3)_2$, F. 239—240°. — X = Br, R^3 = $-(CH_2)_3-O-CH_3$, F. 198—199°. — X = Cl, R^3 = n-C_8H_{17}, F. 209—211°. — X = Cl, R^1 = H, R^2 = $-CH_3$, R^3 = $-CH_2-C_6H_5$, F. 202°. — X = Cl, R^1 u. R^2 = H, R^3 = $-CH_2-C_6H_4-Cl(p)$, F. 240—242°. — R^3 = $-CH_2C_6H_4-OCH_3(p)$, F. 191°. — Diuretica u. Saluretica. (**D. A. S. 1 122 541** Kl. 12q vom 28/12. 1959, ausg. 25/1. 1962.)
O. MÜLLER-MEININGEN. H 1090

Fisons Pest Control Ltd., Felixstowe, Suffolk (Erfinder: Harold George Haynes, Foxton, Hertfordshire, und Denis William Pound, Hauxton, Cambridgeshire), England, **Polychlorbenzoesäuren** werden durch Oxydation von Di-, Tri- oder Tetrachlortoluol bzw. deren Gemischen mit 45—95%ig. HNO_3, die unter der Oberfläche des Rk.-Gemisches eingeleitet wird, bis zu einem Umwandlungsgrad von höchstens 50%, Abtrennung der Säuren u. Rückführung der noch nicht völlig umgesetzten Ausgangsstoffe, erhalten. — Erhöhter Umsatz. (**D. A. S. 1 124 936** Kl. 12o vom 8/7. 1958, ausg. 8/3. 1962. E. Prior. 10/7. 1957.) L. STADELMANN. H 1210

Chemische Werke Hüls Akt.-Ges. (Erfinder: Ferdinand List, Rudolf Ströbele und Gunthard Hoffmann), Marl, **Herstellung von Terephthalsäure** durch Oxydation von p-Dialkylbenzolen mit mindestens 2 C-Atomen in jedem Alkylrest oder deren Teiloxydations-Prodd. mit O_2 oder O_2-haltigen Gasen bei erhöhter Temp. in Ggw. von Katalysatoren, dad. gek., daß die Oxydation zunächst in Abwesenheit von Lsgm. in Ggw. von in KW-Stoffen lösl. Salzen von Schwermetallen wechselnder Wertigkeit bei 100—170° durchgeführt, dann das erhaltene Oxydationsgemisch in inertem Lsgm. bei 120—200° u. 3—50 ata bis zur Beendigung der O_2-Aufnahme weiteroxydiert u. nach Zugabe von Br_2 oder einer Br-Verb. die Oxydation bei 150—200° u. 3—50 ata zu Ende geführt wird. Es wird reine *Terephthalsäure* in guter Ausbeute erhalten. (**D. A. S. 1 106 751** Kl. 12o vom 13/10. 1959, ausg. 18/5. 1961.)
L. STADELMANN. H 1220

Mid-Century Corp., Chicago, Ill. (Erfinder: Robert B. Egbert, Roslyn Heights, Ralph Landau, East Hills, und Alfred Saffeo, N.Y.), V.St.A., **Herstellung von Terephthalsäure.** p-Diisopropylbenzol läßt sich ohne Abtrennung von Zwischenprodd. zu bes. reiner Terephthalsäure oxydieren, wenn in einer 1. Stufe unter erhöhtem Druck katalysatorfrei oxydiert u. die erhaltenen Zwischenprodd. in einer 2. Stufe in Ggw. eines Mn-Salzes u. einer aliphat. Monocarbonsäure mit 1—4 C-Atomen bei 150—275° u. 6,8—102 at weiter oxydiert werden. Es werden Ausbeuten bis 80,9% der Theorie, bezogen auf die verbrauchten Oxydationszwischenprodd., erhalten. (**D. A. S. 1 112 972** Kl. 12o vom 22/4. 1955, ausg. 24/8. 1961. A. Prior. 29/4. 1954.)
F. OBERMEIER. H 1220

California Research Corp., San Francisco, Calif., V.St.A., **Herstellung von Estern von Terephthalamidsäure** durch Kochen eines Gemisches aus einem prim. u. einem tert. Amin, einem einkernigen aromat. KW-Stoff-Lsgm., einem Monoester von Terephthalsäure oder einem Salz davon u. einem P-Halogenid. Die Herst. des Terephthalsäremethylester-N-octadecylamids aus Monomethylterephthalat, Octadecylamin, $(C_2H_5)_3N$ u. PCl_3 in Toluol wird beschrieben. — Verw. als *Verdickungsmittel für Schmieröle*, als *Weichmacher* u. *Netzmittel.* (**Holl. P. 97 220** vom 18/5. 1955, ausg. 15/3. 1961. A. Prior. 28/6. 1954.)
F. BÖHM. H 1220

A. H. Robins Co., Inc., Richmond, Va., V.St.A., **Herstellung von Carbaminsäureestern** der Formel $R-O-CH_2-CH(OH)-CH_2-O-CO-NH_2$ (R = monocycl. aromat. Rest) durch Erhitzen von 1 Mol eines Glycerin-Deriv. $R-O-CH_2-CH(OH)-CH_2OH$, z. B. Mephenesin (I), mit 1—3 Mol Diäthylcarbonat (II) in Ggw. eines wasserfreien, nichtflüchtigen, bas. Umesterungskatalysators, bes. eines Metallalkoxids, Unterbrechung der Umesterung durch Zusatz einer verd. anorgan. Säure oder von NH_4OH u. Rk. des gebildeten Prod. mit in einem Lsgm. gelöstem NH_3. Nach Abtrennung des entstandenen Carbaminsäureesters wird das nicht umgesetzte substituierte Glycerin durch Hydrolyse zurückgewonnen u. weiterverwendet. — *Glyceringuajakoläthermonocarbamat*, F. 93—95° (Isopropanol), a) aus Glyceringuajakoläther (**III**) durch 2std. Schmelzen mit CH_3ONa (**IV**) u. **II** unter Abdest. von A., Zusatz von NH_4OH, Erhitzen auf 150°, 15std. Rühren des Rk.-Prod. mit NH_3-haltigem Isopropanol, $^1/_4$std. Kochen u. heißes Filtrieren; 63,2% (Ausbeute); b) aus **III** mit Na statt **IV** u. **II**; 55%. — Ähnlich: *Mephenesincarbamat*, F. 92—93,5° (Bzl.), aus **I** mit **IV** u. **II**; 48,7%. (**Oe. P. 207 852** vom 20/1. 1958, ausg. 10/3. 1960. A. Prior. 22/1. 1957.)
EBERHARD RIEDEL. H 1280

Ministerul Industriei Petrolului si Chimiei (Erfinder: Jacques Marcus, Alexandru Bârdeanu und Zoe Teodorescu), Bukarest, Rumänien, **Herstellung von vic-m-Xylidin** (2.6-*Dimethylanilin*; I) aus m-Xylol durch Nitrierung zu 2.4.6-Trinitro-m-xylol, Red. zu 2-Nitro-4.6-diamino-m-xylol (**II**), Abspaltung der Aminogruppen mit Nitrit-Lsg. u. H_3PO_2 in einem organ. Lsgm., bes. einem niederen Alkohol, u. Red. von erhaltenem 2-Nitro-m-xylol (**III**). — 45 (g) **II**, 180 50%ig. H_3PO_2 u. 200 ml A. werden gekocht, 52,5 $NaNO_2$ in 75 ml W. werden rasch zugesetzt u. das Rk.-Gemisch wird 1 Std. lang gekocht: 20 **III**. 40 **III** werden mit 250 ml konz. HCl, 250 ml CH_3COOH (1 : 1) u. 130 Zn bei 50—60° red., nach 24std. Stehen wird filtriert, mit 40%ig. NaOH auf pH 8—9 gebracht, mit Wasserdampf dest., das Destillat mit Bzl. extrahiert u. der Extrakt fraktioniert: **I**, Kp. 210—220°; 75% Ausbeute. *Formyl-Deriv.*, F. 164—165°. *Acetyl-Deriv.*, F. 176,5°. (**D. P. [DDR] 22 517** Kl. 12q vom 23/5. 1957, ausg. 8/1. 1962 [Ausschließungspatent]. Rumän. Prior. 9/6. 1956.)
L. GROSSNER. H 1310

Farbenfabriken Bayer Akt.-Ges., Leverkusen (Erfinder: Rudolf Stroh, Josef Ebersberger, Hans Haberland, Leverkusen, und Willi Hahn, Köln), **Herstellung von am Kern alkylierten aromatischen Diaminen** durch katalyt. Alkylierung der Amine mit Olefinen bei erhöhter Temp. u. erhöhtem Druck. Als Katalysator werden von aromat. Monoaminen abgeleitete Al-Arylamide, ggf. zusammen mit $AlCl_3$, verwendet.

— Aus Toluylendiamin-(2.4) u. C_2H_4 wird bei 280° u. 200 at in Ggw. von Al-Anilid hauptsächlich *1-Methyl-3.5-diäthylphenylendiamin-(2.4)*, $Kp._5$ 150—151°; *Diacetyl-Verb.*, F. 310—311° erhalten. — Analog: *1-Methyl-3.5-diäthylphenylendiamin-(2.6)*, F. 50—51°, $Kp._5$ 152—155°. — *2-Äthylphenylendiamin-(1.3)*, $Kp._{10}$ 152°; *Diacetyl-Verb.*, F. 333 bis 335°. — *4-Äthylphenylendiamin-(1.3)*, $Kp._{10}$ 160°; *Diacetyl-Verb.*, F. 229—230°. — *4.6-Diäthylphenylendiamin-(1.3)*, $Kp._{10}$ 167—168°; *Diacetyl-Verb.*, F. 272—274°. — *4.6-Dimethyl-2-äthylphenylendiamin-(1.3)*, F. 64—65°, $Kp._7$ 154°; *Diacetyl-Verb.*, F. 335 bis 337°. — *Monoisopropyltoluylendiamin-(2.4)*, $Kp._5$ 148°. — *Zwischenprodd.* z. B. für *Farbstoffe* u. *Pharmaceutica.* (**Holl. P. 98 194** vom 9/4. 1956, ausg. 15/6. 1961.)
F. BÖHM. H 1310

Ciba Akt.-Ges., Basel (Erfinder: Armin Caliezi, Basel, und Hansrolf Löffel, Neu-Allschwil), Schweiz, **Herstellung von 2.5-Dianilinoterephthalsäure** (**I**) durch Dehydrierung des entsprechenden 3.6-Dihydro-I-diäthylesters mit Luft, dad. gek., daß die Rk. in Ggw. einer solchen Gew.-Menge eines aromat. Amins (**II**), bes. von Anilin (**IV**) oder dem **II**, von dem sich die zu dehydrierende Verb. ableitet, als Verdünnungsmittel (**III**) durchgeführt wird, die mindestens der Gew.-Menge der zu dehydrierenden Verb. entspricht, wobei ggf. noch weitere **III** verwendet werden können, deren Gew.-Mengen jedoch höchstens so groß wie die von **II** sein dürfen. Es werden höchstens 10 (Gew.-Teile) **II** je 1 3.6-Dihydro-I-Ester verwendet, u. es wird bes. bei 50—150° gearbeitet. Es werden z. B. 20 (Teile) Succinylobernsteinsäurediäthylester (**V**), 200 **IV** u. 0,2 **IV**-Hydrochlorid 5 Std. lang auf 100° erhitzt, bei gleicher Temp. 12—16 Std. lang Luft durch die Lsg. geleitet, im Vakuum **IV** entfernt, der Rückstand mit 10 NaOH, 20 W. u. 200 A. 5 Std. lang gekocht, mit 1000 W. versetzt u. filtriert. Durch Ansäuern werden 27,2 **I** (= 100% Ausbeute bezogen auf **V**) erhalten; Ausbeute bei 150° ca. 95%, Rk.-Dauer bei 50° 24 Stunden. — Aus **V** werden durch Oxydation in Ggw. von p-Toluidin u. dessen Hydrochlorid *2.5-Bis-[p-toluidino]-terephthalsäure* erhalten. — An Stelle von **IV** kann auch Pyridin oder Picolin verwendet werden. — *Zwischenprod.* zur Herst. des Rotpigments Chinacridon. (**D. A. S. 1 118 215** Kl. 12q vom 15/6. 1960, ausg. 30/11. 1961. Schwz. Prior. 19/6. 1959.)
O. MÜLLER-MEININGEN. H 1350

Farbenfabriken Bayer Akt.-Ges., Leverkusen (Erfinder: Gerhard Schrader, Wuppertal), **Herstellung von Thionophosphonsäureestern** der allg. Formel **I**, in der R einen aliphat., aromat. oder heterocycl. Rest bedeutet u. R_1 ein H oder eine Alkylgruppe darstellt, dad. gek., daß Dithiophosphonsäureanhydride der allg. Formel $R-P(=S)_2$ mit Alkylenoxiden der Formel H_2C——$CH-R_1$ (über O verbrückt) umgesetzt werden. — Pro-

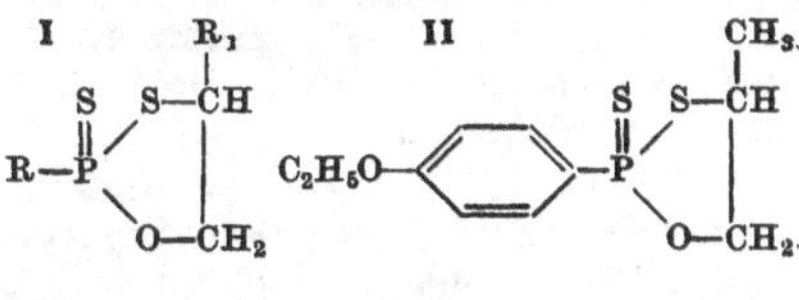

pylenoxid (**III**) u. p-Äthoxyphenyldithiophosphonsäureanhydrid werden bei 35° 2 Std. lang gerührt; dann wird im Vakuum überschüssiges **III** abdestilliert. Ein viscoses, in W. nicht lösl. Öl der Formel **II** wird erhalten. — Schädlingsbekämpfungsmittel, Zusätze für Schmieröle. (**D. A. S. 1 104 520** Kl. 12q vom 10/9. 1959, ausg. 13/4. 1961.)
G. KÖNIG. H 1380

Dow Chemical Co., übert. von: Roger F. Monroe, Midland, Mich., V.St.A., **Stabilisieren von Dichlorstyrolen** durch Zusatz von 0,05—0,5% von als Polymerisationsinhibitoren wirkenden Polyalkylenpolyaminen mit bis zu 5 Alkylengruppen, wie Triäthylentetramin, Tetraäthylenpentamin, N.N-Dimethyl-1-äthinylcyclohexylamin, Diisopropyl-N-propargylamin, Diisopropylamin u. Diisopropyl-N-allylamin. (**A. P. 2 926 200** vom 2/5. 1957, ausg. 23/2. 1960.)
W. GRÄGER. H 1410

J. R. Geigy Akt.-Ges. (Erfinder: Heinrich Häusermann), Basel, Schweiz, **Herstellung von Derivaten des 4-Nitro-2-sulfostyrols,** dad. gek., daß 4-Nitro-1-methylbenzol-2-sulfonsäure in Form ihrer schmelzbaren oder organ. lösl. Salze mit starken anorgan. oder organ. Basen [Li-, Na-, K-, Mg-Salze oder Salze sek. Amine der aliphat. u. cycloaliphat. Reihe, wie von $(CH_3)_2NH$ oder Piperidin], ggf. in Ggw. von hydrophilen organ. Lsgm. [$HCON(CH_3)_2$, $CH_3CON(CH_3)_2$, CH_3CONH_2, N-Methylacetanilid, $(CH_3)_2 \cdot SO$, $(C_2H_5)_2SO$, $(CH_3)_2SO_2$, Tetramethylensulfon] mit einem aromat. Aldehyd oder mit einem heterocycl. Aldehyd mit aromat. Charakter oder mit einem reaktionsfähigen Deriv. eines solchen Aldehyds (Benzaldehyd, dessen Alkyl-, Alkoxy-, Cyan-, Alkyl- oder Arylsulfon-, Sulfonsäureamid-, Acylamino- oder Dialkylamino-Substitutions-Prodd., Naphthaldehyde, Thiophen-2-aldehyd, Furfurol, Isophthal- oder Terephthalaldehyd) in Ggw. einer starken sek. N-Base (Piperidin) als Kondens.-Mittel bei >100°, zweckmäßig bei 120—160°, bes. bei 140—150°, kondensiert wird. So werden z. B. die

Na-Salze von 4-Nitrostilben-2-sulfonsäure, 4-Nitro-4'-acetylamino-2'-methoxystilben-2-sulfonsäure, 4-Nitro-4'-methoxystilben-2-sulfonsäure, das Di-Na-Salz von 1.4-Bis-[2'-sulfo-4'-nitrostyryl]-benzol oder das Na-Salz von 2-[4-Nitro-2-sulfostyryl]-thiophen erhalten. Durch Red. der Nitro- zur Aminogruppe werden *4-Aminostilben-2-sulfonsäuren* erhalten, die *zur Herst.* von chlorechten, *opt. Aufhellungsmitteln*, bes. der 2-Stilbyl-4.5-arylo-1.2.3-triazolreihe dienen. (**Schwz. P. 354 070** vom 29/4. 1957, ausg. 30/6. 1961.) W. Gräger. H 1490

Eugen Müller (Erfinder: Eugen Müller, Gerd Schmid, Ulrich Heuschkel und Karsten Witte), Tübingen, **Herstellung von Oximen cycloaliphatischer Ketone beziehungsweise deren Hydrochloriden** durch Rk. von cycloaliphat. KW-Stoffen mit nitrosierend wirkenden Stoffen unter der Einw. von Aktivierungsmitteln, gewünschtenfalls unter Druck u. unter Anwendung von fl. Verdünnungsmitteln u. ggf. Isolieren der Oxime aus den zunächst entstehenden Oximhydrochloriden mittels alkal. wirkender Substanzen, dad. gek., daß NO u. HCl als Nitrosierungsmittel u. energiereiche Strahlung als Aktivierungsmittel verwendet werden. — Cyclohexan wird mit HCl gesätt. u. 91 Min. lang mit Elektronen, deren Anfangs-Geschw. 2 MeV beträgt, unter Durchleiten von 10 Liter NO/Std. u. 10 Liter HCl/Std. bestrahlt. Die Leistung beträgt 50 W. Das gebildete Öl wird in W. gelöst, die Cyclohexan-Lsg. mit NaOH ausgeschüttelt u. die wss. Lsg. des Öles mit dem alkal. Auszug vereinigt. *Cyclohexanonoxim*, F. 87—88° (PAe.) wird erhalten. Aus Cyclooctan wird *Cyclooctanonoxim*, F. 40—41° (PAe.) erhalten. — Verw. zur Herst. von synthet. Fasern u. Kunststoffen. (**D. A. S. 1 095 272** Kl. 12o vom 16/3. 1959, ausg. 22/12. 1960.) G. König. H 1960

E. I. du Pont de Nemours & Co., Wilmington, Del. (Erfinder: Robert Everett Foster, Hockessin, Del., und Arthur Francis Kirby, Woodbury, N.J.), V.St.A., **Ketoxime**, bes. *Cyclohexanonoxim*, werden in Ausbeuten bis zu 79,2% durch katalyt. Hydrierung eines Nitrocycloalkans oder sek. Nitroalkans in Ggw. eines Hydrierungskatalysators, bes. eines Metalls der VIII. Nebengruppe des Period. Syst. (Pd, Pt, Ni, Co), dem elementares Pb oder eine Pb-Verb. (PbO, PbO_2) zugemischt wurde, bes. bei 100—150° u. Normaldruck bis zu Drücken von ca. 1000 at, ggf. in Ggw. eines Verdünnungsmittels (W., niedermol. Alkohole, deren Gemische, Cyclohexan, Cyclohexylamin), erhalten. Bei dem Verf. wird die unerwünschte Bldg. von Nebenprodd. (Aminen, Hydroxylaminen) stark zurückgedrängt. (**D. A. S. 1 108 212** Kl. 12o vom 27/8. 1959, ausg. 8/6. 1961. **Zusatz zu D. A. S. 1 073 490; C. 1961. 1417. E. P. 860 340** vom 18/8. 1959, ausg. 1/2. 1961. Beide A. Prior. 28/1. 1959. **A. P. 2 967 200** vom 28/1. 1959, ausg. 3/1. 1961.) R. Hauss. H 1960

Firmenich & Cie. (Erfinder: Bruno Willhalm), Genf, Schweiz, **Isomere 1.1.6-Trimethyl-6-hydroxyoktahydronaphthaline,** $Kp._{0.03}$ 63—66°; $D._4^{20}$ 0,967—0,968; n_D^{20} 1,499—1,500, werden durch Cyclisieren von α-Dihydrojonon (= α-I) bzw. α- u. γ-I enthaltenden Gemischen, die bes. durch Behandeln von Geranylaceton mit pyridinhaltiger H_3PO_4 hergestellt worden sind, mit pyridinhaltiger H_3PO_4, die 2—8% Pyridin enthält, bei 2—4°, erhalten. (**D. A. S. 1 049 854** Kl. 12o vom 24/5. 1957, ausg. 5/2. 1959. **E. P. 813 018** vom 30/4. 1957, ausg. 6/5. 1959. **Zusatz zu E. P. 794 417; C. 1960. 8709.** Beide Schwz. Prior. 13/6. 1956. **Schwz. P. 339 619** vom 13/6. 1956, ausg. 31/8. 1959.) R. Hauss. H 2700

Ciba Akt.-Ges., Basel (Erfinder: Hans Batzer, Arlesheim, Erwin Nikles, Basel), Schweiz, **Herstellung von neuen stickstoffhaltigen Epoxyverbindungen** der allg. Formel **I**, worin R_{1-9} u. R'_{1-9} für einwertige Substituenten, wie Halogenatome oder aliphat., cycloaliphat., araliphat. oder aromat. KW-Stoffreste, bes. für niedere Alkylreste mit 1—4 C-Atomen oder für H stehen, R_1 u. R_5 bzw.

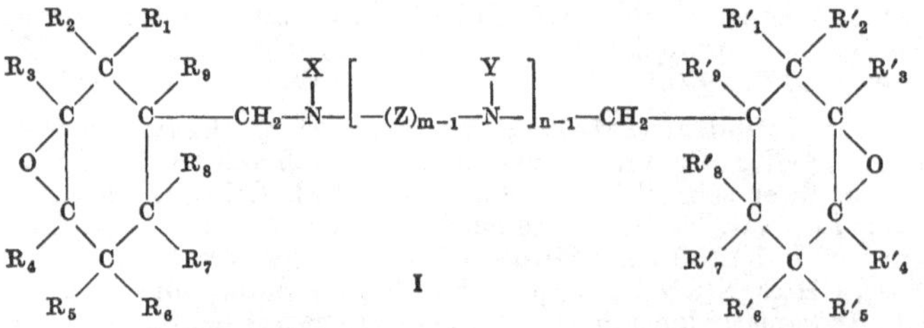

I

R'_1 u. R'_5 zusammen auch einen 2wertigen Substituenten, wie eine CH_2-Gruppe, bedeuten können, X u. Y Acyl-, Carbalkoxy-, Carbaryloxy-, Carbaminyl-, Cyan- oder Sulfonylreste bedeuten, Z für einen 2wertigen Rest, der durch eine funktionelle Gruppe oder durch Heteroatome, wie N, O oder S-Atome, unterbrochen sein kann, bes. einen Alkylen- oder Phenylenrest, steht u. m eine ganze Zahl im Werte von höchstens 2 u. n eine kleine ganze Zahl bedeutet, dad. gek., daß Verbb. der Formel **II**, worin R, R',

X, Y, Z, m u. n die oben angegebene Bedeutung haben, mit epoxydierenden Mitteln, wie CH_3CO_2OH oder Perbenzoesäure, behandelt werden. — Bis-[Δ^3-tetrahydrobenzyl]-amin, Kp.$_{14}$ 162—164°, n_D^{20} 1,5059,

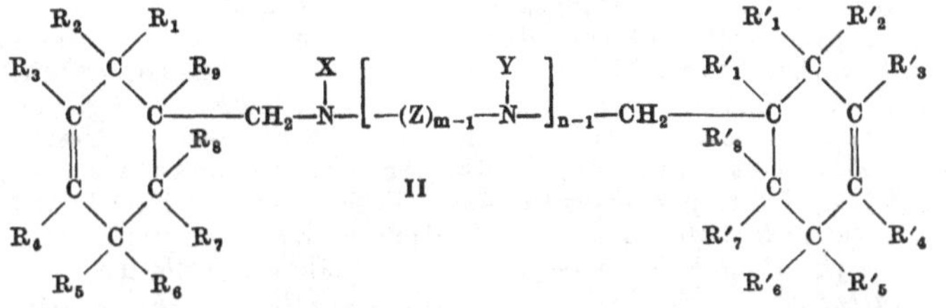

II

wird in Ggw. von Na_2SO_4 u. Bzl. mit 85%ig. HCOOH gekocht bis das Destillat klar abläuft, anschließend wird das Lsgm. u. die überschüssige Ameisensäure im Vakuum abgedampft. Es wird *N.N-Bis-[Δ^3-tetrahydrobenzyl]-formamid*, $C_{15}H_{23}NO$, Kp.$_{0,2}$ 141°, n_D^{20} 1,5218, erhalten. Diese Verb. wird in Bzl. gelöst, CH_3COONa u. CH_3CO_2OH unter Kühlung zugesetzt u. 60 Min. lang auf 29° gehalten. Die untere wss. Schicht wird abgetrennt, Bzl. 3mal mit W., 2n Soda u. NaH_2PO_4-Lsg. gewaschen, während die wss. Teile mit Bzl. extrahiert werden. Die vereinigten Extrakte werden über Na_2SO_4 getrocknet u. eingedampft. Es wird *N.N-Bis-[3.4-epoxyhexahydrobenzyl]-formamid*, Epoxyd-Geh.: 6,8 Äquivalente pro kg, erhalten. — N.N-Bis-[Δ^3-tetrahydrobenzyl]-acetamid, $C_{16}H_{25}NO$, Kp.$_{0,05}$ 134—136°. → *N.N-Bis-[3.4-epoxyhexahydrobenzyl]-acetamid.* — N.N-Bis-[Δ^3-tetrahydrobenzyl]-p-toluolsulfonamid, $C_{21}H_{29}NO_2S$, F. 95—96°, (CH_3OH). → *N.N-Bis-[3.4-epoxyhexahydrobenzyl]-p-toluolsulfonamid*, $C_{21}H_{29}NO_4S$, F. 131—132° (CH_3OH). — N.N-Bis-[Δ^3-tetrahydrobenzyl]-urethan, $C_{17}H_{27}NO_2$, Kp.$_{0,02}$ 131—136°, n_D^{20} 1,5006. → *N.N-Bis-[3.4-epoxyhexahydrobenzyl]-urethan.* — N.N-Bis-[Δ^3-tetrahydrobenzyl]-cyanamid, Kp.$_{0,04}$ 144—148°, n_D^{20} 1,5157. → *N.N-Bis-[3.4-epoxyhexahydrobenzyl]-cyanamid.* — Di-Schiffsche Base aus Δ^3-Tetrahydrobenzaldehyd u. $H_2NCH_2 \cdot CH_2NH_2$, $C_{16}H_{24}N_2$, Kp.$_{0,01}$ 117—126°, n_D^{20} 1,5177. → *N.N'-Bis-[Δ^3-tetrahydrobenzyl]-äthylendiamin*, $C_{16}H_{28}N_2$, Kp.$_{0,05-0,08}$ 132—142°, n_D^{20} 1,5092; daraus mit $(CH_3CO)_2O$: *N.N'-Diacetyl-N.N'-bis-[Δ^3-tetrahydrobenzyl]-äthylendiamin*, $C_{20}H_{32}N_2O_2$, Kp.$_{0,07}$ ca. 200°; daraus mit CH_3CO_2OH: *N.N'-Diacetyl-N.N'-bis-[3.4-epoxyhexahydrobenzyl]-äthylendiamin*, F. 128—129° (CCl_4). — Di-Schiffsche Base aus Δ^3-Tetrahydrobenzaldehyd u. Hexamethylendiamin, $C_{20}H_{32}N_2$, Kp.$_{0,05}$ 154—159°, n_D^{20} 1,5074. → *N.N'-Bis-[Δ^3-tetrahydrobenzyl]-hexamethylendiamin*, $C_{20}H_{36}N_2$, Kp.$_{0,05}$ 150—160°, n_D^{20} 1,5032. → *N.N'-Diacetyl-N.N'-bis-[3.4-epoxyhexahydrobenzyl]-hexamethylendiamin.* — *N.N'-Bis-[Δ^3-tetrahydrobenzyl]-hexamethylendiurethan*, $C_{26}H_{44}N_2O_3$, Kp.$_{0,4}$ ca. 200°. → *N.N'-Bis-[3.4-epoxyhexahydrobenzyl]-hexamethylendiurethan.* — Di-Schiffsche Base aus Δ^3-Tetrahydrobenzaldehyd u. p-Phenylendiamin, Kp.$_{0,03}$ ca. 200°. → *N.N'-Bis-[Δ^3-tetrahydrobenzyl]-p-phenylendiamin*, $C_{20}H_{28}N_2$, F. 96° (Cyclohexan). → *N.N'-Diacetyl-N.N'-bis-[3.4-epoxyhexahydrobenzyl]-p-phenylendiamin.* — N.N-Bis-[Δ^3-tetrahydrobenzyl]-stearinsäureamid. → *N.N'-Bis-[3.4-epoxyhexahydrobenzyl]-stearinsäureamid.* — Die neuen Epoxy-Verbb. können gehärtet u. als Textilhilfs-, Anstrichmittel, Lacke, Preßmassen, Spachtelmassen, Klebemittel verwendet werden. (**D. A. S. 1 087 594** Kl. 12o vom 1/4. 1959, ausg. 25/8. 1960. Schwz. Prior. 2/4. u. 23/7. 1958.) G. König. H 3030

Merck & Co., Inc. (Erfinder: John Douglas Garber, Robert Ellery Jones und Robert Allen Gasser), **5-Aminomethyltetrahydrofurfurylalkohole.** Durch reduzierende Aminierung von 5-Hydroxymethylfurfurol mit NH_3 → *5-Aminomethyltetrahydrofurfurylalkohol* (**I**), mit $C_2H_5NH_2$ → *N-Äthyl-***I**, mit $(C_2H_5)_2NH$ → *N.N-Diäthyl-***I** u. mit $HOCH_2CH_2NH_2$ → *N-[β-Hydroxyäthyl]-***I**, Kp.$_{0,2-0,3}$ 135—143°. (**Aust. P. 227 388** vom 16/10. 1957, ausg. 14/4. 1960.) C. Lüttgen. H 3061

Farbwerke Hoechst Akt.-Ges., vormals Meister Lucius & Brüning, Frankfurt/M. (Erfinder: Hans Fiesselmann, Erlangen, und Hans Habicht, Kelkheim/Taunus), **Herstellung von substituierten Thiophen-2-carbonsäureestern beziehungsweise den freien Carbonsäuren** der allg. Formel **I**, in der R_2 für H, Alkyl oder Acyl, R_3 für Alkyl oder einen ggf. substituierten Arylrest sowie R_4 für H oder einen niedrigmol. Alkylrest steht u. in der die Reste R_2 u. R_3 auch zu einem alicycl. Ring geschlossen sein

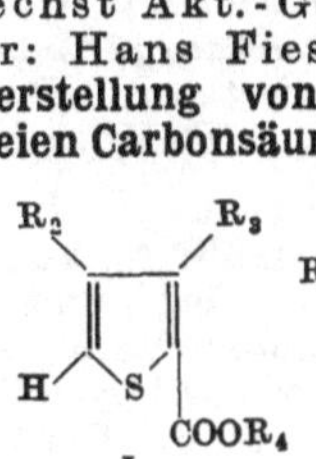

I

R_2—CH—CO—R_3 / CH—S—CH_2—$COOR_4$ / S—CH_2COOR_4 (II) oder R_2—C—CO—R_3 / ‖ / CH—S—CH_2—$COOR_4$ (III)

können, dad. gek., daß Thioglykolsäure oder deren Ester der allg. Formel HS—CH_2—$COOR_4$ mit β-Ketoaldehyden der allg. Formel H(O)C—CH(R_2)—CO—R_3 bzw. deren

Acetalen oder Alkoxymethylen-Verbb. behandelt werden, die in den erhaltenen Mercaptal- oder Carboxymethylmercaptomethylen-Verbb. der allg. Formeln **II** oder **III** ggf. vorhandenen Carboxylgruppen verestert werden, durch Behandlung mit alkal. Kondens.-Mitteln Ringschluß herbeigeführt wird u. ggf. die erhaltenen Thiophen-2-carbonsäureester verseift werden. Die Zugabe geringer Mengen H-Ionen z. B. in Form von konz. HCl, ist vorteilhaft. Rk.-Temp. bis 150°. Es werden folgende Verbb. hergestellt: *3.4-Dimethylthiophen-2-carbonsäure*, F. 187—188°, CH_3OH; *3.4-Dimethylthiophen-2-carbonsäuremethylester*, F. 34°, CH_3OH; als Zwischenprod. wird *2-[Carbomethoxymethylmercaptomethylen]-butanon-(3)*, F. 31°, Stäbchen, erhalten. — *3-Äthyl-4-methylthiophen-2-carbonsäure*, F. 111—112°, verd. CH_3OH; *3-Äthyl-4-methylthiophen-2-carbonsäuremethylester*, $Kp._{0,05}$ 87—88°. — *3.4-Tetramethylenthiophen-2-carbonsäure*, F. 205—206° (CH_3OH); *3.4-Tetramethylenthiophen-2-carbonsäuremethylester*, $Kp._{0,1}$ 126—127°; *3.4-Tetramethylenthiophen-2-carbonsäureäthylester*, $Kp._{0,1}$ 136—137°, $Kp._{0,05}$ 118°. — *3-Phenyl-4-methylthiophen-2-carbonsäure*, F. 167—168° (CH_3OH); *Methylester* $Kp._{0,05}$, 137°. — *3-[p-Tolyl]-thiophen-2-carbonsäure*, F. 175°; Nadeln; *Methylester*, $Kp._{0,1}$ 148—150°. — *3-[p-Anisyl]-thiophen-2-carbonsäure*, F. 170—171° (Bzl.); *Methylester*, F. 102° (CH_3OH). — *3-Phenylthiophen-2-carbonsäure*, F. 205—206° (verd. CH_3OH); *Methylester*, F. 119° (80%ig. CH_3OH). — *3-Methylthiophen-2-carbonsäure*, F. 144—145° (W.); *Methylester*, $Kp._{12}$ 101°. — *3-Methylthiophen-2-carbonsäureäthylester*, $Kp._{12}$ 108—109°. — *3-Isobutylthiophen-2-carbonsäure*, F. 84° (W./CH_3OH); *Methylester*, $Kp._{0,05}$ 79°. — *3-Methyl-4-acetylthiophen-2-carbonsäureäthylester*, F. 89° (verd. A.). Als Zwischenprod. wird *[Carbäthoxymethylmercaptomethylen]-acetylaceton*, F. 43° (A.), $Kp._{0,1}$ 151°, erhalten. — Zwischenprodd. für die Herst. von Heilmitteln u. Farbstoffen. (**D. A. S. 1 092 929** Kl. 12q vom 16/4. 1959, ausg. 17/11. 1960.) G. König. H 3071

Eli Lilly & Co., Indianapolis, übert. von: Granville Bruce Kline, Greenwood, und Edwin R. Shepard, Indianapolis, Ind., V.St.A., **Herstellung von Pyrrolidin**, dad. gek., daß Putrescin mit Ni-Kieselgur als Katalysator auf 100—160° erhitzt wird, wobei *Pyrrolidin* unter NH_3-Entw. überdestilliert. Das Verf. kann auch kontinuierlich gestaltet werden. (**A. P. 2 952 688** vom 20/1. 1958, ausg. 13/9. 1960.) W. Heyer. H 3081

Minnesota Mining & Mfg. Co., St. Paul, übert. von: Temple Clayton, White Bear Lake, Minn., V.St.A., **Reinigung von Pyrrolidon.** Das rohe Prod. wird mit ca. 0,2—20 Gew.-% P_2O_5 vermischt, u. das Gemisch unter vermindertemDruck dest. u. reines Pyrrolidon aus dem Destillat isoliert. (**A. P. 2 944 944** vom 3/3. 1958, ausg. 12/7. 1960.) W. Heyer. H 3081

Monsanto Chemical Co., St. Louis, Mo., übert. von: Howard E. Clements, La Marque, Tex., V.St.A., **Reinigung von N-Methylpyrrolidon,** das mit kleinen Mengen Butyrolacton (**I**) verunreinigt ist, dad. gek., daß das Ausgangs-Prod. bei ca. 25° etwa 10 Min. lang mit einer wss. NaOH-Lsg. behandelt wird, deren Menge um ca. 50 bis 100% größer ist als für die Hydrolyse von **I** erforderlich ist. Die Rk.-Lsg. wird neutralisiert u. reines *N-Methylpyrrolidon* durch Dest. isoliert. (**A.P. 2 964 535** vom 22/7. 1957, ausg. 13/12. 1960.) W. Heyer. H 3081

VEB Berlin-Chemie (Erfinder: Hans Geipel), Berlin-Adlershof, **Isolierung von l-Prolin (I), l-Hydroxyprolin (II) und l-Arginin (III) aus Gelatine-Hydrolysat,** dad. gek., daß ein durch Hydrolyse von Gelatine erhaltenes Aminosäuregemisch mit CH_3OH behandelt, aus dem hierbei erhaltenen in CH_3OH unlösl. Nd. nach Lösen in W. **III** als Flavianat abgeschieden, der nach Abdestillieren von CH_3OH erhaltene Rückstand mit A. behandelt, wobei sich im A. **I** löst, das z. B. als Pikrat isoliert werden kann, u. der in A. unlösl. Teil in W. gelöst, durch Zusatz von Flaviansäure zunächst restliches **III** entfernt u. nach Eindampfen des Filtrats **II** als Pikrat isoliert wird. (**D. A. S. 1 114 822** Kl. 12q vom 20/5. 1960, ausg. 12/10. 1961.) O. Müller-Meiningen. H 3081

Joh. A. Benckiser G. m. b. H., Chemische Fabrik, Ludwigshafen/Rh. (Erfinder: Friedrich Krüger, Hamburg), **Herstellung von Pyrrolderivaten** durch Kondens. von gemäß D. P. [DDR] 20 479 erhaltenen Verbb. mit mindestens einer Carbonylgruppe am Ring mit Aminogruppen enthaltenden Verbb., ggf. in Ggw. von Eisessig. — 2,4 (g) 2-Methyl-3-acetyl-5-[tetrahydroxybutyl]-pyrrol (**I**), 1,5 N_2H_4 (80%ig.) u. 20 cm³ A. werden 5 Std. lang zum Sieden erhitzt, die Lsg. wird bei Zimmer-Temp. eingeengt, der Rückstand in Aceton aufgenommen u. der Kristallisation überlassen: *Bis-***I***-azin*, F. 134° (Zers.). Aus dem Filtrat wird durch Zusatz von ca. 100 cm³ Aceton ein **I***-Acetonazin*, F. 136° (Zers.), erhalten. (**D. P. [DDR] 21 686** Kl. 12p vom 12/6. 1958, ausg. 7/8. 1961 [Ausschließungspatent]. **Zusatz zu D. P. [DDR] 20 479; C. 1962. 3989.**) L. Grossner. H 3081

Houdry Process Corp., übert. von: William E. Erner, Wilmington, Del., George Alexander Mills, Swarthmore, und Robert K. Smith, Springfield, Pa., V.St.A., **Herstellung von Indol,** dad. gek., daß ein o-Alkylanilin, wie o-Äthylanilin-o-Isopropylanilin, o.o'-Diäthylanilin oder N-Methyl-o-toluidin bei 750—900° F, bes. 850° F, mit H_2 ein Mol-Verhältnis 1:3 bis 1:9 behandelt wird unter Verw. eines halogen freien, nichtsauren Pt- oder Pd-Katalysators. (**A. P. 2 953 575** vom 8/11. 1955, ausg. 20/9. 1960.) W. HEYER. H 3081

Merck & Co., Inc., Rahway, N.J., V.St.A., **Herstellung von aliphatischen α-[Benzylindolyl-(3)]-carbonsäuren mit einem 1-substituierten Indolylrest.** Ein Benzylester einer starken Säure, bes. einer Mineralsäure, der funktionell substituiert ist, wird in alkal. Lsg. mit einer aliphat. α-[Indolyl-(3)]-carbonsäure umgesetzt, die eine niedrigmol. Alkylgruppe enthält. — Beispiele: α-[1-(p-Chlorbenzyl)-2-methyl-5-methoxy-indolyl-(3)]-propionsäure aus α-[2-Methyl-5-methoxyindolyl-(3)]-propionsäure u. p-Chlorbenzylchlorid; α-[1-(p-Methoxybenzyl)-2-methyl-5-methoxyindolyl-(3)]-propionsäure. (**Port. P. 37 552** vom 3/9. 1960, Auszug veröff. 27/5. 1961. A. Prior. 3/9. 1959.) A. KALIX. H 3081

Ciba Ltd., Basel, Schweiz, **Herstellung von α.β-Bis-[aryloxazolyl-(2)]-äthylenverbindungen.** Zu F. P. 1 154 528; C. **1959.** 5301 ist nachzutragen: Die durch Kondens. von 1 (Mol) Äpfelsäure mit 2 1-Amino-2-hydroxy-5-chlorbenzol erhaltene Verb. besitzt einen F. von 221—222,5°. (**Holl. P. 97 631** vom 16/6. 1956, ausg. 17/4. 1961. Schwz. Prior. 17/6. 1955.) F. BÖHM. H 3132

I. L. Kotljarewskij und L. I. Bjereschtschagin, **Herstellung von Pyridin-Homologen.** Aus Methyl-[vinyläthinyl]-carbinol (I) u. NH_3 wird bei 350—470° in Ggw. von Katalysatoren, wie $CdHPO_4/CaHPO_4$ (**II**), CdO/Al_2O_3, $Cr_2O_3/MgO/Al_2O_3$ oder Al_2O_3 ein Gemisch aus Picolinen u. 2.4-Lutidin (**III**) erhalten. I u. NH_3 wird im Mol-Verhältnis 1:4 bei 370° u. einer Vol.-Geschw. von 1,2 Liter/Liter Katalysator in der Std. über eine Schicht von **II** (20:80) strömen gelassen. Es wird überwiegend α- u. *γ-Picolin* u. **III** erhalten. (**UdSSR. P. 117 787** vom 17/7. 1958. **Zusatz zu UdSSR. P. 116883; C. 1961. 11896.**) B. PANKOW. H 3231

Phillips Petroleum Co. (Erfinder: Donald Henry White und John Matthew Folz), Bartlesville, Okla., V.St.A., **Herstellung von Alkenylpyridinen** durch Dehydrieren von Alkylpyridinen, dad. gek., daß z. B. 2-Methyl-5-äthylpyridin, 3-Äthylpyridin, 3-Äthyl-4-methylpyridin oder 5-Isopropyl-2-methylpyridin auf 350 bis 400° F bei 10—20 lbs./sq. in. erhitzt, der Druck auf 5—10 lbs./sq. in. red., das dampfförmige Alkylpyridin bei 1200—1500° F mit Dampf vermischt, das Gemisch über einen dehydrierenden Katalysator geleitet u. das Alkenylpyridin, z. B. *2-Methyl-5-vinylpyridin, 3-Vinylpyridin, 3-Vinyl-4-methylpyridin* oder *5-Isopropenyl-2-methylpyridin* durch fraktionierte Dest. isoliert wird. (**E. P. 845 740** vom 3/4. 1958, ausg. 24/8. 1960.) W. HEYER. H 3231

Gesellschaft für Teerverwertung m. b. H. (Erfinder: Hans Wille, Rudolf Oberkobusch und Ludwig Rappen), Duisburg, **Gewinnung von technisch reinem beziehungsweise reinstem Lepidin aus den bei 260—265° zu 90% übergehenden gereinigten Chinolinbasennachläufen des Steinkohlenteers,** dad. gek., daß den genannten Basengemischen o-Kresol zugesetzt, die erhaltene krist. o-Kresol/Lepidin-Additions-Verb. nach bekannten Meth. abgetrennt u. bes. mit Lauge zerlegt wird. Die so in Freiheit gesetzten organ. Basen werden durch fraktionierte Dest. zu techn. reinem *Lepidin* aufgearbeitet. Ggf. wird dieses Prod. in Ggw. eines Lsgm. wie CCl_4, mit o-Kresol versetzt, die gebildete krist. Additions-Verb. abgeschleudert, ausgewaschen, wie oben angegeben zerlegt u. aus dem erhaltenen bas. Prod. durch frakt. Dest. reinstes *Lepidin* isoliert. — *Lepidinsulfat,* F. 227—228°. (**D. A. S. 1 110 644** Kl. 12p vom 3/9. 1956, ausg. 13/7. 1961.) W. HEYER. H 3231

A. Ss. Ssadykow und O. Ss. Otroschtschenko, **Gewinnung von α.β-Dipiperidyl durch Hydrierung von Anabasin** in alkal. Lsg. in Ggw. von Ni-Katalysator bei erhöhter Temp. u. 100—110 at. Zu 16,2 g Anabasin in 50 ml W. werden 20 cm^3 Ni-Mohr u. 2—3 ml 10%ig. Alkali-Lsg. gegeben, u. mit 110 at H_2 wird 3 Std. bei 100 bis 130° hydriert. Das Rk.-Prod. wird mit Chlf. extrahiert, Chlf. verdampft u. der Rückstand fraktioniert. Die Fraktion mit $Kp._5$ 110—120° liefert 77,99% *α.β-Dipiperidyl,* F. 67—69°. *Pikrat,* F. 217—218°. (**UdSSR. P. 118 131** vom 14/3. 1950.) L. GROSSNER. H 3231

F. Hoffmann-La Roche & Cie. Soc. An., Schweiz, **Herstellung von Indolochinolizinen,** dad. gek., daß ein 2-Oxo-1.2.3.4.6.7.12.12b-oktahydroindolo-[2.3:a]-chinolizin mit Alkali-Al- oder -B-Hydriden red. u. das entstehende Carbinol acyliert wird. — *2-Hydroxy-,* F. 262—265° (Zers.), *2-Acetoxy-,* F. 188—189°, *2-Butyroxy-,* F. 279—282° (Zers.), *2-Benzoyloxy-,* F. 163—165° (Zers.) [*Hydrochlorid,* F. 294,5—295°

(Zers.)], *2-Hydroxy-3-methyl-*, F. 270—272° (Zers.), *2-Hydroxy-9.10-dimethoxy-*, F. 245 bis 248° (Zers.), u. *2-Hydroxy-9-chlor-1.2.3.4.6.7.12.12b-oktahydroindolo-[2.3:a]-chinolizin*, F. 285—286° (Zers.), aus 2-Oxo-, 2-Oxo-3-methyl-, 2-Oxo-9.10-dimethoxy- bzw. 2-Oxo-9-chlor-1.2.3.4.6.7.12.12b-oktahydroindolo-[2.3:a]-chinolizin u. $(CH_3CO)_2O$, Buttersäure- bzw. Benzoesäureäthylester. (**F. P. 1 209 650** vom 25/8. 1958, ausg. 2/3. 1960. E. Prior. 12/9. 1957 u. 5/3. 1958.) S. BÖTTCHER. H 3231

Henkel & Cie. G. m. b. H. (Erfinder: Bruno Blaser, Hubert Schirp und Werner Stein), Düsseldorf, **Herstellung von Salzen von Carbonsäuren 6-gliedriger N-heterocyclischer Verbindungen** aromat. Charakters bzw. der entsprechenden freien Säuren gemäß Patent 1048905, nach welchem zur Herst. aromat. Carbonsäuren bzw. deren Salzen aromat. KW-Stoffe mit CO_2, das auch in gebundener Form angewandt werden kann, in Ggw. von säurebindenden Mitteln u. solchen Stoffen, die das Rk.-Wasser zu binden bzw. sich damit umzusetzen vermögen, unter Druck in Ggw. von katalyt. wirksamen Metallen oder Metall-Verbb. auf Temp. $>$ 350° erhitzt u. ggf. die erhaltenen Carbonsäuresalze nach bekannten Meth. in die freien Säuren übergeführt werden, dad. gek., daß an Stelle aromat. KW-Stoffe Pyridin, Chinolin oder Isochinolin oder deren durch KW-Stoffreste substituierte Abkömmlinge nach dem Verf. des Hauptpatents umgesetzt u. als Katalysatoren bes. die Metalle Cd, Zn, Pb, Fe oder Hg bzw. Verbb. dieser Metalle verwendet werden. — 27,6 (g) K_2CO_3, 1 CdF_2 u. 10 Al_4C_3 in 300 cm³ Pyridin werden im Autoklaven auf 400° erhitzt. Bei 50 at CO_2 Anfangsdruck u. durch weiteres Aufdrücken während des Erhitzens von CO_2 bis zu einem Druck von 950 at → *Mono-K-Salz der Trimesitinsäure.* (**D. A. S. 1 112 073** Kl. 12p vom 5/4. 1957, ausg. 3/8. 1961. **Zusatz zu D. A. S. 1048 905; C. 1959. 11406.**) W. HEYER. H 3231

Československá Socialistická Republika (Erfinder: Jaroslav Haase und Anna Böhm, Pardubice), Tschechoslowakei, **Herstellung von 9- und 11-Amino-naphth-[2.3:c]-acridantrion-(5.8.14)** (**I**), dad. gek., daß 1-Nitroanthrachinon-2-carbonsäure (**II**) mit m-Nitranilin (**III**) bei 140—200° in einem höhersd. organ. Lsgm. [o-Dichlorbenzol (**IV**)] kondensiert, das Prod. mit konz. HCl bei 70—100° zu den **I** entsprechenden 9- bzw. 11-NO_2-Verbb. cyclisiert, das 9-Nitroderiv. aus dem Rk.-Medium mit 75—80%ig. H_2SO_4 ausgeschieden, im Filtrat durch weiteres Verdünnen das 11-Nitroisomere ausgefällt wird u. beide Nitro-Verbb. in wss. Medium mit Na_2S red. werden. — Beispiel: 95,4 (g) **II** u. 60,7 **III** werden in 500 ml **IV** 5 Std. lang bei 170° gekocht, auf 20—25° wird abgekühlt, die orangeroten Prismen von 1-[3-Nitroanilino]-anthrachinon-2-carbonsäure (**V**) werden abfiltriert, gewaschen u. getrocknet; 61,7 = 79,5% (Ausbeute). 50 **V** werden in 500 ml 96%ig. H_2SO_4 3 Std. lang bei 70° behandelt u. 32,4 (68% d. Th.) des **I** entsprechenden 9-Nitroisomeren erhalten. Das Filtrat, mit H_2SO_4 weiterversetzt, gibt 13,1 (= 27,4%) des **I** entsprechenden 11-Nitroisomeren. Die Red. der NO_2-Verbb. erfolgt wie vorst. angegeben. (**Tschech. P. 97 989** vom 22/9. 1959, ausg. 15/1. 1961.) L. MACHER. H 3231

American Cyanamid Co., New York, übert. von: Leon Goldman und Joseph W. Marsico, Nanuet, N.Y., V.St.A., **Purine** der allg. Formel **I** [R_1, R_2 = H, Halogen, Alkyl, Cycloalkyl u. OH-, SH- oder NH_2-Gruppen, deren H-Atome substituiert sein können, COOH u. deren Ester, Amide u. Salze] werden erhalten durch Erhitzen eines ggf. in 2- u. 6-Stellung wie oben substituierten 4.5-Diaminopyrimidins (**II**) in Ggw. eines niedermol. Orthoameisensäureesters mit einem niedermol. Fettsäureanhydrid. — Ein Gemisch von 0,5 (Gew.-Teilen) 6-Chlor-**II**, 5 Orthoameisensäuretriäthylester (**III**) u. 5 $(CH_3CO)_2O$ (**IV**) wird 1 Std. lang auf 140° erhitzt, die Lsg. im Vakuum zur Trockne eingedampft u. der Rückstand in kalter 0,1 n NaOH aufgenommen, bis ein pH-Wert von 8,5 erreicht wird. Nach 15 Min. wird filtriert u. das Filtrat mittels 0,1 n HCl auf pH 4,5 gestellt u. mit Ae. 8 Std. lang kontinuierlich extrahiert. Nach Verdampfen von Ae. im Vakuum → *6-Chlorpurin*, F. 178—180° (Zers.). — Analog werden folgende **I** hergestellt (purin = **V**): *2.6-Dichlor-***V**, F. 180—181,5° (W.). — *6-Dimethylamino-***V**, F. 257—257,5° (Chlf.). — *2-Methylmercapto-6-dimethylamino-***V** (mittels **III** + **IV** hergestellt), F. 278—281° (Zers.) [nach Umfällen über das Na-Salz, F. 285—286° (Zers.)] bzw. (mittels **III** + Propionsäureanhydrid hergestellt) F. 265—267° (Zers.) bzw. (mittels **III** n-Buttersäureanhydrid hergestellt) F. 279—282° (Zers.) bzw. (mittels Orthoameisensäuretrimethylester + **IV** hergestellt) F. 281,5—284° bzw. (mittels Orthoameisensäuretri-n-propylester + **IV** hergestellt) F. 280—284° (Zers.). — *2-Amino-6-hydroxy-***V***-sulfathemihydrat* (nach Erhitzen des zunächst entstehenden Zwischenprod. mit 6 n-Schwefelsäure) $\lambda_{max}^{0,1HCl}$ 248 mμ (ε 12, 400), $\lambda_{max}^{0,1NaOH}$ 273 mμ (ε 9,760). — *2-Methyl-6-chlor-***V**, F. 206—207° (Zers.). — *2-Methylmercapto-6-hydroxy-***V**, F. 289—291° (W.). — *2-Methyl-6-dimethylamino-***V**, F. 281—282°. — *Zwischenprodukte.* (**A. P. 2 844 576** vom 22/11. 1955, ausg. 22/7. 1958.) F. HIRSCH. H 3272

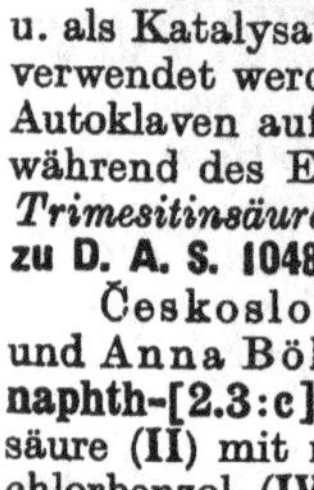

I

Soc. des Usines Chimiques Rhône-Poulenc, Paris (Erfinder: Serge T. Chelitcheff, Vitry-sur-Seine, Jacques Raymond Horclois, Malakoff, und Jacques Georges Robert, Gentilly, Seine), Frankreich, **Herstellung von 3-Formylphenthiazinderivaten** der allg. Formel **I** (R = höchstens 4 C-Atome enthaltende Alkylgruppe; A = 2-wertige gesätt. Alkylengruppe mit gerader oder verzweigter Kette, die 2—5 C-Atome enthalten kann). 3-Cyan-phenthiazin-Derivv. werden red. u. das erhaltene Prod. wird nach einem die Formylgruppe bildenden Verf. zersetzt; die gewonnene Verb. wird ggf. in ein Additionssalz oder eine quart. Verb. übergeführt. Die Red. erfolgt entweder mit Na-Äthoxyaluminiumhydrid in Tetrahydrofuran bei nachfolgender Hydrolyse oder durch Hydrieren in Ggw. eines Katalysators u. eines Semicarbazidsalzes, wonach das I-Semicarbazon mit einer Carbonyl-Verb. umgesetzt wird. (**Ung. P. 149 362** vom 13/12. 1960, ausg. 20/8. 1961. F. Prior. 18/10. 1959.) F. Landsberger. H 3292

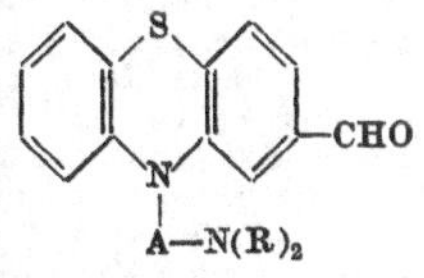

I

Imperial Chemical Industries Ltd., London, England, *Herstellung fast farbloser Ester*. (**Holl. P. 98 526** vom 14/5. 1957, ausg. 17/7. 1961. E. Prior. 15/5. 1956. — C. **1961**. 8113 [F. P. 1 175 191].)

Ruhrchemie Akt.-Ges., Oberhausen-Holten, übert. von: **Walter Rottig**, Oberhausen-Sterkrade, *CO-Hydrierung*. (**Can. P. 553 981** vom 16/11. 1949, ausg. 4/3. 1958. D. Prior. 23/12. 1948. — C. **1955**. 8726 [D. B. P. 924 448].)

Sun Oil Co., Philadelphia, übert. von: **James L. Jezl**, Swarthmore, und **Arthur T. Polishuk**, Media, Pa., V.St.A., *Trennung von Gasen*. (**Can. P. 553 989** vom 29/12. 1956, ausg. 4/3. 1958. A. Prior. 18/6. 1956. — C. **1960**. 11112 [A. P. 2 815 827].)

Farbwerke Hoechst Akt.-Ges., vormals Meister Lucius & Brüning, Frankfurt/M., *Herstellung von Tetrachlorkohlenstoff*. (**Holl. P. 99 962** vom 21/8. 1957, ausg. 15/12. 1961. D. Prior. 30/8. 1956. — C. **1959**. 3293 [D. A. S. 1 038 021].)

Badische Anilin- & Soda-Fabrik Akt.-Ges., Ludwigshafen/Rh., *Olefine, wie Äthylen und Propylen, durch Cracken von Mineralölen, Schieferölen oder Teeren*. (**E. P. 822 991** vom 31/7. 1957, ausg. 4/11. 1959. D. Prior. 2/8. 1956. — C. **1962**. 8782 [D. A. S. 1 066 576].)

Farbwerke Hoechst Akt.-Ges., vormals Meister Lucius & Brüning, Frankfurt/M., *Entfernung geringer Mengen Kohlenmonoxyd aus olefinhaltigen Kohlenwasserstoffmischungen oder aus Olefinen*. (**Belg. P. 557 538** vom 15/5. 1957, ausg. 11/3. 1960. D. Prior. 15/5. 1956. — C. **1961**. 12266 [D. A. S. 1 101 395].)

Ministerul Industriei Petrolului si Chimiei, Rumänien (Erfinder: **Dumitru Tănăsescu** und **Marius Hăngănut**), *Acetylen und Äthylen*. (**F. P. 1 233 173** vom 8/6. 1959, ausg. 12/10. 1960. Rumän. Prior. 27/6. 1958. — C. **1961**. 13715 [D. A. S. 1 102 137].)

Farbwerke Hoechst Akt.-Ges., vormals Meister Lucius & Brüning, Frankfurt/M., *Abtrennung von Äthylen aus Gasgemischen*. (**Holl. P. 98 547** vom 24/9. 1957, ausg. 17/7. 1961. D. Prior. 25/9. 1956. — C. **1959**. 12379 [D. A. S. 1 026 302].)

Farbwerke Hoechst Akt.-Ges., vormals Meister Lucius & Brüning, übert. von: **Klaus Weissermel**, Frankfurt/M., **Werner Stark**, Hofheim, *Fluorierte organische Äther*. (**A. P. 2 973 389** vom 22/7. 1958, ausg. 28/2. 1961. D. Prior. 24/7. 1957. — C. **1959**. 13000 [D. A. S. 1 050 751].)

Ruhrchemie Akt.-Ges., Oberhausen, *Herstellung organischer Hydroperoxide*. (**Holl. P. 98 590** vom 23/6. 1958, ausg. 17/7. 1961. D. Prior. 6/7. 1957. — C. **1960**. 7680 [D. A. S. 1 059 454].)

Eastman Kodak Co., V.St.A. (Erfinder: **Hugh John Hagemeyer jun.** und **Milton Armor Perry**), *2-Propylheptanol und seine Ester*. (**F. P. 1 231 677** vom 27/11. 1958, ausg. 30/9. 1960. A. Prior. 27/11. 1957. — C. **1961**. 2091 [A. P. 2 921 089].)

Imperial Chemical Industries Ltd., London, übert. von: **Sidney Arthur Lamb, Henry Owen Smith** und **Geoffrey Norcross**, Norton-on-Tees, England, *Trennen von Alkoholen*. (**A. P. 2 991 232** vom 29/6. 1956, ausg. 4/7. 1961. E. Prior. 17/8. 1955. — C. **1960**. 2690 [F. P. 1 159 701].)

Inventa Akt.-Ges. für Forschung und Patentverwertung, Luzern, Schweiz, *Glykole aus Holzzuckerlösungen*. (**D. A. S. 1 126 364** Kl. 12o vom 14/9. 1957, ausg. 29/3. 1962. Schwz. Prior. 19/10. 1956. — C. **1961**. 9592 [E. P. 842 743].)

Shell Development Co., Emeryville, Calif., übert. von: **Francis T. Tymstra**, Houston, Tex., V.St.A., *Herstellung von Glycerin*. (**Can. P. 553 968** vom 12/3. 1952, ausg. 4/3. 1958. A. Prior. 26/4. 1951. — C. **1955**. 2297 [A. P. 2 605 293].)

Udic Soc. An., Schweiz, *Polyalkohole*. (**F. P. 73 391** vom 11/3. 1958, ausg. 30/11. 1960. Schwz. Prior. 11/3. 1957. Zusatz zu F. P. 1 222 423; C. 1962. 6207. — C. **1960**. 15218 [D. A. S. 1 077 649].)

United States Borax & Chemical Corp. (Erfinder: **John Hershey Wright, Lowell Loven Petterson** und **Howard Steinberg**), *Herstellung von Borat–Glykol-Kondensationsprodukten*. (**Aust. P. 230 536** vom 4/3. 1958, ausg. 27/10. 1960. A. Prior. 5/3. 1957. — C. **1961**. 8114 [D. A. S. 1 083 796].)

United States Borax & Chemical Corp., Los Angeles, Calif., V.St.A., *Borat–Glykol-Kondensationsprodukte*. (**E. P. 870 048** vom 4/3. 1958, ausg. 7/6. 1961. A. Prior. 5/3. 1957. — C. **1961**. 8114 [D. A. S. 1 083 796].)

Rohm & Haas Co., Philadelphia (Erfinder: **John Joseph Nedwick**, Philadelphia, und **John Robert Snyder**, Lititz), Pa., V.St.A., *Herstellung von Vinylthioäthern*. (**D. A. S. 1 119 255** Kl. 12o vom 4/10. 1956, ausg. 14/12. 1961. A. Prior. 5/10. 1955. — C. **1959**. 16787 [F. P. 1 159 862].)

Minnesota Mining & Mfg. Co., übert. von: **George von Dyke Tiers**, St. Paul, Minn., V.St.A., *Organische Chlorsulfonylfluoride aus Olefinen und Sulfurylchlorfluorid*. (**A. P. 2 846 472** vom 29/6. 1956, ausg. 5/8. 1958. — C. **1961**. 11892 [F. P. 1 176 792].)

Consortium für elektrochemische Industrie G. m. b. H., München, *Carbonylverbindungen durch Oxydation von Olefinen in Gegenwart eines Katalysators*. (**Belg. P. 563 717** vom 4/1. 1958, ausg. 17/6. 1960. D. Prior. 4/1. u. 7/8. 1957. — C. **1959**. 14879 [D. A. S. 1 049 845].)

Farmaceutici Italia Soc. An. (Erfinder: **Renato Sollazzo** und **Alberto Vercellone**), Mailand, Italien, *β-Chloracrolein durch Oxydation von β-Chlorallylalkohol*. (**D. A. S. 1 081 874** Kl. 12o vom 19/1. 1955 ausg. 19/5. 1960. It. Prior. 28/10. 1954. — C. **1958**. 7893 [E. P. 772 108].)

Celanese Corp. of America, New York, N. Y., übert. von: **Alexander F. MacLean** und **Eldred T. Smith,** Clarkwood, Tex., V.St.A., *Reinigung von Aldehyden.* (**Can. P. 554 128** vom 16/5. 1953, ausg. 11/3. 1958. A. Prior. 24/6. 1952. — C. **1956.** 9302 [A. P. 2 707 165].)

Montecatini Soc. Gen. per l'Industria Mineraria e Chimica, Mailand, Italien, *Diisobutylketon (= Isovaleron) aus Aceton und Methylisobutylketon.* (**E. P. 809 042** vom 16/8. 1956, ausg. 18/2. 1959. It. Prior. 26/8. 1955. — C. **1959.** 11728 [F. P. 1 155 785].)

Distillers Co. Ltd., Edinburgh, Schottland, übert. von: **Alexander Dalgleish,** Bexley, Kent, und **Richard N. Lacey,** Hull, Yorkshire, England, *Herstellung von Äthylidenaceton.* (**Can. P. 554 155** vom 17/8. 1954, ausg. 11/3. 1958. E. Prior. 21/8. 1953. — C. **1959.** 13313 [D. A. S. 1 025 867].)

Badische Anilin- & Soda-Fabrik Akt.-Ges., Deutschland (Erfinder: **Gerhard Illing** und **Nikolaus von Kutepow**), *Isomerisierung aliphatischer Carbonsäuren.* (**F. P. 1 231 981** vom 27/7. 1959, ausg. 4/10. 1960. D. Prior. 31/7. 1958. — C. **1960.** 9381 [D. A. S. 1 070 164].)

E. I. du Pont de Nemours & Co., übert. von: **Charles W. Fairbanks,** Wilmington, Del., und **Stephen S. Dorn,** North Arlington, N.J., V.St.A., *Reinigung von Vinylacetat.* (**Can. P. 554 163** vom 14/4. 1954, ausg. 11/3. 1958. A. Prior. 25/6. 1953. — C. **1961.** 5627 [A. P. 2 784 149].)

American Cyanamid Co., New York, N.Y., übert. von: **George L. Christopher,** New Canaan, **Erwin L. Carpenter,** Stamford, Conn., und **Marshall L. Spector,** Ballston, N.Y., V.St.A., *Herstellung von Acrylonitril.* (**Can. P. 554 100** vom 5/10. 1956, ausg. 11/3. 1958. A. Prior. 19/12. 1955. — C. **1960.** 15219 [F. P. 1 160 200].)

Montecatini Soc. Gen. per l'Industria Mineraria e Chimica, übert. von: **Ettore Guidi,** Mailand, Italien, *Abscheidung von Maleinsäureanhydrid.* (**Can. P. 552 758** vom 19/4. 1956, ausg. 4/2. 1958. It. Prior. 20/4. 1955. — C. **1959.** 2965 [F. P. 1 151 540].)

Dow Chemical Co., übert. von: **John C. Vander Weile, Edgar C. Britton** und **Halbert C. White,** Midland, Mich., V.St.A., *Herstellung von Isonitrosomalonsäurediäthylester.* (**Can. P. 554 158** vom 18/7. 1952, ausg. 11/3. 1958. A. Prior. 8/9. 1951. — C. **1954.** 3332 [A. P. 2 649 474].)

Wacker-Chemie G. m. b. H., Deutschland, *β-Alkoxycarbonsäureester.* (**F. P. 1 233 271** vom 3/8. 1959, ausg. 12/10. 1960. D. Prior. 4/8. 1958. — C. **1960.** 8010 [D. A. S. 1 067 798].)

American Cyanamid Co., New York, N.Y. (Erfinder: **Henry Peter Wohnsiedler** und **Pierrepont Adams,** Darien, Conn.), V.St.A., *Reines, kristallines Methylolacrylsäureamid aus Acrylsäureamid und Paraformaldehyd.* (**D. A. S. 1 085 149** Kl. 12o vom 22/3. 1957, ausg. 14/7. 1960. A. Prior. 5/6. 1956. — C. **1961.** 16655 [A. PP. 2 864 861, 2 864 862 u. E. P. 810 170].)

Koninklijke Industrieele Mij. voorheen Noury & van der Lande N. V. (Erfinder: **Dirk Willem van Gelder**), *Gluconsäuremonohydrat.* (**Aust. P. 224 689** vom 30/8. 1957, ausg. 12/11. 1959. Holl. Prior. 17/9. 1956. — C. **1960.** 10405 [D. A. S. 1 069 610].)

Miles Laboratories, Inc., Elkhart, Ind., V.St.A., *2-Ketogluconsäuremethylester.* (**Belg. P. 560 215** vom 21/8. 1957, ausg. 22/4. 1960. A. Prior. 24/8. 1956. — C. **1961.** 15925 [A. P. 2 918 492 u. E. P. 836847].)

Farbenfabriken Bayer Akt.-Ges., Deutschland (Erfinder: **Heinz Jonas** und **Dietrich Voigt**), *Substituierte Aminosulfonylfluoride.* (**F. P. 1 237 963** vom 8/8. 1959, ausg. 28/11. 1960. D. Prior. 9/8. 1958. — C. **1961.** 13717 [D. A. S. 1 095 806].)

Monsanto Canada Ltd., Canada, *N.N'-Di-[carboxyalkylthiocarbamyl]-polymethylendiamine.* (**F. P. 1 179 312** vom 23/4. 1957, ausg. 22/5. 1959. E. Prior. 24/4. 1956. — C. **1962.** 5471 [D. A. S. 1 096 894].)

Monsanto Canada Ltd., Canada, *N.N'-Di-[carboxyalkylthiocarbamyl]-polymethylendiamine und ihre Polymeren.* (**F. P. 1 179 313** vom 23/4. 1957, ausg. 22/5. 1959. E. Prior. 24/4. 1956. — C. **1962.** 5471 [D. A. S. 1 102 136].)

Shawinigan Chemicals Ltd., Canada, *Herstellung von Blausäure.* (**F. P. 1 220 158** vom 13/1. 1959, ausg. 23/5. 1960. — C. **1961.** 9977 [D. A. S. 1 099 514].)

E. I. du Pont de Nemours & Co., V.St.A. (Erfinder: **William Riley Jenks** und **John Scott Linder**), *Herstellung von Alkalicyaniden.* (**F. P. 1 220 910** vom 2/1. 1959, ausg. 30/5. 1960. A. Prior. 2/1. 1958. — C. **1961.** 15198 [D. A. S. 1 103 905].)

National Distillers & Chemical Corp., New York, N.Y. (Erfinder: **Ervin Garrison Pritchett, Irving Lester Mador** und **Louis Joseph Rekers,** Cincinnati, Ohio), V.St.A., *Herstellung ungesättigter Diamine.* (**Schwz. P. 358 076** vom 6/6. 1956, ausg. 30/12. 1961. A. Prior. 9/6. 1955. — C. **1960.** 2006 [F. P. 1 155 491].)

Rohm & Haas Co., Philadelphia (Erfinder: **John Joseph Nedwick,** Philadelphia, und **John Robert Snyder,** Lititz), Pa., V.St.A., *Herstellung von Vinyläthern.* (**Schwz. P. 357 388** vom 4/10. 1956, ausg. 30/11. 1961. A. Prior. 5/10. 1955. — C. **1959.** 17471 [F. P. 1 159 861].)

Stamicarbon N. V., Heerlen, übert. von: **Johan W. Garritsen,** Geleen, und **Johannes H. Ottenheym,** Sittard, Holland, *Herstellung von ω-Aminoalkannitrilen.* (**Can. P. 554 318** vom 28/12. 1956, ausg. 11/3. 1958. Holl. Prior. 31/12. 1955. — C. **1959.** 7634 [Holl. P. 86 906].)

UCLAF (Erfinder: **G. Amiard, R. Heymes** und **L. Velluz**), Frankreich, *Herstellung von Peptiden.* (**F. P. 70 158** vom 1/7. 1955, ausg. 19/2. 1959. Zusatz zu F. P. 1 112 766; C. 1958. 9346. — C. **1961.** 3151 [E. P. 820 790].)

Argus Chemical Laboratory, Inc., übert. von: **William E. Leistner,** Brooklyn, und **Arthur C. Hecker,** Richmond Hill, N.Y., V.St.A., *Organo-Sn(IV)-Derivate.* (**Can. P. 554 108** vom 15/5. 1953, ausg. 11/3. 1958. A. Prior. 20/5. 1952. — C. **1956.** 7661 [E. P. 740 397].)

VEB Leuna-Werke „Walter Ulbricht“, Leuna, *Gewinnung von reinen Aromaten.* (**Ung. P. 144 697** vom 4/12. 1956, ausg. 15/3. 1959. — C. **1960.** 12848 [D. A. S. 1 069 603].)

Montecatini Soc. Gen. per l'Industria Mineraria e Chimica, übert. von: **Giulio Natta** und **Enrico Beati,** Mailand, Italien, *Cumolhydroperoxid aus Cumol.* (**A. P. 2 843 633** vom 4/1. 1954, ausg. 15/7. 1958. It. Prior. 16/1. 1953. — C. **1958.** 264 [Belg. P. 525 701].)

Farbenfabriken Bayer Akt.-Ges., Deutschland (Erfinder: **Robert Seydel, Günther Unterstenhöfer** und **Rudolf Stroh**), *2.6-Di-tert.-alkyl-4-nitrophenole.* (**F. P. 1 237 946** vom 23/7. 1959, ausg. 28/11. 1960. D. Prior. 26/7. 1958. — C. **1961.** 8471 [D. A. S. 1 092 025].)

Rohm & Haas Co., übert. von: **William L. Riedeman,** Philadelphia, Pa., V.St.A., *Bis-[4-acryloyloxyphenyl]- und Bis-[4-methacryloyloxyphenyl]-sulfon.* (**Can. P. 554 306** vom 11/2. 1954, ausg. 11/3. 1958. A. Prior. 27/2. 1953. — C. **1957.** 8372 [F. P. 1 093 962].)

Minnesota Mining & Mfg. Co., St. Paul, Minn. (Erfinder: **Louis Anthony Errede**, Westfield, **Stafford Leopold Hopwood jun.**, Cedar Grove, N.J.), V.St.A., *Herstellung von Peroxidpolymeren.* (**D. A. S. 1 122 711** Kl. 39c vom 4/5. 1956, ausg. 25/1. 1962. A. Prior. 4/5. 1955. — C. **1961.** 13001 [E. P. 801 233].)

Farbwerke Hoechst Akt.-Ges., vormals Meister Lucius & Brüning, Frankfurt/M. (Erfinder: **Kurt August Wilhelm Wallenfels** und **Wilfried Johannes Draber**, Freiberg/Breisgau), *Herstellung von Tetrafluorbenzochinon-(1.4).* (**D. A. S. 1 125 413** Kl. 12o vom 17/8. 1957, ausg. 15/3. 1962. — C. **1961.** 16658 [F. P. 1 199 352].)

Mid-Century Corp., V.St.A. (Erfinder: **Alfred Saffer** und **Robert Samuel Barker**), *Terephthalsäure.* (**F. P. 73 008** vom 17/3. 1956, ausg. 22/9. 1960. A. Prior. 24/8. 1955. Zusatz zu F. P. 1 197 609; C. 1962. 1802. — C. **1961.** 16658 [Oe. P. 204 544].)

Richfield Oil Corp., Los Angeles, übert. von: **Lester P. Berriman**, Palo Alto, und **Chester M. Himel**, Menlo Park, Calif., V.St.A., *Reinigung von Toluylsäuren.* (**Can. P. 553 959** vom 19/11. 1953, ausg. 4/3. 1958. A. Prior. 19/11. 1952. — C. **1957.** 3127 [E. P. 742 041].)

Monsanto Chemical Co., St. Louis, Mo., übert. von: **Harry M. Walker**, Dickinson, Tex., V.St.A., *Herstellung von aromatischen Nitrilen.* (**Can. P. 554 264** vom 15/2. 1954, ausg. 11/3. 1958. A. Prior. 30/9. 1953. — C. **1955.** 10628 [A. P. 2 702 815].)

Egyesült Gyógyszer és Tápszergyár, Ungarn, *Optisch aktive Tropasäuren.* (**F. P. 1 231 092** vom 26/3. 1959, ausg. 26/9. 1960. Ung. Prior. 31/3. 1958. — C. **1960.** 12163 [Ung. P. 146 013].)

Chinoin Gyógyszer és Vegyészeti Termékek Gyára R. T. (Erfinder: **Thomas Windholz**), Budapest, Ungarn *N-substituierte Sulfocarbamide.* (**Schwz. P. 357 063** vom 11/5. 1957, ausg. 15/11. 1961. — C. **1961** 17009 [F. P. 1 192 169].)

Comp. Française Thomson-Houston, Frankreich (Erfinder: **Bruce Allan Ashby**), *Phenylalkylchlorsilane.* (**F. P. 1 213 597** vom 9/9. 1958, ausg. 1/4. 1960. A. Prior. 9/9. 1957. — C. **1961.** 18507 [D. A. S. 1 072 992].)

Soc. des Usines Chimiques Rhône-Poulenc, Paris, Frakreich, *α-Methylstyrol durch Depolymerisieren von 4-Methyl-2.4-diphenyl-2-penten.* (**Belg. P. 535 202** vom 26/1. 1955, ausg. 5/12. 1958. F. Prior. 1/4. 1954. — C. **1956.** 11292 [F. P. 1 102 159].)

Union Carbide & Carbon Corp., New York, N.Y., übert. von: **Samuel W. Tinsley**, South Charleston, W. Va., V.St.A., *Herstellung von m-Aminostyrol.* (**Can. P. 553 998** vom 5/10. 1954, ausg. 4/3. 1958. A. Prior. 28/10. 1953. — C. **1958.** 6676 [E. P. 770 338].)

Studiengesellschaft Kohle m. b. H., Mülheim/Ruhr, *Substituierte Azulene.* (**E. P. 858 839** vom 25/11. 1958, ausg. 18/1. 1961. D. Prior. 29/11. 1957. — C. **1961.** 662 [D. A. S. 1 064 509].)

Badische Anilin- & Soda-Fabrik Akt.-Ges., Ludwigshafen/Rh., *Kontinuierliche Herstellung von Cyclohexanol und Cyclohexanon.* (**Holl. P. 99 900** vom 6/8. 1956, ausg. 15/12. 1961. D. Prior. 16/8. 1955. — C. **1958.** 9911 [D. A. S. 1 008 730].)

Montecatini Soc. Gen. per l'Industria Mineraria e Chimica (Erfinder: **Paolo Giarratana, Cesare Ferri, Angelo Passini** und **Bruno Ponzini**), Mailand, Italien, *Phenylcyclohexylhydroperoxid.* (**D. A. S. 1 059 903** Kl. 12o vom 15/5. 1957, ausg. 25/6. 1959. It. Prior. 23/5. 1956. Zusatz zu D. A. S. 1 033 658; C. 1961. 7398. — C. **1962.** 18507 [F. P. 71 543].)

N. V. Philips' Gloeilampenfabrieken (Erfinder: **Pieter Henri Van Leeuwen, Nicolaas Johannes Van Bentum** und **Jan Woudsma**), *Reinigung von Aldehyden und Ketonen.* (**Aust. P. 225 763** vom 4/4. 1957, ausg. 14/1. 1960. Holl. Prior. 7/4. 1956. — C. **1961.** 13720 [F. P. 1 186 927].)

Distillers Co. Ltd., England (Erfinder: **Ernest Cecil Craven** und **Maurice William Fewlass**), *Entfärben von Isophoron.* (**F. P. 1 215 326** vom 17/11. 1958, ausg. 15/4. 1960. E. Prior. 21/11. 1957. — C. **1962.** 653 [D. A. S. 1 084 259].)

Farbenfabriken Bayer Akt.-Ges., Deutschland (Erfinder: **Karl Elter** und **Ernst Truscheit**), *2-trans-β-Jonylidenessigsäure.* (**F. P. 1 233 286** vom 6/8. 1959, ausg. 12/10. 1960. D. Prior. 7/8. 1958. — C. **1960.** 13525 [D. A. S. 1 075 599].)

Ciba Akt.-Ges., Basel, Schweiz, *N-Cycloalkylsulfaminsäuren und deren Salze.* (**E. P. 839 416** vom 11/8. 1958, ausg. 29/6. 1960. Schwz. Prior. 23/8. 1957 u. 8/7. 1958. — C. **1961.** 13720 [Oe. P. 204 541].)

S. C. Johnson & Son, Inc. (Erfinder: **Sylvan Owen Greenlee**), Racine, Wis., V.St.A., *Herstellung harzartiger Carboxyl- und Hydroxylgruppen enthaltender Kondensationsprodukte.* (**D. A. S. 1 116 899** Kl. 39c vom 12/9. 1956, ausg. 9/11. 1961. A. Prior. 14/9. 1955. — C. **1960.** 8687 [Aust. P. 213 004].)

Union Carbide & Carbon Corp., New York, N.Y., übert. von: **James V. Murray jun.**, South Charleston, und **John R. Anderson**, St. Albans, W. Va., V.St.A., *Entschwefelung von Naphthalin.* (**Can. P. 554 331** vom 18/8. 1953 (? so Orig. Die Red.), ausg. 11/3. 1958. A. Prior. 31/8. 1953 u. 26/7. 1954. — C. **1957.** 4246 [D. B. P. 943 769 u. C. **1958.** 6969 [A. P. 2 779 722].)

Ciba Ltd., Basel, übert. von: **Walter Wettstein**, Kaiseraugst, Schweiz, *Katalytische Oxydation von Anthracen zu Anthrachinon.* (**Can. P. 554 131** vom 6/4. 1954, ausg. 11/3. 1958. Schwz. Prior. 10/4. 1953. — C. **1958.** 13360 [Schwz. P. 317 108].)

Union Carbide Corp., V.St.A. (Erfinder: **André Laurent Halleux**), *Kondensierte Aromaten.* (**F. P. 1 217 907** vom 12/12. 1958, ausg. 6/5. 1960. A. Prior. 12/12. 1957. — C. **1961.** 18508 [E. P. 852 981].)

Rohm & Haas Co. (Erfinder: **Ellington McHenry Beavers, Stanley Paul Rowland** und **Ralph Gordon White**), Philadelphia, Pa., V.St.A., *Epoxydierung ungesättigter Ester.* (**Schwz. P. 355 136** vom 29/8. 1955, ausg. 15/8. 1961. A. Prior. 30/8. 1954. — C. **1959.** 3649 [F. P. 1 141 901].)

A/S Sadolin & Holmblad, Kopenhagen, übert. von: **Niels K. F. W. Clauson-Kaas**, Klampenborg, Dänemark, *Herstellung von 2.5-Dialkoxy-3.4-dihydroxytetrahydrofuranen und deren Hydrolysaten.* (**Can. P. 554 091** vom 23/6. 1952, ausg. 11/3. 1958. Dän. Prior. 5/7. 1951. — C. **1957.** 4822 [A. P. 2 748 147].)

Irwin, Neisler & Co., übert. von: **Chester John Cavallito** und **Allan Poe Gray**, Decatur, Ill., V.St.A., *Bis-(9-fluorenyldialkylammonio)-alkane.* (**A. P. 2 783 237** vom 12/10. 1953, ausg. 26/2. 1957. — C. **1957.** 548 [F. P. 1 109 674].)

Soc. des Usines Chimiques Rhône-Poulenc, Frankreich (Erfinder: **Igor Scriabine**), *N-[β-Hydroxyäthyl]-imidazolidon und -äthylendiamin.* (**F. P. 1 238 352** vom 30/6. 1959, ausg. 30/11. 1960. — C. **1961.** 13722 [D. A. S. 1 102 751].)

Ciba Ltd., übert. von: **Adolf-Emil Siegrist**, Basel, und **Franz Ackermann**, Binningen, Schweiz, *Herstellung von Azolverbindungen.* (**Can. P. 554 139** vom 15/6. 1956, ausg. 11/3. 1958. — C. **1959.** 5300 [F. P. 1 154 216].)

Badische Anilin- & Soda-Fabrik Akt.-Ges., Deutschland (Erfinder: **Hans Weidinger** und **Joachim Kranz**), *2-Amino-1.3.4-thiadiazole.* (**F. P. 1 231 934** vom 10/7. 1959, ausg. 4/10. 1960. D. Prior. 10/7. 1958. — C. **1961.** 4888 [D. A. S. 1 067 440].)

Henkel & Cie. G. m. b. H., Deutschland, *Aromatische und aromatisch-heterocyclische Carbonsäuren.* (**F. P. 1 230 600** vom 2/4. 1959, ausg. 16/9. 1960. D. Prior. 10/4. 1958. — C. **1960.** 1677 [D. A. S. 1 064 048].)

American Cyanamid Co., New York, übert. von: **Barnard R. Baker**, Nanuet, N.Y., und **Joseph P. Joseph**, Cliffside Park, N.J., V.St.A., *Herstellung substituierter Pyrimidine.* (**Can. P. 554 095** vom 14/8. 1953, ausg. 11/3. 1958. A. Prior. 29/10. 1952. — C. **1957.** 8362 [E. P. 744 868].)

Ravensberg G. m. b. H., Chemische Fabrik, Deutschland, *Ester der Phenylessigsäure mit Tetrahydro-1.4-oxazin-N-äthanolen.* (**F. P. 1 233 503** vom 27/12. 1955, ausg. 12/10. 1960. D. Prior. 27/12. 1954. — C. **1960.** 13846 [A. P. 2 868 786].)

Sandoz Akt.-Ges. (Erfinder: **Jany Renz, Jean Pierre Bourquin, Guido Gamboni** und **Gustav Schwab**), *Phenthiazine.* (**Aust. P. 224 347** vom 18/4. 1957, ausg. 29/10. 1959. Schwz. Prior. 18/4., 25/5., 26/7., 22/11. 1956 u. 1/2. 1957. — C. **1960.** 998 [Oe. P. 197 388].)

Monsanto Chemical Co., St. Louis, Mo., übert. von: **Norman L. Hardwicke** und **George W. Walpert**, Texas City, Tex., V.St.A., *Cyanurchlorid.* (**Can. P. 554 266** vom 24/12. 1955, ausg. 11/3. 1958. A. Prior. 31/12. 1954. — C. **1957.** 11720 [A. P. 2 762 798].)

Union Carbide & Carbon Corp., New York, N.Y., übert. von: **William M. Lanham**, Charleston, W. Va., V.St.A., *Herstellung Bi-heterocyclischer P-Verbindungen.* (**Can. P. 553 997** vom 11/1. 1954, ausg. 4/3. 1958. A. Prior. 2/4. 1953. — C. **1961.** 4889 [D. B. P. 961 354].)

Glaxo Laboratories Ltd., Greenford (Erfinder: **Thomas Eric Holt**, Bushey Heath, und **William Sabel**, Harrow), England, *Verfahren zur Extraktion und Reinigung von Sapogeninen.* (**Schwz. P. 349 979** vom 6/12. 1956, ausg. 31/12. 1960. E. Prior. 7/12. 1955. — C. **1959.** 14884 [D. A. S. 1 040 543].)

Chas. Pfizer & Co., Inc., Brooklyn, übert. von: **Gerald D. Laubach**, Jackson Heights, und **Eric C. Schreiber**, Hicksville, N.Y., V.St.A., *Ergosterinderivate.* (**Can. P. 554 283** vom 1/6. 1953, ausg. 11/3. 1958. A. Prior. 13/6. 1952. — C. **1958.** 1654 [F. P. 1 096 218].)

Merck & Co., Inc., Rahway, N.J., V.St.A., *Herstellung von Steroidderivaten der Pregnanreihe.* (**Ind. P. 62 570** vom 13/12. 1957, ausg. 7/9. 1960. — C. **1961.** 14835 [Holl. P. 95 768].)

Armour & Co., Chicago, Ill., V.St.A. (Erfinder: **Robert George Brault** und **Richard August Reck**), *Harzsäurenitrile.* (**E. P. 768 263** vom 10/8. 1954, ausg. 13/2. 1957. — C. **1956.** 5412 [A. P. 2 695 284].)

Blattmann & Co., Wädenswil, Schweiz, *Herstellung von Derivaten von partiell abgebauter Stärke.* (**Holl. P. 99 891** vom 17/3. 1953, ausg. 15/12. 1961. Zusatz zu Holl. P. 93 277; C. 1961. 8507. — C. **1956.** 3705 [D. B. P. 933 147].)

X. Färberei. Organische Farbstoffe

25 Jahre Forschung in der Farbstoffchemie. Angelo Mangini. (Atti Accad. Sci. Ist. Bologna, Cl. Sci. fisiche, Rend. [11] **4.** Nr. 1. 73—79. 15/5. 1957.) (Ital.)
Übersicht über die Forschungen des Vf. auf dem Gebiet der Farbstoffe.
F. Heller. 7000 □

Beziehung zwischen Konstitution und Färbeverhalten der Wolle und der synthetischen Fasern. Albrecht Würz. (Fibre e Colori **12.** 45—53. Febr. 1962.) (Ital.)
Nach einem allg. Überblick über den Stand der Forschung bzgl. Konstit. u. färber. Verh. der Textilfasern wird die Histologie der Wolle u. deren Rkk. gegenüber Farbstoffen unter Berücksichtigung der verschiedenen Färbe-Verff. u. der dabei gebildeten gefärbten Salze der Wolle mit den einzelnen Farbstoffklassen behandelt. Bes. eingehend werden hierbei die elektrochem. u. kinet. Vorgänge beim Färben mit nachchromierbaren, Metachrom- u. sauren vormetallisierten Farbstoffen, deren Metallkomplexe durch Rk. mit Nebenvalenzen der Faserstoffe die Echtheits-Eigg. der Färbungen verbessern, erörtert. Hierbei werden in erster Linie die von der B.A.S.F. entwickelten komplexen Farbstofftypen in Verbindung mit den einschlägigen geschützten Färbereihilfsmitteln besprochen u. deren Rk.-Mechanismus näher beschrieben. Neuere prämetallisierte Farbstoffe mit u. ohne Sulfongruppen gewinnen hierbei besondere Bedeutung für das Färben von synthet. Polyamidfasern. Auf die nahe dem isoelektr. Punkt der Wolle besonders schonend färbenden anion. Echtfarbstoffe mit innerem Cr-Komplex vom *Neopalatin*-Typ u. deren besondere Echtheit u. Wirtschaftlichkeit der Färbungen wird hingewiesen. — 15 Abb., 16 Literaturangaben. A. Sander. 7002 □

Ein Beitrag zum Problem der Wollwäsche: Zusammenhänge zwischen Anfärbbarkeit der Wolle und Schädigung der Epicuticula. H. P. Schaub und F. Kern. (Textil-Rdsch. [St. Gallen] **16.** 301—04. Juni 1961. Basel, CIBA Akt.-Ges.) (Dt.)

Färbe-Verss. am Vlies eines austral. Merinoschafs werden ausgeführt. An Hand von Abb. werden die Beziehungen zwischen dem mit Hilfe der Allwörden-Rk. feststellbaren Zustand der Epicuticula u. der Anfärbbarkeit des Wollhaares dargelegt, u. es wird gezeigt, daß die sich leicht anfärbenden Haare fast keine Epicuticula besitzen. Der damit aufgezeigte Einfl. der Epicuticula auf den Färbevorgang wurde durch einen Färbe-Vers. mit einer nach dem Melafix-II-Verf. chlorierten Wollprobe, bei der die Epicuticula durch die saure Chlorierung weitgehend zerstört u. eine gleichmäßige

Anfärbbarkeit erreicht wird, bestätigt. Ferner wird gezeigt, daß der pH-Wert der Waschflotte bei der Rohwollwäsche die Anfärbbarkeit der verschiedenen Fasern — je nach Grad der Schädigung der Epicuticula — verschieden beeinflußt. Von den geprüften Waschflotten (pH 7,5, 10,2, 10,5, 4,6 u. 2,0) werden bzgl. der gleichmäßigen Anfärbung mit der sodaalkal. Wäsche die besten Ergebnisse erzielt, während nach Waschen in sauren Flotten die beim Anfärben im Material vorhandenen Unterschiede noch deutlicher hervortreten. H. Sontag. 7002□

Ursachen der Eigenschaften von Farbstoffen als Faserschädiger und -nichtschädiger. Modellvorstellungen zur Primärreaktion. F. Dörr. (Chimia [Arau, Schweiz] **15.** 63—67. 30/1. 1961. München, TH, Phys.-chem. Inst.) (Dt.)

Es wird angenommen, daß das unterschiedliche photochem. Verh. verschiedener Anthrachinonfarbstoffe zurückzuführen ist auf die von der Konstit. abhängige energet. Lage von Zuständen, bei denen ein einsames Elektron am O angeregt ist, gegenüber dem niedrigsten Triplettzustand der π-Elektronen. Das O-Radikal wirkt dehydrierend, der Triplettzustand der π-Elektronen lagert O_2 an, das dann auf die Umgebung übertragen werden kann. Es wird versucht, den Einfl. von Substituenten auf die Termlage qual. zu erklären. — 4 Abb., 28 Literaturangaben. M. Reiher. 7002□

Neue Farbstoffe und Textilhilfsmittel. Anonym. (Melliand Textilber. **42.** 1035. Sept. 1961.) (Dt.)

Zum Färben von Cellulose-, Acetat-, Triacetatreyon u. Synthtiks ist *Mikrofixbrillantorange GN*-Teig im Pigmentfärbe-Verf. geeignet. W. Bernard. 7018□

Über das Färben von Wolle und Mischwolle bei über 100°. Albrecht Wuerz. (Fibre e Colori **12.** 5—12. Jan. 1962. B.A.S.F., Ludwigshafen/Rh.) (Ital.)

Vers.-Bericht über Färbe-Verff. mit verschiedenen losen Stapeln, auf Spulen, in Garnen u. im Stück bei Temp. >100° sowie bei Wolle als Standard-Meth. zwischen 105—107°. Die besten Ergebnisse werden bei Wollfärbungen mit 5% Schutzzusätzen von 30%ig. HCHO erhalten. Polyester/Wolle-Gemische lassen sich bes. vorteilhaft bei 110—115° färben. — 16 Tabellen, 25 Literaturhinweise. A. Sander. 7020□

Bestimmung der Echtheit von Färbungen gegen Formaldehyddämpfe. Vladimír Kočvara. (Textil [Praha] **16.** 390—91. Okt. 1961. Pardubice-Rybitví, Kolorist. střed. SODB.) (Tschech.)

Eine Meth. zur Prüfung der Formaldehydechtheit von Direktfärbungen wird beschrieben, die mit CH_2O-Dämpfen u. nicht mit CH_2O-Lsgg. durchgeführt wird. Es zeigen sich Unterschiede gegenüber der bisher üblichen Prüfung in den Bewertungszahlen. W. Bernard. 7028□

Chemie der Reaktivfarbstoffe für Cellulosefasern. O. K. Balakrishnan. (Indian Textile J. **71.** 366—69. April 1961. Madras, Univ., Dep. of Text. Technol.) (Engl.)

Übersicht über Herst., Aufbau u. Wirkungsweise einiger Klassen von Cellulosereaktivfarbstoffen. Im einzelnen werden beschrieben: *Remazol-* (Farbwerke Hoechst AG.), *Cibacron-* (Ciba) u. *Procion-* (I.C.I.)-Farbstoffe. — 4 Literaturhinweise. M. Reiher. 7048□

Die Neutrocyaninfarbstoffe. Max Coenen. (Wiss. Z. Techn. Hochschule Dresden **9.** 1127—34. 1959/60. Dresden, TH, Fak. für Math. u. Naturwiss., Inst. für Farbenchem.) (Dt.)

Nach einer allg. Übersicht über die Anwendungsmöglichkeiten der Cyaninfarbstoffe (Sensibilisatoren in der Photographie, Textilfarbstoffe für Synth.-Fasern) werden die Neutrocyaninfarbstoffe näher beschrieben. Sie besitzen im Gegensatz zu den Ionocyaninen keine Ionenladung, statt dessen aber eine gegensätzlich polar belastete Polymethinkette. Man kann sie als Übergangstyp zu den Polyenen auffassen. Die unterschiedliche Lichtabsorption der genannten 3 Farbstoffklassen wird diskutiert. An Hand von Beispielen werden Einteilung, Bauprinzip u. Darst. der Neutrocyaninen besprochen. M. Reiher. 7048□

J. R. Geigy Akt.-Ges., Basel, Schweiz (Erfinder: Laszlo Auer, South Orange, Essex, N.J., V.St.A.), **Wässerige Pigmentdispersion zur Herstellung von Öl-in-Wasser-Emulsionen für den Textildruck** besteht aus 14—35 (Gew.-Teilen) Pigment, 65—86 W. u. 9—20 (Gew.-%, bezogen auf Pigment) eines wasserlösl. Fettalkoholsulfats u./oder Hydroabietinalkoholsulfats oder 4,5—20 der genannten Alkoholsulfate u. 0,5—4 eines anderen Dispergiermittels. Sie enthält kein Bindemittel oder Stoffe, aus denen solche gebildet werden können. Die Dispersion besitzt hohe Farbkraft u. Farbausgiebigkeit. — Vgl. Schwz. PP. 345 324 u. 345 325; C. **1961.** 8840. (**D. A. S. 1 099 496** Kl. 8n vom 5/5. 1953, ausg. 16/2. 1961.) F. Böhm. 7007

Badische Anilin- & Soda-Fabrik Akt.-Ges., Deutschland (Erfinder: Julius Eisele, Wilhelm Federkiel und Arnold Tartter), **Färben von nativer**

oder regenerierter Cellulose unter Verw. von sulfonierten Azaporphinfarbstoffen, welche Hydroxyalkylaminogruppen enthalten, zusammen mit alkal. Mitteln. Während oder nach dem Färben wird die Ware therm. behandelt. — Ein Baumwollgewebe wird mit einem Färbebad behandelt, das im Liter 10 g des Sulfonierungs-Prod. von Cu-Tetrakis-[N-dihydroxyäthylaminomethyl]-phthalocyanin, 10 cm^3 NaOH (38^0 Bé) u. 50 g NaCl enthält. Nach dem Abpressen u. Trocknen wird 2 Min. lang auf 105^0 mit Dampf erhitzt. Es wird eine brillante türkisblaue Färbung erhalten. — In gleicher Weise wird mit der entsprechenden Ni-Verb. eine grüne Färbung erhalten. — In einem weiteren Beispiel wird mit Cu-Tris-[N-dihydroxyisopropylaminomethyl]-phthalocyanin unter Zusatz von Na_2SO_4 eine ebenfalls blaue Färbung erzielt. — Ebenso kann das entsprechende Cu-Tetraphenylphthalocyanin benutzt werden. (**F. P. 1 194 855** vom 18/4. 1958, ausg. 13/11. 1959. D. Prior. 7/5. 1957.) M. F. MÜLLER. 7021

Badische Anilin- & Soda-Fabrik Akt.-Ges., Deutschland, **Färben und Bedrucken von Produkten aus Vinylpolymeren** mit p-Aminoazofarbstoffen, die keine SO_3H- oder COOH-Gruppen besitzen u. in denen wenigstens ein H-Atom der endständigen NH_2-Gruppe ersetzt ist durch den Rest—Alk—OCO(R), worin Alk = niedermol. 2wertiger aliphat. Rest u. R = H oder niedermol. aliphat. Rest. Solche Farbstoffe werden z. B. erhalten durch Veresterung von entsprechenden p-Aminoazofarbstoffen, die OH-Gruppen enthalten, mit niedermol. Fettsäuren, wie Ameisen-, Essig-, Propion- oder Isobuttersäure. — Ein Polyvinylchloridgewebe wird z. B. mit einem Monoazofarbstoff gefärbt, der erhalten wird aus diazotiertem 1-Amino-2-methoxy-5-nitrobenzol u. dem Isobuttersäureester von N-Äthyl-N-[2-hydroxyäthyl]-aminobenzol. Das Färbebad enthält in 4000 W. 1 Teil Farbstoff u. 2 N-Äthyl-N-phenylcarbaminsäureäthylester. — 1-Amino-2-chlor-4-nitrobenzol wird diazotiert u. mit dem Essigsäureester von N-Butyl-N-[2-hydroxyäthyl]-aminobenzol umgesetzt. (**F. P. 1 192 077** vom 28/2. 1958, ausg. 23/10. 1959. D. Prior. 5/3. 1957.) M. F. MÜLLER. 7023

Imperial Chemical Industries Ltd., England (Erfinder: Raymond Price, Charles Hugh Reece und James Wardleworth), **Herstellung von wasserlöslichen organischen Farbstoffen mit wenigstens einer Sulfonäthylenimidgruppe** aus der Reihe der Azo-, Anthrachinon-, Nitro-, Dioxazin-, Indigo-, Thioindigo- u. bes. der Phthalocyaninreihe. Es wird von einem wasserlösl. Farbstoff ausgegangen, der wenigstens eine Sulfochloridgruppe enthält, u. dieser mit Äthylenimin umgesetzt. Zur Herst. entsprechender Azofarbstoffe wird ein prim. aromat. Amin, das eine Sulfonäthylenimidgruppe enthält, diazotiert u. mit einer Verb. gekuppelt, die eine wasserlösl. Gruppe, z. B. eine SO_3H- oder COOH-Gruppe, besitzt. — 19,8 (Gew.-Teile) m-Aminobenzolsulfon-N-äthylenimid werden in 120 Aceton diazotiert. Durch Kupplung mit dem Di-Na-Salz von 1-Acetylamino-8-hydroxynaphthalin-3.6-disulfonsäure wird ein roter Farbstoff erhalten, der Baumwolle bläulichrot färbt. 5 des roten Farbstoffpulvers werden mit 5 Harnstoff, 35 5%ig. Na-Alginat-Lsg., 1 $NaHCO_3$ u. 54 W. zu einer Druckpaste verarbeitet, die Baumwolle waschfest bedruckt. Das bedruckte Gewebe wird mit einer Lsg. von 3 eines Kondens.-Prod. aus einem Alkylphenol u. Äthylenoxid zusammen mit 0,5 Na_2CO_3 (wasserfrei) in 1000 W. bei 100^0 5 Min. lang nachbehandelt. — Aus 1.4-Bis-[4'-phenylanilino]-anthrachinon u. $ClSO_3H$ wird 1.4-Bis-[4'-phenylanilino]-anthrachinontetrasulfonylchlorid hergestellt, das mit Äthylenimin in Ggw. von Na_2CO_3 in wss. Medium bei pH 7—8 innerhalb von 2 Std. umgesetzt wird. Es wird ein Farbstoff erhalten, der Cellulosetextilien in grünem Ton wasch- u. lichtecht färbt. — Cu-Phthalocyanin wird mit $ClSO_3H$ in das Tetrachlorsulfonyl-Deriv. übergeführt; durch 18std. Einw. von Äthylenimin in Ggw. von Na_2CO_3 bei 25^0 wird eine leuchtendblaue Lsg. erhalten, die Cellulosefasern ebenso färbt. — Ein wasserlösl. Farbstoff I wird chlorsulfoniert u. mit Äthylenimin umgesetzt. Der erhaltene Farbstoff färbt Baumwolle olivgrün. (**F. P. 1 206 008** vom 30/4. 1958, ausg. 5/2. 1960. E. Prior. 1/5. 1957 u. 16/4. 1958. **E. P. 830 246** vom 1/5. 1957, ausg. 16/3. 1960.) M. F. MÜLLER. 7049

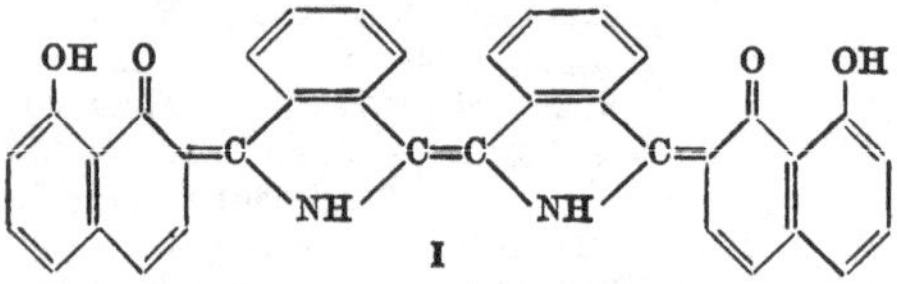

I

Sandoz Akt.-Ges., Basel (Erfinder: Otto Senn, Arlesheim, Hanspeter Uehlinger, Binningen, und Walther Wehrli, Riehen), Schweiz, **Herstellung von Monoazofarbstoffen und ihren Metallkomplexverbindungen.** 1(Mol) eines Hydrazinobenzols mit einer metallkomplexbildenden Gruppe in o-Stellung zur Hydrazingruppe wird mit 1 Benzochinon-(1.2), Naphthochinon-(1.2), Phenanthrenchinon-(9.10), Acenaphthenchinon, Isatin, Dibromisatin, N-Methylisatin oder N-Acetylisatin umgesetzt u. die Farbstoffe in Substanz oder auf der Faser metallisiert, bes. chromiert oder kobaltiert. — 21,7 (Teile) 1-Hydroxy-2-hydrazinobenzol-4-sulfonsäuremethylamid werden mit 18,2 in W. suspendiertem Acenaphthenchinon in stark mineralsaurer Lsg. bei 80 bis 100° 2 Std. lang zur Rk. gebracht. Der ausgefallene Farbstoff wird isoliert u. färbt Wolle nach dem Einbadchromierungs-Verf. grün u. gut licht-, wasch-, walk-, potting- u. säureecht. 38,1 dieses Farbstoffs in 400 $HCONH_2$ werden bei 100—110° 30 Min. lang mit 30 Ammoniumchromisulfat behandelt. Die erhaltene 1:2-Cr-Komplex-Verb. färbt Wolle, Seide, synthet. Polyamidfasern u. Leder grün. (**D. A. S. 1 109 809** Kl. 22a vom 16/8. 1958, ausg. 29/6. 1961. **F. P. 1 211 568** vom 20/8. 1958, ausg. 17/3. 1960. **A. P. 2 928 823** vom 18/8. 1958, ausg. 15/3. 1960. Alle Schwz. Prior. 21/8. 1957. **Schw. P. 360742** vom 21/8. 1957, ausg. 30/4. 1962.) F. RATH. 7053

Farbenfabriken Bayer Akt.-Ges., Leverkusen (Erfinder: Horst Nickel, Köln, und Fritz Suckfüll, Leverkusen), **Herstellung metallhaltiger Polyazofarbstoffe.** Diazotierte Aminonitronaphthaline der allg. Formel I (X = H oder SO_3H) werden mit Azo-Verbb. in o-Stellung zu einer enol. oder phenol. OH-Gruppe gekuppelt. Die erhaltenen Azofarbstoffe werden oxydativ gekuppelt u. 2 gleiche oder verschiedene Cu-haltige Farbstoffe unter Ausbildung einer Azo- bzw. Azoxygruppierung reduktiv verknüpft. Die oxydative Kupferung kann auch nach der reduktiven Verknüpfung erfolgen. — 58,9 (Teile) *1-Chlor-2-amino-5-hydroxynaphthalin-7-sulfonsäure* → *2-Hydroxynaphthalin-3.6-disulfonsäure* werden mit 34,8 diazotierter 2-Amino-6-nitronaphthalin-4.8-disulfonsäure gekuppelt. Die Farbstoffpaste wird in 1450 W. verrührt u. mit 30 krist. $CuSO_4$ in 200 W. unter Zugabe von 350 3%ig. H_2O_2 gekupfert. Die isolierte Farbstoffpaste wird mit 600 W. verrührt u. mit 60 40%ig. NaOH u. 17,3 Traubenzucker in 60 W. bei 60° reduktiv verknüpft. Der Farbstoff färbt Baumwolle grünstichiggrau. (**D. A. S. 1 108 832** Kl. 22a vom 15/3. 1957, ausg. 15/6. 1961. **Zusatz zu D.A.S 1058174; C. 1960. 16945. Belg. P. 565 311** vom 1/3. 1958, ausg. 15/7. 1960.) F. RATH. 7055

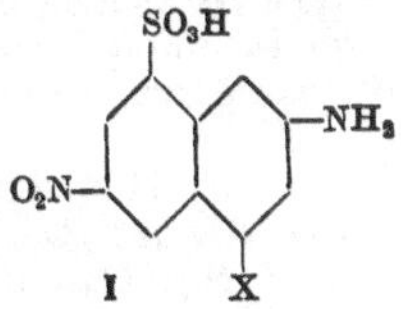

I

XIa. Farben. Anstriche. Lacke. Naturharze

Hitzehärtbare Acrylharze und ihre Anwendung in der Lackindustrie. J. Rémond. (Rev. Produits chim. **64.** 537—43. 30/11. 1961.) (Franz.)
Allg. Übersicht. J. LEHMBERG. 7096□

Naphthensäuren für die Herstellung von Sikkativen. F. Margival. (Peintures, Pigments, Vernis **37.** 576—78. Okt. 1961.) (Franz.)
Vf. beschreibt die Herst. von verschiedenen Sikkativen. K. WEKUA. 7096□

Untersuchungen an Schutzanstrichen auf verzinktem Blech. Ergebnisse der Laboratoriumsversuche und das Verhalten der Proben im Seeklima. G. Odone, G. Milanese und E. Dellepiane. (Acier-Stahl-Steel [Bruxelles] **25.** 485—90. Nov. 1960. Fa. Cornigliano.) (Dt.)
Korrosions-Verss. in NaCl enthaltendem Nebel über das Verh. von Schutzanstrichen auf verzinkten Blechen zeigen, daß „wash-primer"-Grundanstriche sich bewährten, u. daß man Deckanstriche auf Glycerophthal- u. Epoxidgrundlage mit diesen kombinieren kann. Streichfertige Grundanstriche auf Epoxid- u. Pb–Ca-Basis zeigen gute mechan. Eigg. des aufgetragenen Farbfilms u. gutes Verh. unter Betriebsbedingungen. W. WESLY. 7106□

Überziehen von Metallen mit PVC. B. V. Clifton. (Plast. Inst., Trans. and J. **29.** 194—97. Dez. 1961. Manchester, Geigy Co. Ltd.) (Engl.)
Die vorgereinigten Metalle, bes. Fe u. Stahl, werden mit PVC beschichtet: durch Kaschieren mit einer PVC-Folie, Begießen mit einem Plasti- oder Organosol, Tauchen, Aufsprühen, nach dem Wirbelsinter-Verf. oder im Schleuderguß. Ferner werden das Aufbringen von Plastisolen im Einschicht-Verf. ohne Grundierung, die Wrkg. von Weichmachern auf das Beschichtungs-Verf. u. die End-Eigg. der Deckschichten besprochen. M. HAGEDORN. 7106□

Zerstörung von Materialien. Ursachen und Schutzmethoden. Glenn A. Greathouse und Carl J. Wessel. (Pitture e Vernici **35.** 571—74. Juli 1959. **36.** 143—47. Febr. 335—40. April. 597—615. Juli 1960.) (Ital.)
Auf Grund der Literatur u. der bei amerikan. Wehrdienststellen vorliegenden Erfahrungen werden die Grundlagen u. Wirkungsweisen von Schutzanstrichen auf Metallen, Holz, Zement usw. u. die Einfl. von Temp., Feuchtigkeit, Sonnenlicht, Atmosphärilien, Abrieb u. Erosion, Unterlage, Mikroorganismen usw. erörtert. Die Resistenz-Eigg. von Komponenten solcher Anstriche werden untersucht. — Tabellar. Zusammenstellung von Normen. 78 Literaturhinweise. R. K. MÜLLER. 7106□

Esso Research and Engineering Co., Elizabeth, N.J., V.St.A., **Herstellung synthetischer trocknender Öle** durch Polymerisation von Butadien, ggf. mit Styrol, in einem inerten Lsgm., in Ggw. von Na u. ggf. von Beschleunigern, wie Alkoholen oder Äthern, dad. gek., daß man das Rk.-Gemisch durch eine erste Rk.-Zone zur Beseitigung von Verunreinigungen leitet, das Gemisch dann in einer zweiten Rk.-Zone bis zur mindestens 65%ig. Umwandlung der Monomeren polymerisiert u. in einer dritten Rk.-Zone auspolymerisiert. Kontinuierliches, großtechn. Verf. mit hohem Umsatzgrad. *Hochwertige trocknende Öle, Lacke.* — Vorr.-Zeichnung. (**D. A. S. 1 123 477** Kl. 39c vom 13/5. 1954, ausg. 8/2. 1962.) L. STADELMANN. 7097

Badische Anilin- & Soda-Fabrik Akt.-Ges., Ludwigshafen/Rh. (Erfinder: Kurt Demmler, Oskar Lissner, Ludwigshafen/Rh., und Ferdinand Mayer, Ziegelhausen), **Lösungsmittelfreie Lacke auf Basis von Epoxyharzen** enthalten als Härter *cycloaliphat. Amine*, u. zwar diprim. Diamine, deren Aminogruppen sich an 2 über Brückenatome miteinander verbundenen cycloaliphat. Resten befinden; z. B. *Diaminodicyclohexylmethan*, -propan, Diaminodicyclohexylcyclohexylmethan u. Diaminodicyclohexylamin. (**D. A. S. 1 122 195** Kl. 22h vom 25/5. 1956, ausg. 18/1. 1962.) M. BÖTTCHER. 7107

Canadian Industries Ltd., Montreal (Erfinder: Francis Joseph Broekman, James David Murdock, St. Hilaire Station, und Norman Nelan, Otterbun Park), Canada, **Lacke, Belag- und Anstrichmassen** enthalten im wesentlichen 1. ein Vinylmischpolymer aus 2—6 (Mol-%) einer α,β-ungesätt. Carbonsäure (z. B. Acrylsäure) u. 98—50 von mischpolymerisierbaren neutralem Monomeren (z. B. Vinyltoluol) sowie 2. ein ölmodifiziertes Alkydharz, dessen Polyhydroxykomponente wenigstens teilweise aus einem Alkylamin mit mindestens 2 substituierbaren OH-Gruppen besteht. (**D. A. S. 1 122 647** Kl. 22h vom 17/5. 1960, ausg. 25/1. 1962. E. Prior. 20/5. 1959 u. 27/4. 1960.) M. BÖTTCHER. 7107

Canadian Industries Ltd., Montreal (Erfinder: Arthur Lee Johnson, Searborough, Ontario, Max Morf, St. Hilaire, Quebec, und John Keith Whiteley, Agincourt, Ontario), Canada, **Überzugsmittel und Lacke** auf der Basis von ölmodifizierten Alkydharzen u. Vinylmischpolymerisaten (I) enthalten solche I, die aus einem Vinylmonomer, das ein bas. N-Atom oder ein Amidostickstoffatom enthält, u. aus mindestens einer monomeren Verb., die Styrol (**II**) u./oder alkyliertes **II** u. einen Acrylsäureester der allg. Formel $CH_2{=}C(R_1)\cdot COOR_2$ enthält, worin $R_1 = H$ oder einen niederen, ggf. substituierten Alkylrest (**III**) u. R_2 einen ggf. substituierten **III** mit 1—6 C-Atomen bedeutet, hergestellt sind. Als **I** sind solche aus Vinyltoluol u. Acrylamid (**IV**), aus **IV** u. Äthylacrylat, aus Styrol u. Vinylpyridin genannt. (**D. A. S. 1 118 911** Kl. 22h vom 25/11. 1958, ausg. 7/12. 1961. E. Prior. 26/11. 1957, 22/1. u. 4/6. 1958.) M. BÖTTCHER. 7107

Esso Research and Engineering Co., Elizabeth (Erfinder: Joseph F. Nelson, Westfield), N.J., V.St.A., **Überzugsmittel** u. Einbrennlacke, bes. Konservendosenlacke, enthalten 100 (Gew.-Teile) eines Polymeröls, wie Butadien-(1.3)-polymere oder Butadien–Styrol-Mischpolymere, sowie als Härter 1—15 eines Alkylborats, z. B. Triamylborat, eines Alkylphosphats, z. B. Tributylphosphat, oder eines Alkylaluminats, z. B. Isopropylaluminat. (**D. A. S. 1 121 250** Kl. 22h vom 30/6. 1959, ausg. 4/1. 1962. **F. P. 1 236 155** vom 26/6. 1959, ausg. 14/11. 1960. Beide A. Prior. 30/6. 1958.) M. BÖTTCHER. 7107

LICENTIA Patent-Verwaltungs-G. m. b. H., Frankfurt/M. (Erfinder: Paul Nowak und Franz Josef Bollig, Kassel), **Auf Siliconkautschuk haftende Überzüge bildende Siliconharzlacke** enthalten folgende Härterkombination: 1. in organ. Lsgm. lösl. Metallsalze, bes. organ. Säuren, wie Co-, Pb-, Mn-Naphthenat oder -Octoat; 2. Titansäureester u./oder Ester des Al sowie deren Chelate mit α,β-Diketonen oder Aminen, 3. Kieselsäureester u./oder Alkoxysilane u./oder Polykieselsäureester oder Borsäureester, 4. Fettsäure-Verbb. von Organo-Sn- oder -Ge-Derivaten. (**D. A. S. 1 117 248** Kl. 22h vom 22/2. 1960, ausg. 16/11. 1961.) M. BÖTTCHER. 7107

E. I. du Pont de Nemours & Co., Wilmington, Del. (Erfinder: **Henry Weaver**, Godshalk, Genesee County, Flushing, Mich.), V.St.A., *Herstellung flüssiger, kolloidales Eisenhydroxid als Farbkörper und Polymere von Methacrylsäuremethylester als wesentliche Filmbildner enthaltender Anstrichmassen.* (**D. A. S. 1 120 622** Kl. 22g vom 23/9. 1958, ausg. 28/12. 1961. A. Prior. 1/10. 1957. — C. **1962.** 1426 [E. P. 846 197].)

Distillers Co. Ltd., Edinburgh, England (Erfinder: **Alaric Louis Jeffrey Raum**), *Polymerisierverfahren.* (**Jap. A. S. 5095/1960** vom 27/12. 1956, ausg. 13/5. 1960. E. Prior. 4/2. u. 12/12. 1956. — C. **1960.** 11482 [F. P. 1 165 796].)

Hercules Powder Co., Wilmington, Del. (Erfinder: **Robert Fenno Goddu**, Kennett Square, Pa., und **James Andrew Hudy**, Wilmington, Del.), V.St.A., *Katalysatoren zur Polymerisation von Oxacyclobutanen.* (**D. A. S. 1 123 834** Kl. 39c vom 27/8. 1957, ausg. 15/2. 1962. A. Prior. 27/8. 1956 u. 5/7. 1957. — C. **1960.** 8023 [A. P. 2 895 922].)

Goodyear Tire & Rubber Co., Akron, Ohio, V.St.A. (Erfinder: **Richard C. Waller**), *Herstellung von Polyestern.* (**Jap. A. S. 1547/1960** vom 6/2. 1958, ausg. 1/3. 1960. **F. P. 1 185 103** vom 23/10. 1957, ausg. 30/7. 1959. Beide A. Prior. 21/6. 1957. — C. **1962**. 3638 [Aust. P. 220 410].)

E. I. du Pont de Nemours & Co., V.St.A. (Erfinder: **John Lloyd Evans, John Daniel Pickens** und **James Howard Williamson**), *Lack- und Überzugsmittel auf der Basis von polymerem Methacrylsäuremethylester.* (**F. P. 1 223 883** vom 11/5. 1959, ausg. 21/6. 1960. A. Prior. 29/7. 1958. — C. **1962**. 317 [E. P. 848 148].)

Montecatini Soc. Gen. per l'Industria Mineraria e Chimica, Mailand, Italien, *Herstellung von Überzügen aus Polyvinylchlorid auf Metallen.* (**It. P. 541 283** vom 14/9. 1955. — C. **1960**. 5328 [Holl. P. 91 881].)

E. I. du Pont de Nemours & Co., Wilmington, Del., übert. von: **Max F. Bechtold**, Kennett Square, Pa., V.St.A., *Wäßrige Dispersionen von Polymeren und Herstellung von Folien.* (**Can. P. 553 516** vom 20/7. 1954, ausg. 25/2. 1958. A. Prior. 30/9. 1953. — C. **1962**. 5867 [A. P. 2 846 727].)

E. I. du Pont de Nemours & Co., Wilmington, Del., übert. von: **Laverne W. Crissey**, Penfield, und **John H. Lowell**, Brookline, Pa., V.St.A., *Überzugsmassen aus Methacrylaten.* (**Can. P. 553 517** vom 16/12. 1954, ausg. 25/2. 1958. A. Prior. 6/1. 1954. — C. **1958**. 5520 [E. P. 763 158].)

Montecatini Soc. Gen. per l'Industria Mineraria e Chimica, Mailand, Italien, und **Karl Ziegler**, Mülheim/Ruhr (Erfinder: **Giuseppe Guzzetta** und **Ezio Ercoli**, Mailand, Italien), *Biegsame Folie.* (**Oe. P. 208 600** vom 8/10. 1957, ausg. 11/4. 1960. It. Prior. 9/10. 1956. — C. **1960**. 8699 [F. P. 1 184 742].)

XIb. Plaste (Kunstharze. Plastische Massen)

Fließen geschmolzener Makromoleküle vom Standpunkt der Verfahrenstechnik aus. Yoshiro Mori. (J. chem. Soc. Japan, ind. Chem. Sect. [Kōgyō Kagaku Zassi] **63**. 392—95. März 1960. Tôkyô-Daigaku, Kôgakubu, Kagaku-Kôgaku-Kyôsitu.) Jap.)

Übersicht. — 16 Literaturangaben. E. MAEKAWA. 7170□

Werkstoffbedingte Vorgänge bei der Verarbeitung von Kunststoffen. C. M v. Meysenbug. (Kunststoff-Rdsch. **9**. 1—6. Jan. 1962. Darmstadt.) (Dt.)

Vf. weist auf die Notwendigkeit hin, bei einer Kunststoffprüfung auch die Vorgänge im Werkstoff bei der Verarbeitung in die Unters. einzubeziehen, bes. erörtert werden: Fließ-Eigg., spezif. Wärme, Wärmeleitzahl. — 14 Bilder u. Diagramme.

L. KEMPF. 7170

Das Fließverhalten von Kunststoffen im Walzspalt, untersucht am Beispiel von Polyäthylen. R. Rautenbach. (Chemie-Ing.-Techn. **34**. 231—36. März 1962. Aachen, TH, Forsch.-Inst. für Verfahrenstechnik.) (Dt.)

Das Fließ-Verh. von Kunststoffen im Walzspalt wurde an verschiedenen Polyäthylenen theoret. u. experimentell untersucht. Die Messungen ergaben, daß Polyäthylene mit höherem Molgew. im Verarbeitungszustand als nicht-NEWTONsche Fll. angesehen werden müssen, deren Fließ-Verf. durch den PRANDTLschen Ansatz $\gamma = C \cdot \sinh(\tau/A)$ gut beschrieben werden kann, also mit zwei rheolog. Stoff-Konst., wenn auch nicht in jedem Falle zwei Konst. ausreichen. Ausgehend von diesem Gesetz, ermöglicht eine analyt. Behandlung der Strömungsvorgänge im Walzspalt die weitgehende quant. Erfassung der Vorgänge beim Walzen von Kunststoffen auf der Grundlage reeller physikal. Konstanten. Unter vereinfachenden Annahmen ergibt sich ein Zusammenhang zwischen Drehmoment, Druck, Druckverteilung u. Walzenumfangsgeschwindigkeit. Ohne jede vereinfachende Annahme läßt sich das geltende Widerstandsgesetz aus Modell-Verss. mit Hilfe der Ähnlichkeitstheorie herleiten. Schließlich kann unter den gleichen Voraussetzungen die Strömung von Kunststoffen in einer ebenen Düse berechnet werden. W. D. KRÜGER/Berlin. 7172□

Hochdruckpolyäthylene und lineare Polyäthylene. F. Garcia Estartús. (Afinidad **18**. 87—98. März/April 1961.) (Span.)

Übersicht über Polymerisation, Eigg. u. Anwendungsmöglichkeiten von Hoch- u. Niederdruckpolyäthylen. Infolge ihrer guten Flexibilität eignen sich Hochdruckpolyäthylene bes. für Folien, während Niederdruckpolymerisate wegen ihrer Steifheit u. höheren Temp.-Beständigkeit vorzugsweise für die Spritzguß- u. Rohr-Herst. in Frage kommen. M. REIHER. 7172□

Mischungen für Hart-PVC-Folien und ihre Verarbeitung. R. C. Rumberger. (SPE Journal **16**. Nr. 1. 87—88. Jan. 1960. Newcomerstown, Ohio, Seiberling Rubber Co.) (Engl.)

Die Folien werden durch Kalandrieren aus einem Gemisch aus Harz, Stabilisator, Pigment u. Gleitstoff hergestellt. Die Eigg. hängen von dem verwendeten Harz ab: PVC (**I**) mit mittleren u. niedrigem Molgew. u. der spezif. Viscosität 0,47—0,31, PVC (**II**), ein modifiziertes Harz mittleren Molgew., Mischpolymerisat (**III**) aus Vinylchlorid u. Vinylacetat. **I, II** u. **III** sind zäh, lichtbeständig, nicht entflammbar, besitzen gute Abriebfestigkeit u. gute elektr. Eigenschaften. Verwendbare Stabilisatoren, Gleitmittel u. Pigmente sowie Verarbeitungsbedingungen werden angegeben. H. JACOBI. 7172□

Oberflächen aus PVC-Hartfolien in der metallverarbeitenden Industrie. C. Kubitzky. (Metall **15**. 995—98. Okt. 1961. Worms/Rhein, Renolit-Werke G. m. b. H., Labor.) (Dt.) — Vgl. C. **1962**. 5864. F. VIER. 7172□

Polyurethane, Entwicklungen und Anwendungen. H. A. Hampton und R. Hurd. (Plast. Inst., Trans. and J. **29**. 204—21. Dez. 1961. Imp. Chem. Ind. Ltd., Dyestuffs Div.) (Engl.)

In dieser allg. Übersicht wird behandelt: Chemie der Polyisocyanate u. ihrer Rkk. einschließlich der Katalysatoren u. ihrer Wrkg.; Polyurethan (P)-Kautschuk; Oberflächenbeschichtungen mit P unter Verw. von Zweikomponenten-Syst., Isocyanataddukten, Urethanölen u. P mit Isocyanatendgruppen; P-Schaumstoffe verschiedener Typen unter Hinweis auf Katalysatoren, Siloxane als Netzmittel u. auf Fluor-KW-Stoffe als Treibmittel. — 30 Literaturangaben, Diskussion. M. HAGEDORN. 7180□

Die nichtstationäre Wärmeübertragung beim Erkalten von Platten aus der phenolischen Preßmasse. Alois Matějíček und Slavko Hudeček. (Chem. Průmysl **11** (36). 270—73. Mai 1961. Pardubice, Výzkumný ústav syntet. pryskyřic a laků; Ostrava, Moravské chem. závody.) (Tschech.)

Es wurde das Erkalten von mit Sägemehl gefüllten phenol. Preßmassen untersucht. Aus den Messungen wurde der Gesamtwärmeübertragungs-Koeff. u. die Abhängigkeit der Wand-Temp. von der Zeit des Erkaltens sowie die Abhängigkeit der Dimensionen der Platte von der Zeit des Erkaltens u. von den dimensionslosen Kriterien nach BIOT u. FOURIER bestimmt. Alle Ergebnisse werden graph. dargestellt. J. SCHNEIDER. 7204□

Prüfung von Schichtstoffen aus verstärkten Kunststoffen auf ihre Verwendung als Baustoffe. T. P. R. Lant. (Plast. Inst., Trans. and J. **29**. 222—32. Dez. 1961. De Havilland Aircraft Co. Ltd.) (Engl.)

Prüfkörper in Form eines liegenden L aus faserverstärkten Kunstharzlaminaten werden auf den Eintritt der Delaminierung unter Belastung untersucht. Das Ergebnis ist abhängig von dem Verstärkermaterial u. seiner Oberflächenbehandlung, dem Harz, der Dicke der Schichtverstärkung, dem Radius der Biegung, der Prüfkörperdicke u. dem Ansatzpunkt der Last. Nach dieser, praxisnahen Festigkeitsbeanspruchungen angepaßten Prüf-Meth. werden auch der Erweichungspunkt des Schichtstoffs u. die Effekte von Dauerbelastungs- u. Dauer-Temp.-Beanspruchungen untersucht. Dabei wird bei einzelnen Harz-Syst. stärkeres Kriechen unter Belastung bei Temp. erheblich unterhalb des Erweichungspunktes des Harzes beobachtet. Auf Grund des Gew.-Verlustes (Nachhärtung) scheint eine Aussage über das voraussichtliche Verh. der Schichtstoffe bei Dauerbelastung bei mittlerer Temp. möglich. Die Wichtigkeit der Beobachtung von langzeitigen Temp.-Einwirkungen wird betont. M. HAGEDORN. 7204□

Methoden zur praktischen Prüfung der Spannungsrißbeständigkeit verschiedener Polyäthylen-Sorten. Ferdinand Elbers und Friedrich Fischer. (Kunststoffe **50** 485—90. Sept. 1960. Ludwigshafen/Rh., BASF, Kunststoff-Lab. der Anwendungstechn. Abtlg. u. Materialprüfungsbetrieb der Techn. Abtlg.) (Dt.)

Es wird eine neue Meth. zur Best. der Spannungsrißanfälligkeit beschrieben. Hierbei wird ein vorher gekerbter Polyäthylenstab bei 50° in einer 5%ig. Lsg. von Nekanil W extra kurzzeitig (24 Std.) u. langzeitig (bis zu mehreren Monaten) belastet u. die Belastung bestimmt, bei der an 50% der Proben Spannungsrisse auftreten. Bei gleicher Dichte der Polyäthylentypen sind Typen hoher Molgew. bei Kurzzeit-Vers. rißbeständiger, bei Langzeit-Vers. ist der Einfl. nicht so auffällig. Für große Spritzteile wird die Verw. von Polyäthylen niedriger Dichte vorgeschlagen, da dort kaum Schwindungsspannungen auftreten u. daher nicht mit Spannungsrissen zu rechnen ist. K. GRÖBE. 7210□

Die Fraktionierung von Polymeren im großen Maßstab mit Trennsäulen. Manfred J. R. Cantow, Roger S. Porter und Julian F. Johnson. (Nature [London] **192**. 752—53. 25/11. 1961. Richmond, Calif., California Res. Corp.) (Engl.)

Vff. geben eine Konstruktionsbeschreibung einer 6-Säulengaschromatographen zur Fraktionierung polymerer Stoffe verschiedenen Molgew. in Mengen bis zu 50 g, dessen Brauchbarkeit an einem handelsüblichen Polyisobutylen überprüft wurde. W. HEIN. 7210□

Soc. des Usines Chimiques Rhône-Poulenc, Paris (Erfinder: Emile Clément Cottet und André Claude Ducros, Lyon), Frankreich, **Pfropfen ungesättigter Monomerer auf nicht geformte oder geformte feste Polymere,** dad. gek., daß man das Polymere, das in der bevorzugten Ausführungsform durch ein Lsgm. aufgeweicht ist, der gleichzeitigen Einw. von energiereicher Strahlung u. einem gasförmigen Medium, das unter den Rk.-Bedingungen nicht kondensierbare Dämpfe der zu pfropfenden Monomeren u. bevorzugt zusätzlich nicht polymerisierbare Verbb., welche die Diffusion des Monomeren begünstigen bzw. hemmen, enthält, aussetzt. In den Beispielen werden als Stammpolymere Filme aus Glykolpolyterephthalat, Polyvinylalkohol, Celluloseacetat, ferner Faserstränge von Polyvinylalkohol u. Celluloseacetatfäden, als Monomere Vinylacetat, Acrylnitril, Vinylmethyldichlorsilan u. Methylmethacrylat verwendet. Einfache Regulierung des Pfropfgrades. (**D. A. S. 1 123 832** Kl. 39c vom 1/9. 1958, ausg. 15/2. 1962. F. Prior. 2/9. u. 18/11. 1957.) L. STADELMANN. 7171

Oliver Wallis Burke jun., Pompano Beach, Fla., V.St.A., **Unlösliche vernetzte Hochpolymere kolloider Teilchengröße** erhält man dadurch, daß man auf unvernetzte oder vernetzte natürliche oder synthet. Hochpolymere, die in einer Emulsion koll. verteilt sind, Monomere oder deren Gemische, von denen mindestens ein Monomeres eine vernetzende Gruppe enthalten muß, wenn das Stammpolymerisat unvernetzt ist, in Ggw. eines üblichen Katalysators aufpfropft, wobei die Rk. bis zur Unlöslichkeit der entstehenden Teilchen geführt wird. — Beispiel: Auf ein Stammpolymerisat aus Styrol/Divinylbenzol, das in Emulsion hergestellt wurde, werden in Emulsion Äthylenglykoldimethacrylat, Allylacrylat, Triäthylcyanurat, Vinyltoluol oder Divinylbenzol, oder eine Mischung aus Styrol, Methacrylsäure u. Divinylbenzol pfropfpolymerisiert. — Verw. als *Füllstoffe für Hochpolymere.* (**D. A. S. 1 123 476** Kl. 39c vom 6/9. 1954, ausg. 8/2. 1962. A. Prior. 8/9. 1953.) L. STADELMANN. 7171

Chemische Werke Hüls Akt.-Ges. (Erfinder: Walter Stumpf), Marl, **Herstellung von 1.4-Dioxanderivaten,** dad. gek., daß man halogenierte Dioxane, die wenigstens 2 an verschiedene C-Atome gebundene Halogenatome enthalten, in an sich bekannter Weise mit Glykol- oder Polyglykolmonoalkyläthern oder deren Alkalialkoholaten kondensiert. — *Weichmacher* für Kunststoffe. — Vgl. F. P. 1 187 365; C. **1961.** 13737. (**D. A. S. 1 116 233** Kl. 12q vom 24/4. 1957, ausg. 2/11. 1961.) G. KÖNIG. 7171

Imperial Chemical Industries Ltd., London (Erfinder: Percy Arthur Small, Welwyn Garden City, Hertfordshire, und Hugh Wilma Boulton Reed, Norton-on-Tees, Durham), England, **Polymerisation von Verbindungen der Formel $CH_2{=}CHR$,** in der R = H, Alkyl oder Cl ist. Sie wird in Ggw. eines Katalysators durchgeführt, hergestellt durch Rk. einer Übergangsmetall-Verb., bes. $TiCl_4$ oder $TiCl_3$, mit einer Verb. der Formel $H{-}Si{\equiv}$, in der die freien Valenzen durch —R′, —OR′, $-Si{\equiv}$ oder $-O{-}Si{\equiv}$ abgesätt. sind, wobei R′ eine Alkyl-, Cycloalkyl-, Aryl- oder Aralkylgruppe bedeutet u. noch freie Valenzen durch die gleichen vorgenannten Reste abgesätt. sind. Beispiele für die Si-Verbb. sind Triäthylsilan, Methylwasserstoffsiliconöl, „Siloxol", Methylphenylsilan, Trimethylsilan. Polymerisiert wurde: Äthylen, Vinylchlorid. (**D. A. S. 1 123 473** Kl. 39c vom 26/2. 1958, ausg. 8/2. 1962. E. Prior. 27/2. 1957.) L. STADELMANN. 7173

Farbwerke Hoechst Akt.-Ges., vormals Meister Lucius & Brüning, Frankfurt/M. (Erfinder: Otto Fuchs, Hofheim/Taunus, und Helmut Kappenberger, Frankfurt/M.), **Stabilisierung von Polyolefinen gegen thermische Oxydation** durch Sulfid-Verbb. der allg. Formel $(R_1O)(R_2O)P(:O){-}R'{-}S_n{-}R''{-}P(:O)(OR_3)(OR_4)$ (R′ u. R″ = gleiche oder verschiedene gesätt., verzweigte oder unverzweigte Alkylenreste, die durch O-Atome unterbrochen sein können; R_1, R_2, R_3 u. R_4 = gleiche oder verschiedene, gesätt., verzweigte oder unverzweigte Alkylreste, in denen ggf. ein H-Atom durch einen nichtsubstituierten oder einen eine Alkylseitengruppe enthaltenden aromat. oder gesätt. hydroaromat. Rest ersetzt sein kann, oder aromat. oder gesätt. hydroaromat. Reste, die ggf. mit Alkylgruppen bis zu 4 C-Atomen substituiert sein können, n = 1 oder 2). Es tritt keine Versprödung oder bedeutendes Absinken der Viscosität beim mehrtägigen Erhitzen auf 120—130° ein. — Beispiele: *β.β′-Bis-(phosphonsäurediäthylester)-diäthyldisulfid; β.β′-Bis-(phosphonsäurediisopropylester)-diäthylsulfid* bzw. *-diäthyldisulfid; β.β′-Bis-(phosphonsäuredi-n-butylester)-diäthyldisulfid.* (**D. A. S. 1 046 306** Kl. 39b vom 25/8. 1956, ausg. 11/12. 1958. **Zusatz zu D. A. S. 1 041 243; C. 1962. 8806.**) A. JAHN. 7173

Chemische Werke Hüls Akt.-Ges. (Erfinder: Kurt Kopetz, Georg Wick und Franz Merten), Marl, **Schwer entflammbare Formmasse** auf Basis von Polyolefinen (I) mit einem Zusatz von SC_2O_3 enthaltend, bezogen auf I, neben 3—10% SC_2O_3 5—20% eines 2.4.6-Tribromanilins der allg. Formel II, in der R_1, R_2, R_3 u. R_4 H oder C_1—C_8-Alkylgruppen u. R_1 u. R_2 außerdem Acylgruppen bedeuten, bes. *2.4.6-Tribromanilin u. -acetanilid.* (**D. A. S. 1 103 020** Kl. 39b vom 4/2. 1959, ausg. 23/3. 1961.) C. LÜTTGEN. 7173

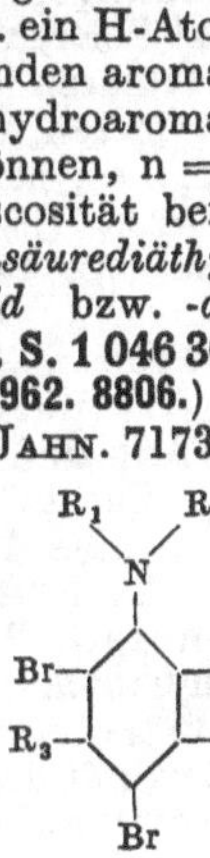

II

Hercules Powder Co. (Erfinder: David Morrow Dickson), Wilmington, Del., V.St.A., **Formmasse aus Homopolymerisaten von mindestens 3 C-Atome aufweisenden α-Olefinen oder deren Mischpolymerisaten** u. Stabilisatoren (I), enthaltend als I eine Mischung aus Thiodipropionsäuredialkylestern, bes. Dilaurylester der Thiodipropionsäure, u. einem 2- oder 4-(2'-Hydroxyphenyl)-2.4 (bzw. 2).4-trimethyl-dialkyl{dihydro}chroman u./oder einem Alkyliden-bis-(alkylphenol), bes. 2- bzw. 4-(2'-Hydroxy-5'-nonylphenyl)-2.4 (bzw. 2).4-trimethyl-6-nonyl{dihydro}chroman u. 2.2'-Isopropyliden-bis-(4-nonylphenol). (**D. A. S. 1 108 427** Kl. 39b vom 3/4. 1959, ausg. 8/6. 1961. **E. P. 851 670** vom 3/4. 1959, ausg. 19/10. 1960. Beide A. Prior. 4/4. 1958.) C. LÜTTGEN. 7173

Eastman Kodak Co., Rochester, N.Y., übert. von: Gerald R. Lappin und John W. Tamblyn, Kingsport, Tenn., V.St.A., **Plastische Masse aus einem Polyolefin,** dad. gek., daß sie aus Polyäthylen oder Polypropylen besteht u. als Schutzmittel gegen Wetter-Einfl., bes. UV-Licht, ein 2-Hydroxy-4-alkoxybenzophenon mit 12—14 C-Atomen im Alkoxylrest, bes. 2-Hydroxy-4-dodecyloxy- oder 2-Hydroxy-4-tetradecyloxybenzophenon, enthält. — Zur Herst. der Schutzmittel erhitzt man z. B. 100 (g) 1-Bromdodecan, 85 2.4-Dihydroxybenzophenon (I), 80 K_2CO_3 u. 500 ml Aceton 24 Std. unter Rückfluß, gießt das Rk.-Prod. in 2 Liter W., kühlt auf 10°, filtriert den Nd. u. krist. aus A. um → *2-Hydroxy-4-dodecyloxybenzophenon*, blaßgelbe Kristalle, F. 43—44°, Zus. $C_{25}H_{34}O_3$, 67% Ausbeute; analog aus 25 1-Bromtetradecan u. 19,5 I → *2-Hydroxy-4-tetradecyloxybenzophenon*, blaßgelbe Kristalle, F. 38—39°, Zus. $C_{27}H_{38}O_3$, 78,5% Ausbeute. — Beispiele, Tabellen. (**A. P. 2 861 053** vom 7/11. 1957, ausg. 18/11. 1958.) G. VOGEL. 7173

Consolidation Coal Co., übert. von: Eric B. Hotelling und Martin B. Neuworth, Pittsburgh, Pa., V.St.A., **Stabile, feste Polyäthylene,** dad. gek., daß sie mit 0,01—0,1% Di-(3-methyl-4-hydroxyphenyl)-methylmethan als Antioxydans homogen gemischt sind. — Beispiele, Kurven. (**A. P. 2 862 909** vom 12/3. 1957, ausg. 2/12. 1958.) G. VOGEL. 7173

Ruhrchemie Akt.-Ges. (Erfinder: Helmut Kolling, Theodor Notthof, Ewald Stiebling, Theodor Lattenkamp und Friedrich Rappen), Oberhausen/Rhld., **Kontinuierliche Aufarbeitung von Reaktionsprodukten der Äthylenpolymerisation,** die bei Temp. < 100° u. Drücken < 100 at unter Verw. von Katalysatoren aus einem Gemisch von metallorgan. Verbb. mit Verbb. der Metalle der IV.—VI. Nebengruppe des Period. Syst. in Ggw. einer Hilfs-Fl. durchgeführt wurde, durch Abtrennen der Hauptmenge dieser Hilfs-Fl. u. anschließende Behandlung des Polymerisats mit einem Alkalihydroxyd-Wasserdampf-Gemisch (I) nach D. A. S. 1 026 073, dad. gek., daß man das I bei 100—180° in feinster Verteilung durch Zerstäubung in Anwendung bringt. Ferner kann das durch I u. Neutralwaschen vorgereinigte Polyäthylen mit Alkoholen, die 0,001—1% Alkalihydroxid enthalten, behandelt u. dann getrocknet werden. — Nach dem Beispiel wird 1 (Gew.-Teil) des vorgereinigten Prod. mit 5 Isopropanol unter Zusatz von 0,005 Gew.-% KOH bei 75° ca. 1 Std. verrührt. Bei der Verarbeitung zeigen die App. keine Korrosionen u. das Prod. keine Verfärbung. (**D. A. SS. 1 097 139** Kl. 39c vom 9/7. 1958 u. **1 097 140** Kl. 39c vom 11/7. 1958, beide ausg. 12/1. 1961. **Zusätze zu D. A. S. 1 026 073; C. 1960. 12856.**) H. SCHINDLER. 7173

E. I. du Pont de Nemours & Co. (Erfinder: Harold Clinton Barker, Wilmington, Del., und Ernest Eugene Lewis, Chadds Ford, Pa.), V.St.A., **Stabilisieren von gegebenenfalls gefärbten Massen aus festen Äthylenpolymeren oder -telomeren** durch den Zusatz von 0,02—5%, bes. 0,25—1%, eines Alkanolsulfidpolymeren, wie Polyalkoxyalkylsulfide, Polyalkoxalkoxysulfide u. Polyoxyalkylsulfide, bes. Polymere des Thiodiäthanols, Thiodiäthylenglykoläthers, Mercaptoäthyloxyäthylformals, Thiotriäthylenglykoläthers u. 1-Mercaptopropandiols-2.3. Als Farbstoffe kommen bes. Cadmiumrot u. Phthalocyaninblau in Frage. (**D. A. S. 1 048 022** Kl. 39b vom 22/2. 1957, ausg. 31/12. 1958. **E. P. 834 291** vom 13/2. 1957, ausg. 4/5. 1960. Beide A. Prior. 1/3. 1956.) C. LÜTTGEN. 7173

Imperial Chemical Industries Ltd., London, England (Erfinder: David Grant und Norman David Huck), **Nichtblockende Polyäthylenfilme,** gek. durch den Zusatz von 0,01—0,5% Methylendistearamid. (**E. P. 818 728** vom 30/11. 1956, ausg. 19/8. 1959.) C. LÜTTGEN. 7173

E. I. du Pont de Nemours & Co., Wilmington, Del., übert. von: John Emerson Eldridge, Newark, N.J., V.St.A., **Wässerige Paste aus Polytetrafluoräthylen und die Herstellung von Formkörpern daraus.** Die wss. Paste besteht aus koll. Polytetrafluoräthylen (I) u. 5—40%, bezogen auf I, aus einem Mittel, das die Zügigkeit der Paste bedingt u. die Fähigkeit aufweist, I zu benetzen, u. aus 0,1—10%, bezogen auf I, aus einem in W. lösl. organ. Verdickungsmittel, wie Methylcelluloseäther,

Polyvinylalkohol, Na-Carboxymethylcellulose, Polyäthylenoxid, Polyvinylpyrrolidon, Styrol–Maleinsäureanhydrid-Mischpolymeren, Vinylacetat–Maleinsäureanhydrid–Mono-Ca-Salz-Mischpolymeren. Diese Pasten, die bei einem Geh. von 18% W. die gleiche Kraft zum Extrudieren benötigen wie durch Öl zügig gemachte Pasten, werden geformt, sorgfältig getrocknet u. bei mindestens 327° gesintert, wobei das Verdickungsmittel abbrennt. (**A. P. 2 881 142** vom 8/9. 1954, ausg. 7/4. 1959.) A. JAHN. 7173

Minnesota Mining & Mfg. Co., St. Paul, Minn., übert. von: William S. Barnhart, Cranford, und Robert H. Wade, West Paterson, N.J., V.St.A., **Mit Tetraestern weichgemachte Perfluorchlorpolymere und -mischpolymere** mit einem Erweichungspunkt von mindestens 220°, bes. >250° erhält man, indem man z. B. Trifluorchloräthylen-, symm. u. unsymm. Dichlordifluoräthylenpolymere oder deren Mischpolymere mit Halogenolefinen, z. B. Vinylchlorid, Vinylidenchlorid, Vinylfluorid, Vinylidenfluorid, Vinylidenfluorchlorid mit 1—5 Gew.-% eines Tetraesters (I) der allg. Formel R_1—OOC—R_2—COO—R_3—OOC—R_2—COO—R_1 (R_1 = Alkyl-, alicycl. oder heterocycl. Rest mit 3—18 C-Atomen; R_2 = Alkylen-, Alkylenäther-, Alkylenthioäther- oder Arylenrest; R_3 = Alkylen-, Alkylenäther- oder Alkylenthioätherrest) vermischt. Man erhält die **I** durch Rk. von aliphat., alicycl. oder heterocycl. Alkoholen mit 3—18 C-Atomen (Amyl-, Hexyl-, Heptyl-, Octyl-, Nonyl- u. Decylalkoholen, Cyclobutanol, Cyclopentanol, Cyclohexanol, Cycloheptanol, Cyclooctanol, Furfuryl-, Tetrahydrofurfuryl-, Dimethyltetrahydrofurfurylalkohol) mit Dicarbonsäuren (Adipin-, Pimelin-, Kork-, Acelain-, Sebacin-, Phthal-, Thioglykol-, Diglykolsäure) u. Diolen (Äthylenglykol, 2-Methyl-1.3-propandiol, 1.4-Butandiol, 1.5-Pentadiol, 2-Methyl-1.5-pentandiol, Diäthylenglykol, Triäthylenglykol, Thioäthylenglykol) im Mol-Verhältnis von ca. 1:1:0,5 (20% Höchstabweichung) in Ggw. einer Spur Na. (**A. P. 2 884 399** vom 23/11. 1954, ausg. 28/4. 1959.) A. JAHN. 7173

Minnesota Mining & Mfg. Co., St. Paul, Minn., übert. von: Francis J. Honn, Westfield, N.J., V.St.A., **Lösungen von Perfluorchloräthylenmischpolymerisaten,** z. B. aus symm. oder unsymm. Dichlordifluoräthylen oder Trifluorchloräthylen (I) mit anderen halogenierten Olefinen mit mindestens 1 H-Atom im Mol (Vinylchlorid, Vinylidenchlorid, Vinylfluorid, Vinylidenfluorid, 1.1-Fluorchloräthylen, Trifluoräthylen) mit einem Geh. von <80% **I** erhält man durch Auflösen der Polymeren oder Mischpolymeren in cycl. Äthern unter Rühren u. bei Temp. bis zum Kp. des verwendeten Lsgm. (Tetrahydrofuran, Tetrahydro-2-methylfuran, Dioxan, Tetrahydropyran, α.α-Dimethyläthylenoxid, Trimethylenoxid, Dioxolan, 2-Methyl-1.3-dioxolan, 2.6-Dimethyltetrahydropyran, 2.3-Dimethyl-1.4-dioxan). — *Nichtkorrodierende Auskleidungen* für Rk.-Vorr., *hochtemperaturbeständiges Isoliermaterial* für elektr. Leiter. (**A. P. 2 866 766** vom 16/9. 1954, ausg. 30/12. 1958.) A. JAHN. 7173

Esso Research and Engineering Co., Elizabeth (Erfinder: Charles K. Schramm, Westfield, und Walter E. Heumann, Jersey City), N.J., V.St.A., **Formmasse auf Basis von Polypropylen,** bestehend aus Niederdruckpropylen mit Zusatz von 5—20, bes. 10% Siliconkautschuk. (**D. A. S. 1 108 425** Kl. 39b vom 7/11. 1958, ausg. 8/6. 1961. A. Prior. 2/12. 1957.) C. LÜTTGEN. 7173

Phillips Petroleum Co., Del., übert. von: Charles E. Wheelock, Bartlesville, Okla., V.St.A., **Hitzehärtbare Harze** erhält man durch Mischen von fl. Polymeren oder Mischpolymeren von konjugierten Dienen (mindestens 60 Teile) mit einem Ester der Acryl-, Methacryl- oder Cyanursäure (mindestens 10 Teile). Durch 2—50std. Erhitzen der Mischung, die fl. bis pastenartig sein kann, auf 150—280° erhält man harte, biege- u. hitzefeste Harze. — Verw. als Formmasse, Überzüge u. Klebmittel für Schichtkörper. (**A. P. 2 919 220** vom 20/6. 1955, ausg. 29/12. 1959.) L. STADELMANN. 7173

Chemische Werke Hüls Akt.-Ges. (Erfinder: Hans Friedrich), Marl, Kr. Recklinghausen, **Frostbeständige wässerige Dispersionen von Mischpolymerisaten** aus Butadien u. ≧50% Styrol erhält man durch Zusatz von ≧5% eines flüchtigen aliphat. oder cycloaliphat. KW-Stoffes (I), Kp. 80—250°, bezogen auf das Mischpolymerisat (II), z. B. Testbenzin. Das Einarbeiten des **I** in die Dispersion erfolgt, indem man zunächst den **I** mit Hilfe eines Emulgators, z. B. Hexylphenolpolyglykoläther, in W. emulgiert u. darauf unter die **II**-Dispersion mischt. (**D. A. S. 1 082 047** Kl. 39b vom 23/4. 1955, ausg. 19/5. 1960.) C. LÜTTGEN. 7173

Imperial Chemical Industries Ltd., London, England (Erfinder: Albert Kenneth Sanderson, Douglas James Starling und Victor Denis Tughan), **Polyvinylchlorid** erhält durch den Zusatz von 1—5 (%), bes. 1—3, eines Polyglykols mit einem Molgew. von 300—7500 oder dessen Carbonsäureestern, in denen ≦15 der

OH-Gruppen verestert sind, ein besseres Fließvermögen in geschmolzenem Zustand. Außerdem wird die Eig., sich elektrostat. aufzuladen, herabgesetzt. (**E. P. 817 041** vom 2/10. 1956, ausg. 22/7. 1959.) C. LÜTTGEN. 7173

Chemische Werke Hüls Akt.-Ges. (Erfinder: Georg Wick, Helmut König und Franz Thomczik), Marl, **Schlagfeste Polyvinylchlorid-Formmassen,** gek. durch einen Geh. an 60—80 (Teilen) Suspensionspolyvinylchlorid, 40—20 Emulsionspolyvinylchlorid u. 0,5—4% eines Mischpolymerisats aus 50—90 Fumarsäuredibutylester u. 50—10 Butadien. (**D. A. S. 1 102 387** Kl. 39b vom 15/4. 1959, ausg. 16/3. 1961.) C. LÜTTGEN. 7173

Heyden Newport Chemical Corp., übert. von: Joseph Fath, Morristown, N.J., V.St.A., **Stabilisierung von polymerem Vinylchlorid mit Thiophosphiten und mehrwertigen Metallseifen,** gegen Hitze u. Licht. Die Thiophosphite (I) haben die allg. Formel RS—P(XR')(YR'') [R, R' u. R'' = Alkyl, Aryl, Alkaryl, Carbalkoxyalkyl, X u. Y = O u. S], bes. geeignet sind Tri-(decylthio)-phosphit, Tri-(kresylthio)-phosphit, Monoamylphenoxydi-(isooctylthioglykolat)-phosphit, Monostearyloxymonobenzylthiomonolaurylthiophosphit, Monotridecyloxymonononylphenoxymonolaurylthiophosphit, Dixylylmonotriisobutylthiophosphit, Di-(2-äthylhexyloxy)-mono-2-äthylhexylthiophosphit. — Beispiele für Metallseifen: Ba–Cd-Laurat, Stearat, Decanoat; Cd-Octoat, Epoxystearat; Ca–Zn-Stearat; Ba–Zn-Palmitat. — Die I werden durch Rk. von PCl_3 + R—SH + 2 (X—H + Y—H) in Ggw. von 3 Mol Base hergestellt. (**A. P. 2 824 847** vom 25/8. 1954, ausg. 25/2. 1958.) A. JAHN. 7173

Ferro Corp., Cleveland, übert. von: Stanley B. Elliot, Bedford, Ohio, V.St.A., **Stabilisieren von halogenierten Vinylharzen,** dad. gek., daß man 100 (Teile) Harz u. 0,5—10 einer Mischung aus 100 Pentaerythrit (I), 0,05—100 ZnO u. 5—100 BaO (BaO auf die Summe von I + ZnO bezogen) innig mischt, die z. B. 7 ZnO, 27 BaO u. 66 I enthält. Man mahlt eine Mischung aus 100 Polyvinylchlorid, 45 Weichmacher (Dioctylphthalat), 2 Gleitmittel (Stearinsäure) mit 0,5 BaO, 0,16 ZnO u. 1,6 I in einer Walzenmühle bei 350° F zu einem blaßgelben, hitze- u. lichtbeständigen Produkt. — Mengenbeispiele. (**A. P. 2 918 451** vom 25/9. 1957, ausg. 22/12. 1959.) G. VOGEL. 7173

Harshaw Chemical Co., Cleveland, übert. von: Chrysosthenis M. Canarios, East Cleveland, Ohio, V.St.A., **Gegen Hitze stabilisiertes Polyvinylchloridharz,** dad. gek., daß es auf 100 (Teile) Harz 0,5—10 eines Stabilisiermittels enthält, das aus 0,5—30% 3.6-Endomethylen-δ-4-tetrahydrophthalsäureanhydrid, 0,1—10% 4.4'-Thiobis-(6-tert.-butyl-m-kresol) u. einer Sn-, Pb-, Zr-, Hg-, Cd-, Zn-, Mg-, Sr- oder Ca-Seife von Palmitin-, Stearin-, 2-Äthylhexan-, Laurin-, Linol-, Ricinol-, Tallöl-, Harzöl- oder Harzsäure als Restbestandteil besteht. — Mengenbeispiele. (**A. P. 2 868 745** vom 16/1. 1957, ausg. 13/1. 1959.) G. VOGEL. 7173

Badische Anilin- & Soda-Fabrik Akt.-Ges. (Erfinder: Franz Würstlin und Hermann Klein), Ludwigshafen/Rh., **Weichmacher für Chlorvinylpolymerisate,** bestehend aus Monoestermono-N.N-dialkylamiden von aliphat. Dicarbonsäuren der allg. Formel $(R_4)(R_3)NOC-R_2-COOR_1$, in der R_1 einen Alkylrest mit 4—14 C-Atomen u. R_2, R_3 u. R_4 Alkylen- bzw. Alkylreste mit 2—8-C-Atomen bedeuten, z. B. N.N-Diäthylamido-n-butylsuccinat, N.N-Di-n-butylamido-n-octylsebacat, N.N-Di-n-propylamido-n-hexylsebacat u. N.N-Di-2-äthylhexylamido-2-äthylhexylsebacat. (**D. A. S. 1 040 234** Kl. 39b vom 7/6. 1955, ausg. 2/10. 1958.) C. LÜTTGEN. 7173

Firestone Tire & Rubber Co., Akron, übert. von: William Mayo Smith jun., Cuyahoga Falls, und Chris E. Best, Franklin Township, Summit County, Ohio, V.St.A., **Extrudieren von Vinylidenchloridharzen, weichgemacht mit einem Äthylenglykoldibenzoat,** Vinylidenchloridpolymere u. Copolymere mit einem Geh. bis zu 15% anderer Monomere (Vinylchlorid, -fluorid, -acetat, Styrol, Acryl-, Methacrylsäureester, -nitrile, Methylvinyläther, Methylvinylketon) mit einem Geh. an Äthylenglykol- bzw. Diäthylenglykoldibenzoat der Formel $C_6H_5-CO-O-(C_2H_4O)_n-CO-C_6H_5$ (n = 1, 2) unter 10% zeigen eine gute Beständigkeit gegen Licht u. Hitze u. schwitzen nicht aus. (**A. P. 2 875 168** vom 23/9. 1954, ausg. 24/2. 1959.) A. JAHN. 7173

Farbwerke Hoechst Akt.-Ges., vormals Meister Lucius & Brüning (Erfinder: Karl-Heinz Kahrs und Anton Staller), Frankfurt/M., **Herstellung gut streichbarer wässeriger Dispersionen von Polyvinylestern** (I) nach D. B. P. 901 936, dad. gek., daß man die Polymerisation in einer polyvinylalkohol. Flotte in Ggw. von Oxäthylierungs-Prodd. von Polyalkylenoxiden (II) durchführt. Die I können mit Acryl-, Malein-, Fumar- oder Ithaconsäureestern mischpolymerisiert werden. Als oxäthylierte II werden Rk.-Prodd. von Äthylenoxid mit Polypropylenoxid verwendet. In den Beispielen sind Vinylacetat (u. Acrylsäurebutylester) eingesetzt, wobei die zusätzliche Verw. der oxäthylierten II zu Prodd. mit hohen Latexviscositäten, z. B. 1600, 2400 u. darüber, führt. — Kurven. (**D. A. S. 1 082 736** Kl. 39c vom 28/2. 1959, ausg. 2/6. 1960. **Zusatz zu D. B. P. 901 936; C. 1954. 4045.**) H. SCHINDLER. 7173

Kalle & Co. Akt.-Ges., Wiesbaden (Erfinder: Heinrich Peters, Julius Stawitz, Eduard Gramm, Wiesbaden, und Joachim Ebigt, Frankfurt/M.), **Herstellung streufähiger Pulver aus Polyvinylharzen** durch Sprühtrocknen von weichermacherhaltigen, feinverteilten, Schutz-Koll. enthaltenden wss. Dispersionen dieser Harze nach D. A. S. 1 016 438, dad. gek., daß die Celluloseäther u./oder Salze von Celluloseäthersäuren der Flotte schon vor der Polymerisation zugesetzt werden. — Man polymerisiert z. B. 47 (kg) Vinylacetat in einer Lsg. von 2 Celluloseäther (Methylcellulose) als Emulgator u. Stabilisator in 48 W. zu einer beständigen Dispersion, setzt dieser 12 Dioctylphthalat (Weichmacher) u. je nach der Viscosität W. zu, um sie sprühfähig zu machen u. trocknet bei 90°. (**D. A. S. 1 052 114** Kl. 39b vom 29/6. 1957, ausg. 5/3. 1959. **Zusatz zu D. A. S. 1 016 438; C. 1958. 10252.**) G. VOGEL. 7173

Monsanto Chemical Co., St. Louis, Mo., übert. von: Daniel A. Popielski, Springfield, Mass., V.St.A., **Plastische Masse.** Sie enthält nach A. P. 2 893 975 a) 100 (Teile) einer Mischung aus einem Styrolpolymerisat u. einer geringeren Menge eines gummiartigen Dienpolymeren, die mit einem Ca-, Sr- oder Ba-Salz eines Azofarbstoffes gefärbt ist, der die Struktur des Azobenzols besitzt, wobei mindestens 1 C-Atom in jedem Benzolkern an einen COOH-, OH- oder SO_3H-Rest gebunden ist, u. b) 0,05 bis 2 H_3BO_3 zum Stabilisieren der Farbe. Nach A. P. 2 893 976 besteht Teil b) aus der gleichen Menge Phthalsäure, Terephthalsäure oder deren Mischung. Teil a) enthält in beiden Fällen 90 Polystyrol (Molgew. ca. 65000 nach STAUDINGER) u. 10 Butadien–Styrol-Mischpolymerisat (50 : 50). Als Farbstoffe sind genannt: Diazokupplungs-Prodd. aus Benzoesäure oder m-Toluidin-4-sulfosäure u. β-Hydroxynaphthalindisulfosäure bzw. aus Aminobenzoesäure oder 6-Chlor-m-toluidin-4-sulfosäure u. β-Hydroxynaphthensäure. — Beispiele. (**A. PP. 2 893 975** u. **2 893 976** vom 28/3. 1957, ausg. 7/7. 1959.) G. VOGEL. 7173

E. I. du Pont de Nemours & Co. (Erfinder: Henry Harris Goodman jun. und Laurence Thomas Sherwood jun.), **Herstellung von hochmolekularen Additionspolymerisaten des Formaldehyds** durch Rk. von im wesentlichen wasserfreiem HCHO mit einer oder mehreren der folgenden Onium-Verbb.: (Z = N oder P, S = Schwefel, X = Anion einer Säure, R_1 = einwertiger, R_2 = 2wertiger, R_3 = 3wertiger u. R_4 = 4wertiger organ. Rest). — Beispiel: Durch Rk. von HCHO-Dämpfen

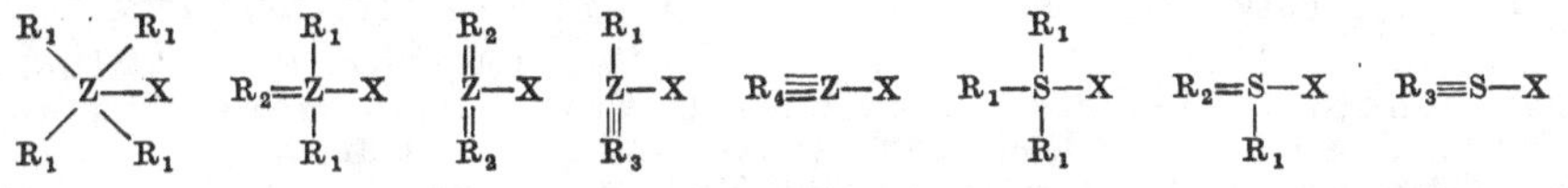

mit Tetra-n-butylammoniumjodid u. Laurinsäure in Toluol als Rk.-Medium wird bei 65° ein schneeweißes Formaldehydpolymerisat erhalten. Als quatern. Onium-Verbb. werden z. B. noch angewendet: Tetramethylammoniumbromid, Diäthyldioctadecylammoniumchlorid, Tri-n-butyldodecylammoniumjodid, Triäthylbenzylammoniumlaurat, Dimethyldioctadecylammoniumacetat, Tetraäthylphosphoniumjodid, Tributyläthylphosphoniumjodid, Phenyläthylpentamethylenphosphoniumacetat. Tert. Sulfonium-Verbb.: Tributylsulfoniumbromid, Phenyldibutylsulfoniumacetat, Cyclohexyldiäthoxysulfoniumbenzoat. (**Aust. P. 221 353** vom 2/4. 1957, ausg. 28/5. 1959.) K. DEMMLER. 7177

Union Carbide Corp., New York, N.Y., V.St.A. (Erfinder: Donald Mackey Young, Genf, Schweiz, und Christian Friedrich Horn, New York, N.Y., V.St.A.), **Herstellung von Polykondensationsprodukten** durch Erhitzen von Disulfonen, $R'(SO_2RCOOX)_2$ (R = 2wertiger Arylenrest; R' = gesätt. Alkylenrest; X = H oder niederer Alkylgruppe), mit einem $\alpha.\omega$-Diol, $R''(OH)_2$ (R'' = gesätt. Alkylenrest, Alkylenäther- oder Aralkylengruppe), wobei Verbb. mit der sich wiederholenden Gruppierung $-OR''\cdot OOC\cdot RSO_2R'SO_2RCO-$ entstehen. Es sind kristalline Polyester mit F. 180—270°, in W., verd. Säuren u. Alkalien u. den meisten organ. Lsgm. unlösl., leicht färbbar, faserbildend. Polymere, bei denen Mischungen von Disulfonen u./oder Glykolen als Ausgangsmaterial gewonnen werden, sind etwas weniger kristallin, weicher, u. ihr F. ist niedriger. — 10 (Gew.-Teile) Dimethyl-4.4'-[tetramethylendisulfonyl]-dibenzoat, 23 Äthylenglykol, 0,05 Ca u. 0,01 Zn-Borat werden unter Durchleiten von N_2 durch die Schmelze unter Abdestillieren von CH_3OH bei 180° umgesetzt u. dann 7 Std. bei 260—280° unter Abdestillieren von überschüssigem Äthylenglykol polykondensiert: F. des Polymeren 267° (F. P. 1 211 709 u. Jap. A. S. 4146/1960). — Ähnliche Polykondens.-Prodd. erhält man, wenn in den oben genannten Formeln R ein 2wertiger gesätt. Alkylenrest u. R' ein 2wertiger Aralkylenrest ist. — 10 Dimethyl-4.4'-[p-xylylen-disulfonyl]-dibutyrat, 10 Äthylenglykol, 0,003 Sb_2O_3 u. 0,013 Mg-Acetat werden unter N_2 bei 195° umgesetzt u. nach Entfernung des CH_3OH 7—8 Std. bei 250° polykondensiert: F. des Polykondens.-Prod. 234—235°. — Vgl. E. P. 844 826; C. **1962.** 7716. (**F. PP. 1 211 709** vom 1/10. 1958, ausg. 17/3. 1960 u. **1 212 310** vom 6/10. 1958, ausg. 23/3. 1960. **Jap. A. SS. 4146/1960** u. **4147/1960** vom 3/10. 1958, ausg. 22/4. 1960. Alle A. Prior. 7/10. 1957.) M. PANKOW. 7177

Wyandotte Chemicals Corp., übert. von: Donald R. Jackson, Wyandotte, Mich., V. St. A., **Fettsäureester von N.N.N'.N'-Tetrakis-(2-hydroxypropyl)-äthylendiamin** der allg. Formel $[-CH_2-N(CH_2-CH(CH_3)-OR)_2]_2$ erhält man durch Rk. von aliphat. Carbonsäuren (I) mit höchstens 7 C-Atomen mit N.N.N'.N'-Tetrakis-(2-hydroxypropyl)-äthylendiamin (II). Hierbei sind die R H-Atome oder Säurereste, wobei mindestens ein R ein Säurerest sein muß. Die Rk. wird durch Zutropfen von Anhydriden oder Chloriden von I zu Lsgg. von II in leicht destillierbaren Lsgm., wie Bzl., u. anschließendes Erhitzen auf 90—100° ausgeführt, wobei je nach dem Grade der gewünschten Veresterung 1—4 Mol I auf 1 Mol II verwendet werden. — Beispiele: II-*Tetraacetat*, blaßgelbes Öl, $Kp._{0,3}$ 178—179°; *Monoformiat, Monoacetat, Monovalerat, Monohexanoat, Monoheptanoat, N.N'-Diformiat, N.N'-Dipropionat, N-Acetat-N'-butyrat, N.N.N'-Triacetat, Tetraformiat* bis *Tetraheptanoat* von II. — *Weichmacher* für Polyvinylchloridfilme. (**A. P. 2 874 138** vom 28/11. 1955, ausg. 17/2. 1959.) A. KALIX. 7177

Bataafse Petroleum Mij. N.V., Den Haag (Erfinder: Eduard Lelyveld, Amsterdam, Holland, und Geoffrey Lawton, Ince, Chester, Cheshire, England), **Herstellung eines Epoxyharzes** durch Umsetzung von mehrwertigen Phenolen mit Epichlorhydrin (I) in alkal. Medium u. anschließendes Waschen des erhaltenen Prod. bei oder über dem F. des Harzes unter Rühren, dad. gek., daß als Waschwasser die 0,02—10 gew.-%ig. Lsg. eines Salzes einer anorgan. Säure u. eines mehrwertigen Metalls, dessen Hydroxid in wss. Alkali-Lsg. schwer- oder unlösl. ist, ausgenommen Fe, verwendet wird. — Zum Beispiel werden 5000 (Teile) Rohprod. aus Diphenylolpropan, NaOH u. I so lange mit kondensiertem Dampf unter Rühren gewaschen, bis das abfließende W. eine Alkalität von $2 \cdot 10^{-4}$ mÄquivalente/g aufweist. Der letzten, 45—60 Min. dauernden Waschung werden 15 $MgSO_4$ in den ersten 12 Min. zugesetzt. Ausbeute 3000 eines sehr reinen Epoxyharzes. (**D. A. S. 1 116 398** Kl. 39c vom 2/1. 1958, ausg. 2/11. 1961. E. Prior. 4/1. u. 13/11. 1957.) K. SARRE. 7177

Badische Anilin- & Soda-Fabrik Akt.-Ges. (Erfinder: Hans Wilhelm, Ernst Penning, Diethelm Brüning und Franz Poschmann), Ludwigshafen/Rh., **Herstellung von hochpolymeren Ammoniumverbindungen,** dad. gek., daß man Kondens.-Prodd. des Acrylsäure- bzw. Methacrylsäureamids mit CH_2O u. sek. Aminen der allg. Formel $CH_2{=}C(H$ oder $CH_3)-CO-NH-CH_2-N(R_1)(R_2)$, wobei R_1 u. R_2 (cyclo-) aliphat., araliphat. oder aromat. Reste bedeuten, die gleich oder verschieden sind u. zu einem Ring-Syst. verbunden sein können, in bekannter Weise quaterniert u. mit anderen äthylen., ungesätt., polymerisierbaren Verbb. in Ggw. der üblichen Polymerisationskatalysatoren mischpolymerisiert. Vorteilhaft führt man das Verf. in solchen organ. Lsgm. durch, in denen die Monomeren lösl. u. die erhaltenen Mischpolymerisate unlösl. sind u. während der Rk. ausfallen. Nach einem Beispiel werden gleiche Gew.-Teile Diäthylaminomethylmethacrylsäureamid u. Äthylenglykolmonoäthyläther (II) bei 5° mit Dimethylsulfat versetzt u. das als Lsg. erhaltene Methylsulfat des quaternierten tert. Amins mit Acrylsäureäthylester u. II gemischt. Nach Zusatz von Benzoylperoxid u. CH_2O-Sulfoxylat bei normaler Temp., die bis auf 42° ansteigt, erhält man eine klare, gallertartige Masse, die in W., verd. Säuren u. Alkalien lösl. ist u. deren 5%ig. wss. Lsg. eine spezif. Viscosität von 1,94 hat. Als weitere Monomere werden eingesetzt: Acrylsäureamid, Methacrylsäureamid, Acrylnitril in wechselnden Mengen u. Mischungen. Um stabile Dispersionen zu erhalten, geht man von N-(Diäthylaminomethyl)-methacrylamid-N'-methosulfat (III) aus, das mit einem mit Dimethylsulfat quaternierten Rk.-Prod. aus Oleylamin u. Äthylenoxid (IV) u. einem Rk.-Prod. aus Spermölalkohol u. IV in Ggw. von H_2O_2 erhitzt wird. Zu der 75° heißen Lsg. läßt man eine Emulsion von Acrylsäurebutylester in einer Lsg. vorst. quaterniertem Rk.-Prod. einfließen u. polymerisiert bei höchstens 80°. Die Dispersion eignet sich als *Zusatz zu Papierfaserstoff* zur Erhöhung der Naß- u. Trockenreißfähigkeit daraus hergestellter Papiere. Weitere Monomere sind Vinylpropionat (u. Vinylchlorid), wobei Poly-N-vinylpyrrolidon als Emulgiermittel dient. Weitere Beispiele mit Verw. von Lsgm. mit obigen Eigg., wie Methanol, A., Propanol, Glykole, deren Monoäther oder -ester oder Dimethylformamid. Die hiermit erhaltenen, meist pulvrig weißen Mischpolymerisate haben hohe spezif. Viscositäten, z. B. die meisten >2 bis zu 7,96 in 0,1 % ig. wss. Lösung. Sie eignen sich bes. als *Verdickungsmittel* für Salben, *Pasten* u. *Farbstoffzubereitungen*. (**D. A. SS. 1 111 825** Kl. 39c vom 14/3. 1959, ausg. 27/7. 1961 u. **1 118 968** Kl. 39c [Zusatz-Anmeldung] vom 17/3. 1959, ausg. 7/12. 1961.) H. SCHINDLER. 7181

Dynamit Nobel Akt.-Ges. (Erfinder: Robert Wassenegger), Troisdorf, **Harnstoff-Aldehyd-Harze** werden durch gelförmiges Zn-Sulfit gehärtet. Zn-Sulfit wird als ein durch Auflösen in wss. Amin-Lsg. u. anschließende Fällung durch Formaldehyd hergestelltes Gel verwendet. (**D. A. S. 1 123 462** Kl. 39b vom 10/1. 1961, ausg. 8/2. 1962.) E. DÖRFEL. 7181

Ciba Akt.-Ges., Basel (Erfinder: Arthur Maeder, Therwil), Schweiz, **Herstellung von Polymerisaten** von Verbb., die mindestens eine polymerisierbare C=C-Doppelbindung u. mindestens eine bas. tert. Aminogruppe aufweisen, mit Hilfe von Polymerisationskatalysatoren (I), dad. gek., daß das Verf. in Ggw. von Acetylen (II) durchgeführt wird. Das Rk.-Gemisch wird zunächst bei normalem Druck mit II gesätt. u. dann wird II während der Polymerisation dauernd eingeleitet. Die bas. Verbb. können noch mit anderen polymerisierbaren Verbb., die keine tert. Aminogruppen haben, mischpolymerisiert werden. Als solche sind bas. Acrylnitril u. an der Amidgruppe substituiertes Acrylamid genannt. Allg. dienen als Ausgangsstoffe Verbb. der allg. Formel III, worin $p \leqq 2$, $n \leqq 2$ (im Fall eines Amids $n = 1$, eines Esters $n = 2$), A einen KW-Stoff-Rest, der eine Brücke von 2 bis 6 C-Atomen zwischen den Heteroatomen bildet, R_1 u. R_2 ggf. substituierte KW-Stoff-Reste mit 1—6 C-Atomen bedeuten, die ggf. auch zu einem heterocycl. Ring verbunden sein können.

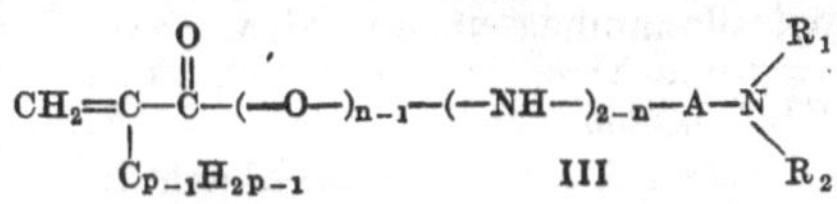

III

In den Mengenbeispielen sind folgende Monomere genannt: Acrylsäure-γ-diäthylaminopropylamid; 4-Vinylpyridin; β-Diäthylaminoäthylmethacrylat u. Dihydroxyäthylmethacrylamid; Crotonsäure-γ-dimethylaminopropylamid u. n-Butylacrylat; N-Dimethylaminoäthylvinyläther; Acrylnitril, Vinylidenchlorid u. p-Dimethylaminophenylacrylamid; Lauroylamidopropyltrimethylammoniummethosulfat (**IV**), p-Dimethylaminostyrol u. Fumarsäuredi-(γ-dimethylaminopropylamid); **IV**, tert.-N-Butylacrylamid, N.N-Dimethylallylamin (**V**) u. Äthylacrylat; Acrylsäure-γ-diäthylaminopropylamid u. Hexamethylolmelamintriacrylamid (**VI**); **V** u. **VI**. Die Polymerisation wird im Block, in Emulsion u. bes. in Lsg. in Ggw. von Peroxid-Verbb. oder von **I** des freie Radikale bildenden Typs durchgeführt. Je nach Art der Polymerisationsbedingungen u. der verwendeten Ausgangsstoffe erhält man Prodd. in Form von Granulaten, viscosen Lsgg. oder Emulsionen, die für alle bekannten Verw. von Kunststoffen geeignet sind. (**D. A. S. 1 102 400** Kl. 39c vom 21/7. 1958, ausg. 16/3. 1961. **E. P. 876 674** vom 23/7. 1958, ausg. 6/9. 1961. Beide Schwz. Prior. 1/8. 1957.) H. SCHINDLER. 7181

Farbenfabriken Bayer Akt.-Ges., Leverkusen (Erfinder: Harald Oertel, Heinrich Rinke, Leverkusen, und Wilhelm Thoma, Köln), **Herstellung von Urethan- und Semicarbazid-Gruppierungen aufweisenden, aus der Lösung verformbaren, hochelastischen Polymeren** erfolgt aus im wesentlichen linearen isocyanatmodifizierten Polyhydroxyl-Verbb. mit endständigen NCO-Gruppen vom Molgew. 700 bis 5000, die bei Raum-Temp. oder wenig erhöhter Temp. gelöst sind (Dimethylformamid, Dimethylacetamid, Tetramethylensulfon oder Dimethylsulfoxid) — 50 % ig. Lsgg. — u. Lsgg. von Verbb. der allg. Formel: $R—NH—NR'—A—(Z—A)_n—NR'—NHR$, 1—10 % ig., in denselben Lsgm., die ggf. Pigmente, Füllstoffe, Licht- u. Oxydationsstabilisatoren oder Schwermetallkomplexbildner enthalten können, in solchen Mengen, daß 100—110 Mol-% der zur Rk. mit den vorhandenen NCO-Gruppen benötigten Menge eingesetzt werden. — A gleich CO-, CS- oder SO_2-Gruppe, R u. R' gleich H, Alkyl- oder Arylgruppe, jedoch mindestens im Mol. 2 H-Atome, Z gleich ggf. durch Heteroatome unterbrochener Alkylen-, Arylen-, Aralkylenrest, O—Y—O- oder NH—Y—NH-Gruppe, wobei Y gleich 2wertiger organ. Rest oder NH oder NH—NH-Gruppe, n gleich 0 oder 1. (**D. A. S. 1 123 467** Kl. 39c vom 12/8. 1960, ausg. 8/2. 1962.) E. DÖRFEL. 7181

Allied Chemical Corp., übert. von: Antoine Khawam, East Orange N.J., V.St.A., **Herstellung von nicht entflammbaren Polyurethanschaumstoffen** Dem A. P. 2 956 031; C. **1962.** 8444 ist nachzutragen, daß an Stelle der 3 OH-Gruppen aufweisenden Diamine solche der allg. Formel $(HO\text{-alkylen})_2{=}N\text{-alkylen}—N{=}(\text{alkylen-}OH)_2$ (alkylen = 2wertiger, gesätt., aliphat. KW-Stoff-Rest mit 1—10 C-Atomen), z. B. Tetrakis-(2-hydroxyäthyl)-äthylendiamin, verwendet werden. (**A. P. 2 953 533** vom 4/4. 1958, ausg. 20/9. 1960.) G. TEWES. 7181

Imperial Chemical Industries Ltd., London (Erfinder: Philip Cowey Johnson, Eric Arthur Packer und Gordon Trappe, Manchester), England,

Nachgiebige Walzen aus Polyurethanelastomeren. Eine Belagmasse erhält man durch Rk. von linearen Polyestern Molgew. 500—5000, u. Polyisocyanaten (I) mit mehr als 2 NCO-Gruppen in einer Menge, die nicht größer ist als die, die zur Rk. sämtlicher Endgruppen des Polyesters erforderlich ist (auch Gemische davon, ggf. mit geringen Mengen Diisocyanaten). — Weitere Zusätze: tert. Amine, Antischaummittel, Weichmacher oder Farbstoffe. (**D. A. S. 1 123 463** Kl. 39b vom 1/8. 1958, ausg. 8/2. 1962. E. Prior. 9/8. 1957 u. 21/7. 1958. **Oe. P. 214 945** vom 8/8. 1958, ausg. 10/5. 1961. E. Prior. 9/8. 1957.) E. DÖRFEL. 7181

Imperial Chemical Industries Ltd., London (Erfinder: Jack Ames, Ardrossan, Ayrshire, und George Bruce Ingram, Glasgow), England, **Wärmehärtbare Organopolysiloxanmasse.** Sie enthält neben Fluoräthylenpolymerisaten, Füllstoffen u. Härter als Weichmacher ein Rk.-Prod. eines 2wertigen Alkohols, $(R_1)(R_2)\cdot C(OH)\cdot C(OH)(R_3)(R_4)$, u. eines Silans der allg. Formel $R_aR'_bR''_cSiX_{4-a-b-c}$. — R_1 u. R_3 = H-, Alkyl- mit nicht mehr als 6 C-Atomen, oder Phenyl-; R_2 u. R_4 = Alkylgruppen mit nicht mehr als 3 C-Atomen; a, b, c = 0, 1, 2, 3; a + b + c = 1, 2, 3; R, R' u. R'' = Alkyl-, Alkenyl-, Arylgruppen mit nicht mehr als 12 C-Atomen; X = Halogenatom oder Alkoxygruppe. (**D. A. S. 1 123 466** Kl. 39b vom 12/5. 1959, ausg. 8/2. 1962. E. Prior. 23/5. 1958.) F. KOCH. 7189

Th. Goldschmidt Akt.-Ges. (Erfinder: Kurt Stürzer), Essen, **Organopolysiloxanmassen** enthalten als Härtungsbeschleuniger die *Caprolactam–Metallhalogenid-Komplexe der Übergangselemente* Fe, Zn, Mn, Ti, Cd, Zr, La. (**D. A. S. 1 123 465** Kl. 39b vom 8/3. 1960, ausg. 8/2. 1962.) F. KOCH. 7189

Max Pistoll, Meisenbach bei Köln, **Formkörper mit glatter Oberfläche aus verschiedenen Wachsen und Fasertorf als Füllstoff** erhält man durch Verpressen mit 500 kg/cm³ u. bei höherer Temp. von Massen, die 100 (Gew.-Teile) Fasertorf, 40 Stearinpech, 20 Montanwachs, 10 eines chlorierten Naphthalins (Erweichungspunkt 88—125°) u. 10 eines in W. leicht emulgierbaren Wachses mit einem F. 85° u. einer SZ. 75, das in aromat. KW-Stoffen lösl. ist, enthalten. Die Formkörper werden anschließend in geschmolzenes Wachs getaucht. (**D. A. S. 1 123 825** Kl. 39b vom 3/3. 1960, ausg. 15/2. 1962.) F. KOCH. 7199

Congoleum-Nairn, Inc., New York, N.Y., übert. von: Robert K. Petry, Wilmington, Del., V.St.A., **Thermoplastisches Material** erhält man, indem man thermoplast., elastomere Polymere, bes. Vinylpolymere zusammen mit Pigmenten, Füllstoffen, Weichmachern u. Fasern (Asbest, Cellulose, Holzfasern, Kork) bei 300 bis 375° F vermischt, diese Mischung zwischen 2 Walzen zu einem Fell verpreßt, wobei die Walze, an welcher das Fell haftet, eine höhere Umlauf-Geschw. u. höhere Temp. besitzt, u. anschließend das Fell mit einer schnellaufenden (>25mal schneller), Nadeln, Stifte oder Zähne tragenden Walze je nach dem Abstand der Zähne voneinander u. der Dicke des Fells in größere oder kleinere Teilchen zerschlägt. — 5 Zeichnungen. (**A. P. 2 917 780** vom 23/8. 1952, ausg. 22/12. 1959.) A. JAHN. 7205

Farbwerke Hoechst Akt.-Ges., vormals Meister Lucius & Brüning, Frankfurt/M. (Erfinder: Albert Gumboldt, Frankfurt/M., und Erich Heitzer, Hofheim/Taunus), **Herstellung von schwer entflammbaren, unlöslichen, festen Schäumen,** dad. gek., daß man Halogen- u. Sulfohalogengruppen enthaltende Polymere niederer Olefine, bes. Niederdruckpolyolefine, mit $(NH_4)_2CO_3$ u. niedrigsd. Lsgm. anpastet u. bei erhöhter Temp. evtl. im Vakuum oder unter Druck verschäumt. — Man verreibt 100 (Teile) eines chlorierten u. sulfochlorierten, relativ niedrigmol. Polypropylens vom Polymerisationsgrad 22, das einen Geh. an Cl von 50% u. an S von 4% enthält, mit 12 $(NH_4)_2CO_3$, vermischt mit 50 CH_2Cl_2, bringt in eine Form u. erhitzt 3 Std. in strömendem Dampf auf 100°, worauf nach Öffnen der Form der schaumige Kuchen noch 30 Min. auf 130° erhitzt wird. Das Liter-Gew. des Schaumes beträgt 100 g. (**D. A. S. 1 039 226** Kl. 39b vom 28/12. 1955, ausg. 18/9. 1958. **A. P. 2 913 424** vom 27/12. 1956, ausg. 17/11. 1959. D. Prior. 28/12. 1955.) C. LÜTTGEN. 7205

Australian Sisalkraft Co. Pty. Ltd., Homebush, Neu-Südwales, Australien, **Herstellung von Schichtstoffen,** bes. aus Papier. Diese werden zwecks Verstärkung ein- oder beidseitig mit thermoplast. Kunstharzen (Polyvinylacetat, Polyvinylchlorid, Polyamiden, bes. Polyäthylen) überzogen u. dann mit gewebten oder nichtgewebten Faserstoffen (Sisal, Nylon, Kunstseide, Jute, Hanf, Baumwolle, Glasfaser), die zweckmäßig vorher getrocknet sind, derart geschichtet, daß die Faserstoffe zwischen den einzelnen Papierlagen angeordnet sind, worauf das Ganze unter Hitze (300°) u. Druck verpreßt wird. (**Aust. P. 167 360** vom 25/6. 1954, ausg. 19/4. 1956.) W. GRÄGER. 7205

Imperial Chemical Industries Ltd., London, England, *Herstellung eines Esters der untersalpetrigen Säure.* (**Holl. P. 99 663** vom 1/5. 1957, ausg. 15/11. 1961. E. Prior. 2/5. 1956 u. 24/4. 1957. — C. **1961.** 8493 [Oe. P. 200 128].)

W. C. Heraeus G. m. b. H., Hanau/M., und **Deutsche Gold- und Silber-Scheideanstalt vormals Roessler**, Frankfurt/M. (Erfinder: **Hellmut Bredereck** und **Fritz Rochlitz**, Stuttgart), *Herstellung von Polymerisaten.* (**Schwz. P. 357 199** vom 17/12. 1955, ausg. 15/11. 1961. D. Prior. 23/12. 1954. — C. **1958.** 9918 [F. P. 1 138 178].)

Esso Research and Engineering Co., Elizabeth, N.J., V.St.A. (Erfinder: **Roland T. Kelley**), *Polymerisationsverfahren.* (**Jap. A. S. 5094/1960** vom 6/8. 1956, ausg. 13/5. 1960. — C. **1958.** 4944 [E. P. 770 265].)

Dow Chemical Co., übert. von: **Ralph E. Friedrich** und **Ralph M. Wiley**, Midland, Mich., V.St.A., *Inverse Suspensionspolymerisation wasserlöslicher Monomerer.* (**A. P. 2 982 749** vom 15/7. 1957, ausg. 2/5. 1961. — C. **1961.** 14114 [D. A. S. 1 081 228].)

British Celanese Ltd., London, England, *Herstellung einer wässerigen Polymerisatemulsion.* (**Holl. P. 98 532** vom 3/7. 1957, ausg. 17/7. 1961. E. Prior. 23/10. 1956. — C. **1961.** 17405 [D. A. S. 1 098 201].)

Phillips Petroleum Co. (Erfinder: **Robert Ralph Goins**), Bartlesville, Okla., V.St.A., *Gewinnung von Polymeren aus ihrer Lösung.* (**Schwz. P. 351 755** vom 29/5. 1956, ausg. 15/3. 1961. A. Prior. 31/5. 1955. — C. **1961.** 15583 [F. P. 1 153 543].)

Soc. An. des Manufactures des Glaces et Produits Chimiques de Saint-Gobain, Chauny & Cirey, Paris (Erfinder: **Constant Georges Wippler**, Seine-et-Oise), Frankreich, *Verbesserung von Polymerisatmischungen.* (**Jap. A. S. 5978/1960** vom 14/2. 1958, ausg. 28/5. 1960. F. Prior. 16/2. 1957. — C. **1960.** 7011 [F. P. 1 166 793].)

Montecatini Soc. Gen. per l'Industria Mineraria e Chimica (Erfinder: **Piero Zanaboni**), Italien, *Mischpolymerisate.* (**F. P. 1 203 726** vom 31/3. 1958, ausg. 20/1. 1960. It. Prior. 4/4. 1957. — C. **1960.** 5992 [Oe. P. 203 725].)

Montecatini Soc. Gen. per l'Industria Mineraria e Chimica, Italien (Erfinder: **Franco Ranalli**), *Stabilisiertes Thermoplast.* (**F. P. 1 218 418** vom 6/12. 1957, ausg. 10/5. 1960. It. Prior. 10/12. 1956. — C. **1960.** 6337 [Oe. P. 204 265].)

Dow Chemical Co., Midland (Erfinder: **Gerald A. Clark**, Midland, und **Carl B. Havens**, Hope), Mich., V.St.A., *Herstellung einer gegen UV beständigen Masse.* (**Schwz. P. 357 194** vom 14/9. 1956, ausg. 15/11. 1961. A. Prior. 27/9. 1955. — C. **1960.** 8027 [Aust. P. 214 955].)

Montecatini Soc. Gen. per l'Industria Mineraria e Chimica, Italien (Erfinder: **Giulio Natta, Enrico Beati** und **Febo Severini**), *Herstellung schlagfester Polymerer.* (**F. P. 73 448** vom 8/4. 1958, ausg. 2/12. 1960. Zusatz zu F. P. 1 172 070; C. 1960. 317. **Oe. P. 214 141** vom 9/4. 1958, ausg. 27/3. 1961. Beide It. Prior. 9/4. 1957. — C. **1961.** 11917 [D. P. [DDR] 19872].)

Montecatini Soc. Gen. per l'Industria Mineraria e Chimica, Mailand, Italien, und **Karl Ziegler**, Mülheim/Ruhr (Erfinder: **Pompilio Musso** und **Giuseppe Guzzetta**, Mailand, Italien), *Herstellung von porösen und zelligen Materialien.* (**Oe. P. 212 572** vom 3/10. 1957, ausg. 27/12. 1960. It. Prior. 4/10. 195?. — C. **1960.** 7013 [F. P. 1 184 734].)

Montecatini Soc. Gen. per l'Industria Mineraria e Chimica, Mailand, Italien, und **Karl Ziegler**, Mülheim/Ruhr (Erfinder: **Achille Bosoni**, Mailand, Italien), *Herstellung von Kunstharzdispersionen.* (**Oe. P. 211 542** vom 8/10. 1957, ausg. 25/10. 1960. It. Prior. 9/10. 1956. — C. **1960.** 6675 [F. P. 1 184 004].)

Montecatini Soc. Gen. per l'Industria Mineraria e Chimica, Mailand, Italien, *Herstellung einer Folie.* (**Holl. P. 99 671** vom 12/6. 1957, ausg. 15/11. 1961. It. Prior. 13/6. 1956. — C. **1959.** 11085 [Oe. P. 200 342].)

Montecatini Soc. Gen. per l'Industria Mineraria e Chimica, Mailand, Italien, und **Karl Ziegler**, Mülheim/Ruhr (Erfinder: **Giulio Natta, Piero Pino** und **Giorgio Mazzanti**, Mailand, Italien), *Herstellung von Folien, Fasern und Fäden aus Polyolefinen.* (**Oe. PP. 218 667** vom 27/5. 1955, ausg. 11/12. 1961. It. Prior. 8/6. u. 27/7. 1954 u. **218 746** vom 27/5. 1955, ausg. 27/12. 1961. It. Prior. 8/6. 1954. D. Prior. 3/8. 1954. — C. **1959.** 10740 [F. P. 1 138 290].)

Phillips Petroleum Co., Bartlesville, Okla., V.St.A. (Erfinder: **Gene Nowlin** und **Harold Dwight Lyons**), *Polymerisieren von ungesättigten Kohlenwasserstoffen.* (**Jap. A. S. 5987/1960** vom 28/6. 1956, ausg. 28/5. 1960. A. Prior. 28/7. 1955. — C. **1960.** 1690 [E. P. 796 530].)

Phillips Petroleum Co. (Erfinder: **John Paul Hogan**), Bartlesville, Okla., V.St.A., *Olefinpolymerisation.* (**Schwz. P. 357 197** vom 18/9. 1956, ausg. 15/11. 1961. A. Prior. 20/9. 1955. — C. **1961.** 8132 [F. P. 1 160 745].)

Distillers Co. Ltd., Edinburgh, England (Erfinder: **A. L. G. Raum** und **D. A. Frazer**), *Polymerisieren von α-Olefinen.* (**Jap. A. S. 6139/1960** vom 24/12. 1956, ausg. 31/5. 1960. E. Prior. 8/2. u. 5/12. 1956. — C. **1960.** 12176 [F. P. 1 166 184].)

Montecatini Soc. Gen. per l'Industria Mineraria e Chimica, Mailand, Italien, und **Karl Ziegler**, Mülheim/Ruhr (Erfinder: **Giulio Natta, Mario Farina, Ettore Giachetti** und **Italo Pasquon**, Mailand, Italien), *Polymerisieren von α-Olefinen.* (**D. P. [DDR] 22 471** Kl. 39c vom 4/8. 1958, ausg. 27/12. 1961 [Ausschließungspatent]. It. Prior. 8/8. 1957. — C. **1961.** 2458 [Oe. P. 206 645].)

Phillips Petroleum Co., Bartlesville, Okla. (Erfinder: **Gene Nowlin**, Glenburnie, Md., und **Harold Dwight Lyons**, Bartlesville, Okla.), V.St.A., *Polymerisation olefinisch ungesättigter Stoffe.* (**Schwz. P. 357 196** vom 25/7. 1956, ausg. 15/11. 1961. A. Prior. 28/7. 1955. — C. **1960.** 1690 [E. P. 796 530].)

Montecatini Soc. Gen. per l'Industria Mineraria e Chimica (Erfinder: **Erminio Volterra**), Mailand, Italien, *Chlorsulfonierung und/oder Chlorierung von α-Olefinpolymeren.* (**Oe. P. 218 737** vom 4/3. 1959, ausg. 27/12. 1961. It. Prior. 5/3. 1958. — C. **1961.** 13376 [F. P. 1 228 145].)

Western Electric Co., Inc., New York, N.Y., V.St.A., *Stabilisierung gesättigter Alkenpolymerer.* (**Holl. P. 98 552** vom 11/10. 1957, ausg. 17/7. 1961. A. Prior. 29/11. 1956. — C. **1960.** 3056 [Oe. P. 202 773].)

Soc. des Usines Chimiques Rhône-Poulenc, Paris, übert. von: **Gilbert Bo**, Lyon, und **Philippe Perras**, Collonge au Mont d'Or, Frankreich, *Polymerisation von Äthylen.* (**A. P. 2 985 639** vom 24/4. 1958, ausg. 23/5. 1961. F. Prior. 30/4. 1957. — C. **1961.** 7770 [F. P. 1 173 854].)

Bakelite Ltd., London (Erfinder: **R. G. Collinson**, Birmingham, und **T. T. Jones**, Newport), England, *Polymerisieren von ungesättigten Verbindungen der Äthylenreihe.* (**Jap. A. S. 6138/1960** vom 5/2. 1957, ausg. 31/5. 1960. — C. **1958.** 9624 [E. P. 767 417].)

Farbwerke Hoechst Akt.-Ges., vormals Meister Lucius & Brüning, übert. von: **Horst Herzberg** und **Ludwig Orthner,** Frankfurt/M., *Chlorieren und Sulfochlorieren von Niederdruck-Polyäthylen.* (**A. P. 2 981 720** vom 17/7. 1956, ausg. 25/4. 1961. D. Prior. 28/7. 1955. — **C. 1960.** 5660 [F. P. 1 167 042].)

Esso Research and Engineering Co., Del., übert. von: **Robert F. Leary,** Cranford, **Lewis W. Bowman,** Westfield, und **Joseph M. Kelley jun.,** Cranford, N.J., V.St.A., *Herstellen von Katalysatoren für die Polymerisation von Propylen und Buten-1.* (**A. P. 2 976 252** vom 10/5. 1957, ausg. 21/3. 1961. — **C. 1961.** 14481 [E. P. 843 408].)

Montecatini Soc. Gen. per l'Industria Mineraria e Chimica, Mailand, Italien, und **Karl Ziegler,** Mülheim/Ruhr (Erfinder: **Rino Mostardini** und **Luciano Luciani,** Mailand, Italien), *Reinigung von hochpolymerem Propylen.* (**Oe. P. 218 732** vom 9/1. 1958, ausg. 27/12. 1961. It. Prior. 10/1. 1957. — **C. 1960.** 14200 [F. P. 1 189 648].)

Montecatini Soc. Gen. per l'Industria Mineraria e Chimica (Erfinder: **Giulio Natta, Lido Porri** und **Paolo Corradini**), Mailand, Italien, *Herstellung von Butadienpolymeren.* (**Oe. P. 217 700** vom 30/7. 1957, ausg. 10/10. 1961. It. Prior. 31/7. 1956. — **C. 1961.** 2807 [F. P. 1 180 219].)

Montecatini Soc. Gen. per l'Industria Mineraria e Chimica, Italien (Erfinder: **Carlo Longiave, Ezio Ercoli** und **Renato Castelli**), *Herstellung verbesserter Polybutenfolien.* (**F. P. 72 547** vom 4/12. 1957, ausg. 14/4. 1960. It. Prior. 5/12. 1956. Zusatz zu F. P. 1 184 742; C. 1960. 8699. — **C. 1960.** 6338 [Oe. P. 203 714].)

Union Carbide Corp., New York, N.Y., V.St.A., *Herstellung von Polymerisaten durch Pyrolyse von p-Xylol.* (**Holl. P. 98 563** vom 13/11. 1957, ausg. 17/7. 1961. A. Prior. 15/11. 1956. — **C. 1961.** 17407 [Jap. A. S. 5285/1959].)

Union Carbide Corp., New York, N.Y. (Erfinder: **William Franklin Gorham,** Berkeley Heights, N.J.), V.St.A., *Herstellung von substituierten Poly-p-xylylenen.* (**D. A. S. 1 085 673** Kl. 39c vom 11/11. 1957, ausg. 21/7. 1960. A. Prior. 15/11. 1956. — **C. 1961.** 17407 [Jap. A. S. 5285/1959].)

Consortium für elektrochemische Industrie G. m. b. H., München, übert. von: **Hans Anselm,** Gräfelfing, **Jürgen Schmidt** und **Heinz Winkler,** München, *Herstellung von reinem Polyvinylalkohol.* (**A. P. 2 985 636** vom 24/10. 1955, ausg. 23/5. 1961. D. Prior. 22/10. 1954. — **C. 1957.** 10631 [D. B. P. 964 443].)

Wacker-Chemie G. m. b. H., München, übert. von: **Eduard Enk, Herbert Reinecke,** Burghausen, und **Eduard Kurz,** Stockach, *Herstellung von Polyvinylchlorid.* (**A. P. 2 981 722** vom 7/10. 1957, ausg. 25/4. 1961. D. Prior. 9/10. 1956. — **C. 1960.** 11835 [D. A. S. 1 069 387].)

Farbwerke Hoechst Akt.-Ges., vormals Meister Lucius & Brüning, Frankfurt/M., *Stabilisieren von Polyvinylchloriden.* (**Jap. A. S. 6137/1960** vom 3/2. 1959, ausg. 31/5. 1960. D. Prior. 4/2. 1958. — **C. 1962.** 3277 [F. P. 1 224 906].)

Koppers Co., Inc., Pittsburgh, Pa., V.St.A., *Styrolpolymerisation.* (**E. P. 848 620** vom 3/2. 1959, ausg. 21/9. 1960. A. Prior. 3/2. 1958. — **C. 1961.** 6327 [A. P. 2 907 756].)

E. I. du Pont de Nemours & Co., V.St.A. (Erfinder: **Richard Glenn Alsup**), *Metallhaltige Polyoxymethylene.* (**F. P. 1 205 445** vom 14/4. 1958, ausg. 2/2. 1960. A. Prior. 6/5. 1957. — **C. 1962.** 2926 [Belg. P. 567 381].)

E. I. du Pont de Nemours & Co. (Erfinder: **Richard Glenn Alsup** und **Philip Ervin Lindvig**), *Kunstharzgemisch mit einem Gehalt an Polyoxymethylen.* (**Aust. P. 224 428** vom 25/7. 1957, ausg. 5/11. 1959. A. Prior. 26/7. 1956. — **C. 1961.** 14483 [F. P. 1 179 857].)

S. C. Johnson & Son, Inc., Racine, Wis., V.St.A., *Herstellung eines Polyäthers.* (**Holl. P. 99 631** vom 30/10. 1956, ausg. 15/11. 1961. A. Prior. 3/10. 1955. — **C. 1961.** 4182 [Aust. P. 216 472].)

Westinghouse Electric Corp., East Pittsburgh (Erfinder: **Arnold B. Finestone,** Pittsburgh), Pa., V.St.A., *Glycidylpolyätherpräparat.* (**Jap. A. S. 5382/1960** vom 18/4. 1958, ausg. 18/5. 1960. A. Prior. 18/4. 1957. — **C. 1960.** 13211 [D. A. S. 1 069 382].)

Deutsche Gold- und Silber-Scheideanstalt vormals Roessler, Frankfurt/M., *Umsetzung von Polyacrolein.* (**Holl. P. 99 604** vom 20/2. 1956, ausg. 15/11. 1961. D. Prior. 23/3. 1955. — **C. 1958.** 6405 [D. A. S. 1 016 020].)

Solvay & Cie., Brüssel, Belgien, *Polymerisierung von monomeren Verbindungen mit mindestens zwei nichtkonjugierten Doppelbindungen.* (**Holl. P. 98 537** vom 25/7. 1957, ausg. 17/7. 1961. Belg. Prior. 18/8. 1956. — **C. 1961.** 5271 [D. A. S. 1 053 786].)

E. I. du Pont de Nemours & Co., Wilmington, Del., V.St.A., *Herstellung synthetischer linearer Polyester.* (**Jap. A. S. 5395/1960** vom 31/1. 1956, ausg. 18/5. 1960. A. Prior. 31/1. 1955. — **C. 1959.** 12069 [E. P. 793 589].)

United States Rubber Co., New York, N.Y., V.St.A., *Verbesserung der Lagerfähigkeit von Polyesterharzen.* (**Holl. P. 98 509** vom 16/2. 1957, ausg. 17/7. 1961. A. Prior. 7/5. 1956. — **C. 1959.** 5643 [D. A. S. 1 032 919].)

Union Carbide Corp., New York, N.Y., V.St.A. (Erfinder: **Benjamin Phillips, Paul Spencer Starcher, Charles W. McGarry jun.** und **Charles Th. Patrick jun.**), *Härtbare Epoxidmischung.* (**Jap. A. S. 5979/1960** vom 4/4. 1958, ausg. 28/5. 1960. A. Prior. 4/4. 1957. — **C. 1961.** 15945 [Belg. P. 566 442].)

Ciba Ltd., Basel (Erfinder: **Walter Hofmann,** Oberwil, **Willy Fisch,** Binningen, und **Fernand Pasche,** Zürich), Schweiz, *Schnellhärtungsmittel für Epoxyverbindungen.* (**Jap. A. S. 5088/1960** vom 17/4. 1958, ausg. 13/5. 1960. Schwz. Prior. 18/4. 1957 u. 12/3. 1958. — **C. 1960.** 318 [D. A. S. 1 062 008].)

E. I. du Pont de Nemours & Co. (Erfinder: **Robert Daniel Kralovec** und **Paul Noel Richardson**), *Kunstharzgemisch.* (**Aust. P. 224 429** vom 25/7. 1957, ausg. 5/11. 1959. A. Prior. 26/7. 1956. — **C. 1961.** 14484 [F. P. 1 179 858].)

A/B Höganäsmetoder (Erfinder: **Börge Ingmar Carlström**), Höganäs, Schweden, *Herstellung von Bakelitharzen.* (**Jap. A. S. 5392/1960** vom 11/1. 1956, ausg. 18/5. 1960. — **C. 1959.** 17513 [E. P. 796 515].)

Wacker-Chemie G. m. b. H., München, übert. von: **Karl Meinel,** Burghausen, *Verschäumte Acrylamidpolymerisate.* (**A. P. 2 990 381** vom 27/5. 1958, ausg. 27/6. 1961. D. Prior. 29/5. 1957. — **C. 1962.** 2925 [F. P. 1 196 476].)

Inventa Akt.-Ges. für Forschung und Patentverwertung, Luzern (Erfinder: **Rudolf Gabler,** Küsnacht, und **Walter Zehnder,** Chur), Schweiz, *Formkörper aus linearem Polyamid.* (**Jap. A. S. 5980/1960** vom 11/4. 1958, ausg. 28/5. 1960. Schwz. Prior. 11/4. 1957. — **C. 1960.** 3058 [D. A. S. 1 060 135].)

Chemische Werke Albert, Wiesbaden, *Thermoplastische Kunstharze.* (**Holl. P. 98 561** vom 11/11. 1957, ausg. 17/7. 1961. D. Prior. 23/2. 1957. — C. **1959.** 7309 [D. A. S. 1 040 237].)

Badische Anilin- & Soda-Fabrik Akt.-Ges., Ludwigshafen/Rh., *Herstellung thermoplastischer Kunststoffmassen.* (**Holl. P. 98 548** vom 25/9. 1957, ausg. 17/7. 1961. D. Prior. 28/9. 1956. — C. **1961.** 10000 [Jap. A. S. 2186/1959].)

Montecatini Soc. Gen. per l'Industria Mineraria e Chimica, Mailand, Italien, und **Karl Ziegler**, Mülheim/Ruhr (Erfinder: **Pompilio Musso, Giuseppe Guzzetta** und **Marco Ferrari**, Mailand, Italien), *Herstellung von Schichtmaterial.* (**Oe. P. 208 602** vom 11/10. 1957, ausg. 25/4. 1960. It. Prior. 11/10. 1956. — C. **1960.** 6342 [F. P. 1 186 376].)

Rohm & Haas Co., Philadelphia (Erfinder: **Melvin David Hurwitz**, Huntingdon Valley), Pa., V.St.A., *In der Wärme härtbare Formmassen und Herstellung von Formkörpern daraus.* (**D. A. S. 1 058 250** Kl. 39b vom 23/7. 1957, ausg. 27/5. 1959. A. Prior. 26/7. 1956. — C. **1961.** 7055 [F. P. 1 180 177 u. Jap. A. S. 342/1959].)

XII. Kautschuk

Neuere Entwicklung auf dem Gebiet des SP- (leicht verarbeitbaren) Naturkautschuks. H. C. Baker und R. M. Foden. (Rubber Chem. Technol. **33.** 810—23. Juli/Sept. 1960. Welwyn Garden City, Herts., Brit. Rubber Prod., Res. Assoc.) (Engl.)

Zusammenfassende Übersicht über den SP-Naturkautschuk: Arten u. Typen, Folgen der Zweiphasenstruktur, SP-Kautschuk beim Strangpressen u. Kalandrieren, Herst. von Mischungen u. SP-Kautschuk als Verarbeitungshilfe. R. Schäff. 7222□

Äthylen–Propylen-Kautschuk. L. O. Amberg und A. E. Robinson. (Rubber Plastics Age **42.** 875—77. 879. Juli 1961. Wilmington, Del., Hercules Powder Co., Res. Center.) (Engl.)

Übersicht über Verarbeitung u. Eigg. des durch Copolymerisation von Äthylen u. Propylen mittels Ziegler-Katalysatoren hergestellten Kautschuks. D. Wesser. 7224□

Hochkonzentrierter Synthese-Kautschuk-Latex durch chemisch geförderte Agglomeration. L. H. Howland, E. J. Aleksa, R. W. Brown und E. L. Borg. (Rubber Plastics Age **42.** 868. 871—74. Juli 1961. U. S. Rubber Co., Naugatuck Chem. Div.) (Engl.)

Vff. fanden, daß Polyvinylmethyläther (PVM) als chem. wirksames Koll. bei der Aufkonzentrierung synthet. Latices Konzz. über 63% Festkörper-Geh. erreichen läßt. Die Wirksamkeit des PVM wird nicht nur durch das Molgew. oder die spezif. Viscosität, sondern durch die Fällbarkeit aus 1%ig. Lsg. in Bzl. durch n-Heptan ausgedrückt. Niedrigster n-Heptanverbrauch in der Trübungstitration zeigt für PVM günstigste Eignung für vorst. Verwendung. Der Verlauf der Oberflächenspannung u. der Latexviscosität über den Aufkonzentrierungsprozeß sowie dessen techn. Durchführung werden besprochen. — 15 Literaturangaben. Diskussion. D. Wesser. 7224□

SBR-Latex und die seine Stabilität bewirkenden Faktoren. F. A. Sliemers, Bailey Bennett, P. B. Stickney, R. G. Heiligmann und H. K. J. de Decker. (Rubber Chem. Technol. **33.** 535—44. April/Juni 1960. Columbus, Ohio, Battelle Mem. Inst.) (Engl.)

Destabilisierung von Latex wird durch temperaturabhängige örtliche Dehydratisierung der Polymerteilchen hervorgerufen. Die Dehydratisierung erfolgt in 2 Schritten: zuerst bilden sich reversible Aggregate unter Zunahme der Viscosität, dann werden die Aggregate weiter dehydratisiert unter Zusammenballung (dieser Vorgang ist irreversibel). Die erste Voraussetzung für die Dehydratisierung u. somit für die Destabilisierung ist der Kontakt der Latexoberfläche mit einer ungesätt. Gasphase. Der Destabilisierung geht eine Vergrößerung der Teilchen voraus, die Stabilität, u. damit der Dehydratationsvorgang, wird beeinflußt von Temp., Polymer-Konz. u. Teilchengröße. H. Jacobi. 7224□

Verschnitt von Naturkautschuk mit Öl. W. A. Gurney. (Rubber Plastics Age **42.** 862—63. 865—67. Juli 1961. Dunlop Res. Centre.) (Engl.)

Zur Herst. preisgünstiger Naturkautschukmischungen wird im Innenmischer nichtmastifizierter Naturkautschuk mit mineral. Ölen verschiedener Herkunft bis zu 25% Ölanteil unter N_2-Atmosphäre gemischt, ohne daß unerwünscht hoher Abbau eintritt. Obwohl aromat. Öle verträglicher als aliphat. sind, ergeben erstere Vulkanisate geringerer Elastizität. — 13 Literaturangaben. D. Wesser. 7226□

Der Einfluß der Füllstoffe auf die Eigenschaften und die Alterung von Schaumgummi. Juan Escobar-Arronis. (Rev. gén. Caoutchouc **37.** 1677—83. Dez. 1960. Univ. de Murcia.) (Franz.)

Die Zus. der zur Prüfung gelangten Gummimischung u. deren Herst. werden angegeben. An Hand von Diagrammen wird der Einfl. verschiedener Mengen Füllstoffe, wie Glasfasern, Talk, Mika, Kreide u. Latexyl, auf die Zerreißfestigkeit, die Bruchdehnung u. auf die Spannungswerte bei Zug u. Druck dargestellt. Mit Glasfasern wird eine Verbesserung der mechan. Eigg., mit den anderen Füllstoffen nur eine Erhöhung der Druck–Spannungs-Werte erreicht. Die gleichen Verss. werden nach einer einwöchentlichen Alterung bei 70° wiederholt, wobei sich die Eigg. mit Ausnahme der Druck–Spannungs-Werte im allg. verschlechtern, meist proportional mit zunehmender Füllstoffmenge. Die Ergebnisse gleicher Verss. nach 2-monatlicher Alterung im Freien im Sommer u. Winter werden mitgeteilt. Auf Grund der Ergebnisse werden die Füllstoffe wie folgt klassifiziert: 1. Latexyl, 2. Glasfasern, 3. Talk, 4. Mika, 5. Kreide. R. SCHIMKAN. 7226□

Physikalisch-chemische Einflüsse auf die Bindungskraft bei mehrfach vulkanisierten Produkten. B. A. Dogadkin. (Rubber Chem. Technol. **33.** 545—55. April/Juni 1960.) (Engl.)

Die Änderung der Oberflächenschicht kalandrierter Kunststoffilme während der Lagerung hat zwei Gründe: 1. Diffusion von Beschleunigern, Weichmachern usw. ruft ein Anlaufen hervor, die Haftfestigkeit des kaschierten Rohmaterials wird beeinträchtigt; 2. führt die Einw. von Luft-O_2 auf die Oberfläche zur Alterung. Vf. bespricht die Bedingungen der „Autohäsion" der Grenzschichten, den Einfl. von Viscosität, Temp., Druck u. Kontaktzeit sowie der Zus. des Vulkanisations-Syst. u. der Kinetik der Vulkanisation; die Copolymerisation von Schichten u. den Einfl. der Bindungsart, den Einfl. der Füllstoffe u. anderes. H. JACOBI. 7228□

Vulkanisationsmechanismus bei Anwendung von Chinondioxim. K. Yokose, T. Arai und T. Shiga. (J. Soc. Rubber Ind. Japan **33.** 513—18. 1960. Sumitomo Electr. Ind. Ltd.) (Jap.; Auszug: Engl. S. 570.)

Bei einer maximalen Vernetzung während der Herst. von Butylkautschuk genügen zwei Äquivalente oxydierender Stoffe für ein Mol. Chinondioxim. Unter Annahme einer nitrosoartigen Vernetzung (vgl. REHNER u. FLORY, Ind. Engng. Chem. **38.** [1946.] 500) wären jedoch sechs Äquivalente erforderlich. Dinitrobenzol erreicht vermutlich einen 100%ig. Effekt (ohne oxydierende Stoffe). Ausschlaggebend scheint die =C=N-Gruppierung zusein. Chinondioxim wird zu Dinitrosobenzol oxydiert. Ein Mol. Dinitrosobenzol reagiert mit zwei Isoprengruppen, wobei eine Vernetzung in folgender Weise ausgelöst wird: 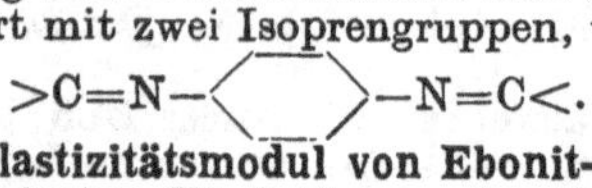 H. JACOBI. 7228□

Elastizitätsmodul von Ebonit-Produkten. 1. Mitt. **Dehnungsmessungen an SBR-Vulkanisaten.** W. J. Dermody. (Rubber Wld. **142.** Nr. 4. 79—85. Juli 1960. Yardley, Pa., The Electr. Storage Bullery Co., Carl F. Norberg Res. Labor.) (Engl.)

An SBR (Styrol–Butadien-Kautschuk) 1000 wurden Unterss. der Spannungs–Dehnungs-Eigg. durchgeführt bei 15—33% S-Gehalt. Ebonitmischungen aus SBR 1000 wurde als Beschleuniger ein Kondens.-Prod. aus Butyraldehyd u. Anilin zugesetzt, die Vulkanisation erfolgte bei 165°. Vollständige Vulkanisation wird bei 22—28% S (29,3 bis 40,5 Teile S auf 100 Teile Kautschuk) erreicht. Die Berechnung des vulkanisierbaren Geh. erfolgt auf Grund der 1.4-Butadienaddition in dem Polymeren. Die berechneten S-Anteile 24,7—26,4% stimmen mit den experimentell gefundenen (aus Dehnungsmessungen) überein. Der S-Geh. der meisten handelsüblichen SBR-Ebonite beträgt 35 bis 50 Teile S auf 100 Teile Kautschuk, also mehr S als zur vollständigen Vulkanisation erforderlich ist. H. JACOBI. 7230□

Rotomill — eine kontinuierlich mischende Vorrichtung. A. E. Juve, J. R. Beatty und R. H. Kline. (Proc. Intern. Rubber Conf. Washington Nov. **1959.** 1—4. Rubber Chem. Technol. **33.** 98—104. Jan./März 1960.) (Engl.)

Die konstruktiven Merkmale u. die Arbeitsweise eines kontinuierlichen Kautschukmischers (Rotomill von B. F. GOODRICH Co.) werden beschrieben. R. SCHÄFF. 7230□

Bestimmung von nichtumgesetzten Monomeren in wässerigen Emulsionen von Mischpolymerisaten. Peter Shapras und George C. Claver. (Analytic. Chem. **34.** 433. März 1962. Springfield, Mass., Monsanto Chem. Co., Res. Dep.) (Engl.)

Zum Nachw. monomerer Bestandteile in Mischpolymerisaten wird ein gaschromatograph. Verf. vorgeschlagen. In einem Latexgemisch konnten noch 45 ppm monomeren Acrylonitrils nachgewiesen werden. Verwendetes Gerät: PERKIN-ELMER Vapor Fraktometer, Modell 154; Trennsäulenfüllung: 10%ig. Stearamidopropyldimethyl-β-hydroxyäthylammoniumnitrat; Temp.: 100°, Trägergas u. Durchflußmenge: 40 ml He/min. G. PANKOW. 7248□

Farbenfabriken Bayer Akt.-Ges., Leverkusen (Erfinder: Gottfried Pampus, Heinz Gröne, Leverkusen, und Josef Witte, Köln), **Die Polymerisation von konjugierten Diolefinen** führt man in Ggw. von Organo-Ca-Verbb., bes. solchen der allg. Formel Ca(R_1, R_2) durch, worin R_1 u. R_2 gleiche oder verschiedene Alkyl-, Cycloalkyl-, Aralkyl- oder Arylreste bedeuten, die durch Heteroatome, bes. O, N oder

Halogen, substituiert sein können. Man verwendet eine Katalysator-Konz. von 0,001 bis 1,0 Teile Ca auf 100 Teile Monomeres u. polymerisiert in inerter Atmosphäre in Block oder Lsg. bei ca. -5 bis $+60^0$. Man erhält, unabhängig von der Katalysator-Konz., hochmol. Polymere. — Beispiele: Butadien-, Isopren-, Isopren/Butadien- u. Isopren/Styrol-Polymerisation; *Polyisopren* mit hohem cis-1.4-Gehalt. (**D. A. S. 1 122 708** Kl. 39c vom 25/11. 1959, ausg. 25/1. 1962.) L. STADELMANN. 7225

Cyril Xavier Georges Latty, Saint-Cloud, Seine-et-Oise, Frankreich, **Kautschukmischung** für Dichtungen, Überzüge u. Membranen mit hoher Korrosionsbeständigkeit gegen aggressive Gase, bes. F_2 u. UF_6, bestehend aus dem in E. P. 840987; C. **1962.** 7727, beschriebenen Kautschuk-Protein-Aldehydkomplex mit 0,8—10 (%) gebundenem N, nur so viel S, daß im Vulkanisat <1, bes. $<0,1$, freier S verbleibt, <4 Zn, $<0,01$ oder kein Fe, Cu u. Mn, <2, bes. $<0,1$, W. u. keine Erweicher oder Füllstoffe, ausgenommen sehr reines $BaSO_4$ in Mengen von 0,1—200, alles auf den Kautschuk bezogen. (**E. P. 850 357** vom 20/6. 1958, ausg. 5/10. 1960. F. Prior. 5/8. 1957.) W. OVERBECK. 7231

Dunlop Rubber Co. Ltd., London, übert. von: Kenneth G. Burridge und David N. Simmons, Sutton Coldfield, County of Warwick, England, **Verstärkter Kautschuk mit Vinylpolymerem und Phenol-Formaldehyd-Harz.** Man mischt 5 bis 100 (Gew.-Teile) durch Hexamethylentetramin härtbares Phenol-Formaldehydharz, bes. einen Novolak, 10—100 PVC u. 100 Synth.-Kautschuk, bes. Polychloropren, härtet das Phenolharz in Abwesenheit vulkanisierender Stoffe u. vulkanisiert anschließend. (**Can. P. 554 161** vom 3/9. 1952, ausg. 11/3. 1958.) L. GROSSNER. 7231

Rhein-Chemie G. m. b. H., Mannheim, übert. von: Rudolf Kern, Neustadt, und Wilhelm N. Grohs, Heidelberg, **Herstellung feinporiger Schaumstoffe** aus Butadien-Styrol-Mischpolymerisaten (I) durch Mischen von I in unvulkanisiertem Zustand mit $NaHCO_3$, $[NH_4)HCO_3$ $(NH_4)_2CO_3$, Benzolsulfonsäurehydrazid oder Harnstoff u. einem oberflächenakt. Stoff (**IV**), bes. Äthylenoxidanlagerungs-Prodd. (**III**) von Fettalkohol, Erhitzen u. Vulkanisieren. — Beispiele werden nur für Mischungen aus **I** u. Naturkautschuk (**V**) u. ohne Verw. von **III** als **IV** gegeben. — Man mischt 70 (Teile) **V**, 30 **I**, 0,3 Pentachlorthiophenol-Zn u. 3 Zn-Salz der Rapsölfettsäuren, mastifiziert 10 Min. bei 110^0, mischt bei $50-60^0$ 50 Ca-Silicat, 30 Kaolin, 7 ZnO, 5 Vaseline, 3 Stearinsäure, 2,5 S, 0,4 Dibenzthiazyldisulfid u. 0,7 Cyclobenzthiazylsulfonamid unter u. gibt dann zu 100 der Mischung 13 eines Gemisches aus 8 $NaHCO_3$ u. 5 einer handelsüblichen 60%ig. Na-Dodecylbenzolsulfonatpaste u. erhitzt 15 Min. auf 143^0. Der Schaumkörper hatte eine Dichte von 0,707, während ein in gleicher Weise ohne **IV** hergestelltes Prod. eine Dichte von 0,990 aufwies. (**A. P. 2 891 016** vom 24/8. 1956, ausg. 16/6. 1959. D. Prior. 26/8. 1955.) C. LÜTTGEN. 7231

Distillers Co. Ltd., Edinburgh, England (Erfinder: **Donald Alexander Fraseru nnd Alaric L. Jeffrey Raum**), *Polymerisationsverfahren.* (**Jap. A. S. 5096/1960** vom 6/9. 1957, ausg. 13/5. 1960. E. Prior. 15/9. 1956 u. 19/8. 1957. — C. **1961.** 7058 [D. A. S. 1 092 660].)

Montecatini Soc. Gen. per l'Industria Mineraria e Chimica (Erfinder: **Giovanni Crespi** und **Maria Bruzzone**), Mailand, Italien, *Herstellung verbesserter Elastomerer.* (**Jap. A. S. 6132/1960** vom 16/6. 1958, ausg. 31/5. 1960. It. Prior. 18/6. 1957. — C. **1961.** 2816 [Oe. P. 205 740].)

Esso Research and Engineering Co., Del., übert. von: **Delmer L. Cottle**, Highland Park, **Leon S. Minckler jun.**, Metuchen, und **Lawrence T. Eby**, Linden, N.J., V.St.A., *Bromierung ven Butylkautschuk.* (**A. P. 2 995 545** vom 30/9. 1957, ausg. 8/8. 1961. — C. **1961.** 17414 [E. P. 838 045].)

B. F. Goodrich Co., New York, N.Y., V.St.A., *Herstellung stabiler Latexgemische.* (**Holl. P. 99 606** vom 19/3. 1956, ausg. 15/11. 1961. A. Prior. 29/6. 1955. — C. **1960.** 4047 [F. P. 1 149 536].)

New Jersey Zinc Co., New York, N.Y., V.St.A., *Herstellung von Siliciumdioxid.* (**Holl. P. 99 893** vom 21/6. 1956, ausg. 15/12. 1961. A. Prior. 27/6. 1955. — C. **1959.** 9072 [D. A. S. 1 048 893].)

Farbenfabriken Bayer Akt.-Ges., Deutschland (Erfinder: **Werner Joseph, Gustav Kaule** und **Ernst Podschus**), *Calcinieren von Kieselsäure- und Silicat-Füllstoffen.* (**F. P. 1 220 900** vom 2/1. 1959, ausg. 30/5. 1960. D. Prior. 2/1. 1958. — C. **1961.** 15523 [D. A. S. 1 106 297].)

Montecatini Soc. Gen. per l'Industria Mineraria e Chimica (Erfinder: **Giulio Natta, Giovanni Crespi** und **Giancarlo Borsini**), Mailand, Italien, *Vulkanisieren von Elastomeren.* (**Oe. P. 218 731** vom 8/1. 1958, ausg. 27/12. 1961. It. Prior. 9/1. u. 23/7. 1957. — C. **1961.** 8141 [F. P. 1 200 144].)

Imperial Chemical Industries Ltd., London, England, *Herstellung von vulkanisiertem natürlichem oder synthetischem Kautschuk.* (**Holl. P. 98 543** vom 31/8. 1957, ausg. 17/7. 1961. E. Prior. 5/9. 1956. — C. **1961.** 5985 [E. P. 822 621].)

Polymer Corp. Ltd. (Erfinder: **Jules Borunsky**), Ontario, Canada, *Pfropfpolymerisation an Hochmolekularen.* (**Jap. A. S. 5396/1960** vom 8/8. 1956, ausg. 18/5. 1960. Can. Prior. 20/9. 1955. — C. **1961.** 18157 [F. P. 1 159 691].)

Rhein-Chemie G. m. b. H., Mannheim (Erfinder: **Rudolf Kern**, Neustadt a. d. Weinstraße, **Wilhelm-Nicolai Grohs**, Heidelberg, und **Friedrich Blümel**, Mannheim), *Herstellung von feinporigen Stoffen.* (**Oe. P. 217 208** vom 20/8. 1956, ausg. 11/9. 1961. D. Prior. 26/8. 1955. — C. **1962.** 3289 [E. P. 847 922].)

XIII. Ätherische Öle. Parfümerie. Kosmetik

Phenole im ätherischen Öl von Thujopris Dolabrata Sieb. et Zucc. Akira Yoshikoshi. (J. chem. Soc. Japan, pure Chem. Sect. [Nippon Kagaku Zasshi] **81.** 981—84. Juni 1960. Tôkyô-Tyûôku, Nihonbasi-Honmati, Ogawa-Kôryô-KK.) (Jap.; Auszug: Engl. S. A70.)

Im phenol. Teil des äther. Öls von *Thujopris dolabrata Sieb. et Zucc.* (Thuj. dol.) werden p-Kresol (wenig), *o-Isopropylphenol* (wenig), *m-Isopropylphenol* (**II**) (22%), *Carvacrol* (65%) u. *4-Isopropylsalicylaldehyd* (7%) nachgewiesen. Zum Vgl. wird **II** aus Hinokitiolmethyläther (**V**) hergestellt.

Versuche: Der saure Teil des aus dem Holzpulver von Thuj. dol. durch Wasserdampf-Dest. isolierten äther. Öls wird mit NaOH-Lsg. ausgezogen u. dann mit 85%ig. H_3PO_4 (*Tropolone*) u. anschließend mit $NaHCO_3$-Lsg. (*Carbonsäuren*) ausgeschüttelt; es verbleibt ein Gemisch aus Phenolen in einer Ausbeute von ca. 0,1%, bezogen auf das äther. Öl. Das Gemisch wird mit einer gesätt. Lsg. von $NaHSO_3$ ausgeschüttelt u. der Rückstand im Vakuum fraktioniert dest.: $Kp._{7,5}$ <87°, *Phenol A* u. *B* (0,4%), $Kp._{7,5}$ 87—88°, *Phenol B* (1,5%), $Kp._{7,5}$ 99—100°, *Phenol C* (22%) u. $Kp._{7,5}$ 104,5°, *Phenol D* (65%). Aus dem *3.5-Dinitrobenzoat* (**DNB**) der Fraktion Phenol A u. B werden durch Umkristallisation das *p-Kresol*-**DNB**, $C_{14}H_{10}N_2O_6$, F. 183—183,5° (aus wasserhaltigem Aceton), sowie das *o-Isopropylphenol* (**I**)-**DNB**, F. 107—107,5°, isoliert. Die Fraktion Phenol B erweist sich auf Grund der IR-Spektren sowie auf Grund der *Phenylurethan* (**PhU**)-Bldg. ($C_{16}H_{17}NO_2$, F. 101—102°) als **I.** Die Fraktion Phenol C ist nach den IR-Spektren sowie nach dem **PhU**, $C_{16}H_{17}NO_2$, F. 111—112°, u. dem **DNB**, F. 65—65,5°, mit *m-Isopropylphenol* (**II**) identisch. Die Fraktion Phenol D stimmt in den IR-Spektren sowie in den *Derivv.* (**PhU**, $C_{17}H_{19}NO_2$, F. 137,5—138°, **DNB**, F. 93,5—94,0°, *p-Nitrobenzoat*, F. 52,8—53,8°) mit *Carvacrol* (**III**) überein. Aus dem $NaHSO_3$-Addukt wird durch Ansäuern mit 10%ig. H_2SO_4 *4-Isopropylsalicylaldehyd* (**IV**), $C_{10}H_{12}O_2$, $Kp._{11,5}$ 111—112,5°, n_D^{20} 1,5483, $D._4^{20}$ 1,067, isoliert. **IV** ergibt durch Oxydation mit Ag_2O *4-Isopropylsalicylsäure*, $C_{10}H_{12}O_3$, F. 93,5—94,0° (aus wasserhaltigem Methanol), welche durch Erhitzen in Dimethylanilin in **II** übergeht. **IV** wird in Toluol u. A. mit Zn-Amalgam u. HCl zu **III** reduziert. Aus **V** wird durch 20std. Kochen mit Na-Methylat in Methanol u. durch anschließendes Verkochen des Gemisches mit W. *m-Cuminsäure*, $C_{10}H_{12}O_2$, F. 50—51° (aus Hexan), $Kp._{5,5}$ 140—145°, hergestellt, welche durch Versetzen mit NH_3 in Bzl. in Ggw. von H_2SO_4 in *m-Isopropylanilin* (**VI**), $Kp._4$ 80—82°, n_D^{22} 1,5431, übergeht. **VI** ergibt durch Diazotieren u. durch anschließendes Versetzen mit verd. H_2SO_4 **II.** E. MAEKAWA. 7262□

Duftende Blüten und Blätter. 3. Mitt. **Die Elaeagnaceen.** Edward S. Maurer. (Amer. Perfumer **76.** Nr. 12. 22—23. Dez. 1961. London, W. J. Bush & Co. Ltd.) (Engl.) — 2. vgl. C. **1962.** 12492.

Aus der Familie der *Elaeagnaceae* scheinen auf Grund der bisher im Schrifttum gemachten Angaben die Gattungen *Elaeagnus* u. *Hippophae* von parfümist. Interesse zu sein. Die Blüten bzw. Blätter dieser Gattungen enthalten äther. Öle mit ausgesprochen exot. Charakter. Über die genaue Zus. der Öle liegen keine Angaben vor.

H. P. FIEDLER. 7276□

Herstellung und Eigenschaften von Glasbehältern. C. Tarrant. (J. Soc. Cosmet. Chemists **13.** 15—42. Jan. 1962.) (Engl.)

Vortrag über Herst. u. Eigg. von Glasbehältern für die kosmet. Industrie. Histor. Entw., Zus., chem. Widerstandsfähigkeit, Oberflächenbehandlung, Glasflocken-Bldg. u. Schutz lichtempfindlicher Prodd. in Glasverpackungen werden behandelt.

W. PETT. 7284□

Elastische Verpackungen. F. W. Noble. (J. Soc. Cosmet. Chemists **13.** 42—53. Jan. 1962.) (Engl.)

Vortrag über elast. Verpackungen (Celluloseacetat, Pliofilm) u. ihre Verw. in der kosmet. Industrie, bes. als Verpackungsmaterial für fl. Shampoos, sowie über mechan. Probleme der Verpackung. W. PETT. 7284□

Die flüchtigen Öle von Artemisia brevifolia und A. kurramensis. Wesley Cocker, C. Lipman, T. B. H. McMurry und B. M. Wheeler. (J. Sci. Food Agric. **9.** 828—36. Dez. 1958. Dublin, Univ., Chem. Labor., Trinity Coll.) (Engl.)

Vff. untersuchen gaschromatograph. je ein mit KW-Stoff-Lsgm. erhaltenes Extraktionsöl von *Artemisia brevifolia* u. *A. kurramensis* nach seinen flüchtigen sauren u. neutralen Bestandteilen. Nach Extraktion mit Na_2CO_3 u. Wasserdampf-Dest. werden die Säuren in Form ihrer Methylester identifiziert, die neutralen Anteile fraktioniert dest. u. die Hauptfraktionen getrennt untersucht. Als saure Komponenten von *A. kurramensis* werden gefunden: *n-Buttersäure, Isobuttersäure, n-* u. *Isovaleriansäure, n-* u. *Isocapronsäure, n-Heptylsäure,* sowie eine nicht identifizierte Säure. Die neutralen Dest.-Fraktionen enthalten neben *Camphen* (I) 25—30%, *1.8 Cineol* (II), identifiziert als Resorcin-Komplex, F. 87—88°, 65% *Thujone*, identifiziert nach Isomerisation mit Säure zu *2.3-Dimethyl-4-isopropylcyclopenten-(2)-on* durch dessen Oxim-Deriv., F. 121—122°, u. 5% *(—)-Campher* (III), F. 175—177°, $[\alpha]_D^{20}$ —43°. — Als saure Komponenten in *A. brevifolia*, isoliert durch Waschen mit Na_2CO_3, werden neben Essigsäure, geringen Mengen mehrerer n- u. Isosäuren bis C_7-Kettenlänge als Hauptbestandteil gefunden: *β-Thujaketosäure* (*5-Oxo-2-isopropylhexen-(1)-carbonsäure*) u. wahrscheinlich in geringer Menge *α-Thujaketosäure* (*2-Acetyl-1-isopropylcyclopropyl-(1)-essigsäure*), $C_{10}H_{16}O_3$, F. 77—78°. Die neutrale Fraktion enthält Spuren von *Acetaldehyd*, I, 40—50% II, *p-Cymol*, III u. 16—20% *α-* u. *β-Thujon*. — 53 Literaturangaben. H. SPOHN. 7286

Ein einfaches Verfahren zur Unterscheidung zwischen Cetyl-, Cetostearyl- und Stearylalkoholen. G. E. Mapstone. (J. Soc. Cosmet. Chemists **13.** 54—55. Jan. 1962. Johannesburg, Südafrika, Dermacult S. A. (Pty.) Ltd.) (Engl.)

Die Kpp.-Differenzen zwischen *Cetylalkohol* (I), *Stearylalkohol* (II) u. *Cetostearylalkohol* (Gemisch von I u. II) sind groß genug, um aus der Temp. des kochenden Gemisches auf die Zus. desselben zu schließen, weil eine annähernd lineare Abhängigkeit besteht. Zu diesem Zwecke wird ein Reagensglas bis zur Höhe von ca. 2 cm mit der Probe gefüllt u. so erwärmt, daß die Dampfzone ca. 4—6 cm über der Fl. liegt. An einem zur Hälfte eintauchenden Thermometer, welches die Seitenwände nicht berühren darf, wird der Kp. abgelesen. Die Meth. ist zur schnellen Orientierung hinlänglich genau.
W. PETT. 7294□

Laboratorio Italiano Cosmesi Scientifica, Mantua, Italien, **Herstellung von Haarbrillantinen.** Flüssige Gemische von mineral. u. pflanzlichen Ölen werden durch einen Zusatz von Stearinseifen, bes. von Al-Distearat (I), zum Gelieren gebracht. — Man erhitzt die Öle auf 100°, gibt ca. 10% I zu, rührt ca. 1 Std., rührt bei 70° weitere 3 Std. u. läßt langsam erkalten. (**It. P. 524 716** vom 23/4. 1953.) K. KOEBKE. 7285

F. Hoffmann-La Roche & Co. Akt.-Ges., Basel (Erfinder: **Waldemar Guex**, Bottmingen), Schweiz, *Herstellung eines neuen ungesättigten Ketons.* (**Schwz. P. 359 127** vom 18/10. 1957, ausg. 15/2. 1962. — C. **1961.** 16681 [D. A. S. 1 102 726].)

Spezialchemie G. m. b. H. Arzneimittelfabrik, Berlin, *Hornhauterweichungsmittel.* (**Oe. P. 215 082** vom 5/9. 1959, ausg. 10/5. 1961. D. Prior. 17/9. 1958. — C. **1961.** 11552 [D. A. S. 1 085 649].)

Ciba Ltd., Basel, Schweiz, *Herstellung von neuen Mischpolymerisaten.* (**E. P. 864 311** vom 21/3. 1958, ausg. 6/4. 1961. Schwz. Prior. 22/3. 1957. — C. **1961.** 10004 [D. A. S. 1 095 467].)

Ciba Ltd., Basel, Schweiz, *Hydrophile Alkali- und Aminsalze von Carbonsäuregruppen enthaltenden Mischpolymerisaten zur Herstellung von Haarpflegemitteln.* (**E. P. 876 495** vom 30/12. 1957, ausg. 6/9. 1961. Schwz. Prior. 28/12. 1956, 7/2. u. 21/3. 1957. — C. **1961.** 9624 [D. A. S. 1 091 290].)

Ashe Laboratories Ltd., Leatherhead, Surrey, übert. von: **Lionel L. F. Deadman**, London, England, *Kaltwellmittel.* (**Can. P. 552 194** vom 26/10. 1955, ausg. 28/1. 1958. E. Prior. 4/11. 1954. — C. **1957.** 12911 [F. P. 1 134 633].)

Soc. An. Monsavon l'Oréal, Paris, Frankreich, *Färben von menschlichem Haar.* (**D. A. S. 1 126 565** Kl. 30h vom 20/1. 1958, ausg. 29/3. 1962. F. Prior. 22/1. 1957. — C. **1959.** 13960 [F. P. 1 165 247].)

XIV. Zucker. Kohlenhydrate. Stärke

Einige Eindrücke von der europäischen Zuckerrübenindustrie. B. J. Rutherford. (Proc. Queensland Soc. Sugar Cane Technologists, Conf. **1961.** 35—43. April. Ayr, Kalamia Estate.) (Engl.)

Übersicht. M. REIHER 7400□

Die Verwendung von Ionenaustauscherharzen in der Zuckerindustrie. Giorgio Mantovani. (Ind. saccarif. ital. **52.** 418—23. Sept./Okt. 1959.) (Ital.)

Übersicht.—16 Literaturangaben. G. PLATZER. 7400□

Saccharose und die chemische Industrie. H. H. Hatt. (Proc. Queensland Soc. Sugar Cane Technologists, Conf. **1961.** 11—19. April. Melbourne, Commonwealth Scient. & Ind. Res. Organ., Chem. Res. Labor.) (Engl.)

Nach einer Übersicht über die bisherigen Einsatzgebiete von Saccharose in der chem. Industrie werden folgende neueren Anwendungsmöglichkeiten näher beschrieben: Saccharoseester als oberflächenakt. Stoffe, Ersatz der Phenolkomponente in Phenol-Formaldehydharzen durch Saccharose, weitere Anwendungen in der Kunststoffindustrie. Für die reduktive Ammonolyse von Saccharose zu *Äthylendiamin* u. *Propylendiamin-(1.2)* gibt es bisher noch kein wirtschaftliches Verfahren. — 10 Literaturangaben.
M. REIHER. 7400□

Das Trocknen von Rüben. G. Ss. Benin. (Известия Высших Учебных Заведений (Краснодар), Пищевая Технология [Hochschulnachr. (Krasnodar), Nahrungsmittel-Technol.] **1960.** Nr. 1. 23—27. Krasnodar, Inst. für Lebensmittelind., Lehrstuhl für Technol. zuckerhaltiger Stoffe.) (Russ.)

Das Trocknen von Rübenschnitzeln (RS) mit nachfolgender Brikettierung des erhaltenen Prod., das auf offenen Rampen in Polyäthylenhüllen aufbewahrt wird, ermöglicht es, bei ungünstigen Wetterbedingungen der späteren Periode der Zuckerkampagne (Gebiet von Krasnodar) den durch Rübenverderb entstehenden Zuckerverlust um 1,6% zu erniedrigen. Die Verarbeitung der getrockneten RS erfordert im Vgl. zum üblichen Verf. einen doppelten Verbrauch an Heizmaterial. S. BARYSCHNIKOW. 7406

Extraktion von Zucker durch direkte Naßscheidung von Zuckerrüben. Ario Bonelli. (Ind. saccarif. ital. **52.** 399—411. Sept./Okt. 1959.) (Ital.)

Vf. verweist auf eine Arbeit von BORGHI [1946], dessen Verf. im wesentlichen auf der Naßscheidung von gehackten Zuckerrüben mit CaO u. auf der Extraktion des Saftes durch eine 1. Pressung in der Kälte beruht, worauf dann die Pulpe durch anschließendes Waschen u. weitere Pressungen vollkommen entsaftet wird. Es werden klare Zuckersäfte von hoher Dichte unter Red. der Zuckerverluste u. Einsparung von Kohle bis zu 20% erhalten. Das Verf. ist für Zuckerfabriken mit genügend ausgestatteten Diffusionsanlagen bes. zweckmäßig. G. PLATZER. 7412□

Die verschiedenen Verfahren zur kontinuierlichen Sättigung. Enrico Piazzi. (Ind. saccarif. ital. **52.** 74—83. März/April 1959. Ferrara, Univ., Scuola di Perfezionamento nelle Ind. dello zucchero e dell'alcole.) (Ital.)

Übersicht. G. PLATZER. 7412□

Verwendung von Austauscher- und Entfärbungsharzen in der Zuckerindustrie. Eugenio Mariani. (Ind. saccarif. ital. **52.** 14—24. Jan./Febr. 1959.) (Ital.)

Übersicht über die erreichten Fortschritte bei Anwendung der Ionenaustauschharze in der Zuckerindustrie während der letzten Jahre, über deren Austauschkapazität u. Verw. zur Reduzierung des Ca^{2+}-Geh. des Zuckersaftes oder zur Entfärbung unter bes. Berücksichtigung der Temp. u. über das Problem der Regenerierung. G. PLATZER. 7412□

Bleichen von Zuckersaft mit Entfärbungsharzen. 1. Mitt. **Gleichgewichtsisothermen.** S. Fumasoni, E. Mariani und G. C. Maura. (Ind. saccarif. ital. **52.** 7—13. Jan./Febr. 1959. Roma, Univ., Ist. di Chim. appl. e ind.) (Ital.)

Es wurden Entfärbungs-Verss. mit verschiedenen Zuckersaftarten unter Verw. von Entfärbungsharzen Asmit 224 u. 259 u. Ira 401 S bei 80° im Vgl. mit Aktivkohle ausgeführt bei Anwendung der gleichen Methode. Die besten Arbeitsbedingungen u. die Eigg. der verwendeten Harze wurden untersucht. G. PLATZER. 7412□

Bleichen von Zuckersaft mit Entfärbungsharzen. 2. Mitt. **Entfärbungsversuche in Säulen.** S. Fumasoni, E. Mariani und G. Maura. (Ind. saccarif. ital. **52.** 349 bis 357. Juli/Aug. 1959.) (Ital.) — 1. vgl. vorst. Referat.

Die besten Vers.-Ergebnisse bei der diskontinuierlichen Entfärbung verschiedener Zuckersaft-Arten unter Verw. von Asmit 224 u. 259 u. Ira 401 S in Säulen wurden bei Perkolations-Geschw. < 3 Vol./Std. bei 80° ohne Veränderung des pH-Wertes u. Asche-Geh. erhalten. Das Entfärbungsvermögen richtet sich nach der Verweilzeit. Zum Vgl. wurden Verss. mit Aktivkohle Anticromos 26 ausgeführt. G. PLATZER. 7412□

Über ein gegenüber Saccharose inaktives Milchsäure-Heteroferment aus rohen Zuckersäften. Carlo Zambonelli. (Ind. saccarif. ital. **52.** 363—66. Juli/Aug. 1959. Bologna, Univ., Ist. di Microbiol. agrar.) (Ital.)

Vf. beschreibt ein aus Zuckerrohsaft isoliertes Bacterium (I), das darin die vorwiegende Mikrobenform darstellt, alle Eigg. von *Lactobacillus brevis* besitzt, aber auch Temp. $> 60°$ verträgt. I ist gegenüber Saccharose inakt., aktiver gegenüber Fructose als gegenüber Glucose, was die polarimetr. Best. von Saccharose stört u. zu ungenauen Ergebnissen führt. — 11 Literaturangaben. G. PLATZER. 7412□

Automatische Überwachung. Erfahrungen im ersten Jahr. G. A. Anderson und K. A. Stuart. (Proc. Queensland Soc. Sugar Cane Technologists, Conf. **1961.** 29—33. April. Mackay, Pleystowe Mill.) (Engl.)

Bericht über günstige Erfahrungen mit der automat. Überwachung der Verdampferstation in einer Zuckerfabrik in Queensland. M. REIHER. 7414□

Die Entfernung unlöslicher Verunreinigungen aus B-Melassen. C. Simpson und R. Deicke. (Proc. Queensland Soc. Sugar Cane Technologists, Conf. **1961.** 307—15. April. Bundaberg, Fairymead Sugar Co. Ltd.) (Engl.)

Bei Verss. zur Entfernung unlösl. Bestandteile aus B-Melassen wurden die besten Ergebnisse erzielt mit einer automat. arbeitenden Zentrifuge vom Typ „Westfalia

Model „SAMN 15037". Da der abzuscheidende Schlamm wasserlösl. ist, werden Melassen von 65–70° Brix eingesetzt. Die Arbeits-Temp. beträgt 170° F. Durch die Entfernung der unlösl. Anteile sinkt die Viscosität der Melassen beträchtlich. Der Schlamm besteht aus Polysacchariden, Aconitsäure, N-haltigen Verbb., ferner aus SiO_2, $CaSO_4$, K_2SO_4 u. Ca-Aconitat. M. Reiher. 7418 □

Untersuchung der Wärmekapazität von Melasseschlempe. Ss. M. Konstantinow. (Известия Высших Учебных Заведений (Краснодар), Пищевая Технология [Hochschulnachr. (Krasnodar), Nahrungsmittel-Technol.] **1960**. Nr. 1. 94–98. Kiew, Technolog. Inst. für Nahrungsmittelind., Lehrstuhl für Wärmeenergetik.) (Russ.)

Konstruktion u. Arbeitsweise einer Vers.-App. zur Best. der Wärmekapazität (WK) von Fll. werden beschrieben. Die Abhängigkeit der WK der Melasseschlempe von der Temp. u. dem Geh. an Trockensubstanz wird graph. dargestellt. S. Baryschnikow. 7418

Blattbrand – Krankheit in Queensland. C. G. Hughes. (Proc. Queensland Soc. Sugar Cane Technologists, Conf. **1961**. 123–27. April. Brisbane, Bur. of Sugar Exp. Stations.) (Engl.)

Vf. beschreibt Symptome u. Verbreitungsmöglichkeiten der Blattbrandkrankheit von Zuckerrohr. Zur Bekämpfung werden vorgeschlagen: Verw. von resistenten Sorten u. gesundem Pflanzgut, Sterilisierung der Messer sowie Umpflügen befallener Felder. M. Reiher. 7440 □

Der Einfluß der Feinheit auf die Permeabilität von aufbereitetem Zuckerrohr. J. E. Holt. (Proc. Queensland Soc. Sugar Cane Technologists, Conf. **1961**. 147–49. April. Brisbane, Univ. of Queensland, Dep. of Mechan. Engng.) (Engl.)

Die Permeabilität von aufbereitetem Zuckerrohr nimmt mit steigender Feinheit u. steigendem Schüttgewicht zu. M. Reiher. 7440 □

Einfluß von Aufbereitung und Kapazität der Fabrikanlage auf die Saftextraktion. J. D. Perry. (Proc. Queensland Soc. Sugar Cane Technologists, Conf. **1961**. 85–87. April. Proserpine, Proserpine Co-operative Sugar Milling Assoc. Ltd.) (Engl.)

Beschreibung einiger konstruktiver Änderungen an Maschinen, die zur Aufbereitung u. zum Zerkleinern von Zuckerrohr dienen. Die Ausbeuten konnten dadurch etwas verbessert werden. M. Reiher. 7440 □

Eine statistische Analyse und Diskussion der die Filtrierbarkeit beeinflussenden Faktoren. J. P. Komen. (Proc. Queensland Soc. Sugar Cane Technologists, Conf. **1961**. 219–23. April. Mossman, Mossman Central Mill. Co., Ltd.) (Engl.) M. Reiher. 7440 □

Schnellmethode zur Trockensubstanzbestimmung in Zucker und Zuckerprodukten. A. P. Saranin. (Proc. Queensland Soc. Sugar Cane Technologists, Conf. **1961**. 225–29. April. Bundaberg, Millaquin Sugar Co. Ltd.) (Engl.)

Zur Best. der Trockensubstanz von Zuckern, Säften, Füllmassen, Melassen u. Zucker-Prodd. werden folgende Verbesserungen vorgeschlagen: Trocknen der auf einer Al-Folie befindlichen Probe durch IR-Bestrahlung, Verw. von Vakuum. Da eine derartige Best. nur 10 Min. lang dauert, ist das Verf. für die laufende Betriebsüberwachung geeignet. M. Reiher. 7488 □

Dielektrometrische Bestimmung der Feuchtigkeit von in Dioxan unlöslichen Substanzen. Anwendung auf Saccharose u. raffinierten Zucker. Leo Cavallaro und Liliana Felloni. (Ind. saccarif. ital. **52**. 57–67. März/April 1959. Ferrara, Univ., Ist. chim.) (Ital.)

Das Verf. der Feuchtigkeits-Best. von in Dioxan (I) unlösl. Substanzen beruht auf der Extraktion des W. durch I u. Messung der dielektr. Konst. der I-W. Lsgg. unter Verw. einer Eichkurve. Das verwendete I wird nach der Meth. von Hess u. Frahm [1938] gereinigt u. die Reinheit durch Messung der DK kontrolliert. Alle Messungen werden bei 1 MHz u. bei einer Temp. von 25° ± 0,02° ausgeführt. Der Feuchtigkeits-Geh. von 0–100% kann so mit einer Genauigkeit von 0,01% ermittelt werden. Die Messung der Feuchtigkeit von Saccharose oder raffiniertem Zucker erfolgt im prakt. Bereich von 0–0,05% bei Normalbedingungen der relativen Feuchtigkeit. — 44 Literaturangaben. G. Platzer. 7488 □

Die Bestimmung der Feuchtigkeit in Saccharose unter Verwendung einer Hochfrequenzmethode. G. Leonardi, E. Mariani und B. Rumi. (Ind. saccarif. ital. **52**. 68–73. März/April 1959. Roma, Ist. super. delle Poste e Telecomunicazioni.) (Ital.)

Eine schnell auszuführende dielektrometr. Meth. zur Best. von sehr kleinen Feuchtigkeits-Geh. in Saccharose unter Verw. von Dioxan wird beschrieben. Um bes. empfindliche Meßwerte zu erreichen, wird eine elektrometr. Hochfrequenz-Meß-Meth. benutzt, deren Schema u. Technik wiedergegeben sind. G. Platzer. 7488 □

Ferdinand Schneider, Braunschweig, *Reinigen von Zuckersäften*. (**E. P. 872 957** vom 23/12. 1958, ausg. 19/7. 1961. D. Prior. 24/12. 1957. — C. **1959**. 5978 [D. A. S. 1 043 979].)

Ferdinand Schneider, Braunschweig, *Reinigen von Zuckersäften*. (**E. P. 872 958** vom 23/12. 1958, ausg. 19/7. 1961. D. Prior. 27/12. 1957. — C. **1959**. 10418 [D. A. S. 1 048 840].)

XV. Gärungsindustrie

Konvergenz der aeroben und anaeroben Dissimilationsfunktionen von Hefezellen bei absinkendem und ansteigendem Orthophosphatgehalt. W. Nordheim. (Mschr. Brauerei **14**. 158—62. Okt. 1961, Beil. zu: Brauerei. Berlin-Buch, Inst. für Med. u. Biol. der Dt. Akad. der Wiss.) (Dt.)

In Verss. mit einer Wein-, obergärigen u. untergärigen Bier-Hefe stellte Vf. fest, daß bei einer Phosphat-Mangelzüchtung sowohl Atmung als auch die Gärung absinken u. erst nach erfolgter Regenerierung wieder ansteigen. Beide Stoffwechselvorgänge hängen also stark vom Orthophosphat-Geh. in der Zelle ab. Die Auffassung anderer Autoren, daß die Menge des zur Verfügung stehenden anorgan. Phosphats bestimmt, ob der Stoffwechsel als Gärung oder Atmung verläuft, steht im Gegensatz zu den vom Vf. gefundenen Ergebnissen. S. ZAAKE. 7506□

Die Vergärung bei der Verarbeitung eines Gemisches von Melasse und Getreide. M. T. Polujanowa. (Спиртовая Промышленность [Spiritus-Ind.] **27**. Nr. 2. 12—16. 1961.) (Russ.)

Die Vergärung eines Melasse–Getreide-Gemisches erfordert wegen der hohen Konz. an zuckerbildenden Stoffen die Bereitstellung großer Hefemengen, bes. dann, wenn eine getrennte Vorgärung der Rohstoffe mit verschiedenen Hefesorten stattfindet. Am günstigsten ist es, geeignete Bedingungen für die Hefevermehrung im Gärgut selbst zu schaffen. Dazu wird die Getreidemaische stark verd. u. mit 20 Millionen/ml Hefezellen angesetzt. Nach 8—10 Std. liegen 80—85 Millionen/ml vor. Es wird Melasse mit einer Konz. an zuckerbildenden Stoffen von 60° zugegeben, entweder auf einmal oder im Verlauf von 12 Stunden. Bei allmählicher Zugabe bleibt die Gärungshemmung minimal. Die besten Ergebnisse bringt ein Melasse–Getreide-Gemisch mit 55—65% Melasse-Geh. u. einer Konz. an zuckerbildenden Stoffen von 20—23°. Die Alkoholausbeute beträgt 663 Liter/t Stärke. I. WEBER. 7536□

Die Vergärung von Zuckerrübenmelasse im Gemisch mit Getreide-Kartoffelrohstoff. Ja. K. Orlowski, W. A. Witkowskaja und A. G. Sabrodski. (Спиртовая Промышленность [Spiritus-Ind.] **27**. Nr. 7. 6—10. 1961.) (Russ.)

Die Melasse wird bis zur Konz. von 25—30° verd. u. mit H_2SO_4 oder HCl angesäuert. Im Gärbehälter wird sie zur Getreide-Kartoffelmaische gegeben. Bei 48std. Gärung beginnt der Melassezufluß, wenn die Maische eine Konz. von 10—11° (nach Saccharimeter) erreicht hat. Nach 8—9 Std. hat das Gemisch eine Konz. von 8—9°; die Melassezugabe wird dann abgebrochen. Bei diesem Verf. können 30% Melasse verarbeitet werden. Bei 60—72std. Gärung beginnt die Melassezugabe, wenn die Maische eine Konz. von 8—10° hat u. endet nach 8—12 Std. bei einer Konz. von 6,5—8,5°. Nach diesem Verf. lassen sich 45—50% Melasse verarbeiten. Die Rohstoffmengen für die günstigste A.-Ausbeute werden genau berechnet. Formeln u. Beispiele sind angegeben. I. WEBER. 7536□

Die Umwandlungen der Lignin-, Gerb- und reduzierenden Stoffe beim Reifen von Cognacalkoholen. I. M. Skurichin. (Виноделие и Виноградарство СССР [Weinbereit. Weinbau UdSSR] **22**. Nr. 2. 17—22. 1962. Allunions-Forsch.-Inst. für Weinbereitung u. Weinbau „Magaratsch".) (Russ.)

Vf. stellt fest, daß beim Reifen von *Cognacalkoholen* (CA) die Bldg. des vanilleartigen Geruches ausschließlich durch die Äthanolyse des Lignins bedingt ist. Der „Oxydationsgrad" (Geh. an Pyrogallolhydroxylgruppen) der Gerbstoffe erreicht im 2. Jahr der Lagerung 10% u. verringert sich bei der weiteren Lagerung nur unbedeutend. Als reduzierende Substanzen (Hydrolyse-Prodd. der Hemicellulose u. des leicht hydrolysierbaren Anteils der Cellulose der Eichendauben) wurden bei 1—23 Jahre gelagerten CA papierchromatograph. 0,012—0,655 (g/Liter) Glucose, 0,005—0,415 Fructose, 0—300 Xylose u. 0,034—0,500 Arabinose festgestellt. S. BARYSCHNIKOW. 7536

Die stickstoffhaltigen Stoffe der Cognacalkohole. Z. L. Petrossjan. (Известия Высших Учебных Заведений (Краснодар), Пищевая Технология [Hochschulnachr. (Krasnodar), Nahrungsmittel-Technol.] **1960**. Nr. 1. 144—45. Armen. Inst. für Weinbau, Weinbereit. u. Obstbau.)

Die Best. des Gesamt-N- bzw. des Aminosäure (I)-Geh. in Cognacalkoholen nach der KJELDAHL- bzw. der Ninhydrin-Meth. ergab für A. der Faßlagerung von 21—0 Jahren: 81,90—24,78 (mg/Liter) Gesamt-N, 57,11—0,00 freie I. Im 5 Jahre alten A. wurden

Glutaminsäure, Prolin, Phenylalanin, Glykokoll u. 2 nicht identifizierte I festgestellt. Die erwähnten I der A. haben im Holz der Eichenfässer ihren Ursprung; ihre Ggw. verbessert die organolept. Eigg. der Alkohole. S. BARYSCHNIKOW. 7536

Über die Beständigkeit sortentypischer Werteigenschaften von Braugerste, dargestellt an Hand der Ergebnisse aus den internationalen Gerstenversuchen der EBC 1952—1960 in Süddeutschland. G. Aufhammer und G. Fischbeck. (Brauwelt, Ausg. B **101.** 681—87. 2/5. 1961.) (Dt.)

Die Ergebnisse aus Anbau-Verss. mit internationalen Braugerstensorten werden ausgewertet. Bei den einzelnen Sorten ließen sich typ. brautechn. Unterschiede feststellen, die sich in allen Jahren als beständig erwiesen. Die Forderung, möglichst nur sortenreine Gerstenpartien zu vermälzen, wird durch die Ergebnisse unterstützt. S. ZAAKE. 7540□

Anwendung der Pektinase zur Erhöhung der Ausbeute an Weinen und ihren Ausgangsprodukten. Je. N. Lutschitzkaja und A. F. Kuwikowa. (Виноделие и Виноградарство СССР [Weinbereit. Weinbau UdSSR] **21.** Nr. 8. 10—12. 1961. Staatl. Plankom. der UkrainSSR, Zentr. Forsch.-Inst. für Alkoholind.) (Russ.)

Durch Zugabe von 0,05% eines gereinigten u. hochakt. *Pektinase*-Präp. zu zerquetschten Trauben können aus diesen nach 1 Std. 70% des vorhandenen Saftes erhalten werden (Kontrollansatz ohne Pektinase: 34%). Das Verf. verdoppelt die Ausbeute an 1. Ablauf. S. BARYSCHNIKOW. 7552

Anwendung des Ultraschalls zur Beschleunigung der Kristallisation von Weinstein aus Traubensaft. G. N. Gassjuk, I. P. Dulnewa und W. G. Popowski. (Виноделие и Виноградарство СССР [Weinbereit. Weinbau UdSSR] **22.** Nr. 2. 8—13. 1962. Moldauisches Forsch.-Inst. für Lebensmittelind.) (Russ.)

Vff. untersuchten die Einw. der Ultrabeschallung (UB) auf die Fällung des *Weinsteins* (I) aus dem Traubensaft in Abhängigkeit von der Beschallungsdauer, der I-Konz. des Saftes u. der vorherigen therm. Behandlung des Produktes. Die hohe Wirksamkeit des Verf. wird gezeigt. Das Verhältnis zwischen den Mengen des ausgeschiedenen I aus einem 8,61 bzw. 5,36 g/Liter I enthaltenden Saft beträgt nach der Behandlung ca. 10:1. Durch therm. Behandlung des Saftes wird die Fällung des I bedeutend verlangsamt. Die Beschallung beeinträchtigt die organolept. Eigg. des Prod. u. seinen Geh. an Trockensubstanz nicht. S. BARYSCHNIKOW. 7552

Fermentpräparate zur Klärung des mit Hilfe von kontinuierlichen Pressen gewonnenen Mostes. A. A. Martakow und R. K. Moldabajewa. (Виноделие и Виноградарство СССР [Weinbereit. Weinbau UdSSR] **22.** Nr. 2. 6—8. 1962. Inst. für Mikrobiol. der Akad. der Wiss. der KasachSSR.) (Russ.)

Vff. untersuchten die Einw. der Zugaben von 0,001—0,1% pektolyt. u. 0,005—0,05% proteolyt. Ferment-Präpp. aus Aspergillus niger bzw. Asp. awamori, sowie die ihres Gemisches (0,05 + 0,05%) auf die Klärung des durch kontinuierliches Pressen gewonnenen Traubenmostes. Es wird gezeigt, daß die optimale Klärung des Mostes durch Zugabe von 0,05% pektolyt. Präpp. u. ein 48std. Stehenlassen bei 45—50° erreicht wird. S. BARYSCHNIKOW. 7552

Herstellung schwachoxydierter weißer Tafelweine. P. N. Ungurjan und A. Je. Oreschkina. (Виноделие и Виноградарство СССР [Weinbereit. Weinbau UdSSR] **21.** Nr. 8. 6—10. 1961. Moldauisches Forsch.-Inst. für Obstbau, Weinbau u. Weinbereitung.) (Russ.)

3 Varianten der technolog. Behandlung des Weines (Restzucker $\lesssim$ 0,1%) zwecks Herst. schwachoxydierter weißer Tafelweine werden erörtert. Die vorgeschlagenen Schemata beruhen auf therm. Behandlungen, der Sulfitisierung u. der Klärung des Prod. unter Anwendung von Bentonit u. $K_4[Fe(CN)_6]$. S. BARYSCHNIKOW. 7554

Neue Methoden zur Gewinnung von halbsüßen Tischweinen. Je. Ss. Drboglaw. (Известия Высших Учебных Заведений (Краснодар), Пищевая Технология [Hochschulnachr. (Krasnodar), Nahrungsmittel-Technol.] **1960.** Nr. 1. 79—86. Krasnodar, Inst. für Lebensmittelind., Lehrstuhl für Technol. der Weinbereit.) (Russ.)

Beschreibung technolog. Schemata zur Herst. lagerfester Dessertweine (DW) durch übliche Kationitfiltration (KF) unvollständig vergorener DW u. partielle KF des DW mit nachfolgender Verbesserung des Produktes. Ein neues Herst.-Verf. für DW aus kationiertem Traubensaft wird erörtert. Kurze chem. u. organolept. Charakteristika der erzeugten DW sind angegeben. S. BARYSCHNIKOW. 7554

Elutionsreihenfolge als Funktion der Temperatur bei der Gaschromatographie. J. B. Roberts. (Nature [London] **193.** 1071—72. 17/3. 1962. Ashford, Kent, Univ. of London, Wye Coll., Dep. of Hop. Res.) (Engl.)

Bei der Trennung der im Hopfenöl enthaltenen KW-Stoffe wurde die Elutionsreihenfolge bei Säulen-Temp. unter 125° zu Myrcen, Caryophyllen, Farnesol u. Humulen, bei Temp. über 125° zu Myrcen, Farnesol, Caryophyllen u. Humulen gefunden. Bei 125° konnten Farnesol u. Caryophyllen nicht getrennt werden. Vf. vermutet, daß dieser Effekt auf einen steileren Anstieg der Dampfdruck/Temp.-Kurve von Farnesol, verglichen mit der entsprechenden Kurve der cycl. KW-Stoffe, zurückzuführen ist.

HANSJOACHIM THIELE. 7598 □

Anwendung von Antibiotica in der brauereibiologischen Betriebsanalyse. C. C. Emeis. (Mschr. Brauerei **14.** 155—58. Okt. 1961, Beil. zu: Brauerei. Berlin, Versuchs- u. Lehrbrauerei, Biol. Labor.) (Dt.)

Vf. berichtet über Verss. mit einem neuen synthet. Nährboden, der mit u. ohne Zusatz von *Aktidion* (I) im Handel erhältlich ist. I ist ein aus *Streptomyces griseus* gewonnenes Antibioticum, daß zwar gegenüber Hefen, bes. Kulturhefen, nicht aber gegenüber Bakterien wachstumshemmend wirkt. Durch mehrere Ansätze des mit u. ohne I versetzten Nährbodens in normaler u. CO_2-Atmosphäre war es möglich, Hefen, aerobe u. in der CO_2-Atmosphäre auch Milchsäurebakterien u. Biersarzinen in Bier-, Hefe- u. Würzeproben nachzuweisen. In Verbindung mit dem Membranfilter erhöht diese Meth. die Empfindlichkeit wesentlich u. ist den bisherigen Meth. vielfach überlegen. Als gewisser Nachteil muß die Resistenz einiger wilder Hefen gegenüber den angewandten Konzz. von I angesehen werden. S. ZAAKE. 7600 □

Kieselerde- u. Gerbstoffgehalt in Würzen und Bieren. Irwin Stone und Philip P. Gray. (Wallerstein Labor. Commun. **24.** 89—102. Aug. 1961.) (Engl.)

2 colorimetr. Best.-Meth. für SiO_2 (I) u. Gerbstoff (II) werden ausführlich beschrieben. Die Best. von I beruht auf der Bldg. eines Silico-Molybdän-Komplexes, der bei Red. eine blaue Färbung ergibt; die Best. von II auf der Farb-Rk. mit Fe in ammoniakal. Lösung. Vff. bestimmten in Würze, Bier u. Trub die Mengen an I u. II. Sie stellten dabei fest, daß beim Abläutern die ausgewaschene Menge an I, auf den gewonnenen Extrakt berechnet, mit der Anzahl der Nachgüsse zunimmt, die II-Mengen dagegen etwa gleichbleiben. Im Trub verbleiben nur 10% von I, 90% gelangen in die Anstellwürze. Verss. mit entspelztem Malz ergaben, daß die daraus erhaltenen Würzen prakt. I-frei waren u. erst durch Hopfen u. Anstellhefe geringe Mengen I ins fertige Bier gelangten. I befindet sich demnach nur in den Spelzen, während II im Malzkorn verteilt ist, da auch in der Würze aus entspelztem Malz $^2/_3$ der normalen Menge gefunden wurde. Verss. über die Aufnahme von I aus dem Flaschenglas während einer 6monatigen Lagerung ergaben, daß aus dem Glas I nicht in Lsg. geht. Eine Wrkg. von I auf die Ausbildung der Eiweißtrübung des Bieres konnte selbst bei Anwendung von hohen Mengen nicht festgestellt werden. S. ZAAKE. 7600 □

Eine Mitfällung und spektrophotometrische Bestimmung von Mikromengen Eisen in japanischem Brauereiwasser und alkoholischen Getränken. Kiyoteru Otozai und Kunihiko Mizumoto. (Mikrochim. Acta [Wien] **1961.** 217—25. Japan, Osaka, Univ., Faculty of Science, Dep. of Chem.) (Engl.)

Um den Zusammenhang zwischen Fe-Geh. u. der Qualität alkohol. Getränke zu klären, untersuchen Vff. die Mitfällung u. Anreicherung von Mikromengen Fe mit MnO_2 u. die anschließende spektrophotometr. Best. mit o-Phenanthrolin in dem japan. Brauereiwasser „*Miya Mizu*" u. in dem japan. Reisbier „*Saké*". Die *Saké*-Probe wurde vor der Fe-Fällung mit konz. HNO_3/H_2SO_4 verascht. Die in den genannten Fll. enthaltenen Fe-Mengen von 0,0001—0,0006 ppm wurden mit einer Genauigkeit von ca. 20% bestimmt. Pyrophosphat stört das Verf. nicht. *Saké* enthält ca. $0{,}263 \pm 0{,}005$ ppm Fe.

A.-M. FRETZDORFF. 7600 □

Flotationsmethode der Alkoholbestimmung in trockenem Wein und gärendem Most. L. W. Tjurina. (Виноделие и Виноградарство СССР [Weinbereit. Weinbau UdSSR] **22.** Nr. 2. 22—25. 1962. Allunions-Forsch.-Inst. für Weinbereitung u. Weinbau „Magaratsch".) (Russ.)

Beschreibung der Konstruktion u. Arbeitsweise einer App. zur A.-Best. in trockenem Wein (TW) u. gärendem Most (GM) nach der Flotationsmethode. Der Schwebezustand des „Schwimmers" des Gerätes wird durch Erwärmung bzw. Abkühlung des zu untersuchenden Fl.-Destillats bis zur notwendigen Temp., die genau abgemessen wird, erreicht. Zur A.-Best in TW u. GM mit $> 3{,}5$ Vol.-% A. bzw. in GM mit $\leqq 3{,}5$ Vol.-% A. wird der gesamte A. von 5 bzw. 25 ml (Destillation) mit W. auf 25 ml aufgefüllt. Die Meth. ermöglicht es, den A.-Geh. des zu untersuchenden Prod. mit derselben Genauigkeit zu bestimmen, wie dies nach der pyknometr. Meth. möglich ist.

S. BARYSCHNIKOW. 7606

Polarographische Bestimmung des Gehaltes an Acetaldehyd, Acetalen und Furfurol im Wein. P. Ss. Bucharow und W. K. Fertman. (Виноделие и Виноградарство СССР [Weinbereit. Weinbau UdSSR] **21.** Nr. 8. 21—25. **1961.** Zentr. Forsch.-Labor. für Weinbereitung u. Nördlichen Weinbau der Allunions-Landwirtsch.-Akad.) (Russ.)

Die polarograph. Best. von *Furfurol* (**I**), *Acetaldehyd* (**II**) u. *Acetal* (**III**) im *Wein* wird erörtert. Die Meth. ermöglicht eine Schnellbest. von **I, II** u. **III**; nur 25—50 ml des Prod. sind für die Analyse notwendig. Die Abweichungen der nach dieser Meth. erhaltenen Werte von denen, die nach der jodometr. Meth. festgestellt wurden, betrugen: für **I** 0,0 bis +0,1 (%), für **II** —4,2 bis +10,0, für **III** —6,0 bis +3,0.

S. BARYSCHNIKOW. 7606

Genatosan Ltd. (Erfinder: **Alan Stephen Beach und John William Holland**), *Herstellung von Alkohol.* (Aust. P. 228 575 vom 26/11. 1957, ausg. 30/6. 1960. — C. **1959.** 17543 [E. P. 801 274].)

XVI. Nahrungs-, Genuß- und Futtermittel

Die Extraktion von Proteinkonzentraten aus Blättern. W. F. Raymond und J. M. A. Tilley. (Colonial Plant Animal Products **6.** 3—19. 1956. Hurley, Berkshire, Grassland Res. Inst.) (Engl.)

Zusammenfassender Überblick. — 34 Literaturangaben. M. WINIKER. 7646□

Technologisch-mikrobiologischer Effekt der intensiven Reinigung von Weizen und Roggen. Zdzisław Duma und Halina Mozolewska. (Przemysł Spożywczy **15.** Nr. 1. 11—18. 1961. Warszawa.) (Pol.)

Nach Abtrennung mechan. Verunreinigungen wird das Getreide schnell u. kräftig befeuchtet u. anschließend enthülst. Das Befeuchten gestattet eine bessere Reinigung der Körner. Gleichzeitig bleibt die Festigkeit der Samenhülse erhalten. Das so gereinigte Getreide enthält weniger Asche. Die Backfähigkeit des daraus erhaltenen Mehles wird verbessert, da sich die Korngrößenverteilung beim Mahlen verändert. Die Zahl der Bakterien u. Pilze auf dem Getreide wird durch die Naßreinigung stark herabgesetzt. — 15 Literaturangaben. F. URBAN. 7664□

Diffusionskoeffizienten von Wasser in Weizenkörnern. Liang-Tseng Fan, Do Sup Chung und John A. Shellenberger. (Cereal Chem. **38.** 540—48. Nov. 1961. Manhattan, Kansas State Univ., Dep. of Flour and Feed Milling Ind., Dep. of Chem. Engng.) (Engl.)

Die Diffusions-Koeff. zweier Hartweizen- u. zweier Weichweizensorten für W. wurden bei zahlreichen Temp. zwischen 27° u. 98° ermittelt. Bis zu einer Temp. von 65° steigen die Werte für Diffusions-Koeff. u. Aktivierungsenergie langsam u. unabhängig von der Weizensorte an, oberhalb dieses Punktes dagegen wesentlich rascher, vor allem bei beiden Hartweizensorten. M. W. ROTHE. 7664□

Einfluß einiger flüchtiger Chemikalien auf den mikrobiellen Verderb von feuchter Mohrenhirse (Andropogon sorghum) bei luftdichter Lagerung. K. S. Srinivasan und S. K. Majumder. (Cereal Chem. **38.** 529—35. Nov. 1961. Mysore, Centr. Food Technol. Res. Inst.) (Engl.)

Mehrmonatige luftdichte Lagerung von Mohrenhirse bei 25—29° u. unterschiedlichem Wasser-Geh. führte oberhalb 15% Feuchtigkeit bereits nach 30 Tagen zu starken Erhöhungen im Geh. an freier Fettsäure, wasserlösl. Säuren, reduzierenden Zuckern, Amino-N sowie der Keimzahl. Dagegen waren bei vorangehender Begasung eines 20% W. enthaltenden Musters mit *Äthylendibromid* (**I**), *Methylbromid* (**II**), *Chlorpikrin* (**III**) oder *Äthylenoxid* (**IV**) alle Veränderungen bei anschließender luftdichter Lagerung stark verzögert. Die Verw. von jeweils 64 mg **II, III** u. **IV** pro Liter Lagergut ließ nach 60 Lagertagen nur geringe Veränderungen erkennen, die organolept. prakt. nicht erkennbar waren. Bei **I** führte erst eine Begasungsdosis von 96 mg/Liter zum gleichen Erfolg.

M. W. ROTHE. 7664□

Einfluß des „Parboiling"-Verfahrens auf den Thiamin-, Riboflavin- und Niacin-Gehalt von Weizen. Z. I. Sabry und R. I. Tannous. (Cereal Chem. **38.** 536—39. Nov. 1961. Beirut, American Univ. of Beirut, Faculty of Agric. Sci.) (Engl.)

Das im Nahen Osten übliche, im Kochen des ganzen Weizens, anschließendem Trocknen, Vermahlen u. Abtrennung der Kleie bestehende Verf. beeinflußt den Geh. an B-Vitaminen beträchtlich. Der Thiamin-Geh. geht in Abhängigkeit von der Kochzeit, vor allem in der Kleie, zurück. Die Verluste an Riboflavin betrugen während des Kochprozesses 20% des Anfangswertes, beim Trocknen in der Sonne dagegen 76%. Als Folge

einer Wanderung des Vitamins von den Randschichten zum Zentrum des Kornes steigt der Niacin-Geh. im Fertigprod. mit zunehmender Kochzeit u. fällt parallel in der Kleie ab.
M. W. ROTHE. 7664□

Der Einfluß des Reifegrades auf die Qualität von eingedosten Taubenerbsen. F. Sánchez Nieva. (J. Agric. Univ. Puerto Rico **45.** 217—31. Okt. 1961. Río Piedras; Univ. of Puerto Rico, Agric. Exp. Stat., Food Technol. Lab.) (Engl.)

Vf. untersuchte den Einfl. des Reifegrades auf die Qualität von eingedosten Taubenerbsen (Cajanus cajan) u. stellte fest, daß zahlreiche Qualitätskriterien, wie Abtropfgewicht (**a**), Vol. (**b**), Viscosität (**c**) sowie Farbe (**d**) u. Trübung (**e**) der Fl. u. auch die Einheitlichkeit der grünen Pigmentierung der Erbsen, vom Reifezustand abhängen. So nahm **a** mit zunehmender Reife zu, **c** stieg an, während **b** abfiel u. **d** dunkler, **e** stärker wurde. Der Reifezustand der Roherbsen bestimmt also die Qualität der Konserve. Höhere Ausbeute nach dem Entschalen hat bisher zur Folge gehabt, daß vorwiegend überreife Erbsen an die Konservenfabriken geliefert wurden, was mindere Qualität zur Folge hatte. Beim Einkauf sollte weniger das Gew. als mehr der Reifezustand bzw. die Qualität beachtet werden. HANS THIELE. 7684□

Der Einfluß von einigen Variablen des Produktionsganges auf die Qualität von eingedosten Taubenerbsen. F. Sánchez Nieva, M. A. González und J. R. Benero. (J. Agric. Univ. Puerto Rico **45.** 232—58. Okt 1961. Río Piedras; Univ. of Puerto Rico, Agric. Exp. Stat., Food Technol. Labor.) (Engl.)

Vff. geben eine sehr ausführliche Darst. vom Einfl. der verschiedenen Herst.-Prozesse auf die Qualität von eingedosten Taubenerbsen (Cajanus cajan). Es wurde festgestellt, daß die entschalten Erbsen sich bei 7,2° 9 Tage ohne nennenswerten Einfl. auf die Qualität der Konserve lagern lassen. Die Erhitzungsdauer beeinflußt Farbe u. Trübung der Dosenflüssigkeit. Bei längerer Erhitzung wird die Fl. klarer. Die dem Erhitzer zufließende Menge an Ergänzungswasser war ohne Einfl. auf Farbe u. Trübung der Fl., sofern die erhitzten Erbsen vor dem Eindosen gut gewaschen u. abgetropft waren. Die Zeit zwischen Füllen u. Erhitzen der Dosen sowie die Kühldauer beeinflussen die Qualität der Dosen nicht. Kontakt der Erbsen mit Eisen-, Messing- oder Kupferoberflächen hat Verfärbung der Salzlake zur Folge. Ein zu großer leerer Raum über der Füllung bedingt starke Färbung u. Trübung der Salz-Lsg. sowie bläuliche Verfärbung der Erbsen. Die Art der verwandten Dosen (einfach verzinnt mit emaillierten Deckeln oder vollemailliert) war ohne bes. Einfluß. Erhitzen der Erbsen mit Zusatz von 0,1 bis 0,4% $CaCl_2$ oder Zugabe von $CaCl_2$ in die Dose vermindert den Anteil geplatzter Erbsen erheblich, hat aber eine so starke Zunahme des Härtegrades zur Folge, daß die Erbsen prakt. ungenießbar werden. Zugabe von 2% Zucker zur Salz-Lsg. bedingte keine Beeinträchtigung des Produktes. Vff. geben auf Grund ihrer Ergebnisse detaillierte Empfehlungen über die besten Verarbeitungsbedingungen zur Herst. einer Konserve hoher Qualität. HANS THIELE. 7684□

Das Gefrieren von Taubenerbsen für Marktzwecke. F. Sánchez Nieva, M. A. González und J. R. Benero. (J. Agric. Univ. Puerto Rico **45.** 205—16. Okt. 1961. Rio Piedras; Univ. of Puerto Rico, Agric. Exp. Stat., Food Technol. Labor.) (Engl.)

Die in Puerto Rico sehr beliebten Taubenerbsen (Cajanus cajan) stehen in frischem Zustand nur von Dezember bis März zur Verfügung u. werden konserviert nicht gern gegessen. Vff. stellten deshalb Verss. an, diese Erbsen durch Gefrieren frisch zu erhalten. Es wird gezeigt, daß gefrorene Taubenerbsen bei —23,3° über 2 Jahre hinsichtlich Geschmack, Gefüge, Aussehen u. Intensität eines etwaigen Geschmacksfehlers gegenüber frischen keine merklichen Unterschiede aufweisen, sofern das Enzym-Syst. (vor allem Peroxydase) durch Erhitzen inaktiviert wurde. Für diese Inaktivierung reicht Erhitzen auf 90,5° für 5 Min. aus. Der Verlust an Ascorbinsäure hält sich hierbei in vertretbaren Grenzen. Vollreife grüne Erbsen mit einem Geh. von 27% A.-unlösl. Feststoffen waren nach dem Gefrieren von besserer Beschaffenheit als zartere überreife Qualitäten. Ein Verbrauchertest ergab, daß sich die gefrorenen Erbsen sehr gut absetzen lassen. HANS THIELE. 7684□

Über die Anwendung von Nisin in der Konservenindustrie. K. Vas, I. Kiss und N. Kutz. (Confructa [Frankfurt/M.] **1.** 155—60. Dez. 1961. Budapest, Élelmiszertechnológiai és Mikrobiológiai Tanszék, Kertészeti és Szölészeti Föiskola u. Központi Élelmiszeripari Kutató Intézet.) (Dt.)

In Labor.-Verss. wurde festgestellt, daß die zur Sterilisation von Erbsenkonserven erforderliche Hitzebehandlung durch Zusatz von *Nisin* (**I**) stark gemildert werden kann. **I** ist allein, also ohne gleichzeitige Hitzebehandlung, unwirksam. M. WINIKER. 7684□

Bräunungserscheinung bei „Kōridōfu" (gefrorener Sojabohnenmilchbruch). 1. Mitt. Das Fett in den Bräunungsprodukten. Yoshikuni Yokoyama, Yūichi

Shigeno, Shinichi Sōtome, Wataru Shimade und Kazuko Fukuda. (Bull. Coll. Agric., Utsunomiya Univ. 4. 231—33. Dez. 1959.) (Jap.; Auszug: Engl.)

Vff. stellten fest, daß der in Ae. lösl. Anteil der Bräunungs-Prodd. von „Kōridōfu" eine hohe SZ. (20,7) u. eine niedrige JZ. (65,2) aufweist. Weiter fanden sie einen relativ hohen Geh. an N (0,80%). Sie schließen daraus, daß es sich bei dem in den Bräunungs-Prodd. enthaltenen Fett um hochpolymerisierte Substanzen mit starkem Anteil an Phosphatiden handelt. M. WINIKER. 7684□

Untersuchungen über die Verwendung von Sorbinsäure in der Obst- und Gemüseindustrie. Jadwiga Osińska und Lidia Kosewska. (Przemysł spozywczy **15.** Nr. 3. 56—60. 1961. Inst. Przem. ferment.) (Pol.)

Bei Verss. mit *Sorbinsäure* (I) als Konservierungsmittel für Früchte u. Gemüseerzeugnisse wurde festgestellt, daß zur Konservierung von eingemachten Gurken 0,08 bis 0,10% I benötigt werden. I wirkt gegen Hefe- u. Schimmelpilze, nicht aber gegen säurebildende Bakterien. Erzeugnisse, die schon einmal von Schimmelpilzen befallen waren, müssen mit mehr I konserviert werden. F. URBAN. 7690□

Technologische und chemische Untersuchungen der Herstellung von Sauerkraut unter Berücksichtigung der Erhaltung von Vitamin C. Stefan Mrożewski und Janusz Berdowski. (Zeszyty naukowe Szkoły głównej Gospodarstwa wiejskiegow Warszawie, Rolnictwo **1961.** Nr. 1. 79—91. Warszawa, SGGW, Kat. Przem. Roln.-Spoż.) (Pol.)

Während des Schneidens u. der Einlagerung von Kraut sowie beim Verkauf des Sauerkrautes treten die größten Verluste an *Vitamin C* (I) ein. Im ungünstigsten Fall können sie 30% des I-Geh. in frischem Kraut betragen. Während der Gärung geht prakt. kein I verloren. Die optimalen Gärbedingungen sind bei 18—20° gegeben. Bei niedrigerer Temp. entstehen mehr Säuren. Trocken aufbewahrtes Sauerkraut verliert schnell sein restliches I. Luftzutritt ist möglichst zu vermeiden. Zusatz von Salzwasser verhindert zwar die Zers. von I, verd. aber das Verkaufsprodukt. F. URBAN. 7690□

Einfluß von Zusätzen von Ascorbinsäure, Aminosäuren und Mineralstoffen auf die Bräunung von Coorg-Orangensaft und -limonade sowie Modellsystemen bei gewöhnlicher und erhöhter Temperatur. G. S. Siddappa, B. S. Bhatia und Girdhari Lal. (Indian J. appl. Chem. **22.** 199—210. 1959. Mysore, Centr. Food Technol. Res. Inst.) (Engl.)

In Coorg-Orangensaft u. -limonade u. in entsprechenden Syst. ist *Ascorbinsäure* (I) der wichtigste Faktor beim Bräunen während der Lagerung. Pasteurisierte Proben bräunen stärker als mit SO_2 konservierte. Aminosäurengemische (bis 400 mg/kg) haben keine andere als die durch I verursachte Wirkung. Auch Orangenasche beeinflußt die Bräunung nicht. Im Autoklaven bräunen Zucker-Lsgg. in alkal. Medium stärker als in saurer oder neutraler Umgebung. Außer bei pH 0,65—1,09 u. 7—13 bräunen *Glucose* (II)- u. *Saccharose* (III)-Lsgg. nur schwach. Beim Erhitzen bräunt *Galaktose* am meisten, III am wenigsten. In II-Lsgg. wird die Bräunung durch Fe^{2+} verstärkt, durch Sn u. SO_2 abgeschwächt. W. WESLY. 7706□

Über die Eignung von tiefgefrorenen schwarzen Johannisbeeren zur Süßmostherstellung. G. Semper. (Flüssiges Obst **27.** Nr. 12. 37—39. Dez. 1960. Bad Homburg, Baumann-Gonser-Stiftung, Labor.) (Dt.)

Vf. berichtet über Verss., aus deren Ergebnissen hervorgeht, daß die Verarbeitung von tiefgefrorenen schwarzen Johannisbeeren keine Nachteile mit sich bringt, sondern eher einige Vorteile bietet. M. WINIKER. 7706□

Der Einfluß von Metallen und Kunststoffen auf Süßmoste und Fruchtsäfte. B. Müller. (Flüssiges Obst **27.** Nr. 5. 27—30. Mai. Nr. 6. 21—25. Juni 1960. Berlin, Humboldt-Univ., Inst. für Technol. u. Vorratspflege.) (Dt.)

Bei einem Vgl. von Metallen u. Kunststoffen hinsichtlich der Möglichkeiten einer Beeinflussung von Süßmosten u. Fruchtsäften zeigt sich, daß Kunststoffe zur Verw. in diesem Industriezweig vielfach besser geeignet sind als Metalle.
M. WINIKER. 7706□

Biochemie der Erzeugung von Gewürzpaprika. 2. Mitt. **Dynamik des Farbstoffgehaltes während des Welkens.** Vladimir Zitko und Júlia Valentová. (Chem. Zvesti **13.** 234—42. April 1959.) (Slowak.) — 1. vgl. C. **1962.** 2205.

Die Änderungen der Farbstoffe von Gewürzpaprika während des Welkens werden mittels Papierchromatographie auf WHATMAN-Papier Nr. 3 mit Bzl. + 96%ig. A. (25:0,4) als Lsgm. verfolgt. Die Extinktion wird in Mikroküvetten im PULFRICH-Photometer mit Filter S 47 gemessen. Die nachgewiesenen Farbstoffe sind: β-Carotin u. ein Isomeres, Kryptoxanthin, Xanthophyll, Zeaxanthin, Flavoxanthin, Capsanthin u. Capsorubin. Die Synth. von Carotinoiden dauert auch während des natürlichen Welkens an. R. K. MÜLLER. 7714□

Biochemie der Erzeugung von Gewürzpaprika. 3. Mitt. **Phenolische Stoffe.** V. Zitko und Ž. Ďurigová. (Chem. Zvesti **14.** 450–58. Juni 1960.) (Slowak.) — 2. vgl. vorst. Referat.

Phenol. Stoffe wurden in methanol. Extrakten aus Früchten von drei Sorten des Gewürzpaprikas papierchromatograph. untersucht. Die Vff. haben 9 Flecke dieser Stoffe beobachtet. Vier sind als Flavonoide anzusehen, von den anderen wurde nur *Chlorogensäure* identifiziert. Für den papierchromatograph. Nachw. von *Capsaicin* (I), wurde für die Trennung von Carotinoiden das Lsgm.-Gemisch PAe./85% A. in Vol.-Verhältnis 100:25 ermittelt. Neben I (R_F 0,54) wurde noch ein weiterer phenol. Stoff gefunden (R_F 0,96, F. 55,5°, UV-Absorptionsmaxima bei 235 u. 292 mμ).

Z. PECHAN. 7714□

Biochemie der Erzeugung von Gewürzpaprika. 4. Mitt. **Verschiedene Verfahren des natürlichen Welkens.** V. Zitko und R. Ondreička. (Chem. Zvesti **14.** 535–39. Juli 1960.) (Slowak.) — 3. vgl. vorst. Referat.

Die Vff. haben das Welken von drei Sorten des Gewürzpaprikas einerseits in Kränzen, andererseits frei aufgelegt auf Horden hinsichtlich des Geh. an Trockensubstanz, Farbstoffen, reduzierenden Zuckern, Peroxydaseaktivität u. Ascorbinaseaktivität verglichen. Bei der erstgenannten Technologie beträgt nach 9 Wochen Welkens der Geh. an Farbstoff 4,7–6,2% u. an Trockensubstanz 60,6–75,3%. Bei der zweiten Technologie erreicht am Ende die Trockensubstanz höchstens 28,1%. Es wurde auch festgestellt, daß bei verschiedenen Sorten der End-Geh. der Farbstoffe um so niedriger ist, je höher die anfängliche Peroxydaseaktivität ist. Z. PECHAN. 7714□

Die Chloraminzahl der Pomeranzensäfte: Beeinflussung durch Herstellung und Lagerung. Giuseppe Rispoli und Angelo Di Giacomo. (Essenze Deriv. Agrumari **31.** 125–31. Juli/Sept. 1961.) (Ital.)

Es wird gezeigt, daß die Chloraminzahl, die zur Bewertung der Güte von Pomeranzensäften empfohlen wurde, je nach der Herst. der Säfte u. deren Lagerung beträchtlichen Schwankungen unterworfen ist. Bes. hydrolyt. u. oxydative Vorgänge beeinflussen die Höhe der Chloraminzahl. H. P. FIEDLER. 7818□

Gemeinschaftsuntersuchungen über die chemische Prüfung auf paralytisches Muschelgift. Earl F. McFarren und J. E. Campbell. (J. Assoc. off. agric. Chemists **44.** 278–81. Mai 1961. Cincinnati, Ohio, Publ. Health Serv., Robert A. Taft Sanit. Engng. Center.) (Engl.)

Gemeinschafts-Unterss. über die chem. Prüfung auf Muschelgift (Fällung des Eiweißes, Extraktion des Giftes aus der Muschel mit Trichloressigsäure, selektive Adsorption u. Eluierung mittels eines schwach sauren Kationenaustauschers, Anwendung der JAFFÉschen Farbprüfung u. Messung der Farbstärke bei 375 u. 490 mμ) ergeben geringe Abweichungen von den richtigen Werten. Weitere Unterss. werden empfohlen.

W. WESLY. 7852□

Bestimmung von Schalen in Krebsfleisch durch Bestimmung der Chitinfestigkeit gegen Alkali. Elaine R. Franz. (J. Assoc. off. agric. Chemists **44.** 335. Mai 1961. Baltimore, Md., Food and Drug Admin.) (Engl.)

Man versetzt die Probe mit NaOH, rührt, versetzt mit Alizarinrot S als Indicator, erwärmt unter mehrmaligem Rühren auf ca. 80°, gießt das Gemisch auf ein Sieb, wäscht u. entfernt die Schalen mit einer Pinzette vom Sieb. Es wird empfohlen, das Verf. zu überprüfen. W. WESLY. 7852□

Lactose-Voranreicherungsmethode zur Isolation von Salmonellen aus getrocknetem Eiklar. William R. North, jun. (Appl. Microbiol. **9.** 188–95. Mai 1961. Washington, D.C., U.S. Food and Drug Admin., Dep. of Health, Educat. and Welfare.) (Engl.)

Eine Lactose-Voranreicherungs-Meth. zur Best. von Salmonellen bei geringem Auftreten in getrockneten Ei-Prodd. wird beschrieben. Die Auszählungen ergaben nach dieser Meth. höhere Werte als bei direkten Anreicherungsmethoden. Der natürliche Hemmeffekt, der durch hohe Konzz. von Eiweiß auf Salmonellen ausgeübt wird, ist im Lactosemedium nicht wirksam, u. deshalb werden bei dieser Meth. weniger „Sprünge“ festgestellt. Aus den erhaltenen Resultaten ergeben sich sehr hohe Zahlen von Salmonellen. Es ist möglich, daß die Bakterienzahl während des Entzuckerungsprozesses anwächst. D. PÖHLAND. 7854□

Bestimmung von Ca und Mg in Milch durch EDTA-Titration. E. W. Bird, June Weber, C. P. Cox und T. C. Chen. (J. Dairy Sci. **44.** 1036–46. Juni 1961. Ames, Iowa, Iowa State Univ., Dep. of Dairy and Food Ind. and Dep. of Statistics.) (Engl.)

Fünf Meth. zur Ca- u. Mg-Best. mittels EDTA wurden geprüft u. daraus eine für Milch geeignete ausgearbeitet. Proteine u. Phosphate der Milch wurden mit K-Metastannat in HNO_3-haltiger Lsg. entfernt u. im Filtrat Ca gegen einen Mischindicator (0,1 g Eriochromblau SE mit 0,17 g Naphthol-Grün B u. 20 g NaCl) mit EDTA-Lsg. titriert. Die Best. von Ca u. Mg zusammen erfolgt in Boratpuffer (pH 8—10) gegen Eriochromschwarz T mit EDTA. Beleganalysen. E. Wiehr. 7856☐

Antibiotica in der Milch — ein Überblick. E. H. Marth. (J. Milk Food Technol. **24.** 36—44. Febr. 70—82. März 1961.) (Engl.) — Vgl. Marth u. Ellickson, C. **1960.** 5030 u. 5349.

Behandelt werden die Verunreinigung von Milch durch Antibiotica u. die Meth. zum Nachw. u. zur Best. von Antibioticis in Milch. — 199 Literaturangaben. M. Winiker. 7856☐

Versuche zur Bestimmung von Antibioticis in Milch. P. Dopter. (Lait **40.** 151 bis 158. März/April 1960. Lille, Inst. Pasteur, Labor. de Fermentat.) (Franz.)

An Aureomycin, Penicillin u. Streptomycin gewöhnte Stämme von Streptococcus lactis säuern Milch langsamer u. schwächer als die ursprünglichen Stämme. Das Verf. zur Best. der Antibiotica (AB) besteht im Vgl. des Säurungsvermögens der an die AB gewöhnten u. der normalen Stämme u. in der Ermittlung des Einfl. steigender Dosen AB auf den Verlauf der Säuerung von Milch, die mit den an AB gewöhnten Stämmen geimpft worden ist. W. Wesly. 7856☐

Papierchromatographie von Bixin und verwandten Verbindungen. G. G. McKeown. (J. Assoc. off. agric. Chemists **44.** 347—51. Mai 1961. Ottawa, Ontario, Canada, Dep. of Nat. Health and Welf., Food and Drug Labor.) (Engl.)

Zur Trennung von *Bixin* (I) u. verwandten Verbb. mittels Papierverteilungschromatographie wird ein Verf. beschrieben, wobei mit *N.N-Dimethylformamid* (II; in Aceton) getränktes Papier u. ein Gemisch von Cyclohexan, Chlf., II u. Essigsäure als mobile Phase verwendet werden. Die (für Ölgelb AB gültigen) R_F-Werte betragen für *trans-Norbixin* (III) 0,009, cis-III 0,014, trans-I 0,09, cis-I 0,14, Ölgelb 0,24, trans-Methylbixin (IV) 0,38, cis-IV 0,56. Das Verf. wird auf Extrakte von Samen von Bixa orellana, Käse- u. Anattobutterfarbstoffe angewendet. W. Wesly. 7860☐

Papierelektrophorese von Casein. 1. Mitt. **Verwendung von harnstoffhaltigen Puffern.** L. M. Libbey und U. S. Ashworth. (J. Dairy Sci. **44.** 1016—24. Juni 1961.) (Engl.) — Vgl. C. **1961.** 14869.

Casein (I) u. I-Fraktionen wurden mittels Papierelektrophorese in Veronalpuffer-Lsgg., die 0—7,0m *Harnstoff* (II) enthielten, untersucht. Eine Meth. zur Trennung von $\varkappa$-I von α-I mit Hilfe der Sharples-Superzentrifuge wird beschrieben. Bei einem II-Geh. von 0—2,5m wanderte $\varkappa$-I mit α-I zusammen, bei 6,0—7,0m mit β-I u. bei ca. 4,8m II bildete $\varkappa$-I ein Maximum zwischen α-I u. β-I. Bei dem Geh. von 2,5m II im Veronalpuffer konnte das Gesamt-I in 6 Komponenten aufgespalten werden. Die Unterss. zeigten, daß I nahezu 39% $\varkappa$-I, 11% α-I, 43% β-I u. 7% nicht identifizierte Bestandteile enthält. E. Wiehr. 7860☐

Die verschiedenen Verfahren zur Ermittlung einer Buttersäuregärung im Käse, mit besonderer Berücksichtigung der Verhältnisse bei schweizerischen Hartkäsen. Kurt W. Sahli. (Schweiz. Milchztg., wiss. Beilage **87.** Nr. 9. 597—601. 31/1. 1961. Liebefeld-Bern, Eidg. Milchwirtschaftl. Versuchsanst.) (Dt.)

Behandelt werden die Sinnenprüfung des Käses, die chem. Unters. der Gärgase aus Käse, der Nachw. der bei der Buttersäuregärung entstehenden Stoffwechsel-Prodd. u. die bakteriolog. Käseuntersuchung. M. Winiker. 7860☐

Verteilung von Trockenmasse und Fett in großen Käselaiben. Gerhard Wildbrett und Friedrich Kiermeier. (Z. Lebensmittel-Unters. u. -Forsch. **111.** 6—20. 1959. Weihenstephan, Obb., Süddeutsche Versuchs- u. Forschungsanst. für Milchwirtschaft, Chem. u. Physikal. Inst.) (Dt.)

Vff. zeigen, daß das Ergebnis der analyt. Best. des Geh. an Trockenmasse u. Fett in großen Käselaiben wesentlich von der Art der Probenahme bestimmt wird, u. empfehlen eine Abänderung der zur Zeit international üblichen Technik der Probenahme. M. Winiker. 7860☐

Zur schnellen Bestimmung von Carotin in Rauhfutter und Trockengrünfutter durch warme Extraktion mit Benzin. K. Papendick. (Landwirtsch. Forsch. **13.** 78—88. 1960. Eichhof-Bad Hersfeld, Staatl. Lehr- u. Versuchsanst. für Grünlandwirtschaft u. Futterbau.) (Dt.)

Beschreibung der Methode. M. Winiker. 7866☐

Zur mikroskopischen Untersuchung und Beurteilung der Sesamrückstände. W. Hrabowski. (Bayer. landwirtsch. Jb. **38.** 894—96. 1961. München, Bayer. Landesanst. für Pflanzenbau u. Pflanzenschutz.) (Dt.)

Vf. beschreibt den mkr. Nachw. von Sesamrückständen in Futtermitteln.

M. WINIKER. 7868□

Die Fehlermöglichkeiten bei der Bestimmung des Fluorgehaltes von Futtermitteln. W. Oelschläger und M. Kirchgessner. (Landwirtsch. Forsch. **13.** 64—77. 1960. Hohenheim, Landw. Hochschule, Inst. für Tierernährungslehre.) (Dt.)

Behandelt werden Verfälschung der Analysenergebnisse durch anhaftende Erde, Einschleppen von F beim Veraschen der Proben im Muffelofen, Einfl. der Veraschungs-Temp., F-Verunreinigung in Glas u. Chemikalien sowie Unterss. über die Notwendigkeit eines Zusatzes an Erdalkalien zur Bindung des F beim Veraschen, quant. Beseitigung der F-Verunreinigung aus der (für die F-Dest. benutzten) H_2SO_4, Einfl. von Gummischlauchverbindungen an der Dest.-App., Einfl. der Kieselsäure, Vortäuschung von F durch Oxydationsmittel, F-Verluste beim Einengen des Destillats, colorimetr. Best. des F im Destillat.

M. WINIKER. 7868□

Schnellmethode zur Bestimmung von Fett in Fischmehl. Z. Podeszewski und J. Nodzyński. (Przemysł spożywczy **15.** Nr. 3. 27—28. 1961. Olsztyn.) (Pol.)

Die bei 105° getrocknete Fischmehlprobe wird in einen Glasfiltertiegel gebracht, der in einen Kolben mit Ae. eingehängt wird. Nach Aufsetzen des Rückflußkühlers wird der Kolben in ein Wasserbad gestellt. Die Extraktion des Fettes ist in 30 Min. beendet. Die Ergebnisse stimmen mit der SOXHLET-Meth. (6std. Extraktion) überein.

F. URBAN. 7868□

Chas. Pfizer & Co., Inc., New York, N.Y., übert. von: John R. De Zeeuw, Gerald A. Donovan und William C. Sherman, Terre Haute, Ind., V.St.A., **Gibberellin in Tierfuttermitteln.** Ausgeglichene Mischfuttermittel für Geflügel, Schweine, Lämmer oder Rindvieh, z. B. aus Mais-, Sojabohnen-, Alfalfa- u. Fischmehl, Trockenhefe, Trockenmolke, tier. Fetten, Mineralsalzen, Vitaminkonzentraten u. dgl., werden mit geringen Mengen, bes. 0,0001—10 mg/kg Futtermittel Gibberellin innig vermischt. Bes. geeignet sind: *Gibberellin* A_1, A_2, A_3, *X* u. *Gibberellinsäure* oder deren Gemische. Man erreicht eine Wachstumssteigerung u. bessere Futterausnutzung bei den gefütterten Tieren. (**A. P. 2 943 938** vom 6/2. 1958, ausg. 5/7. 1960.) H. KARST. 7787

United States of America, Secretary of Agriculture, übert. von: James C. Lewis, Berkeley, Calif., V.St.A., **Herstellung von Mitteln zur Stimulierung des Wachstums von Küken und anderen Haustieren.** Sterile Nährlsgg. aus Rübenmelasse, K_2SO_4, $(NH_4)_2HPO_4$, Diammoniumcitrat, Chloriden des Zn, Fe, Mg, Mn, Co u. Ca werden mit Kulturen von *Bacillus subtilis* der Stämme NRRLB-1467 u. ATCC-6633 beimpft u. unter aeroben Bedingungen bei ca. 35° u. pH 6,3—7,0 ca. 10 Std. zur Fermentation bebrütet. Die gesamte Kultur wird dann im Vakuum zu einem dicken Sirup konz., in Trockentrommeln zu einem festen Prod. getrocknet u. mit normalen Futtermitteln innig vermischt. Die gesamte Kultur kann auch auf pH 2—3,5 angesäuert, der Nd. abgetrennt u. getrocknet werden. Die Einstellung des pH auf 6,3—7,0 erfolgt durch Zusatz von NH_3-Lösung. Die Futtermittel werden mit Wachstumsfaktoren angereichert. (**A. P. 2 906 622** vom 16/4. 1954, ausg. 29/9. 1959.) H. KARST. 7787

Olin Mathieson Chemical Corp., New York, N.Y., übert. von: I. Oliver Lampen und Asger F. Langlykke, Highland Park, und Harold Yacowitz, Bound Brook, N.J., V.St.A., **Mittel zur Stimulation des tierischen Wachstums.** Ausgeglichene feste Futtermittel für Großvieh u. Geflügel werden mit einem antibakteriellen Antibioticum, z. B. *Chlortetracyclin*, *Tetracyclin*, *Hydroxytetracyclin*, *Penicillin*, *Streptomycin*, *Neomycin*, *Bacitracin* u. *Gramicidin*, in Mengen von 4—400 g/t Futtermittel u. 3—6000 Millionen Einheiten *Nystatin* oder *Amphotericin*/t Futtermittel, innig vermischt. Man erreicht eine Wachstumsbeschleunigung bei den gefütterten Tieren u. eine Verhinderung oder Hemmung von tier. Krankheiten. (**A. P. 2 903 356** vom 22/7. 1957, ausg. 8/9. 1959.) H. KARST. 7787

Denver Chemical Mfg. Co., Stamford, Conn., übert. von: Bernard J. Brent, Montclair, N.J., V.St.A., **Mittel zur Beschleunigung des Wachstums von Großvieh und Geflügel.** Die normalen Futtermittelrationen, bes. für Ochsen, werden täglich mit 20—80 mg *1-Methyl-2-mercapto-3-carbäthoxyimidazol* u. 0,01—5,0 mg *Diäthylstilböstrol* je 45 kg Lebend-Gew. der Tiere innig vermischt. Das Wachstum u. die Mast der gefütterten Tiere werden beschleunigt, die Fleischqualität wird verbessert u. die Futtermittelausnutzung um ca. 10—20% erhöht. (**A. P. 2 977 230** vom 28/10. 1958, ausg. 28/3. 1961.) H. KARST. 7787

Moorman Mfg. Co., übert. von: Albert I. Gehrt und M. Douglas Knapheide, Quincy, Ill., V.St.A., **Herstellung von Beifuttermitteln aus verbrauchten Katalysatoren.** Verbrauchte H_3PO_4-Katalysatoren aus der Polymerisierung von Olefinen in der Petroleumindustrie, die ca. 80 (%) H_3PO_4, z.T. in Form von Pyrophosphorsäure, u. 20 SiO_2-Stoffe, bes. Kieselgur, enthalten, werden mit kühlem oder kaltem W. u. CaO im Verhältnis von 2 : 3 : 1 Teilen innig vermischt. Die verdickte Masse wird auf höheren Temp. gehalten bis die H_3PO_4 größtenteils als $CaHPO_4$ vorliegt u. dann auf einen Wasser-Geh. von 15–20% getrocknet. Der Phosphat-Geh. der Masse ist zu 90–95% in für die Tiere leichtverdaulicher Form vorhanden. Sie ist als mineral. Beifuttermittel bes. für Schweine u. Rindvieh geeignet. (**A. P. 2970912** vom 31/12. 1958, ausg. 7/2. 1961.)

H. KARST. 7787

F. Hoffmann-La Roche & Co. Akt.-Ges., Basel (Erfinder: **Otto Isler**, Basel, **Rudolf Rüegg**, Bottmingen, und **Gabriel Saucy**, Riehen), Schweiz, *Herstellung von Isozeaxanthindialkyläthern.* (**D. P. [DDR] 22432** Kl. 12o vom 25/10. 1958, ausg. 22/12. 1961 [Ausschließungspatent]. Schwz. Prior. 8/11 1957. — C. **1960.** 15943 [D. A. S. 1 080 104].)

F. Hoffmann-La Roche & Co. Akt.-Ges., Basel (Erfinder: **Rudolf Rüegg**, Bottmingen, Schweiz, und **Gabriel Saucy**, Nutley, N.J., V.St.A.), *Herstellung von Carotinoiden.* (**D. P. [DDR] 21611** Kl. 12o vom 26/1. 1959, ausg. 14/7. 1961 [Ausschließungspatent]. Schwz. Prior. 14/2. 1958. — C. **1961.** 2130 [D. A. S. 1 072 621].)

XVII. Fette. Seifen. Wasch- u. Reinigungsmittel. Wachse. Bohnermassen usw.

Trennung von Fettsäure- und Glyceridgemischen in feste und flüssige Anteile O. J. Debrus. (Riv. ital. Sostanze grasse **38.** 404–07. Sept. 1961. Brüssel.) (Ital.)

Es werden verschiedene Verff. zur Fraktionierung von Öl- u. Fettgemischen beschrieben, die eine Dispergierung der Fette in der wss. Lsg. eines Emulgators u. die nachfolgende Abtrennung der Komponenten durch Sedimentation, Zentrifugieren oder Filtration vorsehen. Auf die einschlägigen Patente, deren Arbeitsweise eingehend erläutert wird, wird hingewiesen. H. P. FIEDLER. 7888☐

Die Struktur des zu extrahierenden Materials als einer der bestimmenden Faktoren der Wirksamkeit des Extraktionsprozesses. W. W. Beloborodow. (Маслобойно-Жировая Промышленность [Öl- u. Fett-Ind.] **23.** Nr. 5. 13–17. 1957. Allunions-Wiss. Fettforschungsinst.) (Russ.) — Vgl. C. **1957.** 12040.

Extraktions-Verss. mit Bzn. u. Dichloräthan (**I**) zeigen, daß die innere Struktur der Sojabohnenschnitzel mit ihrer Dicke sich ändert. Bei einer Dicke von 0,35 mm beträgt das Verhältnis D/Dm (Diffusions-Koeff. des Öls innerhalb der Teilchen bzw. mol. Diffusions-Koeff. in der Fl.) 0,0098, bei 0,45 mm 0,0163, bei 0,55 mm 0,0186 u. bei 0,65 mm 0,0076 bei der Extraktion mit Benzin. Der Wert von K·f (K = Koeff. der Massenübertragung, f = Oberfläche der Gew.-Einheit) ändert sich wie folgt: Bei einer Dicke von 0,65 mm ist K·f bei der Extraktion mit Bzn. gleich 93, mit **I** gleich 79; bei 0,55 mm 112 u. 94; bei 0,45 mm 132 u. 107; bei 0,35 mm 175 u. 152.

OTTO MAIER. 7894

Gedanken über die Verwendung von Glasbehältern für die Konfektionierung von aus Samen gewonnenen Speiseölen. G. Branchi und A. Vaia. (Riv. ital. Sostanze grasse **38.** 477–82. Nov. 1961. Parma, Vetreria Bormioli Rocco & Figlio.) (Ital.)

Vf. schlägt vor, für die Aufbewahrung von für die Ernährung bestimmten Ölen opake, weiße Glasbehälter zu verwenden. — 10 Literaturhinweise. H. P. FIEDLER. 7894☐

Kaltgerührte Seifen. 2. Mitt. **Vergleich mit reinen Seifen.** E. T. Webb. (Soap, Perfum. Cosmet. **33.** 379–82. April 1960.) (Engl.) — 1. vgl. C. **1961.** 3851.

Für optimale Eigg. einer Seife ist ein bestimmter Geh. an Seifenhydrat mit 66% Fettsäure (**I**)-Geh. erforderlich, der ausreichende Festigkeit, aber auch weniger gutes Schaum-Bldg.-Vermögen verleiht. In einer reinen, heiß hergestellten Seife läßt sich bei gegebener Fettkomponente der **I**-Geh. durch Salzzusatz nur relativ wenig variieren. Wahrscheinlich wird bei der nachfolgenden Kaltbearbeitung der **I**-Geh. verringert, in manchen Fällen vielleicht unter das für wirtschaftlichen Verbrauch optimale Maß. Bei einer kalt gerührten Seife dagegen läßt sich der **I**-Geh. in weiten Grenzen variieren u. schon bei der Herst. relativ niedrig halten. Der Geh. an Fettsäure im Seifengel bleibt dabei (bei gegebener Fettkomponente) prakt. konstant. Durch exakt bestimmbare KOH- bzw. Salzzusätze wird das erreicht, was bei reinen Seifen nur unter schwierig zu ermittelnden Verarbeitungsbedingungen möglich ist. R. JUNGE. 7910☐

Aufheller für Seifen, Mischwaschmittel und Waschhilfsmittel. F. H. Villaume und Eugene Allan. (Soap, Perfum. Cosmet. **32.** 893–96. 914. Sept. 1959. Bound Brock, N. J., Amer. Cyanamid Co.) (Engl.)

Überblick über das Verh. u. die Bewertung opt. Bleichmittel in Seifen u. Waschmitteln, über Unterschiede des Erschöpfungsgrades u. der Echtheits-Eigg., sowie über folgende 6 Aufhellerklassen: Triazinyldiaminostilbene, Aroyldiaminostilbene, Bisbenzimidazole, Triazole u. Aminocumarine. O. HENNING. 7912□

Mikroanalytische Methoden für Fettstoffe. Enzo Fedeli. (Riv. ital. Sostanze grasse **38.** 401—03. Sept. 1961. Milano, Staz. Speriment. Olii e Grassi.) (Ital.)

Es werden Mikro- bzw. Semimikro-Meth. zur Best. der VZ., SZ., JZ., AZ., des Peroxidwertes u. des Brechungsindexes von Fetten wiedergegeben. — 12 Literaturhinweise. H. P. FIEDLER. 7932□

Nachweis des Zusatzes von Sojaöl zu Olivenöl. A. Goded y Mur, R. Giménez Ruesga und C. de Francisco Galdeano. (An. Bromatol. [Madrid] **11.** 261—64. 1959. Zaragoza, Cons. Sup. de Invest. ci., Dep. de Invest. bromatol.) (Span.)

Olivenöl (I) u. Sojaöl (II) unterscheiden sich in ihrem spezif. Gew. bei 20° (I 0,9005 bis 0,9250; II 0,921—0,925), im n_D^{20} (I 1,4670—1,4710; II 1,4720—1,4750), ihrer JZ. (I 77—90; II 125—135) u. ihrer Peroxidzahl (I bis 12; II bis 7). Auf Grund eines auf diese Eigg. aufgebauten Diagramms mit Zoneneinteilung ist es möglich, einen Zusatz von II zu I nachzuweisen. R. K. MÜLLER. 7932□

Die Infrarotspektrophotometrie zur Identifizierung der trans-Isomeren in umgeesterten Olivenölen. Umberto Pallotta und Luigi Matarese. (Riv. ital. Sostanze grasse **38.** 387—400. Sept. 1961. Bologna, Ist. di Chim. Agrar. della Univ. u. Labor. chim. Compartiment. delle Dogane.) (Ital.)

Zahlreiche, für die Ernährung bestimmte Fette u. Öle u. umgeesterte Olivenöle (I) wurden IR-spektrophotometr. untersucht. Dabei wurde festgestellt, daß die I in den meisten Fällen trans-Isomere enthalten. Die offizielle italien. Meth. sieht für I die Best. des Geh. an Isoölsäuren vor. Diese Meth. ist aber im Vgl. zur spektrophotometr. Best. nur wenig geeignet. Ferner wurde überprüft, welche Veränderungen im trans-Isomeren-Geh. nach erfolgter Demargarinierung feststellbar sind u. gezeigt, daß im Verlauf der natürlichen Oxydation keine trans-Isomeren gebildet werden, so daß die IR-spektrophotometr. Prüfung auf Geh. an trans-Isomeren in Olivenölen sehr wohl geeignet ist, nichtgenußfähige Öle zu erkennen. — 36 Literaturangaben. H. P. FIEDLER. 7932□

Verbesserte jodometrische Methoden für die Bestimmung der Lipidperoxide. F. W. Heaton und N. Uri. (J. Sci. Food Agric. **9.** 781—86. Dez. 1958. Aberdeen, Ministry of Agric., Fisheries and Food, Res. Establ.) (Engl.)

Für die Best. der Peroxidzahl (POZ) nach LEA [1931, 1946, 1952] werden einige Verbesserungen vorgeschlagen. Diese umfassen bei der Makro-Meth. ($\geqq 5$ μMol Peroxid) die Einführung einer App. mit kontinuierlicher Entlüftung zur Vermeidung von Fehlern durch induzierte Oxydation u. die Entw. einer spektrophotometr. Mikro-Meth. für Proben mit 0,02—5 μMol Peroxid. Bei ersterer liegt die Standardabweichung bei bis zu 5 μMol Peroxid innerhalb 1%, darunter wird eine zu hohe POZ erhalten u. daher die Mikro-Meth. empfohlen. Diese gibt bei Messung bei 400 mμ reproduzierbare POZ für Konzz. $\leqq 5\cdot10^{-4}$ Mol Peroxid. H. SPOHN. 7932□

Colorimetrische Bestimmung der Peroxide in oxydierten Fetten. Jan Pokorny. (Riv. ital. Sostanze grasse **38.** 482—83. Nov. 1961. Prag, Dipart. di chim. e di anal. dei cibi. Ist. di tecnol. chim. della Fac. di tecnol. dei cibi.) (Ital.)

Das oxydierte Fett, dessen Peroxid-Geh. ermittelt werden soll, wird in einem Gemisch aus Propionsäure u. Chlf., das eine geringe Menge Milchsäure enthält, gelöst. Zur colorimetr. Best. der Peroxide wird als selektives Reagens Ti(IV)-Chlorid verwendet. H. P. FIEDLER. 7932□

Papierchromatographische Analyse der Peroxide in Fettsäuren. Jan Pokorny. (Riv. ital. Sostanze grasse **38.** 484. Nov. 1961. Prag, Dipart. di chim. e di anal. dei cibi. Ist. di tecnol. chim. della Fac. di tecnol. dei cibi.) (Ital.)

Die oxydierten Äthylester von Sonnenblumenölfettsäuren wurden auf mit Paraffinöl getränktem WHATMAN Nr. 1-Papier aufsteigend chromatographiert (Lsgm.: wss. Lsgg. von Pyridin, CH_3OH oder Essigsäure; Reagentien: K-Ferrocyanid, KJ + Stärke, Ti-Chlorid oder Leukodichlorphenolindophenol). 3 verschiedene Peroxidtypen konnten nachgewiesen werden: Monohydroperoxide, cycl. Diperoxide u. polymerisierte Peroxidverbindungen. H. P. FIEDLER. 7936□

Colorimetrische Bestimmung kleiner Mengen nichtverseiften Fettes in Seifen. Janina Walczyńska. (Chem. analit. [Warszawa] **5.** 663—69. 1960. Warszawa, Politechn., Kat. Chem. analit.) (Pol.)

Kleine Mengen Fett in Seifen können durch Überführung in Hydroxamsäuren u. colorimetr. Best. der Rotfärbung bei Zusatz von Fe^{3+} mit einem relativen Fehler von 10% ermittelt werden. Die Probe (1 g) wird in 10 ml 50%ig. A. gelöst u. 2mal mit je 5 ml

PAe. ausgeschüttelt. Der PAe.-Extrakt wird mit 50%ig. A. gewaschen, mit wasserfreiem Na_2SO_4 getrocknet u. eingedampft. Der Rückstand wird in wenig A.-Bzl. (1:1) gelöst u. die Lsg. auf 0,25 ml eingeengt. Nach Abkühlen werden 0,5 ml 2,5%ig. alkohol. Hydroxylaminhydrochlorid-Lsg. u. 0,5 ml 5%ig. alkohol. NaOH-Lsg. zugegeben. Das Gemisch wird auf 85—90° erwärmt, nach 10 Min. zur Trockne eingedampft, 2 ml einer Fe^{3+}-Lsg. zugesetzt, nach 15 Min. mit A. verd. u. mit einem Grünfilter colorimetriert. Es können so noch 0,01% Fett erfaßt werden. Bei Geh. >0,1% muß die Lsg. vor der Best. entsprechend verd. werden. F. URBAN. 7938□

Unilever Ltd., Port Sunlight, Chester, England, *Stabile flüssige Backfettmischung.* (**E. P. 874 182** vom 5/2. 1958, ausg. 2/8. 1961. A. Prior. 11/2. 1957. — **C. 1961.** 4199 [A. P. 2 909 432].)

Henkel & Cie. G. m. b. H., Düsseldorf, *Trennen von Fettsäuregemischen in Bestandteile mit verschiedenem Schmelzpunkt.* (**Holl. P. 99 213** vom 19/6. 1952, ausg. 16/10. 1961. D. Prior. 23/6. 1951. — **C. 1956.** 597 [E. P. 724 222].)

Procter & Gamble Co., Cincinnati, Ohio, V.St.A. (Erfinder: **William Clarence Krumrei**), *Flüssiges Grobwaschmittel.* (**Schwz. P. 357 823** vom 29/6. 1957, ausg. 15/12. 1961. A. Prior. 29/6. 1956. — **C. 1960.** 10797 [A. P. 2 877 186].)

Colgate-Palmolive Ltd., London, England (Erfinder: **Ian David Burgess** und **John Murray Blakeway**), *Flüssiges Waschmittel.* (**E. P. 872 099** vom 21/6. 1957, ausg. 5/7. 1961. — **C. 1962.** 9197 [Belg. P. 568 761].)

Boehme Fettchemie G. m. b. H., Düsseldorf, *Trockenreinigungsmittel.* (**E. P. 873 779** vom 11/2. 1960, ausg. 26/7. 1961. D. Prior. 17/3. 1959. — **C. 1961.** 340 [D. A. S. 1 080 719].)

Farbwerke Hoechst Akt.-Ges., vormals Meister Lucius & Brüning, Frankfurt/M., *Chemische Reinigung von Fasermaterial.* (**Belg. P. 555 107** vom 18/2. 1957, ausg. 12/2. 1960. D. Prior. 17/2. 1956. — **C. 1958.** 2595 [D. A. S. 1 013 378].)

XVIIIa. Holz. Cellulose. Zellstoff. Papier. Papierdruck. Celluloid. Linoleum

Beobachtungen über einige Eigenschaften von Nadelholz. Arne Asplund. (Svensk Papperstidn. **61.** 701—06. 10/10. 1958. Stockholm, AB Defibrator.) (Engl.)

Morpholog. Unters. des durch kurzzeitige Druckdämpfung von Fichtenhackschnitzeln im Defibrator nach dem ASPLUND-Verf. bei 160° erhaltenen Faserstoffes (I) an Hand mkr. Betrachtung. Es wird angenommen, daß hierbei in den Tracheiden die Zwischenschicht zwischen Primärwand u. Mittellamelle plast. wird u. sich in Flocken ablöst. Das Verh. von I im Vgl. zu chem. aufgeschlossenen Fasern wird bzgl. der Fibrillierung bei der Mahlung erörtert. E. BORCHERS. 7952□

Der Feinbau der Holzfasern. Hans Meier. (Svensk Papperstidn. **61.** 633—40. 10/10. 1958. Stockholm, Svenska Träforskninsinst.) (Schwed.)

Beschreibung des morpholog. Baues der Zellen der Nadel- u. Laubhölzer, bes. von Fichte, Kiefer u. Birke an Hand von 26 Mikro- u. Submikroaufnahmen u. Skizzen solcher Fasern u. Zellen. — 17 Literaturhinweise. E. BORCHERS. 7952□

Schleifversuch mit 3 Schleifsteinen. Otto Brauns. (Svensk Papperstidn. **61.** 775—79. 10/10. 1958. Stockholm, Trämasseind. Centrallabor.) (Schwed.)

Fichtenholz von 40% Wasser-Geh. wird in TRÄMASSEINDUSTRIENS Vers.-Schleiferei auf 1 keram. Stein u. 2 Zementsteinen unter gleichen Bedingungen verschliffen, wobei die Umfangs-Geschw. 17 m/Sek., der Holzdruck auf den Stein 2,0 kg/cm² u. die Temp. 60° beträgt. Aus den dabei ermittelten Daten wie Kraftverbrauch u. Eigg. des Holzschliffes werden Hinweise für die beste Art des Schärfens u. die Eignung keram. gebundener Steine sowie von Zementsteinen gegeben. — 9 Abb., 2 Tabellen. E. BORCHERS. 7952□

Die Bildung von Hochtemperaturcellulose (Cellulose IV) durch Wärmebehandlung von mercerisiertem Holzzellstoff. Arne Jullander und Bengt G. Ranby. (Svensk Papperstidn. **61.** 680—85. 10/10. **1958.** Skönsmon, Sweden, Svenska Cellulosa AB Forskn.-Labor.; Uppsala, Sweden, Univ., Fys.-kem. Inst.) (Engl.)

Gebleichter Viscose-Sulfitzellstoff *Pulpcose Crown* mit 91% Cellulose u. 1,8% Pentosan-Geh. wird bei 0° mit 10%ig. Na OH mercerisiert, getrocknet u. dann entweder in 4%ig. NaOH bei 170° oder in Glycerin bei 280° der Wärmebehandlung unterworfen. Von den danach ausgewaschenen u. getrockneten Proben werden die Feuchtigkeitsaufnahme aus feuchter Luft, der Polymerisationsgrad sowie Röntgenbeugungsdiagramme ermittelt. Aus den Ergebnissen werden Hinweise über den Feinbau von Cellulose IV gefolgert. — 12 Abbildungen, 14 Literaturhinweise. E. BORCHERS. 7954□

Die Hemicellulose im Holz. Bengt Lindberg. (Svensk Papperstidn. **61.** 675 bis 679. 10/10. 1958. Stockholm, Svenska Träforskningsinst., Träkem. avd.) (Schwed.)

Übersicht über neuere Ergebnisse über Isolierungs-Meth. u. Strukturermittlung von Hemicellulosen, bes. über Laub- u. Nadelholz-Xylan, Glucomannane u. Arabogalak-

tane aus Kiefer, Fichte u. Lärche. Es wird angenommen, daß die Hauptmenge der Hemicellulose nicht an Cellulose gebunden ist u. daß die oft schwierige Trennung beider Komponenten auf Adsorption, Einschluß oder gemeinsamer Kristallit-Bldg. beruht.
E. BORCHERS. 7954□

Einfluß des Schnitzelhackens auf die Zellstoffqualität. Nils Hartler. (Svensk Papperstidn. **61.** 718—25. 10/10. 1958. Stockholm, Cellulosaind. Centrallabor.) (Schwed.)

Ausführliche Übersicht über den Einfl. der Abmessungen der Hackschnitzel sowie der in der Hackmaschine verursachten Stauchung der Holzzellen auf Ausbeute u. Qualität von Bisulfit-, Neutralsulfit- u. Sulfatzellstoffen. Beim Bisulfit-Verf. vermindert das Stauchen vor der Kochung die Festigkeit u. teilweise auch die Ausbeute beachtlich, bei den anderen Verff. aber nur unwesentlich. — 3 Abb., 39 Literaturhinweise.
E. BORCHERS. 7956

Viscositätseigenschaften einer Zellstoffsuspension bei hohen Schergeschwindigkeiten. Börje Steenberg und Bertil Johansson. (Svensk Papperstidn. **61.** 696—700. 10/10. 1958. Stockholm, Swed. Forest Products Res. Lab.) (Engl.)

In einem modifizierten Scheibenviscosimeter „STFI" wird von einem verschieden stark gemahlenen ungebleichten Sulfitzellstoff bei Stoff-Konz. von 0,5—2,5% bei verschieden hohen Geschw.-Stufen das Drehmoment der stationären Scheibe gemessen. Hieraus wird die Scherspannung berechnet. Daraus werden Schlüsse auf das rheolog. Verh. von Faserstoffsuspensionen bei verschiedenen Geschw.-Gradienten gezogen. — 7 Abb., 7 Literaturhinweise. E. BORCHERS. 7956□

Der Einfluß der Faserfraktionierung von Sulfitzellstoffen auf deren Bleichverhalten. Rudolf Keller, Max Dubach und Max Rutishauser. (Svensk Papperstidn. **61.** 754—59. 10/10. 1958. Attisholz, Cellulosefabr. Attisholz A.G., Labor.) (Dt.)

5 Muster techn. erzeugter Fichtensulfitzellstoffe für Papier von 1,21—6,40% Lignin-Geh. werden unter techn. Bedingungen im ATTIS-Filter durch Absieben von 3,6—4,7% des Zellstoff-Gew. von den Nullfasern befreit. Dadurch gehen der Harz-Geh. u. der Cl-Verbrauch bei der Bleiche wesentlich zurück, während sich die Festigkeits-Eigg. u. der Weiß-Geh. erhöhen. Folgerungen für die Wirtschaftlichkeit des Verf. werden gezogen. — 5 Abb., 5 Tabellen, 13 Literaturhinweise. E. BORCHERS. 7956□

Schwimmneigung von Zellstoffbögen und ihre Beziehung zur Kupferzahl. Paul W. Lange. (Svensk Papperstidn. **61.** 787—93. 10/10. 1958. Sarpsborg, A/S, Borregaard, Norwegen.) (Engl.)

Ausgehend von der Feststellung von ENTWISTLE u. Mitarbeitern über die Parallelität von Schwimmneigung u. Cu-Zahl eines Zellstoffs beim Einlegen in NaOH-Lauge, die begleitet wird durch eine Autoxydation reduzierender Gruppen in der Alkalicellulose durch den im Zellstoff eingeschlossenen Luft-O_2 wird von 3 mit Hypochlorit gebleichten Fichtensulfitzellstoffen mit 90%, 92% u. 95% α-Cellulose-Geh. sowie von Linterstoff mit 97,2% α-Cellulose die Schwimmdauer sowie der Schwimmdruck in cm Hg bestimmt. Durch Red. der CO-Gruppen mit $NaBH_4$ verringert sich die Schwimmneigung, während sie durch Nachbleiche mit NaOCl steigt. Die Mitt. von ENTWISTLE, daß Zugabe von 1% $(NH_4)_2SO_5$ oder $CoSO_4$ zur Tauchlauge als Oxydationsmittel das Schwimmen erhöht, während es bei Zusatz von CH_2O oder Na_2S (letzteres wird auch in der Praxis zugesetzt) abnimmt, wird bestätigt. Durch besondere Verss. wird der mögliche Einfl. verschiedener Capillarität der Zellstoffbögen ausgeschaltet. — 10 Tabellen, 5 Literaturhinweise. E. BORCHERS. 7956□

Kontinuierliche Kochung von Kraftzellstoff. Johan Richter. (Svensk Papperstidn. **61.** 741—45. 10/10. 1958. Karlstad, AB Kamyr.) (Engl.)

Techn. Beschreibung des kontinuierlichen Koch-Verf. der AB KAMYR für ungebleichten sowie gebleichten Kraftzellstoff aus Laub- u. Nadelholz, teilweise auch aus Stroh u. Esparto. Deren Festigkeits-Eigg. werden mit denjenigen ähnlicher Zellstoffe aus period. betriebenen Zellstoffkochern verglichen. — 5 Schemata. E. BORCHERS. 7960□

Sulfatzellstoffkochung bei hohen Temperaturen. Lennart Stockman und Erik Sundkvist. (Svensk Papperstidn. **61.** 746—53. 10/10. 1958.) (Engl.)

An Hand von Kochungen im Rührautoklaven u. im 8 Liter-Vers.-Kocher bei 170 bis 200° wird die Abhängigkeit der Ausbeute u. der Zellstoff-Eigg. bei der ROE-Cl-Zahl 6 bei Aufschluß von Kiefernholz aus Norrland untersucht. Die Schnitzel werden vor der Kochlaugenzugabe gedämpft u. evakuiert. Als Kochlauge dient eine Lsg., die NaOH u. so viel Na_2S enthält, daß sie eine Sulfidität von 22% hat. Die Unters. der Zellstoffe zeigt, daß die Ausbeute $>$ 190° sinkt, die Festigkeits-Eigg. u. die Bleichbarkeit aber erst $>$ 200°. Das Verf. interessiert für die kontinuierliche Kochung. — 12 Abb., 2 Tabellen, 18 Literaturhinweise. E. BORCHERS. 7960□

Verteilung der Holzsubstanz zwischen Zellstoff und Ablauge bei der Sulfitkochung. Bengt Brunes, Torsten Johnson und Lennart Lind. (Svensk Papperstidn. **61.** 726—34. 10/10. 1958. Stockholm, Mellersta och Norra Sveriges Angpanneförening; Stockholm, Cellulosaind. Centrallabor.) (Schwed.)

Auf Grund von Autoklaven-Laborkochungen mit Ca-Bisulfit für ungebleichte Papierzellstoffe von 2—8 ROE-Zahl sowie für Kunstfaserzellstoffe (I) von 25—35 cP aus Fichte werden eine genaue Materialbilanz aufgestellt, sowie die Ausbeuten an Zellstoff u. an Ablaugetrockensubstanz (II), bezogen auf das Holzeinsatz-Gew., ermittelt. Ermittelt werden u. a. auch die Mengen an flüchtigen organ. Säuren, A., Aldehyden u. CO_2 sowie die Verbrennungswärme von II. Die Auswertung unter Berücksichtigung möglicher Fehlerquellen im Betrieb ergibt, daß sich bes. bei I ein Substanzverlust von 6% des Holzes bei der Stoffviscosität 20 cP ergibt, der durch die Abspaltung von W. aus II beim Aufschluß erfolgt. Die Gew.-Ausbeuten von ungebleichten Papierzellstoffen sowie die Menge von II beider Zellstoffsorten als Funktion von ROE-Zahl u. Viscosität werden mitgeteilt. — 7 Tabellen, 8 Abb., 9 Literaturhinweise. E. BORCHERS. 7962 □

Die Rückgewinnung in der Zellstoffindustrie. Anders Björkman. (Svensk Papperstidn. **61.** 760—67. 10/10. 1958. Säffle, Billeruds AB.) (Schwed.)

Krit. Übersicht über die bekannten Verff. zur Chemikalienrückgewinnung aus Bisulfitzellstoffablaugen mit Ca-, Mg- u. NH_4-Hydroxid als Basen. Bei der NH_4-Bisulfitablauge wird das seit 1957 beim Werk JÖSSEFORS BRUK der BILLERUDS AB in Betrieb befindliche Verff., wobei außer NH_3 auch SO_2 zurückgewonnen wird, beschrieben. Weiter werden die Verf. für Na-Bisulfitablauge mit u. ohne CO_2 als Zwischenglied beschrieben. Die Naßverbrennung nach den Meth. von CEDERQUIST bzw. ZIMMERMANN wird zur Anwendung in der Zellstoffindustrie für unvorteilhaft gehalten, ebenso das AST-Pyrolyse-Verf. von GAUVIN, da es endotherm bei 800° u. bei 2 at verläuft. Es wird angedeutet, daß in Schweden ein Verf. in Entw. ist, um das Alkali der durch Verbrennung von Bisulfitablauge erhaltenen sulfidhaltigen Schmelze wärmewirtschaftlich günstig in Na_2CO_3 zu verwandeln. — 8 Abb., 30 Literaturhinweise. E. BORCHERS. 7962 □

Verdampfung und Verbrennung von Sulfitablauge. Sixten Ulfsparre. (Svensk Papperstidn. **61.** 803—10. 10/10. 1958. Örnsköldsvik, Sweden, Mo och Domsjö AB.) (Engl.)

Nach einer Übersicht über die sammelnde u. beratende Tätigkeit des SULFITLUTINDUNSTNINGSKOMMITTÉ der schwed. Zellstoffindustrie seit 1945 zur Eindampfung von Sulfitablauge (I), bes. bzgl. der Vermeidung der Verkrustung der Heizflächen durch $CaSO_4$ u. dessen Hydrate wird die Erfassung von I, deren Eindampfung u. Verbrennung betriebstechn. beschrieben. Dabei werden u. a. Angaben mitgeteilt über die Wärmebilanz dieser Verff., getrennt nach den Ablaugen von Deriv.-Zellstoff sowie Papierzellstoff ohne u. mit A.-Gewinnung. — 4 Tabellen, 37 Literaturhinweise. E. BORCHERS. 7962 □

Untersuchung der physikalisch-chemischen Eigenschaften von Sulfatzellstoff-Chlorlignin. Frithjof Løschbrandt und Carl Ulrik Wetlesen. (Svensk Papperstidn. **61.** 656—64. 10/10. 1958. Oslo, The Norweg. Pulp and Paper Res. Inst.) (Engl.)

Aus chloriertem, bleichfähigem Sulfatzellstoff (I) wird mit einer 2%ig. NaOH Chlorlignin (II) herausgelöst, durch Ansäuern mit H_2SO_4 gefällt u. in A. gelöst. Hiermit wird die Wanderungs-Geschw. bei Elektrophorese auf „WHATMAN 3 MM"-Papier bei 24—60° in den Grenzen von pH 3,2—10,1 bestimmt. Weiter wird das Sedimentations-Verh. der Lsg. in einer Ultrazentrifuge bei 48000 U/min ermittelt. Während Temp.-Erhöhung die Wanderungs-Geschw. erhöht, nimmt letztere nach Zugabe von Neutralsalz ab. Aus den Unters.-Ergebnissen werden Schlußfolgerungen auf das Verh. von II bei dessen Herauslösen durch Alkali bei der Bleiche von I gezogen. — 12 Diagramme, 9 Literaturhinweise. E. BORCHERS. 7966 □

Einige Versuche zur Herstellung von Anionenaustauschern aus Lignin. Terje Enkvist, von K.-E. Fremer, Pentti Lehtonen und Ulla Mölsä. (Svensk Papperstidn. **61.** 811—14. 10/10. 1958. Helsingfors, Finland, Univ., Chem. Inst.) (Engl.)

Zur Herst. von Anionenaustauschern aus Lignin-Präpp. wird die Druckerhitzung mit fl. NH_3 bei 100 at während 3—8 Std. bei 200—230°, im Falle des Sulfatlignins durch vorherige Behandlung mit CH_2O u. NaOH verwendet. Das Rk.-Prod. wird durch Digerieren mit 15%ig. HCl von NH_4-Salz befreit u. ausgewaschen. Die N-Best. nach KJELDAHL gibt bei NH_4-Lignosulfonat als Ausgangssubstanz 63% Austauscher (I) mit 11,8% N-Geh., dessen Kapazität für H^+ nur 0,88, für Cl^- $0{,}65 \cdot 10^{-3}$ Äquivalent/g beträgt. Dagegen adsorbiert er aus einer wss. Lsg. roher Lignosulfonsäuren bis zu 40% seines Gewichtes. Der Vers., aus einem Anionenaustauscher des Sulfoniumtyps, erhalten aus Mercaptanlignin durch Rk. von Sägespänen mit einer NaOH-CH_3SNa-Lsg. während

8 Tage bei 130° im Autoklaven, einen Austauscher zu erhalten, führt zu Methylmercaptanlignin mit 5,42% S; dessen Austauschkapazität ist deutlich geringer als diejenige von I. — 2 Tabb., 12 Literaturhinweise. E. BORCHERS. 7966□

Über die Fortschritte des Rheinauer Holzchemieverfahrens in den letzten Jahren. Erik Hägglund und Theodor Riehm. (Svensk Papperstidn. **61.** 665—68. 10/10. 1958. Stockholm u. Mannheim-Rheinau.) (Dt.)

Das 1953—1958 verbesserte Rheinauer Holzchemie-Verf. zur 2stufigen Hydrolyse von Holzabfall (z. B. Sägespänen) mit 35% ig. HCl in der Vorhydrolyse sowie 41% ig. HCl in der Haupthydrolyse u. der Rückgewinnung von HCl aus den Zucker-Lsgg. durch 3stufige Vakuum-Dest. wird an Hand eines Schemas beschrieben, wobei als Werkstoff weitgehend Graphit dient. 100 kg Holz geben 27—30 kg krist. Dextrose u. 30—35 kg reine Polyalkohole in konz. Lsg. sowie Aktivlignin (I). I ist bei dem neuen Verf. noch akt. u. dient zur Herst. von Kunstharz des Typs Novolake, bes. zum Croning-Maskenguß-Verf. für Formsandumhüllung, als Gummifüllstoff u. Spreizmittel für Akkumulatoren. Bei Hydrolyse von Laubholz wird 12% des Holzes zu krist. Xylose umgesetzt. — 1 Diagramm, 1 Schema. E. BORCHERS. 7968□

Spritherstellung bei der Mo och Domsjö AB. Einige Besonderheiten und einige betriebstechnische Untersuchungen. Gunnar Carlson, Holger Modén und Axel Scholander. (Svensk Papperstidn. **61.** 815—26. 10/10. 1958. Örnsköldsvik, Mo och Domsjö AB.) (Schwed.)

Im Sulfitzellstoffwerk DOMSJÖ wird Sulfitablauge (I) von Kunstfaserzellstoff nach Impfung mit $CaSO_4$-Schlamm auf pH 3,0 gebracht, worauf I wieder von $CaSO_4$ in Hydrocyclonen befreit wird. Danach wird die Ablauge in mit Kalksteinstücken gefüllten Türmen auf pH 4,5 eingestellt, nochmals in Hydrocyclonen geklärt, gekühlt u. mit NH_3 u. P-Nährsalz versetzt. Dann erfolgt die Vergärung mit der vorher in Separatoren abgeschiedenen Hefe sowie die Gewinnung u. Reinigung des Sulfitsprits. Der vergärbare Zucker wird im Schüttelthermostaten nach Hefezusatz durch Messung des gebildeten CO_2 bestimmt. Der von ENEBO eingeführte Bewertungsfaktor „Gärkraft", bestimmt durch die CO_2-Menge aus 0,02 g Hefe in 1 ml 10% ig. Glucose-Lsg. im Thermostaten, dient zu Betriebsuntersuchungen. Es wird u. a. über den Einfl. des pH-Wertes, des Geh. an Trockensubstanz u. an freier sowie gebundener SO_2 in der zu vergärenden I berichtet. Im Werk HÖRNEFORS wird die Ablauge von festem Papierzellstoff vor der Neutralisation sauer von 11,5% auf 14% Trockensubstanz eingedampft u. dabei zugleich der Geh. an freiem SO_2 verringert, wobei die Hefegärung auch bei Zusatz von Laubholzablauge besser wird. Die Spritgewinnung beider Betriebe zeichnet sich u. a. dadurch aus, daß die Maische vor dem Abtreiben des Rohsprits in einer bes. Kolonne von CO_2 befreit wird, um das Schäumen in der Maischekolonne zu verringern. — 12 Abb., 11 Literaturhinweise. E. BORCHERS. 7968□

Gemahlene Zellstoffe und die Faser-Faser-Bindung in Papier. Saara Asunmaa und Börje Steenberg. (Svensk Papperstidn. **61.** 686—95. 10/10. 1958. Stockholm, Swed. Forest Prod. Res. Labor., Paper Technol. Dep.) (Engl.)

Von einem gebleichten Fichten-Sulfitzellstoff u. einem gebleichten Kiefern-Kraftzellstoff werden aus den in der PFI-Mühle auf 17—82° SCHOPPER-RIEGLER gemahlenen Proben dünne Blätter von 1,5—3 g/m² auf einem Drahtsieb u. außerdem auf Teflonfolien hergestellt u. bei 60° getrocknet. Von diesen Blättern werden Ultradünnschnitte gefertigt u. davon sowohl im Elektronenmikroskop wie im Phasenkontrastmikroskop Aufnahmen gemacht. Aus den beigefügten Bildern werden Hinweise für die Fasser-Faser-Bindung betreffs der Zellwandschichten gefolgert. — 15 Abb., 9 Literaturhinweise. E. BORCHERS. 7984□

Nebenreaktionen bei der Sulfitkochung. Sixten O. Regestad und Olof Samuelson. (Svensk Papperstidn. **61.** 735—40. 10/10. 1958. Örnsköldsvik, Sweden, Mo och Domsjö AB; Göteborg, Chalmers Tekn. Högsk.) (Engl.)

In den Ablaugen von 7 Autoklavenkochungen u. 1 Betriebskochung mit Ca-Bisulfit zu Papier- u. Kunstfaserzellstoffen werden der Gesamt-S sowie der anorgan. als SO_4'', S_2O_3'', S_3O_6'' u. S_4O_6'' u. der organ. als Ligninsulfonsäure gebundene S sowie bes. der außerdem organ. gebundene „Überschuß"-S unter Verw. eines Ionenaustauschers (Amberlite IRA 400) bestimmt. Während der anorgan. gebundene Überschuß-S nur 0,08—0,33 g S/Liter beträgt, ist der Geh. an organ. gebundenem Überschuß-S höher, u. zwar 1,26—2,30 g S/Liter. Als Ursache wird die Bldg. von Aldonsäuren, Cymol u. CH_2O bei der Kochung angeführt. Die ermittelten Daten werden nicht für sehr genau gehalten. — 2 Tabellen, 20 Literaturhinweise. E. BORCHERS. 8006□

Berol Aktiebolag, Göteborg, Schweden (Erfinder: Stig Börje Henning Johanson), **Entrinden von Baumstämmen.** Die Stämme werden in eine wss. Fl. getaucht, die 0,01—2 g/Liter eines *Alkylphenolpolyglykoläthers* enthält. (**Finn. P. 29 483** vom 9/7. 1955, ausg. 30/6. 1958.) K. H. KÄHLER. 7953

Paolo Rovesti, Mailand, Italien, **Gewinnung von Cellulose.** Um die Bldg. von Ligninfurfurolharzen bei der sauren Vorhydrolyse der cellulosehaltigen Ausgangsmaterialien zu verhindern oder zu vermindern, wird den Hydrolysier-Lsgg. Sulfit, Bisulfit u. SO_2 zugesetzt. — 100 (kg) Reisstroh werden mit 1000 einer 2%ig. HCOOH-Lsg., der 1% SO_2 zugesetzt wird, 3 Std. lang bei 120° im Autoklaven behandelt. (**It. P. 525 470** vom 23/7. 1954.) K. KOEBKE. 7955

Monsanto Chemical Co., St. Louis, übert. von: Joseph R. Darby, Webster Groves, Mo., V.St.A., **Weichmacher für niedere Alkyl- und Aralkylcelluloseäther** mit einem Alkoxyl-Geh. von $\geqq$40%, bestehend aus einem hochsd. fl. aromat. KW-Stoff-Gemisch, das als Rückstand des Alkylierungs-Prod. eines Benzol-KW-Stoffes mit Olefinen oder Alkylhalogeniden mit 9—18 C-Atomen erhalten wird. (**A. P. 2 959 491** vom 23/6. 1958, ausg. 8/11. 1960.) W. OVERBECK. 7971

E. I. du Pont de Nemours & Co., Wilmington, Del., V.St.A., **Papierstoffähnliche Masse,** die aus kleinen Fasern oder Bändern besteht oder solche enthält, dad. gek., daß die Einzelfasern oder Bänder aus *synthet. Polymerisaten* bestehen, die bes. in Struktur, Gestalt u. Dimensionen nicht einheitlich sind. Als Polymerisate werden genannt: Polyhexamethylenadipinsäureamid, Polyacrylnitril, Polyvinyl-Verbb., polymere Mischester aus Äthylenterephthalat u. Äthylenisophthalat. Die fibrillierte Masse kann auch Stapelfasern, Zellstoff usw. enthalten. Herst. von *naßfesten Papieren* mit erhöhter Wasseraufnahmefähigkeit. — Beispiele, Vorr., Zeichnung. (**Ind. P. 62 964** vom 28/1. 1958, ausg. 9/5. 1960.) G. VOGEL. 7975

Monsanto Chemicals Ltd., London, übert. von: Arthur John Lloyd, Jordans, Marion Amy Lloyd, Newton St. Loe, Arnold Lloyd, Clifton, und Iris Winifred Preston, Iver, England, **Papierimprägnierungsmittel.** Eine wss. Dispersion mit 20—30% Biphenyl (Teilchen vom Ø 0,0001—0,004 in.) wird mit einem nicht giftigen wasserlösl. Salz eines Copolymeren von Styrol u. Maleinsäureanhydrid als Dispergiermittel hergestellt. (**A. P. 2 897 111** vom 28/12. 1955, ausg. 28/7. 1959.) P. MAYER. 7987

Riegel Paper Corp., New York, N.Y., übert. von: Donald G. Magill jun., Milford, N.J., V.St.A., **Herstellung von harzimprägniertem Papier.** Zu einem wss. Papierstoffbrei wird eine bestimmte Menge eines Harzes (Phenol–Formaldehydharz) u. ein Fällungsmittel (Alaun) gegeben. Der Brei wird auf einer Temp. nicht über der Fällungs-Temp. des Harzes gehalten, wobei eine teilweise Ausfällung des Harzes erfolgt, dann auf eine Temp. über der Fällungs-Temp. erhitzt, unter die Fällungs-Temp. gekühlt u. auf der Papiermaschine zu Papier geformt. *Ölfilterpapier.* (**A. P. 2 895 868** vom 26/1. 1955, ausg. 21/7. 1959.) P. MAYER. 7987

General Foods Corp., White Plains, N.Y., übert. von: Milton Yezek und Walter C. Utschig, Battle Creek, Mich., V.St.A., **Herstellung von wachsüberzogenem Glanzpapier,** dad. gek., daß eine heiße Wachsschmelze auf die Bahn aufgetragen, die noch heiße Masse mittels einer spiegelglatten Oberfläche eines Gerätes (Walze) auf das Papier gedrückt u. dabei gleichmäßig verteilt wird. Die Masse (gleiche Teile von Paraffin u. mikrokrist. Wachs, ggf. mit etwas Polyäthylen) wird im Kontakt mit einer gekühlten Oberfläche (einer Walze) sowie die unbeschichtete Papierseite durch Eintauchen in W. rasch auf eine Temp. unterhalb der Temp. der Kristallisation der Masse abkühlt, so daß die Masse krist. u. die Bahn aufrollt. — Zeichnung. (**A. P. 2 912 347** vom 3/6. 1957, ausg. 10/11. 1959.) G. VOGEL. 7987

National Cash Register Co., Dayton, Ohio, übert. von: Leon J. Paquin, Glens Falls, N.Y., V.St.A., **Gefülltes Papier zur Verwendung als Aufzeichnungsträger.** Es wird einer Holzfasersuspension Na-Aluminat u. Na-Silicat zugesetzt, mit Alaun auf pH 5—6 eingestellt, so daß Al-Silicat auf den Fasern ausgefällt wird, u. ein Papier mit >16% lufttrockenem Al-Silicat geformt. Das Papier ist geeignet, um mit organ. farbbildenden Material (Malachitgrünlacton, Kristallviolettlacton) unter Farb-Bldg. zu reagieren, wenn es mit diesem bedruckt oder in anderer Weise zusammengebracht wird. (**A. P. 2 902 399** vom 6/11. 1950, ausg. 1/9. 1959.) P. MAYER. 7987

Umberto Raimondi und Francesco Motta, Mailand, Italien, **Druckverfahren.** Nylon wird als Material zur Herst. von Druckplatten für Typographie, Xylographie u. Stereographie verwendet. (**It. P. 525 275** vom 30/7. 1954.) K. KOEBKE. 7989

E. I. du Pont de Nemours & Co., Wilmington, Del., V.St.A., **Transparenter Film für Verpackungszwecke,** bestehend aus einem thermoplast. Träger aus Polyäthylenterephthalat, der ein- oder beiderseitig mit einem Mischpolymerisat aus ≤ 50 (%) Vinylidenchlorid (I), 40—90 Alkylacrylat, dessen Alkylgruppe ≥ 2 C-Atome enthält, u. 10—30 Acrylnitril überzogen ist. Auf dieses wird eine Oberschicht aufgebracht, die aus einem Mischpolymerisat aus 80—97 I u. 3—20 eines Monoolefins, bes. 3—10 Methacrylat u. 0,5—3 Acryl-, Methacryl- oder bes. Itaconsäure, besteht. (**E. P. 823 753** vom 5/6. 1957, ausg. 18/11. 1959. A. Prior. 6/6. 1956. **Zusatz zu E. P. 810 722; C. 1962. 1815.**)
C. LÜTTGEN. 7993

XVIIIb. Textilfasern

Der Einsatz von Chlordioxid in der Garnbleiche. Ingeborg Lambrinou. (Melliand Textilber. **42.** 1021—25. Sept. 1961. Büro für die Bastfaserindustrie, Bielefeld.) (Dt.)

Die Verw. von ClO_2-Gas statt $NaClO_2$ als Bleichmittel in der Leinen-X-Spulbleiche wird erörtert. Dabei konnten gegenüber den klass. Verff. (Na_2CO_3-Kochung, $CaOCl_2$-Bleiche, $NaClO_2$-Bleiche, Na_2O_2-Bleiche, NaOCl-Bleiche) im ClO_2-Bleich-Verf. (Na_2CO_3-Kochung, ClO_2-Gasbleiche; bei beiden Verff. entsprechende Spül- u. Behandlungsgänge dazwischen) beträchtliche Ersparnisse an Zeit u. Chemikalien erreicht u. DP u. Weißgrad verbessert werden. Es werden Flachs- u. Flachswerggarne gebleicht.
W. BERNARD. 8026□

Emulsionen und Emulgatoren in der Textilindustrie. Franz Mildner. (Mineraloel-Techn. **6.** 1—32. Aug. 1961.) (Dt.)

Verss., die mit 13 Emulgatoren anion. u. nichtion. Charakters mit 5 H_2SO_4- u. 4 Lsgm.-Raffinaten von Mineralöl angestellt werden, werden beschrieben, u. in 117 Diagrammen wird die Beständigkeit von Schmälzemulsionen mit 5, 10, 15, 20 u. 25% Emulgator auf 100% Mineralöl wiedergegeben. Die Auswaschbarkeit der Schmälzen wird geprüft.
W. BERNARD. 8028□

Reaktive Acryle — eine neue Art von Textilausrüstungsmaterial. A. C. Nuessle und B. B. Kine. (Amer. Dyestuff Reporter **50.** 13—21. 25/12. 1961.) (Engl.)

Auf die verschiedenen Formen u. Einsatzgebiete der Acrylharze wird hingewiesen. Bes. behandelt werden die Acrylpolymeren mit funktionellen Gruppen, die bei der Anwendung auf Gewebe untereinander oder mit anderen Moll. reagieren. Es wird die Notwendigkeit der Vernetzung begründet u. deren Chemismus, beruhend auf Monomeren, die Carboxyl-, Amido- u. Amin-, Epoxy- u. Hydroxylgruppen enthalten, erläutert. Prakt. Anwendungsbeispiele zur Versteifung, Weichmachung, Schrumpffestmachung, Prägung, für Knittererholung u. „wash-wear", als Schlichtemittel, Beschichtung von Möbelstoffen u. Teppichen, als Bindemittel für Faservliesstoffe, als Haftmittel beim Pigmentfärben u. -drucken u. für Schaumstoffe u. als Beschichtungsmittel für wasserdichte Gewebe werden aufgeführt.
L. JENTGEN. 8032□

Die bekleidungsphysiologische Ausrichtung der Textilveredlung. Otto Mecheels und Jürgen Mecheels. (Melliand Textilber. **42.** 1179—84. Okt. 1961. Hohenstein/Württ., Bekleidungsphysiol. Inst.) (Dt.)

Für das Tragegefühl werden das Wärmerückhaltevermögen, der Schweißtransport u. die Luftdurchlässigkeit verantwortlich gemacht. Dabei wird die Veränderung dieser Eigg. durch Mercerisation, Bleiche u. Walke näher beschrieben. Daneben wird die Wolle in dieser Richtung getestet. Der Einfl. der IR-Reflexion von einzelnen Farbstoffgruppen wird angegeben. Einzelne synthet. Faserstoffe werden getestet. — 14 Abb.; 12 Literaturhinweise.
W. BERNARD. 8032□

Reinigung, Wäsche und Wiederimprägnierung siliconimprägnierter Waren. U. Rall. (Melliand Textilber. **42.** 1150—52. Okt. 1961. Mannheim, Firma Theodor Rotta, Anwendungstechn. Labor.) (Dt.)

Durch Zusatz von Reinigungsverstärkern in der chem. Reinigung wird die Hydrophobierungs-Wrkg. von Siliconen stark herabgesetzt. Durch eine Naßwäsche, auch bei Rückständen von Netzmitteln, ist der Abfall weit geringer. Ähnliches gilt für die chem. Reinigung ohne Reinigungsverstärker. Es wird zur Behebung entweder Nachhydrophobierung oder Kombination mit Hochveredlungsappreturen zur Erhaltung der Effekte nach der chem. Reinigung oder Naßwäsche empfohlen.
W. BERNARD. 8036□

Das Zugvermögen von geschnittenen Strängen und einzelnen Fäden. T. Radhakrishnan und B. R. Shelat. (Textile Res. J. **31.** 1063—69. Dez. 1961. Ahmedabad/India; Ahamedabad Text. Ind. Res. Assoc.) (Engl.)

Entw. einer mathemat. Beziehung, die das Zug–Dehnungs-Verh. eines idealen Bündels von Fäden unter der Berücksichtigung des Verh. der Komponenten voraussagt. Umgekehrt kann die mathemat. Beziehung auch dazu verwendet werden, aus dem Zug–Dehnungs-Verh. eines Faserbündels die Bruchlast u. die Dehnbarkeit der einzelnen Fäden zu bestimmen. Die Richtigkeit der mathemat. Beziehung wird an Baumwoll- u. Viscosestapelfasergarnen überprüft u. für beide Fasern bestätigt. — 5 Figuren, 2 Tabellen. H. G. Fröhlich. 8040□

Der Einfluß der Variablen bei der Druckbeuchbleiche von Baumwolle. J. J. Gaido und H. D. Terhune. (Amer. Dyestuff Reporter **50**. 23—26. 32. 16/10. 1961. Wilmington, Del., E. I. Du Pont de Nemours & Co., Inc., Electrochem. Dep.) (Engl.)

Die durch höhere Temp. (220—250° F) beschleunigte Bleiche hat keinen nachteiligen Einfl. auf Weißgrad oder Viscosität. Das Ergebnis ist abhängig von Bleichzeit u. NaOH- u. H_2O_2-Konzentration. Die Brauchbarkeit des Verf. wird durch Färbe-Verss. nachgewiesen. G.-D. Gollnisch. 8044□

Die kristalline Orientierung der Roselle-Faser. R. K. Basu. (Textile Res. J. **31**. 1072—73. Dez. 1961. Calcutta/India, Indian Central Jute Committee, Technol. Res. Labor.) (Engl.)

Die kristalline Orientierung von roher, entholzter u. mit 5, 9,3 u. 17,5%ig. NaOH behandelte Roselle-Faser wird ermittelt. Hierbei wird festgestellt, daß der Hermanssche Orientierungsfaktor (f_x) bei Behandlung mit steigender NaOH-Konz. von 0,960 auf 0,942 abfällt, während der Winkel bei 40% Intensität von 8°20′ auf 11°30′ ansteigt. Zwischen der rohen u. der entholzten Faser werden keine Unterschiede gefunden. H. G. Fröhlich. 8048□

Die Bildung von Polymeren in Wolle. L. J. Wolfram und J. B. Speakman. (J. Soc. Dyers Colourists **77**. 477—82. Okt. 1961. Leeds, Univ., Dep. of Text. Ind., Text. Chem. Labor.) (Engl.)

Wolle wird nach verschiedenen Vorbehandlungen mit CH_3CO_2OH, Na_2S, $HSCH_2 \cdot COOH$, 1-Fluor-2.4-dinitrobenzol, $(CH_3CO)_2O$ u. KCN mit einer Lsg. von $K_2S_2O_8$ in 0,1n H_2SO_4 behandelt u. unter N_2 mit $CH_2{=}CH{-}CN$ umgesetzt. Hierbei wird festgestellt, daß immer dann Bldg. von Polyacrylnitril innerhalb der Wolle stattfindet, wenn diese zuvor reichlich S_2O_8-Ionen aufgenommen hat. So wird in den red. u. mit KCN behandelten Wollen (gilt auch für Fibrolan) eine bevorzugte Bldg. von Polyacrylnitril beobachtet, während in den oxydierten, mit 1-Fluor-2.4-dinitrobenzol u. acetylierten Wollen die Bldg. von Polyacrylnitril gering ist. Aus diesen Ergebnissen wird geschlossen, daß die Bldg. von SO_4-Radikalen aus $S_2O_8^{2-}$-Ionen für die Polymerisation innerhalb der Wolle verantwortlich ist. — 19 Tabellen, 7 Literaturangaben. H. G. Fröhlich. 8060□

Die Filzfreiausrüstung von Wolle mit reduzierenden Verbindungen. A. J. Farnworth. (J. Soc. Dyers Colourists **77**. 483—88. Okt. 1961. Geelong/Australien, C.S.I.R.O., Wool Res. Labor., Div. of Text. Ind.) (Engl.)

Die Unterss. zeigen, daß zur Filzfreiausrüstung von Wolle Behandlung mit alkohol. Lsg. von $HSCH_2COOH$ (1—3%), $H_2N{-}NH_2$ (35%) oder $H_2NCH_2CH_2NH_2$ (5%) während 30 Min. bei 35°, Flotte 1 : 20, bestens geeignet sind. Auch mit ammoniakal. Lsgg. werden gute Ergebnisse erzielt, ohne daß merkliche Faserschädigungen festgestellt werden können. Wird dagegen mit wss. Lsgg. von $NaHSO_3$ sowie den oben genannten Verbb. gearbeitet, so ist der erzielte Filzfreieffekt nur gering. Erst nach einer Extraktion mit A. oder CH_3OH werden auch mit den genannten wss. Lsgg. ein befriedigender Filzfreieffekt erzielt. Die Best. der Reibungs-Eigg. (Capstan-Meth.) der Wolle vor u. nach der A.-Extraktion zeigt keine Unterschiede. Es wird angenommen, daß die Aufspaltung der Disulfidbrücken zu den Veränderungen führt, die letztlich zur filzfreien Ausrüstung führen. — 11 Tabellen, 21 Literaturangaben. H. G. Fröhlich. 8060□

Verunreinigungen der Oberfläche von Wolle und ihr Einfluß auf die Filzfreiausrüstung. A. J. Farnworth. (J. Soc. Dyers Colourists **77**. 489—95. Okt. 1961. Geelong, Australien, C.S.I.R.O., Wool Res. Labor., Div. of Textile Ind.) (Engl.)

Filzfreiausrüstungen führen unter Verw. von Casein, Polyamiden (N-Methoxymethylnylon), $NaHSO_3$- u. $HSCH_2COOH$-Lsgg. nur dann zum Ziel, wenn die Wolle zuvor extrahiert wird, wobei A. u. CH_3OH weitaus am wirksamsten sind. Dieser Befund wird auf die geringen Mengen (0,5—1,0%) an bes. festhaftendem Wollwachs u. anderen Verunreinigungen (Seifen, Schmälzen) an der Faseroberfläche zurückgeführt. Bei der filzfreien Ausrüstung mit oxydativ wirkenden Chemikalien ist ein vorheriges Ablösen der Wollwachskomponenten sowie sonstiger Verunreinigungen nicht erforderlich. Wird die extrahierte u. filzfrei ausgerüstete Wolle nachträglich mit dem A.-Extrakt behandelt, so wird die Wolle wieder filzend, vor allem wenn der Filzfreieffekt nicht bes. ausgeprägt ist. Dieser Fall kann auch eintreten, wenn ein nachträgliches Fetten der Ware erfolgt. — 17 Tabellen, 21 Literaturangaben. H. G. FRÖHLICH. 8060□

Ein neues Wollwaschverfahren. G. Hoffmann. (Melliand Textilber. **42.** 67 bis 70. Jan. 1961.) (Dt.)

An Hand einer Skizze wird die De Laval-Öl-Wasch-Meth. für Wolle beschrieben. Es handelt sich dabei um einen kontinuierlichen Waschprozeß in offenen Waschbehältern bei maximal 30—35° mit Kerosin. Der Lsgm.-Verbrauch ist gering, da dieses laufend abgezogen, gereinigt u. aufbereitet wird. Für 500 kg Wolle werden pro Std. nur 2500 Liter benötigt. Die auf diese Weise gewaschene Wolle ist nicht verfilzt, offen u. besitzt einen völlig intakten Stapel. Daher ist die Weiterverarbeitung, vor allem das Krempeln u. Verspinnen, wesentlich erleichtert. H. G. FRÖHLICH. 8060□

Untersuchungen über die Anwendung von Chromsalzen zur Verbesserung der Resistenz der Wolle gegen Feuchtigkeit und mikrobiologische Einwirkungen. G. Nitschke. (Melliand Textilber. **42.** 818—21. Juli; 941—43. Aug. 1961.) (Dt.)

Es wird über den derzeitigen Stand der Chromierung von Wolle sowie eigene Verss. zur Herst. von gegen Feuchtigkeit u. mikrobielle Angriffe resistenter Wolle berichtet. Die Ergebnisse zeigen, daß Behandlung von Wolle oder Wollkammzug mit je 1 g $K_2Cr_2O_7$, $CuSO_4$ u. HCOOH (I)/Liter während 20 Min. bei 60° die besten Resultate bringt. Zusätze an Mottenschutzmittel wie Mitin FF oder Eulan WA (1 g/Liter Behandlungsflotte) zu I verbessern die Resistenz der ausgerüsteten Wolle gegenüber Feuchtigkeit u. bakteriellen Angriff deutlich, während Zusätze an Chinon zu I den mit I erzielten Effekt herabsetzen. — 13 Literaturangaben, 7 Tabellen, 7 Mikrofotos, 2 Figuren. H. G. FRÖHLICH. 8060□

Über die Ablösbarkeit von Dieldrin aus dieldrinbehandelter Wolle unter physiologischen Bedingungen. H. Maier-Bode. (Med. exp. [Basel] **5.** 65—72. 1961. Bonn, Rhein. Friedrich-Wilhelms-Univ., Pharmakol. Inst.) (Dt.)

Die Kontaktgift-Wrkg. von mit *Termitox* [Dieldrin (I) enthaltendes, mit W. emulgierbares Wollimprägnierungsmittel], *Eulan FLE*, *Eulan U*33 u. *Mitin FF hochkonz.* behandeltem Stranggarn u. Garbardine wird untersucht. Es wird festgestellt, daß Taufliegen (*Drosophila melanogaster*) auf Wolle, die mit I-haltigen Mottenschutzmitteln behandelt wurde, eingehen. 1 Liter menschlicher Schweiß löst aus 100 g I-behandelter Wolle unter physiolog. Bedingungen ca. 2,5 mg I ab; die durch Schweiß aus Wolle abgelöste I-Menge ist nach mehrfacher Wollwäsche geringer. Auf die Gefahr für den Organismus bei mehrfach wiederholter Aufnahme von I aus dem Schweiß (akute DL_{50} für Ratten kutan 150 mg/kg; 14 Kontakte mit je 5 mg/kg bei Ratten tödlich) wird hingewiesen. — 6 Tabellen, 5 Literaturangaben. G. REISNER. 8062□

Klassifizierung von synthetischen Fasern mit Hilfe der chromatischen Polarisation und des Dunkelfeldes I der Phasenkontrasteinrichtung nach F. Zernike, in Verbindung mit dem Kondensor nach Heine. U. Ebert. (Melliand Textilber. **42.** 1100—01. Okt. 1961.) (Dt.)

Die Meth. ermöglicht es, Reyon, Polyamide u. Polyester-Fasern durch Interferenzfarben, unter Verw. von Gipsblättchen oder Kompensatoren oder ohne diese Zusätze, sehr gut zu unterscheiden. — 4 Literaturangaben. W. BERNARD. 8096□

Kurze Mitteilung über die Messung statischer Elektrizität, die sich durch Reibung auf Fäden und Geweben entwickelt. Jean Henno und Robert Jouhet. (Bull. Inst. Textile France. **1961.** Nr. 97. 63—67. Nov./Dez. C.R.S.I.T., Labor de Phys. Text.; Atelier de Mécanique.) (Franz.)

Eine mechan. Reibungs-Vorr. für textile Fäden oder Gewebe zur Messung der Entw. von stat. Elektrizität in den Prüfmaterialien wird beschrieben. Dabei wird ein elektrostat. Voltmesser mit einer Vorr. verbunden, die unter bestimmten reproduzierbaren u. der Praxis ähnlichen Bedingungen die Reibung der Textilien auf Reib-Vorr. verschiedener Art gestattet. Außerdem müssen die entstandenen stat. Aufladungen ohne Verlust dem Elektrometer zugeführt werden. L. JENTGEN. 8096□

Versuche zur Schaffung einer Bewertungsmethode der „Netzkraft" von oberflächenaktiven Stoffen ohne Benützung von „Netzkraft". G. Schwen und O. Blum. (Melliand Textilber. **42.** 1187—89. Okt. 1961. Dornbirn/Vorarlberg, Textilinst.) (Dt.)

Unter Ausschaltung des Textilgutes wird eine sog. „Blasen-Meth." zur Prüfung vorgeschlagen. Dabei wird die Luftverdrängung in Netzmittel-Lsgg. gemessen. Vgl.-Werte einiger Netzmittel zur Meth. nach DIN 53901 werden angeführt. W. BERNARD. 8098□

Die Bestimmung von Weichmachungsmitteln in Kunststoff-Appreturen beziehungsweise -Beschichtungen. H. Rath, H. J. Brielmaier, J. Rau und H. Freyer. (Melliand Textilber. **42.** 1030—32. Sept. 1961. Reutlingen/Stuttgart, Dt. Forsch.-Inst. für die Text.-Ind.) (Dt.)

Durch Ae.-Extraktion werden aus techn. PVC-Kunstleder u. Acetatfolie die Weichmacher gewonnen, eingedampft, chromatograph. getrennt u. die IR-Spektrogramme hergestellt. Diese Spektrogramme werden mit denen von bekannten Spektrogrammen üblicher Weichmacher verglichen. W. BERNARD. 8098 □

Die Anwendung des Thiobarbitursäuretestes auf bewetterte Rohbaumwolle. G. K. Harrison und P. B. Marsh. (Textile Res. J. **31.** 1070—71. Dez. 1961. Beltsville, Md., US Dep. of Agric., Agric. Res. Serv., Crops Res. Div.) (Engl.)

Verschiedene bis zu 10 Wochen auf dem Feld bewetterte Rohbaumwollen wurden dem Thiobarbitursäuretest (I) unterworfen. Die hierbei erhaltenen Ergebnisse zeigen, daß I nicht auf den mittels DP-Best. ermittelten Celluloseabbau als Folge der Bewetterung anspricht. Die erhaltenen Werte sind gleich oder niedriger als die von nicht bewetterter Rohbaumwolle. H. G. FRÖHLICH. 8102 □

W. A. Scholten's Chemische Fabrieken N.V., Groningen (Erfinder: Jan Lolkema, Geert Moes, Hoogezand, und Willem Freerk Vogel, Groningen), Holland, **Schlichtemittel für Textilgarne** sind wss. Lsgg. der *Äther, Ester* oder *Acetale der Amylose.* — Geeignet sind z. B. wss. Lsg. mit einem Geh. von 8—10% *Amyloseäthyläther, -benzyläther, -äthoxypropyläther, -carboxymethyläther,* eine *Amylose-CH_2O-Verb.* u. *Amyloseacetat.* (**D. A. S. 1 118 151** Kl. 8k vom 23/3. 1959, ausg. 30/11. 1961. F. Prior. 24/3. u. 23/6. 1958.) H. MÖLLERING. 8031

Tootal Broadhurst Lee Co. Ltd. (Erfinder: Frederick Charles Wood, Richard Edwin Hunt und Wallace Taylor), Manchester, Lancashire, England, **Knitterechtausrüstung von Leinen enthaltendem Textilgut.** Ein mit 1—13, bes. 3 bis 8,% harzartigem Kondensat aus *Harnstoff* (I) u. CH_2O ausgerüstetes u. mit Mercerisierlauge nachbehandeltes Gut wird in bekannter Weise zusätzlich mit 1—9, bes. 3—6, % I/CH_2O-Harz so ausgerüstet, daß im Gut der Gesamtharz-Geh. bei 4—18, bes. 6—14,% (bezogen auf Trockengewicht des Gutes) beträgt. Bevorzugt wird ein Harz, das auf 1 Mol I 1,4—2,5 Mol CH_2O enthält. Die Kondens. des Harzes erfolgt zweckmäßig in einer Atmosphäre, die $>$50% überhitzten Wasserdampf enthält. (**D. A. S. 1 109 134** Kl. 8k vom 17/4. 1957, ausg. 22/6. 1961. E. Prior. 19/4. 1956.) H. MÖLLERING. 8033

Bleachers Association Ltd., Manchester (Erfinder: Henry Bristow McCance und Frederick Richard Wilfred Sloan, Ballyclare), England, **Knitterechtausrüstung von cellulosehaltigem Material, besonders Baumwollgewebe.** Das Gut wird in wss. Medium mit *Polyvinylalkohol* (I) u. einem Vernetzungsmittel, das mindestens 2 OH-Gruppen enthält, imprägniert, wobei zusätzlich ein in W. lösl. Polyester mit freien COOH-Gruppen mitverwendet wird, der als Katalysator wirkt. Geeignete Polyester werden aus *Sebacin-, Malein-, Bernstein-* oder *Phthalsäure* u. einem Unterschuß an *Glykol* oder *Glycerin* erhalten. — Geeignet ist ein Ansatz aus 1 (g) I (97% hydrolysiert), 80 W., 25 *Tetramethylolacetylendicarbamid* u. in 20 W. gelösten 2 Polyester sowie 5 CH_2O-Lsg. (40%ig.); der mit dem Ansatz imprägnierte Stoff wird $3^1/_2$ Min. lang auf 130° erhitzt. (**D. A. S. 1 121 578** Kl. 8k vom 8/3. 1958, ausg. 11/1. 1962. E. Prior. 11/3. u. 1/5. 1957.) H. MÖLLERING. 8045

Rohm & Haas Co., Philadelphia (Erfinder: John Leslie Gardon, Levittown), Pa., V.St.A., **Knitterfestmachen von Cellulosegeweben,** bes. *Baumwolle,* erfolgt durch Imprägnierung des Gutes mit einer wss. 5—20%ig. Lsg. einer Verb. der Formel $CH_2{=}C(R){-}CO{-}N(R'){-}CH_2OR''$ (R, R' u. R'' = H oder CH_3) u. 0,3—3% saurem Polymerisationskatalysator sowie einer gleichen Menge (freie Radikale bildendem) Polymerisationsinitiator. Das substituierte Acrylamid obiger Formel wird im Gewebe einer Additionspolymerisation unterzogen; anschließend oder vorher sollen die N-Methylolgruppen mit OH-Gruppen der Cellulose in Ggw. des sauren Katalysators vernetzt werden. — *Baumwollgewebe* wird mit einer wss. Lsg. mit Geh. von 13% *N-Methylolacrylamid* (I) u. 0,1% NH_4Cl imprägniert, getrocknet bei 180° $3^1/_2$ Min. lang gehärtet, dann mit wss. 0,2%ig. $NaNO_2$-Lsg. heiß gewaschen, mit kaltem W. gespült u. getrocknet. — Geeignet ist auch eine Lsg. aus 12 (%) I, 0,7 *Azodiisobutyronitril,* 15 Aceton u. 72,3 Wasser. Nach der Härtung beträgt der Knittererholungswinkel 82° u. nach der Vernetzung mit einer 0,1%ig. Lsg. von *2-Amino-2-methylpropanolhydrochlorid* 115°. (**D. A. S. 1 121 579** Kl. 8k vom 1/6. 1960, ausg. 11/1. 1962. A. Prior. 9/6. 1959.) H. MÖLLERING. 8045

J. R. Geigy Soc. An., Schweiz, **Herstellung von Aminobenzoesäurederivaten** der allg. Formel **I** (Ar = Phenyl-, Phenoxyphenyl- oder Phenylmercaptophenylrest, der durch Halogen, CF_3- u./oder Alkyl- bzw. Alkoxygruppen substituiert

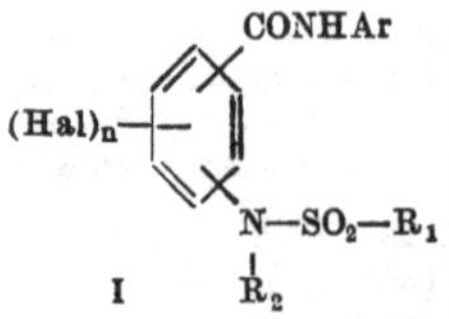

I

sein kann, R_1 = Alkylrest, auch halogeniert, Phenylalkyl- oder ggf. substituierter Phenylrest; R_2 = H oder Alkylrest; Hal = Cl oder Br; n = 0–4), dad. gek., daß ein Aminobenzoesäurearylamid mit einem Sulfonsäurehalogenid oder ein Sulfonylaminobenzoesäurehalogenid mit einem Arylamin u. das Rk.-Prod. ggf. mit einem Alkylester oder -halogenid umgesetzt oder daß ein entsprechendes Sulfonylaminobenzoesäureamid halogeniert wird. — Aus 3.4-Dichloranilin u. o-Nitrobenzoylchlorid wird *o-Nitrobenzoesäure-3.4-dichloranilid*, F. 179–181°, dargestellt, daß zu *Anthranilsäure-3.4-dichloranilid*, F. 142–143°, red. wird; dieses wird zu *2-Amino-3.5-dichlorbenzoesäure-3.4-dichloranilid*, F. 205–206°, chloriert; dieses mit CH_3SO_2Cl zu *2-Methansulfonamido-3.5-dichlorbenzoesäure-3'.4'-dichloranilid*, F. 248–249°, umgesetzt u. dieses zu *2-[N-(Methansulfonyl)-N-methylamino]-3.5-dichlorbenzoesäure-3'.4'-dichloranilid*, F. 204–205°, methyliert. — *3.4-Dichlorbenzolsulfonsäureanthranilid*, F. 180–182°, aus 3.4-Dichlorbenzolsulfonylchlorid, *2-[3'.4'-Dichlorbenzolsulfonamido]-benzoylchlorid*, F. 121–123°, *2-[3'.4'-Dichlorbenzolsulfonamido]-benzoesäure-2''.4''.5''-trichloranilid*, F. 179–180°, u. *2-[3'.4'-Dichlorbenzolsulfonamido]-5-chlorbenzoesäure-2''.4''.5''-trichloranilid*, F. 216–217°. — *3-Amino-4-chlorbenzoesäure-2'.4'.5'-trichloranilid*, F. 198–200°, aus 2.4.5-Trichloranilin u. 3-Nitro-4-chlorbenzoylchlorid über die 3-Nitroverb. (F. 197–199°), *3-[3'-Trifluormethyl-4'-chlorbenzolsulfonamido]-4-chlorbenzoesäure-2''.4''.5''-trichloranilid*, F. 191–193°. — *N-Methyl-4.5-dichlorisatosäureanhydrid*, F. 196–198°, aus N-Methyl-4.5-dichloranthranilsäure, *N-Methyl-4.5-dichloranthranilsäure-3'.4'-dichloranilid*, F. 257–258°, u. *2-[N-(Methansulfonyl)-N-methylamino]-4.5-dichlorbenzoesäure-3'.4'-dichloranilid*, F. 185–186°. — Analog folgende Anilide: *2-Methansulfonamidobenzoesäure-2'.4'.5'-trichlor-*, F. 181–183°. — *2-[3'.4'-Dichlorbenzolsulfonamido]-benzoesäure-3''.4''-dichlor-*, F. 207–209°. — *2-[N-(3'.4'-Dichlorbenzolsulfonyl)-N-methylamino]-benzoesäure-3''.4''-dichlor-*, F. 144–145°. — *2-Methansulfonamido-5-chlorbenzoesäure 3'.4'-dichlor-*, F. 201–203°, u. *-2'.4'.5'-trichlor-*, F. 198–200°. — *2-[3'.4'-Dichlorbenzolsulfonamido]-5-chlorbenzoesäure--4''chlor-*, F. 221–222°, u. *-3''.4''-dichlor-*, F. 221–222°. — *2-Methansulfonamido-5-chlorbenzoesäure-3'-chlor-4'-brom-*, F. 211 bis 213°, *-3'.4'.5'-trichlor-*, F. 240–242°, *-2'.3'.4'.5'-tetrachlor-*, F. 240–242°, u. *-2'.4'-dichlor-5'-trifluormethyl-*, F. 195–198°. — *2-Methansulfonamido-4-chlorbenzoesäure-3'.4'-dichlor-*, F. 255–258°. — *2-Methansulfonamido-3.5-dichlorbenzoesäure-3'.4'.5'-trichlor-*, F. 297 bis 298°, *-2'-methoxy-3'.4'.5'-trichlor-*, F. 240–241°, *-2'.3'.4'.5'-tetrachlor-*, F. 280–282°, *-4'-chlor-*, F. 270–271°, *-3'-chlor-4'-brom-*, F. 268–269,5°, *-2'.4'.5'-trichlor-*, F. 274–275°, *-3'-trifluormethyl-4'-chlor-*, F. 237–238°, *-2'-[4''-chlorphenoxy]-5'-chlor-*, F. 206–207°, *-2'-[2''.4''.5''-trichlorphenoxy]-5'-chlor-*, F. 210–212°, *-2'-[2''.4''.6''-trichlorphenoxy]-4'.5'-dichlor-*, F. 247–249°, *-2'-[4''-chlorphenylmercapto]-5'-chlor-*, F. 236–238°. — *2-Benzolsulfonamido-5-chlorbenzoesäure-3'.4'-dichlor-*, F. 214–216°. — *2-[N-(Methansulfonyl)-N-methylamino]-3.5-dichlorbenzoesäure-2'.4'.5'-trichlor-*, F. 150–151°, u. *-2'-[4''-chlorphenoxy]-5'-chlor-*, F. 173–175°. — *2-[N-(Methansulfonyl)-N-äthyl-*, F. 143–144°, u. *-N-isopropylamino]-3.5-dichlorbenzoesäure-3'.4'-dichlor-*, F. 150–151°. — *2'-[4'-Chlor-α-toluolsulfonamido]-3.5-dichlorbenzoesäure-3''.4''-dichlor-*, F. 238–240°. — *2-Chlormethansulfonamido-3.5-dichlorbenzoesäure-3'.4'-dichlor-*, F. 261–263°. — *2-[3'.4'-Dichlorbenzol--sulfonamido]-*, F. 263–264°, u. *2-[3'-Trifluormethyl-4'-chlorbenzolsulfonamido]-3.5-dichlorbenzoesäure-3''.4''-dichlor-*, F. 242–243°. — *2-Methansulfonamido-4.5-dichlorbenzoesäure-3'.4'-dichlor-*, F. 228–230°, *-2'.4'.5'-trichlor-*, F. 178–180°, u. *-3'.4'.5'-trichlor-*, F. 271 bis 272°. — *2-[3'.4'-Dichlorbenzolsulfonamido]-4.5-dichlorbenzoesäure-3''.4''-dichlor-*, F. 205 bis 206°. — *2-Äthansulfonamido-3.5-dichlorbenzoesäure-3'.4'-dichlor-*, F. 257–258°. — *2-Methansulfonamido-3.5-dichlorbenzoesäure-2'-methyl-4'.5' - dichlor-*, F. 216–218°, u. *-2'-chlor-5'-trifluormethyl-*, F. 268–270°. — *2-[N-(Methansulfonyl-)-N-n-butylamino]-3.5-dichlorbenzoesäure-3'.4'-dichlor-*, F. 169–171°. — *2-n-Butansulfonamido-3.5-dichlorbenzoesäure-3'.4'-dichlor-*, F. 224–226°. — *2-Methansulfonamido-5-brombenzoesäure-3'.4'-dichlor-*, F. 195–197°. — *3-Chlormethansulfonamido-4-chlorbenzoesäure-3'-trifluormethyl-4'-chlor-*, F. 166–168°. — *3-[3'.4'-Dichlorbenzolsulfonamido]-4-chlorbenzoesäure-3''.4''-dichlor-*, F. 222–224°, *-2''.4''.5''-trichlor-*, F. 197–199°, u. *-3''-trifluormethyl-4''-chlor-*, F. 192–195°. — *3-[N-(3'.4'-Dichlorbenzolsulfonyl)-N-methylamino]-4-chlorbenzoesäure-3''-trifluormethyl-4''-chlor-*, F. 197–199°. — *3-[3'-Trifluormethyl-4'-chlorbenzolsulfonamido]-4-chlorbenzoesäure-3''.4''-dichlor-*, F. 215–217°, u. *-3''-trifluormethyl-4''-chlor-*, F. 195 bis 197°, *-4.6-dichlorbenzoesäure-3''.4''-dichlor-*, F. 158–160°, *-2''.4''.5''-trichlor-*, F. 189–191°, u. *-3''-trifluormethyl-4''-chlor-*, F. 172–173°. — *3-[N-(3'-Trifluormethyl-4'-chlorbenzolsulfonyl)-N-methylamino]-4-chlorbenzoesäure-3''-trifluormethyl-4''-chlor-*, F. 215–218°. — *3-[3'.4'-Dichlorbenzolsulfonamido]-4.6-dichlorbenzoesäure-2''.4''.5''-trichlor-*, F. 244–246°, u. *-3''-trifluormethyl-4''-chlor-*, F. 170–172°. — *Mottenschutzmittel*. (**F. P. 1 224 090** vom 23/12. 1958, ausg. 22/6. 1960. Schwz. Prior. 24/12. 1957.) S. BÖTTCHER. 8063

J. R. Geigy Akt.-Ges., Basel, Schweiz, **Herstellung von Anthranilsäurederivaten** der Formel I (Ar = durch Halogen u./oder Trifluormethyl substituierte, bes. chlorierte, Phenyl-, Phenoxyphenyl- oder Phenylmercaptophenylgruppe, die ggf. noch CH_3- oder Alkoxyreste enthält; R = H oder Alkylrest; Z = Alkansulfonylrest; Hal = Cl oder Br; n = 1—4; Summe der Halogenatome u. CF_3-Reste im Mol. > 2) durch Rk. eines Anthranilsäurearylamids der Formel I mit Z = H mit einem Alkylsulfonsäurehalogenid u., wenn R = H, ggf. anschließende Rk. mit einem Alkylhalogenid in Ggw. eines säurebindenden Mittels. — *Anthranilsäure-3.4-dichloranilid*, F. 142—143° (Chlorbenzol), aus 3.4-Dichloranilin in Chlorbenzol u. o-Nitrobenzoylchlorid durch 15 bis 20std. Kochen u. Red. des Rk.-Prod. nach BÉCHAMP. — 3.5-Dichlorbenzoesäure-3.4-dichloranilide: *2-Amino-*, F. 205—206° (2-Äthoxyäthanol), aus vorst. Verb. in Eisessig durch Chlorierung bei 40°. — *2-Methansulfonamido-* (II), F. 248—249° (Chlorbenzol), aus vorst. Verb. in Dioxan durch gleichzeitige Rk. mit 10%ig. NaOH u. CH_3SO_2·Cl in Dioxan bei 30—40°. — *2-[N-Methylsulfonyl-N-methylamino]-*, F. 204—205° (A. oder Bzl.), aus **II** durch Rk. in W. mit $(CH_3O)_2SO_2$ in Ggw. von NaOH bei 50°. — Analog: *2-Äthansulfonamido-*, F. 257—258°. — *2-[N-Methylsulfonyl-N-n-butylamino]-*, F. 169 bis 171°. — *2-[n-Butansulfonamido]-*, F. 224—226°. — Isatosäureanhydride: *3.5-Dichlor-* (III), F. ca. 250° (Zers.), aus 3.5-Dichloranthranilsäure in Chlorbenzol durch Rk. mit $COCl_2$ bei 120° u. mehrstd. Kochen. — *N-Methyl-4.5-dichlor-* (IV), F. 196—198°, aus N-Methyl-4.5-dichloranthranilsäure analog **III**. — 3.5-Dichlorbenzoesäure-3.4.5-trichloranilide: *2-Amino-*, F. 213—215° (Chlorbenzol), aus **III** u. 3.4.5-Trichloranilin durch Kochen in Chlorbenzol. — *2-Methansulfonamido-*, F. 297—298° (2-Äthoxyäthanol), aus vorst. Verb. analog **II**. — Analog: 4.5-Dichlorbenzoesäure-3.4-dichloranilide: *2-Methylamino-*, F. 257—258° (2-Äthoxyäthanol), aus **IV** u. 3.4-Dichloranilin durch Kochen in Chlorbenzol. — *2-[N-Methylsulfonyl-N-methyl]-*, F. 185—186° (Chlorbenzol), aus vorst. Verb. analog **II**. — *2-Methansulfonamido-*, F. 228—230°. — *2-Methansulfonamido-5-chlorbenzoesäure-*, *3-Chlor-4-bromanilid*, F. 211—213°. *3.4.5-Trichloranilid*, F. 240—242°. *2.4-Dichlor-5-trifluormethylanilid*, F. 195—198°. *2.4.5-Trichloranilid*, F. 198—200°. *2.3.4.5-Tetrachloranilid*, F. 240—242°. *3.4-Dichloranilid*, F. 201 bis 203°. — *2-Methansulfonamido-4-chlorbenzoesäure-3.4-dichloranilid*, F. 255—257°. — 3.5-Dichlorbenzoesäuren: *2-Methansulfonamido-*, *2-Methoxy-3.4.5-trichloranilid*, F. 240—241°. *2.3.4.5-Tetrachloranilid*, F. 280—282°. *4-Chloranilid*, F. 270—271°. *3-Chlor-4-bromanilid*, F. 268—269,5°. *2.4.5-Trichloranilid*, F. 274—275°. *3-Trifluormethyl-4-chloranilid*, F. 237—238°. *2-[p-Chlorphenoxy]-5-chloranilid*, F. 206—207°. *2-[2.4.5-Trichlorphenoxy]-5-chloranilid*, F. 210—212°. *2-[2.4.6-Trichlorphenoxy]-4.5-dichloranilid*, F. 247—249°. *2-[p-Chlorphenylmercapto]-5-chloranilid*, F. 236—238°. *2-Methyl-4.5-dichloranilid*, F. 216—218°. *2-Chlor-5-trifluormethylanilid*, F. 268—270°. — *2-[N-Methylsulfonyl-N-methylamino]-*, *2.4.5-Trichloranilid*, F. 150—151°. *2-[p-Chlorphenoxy]-5-chloranilid*, F. 173—175°. — *2-[N-Methylsulfonyl-N-äthylamino]-*, *3.4-Dichloranilid*, F. 143 bis 144°. — *2-[N-Methylsulfonyl-N-isopropylamino]-*, *3.4-Dichloranilid*, F. 150—151°. — *2-Methansulfonamido-4.5-dichlorbenzoesäure*, *2.4.5-Trichloranilid*, F. 178—180°. *3.4.5-Trichloranilid*, F. 271—272°. — 2-Methansulfonamidobenzoesäuren: *3.4.5-Trichlor-*, *3.4-Dichloranilid*, F. 267—269°. — *5-Brom-*, *3.4-Dichloranilid*, F. 195—197°. — *3.5-Dibrom-*, *3.4-Dichloranilid*, F. 238—240°. — Mittel zur waschechten *Mottenechtausrüstung von keratin. Material.* (**Oe. P. 209 894** vom 23/12. 1958, ausg. 25/6. 1960. Schwz. Prior. 24/12. 1957.) EBERHARD RIEDEL. 8063

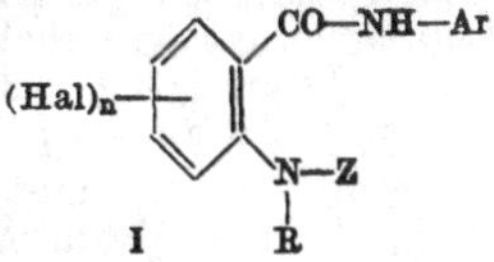

I

American Viscose Corp., Philadelphia (Erfinder: Rufus T. Carney, Broomall, Pa., und James E. Corr, Front Royal, Va.), V.St.A., **Herstellung von gekräuselten Hydratcellulosestapelfasern.** Zerfaserter Zellstoff, der ≦0,05 (%) an mit Ae. extrahierbaren Feststoffen enthält, wird mit ≦0,8 Hemicellulose aufweisender NaOH umgesetzt, xanthogeniert, das so erhaltene Cellulosexanthogenat wird in hemicellulosefreier NaOH gelöst u. die entstandene Viscose wird in ein Bad mit 5—8 H_2SO_4 versponnen. Sodann werden die erhaltenen Fäden um 60—85 gestreckt, zu Stapelfasern geschnitten u. getrocknet. (**D. A. S. 1 114 608** Kl. 29b vom 10/4. 1959, ausg. 5/10. 1961. A. Prior. 17/4. 1958.) F. BÖHM. 8075

Heberlein & Co. Akt.-Ges. (Erfinder: George Heberlein und Fritz Münzel), Wattwil, Schweiz, **Verbesserung der mechanischen Eigenschaften von (Regenerat-)Cellulosetextilien** erfolgt durch Einw. von *ionisierender Strahlung* bzw. *Röntgenstrahlung*, bes. Strahlung radioakt. Isotope wie ^{60}Co oder ^{137}Cs auf mit Lsgg. oder Dispersionen von harzbildenden oder mit den Fasern kondensierenden Substanzen, bes. *Aminoplastbildnern* imprägnierte Textilien. Bei 15—25° sollen 0,5·10⁶—3·10⁶ r einwirken. — Baumwollgewebe wird mit der wss. Lsg. des *1-Äthyl-3.5-dihydroxymethyl-4-keto-hexahydro-1.3.5-triazins* imprägniert, bei 70° getrocknet u. bestrahlt. — Das Gut kann auch mit einer wss. 15%ig. Lsg. von *Tri-(aziridinyl)-phosphinoxyd* (u. Katalysator) imprägniert, getrocknet u. bestrahlt werden. Auch *Diepoxid-Verbb.* sind zur Imprägnierung geeignet. (**D. A. S. 1 113 677** Kl. 8k vom 7/10. 1959, ausg. 14/9. 1961. Schwz. Prior. 1/4. u. 1[illegible]/9. 1959.) H. MÖLLERING. 8075

E. I. du Pont de Nemours & Co., Wilmington, Del. (Erfinder: Lawrence Forwood Beste und Curtis Wayne Stephens, Ashbourne Hills, Claymont, Del.), V.St.A., **Lösungsmittel für stickstoffhaltige Polykondensationsprodukte (I)** mit wenigstens 50% wiederkehrenden Einheiten der Formel —NH—arylen—NH—CO— im Mol., wie Polyamide, Polyurethane u. Polyharnstoffe mit m-Phenylendiamin-, Isophthaloyl- u./oder Piperazinresten, sind nichtwss., säurefreie, organ. Lsgm. [$HCON(CH_3)_2$, $CH_3CON(CH_3)_2$, N-Methylpyrrolidon-(2) u. $(CH_3)_2SO$], die allein wenigstens 0,5% der **I** zu lösen vermögen u. Cl- oder Br-Ionen abspaltende lösl. Salze (LiCl, LiBr, NaBr, NH_4Br, $MgCl_2$, $SrCl_2$, CaBr u. $CaCl_2$) gelöst enthalten. — Herst. von *Fäden* u. *Filmen*. (**D. A. S. 1 107 399** Kl. 39b vom 28/2. 1958, ausg. 25/5. 1961. A. Prior. 27/3. 1957.) G. TEWES. 8081

XIX. Brennstoffe. Erdöl. Mineralöle

Petrographischer Bau der Blanowicer Braunkohlen im Lichte der gegenwärtigen Untersuchungen. Tadeusz Kruszewski. (Freiberger Forsch.-H., Reihe C, Heft **102.** 98—109. Juni 1961. Katowice.) (Dt.)

Die beiden Jura-Braunkohlenflöze von Blanowice wurden mkr. u. chem. untersucht. Die Hauptbestandteile sind Xylit, humoser Detritus, Exinit, Wachse u. Harze, stark verkohlte Holzkomponenten, humose Gele u. anorgan. Bestandteile. Typ. ist das 1 : 1-Verhältnis zwischen Sporen u. Pollen. Die Braunkohlen werden mit oberschles. Steinkohlen verglichen. W. MOENKE. 8124□

Überführung von Kohle in den Glaszustand. Yuzō Sanada, Naoyuki Mochida und Hidemasa Honda. (Bull. chem. Soc. Japan **33.** 1479—86. Nov. 1960. Kawaguchi-Saitama, Japan, Shigengijutsu-Shikenjo-Resources Res. Inst.) (Engl.)

Die Änderung von Vol. u. Härte verschiedener Vitraine verschiedenen Alters wird in der Temp.-Spanne von Raum-Temp. bis 160° unter Verw. von 2 Härte-Best.- u. 1 Dilatometer-Meth. untersucht. Es werden charakterist. Umwandlungspunkte festgestellt. F. ROSENDAHL. 8126□

Zerstäubung flüssiger Brennstoffe für die Verbrennung. Paul Eisenklam. (J. Inst. Fuel **34.** 130—43. April 1961. London, Imp. Coll. of Sci. and Technol., Dep. of Chem. Engng., High Speed Fluid Kinetics Labor.) (Engl.) — Vgl. C. **1962.** 1846.

Die Zerstäubung fl. Brennstoffe in einem Brenner-Syst. wird als Massenüberführungsoperation betrachtet. Es werden die Faktoren diskutiert, die die Verdampfungs-Geschw. der Tropfen u. die Zerstäubung beeinflussen. Der Mechanismus der Fl.-Deintegration wird behandelt. Es werden prakt. Hilfsmittel angegeben, um mit Hilfe des Zerstäubers Nebel feinverteilter Tropfen zu erzielen. Angaben über Leistungskriterien von Zerstäubern werden gegeben. K.-H. RENTROP. 8128□

Untersuchung der Kriterien für die Wertung der Flotationsmittel für Kohle. Dočkal Milan. (Šborník Prací hornického Ustavu ČSAV **4.** 132—43. 1961.) (Tschech.)

Die Beziehungen zwischen chem. Zus. von organ. Reagentien u. ihrer Wrkg. bei der Kohlenflotation (Kf) werden untersucht. Die besten Ergebnisse werden bei Verw. hydroaromat. KW-Stoffe erzielt. Eine sehr gute Flotationsaktivität zeigen aliphat. Alkohole, doch ist deren Selektivität geringer. Andere Verbb. üben keinen entscheidenden Einfl. auf die Verbesserung der Kf aus. — 1 Abb., 10 Tabellen, 13 Literaturhinweise. G. RREISNER. 8134□

Einige neue Methoden zur Bestimmung der Flotierbarkeit der Kohle. František Dědek. (Šborník Prací hornického Ustavu ČSAV **4.** 116—31. 1961.) (Tschech.)

Die Best. der Flotierbarkeit (Flo) von Kohle (Ko) durch Messung (M) der Stoßwinkel (St), die Meth. der schaumlosen Flotation (Fl) in einer modifizierten HALLIMONDschen Röhre, die Meth. der sog. einblasigen Fl u. der Vakuum-Fl wird mit der Best. der Flo im Einzellenflotator vom Typ MINERALS SEPARATION LTD. verglichen. Im Hinblick auf Genauigkeit, Empfindlichkeit u. Reproduzierfähigkeit der einzelnen Meth. werden die Flächen-Eigg. von verschiedenen Inkohlungstypen untersucht. Für die prakt. Verw. zur Best. der Flo von Ko u. für die Unters. der Fl-Verf. werden bes. die Meth. der schaumlosen

Fl u. der Vakuum-Fl empfohlen. Die Meth. der M der St gibt keine schnellen u. genau reproduzierbaren Ergebnisse. — 5 Abb., 6 Tabellen, 17 Literaturhinweise.
G. REISNER. 8134□

Aufbereitung feinkörniger Kohlen aus der Tschechoslowakei mittels elektrischer Methoden. Zdeněk Volšický. (Sborník Prací hornického Ústavu ČSAV 4. 103—15. 1961.) (Tschech.)

Feinkohle aus der Aufbereitungsanlage der Kokerei JAN ŠVERMA (Ostrau-Karvinaer Revier) wird versuchsmäßig auf einem Kanalelektroseperator aus der UdSSR sortiert. Im Labor.-Maßstab erweist sich die elektrostat. Aufbereitung von Kohlenstaub als möglich. Im Betriebsmaßstab entstehen Schwierigkeiten (geringe Betriebssicherheit, große Empfindlichkeit gegenüber der Qualität u. Zus. des sortierten Rohstoffes), die sich nicht be seitigen ließen. Auf die evtl. bessere Betriebsausnützung des Sortiervermögens von Koronenklassifikatoren wird hingewiesen. — 4 Abb., 5 Tabellen, 8 Literaturhinweise.
G. REISNER. 8134□

Laboratoriumsapparat zur Herstellung von Spektralkohlen für analytische Zwecke. František Valeška und Kamil Rozhoň. (Sborník Prací hornického Ústavu ČSAV 4. 169—73. 1961.) (Tschech.)

Ein einfacher App. zur Herst. von Kohlen (Ko) für spektralanalyt. Zwecke wird beschrieben. Geringe Herst.-Kosten u. einfache Bedienung bieten spektrograph. Labor. die Möglichkeit, geformte Spektral-Ko im Labor.-Maßstab herzustellen. — 2 Abb., 4 Literaturhinweise. G. REISNER. 8134□

Eigenschaften und Struktur der Kokse. M. F. Kessler. (Sborník Prací hornického Ústavu ČSAV 4. 174—92. 1961.) (Tschech.)

Eigg. u. Struktur der Betriebskokse verschiedener Kokereien der ČSSR werden durch Röntgenanalyse, mkr. Analyse, Best. des spezif. Oberfläche, der Benetzungswärme u. Messung der elektr. Leitfähigkeit festgestellt. Der Verlauf der therm. Differenzkurven u. der thermogravimetr. Kurven wird festgestellt. Bei der Auswertung werden die Beziehungen der einzelnen Qualitätsparameter zueinander angegeben. Die Bedeutung der einzelnen Meth. wird diskutiert. — 4 Abb., 3 Tabellen, 25 Literaturhinweise.
G. RREISNER. 8144□

Reinigung des Erdgases von Schwefelwasserstoff. Władysław Duliński und Zofia Köhsling. (Wiadomości Naftowe 6. 29—30. Febr. 1960.) (Pol.)

Bei der Absorption von H_2S aus Erdgas wurde mit 50%ig. wss. Diäthanolamin (I)-Lsg. eine bessere Reinigung gegenüber wasserfreiem I erzielt. Während der Absorption von H_2S nehmen Dichte u. Viscosität von unverd. I zu, so daß die Absorption erschwert wird. F. URBAN. 8186□

Verminderung der Wasserabgabe von mit Natriumcarboxymethylcellulose versetzten Spülschlämmen. László Kovács und Imre Horváth. (Bányászati Lapok 94. 843—56. Dez. 1961.) (Ung.)

In Labor.-Verss. werden Suspensionen aus 30% rotem bzw. gelbem Ton mit 1 bis 50 g/Liter Na-Carboxymethylcellulose (I) geprüft. Optimale Stabilität der Suspensionen wird durch Zumischen von 3—4 g/Liter I erreicht. In Terrain-Verss. kann mit I vermischten Spülschlämmen eine größere Geschw. u. bessere Ausbeute erreicht werden als ohne I. Nachteilig ist die Erhöhung der Viscosität des Spülschlammes bei Verw. von I.— 3 Abb., 9 Tabellen, 53 Literaturhinweise. G. BIDLÓ. 8190

Kohlenwasserstoffsynthese. H. Kölbel und H. Hammer. (Chem. Process Engng. Atomic Wld. 42. 105—24. März 1961. Berlin, TU, Inst. für Technol. Chem.) (Engl.)

Übersicht über die der FISCHER-TROPSCH-Synth. ähnliche KW-Stoff-Synth. von KÖLBEL u. ENGELHARDT. Es werden ökonom., thermodynam., kinet. u. chem. Gesichtspunkte des Verf. behandelt. Als Beweis für den großen Anwendungsbereich des Verf. werden die KW-Stoff-Ausbeuten angeführt, die aus Gasen mit geringem Energieinhalt (Gichtgasen) erhalten werden können. K.-H. RENTROP. 8200□

Beitrag zur Herstellung von Tränkmassen aus schwefelhaltigen Rohölen. Jozef Prokeš und Viliam Pallo. (Freiberger Forsch.-H., Reihe A, Heft **196**. Symposium 383—89. 22—25/6. 1960. Bratislava.) (Dt.)

Der Ausfall des Kolophoniums aus Mineralöl-Lsgg. wird auf den Geh. an oxydierten Harzsäuren zurückgeführt. Ein Maß für die Kristallisation ist die mit dem PULFRICH-Photometer gemessene relative Trübung. Es werden Probleme bei der Herst. stabiler Tränkmassen aus paraffinbas. Mineralölen behandelt. O. HENNING. 8218□

Technologie der Paraffingewinnung in modernen Raffinerien. Kazimierz Szadkowski. (Wiadomości Naftowe 6. 13—15. Jan. 30—32. Febr. 1960.) (Pol.)

Zur Gewinnung von Paraffin wird schweres Paraffinöl oder Paraffingatsch durch selektive Lsgm. von Öl befreit. Als Lsgm. eignet sich am besten Methyläthylketon/Bzl. (70:30). Bei Verw. von wasserfreiem Lsgm. kann der Gatsch bis -32^0 gekühlt werden, ohne daß sich bei der Kristallisation von Paraffin eine zweite, ölige Schicht bildet. Aceton/Bzl. löst die Öle aus dem Gatsch schlechter. Der Gatsch soll keine Komponenten mit Kp. $>500^0$ u. nicht $>30-35\%$ Öl enthalten. F. Urban. 8226□

Über die Bestimmung des Fusits in der Kohle mittels der Oxydations- und mikroskopischen Methode. L. Dočkalová, Vl. Holubář und M. F. Kessler. (Sborník Prací hornického Ústavu ČSAV **4.** 193—207. 1961.) (Tschech.)

In Flözproben verschiedener Kohletypen u. den Verkokungsgemischen wird *Fusit* (**I**) als nichtkokender Bestandteil, dessen Ggw. in den Gemischen oft überschätzt wird, durch das chem. u. mkr. Verf. bestimmt. Bei den Oxydations-Verf. wird nur *Fusinit* als Bestandteil mit grundsätzlich abweichenden Eigg. bestimmt; die übrigen opaken Bestandteile, die bei petrograph. Analysen in der Gruppe von **I** angeführt werden (*Semifusinit; Sklerotinit* u. *Mikrinit*), werden stark oxydiert. Es wird gezeigt, daß die chem. Meth. objektiver, einfacher u. schneller ist. — 1 Abb., 3 Tabellen, 13 Literaturhinweise. G. Reisner. 8246□

Erfahrungen mit der KBr-Methode bei der Infrarotspektroskopie der Kohle. V. Večeříková und M. F. Kessler. (Sborník Prací hornického Ústavu ČSAV **4.** 208—13. 1961.) (Tschech.)

Ein einfaches Preßgerät zur Herst. von KBr-Tabletten für die IR-Spektroskopie von Kohle (Ko), seine Funktion, die Bewertung der opt. Eigg. der reinen KBr-Tabletten u. die Reproduzierbarkeit der Absorptionsbanden von Ko in KBr werden beschrieben. — 4 Abb., 3 Literaturhinweise. G. Reisner. 8246□

Die thermische Differentialanalyse von Kohle und Koks. F. Kessler und H. Romováčková. (Sborník Prací hornického Ústavu ČSAV **4.** 144—68. 1961.) (Tschech.) — Vgl. C. **1962. 4781.**

Verschiedene Einfl. (Wahl des Standards, Verlauf der Nullkurve, Vorbereitung der Probe, Einfl. der in der Kohle (Ko) anwesenden Mineralstoffe) auf den Verlauf der DTA-Kurven werden krit. untersucht. Die DTA-Kurven können qual. gewertet werden; eine quant. Wertung ist infolge der schlechten Reproduzierbarkeit der Integralflächen der Maxima kaum möglich. Die Kurven verschiedener Ko-Sorten (Braun-Ko, Stein-Ko, Anthrazit, Vitrite aus Stein-Ko verschiedenen Inkohlungsgrades) u. Kokse in Abhängigkeit von der Verkokungs-Temp. werden untersucht. Es wird festgestellt, daß die Möglichkeiten der Verw. der DTA in der Ko- u. Koksforschung sehr beschränkt sind. — 9 Abb., 4 Tabellen, 24 Literaturhinweise. G. Reisner. 8246□

Gesellschaft für Linde's Eismaschinen Akt.-Ges., Höllriegelskreuth b. München (Erfinder: Ernst Karwat, August Kruis, Pullach b. München, und Walter Scholz, München), **Entschwefeln von trockenem, schwefelwasserstoffhaltigem Erdgas.** Bei Umgebungs-Temp. oder darüber wird das Gas mit anschließendem Entspannen des beladenen Waschmittels gewaschen, u. zwar durch Kombination folgender Verf.-Schritte: 1. Waschen mit einem trockenen, hochsd. Lsgm., wie Tetralin; 2. Austreiben von gelöstem H_2S mit Wasserdampf; 3. Durchblasen des feuchten Lsgm. mit einem trockenen Gas. (**D. A. S. 1 123 428** Kl. 26d vom 7/11. 1959, ausg. 8/2. 1962.) G. Fritsch. 8187

Dow Chemical Co., Midland, Mich. (Erfinder: Keith Robert McKennon, Concord, Calif.), V.St.A., **Förderung von Erdöl durch Fluten** mittels einer wss. Lsg. eines teilhydrolysierten Polyacrylamids mit einem Molgew. von mindestens 500000, dessen ursprüngliche Carbonsäureamidgruppen zu 12—67% zu Carboxylgruppen hydrolysiert sind. Die zugesetzte Menge zum Flutungsmedium beträgt 0,01—0,5 Gew.-%. (**D. A. S. 1 104 914** Kl. 5a vom 29/12. 1959, ausg. 20/4. 1961. A. Prior. 19/5. 1959.) W. Hauswald. 8191

British Petroleum Co. Ltd., London (Erfinder: John Lesli Vosser, Sunbury-on-Thames, Middlesex), England, **Trennung eines aromatische und nichtaromatische Kohlenwasserstoffe enthaltenden Gemisches** durch Lsgm.-Extaktion, dad. gek., daß das Gemisch mit einem selektiven, aus Äthylenglykolmonoacetat u. 12 bis 20 Vol.-% W., bezogen auf das gesamte Lsgm., bestehendem Lsgm. behandelt u. die Extrakt- von der Raffinatphase getrennt wird. — Zeichnung. (**D. A. S. 1 125 103** Kl. 23b vom 3/5. 1961, ausg. 8/3. 1962. E. Prior. 4/5. 1960.) E. Kahles. 8195

Universal Oil Products Co., Des Plaines (Erfinder: Laurence Oliver Stine, Western Springs), Ill., V.St.A., **Verbundverfahren zur Aufwertung von C_5- und schwerere Kohlenwasserstoffe enthaltendem paraffinischem Benzin,** dad. gek., daß die leichte Reformatfraktion in einer Sorptionstrennzone mit einem festen Molekularsiebsorbens in Berührung gebracht wird, die sorbierten n-Paraffine der leichten Reformatfraktion aus dem Molekularsiebsorbens gewonnen u. zusammen mit mindestens dem n-Paraffinanteil der leichten Beschickungsfraktion der katalyt. Isomerisierung zugeleitet werden, das Isomerisat einer Trennung in der Sorbtionstrennzone unterzogen wird u. die nicht sorbierten KW-Stoffe, die von dem Sorbens in der Sorptionstrennzone angestoßen wurden, getrennt gewonnen u. dann mit der höhersd., reformierten Benzinfraktion unter Bldg. von aufgewertetem Bzn. vermengt werden. — Zeichnung. (**D. A. S. 1 125 102** Kl. 23b vom 24/6. 1960, ausg. 8/3. 1962. A. Prior. 26/6. 1959.) E. Kahles. 8201

Shell Internationale Research Mij. N.V., Den Haag (Erfinder: Jacob Christiaan Caron, Amsterdam, und Adrianus Petrus Bally, Den Haag), Holland, **Dienhaltiges Benzin,** gek. durch einen Geh. an einem instabilen dienhaltigen Bzn., das durch therm. Dampfcrackung eines KW-Stoff-Öles mit einem Siedeende $<250^0$ erhalten worden ist oder einer Fraktion davon u. einem katalyt. reformierten Bzn. oder einer Fraktion davon. (**D. A. S. 1 125 229** Kl. $46a^6$ vom 24/2. 1961, ausg. 8/3. 1962. E. Prior. 26/2. 1960.) E. Kahles. 8201

Karl Ziegler, Mülheim/Ruhr (Erfinder: Karl Ziegler und Herbert Lehmkuhl), **Herstellung von Tetraalkyl-Pb,** bes. $Pb(C_2H_5)_4$, dad. gek., daß Verbb. der allg. Formeln $Na[Al(R')_3OR]$ u./oder $K[Al(R')_3OR]$ (R' = Alkylrest mit 2—4 C-Atomen; R = Alkylrest mit 2—12, bes. 2—8 C-Atomen oder Phenylrest) an Pb-Anoden elektrolysiert werden. Die Komplexe werden aus $Me[(AlR')_4]$ (Me = Na, K) u. Alkoholen oder Phenolen, Al-Trialkylen u. Me-Alkoholaten bzw. -Phenolaten, $(R')_2AlOR$ mit Me u. Trialkyl-Al oder mit Me-Hydriden u. Olefinen hergestellt. — Zum Beispiel wird ein Gemisch von 20—100 (Mol.-%) Na, 0—80 K, 50—95 $[Al(C_2H_5)_4]^-$ u. 0—50 $[(C_2H_5)_3AlOR]^-$ zur Herst. von *$Pb(C_2H_5)_4$* elektrolysiert. — Zeichnung. (**F. P. 1 223 643** vom 10/2. 1959, ausg. 17/6. 1960. **E. P. 864 393** vom 13/2. 1959, ausg. 6/4. 1961. Beide D. Prior. 13/2. 1958.) S. Böttcher. 8209

Badische Anilin- & Soda-Fabrik Akt.-Ges., Ludwigshafen/Rh. (Erfinder: Robert Gehm und Johannes Dehnert, Ludwigshafen/Rh.), **Tetrahydro-1.4-thiazindioxid** (I) und seine Derivv. werden erhalten durch Rk. von Bis-[β-hydroxyäthyl]-sulfon (II), 1.4-Thioxandioxid (III) oder deren an den C-Atomen substituierten Derivv. mit NH_3 (IV) oder prim. aliphat., cycloaliphat. oder araliphat. Aminen oder Hydrazinen bei 100—300°, zweckmäßig in Ggw. von W. oder organ. Lösungsmitteln. — 100 (Teile) **II** werden mit 150 **IV** (20%) 5 Std. lang auf 150° im Autoklav erhitzt. Nach Abdestillieren von überschüssigem **IV** u. W. wird der Rückstand mit verd. HCl aufgenommen u. die mit Kohlen gereinigte Lsg. eingeengt → 100 rohes **I**-*HCl*, F. 180—285° (A.). — **I** (F. 71—72°) aus vorst. Verb. oder verfahrensgemäß aus **III**. — Analog werden hergestellt: *2.6-Dimethyl-*I, F. 72°, $Kp._{0,6}$ 128—132°, aus 2.6-Dimethyl-III u. **IV**. — *4-Methyl-*I, F. 82° (A.), aus **II** u. CH_3NH_2. — *4-Hydroxyäthyl-*I (V) aus **III** u. $HOCH_2CH_2NH_2$ (V-*p-Nitrobenzylester*, F. 160—165°). — *4-Benzyl-*I, F. 75—77°. — *4-[β-Äthylhexyl-*I, $Kp._{0,4}$ 148—154°, in W. unlösl. Öl. — *α.ω-Hexamethylen-4.4'-bis-*I, F. 171°. — *4-Anilino-*I, F. 190°, aus **III** u. Phenylhydrazin. — *4-Amino-*I-, F. 100°. *4-[β-Aminoäthyl]-*I, F. 92°, $Kp._1$ 180—182°. — *4-[γ-Aminopropyl]-*I, $Kp._{0,6}$ 185—190°. — *4-[β-(N-Methyl-m-toluidino)-äthyl]-*I, F. 120°. — *4-[β-(2'-Methoxy-5'-methylanilino)-äthyl]-*I, F. 113°. — *4-[β-Anilinoäthyl]-*I, F. 88°. — *4-[β-(N-Methylanilino)-äthyl]-*I, F. 105°. — *4-Cyclohexyl-*I, F. 88°. — *3.5-Dimethyl-*I, $Kp._1$ 130—135°, aus Bis-[β-hydroxypropyl]-sulfon (herstellbar aus Bis-[β-hydroxypropyl]-sulfid, H_2O_2 u. H_2SO_4 u. **IV**. — 4-β-Äthanolaminoäthyl-**I**, F. 87°. — *Schmierölzusätze.* (**D. A. S. 1 123 326** Kl. 12p vom 22/7. 1958, ausg. 8/2. 1962.) F. Hirsch. 8221

XX. Schieß- und Sprengstoffe. Zündmittel

Kryogene Flüssigkeiten für Raketenantriebe. D. Hurden. (Proc. Inst. Refrigerat. 55. 147—65. 1958/59.) (Engl.)

Unter „kryogenen" Fll. sind solche zu verstehen, die für Kältemaschinen geeignet sind, bzw. bei Verw. für Raketen solche, einerlei, ob Brennstoff oder Oxydant, die unter 0° sieden, wie die Brennstoffe *NH_3* (Kp. —33°), *CH_4* (—161°), *H_2* (—252°) oder die Oxydanten *O_2* (—183°), *F_2O* (—145°) u. *F_2* (—188°). Eingehend wird die geschichtliche Entw. der mit fl. O_2 angetriebenen Raketen von Goddard [1920] an über Valier, v. Braun (V 2) bis zu den modernsten Raketen (Viking, Redstone, Thor, Atlas, Jupiter, Blue Streak usw.) beschrieben, u. die Probleme von Brennstoff, Tank, Regelanlagen, Pumpen, Ventilen usw. werden ausführlich behandelt. — 7 Abb., 3 Literaturangaben. E. Roeder. 8310□

Theo Lang, Wiesbaden, **Plastischer Sicherheitssprengstoff** auf der Basis von aromat. Nitroaminen, gek. durch einen Geh. von 75—84% Trinitrophenylamin, 15—24%

Glykoldinitrat u. 1% Nitrocellulose. (**D. A. S. 1 125 333** Kl. 78c vom 8/3. 1960, ausg. 8/3. 1962.) A. Gradl. 8305

Olin Mathieson Chemical Corp., New York, N.Y. (Erfinder: Robert A. Cooley, East Alton, Ill., und Herman A. Bruson, North Haven, Conn.), V.St.A., **Rauchloses Treibmittel-Pulverkorn** auf Nitrocellulosebasis mit verbesserten Abbrand-Eigg., dad. gek., daß es ca. 0,5—5% eines Pb-Salzes einer aliphat. Säure mit >6 C-Atomen gleichmäßig innerhalb des Kornes enthält. — Beispiele: Pb-N.N-Bis-[2-äthylhexyl]-β-aminopropionat, Pb-12-Ketostearat, Pb-9(10)-acetamidostearat, Pb-Cyclohexyloxyacetat oder Pb-Butoxyacetat. (**D. A. S. 1125822** Kl. 78d vom 27/1. 1961, ausg. 15/3. 1962.) A. Gradl. 8311

Dynamit Nobel Akt.-Ges., Troisdorf (Erfinder: Karl Poggensee, Hespenbusch), **Raketentreibsätze** auf Basis von Kohlenstoff-Verbb. mit oder ohne O_2-Träger, dad. gek., daß als Anfeuerungssatz ein mit einem Silicat umhülltes Mg-Pulver, ggf. mit Zusatz von $KClO_4$, verwendet ist. (**D. A. S. 1 125 334** K. 78d vom 8/1. 1957, ausg. 8/3. 1962.) A. Gradl. 8311

XXI. Leder. Gerbstoffe

Eine Untersuchung über den Mechanismus der Bildung von Salzflecken in gesalzenen Lagerbeständen. Jean J. Tancous. (J. Amer. Leather Chemists Assoc. **57.** 4—14. Jan. 1962. Cincinnati, Ohio, Univ. of Cincinnati, Tanners' Council Res. Labor.) (Engl.)

Unterss. über die Entstehung von Salz- u. Mistflecken auf chrom- u. pflanzlich gegerbtem Leder zeigen, daß die Bldg. dieser Fehler durch verspätetes Einsalzen oder zu lange Lagerung der Rohhäute im Salz begünstigt wird. Für ihre Entstehung ist bas. Ca-Phosphat verantwortlich zu machen, das an der geäscherten Haut chem. u. spektralanalyt. nachgewiesen werden kann, während es am fertigen Leder nicht mehr zu finden ist. Der Ca-Geh. der meisten Häutesalze reicht aus, um sich mit dem aus Blutresten u. bestimmten Gewebeelementen stammenden Phosphat zu bas. Ca-Phosphat umzusetzen. — 23 Literaturangaben. H. G. Fröhlich. 8334□

Untersuchungen über das Fetten. 3. Mitt. **Der Einfluß des Öles, der Neutralisation und pflanzlicher Beizvorgänge auf einige physikalische Eigenschaften von Oberleder.** Conrad L. Ornes. (J. Amer. Leather Chemists Assoc. **57.** 107—15. März 1962. Cincinnati, Ohio, Univ. of Cincinnati, Tanners' Council Res. Labor.) (Engl.) — 2. vgl. C. **1961.** 6018.

Unterss. über das Fettlickern von Chromoberleder in Abhängigkeit vom Fett-Geh. des Lickers (1—6% sulfatiertes Dorschöl), vom Neutralisationsgrad (0,5 u. 1,0% $Na \cdot HCO_3$) u. von der Nachgerbung mit 2,25 u. 4,5% Quebracho werden mitgeteilt. Die statist. ausgewerteten Verss. zeigen, daß vor allem der Sprung, die Weichheit u. die Weiterreißfestigkeit von der Menge des vom Leder aufgenommenen Fettes abhängt. Die zuletzt genannten Eigg. hängen außerdem auch von der Nachgerbung ab, während eine eng gewählte Variation im Neutralisationsgrad sich nicht auf die physikal. Leder-Eigg. auswirkt. H. G. Fröhlich. 8340□

Änderungen in den erzielten Zurichteigenschaften durch Änderung des Verhältnisses von Casein zu Harz. A. W. Landmann. (J. Soc. Leather Trades' Chemists **46.** 97—108. März 1962. Egham, Surrey/England, Brit. Leather Manufact. Res. Assoc.) (Engl.)

Lederproben wurden mit einem Auftrag auf Basis Albumin (**I**), Äthoxyäthylmethacrylat (Vinamul N 600) (**II**) u. von Gemischen aus **I** u. **II** zugerichtet. Der erhaltene Zurichteeffekt wurde in Abhängigkeit der vorangegangenen Fettung (kation. u. anion. Licker auf Basis von sulfatiertem Sperm- u. Klauenöl), des Glanzstoßens u. des Plattierens bei 70 u. 90° bei 300 u. 400 lbs./sq. in. beurteilt. Die Ergebnisse zeigen, daß der Ausfall des Zurichteeffektes entscheidend von der Zus. des Auftrages beeinflußt wird. Die Ergebnisse werden ausführlich besprochen. H. G. Fröhlich. 8340□

Das Zurichten von Chromleder mit 2 Harzemulsionen. A. W. Landmann und R. G. Mitton. (J. Soc. Leather Trades' Chemists **46.** 90—97. März 1962. Egham, Surrey/England, Brit. Leather Manufact. Res. Assoc.) (Engl.)

Geschliffenes Chromleder wurde mit kation. u. anion. Fettlickern gefettet u. anschließend mit 2 verschiedenen Harzemulsionen (Butylmethacrylat = Vinamul 902 bzw. Butadien–Acrylnitril-Copolymerisat = Hycar 1577) allein oder im Gemisch zugerichtet. Die daraufhin vorgenommenen Unterss., wie Naß- u. Trockenreibfestigkeit, Gleitreibung, Bruchfestigkeit der Zurichte u. Glanz haben gezeigt, daß weder die verwendeten Fettlicker, noch die Harzemulsionen einwandfreie Zurichtungen ergeben. H. G. Fröhlich. 8340□

Einige Beobachtungen über die Faktoren, die die Stabilität von Chromleder beeinflussen. J. H. Bowes. (J. Amer. Leather Chemists Assoc. **57.** 96—106. März 1962. Egham, Surrey/England, Brit. Leather Manufact. Res. Assoc.) (Engl.)

Die vorliegenden Unterss. zeigen, daß zwischen der Schrumpfungs-Temp. u. dem Cr-Geh. des Leders eine lineare Beziehung besteht. Durch zu starke Neutralisation sowie Trocknen bei Temp. >40° fällt die Schrumpfungs-Temp. ab, während die Einführung zusätzlicher COOH-Gruppen in die Kollagensubstanz die Schrumpfungs-Temp. erhöht. Behandlungen mit 5%ig. Na-Lactat-Lsgg. (10 Tage bei 20° bzw. 5 Tage bei 50°) beeinflussen die Beziehung zwischen Schrumpfungs-Temp. u. Cr-Geh. trotz fallender Schrumpfungs-Temp. nicht. Durch längeres Erhitzen von Leder bei 100° läßt sich die entgerbende Wrkg. von Na-Lactat-Lsgg. vermindern. Von entscheidender Bedeutung für die Temp.-Beständigkeit von Cr-Leder ist die Bldg. von Quervernetzungen. — 11 Literaturangaben.

H. G. Fröhlich. 8340☐

Die Fettsäurezusammensetzung von Fetten aus verschiedenen Schichten frischer Stierhaut. Edward F. Mellon, S. F. Herb, R. A. Barford, Samuel J. Viola und Francis E. Luddy. (J. Amer. Leather Chemists Assoc. **57.** 26—35. Jan. 1962. Philadelphia, Pa., US-Dep. of Agricult., Eastern Reg. Res. Labor.) (Engl.)

Mittels Säulen- u. Gas-Fl.-Chromatographie wurde die Zus. der in den verschiedenen Schichten frischer Stierhaut vorhandenen Fette untersucht. So konnten Wachse, Triglyceride, freie Fettsäuren, Phosphatide u. Sterine nachgewiesen, chromatograph. getrennt u. die einzelnen gesätt. u. ungesätt. Fettsäuren als Methylester quant. bestimmt werden. Alle Komponenten waren, mit Ausnahme der Sterine, in der Narbenschicht u. auf der Fleischseite in höheren Konzz. vorhanden als in der Mittelschicht.

H. G. Fröhlich. 8362☐

Vorkommen von N-Acetylneuraminsäure in Stierhauthydrolysaten. C. Deasy. (J. Amer. Leather Chemists Assoc. **57.** 116—21. März 1962. Cincinnati, Ohio, Univ. of Cincinnati, Tanners' Council Res. Labor.) (Engl.)

Kollagenhydrolysate wurden nach 4 analyt. Meth. (Diphenylamin-Meth. nach Dische, Tryptophan-Perchlorsäure-Meth., Svennerholm- u. Kulka-Meth.) auf ihren Geh. an *Sialsäure* (I) untersucht, wobei Werte von 0,02—0,04% gefunden wurden. Außerdem wurde die isolierte I papierchromatograph. untersucht u. als *N-Acetylneuraminsäure* identifiziert.

H. G. Fröhlich. 8362☐

Die colorimetrische Bestimmung von 5.6-Dichlor-2-benzoxazolinon im Leder. Sverre Dahl. (J. Amer. Leather Chemists Assoc. **57.** 15—25. Jan. 1962. Washington D.C., National Bureau of Standards.) (Engl.)

Vf. beschreibt die analyt. Best. von *5.6-Dichlorbenzoxazolinon-(2)* (I), einem Lederfungicid, in Leder. Das Prinzip beruht auf der Überführung des durch Extraktion mit Chlf./W. (10:3) aus dem Leder erhaltenen I in 2-Amino-4.5-dichlorphenol durch 1std. Kochen unter Rückfluß mit NaOH-Lsg. (2,5 ml 50%ig. NaOH + 30 ml W.), anschließendem Diazotieren des Aminophenols, Kuppeln mit Resorcin u. colorimetr. Best. der Farb-Lsg. bei 500 mμ.

H. G. Fröhlich. 8368☐

St. Lawrence Corp. Ltd., Montreal, Quebec, Canada, *Gerbverfahren.* (**Belg. P. 544 834** vom 30/1. 1956, ausg. 25/9. 1959. A. Prior. 31/1. 1955. — **C. 1961.** 18936 [E. P. 798 780].)

Badische Anilin- & Soda-Fabrik Akt.-Ges., Ludwigshafen/Rh. (Erfinder: **Friedrich Wilhelm Guthke, Otto Hertel**, Ludwigshafen/Rh., und **Hans Erdmann**, Heidelberg), *Herstellung lichtechter Kondensationsprodukte.* (**Oe. P. 215 061** vom 18/3. 1960, ausg. 10/5. 1961. D. Prior. 27/5. 1959. — **C. 1962.** 4405 [D. A. S. 1 113 457].)

Farbenfabriken Bayer Akt.-Ges., Leverkusen, übert. von: **Ernst Komarek**, Leverkusen, und **Gustav Mauthe**, Opladen, *Herstellung von Schrumpfleder.* (**A. P. 3 010 779** vom 13/3. 1959, ausg. 28/11. 1961. D. Prior. 22/3. 1958. — **C. 1962.** 1858 [F. P. 1 219 091].)

Alexis Eugene Ushakoff, Beverly, Mass., V.St.A., *Fetten von Häuten und Leder.* (**E. P. 852 986** vom 13/1. 1959, ausg. 2/11. 1960. — **C. 1962.** 8480 [F. P. 1 220 965].)

Farbenfabriken Bayer Akt.-Ges., Leverkusen, übert. von: **Ernst Komarek**, Leverkusen, und **Gustav Mauthe**, Opladen, *Chromgerbung.* (**A. P. 2 997 364** vom 2/12. 1957, ausg. 22/8. 1961. D. Prior. 11/12. 1956. — **C. 1961.** 1787 [Oe. P. 201 223].)

E. I. du Pont de Nemours & Co., Wilmington, Del., übert. von: **Raymond J. Mayfield**, Newburgh, N.Y., V.St.A., *Herstellung von Kunstharzpasten für wasserdampfdurchlässige Filme.* (**A. P. 2 825 711** vom 28/6. 1954, ausg. 4/3. 1958. — **C. 1959.** 8018 [E. P. 788 560].)

XXIV. Photographie

Die Photographie als Teilgebiet der Photochemie. J. Eggert. (Chimia Aarau, [Schweiz] **15.** 283—86. 15/3. 1961. Zürich, ETH, Photograph. Inst.) (Dt.)

Vf. stellt sich die Frage, in welche Gruppe der Photo-Rkk. der photograph. Prozeß theoret. einzuordnen ist. Wie bei der Elektrolyse ist bei Strahlungsvorgängen zwischen Primärvorgang u. Sekundärvorgang oder Folge-Rk. zu unterscheiden. Nach dem Gesetz der quantenhaften Absorption findet der Primärvorgang zwischen den absorbierenden Moll. u. den Strahlungsquanten $h\nu$ statt. Der Ablauf der Sekundärvorgänge hängt von den Eigg. der Rk.-Teilnehmer ab. Nach dem Einsteinschen Postulat ist der Ablauf einer elementaren Folge-Rk. jedem absorbierenden Strahlungsquant $h\nu$ äquivalent. Wieweit dieses Postulat oder der Grad der Äquivalenz zwischen absorbierter Quantenzahl u. beobachteter Wrkg. erfüllt ist, wird durch die Quantenausbeute φ ausgedrückt, wobei φ = Anzahl ausgelöster Elementarvorgänge/Anzahl absorbierter Quanten $h\nu$ bedeutet. Vf. unterscheidet zwischen photophysikal. u. photochem. Folgereaktionen. Physikal. Prozesse sind: Fluorescenz, Photophosphorescenz, sensibilierte Fluorescenz, Stöße „zweiter Art" u. Elektronenemissionen, nachgewiesen durch den äußeren oder inneren photoelektr. Effekt. Diesen physikal. Rk.-Möglichkeiten stehen folgende photochem. Vorgänge gegenüber: Spontaner Zerfall, z. B. werden 2 Mol HBr durch jedes absorbierte Strahlungsquant $h\nu$ ($\lambda = 2070$ Å) in $H_2 + Br_2$ zerlegt ($\varphi = 2$); Umwandlung in isomere Formen, z. B. Maleinsäure → Fumarsäure ($\varphi = 0{,}05$, da die meisten angeregten Moll. in den Grundzustand zurückkehren); Rk. mit artgleichen oder artfremden Teilchen, z. B. Dimerisierung von Anthracen ($\varphi = 0{,}25$); Übertragung der Anregung auf ein anderes Teilchen unter Rück-Bldg. des Ausgangszustandes (Sensibilisation), z. B. zerlegt UV-Strahlung unter Vermittlung von Hg-Dampf, der UV-Strahlen absorbiert, H-Moll. in Atome. Auf einem Sensibilisationsvorgang beruht die Assimilation (unter bes. günstigen Wachstumsbedingungen ist $\varphi = 1$). — Die Einordnung des photograph. Prozesses in das angegebene Schema hängt davon ab, in welchem Umfang er betrachtet wird. Rechnet man ihn von der Belichtung bis zum fertigen Negativ, so muß er zu den Auslösevorgängen gezählt werden. Halogensilber bildet zusammen mit dem reduzierenden Entwickler ein reaktionsfähiges Syst., wobei die Red. durch den vom Licht vorgebildeten latenten Bildkeim katalyt. beschleunigt wird. Betrachtet man die Licht-Rk. für sich, d. h. die Erzeugung des Entw.-Keimes, so liegt ein energiespeichernder Vorgang, wie die Photo-Synth., vor. Ein Strahlungsquant bildet, wenn es von einem Mol. AgBr absorbiert wird, ein Ag- u. ein Br-Atom, wie es auch im Grenzfall beobachtet wurde ($\varphi = 1$). Er tritt ein, wenn das Br-Atom durch Rk. mit einem Acceptor, z. B. mit dem Bindemittel stillgelegt wird, oder wenn es als Br_2 entweichen kann. — Für die Entstehung des latenten Bildes wird eine schemat. Darst. gegeben (Einzelheiten vgl. Original). Eine weitere Bestätigung für die Auffassung, daß der photograph. Primärprozeß ein innerer lichtelektr. Effekt ist, wird darin gesehen, daß man Halogensilber-Sperrschichtzellen aus einer Ag-Grundplatte, einer dünnen (20 μ) elektrolyt. auf dieser Platte erzeugten Halogensilberschicht u. einer darüber gedampften, noch dünneren Ag-Schicht herstellen kann. Bestrahlt man diese Zellen, so fließt zwischen Deckschicht u. Grundplatte in einem angelegten Außenleiter ein Strom, der im Grenzfall den Wert $\varphi = 1$ liefert. W. Günther. 8590□

Was bedeutet die Empfindlichkeit eines photographischen Systems? Fred H. Perrin. (J. SMPTE [Soc. Motion Picture Television Engr.] **70.** 515—21. Juli 1961. Rochester, N.Y., Eastman Kodak Comp., Res. Labor.) (Engl.)

Die Informationsempfindlichkeit I läßt sich durch die Beziehung $I = g/\mathfrak{G}\cdot\sqrt{s}$ definieren, wobei der Gradient $g = dD/dE$, $\mathfrak{G}$ die Selwyn-Körnigkeit u. s die Fläche der Ausbreitungsfunktion bedeuten. Wenn der Kameralinsendurchmesser u. die Größe des endgültigen Bildes konst. gehalten werden, dann verändert sich bei gleicher Detailwiedergabe die relative Brennweite der Kameralinse mit dem Produkt $\mathfrak{G}\cdot\sqrt{s}$. Die erforderliche Belichtungszeit ändert sich dann umgekehrt proportional der Informationsempfindlichkeit I. Für eine feststehende Kamera verbessert sich die Detailwiedergabe mit der Zunahme der Kamerabrennweite. Aber in gleicher Weise wird die Belichtungszeit erhöht. Bewegt sich die Kamera relativ zum Aufnahmeobjekt, dann wird dadurch die Detailwiedergabe beeinträchtigt, wobei für eine bestimmte Brennweite ein Optimum existiert. An einigen Beispielen wird die Übereinstimmung der theoret. Überlegungen mit der Praxis nachgewiesen. — 6 Literaturhinweise. W. Günther. 8614□

Der isoionische Punkt von Silberjodidsolen und Silberbromid- und Silberbromjodidemulsionen. A. H. Herz und J. O. Helling. (J. Colloid Sci. **16.** 199—209. Juni 1961. Rochester, N.Y., Eastman Kodak Comp., Res. Labor.) (Engl.)

Vff. bestimmen die isoion. Punkte (IP) von AgJ-Solen bei verschiedenem pH, in Ggw. von Gelatine, $Cd(NO_3)_2$, Polyäthylenoxid (I), anion. (II) u. kation. (III) oberflächenakt. Stoffen u. von AgBr-Emulsionen bei verschiedenen pH u. in Ggw. von Gelatine als Funktion des anfänglichen pAg-Wertes der Dispersion durch Messung der Desorption von Ag- oder Halogenidionen beim Digerieren. II bewirken verstärkte Ag^+- u. verminderte Halogenidadsorption = Zunahme des pAg-Wertes des IP. I u. III erniedrigen den IP. AgBr- u. AgBr/AgJ-Gelatineemulsionen verändern den IP als Funktion des pH mit der Ionisation der Gelatine. AgJ wird bei pH 5,6 u. 90°, den für das Digerieren notwendigen Bedingungen, von Gelatine reduziert. Beim 15std. Digerieren von AgJ-Sol bei 90° werden die Teilchen ≧ 10mal größer. Bei AgBr-Gelatineemulsionen wird die Br^--Desorption nicht unbedingt von einer Oberflächenverkleinerung begleitet; die AgBr-Teilchenoberfläche ist in der Gelatineemulsion zu ca. $^1/_{10}$ von Br^- bedeckt; die Adsorption soll an ausgezeichneten Stellen des Gitters erfolgen. Die Ergebnisse werden graph. u. tabellar. mitgeteilt u. verschiedene Einfl. werden diskutiert. F. HUBER. 8656 □

Ein Sensitometer für Mikrosekundenbelichtungen mit konstanter Zeit und veränderlicher Intensität. Frank P. Herrnfeld. (J. SMPTE [Soc. Motion Picture Television Engr.] **70.** 500—01. Juli 1961. Culver City, Calif., Frank Herrnfeld Engineering Corp.) (Engl.)

Vf. beschreibt ein Sensitometer zur Unters. photograph. Filme bei Verw. von Belichtungszeiten im Bereich von μSek., wobei die Belichtungszeit konst. gehalten u. die Lichtintensität variiert werden können. Das Kurzzeitsensitometer ist für einen Bereich von 1,5—150 μSek. u. für eine Energie von 2 W/Sek. pro Blitz eingerichtet. — Schaltschema. W. GÜNTHER. 8660 □

Ozalid Co. Ltd., London (Erfinder: Alan Robin Firminger, Harrow, Middlesex), England, **Entwicklung latenter elektrostatischer Bilder.** Das belichtete Material wird einem puderförmigen Entwickler in Kontakt gebracht, der auf der Oberfläche eines fl. Mediums schwimmt, das den Entwickler weder benetzt noch sonst ungünstig beeinflußt, wie W., Hg oder ein Metall mit einem niedrigem F., z. B. WOODsches Metall. (**D. A. S. 1 113 874** Kl. 57b vom 9/11. 1957, ausg. 14/9. 1961. **E. P. 845 420** vom 1/10. 1956, ausg. 24/8. 1960.) E. FUCHS. 8595

Eastman Kodak Co., übert. von: Thomas M. Laakso und Jack L. R. Williams, Rochester, N.Y., V.St.A., **Antistatischer Film.** Auf der Rückseite des Films befindet sich eine Schicht eines Polymerisates aus nicht weniger als 70% quart. Einheiten der allg. Formel **I** u. nicht mehr als 30% Einheiten der allg. Formel $—CH_2—CH(COR)$- (**II**) in Mischung mit einem Polymerisat aus nicht weniger als 70% quart. Einheiten der allg. Formel $—CH_2—CH[(R)C = N\cdot NH—CO—CH_2—N(CH_3)_3\cdot Cl]$ (**III**) u. nicht mehr als 30% Einheiten der allg. Formel **II**, worin R = Alkyl mit 1 bis 4 C-Atomen, Phenyl oder Tolyl ist. Polymerisate, die **I** u. **II** enthalten, erhält man z. B. durch Rk. von Polymethylvinylketon mit Carbazinoylmethylpyridiniumchlorid in 1.4-Dioxan. Verwendet man bei dieser Rk. Betainhydrazidhydrochlorid, so erhält man Polymerisate, die **III** u. **II** enthalten. (**A. P 2 972 537** vom 3/9. 1957, ausg. 21/2. 1961.) E. FUCHS. 8613

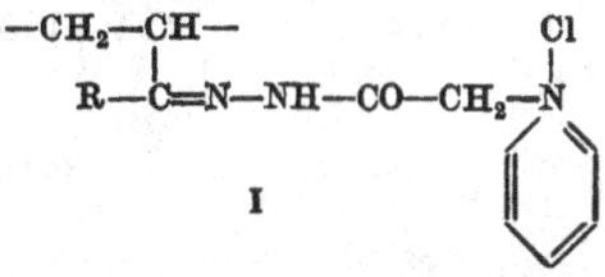

I

General Aniline & Film Corp., New York, übert. von: Frank J. Kaszuba, June M. Matteson und Russel P. Easton, Binghamton, N.J., V.St.A., **Antistatischer Film.** Die Rückseite des Filmes erhält eine Schicht aus einem Wachs (Bienenwachs) mit einem F. >43° u. einer Teilchengröße von 0,1—5 μ, das in einem Terpolymerisat-Alkalisalz dispergiert ist, welches durch Mischpolymerisation von 1 Mol-Äquivalent eines niederen aliphat. Vinylesters (Vinylacetat, -propionat u. -butyrat), 2 Mol-Äquivalenten Acrylsäure u. 1 Mol-Äquivalent Styrol erhalten wird. Das Terpolymerisat soll in ca. 1—10% des Wachses anwesend sein. Die Salz-Bldg. erfolgt durch Zugabe von ca. 2 Teilen KOH oder NaOH auf 10—12 Teile des Terpolymerisates zu der methanol. Lsg. desselben. (**A. P. 2 973 263** vom 19/4. 1957, ausg. 28/2. 1961.) E. FUCHS. 8613

General Aniline & Film Corp., New York, übert. von: Aaron Ben-Ezra, Johnson City, und Wallace Lloyd Bostwick, Vestal, N.Y., V.St.A., **Haftvermittler für Polystyrolfilme.** Um Halogensilberschichten auf Polystyrolunterlagen zum Haften zu bringen, bringt man auf den Film zunächst eine Schicht aus einem in Aceton u. Methanol gelösten Mischpolymerisat von Alkylestern der Acryl- u. Methacrylsäure mit 1 oder 2 C-Atomen im Alkylrest. Darauf kommt ein übliches Substrat aus Gelatine u. einem Celluloseester (Cellulosenitratacetat oder -acetatbutyrat) in den üblichen Lsgm., Methanol, A., Phthalsäure mit Zusätzen, wie Glycerin, $BaSO_4$, Glyoxal. Hierauf wird die photograph. Emulsion gegossen. (**A. P. 2 972 534** vom 23/4. 1957, ausg. 21/2. 1961.) E. FUCHS. 8613

General Electric Co., Schenectady, N.Y., V.St.A., **Überziehen von photographischen Blitzlampen mit einer Schutzschicht.** Man verwendet hierzu eine Lsg., die außer einem organ. Lack einen Kieselsäureester enthält. Beim Trocknen an der Luft entsteht zunächst eine matte Schicht, die lichtzerstreuend wirkt u. eine visuelle Kontrolle der Fabrikation ermöglicht. Falls eine klar durchsichtige Schutzschicht gewünscht wird, kann man diese durch nachträgliches Erwärmen erzeugen. Eine geeignete Zus. besteht

z. B. aus 51,5 (Gew.-%) Polyvinylacetat-Lsg. (68—74% ig.), 5,15 Aceton, 7,72 A., 19,6 Nitrocellulose-Lsg. (16—17,5% ig.) u. 16,03 Kieselsäureäthylester. (**Holl. P. 98161** vom 29/4. 1954, ausg. 15/6. 1961. A. Prior. 30/4. u. 1/10. 1953.) F. BÖHM. 8615

General Aniline & Film Corp., New York, N.Y., V.St.A., **Herstellung von photographischen Negativen.** Zur Schnell-Entw. wird ein Film mit einer Emulsion (F. 65—100°) mit einer Dicke von 3—7 μ, enthaltend 3—5 mg Ag-Halogenid pro inch² u. 1,8—3,4 mg Gelatine inch², mit einem Entwickler (pH = 10—13) 3—15 Sek. entwickelt, mit einem Gummiwischer abgewischt u. ohne Fixierung fertiggestellt. (**E. P. 867288** vom 7/5. 1959, ausg. 3/5. 1961. A. Prior. 14/5. 1958.) E. FUCHS. 8619

Imperial Chemical Industries Ltd., London, England (Erfinder: Karl Otto Ganguin, Ivor Humphreys und David William Crichton Ramsay), **Entwicklersubstanzen** bilden N-substituierte p-Aminophenole der allg. Formel I. Hierin

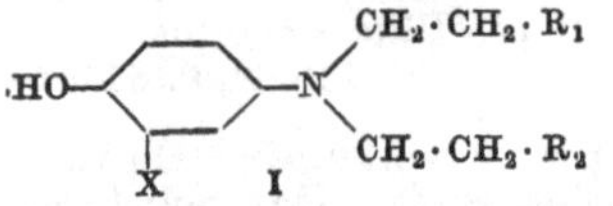

ist R_1 ein H-Atom oder eine Alkyl- oder Hydroxyalkylgruppe mit 1—6 C-Atomen, R_2 ist ein Hydroxyalkyl-, Carboxyalkyl-, Sulfoalkyl- oder Sulfatoalkylrest mit 1—6 C-Atomen in der Alkylkette, X ist ein H-Atom, eine Alkyl- oder Alkoxygruppe. Herst. durch Rkk. zwischen p-Aminophenolen (II), die am N-Atom durch $CH_2 \cdot CH_2 \cdot R_1$ substituiert sind, u. Halogenalkylacetaten (III), die in der Alkylkette 1—6 C-Atome enthalten, u. anschließende hydrolyt. Abspaltung der Acetylgruppe. — Beispiele für II: 5-Äthylamino-2-hydroxytoluol, 5-Propylamino-, 5-(β-Hydroxyäthylamino)- u. 5-(δ-Hydroxybutylamino)-2-hydroxytoluol; Beispiele für III: γ-Brompropylacetat, δ-Brombutylacetat u. ε-Brompentylacetat. Die II erhält man durch Rk. zwischen X-substituierten p-Aminophenolen u. Alkylhalogeniden der Formel $R_1 \cdot CH_2 \cdot CH_2 \cdot$Halogen. — Beispiele: 5-(N-Äthyl-N-ω-sulfobutylamino)-2-hydroxytoluol, F. 132°, prismat. Kristalle; 5-(N-Äthyl-N-δ-sulfatobutylamino)-2-hydroxytoluol, F. 158°, Nadeln; Naphthalin-1.5-disulfonat von 5-(N.N-di-ε-hydroxypentylamino)-2-hydroxyanisol, F. 194—196° (Zers.); Naphthalin-1.5-disulfonat von 5-(N.N-Di-δ-hydroxybutylamino)-2-hydroxytoluol, F. 240—241° (Zers.); Naphthalin-1.5-disulfonat von 5-(N.N-Di-ε-hydroxypentylamino-2-hydroxytoluol, F. 188—190° (Zers.); 5-(N-Äthyl-N-ω-carboxyhexylamino)-2-hydroxytoluol, F. 84—85°, Prismen; Naphthalin-1.5-disulfonat von 5-(N-Äthyl-N-δ-hydroxybutylamino)-2-hydroxytoluol, F. 138° (Zers.). Die Verbb. sind in Lsgg. der üblichen Zus., auch gemischt mit anderen Entwicklersubstanzen, zur Entw. von Schwarzweiß- u. Mehrfarbennegativen verwendbar. (**E. P. 858432** vom 5/3. 1958, ausg. 11/1. 1961.) A. KALIX. 8619

Kodak Ltd., London (Erfinder: Leslie Alfred Williams, Harrow, Middlesex), England, **Direktpositiv-Silbersalzdiffusionsverfahren.** Zur Vermeidung bräunlicher Bildtöne setzt man dem Entwickler oder der Entw.-Keime enthaltenden Bild-

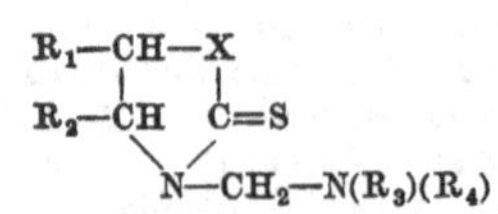

I

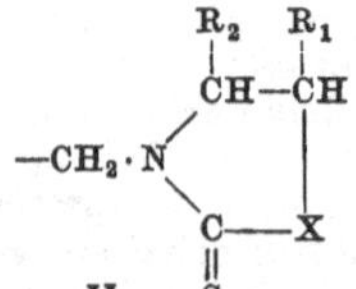

II

empfangsschicht eine Verb. der allg. Formel I zu. Hierin ist X = O oder S, R_1 u. R_2 = H oder Alkyl, R_3 u. R_4 = H, Alkyl oder Rest der allg. Formel II, wobei R_3 u. R_4 zusammen mit dem N ggf. ein heterocycl. Ring-Syst. darstellen können. Als I sind genannt: *3-(Morpholinomethyl)-5-methyl-2-thiooxazolidin, 5-Methyl-3-(piperidinomethyl)-2-thiooxazolidin, 3-Cyclohexylaminomethyl-5-methyl-2-thiooxazolidin, Isopropyl-bis-(5-methyl-2-thiooxazolidinomethyl)-amin, Methyl-bis-(5-methyl-2-thiooxazolidinomethyl)-amin* u. *Methyl-bis-(2-thiothiazolidinomethyl)-amin.* Der Entwickler mit diesem Zusatz kann sich auch in der Emulsionsschicht befinden. (**D. A. S. 1119122** Kl. 57b vom 26/4. 1960, ausg. 7/12. 1961 E. Prior. 28/4. 1959.) E. FUCHS. 8619

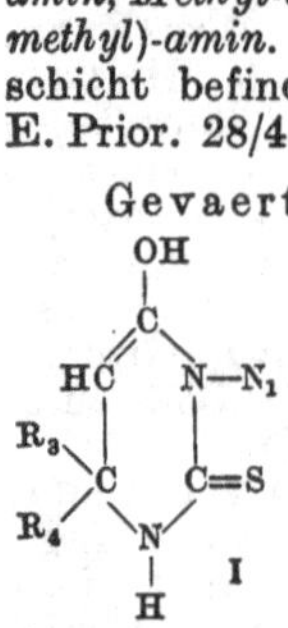

Gevaert Photo-Producten N.V., Mortsel (Erfinder: Gerard Michiel Sevens, Antwerpen), Belgien, **Photographisches Silbersalzdiffusionsübertragungsverfahren.** Um schwarze Bilder zu erhalten, setzt man dem photograph. Material, z. B. der Emulsionsschicht, dem Entwickler oder der Bildempfangsschicht Verbb. der allg. Formel I zu. Hierin ist R_1 = Alkyl, Aryl, R_3 bzw. R_4 jeweils H oder Alkyl. — Zum Beispiel: 1.4-Dimethyl-6-hydroxy-3.4-dihydropyrimidinthion-(2) oder 1-Phenyl-4-methyl-6-hydroxy-3.4-dihydropyrimidinthion-(2). (**E. P. 867174** vom 25/11. 1959, ausg. 3/5. 1961. F. Prior. 15/12. 1958. **Zusatz zu E. P. 783793; C. 1959. 8413.**) E. FUCHS. 8625

Gevaert Photo-Producten N.V., Mortsel, Antwerpen (Erfinder: Jozef Frans Willems, Willem Karel Koerber, Wilrijk, Antwerpen, und Frans

Clement Heugebaert, Kontich, Antwerpen), Belgien, **Verbesserung der Farbwiedergabe eines farbenphotographischen Mehrschichtenmaterials für die Farbentwicklung.** Eine zwischen mindestens 2 farbkupplerhaltigen Emulsionsschichten angebrachte Kolloidzwischenschicht enthält eine Verb. der Zus. I, in der R_1 ggf. substituiertes Alkyl, Aryl, Aralkyl oder $-SO_2$-Alkyl, $-SO_2$-Aryl oder $-SO_2$-Aralkyl, A = H, Alkyl, Halogen, OH, Alkoxy, Amino, Alkylamino, eine in W. lösl. machende Gruppe, wie CO_2M oder SO_3M, Halogen, Alkyl, R_2 = H, R_3 = H oder $-CR_6R_7-SO_3M$, $-CR_6R_7-CO_2M$, $-CR_6R_7-PO_2HM$ oder R_2 u. R_3 zusammen eine Benzalsubstitution, R_6 u. R_7 = H oder Alkyl, M = H oder Alkalimetall ist. Die Farbverbesserung erfolgt dadurch, daß diese Orthodiamine eine Diffusion der in der einen Farbschicht gebildeten Entwickleroxydations-Prodd. in eine andere Schicht, wo sie nicht zum Farbstoff kuppeln sollen, verhindern. (**D. A. S. 1 113 138** Kl. 57b vom 3/2. 1960, ausg. 24/8. 1961. Belg. Prior. 5/11. 1959.) E. FUCHS. 8631

I

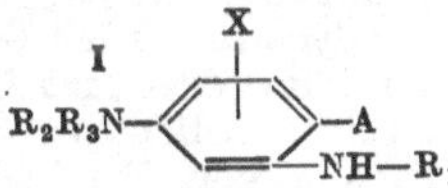

Eastman Kodak Co., übert. von: Ilmari F. Salminen und James A. Van Allan, Rochester, N.Y., V.St.A., **Farbentwicklungskuppler für Blau.** Der Farbentwickler aus prim. aromat. Aminen enthält Kuppler der allg. Formeln I u. II, worin Z eine nichtmetall. Atomgruppierung ist, die zur Bldg. eines Pyridin-, Chinolin- oder Benzthiazolringes nötig ist u. R = H, Cl oder eine Sulfogruppe ist: *3-(1-Hydroxy-2-naphthyl)-8-thia-1.2.3a-triazacyclopenta-[a]-inden*; *1-(1-Hydroxy-4.6-disulfo-2-naphthyl)-2.3.9b-triazabenz-[g]-inden.* Die hiermit erhaltenen Blaufarbstoffe sind sehr transparent u. beständig. (**A. P. 2 976 146** vom 28/11. 1958, ausg. 21/3. 1961.) E. FUCHS. 8631

I

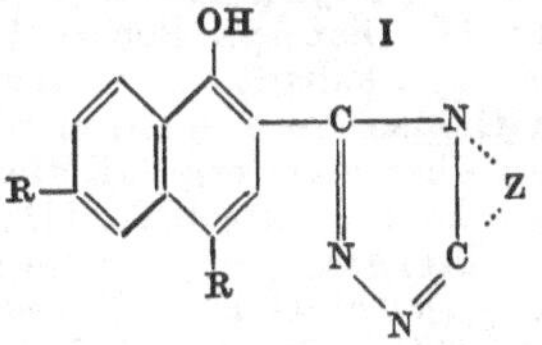

II

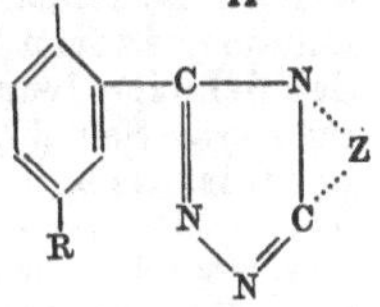

Gevaert Photo-Producten N.V., Mortsel, Belgien (Erfinder: Laurent Pierre Roosens), **Filterfarbstoffe für photographische Schichten in Farbmaterialien.** Die leicht u. vollständig in den photograph. Bädern entfernbaren Thiazin-Farbstoffe besitzen die allg. Formel I oder II. Hierin sind Q u. Q_1 = CN, Benzoyl, Carbalkoxyrest, ggf. substituierte Amidogruppe oder Q u. Q_1 zusammen können Elemente eines ggf. substituierten Pyrazolonringes sein, L eine Methingruppe, Z ein mit der Methinkette in α-Stellung verbundener heterocycl. Cyclammoniumkern, L u. Z zusammen ein Tetrahydroxanthenkern, R = Alkyl, Y = H, Alkalimetall oder ein Ammoniumsulfonatrest u. X ein Anion; z. B. eine Verb. der Formel III, F. 140 bis 150°, Absorptionsmaximum in W. 510 mμ. — Die Farbstoffe sind auch für *Lichthofschutzschichten* geeignet. (**E. P. 869 138** vom 11/7. 1957, ausg. 31/5. 1961. **Belg. P. 569 303** vom 10/7. 1958, ausg. 21/4. 1961. E. Prior. 11/7. 1957.) E. FUCHS. 8631

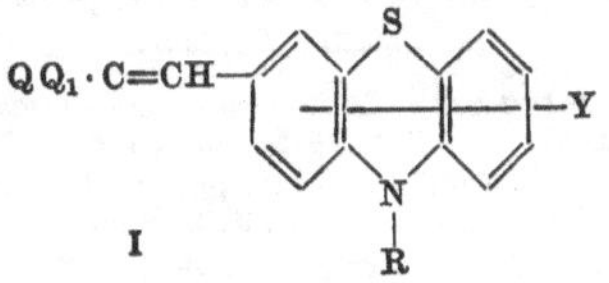

I

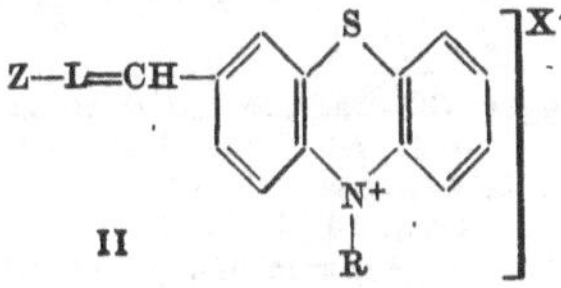

II

III

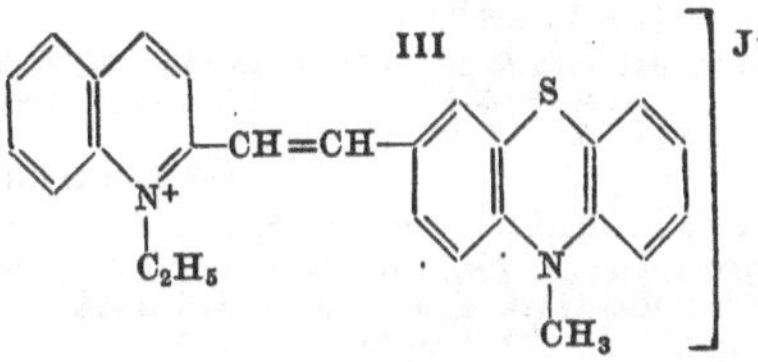

Farbenfabriken Bayer Akt.-Ges., Leverkusen, **Photopolymerisierbare Verbindungen für Reproduktionszwecke** bilden lösl. Polykondens.-Prodd. mit C-Ketten, die vorzugsweise durch Estergruppen gebildet werden, u. die mindestens eine —C=C—CO-Gruppe enthalten, deren Vinylseite an einen aromat. Kern gebunden ist; die Carbonylseite kann ebenso einen aromat. Kern als Substituenten enthalten. Weiterhin kann die C-Kette außer Estergruppen als Bindeglied auch Acetamid-, Äther- u. Thioäthergruppen enthalten. Unter Licht-Einw. tritt bei diesen Verbb. Vernetzung ein u. sie werden in den meisten Lsgm. unlöslich. Herst. durch Kondens. von mehrwertigen Alkoholen (I) mit mehrbas. Säuren (II; oder deren Polyestern, die noch freie OH-Gruppen besitzen) in Ggw. einer Verb., die eine —C=C—CO-Arylgruppe enthält, bei 100—300° u. Abdestillieren des Wassers. Beispiele für II: Bernstein-, Adipin-, Phthal-, Citronen-, Aconit-, Wein-, Malein- u. p-Phenylendiacrylsäure. Beispiele für I: Äthylen-, Diäthylen-, Triäthylen-, Propylen-, Butylen-, Hexamethylen- u. Thiodiglykol, Pentaerythrit, Sorbit, Mannit u. Trimethylolpropan. An Stelle von II können auch deren Anhydride, Halogenide oder Teilester verwendet werden. Zur Einführung von NH_2-Gruppen benutzt man Mono-

oder Diamine oder aliphat. Aminosäuren, zur Einführung der —C=C—CO-Gruppen Zimtsäure oder Chalkon-Verbb. oder **I** oder **II**, in denen sie enthalten ist. Die Kondens.-Prodd. sollen ein Molgew. von 750—2000 besitzen u. auf 100 (Teile) 1—25 —C=C—CO-Gruppen enthalten. 75 Phthalsäureanhydrid, 73 Adipinsäure, 148 Zimtsäure u. 92 Glycerin werden 18 Std. auf 200° erhitzt. Von den Verbb. werden 4%ig. Aceton-Lsgg. auf Film- oder Metallunterlagen gegossen u. die unbelichteten Flächenteile nach bildmäßiger Belichtung herausgelöst. Die Empfindlichkeit solcher Schichten kann durch Zugabe von Triphenylmethan-, Benzanthron-, Chinon- u. Anthrachinonfarbstoffen gesteigert werden. (**E. P. 838 547** von 14/3. 1957, ausg. 22/6. 1960. D. Prior. 14/3. 1956.) A. Kalix. 8631

E. I. du Pont de Nemours & Co., Wilmington, Del., V.St.A., **Photopolymerisierbare Gemische für Reproduktionszwecke.** Die Gemische enthalten eine fl. oder feste photopolymerisierbare Verb. (I), in der eine Anzahl Äthylengruppen enthalten sind, ferner einen Katalysator (II) für die Polymerisation, der unter 85° unwirksam ist, u. schließlich einen Zusatz (III), der eine therm. Polymerisation verhindert. Beispiele für **I**: Polyvinylchloridmischpolymerisate, Polyvinylalkohol-Derivv., Polyvinylacetale, Polyamide, Celluloseester, Acrylnitril-Vinylidenchlorid-Mischpolymere, Polymethylacrylamide; Beispiele für **II**: Diacetyl, Benzil, Benzoin, Pivaloin, ggf. substituierte Anthrachinone, Azonitrile, (ggf. substituierte) Acyloinäther, Konz. 1—1,5% vom Gesamtgew. der Schicht; beim Gießen der Schichten wird jedoch so verfahren (z. B. durch Gießen mehrerer Schichten übereinander), daß die Konz. an **II** in den unteren Schichtzonen höher ist als in den oberen. Beispiele für **III**: Hydrochinon, Äther, Alkyl- u. Aryl-Derivv. davon, Pyrogallol, Brenzcatechin, Cu-Resinate, $CuCl_2$, β-Naphthol, Naphthylamine, Pyridin, Nitrobenzol, p-Toluchinon, Chloranil u. Thiazinfarbstoffe; Konz.: 1,0—1,5% vom Gesamtgew. der Schicht. Gemische von **I** + **II** + **III** werden auf Metall- oder Glasplatten oder Kunststoffilme in einer Dicke gegossen, die nach dem Trocknen 2,5—40 mil beträgt, unter einer Vorlage mit Hg-Dampflampen belichtet u. die unbelichteten Flächenteile mit einem der üblichen Lsgm., bes. Aceton, entfernt. Beispiel: 65 Gew.-Teile Celluloseacetat + 35 Teile Triäthylenglykoldiacrylat (TDA) + 0,5 Gew.-% 2.6-Di-tert.-butyl-p-kresol (berechnet auf TDA) + 1% Benzoin. Die Schichten geben dabei ein schärferes Relief, bes. bei Rasterkopien, als andere photopolymerisierbare Verbindungen. (**E. P. 841 454** vom 20/8. 1958, ausg. 13/7. 1960. A. Prior. 16/9. 1957.) A. Kalix. 8631

Agfa Akt.-Ges. (Erfinder: **Heinz Sassmann**), Leverkusen, *Photographischer Entwickler.* (**Oe. P. 214 772** vom 9/5. 1959, ausg. 25/4. 1961. D. Prior. 10/5. 1958. — C. **1961.** 1437 [D. A. S. 1 079 455].)

Agfa Akt.-Ges., Leverkusen, *Tonwertberichtigte Aufnahmen und Kopien.* (**E. P. 884 251** vom 12/2. 1958, ausg. 13/12. 1961. D. Prior. 12/2. 1957. — C. **1960.** 17594 [D. A. S. 1 054 836].)

Georges Schwienbacher und **Klaus Pfister**, Zürich, Schweiz, *Kopierverfahren und Material.* (**D. A. S. 1 120 876** Kl. 57b vom 24/1. 1958, ausg. 28/12. 1961. Schwz. Prior. 8/5. 1957. — C. **1962.** 8489 [Oe. P. 208 221].)

National Cash Register Co. (Erfinder: **Elliot Berman** und **Helmut Schwab**), *Photochemisches Druckverfahren.* (**Aust. P. 230 928** vom 19/8. 1958, ausg. 24/11. 1960. A. Prior. 17/9. u. 6/11. 1957. — C. **1961.** 3212 [D. A. S. 1 086 556].)

Redaktionsschluss: 29. Juni 1962

Herausgeber: Prof. Dr. Heinrich Bertsch, Berlin, u. Prof. Dr. Dr. h. c. Wilhelm Klemm, Münster. Chefredakteure und verantwortlich für den Inhalt: Dr. Eugen Klever, Berlin W 30, Geisbergstraße 39, Fernsprecher: 249541, u. Dr. Willi Barz, Berlin N 4, Schiffbauerdamm 19, Fernsprecher: 425571.

©

Verlag: Akademie-Verlag GmbH, Berlin W8, Leipziger Str. 3—4 (Fernsprecher: 220441, Telex-Nr. 011773, Postscheckkonto Berlin 35021), und Verlag Chemie, GmbH, Weinheim/Bergstr. (Fernsprecher: Weinheim 3635 [Sammelnummer]; Fernschreiber: 0465516 chemieverl wnh; Postscheckkonten: Frankfurt/M. 145314 u. Berlin [West] 7430). Bestellnummer: 1007/133. Das Chemische Zentralblatt erscheint wöchentlich. Preis des Jahrganges einschl. Autoren-, Patent-, Sach- u. Formelregister: DM 1200,—; einseitig bedruckte Ausgabe: DM 1350,—. Abgabe der Zeitschrift nur mit sämtlichen Registern. Abbestellungen nur bis spätestens 6 Wochen vor Ablauf des Kalenderjahres.

Satz u. Druck: VEB Leipziger Druckhaus, Leipzig, III/18/203. IX. 62.
Veröffentlicht unter der Lizenznummer ZLN 5002 des Ministeriums für Kultur, Hauptverwaltung Verlagswesen.
Printed in Germany.

Kolibri 360 GmbH
Ferdinand-Jühlke-Straße 7
99095 Erfurt, Deutschland
produktsicherheit@kolibri360.de